国家出版基金资助项目

现代数学中的著名定理纵横谈丛书

丛书主编　王梓坤

Discussion from the Multidimensional of Pythagoras Theorem
—The Theory of Simplex Rambling

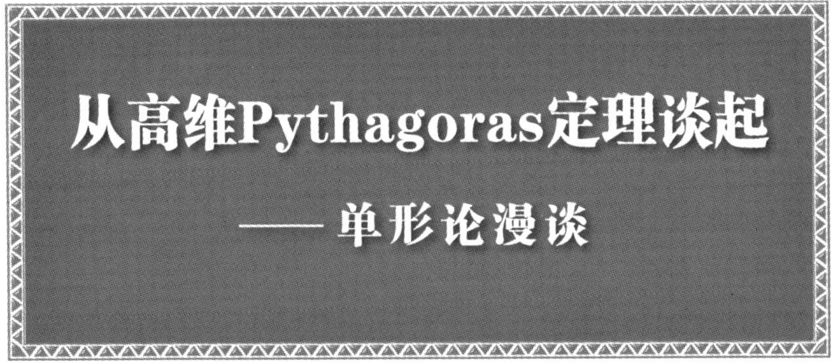

沈文选　杨清桃　著

哈爾濱工業大學出版社
HITP HARBIN INSTITUTE OF TECHNOLOGY PRESS

内 容 提 要

1 维单形就是线段，2 维单形就是三角形，3 维单形就是四面体. 从三角形、四面体到高维单形有一系列有趣的结论和优美的公式与不等式，本书详尽地介绍了 1 000 余个结论、公式、不等式及其推导、证明. 从三角形到四面体，再到高维单形，其周界从线段变到三角形面，再变到体、超体，其两边夹角变到线线角、线面角、面面角，再变到维度角、级别角等，这就要用到新的数学工具来处理. 本书系统地介绍了单形的一般概念、特性及其理论，介绍了从单形的周界向量表示到引入 k 重向量，从单形的顶点向量表示到引入重心坐标，从研究同一单形中的有趣几何关系到研究多个单形间的奇妙几何关系式，引导读者进入用代数方法研究几何问题的神奇数学世界.

本书可供初等数学、教育数学、凸体几何研究工作者及数学爱好者参考，适于中学数学教师、师范院校数学专业的教师和学生，也可以作为有关专业研究生的教材或参考书.

图书在版编目（CIP）数据

从高维 Pythagoras 定理谈起：单形论漫谈/沈文选，杨清桃著. —哈尔滨：哈尔滨工业大学出版社，2016. 3
（现代数学中的著名定理纵横谈丛书）
ISBN 978 - 7 - 5603 - 5370 - 8

Ⅰ. ①从…　Ⅱ. ①沈…　②杨…　Ⅲ. ①多维空间几何 - 高等师范院校 - 教学参考资料　Ⅳ. ①O184

中国版本图书馆 CIP 数据核字（2015）第 094153 号

策划编辑　刘培杰　张永芹
责任编辑　张永芹　刘家琳
封面设计　孙茵艾
出版发行　哈尔滨工业大学出版社
社　　址　哈尔滨市南岗区复华四道街 10 号　邮编 150006
传　　真　0451 - 86414749
网　　址　http://hitpress. hit. edu. cn
印　　刷　牡丹江邮电印务有限公司
开　　本　787mm × 960mm　1/16　印张 52. 25　字数 573 千字
版　　次　2016 年 3 月第 1 版　2016 年 3 月第 1 次印刷
书　　号　ISBN 978 - 7 - 5603 - 5370 - 8
定　　价　198. 00 元

这三本书融进了教育数学思想，也融进了新课程理念。对于提高数学教育方向的学生以及中学数学教师的数学修养，扩展其数学视野，丰富其数学文化，都将发挥重要作用。

书祝

沈文选先生新书问世

张景中 于

2013年9月28日

◎代序

读书的乐趣

你最喜爱什么——书籍.

你经常去哪里——书店.

你最大的乐趣是什么——读书.

这是友人提出的问题和我的回答.真的,我这一辈子算是和书籍,特别是好书结下了不解之缘.有人说,读书要费那么大的劲,又发不了财,读它做什么?我却至今不悔,不仅不悔,反而情趣越来越浓.想当年,我也曾爱打球,也曾爱下棋,对操琴也有兴趣,还登台伴奏过.但后来却都一一断交,"终身不复鼓琴".那原因便是怕花费时间,玩物丧志,误了我的大事——求学.这当然过激了一些.剩下来唯有读书一事,自幼至今,无日少废,谓之书痴也可,谓之书橱也可,管它呢,人各有志,不可相强.我的一生大志,便是教书,而当教师,不多读书是不行的.

读好书是一种乐趣,一种情操;一种向全世界古往今来的伟人和名人求教的方法，一种和他们展开讨论的方式；一封出席各种社会、体验各种生活、结识各种人物的邀请信；一张迈进科学宫殿和未知世界的入场券；一股改造自己、丰富自己的强大力量．书籍是全人类有史以来共同创造的财富，是永不枯竭的智慧的源泉．失意时读书，可以使人重整旗鼓；得意时读书，可以使人头脑清醒；疑难时读书，可以得到解答或启示；年轻人读书，可明奋进之道；年老人读书，能知健神之理．浩浩乎！洋洋乎！如临大海，或波涛汹涌，或清风微拂，取之不尽，用之不竭．吾于读书，无疑义矣，三日不读，则头脑麻木，心摇摇无主．

潜能需要激发

我和书籍结缘，开始于一次非常偶然的机会．大概是八九岁吧，家里穷得揭不开锅，我每天从早到晚都要去田园里帮工．一天，偶然从旧木柜阴湿的角落里，找到一本蜡光纸的小书，自然很破了．屋内光线暗淡，又是黄昏时分，只好拿到大门外去看．封面已经脱落，扉页上写的是《薛仁贵征东》．管它呢，且往下看．第一回的标题已忘记，只是那首开卷诗不知为什么至今仍记忆犹新：

日出遥遥一点红，飘飘四海影无踪．

三岁孩童千两价，保主跨海去征东．

第一句指山东，二、三两句分别点出薛仁贵（雪、人贵）．那时识字很少，半看半猜，居然引起了我极大的兴趣，同时也教我认识了许多生字．这是我有生以来独立看的第一本书．尝到甜头以后，我便千方百计去找书，向小朋友借，到亲友家找，居然断断续续看了《薛丁山征西》《彭公案》《二度梅》等，樊梨花便成了我心中的女英雄.我真入迷了.从此,放牛也罢,车水也罢,我总要带一本书,还练出了边走田间小路边读书的本领,读得津津有味,不知人间别有他事.

当我们安静下来回想往事时,往往会发现一些偶然的小事却影响了自己的一生.如果不是找到那本《薛仁贵征东》,我的好学心也许激发不起来.我这一生,也许会走另一条路.人的潜能,好比一座汽油库,星星之火,可以使它雷声隆隆、光照天地;但若少了这粒火星,它便会成为一潭死水,永归沉寂.

抄,总抄得起

好不容易上了中学,做完功课还有点时间,便常光顾图书馆.好书借了实在舍不得还,但买不到也买不起,便下决心动手抄书.抄,总抄得起.我抄过林语堂写的《高级英文法》,抄过英文的《英文典大全》,还抄过《孙子兵法》,这本书实在爱得狠了,竟一口气抄了两份.人们虽知抄书之苦,未知抄书之益,抄完毫末俱见,一览无余,胜读十遍.

始于精于一,返于精于博

关于康有为的教学法,他的弟子梁启超说:"康先生之教,专标专精、涉猎二条,无专精则不能成,无涉猎则不能通也."可见康有为强烈要求学生把专精和广博(即"涉猎")相结合.

在先后次序上,我认为要从精于一开始.首先应集中精力学好专业,并在专业的科研中做出成绩,然后逐步扩大领域,力求多方面的精.年轻时,我曾精读杜布(J. L. Doob)的《随机过程论》,哈尔莫斯(P. R. Halmos)的《测度论》等世界数学名著,使我终身受益.简言之,即"始于精于一,返于精于博".正如中国革命一样,必须先有一块根据地,站稳后再开创几块,最后连成一片.

丰富我文采,澡雪我精神

辛苦了一周,人相当疲劳了,每到星期六,我便到旧书店走走,这已成为生活中的一部分,多年如此.一次,偶然看到一套《纲鉴易知录》,编者之一便是选编《古文观止》的吴楚材.这部书提纲挈领地讲中国历史,上自盘古氏,直到明末,记事简明,文字古雅,又富于故事性,便把这部书从头到尾读了一遍.从此启发了我读史书的兴趣.

我爱读中国的古典小说,例如《三国演义》和《东周列国志》.我常对人说,这两部书简直是世界上政治阴谋诡计大全.即以近年来极时髦的人质问题(伊朗人质、劫机人质等),这些书中早就有了,秦始皇的父亲便是受害者,堪称"人质之父".

《庄子》超尘绝俗,不屑于名利.其中"秋水""解牛"诸篇,诚绝唱也.《论语》束身严谨,勇于面世,"己所不欲,勿施于人",有长者之风.司马迁的《报任少卿书》,读之我心两伤,既伤少卿,又伤司马;我不知道少卿是否收到这封信,希望有人做点研究.我也爱读鲁迅的杂文,果戈理、梅里美的小说.我非常敬重文天祥、秋瑾的人品,常记他们的诗句:"人生自古谁无死,留取丹心照汗青""谁言女子非英物,夜夜龙泉壁上鸣".唐诗、宋词、《西厢记》《牡丹亭》,丰富我文采,澡雪我精神,其中精粹,实是人间神品.

读了邓拓的《燕山夜话》,既叹服其广博,也使我动了写《科学发现纵横谈》的心.不料这本小册子竟给我招来了上千封鼓励信.以后人们便写出了许许多多的"纵横谈".

从学生时代起,我就喜读方法论方面的论著.我想,做什么事情都要讲究方法,追求效率、效果和效益,方法好能事半而功倍.我很留心一些著名科学家、文学家写的心得体会和经验.我曾惊讶为什么巴尔扎克在51年短短的一生中能写出上百本书,并从他的传记中去寻找答案.文史哲和科学的海洋无边无际,先哲们的明智之光沐浴着人们的心灵,我衷心感谢他们的恩惠.

读书的另一面

以上我谈了读书的好处,现在要回过头来说说事情的另一面.

读书要选择.世上有各种各样的书:有的不值一看,有的只值看20分钟,有的可看5年,有的可保存一辈子,有的将永远不朽.即使是不朽的超级名著,由于我们的精力与时间有限,也必须加以选择.决不要看坏书,对一般书,要学会速读.

读书要多思考.应该想想,作者说得对吗?完全吗?适合今天的情况吗?从书本中迅速获得效果的好办法是有的放矢地读书,带着问题去读,或偏重某一方面去读.这时我们的思维处于主动寻找的地位,就像猎人追找猎物一样主动,很快就能找到答案,或者发现书中的问题.

有的书浏览即止,有的要读出声来,有的要心头记住,有的要笔头记录.对重要的专业书或名著,要勤做笔记,"不动笔墨不读书".动脑加动手,手脑并用,既可加深理解,又可避忘备查,特别是自己的灵感,更要及时抓住.清代章学诚在《文史通义》中说:"札记之功必不可少,如不札记,则无穷妙绪如雨珠落大海矣."

许多大事业、大作品,都是长期积累和短期突击相结合的产物.涓涓不息,将成江河;无此涓涓,何来江河?

爱好读书是许多伟人的共同特性,不仅学者专家如此,一些大政治家、大军事家也如此.曹操、康熙、拿破仑、毛泽东都是手不释卷,嗜书如命的人.他们的巨大成就与毕生刻苦自学密切相关.

王梓坤

⊙序

文选教授是一位多产的数学通俗读物作家.他的作品,重点不在于文学渲染,人文解读,而是高屋建瓴,以拓展青年学子的数学视野,铸就数学探究的基本功为己任.这次推出的《从 Cramer 法则谈起——矩阵论漫谈》《从 Stewart 定理的表示谈起——向量理论漫谈》《从高维Pythagoras定理谈起——单形论漫谈》三部著作,就是为一些有志于突破高考藩篱,寻求更高数学发展的学生们准备的.

中国数学教育正在进入一个新的周期.21 世纪初的数学课程改革,正在步入深水区.单靠大呼隆地从教学方法入手改革课堂教学,毕竟是走不远的.数学课堂教学必然要基于数学本身,揭示数学本质.如果说,教学方法相当于烹调技艺,那么数学内容就相当于食材.离开食材,何谈烹调?一个注重数学内容的数学教育,正向我们走来.本书作为青年数学教师的读物,当有提升数学素养之特定功效.

文选教授是全国初等数学研究学会的首任理事长,他是初等数学研究、竞赛数学研究、教育数学研究的积极倡导者和实践者.这套书为广大初等数学研究、竞赛数学研究、教育数学研究爱好者提供了丰富的材料,可供参考.

文选教授的这些著作,事关中国数学英才教育的发展.中国高中学生,为了高考得高分,不得不进行反复复习,就地空转.如果走奥赛的路子,也脱不开应试的框框.多年来,那些富有数学才华、又对数学怀有浓厚兴趣的年轻人,没有选择自己数学道路的余地,结果是造成了中国数学英才教育的缺失.反观国外的一些数学才俊,年纪轻轻就涉猎高等数学,徜徉在数学探究的路途上.仅就亚洲来说,香港移民到澳大利亚的陶哲轩,越南的吴宝珠,都已经获得菲尔兹奖.相形之下,当知我们应努力之所在了.

话说回来,本书的内容,虽与高考无直接关系,但却是数学万花丛中的一朵.有花香的熏染,数学功力日增,对升学的侧面效应,恐也不可小看.数学英才,毕竟是大学所瞩目的.最后,我热切期望,本书的读者能够像华罗庚先生所教导的那样,将书读到厚,再从厚读到薄,汲取书中之精华,并在不久的将来,能在中国数坛的预备队里见到他们活跃的身影.

与文选教授合作多年,欣闻他新作问世.写了以上的感想,权作为序.

张奠宙
华东师范大学数学系
2013 年 5 月 10 日

前言

美丽的数学花园，奇妙的数学花坛，如果去游园，不仅欣赏了纯美的景观，而且可以享受充满数学智慧的精彩游程，开阔我们的视野，优化我们的思维，涤去蒙昧与无知．以至于诺贝尔奖获得者、著名的物理学家杨振宁先生也说出了："我赞美数学的优美和力量，它有战术的技巧与灵活，又有战略上的雄才远虑，而且，奇迹的奇迹，它的一些美妙要领竟是支配物理世界的基本结构．"

为建设好这数学花园，扩展数学花坛，就要运用张景中院士的教育数学思想，对浩如烟海的数学材料进行再创造，把数学家们的数学化成果改造成学习者易于接受的知识，把数学化过程尽可能变成适合学习者可操作的活动过程，借助操作活动展示数学的优美特征，暴露数学的实质内涵，揭示朴素的数学思考过程，让数学冰冷的美丽转化为火热的思考，将数学抽象的形式转化为具体的案例．这也可以响应张奠宙教授的倡议:建构符合时代需求的数学常识,享受充满数学智慧的精彩人生.

笔者认为,探讨数学知识的系统运用是建设数学花园、扩展数学花坛的一种重要途径.为此,笔者以数学中的几个重要工具——矩阵、行列式、向量为专题,展示它们在初等数学各学科中的广泛应用及扩展,便形成这一套书.

这本书是《从高维 Pythagoras 定理谈起——单形论漫谈》,在几何学中,最古老的定理就是直角三角形中的 Pythagoras(毕达哥拉斯,前 572—前 497)定理,在我国称为勾股定理(约前 11 世纪,商高就认识了边长为 3:4:5 的直角三角形,即勾三股四弦五):直角三角形两直角边平方和等于斜边的平方.

在平面几何中,三角形占据着极为重要的地位,它是平面中最简单的多边形,它具有一系列优美的特殊性质,人们从中归结出一系列著名的定理、公式和不等式,人们用这些定理、公式、不等式来探求平面几何中的各类问题.如果将平面中的三角形向高维欧氏空间推广,便提出了高维欧氏空间中的单纯形(简称单形)问题的研究课题.单形是高维欧氏空间中最简单的几何图形,它亦有一系列优美的特殊性质,既可从中归结出一系列定理、公式、不等式,也可运用它来探求高维欧氏空间乃至常曲率空间中的各类问题.

震动科学界的爱因斯坦相对论激起了人们对 n 维几何学的研究兴趣,人们又开始了对经典几何学的重新深入研究.从 20 世纪 80 年代以来,我国数学界以张景中、杨路、张垚、冷岗松、杨世国、苏化明、左铨如、毛其吉、张晗方、郭曙光、刘根洪、尹景尧、周加农等先生为代表提出了凸体几何学研究中的一系列重要课题. 进入 21 世纪后,在高校界,杨世国先生和他的研究生们、杨定华先生、马统一先生以及曾建国先生、王庚先生、王卫东先生等,在中学界,有周永国先生等,对凸体几何中的一些问题进行了深入地探讨,在某些方面也获得了世界领先水平的研究成果. 笔者也深入地研究了一系列问题,撰写并发表了一系列论文,也申请了有关科研课题. 为了将有关研究成果系统化,促进对凸体几何学有关问题的深入研究,建立完整的理论体系,笔者花费了多年时间和相当的精力,查阅资料,分门别类进行类比推广、探索研究,多方论证. 尤其是对三角形的高维推广进行了系统深入地研究,也获得了一系列成果,将这些成果汇集起来,便成了这本书.

凸体几何是以凸体为主要对象的现代几何的一个重要分支. 著名数学家陈省身在祝贺我国自然科学基金设立 10 周年的讲话(刊在《数学进展》25 卷第 5 期(1996))中指出:"凸体几何是一个重要而困难的方面,C_{60}的研究(1996 年获诺贝尔化学奖)显示了它在化学中的作用,它当然对固态物理也有重大作用". 由此可见,凸体几何的研究不仅具有深刻的理论意义,也有广泛的应用价值.

本书以三角形的高维推广为线索,介绍了单形的基本理论以及研究的最新进展. 这可使读者了解到:平面几何、立体几何、解析几何怎样有机地结合,怎样运用向量、k 重向量、重心坐标、矩阵及行列式等重要数学工具来解决问题. 使读者了解到:三角形性质是怎样推广到四面体的? 三角形、四面体问题又是怎样向高维欧氏空间推广的? 主要结果又如何? 反过来,又如何指导低维空间的应用研究？这样，可以使我们看到：我国已开始试验的全日制高中数学课程中引入向量、矩阵等内容的实际背景；也可以减少我们在初等数学研究中的重复性劳动，或澄清某些研究成果（许多数学杂志常刊发这些文章）意义不大的理论认识问题；也为更新知识，革新教材创造条件；还为扩大研究领域进行导引，为进一步深入研究打下基础；为获得凸体几何学的新成果做出一些努力！

为了数学教育的需要，对有关数学研究成果进行再创造式整理，以提供适于教学法加工的材料，这也是进行教育数学理论研究的任务. 本书在写作时试图体现这一点，以便与从事这一课题研究的工作者共勉！

此书的初稿曾以《单形论导引——三角形的高维推广研究》为书名，获得湖南师范大学出版基金资助，由湖南师范大学出版社于 2000 年出版. 这次重新撰写，在原来的基础上做了较大调整，删去了第九章多胞形，增补了近 20 年的最新研究成果.

在本书的写作过程中，张垚教授、冷岗松教授、杨世国教授曾给予热情的指导与帮助，他们不仅提供了自己的最新研究成果，还提出了许多修改意见. 特别是张垚教授，在百忙中挤时间审阅书稿，撰写初版序言. 他们的大力帮助，使本书增色不少，在此深表感谢！

在此也要衷心感谢张景中院士、张奠宙教授在百忙中为本套书题字、作序；衷心感谢本书后面参考文献的作者，是他们的成果丰富了本书的内容；衷心感谢刘培杰数学工作室，感谢刘培杰老师、张永芹老师、刘家琳老师等诸位老师，使得本书以新的面目展现在读者面前；衷心感谢我的同事邓汉元教授、我的朋友赵雄辉研究员、欧阳新龙先生、黄仁寿先生,以及我的研究生们:吴仁芳、谢圣英、羊明亮、彭熹、谢立红、陈丽芳、谢美丽、陈淼君等对我写作工作的大力协助;还要感谢我的家人对我写作的大力支持!

限于作者的水平,本书不完善之处在所难免,恳请读者批评指正.

沈文选　杨清桃

2015 年 6 月于岳麓山下长塘山

目录

从高维 Pythagoras 定理谈起

引言

在几何学中，最古老的定理就是直角三角形中的 Pythagoras 定理，在我国称为勾股定理（约公元前 11 世纪，我国的商高就认识到了边长为 3:4:5 的直角三角形，即勾三股四弦五）：直角三角形两直角边平方之和等于斜边的平方. 如图 1（a），在 Rt$\triangle ABC$ 中，$\angle C=90°$，则 $AB^2=AC^2+BC^2$，或 $c^2=b^2+a^2$.

也可以把这样的直角三角形放到矩形图中或把直角三角形扩展为矩形 $ADBC$，如图 1（b）. 此时 $CD=AB$，亦有 $AC^2+BC^2=AB^2=CD^2$，或 $b^2+a^2=c^2=l^2$.

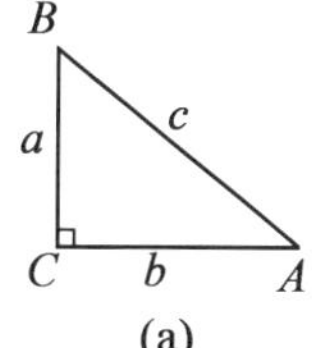

(a)

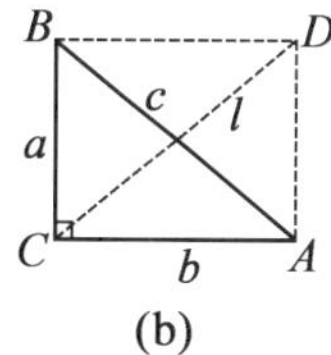

(b)

图 1

如果将直角三角形推广到 3 维空间，即得立体几何中的直角四面体 $P-ABC$，如图 2(a)，在直角四面体 $P-ABC$ 中，$\angle APB=\angle BPC=\angle CPA=90°$，则可推证得

$$S_{\triangle ABC}^2=S_{\triangle APB}^2+S_{\triangle BPC}^2+S_{\triangle CPA}^2$$

事实上，如图 2(a)，作 $PE\perp AC$ 于点 E，联结 BE，则 $BE\perp AC$，注意到勾股定理，有

$$\begin{aligned}S_{\triangle ABC}^2&=(\frac{1}{2}AC\cdot BE)^2\\&=\frac{1}{4}(PA^2+PC^2)\cdot(PB^2+PE^2)\\&=\frac{1}{4}PA^2\cdot PB^2+\frac{1}{4}PC^2\cdot PB^2+\\&\quad\frac{1}{4}(PA^2+PC^2)\cdot PE^2\\&=S_{\triangle APB}^2+S_{\triangle BPC}^2+S_{\triangle CPA}^2\end{aligned}$$

如果顶点 X 所对的面的面积记为 S_X，则 $S_P^2=S_A^2+S_B^2+S_C^2$.

同样地，也可以把直角四面体放到长方体中或把直角四面体扩展为长方体 $PAA'C-BC'P'B'$，如图 2(b)，则由长方体的性质，知 $PA^2+PB^2+PC^2=PP'^2$，或 $a^2+b^2+c^2=PP'^2=l^2$.

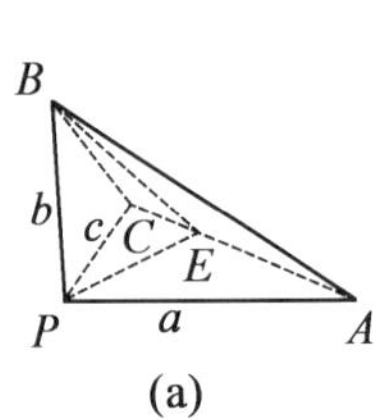

(a)

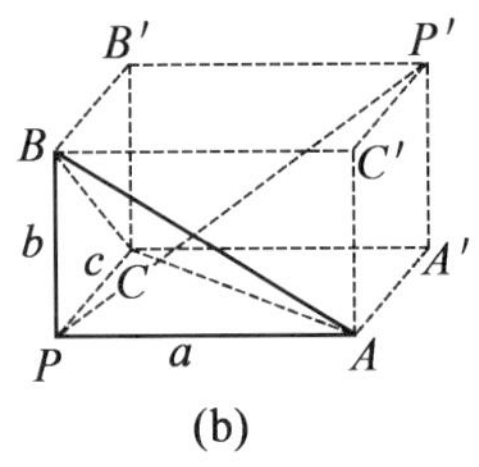

(b)

图 2

此时,我们可称 $S_P^2 = S_A^2 + S_B^2 + S_C^2$ 及 $a^2 + b^2 + c^2 = l^2$ 为 3 维欧氏空间中的 Pythagoras 定理.

那么,对于 4 维欧氏空间,乃至于 n 维欧氏空间,有高维的 Pythagoras 定理吗?

1 维单形就是线段,2 维单形就是三角形,3 维单形就是四面体. 4 维单形是什么? n 维单形中有 Pythagoras定理吗? 有类似于三角形中哪些其他高维定理呢?

回答是肯定的,这是为什么? 这就是这一本书要讨论的问题了.

第一章 n 维欧氏空间简介

研究几何问题离不开直观,而引进空间笛卡儿直角坐标系或空间仿射坐标系,利用有序实数组与点的坐标的一一对应关系,是用代数方法直观地研究几何问题的重要途径.这里的直观有两层含义:一层是“形似”,再一层是“神似”.

利用两个实数所构成的有序实数对可以表示2维直角坐标或仿射坐标平面上的点;利用有序实数对所适合的某种关系如不等式、方程(组)等关系表示坐标平面上的点集所具有的几何性质而得几何图形,这里的点、平面、几何图形是一种“形似”的直观.如果将这里的几何术语的含义加以引申,把有序实数对(x, y)也叫作一个点;并将所有这些点的集合叫作一个2维空间,又称平面;把满足某种关系诸如不等式、方程(组)关系的有序实数对集合叫作2维空间中的几何图形,则这种引申意义上的点、平面、几何

图形是一种"神似"的直观.

为了将平面几何问题、立体几何问题向高维空间推广,"神似"的直观将给我们带来极大的方便.

设 n 为任意正整数,如果我们把有序 n 实数组 $(x_1,x_2,\cdots,x_n)$ 叫作点,记作 X;将所有这样的点 X 的集合叫作 n 维空间,又叫作 $n+1$ 维空间中的"超"平面;把满足某种关系诸如不等式、方程(组)关系的有序 n 实数组集合叫作 n 维空间中的几何图形.若对这样的点赋予线性性质与度量性质,则可以讨论 n 维欧氏空间中的有关问题了.

§1.1　点的向量表示和向量的运算

在 n 维空间内取一定点 O,作为 n 维空间笛卡儿直角坐标系或 n 维空间仿射坐标系的原点,那么该空间中任一点 $P(x_1,x_2,\cdots,x_n)$ 与有向线段 $\overrightarrow{OP}$ 一一对应,我们称有向线段 $\overrightarrow{OP}$ 为点 P 的向量表示.于是,我们有:

定义 1.1.1　把有序 n 实数组 $(x_1,x_2,\cdots,x_n)$ 叫作一个 n 维向量,并以 $\boldsymbol{\alpha}$ 记之,其中 $x_i(i=1,2,\cdots,n)$ 称为 n 维向量 $\boldsymbol{\alpha}$ 的分量.若该有序 n 实数组记为点 P,则向量 $\boldsymbol{P}$ 称为该点的单点向量或顶点向量.

定义 1.1.2　如果 n 维向量 $\boldsymbol{\alpha}=(x_1,x_2,\cdots,x_n)$, $\boldsymbol{\beta}=(y_1,y_2,\cdots,y_n)$ 的对应分量都相等,即 $x_i=y_i(i=1,2,\cdots,n)$,则称这两个向量是相等的,记作 $\boldsymbol{\alpha}=\boldsymbol{\beta}$.

n 维向量之间的基本关系是用向量的加法和数量乘法(即线性性质)表示的.

定义 1.1.3　n 维向量 $\boldsymbol{\gamma}=(x_1+y_1,x_2+y_2,\cdots,$

x_n+y_n)称为两个 n 维向量 $\boldsymbol{\alpha}=(x_1,x_2,\cdots,x_n)$,$\boldsymbol{\beta}=(y_1,y_2,\cdots,y_n)$的和,记为 $\boldsymbol{\gamma}=\boldsymbol{\alpha}+\boldsymbol{\beta}$.

由定义立即推出 n 维向量的加法满足

交换律 $\boldsymbol{\alpha}+\boldsymbol{\beta}=\boldsymbol{\beta}+\boldsymbol{\alpha}$ (1.1.1)

结合律 $\boldsymbol{\alpha}+(\boldsymbol{\beta}+\boldsymbol{\gamma})=(\boldsymbol{\alpha}+\boldsymbol{\beta})+\boldsymbol{\gamma}$ (1.1.2)

定义 1.1.4 分量全为零的向量$(0,0,\cdots,0)$称为零向量,记为$\mathbf{0}$;向量$(-x_1,-x_2,\cdots,-x_n)$称为向量 $\boldsymbol{\alpha}=(x_1,x_2,\cdots,x_n)$的负向量,记为 $-\boldsymbol{\alpha}$.

显然,对任意的 n 维向量 $\boldsymbol{\alpha}$,有

$$\boldsymbol{\alpha}+\mathbf{0}=\boldsymbol{\alpha} \tag{1.1.3}$$

$$\boldsymbol{\alpha}+(-\boldsymbol{\alpha})=\mathbf{0} \tag{1.1.4}$$

以上式(1.1.1)~(1.1.4)是向量加法的四条基本运算规则.

利用负向量,我们可以定义 n 维向量的减法:

定义 1.1.5 $\boldsymbol{\alpha}-\boldsymbol{\beta}=\boldsymbol{\alpha}+(-\boldsymbol{\beta})$.

定义 1.1.6 设 k 为实数,则 n 维向量$(kx_1,kx_2,\cdots,kx_n)$称为 n 维向量 $\boldsymbol{\alpha}=(x_1,x_2,\cdots,x_n)$与数 k 的纯量乘积(或向量的数乘),记为 $k\boldsymbol{\alpha}$.

由上述定义立即推出 n 维向量的纯(或数)量乘法满足

分配律(Ⅰ) $k(\boldsymbol{\alpha}+\boldsymbol{\beta})=k\boldsymbol{\alpha}+k\boldsymbol{\beta}$ (1.1.5)

分配律(Ⅱ) $(k+l)\boldsymbol{\alpha}=k\boldsymbol{\alpha}+l\boldsymbol{\alpha}$ (1.1.6)

结合律 $k(l\boldsymbol{\alpha})=(kl)\boldsymbol{\alpha}$ (1.1.7)

$$1\cdot\boldsymbol{\alpha}=\boldsymbol{\alpha} \tag{1.1.8}$$

以上式(1.1.5)~(1.1.8)是关于纯(或数)量乘法的四条基本运算规则. 由此不难推出

$$0\cdot\boldsymbol{\alpha}=\mathbf{0},(-1)\boldsymbol{\alpha}=-\boldsymbol{\alpha},k\mathbf{0}=\mathbf{0}$$

如果 $k\neq0$,$\boldsymbol{\alpha}\neq\mathbf{0}$,那么 $k\boldsymbol{\alpha}\neq\mathbf{0}$.

关于 $r(>2)$ 个 n 维向量的加法、纯(或数)量乘法规则,均可由上述定义及运算规则而推出.

定义 1.1.7　如果 n 维向量 $\boldsymbol{\alpha}=(x_1,x_2,\cdots,x_n)$,$\boldsymbol{\beta}=(y_1,y_2,\cdots,y_n)$ 的对应分量成比例,即有非零实数 k,使得 $kx_i=y_i(i=1,2,\cdots,n)$,则称这两个向量是共线的,并记为 $\boldsymbol{\alpha}/\!/\boldsymbol{\beta}$ 或 $\boldsymbol{\beta}/\!/\boldsymbol{\alpha}$.

显然,向量 $\boldsymbol{\beta}$ 与非零向量 $\boldsymbol{\alpha}$ 共线⇔有且只有一个非零实数 k,使得 $\boldsymbol{\beta}=k\boldsymbol{\alpha}$.

于是,由向量数乘的定义可知 $\boldsymbol{\alpha}/\!/\boldsymbol{\beta}\Leftrightarrow\boldsymbol{\alpha}=\lambda\boldsymbol{\beta}$ 或 $\boldsymbol{\beta}=k\boldsymbol{\alpha}$($\lambda,k$ 均为非零实数).

从而,对于两个非零的 n 维向量 $\boldsymbol{\alpha},\boldsymbol{\beta}$,若 $\lambda\boldsymbol{\alpha}+\mu\boldsymbol{\beta}=\boldsymbol{0}$($\lambda,\mu$ 均为非零实数),且 $\boldsymbol{\alpha}$ 不平行于 $\boldsymbol{\beta}$,则 $\lambda=\mu=0$.

根据上面的向量加法、纯(或数)量乘法规则,我们可以讨论 $r(>2)$ 个 n 维向量间的一种关系.

设 $\boldsymbol{\alpha}_1,\boldsymbol{\alpha}_2,\cdots,\boldsymbol{\alpha}_r$ 为 r 个 n 维向量,$k_1,k_2,\cdots,k_r$ 是 r 个实数(亦可为复数),对于 n 维向量 $\boldsymbol{\beta}$,若有

$$\boldsymbol{\beta}=k_1\boldsymbol{\alpha}_1+k_2\boldsymbol{\alpha}_2+\cdots+k_r\boldsymbol{\alpha}_r$$

则称 $\boldsymbol{\beta}$ 为向量组 $\boldsymbol{\alpha}_1,\boldsymbol{\alpha}_2,\cdots,\boldsymbol{\alpha}_r$ 的一个线性组合,或称 $\boldsymbol{\beta}$ 可以用向量组 $\boldsymbol{\alpha}_1,\boldsymbol{\alpha}_2,\cdots,\boldsymbol{\alpha}_r$ 线性表出.

如果 $k_1,k_2,\cdots,k_r$ 不全为零,使得

$$k_1\boldsymbol{\alpha}_1+k_2\boldsymbol{\alpha}_2+\cdots+k_r\boldsymbol{\alpha}_r=\boldsymbol{0} \qquad (*)$$

则称向量 $\boldsymbol{\alpha}_1,\boldsymbol{\alpha}_2,\cdots,\boldsymbol{\alpha}_r$ 线性相关.

如果向量 $\boldsymbol{\alpha}_1,\boldsymbol{\alpha}_2,\cdots,\boldsymbol{\alpha}_r$ 不线性相关,就称为线性无关;或者说,如果向量组 $\boldsymbol{\alpha}_1,\boldsymbol{\alpha}_2,\cdots,\boldsymbol{\alpha}_r$ 称为线性无关,由等式($*$)可以推出 $k_1=k_2=\cdots=k_r=0$.

由上可知,两个向量线性相关就是向量共线的,两个向量线性无关就一定不共线了;但三个或以上向量

线性相关就不一定是共线的.

n 维向量之间的结构关系是用向量的内积(或数量积)、外积(或向量积)等表示的(即度量性质).

定义 1.1.8 设 $\boldsymbol{\alpha}=(x_1,x_2,\cdots,x_n)$,$\boldsymbol{\beta}=(y_1,y_2,\cdots,y_n)$为两任意 n 维向量,数量 $x_1y_1+x_2y_2+\cdots+x_ny_n$ 为 $\boldsymbol{\alpha}$ 和 $\boldsymbol{\beta}$ 的内积,记为 $\boldsymbol{\alpha}\cdot\boldsymbol{\beta}$.

由上述定义,立即推出向量的内积满足

交换律 $\boldsymbol{\alpha}\cdot\boldsymbol{\beta}=\boldsymbol{\beta}\cdot\boldsymbol{\alpha}$ (1.1.9)

与数的结合律 $(k\boldsymbol{\alpha})\cdot\boldsymbol{\beta}=k(\boldsymbol{\alpha}\cdot\boldsymbol{\beta})$ (1.1.10)

分配律 $(\boldsymbol{\alpha}+\boldsymbol{\beta})\cdot\boldsymbol{\gamma}=\boldsymbol{\alpha}\cdot\boldsymbol{\gamma}+\boldsymbol{\beta}\cdot\boldsymbol{\gamma}$ (1.1.11)

自内积非负律,$\boldsymbol{\alpha}\cdot\boldsymbol{\alpha}\geqslant 0$,当且仅当 $\boldsymbol{\alpha}=\boldsymbol{0}$ 时

$$\boldsymbol{\alpha}\cdot\boldsymbol{\alpha}=0 \tag{1.1.12}$$

以上式(1.1.9)~(1.1.12)是四条内积运算规则.

对于 $r(\geqslant 2)$ 个 n 维向量的内积,可由如上定义与运算规则(或运算性质)及数量乘法定义而推出.

对于向量的外积、混合积,我们在此仅考虑 3 维向量的情形.

定义 1.1.9 设 $\boldsymbol{\alpha}=(x_1,x_2,x_3)$,$\boldsymbol{\beta}=(y_1,y_2,y_3)$是两任意 3 维向量,称向量$(x_2y_3-y_2x_3,x_3y_1-y_3x_1,x_1y_2-y_1x_2)$为 $\boldsymbol{\alpha}$ 与 $\boldsymbol{\beta}$ 的外积,这个向量与 $\boldsymbol{\alpha}$,$\boldsymbol{\beta}$ 都垂直,且 $\boldsymbol{\alpha}$,$\boldsymbol{\beta}$ 与这个向量按此顺序构成右手系,记这个向量(或 $\boldsymbol{\alpha}$ 与 $\boldsymbol{\beta}$ 的外积)为$\boldsymbol{\alpha}\times\boldsymbol{\beta}$.

由上述定义,立即推出 3 维向量的外积具有

反交换律 $\boldsymbol{\alpha}\times\boldsymbol{\beta}=-\boldsymbol{\beta}\times\boldsymbol{\alpha}$ (1.1.13)

与数乘结合律 $(l\boldsymbol{\alpha})\times\boldsymbol{\beta}=l(\boldsymbol{\alpha}\times\boldsymbol{\beta})$ (1.1.14)

分配律 $\boldsymbol{\alpha}\times(\boldsymbol{\beta}+\boldsymbol{\gamma})=\boldsymbol{\alpha}\times\boldsymbol{\beta}+\boldsymbol{\alpha}\times\boldsymbol{\gamma}$ (1.1.15)

自外积为零律 $\boldsymbol{\alpha}\times\boldsymbol{\alpha}=\boldsymbol{0}$ (1.1.16)

以上式(1.1.13)～(1.1.16)是四条外积运算规则.

对于 $r(\geqslant 2)$ 个 3 维向量的外积,由上述定义、规则(或运算性质)不难看出.

定义 1.1.10　在已给的 3 个 3 维向量 $\boldsymbol{\alpha},\boldsymbol{\beta},\boldsymbol{\gamma}$ 中,任取它们之中两个向量作外积,再和第三个作内积,所得结果是一个数量,称为这三个向量的混合积.

由上述定义,给出 3 个向量 $\boldsymbol{\alpha}=(x_1,x_2,\cdots,x_n)$,$\boldsymbol{\beta}=(y_1,y_2,\cdots,y_n)$,$\boldsymbol{\gamma}=(z_1,z_2,\cdots,z_n)$的混合积有 12 个,它们是

$$\boldsymbol{\alpha}\cdot(\boldsymbol{\beta}\times\boldsymbol{\gamma}),\boldsymbol{\beta}\cdot(\boldsymbol{\gamma}\times\boldsymbol{\alpha}),\boldsymbol{\gamma}\cdot(\boldsymbol{\alpha}\cdot\boldsymbol{\beta}) \quad (\mathrm{I})$$

$$(\boldsymbol{\beta}\times\boldsymbol{\gamma})\cdot\boldsymbol{\alpha},(\boldsymbol{\gamma}\times\boldsymbol{\alpha})\cdot\boldsymbol{\beta},(\boldsymbol{\alpha}\times\boldsymbol{\beta})\cdot\boldsymbol{\gamma} \quad (\mathrm{II})$$

$$\boldsymbol{\alpha}\cdot(\boldsymbol{\gamma}\times\boldsymbol{\alpha}),\boldsymbol{\beta}\cdot(\boldsymbol{\alpha}\times\boldsymbol{\gamma}),\boldsymbol{\gamma}\cdot(\boldsymbol{\beta}\times\boldsymbol{\alpha}) \quad (\mathrm{III})$$

$$(\boldsymbol{\gamma}\times\boldsymbol{\beta})\cdot\boldsymbol{\alpha},(\boldsymbol{\alpha}\times\boldsymbol{\gamma})\cdot\boldsymbol{\beta},(\boldsymbol{\beta}\times\boldsymbol{\alpha})\cdot\boldsymbol{\gamma} \quad (\mathrm{IV})$$

显然(Ⅰ)中三个依次等于(Ⅱ)中的三个,(Ⅲ)中的三个依次等于(Ⅳ)中的三个. 又(Ⅰ)中三个与(Ⅲ)中三个只差一个负号,故我们只需注意(Ⅱ)中三个即可. 由定义 1.1.8 及 1.1.7 便可推得混合积的计算结果.

关于外积分配律的证明,混合积的意义及特性等可参见作者另著《从 Stewart 定理的表示谈起——向量理论漫谈》.

§1.2　n 维欧氏空间

1.2.1　n 维欧氏空间的有关概念与基本性质

本节介绍 n 维欧氏空间中的基本概念与简单性质.

定义 1.2.1　如果对所有的如前定义的 n 维向量,引进如前定义的加法、数乘运算,则此空间称为 n 维向量空间(或线性空间),并记作 L^n.

定义 1.2.2　对于如上定义的 n 维向量空间 L^n,引进如前定义的内积,则这样的向量空间称为欧几里得空间,简称为欧氏空间,记为 E^n.

由定义 1.1.8 知,$\boldsymbol{\alpha}\cdot\boldsymbol{\alpha}\geqslant 0$,当且仅当 $\boldsymbol{\alpha}=\mathbf{0}$ 时 $\boldsymbol{\alpha}\cdot\boldsymbol{\alpha}=0$,因而对于任意的向量 $\boldsymbol{\alpha}$,$(\boldsymbol{\alpha}\cdot\boldsymbol{\alpha})^{\frac{1}{2}}$ 是有意义的.所以,我们有:

定义 1.2.3　在 E^n 中,非负实数 $(\boldsymbol{\alpha}\cdot\boldsymbol{\alpha})^{\frac{1}{2}}$ 称为向量 $\boldsymbol{\alpha}$ 的长度,记为 $|\boldsymbol{\alpha}|$.

显然,向量的长度一般是正数,只有零向量的长度才是零. 这样定义的长度符合熟知的性质: $|k\boldsymbol{\alpha}|=|k||\boldsymbol{\alpha}|$,其中 $k\in\mathbf{R}$,$\boldsymbol{\alpha}\in E^n$.

事实上,$|k\boldsymbol{\alpha}|=(k\boldsymbol{\alpha}\cdot k\boldsymbol{\alpha})^{\frac{1}{2}}=(k^2\boldsymbol{\alpha}\cdot\boldsymbol{\alpha})^{\frac{1}{2}}=|k||\boldsymbol{\alpha}|$.

定义 1.2.4　称长度为 1 的向量为单位向量.

特别地,若 $\boldsymbol{\alpha}\neq\mathbf{0}$,则 $\frac{1}{|\boldsymbol{\alpha}|}\boldsymbol{\alpha}$ 就是一个单位向量.

由定义 1.1.8 及 1.2.3,我们有:

性质 1.2.1　(柯西－布涅柯夫斯基不等式)对于任意 n 维向量 $\boldsymbol{\alpha},\boldsymbol{\beta}$,有

$$|\boldsymbol{\alpha}\cdot\boldsymbol{\beta}|\leqslant|\boldsymbol{\alpha}|\cdot|\boldsymbol{\beta}| \tag{1.2.1}$$

当且仅当 $\boldsymbol{\alpha},\boldsymbol{\beta}$ 线性相关时,等号才成立.

证明　当 $\boldsymbol{\beta}=\mathbf{0}$ 时,式(1.2.1)显然成立. 以下设 $\boldsymbol{\beta}\neq\mathbf{0}$,令 t 是一个实变数,作向量 $\boldsymbol{\gamma}=\boldsymbol{\alpha}+t\boldsymbol{\beta}$,且不论 t 取何值,均有

$$\boldsymbol{\gamma}\cdot\boldsymbol{\gamma}=(\boldsymbol{\alpha}+t\boldsymbol{\beta})\cdot(\boldsymbol{\alpha}+t\boldsymbol{\beta})\geqslant 0$$

即
$$\boldsymbol{\alpha}\cdot\boldsymbol{\alpha}+2\boldsymbol{\alpha}\cdot\boldsymbol{\beta}t+\boldsymbol{\beta}\cdot\boldsymbol{\beta}t^2\geqslant 0$$

由上述知其判别式非正,即
$$(\boldsymbol{\alpha}\cdot\boldsymbol{\beta})^2-(\boldsymbol{\alpha}\cdot\boldsymbol{\alpha})(\boldsymbol{\beta}\cdot\boldsymbol{\beta})\leqslant 0$$

亦即
$$|\boldsymbol{\alpha}\cdot\boldsymbol{\beta}|\leqslant|\boldsymbol{\alpha}|\cdot|\boldsymbol{\beta}|$$

由式(1.2.1),我们有:

定义 1.2.5　在 E^n 中,n 维非零向量 $\boldsymbol{\alpha},\boldsymbol{\beta}$ 的夹角 $\langle\boldsymbol{\alpha},\boldsymbol{\beta}\rangle$ 规定为
$$\langle\boldsymbol{\alpha},\boldsymbol{\beta}\rangle=\arccos\frac{\boldsymbol{\alpha}\cdot\boldsymbol{\beta}}{|\boldsymbol{\alpha}|\cdot|\boldsymbol{\beta}|},0\leqslant\langle\boldsymbol{\alpha},\boldsymbol{\beta}\rangle<\pi \tag{1.2.2}$$

由定义 1.2.5,我们有:

定义 1.2.6　如果 n 维向量 $\boldsymbol{\alpha},\boldsymbol{\beta}$ 的内积为零,即 $\boldsymbol{\alpha}\cdot\boldsymbol{\beta}=0$,则 $\boldsymbol{\alpha},\boldsymbol{\beta}$ 称为正交或互相垂直,记为 $\boldsymbol{\alpha}\perp\boldsymbol{\beta}$.

由上可知,两个向量正交的充分必要条件是它们的夹角为$\frac{\pi}{2}$;只有零向量才与自己正交.

下面来看线性无关向量组的问题.

定义 1.2.7　设 $\boldsymbol{\varepsilon}_1,\boldsymbol{\varepsilon}_2,\cdots,\boldsymbol{\varepsilon}_n$ 是 E^n 中 n 个线性无关的向量,当 E^n 中任一量 $\boldsymbol{\alpha}=(x_1,x_2,\cdots,x_n)$ 是向量组 $\boldsymbol{\varepsilon}_1,\boldsymbol{\varepsilon}_2,\cdots,\boldsymbol{\varepsilon}_n$ 的线性组合时,即
$$\boldsymbol{\alpha}=x_1\boldsymbol{\varepsilon}_1+x_2\boldsymbol{\varepsilon}_2+\cdots+x_n\boldsymbol{\varepsilon}_n$$
则称 $\boldsymbol{\varepsilon}_1,\boldsymbol{\varepsilon}_2,\cdots,\boldsymbol{\varepsilon}_n$ 为 E^n 中的一组基.

定义 1.2.8　若在 E^n 中取一组 $\boldsymbol{\varepsilon}_1,\boldsymbol{\varepsilon}_2,\cdots,\boldsymbol{\varepsilon}_n$,对 E^n 中任意两向量 $\boldsymbol{\alpha}=(x_1,x_2,\cdots,x_n)$,$\boldsymbol{\beta}=(y_1,y_2,\cdots,y_n)$可表示为 $\boldsymbol{\alpha}=\sum\limits_{i=1}^{n}x_i\boldsymbol{\varepsilon}_i$,$\boldsymbol{\beta}=\sum\limits_{i=1}^{n}y_i\boldsymbol{\varepsilon}_i$,则称 $\boldsymbol{\alpha}\cdot\boldsymbol{\beta}=\sum\limits_{i=1}^{n}\sum\limits_{j=1}^{n}(\boldsymbol{\varepsilon}_i\cdot\boldsymbol{\varepsilon}_j)x_iy_j=\boldsymbol{\alpha}^{\mathrm{T}}\boldsymbol{A}\boldsymbol{\beta}$ 中的正方形数表 $\boldsymbol{A}=$

$(a_{ij})_{n\times n}=(\boldsymbol{\varepsilon}_i\cdot\boldsymbol{\varepsilon}_j)_{n\times n}$为基 $\boldsymbol{\varepsilon}_1,\boldsymbol{\varepsilon}_2,\cdots,\boldsymbol{\varepsilon}_n$ 的度量矩阵.

由此,我们有:

性质 1.2.2　度量矩阵完全确定了两个 n 维向量的内积;不同基的度量矩阵合同(即有 n 阶可逆矩阵 $\boldsymbol{C}$,使 $\boldsymbol{B}=\boldsymbol{C}^{\mathrm{T}}\boldsymbol{A}\boldsymbol{C}$,则两个 n 阶矩阵 $\boldsymbol{A},\boldsymbol{B}$ 合同);且度量矩阵正定(即所有顺序主子式 $\begin{vmatrix} a_{11} & \cdots & a_{1i} \\ \vdots & & \vdots \\ a_{i1} & \cdots & a_{ii} \end{vmatrix}$ 全大于零).

定义 1.2.9　E^n 中的一组非零向量,若它们两两正交,则称为一正交向量组. 特别地,只含一个非零向量的向量组也叫正交向量组.

性质 1.2.3　正交向量组是线性无关的;且两两正交的非零向量个数不能超过空间的维数.

定义 1.2.10　在 E^n 中,由 n 个向量组成的正交向量组称为正交基;由单位向量组成的正交基称为标准正交基.

对一组正交基进行单位化就得到一组标准正交基. 由此,我们知:

性质 1.2.4　一组基为标准正交基的充分必要条件是:它的度量矩阵为单位矩阵 $\boldsymbol{E}_n$(主对角线元素为 1,其余元素均为 0 的矩阵).

性质 1.2.5　在 E^n 中,标准正交基是存在的.

用数学归纳法我们还可证得:

性质 1.2.6　在 E^n 中,任何一个向量组都可扩充成一组正交基.

定义 1.2.11　若 n 阶实数矩阵 $\boldsymbol{A}$,满足 $\boldsymbol{A}^{\mathrm{T}}\boldsymbol{A}=\boldsymbol{E}_n$,则称 $\boldsymbol{A}$ 为正交矩阵(其中 $\boldsymbol{A}^{\mathrm{T}}$ 为矩阵 $\boldsymbol{A}$ 的行与列互换后的矩阵).

性质 1.2.7　由标准正交基到标准正交基的过渡矩阵是正交矩阵;反过来,若第一组基标准正交,同时过渡矩阵是正交矩阵,则第二组基一定也是标准正交的.

由式(1.2.1),我们还有:

性质 1.2.8　(三角形不等式)对于任意 n 维向量 $\boldsymbol{\alpha}$ 与 $\boldsymbol{\beta}$,有

$$|\boldsymbol{\alpha}+\boldsymbol{\beta}| \leqslant |\boldsymbol{\alpha}| + |\boldsymbol{\beta}| \tag{1.2.3}$$

略证　由

$$\begin{aligned}&|\boldsymbol{\alpha}+\boldsymbol{\beta}|^2 = (\boldsymbol{\alpha}+\boldsymbol{\beta})\cdot(\boldsymbol{\alpha}+\boldsymbol{\beta})\\ &=\boldsymbol{\alpha}\cdot\boldsymbol{\alpha}+2\boldsymbol{\alpha}\cdot\boldsymbol{\beta}+\boldsymbol{\beta}\cdot\boldsymbol{\beta}\leqslant|\boldsymbol{\alpha}|^2+2|\boldsymbol{\alpha}|\cdot|\boldsymbol{\beta}|+|\boldsymbol{\beta}|^2\\ &=(|\boldsymbol{\alpha}|+|\boldsymbol{\beta}|)^2\end{aligned}$$

即证.

由式(1.2.3)的证明及定义 1.2.6,我们有:

性质 1.2.9　(勾股定理)设 n 维向量 $\boldsymbol{\alpha},\boldsymbol{\beta}$ 正交,则

$$|\boldsymbol{\alpha}+\boldsymbol{\beta}|^2 = |\boldsymbol{\alpha}|^2 + |\boldsymbol{\beta}|^2 \tag{1.2.4}$$

推论　设 n 维向量 $\boldsymbol{\alpha}_1,\boldsymbol{\alpha}_2,\cdots,\boldsymbol{\alpha}_n$ 两两正交,则

$$|\boldsymbol{\alpha}_1+\boldsymbol{\alpha}_2+\cdots+\boldsymbol{\alpha}_n|^2 = |\boldsymbol{\alpha}_1|^2+|\boldsymbol{\alpha}_2|^2+\cdots+|\boldsymbol{\alpha}_n|^2 \tag{1.2.5}$$

再由定义 1.2.3,即向量 $\boldsymbol{\alpha}-\boldsymbol{\beta}$ 的长度为

$$\begin{aligned}&|\boldsymbol{\alpha}-\boldsymbol{\beta}|\\ &=((\boldsymbol{\alpha}-\boldsymbol{\beta})\cdot(\boldsymbol{\alpha}-\boldsymbol{\beta}))^{\frac{1}{2}}\\ &=\sqrt{(x_1-y_1)^2+(x_2-y_2)^2+\cdots+(x_n-y_n)^2}\end{aligned} \tag{1.2.6}$$

上式表明,E^n 中两向量 $\boldsymbol{\alpha},\boldsymbol{\beta}$ 对应两点 X,Y(其中 $\boldsymbol{X}=(x_1,x_2,\cdots,x_n)$,$\boldsymbol{Y}=(y_1,y_2,\cdots,y_n)$)之间的距离 $\rho(X,Y)=|\boldsymbol{\alpha}-\boldsymbol{\beta}|=|\boldsymbol{X}-\boldsymbol{Y}|$

$$= \sqrt{(x_1 - y_1)^2 + (x_2 - y_2)^2 + \cdots + (x_n - y_n)^2}$$

$$= \sqrt{\sum_{i=1}^{n} x_i^2 + \sum_{i=1}^{n} y_i^2 - 2\sum_{i=1}^{n} x_i y_i}$$

由此即知，$|\boldsymbol{\alpha}| = \sqrt{x_1^2 + x_2^2 + \cdots + x_n^2}$ 表示定点 O 与点 X 之间的距离 $\rho(O,X)$. 又

$$\rho^2(X,Y) = \rho^2(O,X) + \rho^2(O,Y) - 2\boldsymbol{\alpha} \cdot \boldsymbol{\beta}$$

或 $$\boldsymbol{\alpha} \cdot \boldsymbol{\beta} = \frac{1}{2}[\rho^2(O,X) + \rho^2(O,Y) - \rho^2(X,Y)]$$

表示 $\boldsymbol{\alpha}$ 与 $\boldsymbol{\beta}$ 的内积与点 X,Y,O 之间的关系.

由上可知，E^n 是特殊的度量空间，满足距离三公理：

(i) 对于任意两点 X 和 Y，都有一个非负实数 $|\overrightarrow{XY}|$ 与之对应，这个数称为从点 X 到点 Y 的距离. 当且仅当点 X 和点 Y 重合时，距离 $|\overrightarrow{XY}|$ 等于零.

(ii) 从点 X 到点 Y 的距离等于从点 Y 到点 X 的距离

$$|\overrightarrow{XY}| = |\overrightarrow{YX}|$$

(iii) 对于任意三点 X,Y,Z，从 X 到 Z 的距离不大于从 X 到 Y 与从 Y 到 Z 的距离和

$$|\overrightarrow{XZ}| \leqslant |\overrightarrow{XY}| + |\overrightarrow{YZ}| \qquad (1.2.7)$$

式(1.2.7)亦即为三角形不等式，类似于式(1.2.3)而证. 但值得注意的是其中等号成立的充要条件为 $\lambda \overrightarrow{XY} + \mu \overrightarrow{YZ} = \lambda(\boldsymbol{Y} - \boldsymbol{X}) + \mu(\boldsymbol{Y} - \boldsymbol{Z}) = 0$，$\lambda,\mu$ 不全为零，且 $(\boldsymbol{Y} - \boldsymbol{X}) \cdot (\boldsymbol{Y} - \boldsymbol{Z}) \geqslant 0$，亦即 $\boldsymbol{Y} = \dfrac{\lambda \boldsymbol{X} + \mu \boldsymbol{Z}}{\lambda + \mu}$，$\lambda\mu \geqslant 0$，$\lambda + \mu \neq 0$.

令 $\dfrac{\mu}{\lambda + \mu}$，则 $\dfrac{\lambda}{\lambda + \mu} = 1 - t$，则上式可改记为

$$\boldsymbol{Y}=(1-t)\boldsymbol{X}+t\boldsymbol{Z}\quad (t\in[0,1))\qquad(1.2.8)$$

定义 1.2.12　集合$\{\boldsymbol{Y}|\boldsymbol{Y}=(1-t)\boldsymbol{X}+t\boldsymbol{Z},0\leqslant t\leqslant 1\}$称为以$X,Z$为端点的线段$XZ$,式(1.2.8)称为线段$XZ$的方程,参数为$t=\dfrac{|\boldsymbol{Y}-\boldsymbol{X}|}{|\boldsymbol{Z}-\boldsymbol{X}|}=\dfrac{\rho(X,Y)}{\rho(Z,X)}$,$\rho(Z,X)$称为线段$XZ$的长度.

在式(1.2.8)中,如果允许t分别在$(0,+\infty)$和$(-\infty,+\infty)$中取值,则相应点Y的集合称为射线XZ和直线XZ.

下面我们介绍n维欧式空间中的$n-1$维超平面的概念与性质.

定义 1.2.13　E^n的子集合$\{\boldsymbol{X}|\boldsymbol{N}\cdot\boldsymbol{X}=p\}$称为$n-1$维超平面,记作$\pi_{n-1}$,$\boldsymbol{X}$为$n$维向量,$\boldsymbol{N}$和$p$是已知的$n$维向量和实数. 这样$n-1$维超平面亦称$n-1$维定向超平面,$\boldsymbol{N}\neq\boldsymbol{0}$称为$n-1$维超平面的法向量.

显然,2维空间的超平面就是直线,3维空间的超平面就是一般的平面.

对任意非零实数λ,有$\{\boldsymbol{X}|\boldsymbol{N}\cdot\boldsymbol{X}=p\}=\{\boldsymbol{X}|(\lambda\boldsymbol{N})\cdot\boldsymbol{X}=\lambda p\}$,因此我们总可以限取$|\boldsymbol{N}|=1,p\geqslant 0$. 这样的方程$\boldsymbol{N}\cdot\boldsymbol{X}-p=0$称为$n-1$维超平面的法线式方程.

定义 1.2.14　对任意实数$p\neq p'$及$\boldsymbol{N}\neq\boldsymbol{N}'$,超平面$\pi_{n-1}=\{\boldsymbol{X}|\boldsymbol{N}\cdot\boldsymbol{X}=p\}$与$\pi'_{n-1}=\{\boldsymbol{X}|\boldsymbol{N}'\cdot\boldsymbol{X}=p'\}$没有公共点,则称为互相平行,记为$\pi_{n-1}/\!/\pi'_{n-1}$.

定义 1.2.15　两个$n-1$维超平面$\boldsymbol{N}_1\cdot\boldsymbol{X}=p_1$与$\boldsymbol{N}_2\cdot\boldsymbol{X}=p_2$的法向量$\boldsymbol{N}_1,\boldsymbol{N}_2$间的夹角$\theta$称为这两个超平面的夹角. 这里$\theta\in[0,\pi)$,且

$$\cos\theta=\frac{\boldsymbol{N}_1\cdot\boldsymbol{N}_2}{|\boldsymbol{N}_1|\cdot|\boldsymbol{N}_2|}\qquad(1.2.9)$$

其中 $\theta=0$ 时，两超平面平行.

性质 1.2.10 E^n 中的一定点 A(其对应的向量记为 $\boldsymbol{A}$，以下均同)到 $n-1$ 维超平面 $\boldsymbol{N}\cdot\boldsymbol{X}=p$ 上任一点 X 的距离的最小值点对应的向量为

$$\boldsymbol{X}_{\min}=\boldsymbol{A}-\frac{\boldsymbol{N}\cdot\boldsymbol{A}-p}{|\boldsymbol{N}|^2}\boldsymbol{N} \tag{1.2.10}$$

点 A 到超平面的距离的最小值为

$$d=\frac{|\boldsymbol{N}\cdot\boldsymbol{A}-p|}{|\boldsymbol{N}|} \tag{1.2.11}$$

证明 由式(1.2.1)，有

$$\begin{aligned}|\boldsymbol{A}-\boldsymbol{X}|&=\frac{|\boldsymbol{A}-\boldsymbol{X}||\boldsymbol{N}|}{|\boldsymbol{N}|}\geqslant\frac{|(\boldsymbol{A}-\boldsymbol{X})\cdot\boldsymbol{N}|}{|\boldsymbol{N}|}\\&=\frac{|\boldsymbol{N}\cdot\boldsymbol{A}-\boldsymbol{N}\cdot\boldsymbol{X}|}{\boldsymbol{N}}=\frac{|\boldsymbol{N}\cdot\boldsymbol{A}-p|}{|\boldsymbol{N}|}\end{aligned}$$

其中等号成立的充要条件是

$$\begin{cases}\boldsymbol{A}-\boldsymbol{X}=\lambda\boldsymbol{N}\\\boldsymbol{N}\cdot\boldsymbol{X}=p\end{cases}$$

即

$$\boldsymbol{X}=\boldsymbol{A}-\frac{\boldsymbol{N}\cdot\boldsymbol{A}-p}{|\boldsymbol{N}|^2}\boldsymbol{N}$$

(它是点 N 在超平面上的射影，亦即取得最小值的点).

因此，点 A 到超平面上任一点的距离有最小值

$$d=\frac{|\boldsymbol{N}\cdot\boldsymbol{A}-p|}{|\boldsymbol{N}|}$$

定义 1.2.16 E^n 中的点 A 到超平面 $\boldsymbol{N}\cdot\boldsymbol{X}=p$ 上的任一点 X 的距离的最小值 $d=\dfrac{|\boldsymbol{N}\cdot\boldsymbol{A}-p|}{|\boldsymbol{N}|}$，称为点 A 到超平面 $\boldsymbol{N}\cdot\boldsymbol{X}=p$ 的距离.

例如，点 $A=(a_1,a_2,\cdots,a_n)$ 到超平面 $x_i=0$ 的距

离为$|a_i|$,这就是点 A 的直角坐标分量 a_i 的几何意义.

下面再讨论 E^n 中两平行超平面之间的距离.

设 n 维欧氏空间中两平行 $n-1$ 维超平面的方程为

$$\pi_{n-1}:\boldsymbol{N}\cdot\boldsymbol{X}-p_1=0,\pi'_{n-1}:\boldsymbol{N}\cdot\boldsymbol{X}-p_2=0$$

或

$$\pi_{n-1}:a_1x_1+a_2x_2+\cdots+a_nx_n=p_1$$

$$\pi'_{n-1}:a_1x_1+a_2x_2+\cdots+a_nx_n=p_2$$

又设点 $A(x'_1,x'_2,\cdots,x'_n)$,$B(x''_1,x''_2,\cdots,x''_n)$分别是$\pi_{n-1}$,$\pi'_{n-1}$上任意点,则

$$a_1x'_1+a_2x'_2+\cdots+a_nx'_n=p_1 \qquad ①$$

$$a_1x''_1+a_2x''_2+\cdots+a_nx''_n=p_2 \qquad ②$$

由①-②,得

$$a_1(x'_1-x''_1)+a_2(x'_2-x''_2)+\cdots+a_n(x'_n-x''_n)=p_1-p_2$$

由式(1.2.1),知

$$(a_1^2+a_2^2+\cdots+a_n^2)\cdot[(x'_1-x''_1)^2+(x'_2-x''_2)^2+\cdots+(x'_n-x''_n)^2]$$

$$\geqslant[a_1(x_1-x'_1)+a_2(x_2-x'_2)+\cdots+a_n(x_n-x'_n)]^2$$

即

$$|AB|=\sqrt{(x'_1-x''_1)^2+(x'_2-x''_2)^2+\cdots+(x'_n-x''_n)^2}\geqslant\frac{|p_1-p_2|}{\sqrt{a_1^2+a_2^2+\cdots+a_n^2}}$$

当且仅当$\frac{x'_1-x''_1}{a_1}=\frac{x'_2-x''_2}{a_2}=\cdots=\frac{x'_n-x''_n}{a_n}$(即点 A,B 所在直线是两平面的法线)时等号成立,故两平行 $n-1$ 维超平面之间的距离为

$$d=|AB|_{\min}=\frac{|p_1-p_2|}{\sqrt{a_1^2+a_2^2+\cdots+a_n^2}} \quad (1.2.12)$$

此即为所求 π_{n-1} 与 π'_{n-1} 之间的距离公式.

从如上公式中知,当 $n=2$ 和 $n=3$ 时,它即为 2 维欧氏平面解析几何和 3 维欧氏空间解析几何中熟知的两平行直线与两平行平面之间的距离公式.

最后,顺便指出:向量的共面(即共超平面)与相关性和其维数有关. 这可参见式(1.3.19)及 §1.5 中有关定理.

1.2.2 向量基本定理

定义 1.2.7 实际上给出了向量的基本定理.

2 维向量的基本定理 若 $\boldsymbol{e}_1,\boldsymbol{e}_2$ 是 2 维欧氏空间(即平面)内的两个不共线向量,那么对于这一空间(即平面)内的任意向量 $\boldsymbol{\alpha}$,有且只有一组有序实数 (λ_1,λ_2),使 $\boldsymbol{\alpha}=\lambda_1\boldsymbol{e}_1+\lambda_2\boldsymbol{e}_2$.

其中不共线的向量 $\boldsymbol{e}_1,\boldsymbol{e}_2$ 叫作表示这一空间(即平面)内的所有向量的一组基.

证明 先证一对实数 λ_1,λ_2 的存在性. 由实数与向量的数量乘法知,给出一对实数 λ_1,λ_2 及向量 $\boldsymbol{e}_1,\boldsymbol{e}_2$ 后,则可作出向量 $\lambda_1\boldsymbol{e}_1,\lambda_2\boldsymbol{e}_2$,再由向量加法的法则,可作出向量 $\lambda_1\boldsymbol{e}_1+\lambda_2\boldsymbol{e}_2$. 从而任给两个不共线的向量 $\boldsymbol{e}_1$,$\boldsymbol{e}_2$,则可表示出向量 $\boldsymbol{\alpha}=\lambda_1\boldsymbol{e}_1+\lambda_2\boldsymbol{e}_2(\lambda_1,\lambda_2$ 为实数).

再证唯一性. 若有两对实数 $\lambda_1,\lambda_2,\mu_1,\mu_2$,且 $\lambda_1\neq\mu_1$ 或 $\lambda_2\neq\mu_2$,使得 $\boldsymbol{\alpha}=\lambda_1\boldsymbol{e}_1+\lambda_2\boldsymbol{e}_2,\boldsymbol{\alpha}=\mu_1\boldsymbol{e}_1+\mu_2\boldsymbol{e}_2$.

此时,$(\lambda_1-\mu_1)\boldsymbol{e}_1+(\lambda_2-\mu_2)\boldsymbol{e}_2=0$.

若 $\lambda_1\neq\mu_1$,则 $\boldsymbol{e}_1=-\dfrac{\lambda_2-\mu_2}{\lambda_1-\mu_1}\boldsymbol{e}_2$. 这说明 $\boldsymbol{e}_1$ 与 $\boldsymbol{e}_2$ 共线,与已知矛盾.

若 $\lambda_2\neq\mu_2$,则同理推知 $\boldsymbol{e}_1$ 与 $\boldsymbol{e}_2$ 共线,与已知矛盾.

从而只可能是 $\lambda_1=\mu_1,\lambda_2=\mu_2$. 这便证明了 λ_1,λ_2

的唯一性.

由上述基本定理,有如下推论:

推论 1　当 $\boldsymbol{e}_1$ 与 $\boldsymbol{e}_2$ 不共线时,若 $\lambda_1\boldsymbol{e}_1+\lambda_2\boldsymbol{e}_2=0$,则 $\lambda_1=\lambda_2=0$.

推论 2　当 $\boldsymbol{e}_1$ 与 $\boldsymbol{e}_2$ 不共线时,若 $\lambda_1\boldsymbol{e}_1+\lambda_2\boldsymbol{e}_2=\mu_1\boldsymbol{e}_1+\mu_2\boldsymbol{e}_2$,则 $\lambda_1=\mu_1,\lambda_2=\mu_2$,其中 $\lambda_1,\lambda_2,\mu_1,\mu_2$ 均为实数.

推论 3　当 $\boldsymbol{e}_1$ 与 $\boldsymbol{e}_2$ 共线时,则 $\boldsymbol{e}_1,\boldsymbol{e}_2,\boldsymbol{\alpha}=\lambda_1\boldsymbol{e}_1+\lambda_2\boldsymbol{e}_2$ 也共线.

推论 4　向量 $\boldsymbol{e}_1,\boldsymbol{e}_2,\boldsymbol{\alpha}=\lambda_1\boldsymbol{e}_1+\lambda_2\boldsymbol{e}_2$ 的终点共线$\Leftrightarrow\lambda_1+\lambda_2=1$.

特别地,如果 $\boldsymbol{e}_1,\boldsymbol{e}_2$ 是平面仿射坐标轴上的两个单位向量,则 $\boldsymbol{\alpha}=(\lambda_1,\lambda_2)$ 就是平面向量 $\boldsymbol{\alpha}$ 的平面仿射坐标表示.

如果 $\boldsymbol{e}_1,\boldsymbol{e}_2$ 是平面直角坐标轴上的两个单位向量,且 $|\boldsymbol{e}_1|=|\boldsymbol{e}_2|$,则 $\boldsymbol{\alpha}=(\lambda_1,\lambda_2)$ 就是平面向量 $\boldsymbol{\alpha}$ 的平面直角坐标表示.

3 维向量的基本定理　若 $\boldsymbol{e}_1,\boldsymbol{e}_2,\boldsymbol{e}_3$ 是 3 维欧氏空间内的 3 个不共 2 维欧氏空间(即一般的平面)的向量,那么对这一空间的任意向量 $\boldsymbol{\alpha}$,有且只有一组有序实数组$(\lambda_1,\lambda_2,\lambda_3)$,使

$$\boldsymbol{\alpha}=\lambda_1\boldsymbol{e}_1+\lambda_2\boldsymbol{e}_2+\lambda_3\boldsymbol{e}_3$$

其中不共 2 维欧氏空间(即一般的平面)的向量 $\boldsymbol{e}_1,\boldsymbol{e}_2,\boldsymbol{e}_3$ 叫作这一空间内的所有向量的一组基.

此基本定理可类似于 2 维向量的基本定理的证明而证.

此定理也有类似的 4 个推论及在空间仿射坐标系、空间直角坐标系下的坐标表示.

n 维向量的基本定理 若 $\boldsymbol{e}_1,\boldsymbol{e}_2,\cdots,\boldsymbol{e}_n$ 是 n 维欧氏空间的 n 个不共 $n-1$ 维欧氏空间(即 $n-1$ 维超平面)的向量,那么对这一空间的任意向量 $\boldsymbol{\alpha}$,有且只有一组有序实数组$(\lambda_1,\lambda_2,\cdots,\lambda_n)$,使

$$\boldsymbol{\alpha}=\lambda_1\boldsymbol{e}_1+\lambda_2\boldsymbol{e}_2+\cdots+\lambda_n\boldsymbol{e}_n$$

其中不共 $n-1$ 维欧氏空间(即 $n-1$ 维超平面)的向量 $\boldsymbol{e}_1,\boldsymbol{e}_2,\cdots,\boldsymbol{e}_n$ 叫作这一空间的所有向量的一组基.

此定理的证明也类似于 2 维向量的基本定理的证明而证.

此定理也有类似的 4 个推论及在 n 维空间仿射坐标系、n 维空间直角坐标系的坐标表示.

1.2.3 基本图形的度量方程

下面我们介绍杨路、张景中先生提出的 E^n 中基本图形的度量方程[5].

定义 1.2.17 我们把 E^n 中的点和 $n-1$ 维定向超平面都叫作 E^n 的基本元素,用 e_i 记基本元素. 有限个基本元素之集 $\sigma_k=\{e_1,e_2,\cdots,e_k\}$ 叫 k 元基本图形.

用 $\rho(e_i,e_j)$ 表示两点 e_i,e_j 的距离,$\langle e_i,e_j\rangle$ 表示两超平面 e_i,e_j 之夹角;若 e_i,e_j 中一个为点,另一个为面,则以 $d(e_i,e_j)$ 记点到面的带号距离,并引入:

定义 1.2.18 E^n 中两个基本元素 e_i,e_j 之间的抽象距离定义为

$$g_{ij}=g(e_i,e_j)=\begin{cases}-\dfrac{1}{2}\rho^2(e_i,e_j) & (\text{若 } e_i,e_j \text{ 都是点})\\ \cos\langle e_i,e_j\rangle & (\text{若 } e_i,e_j \text{ 都是超平面})\\ d(e_i,e_j) & (\text{若 } e_i,e_j \text{ 一为点,一为面})\end{cases}$$

下述性质揭示出基本图形诸元素间的相关性:

性质 1.2.11　设 $\sigma_m=\{e_1,e_2,\cdots,e_m\}$ 是 E^n 中的基本图形,令 $\delta_i=1-g_{ij}$,并令

$$D[\sigma_m]=D(e_1,e_2,\cdots,e_m)=\begin{vmatrix} 0 & \delta_1 & \cdots & \delta_m \\ \delta_1 & & & \\ \vdots & & \boxed{g_{ij}} & \\ \delta_m & & & \end{vmatrix}$$

其中 $\boxed{g_{ij}}$ 为 m 阶方阵,则当 $m>n+1$ 时

$$D(e_1,e_2,\cdots,e_m)=0 \qquad (1.2.13)$$

证明　若 σ_m 中没有点,则式(1.2.13)显然成立.

不失一般性,设 $e_1,e_2,\cdots,e_l$ 是面,$e_{l+1},e_{l+2},\cdots,e_m$ 是点,$l<m$;取 e_m 为笛卡儿坐标原点,设 $e_1,e_2,\cdots,e_l$ 的单位法向量为 $\boldsymbol{\alpha}_1,\boldsymbol{\alpha}_2,\cdots,\boldsymbol{\alpha}_l$;由 e_m 引至 $e_{l+1},e_{l+2},\cdots,e_m$ 的向量为 $\boldsymbol{\alpha}_{l+1},\boldsymbol{\alpha}_{l+2},\cdots,\boldsymbol{\alpha}_m$. 又设由 e_m 垂直引至 $e_1,e_2,\cdots,e_l$ 的向量为 $\boldsymbol{\beta}_1,\boldsymbol{\beta}_2,\cdots,\boldsymbol{\beta}_l$,则有:

当 $1\leqslant i\leqslant l,1\leqslant j\leqslant l$ 时,$g_{ij}=\boldsymbol{\alpha}_i\cdot\boldsymbol{\alpha}_j$.

当 $1\leqslant i\leqslant l,l<j\leqslant m$ 时,$g_{ij}=\boldsymbol{\alpha}_i(\boldsymbol{\alpha}_j-\boldsymbol{\beta}_i)$.

此时

$$\begin{aligned} &D[\sigma_m]\\ &=D(e_1,e_2,\cdots,e_m)\\ &=\left|\begin{array}{ccc|c} 0 & \cdots & 0 & 1 \quad \cdots \quad 1 \\ \vdots & \boldsymbol{\alpha}_i\cdot\boldsymbol{\alpha}_j & & \boldsymbol{\alpha}_i(\boldsymbol{\alpha}_j-\boldsymbol{\beta}_i) \\ 0 & & & \\ \hline 1 & & & \\ \vdots & \boldsymbol{\alpha}_j(\boldsymbol{\alpha}_i-\boldsymbol{\beta}_j) & & -\dfrac{(\boldsymbol{\alpha}_i-\boldsymbol{\alpha}_j)^2}{2} \\ 1 & & & \end{array}\right| \begin{array}{l} (i=1,\cdots,l) \\ \\ \\ (i=l+1,\cdots,m) \end{array}\\ &\qquad (j=1,\cdots,l) \qquad (j=l+1,\cdots,m) \end{aligned}$$

对上式作如下不改变行列式值的变换:对 $k\leqslant l$,把第 0 行(列)乘 $\boldsymbol{\alpha}_k\cdot\boldsymbol{\beta}_k$ 加到第 k 行(列)上;对 $k>l$,把第 0 行(列)乘$\frac{1}{2}\boldsymbol{\alpha}_k^2$ 加到第 k 行(列)上,得到

$$D(e_1,e_2,\cdots,e_m)=\begin{vmatrix}0 & \delta_1 & \cdots & \delta_m\\ \delta_1 & & & \\ \vdots & & \boldsymbol{\alpha}_i\cdot\boldsymbol{\alpha}_j & \\ \delta_m & & & \end{vmatrix}$$

但 $\boldsymbol{\alpha}_m=\mathbf{0}$,故末行(列)除 $\delta_m=1$ 外均为 0,故得 $D(e_1,e_2,\cdots,e_m)=(-1)|\boldsymbol{\alpha}_i\cdot\boldsymbol{\alpha}_j|(i,j=1,2,\cdots,m)$.

设 $\boldsymbol{\alpha}_i=(a_{i1},a_{i2},\cdots,a_{im})$,由于 $m>n+1$,以及在 n 维空间笛卡儿直角坐标系或 n 维空间仿射坐标系中的内积公式(见定义 1.1.8)

$$\boldsymbol{\alpha}_i\cdot\boldsymbol{\alpha}_j=\sum_{k=1}^{n}a_{ik}\cdot a_{jk}$$

得到

$$D[\sigma_m]=-\begin{vmatrix}a_{11} & \cdots & a_{1n} & 0 & \cdots & 0\\ \vdots & & \vdots & \vdots & & \vdots\\ a_{m-1,1} & \cdots & a_{m-1,n} & 0 & \cdots & 0\end{vmatrix}\cdot\begin{vmatrix}a_{11} & a_{21} & \cdots & a_{m-1,1}\\ \vdots & \vdots & & \vdots\\ a_{1n} & a_{2n} & \cdots & a_{m-1,n}\\ 0 & 0 & \cdots & 0\\ \vdots & \vdots & & \vdots\\ 0 & 0 & \cdots & 0\end{vmatrix}=0$$

在性质 1.2.11 中,取 $l=0$,可导出:

Cayley **定理** E^n 中任意 m 个点 $P_1,P_2,\cdots,P_m$ 的(Cayley-Menger(凯莱－门格))行列式(常简写成 C-M

行列式)

$$D(P_1,P_2,\cdots,P_m)=\begin{vmatrix} 0 & 1 & \cdots & 1 \\ 1 & & & \\ \vdots & & \rho_{ij}^2 & \\ 1 & & & \end{vmatrix} \tag{1.2.14}$$

其中 $\rho_{ij}=|P_iP_j|,i,j=1,2,\cdots,m.$

当 $m>n+1$ 时(由式(1.2.13)),有

$$D(P_1,P_2,\cdots,P_m)=0 \tag{1.2.15}$$

形如式(1.2.13)的方程,叫作 E^n 中的基本图形的度量方程. 它推广了 Cayley-Menger 的结果,在球面型空间与双曲型空间中,杨路、张景中也建立了类似的结果. 这类方程在我们后面的讨论中,扮演着极为重要的角色.

形如式(1.2.15)的方程,叫作 E^n 中的点距关系方程,关于 E^n 中的点距关系及其应用,我们将在§1.5节中具体介绍.

§1.3　变　换

1.3.1　平移变换,合同变换,正交变换

下面,我们讨论 E^n 中的几类变换.

定义 1.3.1　若变换 $\tau:(x'_1,x'_2,\cdots,x'_n)=(x_1,x_2,\cdots,x_n)+(h_1,h_2,\cdots,h_n)$,即

$$\tau(\boldsymbol{X})=\boldsymbol{X}+\boldsymbol{H} \tag{1.3.1}$$

则称 τ 为 $E^n\to E^n$ 的平移变换.

显然,E^n 中的平移变换保持 E^n 中任意两点 X,Y 间的距离不变,即有

$$\rho(\tau(\boldsymbol{X}),\tau(\boldsymbol{Y}))=\rho(\boldsymbol{X},\boldsymbol{Y}) \tag{1.3.2}$$

若将 E^n 中任意两点 X,Y 作有序偶 (X,Y) 得向量 $\overrightarrow{XY}$，且 $\tau(\boldsymbol{X})=\boldsymbol{X}',\tau(\boldsymbol{Y})=\boldsymbol{Y}'$，则

$$\overrightarrow{X'Y'}=\overrightarrow{XY} \tag{1.3.3}$$

平移变换 $\tau(\boldsymbol{X})=\boldsymbol{X}-\boldsymbol{A}$ 可将点 A 变为点 $O(0,0,\cdots,0)$. 设它将点 B 变为点 P，则 $\overrightarrow{AB}=\overrightarrow{OP}=\boldsymbol{p}=\boldsymbol{b}-\boldsymbol{a}=\overrightarrow{OB}-\overrightarrow{OA}$.

一般地，有

$$\overrightarrow{AB}+\overrightarrow{BC}=\overrightarrow{AC}\quad(\text{三角形法则}) \tag{1.3.4}$$

$$\overrightarrow{AB}=\overrightarrow{DC}\Leftrightarrow\boldsymbol{a}-\boldsymbol{b}+\boldsymbol{c}-\boldsymbol{d}=\boldsymbol{0} \tag{1.3.5}$$

若 $\overrightarrow{AB}=\overrightarrow{DC}$，则

$$\overrightarrow{AD}=\overrightarrow{BC},\overrightarrow{AC}=\overrightarrow{AB}+\overrightarrow{AD}\quad(\text{平行四边形法则}) \tag{1.3.6}$$

定义 1.3.2　对于空间 E^n 中任意两点 X,Y，若变换 $\omega:E^n\to E^n$ 保持两点间的距离不变，即有

$$|\omega(\boldsymbol{X})-\omega(\boldsymbol{Y})|=|\boldsymbol{X}-\boldsymbol{Y}|$$

则称变换 ω 为合同变换.

定义 1.3.3　若合同变换至少有一个不动点 A（即 $\omega(A)=A\in E^n$），则称 ω 为正交变换.

注　①E^n 中的正交变换，保持向量的内积不变，即对于任意的 n 维向量 $\boldsymbol{\alpha},\boldsymbol{\beta}\in E^n$，有

$$\omega(\boldsymbol{\alpha})\cdot\omega(\boldsymbol{\beta})=\boldsymbol{\alpha}\cdot\boldsymbol{\beta} \tag{1.3.7}$$

事实上，由于正交变换是合同变换，故有

$$|\omega(\boldsymbol{\alpha})-\omega(\boldsymbol{\beta})|=|\boldsymbol{\alpha}-\boldsymbol{\beta}|$$

亦有

$$|\omega(\boldsymbol{\alpha})|^2-2\omega(\boldsymbol{\alpha})\cdot\omega(\boldsymbol{\beta})+|\omega(\boldsymbol{\beta})|^2$$

$$= |\boldsymbol{\alpha}|^2 - 2\boldsymbol{\alpha} \cdot \boldsymbol{\beta} + |\boldsymbol{\beta}|^2 \qquad (*)$$

依次取 $\boldsymbol{\alpha}=\mathbf{0}$,$\boldsymbol{\beta}=\mathbf{0}$,且因 $\omega(\mathbf{0})=\mathbf{0}$,则分别有

$$|\omega(\boldsymbol{\beta})|^2 = |\boldsymbol{\beta}|^2,\ |\omega(\boldsymbol{\alpha})|^2 = |\boldsymbol{\alpha}|^2$$

代入式(*)即证. 亦即得不动点为定点 O(即有 $\omega(\mathbf{0})=\mathbf{0}$)的正交变换 ω 的表达式.

②E^n 中的正交变换是可逆的.

事实上,在式(1.3.7)中,依次取 $\boldsymbol{\beta}=\boldsymbol{\varepsilon}_i=(0,\cdots,0,1,0,\cdots,0)$(第 i 个分量为 1,其余皆为 0),$i=1,2,\cdots,n$. 设 $\omega(\boldsymbol{\varepsilon}_i)=(g_{1i},g_{2i},\cdots,g_{ni})$,$\boldsymbol{\alpha}=(x_1,x_2,\cdots,x_n)$,$\omega(\boldsymbol{\alpha})=(x_1',x_2',\cdots,x_n')=\boldsymbol{\alpha}'$,则得

$$\begin{cases} g_{11}x_1' + g_{21}x_2' + \cdots + g_{n1}x_n' = x_1 \\ g_{12}x_1' + g_{22}x_2' + \cdots + g_{n2}x_n' = x_2 \\ \vdots \\ g_{1n}x_1' + g_{2n}x_2' + \cdots + g_{nn}x_n' = x_n \end{cases} \qquad (1.3.8)$$

其中的系数 g_{ij} 据式(1.3.7)应满足如下的正交条件

$$\omega(\boldsymbol{\varepsilon}_i) \cdot \omega(\boldsymbol{\varepsilon}_j) = \boldsymbol{\varepsilon}_i \cdot \boldsymbol{\varepsilon}_j = \delta_{ij} = \begin{cases} 1 & (i=j) \\ 0 & (i \neq j) \end{cases}$$

即

$$\sum_{k=1}^{n} g_{ki}g_{kj} = \delta_{ij} \qquad (1.3.9)$$

用矩阵表示式(1.3.8),即为(用矩阵表示时,列矩阵与向量用同一个记号)

$$\boldsymbol{G}^{\mathrm{T}}\boldsymbol{\alpha}' = \boldsymbol{\alpha} \qquad (1.3.10)$$

其中的系数矩阵 $\boldsymbol{G}=(g_{ij})_{n\times n}$ 满足正交条件(1.3.9),即

$$\boldsymbol{G}^{\mathrm{T}} \cdot \boldsymbol{G} = \boldsymbol{E}_n \qquad (1.3.11)$$

因此,$\boldsymbol{G}$ 为正交矩阵.

由式(1.3.10)易得逆变换

$$\boldsymbol{\alpha}' = \boldsymbol{G}\boldsymbol{\alpha} \tag{1.3.12}$$

公式(1.3.10)和(1.3.12)就是正交变换及其逆变换(定点 O 为不动点).

由于正交矩阵 $\boldsymbol{G}$ 的行列式 $|\boldsymbol{G}| = \pm 1$,于是我们有:

定义 1.3.4　$|\boldsymbol{G}| = 1$ 的正交变换称为第一类的或旋转;$|\boldsymbol{G}| = -1$ 的正交变换称为第二类的或反射.

一般的合同变换 $\omega: E^n \to E^n$ 可表示为

$$\boldsymbol{X}' = \boldsymbol{G}\boldsymbol{X} + \boldsymbol{H} \tag{1.3.13}$$

其中 $\boldsymbol{G}$ 为正交矩阵.

因为所有的合同变换构成一个群,所以可以引进一个等价关系,谓之两图形的合同(或全等).

定义 1.3.5　E^n 中的子集又称为图形,若两个图形之间存在着一个合同变换,即两个图形的所有点之间存在着一一对应的关系,而且对应点间的距离相等,则称这两个图形合同. 当合同变换是第一类的,则称这两个图形真正合同;当合同变换是第二类的,则称它们是镜像合同.

由上述定义,我们还有:

结论　与某个图形镜像合同的两个图形真正合同.

1.3.2　变换的简单应用

设起点为原点 O 的向量 $\overrightarrow{OX}$ 用点向量 $\boldsymbol{X}$ 表示,则由平移变换,知

$$\overrightarrow{AB} = \boldsymbol{B} - \boldsymbol{A} \tag{1.3.14}$$

设点 P 在线段 AB 所在的直线上,且 P 分 AB 的比为 $\dfrac{\overrightarrow{AP}}{\overrightarrow{PB}} = \lambda\ (\lambda \neq -1)$,则由式(1.3.14)有 $\dfrac{\boldsymbol{P} - \boldsymbol{A}}{\boldsymbol{B} - \boldsymbol{P}} = \lambda$,知

$$\boldsymbol{P}=\frac{\boldsymbol{A}+\lambda\boldsymbol{B}}{1+\lambda} \tag{1.3.15}$$

对于式(1.3.15),可看作向量的定比分点公式.

由式(1.3.15)不难推知,A,B,C三点共直线的充要条件是,存在非零实数$\lambda_1,\lambda_2,\lambda_3$,有

$$\lambda_1\boldsymbol{A}+\lambda_2\boldsymbol{B}+\lambda_3\boldsymbol{C}=\boldsymbol{0}$$

且

$$\lambda_1+\lambda_2+\lambda_3=0 \tag{1.3.16}$$

显然,式(1.3.16)和式(1.2.8)是吻合的.

又由式(1.3.5),知A,B,C,D四点共面的充要条件是,存在非零实数$\lambda_1,\lambda_2,\lambda_3,\lambda_4$,使得

$$\lambda_1\boldsymbol{A}+\lambda_2\boldsymbol{B}+\lambda_3\boldsymbol{C}+\lambda_4\boldsymbol{D}=\boldsymbol{0}$$

且

$$\lambda_1+\lambda_2+\lambda_3+\lambda_4=0 \tag{1.3.17}$$

由式(1.3.17),当A,B,C,D四点共直线时,可要求$\lambda_1,\lambda_2,\lambda_3,\lambda_4$不全为零即可.因此,我们可得:$A,B,C,D$四点共面的充要条件是,存在不全为零的实数$\lambda_1,\lambda_2,\lambda_3,\lambda_4$,使得

$$\lambda_1\boldsymbol{A}+\lambda_2\boldsymbol{B}+\lambda_3\boldsymbol{C}+\lambda_4\boldsymbol{D}=\boldsymbol{0}$$

且

$$\lambda_1+\lambda_2+\lambda_3+\lambda_4=0 \tag{1.3.18}$$

类似地,对于E^n中,$n+1$个相异点$P_0,P_1,\cdots,P_n$共$n-1$维超平面π_{n-1}的充要条件是,存在不全为零的实数$\lambda_i(i=0,1,\cdots,n)$,有

$$\sum_{i=0}^{n}\lambda_i\boldsymbol{P}_i=\boldsymbol{0}\ \text{且}\sum_{i=0}^{n}\lambda_i=0 \tag{1.3.19}$$

对于式(1.3.19),可利用线性相关的概念推证之(略).

§1.4 子空间,凸集,凸多胞形

1.4.1 子空间

定义 1.4.1 对于有序 $k(\leqslant n)$实数组$(x_1,x_2,\cdots,x_k)$所得 k 维向量组成的集合,引进 §1.1 中所定义的向量加法、数乘、内积运算,则此空间称为欧氏空间 E^n 的子空间,记为 E^k.

注 ①任何一个子空间 E^k 的维数不能超过整个空间 E^n 的维数.

②由单个零向量组成的子集合是一个子空间,叫作零子空间;E^n 本身也是 E^n 的一个子空间.

定义 1.4.2 设 E^k,E^l 是 E^n 中两个子空间,如果对于任意的 $\boldsymbol{\alpha}\in E^k,\boldsymbol{\beta}\in E^l$,恒有 $\boldsymbol{\alpha}\cdot\boldsymbol{\beta}=0$,则称 E^k,E^l 为正交的,记为 $E^k\perp E^l$. 一个 k 维向量 $\boldsymbol{\alpha}$,如果对于任意的$\boldsymbol{\beta}\in E^k$,恒有 $\boldsymbol{\alpha}\cdot\boldsymbol{\beta}=0$,则称 $\boldsymbol{\alpha}$ 与子空间 E^k 正交,记为 $\boldsymbol{\alpha}\perp E^k$.

注 因为只有零向量与它自身正交,所以由 $E^k\perp E^l$ 可知 $E^k\cap E^l=\{0\}$;由 $\boldsymbol{\alpha}\perp E^k,\boldsymbol{\alpha}\in E^k$,可知 $\boldsymbol{\alpha}=\mathbf{0}$.

关于正交的子空间,我们有:

定义 1.4.3 如果子空间 $E^k,E^l,\cdots,E^s$ 两两正交,那么和 $E^k+E^l+\cdots+E^s$ 称为直和.

定义 1.4.4 如果 $E^k\perp E^l$,并且 $E^k+E^l=E^n$,则子空间 E^k 为子空间 E^l 的一个正交补,记为 $E^l_{\perp}=E^k$.

显然,如果 E^k 是 E^l 的正交补,则 E^l 也是 E^k 的正交补. 并且我们有:

结论 1.4.1 E^n 中的每一个子空间 E^k 都有唯一

的正交补,且 $E_{\perp}^{k}$ 恰由所有与 E^{k} 正交的向量组成.

由分解式 $E^{n}=E^{k}+E_{\perp}^{k}$ 可知,E^{n} 中任一向量 $\boldsymbol{\alpha}$ 都可唯一地分解成 $\boldsymbol{\alpha}=\boldsymbol{\alpha}_1+\boldsymbol{\alpha}_2,\boldsymbol{\alpha}_1\in E^{k},\boldsymbol{\alpha}_2\in E_{\perp}^{k}$;且称 $\boldsymbol{\alpha}_1$ 为向量 $\boldsymbol{\alpha}$ 在子空间 E^{l} 上的内射影.

定义 1.4.5　如果一个固定向量和一个子空间中各向量垂直时,则称固定向量和子空间各向量间的距离为向量到子空间的距离.

可以证明,向量到子空间各向量间的距离以垂线最短.

事实上,现给定 $\boldsymbol{\beta}$,设 $\boldsymbol{\gamma}$ 是子空间 E^{k} 中的向量,满足 $(\boldsymbol{\beta}-\boldsymbol{\gamma})\perp E^{k}$,则对 E^{k} 中任一向量 $\boldsymbol{\delta}$,则 $(\boldsymbol{\gamma}-\boldsymbol{\delta})\in E^{k}$,且 $(\boldsymbol{\beta}-\boldsymbol{\gamma})\perp(\boldsymbol{\gamma}-\boldsymbol{\delta})$,而

$$\boldsymbol{\beta}-\boldsymbol{\delta}=(\boldsymbol{\beta}-\boldsymbol{\gamma})+(\boldsymbol{\gamma}-\boldsymbol{\delta})$$

再由式(1.2.4),有 $|\boldsymbol{\beta}-\boldsymbol{\gamma}|^2+|\boldsymbol{\gamma}-\boldsymbol{\delta}|^2=|\boldsymbol{\beta}-\boldsymbol{\delta}|^2$,故 $|\boldsymbol{\beta}-\boldsymbol{\gamma}|\leqslant|\boldsymbol{\beta}-\boldsymbol{\delta}|$,由此即证.

1.4.2　凸集

定义 1.4.6　设 K 是 E^{n} 中的子集,若联结 K 中任意两点的线段含于 K 中,则称 K 为凸集.

显然,线段、直线、射线、圆都是凸集,空集和只含一个点的集合也是凸集,E^{n} 本身也是凸集.

我们可证:若 $K_1,K_2,\cdots,K_m$ 都是凸集,则它们的交 $K_1\cap K_2\cap\cdots\cap K_m$ 也是凸集.

事实上,设 A,B 是 $K_1\cap K_2\cap\cdots\cap K_m$ 中的任意两点,l 是联结 A,B 的线段,则 $A,B\in K_j(j=1,2,\cdots,m)$. 因 K_j 是凸集,故 $l\subset K_j(j=1,2,\cdots,m)$,于是 $l\subset K_1\cap\cdots\cap K_m$. 由此即证.

在此,也须指出:两个凸集的并不一定是凸集. 例如,两个相离的圆的并就不是凸集.

定义 1.4.7 一个有界闭集,如果是凸集,则称为凸图形.

例如,线段、三角形、圆等都是凸图形.

定义 1.4.8 包含图形 G 的最小凸图形称为图形 G 的凸包.

凸包是研究凸集性质的一个重要工具,一个凸集或凸图形的凸包是唯一的. 有限点集 F 的凸包由 F 中所有有限个点的凸包合并而成.

定义 1.4.9 已知点 C 和实数 $r>0$,E^n 中的子集 $S^{n-1}=\{\boldsymbol{X}\mid|\boldsymbol{X}-\boldsymbol{C}|=r\}$ 叫作球心为 C,半径为 r 的 $n-1$ 维超球面

$$|\boldsymbol{X}-\boldsymbol{C}|=r$$

即

$$(x_1-c_1)^2+(x_2-c_2)^2+\cdots+(x_n-c_n)^2=r^2 \tag{1.4.1}$$

称为 $n-1$ 维超球面方程.

特别地,S^0 是数轴上的两点 $c\pm r$,S^1 是 E^2(即平面)中的圆周,S^2 是 E^3 中的球面.

显然,给定球心和半径,超球面便可唯一确定. 因此,要确定一个超球面,须事先确定超球球心和半径.

在 E^2 中,若给定不共直线的相异 3 点,则可确定过这 3 点的圆的圆心;在 E^3 中,若给定不共面的相异 4 点,则可确定过任意 3 点的圆的圆心,由于过这些圆心的该圆面的垂线共点,从而可确定过这 4 点的球面的球心;类似地,若给定不共 $n-1$ 维超平面的 $n+1$ 个相异点,则可确定 C_{n+1}^{n} 个相异的 $n-2$ 维超球面 S^{n-2},又这 C_{n+1}^{n} 个超球面 S^{n-2} 的过其球心且与 S^{n-2} 所在的 $n-2$维超平面的垂线是共点的,共点于其中任意这样

两条垂线的交点. 因此,在 E^n 中,要确定$n-1$维超球面S^{n-1}的球心,只需给定不共 $n-1$ 维超平面的 $n+1$ 个相异的点即可.

最后,我们要说明的一点是,显然,E^n 中的超球面S^{n-1}是一个特殊的凸包. 另外,我们可证明任一个 $n-1$ 维开球 $U=\{\boldsymbol{X} \mid |\boldsymbol{X}-\boldsymbol{C}|<r\}$ 是个凸集.

1.4.3　凸多胞形

定义 1.4.10　设 $\boldsymbol{X}$ 为 E^n 中的 n 维向量, n 维向量 $\boldsymbol{N}\neq\boldsymbol{0}$,称形如$\{\boldsymbol{X} \mid \boldsymbol{N}\cdot\boldsymbol{X}\geqslant p, p\in\mathbf{R}\}$的集为闭半空间.

显然,形如$\{\boldsymbol{X} \mid \boldsymbol{N}\cdot\boldsymbol{X}\leqslant p, p\in\mathbf{R}\}$的集也是闭半空间. 超平面 $\pi_{n-1}=\{\boldsymbol{X} \mid \boldsymbol{N}\cdot\boldsymbol{X}=p, p\in\mathbf{R}\}$ 把 E^n 分成两个半空间. 更严格地说, $E^n-\pi_{n-1}$ 是两个开半空间$\{\boldsymbol{X} \mid \boldsymbol{N}\cdot\boldsymbol{X}>p, p\in\mathbf{R}\}$与$\{\boldsymbol{X} \mid \boldsymbol{N}\cdot\boldsymbol{X}<p, p\in\mathbf{R}\}$的并集.

容易证明,超平面、半空间都是凸集.

定义 1.4.11　E^n 中有限个闭半空间的交集叫作凸多胞形.

显然,凸多胞形是一类特殊的凸集,也是一类特殊的凸包.

凸多胞形,它是满足形如 $\boldsymbol{N}_i\cdot\boldsymbol{X}\geqslant p_i(p_i\in\mathbf{R}, i=1,2,\cdots,m)$的有限线性不等式组的所有点 X 之集,将服从这样的线性不等式组的线性函数极大化或极小化,这正是线性规划理论所研究的问题. 可以证明:线性函数的极大、极小值一定会出现在凸多胞形的"极点"处(这种点不是凸集内任何线段的内点),如平面凸多边形,立体凸多面体的顶点就是极点.

定义 1.4.12　对于 E^n 的凸多胞形,有限个 $n-1$ 维超平面两两相交的交集称为凸多胞形的棱,棱与棱的公共点称为凸多胞形的顶点(因而棱也是两顶点的连线段),在同一个 $n-1$ 维超平面内的棱围成的部分称为凸多胞形的面. 所有棱长皆相等的凸多胞形称为正则(凸)多胞形.

显然,正四面体是 E^3 中的正则四胞形,4 维正方体是 E^4 中的正则八胞形等.

在 E^n 中,正则多胞形有多少种,这个问题已有解答(见《科学技术百科全书》p. 352):

$n=2$ 时,正多边形有无数种;

$n=3$ 时,正多面体只有五种(正四面体、正方体、正八面体、正十二面体、正二十面体);

$n=4$ 时,正则 4 维多胞形有六种(五、八、十六、二十四、一百二十、六百胞形);

$n>4$ 时,只有三种(正则单形、超正方体、十字交叉多胞形).

本书将讨论一类特殊的凸多胞形:三角形与四面体的高维推广——单(纯)形. 为讨论这类凸多胞形,还涉及另一类特殊的凸多胞形,即平行四边形、平行六面体的高维推广——k 维平行体.

定义 1.4.13 E^n 中互不平行的 $n+1$ 个 $n-1$ 维超平面所构成的凸图形,或有 $n+1$ 个面的凸多胞形称为 n 维单纯形(简称单形).

显然,2 维单形就是三角形,3 维单形就是四面体.

由定义 1.4.13 知,E^n 中的 n 维单形有 $n+1$ 个相异顶点,设这些顶点为 $P_0,P_1,\cdots,P_n$,为方便计,常把 n 维单形记为 $\Sigma_{P(n+1)}=\{P_0,P_1,\cdots,P_n\}$.

单形 $\Sigma_{P(n+1)}$ 也可看作 E^n 中任意 $n+1$ 个不共 $n-1$ 维超平面的点为顶点所构成的凸包.

由于 E^n 中任意 $n+1$ 个相异且不共 $n-1$ 维超平

面的点 $P_0,P_1,\cdots,P_n$ 构成的单形,必定以某个 $n-1$ 维超球面 S^{n-1} 为其凸图形,即单形的顶点 $P_0,P_1,\cdots,P_n$ 一定在某一超球面 S^{n-1} 上,因而 $\sum_{P(n+1)}$ 与某个 S^{n-1} 有着密切的关系.

定义 1.4.14　称 n 维单形 $\sum_{P(n+1)}$ 的 $n+1$ 个顶点均在某个 $n-1$ 维超球面上的超球面为 $\sum_{P(n+1)}$ 的外接超球面.

显然,不同的 n 维单形可有同一外接超球面.

最后,介绍一下 n 维平行体的概念:

定义 1.4.15　E^n 中 $2n$ 对平行的 $n-1$ 维超平面所构成的凸图形,或有 $2n$ 对平行面的凸多胞形称为 n 维平行体.

§1.5　点距关系

在 E^n 中,有许多奇妙的点距关系(即式(1.2.15)的特殊情形),本节拟对这些关系做一些简要介绍.

我们用 π_{n-1} 和 S^{n-1} 表示 E^n 中的某一 $n-1$ 维超平面和 $n-1$ 维超球面(例如用 $\pi_1,\pi_2,\pi_3,S^1,S^2$ 分别表示初等几何中的普通直线、平面、空间、圆周、球面),用 ρ_{ij} 表示 E^n 中点 P_i 与 P_j 间的距离,又记

$$D^*(P_0,P_1,\cdots,P_n)=\begin{vmatrix}1 & \rho_{01}^2 & \rho_{02}^2 & \cdots & \rho_{0n}^2\\ 1 & 0 & \rho_{12}^2 & \cdots & \rho_{1n}^2\\ 1 & \rho_{21}^2 & 0 & \cdots & \rho_{2n}^2\\ \vdots & \vdots & \vdots & & \vdots\\ 1 & \rho_{n1}^2 & \rho_{n2}^2 & \cdots & 0\end{vmatrix} \tag{1.5.1}$$

$$D(P_1,P_2,\cdots,P_n)=\begin{vmatrix}0&1&1&\cdots&1\\1&0&\rho_{12}^2&\cdots&\rho_{1n}^2\\1&\rho_{21}^2&0&\cdots&\rho_{2n}^2\\\vdots&\vdots&\vdots&&\vdots\\1&\rho_{n1}^2&\rho_{n2}^2&\cdots&0\end{vmatrix}\tag{1.5.2}$$

$$D_0(P_1,P_2,\cdots,P_n)=\begin{vmatrix}0&\rho_{12}^2&\cdots&\rho_{1n}^2\\\rho_{21}^2&0&\cdots&\rho_{2n}^2\\\vdots&\vdots&&\vdots\\\rho_{n1}^2&\rho_{n2}^2&\cdots&0\end{vmatrix}\tag{1.5.3}$$

注 式(1.5.3)中的矩阵常称为点 $P_1,P_2,\cdots,P_n$ 的平方距离矩阵.

定理 1.5.1 若 $P_0\in E^n,P_1,P_2,\cdots,P_{n+1}\in\pi_{n-1}\subset E^n$,则

$$D^*(P_0,P_1,\cdots,P_{n+1})=0\tag{1.5.4}$$

证明 对 $\pi_{n-1}\subset E^n$ 中给定的点 $P_1,P_2,\cdots,P_{n+1}$ 及 P_0,向量 $\boldsymbol{p}_i=\overrightarrow{P_0P_i}(i=1,2,\cdots,n+1)$ 必线性相关,即有不全为零的实数 $a_i(i=1,2,\cdots,n+1)$,使 $\sum\limits_{i=1}^{n+1}a_i=0$,且

$$a_1\boldsymbol{p}_1+a_2\boldsymbol{p}_2+\cdots+a_{n+1}\boldsymbol{p}_{n+1}=\boldsymbol{0}$$

从而,当 $a_{n+1}\neq0$ 时,有 $\boldsymbol{p}_{n+1}=-\dfrac{1}{a_{n+1}}\sum\limits_{i=1}^{n}a_i\boldsymbol{p}_i$.

不妨设 $a_{n+1}\neq0$,并令 $\lambda_i=-\dfrac{a_i}{a_{n+1}}(i=1,2,\cdots,n)$,则

$$\sum_{i=1}^{n}\lambda_i=1\tag{$*$}$$

且 $\boldsymbol{p}_{n+1}=\sum\limits_{i=1}^{n}\lambda_i\boldsymbol{p}_{n+1}=\sum\limits_{i=1}^{n}\lambda_i\boldsymbol{p}_i$，即 $\sum\limits_{i=1}^{n}\lambda_i\ \overrightarrow{P_0P_{n+1}}=\sum\limits_{i=1}^{n}\lambda_i\ \overrightarrow{P_0P_i}$，亦即

$$\lambda_1\overrightarrow{P_{n+1}P_1}+\lambda_2\overrightarrow{P_{n+1}P_2}+\cdots+\lambda_n\overrightarrow{P_{n+1}P_n}=\mathbf{0} \tag{$**$}$$

（其中注意到 $\lambda_i(\overrightarrow{P_0P_i}-\overrightarrow{P_0P_{n+1}})=\lambda_i\ \overrightarrow{P_{n+1}P_i}, i=1, 2,\cdots,n$）故

$$\begin{aligned}&\lambda_1|\overrightarrow{P_0P_1}|^2+\lambda_2|\overrightarrow{P_0P_2}|^2+\cdots+\lambda_n|\overrightarrow{P_0P_n}|^2\\=&\lambda_1|\overrightarrow{P_0P_{n+1}}+\overrightarrow{P_{n+1}P_1}|^2+\cdots+\lambda_n|\overrightarrow{P_0P_{n+1}}+\overrightarrow{P_{n+1}P_n}|^2\\=&|\overrightarrow{P_0P_{n+1}}|^2+\lambda\quad\text{（注意到式（$*$），（$**$）的运用）}\end{aligned}$$

其中 $\lambda=\lambda_1|\overrightarrow{P_{n+1}P_1}|^2+\cdots+\lambda_n|\overrightarrow{P_{n+1}P_n}|^2$ 为常数. 从而

$$a_0+a_1|\overrightarrow{P_0P_1}|^2+a_2|\overrightarrow{P_0P_2}|^2+\cdots+a_{n+1}|\overrightarrow{P_0P_{n+1}}|^2=0$$

其中 $a_0=\lambda a_{n+1}$.

由上式及在上式中，分别令 P_0 重合于 $P_1,P_2,\cdots,P_{n+1}$，得下列线性齐次方程组（令 $|\overrightarrow{P_iP_j}|^2=\rho_{ij}^2$）

$$\begin{cases}x_0+\rho_{01}^2\cdot x_1+\rho_{02}^2\cdot x_2+\cdots+\rho_{0,n+1}^2\cdot x_{n+1}=0\\x_0+0\cdot x_1+\rho_{12}^2\cdot x_2+\cdots+\rho_{1,n+1}^2\cdot x_{n+1}=0\\\vdots\\x_0+\rho_{n+1,1}^2\cdot x_1+\rho_{n+1,2}^2\cdot x_2+\cdots+0\cdot x_{n+1}=0\end{cases}$$

又知上述方程组有非零解 $(a_0,a_1,\cdots,a_{n+1})$，故系数行列式

$$D^*(P_0,P_1,\cdots,P_{n+1})=0$$

定理 1.5.2　在 E^n 中，$P_1,P_2,\cdots,P_{n+1}\in\pi_{n-1}$ 的充要条件是

$$D(P_1,P_2,\cdots,P_{n+1})=0 \qquad (1.5.5)$$

证明 必要性:若 $P_1,P_2,\cdots,P_{n+1}$ 共超平面 π_{n-1},则对任一点 $P\in E^n$,都有不全为零的实数 $a_1,a_2,\cdots,a_{n+1}$,使 $\sum\limits_{i=1}^{n+1}a_i=0$,且

$$a_1|\overrightarrow{PP_1}|^2+a_2|\overrightarrow{PP_2}|^2+\cdots+a_{n+1}|\overrightarrow{PP}_{n+1}|^2$$
$$=c \quad (c\text{ 为常数})$$

由 $\sum\limits_{i=1}^{n+1}a_i=0$,并令 P 与 $P_1,P_2,\cdots,P_{n+1}$ 重合,得下列线性齐次方程组

$$\begin{cases}0\cdot x_0+x_1+x_2+\cdots+x_{n-1}=0\\ x_0+0\cdot x_1+\rho_{12}^2\cdot x_2+\cdots+\rho_{1,n+1}^2\cdot x_{n+1}=0\\ x_0+\rho_{21}^2\cdot x_1+0\cdot x_2+\cdots+\rho_{2,n+1}^2\cdot x_{n+1}=0\\ \vdots\\ x_0+\rho_{n+1,1}^2\cdot x_1+\rho_{n+1,2}^2\cdot x_2+\cdots+0\cdot x_{n+1}=0\end{cases}$$

显然此方程组有非零解$(-c,a_1,a_2,\cdots,a_{n+1})$. 故系数行列式

$$D(P_1,P_2,\cdots,P_{n+1})=0$$

充分性:若 $P_1,P_2,\cdots,P_{n+1}$ 不共超平面 π_{n-1},作 $P_{n+1}H\perp\pi_{n-2}(\pi_{n-2}=\{P_1,P_2,\cdots,P_n\})$. 设 $P_{n+1}H=h\neq0$,则有 $|\overrightarrow{P_iH}|^2=\rho_{i,n+1}^2-\lambda^2(i=1,2,\cdots,n)$,由式(1.5.4),有

$$D^*(P_{n+1},P_1,P_2,\cdots,P_n,H)$$
$$=\begin{vmatrix}1 & \rho_{1,n+1}^2 & \rho_{2,n+1}^2 & \cdots & \rho_{n,n+1}^2 & h^2\\ 1 & 0 & \rho_{12}^2 & \cdots & \rho_{1n}^2 & \rho_{1,n+1}^2-h^2\\ 1 & \rho_{21}^2 & 0 & \cdots & \rho_{2n}^2 & \rho_{2,n+1}^2-h^2\\ \vdots & \vdots & \vdots & & \vdots & \vdots\\ 1 & \rho_{1,n+1}^2-h^2 & \rho_{2,n+1}^2-h^2 & \cdots & \rho_{n,n+1}^2-h^2 & 0\end{vmatrix}$$

$=0$

适当变换(行:$(n+2)-(1)$,列:$(1)\cdot h^2+(n+2)$,再将第 $n+2$ 列分解)可得

$$D(P_1,P_2,\cdots,P_{n+1})=-2h^2\cdot D(P_1,P_2,\cdots,P_n)$$

类似地,作 $P_nH'\perp\pi_{n-3}$ ($\pi_{n-3}=\{P_1,P_2,\cdots,P_{n-1}\}$),令 $P_nH'=h'\neq 0$,有

$$D(P_1,P_2,\cdots,P_n)=-2h'^2\cdot D(P_1,P_2,\cdots,P_{n-1})$$

$$\vdots$$

$$D(P_1,P_2)=-2h'^2\cdot\rho_{12}^2\neq 0$$

由此可知 $D(P_1,P_2,\cdots,P_{n+1})\neq 0$.

综上,式(1.5.5)获证.

定理 1.5.3　设 $P_0\in E^{n+1}$ 与 E^n 中单形 $\sum_{P(n+1)}=\{P_1,P_2,\cdots,P_{n+1}\}$ 的外接超球球心 O 的距离为 d_0,外接超球的半径为 R,则

$$\begin{cases}D^*(P_0,P_1,P_2,\cdots,P_{n+1})=(d_0^2-R^2)\cdot D(P_1,P_2,\cdots,P_{n+1})\\ D_0(P_1,P_2,\cdots,P_{n+1})=-2R^2\cdot D(P_1,P_2,\cdots,P_{n+1})\end{cases}\tag{1.5.6}$$

证明　由定理 1.5.1 或式(1.5.4),有

$$D^*(P_0,P_1,\cdots,P_{n+1},0)=0$$

即

$$\begin{vmatrix}1 & \rho_{01}^2 & \rho_{02}^2 & \cdots & \rho_{0,n+1}^2 & d_0^2\\ 1 & 0 & \rho_{12}^2 & \cdots & \rho_{1,n+1}^2 & R^2\\ \vdots & \vdots & \vdots & & \vdots & \vdots\\ 1 & \rho_{n+1,1}^2 & \rho_{n+1,2}^2 & \cdots & 0 & R^2\\ 1 & R^2 & R^2 & \cdots & R^2 & 0\end{vmatrix}=0$$

$$\Rightarrow\begin{vmatrix} R^2-d_0^2 & \rho_{01}^2 & \cdots & \rho_{0,n+1}^2 & R^2+d_0^2 \\ 0 & 0 & \cdots & \rho_{1,n+1}^2 & 2R^2 \\ \vdots & \vdots & & \vdots & \vdots \\ 0 & \rho_{n+1,1}^2 & \cdots & 0 & 2R^2 \\ R^2 & R^2 & \cdots & R^2 & R^2 \end{vmatrix}=0$$

$$\Rightarrow \det \boldsymbol{C}_{n+1}=(R^2-d_0^2)\det \boldsymbol{B}_{n+1}$$

其中

$$\det \boldsymbol{B}_{n+1}=\begin{vmatrix} 0 & \rho_{12}^2 & \cdots & \rho_{1,n+1}^2 & 2R^2 \\ \rho_{21}^2 & 0 & \cdots & \rho_{2,n+1}^2 & 2R^2 \\ \vdots & \vdots & & \vdots & \vdots \\ \rho_{n+1,1}^2 & \rho_{n+1,2}^2 & \cdots & 0 & 2R^2 \\ 1 & 1 & \cdots & 1 & 1 \end{vmatrix}$$

$$\det \boldsymbol{C}_{n+1}=\begin{vmatrix} \rho_{01}^2 & \cdots & \rho_{0,n+1}^2 & R^2+d_0^2 \\ 0 & \cdots & \rho_{1,n+1}^2 & 2R^2 \\ \vdots & & \vdots & \vdots \\ \rho_{n+1,1}^2 & \cdots & 0 & 2R^2 \end{vmatrix}$$

又由定理 1.5.2(式(1.5.5)),有

$$D(P_1,P_2,\cdots,P_{n+1},0)=0$$

即

$$\begin{vmatrix} 0 & 1 & 1 & \cdots & 1 \\ 1 & 0 & \rho_{12}^2 & \cdots & R^2 \\ \vdots & \vdots & \vdots & & \vdots \\ 1 & \rho_{n+1,1}^2 & \rho_{n+1,2}^2 & \cdots & R^2 \\ 1 & R^2 & R^2 & \cdots & 0 \end{vmatrix}=0$$

$$\Rightarrow D_0(P_1,P_2,\cdots,P_{n+1}) = -2R^2\cdot D(P_1,P_2,\cdots,P_{n+1}) \qquad (*)$$

又将上述行列式适当变形(列:(1)·R^2+(n+2),行:(n+2)·($-\frac{1}{R^2}$+(1)))可得

$$\det \boldsymbol{B}_{n+1}=0$$

从而$\det \boldsymbol{C}_{n+1}=0$.

而对$\det \boldsymbol{C}_{n+1}$略作变形可知

$$\det \boldsymbol{C}_{n+1}=2R^2\cdot D^*(P_1,P_2,\cdots,P_{n+1})+(d_0^2-R^2)D_0(P_1,P_2,\cdots,P_{n+1})$$

从而由式(*)及$\det \boldsymbol{C}_{n+1}=0$,即得

$$D^*(P_1,P_2,\cdots,P_{n+1})=(d_0^2-R^2)\cdot D(P_1,P_2,\cdots,P_{n+1})$$

定理 1.5.4　P_0在E^n中单形$\sum_{P(n+1)}=\{P_1,P_2,\cdots,P_{n+1}\}$的外接球面上的充要条件是

$$\begin{cases}D^*(P_0,P_1,\cdots,P_{n+1})=0\\D(P_1,P_2,\cdots,P_{n+1})=0\end{cases}\qquad(1.5.7)$$

证明　显而易见P_0在单形$\sum_{P(n+1)}=\{P_1,P_2,\cdots,P_{n+1}\}$的外接超球面上的充要条件是$d_0=R$,于是由定理1.5.3及定理1.5.2即证得此命题.

定理 1.5.5　在E^n中,$P_1,P_2,\cdots,P_{n+2}\in\pi_{n-1}$或$S^{n-1}$的充要条件是

$$D_0(P_1,P_2,\cdots,P_{n+2})=0\qquad(1.5.8)$$

证明　符号所设如定理1.5.3,由定理1.5.1及定理1.5.2,有

$$D^*(0,P_0,P_1,\cdots,P_{n+1})=0$$

$$D(P_0,P_1,\cdots,P_{n+1})=0$$

即

$$\begin{vmatrix} 1 & d_0^2 & R^2 & \cdots & R^2 \\ 1 & 0 & \rho_{01}^2 & \cdots & \rho_{0,n+1}^2 \\ \vdots & \vdots & \vdots & & \vdots \\ 1 & \rho_{n+1,0}^2 & \rho_{n+1,1}^2 & \cdots & 0 \end{vmatrix}=0$$

$$\begin{vmatrix} 0 & 1 & 1 & \cdots & 1 \\ 1 & 0 & \rho_{01}^2 & \cdots & \rho_{0,n+1}^2 \\ \vdots & \vdots & \vdots & & \vdots \\ 1 & \rho_{n+1,0}^2 & \rho_{n+1,1}^2 & \cdots & 0 \end{vmatrix}=0$$

将后一式乘以 R^2 减去前一式后展开，可得

$$D_0(P_0,P_1,\cdots,P_{n+1})=(d_0^2-R^2)\cdot D^*(P_0,P_1,\cdots,P_{n+1})$$

因此，若 $D_0(P_1,P_2,\cdots,P_{n+2})=0$，则当 $P_1,P_2,\cdots,P_{n+2}$不共超平面时，可知 $D(P_1,P_2,\cdots,P_{n+1})=0$，即 $P_1,P_2,\cdots,P_{n+2}$共超球面（由定理 1.5.4）；反之，若 $P_1,P_2,\cdots,P_{n+2}$共球面，则必有 $D_0(P_1,P_2,\cdots,P_{n+2})=0$，而若 $P_1,P_2,\cdots,P_{n+2}$共（超平）面，则由定理 1.5.1，有

$$D^*(P_1,P_2,\cdots,P_{n+2})=D^*(P_2,P_1,\cdots,P_{n+2})=\cdots=0$$

再由定理 1.5.1 有 $D^*(P_0,P_1,\cdots,P_{n+2})=0$，即

$$\begin{vmatrix} 1 & \rho_{01}^2 & \rho_{02}^2 & \cdots & \rho_{0,n+2}^2 \\ 1 & 0 & \rho_{12}^2 & \cdots & \rho_{1,n+2}^2 \\ 1 & \rho_{21}^2 & 0 & \cdots & \rho_{2,n+2}^2 \\ \vdots & \vdots & \vdots & & \vdots \\ 1 & \rho_{n+2,1}^2 & \rho_{n+2,2}^2 & \cdots & 0 \end{vmatrix}=0$$

按第一行展开，即得

$$\begin{aligned} & D_0(P_1,P_2,\cdots,P_{n+2}) \\ =& \rho_{01}^2\cdot D^*(P_1,P_2,\cdots,P_{n+2})+ \\ & \rho_{02}^2\cdot D^*(P_1,P_2,\cdots,P_{n+2})+\cdots=0 \end{aligned}$$

下面,略举几例说明如上定理的简单应用.

例1 证明:Stewart 定理:若 A_2,A_1,A_3 为直线上顺次三点,A_0 为直线外任一点,则

$$a_{01}^2 \cdot a_{23} = a_{02}^2 \cdot a_{13} + a_{03}^2 \cdot a_{21} - a_{23}a_{13}a_{21} \tag{1.5.9}$$

此例由定理1.5.1,注意到 $a_{23} = a_{21} + a_{13}$ 即证.

例2 证明:若 $\triangle ABC$ 的三边之长分别为 a,b,c,外接圆半径为 R,其面积为 $S_\triangle$,令 $l = \frac{1}{2}(a+b+c)$,则:

(1) $S_\triangle = \sqrt{l(l-a)(l-b)(l-c)}$; (1.5.10)

(2) $S_\triangle = \frac{abc}{4R}$. (1.5.11)

证明 (1)设 $AD = h$ 为 BC 边上的高,由定理1.5.1,有

$$D^*(A,B,C,D) = \begin{vmatrix} 1 & c^2 & b^2 & h^2 \\ 1 & 0 & a^2 & c^2-h^2 \\ 1 & a^2 & 0 & b^2-h^2 \\ 1 & c^2-h^2 & b^2-h^2 & 0 \end{vmatrix} = 0$$

$$\Rightarrow \begin{vmatrix} 1 & c^2 & b^2 & 2h^2 \\ 1 & 0 & a^2 & 0 \\ 1 & a^2 & 0 & 0 \\ 0 & -h^2 & -h^2 & 0 \end{vmatrix} = -\begin{vmatrix} 1 & c^2 & b^2 & 0 \\ 1 & 0 & a^2 & c^2 \\ 1 & a^2 & 0 & b^2 \\ 1 & -h^2 & -h^2 & -h^2 \end{vmatrix}$$

略加变形,计算并由 $S_\triangle = \frac{1}{2}ah$,得

$$S_{\triangle}=-\frac{1}{16}\begin{vmatrix}0&1&1&1\\1&0&c^2&b^2\\1&c^2&0&a^2\\1&b^2&a^2&0\end{vmatrix}=\sqrt{l(l-a)(l-b)(l-c)}$$

(2)由定理 1.5.2,并取$\triangle ABC$ 的外心 O,得

$$D(A,B,C,D)=\begin{vmatrix}0&1&1&1&1\\1&0&c^2&b^2&R^2\\1&c^2&0&a^2&R^2\\1&b^2&a^2&0&R^2\\1&R^2&R^2&R^2&0\end{vmatrix}=0$$

$$\Rightarrow\begin{vmatrix}1&c^2&b^2\\c^2&0&a^2\\b^2&a^2&0\end{vmatrix}=-2R^2\cdot\begin{vmatrix}0&1&1&1\\1&0&c^2&b^2\\1&c^2&0&a^2\\1&b^2&a^2&0\end{vmatrix}=2R^2(4S_{\triangle})^2$$

$$\Rightarrow S_{\triangle}=\frac{abc}{4R}$$

在此,我们顺便指出:

由定理 1.5.1,可推导公式(5.2.5).

由定理 1.5.2,可推导公式(5.2.6).

例 3 设 P 到正 n 边形 $A_1A_2\cdots A_n$ 的中心 O 的距离为定值,求证:P 到各顶点距离的平方和也为定值.

证明 设边长 $A_1A_2=A_2A_3=a$,对角线 $A_3A_1=b$,$PO=d_0$,$A_iO=r$,由定理1.5.3,有

$$\begin{vmatrix} 1 & PA_1^2 & PA_2^2 & PA_3^2 \\ 1 & 0 & a^2 & b^2 \\ 1 & a^2 & 0 & a^2 \\ 1 & b^2 & a^2 & 0 \end{vmatrix}$$

$$=(d_0^2-r^2)\begin{vmatrix} 0 & 1 & 1 & 1 \\ 1 & 0 & a^2 & b^2 \\ 1 & a^2 & 0 & a^2 \\ 1 & b^2 & a^2 & 0 \end{vmatrix}=k\quad（常数）$$

按 $A_1\to A_2\to\cdots\to A_n\to A_1$ 轮换,并将 n 个等式相加,得

$$\begin{vmatrix} n & \sum\limits_{i=1}^{n}PA_i^2 & \sum\limits_{i=1}^{n}PA_i^2 & \sum\limits_{i=1}^{n}PA_i^2 \\ 1 & 0 & a^2 & b^2 \\ 1 & a^2 & 0 & a^2 \\ 1 & b^2 & a^2 & 0 \end{vmatrix}=nk\Rightarrow\sum_{i=1}^{n}PA_i^2=\text{常数}$$

(1.5.12)

例 4　证明:P 在$\triangle ABC$ 外接圆上的充要条件是

$$PA^2\cdot\sin 2A+PB^2\cdot\sin 2B+PC^2\cdot\sin 2C=0$$

(1.5.13)

证明　由定理 1.5.4,知 P 在圆 ABC 上的充要条件是

$$D^*(P,A,B,C)=0$$

即

$$\begin{vmatrix} 1 & PA^2 & PB^2 & PC^2 \\ 1 & 0 & c^2 & b^2 \\ 1 & c^2 & 0 & a^2 \\ 1 & b^2 & a^2 & 0 \end{vmatrix}=0$$

$\Leftrightarrow\sum PA^2\cdot a^2\cdot(b^2+c^2-a^2)=2a^2b^2c^2$　（“Σ”表轮换和）

$$\Leftrightarrow PA^2\sin 2A + PB^2\sin 2B + PC^2\sin 2C = 0$$

例 5 证明“Euler-Ptolemy 定理”：A_1, A_2, A_3, A_4 四点共线或共圆的充要条件是

$$(-a_{12}a_{34}+a_{13}a_{24}+a_{14}a_{23})(a_{12}a_{34}-a_{13}a_{24}+a_{14}a_{23})(a_{12}a_{34}+a_{13}a_{24}-a_{14}a_{23})=0$$

证明 由定理 1.5.5，知 $A_1, \cdots, A_4$ 共线或共圆的充要条件是

$$\begin{vmatrix} 0 & a_{12}^2 & a_{13}^2 & a_{14}^2 \\ a_{12}^2 & 0 & a_{23}^2 & a_{24}^2 \\ a_{13}^2 & a_{23}^2 & 0 & a_{34}^2 \\ a_{14}^2 & a_{24}^2 & a_{34}^2 & 0 \end{vmatrix} = 0$$

上式化简，即得所证之式.

第二章 单形的周界向量表示，k 重向量

§2.1 单形的周界向量表示

为了研究单形的特性，我们需要研究单形的周界向量表示.

首先，看三角形的情形：

注意到，若 $\boldsymbol{\alpha}_0,\boldsymbol{\alpha}_1,\boldsymbol{\alpha}_2$ 是互不共线的向量，顺次将它们的始点与终点相连构成三角形的周界的充分必要条件是

$$\boldsymbol{\alpha}_0+\boldsymbol{\alpha}_1+\boldsymbol{\alpha}_2=\mathbf{0} \qquad (2.1.1)$$

事实上，设向量 $\boldsymbol{\alpha}_0$，$\boldsymbol{\alpha}_1,\boldsymbol{\alpha}_2$ 对应的有向线段，可以构成 $\triangle P_0P_1P_2$，如图 2.1－1，即有

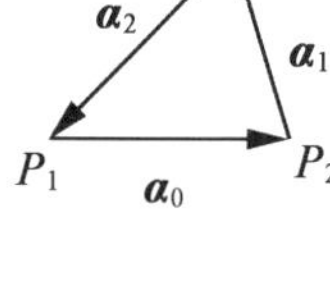

图 2.1－1

$$\overrightarrow{P_1P_2}=\boldsymbol{\alpha}_0,\overrightarrow{P_2P_0}=\boldsymbol{\alpha}_1$$

$$\overrightarrow{P_0P_1}=\boldsymbol{\alpha}_2$$

那么

$$\overrightarrow{P_1P_2}+\overrightarrow{P_2P_0}+\overrightarrow{P_0P_1}=\overrightarrow{P_1P_0}+\overrightarrow{P_0P_1}=\mathbf{0}$$

即 $\boldsymbol{\alpha}_0+\boldsymbol{\alpha}_1+\boldsymbol{\alpha}_2=\mathbf{0}$，这便证明了必要性. 反之，设向量 $\boldsymbol{\alpha}_0,\boldsymbol{\alpha}_1,\boldsymbol{\alpha}_2$ 满足

$$\boldsymbol{\alpha}_0+\boldsymbol{\alpha}_1+\boldsymbol{\alpha}_2=\mathbf{0} \qquad (*)$$

作出向量 $\overrightarrow{P_1P_2}=\boldsymbol{\alpha}_0$，$\overrightarrow{P_0P_1}=\boldsymbol{\alpha}_2$，那么

$$\overrightarrow{P_0P_2}=\overrightarrow{P_0P_1}+\overrightarrow{P_1P_2}=\boldsymbol{\alpha}_2+\boldsymbol{\alpha}_0=-\boldsymbol{\alpha}_1$$

（此处用到式（$*$））

从而 $\boldsymbol{\alpha}_1$ 是向量 $\overrightarrow{P_0P_2}$ 的相反向量，因此，$\boldsymbol{\alpha}_1=-\overrightarrow{P_0P_2}=\overrightarrow{P_2P_0}$.

所以，$\boldsymbol{\alpha}_0,\boldsymbol{\alpha}_1,\boldsymbol{\alpha}_2$ 可以构成一个三角形.

其次，探讨四面体的情形：

在四面体 $P_0P_1P_2P_3$ 中，怎样的 4 个周界向量构成四面体的侧面对应的向量，且满足

$$\boldsymbol{\alpha}_0+\boldsymbol{\alpha}_1+\boldsymbol{\alpha}_2+\boldsymbol{\alpha}_3=\mathbf{0}$$

联想到 3 维向量的外积及其几何意义，下面采用读作外乘的“∧”一种外积运算.

令 $\overrightarrow{P_0P_i}=\boldsymbol{p}_i(i=1,2,3)$，且令

$$2\boldsymbol{\alpha}_1=-\boldsymbol{p}_2\wedge\boldsymbol{p}_3$$

$$2\boldsymbol{\alpha}_2=\boldsymbol{p}_1\wedge\boldsymbol{p}_3,2\boldsymbol{\alpha}_3=-\boldsymbol{p}_1\wedge\boldsymbol{p}_2=\boldsymbol{p}_2\wedge\boldsymbol{p}_1$$

再令

$$\begin{aligned}2\boldsymbol{\alpha}_0&=(\boldsymbol{p}_2-\boldsymbol{p}_1)\wedge(\boldsymbol{p}_3-\boldsymbol{p}_1)\\&=(\boldsymbol{p}_2-\boldsymbol{p}_1)\wedge\boldsymbol{p}_3-(\boldsymbol{p}_2-\boldsymbol{p}_1)\wedge\boldsymbol{p}_1\\&=\boldsymbol{p}_2\wedge\boldsymbol{p}_3-\boldsymbol{p}_1\wedge\boldsymbol{p}_3-\boldsymbol{p}_2\wedge\boldsymbol{p}_1+\boldsymbol{p}_1\wedge\boldsymbol{p}_1\\&=-2\boldsymbol{\alpha}_1-2\boldsymbol{\alpha}_2-2\boldsymbol{\alpha}_3+\mathbf{0}\end{aligned}$$

于是，有

$$\boldsymbol{\alpha}_0+\boldsymbol{\alpha}_1+\boldsymbol{\alpha}_2+\boldsymbol{\alpha}_3=\mathbf{0} \qquad (2.1.2)$$

此时，如上所令外积运算的结果有其几何意义，如图 2.1－2.

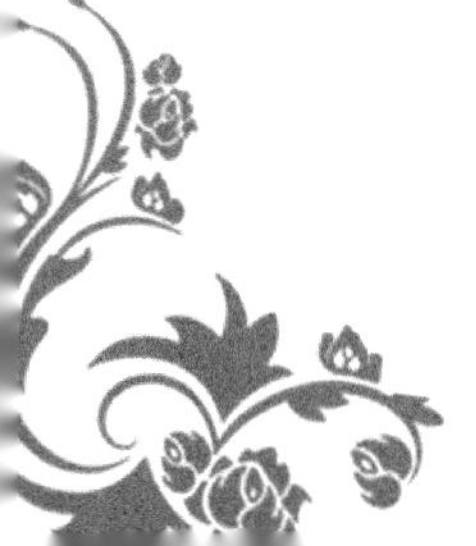

$\boldsymbol{\alpha}_1$ 就是以棱 P_0P_2，P_0P_3 为邻边的平行四边形的有向面积(指向四面体内侧)；

$\boldsymbol{\alpha}_2$ 就是以棱 P_0P_1，P_0P_3 为邻边的平行四边形的有向面积(指向四面体内侧)；

$\boldsymbol{\alpha}_3$ 就是以棱 P_0P_2，P_0P_1 为邻边的平行四边形的有向面积(指向四面体内侧)；

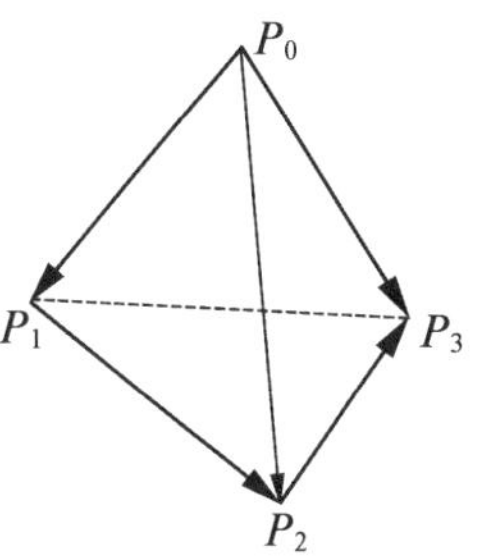

图 2.1－2

$\boldsymbol{\alpha}_0$ 就是以棱 P_1P_2，P_1P_3 为邻边的平行四边形的有向面积(指向四面体内侧).

这样定义的外积运算所得到的向量符合右手法则. 于是，对于 n 维单形的周界向量也可以类似地来定义：

对于 n 维单形 $\Sigma_{P(n+1)}=\{P_0,P_1,P_2,\cdots,P_n\}$.

设 $\overrightarrow{P_0P_i}=\boldsymbol{p}_i(i=1,2,\cdots,n)$. 令

$$(n-1)!\ \boldsymbol{\alpha}_i=(-1)^i\boldsymbol{p}_1\wedge\cdots\wedge\boldsymbol{p}_{i-1}\wedge\boldsymbol{p}_{i+1}\wedge\cdots\wedge\boldsymbol{p}_n \tag{2.1.3}$$

是单形顶点 P_i 所对界面 f_i 的方位向量$(i=1,2,\cdots,n)$

$$(n-1)!\ \boldsymbol{\alpha}_0=(\boldsymbol{p}_2-\boldsymbol{p}_1)\wedge(\boldsymbol{p}_3-\boldsymbol{p}_1)\wedge\cdots\wedge(\boldsymbol{p}_n-\boldsymbol{p}_1) \tag{2.1.4}$$

是单形顶点 P_0 所对界面 f_0 的方位向量.

此时，将 $(n-1)!\ \boldsymbol{\alpha}_0$ 展开即可得 $\boldsymbol{\alpha}_0+\boldsymbol{\alpha}_1+\cdots+\boldsymbol{\alpha}_n=\boldsymbol{0}$.

于是，便有单形的周界向量表示结论.

结论　设 $\boldsymbol{\alpha}_0,\boldsymbol{\alpha}_1,\cdots,\boldsymbol{\alpha}_n$ 是如式(2.1.3)，式(2.1.4)所定义的不共超平面的 $n-1$ 维向量，它们构成 n 维单形界面方位向量的一个必要条件是

$$\boldsymbol{\alpha}_0+\boldsymbol{\alpha}_1+\cdots+\boldsymbol{\alpha}_n=\mathbf{0} \qquad (2.1.5)$$

为了说明上述结论的合理性和正确性,需对这样的向量给出明确的定义,并探讨这样的向量的特性.为此,需引入 k 重向量的概念并探讨其性质.

§2.2 k 重向量

为了讨论问题的需要,我们引进 k 重向量的概念.

定义 2.2.1 在 E^n 中,称 $\boldsymbol{\alpha}=\boldsymbol{p}_1\wedge\boldsymbol{p}_2$ 为$\boldsymbol{p}_1,\boldsymbol{p}_2$ 的 2 重向量(或另一种外积).其中 $\wedge$ 是外积运算符号,读作外乘,它表示以 n 维向量$\boldsymbol{p}_1,\boldsymbol{p}_2$ 的模为邻边的平行四边形的有向面积.

显然,如上定义的外积与我们在 §1.1 中定义的 3 维向量的外积含义是类似的,也有$\boldsymbol{p}_1\wedge\boldsymbol{p}_2=-\boldsymbol{p}_2\wedge\boldsymbol{p}_1$.

定义 2.2.2 在 E^n 中,称 $\boldsymbol{\alpha}=\boldsymbol{p}_1\wedge\boldsymbol{p}_2\wedge\boldsymbol{p}_3$ 为$\boldsymbol{p}_1,\boldsymbol{p}_2$,$\boldsymbol{p}_3$ 的 3 重向量(或外积).它表示以 n 维向量$\boldsymbol{p}_1,\boldsymbol{p}_2,\boldsymbol{p}_3$ 的模为共一顶点的棱的平行六面体的有向体积.

显然,3 重向量可以视为由向量$\boldsymbol{p}_1$ 和平行四边形有向面积表示$\boldsymbol{p}_2\wedge\boldsymbol{p}_3$ 张成的,故有$\boldsymbol{p}_1\wedge(\boldsymbol{p}_2\wedge\boldsymbol{p}_3)=\boldsymbol{p}_1\wedge\boldsymbol{p}_2\wedge\boldsymbol{p}_3$.

定义 2.2.3 在 E^n 中,称 $\boldsymbol{\alpha}=\boldsymbol{p}_1\wedge\boldsymbol{p}_2\wedge\cdots\wedge\boldsymbol{p}_k$ 为 k 重向量.它表示以 n 维向量$\boldsymbol{p}_1,\boldsymbol{p}_2,\cdots,\boldsymbol{p}_k(k\leqslant n)$的模为共一顶点的棱的特殊平行体的有向体积.

显然,k 重向量具有如下性质:

(i)定向:若交换任意两个$\boldsymbol{p}_i$,则 $\boldsymbol{\alpha}$ 改变符号;

(ii)可加性

$$\begin{aligned}&(\lambda\boldsymbol{\beta}+\mu\boldsymbol{\gamma})\wedge\boldsymbol{p}_2\wedge\cdots\wedge\boldsymbol{p}_k\\=&\lambda\boldsymbol{\beta}\wedge\boldsymbol{p}_2\wedge\cdots\wedge\boldsymbol{p}_k+\mu\boldsymbol{\gamma}\wedge\boldsymbol{p}_2\wedge\cdots\wedge\boldsymbol{p}_k\quad(\lambda,\mu\in\mathbf{R})\end{aligned}$$

这里的可加性是说,以 $\lambda\boldsymbol{\beta}+\mu\boldsymbol{\gamma},\boldsymbol{p}_2,\cdots,\boldsymbol{p}_k$ 为棱的平行体的有向体积等于以 $\lambda\boldsymbol{\beta},\boldsymbol{p}_2,\cdots,\boldsymbol{p}_k$ 为棱的平行体的有向体积与以 $\mu\boldsymbol{\gamma},\boldsymbol{p}_2,\cdots,\boldsymbol{p}_k$ 为棱的平行体的有向体积之和.

从运算角度看,性质(i),(ii)分别是反交换律和线性分配律. 运用这两条不难得到下列性质:

性质 2. 2. 1　若 $1\leqslant i<j\leqslant k,\boldsymbol{p}_i=\boldsymbol{p}_j$,则

$$\boldsymbol{p}_1\wedge\boldsymbol{p}_2\wedge\cdots\wedge\boldsymbol{p}_k=\boldsymbol{0}\tag{2.2.1}$$

证明　有

$$\begin{aligned}&\boldsymbol{p}_1\wedge\boldsymbol{p}_2\wedge\cdots\wedge\boldsymbol{p}_i\wedge\cdots\wedge\boldsymbol{p}_j\wedge\cdots\wedge\boldsymbol{p}_k\\=&\boldsymbol{p}_1\wedge\cdots\wedge\boldsymbol{p}_j\wedge\cdots\wedge\boldsymbol{p}_i\wedge\cdots\wedge\boldsymbol{p}_k\quad(\text{已知})\\=&-\boldsymbol{p}_1\wedge\cdots\wedge\boldsymbol{p}_i\wedge\cdots\wedge\boldsymbol{p}_j\wedge\cdots\wedge\boldsymbol{p}_k\quad(\text{反交换律})\end{aligned}$$

移项便得结论.

为了熟悉和理解后面的性质,下面就基底为$\{\boldsymbol{\varepsilon}_1,\boldsymbol{\varepsilon}_2,\boldsymbol{\varepsilon}_3\}$的 3 维空间中的向量

$$\boldsymbol{p}_i=p_{i1}\boldsymbol{\varepsilon}_1+p_{i2}\boldsymbol{\varepsilon}_2+p_{i3}\boldsymbol{\varepsilon}_3\quad(i=1,2,3)$$

的外积作具体的运算.

根据外乘的线性分配律和性质 2. 2. 1,有

$$\begin{aligned}&\boldsymbol{p}_1\wedge\boldsymbol{p}_2\\=&p_{11}p_{22}\boldsymbol{\varepsilon}_1\wedge\boldsymbol{\varepsilon}_2+p_{11}p_{23}\boldsymbol{\varepsilon}_1\wedge\boldsymbol{\varepsilon}_3+p_{12}p_{21}\boldsymbol{\varepsilon}_2\wedge\boldsymbol{\varepsilon}_1+\\&p_{12}p_{23}\boldsymbol{\varepsilon}_2\wedge\boldsymbol{\varepsilon}_3+p_{13}p_{21}\boldsymbol{\varepsilon}_3\wedge\boldsymbol{\varepsilon}_1+p_{13}p_{22}\boldsymbol{\varepsilon}_3\wedge\boldsymbol{\varepsilon}_2\\=&\begin{vmatrix}p_{12}&p_{13}\\p_{22}&p_{23}\end{vmatrix}\boldsymbol{\varepsilon}_2\wedge\boldsymbol{\varepsilon}_3-\begin{vmatrix}p_{11}&p_{13}\\p_{21}&p_{23}\end{vmatrix}\boldsymbol{\varepsilon}_3\wedge\boldsymbol{\varepsilon}_1+\begin{vmatrix}p_{11}&p_{12}\\p_{21}&p_{22}\end{vmatrix}\boldsymbol{\varepsilon}_1\wedge\boldsymbol{\varepsilon}_2\end{aligned}$$

上式中的二阶行列式就是下面的三阶行列式

$$\det(p_{ij}) = \begin{vmatrix} p_{11} & p_{12} & p_{13} \\ p_{21} & p_{22} & p_{23} \\ p_{31} & p_{32} & p_{33} \end{vmatrix}$$

中的元素 $p_{3j}(j=1,2,3)$ 的余子式 M_{3j}.

如果记$\boldsymbol{\varepsilon}_1^* = \boldsymbol{\varepsilon}_2 \wedge \boldsymbol{\varepsilon}_3, \boldsymbol{\varepsilon}_2^* = -\boldsymbol{\varepsilon}_1 \wedge \boldsymbol{\varepsilon}_3, \boldsymbol{\varepsilon}_3^* = \boldsymbol{\varepsilon}_1 \wedge \boldsymbol{\varepsilon}_2$, 则

$$\boldsymbol{\varepsilon}_i^* \wedge \boldsymbol{\varepsilon}_i = \boldsymbol{\varepsilon}_1 \wedge \boldsymbol{\varepsilon}_2 \wedge \boldsymbol{\varepsilon}_3 \quad (i=1,2,3)$$

$$\boldsymbol{\varepsilon}_i^* \wedge \boldsymbol{\varepsilon}_j^* = \mathbf{0} \quad (i \neq j)$$

从而 $$\boldsymbol{p}_1 \wedge \boldsymbol{p}_2 = M_{31}\boldsymbol{\varepsilon}_1^* - M_{32}\boldsymbol{\varepsilon}_2^* + M_{33}\boldsymbol{\varepsilon}_3^*$$

它与两向量积 $\boldsymbol{p}_1 \times \boldsymbol{p}_2$ 类似. 而

$$\begin{aligned}
&\boldsymbol{p}_1 \wedge \boldsymbol{p}_2 \wedge \boldsymbol{p}_3 \\
&= (M_{31}\boldsymbol{\varepsilon}_1^* - M_{32}\boldsymbol{\varepsilon}_2^* + M_{33}\boldsymbol{\varepsilon}_3^*) \wedge (p_{31}\boldsymbol{\varepsilon}_1 + p_{32}\boldsymbol{\varepsilon}_2 + p_{33}\boldsymbol{\varepsilon}_3) \\
&= M_{31}p_{31}\boldsymbol{\varepsilon}_1^* \wedge \boldsymbol{\varepsilon}_1 - M_{32}p_{32}\boldsymbol{\varepsilon}_2^* \wedge \boldsymbol{\varepsilon}_2 + M_{33}p_{33}\boldsymbol{\varepsilon}_3^* \wedge \boldsymbol{\varepsilon}_3 \\
&= (M_{31}p_{31} - M_{32}p_{32} + M_{33}p_{33})\boldsymbol{\varepsilon}_1 \wedge \boldsymbol{\varepsilon}_2 \wedge \boldsymbol{\varepsilon}_3 \\
&= \det(p_{ij})\boldsymbol{\varepsilon}_1 \wedge \boldsymbol{\varepsilon}_2 \wedge \boldsymbol{\varepsilon}_3
\end{aligned}$$

这与三个 3 维向量的混合积$(\boldsymbol{p}_1 \times \boldsymbol{p}_2) \cdot \boldsymbol{p}_3$ 也类似.

显然,对于四个 3 维向量,有$\boldsymbol{p}_1 \wedge \boldsymbol{p}_2 \wedge \boldsymbol{p}_3 \wedge \boldsymbol{p}_4 = \mathbf{0}$.

一般地,有:

性质 2.2.2　设$\boldsymbol{\varepsilon}_1, \boldsymbol{\varepsilon}_2, \cdots, \boldsymbol{\varepsilon}_n$ 是实数域 $\mathbf{R}$ 上 n 维向量空间的一组基,$\boldsymbol{p}_i = \sum_{i=1}^{n} p_{ij}\boldsymbol{\varepsilon}_j (i=1,\cdots,k \leqslant n)$,则有

$$\boldsymbol{p}_1 \wedge \cdots \wedge \boldsymbol{p}_k = \sum_{1 \leqslant i_1 < \cdots < i_k \leqslant n} \begin{vmatrix} p_{1i_1} & \cdots & p_{1i_k} \\ \vdots & & \vdots \\ p_{ki_1} & \cdots & p_{ki_k} \end{vmatrix} \boldsymbol{\varepsilon}_{i_1} \wedge \cdots \wedge \boldsymbol{\varepsilon}_{i_k} \tag{2.2.2}$$

其中$\boldsymbol{\varepsilon}_{i_1} \wedge \cdots \wedge \boldsymbol{\varepsilon}_{i_k}$是基底中任取 k 个按下标从小到大的顺序作成的 k 重向量,共有 C_n^k 个.

上述性质是说,若将这 C_n^k 个 k 重向量作基底,n 维向量空间 L^n 中的任意 k 个向量外乘所得的 k 重向量,总可以用这组基底来线性表示.

例如,任意两个 4 维向量作成的 2 重向量

$$\begin{aligned}\boldsymbol{p}_1\wedge\boldsymbol{p}_2=&\begin{vmatrix}p_{11}&p_{12}\\p_{21}&p_{22}\end{vmatrix}\boldsymbol{\varepsilon}_1\wedge\boldsymbol{\varepsilon}_2+\begin{vmatrix}p_{11}&p_{13}\\p_{21}&p_{23}\end{vmatrix}\boldsymbol{\varepsilon}_1\wedge\boldsymbol{\varepsilon}_3+\\&\begin{vmatrix}p_{11}&p_{14}\\p_{21}&p_{24}\end{vmatrix}\boldsymbol{\varepsilon}_1\wedge\boldsymbol{\varepsilon}_4+\begin{vmatrix}p_{12}&p_{13}\\p_{22}&p_{23}\end{vmatrix}\boldsymbol{\varepsilon}_2\wedge\boldsymbol{\varepsilon}_3+\\&\begin{vmatrix}p_{12}&p_{14}\\p_{22}&p_{24}\end{vmatrix}\boldsymbol{\varepsilon}_2\wedge\boldsymbol{\varepsilon}_4+\begin{vmatrix}p_{13}&p_{14}\\p_{23}&p_{24}\end{vmatrix}\boldsymbol{\varepsilon}_3\wedge\boldsymbol{\varepsilon}_4\end{aligned}$$

可以把它看成是一个 6 维向量.

一般地,有:

定义 2.2.4　k 重向量 $\sum\lambda(\boldsymbol{p}_1\wedge\cdots\wedge\boldsymbol{p}_k)$($\lambda\in\mathbf{R}$, $\boldsymbol{p}_k\in L^n$)的全体构成一个 C_n^k 维向量空间,叫作 k 重向量空间,记作 $\wedge^k L^n$.

由于 k 个向量 $\boldsymbol{p}_1,\cdots,\boldsymbol{p}_k$ 线性无关的充要条件是它们的分量所成的 $k\times n$ 矩阵(p_{ij})的秩为 k,即它至少有一个 k 阶子行列式不为零. 由性质 2.2.2 便有下面的重要性质:

性质 2.2.3　n 维向量空间 L^n 中的 k 个向量 $\boldsymbol{p}_1,\cdots,\boldsymbol{p}_k$ 线性无关的充要条件是

$$\boldsymbol{p}_1\wedge\boldsymbol{p}_2\wedge\cdots\wedge\boldsymbol{p}_k\neq\mathbf{0}\qquad(2.2.3)$$

因此,L^n 中 $\boldsymbol{p}_1,\boldsymbol{p}_2,\cdots,\boldsymbol{p}_k$ 线性相关的充要条件是

$$\boldsymbol{p}_1\wedge\boldsymbol{p}_2\wedge\cdots\wedge\boldsymbol{p}_k=\mathbf{0}$$

下面我们对 k 重向量引进内积运算.

定义 2.2.5　在 n 维向量空间 L^n 中按定义 1.1.8 定义了内积 $\boldsymbol{p}_i\cdot\boldsymbol{p}_j$($\boldsymbol{p}_i,\boldsymbol{p}_j\in L^n$),对于空间 $\wedge^k L^n$ 中的两

元素：k 重向量 $\boldsymbol{\alpha}=\boldsymbol{p}_1\wedge\boldsymbol{p}_2\wedge\cdots\wedge\boldsymbol{p}_k$ 和 $\boldsymbol{\beta}=\boldsymbol{q}_1\wedge\boldsymbol{q}_2\wedge\cdots\wedge\boldsymbol{q}_k$，规定 $\boldsymbol{\alpha}$ 与 $\boldsymbol{\beta}$ 的内积为

$$(\boldsymbol{\alpha},\boldsymbol{\beta})=(\boldsymbol{p}_1\wedge\boldsymbol{p}_2\wedge\cdots\wedge\boldsymbol{p}_k,\boldsymbol{q}_1\wedge\boldsymbol{q}_2\wedge\cdots\wedge\boldsymbol{q}_k)=\begin{vmatrix}\boldsymbol{p}_1\cdot\boldsymbol{q}_1 & \boldsymbol{p}_1\cdot\boldsymbol{q}_2 & \cdots & \boldsymbol{p}_1\cdot\boldsymbol{q}_k\\ \vdots & \vdots & & \vdots\\ \boldsymbol{p}_k\cdot\boldsymbol{q}_1 & \boldsymbol{p}_k\cdot\boldsymbol{q}_2 & \cdots & \boldsymbol{p}_k\cdot\boldsymbol{q}_k\end{vmatrix} \tag{2.2.4}$$

不难验证，这样规定的内积$(\boldsymbol{\alpha},\boldsymbol{\beta})$满足四条内积运算性质. 例如，当 $\boldsymbol{\alpha}\neq\boldsymbol{0}$（即$\boldsymbol{p}_1,\boldsymbol{p}_2,\cdots,\boldsymbol{p}_k$ 是线性无关的向量）时，由列向量$\boldsymbol{p}_1,\boldsymbol{p}_2,\cdots,\boldsymbol{p}_k$ 所构成的秩为 k 的 $n\times k$ 阶矩阵，记为$\boldsymbol{P}=(p_1\quad p_2\quad\cdots\quad p_k)$，则$(\boldsymbol{\alpha},\boldsymbol{\alpha})$是 k 阶对称矩阵 $\boldsymbol{P}^{\mathrm{T}}\boldsymbol{P}$ 的行列式，因此$(\boldsymbol{\alpha},\boldsymbol{\alpha})>0$，$(\boldsymbol{\alpha},\boldsymbol{\alpha})=0$ 的充要条件是 $\boldsymbol{\alpha}=\boldsymbol{0}$，即$\boldsymbol{p}_1,\boldsymbol{p}_2,\cdots,\boldsymbol{p}_k$ 线性相关.

定义 2.2.6　我们将非负实数$(\boldsymbol{\alpha},\boldsymbol{\alpha})^{\frac{1}{2}}$称为 k 重向量 $\boldsymbol{\alpha}$ 的模，记作$|\boldsymbol{\alpha}|$，即

$$|\boldsymbol{\alpha}|=|\boldsymbol{p}_1\wedge\boldsymbol{p}_2\wedge\cdots\wedge\boldsymbol{p}_k|=\begin{vmatrix}\boldsymbol{p}_1\cdot\boldsymbol{p}_1 & \boldsymbol{p}_1\cdot\boldsymbol{p}_2 & \cdots & \boldsymbol{p}_1\cdot\boldsymbol{p}_k\\ \vdots & \vdots & & \vdots\\ \boldsymbol{p}_k\cdot\boldsymbol{p}_1 & \boldsymbol{p}_k\cdot\boldsymbol{p}_2 & \cdots & \boldsymbol{p}_k\cdot\boldsymbol{p}_k\end{vmatrix}^{\frac{1}{2}} \tag{2.2.5}$$

此时，我们称

$$|\boldsymbol{p}_1\wedge\boldsymbol{p}_2\wedge\cdots\wedge\boldsymbol{p}_k|^2=\begin{vmatrix}\boldsymbol{p}_1\cdot\boldsymbol{p}_1 & \boldsymbol{p}_1\cdot\boldsymbol{p}_2 & \cdots & \boldsymbol{p}_1\cdot\boldsymbol{p}_k\\ \vdots & \vdots & & \vdots\\ \boldsymbol{p}_k\cdot\boldsymbol{p}_1 & \boldsymbol{p}_k\cdot\boldsymbol{p}_2 & \cdots & \boldsymbol{p}_k\cdot\boldsymbol{p}_k\end{vmatrix}$$

为向量$\boldsymbol{p}_1,\boldsymbol{p}_2,\cdots,\boldsymbol{p}_k$ 的 Gram（格拉姆）行列式.

在此，也介绍一下 Gram 行列式的几个重要结论.

命题 2.2.1　如果线性无关向量组 $\boldsymbol{\alpha}_1,\boldsymbol{\alpha}_2,\cdots,\boldsymbol{\alpha}_k$

正交化为向量组 $\boldsymbol{\beta}_1,\boldsymbol{\beta}_2,\cdots,\boldsymbol{\beta}_k$，则它的 Gram 行列式值不变.

证明　在题设条件下，则有

$$\begin{aligned}|\boldsymbol{\alpha}_1\wedge\boldsymbol{\alpha}_2\wedge\cdots\wedge\boldsymbol{\alpha}_k|^2&=|\boldsymbol{\beta}_1\wedge\boldsymbol{\beta}_2\wedge\cdots\wedge\boldsymbol{\beta}_k|^2\\&=|\boldsymbol{\beta}_1|^2\cdot|\boldsymbol{\beta}_2|^2\cdot\cdots\cdot|\boldsymbol{\beta}_k|^2\end{aligned}$$

为此，首先将 $\boldsymbol{\alpha}_1,\boldsymbol{\alpha}_2,\cdots,\boldsymbol{\alpha}_k$ 正交化为向量组 $\boldsymbol{\beta}_1,\boldsymbol{\beta}_2,\cdots,\boldsymbol{\beta}_k$，即令

$$\begin{cases}\boldsymbol{\beta}_1=\boldsymbol{\alpha}_1\\ \boldsymbol{\beta}_2=\boldsymbol{\alpha}_2-\dfrac{\boldsymbol{\alpha}_2\cdot\boldsymbol{\beta}_1}{\boldsymbol{\beta}_1\cdot\boldsymbol{\beta}_1}\boldsymbol{\beta}_1\\ \quad\vdots\\ \boldsymbol{\beta}_k=\boldsymbol{\alpha}_k-\dfrac{\boldsymbol{\alpha}_k\cdot\boldsymbol{\beta}_{k-1}}{\boldsymbol{\beta}_{k-1}\cdot\boldsymbol{\beta}_{k-1}}\boldsymbol{\beta}_{k-1}-\cdots-\dfrac{\boldsymbol{\alpha}_k\cdot\boldsymbol{\beta}_1}{\boldsymbol{\beta}_1\cdot\boldsymbol{\beta}_1}\boldsymbol{\beta}_1\end{cases}$$

则 $\boldsymbol{\beta}_1,\boldsymbol{\beta}_2,\cdots,\boldsymbol{\beta}_k$ 是正交向量组.

其次，再对 Gram 行列式 $|\boldsymbol{\alpha}_1\wedge\boldsymbol{\alpha}_2\wedge\cdots\wedge\boldsymbol{\alpha}_k|^2$ 施行初等变换：把 $\boldsymbol{\alpha}_1$ 换成 $\boldsymbol{\beta}_1$，将第一列乘以 $\dfrac{\boldsymbol{\alpha}_2\cdot\boldsymbol{\beta}_1}{\boldsymbol{\beta}_1\cdot\boldsymbol{\beta}_1}$（乘内积的第二个因子）并加到第二列上去，将第一列乘以 $\dfrac{\boldsymbol{\alpha}_2\cdot\boldsymbol{\beta}_1}{\boldsymbol{\beta}_1\cdot\boldsymbol{\beta}_1}$（乘内积的第一个因子）并加到第二行上去，这样，原行列式中所有 $\boldsymbol{\alpha}_2$ 换成了 $\boldsymbol{\beta}_2$，同时再注意到 $\boldsymbol{\beta}_1$ 与 $\boldsymbol{\beta}_2$ 正交，此时便有

$$|\boldsymbol{\alpha}_1\wedge\boldsymbol{\alpha}_2\wedge\cdots\wedge\boldsymbol{\alpha}_k|^2=\begin{vmatrix}\boldsymbol{\beta}_1\cdot\boldsymbol{\beta}_1&0&\cdots&\boldsymbol{\beta}_1\cdot\boldsymbol{\alpha}_k\\0&\boldsymbol{\beta}_2\cdot\boldsymbol{\beta}_2&\cdots&\boldsymbol{\beta}_2\cdot\boldsymbol{\alpha}_k\\\vdots&\vdots&&\vdots\\\boldsymbol{\alpha}_k\cdot\boldsymbol{\beta}_1&\boldsymbol{\alpha}_k\cdot\boldsymbol{\beta}_2&\cdots&\boldsymbol{\alpha}_k\cdot\boldsymbol{\beta}_k\end{vmatrix}$$

同理，将第一列乘以 $\dfrac{\boldsymbol{\alpha}_3\cdot\boldsymbol{\beta}_1}{\boldsymbol{\beta}_1\cdot\boldsymbol{\beta}_1}$，第二列乘以 $\dfrac{\boldsymbol{\alpha}_3\cdot\boldsymbol{\beta}_2}{\boldsymbol{\beta}_2\cdot\boldsymbol{\beta}_2}$，

再将其结果都加到第三列上去,然后对第一行、第二行施行同样的运算,这样,原行列式中的所有 $\boldsymbol{\alpha}_3$ 换成了 $\boldsymbol{\beta}_3$,以此类推,直到最后第 k 列,第 k 行,其结果(其中要注意到 $\boldsymbol{\beta}_1,\boldsymbol{\beta}_2,\cdots,\boldsymbol{\beta}_k$ 是正交向量组)将原行列式化成三角行列式

$$\begin{vmatrix} \boldsymbol{\beta}_1\cdot\boldsymbol{\beta}_1 & & 0 \\ & \ddots & \\ 0 & & \boldsymbol{\beta}_k\cdot\boldsymbol{\beta}_k \end{vmatrix}$$

由于上述运算是对行列式施行的行(列)初等变换,故不改变行列式的值.

推论 2.2.1　如果线性无关向量组 $\boldsymbol{\alpha}_1,\boldsymbol{\alpha}_2,\cdots,\boldsymbol{\alpha}_n$ 正交化为向量组 $\boldsymbol{\beta}_1,\boldsymbol{\beta}_2,\cdots,\boldsymbol{\beta}_n$,则向量 $\boldsymbol{\beta}_k$ 的模

$$|\boldsymbol{\beta}_k| = \left(\frac{|\boldsymbol{\alpha}_1\wedge\boldsymbol{\alpha}_2\wedge\cdots\wedge\boldsymbol{\alpha}_k|^2}{|\boldsymbol{\alpha}_1\wedge\boldsymbol{\alpha}_2\wedge\cdots\wedge\boldsymbol{\alpha}_{k-1}|^2}\right)^{\frac{1}{2}}$$

其中 $k=1,2,\cdots,n$.

事实上,由

$$\begin{aligned} |\boldsymbol{\beta}_k|^2 &= \frac{|\boldsymbol{\alpha}_1\wedge\boldsymbol{\alpha}_2\wedge\cdots\wedge\boldsymbol{\alpha}_k|^2}{|\boldsymbol{\beta}_1|^2\wedge\cdots\wedge|\boldsymbol{\beta}_{k-1}|^2} \\ &= \frac{|\boldsymbol{\alpha}_1\wedge\boldsymbol{\alpha}_2\wedge\cdots\wedge\boldsymbol{\alpha}_k|^2}{|\boldsymbol{\beta}_1\wedge\cdots\wedge\boldsymbol{\beta}_{k-1}|^2} \end{aligned}$$

即证.

命题 2.2.2　向量组 $\boldsymbol{\alpha}_1,\boldsymbol{\alpha}_2,\cdots,\boldsymbol{\alpha}_k$ 线性相关的充要条件是 Gram 行列式等于 0.

此命题由前面的性质 2.2.3 即证.

推论 2.2.2　如果向量组 $\boldsymbol{\alpha}_1,\boldsymbol{\alpha}_2,\cdots,\boldsymbol{\alpha}_k$ 线性无关,则它的 Gram 行列式为正.

命题 2.2.3　向量 $\boldsymbol{\alpha}$ 到线性流形 $P=V_1+\boldsymbol{\varepsilon}_0$ 的距离 d,可借助 Gram 行列式由下式计算

$$d^2=\frac{|\boldsymbol{\alpha}_1\wedge\boldsymbol{\alpha}_2\wedge\cdots\wedge\boldsymbol{\alpha}_k\wedge(\boldsymbol{\alpha}_0-\boldsymbol{\varepsilon}_0)|^2}{|\boldsymbol{\alpha}_1\wedge\cdots\wedge\boldsymbol{\alpha}_k|^2}$$

其中 V_1 为线性空间 V 的线性子空间，$\boldsymbol{\varepsilon}_0$ 是 V 的固定向量，$\boldsymbol{\alpha}_1,\boldsymbol{\alpha}_2,\cdots,\boldsymbol{\alpha}_k$ 为 V_1 的基.

证明　设 $\boldsymbol{\alpha}-\boldsymbol{\varepsilon}_0=\boldsymbol{\beta}+\boldsymbol{\gamma}$，$\boldsymbol{\beta}\in V_1$，$\boldsymbol{\gamma}\in V_\perp$（$V_\perp$ 为 V_1 的正交补），$d=|\boldsymbol{\alpha}-\boldsymbol{\varepsilon}_0|=|\boldsymbol{\gamma}|$，即有 $d^2=\boldsymbol{\gamma}\cdot\boldsymbol{\gamma}$.

由题设 $\boldsymbol{\alpha}_1,\boldsymbol{\alpha}_2,\cdots,\boldsymbol{\alpha}_k$ 是线性子空间 V_1 的基，故 V_1 中的向量 $\boldsymbol{\beta}$ 是 $\boldsymbol{\alpha}_1,\boldsymbol{\alpha}_2,\cdots,\boldsymbol{\alpha}_k$ 的线性组合，即有 $\boldsymbol{\beta}=\sum\limits_{i=1}^{k}b_i\boldsymbol{\alpha}_i$，这样，便有

$$\begin{aligned}
&|\boldsymbol{\alpha}_1\wedge\boldsymbol{\alpha}_2\wedge\cdots\wedge\boldsymbol{\alpha}_k\wedge(\boldsymbol{\alpha}-\boldsymbol{\varepsilon}_0)|^2\\
=&\begin{vmatrix}\boldsymbol{\alpha}_1\cdot\boldsymbol{\alpha}_1 & \cdots & \boldsymbol{\alpha}_1\cdot(\boldsymbol{\alpha}-\boldsymbol{\varepsilon}_0)\\ \vdots & & \vdots\\ (\boldsymbol{\alpha}-\boldsymbol{\varepsilon}_0)\cdot\boldsymbol{\alpha}_1 & \cdots & (\boldsymbol{\alpha}-\boldsymbol{\varepsilon}_0)\cdot(\boldsymbol{\alpha}-\boldsymbol{\varepsilon}_0)\end{vmatrix}\\
=&\begin{vmatrix}\boldsymbol{\alpha}_1\cdot\boldsymbol{\alpha}_1 & \cdots & \boldsymbol{\alpha}_1\cdot(\boldsymbol{\beta}+\boldsymbol{\gamma})\\ \vdots & & \vdots\\ (\boldsymbol{\alpha}-\boldsymbol{\varepsilon}_0)\cdot\boldsymbol{\alpha}_1 & \cdots & (\boldsymbol{\alpha}-\boldsymbol{\varepsilon}_0)\cdot(\boldsymbol{\beta}+\boldsymbol{\gamma})\end{vmatrix}\\
=&\begin{vmatrix}\boldsymbol{\alpha}_1\cdot\boldsymbol{\alpha}_1 & \cdots & \boldsymbol{\alpha}_1\cdot\boldsymbol{\beta}\\ \vdots & & \vdots\\ (\boldsymbol{\alpha}-\boldsymbol{\varepsilon}_0)\cdot\boldsymbol{\alpha}_1 & \cdots & (\boldsymbol{\alpha}-\boldsymbol{\varepsilon}_0)\cdot\boldsymbol{\beta}\end{vmatrix}+\\
&\begin{vmatrix}\boldsymbol{\alpha}_1\cdot\boldsymbol{\alpha}_1 & \cdots & \boldsymbol{\alpha}_1\cdot\boldsymbol{\gamma}\\ \vdots & & \vdots\\ (\boldsymbol{\alpha}-\boldsymbol{\varepsilon}_0)\cdot\boldsymbol{\alpha}_1 & \cdots & (\boldsymbol{\alpha}-\boldsymbol{\varepsilon}_0)\cdot\boldsymbol{\gamma}\end{vmatrix}
\end{aligned}$$

由于 $\boldsymbol{\beta}=\sum\limits_{i=1}^{k}b_i\boldsymbol{\alpha}_i$，则上式右端第一个行列式的最后一列是前 k 列的线性组合，故第一个行列式的值为零. 而在第二个行列式中，注意到 $\boldsymbol{\alpha}_i\cdot\boldsymbol{\gamma}=0$（因 $\boldsymbol{\alpha}_i$ 与 $\boldsymbol{\gamma}$ 正交，$i=1,2,\cdots,k$），这样按最后一列展开便为 $|\boldsymbol{\alpha}_1\wedge\cdots\wedge$

$\boldsymbol{\alpha}_k|^2(\boldsymbol{\alpha}-\boldsymbol{\varepsilon}_0)\cdot\boldsymbol{\gamma}$.

于是

$$
\begin{aligned}
&|\boldsymbol{\alpha}_1\wedge\boldsymbol{\alpha}_2\wedge\cdots\wedge\boldsymbol{\alpha}_k\wedge(\boldsymbol{\alpha}-\boldsymbol{\varepsilon}_0)|^2\\
=&0+|\boldsymbol{\alpha}_1\wedge\cdots\wedge\boldsymbol{\alpha}_k|^2(\boldsymbol{\alpha}-\boldsymbol{\varepsilon}_0)\cdot\boldsymbol{\gamma}\\
=&|\boldsymbol{\alpha}_1\wedge\cdots\wedge\boldsymbol{\alpha}_k|^2(\boldsymbol{\beta}+\boldsymbol{\gamma})\cdot\boldsymbol{\gamma}\\
=&|\boldsymbol{\alpha}_1\wedge\cdots\wedge\boldsymbol{\alpha}_k|^2(\boldsymbol{\beta}\cdot\boldsymbol{\gamma}+\boldsymbol{\gamma}\cdot\boldsymbol{\gamma})\\
=&|\boldsymbol{\alpha}_1\wedge\cdots\wedge\boldsymbol{\alpha}_k|^2\boldsymbol{\gamma}\cdot\boldsymbol{\gamma}=|\boldsymbol{\alpha}_1\wedge\cdots\wedge\boldsymbol{\alpha}_k|d^2
\end{aligned}
$$

注意到 $\boldsymbol{\alpha}_1,\cdots,\boldsymbol{\alpha}_k$ 线性无关,有 $|\boldsymbol{\alpha}_1\wedge\cdots\wedge\boldsymbol{\alpha}_k|^2\neq0$.

故

$$
d^2=\frac{|\boldsymbol{\alpha}_1\wedge\cdots\wedge\boldsymbol{\alpha}_k\wedge(\boldsymbol{\alpha}-\boldsymbol{\varepsilon}_0)|^2}{|\boldsymbol{\alpha}_1\wedge\cdots\wedge\boldsymbol{\alpha}_k|^2}
$$

下面,我们继续讨论 k 重向量的性质.

不难验证,如果 $\{\boldsymbol{\varepsilon}_1,\boldsymbol{\varepsilon}_2,\cdots,\boldsymbol{\varepsilon}_n\}$ 是 E^n 中的一组标准正交基,即有 $\boldsymbol{\varepsilon}_i\cdot\boldsymbol{\varepsilon}_j=\delta_{ij}$,那么当 $\boldsymbol{\varepsilon}_i^*=\boldsymbol{\varepsilon}_1\wedge\cdots\wedge\boldsymbol{\varepsilon}_{i-1}\wedge\boldsymbol{\varepsilon}_{i+1}\wedge\cdots\wedge\boldsymbol{\varepsilon}_n$ 时,$\boldsymbol{\varepsilon}_1^*,\boldsymbol{\varepsilon}_2^*,\cdots,\boldsymbol{\varepsilon}_n^*$ 必是 k 重向量空间 $\wedge^kL^n$ 的一组标准正交基,即有 $\boldsymbol{\varepsilon}_i^*\cdot\boldsymbol{\varepsilon}_j^*=\delta_{ij}$.

类似于式(1.2.1)及其证明,在 k 重向量空间 $\wedge^kL^n$ 中定义了内积之后,则有柯西不等式的推广

$$
|(\boldsymbol{\alpha},\boldsymbol{\beta})|\leqslant|\boldsymbol{\alpha}||\boldsymbol{\beta}| \tag{2.2.6}
$$

其中等号成立的充要条件是 $\lambda\boldsymbol{\alpha}+\mu\boldsymbol{\beta}=0,\lambda,\mu\in\mathbf{R}$ 不全为零,$\boldsymbol{\alpha},\boldsymbol{\beta}\in\wedge^kL^n$,且由式(2.2.6)即为

$$
\begin{vmatrix}
\boldsymbol{p}_1\cdot\boldsymbol{q}_1 & \cdots & \boldsymbol{p}_1\cdot\boldsymbol{q}_k\\
\vdots & & \vdots\\
\boldsymbol{p}_k\cdot\boldsymbol{q}_1 & \cdots & \boldsymbol{p}_k\cdot\boldsymbol{q}_k
\end{vmatrix}^2
\leqslant
\begin{vmatrix}
\boldsymbol{p}_1\cdot\boldsymbol{p}_1 & \cdots & \boldsymbol{p}_1\cdot\boldsymbol{p}_k\\
\vdots & & \vdots\\
\boldsymbol{p}_k\cdot\boldsymbol{p}_1 & \cdots & \boldsymbol{p}_k\cdot\boldsymbol{p}_k
\end{vmatrix}
\cdot
\begin{vmatrix}
\boldsymbol{q}_1\cdot\boldsymbol{q}_1 & \cdots & \boldsymbol{q}_1\cdot\boldsymbol{q}_k\\
\vdots & & \vdots\\
\boldsymbol{q}_k\cdot\boldsymbol{q}_1 & \cdots & \boldsymbol{q}_k\cdot\boldsymbol{q}_k
\end{vmatrix}
\tag{2.2.6'}
$$

其中 $\boldsymbol{\alpha}=\boldsymbol{p}_1\wedge\boldsymbol{p}_2\wedge\cdots\wedge\boldsymbol{p}_k,\boldsymbol{\beta}=\boldsymbol{q}_1\wedge\boldsymbol{q}_2\wedge\cdots\wedge\boldsymbol{q}_k$.

由此可以定义两个 k 重向量 $\boldsymbol{\alpha},\boldsymbol{\beta}$ 的夹角 θ

$$\cos\theta=\frac{(\boldsymbol{\alpha},\boldsymbol{\beta})}{|\boldsymbol{\alpha}||\boldsymbol{\beta}|}=\frac{(\boldsymbol{p}_1\wedge\cdots\wedge\boldsymbol{p}_k,\boldsymbol{q}_1\wedge\cdots\wedge\boldsymbol{q}_k)}{|\boldsymbol{p}_1\wedge\cdots\wedge\boldsymbol{p}_k||\boldsymbol{p}_1\wedge\cdots\wedge\boldsymbol{p}_k|}\tag{2.2.7}$$

运用式(2.2.7)可以求得方位向量分别为 $\boldsymbol{\alpha},\boldsymbol{\beta}$ 的两个 k 维超平面的夹角.

定义 2.2.7　所谓 k 维超平面是指 E^n 中的点集:$\{X|\boldsymbol{X}=\boldsymbol{p}_0+\sum\limits_{i=1}^{k}t_i\boldsymbol{p}_i,\boldsymbol{p}_1\wedge\cdots\wedge\boldsymbol{p}_k\neq\boldsymbol{0},1\leqslant k\leqslant n-1\}$,其中向量$\boldsymbol{p}_1,\cdots,\boldsymbol{p}_k$ 称为 k 维超平面的方位向量,它们是线性无关的.

根据性质 2.2.3,由 k 维超平面的参数方程

$$\boldsymbol{X}=\boldsymbol{p}_0+\sum_{i=1}^{k}t_i\boldsymbol{p}_i\tag{2.2.8}$$

其中 $t_i(i=1,\cdots,k)$ 为参数.

消去参数可以改记为

$$\boldsymbol{p}_1\wedge\cdots\wedge\boldsymbol{p}_k\wedge(\boldsymbol{X}-\boldsymbol{p}_0)=\boldsymbol{0}\tag{2.2.9}$$

因此也把 k 重向量$\boldsymbol{p}_1\wedge\cdots\wedge\boldsymbol{p}_k\neq\boldsymbol{0}$ 称为 k 维超平面的方位向量,这样超平面间的夹角问题就转化为方位向量之间的夹角问题.

对于不同维数超平面的夹角问题(这是 3 维空间中直线与平面的夹角问题之高维推广),也可以转化为 l 重向量 $\boldsymbol{\alpha}$ 与 k 重向量 $\boldsymbol{\beta}$ 的夹角 θ 问题. 为此,我们讨论柯西 - 施瓦兹不等式的再推广:设非零 l,k 重向量 $\boldsymbol{\alpha}=\boldsymbol{p}_1\wedge\cdots\wedge\boldsymbol{p}_l\in\wedge^lL^n,\boldsymbol{\beta}=\boldsymbol{q}_1\wedge\cdots\wedge\boldsymbol{q}_k\in\wedge^kL^n,1\leqslant k\leqslant l\leqslant n$,从 l 个向量$\boldsymbol{p}_i$ 中任取 k 个作成$m=\mathrm{C}_l^k$个 k 重向量

$$\boldsymbol{p}_i=\boldsymbol{p}_{i_1}\wedge\cdots\wedge\boldsymbol{p}_{i_k}\quad(1\leqslant i_1<\cdots<i_k\leqslant k,i=1,\cdots,m)$$

再以$\boldsymbol{p}_i\cdot\boldsymbol{p}_j$为元素作 m 阶方阵 $\boldsymbol{A}=(\boldsymbol{p}_i\cdot\boldsymbol{p}_j)$,则有

$$(\boldsymbol{p}_1\cdot\boldsymbol{\beta}\quad \boldsymbol{p}_2\cdot\boldsymbol{\beta}\quad\cdots\quad \boldsymbol{p}_m\cdot\boldsymbol{\beta})\boldsymbol{A}^{-1}(\boldsymbol{p}_1\cdot\boldsymbol{\beta}\quad \boldsymbol{p}_2\cdot\boldsymbol{\beta}\quad\cdots\quad \boldsymbol{p}_m\cdot\boldsymbol{\beta})^{\mathrm{T}}\leqslant|\boldsymbol{\beta}|^2\quad(2.2.10)$$

其中等号成立的充要条件是$\boldsymbol{\beta}$与$\boldsymbol{p}_i(i=1,\cdots,m)$线性相关,即$\boldsymbol{\beta}=\sum\limits_{i=1}^{m}\lambda_i\boldsymbol{p}_i$.

证明 因$\boldsymbol{\alpha}=\boldsymbol{p}_1\wedge\cdots\wedge\boldsymbol{p}_l\neq\boldsymbol{0}$,则 m 个 k 重向量$\boldsymbol{p}_i(i=1,2,\cdots,m)$也是线性无关的,以它们为基底张成的 k 重向量空间$\wedge^kL^n$是一个子空间. 由于$\wedge^kL^n$是内积空间,可将它的元素$\boldsymbol{\beta}$分解为两个 k 重向量$\boldsymbol{\beta}_{11}$和$\boldsymbol{\beta}_{\perp}$的和,即$\boldsymbol{\beta}=\boldsymbol{\beta}_{11}+\boldsymbol{\beta}_{\perp}$,其中$\boldsymbol{\beta}_{11}=\sum\limits_{i=1}^{m}\lambda_i\boldsymbol{p}_i(\lambda_i\in\mathbf{R})$,$\boldsymbol{\beta}_{\perp}\cdot\boldsymbol{p}_i=0(i=1,\cdots,m)$.

因此,有

$$\boldsymbol{p}_i\cdot\boldsymbol{\beta}=\boldsymbol{p}_i\cdot\sum_{j=1}^{m}\lambda_j\boldsymbol{p}_j+\boldsymbol{p}_i\cdot\boldsymbol{\beta}_{\perp}=\sum_{j=1}^{m}\lambda_j(\boldsymbol{p}_i\cdot\boldsymbol{p}_j)$$

即

$$(\boldsymbol{p}_1\cdot\boldsymbol{\beta}\quad \boldsymbol{p}_2\cdot\boldsymbol{\beta}\quad\cdots\quad \boldsymbol{p}_m\cdot\boldsymbol{\beta})=(\lambda_1\quad\lambda_2\quad\cdots\quad\lambda_m)\boldsymbol{A}$$

其中矩阵$\boldsymbol{A}=(\boldsymbol{p}_i\quad\boldsymbol{p}_j)$是正定的,它的逆矩阵不仅存在而且也是正定的,所以

$$\begin{aligned}&(\lambda_1\quad\lambda_2\quad\cdots\quad\lambda_m)\\&=(\boldsymbol{p}_1\cdot\boldsymbol{\beta}\quad \boldsymbol{p}_2\cdot\boldsymbol{\beta}\quad\cdots\quad \boldsymbol{p}_m\cdot\boldsymbol{\beta})\boldsymbol{A}^{-1}\end{aligned}$$

$$\begin{aligned}&\boldsymbol{\beta}_{11}\cdot\boldsymbol{\beta}\\&=(\lambda_1\quad\lambda_2\quad\cdots\quad\lambda_m)(\boldsymbol{p}_1\cdot\boldsymbol{\beta}\quad \boldsymbol{p}_2\cdot\boldsymbol{\beta}\quad\cdots\quad \boldsymbol{p}_m\cdot\boldsymbol{\beta})^{\mathrm{T}}\\&=(\boldsymbol{p}_1\cdot\boldsymbol{\beta}\quad \boldsymbol{p}_2\cdot\boldsymbol{\beta}\quad\cdots\quad \boldsymbol{p}_m\cdot\boldsymbol{\beta})\boldsymbol{A}^{-1}\cdot\\&\quad(\boldsymbol{p}_1\cdot\boldsymbol{\beta}\quad \boldsymbol{p}_2\cdot\boldsymbol{\beta}\quad\cdots\quad \boldsymbol{p}_m\cdot\boldsymbol{\beta})^{\mathrm{T}}\end{aligned}$$

$$\boldsymbol{\beta}_{11}\cdot\boldsymbol{\beta}_{\perp}=\sum_{i=1}^{m}\lambda_i\boldsymbol{p}_i\cdot\boldsymbol{\beta}_{\perp}=0$$

$$\boldsymbol{\beta}_{11}\cdot\boldsymbol{\beta}=\boldsymbol{\beta}_{11}\cdot(\boldsymbol{\beta}_{11}+\boldsymbol{\beta}_{\perp})=\boldsymbol{\beta}_{11}\cdot\boldsymbol{\beta}_{11}=|\boldsymbol{\beta}_{11}|^2$$

$|\boldsymbol{\beta}|^2=(\boldsymbol{\beta}_{11}+\boldsymbol{\beta}_{\perp})\cdot(\boldsymbol{\beta}_{11}+\boldsymbol{\beta}_{\perp})=|\boldsymbol{\beta}_{11}|^2+|\boldsymbol{\beta}_{\perp}|^2$
（可见式(1.2.4)）

因此 $$\boldsymbol{\beta}_{11}\cdot\boldsymbol{\beta}=|\boldsymbol{\beta}_{11}|^2\leqslant|\boldsymbol{\beta}|^2$$

其中等号成立的充要条件是 $\boldsymbol{\beta}=\boldsymbol{0}$，即 $\boldsymbol{\beta}=\boldsymbol{\beta}_{11}=\sum\limits_{i=1}^{m}\lambda_i\boldsymbol{p}_i$.

在式(2.2.10)中，当 $l=k$ 时，$m=1$，则式(2.2.10)就成为式(2.2.6). 因此，式(2.2.10)是柯西－施瓦兹不等式的再推广.

下面，我们来讨论不同维数超平面间的夹角问题.

过 E^n 中一定点 P_0，且由 l 个线性无关的向量 $\boldsymbol{p}_i(i=1,2,\cdots,l<n)$ 所确定的超平面 $\boldsymbol{\pi}_l$ 的方程可记为（点 P_0 对应的矢径用 $\boldsymbol{p}_0$ 表示）

$$\boldsymbol{X}=\boldsymbol{p}_0+t_1\boldsymbol{p}_1+t_2\boldsymbol{p}_2+\cdots+t_l\boldsymbol{p}_l\quad(t_1,\cdots,t_l\text{ 为参数})$$

或记作 $\boldsymbol{\alpha}\wedge(\boldsymbol{X}-\boldsymbol{p}_0)=0$.

其中 $\boldsymbol{\alpha}=\boldsymbol{p}_1\wedge\cdots\wedge\boldsymbol{p}_l\neq\boldsymbol{0}$，我们称为 l 维超平面 $\boldsymbol{\pi}_l$ 的方位向量.

要求两个超平面 $\boldsymbol{\pi}_l$ 与 $\boldsymbol{\pi}_k$：$\boldsymbol{\alpha}(\boldsymbol{X}-\boldsymbol{p}_0)=0$，$\boldsymbol{\beta}\wedge(\boldsymbol{Y}-\boldsymbol{q}_0)=0$ 之间的夹角，关键是求它们的方位向量 $\boldsymbol{\alpha}$，$\boldsymbol{\beta}$ 之间的夹角，这里 $\boldsymbol{\beta}=\boldsymbol{q}_1\wedge\cdots\wedge\boldsymbol{q}_k$，$n>l\geqslant k\geqslant 1$.

当 $l=k$ 时，由式(1.2.2)，式(2.2.7)已给出解答，而当 $l>k$ 时，我们可将 $\boldsymbol{\beta}$ 与 $\boldsymbol{\beta}_{11}=\sum\limits_{i=1}^{m}\lambda_i\boldsymbol{p}_i$ 间的夹角定义为超平面 $\boldsymbol{\pi}_l$ 与 $\boldsymbol{\pi}_k$ 间的夹角 $\langle l,k\rangle$，根据式(2.2.7)有

$$\cos\langle l,k\rangle=\frac{\boldsymbol{\beta}\cdot\boldsymbol{\beta}_{11}}{|\boldsymbol{\beta}||\boldsymbol{\beta}_{11}|}$$

而 $\boldsymbol{\beta}\cdot\boldsymbol{\beta}_{11}=|\boldsymbol{\beta}_{11}|^2$，故有

$$\cos\langle l,k\rangle=\frac{\boldsymbol{\beta}\cdot\boldsymbol{\beta}_{11}}{|\boldsymbol{\beta}|^2}$$

$$=\frac{(\boldsymbol{p}_1\cdot\boldsymbol{\beta}\quad\cdots\quad\boldsymbol{p}_m\cdot\boldsymbol{\beta})\boldsymbol{A}^{-1}(\boldsymbol{p}_1\cdot\boldsymbol{\beta}\quad\cdots\quad\boldsymbol{p}_m\cdot\boldsymbol{\beta})^{\mathrm{T}}}{|\boldsymbol{\beta}|^2} \tag{2.2.11}$$

由于用超平面 π_l 或 π_k 内的任一向量 $\boldsymbol{X}-\boldsymbol{p}_0=\sum_{i=1}^{l}t_i\boldsymbol{p}_i$ 或 $\boldsymbol{Y}-\boldsymbol{q}_0=\sum_{j=1}^{k}s_j\boldsymbol{q}_j$ 分别代替 $\boldsymbol{p}_i$ 和 $\boldsymbol{q}_j$ 中的某一个，均不会改变上式的值. 又因为 k 重向量的内积是等距不变量，所以 $\dfrac{\boldsymbol{\beta}\cdot\boldsymbol{\beta}_{11}}{|\boldsymbol{\beta}|^2}$ 也是等距不变量. 因此，将 $\boldsymbol{\beta}$ 与 $\boldsymbol{\beta}_{11}$ 间的夹角定义为平面 π_l 与 π_k 间的夹角是合理的.

综上所述，两个超平面 $\pi_l:\boldsymbol{\alpha}\wedge(\boldsymbol{X}-\boldsymbol{p}_0)=0$ 与 π_k：$\boldsymbol{\beta}\wedge(\boldsymbol{Y}-\boldsymbol{q}_0)=0$ 间的夹角 $\theta=\langle\pi_l,\pi_k\rangle=\langle l,k\rangle$ 满足关系式(2.2.11).

对于 k 重向量，我们还有如下重要性质：

性质 2.2.4 对于非零的 l,k 重向量 $\boldsymbol{\alpha}=\boldsymbol{p}_1\wedge\cdots\wedge\boldsymbol{p}_l\in\wedge^l L^n$，$\boldsymbol{\beta}=\boldsymbol{q}_1\wedge\cdots\wedge\boldsymbol{q}_k\in\wedge^k L^n$，$1\leqslant k\leqslant l\leqslant n$，则恒有

$$|\boldsymbol{\alpha}\wedge\boldsymbol{\beta}|\leqslant|\boldsymbol{\alpha}|\cdot|\boldsymbol{\beta}| \tag{2.2.12}$$

其中等号成立的充要条件是 $l+k\leqslant n$，且所有的 $\boldsymbol{p}_i\cdot\boldsymbol{q}_j=0$，$i=1,\cdots,l$，$j=1,\cdots,k$.

证明 若 $l+k>0$，则 $|\boldsymbol{\alpha}\wedge\boldsymbol{\beta}|>0$，不等式恒成立. 下面考虑 $l+k\leqslant n$ 的情形.

由于 $\boldsymbol{\alpha}\neq\boldsymbol{0}$，$\boldsymbol{\beta}\neq\boldsymbol{0}$，即 $\boldsymbol{p}_1,\cdots,\boldsymbol{p}_l$ 线性无关，$\boldsymbol{q}_1,\cdots,\boldsymbol{q}_k$ 也线性无关，故由列向量 $\boldsymbol{p}_1,\cdots,\boldsymbol{p}_l$，$\boldsymbol{q}_1,\cdots,\boldsymbol{q}_k$ 所构成的 $n\times l$，$n\times k$ 矩阵

$$\boldsymbol{A}=(\boldsymbol{p}_1\quad\boldsymbol{p}_2\quad\cdots\quad\boldsymbol{p}_l)$$
$$\boldsymbol{B}=(\boldsymbol{q}_1\quad\boldsymbol{q}_2\quad\cdots\quad\boldsymbol{q}_k)$$

的秩分别为 l,k. 因此对称矩阵 $\boldsymbol{A}^{\mathrm{T}}\boldsymbol{A}$，$\boldsymbol{B}^{\mathrm{T}}\boldsymbol{B}$ 是正定的，即有

$$|\boldsymbol{\alpha}|^2=\det(\boldsymbol{A}^{\mathrm{T}}\boldsymbol{A})>0,\ |\boldsymbol{\beta}|^2=\det(\boldsymbol{B}^{\mathrm{T}}\boldsymbol{B})>0$$

分块矩阵$(\boldsymbol{A},\boldsymbol{B})=(\boldsymbol{p}_1\quad\cdots\quad\boldsymbol{p}_l\quad\boldsymbol{q}_1\quad\cdots\quad\boldsymbol{q}_k)$是 $n\times(l+k)$阶的,且

$$\begin{aligned}|\boldsymbol{\alpha}\wedge\boldsymbol{\beta}|^2&=\det((\boldsymbol{A}\quad\boldsymbol{B})^{\mathrm{T}}(\boldsymbol{A}\quad\boldsymbol{B}))\\&=\det\begin{pmatrix}\boldsymbol{A}^{\mathrm{T}}\boldsymbol{A}&\boldsymbol{A}^{\mathrm{T}}\boldsymbol{B}\\\boldsymbol{B}^{\mathrm{T}}\boldsymbol{A}&\boldsymbol{B}^{\mathrm{T}}\boldsymbol{B}\end{pmatrix}\\&\leqslant\det(\boldsymbol{A}^{\mathrm{T}}\boldsymbol{A})\cdot\det(\boldsymbol{B}^{\mathrm{T}}\boldsymbol{B})\end{aligned}$$

其中等号成立的充要条件是$\boldsymbol{A}^{\mathrm{T}}\boldsymbol{B}=\boldsymbol{0}$,即所有的$\boldsymbol{p}_i\cdot\boldsymbol{q}_j=0,i=1,\cdots,l,j=1,\cdots,k$.

注　①运用性质 2. 2. 4,可求得一点 M 到 k 维超平面 $\boldsymbol{X}=\boldsymbol{p}_0+\sum_{i=1}^{k}t_i\boldsymbol{p}_i\ (\boldsymbol{p}_1\wedge\cdots\wedge\boldsymbol{p}_k\neq0)$的距离 h.

记$\boldsymbol{M}-\boldsymbol{p}_0=\boldsymbol{p}_{k+1}$,则

$$\begin{aligned}|\boldsymbol{M}-\boldsymbol{X}|&=\boldsymbol{p}_{k+1}-\sum_{i=1}^{k}t_i\boldsymbol{p}_i\cdot\frac{|\boldsymbol{\beta}|}{|\boldsymbol{\beta}|}\\&\geqslant\frac{|[\boldsymbol{p}_{k+1}-\sum_{i=1}^{k}t_i\boldsymbol{p}_i]\wedge\boldsymbol{\beta}|}{\boldsymbol{\beta}}\\&=\frac{|(\boldsymbol{p}_{k+1}-\sum_{i=1}^{k}t_i\boldsymbol{p}_i)\wedge\boldsymbol{p}_1\wedge\cdots\wedge\boldsymbol{p}_k|}{|\boldsymbol{p}_1\wedge\cdots\wedge\boldsymbol{p}_k|}\\&=\frac{|\boldsymbol{p}_1\wedge\cdots\wedge\boldsymbol{p}_k\wedge\boldsymbol{p}_{k+1}|}{|\boldsymbol{p}_1\wedge\cdots\wedge\boldsymbol{p}_k|}\\&=\frac{k+1\text{ 重向量的模}}{k\text{ 重向量的模}}=h\end{aligned}\tag{2.2.13}$$

②当 $l+k\leqslant n$ 时,不等式(2. 2. 10)还能予以加强.由式(2. 2. 12)知

$$|\boldsymbol{\alpha}\wedge\boldsymbol{\beta}|=|\boldsymbol{\alpha}\wedge(\sum_{i=1}^{m}\lambda_i\boldsymbol{p}_i+\boldsymbol{\beta}_{\perp})|=|\boldsymbol{\alpha}\wedge\boldsymbol{\beta}_{\perp}|\leqslant|\boldsymbol{\alpha}||\boldsymbol{\beta}_{\perp}|$$

代入$|\boldsymbol{\beta}|^2=|\boldsymbol{\beta}_{11}|^2+|\boldsymbol{\beta}_{\perp}|^2$(可见式(1. 2. 4)),可得

$$(\boldsymbol{p}_1\cdot\boldsymbol{\beta}\quad\cdots\quad\boldsymbol{p}_m\cdot\boldsymbol{\beta})\boldsymbol{A}^{-1}\cdot$$

$$(\boldsymbol{p}_1\cdot\boldsymbol{\beta}\quad\cdots\quad\boldsymbol{p}_m\cdot\boldsymbol{\beta})^{\mathrm{T}}+\frac{|\boldsymbol{\alpha}\wedge\boldsymbol{\beta}|^2}{|\boldsymbol{\alpha}|^2}\leqslant|\boldsymbol{\beta}|^2 \tag{2.2.14}$$

其中等号当 $\boldsymbol{\beta}=\sum\limits_{i=1}^{m}\lambda_i\boldsymbol{p}_i$ 或当 $l+k\leqslant n$ 且 $\boldsymbol{p}_i\cdot\boldsymbol{p}_j=0(i=1,\cdots,l,j=1,\cdots,k)$ 时等号成立.

注意到 $\boldsymbol{A}^{-1}$ 是正定矩阵,所以有:

性质 2.2.5　两超平面 $\pi_l:\boldsymbol{\alpha}\wedge(\boldsymbol{X}-\boldsymbol{p}_0)=0$ 与 $\pi_k:\boldsymbol{\beta}\wedge(\boldsymbol{Y}-\boldsymbol{q}_0)=0$ 正交的充要条件是 $\boldsymbol{\alpha}_i\cdot\boldsymbol{\beta}=0(i=1,2,\cdots,\mathrm{C}_l^k,k\leqslant l)$,其中 $\boldsymbol{\alpha}=\boldsymbol{\alpha}_1\wedge\cdots\wedge\boldsymbol{\alpha}_l$,$\boldsymbol{\alpha}_i$ 是从 l 个向量 $\boldsymbol{\alpha}_j(j=1,2,\cdots,l)$ 中任取 k 个作成的 k 重向量.

性质 2.2.6　E^n 中标准正交基 $\boldsymbol{\varepsilon}_i(i=1,2,\cdots,n)$ 与方位向量为 $\boldsymbol{\alpha}=\boldsymbol{\alpha}_1\wedge\cdots\wedge\boldsymbol{\alpha}_l$ 的 l 维超平面的夹角 $(\boldsymbol{\alpha},\boldsymbol{\varepsilon}_i)$ 有如下的恒等式

$$\sum_{i=1}^{n}\cos^2\langle\boldsymbol{\alpha},\boldsymbol{\varepsilon}_i\rangle=l \tag{2.2.15}$$

证明　若记 $\boldsymbol{B}=(\boldsymbol{\alpha}_1\quad\boldsymbol{\alpha}_2\quad\cdots\quad\boldsymbol{\alpha}_l)$,这里 $\boldsymbol{\alpha}_1,\cdots,\boldsymbol{\alpha}_l$ 是列向量,则 $\boldsymbol{B}$ 是秩为 l 的 $n\times l$ 矩阵.

由式(2.2.14)知

$$\begin{aligned}\cos^2\langle\boldsymbol{\alpha},\boldsymbol{\varepsilon}_i\rangle&=(\boldsymbol{\alpha}_1\cdot\boldsymbol{\varepsilon}_i\quad\cdots\quad\boldsymbol{\alpha}_l\cdot\boldsymbol{\varepsilon}_i)(\boldsymbol{B}^{\mathrm{T}}\boldsymbol{B})^{-1}\cdot\\&\quad(\boldsymbol{\alpha}_1\cdot\boldsymbol{\varepsilon}_i\quad\cdots\quad\boldsymbol{\alpha}_l\cdot\boldsymbol{\varepsilon}_i)^{\mathrm{T}}\\&=\boldsymbol{\varepsilon}_i^{\mathrm{T}}\boldsymbol{B}(\boldsymbol{B}^{\mathrm{T}}\boldsymbol{B})^{-1}\boldsymbol{B}^{\mathrm{T}}\boldsymbol{\varepsilon}_i\end{aligned}$$

故

$$\begin{aligned}\sum_{i=1}^{n}\cos^2\langle\boldsymbol{\alpha},\boldsymbol{\varepsilon}_i\rangle&=\sum_{i=1}^{n}\boldsymbol{\varepsilon}_i^{\mathrm{T}}\boldsymbol{B}(\boldsymbol{B}^{\mathrm{T}}\boldsymbol{B})^{-1}\boldsymbol{B}^{\mathrm{T}}\boldsymbol{\varepsilon}_i\\&=\mathrm{tr}\,\boldsymbol{B}(\boldsymbol{B}^{\mathrm{T}}\boldsymbol{B})^{-1}\boldsymbol{B}^{\mathrm{T}}\\&=\mathrm{tr}(\boldsymbol{B}^{\mathrm{T}}\boldsymbol{B})^{-1}\boldsymbol{B}^{\mathrm{T}}\boldsymbol{B}=l\end{aligned}$$

性质 2.2.7　(Cayley 定理)E^n 中任意 $m+1$ 个点 $P_0,P_1,\cdots,P_m$ 的 C-M 行列式

$$D(P_0,P_1,\cdots,P_m)=\begin{vmatrix} 0 & 1 & \cdots & 1 \\ 1 & & & \\ \vdots & & \boxed{-\frac{1}{2}\rho_{ij}^2} & \\ 1 & & & \end{vmatrix}$$

$$=-|\boldsymbol{p}_1\wedge\cdots\wedge\boldsymbol{p}_m|^2 \qquad (2.2.16)$$

其中$\rho_{ij}=|P_iP_j|,i,j=0,1,\cdots,m$,$\boxed{-\frac{1}{2}\rho_{ij}^2}$是$m+1$阶方阵(此处与式(1.2.14)相差一个常数倍,但没有实质性差别).

证明　记$\boldsymbol{p}_i=P_i-P_0,i=1,2,\cdots,m$,有

$$|\boldsymbol{p}_1\wedge\cdots\wedge\boldsymbol{p}_m|^2=\det(\boldsymbol{p}_i\cdot\boldsymbol{p}_j)$$

对于n维欧氏空间E^n,有

$$\boldsymbol{p}_i\cdot\boldsymbol{p}_j=\frac{1}{2}(|\boldsymbol{p}_i|^2+|\boldsymbol{p}_j|^2-|\boldsymbol{p}_i-\boldsymbol{p}_j|^2)$$
$$=\frac{1}{2}(\rho_{0i}^2+\rho_{0j}^2-\rho_{ij}^2)$$

$$\det(\boldsymbol{p}_i\cdot\boldsymbol{p}_j)$$
$$=\begin{vmatrix} \boldsymbol{p}_1\cdot\boldsymbol{p}_1 & \cdots & \boldsymbol{p}_1\cdot\boldsymbol{p}_m \\ \vdots & & \vdots \\ \boldsymbol{p}_m\cdot\boldsymbol{p}_1 & \cdots & \boldsymbol{p}_m\cdot\boldsymbol{p}_m \end{vmatrix}_{m\times m}$$
$$=\frac{1}{2^m}\begin{vmatrix} 1 & 0 & 0 & \cdots & 0 \\ 0 & 1 & 1 & \cdots & 1 \\ 1 & 0 & 2\boldsymbol{p}_1\cdot\boldsymbol{p}_1 & \cdots & 2\boldsymbol{p}_1\cdot\boldsymbol{p}_m \\ \vdots & \vdots & \vdots & & \vdots \\ 1 & 0 & 2\boldsymbol{p}_m\cdot\boldsymbol{p}_1 & \cdots & 2\boldsymbol{p}_m\cdot\boldsymbol{p}_m \end{vmatrix}_{(m+2)\times(m+2)}$$

将$2\boldsymbol{p}_i\cdot\boldsymbol{p}_j=\rho_{0i}^2+\rho_{0j}^2-\rho_{ij}^2$代入,第1行与第2行交换后,又将第1列分别乘$-\rho_{01}^2,-\rho_{02}^2,\cdots,-\rho_{0k}^2$加到第3,4,$\cdots$,$k+2$列,再将第1行分别乘$-\rho_{01}^2,-\rho_{02}^2,\cdots,-\rho_{0k}^2$

加到第 $3,4,\cdots,k+2$ 行得

$$\det(\boldsymbol{p}_i\cdot\boldsymbol{p}_j)=\begin{vmatrix}0 & 1 & 1 & \cdots & 1\\ 1 & 0 & -\frac{1}{2}\rho_{01}^2 & \cdots & -\frac{1}{2}\rho_{0m}^2\\ 1 & -\frac{1}{2}\rho_{01}^2 & & & \\ \vdots & \vdots & & \boxed{-\frac{1}{2}\rho_{ij}^2} & \\ 1 & -\frac{1}{2}\rho_{0m}^2 & & & \end{vmatrix}$$

故

$$D(P_0,P_1,\cdots,P_m)=-|\boldsymbol{p}_1\wedge\boldsymbol{p}_2\wedge\cdots\wedge\boldsymbol{p}_m|^2$$

第三章

单形的顶点向量表示,重心坐标

§3.1　单形的顶点向量表示

我们在定义1.4.13中介绍了单形的概念.为了研究单形的另一种定义,我们还需研究单形的顶点向量表示.

为此,我们先看三角形的顶点向量表示:

如图3.1-1,设M为$\triangle P_0P_1P_2$内或边界上任一点,并采用单点向量表示,由2维空间(即平面)的向量基本定理,知存在唯一的一对实数k_1,k_2,使得

图3.1-1

$$\overrightarrow{P_0M}=k_1\overrightarrow{P_0P_1}+k_2\overrightarrow{P_0P_2}$$

即

$$\begin{aligned}\boldsymbol{M}-\boldsymbol{P}_0&=k_1(\boldsymbol{P}_1-\boldsymbol{P}_0)+k_2(\boldsymbol{P}_2-\boldsymbol{P}_0)\\&=-k_1\boldsymbol{P}_0-k_2\boldsymbol{P}_0+k_1\boldsymbol{P}_1+k_2\boldsymbol{P}_2\end{aligned}$$

亦即

$$\begin{aligned} \boldsymbol{M} &= (1-k_1-k_2)\boldsymbol{P}_0+k_1\boldsymbol{P}_1+k_2\boldsymbol{P}_2 \\ &= \lambda_0\boldsymbol{P}_0+\lambda_1\boldsymbol{P}_1+\lambda_2\boldsymbol{P}_2 \end{aligned}$$

其中是令 $1-k_1-k_2=\lambda_0, k_1=\lambda_1, k_2=\lambda_2$,此时 $\lambda_0+\lambda_1+\lambda_2=1$.

显然,当 $\lambda_0=0$ 时,表示点 M 在边 P_1P_2 上;当 $\lambda_1=0$时,表示点 M 在边 P_0P_2 上;当 $\lambda_2=0$ 时,表示点 M 在 P_0P_1 上. 当 $\lambda_0,\lambda_1,\lambda_2$ 中有两个为0 时,则表示点 M 在$\triangle P_0P_1P_2$ 的某一顶点上,当 $\lambda_0,\lambda_1,\lambda_2$ 均在区间 $(0,1)$内取值时,则表示点 M 在$\triangle P_0P_1P_2$ 的内部. 于是,我们有:

结论1 点集 $\Omega_2=\{M \mid \boldsymbol{M}=\sum_{i=0}^{2}\lambda_i\boldsymbol{p}_i$, 且 $\sum_{i=0}^{2}\lambda_i=1, \lambda_i\geqslant 0\}$ 即为$\triangle P_0P_1P_2$ 的边界及其内部,此即为 2 维单形 $\sum_{P(3)}$.

下面,再看四面体的顶点向量表示:

如图 3.1-2,设 M 为四面体 $P_0P_1P_2P_3$ 内或周界上任一点,并采用单点向量表示,由 3 维空间的向量基本定理,知存在唯一的有序实数组(k_1,k_2,k_3),使得

$$\overrightarrow{P_0M}=k_1\overrightarrow{P_0P_1}+k_2\overrightarrow{P_0P_2}+k_3\overrightarrow{P_0P_3}$$

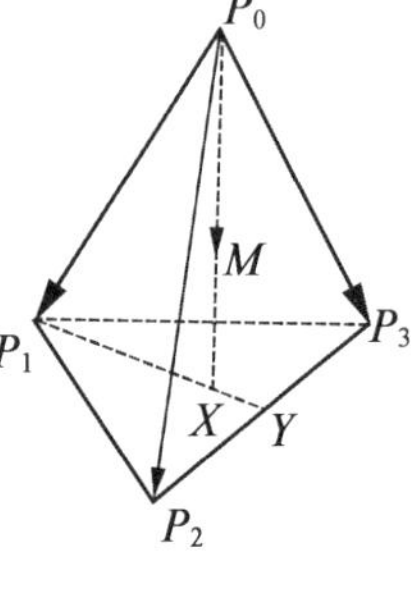

图 3.1-2

即

$$\begin{aligned} \boldsymbol{M}-\boldsymbol{P}_0 = {} & k_1(\boldsymbol{P}_1-\boldsymbol{P}_0)+ \\ & k_2(\boldsymbol{P}_2-\boldsymbol{P}_0)+k_3(\boldsymbol{P}_3-\boldsymbol{P}_0) \end{aligned}$$

亦即

$$\boldsymbol{M}=(1-k_1-k_2-k_3)\boldsymbol{P}_0+k_1\boldsymbol{P}_1+k_2\boldsymbol{P}_2+k_3\boldsymbol{P}_3$$

$$=\lambda_0\boldsymbol{P}_0+\lambda_1\boldsymbol{P}_1+\lambda_2\boldsymbol{P}_2+\lambda_3\boldsymbol{P}_3$$

其中是令

$$1-k_1-k_2-k_3=\lambda_0, k_1=\lambda_1, k_2=\lambda_2, k_3=\lambda_3$$

此时

$$\lambda_0+\lambda_1+\lambda_2+\lambda_3=1$$

或者由2维空间的向量基本定理，设点M与顶点P_0的连线交面$P_1P_2P_3$于点X，又设P_1与X的连线交P_2P_3于点Y，则有实数u,v,w，使得

$$\boldsymbol{M}=(1-u)\boldsymbol{P}_0+u\boldsymbol{X}, \boldsymbol{X}=(1-v)\boldsymbol{P}_1+v\boldsymbol{Y}$$

$$\boldsymbol{Y}=(1-w)\boldsymbol{P}_2+w\boldsymbol{P}_3$$

于是

$$\boldsymbol{M}=(1-u)\boldsymbol{P}_0+u(1-v)\boldsymbol{P}_1+uv[(1-w)\boldsymbol{P}_2+w\boldsymbol{P}_3]$$

$$=\lambda_0\boldsymbol{P}_0+\lambda_1\boldsymbol{P}_1+\lambda_2\boldsymbol{P}_2+\lambda_3\boldsymbol{P}_3$$

其中是令$1-u=\lambda_0, u(1-v)=\lambda_1, uv(1-w)=\lambda_2, uvw=\lambda_3$，此时亦有$\lambda_0+\lambda_1+\lambda_2+\lambda_3=1$.

显然，在$\lambda_0,\lambda_1,\lambda_2,\lambda_3$中，若有某一个为0时，则表示点$M$在某一界面上；若有某两个为0，则表示点$M$在某一条棱上；若有某三个为0，则表示点$M$在某一顶点处；当$\lambda_0,\lambda_1,\lambda_2,\lambda_3$均在区间$(0,1)$内取值时，则表示点$M$在四面体$P_0P_1P_2P_3$的内部. 于是有：

结论2　点集$\Omega_3=\{M \mid \boldsymbol{M}=\sum\limits_{i=0}^{3}\lambda_i\boldsymbol{p}_i, 且\sum\limits_{i=0}^{3}\lambda_i=1, \lambda_i\geqslant 0\}$即为四面体的周界及其内部，此即为3维单形$\sum_{P(4)}$.

由上，一般地，有：

定义3.1.1　点集$\Omega_n=\{M \mid \boldsymbol{M}=\sum\limits_{i=0}^{n}\lambda_i\boldsymbol{p}_i, 且\sum\limits_{i=0}^{n}\lambda_i=1, \lambda_i\geqslant 0\}$称为以$P_0,P_1,\cdots,P_n$为顶点（或以向量$\boldsymbol{p}_1,\boldsymbol{p}_2,\cdots,\boldsymbol{p}_n$为支撑棱）的$n$维单形$\sum_{P(n+1)}$.

下面，我们来看单形的顶点向量表示中，有序实数组$(\lambda_0,\lambda_1,\cdots,\lambda_n)$的几何意义.

首先,我们在$\triangle P_0P_1P_2$中讨论问题:

如图 3.1-3,取P_0为向量原点(起点),则$\lambda_0=1-\lambda_1-\lambda_2$.

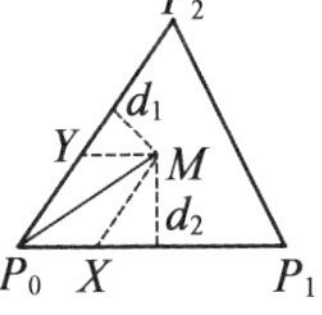

图 3.1-3

此时$\boldsymbol{M}=\lambda_1\boldsymbol{p}_1+\lambda_2\boldsymbol{p}_2$.

把向量$\boldsymbol{p}_1,\boldsymbol{p}_2$($\boldsymbol{p}_i=\overrightarrow{P_0P_i}$($i=1,2$))作为平面仿射坐标系$P_0-P_1P_2$的基向量.

过M分别作$MX /\!/ P_2P_0$交P_0P_1于点X,作$MY /\!/ P_1P_0$交P_0P_2于点Y,则

$$\frac{\overrightarrow{P_0X}}{\overrightarrow{P_0P_1}}=\frac{\boldsymbol{x}}{\boldsymbol{p}_1}=\lambda_1,\frac{\overrightarrow{P_0Y}}{\overrightarrow{P_0P_2}}=\frac{\boldsymbol{y}}{\boldsymbol{p}_2}=\lambda_2$$

这表明,λ_1,λ_2是平面仿射坐标轴上有向线段的比值.因而,有序数组(λ_1,λ_2)是平面仿射坐标系$P_0-P_1P_2$(P_0为坐标原点)下,点M的平面仿射坐标.这是其几何意义之一.

若令$\angle P_1P_0P_2=\theta$,则点M到P_0P_1,P_0P_2的距离d_1,d_2分别为

$$d_1=P_0Y\cdot\sin\theta,d_2=P_0X\cdot\sin\theta$$

且

$$S_{\triangle P_0P_1P_2}=\frac{1}{2}P_0P_1\cdot P_0P_2\cdot\sin\theta$$

于是

$$\frac{S_{\triangle MP_0P_1}}{S_{\triangle P_0P_1P_2}}=\frac{P_0P_1\cdot d_1}{P_0P_1\cdot P_0P_2\cdot\sin\theta}=\frac{P_0Y}{P_0P_2}$$

$$\frac{S_{\triangle MP_2P_0}}{S_{\triangle P_0P_1P_2}}=\frac{P_0P_2\cdot d_2}{P_0P_1\cdot P_0P_2\cdot\sin\theta}=\frac{P_0X}{P_0P_1}$$

若记顶点绕逆时针方向排列的三角形面积为正,

顺时针方向排列的为负，则有

$$\frac{S_{\triangle P_0MP_2}}{S_{\triangle P_0P_1P_2}}=\frac{\overrightarrow{P_0X}}{\overrightarrow{P_0P_1}}=\lambda_1,\frac{S_{\triangle P_0P_1M}}{S_{\triangle P_0P_1P_2}}=\frac{\overrightarrow{P_0Y}}{\overrightarrow{P_0P_2}}=\lambda_2$$

这又表明，λ_1,λ_2 分别是 $\triangle P_0P_1P_2$ 中，点 M 与边 P_0P_2,P_0P_1 所构成的三角形的有向面积与整个三角形的有向面积之比，这是其几何意义之二.

由上，也使我们看到了 2 维欧氏空间的向量基本定理中有序实数对的上述两种几何意义.

其次，我们在四面体 $P_0P_1P_2P_3$ 中讨论问题：

如图 3.1－4，取 P_0 为向量原点（起点），则

$$\lambda_0=1-\lambda_1-\lambda_2-\lambda_3$$

此时

$$\boldsymbol{M}=\lambda_1\boldsymbol{p}_1+\lambda_2\boldsymbol{p}_2+\lambda_3\boldsymbol{p}_3$$

把向量 $\boldsymbol{p}_1,\boldsymbol{p}_2,\boldsymbol{p}_3$（$\boldsymbol{p}_i=\overrightarrow{P_0P_i}(i=1,2,3)$）作为空间仿射坐标系 $P_0-P_1P_2P_3$ 的基向量.

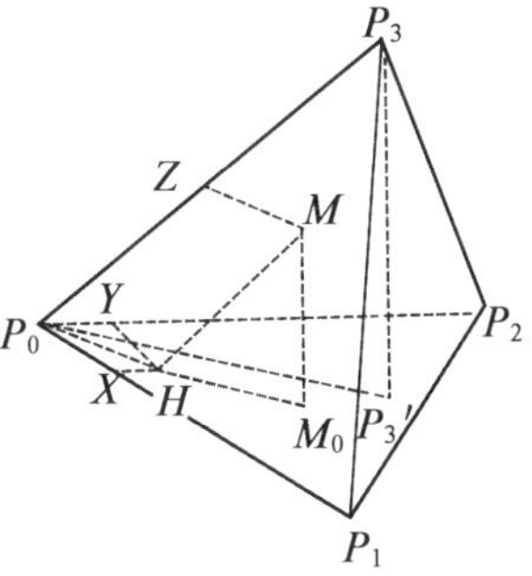

图 3.1－4

过点 M 作 $MH /\!/ P_3P_0$ 交面 $P_0P_1P_2$ 于点 H，过点 H 分别作 $XH /\!/ P_0P_2$ 交 P_0P_1 于点 X，作 $YH /\!/ P_0P_1$ 交 P_0P_2 于点 Y，作 $MZ /\!/ HP_0$ 交 P_0P_3 于点 Z，则

$$\frac{\overrightarrow{P_0X}}{\overrightarrow{P_0P_1}}=\frac{\boldsymbol{x}}{\boldsymbol{p}_1}=\lambda_1,\frac{\overrightarrow{P_0Y}}{\overrightarrow{P_0P_2}}=\frac{\boldsymbol{y}}{\boldsymbol{p}_2}=\lambda_2,\frac{\overrightarrow{P_0Z}}{\overrightarrow{P_0P_3}}=\frac{\boldsymbol{z}}{\boldsymbol{p}_3}=\lambda_3$$

这表明，$\lambda_1,\lambda_2,\lambda_3$ 是空间仿射坐标轴上有向线段的比值. 因而，有序数组 $(\lambda_1,\lambda_2,\lambda_3)$ 是空间仿射坐标系 $P_0-P_1P_2P_3$（P_0 为坐标原点）下，点 M 的空间仿射坐标，这是其几何意义之一.

若设 M 在面 $P_0P_1P_2$ 的垂直投影为 M_0，P_3 在面 $P_0P_1P_2$ 的垂直投影为 P_3'，设 P_3P_0 与面 $P_0P_1P_2$ 所成的角为 θ，则 $\angle P_3P_0P_3'=\theta$，$\angle MHM_0=\theta$.

由 $P_0H/\!/ZM$，$P_0X/\!/YH$，$P_0Y/\!/XH$，以及

$$\frac{\overrightarrow{P_0X}}{\overrightarrow{P_0P_1}}=\lambda_1,\frac{\overrightarrow{P_0Y}}{\overrightarrow{P_0P_2}}=\lambda_2,\frac{\overrightarrow{P_0Z}}{\overrightarrow{P_0P_3}}=\lambda_3$$

有
$$\frac{V_{P_0P_1P_2M}}{V_{P_0P_1P_2P_3}}=\frac{MM_0}{P_3P_3'}=\frac{MH\cdot\sin\theta}{P_3P_0\sin\theta}=\frac{\overrightarrow{P_0Z}}{\overrightarrow{P_0P_3}}=\lambda_3$$

同理
$$\frac{V_{P_0MP_2P_3}}{V_{P_0P_1P_2P_3}}=\lambda_1,\frac{V_{P_0P_1MP_3}}{V_{P_0P_1P_2P_3}}=\lambda_2$$

这又表明，$\lambda_1,\lambda_2,\lambda_3$ 分别是四面体 $P_0P_1P_2P_3$ 中，点 M 与侧面 $P_0P_1P_2$，$P_0P_2P_3$，$P_0P_1P_3$ 所构成的四面体有向体积与整个四面体的有向体积之比（一般地，规定点 M 在四面体侧面的内侧时体积为正，否则为负）. 这是其几何意义之二.

由上，也使我们看到了 3 维欧氏空间的向量基本定理中有序实数组的上述两种几何意义.

同样，n 维欧氏空间的向量基本定理中有序实数组有上述两种几何意义.

在上述 2 维单形的顶点向量表示中，有序实数组 $(\lambda_0,\lambda_1,\lambda_2)$ 的几何意义之二中，由于 $\lambda_1=\frac{S_{\triangle P_0MP_2}}{S_{\triangle P_0P_1P_2}}$，$\lambda_2=\frac{S_{\triangle P_0P_1M}}{S_{\triangle P_0P_1P_2}}$，且 $\lambda_0=1-\lambda_1-\lambda_2$，则 $\lambda_0=\frac{S_{\triangle MP_1P_2}}{S_{\triangle P_0P_1P_2}}$.

这样便用三角形面积比的形式给出了点 M 的表示. 于是，我们可称在这个三角形条件下，给出了这个点的面积坐标.

在上述3维单形的顶点向量表示中,有序实数组$(\lambda_0,\lambda_1,\lambda_2,\lambda_3)$的几何意义之二中,由于$\lambda_1=\frac{V_{P_0MP_2P_3}}{V_{P_0P_1P_2P_3}}$,$\lambda_2=\frac{V_{P_0P_1MP_3}}{V_{P_0P_1P_2P_3}}$,$\lambda_3=\frac{V_{P_0P_1P_2M}}{V_{P_0P_1P_2P_3}}$,且$\lambda_0=1-\lambda_1-\lambda_2-\lambda_3$,则$\lambda_0=\frac{V_{MP_1P_2P_3}}{V_{P_0P_1P_2P_3}}$.

这样便用四面体体积比的形式给出点M的表示.于是,我们可称在这个四面体条件下,给出了这个点的体积坐标.

这也启示我们,在n维单形中,可将面积坐标、体积坐标推广即为重心坐标.

§3.2　重心坐标的概念

定义3.2.1　n维欧氏空间E^n任取一个单形$\sum_{P(n+1)}=\{P_0,P_1,\cdots,P_n\}$,叫作坐标单形.对$E^n$中任一点$M$,将下列$n$维单形的有向(点$M$在坐标单形侧面的内侧时,规定为正,否则为负)体积的比值

$$V(\sum_{MP_1P_2\cdots P_n}):V(\sum_{P_0MP_2\cdots P_n}):\cdots:V(\sum_{P_0P_1\cdots P_{n-1}M})=\mu_0:\mu_1:\cdots:\mu_n \tag{3.2.1}$$

叫作点M的重心坐标,记为$M=(\mu_0:\mu_1:\cdots:\mu_n)$.

从上述定义可知:

(1)单形的体积是有向体积,这样,点M的坐标分量$\mu_0,\mu_1,\cdots,\mu_n$都是可正可负的;在§3.1中的点M的坐标分量都是非负的.

(2)对于某个点M的重心坐标既可记为$(\mu_0:\mu_1:\cdots:\mu_n)$,也可记为$(k\mu_0:k\mu_1:\cdots:k\mu_n)$,即其记法并非唯一,是可

以相差一个非零的常数因子 k（这类坐标叫作齐次坐标，通常用的笛氏直角坐标就不是齐次坐标）的.

定义 3.2.2　对于点 M 的重心坐标$(\mu_0:\mu_1:\cdots:\mu_n)$，若令 $\lambda_i=\dfrac{\mu_i}{\sum\limits_{j=0}^{n}\mu_j}(i=0,1,\cdots,n)$，有 $\sum\limits_{i=0}^{n}\lambda_i=1$，则称$(\lambda_0,\lambda_1,\cdots,\lambda_n)$为点 M 的规范重心坐标.

特别地，当 $n=2,3$ 时的规范重心坐标便是前面介绍（亦即有限元方法中）的面积坐标和体积坐标.

我们在定义 3.1.1 中，曾将点集 $\Omega_k=\{X\mid \boldsymbol{X}=\sum\limits_{i=0}^{k}\lambda_i(\boldsymbol{P}_i-\boldsymbol{P}_0),\sum\limits_{i=0}^{k}\lambda_i=1,\lambda_i\geqslant 0\}$ 称为以 $P_0,P_1,\cdots,P_k$ 为顶点支撑的 k 维单形，其中$\boldsymbol{P}_1-\boldsymbol{P}_0,\boldsymbol{P}_2-\boldsymbol{P}_0,\cdots,\boldsymbol{P}_k-\boldsymbol{P}_0(k\leqslant n)$是线性无关的.

当 $k=n$ 时，取定 E^n 中的 n 维单形 $\sum_{P(n+1)}=\{P_0,P_1,\cdots,P_n\}$ 称之为坐标单形，则 E^n 中任一点 X 总可以唯一表示为

$$\boldsymbol{X}=\sum_{i=0}^{n}\lambda_i\boldsymbol{p}_i,\ \sum_{i=0}^{n}\lambda_i=1 \tag{3.2.2}$$

上式可以改记为

$$\boldsymbol{X}-\boldsymbol{P}_0=\sum_{i=1}^{n}\lambda_i(\boldsymbol{P}_i-\boldsymbol{P}_0)$$

记 $\boldsymbol{p}_i=\boldsymbol{P}_i-\boldsymbol{P}_0,\boldsymbol{x}=\boldsymbol{X}-\boldsymbol{P}_0$，则上式表示 E^n 中任一向量 $\boldsymbol{x}$ 可以唯一地用 n 个线性无关的向量 $\boldsymbol{p}_1,\boldsymbol{p}_2,\cdots,\boldsymbol{p}_n$ 来线性表示

$$\boldsymbol{x}=\sum_{i=0}^{n}\lambda_i\boldsymbol{p}_i \tag{3.2.3}$$

将式(3.2.3)两边外乘 $\boldsymbol{p}_1\wedge\cdots\wedge\boldsymbol{p}_{i-1}\wedge\boldsymbol{p}_{i+1}\wedge\cdots\wedge\boldsymbol{p}_n$ 得

λ_i

$$=\frac{\boldsymbol{x}\wedge\boldsymbol{p}_1\wedge\cdots\wedge\boldsymbol{p}_{i-1}\wedge\boldsymbol{p}_{i+1}\wedge\cdots\wedge\boldsymbol{p}_n}{\boldsymbol{p}_i\wedge\boldsymbol{p}_1\wedge\cdots\wedge\boldsymbol{p}_{i-1}\wedge\boldsymbol{p}_{i+1}\wedge\cdots\wedge\boldsymbol{p}_n}$$

$$=\frac{\text{单形}\{P_0,P_1,\cdots,P_{i-1},X_i,P_{i+1},\cdots,P_n\}\text{的有向体积}V(\sum_{P_i(n+1)})}{\text{单形}\{P_0,P_1,\cdots,P_{i-1},P_i,P_{i+1},\cdots,P_n\}\text{的有向体积}V(\sum_{P(n+1)})}$$

由上即可说明为什么重心坐标在有限元方法中被广泛采用的根本原因.

如果在(3.2.3)中的 $\boldsymbol{p}_1,\boldsymbol{p}_2,\cdots,\boldsymbol{p}_n$ 是一组标准正交基,相应的坐标单形称为标准 n 维单形,这时$(\lambda_1,\lambda_2,\cdots,\lambda_n)$是点 X 的笛氏直角坐标,而规范重心坐标即为$(\lambda_0,\lambda_1,\cdots,\lambda_n)$,其中 $\lambda_0=1-\sum\limits_{i=1}^{n}\lambda_i$. 因此直角坐标是特殊的重心坐标.

重心坐标有许多优美的性质及广泛的应用. 我们将在后面各章中介绍,并在第六章中以专题形式介绍其基本性质.

第四章 k 维平行体

我们知道：E^2 中的三角形与平行四边形的关系是密切的，三角形的许多优美性质的探讨与推导是和它对应的平行四边形联在一起的；E^3 中的四面体与平行六面体的关系也是极为密切的，四面体的一系列优美性质的探讨与推导也是和它对应的平行六面体联在一起的；……，而 k 维平行体是平行四边形、平行六面体的高维推广. 因而要研究 k 维单形，也要研究一下 k 维平行体. 又由于平行四边形可以看作是把一线段沿第 2 维方向平移而得，平行六面体可以看作是把平行四边形沿第 3 维方向平移而得，因此，对于 k 维平行体，也可以看作是把 $k-1$ 维平行体沿第 k 维方向平移而得到的. 从这点可以看出：k 维超平行体是可以给出递归定义的.

§4.1　k 维平行体的有关概念

为了介绍 k 维平行体的有关概念,我们先看平行六面体的表示方法:从一个顶点(取作原点 O)出发的三条棱对应三个线性无关的向量 $\boldsymbol{p}_1,\boldsymbol{p}_2,\boldsymbol{p}_3$,则此平行六面体内部或侧面上任一点 X 所对应的向量(向径)为 $\boldsymbol{X}=t_1\boldsymbol{p}_1+t_2\boldsymbol{p}_2+t_3\boldsymbol{p}_3$,其中 $t_i\in[0,1]$,$i=1,2,3$. 当 $t_3=0$ 时,$\boldsymbol{X}$ 就是以 $\boldsymbol{p}_1,\boldsymbol{p}_2$ 为边的平行四边形边上或其内任一点 X 对应的向量.

定义 4.1.1　设 $\boldsymbol{p}_1,\boldsymbol{p}_2,\cdots,\boldsymbol{p}_k(k\leqslant n)$ 是 E^n 的一组以 O 为始点的线性无关的向量,点集 $K=\{X\mid \boldsymbol{X}=\sum_{i=1}^{k}t_i\boldsymbol{p}_i,0\leqslant t_i\leqslant 1,i=1,2,\cdots,k\leqslant n\}$ 叫作以 O 为顶点,以 $\boldsymbol{p}_1,\boldsymbol{p}_2,\cdots,\boldsymbol{p}_k$ 为棱生成的 k 维平行体.

例如,2 维平行体就是平行四边形,3 维平行体就是平行六面体等.

特别地,当 $\boldsymbol{p}_1,\boldsymbol{p}_2,\cdots,\boldsymbol{p}_k$ 是标准正交基时,点集 K 为 k 维正方体. 如图 4.1－1,就是一个 4 维正方体,它有 16 个顶点,32 条棱,24 个(2 维)面,8 个立体胞腔(3 维超平面).

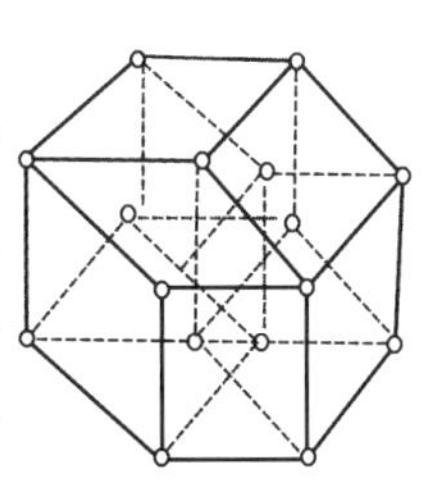

图 4.1－1

由定义 2.2.3 及 2.2.6,我们有:

定义 4.1.2　在 E^n 中,若以向量 $\boldsymbol{p}_1,\boldsymbol{p}_2,\cdots,\boldsymbol{p}_k$ 为棱生成的 k 维平行体的体积为 $V(\mid\wedge\boldsymbol{p}_k\mid)$,则由式

(2.2.5),有

$$V(|\wedge \boldsymbol{p}_k|)=|\boldsymbol{p}_1\wedge \boldsymbol{p}_2\wedge\cdots\wedge \boldsymbol{p}_k|=\begin{vmatrix}\boldsymbol{p}_1\cdot\boldsymbol{p}_1 & \cdots & \boldsymbol{p}_1\cdot\boldsymbol{p}_k\\ \vdots & & \vdots\\ \boldsymbol{p}_k\cdot\boldsymbol{p}_1 & \cdots & \boldsymbol{p}_k\cdot\boldsymbol{p}_k\end{vmatrix}^{\frac{1}{2}}$$

显然,当 $k=1$ 时,$|\boldsymbol{p}_1|=\sqrt{\boldsymbol{p}_1\cdot\boldsymbol{p}_1}$,就是有向线段 $\boldsymbol{p}_1$ 的长度;当 $k=2$ 时,$|\boldsymbol{p}_1\wedge\boldsymbol{p}_2|=[\,|\boldsymbol{p}_1|^2|\boldsymbol{p}_2|^2-(\boldsymbol{p}_1\cdot\boldsymbol{p}_2)^2]^{\frac{1}{2}}=|\boldsymbol{p}_1\times\boldsymbol{p}_2|$,就是以 $|\boldsymbol{p}_1|$,$|\boldsymbol{p}_2|$ 为共一顶点的边的平行四边形的面积;当 $k=3$ 时,$|\boldsymbol{p}_1\wedge\boldsymbol{p}_2\wedge\boldsymbol{p}_3|$ 就是以 $|\boldsymbol{p}_1|$,$|\boldsymbol{p}_2|$,$|\boldsymbol{p}_3|$ 为共一顶点的棱的平行六面体体积.

由上述定义,如果我们建立 k 维笛氏直角坐标系,用坐标表示向量的分量,即向量 $\boldsymbol{p}_i$ 的坐标表示为 $(x_{i1},x_{i2},\cdots,x_{ik})$,$i=1,2,\cdots,k$,并注意到向量内积的定义,则有

$$\begin{vmatrix}\boldsymbol{p}_1\cdot\boldsymbol{p}_1 & \cdots & \boldsymbol{p}_1\cdot\boldsymbol{p}_k\\ \vdots & & \vdots\\ \boldsymbol{p}_k\cdot\boldsymbol{p}_1 & \cdots & \boldsymbol{p}_k\cdot\boldsymbol{p}_k\end{vmatrix}=\begin{vmatrix}x_{11} & \cdots & x_{1k}\\ \vdots & & \vdots\\ x_{k1} & \cdots & x_{kk}\end{vmatrix}\cdot\begin{vmatrix}x_{11} & \cdots & x_{k1}\\ \vdots & & \vdots\\ x_{1k} & \cdots & x_{kk}\end{vmatrix}$$

于是,以向量 $(x_{11},x_{12},\cdots,x_{1k})$,$(x_{21},x_{22},\cdots,x_{2k})$,$\cdots$,$(x_{k1},x_{k2},\cdots,x_{kk})$ 的模为棱生成的 k 维平行体的体积(或容度)

$$V(|\wedge\boldsymbol{p}_k|)=\begin{vmatrix}x_{11} & x_{12} & \cdots & x_{1k}\\ \vdots & \vdots & & \vdots\\ x_{k1} & x_{k2} & \cdots & x_{kk}\end{vmatrix}^{\frac{1}{2}}\qquad(4.1.1)$$

§4.2　k 维平行体的基本性质

定义 4.2.1　在 k 维平行体中，称不共 1 维面(即棱)而共 2 维面的两顶点的联结线段为面对角线；称不共 1 维面，2 维面，……，$k-1$ 维面($k\geqslant 2$ 时也称为超平面)的两顶点的联结线段为体对角线.

由 k 维平行体的定义 4.1.1 及上述定义，我们有：

性质 1　k 维平行体有 2^k 个顶点；每一个顶点处分别有 k 条棱，1 条体对角线($k\geqslant 2$ 时才有).

性质 2　k 维平行体共有 $k\cdot\frac{2^k}{2}=k\cdot 2^{k-1}$ 条棱；分成 k 组，每组中有对应的 2^{k-1} 条棱平行且相等.

性质 3　k 维平行体共有 $\frac{2^k}{2}=2^{k-1}$ 条体对角线；且都交于一点，这点即为该 k 维平行体的对称中心.

性质 4　$k(\geqslant 2)$ 维平行体共有 $\frac{C_k^2\cdot 2^k}{4}=k(k-1)\cdot 2^{k-3}$ 个 2 维面；且都是平行四边形，这些面分成 $k(k\geqslant 3)$ 组，每组中对应的 $(k-1)\cdot 2^{k-3}$ 个面平行且全等.

性质 5　$k(\geqslant 2)$ 维平行体有 $2k$ 个 $k-1$ 维侧面.

性质 6　(E^n 中的 Apollonius 定理) $n(n\geqslant 2, n\in\mathbf{N})$ 维平行体的所有体对角线长的平方和等于其各棱长的平方和.

证明　用数学归纳法证.

当 $n=2$ 时，即为平面几何中的 Apollonius 定理：平行四边形的对角线长的平方和等于其四条边边长的平方和，命题成立.

假设当 $n=k(k\geqslant 2,k\in\mathbf{N})$ 时，命题成立.

设 k 维平行体的 2^k 个顶点为 $A_i(i=1,2,\cdots,2^k)$，且点 A_i 关于此平行体对称中心的对称点为 A_{2^k+1-i}，则其 2^{k-1} 条体对角线就是 $A_iA_{2^k+1-i}(i=1,2,\cdots,2^{k-1})$. 又设交于顶点 A_1 的 k 条棱为 A_1A_2，A_1A_3，$\cdots$，A_1A_k，A_1A_{k+1}. 于是，上述的归纳假设可表示成下式

$$\sum_{i=1}^{2^{k-1}}(A_iA_{2^k+1-i})^2=2^{k-1}\sum_{i=1}^{k}(A_1A_{1+i})^2 \quad (4.2.1)$$

因为 $k+1$ 维平行体是由 k 维平行体沿第 $k+1$ 维棱方向平移而得到的，由点 $A_i(i=1,2,\cdots,2^k)$ 得对应点 B_i，于是 $k+1$ 维平行体中，其 2^k 条体对角线就是 $A_iB_{2^k+1-i}$ 与 $B_iA_{2^k+1-i}(i=1,2,\cdots,2^{k-1})$，亦即 $A_iB_{2^k+1-i}$ $(i=1,2,\cdots,2^k)$，且交于顶点 A_1 的 $k+1$ 条棱就是 $A_1A_2,A_1A_3,\cdots,A_1A_{1+k},A_1B_1$. 所以要证 $n=k+1$ 时，命题成立，只需证明 $\sum_{i=1}^{2^k}(A_iB_{2^k+1-i})^2=2^k[\sum_{i=1}^{k}(A_1A_{1+i})^2+(A_1B_1)^2]$ 成立.

因

$$A_iA_{2^k+1-i}\mathrel{\underline{\mathbin{/\!/}}}B_1\sum B_{2^k+1-i}$$

$$A_iB_i\mathrel{\underline{\mathbin{/\!/}}}A_{2^k+1-i}B_{2^k+1-i}\mathrel{\underline{\mathbin{/\!/}}}A_1B_1 \quad (i=1,2,\cdots,2^{k-1})$$

则 $A_iB_{2^k+1-i},B_iA_{2^k+1-i}(i=1,2,\cdots,2^{k-1})$ 就是平行四边形 $A_iB_iB_{2^k+1-i}A_{2^k+1-i}$ 的两条对角线.

又 $n=2$ 时，Apollonius 定理已证，则

$$\begin{aligned}&(A_iB_{2^k+1-i})^2+(B_iA_{2^k+1-i})^2\\&=(A_iB_i)^2+(A_{2^k+1-i}B_{2^k+1-i})^2+(A_iA_{2^k+1-i})^2+(B_iB_{2^k+1-i})^2\\&=2[(A_iB_i)^2+(A_iA_{2^k+1-i})^2] \quad (i=1,2,\cdots,2^{k-1})\end{aligned} \quad (*)$$

从而

$$
\begin{aligned}
&\sum_{i=1}^{2^k}(A_iB_{2^k+1-i})^2\\
&=\sum_{i=1}^{2^{k-1}}[(A_iB_{2^k+1-i})^2+(B_iA_{2^k+1-i})^2]\\
&=2\sum_{i=1}^{2^{k-1}}[(A_iA_{2^k+1-i})^2+(A_1B_1)^2] \quad (\text{注意到式}(*))\\
&=2\sum_{i=1}^{2^{k-1}}(A_iA_{2^k+1-i})^2+2\cdot 2^{k-1}(A_1B_1)^2\\
&=2[2^{k+1}\sum_{i=1}^{k}(A_1A_{1+i})^2+2^k(A_1B_1)^2] \quad (\text{注意到式}(4.1.1))\\
&=2^k[\sum_{i=1}^{k}(A_1A_{1+i}^2)+(A_1B_1)^2]
\end{aligned}
$$

即 $n=k+1$ 时,命题成立.

综上所述,对于 $n\in\mathbf{N}(n\geqslant 2)$ 命题成立.

由性质6可得如下推论:

推论1 $k(\geqslant 3)$维平行体的所有侧面对角线长的平方和等于所有棱长的平方和的2倍.

推论2 $k(\geqslant 3)$维平行体的每一条棱长的平方等于该棱共 $k-1$ 维面的 $2(k-1)$ 条面对角线的平方和减去与该棱不共 $k-1$ 维面而共端点的一个 $k-1$ 维面的 $k-1$ 条面对角线平方和所得差的 $1/2(k-1)$.

§4.3 k 维平行体中的几类不等式

由定义4.1.2及式(2.2.12),我们可推导出Hadamard不等式的几何形式:

定理4.3.1 若 $\boldsymbol{p}_i=(x_{i1},x_{i2},\cdots,x_{ik})\in E^n(i=1,2,\cdots,k\leqslant n)$,则以向量 $\boldsymbol{p}_1,\boldsymbol{p}_2,\cdots,\boldsymbol{p}_k$ 为棱(或支撑)的 k 维非退化平行体的体积 $V(|\wedge\boldsymbol{p}_k|)$ 与其诸向量的模之间有不等式[41]

$$V(|\wedge \boldsymbol{p}_k|) \leqslant \prod_{i=1}^{2^k} |\boldsymbol{p}_i| \tag{4.3.1}$$

其中$|\boldsymbol{p}_i| = \sqrt{\sum_{j=1}^{k} x_{ij}^{\ 2}}$,等号当且仅当诸向量 $\boldsymbol{p}_i$ 两两正交时成立.

又式(4.3.1)又可写成

$$[V(|\wedge \boldsymbol{p}_1|)]^2 = |\boldsymbol{A}|^2 \leqslant \prod_{i=1}^{k}\sum_{j=1}^{k} x_{ij}^{\ 2} \tag{4.3.1'}$$

其中 $\boldsymbol{A} = \begin{pmatrix} x_{11} & \cdots & x_{1k} \\ \vdots & & \vdots \\ x_{k1} & \cdots & x_{kk} \end{pmatrix} = \begin{pmatrix} a_{11} & \cdots & a_{1k} \\ \vdots & & \vdots \\ a_{k1} & \cdots & a_{kk} \end{pmatrix}$.

此定理表明,在 E^n 中,由 k 个已知长度的向量组成的 k 维平行多面体体积在这些向量均正交时取最大值.

证明 设$|\boldsymbol{A}|$的 k 个行向量依次有定长 $p_1, p_2, \cdots, p_k$,即

$$\sqrt{\sum_{l=1}^{k} a_{il}^{\ 2}} = p_i \quad (i=1,2,\cdots,k)$$

今考虑作为 k^2 元函数$|\boldsymbol{A}|$在下列 k 个条件

$$f_i(a_{i1}, a_{i2}, \cdots, a_{ik}) = a_{i1}^{\ 2} + a_{i2}^{\ 2} + \cdots + a_{ik}^2 - p_i^2 = 0 \quad (i=1,2,\cdots,k) \tag{*}$$

之下的最大(小)值. 注意$|\boldsymbol{A}|$作为一多项式是连续函数,当自变量 $a_{ij}(i,j=1,2,\cdots,k)$在上述 k 维球面上变动时,因 k 维球面是有界闭集,所以$|\boldsymbol{A}|$必在其上达到最大(小)值,又因 k 维球面无所谓边界点,故最大(小)值亦为极大(小)值.

利用 Lagrange 乘数法,取 $\boldsymbol{\Phi} = |\boldsymbol{A}| + \sum_{i=1}^{k} \lambda_1 f_i$,则:

取极值的条件是$\frac{\partial \boldsymbol{\Phi}}{\partial a_{11}} = 0, \frac{\partial \boldsymbol{\Phi}}{\partial a_{12}} = 0, \cdots, \frac{\partial \boldsymbol{\Phi}}{\partial a_{kk}} = 0.$

若将 $|\boldsymbol{A}|$ 按第 i 行展开，则 $|\boldsymbol{A}| = \sum_{l=1}^{k} a_{il}A_{il}$，其中 A_{il} 表 a_{il} 的代数余子式. 由此，上述的 k^2 个微分方程为 $\frac{\partial \Phi}{\partial a_{il}} = A_{il}{}^2 + 2\lambda_i a_{il} = 0\ (i, l = 1, 2, \cdots, k)$. 从而，向量 $(a_{i1}, a_{i2}, \cdots, a_{ik}) = -\frac{1}{2\lambda_i}(A_{i1}, A_{i2}, \cdots, A_{ik})$. 对于 $i \neq j(i, j = 1, 2, \cdots, k)$ 作 $(a_{i1}, a_{i2}, \cdots, a_{ik})$ 与 $(a_{j1}, a_{j2}, \cdots, a_{jk})$ 的内积，有

$$\sum_{l=1}^{k} a_{jl}a_{il} = -\frac{1}{2\lambda_j}\sum_{l=1}^{k} a_{il}A_{jl} = 0$$

（行列式的一行元素与另一行相应元素的代数余子式相乘积的和为零）.

此表明，$|\boldsymbol{A}|$ 在所设条件（$*$）下达到最大（小）值的必要条件是 $\sum_{\substack{l=1 \\ i\neq j}}^{k} a_{il}a_{jl} = \sum_{\substack{l=1 \\ i\neq j}}^{k} x_{il}x_{jl} = 0$.

于是，如设 $|\boldsymbol{A}|_{\mathrm{m}}$ 表 $|\boldsymbol{A}|$ 之最大（小）值，则

$$|\boldsymbol{A}|_{\mathrm{m}}^2 = |\boldsymbol{A}||\boldsymbol{A}^{\mathrm{T}}| = \prod_{i=1}^{k}\sum_{l=1}^{k} a_{il}{}^2 = \prod_{i=1}^{k}\sum_{l=1}^{k} x_{il}{}^2$$

显然，$|\boldsymbol{A}|$ 的最大值和最小值分别是

$$\sqrt{\prod_{i=1}^{k}\sum_{l=1}^{k} x_{il}{}^2} \text{ 及 } -\sqrt{\prod_{i=1}^{k}\sum_{l=1}^{k} x_{il}{}^2}$$

故
$$[V(|\wedge \boldsymbol{p}_k|)]^2 = |A|^2 \leqslant \prod_{i=1}^{k}\sum_{l=1}^{k} x_{il}{}^2$$

下面，我们介绍式（4.3.1）或（4.3.1′）的几个加强推广结论.

定理 4.3.2　设 $\boldsymbol{p}_i \in E^n (i = 1, 2, \cdots, k \leqslant n)$，$L^{(i)}$ 为 $\boldsymbol{p}_1, \cdots, \boldsymbol{p}_{i-1}, \boldsymbol{p}_{i+1}, \cdots, \boldsymbol{p}_k$ 所张成的子空间，用 $\langle \boldsymbol{p}, L^{(i)}\rangle$ 表向量 $\boldsymbol{p}$ 与子空间 $L^{(i)}$ 所成的角（若 $\boldsymbol{p} \in L^{(i)}$，则规定 $\langle \boldsymbol{p}, L^{(i)}\rangle$ 为 $\boldsymbol{p}$ 与其在 $L^{(i)}$ 中的正交投影的夹角；若 $\boldsymbol{p} \in L$，则

规定$\langle \boldsymbol{p}, L^{(i)} \rangle = 0$),则向量 $\boldsymbol{p}_1, \cdots, \boldsymbol{p}_k$ 支撑的 k 维平行体体积 $V(|\wedge \boldsymbol{p}_k|)$[41],有

$$V(|\wedge \boldsymbol{p}_k|) \leqslant \prod_{j=1}^{k} [V(|\wedge \boldsymbol{p}_i^*|)]^{\frac{1}{k-1}} \cdot \sin^{\frac{1}{k-1}} \langle \boldsymbol{p}_i, L^{(i)} \rangle \tag{4.3.2}$$

$$V(|\wedge \boldsymbol{p}_k|) \leqslant \prod_{j=1}^{k} [V(|\wedge \boldsymbol{p}_j^*|)]^{\frac{1}{k-1}} \cdot [\sin \langle \boldsymbol{p}_i, L^{(i)} \rangle]^{\frac{1}{k(k-1)}} \tag{4.3.3}$$

其中等号当且仅当$\langle \boldsymbol{p}_i, L^{(i)} \rangle = \frac{\pi}{2}$时成立. $V(|\wedge \boldsymbol{p}_j^*|)$表子空间 $L^{(j)}$ 的向量支撑的 $k-1$ 维平行体的体积 $|\boldsymbol{p}_1 \wedge \cdots \wedge \boldsymbol{p}_{j-1} \wedge \boldsymbol{p}_{j+1} \wedge \cdots \wedge \boldsymbol{p}_k|$.

为了证明上述定理,须看两条引理:

引理 1 设 $L^{(i)}$ 为向量 $\boldsymbol{p}_1, \boldsymbol{p}_2, \cdots, \boldsymbol{p}_i$ 所张成的子空间,$\boldsymbol{p}_i \in E^n, i = 1, 2, \cdots, k(\leqslant n)$,则

$$V(|\wedge \boldsymbol{p}_k|) = \prod_{i=1}^{m} |\boldsymbol{p}_i| \cdot \prod_{i=2}^{m} \sin \langle \boldsymbol{p}_i, L^{(i-1)} \rangle \tag{4.3.4}$$

证明 设$\boldsymbol{h}_i, \boldsymbol{g}_i$ 分别是 $\boldsymbol{p}_i$ 关于 $L^{(i)}$ 的正交分量和正交投影$(i = 2, \cdots, k)$,则

$$\cos \langle \boldsymbol{p}_i, L^{(i-1)} \rangle = \frac{\boldsymbol{p}_i \cdot \boldsymbol{g}_i}{|\boldsymbol{p}_i||\boldsymbol{g}_i|} = \frac{\boldsymbol{g}_i \cdot \boldsymbol{g}_i}{|\boldsymbol{p}_i||\boldsymbol{g}_i|} = \frac{|\boldsymbol{g}_i|}{|\boldsymbol{p}_i|}$$

又$|\boldsymbol{p}_i|^2 = |\boldsymbol{g}^2| + |\boldsymbol{h}_i|^2$,因此

$$|\boldsymbol{h}_i| = \sqrt{|\boldsymbol{p}_i|^2 - |\boldsymbol{g}_i|^2} = |\boldsymbol{p}_i| \cdot \sin \langle \boldsymbol{p}_i, L^{i-1} \rangle$$

于是,由平行多面体体积的概念,便知

$$V(|\wedge \boldsymbol{p}_k|) = \prod_{i=1}^{k} |\boldsymbol{h}_i| = \prod_{i=1}^{k} |\boldsymbol{p}_i| \cdot \prod_{i=2}^{k} \sin \langle \boldsymbol{p}_i, L^{(i-1)} \rangle$$

引理 2 若 T, L 为 E^n 的两个子空间,且 $T \subseteq L$,$\forall \boldsymbol{p} \in L$,则

$$\sin\langle \boldsymbol{p},T\rangle \geqslant \sin\langle \boldsymbol{p},L\rangle \qquad (4.3.5)$$

证明 设 $\boldsymbol{p}$ 关于 T,L 的正交分量为$\boldsymbol{h}_1,\boldsymbol{h}_2$,则 $|\boldsymbol{h}_1| = \inf\limits_{g_1\in L}|\boldsymbol{p}-\boldsymbol{g}_1|$, $|\boldsymbol{h}_2| = \inf\limits_{g\in L}|\boldsymbol{p}-\boldsymbol{g}|$. 由 $T\subseteq L$ 可得 $|\boldsymbol{h}_1| = \inf\limits_{g_1\in T}|\boldsymbol{p}-\boldsymbol{g}_1| \geqslant \inf\limits_{g\in L}|\boldsymbol{p}-\boldsymbol{g}| = |\boldsymbol{h}_2|$,所以,

$$\sin\langle \boldsymbol{p},T\rangle = \frac{\boldsymbol{h}_1}{\boldsymbol{p}} \geqslant \frac{\boldsymbol{h}_2}{\boldsymbol{p}} = \sin\langle \boldsymbol{p},L\rangle.$$

下面就来证明定理4.3.2:

证明 设$L^{(i)}$为 $k-1$ 个向量$\boldsymbol{p}_1,\cdots,\boldsymbol{p}_{i-1},\boldsymbol{p}_{i+1},\cdots,\boldsymbol{p}_k$ 所张成的子空间,$\boldsymbol{h}_i$ 是向量 $\boldsymbol{p}_i$ 关于 $L^{(i)}$ 的正交分量,则

$$\begin{aligned}
&|\boldsymbol{p}_1\wedge\cdots\wedge\boldsymbol{p}_{i-1}\wedge\boldsymbol{h}_i\wedge\boldsymbol{p}_{i+1}\wedge\cdots\wedge\boldsymbol{p}_k|\\
=&|\boldsymbol{h}_i|\cdot|\boldsymbol{p}_1\wedge\cdots\wedge\boldsymbol{p}_{i-1}\wedge\boldsymbol{p}_{i+1}\wedge\cdots\wedge\boldsymbol{p}_k|\\
=&|\boldsymbol{p}_i|\cdot\sin\langle\boldsymbol{p}_i,L^{(i)}\rangle\cdot|\boldsymbol{p}_1\wedge\cdots\wedge\boldsymbol{p}_{i-1}\wedge\boldsymbol{p}_{i+1}\wedge\cdots\wedge\boldsymbol{p}_k|
\end{aligned}$$

在上式中令 $i=1,2,\cdots,k$,将所得 k 个等式相乘,得

$$\begin{aligned}
[V(|\wedge\boldsymbol{p}_k|)]^k &= |\boldsymbol{p}_1\wedge\boldsymbol{p}_2\wedge\cdots\wedge\boldsymbol{p}_k|\\
&= \prod_{i=1}^{k}|\boldsymbol{p}_i|\cdot\prod_{i=2}^{k}\sin\langle\boldsymbol{p}_i,L^{(i)}\rangle\prod_{i=1}^{k}|\boldsymbol{p}_1\wedge\cdots\wedge\\
&\quad\ \boldsymbol{p}_{i-1}\wedge\boldsymbol{p}_{i+1}\wedge\cdots\wedge\boldsymbol{p}_k|\cdot\sin\langle\boldsymbol{p}_1,L^{(1)}\rangle
\end{aligned} \qquad (*)$$

设$L^{(i-1)}$为向量$\boldsymbol{p}_1,\boldsymbol{p}_2,\cdots,\boldsymbol{p}_{i-1}$所张成的子空间,显见$L^{(i-1)}\subseteq L^{(i)}$. 由引理2,有

$$\sin\langle\boldsymbol{p}_i,L^{(i)}\rangle \leqslant \sin\langle\boldsymbol{p}_i,L^{(i-1)}\rangle$$

于是

$$\prod_{i=2}^{k}\sin\langle\boldsymbol{p}_i,L^{(i)}\rangle \leqslant \prod_{i=2}^{k}\sin\langle\boldsymbol{p}_i,L^{(i-1)}\rangle \qquad (**)$$

再对(*)用(**)和引理1,便得

$$
\begin{aligned}
&|\boldsymbol{p}_1\wedge\boldsymbol{p}_2\wedge\cdots\wedge\boldsymbol{p}_k|^k\\
\leqslant&\prod_{j=1}^{k}|\boldsymbol{p}_j|\cdot\prod_{j=2}^{k}\sin\langle\boldsymbol{p}_j,L^{j-1}\rangle\cdot\\
&\prod_{j=1}^{k}|\boldsymbol{p}_1\wedge\cdots\wedge\boldsymbol{p}_{j-1}\wedge\boldsymbol{p}_{j+1}\wedge\cdots\wedge\boldsymbol{p}_k|\sin\langle\boldsymbol{p}_1,L^{(1)}\rangle\\
=&|\boldsymbol{p}_1\wedge\boldsymbol{p}_2\wedge\cdots\wedge\boldsymbol{p}_k|\cdot\\
&\prod_{j=1}^{k}|\boldsymbol{p}_1\wedge\boldsymbol{p}_2\wedge\cdots\wedge\boldsymbol{p}_{j-1}\wedge\boldsymbol{p}_{j+1}\wedge\cdots\wedge\boldsymbol{p}_k|\sin\langle\boldsymbol{p}_1,L^{(1)}\rangle
\end{aligned}
$$

即

$$
\begin{aligned}
V(|\wedge\boldsymbol{p}_k|)\leqslant&\prod_{j=1}^{k}[V(|\wedge\boldsymbol{p}_j^*|)]^{\frac{1}{k-1}}\cdot\\
&[\sin\langle\boldsymbol{p}_1,L^{(1)}\rangle]^{\frac{1}{k-1}}
\end{aligned}
$$

由于 $\boldsymbol{p}_1$ 与 $\boldsymbol{p}_i(i=1,2,\cdots,k)$ 具有等同地位，因此对任何的 $i\in\{2,\cdots,k\}$ 也应有

$$
V(|\wedge\boldsymbol{p}_k|)\leqslant\prod_{j=1}^{k}[V(|\wedge\boldsymbol{p}_i^*|)]^{\frac{1}{k-1}}\cdot[\sin\langle\boldsymbol{p}_i,L^{(i)}\rangle]^{\frac{1}{k-1}}
$$

于是式(4.3.2)获证.

在式(4.3.2)中，令 $i=1,2,\cdots,k$，将所得的 k 个不等式相乘，再开 k 次方便有式(4.3.3).

从上述证明中可以看出，等号成立的充要条件是平行多面体的棱两两正交，即 $\langle\boldsymbol{p}_i,L^{(i)}\rangle=\frac{\pi}{2}$.

类似于定理 4.3.2 的证明，我们可证得：

定理 4.3.3 若把 $\boldsymbol{p}_1,\boldsymbol{p}_2,\cdots,\boldsymbol{p}_k$ 中的向量 $\boldsymbol{p}_j$ 关于 $L^{(i)}$ 的正交分量 $\boldsymbol{g}_i$ 叫作超平行体的高，E^n 中 k 个线性无关的向量 $\boldsymbol{g}_1,\boldsymbol{g}_2,\cdots,\boldsymbol{g}_k$ 确定的以此为高的 k 维平行体的体积为 $V(|\wedge\boldsymbol{g}_k|)$，$\boldsymbol{g}_1,\cdots,\boldsymbol{g}_{j-1},\boldsymbol{g}_{j+1},\cdots,\boldsymbol{p}_k$ 确定的以此为高的 $k-1$ 维平行体的体积为 $V(|\wedge\boldsymbol{g}_j^*|)$，用 $\langle\boldsymbol{g}_i,T^i\rangle$ 表向量 $\boldsymbol{g}_i$ 与子空间 T^i(向量 $\boldsymbol{g}_1,\cdots,\boldsymbol{g}_i$ 张成的子空间为 T^i，向量 $\boldsymbol{g}_1,\cdots,\boldsymbol{g}_{j-1},\boldsymbol{g}_{j+1},\cdots,\boldsymbol{g}_k$ 张成子空

间为 $T^{(j)}$)所成的角,则[42]

$$
\begin{aligned}
V(|\wedge \boldsymbol{g}_k|) &= |\boldsymbol{g}_1 \wedge \boldsymbol{g}_2 \wedge \cdots \wedge \boldsymbol{g}_l \wedge \boldsymbol{g}_{l+1} \wedge \cdots \wedge \boldsymbol{g}_k| \\
&\geqslant |\boldsymbol{g}_1 \wedge \cdots \wedge \boldsymbol{g}_l| \cdot |\boldsymbol{g}_{l+1} \wedge \cdots \wedge \boldsymbol{g}_k| \cdot \csc\langle \boldsymbol{g}_i, T^l \rangle \\
&= V(|\wedge \boldsymbol{g}_l|) \cdot V(|\wedge \boldsymbol{g}_{k-l}|) \cdot \csc\langle \boldsymbol{g}_i, T^l \rangle \quad (i \in \{i+1, \cdots, k\})
\end{aligned} \tag{4.3.6}
$$

$$
V(|\wedge \boldsymbol{g}_k|) \geqslant \prod_{i=1}^{k} [V(|\wedge \boldsymbol{g}_i^*|)]^{\frac{1}{k-1}} \cdot \csc\langle \boldsymbol{g}_i, T^{(j)} \rangle \quad (j \in \{i+1, \cdots, k\}) \tag{4.3.7}
$$

$$
V(|\wedge \boldsymbol{g}_k|) \geqslant \prod_{i=1}^{k} |\boldsymbol{g}_i| \cdot \prod_{i=2}^{k} \csc\langle \boldsymbol{g}_i, \boldsymbol{g}_j \rangle \quad (j < i) \tag{4.3.8}
$$

其中等号成立的充要条件分别是$\langle \boldsymbol{g}_i, T^l \rangle = \frac{\pi}{2}$,$\langle \boldsymbol{g}_i, T^{(j)} \rangle = \frac{\pi}{2}$,$\langle \boldsymbol{g}_i, \boldsymbol{g}_j \rangle = \frac{\pi}{2}$.

我们从式(4.3.4)出发,对 $\sin\langle \boldsymbol{p}_i, L^{i-1} \rangle$($i=1,2,\cdots,k$)运用算术－几何平均值不等式,再利用正弦函数的上凸性,可得式(4.3.1)的一个较弱不等式,即:

定理 4.3.4　设 E^n 中无关的向量 $\boldsymbol{p}_1, \boldsymbol{p}_2, \cdots, \boldsymbol{p}_k$ 所支撑的 k 维平行体的体积为 $V(|\wedge \boldsymbol{p}_k|)$,向量 $\boldsymbol{p}_i$ 与 $\boldsymbol{p}_j$ 之间的夹角为 $\widehat{i,j}$ ($i, j = 1, 2, \cdots, k$),令 $\alpha = \sum_{1 \leqslant i < j \leqslant k} \widehat{i,j}$,则[43]

$$
V(|\wedge \boldsymbol{p}_k|) \leqslant \prod_{i=1}^{k} |\boldsymbol{p}_i| \cdot \left(\sin \frac{\alpha}{k-1}\right)^{k-1} \tag{4.3.9}
$$

其中等号当 $k=2$ 时成立,又当 $k \geqslant 3$ 时当且仅当所有 $\widehat{i,j} = \frac{\pi}{2}$,即向量 $\boldsymbol{p}_i$($i=1,2,\cdots,k$)两两正交时也成立.

对于定理 2.3.1,2.3.2,2.3.4,显然当 $k=2$ 时,

即得以 a,b 之长为相邻两边的平行四边形面积关系式

$$S_{\square}=ab\sin\theta\leqslant ab$$

其实,还有

$$ab\sin\theta\leqslant ab\leqslant\left(\frac{a+b}{2}\right)^2 \qquad (*)$$

下面,我们又来探讨上述不等式$(*)$在 E^n 中的高维表示形式.

定理 4.3.5 若 $\boldsymbol{p}_i=(x_{i1},x_{i2},\cdots,x_{ik})\in E^n,i=1,2,\cdots,k$. 记以向量 $\boldsymbol{p}_1,\boldsymbol{p}_2,\cdots,\boldsymbol{p}_k$ 的模为棱生成的非退化 k 维平行体的体积为 $V(|\wedge\boldsymbol{p}_k|)$,若令

$$|\boldsymbol{A}|=|\wedge\boldsymbol{p}_k|=\begin{vmatrix}x_{11} & x_{12} & \cdots & x_{1k}\\ \vdots & \vdots & & \vdots\\ x_{k1} & x_{k2} & \cdots & x_{kk}\end{vmatrix}$$

又用 A_{ij} 表 $|\boldsymbol{A}|$ 中 $x_{ij}(i,j=1,2,\cdots,k)$ 的代数余子式,则

$$V(|\wedge\boldsymbol{p}_k|)\leqslant\left[\prod_{i=1}^{k}\sqrt{\sum_{j=1}^{k}A_{ij}^2}\right]^{\frac{1}{k-1}} \qquad (4.3.10)$$

其中等号当且仅当 $\boldsymbol{p}_i$ 两两正交时,即 $\sum\limits_{\substack{l=1\\ i\neq j}}^{k}x_{il}x_{jl}=0$ 时成立.

此定理就是说,若 k 维平行体的 $k-1$ 维界面的各面面积分别为定值,则当过同一顶点的 k 条棱两两正交时,体积最大.

为了证明此定理,须先介绍一条引理:

引理 3 设 $\boldsymbol{A}=(a_{ij})_{n\times n}$,令 A_{ij} 为 $|\boldsymbol{A}|$ 中 a_{ij} 的代数余子式. 若 $|\boldsymbol{A}|\neq0$,则当 $\sum\limits_{\substack{k=1\\ i\neq j}}^{n}A_{ik}A_{jk}=0$ 时,必有

$$\sum_{\substack{k=1\\ i\neq j}}^{n}a_{ik}a_{jk}=0 \qquad (4.3.11)$$

证明　因 $|\boldsymbol{A}|\neq 0$，则矩阵 $\boldsymbol{A}$ 及其转量 $\boldsymbol{A}^{\mathrm{T}}$ 均存在逆矩阵，分别记作 $\boldsymbol{A}^{-1}$ 及 $(\boldsymbol{A}^{\mathrm{T}})^{-1}$.

由 $\boldsymbol{A}\boldsymbol{A}^{\mathrm{T}}(\boldsymbol{A}^{\mathrm{T}})^{-1}\boldsymbol{A}^{-1}=\boldsymbol{A}(\boldsymbol{A}^{\mathrm{T}}(\boldsymbol{A}^{T})^{-1})\boldsymbol{A}^{-1}=\begin{pmatrix}1 & & 0\\ & \ddots & \\ 0 & & 1\end{pmatrix}$，又

$$
\begin{aligned}
&\boldsymbol{A}\boldsymbol{A}^{\mathrm{T}}(\boldsymbol{A}^{\mathrm{T}})^{-1}\boldsymbol{A}^{-1}\\
&=(\boldsymbol{A}\boldsymbol{A}^{\mathrm{T}})((\boldsymbol{A}^{\mathrm{T}})^{-1})\boldsymbol{A}^{-1}\\
&=\begin{pmatrix}\sum\limits_{k=1}^{n}a_{1k}^{2} & \cdots & \sum\limits_{k=1}^{n}a_{1k}a_{nk}\\ \vdots & & \vdots\\ \sum\limits_{k=1}^{n}a_{nk}a_{1k} & \cdots & \sum\limits_{k=1}^{n}a_{nk}^{2}\end{pmatrix}\cdot\frac{1}{|\boldsymbol{A}|^{2}}\begin{pmatrix}\sum\limits_{k=1}^{n}a_{1k}^{2} & & 0\\ & \ddots & \\ 0 & & \sum\limits_{k=1}^{n}a_{nk}^{2}\end{pmatrix}\\
&=\frac{1}{|\boldsymbol{A}|^{2}}\begin{pmatrix}(\sum\limits_{k=1}^{n}a_{1k}^{2})(\sum\limits_{k=1}^{n}A_{1k}^{2}) & \cdots & (\sum\limits_{k=1}^{n}a_{1k}a_{nk})\sum\limits_{k=1}^{n}A_{nk}^{2}\\ \vdots & & \vdots\\ (\sum\limits_{k=1}^{n}a_{nk}a_{1k})(\sum\limits_{k=1}^{n}A_{1k}^{2}) & \cdots & (\sum\limits_{k=1}^{n}a_{nk}^{2})\sum\limits_{k=1}^{n}A_{nk}^{2}\end{pmatrix}
\end{aligned}
$$

比较上述两式结果，得

$$
\begin{cases}(\sum\limits_{k=1}^{n}a_{ik}^{2})(\sum\limits_{k=1}^{n}a_{ik}^{2})=|\boldsymbol{A}|^{2}\neq 0 & (i=1,2,\cdots,n)\\ (\sum\limits_{\substack{k=1\\ i\neq 1}}^{n}a_{ik}a_{jk})\sum\limits_{k=1}^{n}A_{nk}^{2}=0 & (i,j=1,2,\cdots,n)\end{cases}
$$

从而，有
$$\sum_{\substack{k=1\\ i\neq j}}^{n}a_{ik}a_{jk}=0$$

下面，我们来完成定理 4.3.5 的证明.

证明　由 $|\boldsymbol{A}|^{2(k-1)}=(|\boldsymbol{A}|^{k-1})^{2}$，而

$$|\boldsymbol{A}|^{k-1}=\frac{1}{|\boldsymbol{A}|}\begin{pmatrix}|\boldsymbol{A}| & & 0\\ & \ddots & \\ 0 & & |\boldsymbol{A}|\end{pmatrix}$$

$$=\frac{1}{|\boldsymbol{A}|}|\boldsymbol{A}|\cdot|\boldsymbol{A}^*|=|\boldsymbol{A}^*|$$

其中$|\boldsymbol{A}^*|=\begin{vmatrix}A_{11} & \cdots & A_{1k}\\ \vdots & & \vdots\\ A_{k1} & \cdots & A_{kk}\end{vmatrix}$,$\boldsymbol{A}^*$为$\boldsymbol{A}$的伴随矩阵. 于是

$$|\boldsymbol{A}|^{2(k-1)}=|\boldsymbol{A}^*|^2=|(\boldsymbol{A}^*)^{\mathrm{T}}|^2\overset{\text{式}(2.3.1')}{\leqslant}\prod_{i=1}^{k}\sum_{j=1}^{k}A_{ij}^2$$

$$=\left(\prod_{i=1}^{k}\sqrt{\sum_{j=1}^{k}A_{ij}^2}\right)^2$$

故$V(|\wedge\boldsymbol{p}_k|)\leqslant\left(\prod_{i=1}^{k}\sqrt{\sum_{j=1}^{n}a_{ij}^2}\right)^{\frac{1}{k-1}}$,其中等号当且仅当$\sum_{\substack{l=1\\ i\neq j}}^{k}A_{il}\cdot A_{jl}=0$,由引理3,亦即$\sum_{\substack{l=1\\ i\neq j}}^{k}a_{il}\cdot a_{jl}=\sum_{\substack{l=1\\ i\neq j}}^{k}x_{il}\cdot x_{jl}=0$成立.

由定理4.3.5,对$\sqrt{\sum_{i=1}^{n}A_{ij}^2}$运用算术-几何平均值不等式,我们有:

定理 4.3.6　所设同定理4.3.5

$$V(|\wedge\boldsymbol{p}_k|)\leqslant\left(\prod_{i=1}^{k}\sqrt{\sum_{j=1}^{k}a_{ij}^2}\right)^{\frac{1}{k-1}}\leqslant\left(\frac{1}{k}\sum_{j=1}^{k}\prod_{\substack{i=1\\ i\neq j}}^{k}\sqrt{\sum_{j=1}^{k}A_{ij}^2}\right)^{\frac{k}{k-1}}\tag{4.3.12}$$

其中两等号当且仅当$|\boldsymbol{p}_1|=\cdots=|\boldsymbol{p}_k|$,亦即$\sqrt{\sum_{l=1}^{k}x_{il}^2}$ $(i=1,2,\cdots,k)$均相等时成立.

此定理就是说,若k维平行体的$k-1$维界面面积为定值,且过同一顶点的k条棱两两正交,则当这些棱

彼此等长时,体积最大.

由定理4.3.5及4.3.6,我们获得:

定理4.3.7　在E^n中,k维平行多面体的$k-1$维界面的表面积为一定值,则当过同一顶点的k条棱两两正交且等长时,体积最大.

单形的概念及体积公式

第五章

§5.1 单形的有关概念

由定义 1.4.13 及定义 3.1.1 分别从不同的角度给出了单形概念. 一般地,由定义 3.1.1,设$P_0,P_1,\cdots,P_k(k\leqslant n)$是 n 维欧氏空间 E^n 中无关的点(即向量 $\boldsymbol{p}=P_i-P_0(i=1,2,\cdots,k)$ 是线性无关的),则点集 $\Omega_k=\{X\mid \boldsymbol{X}=\sum\limits_{i=0}^{k}\lambda_i\boldsymbol{p}_i,\sum\limits_{i=0}^{k}\lambda_i=1,\lambda_i\geqslant 0\}$ 称为以 $P_0,P_1,\cdots,P_k$ 为顶点(或以向量$\boldsymbol{p}_1,\boldsymbol{p}_2,\cdots,\boldsymbol{p}_k$为支撑棱)的 k 维单形,记为$\sum_{P(k+1)}$,其中 $P(k+1)$表示集$\{P_0,P_1,\cdots,P_k\}$. 为方便计,本书中记 k 维单形为$\sum_{P(k+1)}=\{P_0,P_1,\cdots,P_k\}$.

由上述定义知,当某一 λ_i 为 0 时,Ω_k 成为 $k-1$ 维单形,此时称之为顶点 P_i 所对的侧(界)面. k 维单形有 $k+1$ 个顶点和$k+1$个侧(界)面;联结两顶点的线段称为棱,k 维单形有$\mathrm{C}_{k+2}^2=\frac{1}{2}k(k+1)$条棱. 所有棱长皆相等的单形称为正则单形.

例如,正三角形是一个 2 维正则单形,正四面体是一个 3 维正则单形. 如图 5.1-1 就是一个 4 维正则单形的示意图. 它有五个顶点,五个侧面,每个侧面就是一个 3 维正则单形(即正四面体).

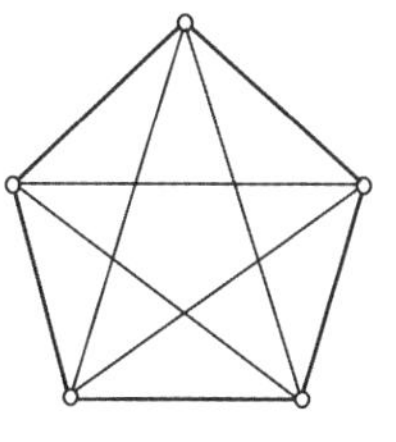

图 5.1-1

对于一些特殊单形的概念,我们将在有关章节再介绍.

在此,需要说明的是,如果点 $P_0,P_1,\cdots,P_k$ 不是无关的,则称 k 维单形为退化的,其维数小于 k. 在本书中,我们所讨论的 k 维单形是指非退化的.

定义 5.1.1　在以 $P_0,P_1,\cdots,P_k$ 为顶点的 k 维单形中,从 P_0 出发的 k 条棱向量 $P_1-P_0,P_2-P_0,\cdots,P_k-P_0$ 所生成的 k 维平行体,称为由顶点集 $\{P_0,P_1,\cdots,P_k\}$ 所支撑的 k 维平行体.

由上述定义知,k 维单形与 k 维平行体的关系是极为密切的.

定义 5.1.2　在以 $P_0,P_1,\cdots,P_k$ 为顶点的 k 维单形中:

(1)称从某一顶点出发的两条棱 $\boldsymbol{p}_i,\boldsymbol{p}_j(1\leqslant i<j\leqslant k)$ 所成的角为这两条棱的内夹角,并记为 $\widehat{i,j}$;

(2)称以 $P_0,P_1,\cdots,P_k$ 中的 $k-1$ 个点为顶点的 $k-1$ 维单形为 k 维单形的界面(或侧面);并称以 $P_0,P_{i-1},P_{i+1},\cdots,P_k\ (1\leqslant i\leqslant k-1)$ 为顶点的单形为 $P_i\ (0\leqslant i\leqslant k)$ 所对应的界面,记为 f_i;称两界面 $f_i,f_j(0\leqslant i<j\leqslant k)$ 所成的角为 k 维单形的内二面角,记为 $\langle i,j\rangle$.

关于单形的棱的内夹角与侧面的内二面角，有如下结论：

定理 5.1.1 设 k 维单形的顶点集为 $\{P_0,P_1,\cdots,P_k\}$，记向量 $\boldsymbol{p}_i=\overrightarrow{P_0P_i}(i=1,2,\cdots,k)$，向量 $\boldsymbol{p}_i$ 关于顶点 P_i 所对应的第 i 个侧面上的正交分量为 $\boldsymbol{q}_i$，从顶点 P_0 出发的两条棱的内夹角为 $\widehat{i,j}$，顶点 P_i 与 P_j 所对应的侧面所成的内二面角为 $\langle i,j\rangle$，则[45]

$$\boldsymbol{A}_k^{-1}=\begin{pmatrix}1 & & -\cos\langle i,j\rangle\\ & \ddots & \\ -\cos\langle i,j\rangle & & 1\end{pmatrix}_{k\times k}^{-1}$$

$$=\left(\frac{|\boldsymbol{p}_i|\cdot|\boldsymbol{p}_j|}{|\boldsymbol{q}_i||\boldsymbol{q}_j|}\cos\widehat{i,j}\right)_{k\times k}\tag{5.1.1}$$

证明 设顶点 $P_1,\cdots,P_k$ 所对应的 k 个侧面上的单位法向量为 $\boldsymbol{e}_1,\cdots,\boldsymbol{e}_k$，这时

$$\begin{pmatrix}\frac{\boldsymbol{p}_1}{|\boldsymbol{q}_1|} & \frac{\boldsymbol{p}_2}{|\boldsymbol{q}_2|} & \cdots & \frac{\boldsymbol{p}_k}{|\boldsymbol{q}_k|}\end{pmatrix}^{\mathrm{T}}\cdot(\boldsymbol{e}_1\quad\boldsymbol{e}_2\quad\cdots\quad\boldsymbol{e}_k)$$

$$=\begin{pmatrix}\frac{\boldsymbol{p}_1}{|\boldsymbol{q}_1|} & \frac{\boldsymbol{p}_2}{|\boldsymbol{q}_2|} & \cdots & \frac{\boldsymbol{p}_k}{|\boldsymbol{q}_k|}\end{pmatrix}^{\mathrm{T}}\cdot\begin{pmatrix}\frac{\boldsymbol{q}_1}{|\boldsymbol{q}_1|} & \frac{\boldsymbol{q}_2}{|\boldsymbol{q}_2|} & \cdots & \frac{\boldsymbol{q}_k}{|\boldsymbol{q}_k|}\end{pmatrix}$$

$$=\left(\frac{\boldsymbol{p}_i}{|\boldsymbol{q}_i|}\cdot\frac{\boldsymbol{q}_j}{|\boldsymbol{q}_j|}\right)_{k\times k}$$

注意到 $i\neq j$ 时，$\boldsymbol{p}_i\cdot\boldsymbol{q}_j=0$；

当 $i=j$ 时，$\boldsymbol{p}_i\cdot\boldsymbol{q}_i=|\boldsymbol{p}_i|\cdot|\boldsymbol{q}_i|\cdot\cos\theta=|\boldsymbol{p}_i|\cdot\cos\theta\cdot|\boldsymbol{q}_i|=|\boldsymbol{q}_i|\cdot|\boldsymbol{q}_i|=|\boldsymbol{q}_i|^2=\boldsymbol{q}_i\cdot\boldsymbol{q}_i$，因此

$$\left(\frac{\boldsymbol{p}_i}{|\boldsymbol{q}_i|}\cdot\frac{\boldsymbol{q}_j}{|\boldsymbol{q}_j|}\right)_{k\times k}=\begin{pmatrix}1 & & 0\\ & \ddots & \\ 0 & & 1\end{pmatrix}_{k\times k}$$

于是

$$\begin{pmatrix}\dfrac{\boldsymbol{p}_1}{|\boldsymbol{q}_1|} & \dfrac{\boldsymbol{p}_2}{|\boldsymbol{q}_2|} & \cdots & \dfrac{\boldsymbol{p}_k}{|\boldsymbol{q}_k|}\end{pmatrix}^{\mathrm{T}}=(\boldsymbol{e}_1\quad\boldsymbol{e}_2\quad\cdots\quad\boldsymbol{e}_k)^{-1}$$

亦可得

$$\begin{pmatrix}\dfrac{\boldsymbol{q}_1}{|\boldsymbol{q}_1|} & \dfrac{\boldsymbol{q}_2}{|\boldsymbol{q}_2|} & \cdots & \dfrac{\boldsymbol{q}_k}{|\boldsymbol{q}_k|}\end{pmatrix}=((\boldsymbol{e}_1\quad\boldsymbol{e}_2\quad\cdots\quad\boldsymbol{e}_k)^{\mathrm{T}})^{-1}$$

以上两式相乘,得

$$\begin{aligned}&\begin{pmatrix}\dfrac{\boldsymbol{p}_1}{|\boldsymbol{q}_1|} & \dfrac{\boldsymbol{p}_2}{|\boldsymbol{q}_2|} & \cdots & \dfrac{\boldsymbol{p}_k}{|\boldsymbol{q}_k|}\end{pmatrix}^{\mathrm{T}}\cdot\begin{pmatrix}\dfrac{\boldsymbol{q}_1}{|\boldsymbol{q}_1|} & \dfrac{\boldsymbol{q}_2}{|\boldsymbol{q}_2|} & \cdots & \dfrac{\boldsymbol{q}_k}{|\boldsymbol{q}_k|}\end{pmatrix}\\&=(\boldsymbol{e}_1\quad\boldsymbol{e}_2\quad\cdots\quad\boldsymbol{e}_k)^{-1}\cdot((\boldsymbol{e}_1\quad\boldsymbol{e}_2\quad\cdots\quad\boldsymbol{e}_k)^{\mathrm{T}})^{-1}\\&=((\boldsymbol{e}_1\quad\boldsymbol{e}_2\quad\cdots\quad\boldsymbol{e}_k)^{\mathrm{T}}\cdot(\boldsymbol{e}_1\quad\boldsymbol{e}_2\quad\cdots\quad\boldsymbol{e}_k))^{-1}\end{aligned}$$

从而 $\left(\dfrac{\boldsymbol{p}_i}{|\boldsymbol{q}_i|}\cdot\dfrac{\boldsymbol{q}_j}{|\boldsymbol{q}_j|}\right)_{k\times k}=(\boldsymbol{e}_i\cdot\boldsymbol{e}_j)_{k\times k}^{-1}$

再注意到

$$\left(\frac{\boldsymbol{p}_i}{|\boldsymbol{q}_i|}\cdot\frac{\boldsymbol{q}_j}{|\boldsymbol{q}_j|}\right)_{k\times k}=\frac{|\boldsymbol{p}_i||\boldsymbol{p}_j|}{|\boldsymbol{q}_i\cdot\boldsymbol{q}_j|}\cos\widehat{i,j}$$

又向量$\boldsymbol{e}_i,\boldsymbol{e}_j$的夹角$\widehat{i,j}$与内二面角$\langle i,j\rangle$互补,即$\widehat{i,j}=\pi-\langle i,j\rangle$,于是

$$(\boldsymbol{e}_i\cdot\boldsymbol{e}_j)_{k\times k}=\begin{pmatrix}1 & & -\cos\langle i,j\rangle\\ & \ddots & \\ -\cos\langle i,j\rangle & & 1\end{pmatrix}_{k\times k}$$

由此,我们便证得了式(5.1.1).

定义 5.1.3　设点 P 为欧氏空间 E^n 中的点,以点 P 为始点的 $k(1\leqslant k\leqslant n)$ 个向量所形成的图形称为 E^n 中的 k 维顶点角.

显然,若 $k=2$,以点 P 为始点的两个向量形成的图形,即为通常意义上的角. 若 $k=1$,规定以点 P 为始点的一个向量是一个 1 维角. 若 $k=3$,以点 P 为始点的三个向量(不共面)形成的图形,即为通常意义上的三面角.

下面给出 k 维顶点角的正弦值的定义.

定义 5.1.4 E^n 中一个 $k(1\leqslant k\leqslant n)$维顶点角的 k 条共点棱向量$\overrightarrow{PP_i}(i=1,2,\cdots,k)$，与这 k 条棱向量同向的单位向量的 Gram 行列式的算术根称为这 k 维顶点角的正弦，记为 $\sin\theta_{12\cdots k}$，即

$$\sin\theta_{12\cdots k}=\begin{vmatrix}1 & \cos\widehat{1,2} & \cdots & \cos\widehat{1,k}\\ \cos\widehat{2,1} & 1 & \cdots & \cos\widehat{2,k}\\ \vdots & \vdots & & \vdots\\ \cos\widehat{k,1} & \cos\widehat{k,2} & \cdots & \cos\widehat{k,k}\end{vmatrix}^{\frac{1}{2}} \tag{5.1.2}$$

由 Hamadard 不等式，显然 $\sin\theta_{12\cdots k}$介于 0 和 1 之间，当这 k 个向量线性相关时，该 k 维顶点角的正弦值为 0；当这 k 个向量两两正交时，该 k 维顶点角的正弦值为 1.

在以 $P_0,P_1,\cdots,P_k$ 为顶点的 k 维单形中，点 P_0 处的 k 维顶点角可记为$\theta_{0_k}=\theta_{12\cdots k}$（足码中缺 0），点 P_i 处的 k 维顶点角可记为 $\theta_{i_k}=\theta_{01\cdots(i-1)(i+1)\cdots k}$（足码中缺 i）.

为了介绍 l 级顶点角的概念，我们先考虑如下问题：

记$\boldsymbol{e}_0,\boldsymbol{e}_1,\cdots,\boldsymbol{e}_k$ 依次是 k 维单形顶点 $P_0,P_1,\cdots,P_k$ 所对应的 $k+1$ 个侧（界）上的单位法向量，如图 5.1－2 所示.

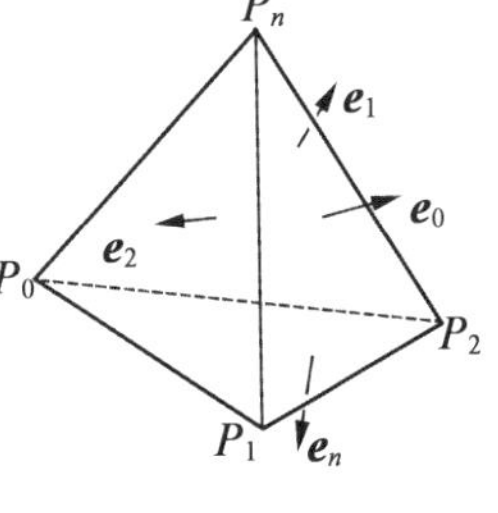

图 5.1－2

任取其中 $l(1\leqslant l\leqslant k)$个向量 $\boldsymbol{e}_{i_1},\boldsymbol{e}_{i_2},\cdots,\boldsymbol{e}_{i_l}$，设这 l 个向量的行列式为

$$\det \boldsymbol{A}_{i_l}=|\boldsymbol{e}_{i_1}\wedge\boldsymbol{e}_{i_2}\wedge\cdots\wedge\boldsymbol{e}_{i_l}|^2=\begin{vmatrix}\boldsymbol{e}_{i_1}\cdot\boldsymbol{e}_{i_1} & \boldsymbol{e}_{i_1}\cdot\boldsymbol{e}_{i_2} & \cdots & \boldsymbol{e}_{i_1}\cdot\boldsymbol{e}_{i_l}\\ \vdots & \vdots & & \vdots\\ \boldsymbol{e}_{i_l}\cdot\boldsymbol{e}_{i_1} & \boldsymbol{e}_{i_l}\cdot\boldsymbol{e}_{i_2} & \cdots & \boldsymbol{e}_{i_l}\cdot\boldsymbol{e}_{i_l}\end{vmatrix}\tag{5.1.3}$$

注意到,当 $1\leqslant l\leqslant k$ 时,由式(2.2.5),(2.2.12)知,$0\leqslant\det \boldsymbol{A}_{i_l}\leqslant 1$,因而 $\arcsin\sqrt{\det \boldsymbol{A}_{i_l}}$ 是有意义的.

又注意到,$\boldsymbol{e}_{i_i}$ 与 $\boldsymbol{e}_{i_j}$ 的夹角与内二面角 $\langle i_i,i_j\rangle$ 互补,则有 $\boldsymbol{e}_{i_i}\cdot\boldsymbol{e}_{i_j}=-\cos\langle i_i,i_j\rangle$,故

$$\det \boldsymbol{A}_{i_l}=\begin{vmatrix}1 & -\cos\langle i_1,i_2\rangle & \cdots & -\cos\langle i_1,i_l\rangle\\ \vdots & \vdots & & \vdots\\ -\cos\langle i_l,i_1\rangle & -\cos\langle i_l,i_2\rangle & \cdots & 1\end{vmatrix}$$

定义 5.1.5　设 $\boldsymbol{e}_0,\boldsymbol{e}_1,\cdots,\boldsymbol{e}_k$ 依次是 k 维单形的顶点 $P_0,P_1,\cdots,P_k$ 所对应的 $k+1$ 个界面上的单位法向量,任取其中 $l(1\leqslant l\leqslant k)$ 个向量 $\boldsymbol{e}_{i_i},\boldsymbol{e}_{i_2},\cdots,\boldsymbol{e}_{i_l}$,则称角[161]

$$\theta_{i_1i_2\cdots i_l}=\arcsin\sqrt{\det \boldsymbol{A}_{i_l}}\tag{5.1.5}$$

为由顶点 $P_{i_1},P_{i_2},\cdots,P_{i_l}$ 所确定的 l 级顶点角,其中 $\det \boldsymbol{A}_{i_l}$ 的意义同式(5.1.4).

有时,我们还把 $\theta_{i_1i_2\cdots i_l}$ 叫作以 $P(k+1)\setminus\{P_{i_1},P_{i_2},\cdots,P_{i_l}\}$ 为顶点集的 $k-l$ 维单形所对应的 l 级顶点角.

显然,在 k 维单形 $\sum_{P(k+1)}=\{P_0,P_1,\cdots,P_k\}$ 中,侧面 f_i 所对应的 k 级顶点角就是 k 维顶点角.

定义 5.1.6　设 E^n 中的 k 维单形 $\sum_{P(k+1)}=\{P_0,P_1,\cdots,P_k\}$ 的支撑棱向量集为 $\{\boldsymbol{p}_1,\boldsymbol{p}_2,\cdots,\boldsymbol{p}_{k-1},\boldsymbol{p}_k\}$,$\boldsymbol{p}^*$ 是子空间 $L(\boldsymbol{p}_1,\boldsymbol{p}_2,\cdots,\boldsymbol{p}_{k-1})$ 的任一向量,再由向量 $\boldsymbol{p}_k$ 的末端 P_k 向 $L(\boldsymbol{p}_1,\boldsymbol{p}_2,\cdots,\boldsymbol{p}_{k-1})$ 作正投影,则称投影点

H_k 为垂足，$|\overrightarrow{P_kH_k}|$ 称为 P_k 所对侧面上的高，记为 h_k；$|\boldsymbol{p}_k-\boldsymbol{p}^*|$ 称为其斜高(不是专指侧面的高).

对于单形的高、斜高，我们有如下结论：

定理 5.1.2　所设同定义 5.1.6，则[97]

$$h_k^2=\frac{|\boldsymbol{p}_1\wedge\boldsymbol{p}_2\wedge\cdots\wedge\boldsymbol{p}_{k-1}\wedge\boldsymbol{p}_k|}{|\boldsymbol{p}_1\wedge\boldsymbol{p}_2\wedge\cdots\wedge\boldsymbol{p}_{k-1}|}\qquad(5.1.6)$$

且 $|\boldsymbol{p}_k-\boldsymbol{p}^*|\geqslant h_k$.

证明　首先，我们可以证明向量 $\boldsymbol{p}_k$ 可表示为 $\boldsymbol{p}_k=\boldsymbol{p}_{ks}+\boldsymbol{p}_{kh}$，$\boldsymbol{p}_{ks}\in L(\boldsymbol{p}_1,\boldsymbol{p}_2,\cdots,\boldsymbol{p}_{k-1})\perp\boldsymbol{p}_{kh}$.

这里，向量 $\boldsymbol{p}_{ks}$ 为 $\boldsymbol{p}_k$ 在 $L(\boldsymbol{p}_1,\boldsymbol{p}_2,\cdots,\boldsymbol{p}_{k-1})$ 上的正投影，$\boldsymbol{p}_{kh}=|\overrightarrow{P_kH_k}|$ 为射出向量. 将 $\boldsymbol{p}_{ks}$ 表示为 $\boldsymbol{p}_{ks}=\sum\limits_{i=1}^{k-1}c_i\boldsymbol{p}_i$，$c_i\in\mathbf{R}$. 由正交性，得

$$(\boldsymbol{p}_k-\boldsymbol{p}_{ks})\cdot\boldsymbol{p}_j=0$$

即
$$\sum_{i=1}^{k-1}c_i(\boldsymbol{p}_j\cdot\boldsymbol{p}_i)=\boldsymbol{p}_k\cdot\boldsymbol{p}_j\quad(j=1,2,\cdots,k-1)$$

从上述方程组，可解得

$$\boldsymbol{p}_{ks}=-\frac{\begin{vmatrix}\boxed{\ |\boldsymbol{p}_1\wedge\cdots\wedge\boldsymbol{p}_{k-1}|\ } & \begin{matrix}\boldsymbol{p}_1\\ \vdots\\ \boldsymbol{p}_{k-1}\end{matrix}\\ \boldsymbol{p}_k\cdot\boldsymbol{p}_1\quad\cdots\quad\boldsymbol{p}_k\cdot\boldsymbol{p}_{k-1} & 0\end{vmatrix}}{|\boldsymbol{p}_1\wedge\cdots\wedge\boldsymbol{p}_{k-1}|}$$

$$\boldsymbol{p}_{kh}=\boldsymbol{p}_k-\boldsymbol{p}_{ks}=\frac{\begin{vmatrix}\boxed{\ |\boldsymbol{p}_1\wedge\cdots\wedge\boldsymbol{p}_{k-1}|\ } & \begin{matrix}\boldsymbol{p}_1\\ \vdots\\ \boldsymbol{p}_{k-1}\end{matrix}\\ \boldsymbol{p}_k\cdot\boldsymbol{p}_1\quad\cdots\quad\boldsymbol{p}_k\cdot\boldsymbol{p}_{k-1} & \boldsymbol{p}_k\end{vmatrix}}{|\boldsymbol{p}_1\wedge\cdots\wedge\boldsymbol{p}_{k-1}|}$$

所以

$$h_{pk}^2=\boldsymbol{p}_{kh}\cdot\boldsymbol{p}_{kh}=\boldsymbol{p}_{kh}\cdot(\boldsymbol{p}_k-\boldsymbol{p}_{ks})=\boldsymbol{p}_{kh}\cdot\boldsymbol{p}_k$$

$$=\frac{\begin{vmatrix} \boxed{|\boldsymbol{p}_1\wedge\cdots\wedge\boldsymbol{p}_{k-1}|} & \begin{matrix}\boldsymbol{p}_1\cdot\boldsymbol{p}_k\\ \vdots\\ \boldsymbol{p}_{k-1}\cdot\boldsymbol{p}_k\end{matrix}\\ \boldsymbol{p}_k\cdot\boldsymbol{p}_1\quad\cdots\quad\boldsymbol{p}_k\cdot\boldsymbol{p}_{k-1} & \boldsymbol{p}_k\cdot\boldsymbol{p}_k\end{vmatrix}}{|\boldsymbol{p}_1\wedge\cdots\wedge\boldsymbol{p}_{k-1}|}$$

即
$$h_k^2=\frac{|\boldsymbol{p}_1\wedge\cdots\wedge\boldsymbol{p}_{k-1}\wedge\boldsymbol{p}_k|}{|\boldsymbol{p}_1\wedge\cdots\wedge\boldsymbol{p}_{k-1}|}$$

又因为

$$\begin{aligned}&(\boldsymbol{p}_k-\boldsymbol{p}^*)\cdot(\boldsymbol{p}_k-\boldsymbol{p}^*)\\ &=(\boldsymbol{p}_{kh}+(\boldsymbol{p}_{ks}-\boldsymbol{p}^*))\cdot(\boldsymbol{p}_{kh}+(\boldsymbol{p}_{ks}-\boldsymbol{p}^*))\\ &=\boldsymbol{p}_{kh}\cdot\boldsymbol{p}_{kh}+(\boldsymbol{p}_{ks}-\boldsymbol{p}^*)\cdot(\boldsymbol{p}_{ks}-\boldsymbol{p}^*)\\ &\geqslant\boldsymbol{p}_{kh}\cdot\boldsymbol{p}_{kh}=h_k^2\end{aligned}$$

所以$|\boldsymbol{p}_k-\boldsymbol{p}^*|\geqslant|\boldsymbol{p}_k-\boldsymbol{p}_{ks}|=h_k$,即由 $\boldsymbol{p}_k$ 的末端到 $k-1$ 维单形(其支撑棱向量集为$\{\boldsymbol{p}_1,\boldsymbol{p}_2,\cdots,\boldsymbol{p}_{k-1}\}$)的高不大于其斜高之长.

由定理5.1.2,可推得如下的一个结论:

定理5.1.3　设两个$k(k\leqslant n-1)$维单形的顶点集分别为$\{P_0,P_1,\cdots,P_{k-1},P_k\}$,$\{P_0,P_1,\cdots,P_{k-1},P_{k+1}\}$,这两单形所交的内二面角为$\langle k,k+1\rangle$,则

$$\sin\langle k,k+1\rangle=\frac{|\boldsymbol{p}_1\wedge\cdots\wedge\boldsymbol{p}_k\wedge\boldsymbol{p}_{k+1}|^{\frac{1}{2}}\cdot|\boldsymbol{p}_1\wedge\cdots\wedge\boldsymbol{p}_{k-1}|^{\frac{1}{2}}}{|\boldsymbol{p}_1\wedge\cdots\wedge\boldsymbol{p}_k|^{\frac{1}{2}}\cdot|\boldsymbol{p}_1\wedge\cdots\wedge\boldsymbol{p}_{k-1}\wedge\boldsymbol{p}_{k+1}|^{\frac{1}{2}}}\tag{5.1.7}$$

其中$\boldsymbol{p}_i=\overrightarrow{P_0P_i},i=1,2,\cdots,k+1$.

证明　由向量$\boldsymbol{p}_{k+1}$的末端P_{k+1}分别向子空间:$L(\boldsymbol{p}_1,\boldsymbol{p}_2,\cdots,\boldsymbol{p}_{k-1})$和$L(\boldsymbol{p}_1,\cdots,\boldsymbol{p}_{k-1},\boldsymbol{p}_k)$作正投影,其高

和垂足依次记为 h,h',H,H',并设 $\langle k,k+1\rangle=\angle P_kHH'$. 因

$$L(\boldsymbol{p}_1,\cdots,\boldsymbol{p}_{k-1})=L(\boldsymbol{p}_1,\cdots,\boldsymbol{p}_{k-1},\boldsymbol{p}_k)\cap L(\boldsymbol{p}_1,\cdots,\boldsymbol{p}_{k-1},\boldsymbol{p}_{k+1})$$

则
$$\overrightarrow{HH'}\perp L(\boldsymbol{p}_1,\boldsymbol{p}_2,\cdots,\boldsymbol{p}_{k-1})$$

且
$$\sin\langle k,k+1\rangle\frac{|\overrightarrow{P_{k+1}H'}|}{|\overrightarrow{P_{k+1}H}|}=\frac{h'}{h}\leqslant 1$$

由定理 5.1.2,则有

$$h'^2=\frac{|\boldsymbol{p}_1\wedge\cdots\wedge\boldsymbol{p}_k\wedge\boldsymbol{p}_{k+1}|}{|\boldsymbol{p}_1\wedge\cdots\wedge\boldsymbol{p}_k|}$$

$$h^2=\frac{|\boldsymbol{p}_1\wedge\cdots\wedge\boldsymbol{p}_{k-1}\wedge\boldsymbol{p}_{k+1}|}{|\boldsymbol{p}_1\wedge\cdots\wedge\boldsymbol{p}_{k-1}|}$$

故

$$\sin\langle k,k+1\rangle=\frac{|\boldsymbol{p}_1\wedge\cdots\wedge\boldsymbol{p}_{k+1}|^{\frac{1}{2}}\cdot|\boldsymbol{p}_1\wedge\cdots\wedge\boldsymbol{p}_{k-1}|^{\frac{1}{2}}}{|\boldsymbol{p}_1\wedge\cdots\wedge\boldsymbol{p}_k|^{\frac{1}{2}}\cdot|\boldsymbol{p}_1\wedge\cdots\wedge\boldsymbol{p}_{k-1}\wedge\boldsymbol{p}_{k+1}|^{\frac{1}{2}}}$$

图 5.1-3 给出了 E^3 中求 3 维单形 $\sum_{P(4)}=\{P_0,P_1,P_2,P_3\}$ 中的两个 2 维单形 $\sum_{P_3(3)}=\{P_0,P_1,P_2\}$ 与 $\sum_{P_2(3)}=\{P_0,P_1,P_3\}$ 间交角 φ 的示意图.

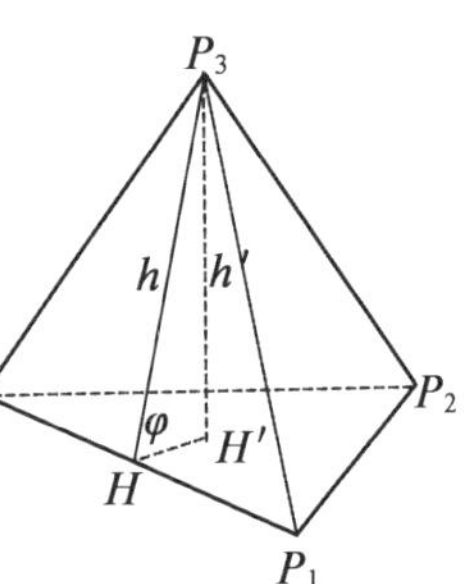

图 5.1-3

在 k 维单形中,还有如下一个 $(k-1)$ 重向量恒等式.[178]

定理 5.1.4 在 k 维单形 $\sum_{P(k+1)}=\{P_1,P_2,\cdots,P_{k+1}\}$ 中,对于任意两顶点 $P_i,P_j(1\leqslant i<j\leqslant k+1)$,

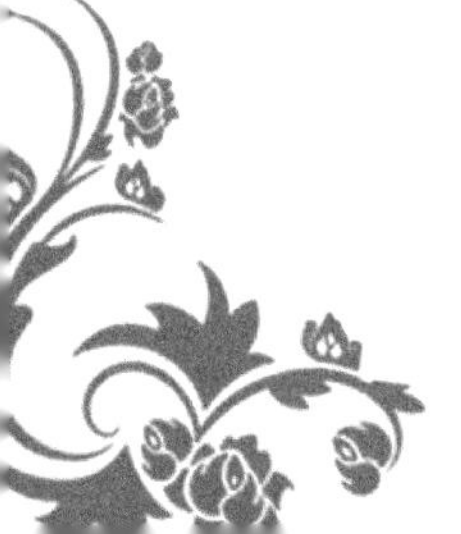

$(k-1)$重向量恒等式$(k\geqslant 3)$

$$\prod_{\substack{t=1\\t\neq i,j}}^{k+1}[\wedge(\overrightarrow{P_iP_t}+\overrightarrow{P_jP_t})]$$
$$=2^{k-2}[\prod_{\substack{t=1\\t\neq i,j}}^{k+1}(\wedge\overrightarrow{P_iP_t})+\prod_{\substack{t=1\\t\neq i,j}}^{k+1}(\wedge\overrightarrow{P_jP_t})] \qquad (5.1.8)$$

恒成立.

证明　不妨取 $i=1,j=2$ 予以证明,即证当 $k\geqslant 3$ 时,有

$$(\overrightarrow{P_1P_3}+\overrightarrow{P_2P_3})\wedge(\overrightarrow{P_1P_4}+\overrightarrow{P_2P_4})\wedge\cdots\wedge(\overrightarrow{P_1P_{k+1}}+\overrightarrow{P_2P_{k+1}})$$
$$=2^{k-2}[(\overrightarrow{P_1P_3}\wedge\overrightarrow{P_1P_4}\wedge\cdots\wedge\overrightarrow{P_1P_{k+1}})+$$
$$(\overrightarrow{P_2P_3}\wedge\overrightarrow{P_2P_4}\wedge\cdots\wedge\overrightarrow{P_2P_{k+1}})] \qquad ①$$

下面用数学归纳法证明上式成立.

(i)当 $k=3$ 时,即对 3 维单形(四面体)$\Sigma_{P(4)}=\{P_1,P_2,P_3,P_4\}$而言,有

$$\text{左边}=(\overrightarrow{P_1P_3}+\overrightarrow{P_2P_3})\wedge(\overrightarrow{P_1P_4}+\overrightarrow{P_2P_4})$$
$$=\overrightarrow{P_1P_3}\wedge\overrightarrow{P_1P_4}+\overrightarrow{P_1P_3}\wedge\overrightarrow{P_2P_4}+$$
$$\overrightarrow{P_2P_3}\wedge\overrightarrow{P_1P_4}+\overrightarrow{P_2P_3}\wedge\overrightarrow{P_2P_4} \qquad ②$$

而

$$\overrightarrow{P_1P_3}\wedge\overrightarrow{P_2P_4}+\overrightarrow{P_2P_3}\wedge\overrightarrow{P_1P_4}$$
$$=\overrightarrow{P_1P_3}\wedge(\overrightarrow{P_2P_1}+\overrightarrow{P_1P_4})+\overrightarrow{P_2P_3}\wedge(\overrightarrow{P_1P_2}\wedge\overrightarrow{P_2P_4})$$
$$=-\overrightarrow{P_1P_3}\wedge\overrightarrow{P_1P_2}+\overrightarrow{P_1P_3}\wedge\overrightarrow{P_1P_4}+\overrightarrow{P_2P_3}\wedge\overrightarrow{P_1P_2}+\overrightarrow{P_2P_3}\wedge\overrightarrow{P_2P_4}$$
$$=(\overrightarrow{P_2P_3}-\overrightarrow{P_1P_3})\wedge\overrightarrow{P_1P_2}+\overrightarrow{P_1P_3}\wedge\overrightarrow{P_1P_4}+\overrightarrow{P_2P_3}\wedge\overrightarrow{P_2P_4}$$
$$=\overrightarrow{P_1P_3}\wedge\overrightarrow{P_1P_4}+\overrightarrow{P_2P_3}+\overrightarrow{P_2P_4}$$

于是左边$=2(\overrightarrow{P_1P_3}\wedge\overrightarrow{P_1P_4}+\overrightarrow{P_2P_3}\wedge\overrightarrow{P_2P_4})=$右边. 即知 $k=3$ 时结论成立.

(ii)假设 $k=n(n\geqslant 3)$时成立,即有

$$(P_1P_3+P_2P_3)\wedge(P_1P_4+P_2P_4)\wedge\cdots\wedge(P_1P_{n+1}+P_2P_{n+1})$$
$$=2^{m-2}(\overrightarrow{P_1P_3}\wedge\cdots\wedge\overrightarrow{P_1P_{n+1}}+\overrightarrow{P_2P_3}\wedge\cdots\wedge\overrightarrow{P_2P_{n+1}}) \quad ③$$

那么,当 $k=n+1$ 时,结合式③,知式①左边为

$$\begin{aligned}\text{左边}&=[(\overrightarrow{P_1P_3}+\overrightarrow{P_2P_3})\wedge(\overrightarrow{P_1P_4}+\overrightarrow{P_2P_4})\wedge\cdots\wedge\\&\quad(\overrightarrow{P_1P_{n+1}}+\overrightarrow{P_2P_{n+1}})]\wedge(\overrightarrow{P_1P_{n+2}}+\overrightarrow{P_2P_{n+2}})\\&=2^{n-2}(\overrightarrow{P_1P_3}\wedge\cdots\wedge\overrightarrow{P_1P_{n+1}}+\overrightarrow{P_2P_3}\wedge\cdots\wedge\\&\quad\overrightarrow{P_2P_{n+1}})\wedge(\overrightarrow{P_1P_{n+2}}+\overrightarrow{P_2P_{n+2}})\\&=2^{n-2}(\overrightarrow{P_1P_3}\wedge\cdots\wedge\overrightarrow{P_1P_{n+1}}\wedge\overrightarrow{P_1P_{n+2}}+\overrightarrow{P_2P_3}\wedge\cdots\wedge\\&\quad\overrightarrow{P_2P_{n+1}}\wedge\overrightarrow{P_2P_{n+2}}+\overrightarrow{P_1P_3}\wedge\cdots\wedge\overrightarrow{P_1P_{n+1}}\wedge\overrightarrow{P_2P_{n+2}}+\\&\quad\overrightarrow{P_1P_3}\wedge\cdots\wedge\overrightarrow{P_2P_{n+1}}\wedge\overrightarrow{P_1P_{n+2}})\end{aligned} \quad ④$$

而式④后两项可以变形,有

$$\begin{aligned}&\overrightarrow{P_1P_3}\wedge\cdots\wedge\overrightarrow{P_1P_{n+1}}\wedge(\overrightarrow{P_2P_1}+\overrightarrow{P_1P_{n+2}})+\overrightarrow{P_2P_3}\wedge\cdots\wedge\\&\overrightarrow{P_2P_{n+1}}\wedge(\overrightarrow{P_1P_2}+\overrightarrow{P_2P_{n+2}})\\&=\overrightarrow{P_1P_3}\wedge\cdots\wedge\overrightarrow{P_1P_{n+1}}\wedge\overrightarrow{P_1P_{n+2}}+\overrightarrow{P_2P_3}\wedge\cdots\wedge\overrightarrow{P_2P_{n+1}}\wedge\\&\overrightarrow{P_2P_{n+2}}-\overrightarrow{P_1P_3}\wedge\cdots\wedge\overrightarrow{P_1P_{n+1}}\wedge\overrightarrow{P_1P_2}+\overrightarrow{P_2P_3}\wedge\cdots\wedge\\&\overrightarrow{P_2P_{n+1}}\wedge\overrightarrow{P_1P_2}\end{aligned} \quad ⑤$$

又式⑤最后一项可以变为

$$\begin{aligned}&\overrightarrow{P_2P_3}\wedge\cdots\wedge\overrightarrow{P_2P_{n+1}}\wedge\overrightarrow{P_1P_2}\\&=(\overrightarrow{P_2P_1}+\overrightarrow{P_1P_3})\wedge\overrightarrow{P_2P_4}\wedge\cdots\wedge\overrightarrow{P_2P_{n+1}}\wedge\overrightarrow{P_1P_2}\end{aligned}$$

注意到 Grassmann 外乘满足反交换律(参见§2.2),有

$$\begin{aligned}&\overrightarrow{P_2P_1}\wedge\overrightarrow{P_2P_4}\wedge\cdots\wedge\overrightarrow{P_2P_{n+1}}\wedge\overrightarrow{P_1P_2}\\&=(\overrightarrow{P_2P_1}\wedge\overrightarrow{P_2P_4}\wedge\cdots\wedge\overrightarrow{P_2P_{n+1}})\wedge\overrightarrow{P_1P_2}\\&=(-1)^{n-1}(\overrightarrow{P_1P_2}\wedge\overrightarrow{P_2P_1})\wedge\overrightarrow{P_2P_4}\wedge\cdots\wedge\overrightarrow{P_2P_{n+1}}=\mathbf{0}\end{aligned}$$

从而

$$\overrightarrow{P_2P_3}\wedge\overrightarrow{P_2P_4}\wedge\cdots\wedge\overrightarrow{P_2P_{n+1}}\wedge\overrightarrow{P_1P_2}$$
$$=\overrightarrow{P_1P_3}\wedge\overrightarrow{P_2P_4}\wedge\cdots\wedge\overrightarrow{P_2P_{n+1}}\wedge\overrightarrow{P_1P_2} \qquad ⑥$$

同理

$$\overrightarrow{P_1P_3}\wedge\overrightarrow{P_2P_4}\wedge\cdots\wedge\overrightarrow{P_2P_{n+1}}\wedge\overrightarrow{P_1P_2}$$
$$=\overrightarrow{P_1P_3}\wedge(\overrightarrow{P_2P_1}+\overrightarrow{P_1P_4})\wedge\overrightarrow{P_2P_5}\wedge\cdots\wedge\overrightarrow{P_2P_{n+1}}\wedge\overrightarrow{P_1P_2}$$
$$=\overrightarrow{P_1P_3}\wedge\overrightarrow{P_1P_4}\wedge\overrightarrow{P_2P_5}\wedge\cdots\wedge\overrightarrow{P_2P_{n+1}}\wedge\overrightarrow{P_1P_2}$$
$$\vdots$$
$$=\overrightarrow{P_1P_3}\wedge\overrightarrow{P_1P_4}\wedge\cdots\wedge\overrightarrow{P_1P_n}\wedge(\overrightarrow{P_2P_1}+\overrightarrow{P_1P_{n+1}})\wedge\overrightarrow{P_1P_2}$$
$$=\overrightarrow{P_1P_3}\wedge\overrightarrow{P_1P_4}\wedge\cdots\wedge\overrightarrow{P_1P_n}\wedge\overrightarrow{P_1P_{n+1}}\wedge\overrightarrow{P_1P_2} \qquad ⑦$$

将式⑦代入式⑥,再代入式⑤,则式⑤变为

$$\overrightarrow{P_1P_3}\wedge\cdots\wedge\overrightarrow{P_1P_{n+1}}\wedge\overrightarrow{P_2P_{n+2}}+\overrightarrow{P_2P_3}\wedge\cdots\wedge\overrightarrow{P_2P_{n+1}}\wedge\overrightarrow{P_1P_{n+2}}$$
$$=\overrightarrow{P_1P_3}\wedge\cdots\wedge\overrightarrow{P_1P_{n+1}}\wedge\overrightarrow{P_1P_{n+2}}+\overrightarrow{P_2P_3}\wedge\cdots\wedge\overrightarrow{P_2P_{n+1}}\wedge\overrightarrow{P_2P_{n+2}} \qquad ⑧$$

最后将式⑧代入式④,知当 $k=n+1$ 时

左边

$$=2^{n-2}[2(\overrightarrow{P_1P_3}\wedge\cdots\wedge\overrightarrow{P_1P_{n+2}})+2(\overrightarrow{P_2P_3}\wedge\cdots\wedge\overrightarrow{P_2P_{n+2}})]$$
$$=2^{(n+1)-2}(\overrightarrow{P_1P_3}\wedge\cdots\wedge\overrightarrow{P_1P_{n+2}}+\overrightarrow{P_2P_3}\wedge\cdots\wedge\overrightarrow{P_2P_{n+2}})$$

这说明当 $k=n+2$ 时,式①成立.

综上,由(i),(ii)及归纳法,知式①成立.

当 i,j 取其他正整数时,可仿式①证明而证. 故式(5.1.8)获证.

我们还可将定理5.1.4推广,得如下向量恒等式:

定理 5.1.5　设 $M,N,P_1,P_2,\cdots,P_k$ 是 E^n 中的点,则对于任意非负实数 λ,μ,有

$$\prod_{i=1}^{k}\wedge(\lambda\overrightarrow{MP_i}+\mu\overrightarrow{NP_i})$$
$$=(\lambda+\mu)^{k-1}(\lambda\prod_{i=1}^{k}\wedge\overrightarrow{MP_i}+\mu\prod_{i=1}^{k}\wedge\overrightarrow{NP_i})\quad(5.1.9)$$

上述定理类似于式(5.1.8),运用数学归纳法来证(略).

§5.2　单形的体积公式

本节介绍 E^n 中 $k(k\leqslant n)$ 维单形的体积公式的几种形式.

由于容度仅与向量的内积有关,而内积是合同变换下的不变量,所以容度是合同变换下的不变量. 根据 k 维平行体的生成可知 k 维平行体可以剖分成 $k!$ 个体积相等的 k 维单形,从而有:

定理 5.2.1　设 E^n 中以 $P_0,P_1,\cdots,P_k$ 为顶点的 k 维单形 $\sum_{P(k+1)}$ 的体积为 $V(\sum_{P(k+1)})$,由顶点集 $\{P_0,P_1,\cdots,P_k\}$ 所支撑的 k 维平行体的体积为 $V(|\wedge\boldsymbol{p}_k|)=|\prod_{i=0}^{k}\wedge\boldsymbol{p}_i|(\boldsymbol{p}_i=\overrightarrow{P_0P_i},i=1,2,\cdots,k)$,则

$$V(\sum_{P(k+1)})=\frac{1}{k!}\cdot V(|\wedge\boldsymbol{p}_k|)\quad(5.2.1)$$

对于式(5.2.1),当 $k=2,3$ 时,分别为 $S_{\triangle}=\frac{1}{2}S_{\square},V_{四面体}=\frac{1}{6}V_{平行六面体}$,其中平行四边形、平行六面体分别由三角形、四面体的顶点所支撑生成.

定理 5.2.2　设以 $P_0,P_1,\cdots,P_k$ 为顶点的 k 维单形 $\sum_{P(k+1)}$ 的体积为 $V(\sum_{P(k+1)})$,由 $\{P_0,P_1,\cdots,P_k\}$ 中任取 $k-1$ 个不同点为顶点的 $k-1$ 维单形的体积为

$|f_i| = V(\sum_{P_i(k)})$,则

$$V(\sum_{P(k+1)}) = \frac{1}{k}V(\sum_{P_i(k)}) \cdot h_i = \frac{1}{k}|f_i| \cdot h_i \tag{5.2.2}$$

其中 h_i 为顶点 $P_i(i=0,1,\cdots,k)$ 到界面(即 $k-1$ 维单形) $\sum_{P_i(k)} = \{P_0,\cdots,P_{i-1},P_{i+1},\cdots,P_k\}$ 的距离可称为 k 维单形的高.(可参见定义 7.1.1)

对于式(5.2.2),当 $k=2,3$ 时,分别为

$$S_{\triangle} = \frac{1}{2}a \cdot h_a = \frac{1}{2}b \cdot h_b = \frac{1}{2}c \cdot h_c$$

$$V_{ABCD} = \frac{1}{3}S_{\triangle ABC} \cdot h_D = \frac{1}{3}S_{\triangle BCD} \cdot h_A$$

$$\frac{1}{3}S_{\triangle ABD} \cdot h_C = \frac{1}{3}S_{\triangle ACD} \cdot h_B$$

下面,我们给出式(5.2.2)的证明.

证明　由 §2.2 中性质 2.2.4 后的说明及式(5.2.1),知

$$h_i = \frac{|(P_1-P_0)\wedge(P_2-P_0)\wedge\cdots\wedge(P_k-P_0)|}{|(P_1-P_0)\wedge(P_2-P_0)\wedge\cdots\wedge(P_k-P_0)/(P_j-P_i)|}$$

$$= \frac{|\boldsymbol{p}_1\wedge\boldsymbol{p}_2\wedge\cdots\wedge\boldsymbol{p}_k|}{|\boldsymbol{p}_{j_1}\wedge\boldsymbol{p}_{j_2}\wedge\cdots\wedge\boldsymbol{p}_{j_{i-1}}\wedge\boldsymbol{p}_{j_{i+1}}\wedge\cdots\wedge\boldsymbol{p}_{j_k}|}$$

$$= \frac{k! \cdot V(\sum_{P(k+1)})}{(k-1)! \cdot V(\sum_{P_i(k)})}$$

故　$$V(\sum_{P(k+1)}) = \frac{1}{k}V(\sum_{P_i(k)}) \cdot h_i = \frac{1}{k}|f_i| \cdot h_i$$

定理 5.2.3　设 E^n 中以 $P_0,P_1,\cdots,P_k$ 为顶点的 k 维单形 $\sum_{P(k+1)}$ 的体积为 $V(\sum_{P(k+1)})$,则

$V(\sum_{P(k+1)})$

$$=\frac{1}{k!}\prod_{i=1}^{k}\rho_{0i}\begin{vmatrix}1 & \cos\widehat{1,2} & \cdots & \cos\widehat{1,k}\\ \vdots & \vdots & & \vdots\\ \cos\widehat{k,1} & \cos\widehat{k,2} & \cdots & 1\end{vmatrix}^{\frac{1}{2}}$$

$$=\frac{1}{k!}\prod_{i=1}^{k}\rho_{0i}\cdot\sin\theta_{0n} \qquad (5.2.3)$$

其中 $\rho_{0i}=|P_i-P_0|$ 是棱 P_0P_i 的长，$\widehat{i,j}$ 是 $\angle P_iP_0P_j$ 的度数，且 $\widehat{i,j}=\widehat{j,i}$.

对于式(5.2.3)，当 $k=2$ 时，为

$$V(\sum_{P(3)})=\frac{1}{2}\rho_{01}\cdot\rho_{02}\begin{vmatrix}1 & \cos\widehat{1,2}\\ \cos\widehat{2,1} & 1\end{vmatrix}^{\frac{1}{2}}$$

$$=\frac{1}{2}\rho_{01}\cdot\rho_{02}\cdot\sin\widehat{1,2}$$

此为三角形的面积公式的一种形式.

当 $k=3$ 时，为

$$V(\sum_{P(4)})$$

$$=\frac{1}{6}\rho_{01}\cdot\rho_{02}\cdot\rho_{03}\begin{vmatrix}1 & \cos\widehat{1,2} & \cos\widehat{1,3}\\ \cos\widehat{2,1} & 1 & \cos\widehat{2,3}\\ \cos\widehat{3,1} & \cos\widehat{3,2} & 1\end{vmatrix}^{\frac{1}{2}}$$

$$=\frac{1}{6}\rho_{01}\cdot\rho_{02}\cdot\rho_{03}\cdot$$

$$\sqrt{\sin\omega\cdot\sin(\omega-\widehat{1,2})\cdot\sin(\omega-\widehat{1,3})\cdot\sin(\omega-\widehat{2,3})}$$

其中 $$\omega=\frac{1}{2}(\widehat{1,2}+\widehat{1,3}+\widehat{2,3})$$

此为四面体的体积公式的一种形式.

下面，我们给出式(5.2.3)的证明：

证明　由式(2.2.5)及式(1.2.2),注意到用向量 $\boldsymbol{p}_i$ 表示向量 $\overrightarrow{P_0P_i}=P_i-P_0$,则

$$
\begin{aligned}
&|(P_1-P_0)\wedge(P_2-P_0)\wedge\cdots\wedge(P_k-P_0)|\\
=&|\boldsymbol{p}_1\wedge\boldsymbol{p}_2\wedge\cdots\wedge\boldsymbol{p}_k|\\
=&\begin{vmatrix}\boldsymbol{p}_1\cdot\boldsymbol{p}_1 & \boldsymbol{p}_1\cdot\boldsymbol{p}_2 & \cdots & \boldsymbol{p}_1\cdot\boldsymbol{p}_k\\ \vdots & \vdots & & \vdots\\ \boldsymbol{p}_k\cdot\boldsymbol{p}_1 & \boldsymbol{p}_k\cdot\boldsymbol{p}_2 & \cdots & \boldsymbol{p}_k\cdot\boldsymbol{p}_k\end{vmatrix}^{\frac{1}{2}}\\
=&\begin{vmatrix}\rho_{01}^2 & \rho_{01}\cdot\rho_{02}\cdot\cos\widehat{1,2} & \cdots & \rho_{01}\cdot\rho_{0k}\cdot\cos\widehat{1,k}\\ \vdots & \vdots & & \vdots\\ \rho_{0k}\cdot\rho_{01}\cdot\cos\widehat{k,1} & \rho_{0k}\cdot\rho_{02}\cdot\cos\widehat{k,2} & \cdots & \rho_{0k}^2\end{vmatrix}^{\frac{1}{2}}\\
=&\prod_{i=1}^{k}\rho_{0i}\begin{vmatrix}1 & \cos\widehat{1,2} & \cdots & \cos\widehat{1,k}\\ \vdots & \vdots & & \vdots\\ \cos\widehat{k,1} & \cos\widehat{k,2} & \cdots & 1\end{vmatrix}^{\frac{1}{2}}
\end{aligned}
$$

即可证得式(5.2.3).

定理 5.2.4　设 E^n 中以 $P_0,P_1,\cdots,P_k$ 为顶点的 k 维单形 $\sum_{P(k+1)}$ 的体积为 $V(\sum_{P(k+1)})$,则

$$V\left(\sum\nolimits_{P(k+1)}\right)=\frac{1}{k!}\cdot G \tag{5.2.4}$$

其中

$$G=\begin{vmatrix}x_{01} & x_{02} & \cdots & x_{0k} & 1\\ \vdots & \vdots & & \vdots & \vdots\\ x_{k1} & x_{k2} & \cdots & x_{kk} & 1\end{vmatrix} \tag{5.2.5}$$

而 $(x_{i1},x_{i2},\cdots,x_{ik})$ 为点 $P_i(i=0,1,\cdots,k)$ 的欧氏空间 k 维笛卡儿坐标.

对于式(5.2.4),当 $k=2$ 时,为

$$V(\sum_{P(2)})=\frac{1}{2}\begin{vmatrix} x_{01} & x_{02} & 1 \\ x_{11} & x_{12} & 1 \\ x_{21} & x_{22} & 1 \end{vmatrix}$$

此即为三角形的有向面积公式.

同样,$k=3$ 时,为四面体的有向体积公式.

证明 建立 k 维笛卡儿直角坐标系,则向量 $\boldsymbol{p}_i=\overrightarrow{P_0P_i}(i=1,2,\cdots,k)$ 的坐标表示为

$$(x_{i1}-x_{01},x_{i2}-x_{02},\cdots,x_{ik}-x_{0k})$$

其中 $i=1,2,\cdots,k$.

由式(5.2.1)及式(4.1.1),则

$$\begin{aligned} & V(\sum_{P(k+1)}) \\ =& \frac{1}{k!}V(|\wedge \boldsymbol{p}_k|) \\ =& \frac{1}{k!}\begin{vmatrix} x_{11}-x_{01} & x_{12}-x_{02} & \cdots & x_{1k}-x_{0k} \\ \vdots & \vdots & & \vdots \\ x_{k1}-x_{01} & x_{k2}-x_{02} & \cdots & x_{kk}-x_{0k} \end{vmatrix} \\ =& \frac{1}{k!}\begin{vmatrix} x_{01} & x_{02} & \cdots & x_{0k} & 1 \\ x_{11}-x_{01} & x_{12}-x_{02} & \cdots & x_{1k}-x_{0k} & 0 \\ \vdots & \vdots & & \vdots & \vdots \\ x_{k1}-x_{01} & x_{k2}-x_{02} & \cdots & x_{kk}-x_{0k} & 0 \end{vmatrix}=\frac{1}{k!}\cdot G \end{aligned}$$

定理 5.2.5 以 $P_0,P_1,\cdots,P_k$ 为顶点的 k 维单形 $\sum_{P(k+1)}$ 的体积 $V(\sum_{P(k+1)})$ 为[5]

$$V^2(\sum_{P(k+1)})=(\frac{1}{k!})^2\cdot\frac{(-1)^{k+1}}{2^k}\cdot D_{k+2} \tag{5.2.6}$$

其中 D_{k+2} 是 $k+2$ 阶 C-M 行列式,即

$$D_{k+2}=\begin{vmatrix}0&1&1&1&\cdots&1\\1&0&\rho_{01}^2&\rho_{02}^2&\cdots&\rho_{0k}^2\\1&\rho_{10}^2&0&\rho_{12}^2&\cdots&\rho_{1k}^2\\\vdots&\vdots&\vdots&\vdots&&\vdots\\1&\rho_{k0}^2&\rho_{k1}^2&\rho_{k2}^2&\cdots&0\end{vmatrix}$$

对于式(5.2.6),当 $k=2$ 时,为

$$V(\sum\nolimits_{P(3)})=\frac{1}{2}\left[\frac{-1}{4}\begin{vmatrix}0&1&1&1\\1&0&\rho_{01}^2&\rho_{02}^2\\1&\rho_{10}^2&0&\rho_{12}^2\\1&\rho_{20}^2&\rho_{21}^2&0\end{vmatrix}\right]^{\frac{1}{2}}$$

$$=\left[\frac{1}{16}((\rho_{10}+\rho_{20})^2-\rho_{12}^2)\cdot(\rho_{12}^2-(\rho_{10}-\rho_{20})^2)\right]^{\frac{1}{2}}$$

$$=\sqrt{l(l-\rho_{10})(l-\rho_{20})(l-\rho_{12})}$$

其中 $l=\frac{1}{2}(\rho_{10}+\rho_{20}+\rho_{12})$,$\rho_{01}=\rho_{10}$,$\rho_{02}=\rho_{20}$,$\rho_{12}=\rho_{21}$.

此即为三角形面积的海伦公式.

证明　先将 D_{k+2} 的除第 2 行外各行分别减去第 2 行,得

$$D_{k+2}=\begin{vmatrix}-1&1&1-\rho_{01}^2&1-\rho_{02}^2&\cdots&1-\rho_{0k}^2\\1&0&\rho_{01}^2&\rho_{02}^2&\cdots&\rho_{0k}^2\\0&\rho_{10}^2&-\rho_{10}^2&\rho_{12}^2-\rho_{02}^2&\cdots&\rho_{1k}^2-\rho_{0k}^2\\\vdots&\vdots&\vdots&\vdots&&\vdots\\0&\rho_{k0}^2&\rho_{k1}^2-\rho_{01}^2&\rho_{k2}^2-\rho_{02}^2&\cdots&-\rho_{0k}^2\end{vmatrix}$$

再将第 3 列,第 4 列,……,第 $k+2$ 列分别减去第 2 列,得

$$D_{k+2}=\begin{vmatrix} -1 & 1 & -\rho_{01}^2 & -\rho_{02}^2 & \cdots & -\rho_{0k}^2 \\ 1 & 0 & \rho_{01}^2 & \rho_{02}^2 & \cdots & \rho_{0k}^2 \\ 0 & \rho_{10}^2 & -2\rho_{01}^2 & \rho_{12}^2-\rho_{02}^2-\rho_{10}^2 & \cdots & \rho_{1k}^2-\rho_{0k}^2-\rho_{10}^2 \\ \vdots & \vdots & \vdots & \vdots & & \vdots \\ 0 & \rho_{k0}^2 & \rho_{k1}^2-\rho_{01}^2-\rho_{k0}^2 & \rho_{k2}^2-\rho_{02}^2-\rho_{k0}^2 & \cdots & -2\rho_{0k}^2 \end{vmatrix}$$

把第 2 行加到第 1 行，再利用拉普拉斯法则按第 1 行及第 2 列分别展开便得

$$D_{k+2}=\begin{vmatrix} -2\rho_{01}^2 & \rho_{12}^2-\rho_{02}^2-\rho_{10}^2 & \cdots & \rho_{1k}^2-\rho_{0k}^2-\rho_{10}^2 \\ \rho_{21}^2-\rho_{01}^2-\rho_{20}^2 & -2\rho_{02}^2 & \cdots & \rho_{2k}^2-\rho_{0k}^2-\rho_{20}^2 \\ \vdots & \vdots & & \vdots \\ \rho_{k1}^2-\rho_{01}^2-\rho_{k0}^2 & \rho_{k2}^2-\rho_{02}^2-\rho_{k0}^2 & \cdots & -2\rho_{0k}^2 \end{vmatrix}$$

对第 i 行提取公因子 $-a_{i0}$，第 j 列提取公因子 $2\rho_{01}$ $(i,j=1,2,\cdots,k)$，便得

$$D_{k+2}=(-1)^{k+1}\cdot 2^k\cdot(\prod_{i=1}^{k}\rho_{0i})^2\cdot$$

$$\begin{vmatrix} 1 & \dfrac{\rho_{12}^2-\rho_{02}^2-\rho_{20}^2}{-2\rho_{10}\rho_{02}} & \cdots & \dfrac{\rho_{1k}^2-\rho_{0k}^2-\rho_{10}^2}{-2\rho_{10}\rho_{0k}} \\ \dfrac{\rho_{21}^2-\rho_{01}^2-\rho_{20}^2}{-2\rho_{01}\rho_{20}} & 1 & \cdots & \dfrac{\rho_{2k}^2-\rho_{0k}^2-\rho_{20}^2}{-2\rho_{0k}\rho_{20}} \\ \vdots & \vdots & & \vdots \\ \dfrac{\rho_{k1}^2-\rho_{01}^2-\rho_{k0}^2}{-2\rho_{01}\rho_{k0}} & \dfrac{\rho_{k2}^2-\rho_{02}^2-\rho_{k0}^2}{-2\rho_{02}\rho_{k0}} & \cdots & 1 \end{vmatrix}$$

注意到 $\rho_{ij}^2-\rho_{i0}^2-\rho_{0j}^2=-2\rho_{i0}\rho_{0j}\cos\widehat{i,j}$ $(i,j=1,2,\cdots,k)$，因此由上式，得

$$D_{k+2}=(-1)^{k+1}\cdot 2^k\cdot(\prod_{i=1}^{k}\rho_{0i})^2\cdot$$

$$\begin{vmatrix} 1 & \cos\widehat{1,2} & \cdots & \cos\widehat{1,k} \\ \vdots & \vdots & & \vdots \\ \cos\widehat{k,1} & \cos\widehat{k,2} & \cdots & 1 \end{vmatrix}$$

由上式,再利用式(5.2.3),即证得式(5.2.6).

定理 5.2.6　(1968,Bartos)设以 $P_0,P_1,\cdots,P_k$ 为顶点的 k 维单形 $\sum_{P(k+1)}$ 的体积为 $V(\sum_{P(k+1)})$,以其中 k 个点 $P_0,\cdots,P_{i-1},P_{i+1},\cdots,P_k(0\leqslant i\leqslant k)$ 为顶点的 $k-1$维单形的体积为$|f_i|(0\leqslant i\leqslant k)$,且记这 k 个顶点所确定的缺第 i 个顶点 P_i 的 k 维或 k 级顶点角记为 θ_{i_k},则

$$V(\sum_{P(k+1)})=\frac{1}{k}[(k-1)!\cdot|f_0|\cdot\cdots\cdot|f_{i-1}|\cdot|f_{i+1}|\cdot\cdots\cdot|f_k|\cdot\sin\theta_{i_k}]^{\frac{1}{k-1}}\quad(0\leqslant i\leqslant k)\tag{5.2.7}$$

对于式(5.2.7),当 $k=2$ 时,为

$$S_\triangle=\frac{1}{2}ab\cdot\sin C=\frac{1}{2}bc\cdot\sin A=\frac{1}{2}ac\cdot\sin B$$

当 $k=3$ 时,为四面体的由三个侧面积与其对应的二面角余弦所表示的体积公式.

下面,我们证明式(5.2.7).

证明　设$\{e_i|i=1,2,\cdots,k,k\leqslant n\}$是 E^n 中的标准正交基,则 $k-1$ 重向量

$$\boldsymbol{e}_i^*=(-1)^i\boldsymbol{e}_1\wedge\cdots\wedge\boldsymbol{e}_{i-1}\wedge\boldsymbol{e}_{i+1}\wedge\cdots\wedge\boldsymbol{e}_k$$

是$\wedge^{k-1}L^n$ 的一个标准正交基,即有

$$\boldsymbol{e}_i^*\cdot\boldsymbol{e}_j^*=\delta_{ij}=\begin{cases}1 & (i=j\text{ 时})\\ 0 & (i\neq j\text{ 时})\end{cases}$$

又设 $\boldsymbol{p}_i=\sum_{j=0}^{k}p_{ij}\boldsymbol{e}_j(i=1,2,\cdots,k)$，矩阵 $\boldsymbol{P}=(p_{ij})$ 的元素 p_{ij} 的代数余子式记作 $P_{ij}=(-1)^{i+j}M_{ij}$，这里 M_{ij} 是余子式. 由式(2.2.2)，有

$$\begin{aligned}\boldsymbol{\alpha}_j&=(-1)^j\boldsymbol{p}_1\wedge\cdots\wedge\boldsymbol{p}_{j-1}\wedge\boldsymbol{p}_{j+1}\wedge\cdots\wedge\boldsymbol{p}_k\\&=(-1)^j\sum_{i=0}^{k}M_{ji}(-1)^i\boldsymbol{e}_i^*=\sum_{i=0}^{k}P_{ji}\boldsymbol{e}_i^*\end{aligned}$$

注意到 $\boldsymbol{e}_l^*\cdot\boldsymbol{e}_i^*=\delta_{li}$，则内积

$$\boldsymbol{\alpha}_i\cdot\boldsymbol{\alpha}_j=\Big(\sum_{l=0}^{k}P_{il}\boldsymbol{e}_l^*\Big)\cdot\Big(\sum_{i=0}^{k}P_{ij}\boldsymbol{e}_i^*\Big)=\sum_{l=0}^{k}P_{il}P_{jl}$$

$$\sin^2\theta_{0_k}=|D_{0_k}|=\begin{vmatrix}1 & & \dfrac{\boldsymbol{\alpha}_i\cdot\boldsymbol{\alpha}_j}{|\boldsymbol{\alpha}_i|\cdot|\boldsymbol{\alpha}_j|}\\ & \ddots & \\ \dfrac{\boldsymbol{\alpha}_i\cdot\boldsymbol{\alpha}_j}{|\boldsymbol{\alpha}_i|\cdot|\boldsymbol{\alpha}_j|} & & 1\end{vmatrix}$$

$$=\frac{\det(\boldsymbol{\alpha}_i-\boldsymbol{\alpha}_j)}{|\boldsymbol{\alpha}_1|^2|\boldsymbol{\alpha}_2|^2\cdots|\boldsymbol{\alpha}_k|^2}$$

由于

$$\det(\boldsymbol{\alpha}_i,\boldsymbol{\alpha}_j)=\det\begin{pmatrix}p_{11}&\cdots&p_{1k}\\\vdots&&\vdots\\p_{k1}&\cdots&p_{kk}\end{pmatrix}\cdot\begin{pmatrix}p_{11}&\cdots&p_{k1}\\\vdots&&\vdots\\p_{1k}&\cdots&p_{kk}\end{pmatrix}$$

$$=\begin{vmatrix}p_{11}&\cdots&p_{k1}\\\vdots&&\vdots\\p_{1k}&\cdots&p_{kk}\end{vmatrix}^2=(\det\boldsymbol{P}^*)^2$$

其中 $\boldsymbol{P}^*$ 是矩阵 $\boldsymbol{P}$ 的伴随矩阵，$\boldsymbol{P}^*=\boldsymbol{P}^{-1}\det\boldsymbol{P}$，所以 $\det\boldsymbol{P}^*=(\det\boldsymbol{P})^{k-1}$. 而

$$\begin{aligned}(\det\boldsymbol{P})^2&=\det{}^2(\boldsymbol{P}_{ij})=|\boldsymbol{p}_1\wedge\cdots\wedge\boldsymbol{p}_k|^2\\&=(k!\ V(\textstyle\sum_{P(k+1)}))^2\end{aligned}$$

故 $$\sin^2\theta_{0_k}=\frac{[k!\ V(\sum_{P(k+1)})]^{2k-2}}{[(k-1)!]^{2k}|f_1|^2|f_2|^2\cdots|f_k|^2}$$

即 $V(\sum_{P(k+1)})=\frac{1}{k}[(k-1)!\cdot\prod_{i=1}^{k}|f_i|\cdot\sin\theta_{0_k}]^{\frac{1}{k-1}}$

这就证明了 k 维单形体积公式(5.2.7)中的 $i=0$ 的情形,其余情形可类似证明(略).

定理 5.2.6 还可推广为如下两种形式(即定理 5.2.7,5.2.8):

定理 5.2.7　设 k 维单形的顶点集为 $\{P_0,P_1,\cdots,P_k\}$,P_i 所对的侧面(即由顶点 $P_0,\cdots,P_{i-1},P_{i+1},\cdots,P_k$ 支撑的 $k-1$ 维单形)的体积为 $|f_i|(i=0,1,\cdots,k)$,k 维单形 $\sum_{P(k+1)}$ 的体积为 $V(\sum_{P(k+1)})$. 任意给定 $l(\leqslant k)$ 个顶点 $P_{i_1},P_{i_2},\cdots,P_{i_l}$ 所确定的 l 级顶点角为 $\theta_{i_1,i_2,\cdots,i_l}$,$\theta_{i_1,i_2,\cdots,i_l}$ 所对应的 $k-l$ 维单形的体积为 $|f_{j_0,j_1,\cdots,j_{k-1}}|$,则[44]

$$V(\sum_{P(k+1)})=\frac{1}{k}\left[\frac{(k-1)!\cdot\prod_{i=1}^{k}|f_i|\cdot\sin\theta_{i_1,i_2,\cdots,i_l}}{(k-l)!\cdot\prod_{i=0}^{k-l}|f_{j_i}|\cdot|f_{j_0,j_1,\cdots,j_{k-1}}|}\right]^{\frac{1}{l-1}}\tag{5.2.8}$$

其中 $j_0<j_1<\cdots<j_{k-1}$ 和 $i_1<i_2<\cdots<i_l$ 构成指标 $0,1,\cdots,k$的一个全组.

显然,当 $l=k$ 时,式(5.2.8)即为式(5.2.7).

证明　为了不失一般性,设顶点 $P_{i_1},P_{i_2},\cdots,P_{i_l}$(不含顶点 P_0),设向量 $\boldsymbol{p}_i=\overrightarrow{P_0P_i}$,$\boldsymbol{q}_i$ 为 $\boldsymbol{p}_i$ 关于第 i 个界面的正交分量.

根据 l 级顶点角的定义,$P_{i_1},P_{i_2},\cdots,P_{i_l}$所确定的 l 级顶点角 $\theta_{i_1,i_2,\cdots,i_l}$的正弦值 $\sin\theta_{i_1,i_2,\cdots,i_l}$为矩阵

$$\begin{pmatrix}1 & & -\cos\langle i,j\rangle\\ & \ddots & \\ -\cos\langle i,j\rangle & & 1\end{pmatrix}_{k\times k}\quad(i,j=1,2,\cdots,k)$$

的行标为 $i_1,i_2,\cdots,i_l$ 的一个 l 级主子式的平方根. 由式(5.1.1)及 Jacobi 的逆矩阵子式的计算公式,可得

$$\sin^2\theta_{i_1,i_2,\cdots,i_l}=\frac{\boldsymbol{A}\begin{pmatrix} i_1 & i_2 & \cdots & i_{k-l}\\ j_1 & j_2 & \cdots & j_{k-l}\end{pmatrix}}{\det \boldsymbol{A}}$$

这里 $j_1<j_2<\cdots<j_{k-1}$ 与 $i_1<i_2<\cdots<i_l$ 构成指标 1, 2,…,k的全组.

下面来计算 $\det \boldsymbol{A}$ 及主子式 $\boldsymbol{A}\begin{pmatrix} i_1 & i_2 & \cdots & i_{k-l}\\ j_1 & j_2 & \cdots & j_{k-l}\end{pmatrix}$.

由式(5.2.3)有

$$\begin{aligned}\det \boldsymbol{A}&=\det\left[\frac{|\boldsymbol{p}_i||\boldsymbol{p}_j|}{|\boldsymbol{q}_i||\boldsymbol{q}_j|}\cos\widehat{i,j}\right]_{k\times k}\\&=\frac{\prod\limits_{i=1}^{k}|\boldsymbol{p}_i|^2}{\prod\limits_{i=1}^{k}|\boldsymbol{q}_i|^2}[\cos\widehat{i,j}]_{k\times k}=\frac{(k!\ V(\sum_{P(k+1)}))^2}{\prod\limits_{i=1}^{k}|\boldsymbol{q}_i|^2}\end{aligned}$$

于是

$$\boldsymbol{A}\begin{pmatrix} i_1 & i_2 & \cdots & i_{k-l}\\ j_1 & j_2 & \cdots & j_{k-l}\end{pmatrix}=\frac{((k-l)!\ |f_{j_0,j_1,\cdots,j_{k-1}}|)^2}{|\boldsymbol{q}_{j_1}|^2|\boldsymbol{q}_{j_2}|^2\cdots|\boldsymbol{q}_{j_{k-l}}|^2}$$

这里 $j_0=0$,$j_0<j_1<\cdots<j_{k-l}$与 $i_1,i_2,\cdots,i_l$ 构成0, 1,2,…,k 的一个全组.

综上所述,得

$$\sin\theta_{i_1,i_2,\cdots,i_l}=\frac{(k-l)!\ |f_{j_0,j_1,\cdots,j_{k-1}}||\boldsymbol{q}_{i_1}||\boldsymbol{q}_{i_2}|\cdots|\boldsymbol{q}_{i_l}|}{k!\ V(\sum_{P(k+1)})}$$

再注意到式(5.2.2),有

$$|\boldsymbol{q}_j|=\frac{kV(\sum_{P(k+1)})}{|f_j|}$$

得

$$\sin\theta_{i_1,i_2,\cdots,i_l}=\frac{(k-l)!\ |f_{j_0,j_1,\cdots,j_{k-1}}|(kV(\sum_{P(k+1)}))^l}{k!\ V(\sum_{P(k+1)})\cdot|f_{i_1}||f_{i_2}|\cdots|f_{i_l}|}$$

于是,稍加整理便得到式(5.2.8).

对于式(5.2.8),令 $l=2$,二级顶点角即为单形 $\sum_{P(k+1)}$ 的内二面角. 于是便有:

推论　设体积为 $V(\sum_{P(k+1)})$ 的 k 维单形的顶点集 $P_{(k+1)}=\{P_0,P_1,\cdots,P_k\}$ 的任意两个顶点 P_i,P_j 所对的两个侧面(即 $k-1$ 维单形)的体积分别为 $|f_i|$, $|f_j|$ 所成的内二面角为 $\langle i,j\rangle$,顶点集 $P_{(k+1)}\setminus\{P_i,P_j\}=\{P_0,\cdots,P_{i-1},P_{i+1},\cdots,P_{j-1},P_{j+1},\cdots,P_k\}$ 所支撑的 $k-2$ 维单形的体积为 $|S_{P(k+1)\setminus\{P_i,P_j\}}|$,则

$$V(\sum_{P(k+1)})=\frac{(k-1)\cdot|f_i|\cdot|f_j|\cdot\sin\langle i,j\rangle}{k\cdot|S_{P(k+1)}\setminus\{P_i,P_j\}|}\tag{5.2.9}$$

显然,当 $k=2,3$ 时,式(5.2.9)可分别成为

$$S_{\triangle}=\frac{ab\cdot\sin C}{2}=\frac{ac\cdot\sin B}{2}=\frac{bc\cdot\sin A}{2}$$

$$V_{ABCD}=\frac{2S_C\cdot S_D\cdot\sin\theta_{AB}}{3AB}=\cdots=\frac{2S_A\cdot S_B\cdot\sin\theta_{CD}}{3CD}$$

定理 5.2.8　设以 $P_0,P_1,\cdots,P_k$ 为顶点的 k 维单形 $\sum_{P(k+1)}$ 的体积为 $V(\sum_{P(k+1)})$,以 $P_0,P_{i_1},\cdots,P_{i_l}$ 为顶点的 $l(<k)$ 维单形 $\sum_{P_i(l+1)}$ 的体积为 $V_i^{(l)}(i=1,2,\cdots,m=\mathrm{C}_k^l)$,$l$ 维单形 $\sum_{P_i(l+1)}$ 中以 P_0 为顶点对应的 l 级顶点角为 θ_{i_l},则[144]

$$V(\sum_{P(k+1)})=\frac{1}{k!}\left[(l!)^m\cdot\prod_{i=1}^{k}V_i^{(l)}\cdot\sin\theta_{i_l}\right]^{\frac{1}{\mathrm{C}_{k-1}^{l-1}}}\tag{5.2.10}$$

对于式(5.2.10),当 $l=k-1$ 时,即为式(5.2.7);当 $l=1$ 时,即为式(5.2.3)

$$V(\sum_{P(k+1)})=\frac{1}{k!}\cdot\prod_{i=1}^{k}\cdot P_0P_i\cdot\sin\theta_{i_l}$$

$$=\frac{1}{k!}\cdot\prod_{i=1}^{k}\rho_{0i}\cdot\left[\det(\cos\langle i,j\rangle_{i,j=1}^{k})\right]^{\frac{1}{2}}$$

下面,我们证明式(5.2.10):

证明 $\boldsymbol{e}_1,\boldsymbol{e}_2,\cdots,\boldsymbol{e}_k$ 为 E^k 的一组标准正交基,则存在可逆 k 阶方阵 $\boldsymbol{A}$,使得转置矩阵

$$(\boldsymbol{p}_1\quad\boldsymbol{p}_2\quad\cdots\quad\boldsymbol{p}_k)^{\mathrm{T}}=\boldsymbol{A}(\boldsymbol{e}_1\quad\boldsymbol{e}_2\quad\cdots\quad\boldsymbol{e}_k)^{\mathrm{T}}$$

$$(\text{其中 }\boldsymbol{p}_i=\overrightarrow{P_0P_i})$$

从而 $V(\sum_{P(k+1)})=\frac{1}{k!}|\det\boldsymbol{A}|$,$\boldsymbol{\varepsilon}_i^*=\boldsymbol{e}_{i_1}\wedge\boldsymbol{e}_{i_2}\wedge\cdots\wedge\boldsymbol{e}_{i_l}(i=1,2,\cdots,m=\mathrm{C}_k^l)$ 为 $\wedge^l L^k$ 的一组标准正交基. 记 $\boldsymbol{p}_i=\sum_{j=1}^{k}p_{ij}\boldsymbol{\varepsilon}_j^*\ (i=1,2,\cdots,k)$.

由式(2.2.2),知

$$\boldsymbol{\alpha}_i=\boldsymbol{p}_{i_1}\wedge\boldsymbol{p}_{i_2}\wedge\cdots\wedge\boldsymbol{p}_{i_l}$$

$$=\sum_{1\leqslant j_1<j_2<\cdots<j_l\leqslant m}\begin{vmatrix}p_{1j_1}&\cdots&p_{1j_l}\\\vdots&&\vdots\\p_{lj_1}&\cdots&p_{lj_l}\end{vmatrix}\cdot\boldsymbol{\varepsilon}_{j_1}^*\wedge\cdots\wedge\boldsymbol{\varepsilon}_{j_l}^*$$

$$|\boldsymbol{\alpha}_1\wedge\boldsymbol{\alpha}_2\wedge\cdots\wedge\boldsymbol{\alpha}_m|^2$$

$$=\det(\boldsymbol{\alpha}_i\cdot\boldsymbol{\alpha}_j)_{i,j=1}^{m}$$

$$=\det\left[\sum_{1\leqslant j_1<j_2<\cdots<j_l\leqslant m}\begin{vmatrix}p_{1j_1}&\cdots&p_{1j_l}\\\vdots&&\vdots\\p_{lj_1}&\cdots&p_{lj_l}\end{vmatrix}\cdot\right.$$

$$\left.\sum_{1\leqslant i_1<i_2<\cdots<i_l\leqslant m}\begin{vmatrix}p_{1i_1}&\cdots&p_{1i_l}\\\vdots&&\vdots\\p_{li_1}&\cdots&p_{li_l}\end{vmatrix}\right]_{i,j=1}^{m}$$

$$=(\det\boldsymbol{A})^2\cdot\mathrm{C}_{k-1}^{l-1}=\left[k!\ V(\textstyle\sum_{P(k+1)})\right]^2\cdot\mathrm{C}_{k-1}^{l-1}$$

另一方面,有

$$
\begin{aligned}
&|\boldsymbol{\alpha}_1\wedge\boldsymbol{\alpha}_2\wedge\cdots\wedge\boldsymbol{\alpha}_m|^2\\
&=\prod_{i=1}^{m}|\boldsymbol{\alpha}_i|^2\cdot\left|\frac{\boldsymbol{\alpha}_1}{|\boldsymbol{\alpha}_1|}\wedge\frac{\boldsymbol{\alpha}_2}{|\boldsymbol{\alpha}_2|}\wedge\cdots\wedge\frac{\boldsymbol{\alpha}_m}{|\boldsymbol{\alpha}_m|}\right|^2\\
&=k!^{2m}\left(\prod_{i=1}^{m}V_i^{(l)}\right)^2\cdot\det(\cos\langle i,j\rangle)_{i,j=1}^{m}\\
&=k!^{2m}\left(\prod_{i=1}^{m}V_i^{(l)}\right)^2\cdot\sin\theta_{i_l}
\end{aligned}
$$

由上述两式,即得式(5.2.10).证毕.

在三角形中,它的面积可以由三边所在的直线 l_i 的方程 $a_ix+b_iy+c_i=0\ (i=1,2,3)$ 中的参数表示.记 $D=\begin{vmatrix}a_1 & b_1 & c_1\\ a_2 & b_2 & c_2\\ a_3 & b_3 & c_3\end{vmatrix}$,$C_i$ 为 D 中元素 $c_i(i=1,2,3)$ 的代数余子式,则

$$S_\triangle=\frac{1}{2}\left|\frac{D^2}{C_1C_2C_3}\right|,\text{或 } S_\triangle=\frac{1}{2}|l_i|\cdot\left|\frac{|D|}{|C_i|\sqrt{a_i^2+b_i^2}}\right|$$

$$(i=1,2,3,|l_i|\text{为边长})$$

对于 k 维单形,也有这样的体积公式.

定理 5.2.9　设体积为 $V(\sum_{P(k+1)})$ 的 k 维单形 $\sum_{P(k+1)}$ 由 $k+1$ 个界面($k-1$ 维超平面)f_i:$\sum_{j=1}^{k}a_{ij}x_j+a_{i,k+1}=0$($a_{ij}$为已知常数,$i,j=1,2,\cdots,k+1$)所围成,其 $k+1$ 个超平面的系数增广矩阵为

$$\boldsymbol{A}=\begin{pmatrix}a_{11} & a_{12} & \cdots & a_{1,k+1}\\ \vdots & \vdots & & \vdots\\ a_{k+1,1} & a_{k+1,2} & \cdots & a_{k+1,k+1}\end{pmatrix}$$

A_{ij}为 $\boldsymbol{A}$ 的代数余子式,$|f_i|$为界面 f_i 的 $n-1$ 维体积,则有:

(i) $$V(\Sigma_{P(k+1)})=\frac{1}{k!}\left|\frac{(\det \boldsymbol{A})^k}{\prod\limits_{i=1}^{k+1}A_{i,k+1}}\right| \tag{5.2.11}$$

(ii) $$V(\Sigma_{P(k+1)})=\frac{1}{k!}|f_i|\cdot\frac{|\det \boldsymbol{A}|}{|A_{i,k+1}|\sqrt{\sum\limits_{j=1}^{k}a_{ij}^2}}\quad (i=1,2,\cdots,k+1) \tag{5.2.12}$$

证明 (i)设$\Sigma_{P(k+1)}$的顶点$P_i=(x_{i1},x_{i2},\cdots,x_{ik})$ $(i=1,2,\cdots,k+1)$由下列 k 个超平面(矩阵方程)所确定

$$\begin{pmatrix} a_{11} & a_{12} & \cdots & a_{1k} \\ \vdots & \vdots & & \vdots \\ a_{i-1,1} & a_{i-1,2} & \cdots & a_{i-1,k} \\ a_{i+1,1} & a_{i+1,2} & \cdots & a_{i+1,k} \\ \vdots & \vdots & & \vdots \\ a_{k+1,1} & a_{k+1,2} & \cdots & a_{k+1,k} \end{pmatrix}\cdot\begin{pmatrix} x_1 \\ \vdots \\ x_{i-1} \\ x_{i+1} \\ \vdots \\ x_k \end{pmatrix}+\begin{pmatrix} a_{1,k+1} \\ \vdots \\ a_{i-1,k+1} \\ a_{i+1,k+1} \\ \vdots \\ a_{k+1,k+1} \end{pmatrix}=0$$

且简记为$\boldsymbol{D}_{i,k+1}\boldsymbol{X}_i+\boldsymbol{B}_i=0$. 解之可得

$$\begin{aligned}\boldsymbol{X}_i&=\boldsymbol{D}_{i,k+1}^{-1}(-\boldsymbol{B}_i)=\frac{1}{\det \boldsymbol{D}_{i,k+1}}\cdot D_{i,k+1}^*\cdot(-\boldsymbol{B}_i)\\ &=\frac{1}{(-1)^{i+k+1}A_{i,k+1}}\cdot(-1)^{k-i-1}\cdot\begin{pmatrix}A_{i1}\\ \vdots\\ A_{in}\end{pmatrix}\\ &=\frac{1}{A_{i,k+1}}\begin{pmatrix}A_{i1}\\ \vdots\\ A_{ik}\end{pmatrix}\quad(i=1,2,\cdots,k+1)\end{aligned}$$

注意到式(5.2.4)及 Cramer 法则得到点 P_i 的笛卡儿坐标,有

$$V(\sum_{P(k+1)})=\frac{1}{k!}\left|\det\begin{pmatrix}\frac{A_{11}}{A_{1,k+1}} & \frac{A_{21}}{A_{2,k+1}} & \cdots & \frac{A_{k+1,1}}{A_{k+1,k+1}}\\ \vdots & \vdots & & \vdots\\ \frac{A_{1k}}{A_{1,k+1}} & \frac{A_{2k}}{A_{2,k+1}} & \cdots & \frac{A_{k+1,k}}{A_{k+1,k+1}}\\ 1 & 1 & \cdots & 1\end{pmatrix}\right|$$

$$=\frac{1}{k!}\left|\frac{\det\begin{pmatrix}A_{11} & A_{21} & \cdots & A_{k+1,1}\\ \vdots & \vdots & & \vdots\\ A_{1,k+1} & A_{2,k+1} & \cdots & A_{k+1,k+1}\end{pmatrix}}{\prod\limits_{i=1}^{k+1}A_{i,k+1}}\right|$$

$$=\frac{1}{k!}\left[\frac{\det\boldsymbol{A}^*}{\prod\limits_{i=1}^{k+1}A_{i,k+1}}\right]=\frac{1}{k!}=\left[\frac{(\det\boldsymbol{A})^k}{\prod\limits_{i=1}^{k+1}A_{i,k+1}}\right]$$

(ii)由 Cramer 法则,易知界面f_i 所对顶点 P_i 之笛卡儿坐标为$\left(\frac{A_{i1}}{A_{i,k+1}},\frac{A_{i2}}{A_{i,k+1}},\cdots,\frac{A_{ik}}{A_{i,k+1}}\right)$.

又界面f_i 上之高线长为

$$\frac{\left|\sum\limits_{j=1}^{k}a_{ij}\cdot\frac{A_{ij}}{A_{i,k+1}}+d_i\right|}{\sqrt{\sum\limits_{j=1}^{k}a_{ij}^2}}=\frac{|\det\boldsymbol{A}|}{|A_{i,k+1}|\sqrt{\sum\limits_{j=1}^{k}a_{ij}^2}}$$

从而 k 维单形$\sum_{P(k+1)}$的体积为

$$V(\sum_{P(k+1)})=\frac{1}{k}|f_i|\cdot\frac{|\det\boldsymbol{A}|}{|A_{i,k+1}|\sqrt{\sum\limits_{j=1}^{k}a_{ij}^2}}\quad(i=1,\cdots,k+1)$$

下面,我们继续介绍单形的体积公式的其他形式.

先给出不同维数子单形所成角的定义. E^n 中点 $P_0,P_1,\cdots,P_n$ 生成的单形为$\sum_{P(k+1)}$,考虑点集 P_0, $P_1,\cdots,P_k(1\leqslant k\leqslant n-1)$生成的 k 维子单形所在的 k 维

超平面和去掉顶点 P_1 后的点集 $P_0, P_2, \cdots, P_k, P_{k+1}, \cdots, P_n$ 生成的 $n-1$ 维单形所在的 $n-1$ 维超平面,这两个超平面可以构成一对互补的二面角,其中包含单形 $\sum_{P(k+1)}$ 的那个角称之为这两个不同维数子单形所成的角,称为 $k \sim n-1$ 维角,记为 $\beta_{n-1}^{k}(1 \leqslant A \leqslant n-1, n \geqslant 2)$,上下标分别表示构成 $k \sim n-1$ 维角不同子单形的维数. 下面给出 $\sin \beta_{n-1}^{k}$ 的定义.[173]

定义 5.2.1 过点 P_1 向由点集 $P_0, P_2, \cdots, P_k$ 生成的 $k-1$ 维子单形所在的 $k-1$ 维超平面引垂线,垂足为 H_1. 过点 P_1 向由点集 $P_0, P_2, \cdots, P_k, P_{k+1}, \cdots, P_n$ 生成的 $n-1$ 维子单形所在的 $n-1$ 维超平面引垂线,垂足为 H. 记 $h' = |P_1H_1|, h = |P_1H|$,显然有 $h \leqslant h'$. 则定义角 β_{n-1}^{k} 正弦值为

$$\sin \beta_{n-1}^{k} = \frac{h}{h'} = \frac{|P_1H|}{|P_1H_1|} \tag{5.2.13}$$

在上式中若 $n=2, k=1$,则 β_{n-1}^{k} 表示平面内的 2 维角,若 $n=3, k=1$,则 β_{n-1}^{k} 表示四面体的一条侧棱和底面所成的角,若 $n=3, k=2$ 则表示四面体的两个侧面所成的角. 可以用多维角的正弦值来表示 $\sin \beta_{n-1}^{k}$,即有下面的定理.

定理 5.2.10 E^n 中从 n 维单形 $\sum_{P(n+1)}$ 的顶点 P_0 发出的 n 条棱向量 $\boldsymbol{p}_i(i=1,2,\cdots,n)$ 构成的 n 维角记为 $\theta_{12\cdots n}$; 同理, 从顶点 P_0 发出的 k 条棱向量 $\boldsymbol{p}_i(i=1,2,\cdots,k)$ 构成的 k 维角记为 $\theta_{12\cdots k}$;从顶点 P_0 发出的 $k-1$ 条棱向量 $\boldsymbol{p}_i(i=2,3,\cdots,k)$ 构成的 $k-1$ 维角记为 $\theta_{23\cdots k}$;从顶点 P_0 发出的 $n-1$ 条棱向量 $\boldsymbol{p}_i(i=2,3,\cdots,n)$ 构成的 $n-1$ 维角记为 $\theta_{23\cdots n}$. 则有

$$\sin \beta_{n-1}^{k} = \frac{\sin \theta_{12\cdots n} \sin \theta_{23\cdots k}}{\sin \theta_{23\cdots n} \sin \theta_{12\cdots k}} \tag{5.2.14}$$

证明　对由点集 $P_0,P_1,\cdots,P_k(1\leqslant k\leqslant n-1)$ 生成的 k 维单形的体积记为 $V_{12\cdots k}$，由点集 $P_0,P_2,\cdots,P_k(1\leqslant k\leqslant n-1)$ 生成的 $k-1$ 维单形的体积记为 $V_{23\cdots k}$，由式(5.2.2)和式(5.2.3)，得

$$V_{12\cdots k}=\frac{1}{k!}(\rho_{01}\rho_{02}\cdots\rho_{0k})\sin\theta_{12\cdots k}=\frac{1}{k}V_{23\cdots k}h' \tag{5.2.15}$$

同理关于单形 $\sum_{P(n+1)}$ 的体积 $V(\sum_{P(n+1)})$ 有

$$V(\sum{}_{P(k+1)})=\frac{1}{n!}(\rho_{01}\rho_{02}\cdots\rho_{0n})\sin\theta_{12\cdots n}=\frac{1}{n}V_{23\cdots n}h \tag{5.2.16}$$

再对 $k-1$ 维单形的体积 $V_{23\cdots k}$ 和 $n-1$ 维单形的体积 $V_{23\cdots n}$ 应用式(5.2.3)得

$$V_{23\cdots k}=\frac{1}{(k-1)!}(\rho_{02}\rho_{03}\cdots\rho_{0k})\sin\theta_{23\cdots k} \tag{5.2.17}$$

$$V_{23\cdots n}=\frac{1}{(n-1)!}(\rho_{02}\rho_{03}\cdots\rho_{0n})\sin\theta_{23\cdots n} \tag{5.2.18}$$

将上面的式(5.2.17)和(5.2.18)分别代入式(5.2.15)和(5.2.16)，再由定义 5.2.1 即式(5.2.13)，便可得到定理(5.2.10)中式(5.1.14)的证明.

由证明过程可得单形的一个新体积公式.

定理 5.2.11　采用定理 5.2.10 中的记号，单形有下面的体积公式

$$V(\sum{}_{P(n+1)})=\frac{kV_{23\cdots n}V_{12\cdots k}}{nV_{23\cdots k}}\sin\beta_{n-1}^{k} \tag{5.2.19}$$

只要将定理 5.2.10 和定理 5.2.3 结合便可得到定理 5.2.11 的证明. 在定理 5.2.11 中要求 $1\leqslant k\leqslant n-$

1,从而,只要对 k 取特殊的值便可得到熟知的两个单形体积公式. 若取 $k=n-1$,便得:

推论 1　在 n 维单形 $\sum_{P(n+1)}$ 中,$n+1$ 个侧面 $f_i(i=0,1,2,\cdots,n)$ 的 $n-1$ 维体积为 $|f_i|(i=0,1,2,\cdots,n)$,任意两个不同侧面所成的内角记为 $\beta_{ij}(0\leqslant i<j\leqslant n)$,由点集 $P_0,\cdots,P_{i-1},P_{i+1},\cdots,P_{j-1},P_{j+1},\cdots,P_n$ 所确定的 $n-2$ 维子单形的 $n-2$ 维体积记为 $|f_{ij}|$,则单形有下面的体积公式

$$V(\sum_{P(n+1)})=\frac{(n-1)|f_i||f_j|}{n|f_{ij}|}\sin\beta_{ij}$$

该式即为式(5.2.9). 若取 $k=1$,即有下面的结论:

推论 2　在单形 $\sum_{P(n+1)}$ 中一条侧棱与底面所成的角记为 β_{n-1}^{1},该条侧棱的长记为 ρ,和侧棱对应底面的 $n-1$ 维体积记为 $|f|$,则单形有体积公式

$$V(\sum_{P(n+1)})=\frac{1}{n}\rho|f|\sin\beta_{n-1}^{1}\qquad(5.2.20)$$

该式变形即为定理 5.2.2. 可见定理 5.2.11 是单形的一个新的体积公式,它蕴含了两个熟知的体积公式.

第六章 重心坐标的基本性质及应用

§6.1 重心坐标的基本性质

下面,我们介绍重心坐标的一系列有趣的性质.

由定义3.2.1及3.2.2,对于E^n中的坐标单形$V(\sum_{P(n+1)})=\{P_0,P_1,\cdots,P_n\}$,经过不太复杂的计算,可得如下结论:

性质1 E^n中的坐标单形为$\sum_{P(n+1)}=\{P_0,P_1,\cdots,P_n\}$,则:

(1)各顶点的规范重心坐标分别为

$$P_0=(1,0,\cdots,0)$$

$$P_1=(0,1,0,\cdots,0),\cdots,P_n=(0,0,\cdots,0,1) \tag{6.1.1}$$

(2)各侧(界)面的重心G_i(即分别为顶点P_i所对之侧面重心,$i=0,1,\cdots,n$)的规范重心坐标分别为

$$G_0=(0,\frac{1}{n},\cdots,\frac{1}{n})$$

$$G_1=(\frac{1}{n},0,\frac{1}{n},\cdots,\frac{1}{n})$$

$$\vdots$$

$$G_n=(\frac{1}{n},\frac{1}{n},\cdots,\frac{1}{n},0) \qquad (6.1.2)$$

性质 2 设 E^n 中的坐标单形为 $\sum_{P(n+1)}=\{P_0,P_1,\cdots,P_n\}$，则其内切超球与其各侧面 f_i 的切点 $T_i(i=0,1,\cdots,n)$ 的重心坐标为 $(\mu_{i1}:\mu_{i2}:\cdots:\mu_{in})$，其中

$$\mu_{ij}=\begin{cases}0 & (i=j)\\ |f_i|\cdot|f_j|\cdot\cos^2\frac{1}{2}\langle i,j\rangle & (i\neq j)\end{cases} \qquad (6.1.3)$$

其中 $|f_i|$ 表示侧面 f_i 的 $(n-1)$ 维体积，$\langle i,j\rangle$ 是侧面 f_i，f_j 所夹之内二面角.（此处是齐次坐标，故诸分量之和不必为 1，可以差一个比例因子）

证明 设内切超球半径为 r_n，球心为 I，过点 I,T_i,T_j 作 2 维平面 π_{ij}，则 $\pi_{ij}\perp f_i,\pi_{ij}\perp f_j$. 设 π_{ij} 与 $f_i\cap f_j$ 交于点 Q，又令 Q 到 T_i 的距离为 l_i，则自 T_i 所作的三角形 QT_iT_j 的高 h_{ij} 是 T_i 到 f_j 的距离，当 $i\neq j$ 时，显然有

$$h_{ij}=l_i\cdot\sin\langle i,j\rangle=r_n\cdot\cot\frac{1}{2}\langle i,j\rangle\cdot\sin\langle i,j\rangle$$

$$=2r_n\cdot\cos^2\frac{1}{2}\langle i,j\rangle$$

也就是
$$h_{ij}=\begin{cases}0 & (i=i)\\ 2r_n\cos^2\frac{1}{2}\langle i,j\rangle & (i\neq j)\end{cases}$$

再由定义 3.2.1 及齐次性，可知式(6.1.3)成立.

推论 单形的内切超球球心必然在以各切点为顶点的单形之内部.

证明　由性质 2,我们已经知道若以原单形为坐标单形建立重心坐标系,则切点 T_i 之坐标为

$$(T_i)=(\mu_{i1}:\mu_{i2}:\cdots:\mu_{in})$$

$$=|f_i|\cdot\left(|f_1|\cos^2\frac{1}{2}\langle 1,i\rangle,\cdots,|f_n|\cos^2\frac{1}{2}\langle n,i\rangle\right)$$

注意到式(7.3.1)

$$|f_i|=\sum_{\substack{i=0\\ j\neq i}}^{n}|f_j|\cos\langle i,j\rangle$$

故得 $\sum\limits_{j=1}^{n}\mu_{ij}=\frac{1}{2}|f_i|\sum\limits_{j=0}^{n}|f_j|>0$,再注意到 $\mu_{ij}=\mu_{ji}$,则

$$\sum_{i=0}^{n}(T_i)/\frac{1}{2}\sum_{j=0}^{n}|f_j|=(|f_0|,|f_1|,\cdots,|f_n|)$$

而上式右端正好是内切超球球心的重心坐标(见性质10(2)),可知内切超球球心的坐标是诸 T_i 的坐标的正系数线性组合,结论即证.

性质 3　设 E^n 中的坐标单形 $\sum_{P(n+1)}=\{P_0,P_1,\cdots,P_n\}$ 内任一点 P 的重心坐标为$(\mu_0:\mu_1:\cdots:\mu_n)$,连线 P_iP 延长后交所对的侧面(即 $n-1$ 维单形 $\{P_0,P_1,\cdots,P_{i-1},P_{i+1},\cdots,P_n\}$)于 P_i',则 P_i'的重心坐标为

$$(\mu_0:\mu_1:\cdots:\mu_{i-1}:0:\mu_{i+1}:\cdots:\mu_n)\qquad(6.1.4)$$

证明　由定义 3.2.1,P_0'的重心坐标为

$$(0:V(\textstyle\sum_{P_0P_0'P_2\cdots P_n}):\cdots:V(\sum_{P_0P_1\cdots P_{n-1}P_0'}))$$

考虑 $V(\sum_{P_0P_0'P_2\cdots P_n}):V(\sum_{P_0P_1P_0'P_3\cdots P_n})$.

设 P_1,P_2 至 $n-1$ 维单形 $\{P_0,P_0',P_3,\cdots,P_n\}$ 的距离分别为 h_1,h_2,则由单形体积公式(5.2.2)有

$$V(\textstyle\sum_{P_0P_0'P_2\cdots P_n}):V(\sum_{P_0P_1P_0'P_3\cdots P_n})$$

$$=h_2\cdot V(\textstyle\sum_{P_0P_0'P_3\cdots P_n}):h_1\cdot V(\sum_{P_0P_0'P_3\cdots P_n})$$

$$=h_2:h_1=h_2\cdot V(\textstyle\sum_{P_0PP_3\cdots P_n}):h_1\cdot V(\sum_{P_0PP_3\cdots P_n})$$

$$=V(\sum_{P_0PP_2P_3\cdots P_n}):V(\sum_{P_0P_1PP_3\cdots P_n})=\mu_1:\mu_2$$

由此即推知 P_0' 的重心坐标为 $(0:\mu_1:\cdots:\mu_n)$.

类似地，知 P_i' 的重心坐标为 $(\mu_0:\cdots:\mu_{i-1}:0:\mu_{i+1}:\cdots:\mu_n)$.

推论 设 E^n 中的坐标单形 $\sum_{P(n+1)}=\{P_0,P_1,\cdots,P_n\}$ 内任一点 P 的规范重心坐标为 $P=\{\mu_0,\mu_1,\cdots,\mu_n\}$，连线 P_iP 延长后交侧面即 $n-1$ 维单形 $\{P_0,P_1,\cdots,P_{i-1},P_{i+1},\cdots,P_n\}$ 于点 P'，则点 P' 的重心规范坐标为

$$\left(\frac{\mu_0}{\sum_{i=0}^{n}\mu_i},\cdots,\frac{\mu_{i-1}}{\sum_{i=0}^{n}\mu_i},0,\frac{\mu_{i+1}}{\sum_{i=0}^{n}\mu_i},\cdots,\frac{\mu_n}{\sum_{i=0}^{n}\mu_i}\right)$$

$$=(\mu_0,\cdots,\mu_{i-1},0,\mu_{i+1},\cdots,\mu_n) \tag{6.1.5}$$

关于点的笛氏直角坐标与重心坐标，我们有如下的结论：

性质 4 设 E^n 中的坐标单形 $\sum_{P(n+1)}=\{P_0,P_1,\cdots,P_n\}$ 的诸顶点 P_i 在笛卡儿直角坐标系中的坐标为 $(x_{i1},x_{i2},\cdots,x_{in})(i=0,1,\cdots,n)$. 令点 M 的重心坐标为 $(\mu_0:\mu_1:\cdots:\mu_n)$，它的笛氏直角坐标为 $(y_1,y_2,\cdots,y_n)$，则有

$$y_j=\frac{\sum_{i=0}^{n}\mu_ix_{ij}}{\sum_{i=0}^{n}\mu_i}=\sum_{i=0}^{n}\lambda_ix_{ij}\quad(j=1,2,\cdots,n) \tag{6.1.6}$$

其中 $\lambda_i=\frac{\mu_i}{\sum_{i=1}^{n}\mu_i}(i=0,1,\cdots,n)$，$\sum_{i=0}^{n}\lambda_i=1$.

证明 设单形 $\{P_0,P_1,\cdots,P_n\}$ 的体积为 $V(\sum_P)$，单形 $\{P_0,P_1,\cdots,P_{i-1},M,P_{i+1},\cdots,P_n\}$ 的体积为 $V(\sum_M)$，则由公式(5.2.4)有

$$V(\sum_P)=\frac{1}{n!}\begin{vmatrix} x_{01} & \cdots & x_{0n} & 1 \\ \vdots & & \vdots & \vdots \\ x_{n1} & \cdots & x_{nn} & 1 \end{vmatrix}$$

$$V(\sum_M)=\frac{1}{n!}\begin{vmatrix} x_{01} & x_{02} & \cdots & x_{0n} & 1 \\ \vdots & \vdots & & \vdots & \vdots \\ x_{i-1,1} & x_{i-1,2} & \cdots & x_{i-1,n} & 1 \\ y_1 & y_2 & \cdots & y_n & 1 \\ x_{i+1,1} & x_{i+1,2} & \cdots & x_{i+1,n} & 1 \\ \vdots & \vdots & & \vdots & \vdots \\ x_{n1} & x_{n2} & \cdots & x_{nm} & 1 \end{vmatrix}$$

$$=\frac{1}{n!}(\sum_{k=1}^{n}y_kX_{ik}+X_{i,n+1})$$

其中 $X_{i1},X_{i2},\cdots,X_{i,n+1}$分别为行列式

$$X=\begin{vmatrix} x_{01} & \cdots & x_{0n} & 1 \\ \vdots & & \vdots & \vdots \\ x_{n1} & \cdots & x_{nn} & 1 \end{vmatrix}$$

的第 i 行的各元素对应的代数余子式.

因此,$\lambda_i=\frac{V(\sum_M)}{V(\sum_P)}=\frac{\sum_{k=1}^{n}y_kX_{ik}+X_{i,n+1}}{X}(i=0,1,\cdots,n)$.

上式两边同乘以 $x_{ij}(j=1,2,\cdots,n)$,并对之求和,再利用行列式按列展开定理,即得

$$\sum_{i=0}^{n}\lambda_ix_{ij}=\frac{1}{X}[\sum_{i=0}^{n}x_{ij}(\sum_{k=1}^{n}y_kX_{ik})+\sum_{i=0}^{n}x_{ij}X_{i,n+1}]$$

$$=\frac{1}{X}\sum_{k=1}^{n}(\sum_{i=0}^{n}x_{ij}X_{ik})y_k=y_j\quad(j=1,2,\cdots,n)$$

式(6.1.6)也可用分块矩阵表示为

$$(Y \quad 1) = \lambda \cdot (P^{\mathrm{T}} \quad e^{\mathrm{T}}) \text{或} \begin{pmatrix} Y \\ 1 \end{pmatrix} = \begin{pmatrix} P \\ e \end{pmatrix} \lambda^{\mathrm{T}} \tag{6.1.7}$$

其中 $Y = (y_1 \quad y_2 \quad \cdots \quad y_n)$，$\lambda = (\lambda_0 \quad \lambda_1 \quad \cdots \quad \lambda_0)$，$P = (p_0 \quad p_1 \quad \cdots \quad p_n)$，$e = (1 \quad 1 \quad \cdots \quad 1)$，$P_i = (x_{i1} \quad x_{i2} \quad \cdots \quad x_{in})$.

注 式(6.1.6)可看作是坐标单形中的定比分点公式，见式(3.7.4).

由性质4，即可得：

性质5 设 E^n 中的坐标单形 $\sum_{P(n+1)} = \{P_0, P_1, \cdots, P_n\}$ 各顶点 $P_0, P_1, \cdots, P_n$ 到某一个 $n-1$ 维超平面 π_{n-1} 的距离依次为 $h_0, h_1, \cdots, h_n$，则超平面 π_{n+1} 上的任意一点 M 的重心坐标 $(\mu_0 : \mu_1 : \cdots : \mu_n)$ 必须满足下列线性方程

$$h_0\mu_0 + h_1\mu_1 + \cdots + h_n\mu_n = 0 \tag{6.1.8}$$

也就是说，在重心坐标系中，$n-1$ 维超平面的方程是齐次线性方程.

证明 建立笛氏直角坐标系. 设平面 π_{n-1} 为笛氏直角坐标系的一个平面，这时，平面 π_{n-1} 上任一点 M 的一个坐标分量 $y_j = 0 (j = 1, \cdots, n)$. 由性质4，即得

$$\mu_0 x_{0j} + \mu_1 x_{1j} + \cdots + \mu_n x_{nj} = 0$$

又 π_{n-1} 是直角坐标系的一个平面，故有 $x_{0j} = h_0$，$x_{1j} = h_1, \cdots, x_{nj} = h_n$. 由此即证得式(6.1.8).

这里，点到超平面的距离都是带号的. 我们约定：如果 P_i, P_j 位于平面 π_{n-1} 的同侧，则它们到 π_{n-1} 的距离 h_i, h_j 是同号的；否则认为是反号的.

从性质5出发，经过极简单的计算，可得：

推论1 设 E^n 中坐标单形为 $\sum_{P(n+1)} = \{P_0, P_1, \cdots,$

$P_n\}$，E^n 中任一点 M 的重心坐标为$\{\mu_0:\mu_1:\cdots:\mu_n\}$，则坐标单形的 $n+1$ 个侧面的方程为

$$\mu_i=0 \quad (i=0,1,\cdots,n) \tag{6.1.9}$$

推论 2　E^n 中任一点 M 的重心坐标为$(\mu_0:\mu_1:\cdots:\mu_n)$，两个 $n-1$ 维超平面平行的充分必要条件是它们的方程可以分别写为

$$h_0\mu_0+h_1\mu_1+\cdots+h_n\mu_n=0$$

和

$$(h_0+\tau)\mu_0+(h_1+\tau)\mu_1+\cdots+(h_n+\tau)\mu_n=0 \tag{6.1.10}$$

推论 3　E^n 中任一点 M 的重心坐标为$(\mu_0:\mu_1:\cdots:\mu_n)$，$n$ 个 $n-1$ 维平面 $h_{k0}\mu_0+h_{k1}\mu_1+\cdots+h_{kn}\mu_n=0(k=1,\cdots,n)$ 的交点的重心坐标为

$$\left(\begin{vmatrix} h_{11} & \cdots & h_{1n} \\ \vdots & & \vdots \\ h_{n1} & \cdots & h_{nn} \end{vmatrix}:\begin{vmatrix} h_{10} & \cdots & h_{1n} \\ \vdots & & \vdots \\ h_{n0} & \cdots & h_{nn} \end{vmatrix}:\cdots:\begin{vmatrix} h_{10} & \cdots & h_{1,n-1} \\ \vdots & & \vdots \\ h_{n0} & \cdots & h_{n,n+1} \end{vmatrix}\right) \tag{6.1.11}$$

下面，我们在重心坐标系中讨论单形的体积公式：

性质 6　设 E^n 中的坐标单形 $\sum_{P(n+1)}=\{P_0,P_1,\cdots,P_n\}$ 的体积为 $V(\sum_{P(n+1)})$，空间 E^n 中任意 $n+1$ 个点 $X_i(i=0,1,\cdots,n)$ 的规范重心坐标为$(\lambda_{i0},\lambda_{i1},\cdots,\lambda_{in})(i=0,1,\cdots,n)$，则以 $X_0,X_1,\cdots,X_n$ 为顶点的单形(包括退化情形)的体积 $V(\sum_{X(n+1)})$ 为

$$V(\sum{}_{X(n+1)})=V(\sum{}_{P(n+1)})\begin{vmatrix} \lambda_{00} & \cdots & \lambda_{0n} \\ \vdots & & \vdots \\ \lambda_{n0} & \cdots & \lambda_{nn} \end{vmatrix} \tag{6.1.12}$$

证明 由单形体积公式(5.2.4),知

$$V(\sum_P)=\frac{1}{n!}\begin{vmatrix} x_{01} & \cdots & x_{0n} & 1 \\ \vdots & & \vdots & \vdots \\ x_{n1} & \cdots & x_{nn} & 1 \end{vmatrix}$$

这里$(x_{i1},x_{i2},\cdots,x_{in})$为顶点 $P_i(i=0,\cdots,n)$的笛氏直角坐标.

$$V(\sum_X)=\frac{1}{n!}\begin{vmatrix} y_{01} & \cdots & y_{0n} & 1 \\ \vdots & & \vdots & \vdots \\ y_{n1} & \cdots & y_{nn} & 1 \end{vmatrix}$$

这里$(y_{i1},\cdots,y_{in})$为顶点 $X_i(i=0,1,\cdots,n)$的笛氏直角坐标.

利用行列式乘法法则及性质4,得

$$\frac{1}{n!}\begin{vmatrix} \lambda_{00} & \cdots & \lambda_{0n} \\ \vdots & & \vdots \\ \lambda_{n0} & \cdots & \lambda_{nn} \end{vmatrix}\cdot\begin{vmatrix} x_{01} & \cdots & x_{0n} & 1 \\ \vdots & & \vdots & \vdots \\ x_{n1} & \cdots & x_{nn} & 1 \end{vmatrix}$$

$$=\frac{1}{n!}\begin{vmatrix} y_{01} & \cdots & y_{0n} & 1 \\ \vdots & & \vdots & \vdots \\ y_{n1} & \cdots & y_{nn} & 1 \end{vmatrix}$$

此即式(6.1.12),性质6证毕.

对于性质6,也可作如下推证:

由式(3.2.1),知 $\boldsymbol{X}_i=\sum\limits_{j=0}^{n}\lambda_{ij}\boldsymbol{p}_j,\sum\limits_{j=0}^{n}\lambda_{ij}=1$. 得

$$\boldsymbol{X}_i-\boldsymbol{X}_0=\sum_{j=0}^{n}(\lambda_{ij}-\lambda_{0j})\boldsymbol{p}_j \quad (i=1,2,\cdots,n)$$

由式(5.2.1),有

$$V(\sum_X)$$

$$=\frac{1}{n!}|(\boldsymbol{X}_1-\boldsymbol{X}_0)\wedge(\boldsymbol{X}_2-\boldsymbol{X}_0)\wedge\cdots\wedge(\boldsymbol{X}_n-\boldsymbol{X}_0)|$$

$$=\frac{1}{n!}|\det(\lambda_{ij}-\lambda_{0j})||(\boldsymbol{P}_1-\boldsymbol{P}_0)\wedge\cdots\wedge(\boldsymbol{P}_n-\boldsymbol{P}_0)|$$

$$=V(\textstyle\sum_P)|\det(\lambda_{ij}-\lambda_{0j})|$$

其中

$$\det(\lambda_{ij}-\lambda_{0j})=\begin{vmatrix}\lambda_{11}-\lambda_{01} & \cdots & \lambda_{1n}-\lambda_{0n}\\ \vdots & & \vdots\\ \lambda_{n1}-\lambda_{01} & \cdots & \lambda_{nn}-\lambda_{0n}\end{vmatrix}$$

$$=\begin{vmatrix}1 & \lambda_{01} & \cdots & \lambda_{0n}\\ \vdots & \vdots & & \vdots\\ 1 & \lambda_{n1} & \cdots & \lambda_{nn}\end{vmatrix}$$

将行列式中的 1 用 $\sum\limits_{j=0}^{n}\lambda_{ij}$ 代替，作恒等变形便知式(6.1.12)成立.

由性质6，可得如下的结论：

推论1　若 E^n 中的 $n+1$ 个点的重心坐标为 $(\mu_{i0}:\mu_{i1}:\cdots:\mu_{in})(i=0,1,\cdots,n)$（或规范重心坐标 $(\lambda_{i0},\lambda_{i1},\cdots,\lambda_{in})(i=0,1,\cdots,n)$），则此 $n+1$ 个点在同一 $n-1$ 维超平面上的充要条件是

$$\begin{vmatrix}\mu_{00} & \cdots & \mu_{0n}\\ \vdots & & \vdots\\ \mu_{n0} & \cdots & \mu_{nn}\end{vmatrix}=0 \qquad (6.1.13)$$

或

$$\begin{vmatrix}\lambda_{00} & \cdots & \lambda_{0n}\\ \vdots & & \vdots\\ \lambda_{n0} & \cdots & \lambda_{nn}\end{vmatrix}=0 \qquad (6.1.14)$$

推论2　在 E^n 中，过 n 个点 $X_i=(\lambda_{i0},\lambda_{i1},\cdots,\lambda_{in})$ $(i=1,2,\cdots,n)$ 的超平面的规范重心坐标方程为

$$\begin{vmatrix} x_0 & \cdots & x_n \\ \lambda_{10} & \cdots & \lambda_{1n} \\ \vdots & & \vdots \\ \lambda_{n0} & \cdots & \lambda_{nn} \end{vmatrix} = 0 \qquad (6.1.15)$$

其中$(x_0, x_1, \cdots, x_n)$为 E^n 中动点 M 的规范重心坐标.

推论 3 在 E^n 中,$n+1$ 个 $n-1$ 维超平面

$$h_{k0}\mu_0 + h_{k1}\mu_1 + \cdots + h_{kn}\mu_n = 0$$

其中 $k=0,1,\cdots,n$,$(\mu_0 : \mu_1 : \cdots : \mu_n)$为 E^n 中任一点 M 的重心坐标. 这 $n+1$ 个超平面有公共交点的充分必要条件是

$$\begin{vmatrix} h_{00} & \cdots & h_{0n} \\ \vdots & & \vdots \\ h_{n0} & \cdots & h_{nn} \end{vmatrix} \qquad (6.1.16)$$

由性质 4 及性质 6,我们还可得高维 Menelaus 定理(参见式(7.2.5)).

对于 E^n 中的两点之间的关系,由性质 4 有:

性质 7 设 E^n 中两点 A,B 的规范重心坐标分别为$(\alpha_0, \cdots, \alpha_n)$,$(\beta_0, \cdots, \beta_n)$,又 M 为线段 AB 的内分点或外分点,使得$\overrightarrow{AM} : \overrightarrow{MB} = k$,则点 M 的规范重心坐标$(\lambda_0, \cdots, \lambda_n)$由下式给出

$$\lambda_i = \frac{\alpha_i + k\beta_i}{1+k} \quad (i=0,1,\cdots,n) \qquad (6.1.17)$$

性质 8 在 E^n 中,给定坐标单形 $\sum_{P(n+1)} = \{P_0, \cdots, P_n\}$,设 $\rho_{ij} = |P_iP_j|$ $(i,j=0,1,\cdots,n)$和任意两点 A,B 的规范重心坐标 $\alpha = (\alpha_0, \cdots, \alpha_n)$,$\beta = (\beta_0, \cdots, \beta_n)$,则此两点间的距离之平方为

$$\rho^2(A,B) = (\alpha - \beta) \cdot \boldsymbol{D}_0 \cdot (\alpha - \beta)^{\mathrm{T}}$$

$$= -\sum_{0 \leqslant i < j \leqslant n} \rho_{ij}^2 (\alpha_i - \beta_i) \cdot (\alpha_j - \beta_j)$$

(6.1.18)

其中 $\boldsymbol{D}_0 = \left(-\frac{1}{2}\rho_{ij}^2\right)_{(n+1)\times(n+1)}$，即 $-2\boldsymbol{D}_0 = (\rho_{ij}^2)_{(n+1)\times(n+1)}$ 称为平方距离矩阵.

证明　由式(6.1.7)：$(\boldsymbol{Y} \quad 1) = \lambda(\boldsymbol{P}^{\mathrm{T}} \quad \boldsymbol{e}^{\mathrm{T}})$ 有

$$(\boldsymbol{A} \quad 1) = \alpha(\boldsymbol{P}^{\mathrm{T}} \quad \boldsymbol{e}^{\mathrm{T}}), (\beta \quad 1) = \beta(\boldsymbol{P}^{\mathrm{T}} \quad \boldsymbol{e}^{\mathrm{T}})$$

故

$$\begin{aligned}(A - B \quad 0) &= (\alpha - \beta)(\boldsymbol{P}^{\mathrm{T}} \quad \boldsymbol{e}^{\mathrm{T}}) \\ &= ((\alpha - \beta) \cdot \boldsymbol{P}^{\mathrm{T}}(\alpha - \beta) \cdot \boldsymbol{e}^{\mathrm{T}})\end{aligned}$$

注意到 $(\alpha - \beta) \cdot \boldsymbol{e}^{\mathrm{T}} = 0$，任取

$$g = (g_0, g_1, \cdots, g_n), h = (h_0, h_1, \cdots, h_n)$$

则

$$(\alpha - \beta) \cdot \boldsymbol{g}^{\mathrm{T}} \cdot \boldsymbol{e} \cdot (\alpha - \beta)^{\mathrm{T}} = 0$$

$$(\text{注意 } \boldsymbol{e} \cdot (\alpha - \beta)^{\mathrm{T}} = 0)$$

$$(\alpha - \beta) \cdot \boldsymbol{e}^{\mathrm{T}} \cdot \boldsymbol{h} \cdot (\alpha - \beta)^{\mathrm{T}} = 0$$

$$(\text{注意}(\alpha - \beta) \cdot \boldsymbol{e}^{\mathrm{T}} = 0)$$

从而

$$\begin{aligned}&\rho^2(A, B) \\ &= (A - B) \cdot (A - B)^{\mathrm{T}} \\ &= (\alpha - \beta) \cdot \boldsymbol{P}^{\mathrm{T}} \cdot \boldsymbol{P} \cdot (\alpha - \beta)^{\mathrm{T}} \\ &= (\alpha - \beta) \cdot (\boldsymbol{P}^{\mathrm{T}} \cdot \boldsymbol{P} + \boldsymbol{g}^{\mathrm{T}} \cdot \boldsymbol{e}^{\mathrm{T}} + \boldsymbol{e}^{\mathrm{T}} \cdot \boldsymbol{h}) \cdot (\alpha - \beta)^{\mathrm{T}}\end{aligned}$$

因为

$$\begin{aligned}\boldsymbol{P}^{\mathrm{T}} \cdot \boldsymbol{P} &= (p_0 \quad p_1 \quad \cdots \quad p_n)^{\mathrm{T}} \cdot (p_0 \quad p_1 \quad \cdots \quad p_n) \\ &= (p_i^{\mathrm{T}} \cdot p_j)_{(n+1)(n+1)} \\ &= \left(\frac{1}{2}\rho_{0i}^2 + \frac{1}{2}\rho_{0j}^2 - \frac{1}{2}\rho_{ij}^2\right)_{(n+1)(n+1)}\end{aligned}$$

又

$$\begin{aligned} \boldsymbol{g}^{\mathrm{T}} \cdot \boldsymbol{e}+\boldsymbol{e}^{\mathrm{T}} \cdot \boldsymbol{h} &=(g_0 \quad \cdots \quad g_n)^{\mathrm{T}}(1 \quad \cdots \quad 1)+\\ &\quad (1 \quad \cdots \quad 1)^{\mathrm{T}}(h_0 \quad \cdots \quad h_n)\\ &=(g_i+h_j)_{(n+1)(n+1)} \end{aligned}$$

所以$\rho^2(A,B)=(\alpha-\beta)\cdot(\frac{1}{2}\rho_{0i}^2+\frac{1}{2}\rho_{0j}^2-\frac{1}{2}\rho_{ij}^2+g_i+h_j)_{(n+1)\times(n+1)}(\alpha-\beta)^{\mathrm{T}}$.

若取 $g_i=-\frac{1}{2}\rho_{0i}^2$, $h_j=-\frac{1}{2}\rho_{0j}^2$,便知结论式(6.1.18)成立.

在此也顺便说明一下,从证明过程可知距离公式还可以是

$$\begin{aligned} \rho^2(A,B) &=(\alpha-\beta)(-\frac{1}{2}\rho_{ij}^2+g_i+h_j)(\alpha-\beta)^{\mathrm{T}}\\ &=(\alpha-\beta)(D_0+g^{\mathrm{T}}e+e^{\mathrm{T}}h)(\alpha-\beta)^{\mathrm{T}} \end{aligned} \tag{6.1.19}$$

例如,对于 $n=2$,记 $\rho_{01}=a$,$\rho_{02}=b$,$\rho_{12}=c$,则

$$l^2=\frac{1}{2}(a^2+b^2+c^2)$$

若取 $\boldsymbol{g}^{\mathrm{T}}\boldsymbol{e}+\boldsymbol{e}^{\mathrm{T}}\boldsymbol{h}=\boldsymbol{0}$,则

$$\begin{aligned} \rho^2(A,B) = &-a^2(\alpha_0-\beta_0)(\alpha_1-\beta_1)-\\ &b^2(\alpha_0-\beta_0)(\alpha_2-\beta_2)-\\ &c^2(\alpha_1-\beta_1)(\alpha_2-\beta_2) \end{aligned} \tag{6.1.20}$$

若取

$$\boldsymbol{D}_0+\boldsymbol{g}^{\mathrm{T}}\boldsymbol{e}+\boldsymbol{e}^{\mathrm{T}}\boldsymbol{h}$$

$$=\begin{pmatrix} 0 & -\frac{1}{2}a^2 & -\frac{1}{2}b^2\\ -\frac{1}{2}a^2 & 0 & -\frac{1}{2}c^2\\ -\frac{1}{2}b^2 & -\frac{1}{2}c^2 & 0 \end{pmatrix}+\begin{pmatrix} \frac{1}{2}(a^2+b^2)\\ \frac{1}{2}(c^2+a^2)\\ \frac{1}{2}(b^2+c^2) \end{pmatrix}(1\ 1\ 1)-$$

$$\begin{pmatrix}1\\1\\1\end{pmatrix}\left(\frac{1}{2}c^2\ \frac{1}{2}b^2\ \frac{1}{2}a^2\right)=\begin{pmatrix}l^2-c^2 & 0 & 0\\0 & l^2-b^2 & 0\\0 & 0 & l^2-a^2\end{pmatrix}$$

则

$$\begin{aligned}\rho^2(A,B)=&(l^2-c^2)(\alpha_0-\beta_0)^2+\\&(l^2-b^2)(\alpha_1-\beta_1)^2+\\&(l^2-a^2)(\alpha_2-\beta_2)^2\end{aligned}$$

在 E^n 的重心坐标系中，对 $n-1$ 维球面方程有如下结论.

性质 9　设 E^n 中的坐标单形为 $\sum_{P(n+1)}=\{P_0,P_1,\cdots,P_n\}$，$E^n$ 中任一点 M 的重心坐标为 $(\mu_0:\mu_1:\cdots:\mu_n)$，过 E^n 中 $n+1$ 个点 X_i（$i=0,1,\cdots,n$，其笛氏直角坐标为 $(x_{i1},x_{i2},\cdots,x_{in})$）的 $n-1$ 维球面方程为

$$\sum_{i=0}^{n}c_{ii}\mu_i^2+\sum_{ij}c_{ij}\mu_i\mu_j=0 \tag{6.1.21}$$

其中 $c_{ii}=\sum_{k=1}^{n}x_{ik}^2-R_n^2$，$c_{ij}=2\left(\sum_{k=1}^{n}x_{ik}x_{jk}-R_n^2\right)$，$R_n$ 为 $n-1$ 维球的半径，且各系数 c_{ii}，c_{ij} 满足关系

$$\begin{aligned}&(c_{00}+c_{11}-c_{01}):(c_{00}+c_{22}-c_{02}):\cdots:\\&(c_{n-1,n-1}+c_{nn}-c_{n-1,n})\\=&\rho_{01}^2:\rho_{02}^2:\cdots:\rho_{n-1,n}^2\end{aligned} \tag{6.1.22}$$

其中 ρ_{ij}（$i\neq j,i,j=0,1,\cdots,n$）为坐标单形各对应棱之长.

证明　设 S^{n-1} 是 E^n 中半径为 R_n 的 $n-1$ 维球面，选取适当的笛氏直角坐标系，使其方程具有标准形式

$$x_1^2+x_2^2+\cdots+x_n^2=R_n^2$$

由式(6.1.6)，得

$$\left[\frac{\sum_{i=0}^{n}\mu_i x_{i1}}{\sum_{i=0}^{n}\mu_i}\right]^2+\left[\frac{\sum_{i=0}^{n}\mu_i x_{i2}}{\sum_{i=0}^{n}\mu_i}\right]^2+\cdots+\left[\frac{\sum_{i=0}^{n}\mu_i x_{in}}{\sum_{i=0}^{n}\mu_i}\right]^2=R_n^2$$

即

$$(\sum_{i=0}^{n}\mu_i x_{i1})^2+(\sum_{i=0}^{n}\mu_i x_{i2})^2+\cdots+(\sum_{i=0}^{n}\mu_i x_{in})^2=R_n^2(\sum_{i=0}^{n})\mu_i{}^2$$

将上式展开,并整理得

$$\sum_{i=0}^{n}\sum_{j=0}^{n}\mu_i^2 x_{ij}^2+\sum_{0\leqslant i<j\leqslant n}\sum_{k=1}^{n}\mu_i\mu_j x_{ik}x_{jk}=R_n^2(\sum_{i=0}^{n}\mu_i)^2$$

即得式(6.1.21).

由于当 $i<j$ 时

$$\begin{aligned}c_{ii}+c_{jj}-c_{ij}&=\sum_{k=1}^{n}x_{ik}^2-R_n^2+\sum_{k=1}^{n}x_{jk}^2-R_n^2-2(\sum_{k=1}^{n}x_{jk}x_{jk}-R_n^2)\\&=\sum_{k=1}^{n}x_{ik}^2+\sum_{k=1}^{n}x_{jk}^2-2\sum_{k=1}^{n}x_{ik}x_{jk}\\&=\sum_{k=1}^{n}(x_{ik}-x_{jk})^2=\rho_{ij}^2\end{aligned}$$

这个结果与式(6.1.21)只差一个比例常数.由于重心坐标是齐次坐标,故实质上没有差别.

以上证明了 $n-1$ 维球面方程必定满足条件式(6.1.22);反过来,也可以证明:当方程式(6.1.21)的系数满足式(6.1.22)时,它必然表示某个球面(证略).

利用性质 9,可以来推导坐标单形的几个特殊球面方程.

推论 1 过 E^n 中坐标单形 $\sum_{P(n+1)}=\{P_0,P_1,\cdots,P_n\}$ 各顶点 P_i 的球面(即单形 $\sum_{P(n+1)}$ 的外接超球面)的方程为

$$\sum_{0\leqslant i<j\leqslant n}\rho_{ij}^2\mu_i\mu_j=0\qquad(6.1.23)$$

证明 对于坐标单形的外接超球来说,各顶点

$(1:0:\cdots:0),(0:1:0:\cdots:0),\cdots,(0:0:\cdots:0:1)$应在球面上,将它们的坐标代入式(6.1.21)得

$$c_{ii}=0\quad(i=0,1,\cdots,n)$$

再联系式(6.1.21),就有$c_{01}:c_{02}:\cdots:c_{n-1,n}=\rho_{01}^2:\rho_{02}^2:\cdots:\rho_{n-1,n}^2$. 即得式(6.1.23).

推论2　过E^n中坐标单形$\sum_{P(n+1)}=\{P_0,P_1,\cdots,P_n\}$各侧面重心$G_i$的球面方程为

$$\sum_{i=0}^{n}\sum_{\substack{j=0\\j\neq i}}^{n}\rho_{ij}^2\mu_i^2+\sum_{0\leqslant i<j\leqslant n}\left[\sum_{\substack{k=0\\k\neq i}}^{n}\rho_{ik}^2+\sum_{\substack{k=0\\k\neq j}}^{n}\rho_{jk}^2+\sum_{\substack{k=0\\k\neq j}}\rho_{jk}^2-n\rho_{ij}^2\right]\mu_i\mu_j=0 \tag{6.1.24}$$

证明　对于坐标单形$\sum_{P(n+1)}=\{P_0,P_1,\cdots,P_n\}$,各侧面重心$G_i$的重心坐标为$(0:1:1:\cdots:1),(1:0:1:\cdots:1),\cdots,(1:1:\cdots:1:0)$,将其代入式(6.1.21),得$n$个方程

$$\sum_{i=1}^{n}c_{ii}+\sum_{0\leqslant i<j\leqslant n}c_{ij}=0,\sum_{\substack{i=0\\i\neq 1}}^{n}c_{ii}+\sum_{\substack{0\leqslant i<j\leqslant n\\i,j\neq 1}}c_{ij}=0,\cdots,$$

$$\sum_{i=0}^{n-1}c_{ii}+\sum_{0\leqslant i<j\leqslant n-1}c_{ij}=0$$

又注意到,当$0\leqslant i<j\leqslant n$时,有$\frac{1}{2}(n^2+n)$个方程

$$c_{ii}+c_{jj}-c_{ij}=\rho_{ij}^2\quad(i,j=0,1,\cdots,n) \tag{$*$}$$

解上述$n+\frac{1}{2}(n^2+n)$个方程组成的方程组,将$c_{ij}=c_{ii}+c_{jj}-\rho_{ij}^2$代入前面的方程中,得

$$\sum_{\substack{i=0\\i\neq k}}^{n}c_{ii}=\frac{1}{n}\sum_{\substack{0\leqslant i<j\leqslant n\\i\neq k}}\rho_{ij}^2\quad(k=0,1,\cdots,n)$$

此n个式子相加,再将和减去此式中的一个,得$c_{ii}=\frac{1}{n}\sum_{j=1}^{n}\rho_{ij}^2$.

又由式(＊)，便有 $c_{ij}=\sum_{\substack{k=0\\k\neq i}}^{n}\rho_{ik}^{2}+\sum_{\substack{k=0\\k\neq j}}^{n}\rho_{jk}^{2}-n\rho_{ij}^{2}$，其中 $0\leqslant i<j\leqslant n$，由此即证得式(6.1.24).

关于 E^n 中的坐标单形的重心 G，内心 I，外心 O，傍心 $I^{(k)}$ 的重心坐标，我们有：

性质 10　设 E^n 中的坐标单形为 $\sum_{P(n+1)}=\{P_0,P_1,\cdots,P_n\}$，顶点 P_i 所对应的侧面的 $n-1$ 维体积为 $|f_i|$，顶点 P_k 所对应的侧面外侧的傍切超球球心为 $I^{(k)}$，坐标单形 $\sum_{P(n+1)}$ 的外接超球的半径为 R_n，则坐标单形的重心 G，内心 I，傍心 $I^{(k)}$，外心 O 的规范重心坐标依次为：

(1)
$$G=\left(\frac{1}{n+1},\frac{1}{n+1},\cdots,\frac{1}{n+1}\right)\qquad(6.1.25)$$

(2)
$$I=\frac{1}{\sum\limits_{i=1}^{n}|f_i|}(|f_0|,|f_1|,\cdots,|f_n|)\qquad(6.1.26)$$

(3)
$$I^{(k)}=\frac{1}{\sum\limits_{i=0}^{n}s(i)|f_i|}(s(0)|f_0|,\cdots,s(n)|f_n|)\qquad(6.1.27)$$

其中 $k=0,1,\cdots,n$. 当 $i=k$ 时，$s(i)=-1$；当 $i\neq k$ 时，$s(i)=1$.

(4)
$$O=(\boldsymbol{\lambda})=(\lambda_0,\lambda_1,\cdots,\lambda_n)\qquad(6.1.28)$$

其中 $\boldsymbol{\lambda}^{\mathrm{T}}=-R^2\boldsymbol{D}_0^{-1}\boldsymbol{e}$. 而

$$R_n^2=\frac{1}{\boldsymbol{e}\boldsymbol{D}_0^{-1}\boldsymbol{e}^{\mathrm{T}}},\boldsymbol{e}=(1\ 1\ \cdots\ 1)$$

$$\boldsymbol{D}_0=\left(-\frac{1}{2}\rho_{ij}^2\right)_{(n+1)\times(n+1)}$$

$$(i,j=0,1,\cdots,n;\rho_{ij}=\rho_{ji},\rho_{ii}=0)$$

$$\lambda_i=\frac{D_{0i}}{D}\quad(i=0,1,\cdots,n)$$

D_{0i}是 $n+2$ 阶 C-M 行列式 D(见性质 2.2.7)的第 k 行(D 的行、列编号从 0 到$n+1$)第 i 列处元素的代数余子式.

证明　对于(6.1.25),(6.1.26),(6.1.27)三式,由定义 3.2.1 及 3.2.2 即得.下面仅证式(6.1.28)[30].

由外接超球半径的平方有

$$R^2=|P_0O|^2=\cdots=|P_nO|^2$$

由式(6.1.18),知

$$|P_iO|^2=(\lambda-e_i)\cdot D_0\cdot(\lambda-e_i)^{\mathrm T}$$

其中 $e_i=(0,\cdots,0,1,0,\cdots,0)$是坐标单形顶点 P_i 的规范重心坐标,注意到$\boldsymbol{e}_i\cdot\boldsymbol{D}_0\cdot\boldsymbol{e}_i^{\mathrm T}=0$,则

$$|P_iO|^2=\boldsymbol{\lambda D}_0\boldsymbol{\lambda}^{\mathrm T}-2\boldsymbol{e}_i\boldsymbol{D}_0\boldsymbol{\lambda}^{\mathrm T}$$

因此

$$\begin{pmatrix}|P_0O|^2\\ \vdots\\ |P_nO|^2\end{pmatrix}=(\boldsymbol{\lambda D}_0\boldsymbol{\lambda}^{\mathrm T})\begin{pmatrix}1\\ \vdots\\ 1\end{pmatrix}-2\begin{pmatrix}1&0&\cdots&0\\ \vdots&\vdots&&\vdots\\ 0&0&\cdots&1\end{pmatrix}\cdot\boldsymbol{D}_0\boldsymbol{\lambda}^{\mathrm T}$$

即
$$R_n^2\cdot\boldsymbol{e}^{\mathrm T}=(\boldsymbol{\lambda D}_0\boldsymbol{\lambda}^{\mathrm T})\cdot\boldsymbol{e}^{\mathrm T}-2\boldsymbol{D}_0\boldsymbol{\lambda}^{\mathrm T}$$

上式两边左乘 λ,注意到 $\boldsymbol{\lambda e}^{\mathrm T}=1$,则有 $R_n^2=-\boldsymbol{\lambda D}_0\boldsymbol{\lambda}^{\mathrm T}$.

将它代入上式得 $\boldsymbol{D}_0\boldsymbol{\lambda}^{\mathrm T}=-R_n^2\boldsymbol{e}^{\mathrm T}$.

当$|\boldsymbol{D}_0|\neq0$ 时,$\boldsymbol{D}_0^{-1}$ 存在,从而式(6.1.28)成立;当$|\boldsymbol{D}_0|=0$ 时,$\boldsymbol{D}_0^{-1}$ 不存在,这里就不研究了.再注意到式(1.5.6),我们便证得了结论.

在此,我们又有:

推论 1 设 E^n 中的坐标单形为 $\Sigma_{P(n+1)}=\{P_0,P_1,\cdots,P_n\}$，$E^n$ 中任一点 M 的重心坐标为 $(\mu_0:\mu_1:\mu_2:\cdots:\mu_n)=\mu$，则坐标单形的外接超球面的重心坐标方程为

$$\boldsymbol{\mu}\cdot\boldsymbol{D}_0\cdot\boldsymbol{\mu}^{\mathrm{T}}=0 \qquad (6.1.29)$$

证明 由式(6.1.18)，知

$$\begin{aligned}|OM|^2&=(\mu-\lambda)\cdot\boldsymbol{D}_0(\mu-\lambda)^{\mathrm{T}}\\&=\boldsymbol{\mu}\boldsymbol{D}_0\boldsymbol{\mu}^{\mathrm{T}}-\boldsymbol{\mu}\boldsymbol{D}_0\boldsymbol{\lambda}^{\mathrm{T}}-\boldsymbol{\lambda}\boldsymbol{D}_0\boldsymbol{\mu}^{\mathrm{T}}+\boldsymbol{\lambda}\boldsymbol{D}_0\boldsymbol{\lambda}^{\mathrm{T}}\end{aligned}$$

将 $\boldsymbol{\lambda}^{\mathrm{T}}=-R_n^2\boldsymbol{D}_0^{-1}\boldsymbol{e}^{\mathrm{T}}$ 代入，注意到 $\boldsymbol{\mu}\boldsymbol{e}^{\mathrm{T}}=1=\boldsymbol{e}\boldsymbol{\mu}^{\mathrm{T}}$，有

$$|OM|^2=\boldsymbol{\mu}\boldsymbol{D}_0\boldsymbol{\mu}^{\mathrm{T}}+R_n^2 \qquad (6.1.30)$$

点 M 在坐标单形的外接超球面上的充要条件为

$$|OM|^2=R_n^2$$

因此，有 $\mu D_0\mu^{\mathrm{T}}=0$. 证毕.

这里的式(6.1.29)与(6.1.22)完全相同.

在此，我们又由单形的内切超球半径公式(7.4.7)，即

$$r_n=\frac{n\cdot V(\Sigma_{P(n+1)})}{\sum\limits_{i=0}^{n}|f_i|}$$

将内心 I 的重心规范坐标式(6.1.25)代入式(6.1.30)，有：

推论 2

$$R_n^2=|OI|^2+\frac{r_n^2}{n^2V^2(\Sigma_{P(n+1)})}\sum_{0\leqslant i<j\leqslant n}\rho_{ij}^2|f_i||f_j| \qquad (6.1.31)$$

最后，我们来看性质 2 的推广结论[30]：

性质 11 设 E^n 中一点 M 关于坐标单形 $\Sigma_{P(n+1)}=\{P_0,P_1,\cdots,P_n\}$ 的规范重心坐标为 $(\lambda_0,\lambda_1,\cdots,\lambda_n)$，$M$ 关于 $\Sigma_{P(n+1)}$ 的垂足（从点 M 向各侧面 f_i 引垂线得到

的交点）单形（见定义 9. 17. 3）为 $\sum_{H(n+1)}=\{H_0,H_1,\cdots,H_n\}$，又 H_i 关于 $\sum_{P(n+1)}$ 的规范重心坐标为 $(h_{i0},h_{i1},\cdots,h_{in})(i=0,1,\cdots,n)$，当 $i,j=0,1,\cdots,n$ 时，则

$$h_{ij}=\begin{cases}0 & 当\ j=i\ 时\\ \dfrac{\lambda_j|f_i|+\lambda_i|f_j|}{|f_i|}\cos\langle i,j\rangle & 当\ j\neq i\ 时\end{cases}\tag{6.1.32}$$

其中 $|f_i|$ 表侧面 f_i 的 $n-1$ 维体积，$\langle i,j\rangle$ 是侧面 f_i 与 f_i 所夹内二面角，并适当规定侧面法线 $\boldsymbol{e}_i,\boldsymbol{e}_j$ 的方向后，使 $\langle i,j\rangle=\pi-\langle \boldsymbol{e}_i,\boldsymbol{e}_j\rangle$ 成立.

证明　过点 $M,H_i,H_j(i\neq j)$ 作 2 维平面 π_{ij}，则 $\pi_{ij}\perp f_i,\pi_{ij}\perp f_j$，设 π_{ij} 交 $f_i\cap f_j(i\neq j)$ 于 K，而 $\boldsymbol{d}_k(k=i,j)$ 表示 M 到 f_k 的有向距离 $\overrightarrow{MH_k}$，当 M 与 P_k 在超平面 f_k 同侧时，$\boldsymbol{d}_k$ 取正值，异侧时，$\boldsymbol{d}_k$ 取负值. 在 π_{ij} 内过 H_i 作直线 KH_j 的垂线，垂足为 D_i，则 $H_iD_i\perp f_i,H_iD_i\,/\!/\,MH_j$. 记 H_i 到 D_i 的有向距离 $\overrightarrow{H_iD_i}$ 为 $\boldsymbol{c}_{ij}$，当 H_i 与 P_j 在 f_i 同侧时 $\boldsymbol{c}_{ij}$ 取正值，异侧取负值，则 $\boldsymbol{c}_{ij}$ 也是 H_i 到 f_j 的有向距离. 于是当 $i\neq j$ 时，显然有

$$\boldsymbol{c}_{ij}=\boldsymbol{d}_j+\boldsymbol{d}_i\cos\langle i,j\rangle$$

而由规范重心坐标定义及式(5. 2. 2)，有

$$\boldsymbol{d}_k=\frac{n\lambda_k\cdot V(\sum_{P(n+1)})}{|f_k|}\quad(k=i,j)$$

故

$$\boldsymbol{c}_{ij}=\begin{cases}0 & 当\ j=i\ 时\\ \left[\dfrac{\lambda_j}{|f_j|}+\dfrac{\lambda_i}{|f_i|}\cdot\cos\langle i,j\rangle\right]\cdot nV(\sum_{P(n+1)}) & 当\ j\neq i\ 时\end{cases}$$

再由定义 3. 2. 2，即得式(6. 1. 32).

§6.2 E^n 中的无穷远点

在笛氏直角坐标系中,任给一组有序实数$(x_1,x_2,\cdots,x_n)$,总是可以找到一个普通的点 M 与之对应,使 M 的坐标就是$(x_1,x_2,\cdots,x_n)$. 在重心坐标系中,任给$n+1$个不全为 0 的有序实数$\mu_0,\mu_1,\cdots,\mu_n$,是否也必定存在一个点 M,使得点 M 的重心坐标就是$(\mu_0:\mu_1:\cdots:\mu_n)$呢?

答案是否定的. 若 M 是一个普通的点,则按定义 3.2.1,有

$$\mu_0=k\cdot V(\Sigma_{MP_1P_2\cdots P_n}),\mu_1=k\cdot V(\Sigma_{P_0MP_2\cdots P_n}),\cdots,$$
$$\mu_n=k\cdot V(\Sigma_{P_0P_1\cdots P_{n-1}M})$$

其中 k 是一个非 0 的比例常数.

上面 $n+1$ 个式子相加,有

$$\sum_{i=0}^{n}\mu_i=k\cdot\sum_{i=0}^{n}V(\Sigma_{P_0\cdots P_{i-1}MP_{i+1}\cdots P_n})=k\cdot V(\Sigma_{P_0P_1\cdots P_n})$$

则$\sum\limits_{i=0}^{n}\mu_i\neq 0$,这是$(\mu_0:\mu_1:\cdots:\mu_n)$表示一个普通点的必要条件.

当$\sum\limits_{i=0}^{n}\mu_i=0$时,必要条件不满足,即找不到一个普通的点,其坐标为$(\mu_0:\mu_1:\cdots:\mu_n)$. 这时,仍然可以说$(\mu_0:\mu_1:\cdots:\mu_n)$表示这空间中的一个“点”,只是不再是普通的点,而是一个“无穷远点”.

定义 6.2.1 E^n 中的坐标单形为$\Sigma_{P(n+1)}=\{P_0,P_1,\cdots,P_n\}$,若有 $n+1$ 个不全为 0 的有序实数 $\mu_i(i=0,1,\cdots,n)$,且满足 $\mu_0+\mu_1+\cdots+\mu_n=0$,则重心坐标为$(\mu_0:\mu_1:\cdots:\mu_n)$的点,叫作 E^n 中的无穷远点.

定义 6.2.2　E^n 中无穷远点的集合，(由于它的每个元素都满足线性方程 $\sum_{i=0}^{n}\mu_i=0$) 即满足线性方程

$$\sum_{i=0}^{n}\mu_i=0 \tag{6.2.1}$$

的点的集合，叫作 E^n 的无穷远平面. 方程(6.2.1)称为 E^n 中的无穷远平面方程.

§6.3　重心坐标的应用举例

由定义 3.2.1 及 3.3.2，对于坐标三角形(2 维单形) $A_1A_2A_3$，经过不太复杂的计算，可得：

三顶点 A_1,A_2,A_3 的重心坐标分别为

$$A_1=(1:0:0),A_2=(0:1:1),A_3=(0:0:1) \tag{6.3.1}$$

重心 G 的重心坐标为

$$G=(1:1:1)=(\frac{1}{3}:\frac{1}{3}:\frac{1}{3}) \tag{6.3.2}$$

内心 I 的重心坐标为

$$I=(a_1:a_2:a_3)=(\sin A_1:\sin A_3:\sin A_3) \tag{6.3.3}$$

外心 O 的重心坐标为

$$O=(\sin 2A_1:\sin 2A_2:\sin 2A_3) \tag{6.3.4}$$

垂心 H 的重心坐标为

$$H=(\tan A_1:\tan A_2:\tan A_3)=(\frac{1}{p_1}:\frac{1}{p_2}:\frac{1}{p_3}) \tag{6.3.5}$$

其中 a_i 为角 A_i 所对的边长，$p_i=\frac{1}{2}(a_{i+1}^2+a_{i+2}^2+a_i^2)$，

$i=1,2,3$，且 $i+1$ 或 $i+2$ 表示除 3 的余数为 1 或 2.

由式(6.1.18)及(6.1.21)可推得：

坐标三角形的外接圆重心坐标方程为

$$a_1^2\mu_2\mu_3+a_2^2\mu_1\mu_3+a_3^2\mu_2\mu_1=0 \qquad (6.3.6)$$

过坐标三角形三边中点的圆的重心坐标方程为

$$p_1\mu_1^2+p_2\mu_2^2+p_3\mu_3^2-a_1^2\mu_2\mu_3-a_2^2\mu_1\mu_3-a_3^2\mu_2\mu_1=0 \qquad (6.3.7)$$

坐标三角形内切圆的重心坐标方程为

$$(l-a_1)^2\mu_1^2+(l-a_2)^2\mu_2^2+(l-a_3)^2\mu_3^2-2(l-a_2)(l-a_3)\mu_2\mu_3-2(l-a_3)(l-a_1)\mu_3\mu_1-2(l-a_1)(l-a_2)\mu_1\mu_2=0 \qquad (6.3.8)$$

其中 $l=\frac{1}{2}(a_1+a_2+a_3)$，三切点的重心坐标为 $(0:(l-a_3):(l-a_2))$，$((l-a_3):0:(l-a_1))$，$((l-a_2):(l-a_1):0)$.

由式(6.1.13)，式(6.1.6)还有三点共线及三线共点的结论等.

运用以上结论，可以有效地解决一系列平面几何问题.

例 1 求证：$\triangle A_1A_2A_3$ 的外心 O，重心 G，垂心 H 三点共线(Euler 线).

证明 为证明此三点共线，只需考虑行列式

$$\begin{vmatrix} \sin 2A_1 & \sin 2A_2 & \sin 2A_3 \\ 1 & 1 & 1 \\ \tan A_1 & \tan A_2 & \tan A_3 \end{vmatrix}=|A|$$

之值是否为 0. 作恒等变换(注意三角公式恒等变形)

$|A|$

$$=2\sin A_1\sin A_2\sin A_3\begin{vmatrix}\cos A_1 & \cos A_2 & \cos A_3\\ \dfrac{1}{\sin A_1} & \dfrac{1}{\sin A_2} & \dfrac{1}{\sin A_3}\\ \dfrac{1}{\cos A_1} & \dfrac{1}{\cos A_2} & \dfrac{1}{\cos A_3}\end{vmatrix}$$

$$= -2\sin A_1\sin A_2\sin A_3\cdot$$

$$\begin{vmatrix}\cos(A_2+A_3) & \cos(A_3+A_1) & \cos(A_1+A_2)\\ \dfrac{1}{\sin A_1} & \dfrac{1}{\sin A_2} & \dfrac{1}{\sin A_3}\\ \dfrac{1}{\cos A_1} & \dfrac{1}{\cos A_2} & \dfrac{1}{\cos A_3}\end{vmatrix}$$

$$= -\frac{2}{\cos A_1\cos A_2\cos A_3}\cdot$$

$$\begin{vmatrix}\cos(A_2+A_3) & \cos(A_3+A_1) & \cos(A_1+A_2)\\ \sin A_2\sin A_3 & \sin A_3\sin A_1 & \sin A_1\sin A_2\\ \cos A_2\cos A_3 & \cos A_3\cos A_1 & \cos A_1\cos A_2\end{vmatrix}$$

上述行列式的第一行等于第二、三两行之差，故有 $|A|=0$. 于是由(6.1.13)知，O,G,H 三点共线.

例2 设 $\triangle A_1A_2A_3$ 的三个傍切圆在线段 A_2A_3，A_3A_1，A_1A_2 之切点分别为 N_1，N_2，N_3，即知三直线 A_1N_1，A_2N_2，A_3N_3 共点于 N（称为该三角形的 Nagel 点），求证：三角形的重心 G，内心 I，Nagel 点 N 三点共线.

证明 不难算出 Nagel 点的重心坐标为

$$N=((l-a_1):(l-a_2):(l-a_3)),l=\frac{1}{2}(a_1+a_2+a_3)$$

由 $\begin{vmatrix} 1 & 1 & 1 \\ a_1 & a_2 & a_3 \\ l-a_1 & l-a_2 & l-a_3 \end{vmatrix}=0$ 即证得结论成立.

例 3 求证:圆内接四边形 $A_0A_1A_2A_3$ 中,两双对边乘积之和等于两对角线乘积(Ptolemy 定理).

证明 取$\triangle A_1A_2A_3$ 为坐标三角形,令 $A_0=(\mu_1:\mu_2:\mu_3)$,由式(6.3.6)及定义 3.2.1,有

$$\begin{aligned}\mu_1:\mu_2:\mu_3 &= S_{\triangle A_0A_2A_3}:S_{\triangle A_0A_3A_1}:S_{\triangle A_0A_1A_2} \\ &= \frac{a_1b_2b_3}{4R}:\frac{a_2b_3b_1}{4R}:\left(-\frac{a_3b_1b_2}{4R}\right)\end{aligned}$$

其中 $A_2A_3=a_1,A_3A_1=a_2,A_1A_2=a_3,A_1A_0=b_1,A_0A_2=b_2,A_0A_3=b_3$. 于是

$$-a_1^2a_2b_3b_1a_3b_1b_2-a_2^2a_3b_1b_2a_1b_2b_3+a_3^2a_1b_2b_3a_2b_3b_1=0$$

即
$$a_1b_1+a_2b_2=a_3b_3$$

类似于上例,设点 P 在外接圆 $\overset{\frown}{A_2A_0}$ 上,且到边 A_iA_{i+1} 的距离为 $d_i(i=0,1,2)$,则点 P 重心坐标为 $(\mu_1:\mu_2:\mu_3)=\left(\frac{a_1d_1}{2S_{\triangle A_1A_2A_3}}:\frac{-a_2d_2}{2S_{\triangle A_1A_2A_3}}:\frac{a_3d_3}{2S_{\triangle A_1A_2A_3}}\right)$,代入式(6.3.6)得

$$-a_3d_1d_2-a_1d_2d_3+a_2d_1d_3=0$$

即有
$$\frac{a_3}{d_3}+\frac{a_1}{d_1}=\frac{a_2}{d_2}$$

例 4 求证:$\triangle A_1A_2A_3$ 三边的中点 G_1,G_2,G_3;三高线的垂足 H_1,H_2,H_3,以及诸顶点与垂心 H 所连线段之中点 M_1,M_2,M_3 这九点共圆(九点圆).

证明 由式(6.3.7)知,G_1,G_2,G_3 所决定的圆的方程为

$$p_1\mu_0^2+p_2\mu_2^2+p_3\mu_3^2-a_1^2\mu_2\mu_3-a_2^2\mu_3\mu_1-a_3^2\mu_1\mu_2=0$$

又经计算，有

$$H_1=(0:\frac{1}{p_2}:\frac{1}{p_3}),H_2=(\frac{1}{p_1}:0:\frac{1}{p_3}),H_3=(\frac{1}{p_1}:\frac{1}{p_2}:0)$$

将 H_1 的坐标代入上式验证，确有

$$p_2\cdot\frac{1}{p_2^2}+p_3\cdot\frac{1}{p_3^2}-\frac{a_1^2}{p_2p_3}-\frac{p_1+p_3-a_1^2}{p_2p_3}=0$$

同理，H_2,H_3 也在此圆上.

其次，按式(6.1.17)可计算出 M_1,M_2,M_3 的重心坐标

$$M_1=((\frac{2}{p_1}+\frac{1}{p_2}+\frac{1}{p_3}):\frac{1}{p_2}:\frac{1}{p_3})$$

$$M_2=(\frac{1}{p_1}:(\frac{1}{p_1}+\frac{2}{p_2}+\frac{1}{p_3}):\frac{1}{p_3})$$

$$M_3=(\frac{1}{p_1}:\frac{1}{p_2}:(\frac{1}{p_1}+\frac{1}{p_2}+\frac{2}{p_3}))$$

将 M_i 的坐标也代入前式验证，满足该式，这就证得 $G_1,G_2,G_3,H_1,H_2,H_3,M_1,M_2,M_3$ 九点共圆.

例5　给定四面体 $ABCD$ 及内部任一点 P，直线段 AP,BP,CP,DP 与对面的交点分别为 A_1,B_2,C_1,D_1. 求证：比值$\overrightarrow{AP}:\overrightarrow{PA_1},\overrightarrow{BP}:\overrightarrow{PB_1},\overrightarrow{CP}:\overrightarrow{PC_1},\overrightarrow{DP}:\overrightarrow{PD_1}$ 中，至少有一个不大于3，也至少有一个不小于3.

证明　把 $ABCD$ 作为坐标四面体，设点 P 的规范重心坐标为(λ,μ,ν,ω)，则由式(6.1.17)

$$\overrightarrow{AP}:\overrightarrow{PA_1}=(1-\lambda):\lambda,\overrightarrow{BP}:\overrightarrow{PB_1}=(1-\mu):\mu$$

$$\overrightarrow{CP}:\overrightarrow{PC_1}=(1-\nu):\nu,\overrightarrow{DP}:\overrightarrow{PD_1}=(1-\omega):\omega$$

如果这四个比值均大于3，则 $1-\lambda>3\lambda,1-\mu>3\mu,1-\nu>3\nu,1-\omega>3\omega$，相加有 $4-(\lambda+\mu+\nu+\omega)>3(\lambda+\mu+\nu+\omega)$，得 $3>3$ 矛盾，这说明四个比值中至

少有一个不大于3.

同理可证:四比值中至少有一个不小于3.

例6 在四面体 $ABCD$ 的各棱上分别任取不与端点重合的一点,设为 M,N,P,Q,R,S. 求证:在四面体 $AMPQ,BNMR,CPNS,DQSR$ 中至少有一个体积不大于原四面体体积的八分之一.

证明 由于 M,N,P,Q,R,S 各点均在各棱上,即同时在两个侧面上,取四面体 $ABCD$ 为坐标单形,所以重心规范坐标(或体积坐标)中有两个分量为0,则

$$M=(\lambda,1-\lambda,0,0),N=(0,\mu,1-\mu,0)$$
$$P=(x,0,1-x,0),Q=(\nu,0,0,1-\nu)$$
$$S=(0,0,y,1-y),R=(0,\omega,0,1-\omega)$$

由式(6.1.12),有

$$V_{AMPQ}=\begin{vmatrix}1 & 0 & 0 & 0\\ \lambda & 1-\lambda & 0 & 0\\ x & 0 & 1-x & 0\\ \nu & 0 & 0 & 1-\nu\end{vmatrix}\cdot V_{ABCD}$$
$$=(1-\lambda)(1-x)(1-\nu)\cdot V_{ABCD}$$

同理

$$V_{BNMR}=\lambda(1-\mu)(1-\omega)\cdot V_{ABCD}$$
$$V_{CPNS}=x\cdot\mu\cdot(1-y)\cdot V_{ABCD}$$
$$V_{DQSR}=\nu\cdot\omega\cdot y\cdot V_{ABCD}$$

注意到 $x\in(0,1)$ 时,$x(1-x)\leqslant\frac{1}{4}$. 以上四式相乘

$$乘积右端\leqslant\left(\frac{1}{4}\right)^6\cdot V_{ABCD}^4=\left(\frac{1}{8}V_{ABCD}\right)^4$$

故四个四面体体积不能都大于原四面体体积的 $\frac{1}{8}$. 命题获证.

注　例6实际上是如下平面几何问题的3维推广：

设A',B',C'分别是$\triangle ABC$的三边BC,CA,AB上任意一点，则$\triangle AB'C',\triangle A'BC',\triangle A'B'C'$中至少有一个面积不超过$\triangle ABC$的面积的四分之一.

其实这道平面几何问题还可以推广到高维情形：

例7　在E^n中n维单形$\sum_{P(n+1)}=\{P_0,P_1,\cdots,P_n\}$的棱$P_iP_j$上，任取一点$M_{ij}(=M_{ji},i\neq j,i,j=0,1,\cdots,n)$，设单形$\sum_{P(n+1)}$和$\sum_{M_i(n+1)}=\{M_{i0},M_{i1},\cdots,M_{i,i-1},P_i,M_{i,i+1},\cdots,M_{in}\}$的体积分别为$V(\sum_P)$和$V(\sum_{M_i})(i=0,1,\cdots,n)$，则

$$\min_{0\leqslant i\leqslant n}V(\sum_{M_i})\leqslant\frac{1}{2^n}V(\sum_P)\qquad(6.3.9)$$

为证明此结论，我们先给出如下引理：

引理　给定n维欧氏空间E^n中一个n维单形$\sum_{A(n+1)}=\{A_0,A_1,\cdots,A_n\}$，设$A_{0i}$为棱$A_0A_i$上的点，且满足$|A_0A_{0i}|:|A_{0i}A_i|=k_i:(1-k_i)$，其中$k_i\geqslant 0$为常数，$i=1,2,\cdots,n$. 又单形$\sum_{A(n+1)}$和单形$\sum_{A_0}=\{A_0,A_{01},\cdots,A_{0n}\}$的体积分别是$V(\sum_A)$和$V(\sum_{A_0})$，则

$$\frac{V(\sum_{A_0})}{V(\sum_A)}=\prod_{i=1}^{n}k_i\qquad(6.3.10)$$

事实上，由式(6.1.6)，易得A_{0i}的规范重心坐标为$(1-k_i,0,\cdots,0,k_i,0,\cdots,0)$，故由式(6.1.12)，得

$$\frac{V(\sum_{A_0})}{V(\sum_A)}=\begin{vmatrix}1&0&0&\cdots&0\\1-k_1&k_1&0&\cdots&0\\1-k_2&0&k_2&\cdots&0\\\vdots&\vdots&\vdots&&\vdots\\1-k_n&0&0&\cdots&k_n\end{vmatrix}=\prod_{i=1}^{n}k_i$$

下面,我们证明式(6.3.9):

证明 设$|P_iM_{ij}|:|M_{ij}P_j|=\alpha_{ij}:(1-\alpha_{ij})(0\leqslant i<j\leqslant n)$,则对任意固定的$i$,当$k<i$时,$|P_kM_{ki}|:|M_{ki}P_i|=\alpha_{ki}:(1-\alpha_{ki})$.

当$k>i$时,$|P_kM_{ki}|:|M_{ki}P_i|=(1-\alpha_{ik}):\alpha_{ik}=\alpha'_{ki}:(1-\alpha'_{ki})$,其中$\alpha'_{ki}=1-\alpha_{ik}$. 于是,由式(6.3.10),得

$$\frac{V(\sum_{M_i})}{V(\sum_P)}=\prod_{0\leqslant k<i}\alpha_{ki}\prod_{i<k\leqslant n}\alpha'_{ki}=\prod_{0\leqslant k<i}\alpha_{ki}\cdot\prod_{i<k\leqslant n}(1-\alpha_{ik})$$

从而

$$\begin{aligned}\sum_{i=0}^{n}\frac{V(\sum_{M_i})}{V(\sum_P)}&=\prod_{i=0}^{n}\Big[\prod_{0\leqslant k<i}\alpha_{ki}\cdot\prod_{0<k\leqslant n}(1-a_{ik})\Big]\\&=\prod_{0\leqslant k<i\leqslant n}\alpha_{ki}(1-a_{ki})\\&\leqslant\prod_{0\leqslant k<i\leqslant n}\Big[\frac{\alpha_{ki}+(1-\alpha_{ki})}{2}\Big]^2=\frac{1}{2^{n(n+1)}}\end{aligned}$$

于是
$$\min_{0\leqslant i\leqslant n}\frac{V(\sum_{M_i})}{V(\sum_P)}\leqslant\sqrt[n+1]{\prod_{i=0}^{n}\frac{V(\sum_{M_i})}{V(\sum_P)}}\leqslant\frac{1}{2^n}$$

即
$$\min_{0\leqslant i\leqslant n}V(\sum_{M_i})\leqslant\frac{1}{2^n}V(\sum_P)$$

类似于例7,我们可讨论如下平面几何问题的高维推广[28]:

设G为$\triangle ABC$的重心,过G的直线与AB,AC分别交于E,F,又S,S_1,S_2分别表$\triangle ABC$,四边形$BEFC$,$\triangle AEF$的面积,则

$$0\leqslant S_1-S_2\leqslant\frac{1}{9}S$$

例8 设E^n中n维单形$\sum_{P(n+1)}=\{P_0,P_1,\cdots,P_n\}$的重心为$G$,过$G$的$n-1$维超平面交棱$P_0P_i$于$B_i$

$(i=1,2,\cdots,n)$. 从单形 $\sum_{P(n+1)}$ 去掉单形 $\sum_{P_0'}=\{P_0,B_1,\cdots,B_n\}$ 后剩下的超多面体记为 $\sum_{\triangle}$. 又 $\sum_{P(n+1)}$, $\sum_{P_0'}$, $\sum_{\triangle}$ 的体积分别记为 $V(\sum_{P(n+1)})$, $V(\sum_{P_0'})$, $V(\sum_{\triangle})$,则

$$0\leqslant\frac{V(\sum_{\triangle})-V(\sum_{P_0'})}{V(\sum_{P(n+1)})}\leqslant 1-2\left(\frac{n}{n+1}\right)^n \quad (6.3.11)$$

证明　设 $|P_0B_i|:|B_iP_i|=\alpha_i:(1-\alpha_i)$(其中 $i=1,2,\cdots,n$),因 B_i 在棱 P_0P_i 上,故 $0\leqslant\alpha_i\leqslant 1$. 由式(6.3.10),得

$$\frac{V(\sum_{P_0'})}{V(\sum_{P(n+1)})}=\prod_{i=1}^{n}\alpha_i$$

由式(6.1.6),易算得 B_i 的规范重心坐标为$(1-\alpha_i,0,\cdots,0,\alpha_i,0,\cdots,0)$,又重心 G 的重心坐标为$\left(\frac{1}{n+1},\cdots,\frac{1}{n+1}\right)$.

由于 $G,B_1,B_2,\cdots,B_n$ 在同一超平面内,由式(6.1.14),得

$$\begin{vmatrix} \frac{1}{n+1} & \frac{1}{n+1} & \frac{1}{n+1} & \cdots & \frac{1}{n+1} \\ 1-\alpha_1 & \alpha_1 & 0 & \cdots & 0 \\ \vdots & \vdots & \vdots & & \vdots \\ 1-\alpha_n & 0 & 0 & \cdots & \alpha_n \end{vmatrix}=0$$

即
$$(n+1)\prod_{i=1}^{n}\alpha_i-\sum_{i=1}^{n}\prod_{\substack{j=1\\ j\neq i}}^{n}\alpha_j=0 \quad (6.3.12)$$

由平均值不等式,得

$$(n+1)\prod_{i=1}^{n}\alpha_i=\sum_{i=1}^{n}\prod_{\substack{j=1\\ j\neq i}}^{n}\alpha_j\geqslant n\left[\prod_{i=1}^{n}\left(\prod_{\substack{j=1\\ j\neq i}}^{n}\alpha_j\right)\right]^{\frac{1}{n}}=n\left(\prod_{i=1}^{n}\alpha_i\right)^{\frac{n-1}{n}}$$

则
$$(n+1)\left(\prod_{i=1}^{n}\alpha_i\right)^{1-\frac{n-1}{n}}\geqslant n$$

即
$$\prod_{i=1}^{n}\alpha_i \geqslant \left(\frac{n}{n+1}\right)^n$$
从而
$$\frac{V(\sum_{\triangle})-V(\sum_{P_0'})}{V(\sum_{P(n+1)})}=1-\frac{2V(\sum_{P_0'})}{V(\sum_{P(n+1)})}\leqslant 1-2\left(\frac{n}{n+1}\right)^n$$

另一方面，若有某 $\alpha_i=0$，则由式(6.3.10)，得 $V(\sum_{P_0'})=0, V(\sum_{\triangle})=V(\sum_{P(n+1)})$，有 $\frac{V(\sum_{\triangle})-V(\sum_{P_0'})}{V(\sum_{P(n+1)})}=1\geqslant 0$. 故不妨设 $0<\alpha_i\leqslant 1(i=1,2,\cdots,n)$，令 $\beta_i=\frac{1}{\alpha_i}\geqslant 0$ $(i=1,2,\cdots,n)$，由式(6.3.12)，两边除以 $\prod_{i=1}^{n}\alpha_i$，得
$$\sum_{i=1}^{n}\beta_i=n+1 \tag{6.3.13}$$

又 $\beta_i\geqslant 1(i=1,2,\cdots,n)$，故 $\beta_i\leqslant 2(i=1,2,\cdots,n)$，并且如果有某个 $\beta_{i_0}=2$，由 $\beta_1=\beta_2=\cdots=\beta_{i_0-1}=\beta_{i_0+1}=\cdots=\beta_n=1$，这时
$$\frac{V(\sum_{P_0'})}{V(\sum_{P(n+1)})}=\prod_{i=1}^{n}\alpha_i=\frac{1}{\prod_{i=1}^{n}\beta_i}=\frac{1}{2}$$

如果满足式(6.3.13)的 $\beta_i(i=1,2,\cdots,n)$都小于 2，不失一般性，设 $2>\beta_1\geqslant\beta_2\geqslant\cdots\geqslant\beta_n\geqslant 1$，由式(6.3.13)知，必存在 i，使
$$2>\beta_1\geqslant\beta_2\geqslant\cdots\geqslant\beta_{i_0}>1=\beta_{i_0+1}=\beta_{i_0+2}=\cdots=\beta_n \tag{6.3.14}$$

故存在正数 $d_j(j=1,2,\cdots,i_0)$，使 $\beta_1=2-d_1,\beta_j=1+d_j(j=2,3,\cdots,i_0)$，且由(6.3.13)及(6.3.14)知
$$1>d_1=d_2+d_3+\cdots+d_{i_0}>0$$

于是由伯努利(Bernoulli)不等式及上式，得

$$\begin{aligned}\prod_{i=1}^{n}\beta_i &= (2-d_1)(1+d_2)(1+d_3)\cdots(1+d_{i_0})\\ &\geqslant (2-d_1)(1+d_2+d_3+\cdots+d_{i_0})\\ &=2+2(d_2+d_3+\cdots+d_{i_0})-d_1(1+d_2+\cdots+d_{i_0})\\ &>2+2d_1-2d_1=2\end{aligned}$$

即 $\min\prod\limits_{i=1}^{n}\beta_i=2$. 故有

$$\frac{V(\sum_{P_0'})}{V(\sum_{P(n+1)})}=\frac{1}{\prod\limits_{j=1}^{n}\beta_j}\leqslant\frac{1}{2}$$

从而

$$\frac{V(\sum_{\triangle})-V(\sum_{P_0'})}{V(\sum_{P(n+1)})}=1-\frac{V(\sum_{P_0'})}{V(\sum_{P(n+1)})}\geqslant 1-2\times\frac{1}{2}=0$$

综上便得

$$0\leqslant\frac{V(\sum_{\triangle})-V(\sum_{P_0'})}{V(\sum_{P(n+1)})}\leqslant 1-2\left(\frac{n}{n+1}\right)^n$$

重心坐标的应用是非常广泛的，本书后面有关章节中还会介绍.

下面，再给出几个结论：

结论 1　设 M 为 E^n 中 n 维单形 $\sum_{P(n+1)}=\{P_0,P_1,\cdots,P_n\}$ 内部任一点，连线 P_iM 的延长线交 P_i 所对界(侧)面 f_i 于点 $A_i(i=0,1,\cdots,n)$. 若 M 关于坐标单形 $\sum_{P(n+1)}$ 的重心坐标为 $(\mu_0:\mu_1:\cdots:\mu_n)$，则 A_i 关于坐标单形 $\sum_{P(n+1)}$ 的重心坐标为

$$(\mu_0:\mu_1:\cdots:\mu_{i-1}:0:\mu_{i+1}:\cdots:\mu_n)\qquad(6.3.15)$$

事实上，由式(6.1.17)即得式(6.3.15).

结论 2　设 M 为 E^n 中 n 维单形 $\sum_{P(n+1)}=\{P_0,P_1,\cdots,P_n\}$ 内部任一点，M 关于坐标单形 $\sum_{P(n+1)}$ 的重心规范坐标为 $(\lambda_0,\lambda_1,\cdots,\lambda_n)$，其中 $\lambda_i=\dfrac{V(\sum_{P_i(n+1)})}{V(\sum_{P(n+1)})}$,

$\sum_{P_i(n+1)}=\{M,P_0,\cdots,P_{i-1},P_{i+1},\cdots,P_n\}$,则对于 E^n 中任一点 Q,有

$$\sum_{i=0}^{n}\lambda_i\overrightarrow{QP_i}^2=\sum_{0\leqslant i<j\leqslant n}\lambda_i\lambda_j\overrightarrow{P_iP_j}^2\qquad(6.3.16)$$

事实上,注意到$\sum_{i=0}^{n}\lambda_i=1$,由$\overrightarrow{QM}=\sum_{i=0}^{n}\lambda_i\overrightarrow{QP_i}$有

$$\sum_{i=0}^{n}\lambda_i\overrightarrow{MP_i}=\sum_{i=0}^{n}\lambda_i(\overrightarrow{QP_i}-\overrightarrow{QM})=\mathbf{0}$$

亦有

$$\sum\lambda_i\overrightarrow{QP_i}^2=\sum\lambda_i(\overrightarrow{QM}+\overrightarrow{MP_i})^2=QM^2+\sum_{i=0}^{n}\lambda_i\overrightarrow{MP_i}^2$$

对此式取 $Q\equiv P$;并两边同乘以 λ,得

$$\sum_{i=0}^{n}\lambda_i\lambda_j\overrightarrow{P_iP_j}^2=\lambda_jP_jM^2+\lambda_j\sum_{i=0}^{n}\lambda_i\overrightarrow{MP_i}^2$$

此式对 j 求得即得式(6.3.16).

第七章 单形中的一些定理与公式

本章我们将三角形中的一系列定理和公式推广到 n 维单形中.

§7.1 单形的高线,界面

定义 7.1.1 在 n 维单形 $\sum_{P(n+1)}=\{P_0,P_1,\cdots,P_n\}$ 中,顶点 P_i 所对应的侧面 $f_i=\sum_{P_i(n)}=\{P_0,\cdots,P_{i-1},P_{i+1},\cdots,P_n\}$ 称为顶点 P_i 所对的界面,其体积记为 $|f_i|$;顶点 P_i 到界面 f_i 的距离称为单形界面 f_i 上的高,其长度记为 h_i(可参见定义 5.1.6).

注意到定义 1.2.13,知过点 $P_0,\cdots,P_{i-1},P_{i+1},\cdots,P_n$ 的 $n-1$ 维超平面 $\pi_{n-1}^{(i)}$ 的方程为

$$\boldsymbol{N}_i\cdot\boldsymbol{X}_i+A_{in+1}=0\quad(i=0,1,\cdots,n)\tag{7.1.1}$$

其中 n 维向量 $\boldsymbol{N}_i=(A_{i1},A_{i2},\cdots,A_{in})\neq\boldsymbol{0}$ 是超平面 $\pi_{n-1}^{(i)}$ 的法向量或方位向量.

又注意到过点 $P_0,\cdots,P_{i-1},P_{i+1},\cdots,P_n$ 的 $n-1$ 维超平面 $\pi_{n-1}^{(i)}$ 的方程可写为

$$G_i=\begin{vmatrix} t_1 & t_2 & \cdots & t_n & 1 \\ x_{11} & x_{12} & \cdots & x_{1n} & 1 \\ \vdots & \vdots & & \vdots & \vdots \\ x_{i-1,1} & x_{i-1,2} & \cdots & x_{i-1,n} & 1 \\ x_{i+1,1} & x_{i+1,2} & \cdots & x_{i+1,n} & 1 \\ \vdots & \vdots & & \vdots & \vdots \\ x_{n1} & x_{n2} & \cdots & x_{nn} & 1 \end{vmatrix}=0 \tag{7.1.2}$$

将上述行列式按第一行展开，得

$$A_{i1}t_1+A_{i2}t_2+\cdots+A_{in}t_n+A_{i,n+1}=0 \tag{7.1.3}$$

其中 $A_{ij}(j=1,2,\cdots,n+1)$ 是式(7.1.2)中第1行元素的代数余子式，且顶点$P_i(i=1,2,\cdots,n)$的空间直角坐标为$(x_{i1},x_{i2},\cdots,x_{in})$.

于是，我们有：

定理 7.1.1 设在 n 维单形 $\sum_{P(n+1)}=\{P_0,P_1,\cdots,P_n\}$ 中，顶点 P_i 到界面 f_i 的高为 h_i，$A_{ij}(j=0,\cdots,i-1,i+1,\cdots,n)$ 是行列式(7.1.2)中第一行元素 $t_j(j=0,\cdots,i-1,i+1,\cdots,n)$ 的代数余子式，则

$$h_i=\frac{|G|}{\sqrt{\sum\limits_{j=1}^{n}A_{ij}^2}}\quad(i=0,1,\cdots,n) \tag{7.1.5}$$

其中$|G|$是依次用 $x_{i1},x_{i2},\cdots,x_{in}$ 换式(7.1.2)即 G_i 中的 $t_1,t_2,\cdots,t_n$ 所得结果的绝对值.

对于式(7.1.5)，当 $n=2,3$ 时分别表示在三角形中顶点到对边的距离和四面体中顶点到对面的距离，即分别为三角形的高和四面体的高.

证明　设 $H_i(x'_{i1},x'_{i2},\cdots,x'_{in})$ 是顶点 P_i 在界面 f_i 上的正投影，则向量 $\boldsymbol{\beta}=(x_{i1}-x'_{i1},x_{i2}-x'_{i2},\cdots,x_{in}-x'_{in})$ 与界面 f_i 垂直，注意到向量 $\boldsymbol{\alpha}=(A_{i1},A_{i2},\cdots,A_{in})$ 与 $\boldsymbol{\beta}$ 平行（即线性相关），故存在实数 λ，使得 $\boldsymbol{\beta}=\lambda\boldsymbol{\alpha}$，即有 $x'_{ij}=x_{ij}-\lambda A_{ij}(j=1,2,\cdots,n)$.

又点 H_i 在超平面 $\pi_{n-1}^{(i)}$ 上，故有

$$A_{i1}x'_{i1}+A_{i2}x'_{i2}+\cdots+A_{in}x'_{in}+A_{in+1}=0$$

即

$$A_{i1}(x_{i1}-\lambda A_{i1})+A_{i2}(x_{i2}-\lambda A_{i2})+\cdots+$$
$$A_{in}(x_{in}-\lambda A_{in})+A_{in+1}=0$$

从而

$$\lambda=\frac{A_{i1}x_{i1}+A_{i2}x_{i2}+\cdots+A_{in}x_{in}+A_{in+1}}{A_{i1}^2+A_{i2}^2+\cdots+A_{in}^2}=\frac{(-1)^iG}{\sum\limits_{j=1}^{h}A_{ij}^2}$$

故

$$h_i=|\overrightarrow{H_iP_i}|=\sqrt{\sum_{j=1}^{n}(x_{ij}-x'_{ij})^2}=\sqrt{\sum_{j=1}^{n}(\lambda A_{ij})^2}$$
$$=|\lambda|\sqrt{\sum_{j=1}^{n}A_{ij}^2}=\left|\frac{(-1)^iG}{\sum\limits_{j=1}^{n}A_{ij}^2}\right|\cdot\sqrt{\sum_{j=1}^{n}A_{ij}^2}=\frac{|G|}{\sqrt{\sum\limits_{j=1}^{n}A_{ij}^2}}$$

定理 7.1.2　设 $|f_i|$ 是 E^n 中 n 维单形 $\sum_{P(n+1)}=\{P_0,P_1,\cdots,P_n\}$ 中顶点 P_i 所对的界面 $f_i=\sum_{P_i(n)}=\{P_0,\cdots,P_{i-1},P_{i+1},\cdots,P_n\}$ 的 $n-1$ 维体积，且 $P_i(x_{i1},x_{i2},\cdots,x_{in})$，$A_{ij}(i=0,1,\cdots,n,j=1,2,\cdots,n)$ 的意义由式(7.1.2)给出，则

$$|f_i|=\frac{1}{(n-1)!}\sqrt{\sum_{j=1}^{n}A_{ij}^2}\quad(i=0,1,\cdots,n)\tag{7.1.6}$$

证明　由式(7.1.5)，有 $|G|=h_i\sqrt{\sum\limits_{j=1}^{n}A_{ij}^2}\,(i=0,$

$1,\cdots,n)$.

又由式(5.2.2)及式(5.2.4),有

$$V(\sum_{P(n+1)})=\frac{1}{n}|f_i|h_i,V(\sum_{P(n+1)})=\frac{1}{n!}G$$

从而,有

$$|f_i|=\frac{1}{(n-1)!}\sqrt{\sum_{j=1}^{n}A_{ij}^2}\quad(i=0,1,\cdots,n)$$

定理 7.1.3 在 n 维单形 $\sum_{P(n+1)}=\{P_0,P_1,\cdots,P_n\}$ 中,顶点 P_i 所对的界面 $f_i=\sum_{P_i(n)}=\{P_0,\cdots,P_{i-1},P_{i+1},\cdots,P_n\}$ 的法向量或方位向量为 $\boldsymbol{\alpha}_i$,则 $\boldsymbol{\alpha}_i$ 满足

$$\boldsymbol{\alpha}_i=\frac{(-1)^i}{(n-1)!}(A_{i1},A_{i2},\cdots,A_{in})\quad(i=0,1,\cdots,n)\tag{7.1.7}$$

其中 $A_{ij}(j=1,2,\cdots,n)$ 的意义由式(7.1.2)给出.

证明 由式(7.1.3),知向量 $\boldsymbol{N}_i=(A_{i1},A_{i2},\cdots,A_{in})$ 是过点 $P_0,\cdots,P_{i-1},P_{i+1},\cdots,P_n$ 的 $n-1$ 维超平面 $\boldsymbol{\pi}_{n-1}^{(i)}$ 的法向量或方位向量.

从而,$\boldsymbol{\alpha}_i=\frac{(-1)^i}{(n-1)!}\boldsymbol{N}_i=\frac{(-1)^i}{(n-1)!}(A_{i1},A_{i2},\cdots,A_{in})$ 是顶点 P_i 所对的界面 f_i 的法向量或方位向量.

注意到式(7.1.6),有

$$\begin{aligned}|f_i|&=\frac{1}{(n-1)!}\sqrt{\sum_{j=1}^{n}A_{ij}^2}\\&=\left|\frac{(-1)^i}{(n-1)!}\right|\sqrt{A_{i1}^2+A_{i2}^2+\cdots+A_{in}^2}=|\boldsymbol{\alpha}_i|\end{aligned}$$

故知 $\boldsymbol{\alpha}_i=\frac{(-1)^i}{(n-1)!}(A_{i1},A_{i2},\cdots,A_{in})$ 是顶点 P_i 所对界面 f_i 的法向量或方位向量.

定理 7.1.4 在 n 维单形 $\sum_{P(n+1)}=\{P_0,P_1,\cdots,$

$P_n\}$中,过点 P_i 所对界面$f_i=\sum_{P_i(n)}=\{P_0,\cdots,P_{i-1},P_{i+1},\cdots,P_n\}$的法向量或方位向量为 $\boldsymbol{\alpha}_i(i=0,1,2,\cdots,n)$,则

$$\boldsymbol{\alpha}_0+\boldsymbol{\alpha}_1+\cdots+\boldsymbol{\alpha}_n=\sum_{i=0}^{n}\boldsymbol{\alpha}_i=\mathbf{0} \qquad (7.1.8)$$

证明 设点 $P_i(x_{i1},x_{i2},\cdots,x_{in})(i=0,1,\cdots,n)$,$A_{ij}$ 的意义由式(7.1.2)给出,注意到定理 7.1.3,有 $\boldsymbol{\alpha}_i=\frac{(-1)^i}{(n-1)!}(A_{i1},A_{i2},\cdots,A_{in})(i=0,1,\cdots,n)$.

又设 A_{ij}对应的余子式为 D_{ij},则 $A_{ij}=(-1)^jD_{ij}$. 于是

$$\begin{aligned}\sum_{i=0}^{n}\boldsymbol{\alpha}_i&=\sum_{i=0}^{n}\frac{(-1)^i}{(n-1)!}(A_{i1},A_{i2},\cdots,A_{in})\\&=\sum_{i=0}^{n}\frac{(-1)^i}{(n-1)!}[(-1)D_{i1},(-1)^2D_{i2},\cdots,(-1)^nD_{in}]\\&=\frac{1}{(n-1)!}[(-1)\sum_{i=0}^{n}(-1)^iD_{i1},(-1)^2\\&\quad\sum_{i=0}^{n}(-1)^iD_{i2},\cdots,(-1)^n\sum_{i=1}^{n}(-1)^iD_{in}]\end{aligned}$$

而

$$\sum_{i=0}^{n}(-1)^iD_{ij}=\begin{vmatrix}1 & x_{01} & \cdots & x_{0j-1} & x_{0j+1} & \cdots & x_{0n} & 1\\1 & x_{11} & \cdots & x_{1j-1} & x_{1j+1} & \cdots & x_{1n} & 1\\\vdots & \vdots & & \vdots & \vdots & & \vdots & \vdots\\1 & x_{n1} & \cdots & x_{nj-1} & x_{nj+1} & \cdots & x_{nn} & 1\end{vmatrix}=0$$

故 $\sum_{i=0}^{n}\boldsymbol{\alpha}_i=\frac{1}{(n-1)!}(0,0,\cdots,0)=(0,0,\cdots,0)=\mathbf{0}$

显然,由上述定理,我们便给出了式(2.1.5)的一种证明.

§7.2 高维情形的 Menelaus 定理, Ceva 定理, Routh 定理

三角形 Menelaus 定理 设$\triangle P_0P_1P_2$的边P_iP_{i+1} $(i=0,1,2)$上或其延长线上的点P_i'分有向线段P_iP_{i+1}的比为$\lambda_i(i=0,1,2)$,其中$P_3\equiv P_0$,则三点P_0',P_1',P_2'共线的充分必要条件是

$$\lambda_0\lambda_1\lambda_2=-1 \tag{7.2.1}$$

三角形 Ceva 定理 设$\triangle P_0P_1P_2$的边$P_iP_{i+1}(i=0,1,2)$上或其延长线上的点P_i'分有向线段P_iP_{i+1}的比为$\lambda_i(i=0,1,2)$,其中$P_3\equiv P_0$,则三条直线P_0P_1',P_1P_2',P_2P_0'交于一点的充分必要条件是

$$\lambda_0\lambda_1\lambda_2=1 \tag{7.2.2}$$

三角形 Routh 定理 设$\triangle P_0P_1P_2$的边$P_iP_{i+1}(i=0,1,2)$上或其延长线上的点P_i'分有向线段P_iP_{i+1}的比为$\lambda_i(i=0,1,2)$,三条直线P_0P_1',P_1P_2',P_2P_0'所围成的三角形为$\triangle Q_0Q_1Q_2$.若$\triangle P_0P_1P_2$,$\triangle Q_0Q_1Q_2$的面积分别为S,S',则

$$\frac{S}{S'}=\frac{(1-\lambda_0\lambda_1\lambda_2)^2}{(1+\lambda_0+\lambda_0\lambda_1)(1+\lambda_1+\lambda_1\lambda_2)(1+\lambda_2+\lambda_2\lambda_0)} \tag{7.2.3}$$

显然式(7.2.3)是式(7.2.2)的推广.

高维 Menelaus 定理 1 设E^n中的n维单形$\sum_{P(n+1)}=\{P_0,P_1,\cdots,P_n\}$的棱$P_iP_{i+1}$上或其延长线上的点$Q_i$,分线段$P_iP_{i+1}$的比为$\lambda_i(i=0,1,\cdots,n)$,则$n+1$个点$Q_0,Q_1,\cdots,Q_n$共$n-1$维超平面的充要条件

是[174]

$$\prod_{i=0}^{n}\lambda_i=(-1)^{n+1} \tag{7.2.4}$$

特别地，$n=2$ 时，此定理即为三角形的 Menelaus 定理.

证明　注意到坐标单形 $\Sigma_{P(n+1)}$ 诸顶点关于坐标单形 $\Sigma_{P(n+1)}$ 的规范重心坐标依次为 $P_0(1,0,0,\cdots,0)$，$P_1(0,1,0,\cdots,0)$，$\cdots$，$P_i(0,\cdots,0,1,0,\cdots,0)$，$\cdots$，$P_n(0,0,0,\cdots,1)$. 由式(6.1.17)可知棱 A_iA_{i+1} 或其延长线上的点 Q_i 关于坐标单形 $\Sigma_{P(n+1)}$ 的规范重心坐标为

$$Q_i(0,\cdots,0,\frac{1}{1+\lambda_i},\frac{\lambda_i}{1+\lambda_i},0,\cdots,0)\quad(i=0,1,\cdots,n-1)$$

$$Q_n(\frac{\lambda_n}{1+\lambda_n},0,\cdots,0,\frac{1}{1+\lambda_n})$$

由式(6.1.13)可知 $n+1$ 个点 $Q_0,Q_1,\cdots,Q_n$ 在同一个 $n-1$ 维超平面上的充分必要条件是

$$\begin{vmatrix}
\frac{1}{1+\lambda_0} & \frac{\lambda_0}{1+\lambda_0} & 0 & 0 & \cdots & 0 & 0 \\
0 & \frac{1}{1+\lambda_1} & \frac{\lambda_1}{1+\lambda_1} & 0 & \cdots & 0 & 0 \\
0 & 0 & \frac{1}{1+\lambda_2} & \frac{\lambda_2}{1+\lambda_2} & \cdots & 0 & 0 \\
\vdots & \vdots & \vdots & \vdots & & \vdots & \vdots \\
0 & 0 & 0 & 0 & \cdots & \frac{1}{1+\lambda_{n-1}} & \frac{\lambda_{n-1}}{1+\lambda_{n-1}} \\
\frac{\lambda_n}{1+\lambda_n} & 0 & 0 & 0 & \cdots & 0 & \frac{1}{1+\lambda_n}
\end{vmatrix}=0$$

即

$$\frac{1}{\prod_{i=0}^{n}(1+\lambda_i)}\begin{vmatrix} 1 & \lambda_0 & 0 & 0 & \cdots & 0 & 0 \\ 0 & 1 & \lambda_1 & 0 & \cdots & 0 & 0 \\ 0 & 0 & 1 & \lambda_2 & \cdots & 0 & 0 \\ \vdots & \vdots & \vdots & \vdots & & \vdots & \vdots \\ 0 & 0 & 0 & 0 & \cdots & 1 & \lambda_{n-1} \\ \lambda_n & 0 & 0 & 0 & \cdots & 0 & 1 \end{vmatrix}$$

$$=\frac{1}{\prod_{i=0}^{n}(1+\lambda_i)}\left[(-1)^{n+2}\prod_{i=0}^{n}\lambda_i+(-1)^{2n+2}\right]=0$$

由此可得 $n+1$ 个点 $Q_0,Q_1,Q_2,\cdots,Q_n$ 在同一个 $n-1$维超平面上的充分必要条件是

$$\prod_{i=0}^{n}\lambda_i=(-1)^{n+1}$$

高维 Menelaus 定理 2 设 E^n 中的 n 维单形为 $\sum_{P(n+1)}=\{P_0,P_1,\cdots,P_n\}$，由顶点 $P_0,\cdots,P_{i-1},P_{i+1},\cdots,P_n$ 所支撑的 $n-1$ 维单形 $\sum_{P_i(n)}$ 的 $n-1$ 维体积为 $|f_i|$，$\sum_{P_i(n)}$（或其延长超平面）上一点 $Q_i(0\leqslant i\leqslant n)$，由顶点 $P_0,\cdots,P_{i-1},Q_i,P_{i+1},\cdots,P_{j-1},P_{j+1},\cdots,P_n$ 所支撑的 $n-1$ 维单形的 $n-1$ 维体积为 $|f'_j|(0\leqslant j\leqslant n)$. 若令 $\lambda_{ij}=\frac{|f'_j|}{f_i}$，则 $n+1$ 个点 $Q_0,Q_1,\cdots,Q_n$ 共超平面的充要条件是[104]

$$\begin{vmatrix} 0 & \lambda_{01} & \lambda_{02} & \cdots & \lambda_{0n} \\ \vdots & \vdots & \vdots & & \vdots \\ \lambda_{n0} & \lambda_{n1} & \lambda_{n2} & \cdots & \lambda_{nn} \end{vmatrix}=0 \quad (7.2.5)$$

证明 取坐标单形 $\sum_{P(n+1)}=\{P_0,P_1,\cdots,P_n\}$，设点 P_i 的直角坐标为 $(x_{i1},\cdots,x_{in})$，点 Q_i 的直角坐标为 $(y_{i1},\cdots,y_{in})$. 又设单形 $\sum_{P(n+1)}$ 的体积为 $V(\sum_{P(n+1)})$，顶点 $Q_0,Q_1,\cdots,Q_n$ 所支撑的 n 维单形 $\sum_{Q(n+1)}$ 的体积

为 $V(\sum_{Q(n+1)})$. 由题意，知点 Q_i 的重心坐标为 $(\lambda_{i0},\cdots,\lambda_{i,i-1},0,\lambda_{i,i+1},\cdots,\lambda_{in})$.

由式(5.2.4)及式(6.1.6)，知

$$\begin{aligned}
&V(\sum_{Q(n+1)})\\
&=\frac{1}{n!}\begin{vmatrix} y_{01} & y_{02} & \cdots & y_{0n} & 1\\ \vdots & \vdots & & \vdots & \vdots\\ y_{n1} & y_{n2} & \cdots & y_{nn} & 1\end{vmatrix}\\
&=\frac{1}{n!}\begin{vmatrix} \sum_{j=0}^{n}\lambda_{0j}x_{j1} & \sum_{j=0}^{n}\lambda_{0j}x_{j2} & \cdots & \sum_{j=0}^{n}\lambda_{0j}x_{jn}\\ \vdots & \vdots & & \vdots\\ \sum_{j=0}^{n}\lambda_{nj}x_{j1} & \sum_{j=0}^{n}\lambda_{nj}x_{j2} & \cdots & \sum_{j=0}^{n}\lambda_{nj}x_{jn}\end{vmatrix}\\
&=\begin{vmatrix} 0 & \lambda_{01} & \cdots & \lambda_{0n}\\ \vdots & \vdots & & \vdots\\ \lambda_{n0} & \lambda_{n1} & \cdots & \lambda_{nn}\end{vmatrix}\cdot\frac{1}{n!}\begin{vmatrix} x_{01} & \cdots & x_{0n} & 1\\ \vdots & & \vdots & \vdots\\ x_{n1} & \cdots & x_{nn} & 1\end{vmatrix}\\
&=V(\sum_{P(n+1)})\cdot\begin{vmatrix} 0 & \lambda_{01} & \lambda_{02} & \cdots & \lambda_{0n}\\ \vdots & \vdots & \vdots & & \vdots\\ \lambda_{n0} & \lambda_{n1} & \lambda_{n2} & \cdots & 0\end{vmatrix}
\end{aligned}$$

即

$$\frac{V(\sum_{Q(n+1)})}{V(\sum_{P(n+1)})}=|\lambda_{ij}|_{(n+1)\times(n+1)}\quad(\lambda_{ij}=0,0\leqslant i,j\leqslant n)$$

若点 $Q_0,Q_1,\cdots,Q_n$ 共超平面，则由式(6.1.14)知，$V(\sum_{Q(n+1)})=0$，此时 $|\lambda_{ij}|_{(n+1)\times(n+1)}=0$，即式(7.2.5)成立.

反之，若式(7.2.5)成立，即 $|\lambda_{ij}|_{(n+1)\times(n+1)}=0$，则 $V(\sum_{Q(n+1)})=0$，$Q_0,Q_1,\cdots,Q_n$ 分别在超平面 $\sum_{P_0(n)}$，$\sum_{P_1(n)},\cdots,\sum_{P_n(n)}$(或其延展超平面)上，又 $Q_0,Q_1,\cdots,Q_n$ 不是相互重合的点. 故 $Q_0,Q_1,\cdots,Q_n$ 共某一超平

面. 证毕.

对于式(7.2.5),当 $n=2$ 时,为

$$\begin{vmatrix} 0 & \lambda_{01} & \lambda_{02} \\ \lambda_{10} & 0 & \lambda_{12} \\ \lambda_{20} & \lambda_{21} & 0 \end{vmatrix}=0$$

即

$$\lambda_{01}\lambda_{12}\lambda_{20}+\lambda_{02}\lambda_{10}\lambda_{21}=0,\text{亦即}\frac{\lambda_{01}}{\lambda_{02}}\cdot\frac{\lambda_{12}}{\lambda_{10}}\cdot\frac{\lambda_{20}}{\lambda_{21}}=-1$$

若在 $\triangle ABC$ 中,令 $\frac{AF}{AB}=\lambda_{01}$, $\frac{FB}{AB}=\lambda_{10}$, $-\frac{BD}{BC}=\lambda_{12}$, $\frac{DC}{BC}=\lambda_{21}$, $\frac{CE}{CA}=\lambda_{20}$, $\frac{EA}{CA}=\lambda_{02}$. 此即得到平面上(即 E^2 中)的 Menelaus 定理及其逆定理:在 $\triangle ABC$ 的三边 BC, CA, AB 或其延长线上有点 D, E, F 如图 7.2-1,这三点共线的充要条件是 $\frac{AF}{FB}\cdot\frac{BD}{DC}\cdot\frac{CE}{EA}=-1$.

图 7.2-1

高维 Ceva 定理 设 E^n 中的 n 维单形 $\sum_{P(n+1)}=\{P_0,P_1,\cdots,P_n\}$ 的棱 P_iP_{i+1} 上或其延长线上的点 Q_i,分线段 P_iP_{i+1} 的比为 $\lambda_i(i=0,1,\cdots,n)$,过 n 个点 $P_0,\cdots,P_{i-1},P_{i+2},\cdots,P_n,Q_i$ 的 $n-1$ 维超平面 $\pi_i(i=0,1,\cdots,n)$,则这 $n+1$ 个 $n-1$ 维超平面 $\pi_0,\pi_1,\cdots,\pi_n$ 交于一点的充要条件是[174]

$$\prod_{i=0}^{n}\lambda_i=1 \tag{7.2.6}$$

特别地,$n=2$ 时,此定理即为三角形的 Ceva 定理.

证明　由式(6.1.14)可知,过 n 个点 $P_2,P_3,\cdots,P_n,Q_0$ 的 $n-1$ 维超平面 π_1 的方程为

$$\begin{vmatrix} x_0 & x_1 & x_2 & \cdots & x_{n-1} & x_n \\ \frac{1}{1+\lambda_0} & \frac{\lambda_0}{1+\lambda_0} & 0 & \cdots & 0 & 0 \\ 0 & 0 & 1 & \cdots & 0 & 0 \\ \vdots & \vdots & \vdots & & \vdots & \vdots \\ 0 & 0 & 0 & \cdots & 0 & 1 \end{vmatrix}=0$$

或
$$\frac{\lambda_0}{1+\lambda_0}x_0-\frac{1}{1+\lambda_0}x_1=0$$

即
$$\pi_0:\lambda_0x_0-x_1=0$$

同理可求过 n 个点 $P_0,P_3,\cdots,P_n,Q_1$ 的 $n-1$ 维超平面 π_1 的重心坐标方程为

$$\pi_1:\lambda_1x_1-x_2=0$$

过 n 个点 $P_0,P_1,P_4,\cdots,P_n,Q_2$ 的 $n-1$ 维超平面 π_2 的重心坐标方程为

$$\pi_2:\lambda_2x_2-x_3=0$$

$$\vdots$$

过点 $P_0,\cdots,P_{n-2},Q_{n-1}$ 的 $n-1$ 维超平面 π_{n-1} 的重心坐标方程为

$$\pi_{n-1}:\lambda_{n-1}x_{n-1}-x_n=0$$

过点 $P_1,P_2,\cdots,P_{n-1},Q_n$ 的 $n-1$ 维超平面 π_n 的重心坐标方程为

$$\pi_n:\lambda_nx_n-x_0=0$$

$n+1$ 个 $n-1$ 维超平面 $\pi_0,\pi_1,\cdots,\pi_n$ 交于一点的充分必要条件是齐次线性方程组

$$\begin{cases}\lambda_0x_0-x_1=0\\ \lambda_1x_1-x_2=0\\ \lambda_2x_2-x_3=0\\ \vdots\\ \lambda_{n-1}x_{n-1}-x_n=0\\ \lambda_nx_n-x_0=0\end{cases}\qquad (*)$$

有非零解,由线性方程组理论可知,齐次线性方程组$(*)$有非零解的充分必要条件是

$$\begin{vmatrix}\lambda_0 & -1 & 0 & 0 & \cdots & 0 & 0\\ 0 & \lambda_1 & -1 & 0 & \cdots & 0 & 0\\ 0 & 0 & \lambda_2 & -1 & \cdots & 0 & 0\\ \vdots & \vdots & \vdots & \vdots & & \vdots & \vdots\\ 0 & 0 & 0 & 0 & \cdots & -\lambda_{n-1} & -1\\ -1 & 0 & 0 & 0 & \cdots & 0 & \lambda_n\end{vmatrix}=0$$

即
$$\prod_{i=0}^{n}\lambda_i+(-1)^{2n+3}=0$$

亦即
$$\prod_{i=0}^{n}\lambda_i=1$$

高维 Routh 定理 设 E^n 中的 n 维单形 $\sum_{P(n+1)}=\{P_0,P_1,\cdots,P_n\}$ 的棱 P_iP_{i+1} 上或其延长线上的点 Q_i,分线段 P_iP_{i+1} 的比为 $\lambda_i(i=0,1,\cdots,n)$,过 n 个点 $P_0,\cdots,P_{i-1},P_{i+2},\cdots,P_n,Q_i$ 的 $n-1$ 维超平面 $\pi_i(i=0,1,\cdots,n)$,则这 $n+1$ 个 $n-1$ 维超平面 $\pi_0,\pi_1,\cdots,\pi_n$ 所围成的 n 维单形 $\sum_{A(n+1)}=\{A_0,A_1,\cdots,A_n\}$,则[175]

$$\frac{V(\sum_{A(n+1)})}{V(\sum_{P(n+1)})}=\frac{(1-\prod_{i=0}^{n}\lambda_i)^n}{\prod_{i=0}^{n}C_i(n)}\qquad(7.2.7)$$

其中

$$C_n(n)=1+\lambda_0+\lambda_0\lambda_1+\cdots+\lambda_0\lambda_1\cdots\lambda_{n-2}+\lambda_0\lambda_1\cdots\lambda_{n-1}$$

$$C_0(n)=1+\lambda_1+\lambda_1\lambda_2+\cdots+\lambda_1\lambda_2\cdots\lambda_{n-2}\lambda_n+\lambda_1\lambda_2\cdots\lambda_{n-2}\lambda_n\lambda_0$$

$$C_1(n)=1+\lambda_2+\lambda_2\lambda_3+\lambda_2\lambda_3\lambda_4\cdots+\lambda_2\lambda_3\cdots\lambda_{n-1}\lambda_n\lambda_0+\lambda_2\lambda_3\cdots\lambda_n\lambda_0\lambda_1$$

$$\vdots$$

$$C_{n-1}(n)=1+\lambda_n+\lambda_n\lambda_0+\cdots+\lambda_n\lambda_0\lambda_2\cdots+\lambda_n\lambda_0\lambda_2\cdots\lambda_{n-2}+\lambda_n\lambda_0\lambda_2\cdots\lambda_{n-1}$$

证明　注意到坐标单形 $\sum_{P(n+1)}$ 的诸顶点关于 $\sum_{P(n+1)}$ 的规范重心坐标依次为 $P_0(1,0,0,\cdots,0)$, $P_1(0,1,0,\cdots,0),\cdots,P_i(0,0,\cdots,1,\cdots,0),P_n(0,0,\cdots,0,1)$. 由式(6.1.17),可知棱 P_iP_{i+1} 或其延长线上的点 Q_i 关于坐标单形 $\sum_{P(n+1)}$ 的规范重心坐标为

$$Q_i(0,\cdots,0,\frac{1}{1+\lambda_i},\frac{\lambda_i}{1+\lambda_i},0,\cdots,0)\quad(i=0,1,\cdots,n)$$

$$Q_n(\frac{\lambda_n}{1+\lambda_n},0,\cdots,0,\cdots,0,\frac{1}{1+\lambda_n})$$

由式(6.1.15),可知过 n 个点 $P_2,P_3,\cdots,P_n,Q_0$ 的超平面 π_0 的重心坐标方程为

$$\begin{vmatrix} x_0 & x_1 & x_2 & \cdots & x_{n-1} & x_n \\ \frac{1}{1+\lambda_0} & \frac{\lambda_0}{1+\lambda_0} & 0 & \cdots & 0 & 0 \\ 0 & 0 & 1 & \cdots & 0 & 0 \\ \vdots & \vdots & \vdots & & \vdots & \vdots \\ 0 & 0 & 0 & \cdots & 0 & 1 \end{vmatrix}=0$$

即
$$\frac{\lambda_0}{1+\lambda_0}x_0-\frac{1}{1+\lambda_0}x_1=0$$

或
$$\pi_0:\lambda_0x_0-x_1=0$$

同理,过点 $P_0,P_3,P_4,\cdots,P_n,Q_1$ 的超平面 π_1 的

重心坐标方程为

$$\pi_1:\lambda_1x_1-x_2=0$$

过点 $P_0,P_1,P_4,\cdots,P_n,Q_2$ 的超平面 π_2 的重心坐标方程为

$$\pi_2:\lambda_2x_2-x_3=0$$

……

过点 $P_1,P_2,\cdots,P_{n-1},Q_n$ 的超平面 π_n 的重心坐标方程为

$$\pi_n:\lambda_nx_n-x_0=0$$

设 n 个 $n-1$ 维超平面 $\pi_0,\cdots,\pi_{i-1},\pi_{i+2},\cdots,\pi_n$ 的交点为 $A_i(i=0,1,\cdots,n)$，通过解齐次线性方程组可求进点 $A_i(i=0,1,\cdots,n)$ 关于坐标单形 $\sum_{P(n+1)}$ 的重心坐标为

$$A_0(\lambda_1\lambda_2\cdots\lambda_n,1,\lambda_1,\lambda_1\lambda_2,\cdots,\lambda_1\lambda_2\cdots\lambda_{n-2},\lambda_1\lambda_2\cdots\lambda_{n-1})$$

$$A_1(\lambda_2\lambda_3\cdots\lambda_n,\lambda_0\lambda_2\cdots\lambda_n,1,\lambda_2,\lambda_2\lambda_3,\cdots,\lambda_2\lambda_3\cdots\lambda_{n-2},\lambda_2\lambda_3\cdots\lambda_{n-1})$$

$$A_2(\lambda_3\cdots\lambda_n,\lambda_1\lambda_3\cdots\lambda_n,\lambda_0\lambda_1\lambda_3\cdots\lambda_n,1,\lambda_3,\lambda_3\lambda_4,\cdots,\lambda_3\lambda_4\cdots\lambda_{n-1})$$

$$\vdots$$

$$A_n(1,\lambda_0,\lambda_0\lambda_1,\cdots,\lambda_0\lambda_1\cdots\lambda_{n-2},\lambda_0\lambda_1\cdots\lambda_{n-1})$$

它们的规范重心坐标依次为

$$\frac{1}{C_0(n)}(\lambda_1\lambda_2\cdots\lambda_n,1,\lambda_1,\lambda_1\lambda_2,\cdots,\lambda_1\lambda_2\cdots\lambda_{n-2},\lambda_1\lambda_2\cdots\lambda_{n-1})$$

$$\frac{1}{C_1(n)}(\lambda_2\lambda_3\cdots\lambda_n,\lambda_0\lambda_2\cdots\lambda_n,1,\lambda_2,\lambda_2\lambda_3,\cdots,\lambda_2\lambda_3\cdots\lambda_{n-2},\lambda_2\lambda_3\cdots\lambda_{n-1})$$

$\frac{1}{C_2(n)}(\lambda_3\cdots\lambda_n,\lambda_1\lambda_3\cdots\lambda_n,\lambda_0\lambda_1\lambda_3\cdots\lambda_n,1,\lambda_3,$

$\lambda_3\lambda_4,\cdots,\lambda_3\lambda_4\cdots\lambda_{n-1})$

$\vdots$

$\frac{1}{C_n(n)}(1,\lambda_0,\lambda_0\lambda_1,\cdots,\lambda_0\lambda_1\cdots\lambda_{n-2},\lambda_0\lambda_1\cdots\lambda_{n-1})$

由式(6.1.12)，可知 n 维单形 $\sum_{A(n+1)}=\{A_0,A_1,\cdots,A_n\}$ 满足如下关系

$$V(\sum_{A(n+1)})=\frac{V(\sum_{P(n+1)})}{\prod_{i=0}^{n}C_i(n)}\cdot\begin{vmatrix}1 & \lambda_0 & \lambda_0\lambda_1 & \cdots & \lambda_0\lambda_1\cdots\lambda_{n-2} & \lambda_0\cdots\lambda_{n-1}\\ \lambda_1\lambda_2\cdots\lambda_n & 1 & \lambda_1 & \cdots & \lambda_1\lambda_2\cdots\lambda_{n-2} & \lambda_1\cdots\lambda_{n-1}\\ \vdots & \vdots & \vdots & & \vdots & \vdots\\ \lambda_{n-1}\lambda_n & \lambda_0\lambda_{n-1}\lambda_n & \lambda_0\lambda_1\cdots\lambda_n & \cdots & 1 & \lambda_{n-1}\\ \lambda_n & \lambda_0\lambda_n & \lambda_0\lambda_1\lambda_n & \cdots & \lambda_{n-2}\lambda_n & 1\end{vmatrix}$$

将上面右端 $n+1$ 阶行列式的第二行乘以 $-\lambda_0$ 加到第一行，第三行乘以 $-\lambda_1$ 加到第二行，……，将第 $n+1$ 行乘以 $-\lambda_{n-1}$ 加到第 n 行，得

$$V(\sum_{A(n+1)})=\frac{V(\sum_{P(n+1)})}{\prod_{i=0}^{n}C_i(n)}\cdot$$

$$\begin{vmatrix} 1-\prod_{i=0}^{n}\lambda_i & 0 & 0 & 0 & \cdots & 0 & 0 \\ 0 & 1-\prod_{i=0}^{n}\lambda_i & 0 & 0 & \cdots & 0 & 0 \\ 0 & 0 & 1-\prod_{i=0}^{n}\lambda_i & 0 & \cdots & 0 & 0 \\ \vdots & \vdots & \vdots & \vdots & & \vdots & \vdots \\ 0 & 0 & 0 & 0 & \cdots & 1-\prod_{i=0}^{n}\lambda_i & 0 \\ \lambda_n & \lambda_0\lambda_n & \lambda_0\lambda_1\lambda_n & \lambda_0\lambda_1\lambda_2\lambda_n & \cdots & \lambda_0\cdots\lambda_{n-2}\lambda_n & 1 \end{vmatrix}$$

$$=\frac{V(\sum_{P(n+1)})}{\prod_{i=0}^{n}C_i(n)}(1-\prod_{i=0}^{n}\lambda_i)^n$$

从而
$$\frac{V(\sum_{A(n+1)})}{V(\sum_{P(n+1)})}=\frac{(1-\prod_{i=0}^{n}\lambda_i)^n}{\prod_{i=0}^{n}C_i(n)}$$

显然,当 $A_0,A_1,\cdots,A_n$ 重合于一点时,$\prod_{i=0}^{n}\lambda_i=1$,这说明高维 Routh 定理是高维 Ceva 定理的推广.

§7.3 单形的射影定理,余弦定理和正弦定理

本节介绍单形 $\sum_{P(n+1)}$ 的射影定理、余弦定理和正弦定理.

射影定理 设 k 维单形 $\sum_{P(k+1)}=\{P_0,P_1,\cdots,P_k\}$ 中的顶点 P_i 所对的侧(界)面为 f_i,f_i 是 $k-1$ 维单形,记其体积为 $|f_i|=V(\sum_{P_i(k)})$,侧面 f_i 与 f_j 所夹的内角记作 $\langle i,j\rangle$,则

$$|f_i| = \sum_{\substack{j=0 \\ j\neq 1}}^{k} |f_i| \cdot \cos\langle i,j\rangle \quad (i=0,1,\cdots,k) \tag{7.3.1}$$

对于式(7.3.1)，当 $k=2$ 时，为

$$a = b \cdot \cos C + c \cdot \cos B \quad (\text{另两式略})$$

此为三角形中的射影定理.

当 $k=3$ 时，同样可得四面体中的射影理

$$S_{P_0} = S_{P_1} \cdot \cos\langle 0,1\rangle + S_{P_2} \cdot \cos\langle 0,2\rangle + S_{P_3} \cdot \cos\langle 0,3\rangle \quad (\text{另三式略})$$

下面，我们来证明射影定理：

证明　由式(7.1.8)或(2.1.5)，有 $\boldsymbol{\alpha}_i = -\sum\limits_{\substack{j=0 \\ j\neq 1}}^{k} \boldsymbol{\alpha}_j$.

对上式两边与 $\boldsymbol{\alpha}_i$ 作内积得

$$\boldsymbol{\alpha}_i^2 = \boldsymbol{\alpha}_i \cdot \Big(-\sum_{\substack{j=1 \\ j\neq i}}^{k} \boldsymbol{\alpha}_j\Big) = -\sum_{\substack{j=1 \\ j\neq i}}^{k} |\boldsymbol{\alpha}_i||\boldsymbol{\alpha}_j| \cdot \cos\langle \boldsymbol{\alpha}_i, \boldsymbol{\alpha}_j\rangle$$

又侧面 f_i 的体积是 $|f_i|$，由式(5.2.1)，有

$$|f_i| = \frac{1}{(k-1)!}|\boldsymbol{\alpha}_i| \tag{7.3.2}$$

于是有 $|f_i|^2 = -\sum\limits_{\substack{j=1 \\ j\neq i}}^{k} |f_i||f_j| \cos\langle \boldsymbol{\alpha}_i, \boldsymbol{\alpha}_j\rangle$.

注意到 $\langle i,j\rangle$ 是内二面角的度数，与 $\boldsymbol{\alpha}_i$ 和 $\boldsymbol{\alpha}_j$ 的夹角互补，由公式(1.2.2)有

$$\cos\langle i,j\rangle = -\frac{\boldsymbol{\alpha}_i \cdot \boldsymbol{\alpha}_j}{|\boldsymbol{\alpha}_i||\boldsymbol{\alpha}_j|} \tag{7.3.3}$$

于是

$$\begin{aligned}
\sum_{\substack{j=0 \\ j\neq i}}^{k} |f_i| \cdot \cos\langle i,j\rangle &= \sum_{\substack{j=0 \\ j\neq i}}^{k} \frac{-\boldsymbol{\alpha}_i \cdot \boldsymbol{\alpha}_j}{[(k-1)!]^2 |f_i||f_j|} \\
&= \frac{-1}{[(k-1)!]^2 |f_i|}\Big(\boldsymbol{\alpha}_i \cdot \sum_{\substack{j=0 \\ j\neq i}}^{k} \boldsymbol{\alpha}_j\Big)
\end{aligned}$$

$$=\frac{-1}{[(k-1)!]^2|f_i|}[\boldsymbol{\alpha}_i\cdot(-\boldsymbol{\alpha}_i)]$$

$$=\frac{|\boldsymbol{\alpha}_i|^2}{[(k-1)!]^2|f_i|}=|f_i|$$

推论 1 设

$$\boldsymbol{A}_k=\begin{pmatrix}1 & & -\cos\langle i,j\rangle\\ & \ddots & \\ -\cos\langle i,j\rangle & & 1\end{pmatrix}_{k\times k}$$

则其行列式值为零,即 $\det \boldsymbol{A}_k=0$. (7.3.4)

对于式(7.3.4),当 $k=2$ 时,为

$$\begin{vmatrix}1 & -\cos C & -\cos B\\ -\cos C & 1 & -\cos A\\ -\cos B & -\cos A & 1\end{vmatrix}=0$$

即 $\cos^2A+\cos^2B+\cos^2C=1-2\cos A\cdot\cos B\cdot\cos C$

这是我们熟知的事实.

下面,我们来证明推论 1:

证明 由式(7.3.1),有

$$\begin{cases}|f_0|-|f_1|\cdot\cos\langle 0,1\rangle-\cdots-|f_k|\cos\langle 0,k\rangle=0\\ -|f_0|\cdot\cos\langle 0,1\rangle+|f_1|-\cdots-|f_k|\cos\langle 1,k\rangle=0\\ \vdots\\ -|f_0|\cdot\cos\langle k,0\rangle-|f_1|\cos\langle k,1\rangle-\cdots-|f_k|=0\end{cases}$$

这是关于 $|f_0|,|f_1|,\cdots,|f_k|$ 的线性齐次方程组,其系数矩阵

$$\boldsymbol{A}_k=\begin{pmatrix}1 & & -\cos\langle i,j\rangle\\ & \ddots & \\ -\cos\langle i,j\rangle & & 1\end{pmatrix}_{k\times k}$$

为对称矩阵,因为线性方程组有不全为零的解,所以相应的行列式 $\det \boldsymbol{A}_k=0$.

推论 2　$|f_i| < \sum\limits_{\substack{j=0 \\ j \neq i}}^{k} |f_j|, i = 0,1,\cdots,k.$　　(7.3.5)

余弦定理 1　设 k 维单形 $\sum_{P(k+1)} = \{P_0, P_1, \cdots, P_k\}$ 中的顶点 P_i 所对的侧面为 f_i，f_i 是 $k-1$ 维单形，记其体积为 $|f_i|$，侧面 f_i 与 f_j 所夹的内角为 $\langle i,j \rangle$，则

$$|f_l|^2 = \sum_{\substack{j=0 \\ j \neq l}}^{k} |f_j|^2 - 2 \sum_{\substack{0 \leqslant i < j \leqslant k \\ i,j \neq l}}^{k} |f_i| |f_j| \cdot \cos\langle i,j \rangle$$

$$(l = 0,1,2,\cdots,k) \qquad (7.3.6)$$

对于式(7.3.6)，当 $k=2,3$ 时，则分别为我们熟知的三角形与四面体中的余弦公式(略).

证明　由式(7.1.8)，有 $\boldsymbol{\alpha}_l = -\sum\limits_{\substack{j=0 \\ j \neq i}}^{k} \boldsymbol{\alpha}_j, l = 0,1,\cdots,$

k.

对上式两边作内积，得

$$|\boldsymbol{\alpha}_l|^2 = \sum_{\substack{j=0 \\ j \neq l}}^{k} |\boldsymbol{\alpha}_j|^2 + 2 \sum_{\substack{0 \leqslant i < j \leqslant k \\ i,j \neq l}}^{k} (\boldsymbol{\alpha}_i \cdot \boldsymbol{\alpha}_j)$$

将式(7.3.2)，(7.3.3)代入上式即得式(7.3.6).

式(7.3.6)也可由式(7.3.1)推得(略).

推论 1　设 k 维单形 $\sum_{P(k+1)} = \{P_0, P_1, \cdots, P_k\}$ 在顶点处 $P_l(0 \leqslant l \leqslant k)$ 的 k 个侧面($k-1$ 维单形)两两正交(即当 $i,j \neq l$ 时，$\langle i,j \rangle = 90°$)，则

$$|f_l|^2 = \sum_{\substack{j=0 \\ j \neq l}}^{k} |f_j|^2 \quad (l = 0,1,\cdots,k) \qquad (7.3.7)$$

对于式(7.3.7)，当 $k=2,3$ 时，分别为直角三角形与直角四面体的勾股定理.

推论 2　设 k 维单形 $\sum_{P(k+1)} = \{P_0, P_1, \cdots, P_k\}$ 中的顶点 P_i 所对的侧面为 f_i，f_i 是 $k-1$ 维单形，记其体积为 $|f_i|$，侧面 f_i 与 f_j 所夹的内角为 $\langle i,j \rangle$，则

$$\sum_{i=0}^{k}|f_i|^2-2\sum_{0\leqslant i<j\leqslant k}|f_i||f_j|\cos\langle i,j\rangle=0 \quad (7.3.8)$$

或
$$\boldsymbol{F}^{\mathrm{T}}\boldsymbol{A}_k\boldsymbol{F}=0 \quad (7.3.9)$$

其中

$$\boldsymbol{F}=\begin{pmatrix}|f_0|\\ \vdots\\ |f_k|\end{pmatrix},\boldsymbol{A}_k=\begin{pmatrix}1 & & -\cos\langle i,j\rangle\\ & \ddots & \\ -\cos\langle i,j\rangle & & 1\end{pmatrix}$$

对于式(7.3.8)或式(7.3.9)，当 $k=2$ 时，即为

$$a^2+b^2+c^2-2ab\cos C-2ac\cos B-2bc\cos A=0$$

余弦定理 2 设 k 维单形 $\sum_{P(k+1)}=\{P_0,P_1,\cdots,P_k\}$ 中的顶点 P_i 所对的侧面为 f_i，此单形的 C-M 行列式为 D_{k+2}，即当 $|P_iP_j|=\rho_{ij}$ 时

$$D_{k+2}=\begin{vmatrix}0 & 1 & 1 & 1 & \cdots & 1\\ 1 & 0 & \rho_{01}^2 & \rho_{02}^2 & \cdots & \rho_{0k}^2\\ 1 & \rho_{10}^2 & 0 & \rho_{12}^2 & \cdots & \rho_{1k}^2\\ \vdots & \vdots & \vdots & \vdots & & \vdots\\ 1 & \rho_{k0}^2 & \rho_{k1}^2 & \rho_{k2}^2 & \cdots & 0\end{vmatrix}$$

用 $D_{ij}(i,j=0,1,2,\cdots,k)$ 表示诸 ρ_{ij} 的代数余子式，侧面 f_i 与 f_j 所夹的内二面角为 $\langle i,j\rangle$，则[5]

$$\cos\langle i,j\rangle=-\frac{D_{ij}}{\sqrt{D_{ii}}\cdot\sqrt{D_{jj}}}\quad(i,j=0,1,\cdots,k) \quad (7.3.10)$$

对于式(7.3.10)，当 $k=2$ 时，令 $\rho_{01}=c,\rho_{02}=b,\rho_{12}=a$，则

$$D_{2+2}=\begin{vmatrix}0 & 1 & 1 & 1\\ 1 & 0 & c^2 & b^2\\ 1 & c^2 & 0 & a^2\\ 1 & b^2 & a^2 & 0\end{vmatrix}$$

$$-D_{12}=\begin{vmatrix}0&1&1\\1&0&c^2\\1&b^2&a^2\end{vmatrix}=b^2+c^2-a^2$$

$$D_{11}=\begin{vmatrix}0&1&1\\1&0&b^2\\1&b^2&0\end{vmatrix}=2b^2, D_{22}=\begin{vmatrix}0&1&1\\1&0&c^2\\1&c^2&0\end{vmatrix}=2c^2$$

故
$$\cos\langle 1,2\rangle=\frac{-D_{12}}{\sqrt{D_{11}}\cdot\sqrt{D_{22}}}=\frac{b^2+c-a^2}{2bc}$$

即为三角形中的余弦定理(公式).

式(7.3.10)给出了由单形诸棱长计算它的各内二面角的方法. 而式(7.3.6)是给出了由单形诸侧面体积计算它的各内二面角的方法. 其实这两个结论是统一的,只是形式不同而已. 由式(7.3.6),运用式(5.2.6),经运算便可得到式(7.3.10). 它的详细证明可见文[5].

对于式(7.3.10),如果注意到单形的界面向量表示,即从 k 重向量考虑并注意式(2.2.5),则余弦定理 2 也可以表述为下述形式:

余弦定理 2′　设 k 维单形 $\sum_{P(k+1)}=\{P_0,P_1,\cdots,P_k\}$ 中从点 P_0 发出的 k 个向量 $\boldsymbol{p}_i=\overrightarrow{P_0P_i}(i=1,2,\cdots,k)$ 的 Gram 行列式

$$P=|\boldsymbol{p}_1\wedge\boldsymbol{p}_2\wedge\cdots\wedge\boldsymbol{p}_k|^2$$
$$=\begin{vmatrix}\boldsymbol{p}_1\cdot\boldsymbol{p}_1&\boldsymbol{p}_1\cdot\boldsymbol{p}_2&\cdots&\boldsymbol{p}_1\cdot\boldsymbol{p}_k\\\boldsymbol{p}_2\cdot\boldsymbol{p}_1&\boldsymbol{p}_2\cdot\boldsymbol{p}_2&\cdots&\boldsymbol{p}_2\cdot\boldsymbol{p}_k\\\vdots&\vdots&&\vdots\\\boldsymbol{p}_k\cdot\boldsymbol{p}_1&\boldsymbol{p}_k\cdot\boldsymbol{p}_2&\cdots&\boldsymbol{p}_k\cdot\boldsymbol{p}_k\end{vmatrix}\qquad(7.3.11)$$

中元素 $\boldsymbol{p}_i\cdot\boldsymbol{p}_j$ 的代数余子式记为 $D_{ij}(i,j=1,2,\cdots,k)$,单形 $\sum_{P(k+1)}$ 中的界(侧)面 f_i,f_j 所夹的内二面角为 $\langle i,$

$j\rangle$，则[176]

$$\cos\langle i,j\rangle=-\frac{D_{ij}}{\sqrt{D_{ii}}\cdot\sqrt{D_{jj}}}\qquad(7.3.12)$$

事实上，从 k 个向量 $\boldsymbol{p}_1,\boldsymbol{p}_2,\cdots,\boldsymbol{p}_k$ 中任取 $k-1$ 个作 $k-1$ 重向量 $\boldsymbol{\alpha}_i=\boldsymbol{p}_1\wedge\cdots\wedge\boldsymbol{p}_{i-1}\wedge\boldsymbol{p}_{i+1}\wedge\cdots\wedge\boldsymbol{p}_k,\boldsymbol{\alpha}_j=\boldsymbol{p}_1\wedge\cdots\wedge\boldsymbol{p}_{j-1}\wedge\boldsymbol{p}_{j+1}\wedge\cdots\wedge\boldsymbol{p}_k$，其中 $i,j=1,2,\cdots,k$，且 $\boldsymbol{p}_{k+1}=\boldsymbol{p}_1,\boldsymbol{p}_{-1}=\boldsymbol{p}_k,i\neq j$.

由 Grassmann 代数知，k 维欧氏空间 E^k 与 k 个向量生成的 $k-1$ 重向量空间 $\wedge^{k-1}L^k$ 互为对偶空间. 再考虑到单形两个界(侧)面所成的内角与这两个界(侧)面的方位向量所成的角互补，则由式(2.2.7)，有

$$\begin{aligned}&\cos\langle i,j\rangle\\&=-\frac{\boldsymbol{\alpha}_i\cdot\boldsymbol{\alpha}_j}{|\boldsymbol{\alpha}_i||\boldsymbol{\alpha}_j|}\\&=-\frac{(\boldsymbol{p}_1\wedge\cdots\wedge\boldsymbol{p}_{i-1}\wedge\boldsymbol{p}_{i+1}\wedge\cdots\wedge\boldsymbol{p}_k)\cdot(\boldsymbol{p}_1\wedge\cdots\wedge\boldsymbol{p}_{j-1}\wedge\boldsymbol{p}_{j+1}\wedge\cdots\wedge\boldsymbol{p}_k)}{|\boldsymbol{p}_1\wedge\cdots\wedge\boldsymbol{p}_{i-1}\wedge\boldsymbol{p}_{i+1}\wedge\cdots\wedge\boldsymbol{p}_k||\boldsymbol{p}_1\wedge\cdots\wedge\boldsymbol{p}_{j-1}\wedge\boldsymbol{p}_{j+1}\wedge\cdots\wedge\boldsymbol{p}_k|}\\&=-\frac{D_{ij}}{\sqrt{D_{ii}}\cdot\sqrt{D_{jj}}}\end{aligned}$$

正弦定理 1 设 E^n 中以 $P_0,P_1,\cdots,P_k$ 为顶点的 k 维单形 $\sum_{P(k+1)}$ 的体积为 $V(\sum_{P(k+1)})$，以其中 k 个点 $P_0,\cdots,P_{i-1},P_{i+1},\cdots,P_k(0\leqslant i\leqslant k)$ 为顶点的 $k-1$ 维单形(即 P_i 所对的侧面 f_i)的体积为 $|f_i|(0\leqslant i\leqslant k)$，且设这 k 个顶点所确定的 k 级顶点角为 θ_{i_k}，则

$$\frac{|f_0|}{\sin\theta_{0_k}}=\cdots=\frac{|f_k|}{\sin\theta_{k_k}}=\frac{(k-1)!\ |f_0|\cdots|f_k|}{[k\cdot V(\sum_{P(k+1)})]^{k-1}}\qquad(7.3.13)$$

对于式(7.3.12)的证明是很容易的，由式(5.2.7)即得.

当然,我们也可以这样来证:[176]

在单形$\sum_{P(k+1)}$的内部任取一点M,过该点作单形$\sum_{P(k+1)}$的各个界(侧)面$f_i(i=0,1,\cdots,k)$的单位法向量$\boldsymbol{e}_i(i=0,1,\cdots,k)$,由单形两个界(侧)面的内夹角和对应的两个界(侧)面的同向法向量所成的角互补及单形余弦定理2′,即式(7.3.12),有

$$\boldsymbol{e}_i\cdot\boldsymbol{e}_j=-\cos\langle i,j\rangle=\frac{D_{ij}}{\sqrt{D_{ii}}\cdot\sqrt{D_{jj}}}$$

再由单形k维顶点角的定义,即式(5.1.2),有

$$\begin{aligned}
&\sin\theta_{0_k}\\
&=\begin{vmatrix}\boldsymbol{e}_1\cdot\boldsymbol{e}_1 & \boldsymbol{e}_1\cdot\boldsymbol{e}_2 & \cdots & \boldsymbol{e}_1\cdot\boldsymbol{e}_k\\ \boldsymbol{e}_2\cdot\boldsymbol{e}_1 & \boldsymbol{e}_2\cdot\boldsymbol{e}_2 & \cdots & \boldsymbol{e}_2\cdot\boldsymbol{e}_k\\ \vdots & \vdots & & \vdots\\ \boldsymbol{e}_k\cdot\boldsymbol{e}_1 & \boldsymbol{e}_k\cdot\boldsymbol{e}_2 & \cdots & \boldsymbol{e}_k\cdot\boldsymbol{e}_k\end{vmatrix}^{\frac{1}{2}}\\
&=\begin{vmatrix}\dfrac{D_{11}}{\sqrt{D_{11}}\cdot\sqrt{D_{11}}} & \dfrac{D_{12}}{\sqrt{D_{11}}\cdot\sqrt{D_{22}}} & \cdots & \dfrac{D_{1k}}{\sqrt{D_{11}}\cdot\sqrt{D_{kk}}}\\ \dfrac{D_{21}}{\sqrt{D_{22}}\cdot\sqrt{D_{11}}} & \dfrac{D_{22}}{\sqrt{D_{22}}\cdot\sqrt{D_{22}}} & \cdots & \dfrac{D_{2k}}{\sqrt{D_{22}}\cdot\sqrt{D_{kk}}}\\ \vdots & \vdots & & \vdots\\ \dfrac{D_{k1}}{\sqrt{D_{kk}}\cdot\sqrt{D_{11}}} & \dfrac{D_{k2}}{\sqrt{D_{kk}}\cdot\sqrt{D_{22}}} & \cdots & \dfrac{D_{kk}}{\sqrt{D_{kk}}\cdot\sqrt{D_{kk}}}\end{vmatrix}^{\frac{1}{2}}\\
&=\frac{\begin{vmatrix}D_{11} & D_{12} & \cdots & D_{1k}\\ D_{21} & D_{22} & \cdots & D_{2k}\\ \vdots & \vdots & & \vdots\\ D_{k1} & D_{k2} & \cdots & D_{kk}\end{vmatrix}^{\frac{1}{2}}}{(D_{11}D_{22}\cdots D_{kk})^{\frac{1}{2}}}
\end{aligned}$$

注意到 D_{ij} 是 k 个向量 $\boldsymbol{p}_i=\overrightarrow{P_0P_i}(i=1,2,\cdots,k)$ 的 Gram 行列式(即式(2.2.5))中元素 $\boldsymbol{p}_i\cdot\boldsymbol{p}_j$ 的代数余子式,以及式(7.3.11),由行列式的性质得

$$\sin\theta_{0_k}=\frac{P^{\frac{k-1}{2}}}{(D_{11}D_{22}\cdots D_{kk})^{\frac{1}{2}}}$$

又由式(5.2.3)及其证明过程,有

$$\sin\theta_{0_k}=\frac{[kV(\sum_{P(k+1)})]^{k-1}}{(k-1)!^k\prod_{i=1}^{k}|f_i|}$$

从而

$$\frac{\sin\theta_{0_k}}{|f_0|}=\frac{[kV(\sum_{P(k+1)})]^{k-1}}{(k-1)!^k\prod_{i=0}^{k}|f_i|}$$

同理,可证得

$$\frac{\sin\theta_{i_k}}{|f_i|}=\frac{[kV(\sum_{P(k+1)})]^{k-1}}{(k-1)!^k\prod_{i=0}^{k}|f_i|}\quad(i=1,2,\cdots,k)$$

推论　设 E^n 中由 k 维单形 $\sum_{P(k+1)}$ 的顶点集 $\{P_0,P_1,\cdots,P_k\}$ 所支撑的 k 维平行体的体积为 $V(|\wedge\boldsymbol{p}_k|)$,由顶点集 $\{P_0,\cdots,P_{i-1},P_{i+1},\cdots,P_k\}$ 所支撑的 $k-1$ 维平行体的体积为 $V(|\wedge\boldsymbol{p}_{i_k}|)$,$k$ 维单形的第 i 个侧面所对应的 k 级顶点角为 θ_{i_k},则

$$\frac{V(|\wedge\boldsymbol{p}_{0_k}|)}{\sin\theta_{0_k}}=\cdots=\frac{V(|\wedge\boldsymbol{p}_{k_k}|)}{\sin\theta_{k_k}}=\frac{\prod_{i=1}^{k}V(|\wedge\boldsymbol{p}_{i_k}|)}{V^{k-1}(|\wedge\boldsymbol{p}_k|)}\tag{7.3.14}$$

对于式(7.3.13),当 $k=2$ 时,即为

$$\frac{a}{\sin A}=\frac{b}{\sin B}=\frac{c}{\sin C}=\frac{abc}{2\cdot\frac{abc}{4R_2}}=2R_2$$

此即为三角形的正弦定理. 但问题是：对 $k>2$，式(7.3.13)中的比例不变量则不能表为 $C\cdot R_k^s$ 之状（这里 C,s 表仅与单形维数有关的常数），因此，式(7.3.13)所示的比例关系，就单形 $\sum_{P(k+1)}$ 的外接超球半径 R_k 而言，不仅在形式上高维与2维尚欠统一，且致使其在应用上也受到限制. 因此，我们希望能改进高维正弦定理1.

由式(5.2.3)，令

$$\boldsymbol{B}_l=\begin{pmatrix}1 & \cos\widehat{1,2} & \cdots & \cos\widehat{1,l}\\ \vdots & \vdots & & \vdots\\ \cos\widehat{l,1} & \cos\widehat{l,2} & \cdots & 1\end{pmatrix}_{l\times l}$$

由 Hadamard 不等式的几何意义易知 $0<(\det\boldsymbol{B}_l)^{\frac{1}{2}}\leqslant 1$，于是，有：

定义 7.3.1　称 $(\det\boldsymbol{B}_l)^{\frac{1}{2}}$ 为 k 维单形 $\sum_{P(k+1)}$ 以 P_l 为顶点的 k 维空间角 $P_l^{(k)}$ 的准正弦，记为 $\sin P_l^{(k)}$，即

$$\sin P_l^{(k)}=(\det\boldsymbol{B}_l)^{\frac{1}{2}}\qquad(7.3.15)$$

于是，我们有如下结论：

正弦定理2　设 k 维单形 $\sum_{P(k+1)}$ 的外接超球 O 的半径为 R_k，与顶点 P_l $(l=0,1,\cdots,k)$ 相对的侧面 f_l 的 $k-1$ 维体积为 $|f_l|$，则[119]

$$\frac{|f_l|}{(\boldsymbol{Z}_l\boldsymbol{A}_l\boldsymbol{Z}_l^{\mathrm{T}})^{\frac{1}{2}}}=\frac{1}{(k-1)!}R_k^{k-1}\quad(l=0,1,\cdots,k)\qquad(7.3.16)$$

其中 $\boldsymbol{Z}_l=(\sin O_{l_1}^{(k-1)},\cdots,\sin O_{l_k}^{(k-1)})$，$\boldsymbol{Z}_l^{\mathrm{T}}$ 为 $\boldsymbol{Z}_l$ 的转置

$$\sin O_{l_r}^{(k-1)} = \begin{vmatrix} 1 & & \cos\alpha_{ij} \\ & \ddots & \\ \cos\alpha_{ij} & & 1 \end{vmatrix}^{\frac{1}{2}}$$

（为 $k-1$ 阶行列式）

其中 $r=1,2,\cdots,k$；$l\leqslant l_0<l_1<\cdots<l_{k-1}\leqslant k$，且 $l_r\neq l$；$\alpha_{ij}\in(0,\pi]$（$0\leqslant i<j\leqslant k$，且 $i,j\neq l,l_r$）表单形 $\sum_{P(k+1)}$ 外接超球 O 的半径 OP_i 与 OP_j 之内夹角

$$A_l = \begin{vmatrix} 1 & & \cos\langle i,j\rangle \\ & \ddots & \\ \cos\langle i,j\rangle & & 1 \end{vmatrix}^{\frac{1}{2}} \quad （此为 k+1 阶方阵）$$

$\langle i,j\rangle$（$0\leqslant i<j\leqslant k$，且 $i,j\neq l$）表示顶点为 $O,P_1,\cdots,P_{l-1},P_{l+1},\cdots,P_k$ 的 k 维单形中以 O 为顶点的 k 维空间多面角 $\angle O^{(k)}$ 的各二面角.

证明 设顶点集是 $\{O,P_r|0\leqslant r\leqslant k$ 且 $r\neq l\}$ 之单形记为 $\sum^*_{P(k+1)}$，由式(5.2.3)，知 $\sum^*_{P(k+1)}$ 中顶点 P_r 所对的侧面 f_r^* 之 $k-1$ 维体积 $|f_r^*|$ 满足

$$|f_r^*| = \frac{1}{(k-1)!}R_k^{k-1}\cdot\sin O_{l_r}^{(k-1)}$$

又由式(7.3.6)，知

$$\begin{aligned}|f_l|^2 &= \sum_{\substack{r=0\\ r\neq l}}^{k}|f_r^*|^2 - 2\sum_{\substack{0\leqslant i<j\leqslant k\\ i,j\neq l}}|f_i^*|\cdot|f_j^*|\cdot\cos\langle i,j\rangle \\ &= \frac{R_k^{2(k-1)}}{[(k-1)!]^2}\cdot(\boldsymbol{Z}_l\boldsymbol{A}_l\boldsymbol{Z}_l^{\mathrm{T}})\end{aligned}$$

由此即证得式(7.3.16).

对于式(7.3.16)，当 $k=2$ 时，有

$(\boldsymbol{Z}_l\boldsymbol{A}_l\boldsymbol{Z}_l^{\mathrm{T}})^{\frac{1}{2}}$

$$=\left((1\quad 1)\cdot\begin{pmatrix}1 & -\cos 2\widehat{i,j}\\ -\cos 2\widehat{i,j} & 1\end{pmatrix}\cdot\begin{pmatrix}1\\1\end{pmatrix}\right)^{\frac{1}{2}}$$

$$=2\sin\widehat{i,j}$$

其中$\widehat{i,j}$为两边夹角，从而有$\frac{a}{2\sin A}=\frac{b}{2\sin B}=\frac{c}{2\sin C}=R_2$，此即为三角形的正弦定理.

从上面，可以看出：式(7.3.16)确实改进弥补了式(7.3.13)的不足，但此式仍有不足之处，比如$(\boldsymbol{Z}_l\boldsymbol{A}_l\boldsymbol{Z}_l^{\mathrm{T}})^{\frac{1}{2}}(1\leqslant l\leqslant k)$的值是否恒$\leqslant 1$，况且这个式$(\boldsymbol{Z}_l\boldsymbol{A}_l\boldsymbol{Z}_l^{\mathrm{T}})^{\frac{1}{2}}$的计算量也相当大，所以定义超平面$f_l$所对的$k$维空间的多面角$\theta_{l_k}$很不方便，为此，须再改进之. 于是我们再引进新的单形顶点角正弦值概念.

定义 7.3.2　设$P_{(n+1)}=\{P_0,P_1,\cdots,P_n\}$为欧氏空间$E^n$中$n$维单形$\sum_{P(n+1)}$的顶点集，令$O$为$\sum_{P(n+1)}$的外接超球的球心，$OP_i$与$OP_j$的夹角$\alpha_{ij}$$(0\leqslant i,j\leqslant n)$，则称$\sqrt{-M_k}$为$\sum_{P(n+1)}$的顶点角$\theta_{p_k}$的正弦值，记作$\sin\theta_{p_k}=\sqrt{-M_k}$，其中

$$M_k=\begin{vmatrix}0 & 1 & \cdots & 1\\ 1 & & & \\ \vdots & & -\frac{1}{2}\sin^2\frac{\alpha_{ij}}{2} & \\ 1 & & & \end{vmatrix}\qquad(7.3.17)$$

其中$0\leqslant i,j\leqslant n,i,j\neq k,k=0,1,\cdots,n$.

由上述定义容易得到如下新的正弦定理：

正弦定理 3　设R_n为E^n中n维单形$\sum_{P(n+1)}$的外接超球O的半径(球心为O)，$\sum_{P(n+1)}$的顶角θ_{p_k}所对的$n-1$维超平面体积为$|f_k|(0\leqslant k\leqslant n)$，则[102]

$$\frac{|f_k|}{\sin\theta_{p_k}}=\frac{(2R_n)^{n-1}}{(n-1)!}\quad(0\leqslant k\leqslant n)\quad(7.3.18)$$

证明 因为 $\rho_{ij}=|P_iP_j|=2R_n\sin\frac{\alpha_{ij}}{2}$，所以有 $\sin\frac{\alpha_{ij}}{2}=\frac{\rho_{ij}}{2R_n}$，将此代入式(7.3.17)，便得

$$M_k=\begin{vmatrix}0 & 1 & \cdots & 1\\ 1 & & & \\ \vdots & & -\frac{1}{8R_n^2}\cdot\rho_{ij}^2 & \\ 1 & & & \end{vmatrix}$$

$$=(-1)^{n-1}\cdot\frac{1}{(8R_n^2)^{n-1}}\cdot\begin{vmatrix}0 & 1 & \cdots & 1\\ 1 & & & \\ \vdots & & \rho_{ij}^2 & \\ 1 & & & \end{vmatrix}$$

其中 $0\leqslant i,j\leqslant n,i,j\neq k,k=0,\cdots,n$.

故 $-M_k=\frac{(-1)^nD_k}{(8R_n^2)^{n-1}}$，其中 D_k 为 $n+1$ 阶 Cayley-Menger 行列式，即

$$D_k=\begin{vmatrix}0 & 1 & \cdots & 1\\ 1 & & & \\ \vdots & & \rho_{ij}^2 & \\ 1 & & & \end{vmatrix}\quad(0\leqslant i,j\leqslant n,i,j\neq k,k=0,\cdots,n)$$

从而有 $\sin\theta_{p_k}=\frac{(n-1)!}{(2R_n)^{n-1}}\cdot\sqrt{\frac{(-1)^nD_k}{2^{n-1}\cdot(n-1)!^2}}$

再由单形的体积公式(5.2.6)，立即可得

$$\frac{|f_k|}{\sin\theta_{p_k}}=\frac{(2R_n)^{n-1}}{(n-1)!}\quad(0\leqslant k\leqslant n)$$

显然，当 $n=2$ 时，(7.3.18)即为三角形的正弦定理

$$\frac{a}{\sin\theta_A}=\frac{b}{\sin\theta_B}=\frac{c}{\sin\theta_C}=2R\text{，即}\frac{a}{\sin A}=\frac{b}{\sin B}=\frac{c}{\sin C}=2R$$

因此，定理 3 是三角形正弦定理在高维空间 E^n 中的推广.

下面再来证明(7.3.18)中的 $\sin\theta_{p_k}\leqslant 1$.

事实上，当 $n\geqslant 2$ 时，$n\leqslant 2^{n-1}$，故由 Veljan-Korchmaros 不等式(即式(9.5.1))可得

$$\begin{aligned}|f_k|&\leqslant\frac{1}{(n-1)!}\sqrt{\frac{n}{2^{n-1}}}\cdot\Big(\prod_{\substack{0\leqslant i<j\leqslant n\\ i,j\neq k}}\rho_{ij}\Big)^{\frac{2}{n}}\\&=\frac{(2R_n)^{n-1}}{(n-1)!}\sqrt{\frac{n}{2^{n-1}}}\cdot\Big(\prod_{\substack{0\leqslant i<j\leqslant n\\ i,j\neq k}}\sin\frac{\alpha_{ij}}{2}\Big)^{\frac{2}{n}}\\&\leqslant\frac{(2R_n)^{n-1}}{(n-1)!}\sqrt{\frac{n}{2^{n-1}}}\leqslant\frac{(2R_n)^{n-1}}{(n-1)!}\end{aligned}$$

于是$\frac{(2R_n)^{n-1}}{(n-1)!}\cdot\sin\theta_{p_k}=|f_k|\leqslant\frac{(2R_n)^{n-1}}{(n-1)!}$. 故 $\sin\theta_{p_k}\leqslant 1$.

下面，继续讨论 k 维单形的其他形式的高维正弦定理：

由式(5.2.8)，有：

正弦定理 4

$$\frac{\prod_{r=1}^{k-l}|f_{j_r}|\cdot|f_{j_0j_1\cdots j_{k-1}}|}{\sin\theta_{i_1i_2\cdots i_l}}=\frac{(k-1)!\ \prod_{r=0}^{k}|f_r|}{(k-l)!\ [k\cdot V(\sum_{P(k+1)})]^{l-1}}\tag{7.3.19}$$

由式(5.2.9)，有：

正弦定理 5

$$\frac{|S_{P(k+1)\setminus\{p_i\cdot p_j\}}|}{|f_i|\cdot|f_j|\cdot\sin\langle i,j\rangle}=\frac{k-1}{k\cdot V(\sum_{P(k+1)})}\tag{7.3.20}$$

由式(5.2.10)，有：

正弦定理 6 设$\prod V^{(l)}$为 k 维单形$\sum_{P(k+1)}=\{P_0,P_1,\cdots,P_k\}$的所有 $l(\leqslant k-1)$维面的 l 维体积的乘积，$\prod f^{(i)}$为 k 维单形的不含顶点 $P_i(i=,1,\cdots,k)$的所有 l 维面的 l 维体积的乘积，以 P_i 为顶点的对应的 l 维顶点角记为 $\theta_{i_l}(i=0,1,\cdots,k)$，则

$$\frac{\prod f^{(0)}}{\sin\theta_{0_l}}=\cdots=\frac{\prod f^{(k)}}{\sin\theta_{k_l}}=\frac{(l!)^{C_k^l}\prod V^{(l)}}{\left[k!\cdot V\left(\sum_{P(k+1)}\right)\right]^{C_{k-1}^{l-1}}} \tag{7.3.21}$$

注意到单形的顶点角与内二面角，又有

正弦定理 7 设 k 维单形的顶点集为$\{P_0,P_1,\cdots,P_k\}$，$\langle i,j\rangle$是两个 $k-1$ 维单形$\{P_0,P_1,\cdots,P_{i-1},P_{i+1},\cdots,P_k\}$，$\{P_0,P_1,\cdots,P_{j-1},P_{j+1},\cdots,P_k\}$所构成的内二面角，又设 $\theta_{i_{k-1}}$是以 P_0 为公共顶点的每一个 $k-1$ 维单形$\{P_0,P_1,\cdots,P_{i-1},P_{i+1},P_k\}$的第 i 个界面所对应的顶点角$(i=1,2,\cdots,k)$，则[97]

$$\frac{\sin\theta_{k_{k-1}}}{\prod\limits_{1\leqslant i<j\leqslant k-1}\sin\langle i,j\rangle}=\frac{\sin\theta_{(k-1)_{k-1}}}{\prod\limits_{\substack{1\leqslant i<j\leqslant k\\ i,j\neq k-1}}\sin\langle i,j\rangle}=\frac{\sin\theta_{(k-2)_{k-1}}}{\prod\limits_{\substack{1\leqslant i<j\leqslant k\\ i,j\neq k-2}}\sin\langle i,j\rangle}$$

$$=\cdots=\frac{\sin\theta_{1_{k-1}}}{\prod\limits_{2\leqslant i<j\leqslant k}\sin\langle i,j\rangle} \tag{7.3.22}$$

对于式(7.3.22)，当 $k=3$ 时，对于四面体 $P_0P_1P_2P_3$ 中以 P_0 为公共点的三面角，则有

$$\frac{\sin\theta_{3_2}}{\sin\langle 1,2\rangle}=\frac{\sin\theta_{2_2}}{\sin\langle 1,3\rangle}=\frac{\sin\theta_{1_2}}{\sin\langle 2,3\rangle}$$

此即为通常的以 P_0 为顶点的三面角中的正弦定理，其中角$\langle 1,2\rangle$，$\langle 1,3\rangle$，$\langle 2,3\rangle$分别是平面 $P_0P_1P_3$ 与 $P_0P_2P_3$；$P_0P_1P_2$ 与 $P_0P_2P_3$；$P_0P_1P_2$ 与 $P_0P_1P_3$ 所成的内二面角，而 $\theta_{3_2}=\angle P_1P_0P_2$，$\theta_{2_2}=\angle P_1P_0P_3$，$\theta_{1_2}=$

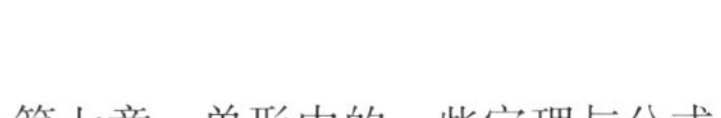

$\angle P_2P_0P_3$,如图 7.3-1.

下面,我们给出式(7.3.22)的证明.

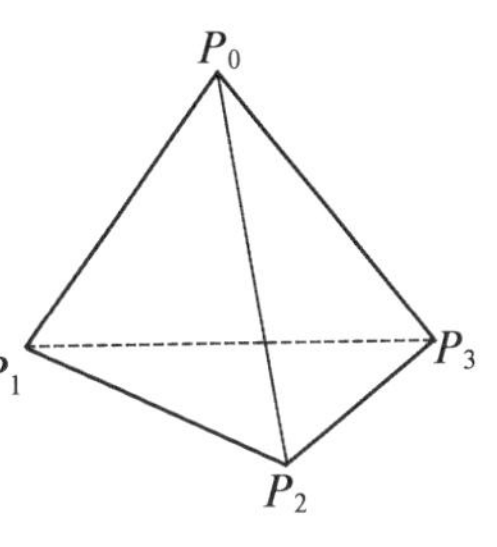

图 7.3-1

证明　应用式(7.3.13)和(5.1.4),可得下列 k 个等式

$$\sin\theta_{0_k}=\sin\theta_{0k_{k-1}}\prod_{i=1}^{k-1}\sin\langle i,k\rangle$$

$$\sin\theta_{0_k}=\sin\theta_{0(k-1)_{k-1}}\prod_{i=1}^{k}\sin\langle i,k-1\rangle$$

$$\vdots$$

$$\sin\theta_{0_k}=\sin\theta_{01_{k-1}}\prod_{i=1}^{k}\sin\langle i,1\rangle$$

从上面 k 个等式,便可得式(7.3.22).

§7.4　关联单形的超球

这一节,我们介绍关联单形的几类超球.

7.4.1　外接超球

由定义 1.4.14 介绍了单形的外接超球的概念,这说明 n 维单形总存在一个外接超球面.

对于 E^n 中 n 维单形外接超球面的半径,有下述计算公式:

公式 1　设 E^n 中 n 维单形 $\sum_{P(n+1)}=\{P_0,P_1,\cdots,P_n\}$ 的外接超球半径为 R_n,则

$$R_n^2=\frac{-D_0(P_0,P_1,\cdots,P_n)}{2D(P_0,P_1,\cdots,P_n)} \tag{7.4.1}$$

其中 $D_0(P_0,P_1,\cdots,P_n)$,$D(P_0,P_1,\cdots,P_n)$ 分别由式(1.5.3),(1.5.2)给出.

事实上,由式(1.5.6)中的第二式变形即得式

(7.4.1).

对于式(7.4.1),当 $n=2$ 时,我们已在§1.5中例2给出为 $R_2=\dfrac{abc}{4S_\triangle}$,即$\triangle ABC$的外接圆半径 R_2 可由其三边边长 a,b,c 及面积 $S_\triangle$ 给出. 当 $n=3$ 时,我们可类似地求得

$$R_3=\frac{1}{6V}\sqrt{\rho(\rho-af)(\rho-bd)(\rho-ce)}$$

$$\rho=\frac{1}{2}(af+bd+ce)$$

即四面体的外接球半径可由其六条棱长 a,b,c,d,e,f(a 与 f,b 与 d,c 与 e 为对棱)及体积 V 给出.

推论1 在公式1的条件下,再记 $P_0P_i=(a_{ii})^{\frac{1}{2}}$,$P_0P_i$ 与 P_0P_j 之间的夹角的余弦为$\dfrac{a_{ij}}{(a_{ii}a_{jj})^{\frac{1}{2}}}(i,j=1,2,\cdots,n)$,则

$$R_n^2=\frac{\sum\limits_{i=1}^{k}\sum\limits_{j=1}^{k}a_{ii}\cdot a_{jj}\cdot A_{ij}}{4\det(a_{ij})} \tag{7.4.2}$$

其中 A_{ij} 是对称行列式 $\det(a_{ij})$ 中 a_{ij} 的余子式.

证明 设 $\rho_{ij}(=\rho_{ji})$ 为单形 $\sum_{P(n+1)}$ 的棱 P_iP_j 的长,则 $\rho_{ij}^2-\rho_{i0}^2-\rho_{0j}^2=-2\rho_{i0}\cdot\rho_{0j}\cdot\cos\angle P_iP_0P_j=-2a_{ij}$.

对于行列式即式(1.5.3),将其他各行各列分别减去第一行第一列,得

$$\begin{vmatrix} 0 & a_{11} & a_{22} & \cdots & a_{nn} \\ a_{11} & -2a_{11} & -2a_{12} & \cdots & -2a_{1n} \\ \vdots & \vdots & \vdots & & \vdots \\ a_{nn} & -2a_{1n} & -2a_{2n} & \cdots & -2a_{nn} \end{vmatrix}$$

$$= -(-2)^{n-1}\sum_{i=1}^{k}\sum_{j=1}^{k}a_{ii}\cdot a_{jj}\cdot A_{ij}$$

类似地,对于行列式即式(1.5.2)的其他各行各列分别减去第二行第二列,得

$$\begin{vmatrix} 0 & 1 & 0 & 0 & \cdots & 0 \\ 1 & 0 & a_{11} & a_{22} & \cdots & a_{nn} \\ 0 & a_{11} & -2a_{11} & -2a_{12} & \cdots & -2a_{1n} \\ \vdots & \vdots & \vdots & \vdots & & \vdots \\ 0 & a_{nn} & -2a_{n1} & -2a_{n2} & \cdots & -2a_{nn} \end{vmatrix}$$

$$= -(-2)^{n}\begin{vmatrix} a_{11} & a_{12} & \cdots & a_{1n} \\ \vdots & \vdots & & \vdots \\ a_{n1} & a_{n2} & \cdots & a_{nn} \end{vmatrix}$$

再由式(7.4.1),即得式(7.4.2).

推论 2　在公式 1 的条件下,再记单形$\sum_{P(n+1)}$的体积为$V(\sum_{P(n+1)})$,棱P_iP_j的长为$\rho_{ij}(i,j=0,1,\cdots,n)$,则

$$R_n^2=\frac{-\det(-\frac{1}{2}\rho_{ij}^2)}{(n!)^2\cdot V^2(\sum_{P(n+1)})} \tag{7.4.3}$$

其中

$$\det(-\frac{1}{2}\rho_{ij}^2)=\begin{vmatrix} 0 & -\frac{1}{2}\rho_{01}^2 & \cdots & -\frac{1}{2}\rho_{0n}^2 \\ -\frac{1}{2}\rho_{10}^2 & 0 & \cdots & -\frac{1}{2}\rho_{1n}^2 \\ \vdots & \vdots & & \vdots \\ -\frac{1}{2}\rho_{n0}^2 & -\frac{1}{2}\rho_{n1}^2 & \cdots & 0 \end{vmatrix}$$

证明　由式(7.4.1),注意到式(5.2.6),整理得式(7.4.3).

对于式(7.4.3),也可由 Cayley 定理(即式(2.2.16))或度量方程式(1.2.13)直接推导出.

事实上,可取 P_{n+1} 为外接超球球心,则 $|P_{n+1}P_i|=R_n$,由点 $P_0,P_1,\cdots,P_{n+1}$ 的 $n+3$ 阶 C-M 行列式为零,即

$$D_{n+3}(P_0,\cdots,P_{n+1})=\begin{vmatrix} 0 & 1 & \cdots & 1 & 1 \\ 1 & & & & R_n^2 \\ \vdots & & \frac{1}{2}\rho_{ij}^2 & & \vdots \\ 1 & & & & R_n^2 \\ 1 & R_n^2 & \cdots & R_n^2 & 0 \end{vmatrix}=0$$

由此并注意式(5.2.6)即得式(7.4.3).

公式 2 设 E^n 中 n 维单形 $\sum_{P(n+1)}=\{P_0,P_1,\cdots,P_n\}$ 的外接超球半径为 R_n,过顶点 P_0 的 n 条棱长为 $p_i=|\boldsymbol{p}_i|(i=1,2,\cdots,n)$,$\boldsymbol{p}_i$ 与 $\boldsymbol{p}_j$ 之间的夹角记为 $\widehat{i,j}$ $(1\leqslant i<j\leqslant n)$,则[99]

$$R_n^2=\frac{\sum\limits_{k=1}^{n}\det \boldsymbol{B}_k'\cdot \boldsymbol{p}_k}{4\det \boldsymbol{B}_n} \tag{7.4.4}$$

其中

$$\det \boldsymbol{B}_k'=\begin{vmatrix} 1 & \cos\widehat{1,2} & \cdots & \cos\widehat{1,k-1} & p_1 & \cos\widehat{1,k+1} & \cdots & \cos\widehat{1,n} \\ \vdots & \vdots & & \vdots & \vdots & \vdots & & \vdots \\ \cos\widehat{n,1} & \cos\widehat{n,2} & \cdots & \cos\widehat{n,k-1} & p_n & \cos\widehat{n,k+1} & \cdots & 1 \end{vmatrix}$$

$$\det \boldsymbol{B}_n=\begin{vmatrix} 1 & & \cos\widehat{i,j} \\ & \ddots & \\ \cos\widehat{i,j} & & 1 \end{vmatrix}$$

证明　设$\overrightarrow{P_0P_i}=\boldsymbol{p}_i(i=1,2,\cdots,n)$，取 O 为单形 $\sum_{P(n+1)}$ 的外接超球的球心，则 $\boldsymbol{R}_n=\overrightarrow{P_0O}=\sum\limits_{i=1}^{n}\lambda_i\boldsymbol{p}_i$.

注意到 $\boldsymbol{R}_n\cdot\boldsymbol{p}_i=R_np_i\cdot\cos\widehat{\boldsymbol{R}_n,\boldsymbol{p}_i},2R_n\cdot\cos\widehat{\boldsymbol{R}_n,\boldsymbol{p}_i}=p_i$，则

$$\sum_{i=1}^{n}\lambda_i\boldsymbol{R}_k\cdot\boldsymbol{p}_i=\boldsymbol{p}_k\cdot\boldsymbol{R}_n=\frac{1}{2}p_k^2\quad(k=1,2,\cdots,n)\tag{$*$}$$

由上式解得

$$\lambda_k=\frac{\det\boldsymbol{D}_k}{\det\boldsymbol{D}}\quad(k=1,2,\cdots,n)$$

其中 $\det\boldsymbol{D}$ 是由 n 个线性无关的向量 $\{\boldsymbol{p}_k\}(k=1,2,\cdots,n)$ 所组成的格拉姆(Gram)行列式，$\det\boldsymbol{D}_k$ 是用式($*$)中右边的常数代替 $\boldsymbol{D}$ 中的第 k 列所得到的行列式

$$\det\boldsymbol{D}=\det(p_i,p_j)$$

$$\det\boldsymbol{D}_k=\begin{vmatrix}\boldsymbol{p}_1^2 & \boldsymbol{p}_1\cdot\boldsymbol{p}_2 & \cdots & \boldsymbol{p}_1\cdot\boldsymbol{p}_{k-1} & \frac{1}{2}p_1^2 & \boldsymbol{p}_i\cdot\boldsymbol{p}_{k+1} & \cdots & \boldsymbol{p}_1\cdot\boldsymbol{p}_n\\ \vdots & \vdots & & \vdots & \vdots & \vdots & & \vdots\\ \boldsymbol{p}_n\cdot\boldsymbol{p}_1 & \boldsymbol{p}_n\cdot\boldsymbol{p}_2 & \cdots & \boldsymbol{p}_n\cdot\boldsymbol{p}_{k-1} & \frac{1}{2}p_n^2 & \boldsymbol{p}_n\cdot\boldsymbol{p}_{k+1} & \cdots & \boldsymbol{p}_n^2\end{vmatrix}$$

则
$$\boldsymbol{R}_n=\sum_{k=1}^{n}\frac{\det\boldsymbol{D}_k}{\det\boldsymbol{D}}\boldsymbol{p}_k$$

从而

$$\begin{aligned}\left(\sum_{k=1}^{n}\frac{2\det\boldsymbol{D}_k}{\det\boldsymbol{D}}\boldsymbol{p}_k\right)^2&=2\cdot\left(\sum_{k=1}^{n}\frac{\det\boldsymbol{D}_k}{\det\boldsymbol{D}}\boldsymbol{p}_k\right)\cdot\left(\sum_{k=1}^{n}\frac{2\det\boldsymbol{D}_k}{\det\boldsymbol{D}}\boldsymbol{p}_k\right)\\&=2\cdot\boldsymbol{R}_n\cdot\left(\sum_{k=1}^{n}\frac{2\det\boldsymbol{D}_k}{\det\boldsymbol{D}}\boldsymbol{p}_k\right)\end{aligned}$$

$$=\sum_{k=1}^{n}\frac{2\det \boldsymbol{D}_k}{\det \boldsymbol{D}}\boldsymbol{p}_k^2$$

从而

$$\boldsymbol{R}_n^2=\frac{1}{4}\Big(\sum_{k=1}^{n}\frac{2\det \boldsymbol{D}_k}{\det \boldsymbol{D}}\boldsymbol{p}_k\Big)^2=\frac{1}{4}\sum_{k=1}^{n}\frac{2\det \boldsymbol{D}_k}{\det \boldsymbol{D}}\boldsymbol{p}_k^2=\sum_{k=1}^{n}\frac{2\det \boldsymbol{D}_k}{\det \boldsymbol{D}}\boldsymbol{p}_k^2 \qquad (**)$$

又因为

$$\det \boldsymbol{D}=\prod_{l=1}^{n}p_l^2\cdot\begin{vmatrix}1 & & \cos\widehat{i,j}\\ & \ddots & \\ \cos\widehat{i,j} & & 1\end{vmatrix}=\prod_{k=1}^{n}p_l^2\cdot\det \boldsymbol{B}_n$$

$$\det \boldsymbol{D}_k$$

$$=\frac{\prod_{l=1}^{n}p_l^2}{2p_k}\cdot$$

$$\begin{vmatrix}1 & \cdots & \cos\widehat{1,k-1} & p_1 & \cos\widehat{1,k+1} & \cdots & \cos\widehat{1,n}\\ \vdots & & \vdots & \vdots & \vdots & & \vdots\\ \cos\widehat{n,1} & \cdots & \cos\widehat{n,k-1} & p_n & \cos\widehat{n,k+1} & \cdots & 1\end{vmatrix}$$

$$=\frac{\prod_{l=1}^{n}p_l^2}{2p_k}\cdot\det \boldsymbol{B}_k'$$

将上面的 $\det \boldsymbol{D}_k$, $\det \boldsymbol{D}$ 代入式(＊＊),便得到(7.4.4).证毕.

对于式(7.4.4),当 $n=2$ 时,我们可得

$$R_2^2=\frac{p_1\cdot\begin{vmatrix}p_1 & \cos\widehat{1,2}\\ p_2 & 1\end{vmatrix}+p_2\cdot\begin{vmatrix}1 & p_1\\ \cos\widehat{1,2} & p_2\end{vmatrix}}{4\begin{vmatrix}1 & \cos\widehat{1,2}\\ \cos\widehat{1,2} & 1\end{vmatrix}}$$

$$=\left[\frac{|\boldsymbol{p}_1-\boldsymbol{p}_2|}{2\sin\widehat{1,2}}\right]^2$$

此即为三角形正弦定理的变形形式.

推论　在公式 2 的条件下,设 $V(\sum_{P(n+1)})$ 为单形 $\sum_{P(n+1)}$ 的 n 维体积,O 为单形 $\sum_{P(n+1)}$ 的外接超球球心,由顶点 $O,P_0,\cdots,P_{k-1},P_{k+1},\cdots,P_n$ 所确定 n 维单形的体积记为 $V(\sum_{P_k(n+1)})$,则

$$R_n^2=\sum_{k=1}^{n}\frac{V(\sum_{P_k(n+1)})}{2V(\sum_{P(n+1)})}\cdot\boldsymbol{p}_k^2 \qquad (7.4.5)$$

证明　设 O_0 为单形 $\sum_{P(n+1)}$ 体积坐标系原点(见§6.1),则

$$\overrightarrow{O_0O}=\sum_{k=0}^{n}\frac{V(\sum_{P_k(n+1)})}{V(\sum_{P(n+1)})}\overrightarrow{O_0P_k}$$

又

$$\overrightarrow{O_0O}=\overrightarrow{O_0P_0}+\overrightarrow{P_0O}=\overrightarrow{O_0P_0}+\boldsymbol{R}_n$$

$$=\overrightarrow{O_0P_0}+\sum_{k=1}^{n}\frac{\det\boldsymbol{D}_k}{\det\boldsymbol{D}}\boldsymbol{p}_k=\sum_{k=0}^{n}\frac{\det\boldsymbol{D}_k}{\det\boldsymbol{D}}\cdot\overrightarrow{O_0P_k}$$

其中

$$\det\boldsymbol{D}_0=\det\boldsymbol{D}-\sum_{k=1}^{n}\det\boldsymbol{D}_k$$

则

$$\sum_{k=0}^{n}\left[\frac{\det\boldsymbol{D}_k}{\det\boldsymbol{D}}-\frac{V(\sum_{P_k(n+1)})}{2V(\sum_{P(n+1)})}\right]\boldsymbol{p}_k=\boldsymbol{0}$$

因为 $\{\boldsymbol{p}_k\}(k=1,2,\cdots,n)$ 是 E^n 中的一基底,故

$$\frac{\det \boldsymbol{D}_k}{\det \boldsymbol{D}}-\frac{V(\sum_{P_k(n+1)})}{V(\sum_{P(n+1)})}=0\text{，即}\frac{\det \boldsymbol{D}_k}{\det \boldsymbol{D}}=\frac{V(\sum_{P_k(n+1)})}{V(\sum_{P(n+1)})}$$

再由前述证明中的式（$**$），即得式(7.4.5).

由式(7.3.18)，我们还有

公式 3 $$R_n^{n-1}=\frac{(n-1)!\ |f_i|}{2^{n-1}\cdot\sin\theta_{p_k}} \tag{7.4.6}$$

7.4.2 内切超球 傍切超球

我们称在单形内部与单形的所有侧（界）面都相切的超球面为单形的内切超球面；在单形外侧（界）与单形的一个侧（界）面相切，并且与其余侧（界）面的延展面都相切的超球面为单形的傍切超球面.

E^n 中的 n 维单形（非退化）总有一个内切超球面和 n 个傍切超球面.

公式 4 设 E^n 中 n 维单形 $\sum_{P(n+1)}=\{P_0,P_1,\cdots,P_n\}$ 的内切超球半径为 r_n，则

$$r_n=\frac{nV(\sum_{P(n+1)})}{\sum_{i=0}^{n}|f_i|} \tag{7.4.7}$$

其中 $V(\sum_{P(n+1)})$，$|f_i|$ 分别为 n 维单形 $\sum_{P(n+1)}$ 的 n 维体积、侧（界）面 f_i 的 $n-1$ 维体积.

式(7.4.7)可由式(5.2.2)推得.

当 $n=2,3$ 时，边长分别为 a,b,c，面积为 $S_\triangle$ 的三角形的内切圆半径公式为 $r_2=\dfrac{2S_\triangle}{a+b+c}$；侧面积是 S_A，S_B，S_C，S_D，体积为 $V_{\text{四面体}}$ 的四面体的内切球半径公式

$$r_3=\frac{3V_{\text{四面体}}}{S_A+S_B+S_C+S_D}$$

推论 $$\frac{1}{r_n}=\frac{1}{n\cdot V(\sum_{P(n+1)})}\sum_{i=0}^{n}|f_i|=\sum_{i=0}^{n}\frac{1}{h_i}. \tag{7.4.7'}$$

公式5　设 E^n 中 n 维单形 $\sum_{P(n+1)}=\{P_0,P_1,\cdots,P_n\}$ 与顶点 $P_k(k=0,1,\cdots,n)$ 所对应的侧(界)面相切,而与其他各侧(界)面的延展面相切的傍切超球半径为 $r_n^{(k)}$,则

$$r_n^{(k)}=\frac{nV(\sum_{P(n+1)})}{\sum\limits_{\substack{i=0\\i\neq k}}^{n}|f_i|-|f_k|}=\frac{nV_p}{\sum\limits_{i=0}^{n}s(i)|f_i|}\qquad(7.4.8)$$

其中 $V(\sum_{P(n+1)})=V_p$,$|f_i|$分别为 n 维单形 $\sum_{P(n+1)}$ 的 n 维体积、侧(界)面 f_i 的 $n-1$ 维体积,当 $i=k$ 时,$s(i)=-1$;当 $i\neq k$ 时,$s(i)=1$.

对于式(7.4.8),当 $n=2,3$ 时,分别为三角形的傍切圆、四面体的傍切球的半径计算公式(请读者自行写出).下面给出式(7.4.8)的证明.

证明　设与单形 $\sum_{P(n+1)}$ 的侧(界)面 f_k(其顶点集为 $\{P_0,\cdots,P_{k-1},P_{k+1},\cdots,P_n\}$)平行,且与半径为 $r_n^{(k)}$ 的超球面相切的超平面为 f'_k,此即为 $n-1$ 维单形 $\sum_{p'_k(n)}=\{P'_0,\cdots,P'_{k-1},P'_{k+1},\cdots,P'_n\}$. 记 n 维单形 $\sum_{P'_k(n+1)}=\{P'_0,\cdots,P'_{k-1},P_k,P'_{k+1},\cdots,P'_n\}$ 的体积为 $V_{P'}$,$n+1$ 个侧面为 $f'_i(i=0,1,\cdots,n$. 顶点 P_k 对应的侧面为 f'_k,顶点 $P'_i(i\neq k)$ 对应的侧面为 f'_i),则顶点 P_k 到侧面 f_k 的距离(即单形 $\sum_{P(n+1)}$ 的高)为 $\frac{n\cdot V_P}{|f_k|}$,顶点 P'_k 到面 f'_k 的距离(即单形 $\sum_{P'(n+1)}$ 的高)为 $\frac{n\cdot V_{P'}}{|f'_k|}=\frac{n\cdot V_P}{|f_k|}+2r_n^{(k)}$.

因为

$$\frac{|f_0|}{|f'_0|}=\frac{|f_1|}{|f'_1|}=\cdots=\frac{|f_n|}{|f'_n|}=\left[\frac{\frac{nV_P}{|f_k|}}{\frac{nV_P}{|f_k|}+2r_n^{(k)}}\right]^{n-1}$$

$$\left[\frac{\frac{nV_P}{|f_k|}}{\frac{nV_P}{|f_k|}+2r_n^{(k)}}\right]^{n}=\frac{\frac{1}{n}r_n\cdot\sum_{i=0}^{n}|f_i|}{\frac{1}{n}r_n^{(k)}\cdot\sum_{i=0}^{n}|f'_i|}=\frac{r_n}{r_n^{(k)}}\cdot\left[\frac{\frac{nV_P}{|f_k|}}{\frac{nV_P}{|f_k|}+2r_n^{(k)}}\right]^{n-1}$$

所以

$$r_n^{(k)}=\frac{nV_P}{\sum\limits_{\substack{i=0\\i\neq k}}^{n}|f_i|-|f_k|}=\frac{nV_P}{\sum\limits_{i=0}^{n}|f_i|-2|f_i|}=\frac{nV_P}{\sum\limits_{i=0}^{n}s(i)\,|f_i|}$$

推论
$$\sum_{k=0}^{n}\frac{1}{r_n^{(k)}}=\frac{n-1}{r_n}\tag{7.4.8′}$$

7.4.3 棱切超球

我们称与 n 维单形的各棱都相切的超球面为其棱切超球面. 但对于一般的 n 维单形来说,并不总存在棱切超球(面). 在这里,我们先给出 n 维单形存在棱切超球的一个充分必要条件,然后再给出其棱切超球半径的一个计算公式[122].

定理 7.4.3 设 E^n 中 n 维单形 $\sum_{P(n+1)}=\{P_0, P_1,\cdots,P_n\}$ 的棱长 $|P_iP_j|=\rho_{ij}(0\leqslant i,j\leqslant n)$,则此 n 维单形存在棱切超球的充分必要条件是:存在 $x_i,x_j\in\mathbf{R}^+$,使得

$$\rho_{ij}=x_i+x_j\quad(i\neq j,0\leqslant i,j\leqslant n)\tag{7.4.9}$$

由式(7.4.9),不难得到

$$x_i=\frac{1}{n(n-1)}\Big(n\sum_{\substack{j=0\\i\neq j}}^{n}\rho_{ij}-\sum_{0\leqslant i,j\leqslant n}^{n}\rho_{ij}\Big)\tag{7.4.10}$$

证明 必要性:若 n 维单形 $\sum_{P(n+1)}=\{P_0,P_1,\cdots,$

$P_n\}$存在棱切超球,不妨设棱切超球与棱 P_iP_j 的切点为 $M_{ij}(i\neq j)$,由球之切线长定理知

$$|P_iM_{i0}|=\cdots=|P_iM_{i,i-1}|=|P_iM_{i,i+1}|=\cdots=|P_iM_{in}|$$

再设$|P_iM_{ij}|=x_i$,又因$|P_iP_j|=|P_iM_{ij}|+|P_jM_{ji}|$,从而$|P_iP_j|=x_i+x_j$,即$\rho_{ij}=x_i+x_j(i\neq j)$. 经计算极易得到式(7.4.10),于是必要性得证.

充分性:用数学归纳法.

当 $n=3$ 时,由于长为 l,m,n 的三条线段能构成三角形的充要条件是存在三个正数 b,c,d,使 $l=b+c$, $m=b+d$, $n=c+d$,且表示法唯一. 这样,长为 l,m,n 的线段可构成四面体 $ABCD$ 的一个面.

如果作$\triangle BCD$ 的内切圆 O_1 与长为 n 的边 CD 切于点 E,那么 $CE=c$, $DE=d$.

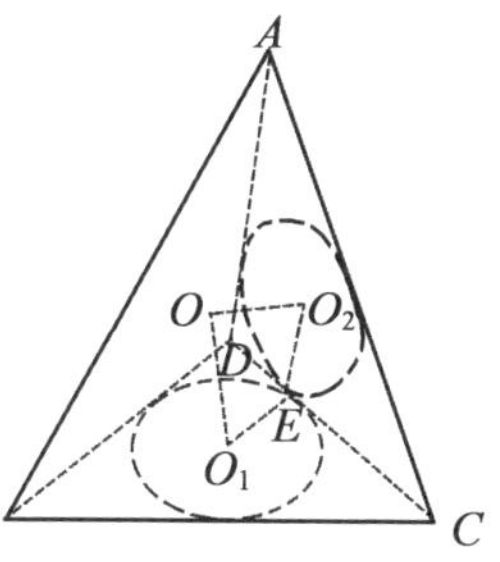

图 7.4-1

同理,如作$\triangle ACD$ 的内切圆 O_2,与 CE 的切点也是 E,如图 7.4-1,且 $O_1E\perp CD$, $O_2E\perp CD$,因此 $CD\perp$ 平面 O_1EO_2. 如果过 O_1 和 O_2 分别作平面 BCD 和平面 ACD 的垂线,它们必同在平面 O_1EO_2 中,因此必相交,设交点为 O. 由于到三角形三边等距离的点的轨迹是过三角形的内心且垂直于三角形所在平面的直线,所以 O 到除 AB 以外的五条棱的距离相等. 通过作$\triangle ABD$ 的内切圆(与$\triangle BCD$ 一起),还可求得除 AC 外的五条棱等距离的点 O',再注意到与三面角三条棱等距离的点的轨迹,是由其顶点向其内部引的与三条棱成等角的射线(即三面角的平分线),知 O 与 O'同在三面角 $D-ABC$

的平分线上，又同在过 O_1 的垂直于平面 BCD 的直线上，因此 O 与 O' 重合. 这就证明了点 O 到六条棱的距离相等，根据球的切线性质，O 为球心、OE 为半径的球，即为四面体 $ABCD$ 的棱切球.

这说明 $n=3$ 时，充分性得证.

假设 $n=k-1$ 时满足条件，即存在棱切超球. 下面证明满足条件的 k 维单形 $\sum_{P(n+1)}=\{P_0,P_1,\cdots,P_k\}$ 也存在棱切超球.

由于对于 k 维单形 $\sum_{P(n+1)}=\{P_0,P_1,\cdots,P_k\}$，有 $\rho_{ij}=x_i+x_j(i\neq j)$，故知对 k 维单形 $\sum_{P(n+1)}$ 的侧面即 $k-1$ 维单形 $\sum_{P(k)}=\{P_0,P_1,\cdots,P_{k-1}\}$，也有 $\rho_{ij}=x_i+x_j$ $(i\neq j,0\leqslant i,j\leqslant k-1)$. 由归纳假设知，此 $k-1$ 维单形存在 $k-1$ 维棱切超球，记此球为 (r_1,O_1)（r_1 表半径，O_1 表球心，下同）.

同理可知 $k-1$ 维单形 $\sum_{P(k)}=\{P_0,P_1,\cdots,P_k\}$ 也存在棱切超球 (r_2,O_2).

设球 (r_1,O_1) 与棱 P_1P_{k-1} 切于点 E，由式(7.4.9)可知表达式的解是唯一的（由式(7.4.10)便知）. 不妨设 $|P_1E|=x_1$.

同理，球 (r_2,O_2) 与 P_1P_{k-1} 也切于点 E，且知 $O_1E\perp P_1P_{k-1}$，$O_2E\perp P_1P_{k-1}$，从而 P_1P_{k-1} 垂直于两相交直线 O_1E 与 O_2E 所决定的平面 α.

分别过 O_1,O_2 作 $k-1$ 维单形 $\sum_{P(k)}=\{P_0,P_1,\cdots,P_{k-1}\}$ 与 $\sum_{P(k)}=\{P_0,P_1,\cdots,P_k\}$ 所在超平面的垂线（即法线）l_1,l_2，则 l_1,l_2 都在平面 α 内，且 l_1 与 l_2 必相交于一点 O（否则 k 维单形 $\sum_{P(k-1)}=\{P_0,P_1,\cdots,P_k\}$ 为退化的单形）.

因为 l_1 过 O_1 且垂直于 $k-1$ 维单形 $\sum_{P(k)}=\{P_0,

$P_1,\cdots,P_{k-1}\}$所在的平面,从而 l_1 上的点到 $k-1$ 维单形$\sum_{P(k)}=\{P_0,P_1,\cdots,P_{k-1}\}$的各条棱的距离相等. 同理,$l_2$ 上的点到 $k-1$ 维单形$\sum_{P(n+1)}=\{P_0,P_1,\cdots,P_k\}$的各条棱的距离也相等,从而 O 到这两个 $k-1$ 维单形的各棱的距离都相等,即 O 到除 k 维单形$\sum_{P(k+1)}=\{P_0,P_1,\cdots,P_k\}$的棱 P_0P_k 以外的各棱的距离都相等.

同理,对于 $k-1$ 维单形$\sum_{P(k)}=\{P_0,P_1,\cdots,P_{k-1}\}$及$\sum_{P(k)}=\{P_0,P_1,\cdots,P_k\}$来说,存在一点 O'到除 k 维单形$\sum_{P(k+1)}=\{P_0,P_1,\cdots,P_k\}$的棱 P_0P_1 以外各棱的距离都相等(点 O'可仿照点 O 的构造而构造出来).

由 O,O'的特性知,O,O'到顶点 P_{k-1}所对应的 k 面角的 k 条棱的距离都相等. 注意到:到 k 面角的 k 条棱等距离的点的轨迹是由 k 面角的顶点向其内部引的与 k 条棱成等角的射线,知 O,O'应在这条射线上. 但由上述过程知,O,O'又应在 l_2 上,故 O 与 O'重合. 由此可知:存在一点到 k 维单形$\sum_{P(k+1)}=\{P_0,P_1,\cdots,P_k\}$的各棱的距离都相等. 即 k 维单形$\sum_{P(k+1)}=\{P_0,P_1,\cdots,P_k\}$存在棱切超球.

综上所述,由数学归纳法原理,满足条件(7.4.9)的 n 维单形$\sum_{P(n+1)}=\{P_0,P_1,\cdots,P_n\}$存在棱切超球. 充分性证毕.

公式 6 设 E^n 中 n 维单形$\sum_{P(n+1)}=\{P_0,P_1,\cdots,P_n\}$的棱长为$|P_iP_j|=\rho_{ij}$,且存在棱切超球即满足式(7.4.9),棱切超球半径为 R_n^*,则

$$R_n^*=-\frac{\det \boldsymbol{D}_1}{2\det \boldsymbol{D}_2} \tag{7.4.11}$$

其中 $\det \boldsymbol{D}_1$,$\det \boldsymbol{D}_2$ 分别为 $n+1$ 阶,$n+2$ 阶行列式,即

$$\det \boldsymbol{D}_1=\left|\begin{array}{|c|}\hline a_{ij}\\\hline\end{array}\right|,\det \boldsymbol{D}_2=\left|\begin{array}{cccc}0&1&\cdots&1\\1&&&\\\vdots&&a_{ii}&\\1&&&\end{array}\right|$$

$$a_{ij}=\begin{cases}2x_ix_j & \text{当 } i\neq j \text{ 时}\\-2x_i^2 & \text{当 } i=j \text{ 时}\end{cases}$$

证明 设 n 维单形 $\sum_{P(n+1)}=\{P_0,P_1,\cdots,P_n\}$ 的棱切超球的球心为 P_{n+1}，且棱切超球与棱 P_iP_j 的切点为 $M_{ij}(i\neq j,i,j=0,1,\cdots,n,M_{ij}=M_{ji})$.

由球的切线长性质，若设 $|P_iM_{ij}|=x_i$，则 $\rho_{ij}=x_i+x_j$，又 $P_{n+1}M_{ij}\perp P_iP_j$，从而 $|P_{n+1}P_i|^2=R_n^{*2}+x_i^2$.

由度量方程式(1.2.13)，或由顶点 $P_0,P_1,\cdots,P_n,P_{n+1}$ 构成的几何体在空间 E^n 中的体积为零，并注意到式(5.2.6)，可知关于 $P_0,P_1,\cdots,P_n,P_{n+1}$ 的 $n+3$ 阶 Cayley-Menger 行列式为零，即

$$\begin{vmatrix}0&1&1&\cdots&1&1\\1&0&(x_0+x_1)^2&\cdots&(x_0+x_n)^2&R_2^{*2}+x_0^2\\1&(x_1+x_0)^2&0&\cdots&(x_1+x_n)^2&R_2^{*2}+x_1^2\\\vdots&\vdots&\vdots&&\vdots&\vdots\\1&(x_n+x_0)^2&(x_n+x_1)^2&\cdots&0&R_2^{*2}+x_n^2\\1&R_n^{*2}+x_0^2&R_n^{*2}+x_1^2&\cdots&R_n^{*2}+x_n^2&0\end{vmatrix}=0$$

对上述行列式作如下一系列变换.

将第一行乘以“$-R_n^{*2}$”加到第 $n+3$ 行(最下一行)；再将第一列乘以“$-R_n^{*2}$”加到第 $n+3$ 列(最后一列)；再将第一行乘以“$-x_i^2$”加到第 $i+2$ 行($i=0,1,2,\cdots,n$)；再将第一列乘以“$-x_i^2$”加到第 $i+2$ 列($i=0,1,2,\cdots,n$).

从而

$$\begin{vmatrix} 0 & 1 & 1 & \cdots & 1 & 1 \\ 1 & -2x_0^2 & 2x_0x_1 & \cdots & 2x_0x_n & 0 \\ \vdots & \vdots & \vdots & & \vdots & \vdots \\ 1 & 2x_nx_0 & 2x_nx_1 & \cdots & 2x_n^2 & 0 \\ 1 & 0 & 0 & \cdots & 0 & -2R_n^{*2} \end{vmatrix} = 0$$

将上述行列式按第 $n+3$ 列(最后一列)展开得

$$(-1)^{n+4} \begin{vmatrix} 1 & -2x_0^2 & \cdots & 2x_0x_n \\ \vdots & \vdots & & \vdots \\ 1 & 2x_nx_0 & \cdots & -2x_n^2 \\ 1 & 0 & \cdots & 0 \end{vmatrix} - 2R_2^{*2} \cdot M = 0$$

其中 $M = \begin{vmatrix} 0 & 1 & 1 & \cdots & 1 \\ 1 & -2x_0^2 & 2x_0x_1 & \cdots & 2x_0x_n \\ \vdots & \vdots & \vdots & & \vdots \\ 1 & 2x_nx_0 & 2x_nx_1 & \cdots & -2x_n^2 \end{vmatrix}$.

再将上述式中的第一个行列式按第 $n+2$ 行(最下一行)展开,移项整理即得式(7.4.11).

由式(7.4.11),可得如下推论:

推论1　设 E^n 中 n 维单形 $\sum_{P(n+1)} = \{P_0, P_1, \cdots, P_n\}$ 的 n 维体积为 $V(\sum_{P(n+1)})$, $\sum_{P(n+1)}$ 且存在棱切超球,即存在 $x_i, x_j \in \mathbf{R}^+$,使 $|P_iP_j| = \rho_{ij} = x_i + x_j (i \neq j, 0 \leqslant i, j \leqslant n)$,其半径为 R_n^*,则

$$V^2(\sum_{P(n+1)}) \cdot R_n^{*2} = \frac{2^n(n-1)}{(n!)^2}\left(\prod_{i=0}^{n} x_i\right)^2 \tag{7.4.12}$$

事实上,由(7.4.11)的证明过程不难推得式(7.4.12).

推论 2 设 E^n 中 n 维单形 $\sum_{P(n+1)}=\{P_0,P_1,\cdots,P_n\}$ 的 n 维体积为 $V(\sum_{P(n+1)})$，且存在棱切超球，其半径为 R_n^*，单形 $\sum_{P(n+1)}$ 的所有棱长之积为 p，则

$$V(\sum_{P(n+1)})\cdot R_n^*\leqslant\frac{\sqrt{2^n(n-1)}}{2^{n+1}\cdot n!}\cdot p^{\frac{2}{n}}\tag{7.4.13}$$

等号当且仅当 n 维单形 $\sum_{P(n+1)}$ 正则时成立.

事实上，由式(7.4.12)并应用平均值不等式及式(7.4.9)，即得到式(7.4.13).

§7.5 单形的重心，中线，莱布尼兹公式

7.5.1 单形的重心

在 E^2 中，$\triangle ABC$ 三边上的中线(各顶点与对边中点的连线)交于一点 G，则称 G 为 $\triangle ABC$ 的重心. 点 G 与顶点的联结直线将三角形面积平分；点 G 与三顶点的连线将三角形面积三等分.

在 E^3 中，四面体 $ABCD$ 的四侧面上的中线(各顶点与所对三角形侧面的重心的连线)交于一点 G，则称 G 为四面体 $ABCD$ 的重心. 点 G 与两顶点(或一条棱)所在的平面将四面体的体积平分；点 G 与四顶点的连线段将四面体分成体积相等的四等分.

类似地，我们可讨论 E^n 中 n 维单形的重心及其性质.

定义 7.5.1 若 E^n 中 n 维单形 $\sum_{P(n+1)}=\{P_0,P_1,\cdots,P_n\}$ 内一点 G，它与各顶点的连线段将单形 $\sum_{P(n+1)}$ 的体积 $V(\sum_{P(n+1)})$ 分成体积相等的 $n+1$ 部

分,即 $n+1$ 个 n 维单形 $\sum_{P_i(n+1)}=\{P_G,\cdots,P_{i-1},G,P_{i+1},\cdots,P_n\}(i=0,1,\cdots,n,P_{0-1}=P_n,P_{n+1}=P_1)$ 的体积 $V(\sum_{P_i(n+1)})$ 均相等,则称点 G 为单形 $\sum_{P(n+1)}$ 的重心.

由上述定义,我们有

定理 7.5.1－1　E^n 中 n 维单形 $\sum_{P(n+1)}=\{P_0,P_1,\cdots,P_n\}$ 的重心为 G,它与顶点 $P_0,P_1,\cdots,P_n$ 中的任意 $n-1$ 个顶点组成 n 维超平面(即 $n-1$ 维单形)将单形 $\sum_{P(n+1)}$ 的体积平分,且

$$V(\sum_{P_i(n+1)})=\frac{1}{n+1}V(\sum_{P(n+1)})\qquad(7.5.1)$$

证明　在 n 维单形 $\sum_{P(n+1)}=\{P_0,P_1,\cdots,P_n\}$ 中,不妨设由重心 G,顶点 $P_1,\cdots,P_{n-1}$ 组成 n 维超平面,由重心 G 的定义,可知 n 维单形 $\sum_{p_0(n+1)}=\{G,P_1,\cdots,P_n\}$ 与 n 维单形 $\sum_{p_n(n+1)}=\{P_0,P_1,\cdots,P_{n-1},G\}$ 的体积相等.

注意到单形的体积公式(5.2.2),可知 P_0,P_n 到超平面 $\pi_n=\{G,P_1,\cdots,P_{n-1}\}$ 的距离相等.

设超平面 $\pi_n=\{G,P_1,\cdots,P_{n-1}\}$ 与棱 P_0P_n 交于点 Q,则 $Q\in\pi_n$,且 P_0,P_n 到超平面 $\pi'_n=\{Q,P_1,\cdots,P_{n-1}\}$ 的距离相等,从而 n 维单形 $\sum_{p'_0(n+1)}=\{Q,P_1,\cdots,P_n\}$ 与 $\sum_{p'_n(n+1)}=\{Q,P_0,P_1,\cdots,P_{n-1}\}$ 的体积相等,且有(7.5.1).定理证毕.

定理 7.5.1－2　E^n 中 n 维单形 $\sum_{P(n+1)}=\{P_0,P_1,\cdots,P_n\}$ 的重心 G,它与顶点 P_i 的连线延长交点 P_i 所对应的侧面 f_i 于 $G_i(i=0,1,\cdots,n)$,则 G_i 为 f_i 的重心;且

$$|GG_i|=\frac{1}{n+1}|P_iG_i|\quad(i=0,1,\cdots,n)\qquad(7.5.2)$$

证明提示:由定理 7.5.1－1 及定义 7.5.1 即证得

G_i 为 f_i 的重心；再作侧面 f_i 上的高，注意到式(5.2.2)即证得式(7.5.2).

定理 7.5.1－3　设 G 是 E^n 中 n 维单形 $\Sigma_{P(n+1)}=\{P_0,P_1,\cdots,P_n\}$ 的重心，单形 $\Sigma_{P(n+1)}$ 的棱长 P_iP_j 记为 $\rho_{ij}(0\leqslant i<j\leqslant n)$，则[116]

$$\sum_{i=0}^{n}GP_i^2=\frac{1}{n+1}\sum_{0\leqslant i<j\leqslant n}\rho_{ij}^2 \tag{7.5.3}$$

证明　设 O 为 E^n 中笛卡儿直角坐标系原点，令 $\boldsymbol{v}_i=\overrightarrow{OP_i}$，$\boldsymbol{u}=\overrightarrow{OG}$，由式(7.5.2)知

$$\boldsymbol{u}=\frac{1}{n+1}\sum_{i=0}^{n}\boldsymbol{v}_i \tag{7.5.3'}$$

由

$$\begin{aligned}&(n+1)\sum_{i=0}^{n}|\overrightarrow{GP_i}|^2-\sum_{0\leqslant i<j\leqslant n}\rho_{ij}^2\\=&(n+1)\sum_{i=0}^{n}(\boldsymbol{u}-\boldsymbol{v}_i)^2-\sum_{0\leqslant i<j\leqslant n}(\boldsymbol{v}_j-\boldsymbol{v}_i)^2\\=&(n+1)\left[\frac{1}{n+1}\left(\sum_{i=0}^{n}\boldsymbol{v}_i\right)^2+\sum_{i=0}^{n}\boldsymbol{v}_i^2-\frac{2}{n+1}\left(\sum_{i=0}^{n}\boldsymbol{v}_i\right)^2\right]-\\&\left(n\sum_{i=0}^{n}\boldsymbol{v}_i^2-2\sum_{0\leqslant i<j\leqslant n}\boldsymbol{v}_i\cdot\boldsymbol{v}_j\right)\\=&\left(\sum_{i=0}^{n}\boldsymbol{v}_i\right)^2+(n+1)\left(\sum_{i=0}^{n}\boldsymbol{v}_i\right)^2-2\left(\sum_{i=0}^{n}\boldsymbol{v}_i\right)^2-n\sum_{i=0}^{n}\boldsymbol{v}_i^2+\\&2\sum_{0\leqslant i<j\leqslant n}\boldsymbol{v}_i\cdot\boldsymbol{v}_j\\=&0\end{aligned}$$

即得式(7.5.3).

7.5.2　单形的中线

定义 7.5.2　我们将 E^n 中的 n 维单形 $\Sigma_{P(n+1)}=\{P_0,P_1,\cdots,P_n\}$ 的任一顶点 P_i 与其所对侧(界)面重心 $G_i(i=0,1,2\cdots,n)$ 的连线段 $m_i(i=0,1,\cdots,n)$ 称为 n 维单形 $\Sigma_{P(n+1)}$ 的中线.

定理 7. 5. 2 - 1　在 n 维单形 $\sum_{P(n+1)} = \{P_0, P_1, \cdots, P_n\}$ 中,设 $\rho_{ij} = P_iP_j$,G_i 为侧面 f_i 的重心,则[32]有

$$m_i^2 = \frac{1}{n}\sum_{\substack{j=0 \\ j\neq i}}^{n}\rho_{ij}^2 - \frac{1}{n}\sum_{\substack{j=0 \\ j\neq i}}^{n}G_iP_j^2 \quad (i = 0, 1, \cdots, n) \tag{7.5.4}$$

证明　当 $i, j = 0, 1, \cdots, n$,但 $i \neq j$ 时,由 $\overrightarrow{P_iP_j} = \overrightarrow{P_iG_j} + \overrightarrow{G_iP_j}$,有

$$\rho_{ij}^2 = \overrightarrow{P_iP_i}^2 = \overrightarrow{P_iG_j}^2 + \overrightarrow{G_iP_j}^2 + 2\,\overrightarrow{P_iG_i} \cdot \overrightarrow{G_iP_j}$$

即
$$m_i^2 = P_iG_i^2 = \rho_{ij}^2 - G_iP_j^2 - 2\,\overrightarrow{P_iG_i} \cdot \overrightarrow{G_iP_j}$$

取 $j = 0, 1, \cdots, n$,但 $j \neq i$,并注意到 $\sum\limits_{\substack{j=0 \\ j\neq i}}^{n}\overrightarrow{G_iP_j} = 0\ (i = 0, 1, \cdots, n)$,则有

$$\begin{aligned} n \cdot m_i^2 &= \sum_{\substack{j=0 \\ j\neq i}}^{n}\rho_{ij}^2 - \sum_{\substack{j=0 \\ j\neq i}}^{n}G_iP_j^2 - 2\,\overrightarrow{P_iG_i} \cdot \sum_{\substack{j=0 \\ j\neq i}}^{n}\overrightarrow{G_iP_j} \\ &= \sum_{\substack{j=0 \\ j\neq i}}^{n}\rho_{ij}^2 - \sum_{\substack{j=0 \\ j\neq i}}^{n}G_iP_j^2 \quad (i = 0, 1, \cdots, n) \end{aligned}$$

由此即得式(7. 5. 4).

由式(7. 5. 4),并注意到在侧(界)面单形 f_i 上用式(7. 5. 3),有:

推论 1

$$m_i^2 = \frac{1}{n^2}\Big(n \cdot \sum_{\substack{j=0 \\ j\neq i}}^{n}\rho_{ij}^2 - \sum_{\substack{0\leq k<j\leq n \\ k,j\neq i}}\rho_{kj}^2\Big) \quad (i = 0, 1, \cdots, n) \tag{7.5.5}$$

对于式(7. 5. 5),当 $n = 2$ 时,即为三角形的中线长公式.

由式(7. 5. 5),即有如下推论:

推论 2 $$\sum_{i=0}^{n} m_i^2 = \frac{n+1}{n^2} \sum_{0 \leq i < j \leq n} \rho_{ij}^2 \tag{7.5.6}$$

定理 7.5.2－2 设 G 为 n 维单形 $\sum_{P(n+1)} = \{P_0, P_1, \cdots, P_n\}$ 的重心，n 维单形 $\sum_{P_i(n+1)} = \{G, P_0, \cdots, P_{i-1}, P_{i+1}, \cdots, P_n\}$ 的以 G 为顶点且对应于 $P_i(i=0, 1, \cdots, n)$ n 级顶点角 $\theta_i(i=0,1,\cdots,n)$，$\sum_{P(n+1)}$ 的中线长为 $m_i(i=0,1,\cdots,n)$，则

$$\frac{1}{n+1}\prod_{\substack{j=0\\ j\neq i}}^{n} m_j = \frac{n! \cdot V(\sum_{P_i(n+1)})}{\sin\theta_i} \quad (i=0,1,\cdots,n) \tag{7.5.7}$$

证明 由式(5.2.3)及式(7.5.1)即得式(7.5.7).

7.5.3 **单形中的莱布尼兹公式**

定理 7.5.3－1 设 M 为 E^n 中任一点，G 为 E^n 中 n 维单形 $\sum_{P(n+1)} = \{P_0, P_1, \cdots, P_n\}$ 的重心，则[32]

$$\sum_{i=0} MP_i^2 = \sum_{i=0} GP_i^2 + (n+1) \cdot MG^2 \tag{7.5.8}$$

证明 设 O 为 E^n 中笛卡儿直角坐标系原点，令 $\boldsymbol{v}_i = \overrightarrow{OP_i}$，$\overrightarrow{OM} = \boldsymbol{d}$，$\boldsymbol{u} = \overrightarrow{OG}$，则由式(7.5.2)知 $\boldsymbol{u} = \frac{1}{n+1}\sum_{i=0}^{n}\boldsymbol{v}_i$.

由

$$\begin{aligned}
&\sum_{i=0}^{n}(|\overrightarrow{MP_i}|^2 - |\overrightarrow{GP_i}|^2)\\
&= \sum_{i=0}^{n}[(\boldsymbol{d}-\boldsymbol{v}_i)^2 - (\boldsymbol{u}-\boldsymbol{v}_i)^2]\\
&= \sum_{i=0}^{n}(\boldsymbol{d}^2 - 2\boldsymbol{d}\cdot\boldsymbol{v}_i - \boldsymbol{u}^2 + 2\boldsymbol{u}\cdot\boldsymbol{v}_i)\\
&= (n+1)\boldsymbol{d}^2 - 2(n+1)\boldsymbol{d}\cdot\boldsymbol{u} - (n+1)\boldsymbol{u}^2 + 2(n+1)\boldsymbol{u}^2\\
&= (n+1)(\boldsymbol{d}^2 - 2\boldsymbol{d}\cdot\boldsymbol{u} + \boldsymbol{u}^2)\\
&= (n+1)(\boldsymbol{d}-\boldsymbol{u})^2 = (n+1)|\overrightarrow{MG}|^2
\end{aligned}$$

即得式(7.5.8).

定理 7.5.3－2　(莱布尼兹公式)设 E^n 中的 n 维单形 $\sum_{P(n+1)}=\{P_0,P_1,\cdots,P_n\}$ 的棱长 $P_iP_j=\rho_{ij}(0\leqslant i<j\leqslant n)$,$M$ 是 E^n 中任一点,G 为单形 $\sum_{P(n+1)}$ 的重心,则

$$MG^2=\frac{1}{n+1}\sum_{i=0}^{n}MP_i^2-\frac{1}{(n+1)^2}\sum_{0\leqslant i<j\leqslant n}\rho_{ij}^2 \quad (7.5.9)$$

证明　将式(7.5.3)代入式(7.5.8)即得式(7.5.9).证毕.

对于式(7.5.9),当 $n=2,3$ 时分别得到三角形、四面体中的莱布尼兹公式

$$MG^2=\frac{1}{3}(MA^2+MB^2+MC^2)-\frac{1}{9}(a^2+b^2+c^2)$$

$$MG^2=\frac{1}{4}(MA^2+MB^2+MC^2+MD^2)-\frac{1}{16}(a^2+b^2+c^2+d^2+e^2+f^2)$$

对于式(7.5.8)或(7.5.9).若取 M 为某些特殊点还可得一系列恒等式,例如在这两式中均取 M 为外接超球球心 O,令 R_n 为其球半径,则

$$\sum_{i=0}GP_i^2=(n+1)(R_n^2-OG^2) \quad (7.5.10)$$

$$\sum_{0\leqslant i<j\leqslant n}\rho_{ij}^2=(n+1)^2(R_n^2-OG^2) \quad (7.5.11)$$

还可得到一些恒等式,就留给读者作为练习了.

作为本节的结束,我们介绍文[177]还给出的关于单形中线的如下结论:

定理 7.5.4　设 G 是 n 维单形 $\sum_{P(n+1)}=\{P_0,P_1,\cdots,P_n\}$ 的重心,P_iG 的延长线交单形的外接超球面于 P'_i,且 $|P_iP'_i|=M_i(i=0,1,\cdots,n)$,中线长 $m_i=|P_iG_i|(i=0,1,\cdots,n)$,则有

$$\sum_{i=0}^{n}x_i^2M_im_i=\frac{n}{n+1}\sum_{i=0}^{n}x_i^2m_i^2+\frac{n}{(n+1)^2}\sum_{i=0}^{n}x_i^2\sum_{i=0}^{n}m_i^2 \tag{7.5.12}$$

其中 $x_i(i=0,1,\cdots,n)$是任意的实常数.

该定理的证明注意到式(7.5.6)及$\frac{M_i}{m_i}=\frac{n}{n+1}\left(1+\frac{\sum\limits_{0\leqslant i<j\leqslant n}\rho_{ij}^2}{n^2m_i^2}\right)$,有

$$\frac{(n+1)M_i}{nm_i}-1=\frac{1}{n^2m_i^2}\sum_{0\leqslant i<j\leqslant n}\rho_{ij}^2=\frac{1}{(n+1)m_i^2}\sum_{i=0}^{n}m_i^2$$

即

$$(n+1)M_im_i=n(n+1)m_i^2+n\sum_{i=0}^{n}m_i^2\quad(i=0,1,\cdots,n)$$

上式两边乘以 $x_i^2(i=0,1,\cdots,n)$,再求和即得到式(7.5.12).

§7.6 单形的中面,高维 Stewart 定理

定义 7.6.1 设$\sum_{P(n+1)}=\{P_0,P_1,\cdots,P_n\}$为 E^n 的 k 维单形,$M_{ij}(0\leqslant i<j\leqslant k)$为棱 P_iP_j 的中点,称 $k-1$ 维单形$\sum_{P_{ij}(k)}=\{M_{ij},P_0,\cdots,P_{i-1},P_{i+1},\cdots,P_{j-1},P_{j+1},\cdots,P_k\}$为单形$\sum_{P(k+1)}$的一个 $k-1$ 维中面,记为 S_{ij},其体积记为$|S_{ij}|$. 显然,S_{ij}也是三角形中线的高维推广[146].

对于三角形而言,其中线有两个经典的结果:

三角形的三条中线交于一点. 该点即为三角形的重心.

三角形三条中线与边长有如下关系式

$$m_1^2+m_2^2+m_3^2=\frac{3}{4}(a^2+b^2+c^2) \quad (7.6.1)$$

对于单形的中面,我们也有如上形式的结论.

定理 7.6.1　在 E^n 中的 k 维单形 $\sum_{P(k+1)}=\{P_1, P_2,\cdots,P_{k+1}\}$ 的 $\frac{1}{2}k(k+1)$ 个 $k-1$ 维中面 $S_{ij}(1\leqslant i<j\leqslant k+1)$ 相交于一点. 该点即为单形 $\sum_{P(k+1)}$ 的重心.[179]

证明　设单形 $\sum_{P(k+1)}$ 的第 i 个侧面 f_i 所在的 $k-1$ 维超平面 π_i 的方程为

$$u_i=a_{i1}x_1+a_{i2}x_2+\cdots+a_{in}x_n+d_i=0 \quad (i=1,2,\cdots,k+1)$$

$\boldsymbol{N}_i=(a_{i1},a_{i2},\cdots,a_{in})$ 为单形 $\sum_{P(k+1)}$ 的第 i 个侧面 f_i 的法向量. 由于 $\boldsymbol{N}_1,\boldsymbol{N}_2,\cdots,\boldsymbol{N}_{k+1}$ 中任意 k 个向量线性无关,所以

$$\Delta=\begin{vmatrix} a_{11} & a_{12} & \cdots & a_{1k} & d_1 \\ a_{21} & a_{22} & \cdots & a_{2k} & d_2 \\ \vdots & \vdots & & \vdots & \vdots \\ a_{k+1,1} & a_{k+1,2} & \cdots & a_{k+2,k+1} & d_{k+1} \end{vmatrix}\neq 0$$

设 $D_i,A_{ij}(i,j=1,2,\cdots,k+1)$ 分别表示 Δ 中 d_i 与 a_{ij}的代数余子式. 由线性方程组的 Gram 法则可知,单形 $\sum_{P(k+1)}$ 的侧面 f_i 所对的顶点 P_i 的坐标为

$$P_i\left(\frac{A_{i1}}{D_i},\frac{A_{i2}}{D_i},\cdots,\frac{A_{ik}}{D_i}\right) \quad (i=1,2,\cdots,k+1)$$

线段 P_iP_j 的中点 M_{ij}的坐标为

$$M_{ij}\left(\frac{1}{2}\left(\frac{A_{i1}}{D_i}+\frac{A_{j1}}{D_j}\right),\frac{1}{2}\left(\frac{A_{i2}}{D_i}+\frac{A_{j2}}{D_j}\right),\cdots,\frac{1}{2}\left(\frac{A_{ik}}{D_i}+\frac{A_{jk}}{D_j}\right)\right)$$

设过 $k-2$ 维单形 $f_{ij}=f_i\cap f_j$ 的 $k-1$ 个超平面束方程为

$$\lambda_iu_i+\lambda_ju_j=0 \quad ①$$

其中 λ_i,λ_j 是不同时为 0 的参数. 由于单形 $\sum_{P(k+1)}$ 的中面 S_{ij} 所在的 $k-1$ 维超平面是平面束①中的平面,且过点 M_{ij},因此,将点 M_{ij} 的坐标代入式①,得

$$\lambda_i\left[\frac{1}{2D_i}\left(\sum_{t=1}^{k}a_{it}A_{it}+d_iD_i\right)+\frac{1}{2D_j}\left(\sum_{t=1}^{k}a_{jt}A_{jt}+d_iD_j\right)\right]+$$

$$\lambda_j\left[\frac{1}{2D_j}\left(\sum_{t=1}^{k}a_{jt}A_{jt}+d_jD_j\right)+\frac{1}{2D_i}\left(\sum_{t=1}^{k}a_{jt}A_{it}+d_jD_i\right)\right]=0$$

即 $\frac{\lambda_i\Delta}{D_i}+\frac{\lambda_j\Delta}{D_j}=0$. 所以, $\frac{\lambda_i}{\lambda_j}=-\frac{D_i}{D_j}$.

因此,单形 $\sum_{P(k+1)}$ 的中面 S_{ij} 所在的 $k-1$ 维平面的方程为

$$D_iu_i-D_ju_j=0\quad(1\leqslant i<j\leqslant k+1)$$

单形 $\sum_{P(k+1)}$ 的 $\frac{1}{2}k(k+1)$ 个 $k-1$ 维中面的方程构成的方程组为

$$\begin{cases}D_1u_1-D_2u_2=0,\quad D_1u_1-D_3u_3=0\\ \vdots\\ D_1u_1-D_{k+1}u_{k+1}=0\\ D_2u_2-D_3u_3=0,\cdots,D_2u_2-D_{k+1}u_{k+1}=0\\ \vdots\\ D_ku_k-D_{k+1}u_{k+1}=0\end{cases}\qquad ②$$

由式②知, $D_1u_1=D_2u_2=\cdots=D_{k+1}u_{k+1}=-u$,与式②等价的方程为

$$\begin{cases}D_1u_1+u=0\\ D_2u_2+u=0\\ \vdots\\ D_ku_k+u=0\end{cases}\qquad ③$$

式③看成关于 $x_1,x_2,\cdots,x_k,u$ 的齐次线性方程组,其系

数行列式为

$$\begin{vmatrix} D_1a_{11} & D_1a_{12} & \cdots & D_1a_{1k} & 1 \\ D_2a_{21} & D_2a_{22} & \cdots & D_2a_{2k} & 1 \\ \vdots & \vdots & & \vdots & \vdots \\ D_{k+1}a_{k+1,1} & D_{k+1}a_{k+1,2} & \cdots & D_{k+1}a_{k+1,k} & 1 \end{vmatrix}$$

$$=(k+1)D_1D_2\cdots D_{k+1}\neq 0$$

按最后一列展开. 由此可知,关于 $x_1,x_2,\cdots,x_k,u$ 的齐次线性方程组③有唯一的解,从而方程组②有唯一解,所以,单形 $\sum_{P(k+1)}$ 的所有 $k-1$ 维中面交于一点.

对于定理 7.6,1,文[180]给出了如下的简捷证明:

根据 Helly 定理,只要证明任意 $k+1$ 个中面有唯一公共点. 不失一般性,只需证中面 $S_{01},S_{02},\cdots,S_{0k}$ 和 S_{12} 有唯一公共点即可. 取 $\sum_{P(k+1)}$ 为重心坐标单形,可得中面的重心坐标方程如下

$$S_{0i}:u_0-u_i=0\quad(i=1,2,\cdots,k)$$

$$S_{12}:u_1-u_2=0$$

上面方程组的系数行列式

$$\begin{vmatrix} 1 & -1 & 0 & \cdots & 0 & 0 \\ 0 & 1 & -1 & \cdots & 0 & 0 \\ \vdots & \vdots & \vdots & & \vdots & \vdots \\ 1 & 0 & 0 & \cdots & 0 & -1 \\ 0 & 1 & -1 & \cdots & 0 & 0 \end{vmatrix}=0$$

由式(6.1.13)知这 $k+1$ 个中面有唯一公共点.

由于,这 $k+1$ 个中面是任意的,故$\frac{1}{2}k(k+1)$个中面共点. 证毕.

定理 7.6.2 在 E^n 中，k 维单形 $\sum_{P(k+1)}=\{P_0,P_1,\cdots,P_k\}$ 的顶点 P_i,P_j 所对的界(侧)面的 $k-1$ 维单形 f_i,f_j 的体积分别为 $|f_i|,|f_j|$，对应的 $k-1$ 维中面 S_{ij} 的体积为 $|S_{ij}|(i\neq j,i,j=0,1,\cdots,k)$，则

$$|S_{ij}|^2=\frac{1}{4}(|f_i|^2+|f_j|^2+2|f_i||f_j|\cdot\cos\widehat{i,j}) \tag{7.6.2}$$

证法 1[178] 设 M_{ij} 为棱 P_iP_j 上的中点，注意到单形的体积公式(5.2.1)，有

$$\begin{aligned}|S_{ij}|&=\frac{1}{(k-1)!}|\overrightarrow{M_{ij}P_0}\wedge\cdots\wedge\overrightarrow{M_{ij}P_{i-1}}\wedge\cdots\wedge\\&\qquad\overrightarrow{M_{ij}P_{i+1}}\wedge\cdots\wedge\overrightarrow{M_{ij}P_{j-1}}\wedge\overrightarrow{M_{ij}P_{j+1}}\wedge\cdots\wedge\overrightarrow{M_{ij}P_k}|\\&=\frac{1}{(k-1)!}|\prod_{\substack{t=0\\t\neq i,j}}^{k}\wedge\overrightarrow{M_{ij}P_t}|\quad(0\leqslant i<j\leqslant k)\end{aligned}$$

因为 M_{ij} 为棱 P_iP_j 的中点，从而有 $\overrightarrow{M_{ij}P_t}=\frac{1}{2}(\overrightarrow{P_iP_t}+\overrightarrow{P_jP_t})(t\neq i,j$ 且 $0\leqslant i<j\leqslant k)$.

于是，$|S_{ij}|=\frac{1}{2^{k-1}(k-1)!}|\prod\limits_{\substack{t=0\\t\neq ij}}^{k}\wedge(\overrightarrow{P_iP_t}+\overrightarrow{P_jP_t})|$.

注意到式(5.1.8)，有

$$|S_{ij}|=\frac{1}{2^{k-1}(k-1)!}\cdot 2^{k-2}|\prod_{\substack{t=0\\t\neq i,j}}^{k}\wedge\overrightarrow{P_iP_t}+\prod_{\substack{t=0\\t\neq i,j}}^{k}\wedge\overrightarrow{P_jP_t}|$$

令 $\boldsymbol{\alpha}_i'=\prod\limits_{\substack{t=0\\t\neq i,j}}^{k}\wedge\overrightarrow{P_iP_t},\boldsymbol{\alpha}_j'=\prod\limits_{\substack{t=0\\t\neq i,j}}^{k}\wedge\overrightarrow{P_iP_t}$，则

$$|S_{ij}|=\frac{1}{2(k-1)!}|\boldsymbol{\alpha}_j'+\boldsymbol{\alpha}_i'|$$

又由式(5.2.1)，有

$$|f_i| = \frac{1}{(k-1)!}|\overrightarrow{P_jP_0} \wedge \cdots \wedge \overrightarrow{P_jP_{i-1}} \wedge \overrightarrow{P_jP_{i+1}} \wedge \cdots \wedge \overrightarrow{P_jP_k}|$$

$$= \frac{1}{(k-1)!}|\prod_{\substack{t=0\\t\neq i,j}}^{k} \wedge \overrightarrow{P_jP_t}| = \frac{1}{(k-1)!}|\boldsymbol{\alpha}_i'|$$

同理，$|f_j| = \dfrac{1}{(k-1)!}|\boldsymbol{\alpha}_j'|$.

注意 $\boldsymbol{\alpha}_i'$，$\boldsymbol{\alpha}_j'$的意义及单形的界面向量表示（与式(2.1.3)比较相差符号$(-1)^i$），但 $\boldsymbol{\alpha}_i'$，$\boldsymbol{\alpha}_j'$可作为单形界面f_i，f_j 所在平面的法向量，从而 $\boldsymbol{\alpha}_i'$，$\boldsymbol{\alpha}_j'$的夹角即为界面f_i，f_j 所成的内二面角$\langle i,j\rangle$（参见定义 1.2.15），从而

$$\boldsymbol{\alpha}_i' \cdot \boldsymbol{\alpha}_j' = |\boldsymbol{\alpha}_i'||\boldsymbol{\alpha}_j'| \cdot \cos\langle i,j\rangle \quad (0\leqslant i<j\leqslant k)$$

于是

$$|S_{ij}|^2 = \frac{1}{4(k-1)!^2}|\boldsymbol{\alpha}_j' + \boldsymbol{\alpha}_i'|^2$$

$$= \frac{1}{4}\left(\frac{|\boldsymbol{\alpha}_j'|^2}{(k-1)!^2} + \frac{|\boldsymbol{\alpha}_i'|^2}{(k-1)!^2} + \frac{2|\boldsymbol{\alpha}_i'||\boldsymbol{\alpha}_j'|\cos\langle i,j\rangle}{(k-1)!^2}\right)$$

$$= \frac{1}{4}(|f_i|^2 + |f_j|^2 + 2|f_i||f_j|\cos\langle i,j\rangle)$$

证法 2[180]　设 M_{ij} 为棱 P_iP_j 上的中点，注意到单形界面向量表示（即注意到式(2.1.3)，式(2.1.4)），并令 $\boldsymbol{p}_i = \overrightarrow{P_0P_i}$，注意到式(5.2.1)，有

$$\boldsymbol{\beta}_i = \frac{1}{2}\boldsymbol{\alpha}_i = \frac{(-1)^i}{2(k-1)!}\boldsymbol{p}_1 \wedge \cdots \wedge \boldsymbol{p}_{i-1} \wedge \boldsymbol{p}_{i+1} \wedge \cdots \wedge \boldsymbol{p}_k$$

$$\boldsymbol{\beta}_0 = \frac{1}{2}\boldsymbol{\alpha}_0$$

$$= \frac{1}{2(k-1)!}(\boldsymbol{p}_2 - \boldsymbol{p}_1) \wedge (\boldsymbol{p}_3 - \boldsymbol{p}_1) \wedge \cdots \wedge (\boldsymbol{p}_k - \boldsymbol{p}_1)$$

$$= \frac{1}{2(k-1)!}(\overrightarrow{P_1P_2} \wedge \overrightarrow{P_1P_3} \wedge \cdots \wedge \overrightarrow{P_1P_k})$$

从而 $|\boldsymbol{\beta}_i|=\frac{1}{2}|\boldsymbol{\alpha}_i|=\frac{1}{2}|f_i| \quad (i=0,1,\cdots,k)$

且

$$\boldsymbol{\beta}_0=\frac{1}{2(k-1)!}=\frac{1}{2}(-\boldsymbol{\alpha}_1-\boldsymbol{\alpha}_2-\cdots-\boldsymbol{\alpha}_k)$$
$$=-\boldsymbol{\beta}_1-\boldsymbol{\beta}_2-\cdots-\boldsymbol{\beta}_k$$

另一方面

$$|S_{01}|=\frac{1}{(k-1)!}|\overrightarrow{P_2M_{01}}\wedge\overrightarrow{P_2P_3}\wedge\cdots\wedge\overrightarrow{P_2P_k}|$$
$$=\frac{1}{2(k-1)!}|(\overrightarrow{P_2P_1}+\overrightarrow{P_2P_0})\wedge\overrightarrow{P_2P_3}\wedge\cdots\wedge\overrightarrow{P_2P_k}|$$
$$=\frac{1}{2(k-1)!}|(\boldsymbol{p}_1-2\boldsymbol{p}_2)\wedge(\boldsymbol{p}_3-\boldsymbol{p}_2)\wedge\cdots\wedge(\boldsymbol{p}_k-\boldsymbol{p}_2)|$$
$$=\frac{1}{2(k-1)!}|-2\boldsymbol{p}_2\wedge\boldsymbol{p}_3\wedge\cdots\wedge\boldsymbol{p}_k+\boldsymbol{p}_1\wedge\boldsymbol{p}_3\wedge\cdots\wedge\boldsymbol{p}_k+\cdots+(-1)^i\boldsymbol{p}_1\wedge\cdots\wedge\boldsymbol{p}_{i-1}\wedge\boldsymbol{p}_{i+1}\wedge\cdots\wedge\boldsymbol{p}_k+\cdots+(-1)^{-k}\boldsymbol{p}_1\wedge\boldsymbol{p}_2\wedge\cdots\wedge\boldsymbol{p}_{k-1}|$$
$$=|2\boldsymbol{\beta}_1+\boldsymbol{\beta}_2+\cdots+\boldsymbol{\beta}_k|=|\boldsymbol{\beta}_1+\boldsymbol{\beta}_0|$$

类似地,有 $|S_{0i}|=|\boldsymbol{\beta}_i-\boldsymbol{\beta}_0|(i=2,3,\cdots,k)$.

又设 $\boldsymbol{m}_{ij}=\overrightarrow{P_0M_{ij}}$,当 $1\leqslant i<j\leqslant k$ 时

$$|S_{ij}|=\frac{1}{(k-1)!}|\boldsymbol{m}_{ij}\wedge\boldsymbol{p}_1\wedge\cdots\wedge\boldsymbol{p}_{i-1}\wedge\boldsymbol{p}_{i+1}\wedge\cdots\wedge\boldsymbol{p}_{j-1}\wedge\boldsymbol{p}_{j+1}\wedge\cdots\wedge\boldsymbol{p}_k|$$
$$=\frac{1}{2(k-1)!}|(\boldsymbol{p}_i+\boldsymbol{p}_j)\wedge\boldsymbol{p}_1\wedge\cdots\wedge\boldsymbol{p}_{i-1}\wedge\boldsymbol{p}_{i+1}\wedge\cdots\wedge\boldsymbol{p}_{j-1}\wedge\boldsymbol{p}_{j+1}\wedge\cdots\wedge\boldsymbol{p}_k|$$
$$=\left|\frac{(-1)^i}{2(k-1)!}\boldsymbol{p}_1\wedge\cdots\wedge\boldsymbol{p}_{i-1}\wedge\boldsymbol{p}_{i+1}\wedge\cdots\wedge\boldsymbol{p}_k-\frac{(-1)^j}{2(k-1)!}\boldsymbol{p}_1\wedge\cdots\wedge\boldsymbol{p}_{j-1}\wedge\boldsymbol{p}_{j+1}\wedge\cdots\wedge\boldsymbol{p}_k\right|$$

$= |\boldsymbol{\beta}_i - \boldsymbol{\beta}_j|$

因此，对于单形 $\sum_{P(k+1)}$ 的所有中面 $S_{ij}(1 \leqslant i < j \leqslant k)$，都有

$$|S_{ij}| = |\boldsymbol{\beta}_i - \boldsymbol{\beta}_j| \quad (0 \leqslant i < j \leqslant k) \tag{7.6.3}$$

于是，有

$$\begin{aligned}|S_{ij}|^2 &= |\boldsymbol{\beta}_i - \boldsymbol{\beta}_j|^2 = (\boldsymbol{\beta}_i - \boldsymbol{\beta}_j, \boldsymbol{\beta}_i - \boldsymbol{\beta}_j) \\ &= \boldsymbol{\beta}_i^2 + \boldsymbol{\beta}_j^2 - 2\boldsymbol{\beta}_i \cdot \boldsymbol{\beta}_j = |\boldsymbol{\beta}_i|^2 + |\boldsymbol{\beta}_j|^2 + \\ &\quad 2|\boldsymbol{\beta}_i||\boldsymbol{\beta}_j| \cdot \cos\langle i,j\rangle \\ &= \frac{1}{4}(|f_i|^2 + |f_j|^2 + 2|f_i||f_j| \cdot \cos\langle i,j\rangle)\end{aligned}$$

其中注意到 $\boldsymbol{\beta}_i, \boldsymbol{\beta}_j$ 的定义及单形界面向量表示，可知 $\boldsymbol{\beta}_i, \boldsymbol{\beta}_j$ 的夹角即为界面 f_i, f_j 所成的内二面角 $\langle i,j\rangle$.

证法 3　设中面 S_{ij} 与界（侧）面 $f_k(k=0,1,\cdots,n, k\neq i, k\neq j)$ 相交所成的两个二面角的大小分别为 θ_k，θ_k'，易知 $\theta_k + \theta_k' = \pi$. 又设界（侧）面 f_i, f_j 分别与 S_{ij} 所夹的二面角为 α_i, α_j，且 $\alpha_i + \alpha_j = \langle i,j\rangle$. 再设单形 $\sum_{P(n)}^{(k,i)} = \{M_{ij}, P_0, \cdots, P_{i-1}, P_{i+1}, \cdots, P_n\}$（其中，$M_{ij}$ 为棱 P_iP_j 的中点）的 n 维体积为 $|V_{ki}|$，同样有 $|V_{kj}|$，且 $|V_{ki}| = |V_{kj}| = \frac{1}{2}V(\sum_{P(n+1)})$.

注意到式(5.2.9)，有

$$|V_{ki}| = \frac{(n-1)|f_i| \cdot |M_{ij}| \cdot \sin\alpha_i}{nV_{P-\{i,j\}}},$$

$$|V_{kj}| = \frac{(n-1)|f_j| \cdot |M_{ij}| \cdot \sin\alpha_j}{nV_{P-\{i,j\}}}$$

其中 $V_{P-\{i,j\}}$ 为单形 $\sum_{P-\{i,j\}} = \{P_0, \cdots, P_{i-1}, P_{i+1}, \cdots, P_{j-1}, P_{j+1}, \cdots, P_n\}$ 的 $n-2$ 维体积.

于是，有

$$|f_i| \cdot \sin\alpha_i - |f_j| \cdot \sin\alpha_j = 0 \tag{①}$$

又应用式(7.3.1),有

$$|S_{ij}| = |f_i| \cdot \cos\alpha_i + \frac{1}{2}\prod_{\substack{k=0\\k\neq i,j}}^{n} |f_k| \cdot \cos\theta_k$$

$$|S_{ij}| = |f_j| \cdot \cos\alpha_j + \frac{1}{2}\prod_{\substack{k=0\\k\neq i,j}}^{n} |f_k| \cdot \cos\theta'_k$$

上述两式相加,并注意 $\theta_k + \theta'_k = \pi$,则有

$$|f_i| \cdot \cos\alpha_i + |f_j| \cdot \cos\alpha_j = 2|S_{ij}| \qquad ②$$

由①^2 +②^2,并注意 $\alpha_i + \alpha_j = \langle i,j\rangle$,有

$$4|S_{ij}|^2 = |f_i|^2 + |f_j|^2 + 2|f_i||f_j| \cdot \cos\langle i,j\rangle$$

故

$$|S_{ij}|^2 = \frac{1}{4}|f_i|^2 + |f_j|^2 + 2|f_i||f_j| \cdot \cos\langle i,j\rangle$$

定理 7.6.2 还进一步推广.

定理 7.6.3(高维 Stewart 定理) 在 E^n 中,n 维单形 $\sum_{P(n+1)} = \{P_0, P_1, \cdots, P_n\}$ 的顶点 P_i, P_j 所对的界面的 $k-1$ 维单形 f_i, f_j 的体积分别为 $|f_i|$, $|f_j|$,P 为棱 P_iP_j 上任意一点,$k-1$ 维单形 $\{P_0, \cdots, P_{i-1}, P_{i+1}, \cdots, P_{j-1}, P_{j+1}, \cdots, P_k, P\}$(即 $n-1$ 维截面)的体积为 $|S'_{ij}|$,则对 $\lambda\mu > 0$ 且 $\lambda + \mu = 1$,以及 $0 \leqslant i, j \leqslant n$,有[181]

$$|S'_{ij}|^2 = \lambda^2|f_i|^2 + \mu^2|f_j|^2 + 2\lambda\mu|f_i||f_j| \cdot \cos\langle i,j\rangle \tag{7.6.4}$$

证明 注意到式(5.2.1),有

$$\begin{aligned}|S'_{ij}| &= \frac{1}{(k-1)!}|\overrightarrow{PP_0} \wedge \cdots \wedge \overrightarrow{PP_{i-1}} \wedge \overrightarrow{PP_{i+1}} \wedge \cdots \wedge \\ &\quad \overrightarrow{PP_{j-1}} \wedge \overrightarrow{PP_{j+1}} \wedge \cdots \wedge \overrightarrow{PP_k}| \\ &= \frac{1}{(k-1)!}|\prod_{\substack{t=0\\t\neq i,j}}^{k} \wedge \overrightarrow{PP_t}|\end{aligned}$$

因为点 P 在棱 P_iP_j 上,可设 $\overrightarrow{PP_j} = \lambda\,\overrightarrow{P_iP_j}$,则 $0 \leqslant$

$\lambda\leqslant 1$，且

$$\overrightarrow{PP_t}=\overrightarrow{PP_j}+\overrightarrow{P_jP_t}=\lambda\overrightarrow{P_iP_j}+\overrightarrow{P_jP_t}$$
$$=\lambda(\overrightarrow{P_tP_j}-\overrightarrow{P_tP_i})+\overrightarrow{P_jP_t}$$
$$=\lambda\overrightarrow{P_iP_t}+(1-\lambda)\overrightarrow{P_jP_k}$$

令 $\mu=1-\lambda$，则 $\lambda+\mu=1(0\leqslant\mu\leqslant 1)$，且 $\overrightarrow{PP_t}=\lambda\overrightarrow{P_iP_t}+\mu\overrightarrow{P_jP_t}$.

将上式代入式(5.1.9)，并利用式(5.1.9)，有

$$|S'_{ij}|=\frac{1}{(k-1)!}|\prod_{\substack{t=0\\t\neq i,j}}^{k}\wedge(\lambda\overrightarrow{P_iP_t}+\mu\overrightarrow{P_jP_t})$$
$$=\frac{1}{(k-1)!}\lambda\prod_{\substack{t=0\\t\neq i,j}}^{k}\wedge(\lambda\overrightarrow{P_iP_t})+\mu\prod_{\substack{t=0\\t\neq i,j}}^{k}\wedge(\lambda\overrightarrow{P_jP_t})$$

注意到式(5.2.1)，并参见定理7.6.2的证法1，即有

$$|S'_{ij}|=\lambda^2|f_i|^2+\mu^2|f_j|^2+2\lambda\mu|f_i||f_j|\cdot\cos\langle i,j\rangle$$

显然，当 S'_{ij} 为中面时，式(7.6.4)即为式(7.6.2)，此时 $\lambda=\mu=\frac{1}{2}$，从而定理7.6.3是定理7.6.2的推广.

式(7.6.4)也可以看作是 $\triangle ABC$（点 P 在 BC 边上）中的Sterwart定理

$$AP^2=AB^2\frac{PC}{BC}+AC^2\frac{BP}{BC}-BC^2\frac{BP}{BC}\frac{PC}{BC}$$
$$=(\frac{PC}{BC})^2\cdot AB^2+(\frac{BP}{BC})^2\cdot AC^2+$$
$$2\cdot\frac{PC}{BC}\cdot\frac{BP}{BC}\cdot AB\cdot AC\cdot\cos A$$

（其中注意用余弦定理表示 BC^2）

$$=\lambda^2AB^2+\mu^2AC^2+2\lambda\mu AB\cdot AC\cdot\cos A$$

的一种推广形式.

定理 7.6.4 设 E^n 中 n 维单形 $\sum_{P(n+1)}=\{P_0,P_1,\cdots,P_n\}$ 的体积为 $V(\sum_{P(n+1)})$，顶点 P_i 所对的侧面 f_i 的体积为 $|f_i|(i=0,1,\cdots,n)$，中面 S_{ij}（$n-1$ 维单形）的体积为 $|S_{ij}|(0\leqslant i<j\leqslant n)$，则：

(1) E^n 中存在单形 $\sum_{A(n+1)}=\{A_0,A_1,\cdots,A_n\}$，使得其棱长 A_iA_j 的数值为 $|S_{ij}|$ 数值的 $2(n-1)!$ 倍；

$$(7.6.5)$$

(2) $V(\sum_{A(n+1)})=(n+1)\cdot(n!)^{n-2}[V(\sum_{P(n+1)})]^{n-1}$；

$$(7.6.6)$$

(3) $\sum\limits_{0\leqslant i<j\leqslant n}|S_{ij}|^2=\frac{1}{4}(n+1)\cdot\sum\limits_{i=0}^{n}|f_i|^2.$ (7.6.7)

证明 (1) 令 $\boldsymbol{p}_i=\overrightarrow{P_0P_i}(i=1,2,\cdots,n)$，$\boldsymbol{m}_{ij}=\overrightarrow{P_0M_{ij}}$ $(0\leqslant i<j\leqslant n)$，$\boldsymbol{\alpha}_i=(-1)^i\boldsymbol{p}_1\wedge\cdots\wedge\boldsymbol{p}_{i-1}\wedge\boldsymbol{p}_{i+1}\wedge\cdots\wedge\boldsymbol{p}_n(i=1,2,\cdots,n)$，$\boldsymbol{\alpha}_0=\overrightarrow{p_1p_2}\wedge\overrightarrow{p_1p_3}\wedge\cdots\wedge\overrightarrow{p_1p_n}$，则 $\boldsymbol{\alpha}_0,\boldsymbol{\alpha}_1,\cdots,\boldsymbol{\alpha}_n$ 为 E^n 中 $\wedge^{n-1}L^n$ 中 $n+1$ 个 $n-1$ 重可分解向量，且 $\boldsymbol{\alpha}_i$ 的模

$$|\boldsymbol{\alpha}_i|=(n-1)!\ |f_i|\quad(i=0,1,\cdots,n)$$

$$\begin{aligned}\boldsymbol{\alpha}_0&=(\boldsymbol{p}_2-\boldsymbol{p}_1)\wedge(\boldsymbol{p}_3-\boldsymbol{p}_1)\wedge\cdots\wedge(\boldsymbol{p}_n-\boldsymbol{p}_1)\\&=\boldsymbol{\alpha}_1-\cdots-\boldsymbol{\alpha}_n\end{aligned}$$

不妨设 $\boldsymbol{\alpha}_i(i=0,1,\cdots,n)$ 的始点均在 $\wedge^{n-1}L^n$ 的原点，终点记为 A_i，这样就得到 $\wedge^{n-1}L^n$ 中的 $n+1$ 个点 $A_0,A_1,\cdots,A_n$. 由于 $\boldsymbol{p}_i(i=1,2,\cdots,n)$ 在 E^n 中线性无关，则 $\boldsymbol{\alpha}_i(i=0,1,\cdots,n)$ 在 $\wedge^{n-1}L^n$ 中线性无关. 又由 $\boldsymbol{\alpha}_0=-\sum\limits_{i=0}^{n}\boldsymbol{\alpha}_i$ 知，$A_i(i=0,1,\cdots,n)$ 为 $\wedge^{n-1}L^n$ 中仿射无关的点集，从而 $\sum_{A(k+1)}=\{A_0,A_1,\cdots,A_k\}$ 为 $\wedge^{n-1}L^n$ 中一个非退化单形，记其棱长为 $a_{ij}=|A_iA_j|(0\leqslant i<j\leqslant$

n). 当 $1\leqslant i<j\leqslant n$ 时

$$\begin{aligned}a_{ij}&=|\boldsymbol{\alpha}_i-\boldsymbol{\alpha}_j|=|(-1)^i\boldsymbol{p}_1\wedge\cdots\wedge\boldsymbol{p}_{i-1}\wedge\boldsymbol{p}_{i+1}\wedge\cdots\wedge\\&\quad\boldsymbol{p}_n-(-1)^j\boldsymbol{p}_1\wedge\cdots\wedge\boldsymbol{p}_{j-1}\wedge\boldsymbol{p}_{j+1}\wedge\cdots\wedge\boldsymbol{p}_n|\\&=|(\boldsymbol{p}_i+\boldsymbol{p}_j)\wedge\boldsymbol{p}_1\wedge\cdots\wedge\boldsymbol{p}_{i-1}\wedge\boldsymbol{p}_{i+1}\wedge\cdots\wedge\boldsymbol{p}_{j-1}\wedge\\&\quad\boldsymbol{p}_{j+1}\wedge\cdots\wedge\boldsymbol{p}_n|\\&=2|\boldsymbol{m}_{ij}\wedge\boldsymbol{p}_1\wedge\cdots\wedge\boldsymbol{p}_{i-1}\wedge\boldsymbol{p}_{i+1}\wedge\cdots\wedge\boldsymbol{p}_{j-1}\wedge\\&\quad\boldsymbol{p}_{j+1}\wedge\cdots\wedge\boldsymbol{p}_n|\\&=2(n-1)!\cdot|S_{ij}|\end{aligned}$$

$$\begin{aligned}a_{01}&=|\boldsymbol{\alpha}_1-\boldsymbol{\alpha}_0|\\&=|2\boldsymbol{\alpha}_1+\boldsymbol{\alpha}_2+\cdots+\boldsymbol{\alpha}_n|\\&=|-2\boldsymbol{p}_2\wedge\boldsymbol{p}_3\wedge\cdots\wedge\boldsymbol{p}_n+\boldsymbol{p}_1\wedge\boldsymbol{p}_3\wedge\cdots\wedge\boldsymbol{p}_n+\cdots+\\&\quad(-1)^i\boldsymbol{p}_1\wedge\cdots\wedge\boldsymbol{p}_{i-1}\wedge\boldsymbol{p}_{i+1}\wedge\cdots\wedge\boldsymbol{p}_n+\cdots+\\&\quad(-1)^n\boldsymbol{p}_1\wedge\boldsymbol{p}_2\wedge\cdots\wedge\boldsymbol{p}_{n-1}|\\&=|(\boldsymbol{p}_1-2\boldsymbol{p}_2)\wedge(\boldsymbol{p}_3-\boldsymbol{p}_2)\wedge(\boldsymbol{p}_4-\boldsymbol{p}_2)\wedge\cdots\wedge\\&\quad(\boldsymbol{p}_n-\boldsymbol{p}_2)|\\&=|(\overrightarrow{P_2P_1}+\overrightarrow{P_2P_0})\wedge\overrightarrow{P_2P_3}\wedge\cdots\wedge\overrightarrow{P_2P_n}|\\&=2|\overrightarrow{P_2M_{01}}\wedge\overrightarrow{P_2P_3}\wedge\cdots\wedge\overrightarrow{P_2P_n}|\\&=2(n-1)!\ |S_{01}|\end{aligned}$$

同理, $a_{0i}=2(n-1)!\cdot|S_{01}|(i=2,3,\cdots,n)$.

由于 $\wedge^{n-1}L^n$ 与 E^n 同构,故在 E^n 中存在一个 n 维单形 $\Sigma_{A(n+1)}=\{A_0,A_1,\cdots,A_n\}$ 使得其棱长 $A_iA_j=a_{ij}=2(n-1)!\cdot|S_{ij}|(0\leqslant i<j\leqslant n)$.

(2)设 $\boldsymbol{\varepsilon}_i(i=0,1,\cdots,n)$ 为单形 $\Sigma_{P(n+1)}$ 的侧面 f_i 的外单位法向量, $\langle i,j\rangle$ 为侧面 f_i 与 f_j 所成的内二面角,则由

$$\cos\langle i,j\rangle=-\boldsymbol{\varepsilon}_i\cdot\boldsymbol{\varepsilon}_j=-\frac{\boldsymbol{\alpha}_i\cdot\boldsymbol{\alpha}_j}{|\boldsymbol{\alpha}_i||\boldsymbol{\alpha}_j|}\quad(0\leqslant i<j\leqslant n)$$

及侧面 f_i 所对顶点角 $\theta_{i_n}(i=0,1,\cdots,n)$,有

$$\sin\theta_{0_n}=[\det(\boldsymbol{\varepsilon}_i\cdot\boldsymbol{\varepsilon}_j)_{i,j=1}^{n}]^{\frac{1}{2}}=[\det(\frac{\boldsymbol{\alpha}_i\cdot\boldsymbol{\alpha}_j}{|\boldsymbol{\alpha}_i||\boldsymbol{\alpha}_j|})_{i,j=1}^{n}]^{\frac{1}{2}}$$

$$=\frac{\boldsymbol{\alpha}_1}{|\boldsymbol{\alpha}_1|}\wedge\cdots\wedge\frac{\boldsymbol{\alpha}_n}{|\boldsymbol{\alpha}_n|}=\frac{1}{\prod\limits_{i=1}^{n}|\boldsymbol{\alpha}_i|}|\boldsymbol{\alpha}_1\wedge\boldsymbol{\alpha}_2\wedge\cdots\wedge\boldsymbol{\alpha}_n|$$

从而$|\boldsymbol{\alpha}_1\wedge\cdots\wedge\boldsymbol{\alpha}_n|=\prod\limits_{i=1}^{n}|\boldsymbol{\alpha}_i|\cdot\sin\theta_{0_n}=(n-1)!^n\cdot\prod\limits_{i=1}^{n}|f_i|\cdot\sin\theta_{0_n}$.

同理

$$|\boldsymbol{\alpha}_0\wedge\cdots\wedge\boldsymbol{\alpha}_{i-1}\wedge\boldsymbol{\alpha}_{i+1}\wedge\cdots\wedge\boldsymbol{\alpha}_n|=(n-1)!^n\prod_{\substack{j=0\\j\neq i}}^{n}|f_i|\sin\theta_{i_n}$$

又由式(5.2.7)或式(7.3.13),有

$$|\boldsymbol{\alpha}_0\wedge\cdots\wedge\boldsymbol{\alpha}_{i-1}\wedge\boldsymbol{\alpha}_{i+1}\wedge\cdots\wedge\boldsymbol{\alpha}_n|$$
$$=n!^{n-1}[V(\sum_{P(n+1)})]^{n-1}$$

由(1)的证明知,单形$\sum_{A(n+1)}$的重心为$\wedge^{n-1}L^n$的原点,单形$\sum_{A(n+1)}$与$\sum_{P(n+1)}$合同,故有

$$V(\sum_{A(n+1)})=\frac{1}{n!}\sum_{i=0}^{n}|\boldsymbol{\alpha}_0\wedge\cdots\wedge\boldsymbol{\alpha}_{i-1}\wedge\boldsymbol{\alpha}_{i+1}\wedge\cdots\wedge\boldsymbol{\alpha}_n|$$
$$=\frac{1}{n!}\sum_{i=0}^{n}n!^{n-1}[(\sum_{P(n+1)})]^{n-1}$$
$$=(n+1)n!^{n-2}[V(\sum_{P(n+1)})]^{n-1}$$

(3)对(1)证明中的点集$\{A_0,A_1,\cdots,A_n\}$及其重心($\wedge^{n-1}L^n$的原点)应用式(7.5.8),得

$$\sum_{0\leqslant i<j\leqslant n}|\boldsymbol{\alpha}_i-\boldsymbol{\alpha}_j|^2=(n+1)\sum_{i=0}^{n}|\boldsymbol{\alpha}_i|^2$$

结合(1),(2)的证明,即有

$$\sum_{0\leqslant i<j\leqslant n}|S_{ij}|^2=\frac{1}{4}(n+1)\cdot\sum_{i=0}^{n}|f_i|^2$$

由此,我们便证明了定理7.6.4.

对于式(7.6.7),也可由式(7.6.2)来证:

对式(7.6.2)两边求和,有

$$\sum_{0\leqslant i<j\leqslant n}|S_{ij}|^2$$
$$=\frac{1}{4}\sum_{0\leqslant i<j\leqslant n}(|f_i|^2+|f_j|^2+2|f_i||f_j|\cdot\cos\langle i,j\rangle)$$

$$(*)$$

注意到$\sum\limits_{0\leqslant i<j\leqslant n}(|f_i|^2+|f_j|^2)=n\sum\limits_{i=0}^{n}|f_i|^2$,以及高维余弦定理 1 的推论 2 即式(7.3.8),有

$$\sum_{i=0}^{n}|f_i|^2-2\sum_{0\leqslant i<j\leqslant n}|f_i|\cdot|f_j|\cdot\cos\langle i,j\rangle=0$$

于是,式(*)变为$\sum\limits_{0\leqslant i<j\leqslant n}|S_{ij}|^2=\frac{n+1}{4}\sum\limits_{i=0}^{n}|f_i|^2$.

显然式(7.6.7)是式(7.6.1)的高维推广.

对于式(7.6.5)与式(7.6.6),文[180]还给出了如下情形:

定理 7.6.5　设 E^n 中 n 维单形 $\sum_{P(n+1)}=\{P_0, P_1,\cdots,P_n\}$ 的体积$V(\sum_{P(n+1)})$,单形 $\sum_{P(n+1)}$ 的中面 S_{ij} 的体积为$|S_{ij}|$,则 E^n 中存在 n 维单形 $\sum_{Q(n+1)}=\{Q_0, Q_1,\cdots,Q_n\}$,且:

(1)其棱长 Q_iQ_j 的数值等于$|S_{ij}|$. (7.6.8)

(2)$V(\sum_{Q(n+1)})=\frac{n+1}{n!^2}(\frac{n}{2})^n[V(\sum_{P(n+1)})]^{n-1}$.

(7.6.9)

事实上,注意到式(7.6.3),仿定理 7.6.4 中的(1),(2)即可证得定理7.6.5.

定义 7.6.2　设 E^n 中 n 维单形 $\sum_{P(n+1)}$ 的 k 个顶点 $P_{i_1},P_{i_2},\cdots,P_{i_k}$的重心为 $G[i_1i_2\cdots i_k]$,剩下的 $n+1-k$ 个顶点之集$\{P_1,P_2,\cdots,P_{n+1}\}-\{P_{i_1},P_{i_2},\cdots,P_{i_k}\}$的重心为 $G(i_1i_2\cdots i_k)$,称 k 维单形 $P_{i_1}P_{i_2}\cdots P_{i_k}G(i_1i_2\cdots i_k)$ 为单形 $\sum_{P(n+1)}$ 的一个 k 维中面.

将单形$\sum_{P(n+1)}$中的k维中面$P_{i_1}P_{i_2}\cdots P_{i_k}G(i_1i_2\cdots i_k)$的$k$维体积记为$m_{i_1i_2\cdots i_k}(1\leqslant i_1<i_2<\cdots<i_k\leqslant n+1)$. 1 维中面即为通常的中线. 设单形$\sum_{P(n+1)}$的任意$k$维子单形$P_{i_0}P_{i_1}\cdots P_{i_k}$的$k$维体积为$V_{i_0i_1\cdots i_k}$,所有这些$k$维体积的平方和记为$N_k$,即

$$N_k=\sum_{1\leqslant i_0<i_1<\cdots<i_k\leqslant n+1}V_{i_0i_1\cdots i_k}^2\quad(1\leqslant k\leqslant n)$$

将单形$\sum_{P(n+1)}$的所有k维中面的k维体积的平方和记为$M_k=\sum_{1\leqslant i_0<i_1<\cdots<i_k\leqslant n+1}m_{i_0i_1\cdots i_k}^2(1\leqslant k\leqslant n-1)$.

定理 7.6.6　对E^n中n维单形$\sum_{P(n+1)}$的两类不变量$\{N_k\}$与$\{M_k\}$之间有关系[179]

$$M_k=\frac{n+1}{(n+1-k)^2}N_k\quad(1\leqslant k\leqslant n-1)\qquad(7.6.10)$$

特别地,当$k=1$时便得式(7.5.6). 因此,式(7.5.6)为式(7.6.10)的一种特殊情况.

证明　首先,注意到单形$\sum_{P(n+1)}$的$k-1$维子单形$P_{i_1},P_{i_2},\cdots,P_{i_k}$的重心为$G[i_1i_2\cdots i_k]$,由点集$\{P_1,P_2,\cdots,P_{n+1}\}-\{P_{i_1},P_{i_2},\cdots,P_{i_k}\}$所生成的$n-k$维子单形的重心为$G(i_1i_2\cdots i_k)$,$G$为单形$\Omega_n$的重心时,则由限点集的重心的性质可知,3 点$G,G[i_1i_2\cdots i_k]$,$G(i_1i_2\cdots i_k)$在一直线上,点$G(i_1i_2\cdots i_k)$在子单形$P_{i_1}P_{i_2}\cdots P_{i_k}$的内部,且

$$(n+1-k)\overrightarrow{GG}(i_1i_2\cdots i_k)=-k\,\overrightarrow{GG}[i_1i_2\cdots i_k]$$

设点G与$G(i_1i_2\cdots i_k)$到$k-1$维超平面$P_{i_1}P_{i_2}\cdots P_{i_k}$的距离分别为$h_1,h_2$,则

$$\frac{h_1}{h_2}=\frac{|\overrightarrow{GG}[i_1i_2\cdots i_k]|}{|\overrightarrow{G(i_1i_2\cdots i_k)G}[i_1i_2\cdots i_k]|}=\frac{n+1-k}{n+1}$$

所以,两k维单形$P_{i_1}P_{i_2}\cdots P_{i_k}G$与$P_{i_1}P_{i_2}\cdots P_{i_k}G(i_1i_2\cdots$

i_k)的 k 维体积之比为

$$\frac{V_{P_{i_1}P_{i_2}\cdots P_{i_k}G}}{V_{P_{i_1}P_{i_2}\cdots P_{i_k}G_{i_1i_2\cdots i_k}}}=\frac{\widetilde{V}_{i_1i_2\cdots i_k}}{m_{i_1i_2\cdots i_k}}=\frac{n+1-k}{n+1}$$

由此得

$$\widetilde{V}_{i_1i_2\cdots i_k}=\frac{n+1-k}{n+1}m_{i_1i_2\cdots i_k}\quad(1\leqslant i_1<i_2<\cdots<i_k\leqslant n+1)$$

从而有

$$\begin{aligned}N_k(G)&=\sum_{1\leqslant i_1<i_2<\cdots<i_k\leqslant n+1}\widetilde{V}^2_{i_1i_2\cdots i_k}\\&=\frac{(n+1-k)^2}{(n+1)^2}\sum_{1\leqslant i_1<i_2<\cdots<i_k\leqslant n+1}m^2_{i_1i_2\cdots i_k}\\&=\frac{(n+1-k)^2}{(n+1)^2}M_k\end{aligned}\tag{①}$$

再注意到,若 n 维单形 Ω_n 的重心 G 与 $\sum_{P(n+1)}$ 的任意 k 个顶点 $P_{i_1},P_{i_2},\cdots,P_{i_k}$ 所生成的 k 维单形的 k 维体积为 $\widetilde{V}_{i_1i_2\cdots i_k}$,记

$$N_k(G)=\sum_{1\leqslant i_1<i_2<\cdots<i_k\leqslant n+1}\widetilde{V}^2_{i_1i_2\cdots i_k}$$

则有

$$N_k(G)=\frac{1}{n+1}N_k\tag{②}$$

由①,②便得到式(7.6.10).

§7.7　单形二面角的平分面

7.7.1　高维单形内二面角的平分面

定义 7.7.1　在 E^n 中,n 维单形 $\sum_{P(n+1)}=\{P_0,P_1,\cdots,P_n\}$ 的顶点 P_i,P_j 所对的界(侧)面分别为 f_i,f_j,

其 $n-1$ 维体积分别为 $|f_i|$，$|f_j|$，两界（侧）面所成内二面角 $\langle i,j\rangle$ 的平分面记为 t_{ij}；（即为 $(n-1)$ 维单形 $\sum_{T(k)}=\{T_{ij},P_0,P_1,\cdots,P_{i-1},P_{i+1},\cdots,P_{j-1},P_{j+1},\cdots,P_n\}$，其中 T_{ij} 为平分面 t_{ij} 交棱 P_iP_j 的交点），其 $n-1$ 维体积记为 $|t_{ij}|$.

关于单形内二面角的平分面，我们有：

定理 7.7.1－1　设 E^n 中以 $P_0,P_1,\cdots,P_k$ 为顶点的 k 维单形 $\sum_{P(n+1)}$ 的顶点 P_i 所对的侧面为 $f_i(i=0,1,\cdots,n)$，两侧面 f_i 与 f_j 所成的内二面角记为 $\langle i,j\rangle$，平分角 $\langle i,j\rangle$ 的平分面 t_{ij}（$k-1$ 维单形 $\sum_{T(k)}=\{T_{ij},P_0,P_1,\cdots,P_{i-1},P_{i+1},\cdots,P_{j-1},P_{j+1},\cdots,P_k\}$）交棱 P_iP_j 于 T_{ij}，则平分面分成的两个单形的体积比等于点 T_{ij} 分 P_iP_j 对应线段的比. 即

$$V_{T_{ij}P_0\cdots P_{i-1}P_{i+1}\cdots P_k}:V_{T_{ij}P_0\cdots P_{j-1}P_{j+1}\cdots P_k}=|P_jT_{ij}|:|T_{ij}P_i| \tag{7.7.1}$$

事实上，此定理的证明由式(5.2.2)即得.

定理 7.7.1－2　k 维单形的任意两个侧面所成内二面角的平分面面积等于这两个侧面面积的调和平均与该内二面角度数一半的余弦的乘积. 记号同上，即

$$|t_{ij}|=\frac{2|f_i|\cdot|f_j|}{|f_i|+|f_j|}\cdot\cos\frac{1}{2}\langle i,j\rangle \tag{7.7.2}$$

证明　注意到式(5.2.9)，有

$$V_{T_{ij}P_0\cdots P_{i-1}P_{i+1}\cdots P_k}=\frac{k-1}{k}\cdot\frac{|f_j|\cdot|t_{ij}|\cdot\sin\frac{1}{2}\langle i,j\rangle}{|S_{P(k+1)\setminus\{P_i\cdot T_{ij}\}}|}$$

$$V_{T_{ij}P_0\cdots P_{j-1}P_{j+1}\cdots P_k}=\frac{k-1}{k}\cdot\frac{|f_j|\cdot|t_{ij}|\cdot\sin\frac{1}{2}\langle i,j\rangle}{|S_{P(k+1)\setminus\{P_j\cdot T_{ij}\}}|}$$

由

$$V(\sum_{P(k+1)}) = \frac{k-1}{k} \cdot \frac{|f_i| \cdot |f_j| \cdot \sin\langle i,j\rangle}{|S_{P(k+1)\setminus\{P_i \cdot P_j\}}|}$$

及

$$V(\sum_{P(k+1)}) = \frac{k-1}{k} \cdot \frac{|f_i| \cdot |t_{ij}| \cdot \sin\frac{1}{2}\langle i,j\rangle}{|S_{P(k+1)\setminus\{P_i \cdot T_{ij}\}}|} + \frac{k-1}{k} \cdot \frac{|f_j| \cdot |t_{ij}| \cdot \sin\frac{1}{2}\langle i,j\rangle}{|S_{P(k+1)\setminus\{P_j \cdot T_{ij}\}}|}$$

注意到$|S\setminus\{P_i,P_j\}| = |S\setminus\{P_i,T_{ij}\}| = |S\setminus\{P_j,T_{ij}\}|$,由此即得式(7.7.2).

定理 7.7.1－3　在 E^n 中,k 维单形 $\sum_{P(k+1)} = \{P_0,P_1,\cdots,P_k\}$ 的顶点 P_i,P_j 所对界(侧)面的 $n-1$ 维体积分别为$|f_i|,|f_j|$,这两个界(侧)面所成内二面角$\langle i,j\rangle$的平分面f_{ij}交棱 P_iP_j 于点 T_{ij},则

$$\frac{|f_i|}{|f_j|} = \frac{P_jT_{ij}}{T_{ij}P_i} \quad (i,j=0,1,\cdots,k,i\neq j) \quad (7.7.3)$$

证法1　注意到点 T_{ij}到界(侧)面f_i,f_j 的距离相等,则由式(5.2.2),知

$$\frac{V_{T_{ij}P_0\cdots P_{i-1}P_{i+1}\cdots P_k}}{V_{T_{ij}P_0\cdots P_{j-1}P_{j+1}\cdots P_k}} = \frac{|f_i|}{|f_j|} \quad (i,j=0,1,\cdots,k,i\neq j)$$

再由式(7.7.1),即得式(7.7.3).

证法2　注意到式(5.2.9),再由式(7.7.1)即得式(7.7.3).

在此,我们也顺便指出:对于式(7.7.3),可以写成

$\frac{|f_i|}{|f_j|} = \frac{\lambda}{1-\lambda} = \frac{\lambda}{\mu}$.若将此式代入式(7.6.4),则又可得到式(7.7.2),即对于式(7.6.4),取点 P 满足

$\frac{|f_i|}{|f_j|}=\frac{\lambda}{\mu}$,且 $\lambda+\mu=1$,可得到式(7.7.2).

定理 7.7.1－4　在 E^n 中,k 维单形 $\sum_{P(k+1)}=\{P_0,P_1,\cdots,P_k\}$ 中,顶点 P_i,P_j 所对界(侧)面 f_i,f_j 所夹内二面角的平分面 t_{ij} 的 $k-1$ 维体积为 $|t_{ij}|$,记 $\rho_{ij}=|P_iP_j|$,用 D_{ij} 表示单形 $\sum_{P(k+1)}$ 的 C-M 行列式中元素 $-\frac{1}{2}\rho_{ij}^2$ 的代数余子式,则

$$|t_{ij}|^2=\frac{2}{(k-1)!^2}\cdot\frac{D_{ii}D_{jj}-\sqrt{D_{ii}D_{jj}}D_{ij}}{(\sqrt{-D_{ii}}+\sqrt{-D_{jj}})^2}\quad(0\leqslant i<j\leqslant k)\tag{7.7.4}$$

证明　由式(7.7.2)两边平方,并注意 $\cos^2\frac{1}{2}\langle i,j\rangle=\frac{1}{2}(1+\cos\langle i,j\rangle)$,以及式(5.2.6),式(7.3.10)即可推得式(7.7.4).

类似于定理 7.6.1 单形的中面相交于一点的证法,可推证得如下结论:

定理 7.7.1－5　在 E^n 中的 k 维单形 $\sum_{P(k+1)}=\{P_1,P_2,\cdots,P_{k+1}\}$ 的 $\frac{1}{2}k(k+1)$ 个 $k-1$ 维内二面角的平分面 $t_{ij}(1\leqslant i<j\leqslant k+1)$ 相交于一点,此点即为单形 $\sum_{P(k+1)}$ 的内心.

7.7.2　高维单形外二面角的平分面

定义 7.7.2　在 E^n 中,n 维单形 $\sum_{P(n+1)}=\{P_0,P_1,\cdots,P_n\}$ 的顶点 P_i 与 P_j 所对界(侧)面 f_i 与 f_j 所成的外二面角 $\pi-\langle i,j\rangle$,$n-2$ 维单形 $f_i\cap f_j$ 是以 $\{P_0,P_1,\cdots,P_{i-1},P_{i+1},\cdots,P_{j-1},P_{j+1},\cdots,P_n\}$ 为顶点集的单形,若棱 P_iP_j 的延长线上有一点 T'_{ij},使得 $n-1$ 维单形

$\omega_{ij}=\sum_{T'_{ij}(n)}=\{P_0,P_1,\cdots,P_{i-1},P_{i+1},\cdots,P_{j-1},P_{j+1},\cdots,P_n,T'_{ij}\}$平分外二面角 $\pi-\langle i,j\rangle$，则称 $n-1$ 维单形 ω_{ij} 为单形$\sum_{P(n+1)}$的两界(侧)面 f_i,f_j 所成外二面角的平分面，ω_{ij}的体积记为$|\omega_{ij}|$.

定理 7.7.2－1 设 n 维单形 $\sum_{P(n+1)}=\{P_0,P_1,\cdots,P_n\}$的顶点 P_i,P_j 所对的界(侧)面的 $n-1$ 维体积分别为$|f_i|$，$|f_j|$，点 T'_{ij}在棱 P_iP_j 的延长线上，使得 ω_{ij}为$\sum_{P(n+1)}$的两界(侧)面 f_i 与 f_j 所成的外二面角的平分面，则[182]

$$\frac{|f_i|}{|f_j|}=\frac{|P_jT'_{ij}|}{|T'_{ij}P_i|}\quad(0\leqslant i<j\leqslant n)\qquad(7.7.5)$$

证明 过点 T'_{ij}作 P_jP_0 的平行线交 P_iP_0 的延长线于点 Q'_{i0}，点集$\{P_0,P_1,\cdots,P_{i-1},P_{i+1},\cdots,P_{j-1},P_{j+1},\cdots,P_n,T'_{ij},Q'_{i0}\}$组成的单形的 n 维体积记为 V_j，点集$\{P_0,P_1,\cdots,P_{i-1},P_{i+1},\cdots,P_n,T'_{ij}\}$组成的单形的 n 维体积记为 V_i，点集$\{P_0,P_1,\cdots,P_{i-1},P_{i+1},\cdots,P_{j-1},P_{j+1},\cdots,P_n\}$组成的单形的 $n-2$ 维体积记为$|f_{ij}|$. 如图 7.7－1，注意到式(5.2.9)，则有

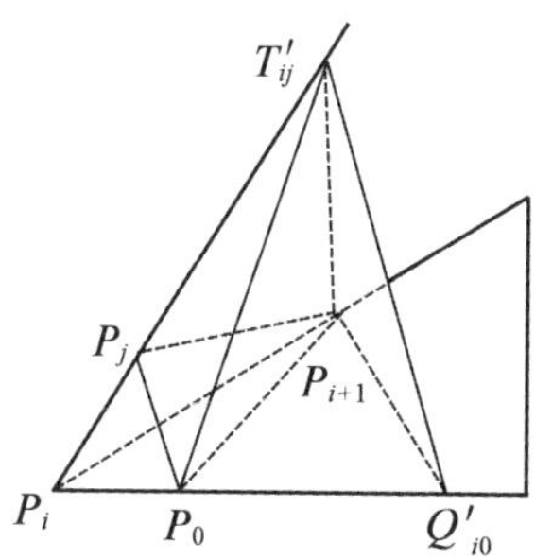

图 7.7－1

$$V_i=\frac{(n-1)|f_i|\cdot|\omega_{ij}|}{n|f_{ij}|}\cdot\sin\frac{1}{2}(\pi-\langle i,j\rangle)$$

$$V_j=\frac{(n-1)|f_j|\cdot|\omega_{ij}|}{n|f_{ij}|}\cdot\sin\frac{1}{2}(\pi-\langle i,j\rangle)$$

设点 Q'_{i0} 到平分面 ω_{ij} 的距离为 $h_{Q'_{i0}\omega_{ij}}$，点 P_j 到平分面 ω_{ij} 的距离为 $h_{P_j\omega_{ij}}$，则由式(5.2.1)，有

$$V_i=\frac{1}{n}|\omega_{ij}|\cdot h_{P_j\omega_{ij}},V_j=\frac{1}{n}|\omega_{ij}|\cdot h_{Q'_{i0}\omega_{ij}}$$

亦有 $\frac{V_i}{V_j}=\frac{h_{P_i\omega_{ij}}}{h_{Q'_{i0}\omega_{ij}}}$.

注意到 $P_jP_0/\!/T'_{ij}Q'_{i0}$，则 $\frac{h_{P_iW_{ij}}}{h_{Q'_{i0}W_{ij}}}=\frac{|P_jP_0|}{|T'_{ij}Q'_{i0}|}$.

又 $\frac{V_i}{V_j}=\frac{|f_i|}{|f_j|}=\frac{|P_jP_0|}{|Q'_{i0}P_0|}$. 从而，有 $|Q'_{i0}P_0|=|T'_{ij}Q'_{i0}|$. 故

$$\frac{|f_j|}{|f_i|}=\frac{|P_iP_0|}{|P_jP_0|}=\frac{|P_iQ'_{i0}|}{|T'_{ij}Q'_{i0}|}=\frac{|P_iQ'_{i0}|}{|P_0Q'_{i0}|}=\frac{|P_iT'_{ij}|}{|P_jT'_{ij}|}$$

即有 $$\frac{|f_i|}{|f_j|}=\frac{|P_jT'_{ij}|}{|T'_{ij}P_i|}\quad(0\leqslant i<j\leqslant n)$$

显然，当 $n=2$ 时，式(7.7.5)即为三角形中的外角平分线的结论.

定理 7.7.2-2　在 E^n 中，n 维单形 $\sum_{P(n+1)}=\{P_0,P_1,\cdots,P_n\}$ 的顶点 P_i,P_j 所对的界(侧)面 f_i,f_j 所成的二面角为 $\langle i,j\rangle$，f_i 与 f_j 所外二面角平分面为 ω_{ij}，其 $n-1$ 维体积记为 $|\omega_{ij}|$，则[183]

$$|\omega_{ij}|^2=\frac{4|f_i|^2|f_j|^2}{(|f_j|-|f_i|)^2}\cdot\sin^2\frac{1}{2}\langle i,j\rangle\quad(0\leqslant i<j\leqslant n)\tag{7.7.6}$$

证明　设点 T'_{ij} 在射线 P_iP_j 上，n 维单形

$\sum_{T_i(n+1)}=\{T'_{ij},P_0,\cdots,P_{i-1},P_{i+1},\cdots,P_n\}$的体积记为 V_i，n 维单形 $\sum_{T_j(n+1)}=\{T'_{ij},P_0,\cdots,P_{j-1},P_{j+1},\cdots,P_n\}$ 的体积记为 V_j.

注意到单形$\sum_{T_i(n+1)}$的两侧面f_i 与 ω_{ij}所成内二面角为$\frac{1}{2}(\pi-\langle i,j\rangle)$，且$f_i\cap\omega_{ij}=f_{ij}$，$f_{ij}$为 $n-2$ 维单形 $\sum_{P_{ij}(n-1)}=\{P_0,P_1,\cdots,P_{i-1},P_{i+1},\cdots,P_{j-1},P_{j+1},\cdots,P_n\}$. 由式(5.2.9)，有

$$\begin{aligned}V_i&=\frac{n-1}{n}\cdot\frac{|f_i|\cdot|\omega_{ij}|}{|f_{ij}|}\cdot\sin\frac{1}{2}(\pi-\langle i,j\rangle)\\&=\frac{n-1}{n}\cdot\frac{|f_i|\cdot|\omega_{ij}|}{|f_{ij}|}\cdot\cos\frac{1}{2}\langle i,j\rangle\qquad①\end{aligned}$$

又单形$\sum_{T_j(n+1)}$的两侧面f_i 与 ω_{ij}所成的内二面角为$\langle i,j\rangle+\frac{1}{2}(\pi-\langle i,j\rangle)=\frac{1}{2}(\pi+\langle i,j\rangle)$，且 $f_j\cap\omega_{ij}=f_{ij}$. 由式(5.2.9)，有

$$\begin{aligned}V_j&=\frac{n-1}{n}\cdot\frac{|f_j|\cdot|\omega_{ij}|}{|f_{ij}|}\cdot\sin\frac{1}{2}(\pi+\langle i,j\rangle)\\&=\frac{n-1}{n}\cdot\frac{|f_j|\cdot|\omega_{ij}|}{|f_{ij}|}\cdot\cos\frac{1}{2}\langle i,j\rangle\qquad②\end{aligned}$$

注意到 $V_j=V(\sum_{P(n+1)})+V_i$，由式(5.2.9)，①，②得

$$\begin{aligned}&|f_j||\omega_{ij}|\cos\frac{1}{2}\langle i,j\rangle\\&=|f_j||f_j|\sin\langle i,j\rangle+|f_i||\omega_{ij}|\cos\frac{1}{2}\langle i,j\rangle\end{aligned}$$

即

$$|\omega_{ij}|=\frac{|f_i||f_j|}{|f_j|-|f_i|}\cdot\frac{\sin\langle i,j\rangle}{\cos\frac{1}{2}\langle i,j\rangle}$$

$$= \frac{2|f_i||f_j|}{|f_i|-|f_j|}\cdot \sin\frac{1}{2}\langle i,j\rangle$$

亦即 $|\omega_{ij}|^2 = \frac{4|f_i|^2|f_j|^2}{(|f_i|-|f_j|)^2}\cdot \sin^2\frac{1}{2}\langle i,j\rangle(0\leqslant i<j\leqslant n)$

如果点 T'_{ij} 在射线 P_jP_i 上,同理证得有上式成立.证毕.

定理 7.7.2-3　在 E^n 中,n 维单形 $\sum_{P(n+1)}=\{P_0,P_1,\cdots,P_n\}$ 中,顶点 P_i,P_j 所对界(侧)面 f_i,f_j 所成外二面角的平分面 ω_{ij} 的 $n-1$ 维体积为 $|\omega_{ij}|$,记 $\rho_{ij}=|P_iP_j|$,用 D_{ij} 表示单形 $\sum_{P(n+1)}$ 的 C-M 行列式中元素 $-\frac{1}{2}\rho_{ij}^2$ 的代数余子式,则[183]

$$|\omega_{ij}|^2 = \frac{2}{(n-1)!^2}\cdot\frac{D_{ii}D_{jj}+\sqrt{D_{ii}D_{jj}}D_{ij}}{(\sqrt{-D_{ii}}-\sqrt{-D_{jj}})^2}\quad(0\leqslant i<j\leqslant n) \tag{7.7.7}$$

证明　注意到三角恒等式 $\cos\langle i,j\rangle=1-2\sin^2\frac{1}{2}\langle i,j\rangle$,将此式代入式(7.7.6),有

$$|\omega_{ij}|^2=\frac{2|f_i|^2|f_j|^2}{|f_i|^2+|f_j|^2-2|f_i||f_j|}(1-\cos\langle i,j\rangle) \tag{$*$}$$

再注意到式(5.2.6),式(7.3.10),有

$$-\frac{1}{n-1}D_{ii}=|f_i|^2,\frac{1}{(n-1)!^2}\sqrt{D_{ii}D_{jj}}=|f_i||f_j|$$

$$\cos\langle i,j\rangle = -\frac{D_{ij}}{\sqrt{D_{ii}D_{jj}}}$$

将上述三式代入式($*$),即得式(7.7.7).

类似于定理 7.6.1 单形的中面相交于一点的证法,可推证如下结论:

定理 7.7.2－4　在 E^n 中的 k 维单形 $\sum_{P(k+1)}=\{P_1,P_2,\cdots,P_{k+1}\}$ 的过一个顶点 $P_s(s=1,2,\cdots,k+1)$ 的 $\frac{k(k-1)}{2}$ 个 $k-1$ 维内二面角的平分面 $t_{ij}(1\leqslant i<j\leqslant k+1,i,j\neq s)$ 和其余 k 个顶点的每一个顶点的一个 $k-1$ 维外二面角的平分面，这 $\frac{k(k+1)}{2}$ 个平分面共点.该点即为单形 $\sum_{P(k+1)}$ 的一个傍心.

§7.8　E^n 中的张角公式，定比分点公式

7.8.1　E^n 的张角公式

平面几何中的张角公式指的是：

自点 P 发出的三条射线 PA,PC,PB，使 $\angle APC=\alpha,\angle CPB=\beta,\angle APB=(\alpha+\beta)<180°$，则 A,B,C 三点共线的充要条件是

$$\frac{\sin(\alpha+\beta)}{PC}=\frac{\sin\alpha}{PB}+\frac{\sin\beta}{PA}\qquad(7.8.1)$$

在 E^n 中也有形如式(7.8.1)的高维张角公式：

定理 7.8.1　在 E^n 中，自点 O 发出的 $n+1$ 条射线 $OA_i(i=1,2,\cdots,n)$，OB_{n+1} 中任两条所夹的角均小于 180°，若 OB_{n+1} 位于 $OA_1,OA_2,\cdots,OA_n$ 的内部，记 $\langle OA_1,OA_2,\cdots,OA_n\rangle=\alpha$ 为 $OA_1,OA_2,\cdots,OA_n$ 所张成的 n 维空间角，记 $\langle OA_1,OA_2,\cdots,OA_{i-1},OB_{n+1},OA_{i+1},\cdots,OA_n\rangle=\alpha_i(1\leqslant i\leqslant n)$ 为 $OA_1,OA_2,\cdots,OA_n$ 所成的 n 维空间角，则 $n+1$ 个点 $A_1,A_2,\cdots,A_n,B_{n+1}$ 共 $n-1$ 维超平面的充要条件是[105]

$$\frac{\sin\alpha}{OB_{n+1}}=\sum_{i=1}^{n}\frac{\sin\alpha_i}{OA_i} \tag{7.8.2}$$

证明 必要性：设 $n+1$ 个点 $A_1,A_2,\cdots,A_n,B_{n+1}$ 共 $n-1$ 维超平面，由于 OB_{n+1} 位于 $OA_1,OA_2,\cdots,OA_n$ 的内部，从而由 $n+1$ 个点 $O,A_1,A_2,\cdots,A_n$ 支撑成 E^n 中的一个 n 维单形 $\sum_{A'(k+1)}$，同样由 $n+1$ 个点 $O,A_1,A_2,\cdots,A_{i-1},B_{n+1},A_{i+1},\cdots,A_n$ 也支撑成 E^n 中的一个 n 维单形 $\sum_{A_i(k+1)}$，显然单形 $\sum_{A'(k+1)}$ 被剖分为 n 个子块 $\sum_{A_1(k+1)},\sum_{A_2(k+1)},\cdots,\sum_{A_n(k+1)}$.

由式(5.2.3)，有

$$V(\sum_{A'(k+1)})=\frac{1}{n!}\cdot\prod_{j=1}^{n}OA_j\cdot\sin\alpha$$

$$V(\sum_{A_i(k+1)})=\frac{1}{n!}\cdot OB_{n+1}\prod_{\substack{j=1\\ j\neq i}}^{n}OA_j\cdot\sin\alpha_i\quad(1\leqslant i\leqslant n)$$

注意到 $V(\sum_{A'(k+1)})=\sum_{i=1}^{n}V(\sum_{A_i(k+1)})$，由上述两式整理，即得式(7.8.2).

充分性：设 $n+1$ 个点 $A_1,A_2,\cdots,A_n,B_{n+1}$ 为 E^n 中的 $n+1$ 个点，并设这 $n+1$ 个点所支撑的 n 维单形的 n 维体积为 V'，则

$$V'=V_{A_1A_2\cdots A_nB_{n+1}}=V(\sum_{A'(k+1)})-\sum_{i=1}^{n}V(\sum_{A_i(k+1)})$$

$$=\frac{1}{n!}OB_{n+1}\cdot\prod_{j=1}^{n}OA_j\cdot\left(\frac{\sin\alpha_i}{OB_{n+1}}-\sum_{i=1}^{n}\frac{\sin\alpha_i}{OA_i}\right)=0$$

即 $V_{A_1A_2\cdots A_nB_{n+1}}=0$，故 $n+1$ 个点 $A_1,A_2,\cdots,A_n,B_{n+1}$ 共 $n-1$ 维超平面.

7.8.2 E^n 中的定比分点公式

在平面解析几何中，点 $P(x,y)$ 分有向线段 $\overrightarrow{P_1P_2}$ 成定比 λ 时，其中 $P_1(x_1,y_1)$，$P_2(x_2,y_2)$，则分点 P 的坐

标公式为

$$x=\frac{x_1+\lambda x_2}{1+\lambda},y=\frac{y_1+\lambda y_2}{1+\lambda} \tag{7.8.3}$$

在 E^n 中也有类似于(7.8.3)的高维定比分点坐标公式.

定理 7.8.2　设 E^n 中有点 $P(x_1,x_2,\cdots,x_n)$ 及 n 维单形 $\sum_{P(n+1)}=\{P_0,P_1,\cdots,P_n\}$，其中 P_i 的坐标为 $(y_{j1},y_{j2},\cdots,y_{jn})(j=0,1,2,\cdots,n)$，若 $n+1$ 个 n 维单形 $\sum_{P_j(n+1)}=\{P,P_0,P_1,\cdots,P_{j-1},P_{j+1},\cdots,P_n\}$ 的有向体积(规定 P 在 $\sum_{P(n+1)}$ 侧面的内侧时所支撑的单形体积为正，否则为负)之比为

$$V(\sum_{P_0(n+1)}):V(\sum_{P_1(n+1)}):\cdots:V(\sum_{P_n(n+1)})$$

$$=p_0:p_1:\cdots:p_n$$

则分点的坐标公式为[37,134]

$$x_i=\frac{\sum_{j=0}^{n}p_jy_{ji}}{\sum_{j=0}^{n}p_j}\quad(i=1,2,\cdots,n) \tag{7.8.4}$$

证明　对单形的维数 n 运用数学归纳法证.

当 $n=1$ 时，即知有式(7.8.3)成立.

假设 $n-1$ 时结论成立，即有式(7.8.4)的类似式，下证 n 时情形：

延长 P_0P 交 $n-1$ 维单形 $\sum_{P_0(n)}=\{P_1,\cdots,P_n\}$ 于点 $P'(x_1',x_2',\cdots,x_n')$. 因为诸 n 维单形 $\sum_{P_i'(n+1)}=\{P,P_0,P_1,\cdots,P_{i-1},P_{i+1},P_n\}(i=0,1,\cdots,n)$ 具有相同的高，n 维单形 $\sum_{P_iP_j'(n+1)}=\{P,P',P_0,P_1,\cdots,P_{i-1},P_{i+1},\cdots,P_{j-1},P_{j+1},\cdots,P_n\}(0\leqslant i<j\leqslant n)$ 也具有相同的高，所以对于 $n-1$ 维单形有向体积的比，有

$$V_{P'P_2P_3\cdots P_n}:V_{P'P_3P_4\cdots P_nP_1}:\cdots:V_{P'P_1\cdots P_{n-1}}$$

$$= V_{P_0P'P_2P_3\cdots P_n} : V_{P_0P'P_3P_4\cdots P_nP_1} : \cdots : V_{P_0P'P_1\cdots P_{n-1}}$$
$$= V_{PP'P_2P_3\cdots P_n} : V_{PP'P_3P_4\cdots P_nP_1} : \cdots : V_{PP'P_1\cdots P_{n-1}}$$
$$= (V_{P_0P'P_2P_3\cdots P_n} - V_{PP'P_2P_3\cdots P_n}) : (V_{P_0P'P_3P_4\cdots P_nP_1} - V_{PP'P_3P_4\cdots P_nP_1}) : \cdots : (V_{P_0P'P_1\cdots P_{n-1}} - V_{PP'P_1\cdots P_{n-1}})$$
$$= p_1 : p_2 : \cdots : p_n$$

由归纳法,假设 P' 的坐标可由下列公式计算

$$x_i' = \frac{\sum_{j=1}^{n} p_j y_{ji}}{\sum_{j=1}^{n} p_j} \quad (i = 1, 2, \cdots, n)$$

又因为

$$\frac{P'P}{PP_0} = \frac{V_{PP'P_2P_3\cdots P_n}}{V_{PP_0P_2P_3\cdots P_n}} = \cdots = \frac{V_{PP'P_1P_2\cdots P_{n-1}}}{V_{PP_0P_1P_2\cdots P_{n-1}}}$$
$$= \frac{V_{PP'P_2P_3\cdots P_n} + V_{PP'P_3P_4\cdots P_nP_1} + \cdots + V_{PP'P_1P_2\cdots P_{n-1}}}{V_{PP_0P_2P_3\cdots P_n} + V_{PP_0P_3P_4\cdots P_nP_1} + \cdots + V_{PP_0P_1P_2\cdots P_{n-1}}} = \frac{p_0}{\sum_{j=1}^{n} p_j}$$

由式(7.8.3),即得分点 P 的坐标

$$x_i = \frac{\dfrac{\sum_{j=1}^{n} p_j y_{ji}}{\sum_{j=1}^{n} p_j} + \dfrac{p_0 y_{0i}}{\sum_{j=1}^{n} p_j}}{1 + \dfrac{p_0}{\sum_{j=1}^{n} p_j}} = \frac{\sum_{j=0}^{n} p_j y_{ji}}{\sum_{j=0}^{n} p_j} \quad (i = 1, 2, \cdots, n)$$

§7.9 过单形特殊点的线或面

7.9.1 过单形重心的面

在 $\triangle P_0P_1P_2$ 中,过其重心 G 的直线分别交边

P_0P_1,P_0P_2 所在直线于点 B_1,B_2,且$\frac{P_0B_i}{P_0P_i}=\lambda_i(i=1,2)$,则

$$\frac{1}{\lambda_1}+\frac{1}{\lambda_2}=3 \tag{7.9.1}$$

在四面体 $P_0P_1P_2P_3$ 中,过其重心 G 的平面分别交棱 P_0P_1,P_0P_2,P_0P_3 所在直线于点 B_1,B_2,B_3,且$\frac{P_0B_i}{P_0P_i}=\lambda_i(i=1,2,3)$,则$\frac{1}{\lambda_1}+\frac{1}{\lambda_2}+\frac{1}{\lambda_3}=4.$　　(7.9.2)

上述两式的向量证法可参见作者另著《从 Stewart 定理的表示谈起——向量理论漫谈》中的式(2.6.74)及式(2.6.124).

下面,我们将上述式推广到高维单形中,即有:

定理 7.9.1　设 E^n 中的 n 维单形 $\sum_{P(n+1)}=\{P_0,P_1,\cdots,P_n\}$ 的重心为 G,B_i 是单形 $\sum_{P(n+1)}$ 的棱 P_0P_i 所在直线上异于顶点 P_0 的一点,且$\frac{P_0B_i}{P_0P_i}=\lambda_i(i=1,2,\cdots,n)$,则 $n+1$ 个点 $G,B_1,\cdots,B_n$ 共某一个 $n-1$ 维超平面的充分必要条件是

$$\frac{1}{\lambda_1}+\frac{1}{\lambda_2}+\cdots+\frac{1}{\lambda_n}=n+1 \tag{7.9.3}$$

证明　取单形 $\sum_{P(n+1)}$ 为坐标单形,因$\frac{P_0B_i}{P_0P_i}=\lambda_i$ $(i=1,2,\cdots,n)$,则点 B_i 的重心坐标为 $B_i(1-\lambda_i,0,\cdots,0,\lambda_i,0,\cdots,0)$

注意到重心 G 的重心坐标为 $G(\frac{1}{n+1},\frac{1}{n+1},\cdots,\frac{1}{n+1})$(参见式(6.1.25)).

于是,由式(6.1.13),知 $n+1$ 个点 $G,B_1,\cdots,B_n$

共一个 $n-1$ 维平面的充分必要条件是

$$\begin{vmatrix} 1-\lambda_1 & \lambda_1 & 0 & \cdots & 0 \\ 1-\lambda_2 & 0 & \lambda_2 & \cdots & 0 \\ \vdots & \vdots & \vdots & & \vdots \\ 1-\lambda_n & 0 & 0 & \cdots & \lambda_n \\ \frac{1}{n+1} & \frac{1}{n+1} & \frac{1}{n+1} & \cdots & \frac{1}{n+1} \end{vmatrix}=0$$

由上述行列式变形,提出$\frac{1}{n+1}$,又将第 1 列调至第 $n+1$ 列,经化简可得

$$\begin{vmatrix} \lambda_1 & 0 & \cdots & 0 & 1-\lambda_1 \\ 0 & \lambda_2 & \cdots & 0 & 1-\lambda_2 \\ \vdots & \vdots & & \vdots & \vdots \\ 0 & 0 & \cdots & \lambda_n & 1-\lambda_n \\ 1 & 1 & \cdots & 1 & 1 \end{vmatrix}$$

$$=\begin{vmatrix} \lambda_1 & 0 & \cdots & 0 & 1 \\ 0 & \lambda_2 & \cdots & 0 & 1 \\ \vdots & \vdots & & \vdots & \vdots \\ 0 & 0 & \cdots & \lambda_n & 1 \\ 1 & 1 & \cdots & 1 & n+1 \end{vmatrix}$$

$$=\begin{vmatrix} \lambda_1 & 0 & \cdots & 1 \\ 0 & \lambda_2 & \cdots & 1 \\ \vdots & \vdots & & \vdots \\ 0 & 0 & \cdots & 1 \\ 0 & 0 & \cdots & (n+1)-\sum\limits_{i=1}^{n}\frac{1}{\lambda_i} \end{vmatrix}$$

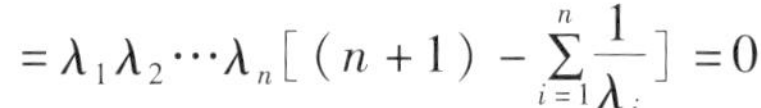

$$=\lambda_1\lambda_2\cdots\lambda_n\left[(n+1)-\sum_{i=1}^{n}\frac{1}{\lambda_i}\right]=0$$

因题设知 $\lambda_i \neq 0(i=1,2,\cdots,n)$，从而有 $\sum\limits_{i=1}^{n}\frac{1}{\lambda_i}=n+1$.

7.9.2　过单形内心的线或面

在 $\triangle P_0P_1P_2$ 中，过其内心 I 的直线 P_iI 交对边于点 $E_i(i=0,1,2)$. 则

$$\frac{P_0I}{IE_0}=\frac{P_0P_1+P_0P_2}{P_1P_2},\frac{P_1I}{IE_1}=\frac{P_1P_2+P_1P_0}{P_2P_0},\frac{P_2I}{IE_2}=\frac{P_2P_0+P_2P_1}{P_0P_1} \tag{7.9.4}$$

在 $\triangle P_0P_1P_2$ 中，过其内心 I 的直线分别交 P_0P_1，P_0P_2 所在直线于点 B_1,B_2，且 $\frac{P_0B_i}{P_0P_i}=\lambda_i(i=1,2)$，则

$$\frac{P_0P_2}{\lambda_1}+\frac{P_0P_1}{\lambda_2}=P_0P_1+P_0P_2+P_1P_2 \tag{7.9.5}$$

式(7.9.4)的证明由角平分线性质及合比定理即得.

式(7.9.5)的向量证法也可参见作者另著《从 Stewart 定理的表示谈起——向量理论漫谈》中的式(2.6.72).

下面，我们将上述两式也推广到高维单形中.

定理 7.9.2－1　设 E^n 中的 n 维单形 $\sum_{P(n+1)}=\{P_0,P_1,\cdots,P_n\}$ 的内心为 I，直线 P_iI 交单形的界面 f_i（即顶点 P_i 所对的界面）于点 E_i，顶点 P_i 所对的界（侧）面 f_i 的 $n-1$ 维体积为 $|f_i|(i=0,1,\cdots,n)$，则

$$\frac{P_iI}{IE_i}=\frac{|f_0|+\cdots+|f_{i-1}|+|f_{i+1}|+\cdots+|f_n|}{|f_i|} \tag{7.9.6}$$

其中 $i=0,1,\cdots,n$.

证明　我们仅取 $i=0$ 来证，其余留给读者.

设点 I,E_0 到单形 $\sum_{P(n+1)}$ 的界（侧）面 $f_n=\{P_0,P_1,\cdots,P_{n-1}\}$ 的距离分别为 h,h_0'，则由平行线的性质

及式(5.2.2),有

$$\frac{P_0I}{P_0E_0}=\frac{h}{h_0'}=\frac{V_{IP_0P_1\cdots P_{n-1}}}{V_{E_0P_0P_1\cdots P_{n-1}}}$$

从而

$$\frac{P_0I}{IE_0}=\frac{P_0I}{P_0E_0-P_0I}=\frac{h}{h_0'-h}=\frac{V_{IP_0P_1\cdots P_{n-1}}}{V_{E_0P_0P_1\cdots P_{n-1}}-V_{IP_0P_1\cdots P_{n-1}}}$$

$$=\frac{V_{IP_0P_1\cdots P_{n-1}}}{VI_{E_0P_0P_1\cdots P_{n-1}}}$$

同理

$$\frac{P_0I}{IE_0}=\frac{V_{IP_0P_2\cdots P_n}}{V_{IEP_2\cdots P_n}},\frac{P_0I}{IE_0}=\frac{V_{IP_0P_1P_3\cdots P_n}}{V_{IEP_1P_3\cdots P_n}},\cdots,\frac{P_0I}{IE_0}=\frac{V_{IP_0\cdots P_{n-2}P_n}}{V_{IEP_1\cdots P_{n-2}P_n}}$$

设 n 维单形 $\sum_{P(n+1)}$ 的内切超球的半径为 r_n,则点 I 到 $\sum_{P(n+1)}$ 的各界(侧)面的距离均为 r_n,利用等比定理,注意点 E_0 在单形 $\sum_{P(n+1)}$ 的界(侧)面 f_n 的内部,从而,有

$$\frac{P_0I}{IE_0}=\frac{V_{IP_0P_2\cdots P_n}+V_{IP_0P_1P_3\cdots P_n}+\cdots+V_{IP_0P_1\cdots P_{n-1}}}{V_{IEP_2\cdots P_n}+V_{IEP_1P_3\cdots P_n}+\cdots+V_{IEP_1\cdots P_{n-1}}}$$

$$=\frac{n^{-1}r_n|f_1|+n^{-1}r_n|f_2|+\cdots+n^{-1}r_n|f_n|}{V_{IP_1P_2\cdots P_n}}$$

$$=\frac{n^{-1}r_n(|f_1|+|f_2|+\cdots+|f_n|)}{n^{-1}r_n|f_0|}$$

$$=\frac{|f_1|+|f_2|+\cdots+|f_n|}{|f_0|}$$

定理 7.9.2-2 设 E^n 中的 n 维单形 $\sum_{P(n+1)}=\{P_0,P_1,\cdots,P_n\}$ 的内心为 I,B_i 是单形 $\sum_{P(n+1)}$ 的棱 P_0P_i 所在直线上异于顶点 P_0 的一点,且 $\frac{P_0B_i}{P_0P_i}=\lambda_i(i=1,2,\cdots,n)$. 单形 $\sum_{P(n+1)}$ 的顶点 P_i 所对的界(侧)面 f_i

的 $n-1$ 维体积为 $|f_i|$，则 $n+1$ 个点 $I,B_1,B_2,\cdots,B_n$ 共某一个 $n-1$ 维超平面的充分必要条件是

$$\frac{|f_1|}{\lambda_1}+\frac{|f_2|}{\lambda_2}+\cdots+\frac{|f_n|}{\lambda_n}=|f_0|+|f_1|+\cdots+|f_n| \tag{7.9.7}$$

证明　取单形 $\sum_{P(n+1)}$ 为坐标单形，因 $\dfrac{P_0B_i}{P_0P_i}=\lambda_i$ $(i=1,2,\cdots,n)$，则 B_i 的重心坐标为 $B_i(1-\lambda_i,0,\cdots,0,\lambda_i,0,\cdots,0)$.

注意到内心 I 的重心坐标为 $I\left(\dfrac{|f_0|}{\sum\limits_{i=0}^{n}|f_i|},\dfrac{|f_1|}{\sum\limits_{i=0}^{n}|f_i|},\cdots,\dfrac{|f_n|}{\sum\limits_{i=0}^{n}|f_i|}\right)$（见式(6.1.26)）.

由式(6.1.13)，知 $n+1$ 个点 $I,B_1,\cdots,B_n$ 共一个 $n-1$ 维超平面的充要条件是

$$\begin{vmatrix} 1-\lambda_1 & \lambda_1 & 0 & \cdots & 0 \\ 1-\lambda_2 & 0 & \lambda_2 & \cdots & 0 \\ \vdots & \vdots & \vdots & & \vdots \\ 1-\lambda_n & 0 & 0 & \cdots & \lambda_n \\ \dfrac{|f_0|}{\sum\limits_{i=0}^{n}|f_i|} & \dfrac{|f_1|}{\sum\limits_{i=0}^{n}|f_i|} & \dfrac{|f_2|}{\sum\limits_{i=0}^{n}|f_i|} & \cdots & \dfrac{|f_n|}{\sum\limits_{i=0}^{n}|f_i|} \end{vmatrix}=0$$

仿式(7.9.3)的证明，有

$$\begin{vmatrix} \lambda_1 & 0 & \cdots & 0 & 1-\lambda_1 \\ 0 & \lambda_2 & \cdots & 0 & 1-\lambda_2 \\ \vdots & \vdots & & \vdots & \vdots \\ 0 & 0 & \cdots & \lambda_n & 1-\lambda_n \\ |f_1| & |f_2| & \cdots & |f_n| & |f_0| \end{vmatrix}$$

$$= \begin{vmatrix} \lambda_1 & 0 & \cdots & 0 & 1 \\ 0 & \lambda_2 & \cdots & 0 & 1 \\ \vdots & \vdots & & \vdots & \vdots \\ 0 & 0 & \cdots & \lambda_n & 1 \\ |f_1| & |f_2| & \cdots & |f_n| & \sum\limits_{i=0}^{n} |f_i| \end{vmatrix}$$

$$= \begin{vmatrix} \lambda_1 & 0 & \cdots & 0 & 1 \\ 0 & \lambda_2 & \cdots & 0 & 1 \\ \vdots & \vdots & & \vdots & \vdots \\ 0 & 0 & \cdots & \lambda_n & 1 \\ 0 & 0 & \cdots & 0 & \sum\limits_{i=0}^{n} |f_i| - \sum\limits_{i=1}^{n} \dfrac{|f_i|}{\lambda_i} \end{vmatrix}$$

$$= \lambda_1 \lambda_2 \cdots \lambda_n \left(\sum_{i=0}^{n} |f_i| - \sum_{i=}^{n} \frac{|f_i|}{\lambda_i} \right) = 0$$

由题设知 $\lambda_i \neq 0$,从而有 $\sum\limits_{i=1}^{n} \dfrac{|f_i|}{\lambda_i} = \sum\limits_{i=1}^{n} |f_i|$.

7.9.3 中位面(过 n 条棱的中点的面)

在三角形中,有中位线定理.这个定理也可推广到高维单形中.

定理 7.9.3 设 E^n 中的 n 维单形 $\sum_{P(n+1)} = \{P_0, P_1, \cdots, P_n\}$ 中,界(侧)面 f_0 所对应的中位面(即过棱 P_0P_i 的中点 $M_i(i=1,2,\cdots,n)$ 的超平面)S_0 的 $n-1$ 维体积为 $|S_0|$,则中位面 S_0 平行于界(侧)面 f_0,且

$$|S_0| = \frac{1}{2^{n-1}}|f_0| \qquad (7.9.8)$$

证明　由三角形中线性质,有

$$\overrightarrow{M_1M_2} = \frac{1}{2}\overrightarrow{P_1P_2}, \overrightarrow{M_1M_3} = \frac{1}{2}\overrightarrow{P_1P_3}, \cdots, \overrightarrow{M_1M_n} = \frac{1}{2}\overrightarrow{P_1P_n}$$

于是

$$\begin{aligned}&\overrightarrow{M_1M_2} \wedge \overrightarrow{M_1M_3} \wedge \cdots \wedge \overrightarrow{M_1M_n}\\&= \frac{1}{2^{n-1}}\overrightarrow{P_1P_2} \wedge \overrightarrow{P_1P_3} \wedge \cdots \wedge \overrightarrow{P_1P_n} \qquad (*)\end{aligned}$$

由式(2.1.4),知 n 维单形 $\sum_{P(n+1)}$ 中顶点 P_0 所对界(侧)面 f_0 的法向量为

$$\overrightarrow{P_1P_2} \wedge \overrightarrow{P_1P_3} \wedge \cdots \wedge \overrightarrow{P_1P_n}$$

由式($*$)可知,中位面 S_0 的法向量与界(侧)面 f_0 的法向量平行,从而单形 $\sum_{P(n+1)}$ 的中位面 S_0 与界(侧)面 f_0 平行.

又由式(5.2.1),有

$$\begin{aligned}|S_0| &= \frac{1}{(n-1)!}|\overrightarrow{M_1M_2} \wedge \overrightarrow{M_1M_3} \wedge \cdots \wedge \overrightarrow{M_1M_n}|\\&= \frac{1}{2^{n-1}\cdot(n-1)!}|\overrightarrow{P_1P_2} \wedge \overrightarrow{P_1P_3} \wedge \cdots \wedge \overrightarrow{P_1P_n}|\\&= \frac{1}{2^{n-1}}|f_0|\end{aligned}$$

注　对于单形 $\sum_{P(n+1)} = \{P_0, P_1, \cdots, P_n\}$ 的其他顶点 P_i 所对的界(侧)面 f_i 所对应的中位面 S_i($i=1,2,\cdots,n$),也有

$$|S_i| = \frac{1}{2^{n-1}}|f_i| \quad (i=1,2,\cdots,n) \qquad (7.9.9)$$

式(7.9.9)的证明类同于式(7.9.8)的证明.

§7.10　单形的 Fermat 点，Steiner 点

在 E^2 中，到 $\triangle ABC$ 三顶点距离之和为最小的点叫作这个三角形的费马（Fermat）点. 当 $\triangle ABC$ 的最大内角小于 120°时，它的费马点是对各边张 120°角的点；当 $\triangle ABC$ 的最大内角大于或等于 120°时，它的费马点是钝角的角顶.

下面，我们讨论 E^n 中单形的费马点[100].

定义 7.10.1　对于 E^n 中的 n 维单形 $\sum_{P(n+1)}=\{P_0,P_1,\cdots,P_n\}$，若存在一点 F，并记 $|FP_i|=t_i>0(i=0,1,\cdots,n)$，满足条件

$$\sum_{i=0}^{n}\frac{1}{t_i}\overrightarrow{FP_i}=\mathbf{0}，或\sum_{i=0}^{n}\boldsymbol{e}_i=0\quad（其中\ \boldsymbol{e}_i\ 为单位向量\frac{\overrightarrow{FP_i}}{|\overrightarrow{FP_i}|}）\tag{7.10.1}$$

则称点 F 为单形 $\sum_{P(n+1)}$ 的费马点.

由上述定义可知，若费马点存在，是必在单形内部.

定理 7.10.1　若一点 F 既是单形的费马点，又是该单形的外心，则此点必为单形的重心；若一点 F 既是单形的重心，又是该单形的外心，则 F 必为单形的费马点.

证明　设 O 为 E^n 中 n 维单形 $\sum_{P(n+1)}=\{P_0,P_1,\cdots,P_n\}$ 所在笛卡儿直角坐标系的原点，F 为单形 $\sum_{P(n+1)}$ 的费马点. 则由定义 7.10.1，知

$$\overrightarrow{OF}=\frac{\sum_{i=0}^{n}\frac{1}{t_i}\cdot\overrightarrow{OP_i}}{\sum_{i=0}^{n}\frac{1}{t_i}}\quad(\text{其中}|FP_i|=t_i>0)\tag{7.10.2}$$

(1)若费马点 F 又是该单形的外心,则

$|FP_i|=t_i=R_n$　($i=0,1,\cdots,n,R_n$ 为单形 $\sum_{P(n+1)}$ 的外接超球半径)

于是

$$\overrightarrow{OF}=\frac{\sum_{i=0}^{n}\frac{1}{R_n}\overrightarrow{OP_i}}{\sum_{i=0}^{n}\frac{1}{R_n}}=\frac{1}{n+1}\sum_{i=0}^{n}\overrightarrow{OP_i}\tag{7.10.3}$$

上式表明费马点 F 为单形 $\sum_{P(n+1)}$ 的重心.

(2)设 F 是单形 $\sum_{P(n+1)}=\{P_0,P_1,\cdots,P_n\}$ 的重心,则

$$\overrightarrow{OF}=\frac{1}{n+1}\sum_{i=0}^{n}\overrightarrow{OP_i}$$

又 F 是该单形的外心,则 $|FP_i|=R_n(i=0,1,\cdots,n)$,且

$$\sum_{i=0}^{n}\frac{\overrightarrow{FP_i}}{|FP_i|}=\frac{1}{R_n}\sum_{i=1}^{n}(\overrightarrow{OP_i}-\overrightarrow{OF})$$
$$=\frac{1}{R_n}[\sum_{i=0}^{n}OP_i-(n+1)\overrightarrow{OF}]=0$$

上式表明 F 是单形 $\sum_{P(n+1)}$ 的费马点.

定理 7.10.2　对于 E^n 中的 n 维单形 $\sum_{P(n+1)}=\{P_0,P_1,\cdots,P_n\}$,若存在一点 P,$\angle P_iPP_j=\alpha_{ij}(i\neq j,i,j=0,1,\cdots,n)$,满足方程组

$$\begin{cases}1+\cos\alpha_{01}+\cos\alpha_{02}+\cdots+\cos\alpha_{0n}=0\\ \cos\alpha_{10}+1+\cos\alpha_{12}+\cdots+\cos\alpha_{1n}=0\\ \vdots\\ \cos\alpha_{n0}+\cos\alpha_{n1}+\cos\alpha_{n2}+\cdots+1=0\end{cases}\tag{7.10.4}$$

则点 P 是单形 $\sum_{P(n+1)}$ 的费马点,反之亦然.

证明 记 $\dfrac{\overrightarrow{PP_i}}{|\overrightarrow{PP_i}|}=\boldsymbol{e}_i$,则 $\cos\alpha_{ij}=\boldsymbol{e}_i\cdot\boldsymbol{e}_j$,代入题设方程组(7.10.4),得

$$\boldsymbol{e}_0\cdot\sum_{i=0}^{n}\boldsymbol{e}_i=0,\boldsymbol{e}_1\cdot\sum_{i=0}^{n}\boldsymbol{e}_i=0,\cdots,\boldsymbol{e}_n\cdot\sum_{i=0}^{n}\boldsymbol{e}_i=0$$

相加得 $(\sum_{i=0}^{n}\boldsymbol{e}_j)^2=0$,故 $\sum_{i=0}^{n}\dfrac{\overrightarrow{PP_j}}{|\overrightarrow{PP_i}|}=\boldsymbol{0}$,即知点 P 是单形 $\sum_{P(n+1)}$ 的费马点.

反之,显然成立.

由上述定理,我们可推知:

(1)正则单形的中心必是费马点,这时有 $\cos\alpha_{ij}=-\dfrac{1}{n}(0\leqslant i<j\leqslant n)$.

(2)当 $n=2$ 时,方程组(7.10.4)有唯一确定的解 $\alpha_{ij}=120^\circ\leqslant i<j\leqslant 2$),即对于内角小于 120° 的三角形,存在唯一的费马点.

(3)当 $n\geqslant 3$ 时,方程组(7.10.4)中有 $\dfrac{1}{2}n(n+1)$ 个角 α_{ij},而只有 $n+1$ 个方程. 若费马点存在,由 $n+1$ 个顶点所得的 C_{n+1}^2 条棱能否配成对,即 $\dfrac{1}{2}\mathrm{C}_{n+1}^2=\dfrac{1}{4}n(n+1)$ 是否为整数知,当 $n\neq 4k$ 或 $n\neq 4k+1(k\in\mathbf{N})$ 时,费马点唯一;否则不唯一. 因为此时,满足 $\alpha_{ij}=$

$\arccos(-\frac{1}{n})(0\leqslant i<j\leqslant n)$的点是费马点；而满足$\alpha_{ij}=\alpha_{kl}$（表棱$P_iP_j$与其对棱$P_kP_l$所张的角相等，$0\leqslant i<j\leqslant n,0\leqslant k<l\leqslant n,i\neq k,j\neq l$）的点满足方程组式(7.10.4)，因而也是费马点.

定理 7.10.3　（费马点的极小性）若F是n维单形$\sum_{P(n+1)}=\{P_0,P_1,\cdots,P_n\}$的费马点，则对于$E^n$中任一点$M$，有

$$\sum_{i=0}^{n}|MP_i|\geqslant\sum_{i=0}^{n}|FP_i| \tag{7.10.5}$$

其中等号成立的充要条件是点M与F重合.

证明　记$\frac{\overrightarrow{FP_i}}{|\overrightarrow{FP_i}|}=\boldsymbol{e}_i$，则

$$|\boldsymbol{e}_i|=1\quad(i=0,1,\cdots,n),\sum_{i=0}^{n}\boldsymbol{e}_i=\boldsymbol{0}$$

$$\begin{aligned}\sum_{i=0}^{n}|MP_i|&=\sum_{i=0}^{n}|\boldsymbol{e}_i|\cdot|\overrightarrow{MP_i}|\geqslant\sum_{i=0}^{n}|\boldsymbol{e}_i\cdot\overrightarrow{MP_i}|\\&\geqslant|\sum_{i=0}^{n}(\boldsymbol{e}_i\cdot\overrightarrow{MP_i})|=|\sum_{i=0}^{n}\boldsymbol{e}_i\cdot(\overrightarrow{MF}+\overrightarrow{FP_i})|\\&=|\overrightarrow{MF}\cdot\sum_{i=0}^{n}\boldsymbol{e}_i+\sum_{i=0}^{n}(\boldsymbol{e}_i\cdot\overrightarrow{FP_i}|)\\&=|\sum_{i=0}^{n}(\boldsymbol{e}_i\cdot\overrightarrow{FP_i})|\\&=\sum_{i=0}^{n}|\overrightarrow{FP_i}|\end{aligned}$$

定理 7.10.4　若F是n维单形$\sum_{P(n+1)}=\{P_0,P_1,\cdots,P_n\}$的费马点，射线$P_iF$交单形$\sum_{P(n+1)}$各侧面$f_i$于$Q_i$，记$|FP_i|=t_i,|FQ_i|=l_i(i=0,1,\cdots,n)$，则：

(1)
$$\frac{1}{l_i}=\sum_{j=0}^{n}\frac{1}{t_j}-\frac{1}{t_i} \tag{7.10.6}$$

(2)
$$\sum_{i=0}^{n}\frac{1}{l_i}=n\sum_{j=0}^{n}\frac{1}{t_j} \tag{7.10.7}$$

(3) $$\sum_{i=0}^{n}|FP_i|\geqslant n\sum_{i=0}^{n}|FQ_i| \quad (7.10.8)$$

其中等号当且仅当单形 $\sum_{P(n+1)}$ 的费马点与单形 $\sum_{P(n+1)}$ 外心重合时成立.

证明 (1)记 $\overrightarrow{FP_j}=t_j\boldsymbol{e}_j(j=0,1,\cdots,n)$,则 $\sum_{j=0}^{n}\boldsymbol{e}_j=\mathbf{0}$.

因为点 Q_0 在侧面 $f_0=\{P_0,P_1,\cdots,P_n\}$ 内,故

$$\overrightarrow{PQ_0}=\lambda_1\overrightarrow{FP_1}+\lambda_2\overrightarrow{FP_2}+\cdots+\lambda_n\overrightarrow{FP_n}$$

其中 $\lambda_1+\lambda_2+\cdots+\lambda_n=1$. 即

$$-l_0\boldsymbol{e}_0=\lambda_1t_1\boldsymbol{e}_1+\lambda_2t_2\boldsymbol{e}_2+\cdots+\lambda_nt_n\boldsymbol{e}_n$$

因 $-l_0\boldsymbol{e}_0=l_0(\boldsymbol{e}_1+\boldsymbol{e}_2+\cdots+\boldsymbol{e}_n)$,$\boldsymbol{e}_1,\boldsymbol{e}_2,\cdots,\boldsymbol{e}_n$ 线性无关. 则

$$\lambda_i=\frac{l_0}{t_i}$$

故 $$\frac{l_0}{t_1}+\frac{l_0}{t_2}+\cdots+\frac{l_0}{t_n}=1$$

由式(7.10.1)中 $i=0$ 的情形即获证,其余类推.

(2)由式(7.10.6)求和便得式(7.10.7).

(3)再运用算术-调和平均不等式,得

$$l_i=\frac{1}{\sum\limits_{\substack{j=0\\ j\neq i}}^{n}\frac{1}{t_j}}\geqslant\frac{1}{n^2}\left(\sum_{j=0}^{n}t_j-t_i\right)\quad(i=0,1,\cdots,n)$$

故 $$\sum_{i=0}^{n}l_i\leqslant\frac{1}{n^2}\left[(n+1)\sum_{j=0}^{n}t_j-\sum_{i=0}^{n}t_i\right]=\frac{1}{n}\sum_{i=0}^{n}t_i$$

即有 $$\sum_{i=0}^{n}|FP_i|\geqslant n\sum_{i=0}^{n}|FQ_i|$$

此即为式(7.10.8),其中等号成立的充要条件是 $t_0=t_1=\cdots=t_n$,即单形 $\sum_{P(n+1)}$ 的费马点与外心重合.

定义 7.10.2 对于 E^n 中的单形 $\sum_{P(n+1)}=\{P_0,P_1,\cdots,P_n\}$ 及任一组正实数 $m_0,m_1,\cdots,m_n$,若 E^n 中存

在一点 M,记$\overrightarrow{MP_i}$的单位方向向量为$\boldsymbol{e}_i(0\leqslant i\leqslant n)$,能够使得如下关系式[186]

$$\sum_{i=0}^{n} m_i \boldsymbol{e}_i = 0 \qquad (7.10.9)$$

成立,则称这一问题为 E^n 空间中的 Steiner 树,点 M 叫作单形 $\sum_{P(n+1)}$ 关于正实数 $m_0, m_1, \cdots, m_n$ 的 Steiner 点,简称 Steiner 点.

特别地,当 $m_0 = m_1 = \cdots = m_n$ 时,点 M 就是 Fermat 点 F.

定理 7.10.5　设 E^n 中的单形 $\sum_{P(n+1)} = \{P_0, P_1, \cdots, P_n\}$ 的 Steiner 点为 M,若记 $T_i = |\overrightarrow{MP_i}|(i=0,1,\cdots,n)$, $t=\sum_{i=0}^{n}\frac{m_i}{T_i}$, I, G 分别为单形 $\sum_{P(n+1)}$ 的内心、重心,则:

$$(1)\ \overrightarrow{MG} = \frac{1}{t}\sum_{\substack{j=0\\ j\neq k}}^{n}\left(\frac{m_k}{T_k} - \frac{m_j}{T_j}\right)\overrightarrow{GP_j} \quad (k=0,1,\cdots,n) \qquad (7.10.10)$$

$$(2)\ \overrightarrow{MI} = \frac{1}{t}\sum_{\substack{j=0\\ j\neq k}}^{n}\left[\left(\frac{t}{\sum_{i=0}^{n}|f_i|}|f_j| - \frac{m_j}{T_j}\right) - \left(\frac{t}{\sum_{i=0}^{n}|f_i|}|f_k| - \frac{m_k}{T_k}\right)\right]\cdot\overrightarrow{GP_j} \quad (k=0,1,\cdots,n) \qquad (7.10.11)$$

证明　(1)注意到 $T_i = |\overrightarrow{MP_i}|(i=0,1,\cdots,n)$,由定义 7.10.2,知

$$\sum_{i=0}^{n}\frac{m_i}{T_i}\cdot\overrightarrow{MP_i} = \mathbf{0}, \text{即} \sum_{i=0}^{n}\frac{m_i}{T_i}(\overrightarrow{MG} + \overrightarrow{GP_i}) = \mathbf{0}$$

亦即

$$t\overrightarrow{MG}+\sum_{\substack{j=0\\j\neq k}}^{n}\frac{m_j}{T_j}\overrightarrow{GP_j}+\frac{m_k}{T_k}\overrightarrow{GP_k}=\mathbf{0}\quad(k=0,1,\cdots,n)$$

$$(*)$$

注意到单形 $\sum_{P(n+1)}$ 的重心 G 满足 $\sum_{i=0}^{n}\overrightarrow{GP_i}=\mathbf{0}$，有

$$\overrightarrow{GP_k}=-\sum_{\substack{j=0\\j\neq k}}^{n}\overrightarrow{GP_j}\tag{7.10.12}$$

将上式代入式（$*$），整理即得式(7.10.10).

(2)由 $\sum_{i=0}^{n}\frac{m_i}{T_i}\overrightarrow{MP_i}=\mathbf{0}$，有

$$\sum_{i=0}^{n}\frac{m_i}{T_i}(\overrightarrow{MI}+\overrightarrow{IG}+\overrightarrow{GP_i})=\mathbf{0}$$

即 $t\overrightarrow{MI}+t\overrightarrow{IG}+\sum_{i=0}^{n}\frac{m_i}{T_i}\overrightarrow{GP_i}=\mathbf{0}$.

注意到

$$\overrightarrow{IG}=\frac{1}{\sum_{i=0}^{n}|f_i|}\sum_{\substack{j=0\\j\neq k}}^{n}(|f_k|-|f_j|)\overrightarrow{GP_j}\quad(k=0,1,\cdots,n)$$

(此式即为式(7.12.14))

从而

$$t\overrightarrow{MI}+\frac{t}{\sum_{i=0}^{n}|f_i|}\sum_{\substack{j=0\\j\neq k}}^{n}(|f_k|-|f_j|)\overrightarrow{GP_j}+\sum_{\substack{j=0\\j\neq k}}^{n}\frac{m_i}{T_j}\overrightarrow{GP_j}+\frac{m_k}{T_k}\overrightarrow{GP_k}=\mathbf{0}$$

再将式(7.10.12)代入上式，得

$$t\overrightarrow{MI}+\frac{t}{\sum_{i=0}^{n}|f_i|}\sum_{\substack{j=0\\j\neq k}}^{n}(|f_k|-|f_j|)\overrightarrow{GP_j}+\sum_{\substack{j=0\\j\neq k}}^{n}\frac{m_j}{T_j}\overrightarrow{GP_j}-\frac{m_k}{T_k}\sum_{\substack{j=0\\j\neq k}}^{n}\overrightarrow{GP_j}=\mathbf{0}$$

从而

$$t\overrightarrow{MI}+\sum_{\substack{j=0\\j\neq k}}^{n}\left[\frac{t}{\sum_{i=0}^{n}|f_i|}(|f_k|-|f_j|)+\left(\frac{m_j}{T_j}-\frac{m_k}{T_k}\right)\right]\overrightarrow{GP_j}=\mathbf{0}$$

于是

$$\overrightarrow{MI}=\frac{1}{t}\sum_{\substack{j=0\\j\neq k}}^{n}\left[\left(\frac{t}{\sum_{i=0}^{n}|f_i|}|f_j|-\frac{m_j}{T_j}\right)-\left(\frac{t}{\sum_{i=0}^{n}|f_i|}|f_k|-\frac{m_k}{T_k}\right)\right]\overrightarrow{GP_j}$$

$$(k=0,1,\cdots,n)$$

由定理 7.10.5 可得如下推论：

推论　设 G,I 分别为 n 维单形 $\sum_{P(n+1)}=\{P_0,P_1,\cdots,P_n\}$ 的重心和内心，则：

(1) Steiner 点 M 与重心 G 重合的充要条件是

$$\frac{m_0}{T_0}=\frac{m_1}{T_1}=\cdots=\frac{m_n}{T_n}\qquad(7.10.13)$$

(2) Steiner 点 M 与内心 I 重合的充要条件是

$$\frac{|f_j|-|f_k|}{\frac{m_j}{T_j}-\frac{m_k}{T_k}}=\frac{\sum_{i=0}^{n}|f_i|}{\sum_{i=0}^{n}\frac{m_i}{T_i}}$$

$$(j=0,1,\cdots,k-1,k+1,\cdots,n,k=0,1,\cdots,n)\qquad(7.10.14)$$

我们还可类似地证明如下结论：

定理 7.10.6　所设同定理 7.10.5，则 $\overrightarrow{MG}$ 与 f_k 平行的充要条件是

$$\frac{(n+1)m_k}{T_k}=\sum_{i=0}^{n}\frac{m_i}{T_i}\quad(k=0,1,\cdots,n)\qquad(7.10.15)$$

§7.11　单形的 Nagel 点，Spieker 超球面

若 $\triangle P_0P_1P_2$ 的内心为 I，内切圆的半径为 r，Nagel（奈格尔）点（即三角形的顶点与其对边上傍切圆切点

连线的交点）为 N，Spieker（斯俾克）圆（即三角形的 Nagel 点与各顶点连线的中点所构成的三角形的内切圆或三角形边的中点构成的三角形的内切圆或傍切圆）的圆心为 S，则有

$$\overrightarrow{IN}=\sum_{i=0}^{2}\overrightarrow{IP_i},\overrightarrow{IS}=\frac{1}{2}\sum_{i=0}^{n}\overrightarrow{IP_i}$$

且斯俾克圆的半径为$\frac{r}{2}$.

据此，可以应用类比的方法，在 n 维欧氏空间 E^n 中，建立 n 维单形的 Nagel 点与 Spieker 超球面概念.

定义 7.11.1 在 E^n 中，设 n 维单形 $\sum_{P(n+1)}=\{P_0,P_1,\cdots,P_n\}$ 的内切超球面为 $S^{n-1}(I,r)$，若点 N 和 S 分别满足

$$\overrightarrow{IN}=\sum_{i=0}^{n}\overrightarrow{IP_i}\qquad(7.11.1)$$

$$\overrightarrow{IS}=\frac{1}{2}\sum_{i=0}^{n}\overrightarrow{IP_i}\qquad(7.11.2)$$

则点 N 称为单形 $\sum_{P(n+1)}$ 的 Nagel 点；以点 S 为球心、$\frac{r}{2}$为半径的 $n-1$ 维超球面，称为单形 $\sum_{P(n+1)}$ 的 Spieker 超球面，记作 $S^{n-1}(S,\frac{r}{2})$，球心 S 简称为单形 $\sum_{P(n+1)}$ 的 Spieker 球心.

定义 7.11.2 在 E^n 中，n 维单形 $\sum_{P(n+1)}=\{P_0,P_1,\cdots,P_n\}$ 的顶点 P_j 所对界（侧）面为 $f_j(j=0,1,\cdots,n)$，单形 $\sum_{P(n+1)}$ 的内心为 I，若点 N_j 和 S_j 分别满足

$$\overrightarrow{IN_j}=\sum_{i=0}^{n}\overrightarrow{IP_i}-\overrightarrow{IP_j}\qquad(7.11.3)$$

$$\overrightarrow{IS_j}=\frac{1}{2}(\sum_{i=0}^{n}\overrightarrow{IP_i}-\overrightarrow{IP_j})\qquad(7.11.4)$$

则点 N_j 和 S_j 依次称为侧面 f_j 关于点 I 的 1 号心和 2 号心.

下面介绍曾建国、熊曾润先生对这个问题的研究成果.[184]

在以下的讨论中约定：在 E^n 中，n 维单形 $\sum_{P(n+1)}$ 的内心为 I，内切超球面的半径为 r；这单形的 Nagel 点为 N，Spieker 球心为 S，重心为 G；其侧面 f_j 关于点 I 的 1 号心和 2 号心依次为 N_j 和 S_j，重心为 $G_j(j=0,1,\cdots,n)$.

定理 7.11.1　在单形 $\sum_{P(n+1)}$ 中，I,G,S,N 四点共线，且

$$IN=2IS=(n+1)IG \tag{7.11.5}$$

证明　因为点 N 和 S 分别满足式(7.11.1)和(7.11.2)，所以有 $\overrightarrow{IN}=2\overrightarrow{IS}$，这就表明 I,S,N 三点共线，且 $\overrightarrow{IN}=2\overrightarrow{IS}$. 又由式(7.5.3′)知，点 G 满足

$$\overrightarrow{IG}=\frac{1}{n+1}\sum_{i=0}^{n}\overrightarrow{IA_i} \tag{7.11.6}$$

由式(7.11.2)和式(7.11.6)可得 $2\overrightarrow{IS}=(n+1)\overrightarrow{IG}$. 这就表明，$I,G,S$ 三点共线，且 $2\overrightarrow{IS}=(n+1)\overrightarrow{IG}$.

综合以上讨论，可知 I,G,S,N 四点共线，且 $\overrightarrow{IN}=2\overrightarrow{IS}=(n+1)\overrightarrow{IG}$. 命题得证.

定理 7.11.2　在单形 $\sum_{P(n+1)}$ 中，必有

$$IN^2=(n+1)\sum_{i=0}^{n}IP_i^{\ 2}-\sum_{0\leqslant i<j\leqslant n}P_iP_j^{\ 2} \tag{7.11.7}$$

此等式称为内心与 Nagel 点的距离公式.

证明　由式(7.11.1)可得

$$IN^2=(\sum_{i=0}^{n}\overrightarrow{IP_i})^2=\sum_{i=0}^{n}IP_i^{\ 2}+2\sum_{0\leqslant i<j\leqslant n}\overrightarrow{IP_i}\cdot\overrightarrow{IP_j}$$

$$\sum_{0\leqslant i<j\leqslant n} P_iP_j^{\,2} = \sum_{0\leqslant i<j\leqslant n} (\overrightarrow{IP_j} - \overrightarrow{IP_i})^2$$
$$= n\sum_{i=0}^{n} IP_i^{\,2} - 2\sum_{0\leqslant i<j\leqslant n} \overrightarrow{IP_i}\cdot\overrightarrow{IP_j}$$

以上两等式两边分别相加,稍经整理就得到式(7.11.7).命题得证.

由这个定理显然可得:

推论 1 在单形 $\sum_{P(n+1)}$ 中,点 N 在这单形的内切超球面上的充要条件是

$$(n+1)\sum_{i=0}^{n} IP_i^{\,2} - \sum_{0\leqslant i<j\leqslant n} P_iP_j^{\,2} = r^2 \quad (7.11.8)$$

注意到 $\overrightarrow{IN} = 2\overrightarrow{IS}$(定理 7.11.1),则由定理 7.11.2 还可得:

定理 7.11.3 在单形 $\sum_{P(n+1)}$ 中,必有

$$IS^2 = \frac{1}{4}\left[(n+1)\sum_{i=0}^{n} IP_i^{\,2} - \sum_{0\leqslant i<j\leqslant n} P_iP_j^{\,2}\right] \quad (7.11.9)$$

此等式称为内心与 Spieker 球心的距离公式. 由这个定理显然可得:

推论 2 在单形 $\sum_{P(n+1)}$ 中,点 S 在这单形的内切超球面上的充要条件是

$$(n+1)\sum_{i=0}^{n} IP_i^{\,2} - \sum_{0\leqslant i<j\leqslant n} P_iP_j^{\,2} = 4r^2$$
(7.11.10)

定理 7.11.4 在单形 $\sum_{P(n+1)}$ 中,必有

$$\sum_{i=0}^{n} NP_i^{\,2} = (n-1)IN^2 + \sum_{i=0}^{n} \overrightarrow{IP_i}^{\,2} \quad (7.11.11)$$

证明 由式(7.11.1)可得

$$NP_i^{\,2} = (\overrightarrow{IP_i} - \overrightarrow{IN})^2 = IN^2 - 2\overrightarrow{IN}\cdot\overrightarrow{IP_i} + IP_i^{\,2}$$
$$\sum_{i=0}^{n} NP_i^{\,2} = (n+1)IN^2 - 2\overrightarrow{IN}\cdot\sum_{i=0}^{n}\overrightarrow{IP_i} + \sum_{i=0}^{n} IP_i^{\,2}$$
$$= (n-1)IN^2 + \sum_{i=0}^{n} IP_i^{\,2}$$

命题得证.

定理 7.11.5　在单形$\sum_{P(n+1)}$中,必有

$$\sum_{i=0}^{n} SP_i^{\ 2} = (n-3)IS^2 + \sum_{i=0}^{n} IP_i^{\ 2} \quad (7.11.12)$$

证明　由式(7.11.2)可得

$$SP_i^{\ 2} = (\overrightarrow{IP_i} - \overrightarrow{IS})^2 = \overrightarrow{IS}^2 - 2\,\overrightarrow{IS}\cdot\overrightarrow{IP_i} + \overrightarrow{IP_i}^2$$

$$\begin{aligned}\sum_{i=0}^{n} SP_i^{\ 2} &= (n+1)IS^2 - 2\,\overrightarrow{IS}\cdot\sum_{i=0}^{n}\overrightarrow{IP_i} + \sum_{i=0}^{n} IP_i^{\ 2}\\ &= (n-3)IN^2 + \sum_{i=0}^{n} IP_i^{\ 2}\end{aligned}$$

命题得证.

定理 7.11.6　在单形$\sum_{P(n+1)}$中,必有 $P_jN /\!/ IG_j$,且

$$P_jN = nIG_j \quad (j=0,1,\cdots,n) \quad (7.11.13)$$

证明　因为点 N 满足式(7.11.1),所以有

$$\overrightarrow{P_jN} = \overrightarrow{IN} - \overrightarrow{IP_j} = \sum_{i=0}^{n}\overrightarrow{IP_i} - \overrightarrow{IP_j}$$

又可知,点 G_j 满足

$$\overrightarrow{IG_j} = \frac{1}{n}\left(\sum_{i=0}^{n}\overrightarrow{IP_i} - \overrightarrow{IP_j}\right)$$

比较以上二等式,可得$\overrightarrow{P_jN} = n\,\overrightarrow{IG_j}$. 因此 $P_jN /\!/ IG_j$,且 $P_jN = nIG_j(j=0,1,\cdots,n)$. 命题得证.

由这个定理显然可得:

推论 3　在单形$\sum_{P(n+1)}$中,过顶点 P_j 作直线 l_j 平行 IG_j,则诸直线 $l_j(j=0,1,\cdots,n)$ 必相交于同一点,这个点正是点 N.

定理 7.11.7　设 P 是单形$\sum_{P(n+1)}$的内切超球面上的任一点,则线段 NP 的中点 Q 必在这单形的 Spieker 超球面上.

证明　显然,只需证$|SQ| = \frac{r}{2}$就行了.

事实上,因为 Q 是线段 NP 的中点,且点 N 满足式(7.11.1),所以有

$$\overrightarrow{IQ}=\frac{1}{2}(\overrightarrow{IN}+\overrightarrow{IP})=\frac{1}{2}(\sum_{i=0}^{n}\overrightarrow{IP_i}+\overrightarrow{IP})$$

据此,注意到 S 满足式(7.11.2)式,则有

$$\overrightarrow{SQ}=\overrightarrow{IQ}-\overrightarrow{IS}=\frac{1}{2}\overrightarrow{IP}$$

但点 P 在单形 $\sum_{P(n+1)}$ 的内切超球面上,所以有 $|IP|=r$,从而由上式可得 $|SQ|=\frac{r}{2}$,命题得证.

定理 7.11.8　设 P 是单形 $\sum_{P(n+1)}$ 的内切超球面上的任一点,M 是线段 IN 的第一个三等分点(即 $3IM=IN$),连 PM 并延长至 Q,使得 $MQ=\frac{1}{2}PM$,则点 Q 必在这单形的 Spieker 超球面上.

证明　显然,只需证明 $|QS|=\frac{r}{2}$ 就行了.

事实上,依题设有 $3\overrightarrow{IM}=\overrightarrow{IN}=\sum_{i=0}^{n}\overrightarrow{IP_i}$;且 $\overrightarrow{MQ}=\frac{1}{2}\overrightarrow{PM}$,即 $2(\overrightarrow{IQ}-\overrightarrow{IM})=\overrightarrow{IM}-\overrightarrow{IP}$. 由此可得

$$\overrightarrow{IQ}=\frac{1}{2}(3\overrightarrow{IM}-\overrightarrow{IP})=\frac{1}{2}(\sum_{i=0}^{n}\overrightarrow{IP_i}-\overrightarrow{IP})$$

据此,注意到 S 满足式(7.11.2),则有

$$\overrightarrow{QS}=\overrightarrow{IS}-\overrightarrow{IQ}=\frac{1}{2}\overrightarrow{IP}$$

但 $|IP|=r$,所以由上式可得 $|QS|=\frac{r}{2}$. 命题得证.

定理 7.11.9　在单形 $\sum_{P(n+1)}$ 中,诸线段 $P_jN_j(j=0,1,\cdots,n)$ 必相交于同一点,且被这个点平分,这个点正是点 S.

证明 设线段 P_jN_j 的中点为 D_j，那么只需证明点 D_j 与 S 重合就行了. 事实上，因为 D_j 是线段 P_jN_j 的中点，且点 N_j 满足式(7.11.3)，所以有

$$\overrightarrow{ID_j}=\frac{1}{2}(\overrightarrow{IN_j}+\overrightarrow{IP_j})=\frac{1}{2}\sum_{i=0}^{n}\overrightarrow{IP_i}$$

将此式与式(7.11.2)比较，可知点 D_j 与 S 重合 $(j=0,1,\cdots,n)$. 命题得证.

由这个定理显然可得

推论 4 单形 $\sum_{P(n+1)}$ 与单形 $\sum_{N(n+1)}$（其顶点集为 $\{N_0,N_1,\cdots,N_n\}$）关于点 S 对称，它们具有共同的 Spieker 超球面.

定理 7.11.10 在单形 $\sum_{P(n+1)}$ 中，设线段 NP_j 的中点为 E_j，则诸线段 $E_jS_j(j=0,1,\cdots,n)$ 必相交于同一点，且被这个点平分，这个点正是点 S.

证明 设线段 E_jS_j 的中点为 F_j，那么只需证明点 F_j 与 S 重合就行了.

因为 E_j 是线段 NP_j 的中点，且点 N 满足式(7.11.1)，所以有

$$\overrightarrow{IE_j}=\frac{1}{2}(\overrightarrow{IN}+\overrightarrow{IP_j})=\frac{1}{2}(\sum_{i=0}^{n}\overrightarrow{IP_i}+\overrightarrow{IP_j})$$

据此，注意到 F_j 是线段 E_jS_j 的中点，且点 S_j 满足式(7.11.4)，则有

$$\overrightarrow{IF_j}=\frac{1}{2}(\overrightarrow{IE_j}+\overrightarrow{IS_j})=\frac{1}{2}\sum_{j=0}^{n}\overrightarrow{IP_j}$$

将此式与式(7.11.2)比较，可知点 F_j 与 S 重合 $(j=0,1,\cdots,n)$. 命题得证.

由这个定理显然可得：

推论 5 在单形 $\sum_{P(n+1)}$ 中，设线段 NP_j 的中点为 $E_j(j=0,1,\cdots,n)$，则单形 $\sum_{E(n+1)}$ 与单形 $\sum_{S(n+1)}$（它们

的顶点集依次为$\{E_0,E_1,\cdots,E_n\}$和$\{S_0,S_1,\cdots,S_n\}$,下同)关于点S对称.

根据定理 7.11.9 和定理 7.11.10 得,单形$\sum_{P(n+1)}$的 Spieker 球心S是$2(n+1)$条特殊直线的公共点.

定理 7.11.11　在单形$\sum_{P(n+1)}$中,设线段NP_j的中点为$E_j(j=0,1,\cdots,n)$,则单形$\sum_{E(n+1)}$的内切超球面正是单形$\sum_{P(n+1)}$的 Spieker 超球面.

证明　设单形$\sum_{E(n+1)}$的内心为I',内切球面的半径为r',那么只需证明I'与S重合且$r'=\frac{r}{2}$就行了.

事实上,因为E_j是线段NP_j的中点$(j=0,1,\cdots,n)$,可知单形$\sum_{E(n+1)}$与单形$\sum_{P(n+1)}$是位似形,它们的位似中心是点N,位似比为$\lambda=\overline{NE_j}:\overline{NP_j}=1:2$. 于是由位似形的性质可知:

(i)点I'与I是对应点,所以N,I',I三点共线,且$NI':NI=\lambda=1:2$,即I'是线段NI的中点;而由定理 7.11.1知S是IN的中点. 因此,点I'与S重合.

(ii)$r':r=\lambda=1:2$,即$r'=\frac{r}{2}$. 命题得证.

由这个定理及推论 5,容易推得:

定理 7.11.12　在单形$\sum_{P(n+1)}$中,单形$\sum_{S(n+1)}$的内切超球面正是单形$\sum_{P(n+1)}$的 Spieker 超球面.

根据定理 7.11.11 和定理 7.11.12 得,单形$\sum_{P(n+1)}$的 Spieker 超球面与$2(n+1)$个特殊的$n-1$维超平面(即单形$\sum_{E(n+1)}$和单形$\sum_{S(n+1)}$各侧面所在的超平面)相切.

定理 7.11.13　单形$\sum_{P(n+1)}$的内心是单形$\sum_{S(n+1)}$的 Nagel 点.

证明　由定理 7.11.12 知,单形 $\sum_{S(n+1)}$ 的内心是点 S. 因此,要证点 I 是这单形的 Nagel 点,按定义 7.11.1 只需证明等式 $\overrightarrow{SI}=\sum_{j=0}^{n}\overrightarrow{SS_j}$ 成立就行了.

事实上,点 S 和 S_j 分别满足式(7.11.2)和式(7.11.4),所以有

$$\sum_{j=0}^{n}\overrightarrow{SS_j}=\sum_{j=0}^{n}(\overrightarrow{IS_j}-\overrightarrow{IS})=-\frac{1}{2}\sum_{j=0}^{n}\overrightarrow{IP_j}=-\overrightarrow{IS}=\overrightarrow{SI}$$

命题得证.

§7.12　单形的心距公式

7.12.1　向量形式及几何特征

在 $\triangle ABC$ 中,若 G,I,O,I_A,I_B,I_C,H 分别为其重心、内心、外心,依次为 $\angle A,\angle B,\angle C$ 内的旁心,以及垂心,则有

$$\overrightarrow{GA}+\overrightarrow{GB}+\overrightarrow{GC}=\mathbf{0}\qquad(7.12.1)$$

$$BC\cdot\overrightarrow{IA}+CA\cdot\overrightarrow{IB}+AB\cdot\overrightarrow{IC}=\mathbf{0}\qquad(7.12.2)$$

$$\sin 2A\,\overrightarrow{OA}+\sin 2B\,\overrightarrow{OB}+\sin 2C\,\overrightarrow{OC}=\mathbf{0}\qquad(7.12.3)$$

$$-BC\cdot\overrightarrow{I_AA}+CA\cdot\overrightarrow{I_AB}+AB\cdot\overrightarrow{I_AC}=\mathbf{0}\qquad(7.12.4)$$

$$BC\cdot\overrightarrow{I_BA}-CA\cdot\overrightarrow{I_BB}+AB\cdot\overrightarrow{I_BC}=\mathbf{0}\qquad(7.12.5)$$

$$BC\cdot\overrightarrow{I_CA}+CA\cdot\overrightarrow{I_CB}-AB\cdot\overrightarrow{I_CC}=\mathbf{0}\qquad(7.12.6)$$

以及

$$\overrightarrow{OH}=\overrightarrow{OA}+\overrightarrow{OB}+\overrightarrow{OC}\qquad(7.12.7)$$

$$\overrightarrow{OG}=\frac{1}{3}\overrightarrow{OH}=\frac{1}{3}(\overrightarrow{OA}+\overrightarrow{OB}+\overrightarrow{OC}) \quad (7.12.8)$$

$$\vdots$$

以上公式的证明均可参见作者另著《从 Stewart 定理的表示谈起——向量理论漫谈》中的 §2.6，这些公式均可以推广到高维单形中来.

首先，我们注意到：若 M 为 n 维欧氏空间 E^n 中的一点，它关于坐标单形 $\sum_{P(n+1)}=\{P_0,P_1,\cdots,P_n\}$ 的重心规范坐标被定义为

$$M=(\lambda_0,\lambda_1,\cdots,\lambda_n)$$

其中 $\lambda_i=\dfrac{V(\sum_{P_i(n)})}{V(\sum_{P(n+1)})}$，且有 $\lambda_0+\lambda_1+\cdots+\lambda_n=1$.

于是，我们可得到

$$\sum_{i=0}^{n}\lambda_i\overrightarrow{MP_i}=\mathbf{0} \quad (7.12.9)$$

事实上，由重心规范坐标的定义知，对 E^n 中的任一点 Q，有

$$\overrightarrow{QM}=\sum_{i=0}^{n}\lambda_i\overrightarrow{QP_i} \quad (\lambda_0+\lambda_1+\cdots+\lambda_n=1)$$

即有 $$\sum_{i=0}^{n}\lambda\overrightarrow{MP_i}=\sum_{i=0}^{n}\lambda_i(\overrightarrow{QP_i}-\overrightarrow{QM})=\mathbf{0}$$

当然，也可由式(1.3.19)直接得到式(7.12.9).

定理 7.12.1　在 E^n 中，n 维单形 $\sum_{P(n+1)}=\{P_0,P_1,\cdots,P_n\}$ 的顶点 P_i 所对的界(侧)面 f_i 的有向体积记为 $|f_i|$ $(i=0,1,\cdots,n)$，则：

(1) G 为单形 $\sum_{P(n+1)}$ 的重心的充要条件是

$$\sum_{i=0}^{n}\overrightarrow{GP_i}=\mathbf{0} \quad (7.12.10)$$

(2) I 为单形 $\sum_{P(n+1)}$ 的内心的充要条件是

$$\sum_{i=0}^{n}|f_i|\overrightarrow{IP_i}=\mathbf{0} \quad (7.12.11)$$

(3) O 为单形 $\Sigma_{P(n+1)}$ 的外心的充要条件是

$$\sum_{i=0}^{n} D_{0i} \overrightarrow{OP_i} = \mathbf{0} \qquad (7.12.12)$$

其中 $D_{0i}(i=0,1,\cdots,n)$ 是 $n+2$ 阶 C-M 行列式 D 的第 i 列元素的代数余子式.

(4) $I^{(k)}$ 为单形 $\Sigma_{P(n+1)}$ 的顶点 P_k 所对界(侧)外的旁心($k=0,1,\cdots,n$)的充要条件是

$$\sum_{i=0}^{n} S(i)|f_i|\overrightarrow{I^{(k)}P_i}| = \mathbf{0} \qquad (7.12.13)$$

其中 $k=0,1,\cdots,n$, $S(i)=\begin{cases}1, 当\ i\neq k\ 时\\ -1, 当\ i=k\ 时\end{cases}$.

证明　由式(7.12.9),分别取 M 为 G,I,O,I_k 并分别应用式(6.1.25),式(6.1.26),式(6.1.28),式(6.1.27)即证.

定理 7.12.2　在 E^n 中,设 $G,I,O,I_k(k=0,1,\cdots,n)$ 分别为 n 维单形 $\Sigma_{P(n+1)}=\{P_0,P_1,\cdots,P_n\}$ 的重心、内心、外心,顶点 P_k 所对界(侧)面 $f_k(k=0,1,\cdots,n)$ 外的旁心,$|f_k|$ 为 f_k 的 $n-1$ 维有向体积,则[186]:

$$(1)\quad \overrightarrow{IG}=\frac{1}{\sum_{i=0}^{n}|f_i|}\sum_{\substack{j=0\\ j\neq k}}^{n}(|f_k|-|f_j|)\cdot\overrightarrow{GP_j} \qquad (7.12.14)$$

其中 $k=0,1,\cdots,n$.

$$(2)\quad \overrightarrow{I^{(k)}G}=\frac{-1}{\sum_{i=0}^{n}s(i)|f_i|}\sum_{\substack{j=0\\ j\neq k}}^{n}(|f_k|+|f_j|)\cdot\overrightarrow{GP_j} \qquad (7.12.15)$$

其中 $k=0,1,\cdots,n$.

$$(3)\quad \overrightarrow{OG}=\frac{1}{\sum_{i=0}^{n}D_{0i}}\sum_{\substack{j=0\\ j\neq k}}^{n}(D_{0k}-D_{0j})\cdot\overrightarrow{GP_j} \qquad (7.12.16)$$

其中 $k=0,1,\cdots,n$.

$$(4)\ \overrightarrow{IO}=\sum_{\substack{j=0\\j\neq k}}^{n}\left(\frac{|f_k|-|f_j|}{\sum\limits_{i=0}^{n}|f_i|}-\frac{D_{0k}-D_{0j}}{\sum\limits_{i=0}^{n}D_{0i}}\right)\cdot\overrightarrow{GP_j}\tag{7.12.17}$$

其中 $k=0,1,\cdots,n$.

$$(5)\quad \overrightarrow{II^{(k)}}=\sum_{\substack{j=0\\j\neq k}}^{n}\left(\frac{|f_k|-|f_j|}{\sum\limits_{i=0}^{n}|f_i|}+\frac{|f_k|+|f_j|}{\sum\limits_{i=0}^{n}s(i)\,|f_i|}\right)\cdot\overrightarrow{GP_j}\tag{7.12.18}$$

其中 $k=0,1,\cdots,n$.

证明 (1)由式(7.2.11)得

$$\sum_{i=0}^{n}|f_i|(\overrightarrow{IG}+\overrightarrow{GP_i})=\mathbf{0},即\sum_{i=0}^{n}|f_i|\overrightarrow{IG}+\sum_{i=0}^{n}|f_i|\overrightarrow{GP_i}=\mathbf{0}$$

或

$$\left(\sum_{i=0}^{n}|f_i|\right)\overrightarrow{IG}+\sum_{\substack{j=0\\j\neq k}}^{n}|f_j|\overrightarrow{GP_j}+|f_k|\overrightarrow{GP_k}=\mathbf{0}$$

由式(7.12.10),有

$$\overrightarrow{GP_k}=-\sum_{\substack{j=0\\j\neq k}}^{n}\overrightarrow{GP_j}\tag{$*$}$$

于是

$$\overrightarrow{IG}=\frac{1}{\sum\limits_{i=0}^{n}|f_i|}\sum_{\substack{j=0\\j\neq k}}^{n}(|f_k|-|f_j|)\overrightarrow{GP_j}\quad(k=0,1,\cdots,n)$$

(2)由式(7.12.13),有 $\sum\limits_{i=0}^{n}S(i)\,|f_i|(\overrightarrow{I^{(k)}G}+\overrightarrow{GP_i})=\mathbf{0}$,即

$$\left(\sum_{i=0}^{n}S(i)\,|f_i|\right)\overrightarrow{I^{(k)}G}+\sum_{\substack{j=0\\j\neq k}}^{n}S(j)\,|f_j|\overrightarrow{GP_j}+S(k)\,|f_k|\overrightarrow{GP_k}=\mathbf{0}$$

$$(k=0,1,\cdots,n)$$

注意到 $s(i)$ 的意义,即得

$$\left(\sum_{i=0}^{n}S(i)\,|f_i|\right)\overrightarrow{I^{(k)}G}+\sum_{\substack{j=0\\j\neq k}}^{n}|f_j|\overrightarrow{GP_j}-|f_k|\overrightarrow{GP_k}=\mathbf{0}$$

再将式（ * ）代入，即得

$$\left(\sum_{i=0}^{n}S(i)\,|f_i|\right)\overrightarrow{I^{(k)}G}+\sum_{\substack{j=0\\j\neq k}}^{n}|f_j|\overrightarrow{GP_j}+\sum_{\substack{j=0\\j\neq k}}^{n}|f_k|\overrightarrow{GP_j}=\mathbf{0}$$

亦即

$$\overrightarrow{I^{(k)}G}=\frac{-1}{\sum\limits_{i=0}^{n}S(i)\,|f_i|}\sum_{\substack{j=0\\j\neq k}}^{n}(|f_k|+|f_j|)\overrightarrow{GP_j}\quad(k=0,1,\cdots,n)$$

（3）由式（7.12.12），有 $\sum\limits_{i=0}^{n}D_{0i}\overrightarrow{OP_i}=\mathbf{0}$，从而

$$\begin{aligned}\sum_{i=0}^{n}D_{0i}\overrightarrow{OP_i}&=\left(\sum_{i=0}^{n}D_{0i}\right)\overrightarrow{OG}+\sum_{i=0}^{n}D_{0i}\overrightarrow{GP_i}\\&=\left(\sum_{i=0}^{n}D_{0i}\right)\overrightarrow{OG}+\sum_{\substack{j=0\\j\neq k}}^{n}D_{0j}\overrightarrow{GP_j}+D_{0k}\overrightarrow{GP_k}\\&=\left(\sum_{i=0}^{n}D_{0i}\right)\overrightarrow{OG}+\sum_{\substack{j=0\\j\neq k}}^{n}D_{0j}\overrightarrow{GP_j}-\sum_{\substack{j=0\\j\neq k}}^{n}D_{0k}\overrightarrow{GP_j}\\&=\left(\sum_{i=0}^{n}D_{0i}\right)\overrightarrow{OG}+\sum_{\substack{j=0\\j\neq k}}^{n}(D_{0j}-D_{0k})\overrightarrow{GP_j}\end{aligned}$$

故 $$\overrightarrow{OG}=\frac{1}{\sum\limits_{i=0}^{n}D_{0i}}\sum_{\substack{j=0\\j\neq k}}^{n}(D_{0k}-D_{0j})\overrightarrow{GP_j}\quad(k=0,1,\cdots,n)$$

（4）由式（7.4.1）与式（7.19.16）得

$$\begin{aligned}\overrightarrow{IO}&=\overrightarrow{IG}+\overrightarrow{GO}\\&=\frac{1}{\sum\limits_{i=0}^{n}|f_i|}\sum_{\substack{j=0\\j\neq k}}^{n}(|f_k|-|f_j|)\overrightarrow{GP_j}-\frac{1}{\sum\limits_{i=0}^{n}D_{0i}}\sum_{\substack{j=0\\j\neq k}}^{n}(D_{0k}-D_{0j})\overrightarrow{GP_j}\\&=\sum_{\substack{j=0\\j\neq k}}^{n}\left(\frac{|f_k|-|f_j|}{\sum\limits_{i=0}^{n}|f_i|}-\frac{D_{0k}-D_{0j}}{\sum\limits_{i=0}^{n}D_{0i}}\right)\overrightarrow{GP_j}\quad(k=0,1,\cdots,n)\end{aligned}$$

（5）由式（7.12.14）与式（7.12.15），得

$$\overrightarrow{II^{(k)}}=\overrightarrow{IG}+\overrightarrow{GI^{(k)}}$$

$$=\frac{1}{\sum_{i=0}^{n}|f_i|}\sum_{\substack{j=0\\j\neq k}}^{n}(|f_k|-|f_j|)\overrightarrow{GP_j}+$$

$$\frac{1}{\sum_{i=0}^{n}S(i)|f_i|}\sum_{\substack{j=0\\j\neq k}}^{n}(|f_k|+|f_j|)\overrightarrow{GP_j}$$

$$=\sum_{\substack{j=0\\j\neq k}}^{n}\left(\frac{|f_k|-|f_j|}{\sum_{i=0}^{n}|f_i|}+\frac{|f_k|+|f_j|}{\sum_{i=0}^{n}S(i)|f_i|}\right)\overrightarrow{GP_j}\quad(k=0,1,\cdots,n)$$

由定理 7.12.2 可得如下推论:

推论 设 $\sum_{P(n+1)}=\{P_0,P_1,\cdots,P_n\}$ 是 E^n 中的 n 维单形,则:

(1) $\sum_{P(n+1)}$ 的内心 I 与重心 G 重合的充要条件是

$$|f_0|=|f_1|=\cdots=|f_n| \qquad (7.12.19)$$

(2) $\sum_{P(n+1)}$ 的外心 O 与重心 G 重合的充要条件是

$$D_{00}=D_{01}=\cdots=D_{0n} \qquad (7.12.20)$$

(3) $\sum_{P(n+1)}$ 的外心 O 与内心 I 重合的充要条件是

$$\frac{|f_k|-|f_j|}{D_{0k}-D_{0j}}=\frac{\sum_{i=0}^{n}|f_i|}{\sum_{i=0}^{n}D_{0i}}$$

$$(j=0,1,\cdots,k-1,k+1,\cdots,n,k=0,1,\cdots,n) \qquad (7.12.21)$$

下面讨论心距向量形式的几何特征.

定理 7.12.3 在 E^n 中,n 维单形 $\sum_{P(n+1)}=\{P_0,P_1,\cdots,P_n\}$ 的顶点 P_k 所对的界(侧)面为 f_k,D_{0i} 是单形 $\sum_{P(n+1)}$ 的 $n+2$ 阶 C-M 行列式第 i 列元素的代数余子式,G,I,O 分别是 $\sum_{P(n+1)}$ 的重心、内心、外心,则:

(1) $\overrightarrow{IG}$ 与 f_k 平行的充要条件是

$$(n+1)|f_k|=\sum_{i=0}^{n}|f_i|\quad(k=0,1,\cdots,n) \qquad (7.12.22)$$

(2)$\overrightarrow{OG}$与f_k平行的充要条件是

$$(n+1)D_{0k}=\sum_{i=0}^{n}D_{0i}\quad(k=0,1,\cdots,n)\quad(7.12.23)$$

证明　仅证式(7.12.22),式(7.12.23)类似可证.

在E^n中,以单形$\sum_{P(n+1)}$的重心G为起点,以向量$\overrightarrow{GP_0},\overrightarrow{GP_1},\cdots,\overrightarrow{GP_n}$的单位向量$\boldsymbol{e}_0,\boldsymbol{e}_1,\cdots,\boldsymbol{e}_n$为一组基,记$\boldsymbol{P}_j=\overrightarrow{GP_j}$.由式(7.12.14),在这组基下

$$\overrightarrow{IG}=\frac{1}{\sum\limits_{i=0}^{n}|f_i|}\sum_{\substack{j=0\\j\neq k}}^{n}(|f_k|-|f_j|)|\boldsymbol{p}_j|\boldsymbol{e}_j\quad(k=0,1,\cdots,n)$$

即向量$\overrightarrow{IG}$在基$\boldsymbol{e}_0,\boldsymbol{e}_1,\cdots,\boldsymbol{e}_{k-1},\boldsymbol{e}_{k+1},\cdots,\boldsymbol{e}_n$下的坐标为

$$\overrightarrow{IG}=(\frac{|f_k|-|f_0|}{\sum\limits_{i=0}^{n}|f_i|}|\boldsymbol{p}_0|,\cdots,\frac{|f_k|-|f_{k-1}|}{\sum\limits_{i=0}^{n}|f_i|}|\boldsymbol{p}_{k-1}|,$$
$$\frac{|f_k|-|f_{k+1}|}{\sum\limits_{i=1}^{n}|f_i|}|\boldsymbol{p}_{k+1}|,\cdots,(\frac{|f_k|-|f_n|}{\sum\limits_{i=1}^{n}|f_i|}|\boldsymbol{p}_n|)$$

设单形$\sum_{P(n+1)}$的顶点P_k所对的界(侧)面f_k所在的$n-1$维超平面为π_k,X为π_k上任意一点,记$\boldsymbol{x}=\overrightarrow{GX}$,则超平面$\pi_k$的方程为

$$(\boldsymbol{p}_1-\boldsymbol{p}_0)\wedge\cdots\wedge(\boldsymbol{p}_{k-1}-\boldsymbol{p}_0)\wedge(\boldsymbol{p}_{k+1}-\boldsymbol{p}_0)\wedge\cdots\wedge$$
$$(\boldsymbol{p}_n-\boldsymbol{p}_0)\wedge(\boldsymbol{x}-\boldsymbol{p}_0)=0\quad(7.12.24)$$

其中$\boldsymbol{p}_1-\boldsymbol{p}_0,\cdots,\boldsymbol{p}_{k-1}-\boldsymbol{p}_0,\boldsymbol{p}_{k+1}-\boldsymbol{p}_0,\cdots,\boldsymbol{p}_n-\boldsymbol{p}_0$为$\pi_k$的方位向量.

又向量$\boldsymbol{p}_i$在其$\boldsymbol{e}_0,\boldsymbol{e}_1,\cdots,\boldsymbol{e}_{k-1},\boldsymbol{e}_{k+1},\cdots,\boldsymbol{e}_n$下的坐标为

$$\boldsymbol{p}_i=(0,0,\cdots,0,|\boldsymbol{p}_i|,0,\cdots,0)$$
$$(i=0,1,\cdots,k-1,k+1,\cdots,n)$$

注意到,向量$\overrightarrow{IG}$与 $n-1$ 维界(侧)面 f_k 平行的充要条件为向量$\overrightarrow{IG}$与 $n-1$ 维超平面 π_k 共面,即 n 阶行列式

$$\begin{vmatrix} \frac{|f_k|-|f_0|}{\sum\limits_{i=0}^{n}|f_i|}|p_0| & \frac{|f_k|-|f_1|}{\sum\limits_{i=0}^{n}|f_i|}|p_1| & \cdots & \frac{|f_k|-|f_{k-1}|}{\sum\limits_{i=0}^{n}|f_i|}|p_{k-1}| & \frac{|f_k|-|f_{k+1}|}{\sum\limits_{i=0}^{n}|f_i|}|p_{k+1}| & \cdots & \frac{|f_k|-|f_n|}{\sum\limits_{i=0}^{n}|f_i|}|p_n| \\ -|p_0| & |p_1| & \cdots & 0 & 0 & \cdots & 0 \\ -|p_0| & 0 & \cdots & 0 & 0 & \cdots & 0 \\ \vdots & \vdots & & \vdots & \vdots & & \vdots \\ -|p_0| & 0 & \cdots & \cdots & 0 & \cdots & |p_n| \end{vmatrix}=0$$

或

$$\frac{\sum\limits_{\substack{j=0\\ j\neq k}}^{n}|p_j|}{\sum\limits_{i=0}^{n}|f_i|}\cdot\begin{vmatrix} |f_k|-|f_0| & |f_k|-|f_1| & \cdots & |f_k|-|f_{k-1}| & |f_k|-|f_{k+1}| & \cdots & |f_k|-|f_n| \\ -1 & 1 & \cdots & 0 & 0 & \cdots & 0 \\ -1 & 0 & \cdots & 0 & 0 & \cdots & 0 \\ \vdots & \vdots & & \vdots & \vdots & & \vdots \\ -1 & 0 & \cdots & 0 & 0 & \cdots & 1 \end{vmatrix}=0$$

亦即

$$\begin{vmatrix} |f_k|-|f_0| & |f_k|-|f_1| & \cdots & |f_k|-|f_{k-1}| & |f_k|-|f_{k+1}| & \cdots & |f_k|-|f_n| \\ -1 & 1 & \cdots & 0 & 0 & \cdots & 0 \\ -1 & 0 & \cdots & 0 & 0 & \cdots & 0 \\ \vdots & \vdots & & \vdots & \vdots & & \vdots \\ -1 & 0 & \cdots & 0 & 0 & \cdots & 1 \end{vmatrix}=0$$

对上述行列式,分别将第 $2,3,\cdots,n$ 列加到第 1 列后,再按第 1 列展开即得

$$\left((n+1)|f_k|-\sum_{i=0}^{n}|f_i|\right)|E_{n-1}|=0$$

其中 E_{n-1} 为 $n-1$ 阶单位矩阵(即主对角线上元素为 1,其余全为 0 的矩阵). $|E_{n-1}|=1$.

定理 7.12.4　在 E^n 中,n 维单形 $\sum_{P(n+1)}=\{P_0,P_1,\cdots,P_n\}$ 顶点 P_k 所对的界(侧)面 f_k 的 $n-1$ 维有向体积为 $|f_k|$,设 G,I_k 分别为单形 $\sum_{P(n+1)}$ 的重心和界(侧)面 f_k 外侧的旁心. 设 $\boldsymbol{p}_k=\overrightarrow{GP_k}(k=0,1,\cdots,n)$,则 $\overrightarrow{I^{(k)}G}$ 与 f_k 正交的充分必要条件是

$$\begin{aligned}&(|f_0|+|f_k|)|\boldsymbol{p}_2|^2\\=&(|f_1|+|f_k|)|\boldsymbol{p}_1|^2=\cdots\\=&(|f_{k-1}|+|f_k|)|\boldsymbol{p}_{k-1}|^2\\=&(|f_{k+1}|+|f_k|)|\boldsymbol{p}_{k+1}|^2=\cdots\\=&(|f_n|+|f_k|)|\boldsymbol{p}_n|^2\end{aligned}\tag{7.12.25}$$

其中 $k=0,1,\cdots,n$.

证明　由式(7.12.15)知

$$\overrightarrow{I^{(k)}G}=\frac{-1}{\sum\limits_{i=0}^{n}S(i)|f_i|}\sum_{\substack{j=0\\j\neq k}}^{n}(|f_k|+|f_j|)\overrightarrow{GP_j}\quad(k=0,1,\cdots,n)$$

从而

$$\overrightarrow{I^{(k)}G}=\frac{-1}{\sum\limits_{i=0}^{n}S(i)|f_i|}\sum_{\substack{j=0\\j\neq k}}^{n}(|f_k|+|f_j|)|\boldsymbol{p}_j|\boldsymbol{e}_j\tag{7.12.26}$$

其中 $\boldsymbol{e}_j$ 为 $\overrightarrow{GP_j}$ 的单位向量,$k=0,1,\cdots,n$.

注意到顶点 P_k 所对的 $n-1$ 维界(侧)面所在的超平面 $\boldsymbol{\pi}_k$ 的方程由式(7.12.24)给出,故由 k 重向量的性质 2.2.5 及式(7.12.24),式(7.12.26),便知 $\overrightarrow{I^{(k)}G}$ 与界面 f_k 正交的充要条件是

$$\overrightarrow{I^{(k)}G}\cdot(\boldsymbol{p}_i-\boldsymbol{p}_0)=0\quad(i=0,1,\cdots,k-1,k+1,\cdots,n)$$

由此,易得到式(7.12.25).

类似地,还可证得如下结论:

定理 7.12.5　在 E^n 中，n 维单形 $\sum_{P(n+1)}=\{P_0,P_1,\cdots,P_n\}$ 的顶点 P_k 所对的界（侧）面 f_k 的 $n-1$ 维有向体积为 $|f_k|$，设 I,O,G 分别为单形 $\sum_{P(n+1)}$ 的内心、外心、重心，设 $\boldsymbol{p}_k=\overrightarrow{GP_k}(k=0,1,\cdots,n)$，则：

（1）$\overrightarrow{IG}$ 与 f_k 正交的充要条件是

$$\begin{aligned}&(|f_0|-|f_k|)|\boldsymbol{p}_0|^2=(|f_1|-|f_k|)|\boldsymbol{p}_1|^2=\cdots\\&=(|f_{k-1}|-|f_k|)|\boldsymbol{p}_{k-1}|^2\\&=(|f_{k+1}|-|f_k|)|\boldsymbol{p}_{k+1}|^2=\cdots\\&=(|f_n|-|f_k|)|\boldsymbol{p}_n|^2\quad(k=0,1,\cdots,n)\end{aligned}\tag{7.12.27}$$

（2）$\overrightarrow{OG}$ 与 f_k 正交的充要条件是

$$\begin{aligned}&(D_{0k}-D_{00})|\boldsymbol{p}_0|^2=(D_{0k}-D_{01})|\boldsymbol{p}_1|^2=\cdots\\&=(D_{0k}-D_{0k-1})|\boldsymbol{p}_{k-1}|^2=(D_{0k}-D_{0k+1})|\boldsymbol{p}_{k+1}|^2=\cdots\\&=(D_{0k}-D_{0n})|\boldsymbol{p}_n|^2(k=0,1,\cdots,n)\end{aligned}\tag{7.12.28}$$

7.12.2　线段形式

关于单形的外接超球球心、内切超球球心、傍切超球球心以及重心之间的距离（平方）有下述命题.

定理 7.12.6　设 R_n,r_n 分别为 E^n 中 n 维单形 $\sum_{P(n+1)}=\{P_0,P_1,\cdots,P_n\}$ 的外接超球、内切超球半径，$r_n^{(k)}$ 表示顶点 $P_k(k=0,1,\cdots,n)$ 所对应的侧面上的傍切超球半径. $G,O,I,I^{(k)}$ 分别为单形 $\sum_{P(n+1)}$ 的重心、外接超球球心、内切超球球心、顶点 P_k 所对应的傍切超球球心，ρ_{ij} 为单形 $\sum_{P(n+1)}$ 的棱长，$V(\sum_{P(n+1)})$，$|f_i|$ 分别为单形 $\sum_{P(n+1)}$ 的 n 维体积及顶点 P_k 所对应侧面 f_k 的 $n-1$ 维体积，则[129]：

（1）
$$|OI|^2=R_n^2-\frac{r_n^2}{n^2V^2(\sum_{P(n+1)})}\cdot\sum_{0\leq i<j\leq n}\rho_{ij}^2\cdot|f_i|\cdot|f_j|\tag{7.12.29}$$

(2) $$|OI^{(k)}|^2 = R_n^2 - \frac{(r_n^{(k)})^2}{n^2 V^2(\sum_{P(n+1)})} \cdot \sum_{0\leqslant i<j\leqslant n} s(i) \cdot s(j) \cdot \rho_{ij}^2 \cdot |f_i| \cdot |f_j| \qquad (7.12.30)$$

这里当 $i=k$ 时,$s(i)=-1$;当 $i\neq k$ 时,$s(i)=1$.

(3) $$|OG|^2 = R_n^2 - \frac{1}{(n+1)^2}\sum_{0\leqslant i<j\leqslant n}\rho_{ij}^2 \qquad (7.12.31)$$

(4) $$|IG| = \frac{\sum\limits_{0\leqslant i<j\leqslant n}\left[\sum\limits_{k=0}^{n}|f_k|-(n+1)|f_i|\right]\left[-\sum\limits_{k=0}^{n}|f_k|+(n+1)|f_j|\right]\rho_{ij}^2}{(n+1)^2(\sum\limits_{k=0}^{n}|f_k|)^2}$$

(7.12.32)

证明　首先设单形 $\sum_{P(n+1)}$ 的外接超球球心 O 为 E^n 中笛卡儿直角坐标系的原点.

(1)(7.12.29)即为式(6.1.31).在那里作为推论给出,下面直接证明:设单形 $\sum_{P(n+1)}$ 的诸顶点的直角坐标为$(x_{i1},x_{i2},\cdots,x_{in})(i=0,1,\cdots,n)$,则

$$|OP_0|^2=\cdots=|OP_n|^2=R_n^2$$

即

$$R_n^2=\sum_{l=1}^{n}x_{il}^2 \quad (i=0,1,\cdots,n) \qquad (*)$$

而$|P_iP_j|^2=\rho_{ij}^2=\sum\limits_{l=1}^{n}(x_{il}-x_{jl})^2$.将式(6.1.26)代入式(6.1.6),得

$$R_n^2-|OI|^2 = R_n^2-\sum_{l=1}^{n}\left[\frac{\sum\limits_{i=0}^{n}|f_i|\cdot x_{il}}{\sum\limits_{i=0}^{n}|f_i|}\right]^2$$

$$=\frac{R_n^2(\sum\limits_{i=0}^{n}|f_i|)^2-\sum\limits_{l=1}^{n}(\sum\limits_{i=0}^{n}|f_i|x_{il})^2}{(\sum\limits_{i=0}^{n}|f_i|)^2}$$

又
$$2R_n^2-2\sum_{l=1}^{n}x_{il}x_{jl}=\rho_{ij}^2 \qquad (**)$$

故

$$
\begin{aligned}
&R_n^2-|OI|^2\\
&=\frac{-\sum_{i=0}^{n}\left(\sum_{l=1}^{n}x_{il}^2-R_n^2\right)|f_i|^2+\sum_{0\leqslant i<j\leqslant n}|f_i||f_j|\left(2R_n-2\sum_{l=1}^{n}x_{il}x_{jl}\right)}{\left(\sum_{i=0}^{n}|f_i|\right)^2}\\
&=\frac{\sum_{0\leqslant i<j\leqslant n}|f_i||f_j|\rho_{ij}^2}{\left(\sum_{i=0}^{n}|f_i|\right)^2}
\end{aligned}
$$

再由式(7.4.7),即证得式(7.12.29).

(2)同(1),可证得式(7.12.30)(略).

(3)式(7.12.31)即为式(7.5.11),现也给出直接证明:设 G 的直角坐标为$(y_1,\cdots,y_n)$,则 $y_l=\sum_{i=0}^{n}\frac{x_{il}}{n+1}$ $(l=1,2,\cdots,n)$. 则

$$
|OG|^2=\sum_{l=1}^{n}y_l^2=\sum_{l=1}^{n}\left(\sum_{i=0}^{n}\frac{\lambda_{il}}{n+1}\right)^2=\frac{\sum_{i=0}^{n}\sum_{l=1}^{n}x_{il}^2+2\sum_{0\leqslant i<j\leqslant n}\sum_{l=1}^{n}x_{il}x_{jl}}{(n+1)^2}
$$

利用式(*)和(* *),得

$$
\begin{aligned}
(n+1)^2|OG|^2&=\sum_{i=0}^{n}R_n^2+\sum_{0\leqslant i<j\leqslant n}(2R_n^2-\rho_{ij}^2)\\
&=(n+1)^2R_n^2-\sum_{0\leqslant i<j\leqslant n}\rho_{ij}^2
\end{aligned}
$$

上式两边同除以$(n+1)^2$,即证得式(7.12.31).

(4)由 $y_l=\sum_{i=0}^{n}\frac{x_{il}}{n+1}$ $(l=1,2,\cdots,n)$ 及式(6.1.26)代入式(6.1.6),得

$$
|IG|^2=\sum_{l=1}^{n}\left[\frac{\sum_{i=0}^{n}|f_i|x_{il}}{\sum_{i=0}^{n}|f_i|}-\frac{\sum_{i=0}^{n}x_{il}}{n+1}\right]^2
$$

$$=\sum_{l=1}^{n}\left[\frac{\sum_{i=0}^{n}[(n+1)|f_i|-\sum_{k=0}^{n}|f_k|]x_{il}}{(n+1)\sum_{k=0}^{n}|f_i|}\right]^2$$

从而

$$(n+1)^2(\sum_{k=0}^{n}|f_k|)^2\cdot|IG|^2$$

$$=\sum_{i=0}^{n}[(n+1)|f_i|-\sum_{k=0}^{n}|f_k|]^2\sum_{l=1}^{n}x_{il}^2+\sum_{0\leqslant i<j\leqslant n}[(n+1)|f_i|-\sum_{k=0}^{n}|f_k|][(n+1)|f_j|-\sum_{k=0}^{n}|f_k|](2R_n^2-\rho_{ij}^2)$$

由式(＊)和(＊＊)得

$$(n+1)^2(\sum_{k=0}^{n}|f_k|)^2\cdot|IG|^2$$

$$=R_n^2\sum_{i=0}^{n}[(n+1)|f_i|-\sum_{k=0}^{n}|f_k|]^2+\sum_{0\leqslant i<j\leqslant n}[(n+1)|f_i|-\sum_{k=0}^{n}|f_k|][(n+1)|f_i|-\sum_{k=0}^{n}|f_k|](2R_n^2-\rho_{ij}^2)$$

$$=R_n^2\sum_{i=0}^{n}[(n+1)|f_i|-\sum_{k=0}^{n}|f_k|]^2-\sum_{0\leqslant i<j\leqslant n}[(n+1)|f_i|-\sum_{k=0}^{n}|f_k|][(n+1)|f_j|-\sum_{k=0}^{n}|f_k|]\rho_{ij}^2$$

由上式两端同除以$[(n+1)\sum_{k=0}^{n}|f_k|]^2$，得式(7.12.32).证毕.

如果我们注意到式(5.2.6)，记

$$D(\sum_P)=D(P_0,\cdots,P_n)=\begin{vmatrix}0&\rho_{01}^2&\cdots&\rho_{0n}^2\\\rho_{10}^2&0&\cdots&\rho_{1n}^2\\\vdots&\vdots&&\vdots\\\rho_{n0}^2&\rho_{n1}^2&\cdots&0\end{vmatrix}_{(n+1)\times(n+1)}$$

再注意到 $V^2(\sum_{P(n+1)})\cdot R_n^2=\frac{(-1)^n}{2^{n+1}(n!)^2}D(\sum_P)$，则(7.12.29)与(7.12.30)可分别写为

$$|OI|^2=R_n^2-2^{\frac{n+1}{2}}(n-1)!\cdot R_n\cdot r_n\cdot\frac{\sum\limits_{0\leqslant i<j\leqslant n}|f_i|\cdot|f_j|\cdot\rho_{ij}^2}{[(-1)^nD(\sum_P)]^{\frac{1}{2}}\cdot\sum\limits_{i=0}^{n}|f_i|}\tag{7.12.33}$$

$$|OI^{(k)}|^2=R_n^2-2^{\frac{n+1}{2}}(n-1)!\cdot R_n\cdot r_n^{(k)}\cdot\frac{\sum\limits_{0\leqslant i<j\leqslant n}s(i)\cdot s(j)|f_i|\cdot|f_j|\cdot\rho_{ij}^2}{[(-1)^nD(\sum_P)]^{\frac{1}{2}}\cdot\sum\limits_{i=0}^{n}|f_i|\cdot s(i)}\tag{7.12.34}$$

下面,我们讨论定理 7.12.6. 当 $n=2$ 时的情形,即讨论三角形中的心距公式.

当 $n=2$ 时,$\triangle P_0P_1P_2$ 的三边为 $\rho_{01}=a,\rho_{02}=b,\rho_{12}=c$,则 $|f_0|=c,|f_1|=b,|f_2|=a$. 又

$$D(\sum_P)=(-1)^2\begin{vmatrix}0&a^2&b^2\\a^2&0&c^2\\b^2&c^2&0\end{vmatrix}=2a^2b^2c^2$$

故:

(1) $$|OI|^2=R_2^2-2^{\frac{3}{2}}\cdot R_2r_2\frac{abc(a+b+c)}{\sqrt{2}abc(a+b+c)}=R_2^2-2R_2r_2\tag{7.12.35}$$

(2) $$|OI^{(0)}|^2=R_2^2-2^{\frac{3}{2}}\cdot R_2r_2^{(0)}\frac{(-a^2bc-ab^2c+abc^2)}{\sqrt{2}abc(a+b+c)}=R_2^2-2R_2r_2^{(0)}$$

同理

$$|OI^{(1)}|^2=R_2^2-2R_2r_2^{(1)},|OI^{(2)}|^2=R_2^2-2R_2r_2^{(2)}\tag{7.12.36}$$

(3) $$|OG|^2=R_n^2-\frac{1}{9}(a^2+b^2+c^2)\tag{7.12.37}$$

(4) $|IG|^2=\dfrac{3abc(a+b+c)-2a^3(b+c)-2b^2(a+c)-2c^3(a+b)}{9(a+b+c)^2}$

(7.12.38)

§7.13　九点圆定理的高维推广

如果将式(7.12.7),(7.12.8)推广,情况会怎样?为此,我们有如下定义:

定义 7.13.1　在 E^n 中,设 n 维单形 $\sum_{P(n+1)}=\{P_0,P_1,\cdots,P_n\}$ 的外心为 O,若点 Q_k 满足

$$\overrightarrow{OQ_k}=\frac{1}{k}\sum_{i=0}^{n}\overrightarrow{OP_i} \qquad (7.13.1)$$

则点 Q_k 称为单形 $\sum_{P(n+1)}$ 关于外心 O 的 k 号心,简称为单形 $\sum_{P(n+1)}$ 的 k 号心.

显然,当 $n=2$ 时,2 维单形(即三角形)的 1 号心 Q_1,3 号心 Q_3 就是三角形的垂心 H 和重心 G. 由此可知,n 维单形的 k 号心,当 $k=1$ 和 $k=n+1$ 时,即 Q_1,Q_{n+1} 为单形的垂心和重心. 由此即知 n 维单形的 k 号心概念是它的垂心和重心概念的统一推广.

定义 7.13.2　在 E^n 中,设 n 维单形 $\sum_{P(n+1)}=\{P_0,P_1,\cdots,P_n\}$ 的外接超球面为 $S^{n-1}(O,R_n)$,那么,以单形 $\sum_{P(n+1)}$ 的 k 号心 Q_k 为球心,$\dfrac{R_n}{k}$ 为半径的 $n-1$ 维超球面,称为单形 $\sum_{P(n+1)}$ 的 k 号超球面.[185][230]

关于单形 $\sum_{P(n+1)}$ 的 k 号心,k 号超球面有下面的结论:

定理 7.13.1　在 E^n 中,设点 Q_k 是给定的 n 维单形 $\sum_{P(n+1)}=\{P_0,P_1,\cdots,P_n\}$ 的 k 号心,M 是单形

$\sum_{P(n+1)}$的外接超球面 $S^{n-1}(0,R_n)$上任一点，在线段 Q_kM 上取一点 Q，使 $Q_kQ=\frac{1}{k}QM$，则点 Q 的轨迹是单形$\sum_{P(n+1)}$的 $k+1$ 号超球面.

证明　完备性：即假定点 Q 满足题设条件，证明点 Q 在单形$\sum_{P(n+1)}$的 $k+1$ 号超球面上.

设单形 $\sum_{P(n+1)}$ 的 $k+1$ 号心为 N，根据定义 7.13.2，只需证明等式 $NQ=\frac{R_n}{k+1}$成立就行了.

依题设，Q 是线段 Q_kM 上的点，且 $Q_kQ=\frac{1}{k}QM$，所以有 $k\overrightarrow{Q_kQ}=\overrightarrow{QM}$，即$k(\overrightarrow{OQ}-\overrightarrow{OQ_k})=\overrightarrow{OM}-\overrightarrow{OQ}$.

又点 Q_k 是单形$\sum_{P(n+1)}$的 k 号心，所以点 Q_k 满足式(7.13.1)，将其代入，经整理得

$$\overrightarrow{OQ}=\frac{1}{k+1}\left(\sum_{i=0}^{n}\overrightarrow{OP_i}+\overrightarrow{OM}\right)\qquad(7.13.2)$$

注意到，N 是单形 $\sum_{P(n+1)}$ 的 $k+1$ 号心，由定义 7.13.1，有

$$\overrightarrow{ON}=\frac{1}{k+1}\sum_{i=0}^{n}\overrightarrow{OP_i}\qquad(7.13.3)$$

由式(7.13.2)和式(7.13.3)得

$$\overrightarrow{NQ}=\overrightarrow{OQ}-\overrightarrow{ON}=\frac{1}{k+1}\overrightarrow{OM}$$

由于点 M 在超球面 $S^{n-1}(0,R_n)$上，所以$|OM|=R_n$，从而由上式可得$|NQ|=\frac{R_n}{k+1}$，这就表明点 Q 在单形$\sum_{P(n+1)}$的 $k+1$ 号超球面上.

纯粹性：即假定点 Q 是单形$\sum_{P(n+1)}$的 $k+1$ 号超球面上任一点，证明点 Q 满足题设条件.

应用同一法：设点 Q_k 是单形 $\sum_{P(n+1)}$ 的 k 号心，联结 Q_kQ 并延长至点 M，使 $Q_kQ=\frac{1}{k}QM$，那么只需证明点 M 在单形 $\sum_{P(n+1)}$ 的外接超球面 $S^{n-1}(0,R_n)$ 上就行了.

由题设，点 M 在线段 Q_kQ 的延长线上，且 $Q_kQ=\frac{1}{k}QM$.

所以，有 $\overrightarrow{QM}=k\overrightarrow{Q_kQ}$，即 $\overrightarrow{OM}-\overrightarrow{OQ}=k(\overrightarrow{OQ}-\overrightarrow{OQ_k})$.

从而，$\overrightarrow{OM}=(k+1)\overrightarrow{OQ}-k\overrightarrow{OQ_k}$.

设 N 为单形 $\sum_{P(n+1)}$ 的 $k+1$ 号心，则由向量的运算性质，可知 $\overrightarrow{OQ}=\overrightarrow{ON}+\overrightarrow{NQ}$，代入上式可得 $\overrightarrow{OM}=(k+1)\overrightarrow{ON}+(k+1)\overrightarrow{NQ}-k\overrightarrow{OQ_k}$.

又 Q_k 和 N 分别是单形 $\sum_{P(n+1)}$ 的 k 号心和 $k+1$ 号心，它们分别满足式(7.13.1)和式(7.13.3)，易知 $k\overrightarrow{OQ_k}=(k+1)\overrightarrow{ON}$.

因此，上式可以改写为 $\overrightarrow{OM}=(k+1)\overrightarrow{NQ}$.

注意到点 Q 在单形 $\sum_{P(n+1)}$ 的 $k+1$ 号超球面上，所以 $NQ=\frac{R_n}{k+1}$. 从而，由上式可得 $OM=R_n$. 这就表明点 M 在单形 $\sum_{P(n+1)}$ 的外接超球面 $S^{n-1}(0,R_n)$ 上.

综合上述两方面，可知点 Q 的轨迹是单形 $\sum_{P(n+1)}$ 的 $k+1$ 号超球面.

显然，在定理 7.13.1 中，含 $n=2,k=1$，即 $Q_1=H$ 为 $\triangle ABC$ 的垂心，M 是 $\triangle ABC$ 的外接圆上任一点，则线段 HM 的中点 Q 在 $\triangle ABC$ 的九点圆上. 可见定理 7.13.1是三角形九点圆定理的一种推广.

定理 7.13.2　在 E^n 中,设点 Q_{k+1} 是给定的 n 维单形 $\sum_{P(n+1)}=\{P_0,P_1,\cdots,P_n\}$ 的 $k+1$ 号心,M 是单形 $\sum_{P(n+1)}$ 的外接超球面 $S^{n-1}(0,R_n)$ 上任一点,联结 MQ_{k+1} 并延长至点 Q,使 $Q_{k+1}Q=\frac{1}{k}MQ_{k+1}$,则点 Q 的轨迹是单形 $\sum_{P(n+1)}$ 的 k 号超球面.

证明　完备性:即假定点 Q 满足题设条件,证明点 Q 在单形 $\sum_{P(n+1)}$ 的 k 号超球面上.

设单形 $\sum_{P(n+1)}$ 的 k 号心为 N,由定义 7.13.2,只需证明 $QN=\frac{R_n}{k}$ 成立就行了.

依题设,点 Q 在线段 MQ_{k+1} 的延长线上,且 $Q_{k+1}Q=\frac{1}{k}MQ_{k+1}$,所以,有 $k\overrightarrow{Q_{k+1}Q}=\overrightarrow{MQ}_{k+1}$. 即

$$k(\overrightarrow{OQ}-\overrightarrow{OQ}_{k+1})=\overrightarrow{OQ}_{k+1}-\overrightarrow{OM}$$

又点 Q_{k+1} 满足式(7.13.3),将式(7.13.3)代入上式,整理得

$$\overrightarrow{OQ}=\frac{1}{k}(\sum_{i=0}^{n}\overrightarrow{OP}_i-\overrightarrow{OM}) \qquad (7.13.4)$$

注意到,点 N 是单形 $\sum_{P(n+1)}$ 的 k 号心,所以点 N 满足式(7.13.1),由式(7.13.1)和式(7.13.4),可得

$$\overrightarrow{QN}=\overrightarrow{ON}-\overrightarrow{OQ}=\frac{1}{k}\overrightarrow{OM}$$

因点 M 在超球面 $S^{n-1}(0,R_n)$ 上,所以 $OM=R_n$,从而由上式可得 $QN=\frac{R_n}{k}$. 这就表明点 Q 在单形 $\sum_{P(n+1)}$ 的 k 号超球面上.

纯粹性:即假定 Q 是单形 $\sum_{P(n+1)}$ 的 k 号超球面上任一点,证明点 Q 满足题设条件.

采用同一法证:设点 Q_{k+1} 是单形 $\sum_{P(n+1)}$ 的 $k+1$ 号心,联结 QQ_{k+1} 并延长至 M,使 $Q_{k+1}Q=\frac{1}{k}MQ_{k+1}$,那么只需证明点 M 在单形 $\sum_{P(n+1)}$ 的外接超球面 $S^{n-1}(0,R_n)$ 上就行了.

依题设,点 M 在线段 QQ_{k+1} 的延长线上,且 $Q_{k+1}Q=\frac{1}{k}MQ_{k+1}$,所以,有 $\overrightarrow{MQ}_{k+1}=k\overrightarrow{Q_{k+1}Q}$,即 $\overrightarrow{OQ}_{k+1}-\overrightarrow{OM}=k(\overrightarrow{OQ}-\overrightarrow{OQ}_{k+1})$. 由此可得

$$\overrightarrow{OM}=(k+1)\overrightarrow{OQ}_{k+1}-k\overrightarrow{OQ}$$

设 N 为单形 $\sum_{P(n+1)}$ 的 k 号心,则由向量的运算性质可知 $\overrightarrow{OQ}=\overrightarrow{ON}+\overrightarrow{NQ}$,代入上式可得 $\overrightarrow{OM}=(k+1)\overrightarrow{OQ}_{k+1}-k\overrightarrow{ON}+k\overrightarrow{NQ}$.

又 N 和 Q_{k+1} 分别满足式(7.13.1)和式(7.13.3),易知 $k\overrightarrow{ON}=(k+1)\overrightarrow{OQ}_{k+1}$,因此,上式可改写为 $\overrightarrow{OM}=k\overrightarrow{NQ}$.

注意到点 Q 在单形 $\sum_{P(n+1)}$ 的 k 号超球面上,所以有 $NQ=\frac{R_n}{k}$,从而由上式可得 $OM=R_n$. 这就表明点 M 在单形 $\sum_{P(n+1)}$ 的外接超球面 $S^{n-1}(0,R_n)$ 上.

综合上述两方面,可知点 Q 的轨迹是单形 $\sum_{P(n+1)}$ 的 k 号超球面.

显然,在定理 7.13.2 中,令 $n=2,k=2$,即 $Q_3=G$ 为 $\triangle ABC$ 的重心,M 是 $\triangle ABC$ 的外接圆上任一点,联结 MG 并延长至点 Q,使 $GQ=\frac{1}{2}MG$,则点 Q 在 $\triangle ABC$ 的九点圆上. 可见定理 7.13.2 也是三角形九点圆定理的一种推广.

§7.14 侧棱等长的 n 维单形锥体

将等腰三角形推广到高维欧氏空间 E^n 中，便得到侧棱等长的 n 维单形锥体.

定义 7.14.1 在 E^n 中，设 n 维单形 $\sum_{P(n+1)}=\{P_0,P_1,\cdots,P_n\}$ 的从某一顶点 P_i 发出的 n 条棱均相等的单形称之为侧棱等长的 n 维单形锥体，又当 $\overrightarrow{P_iP_k}$ 与 $\overrightarrow{P_iP_j}$ 的夹角均相等时，则称为 n 维正单形锥体.

不失一般性，本文讨论以顶点 P_0 发出的 n 条棱 $P_0P_j(j=1,2,\cdots,n)$ 均相等的 n 维单形 $\sum_{P(n+1)}$，并记为 $\sum_{P_0(n+1)}=\{P_0,P_1,\cdots,P_n\}$.

显然，对于 E^n 中的 n 维单形 $\sum_{P_0(n+1)}$，顶点 $P_j(j=1,2,\cdots,n)$ 处的以 P_0P_j 为棱的线面角 $\langle P_0P_j,f_0\rangle$ 均相等，其中 f_0 为顶点 P_0 所对的界(侧)面.

设顶点 P_0 在界(侧)面 f_0 上的正投影为 H_0，则知 H_0 为 $n-1$ 维单形 f_0 的外心 O_0，即有 $P_0O_0\perp f_0$. 若 O 为 $\sum_{P(n+1)}$ 的外心，则知 P_0,O,O_0 三点共线. 反之，若 P_0,O,O_0 三点共线，则可推知单形 $\sum_{P(n+1)}$ 为 $\sum_{P_0(n+1)}$，即为侧棱等长的 n 维单形锥体.

事实上，若设 P_0 为 E^n 的直角坐标系原点，$\boldsymbol{X}=(x_1,x_2,\cdots,x_n)^{\mathrm{T}}$，$\boldsymbol{C}_0=(c_{01},c_{02},\cdots,c_{0n})$，则 f_0 所在平面的方程可设为 $\boldsymbol{C}_0\cdot\boldsymbol{X}=d(d\neq0)$. 令 $\boldsymbol{p}_i=\overrightarrow{P_0P_i}(i=1,2,\cdots,n)$，设 $\boldsymbol{M}=(\boldsymbol{p}_1,\boldsymbol{p}_2,\cdots,\boldsymbol{p}_n)^{\mathrm{T}}$，$\boldsymbol{E}=(1,1,\cdots,1)^{\mathrm{T}}$.

当 $|\boldsymbol{p}_i|=l(i=1,2,\cdots,n)$ 时，由于诸顶点 P_i 在 f_0 上，则 $\boldsymbol{p}_i\cdot\boldsymbol{C}_0=d(i=1,2,\cdots,n)$，即有

$$\overrightarrow{MC_0}=d\boldsymbol{E} \qquad (*)$$

这说明,$\boldsymbol{C}_0$ 为线性方程组 $\boldsymbol{MX}=d\boldsymbol{E}$ 的解.

若 R,R_0 分别为单形 $\sum_{P(n+1)}, f_0$ 的外接超球的半径,则

$$|\overrightarrow{P_0O}-\overrightarrow{P_0P_i}|^2=R^2,|\overrightarrow{P_0O_0}-\overrightarrow{P_0P_i}|^2=R_0^2$$

由上述两式,可得

$$\overrightarrow{P_0P_i}\cdot\overrightarrow{P_0O}=\frac{1}{2}\overrightarrow{P_0P_i}^2=\frac{1}{2}l^2,$$

$$\overrightarrow{P_0P_i}\cdot\overrightarrow{P_0O_0}=\frac{1}{2}(l^2+|P_0O_0|^2-R_0^2)$$

这两式表明$\overrightarrow{P_0O},\overrightarrow{P_0Q_0}$分别是线性方程组 $\boldsymbol{MX}=\frac{1}{2}l^2\boldsymbol{E}$ 和 $\boldsymbol{MX}=\frac{1}{2}(l^2+|P_0O_0|^2-R_0^2)\boldsymbol{E}$ 的解. 因秩($\boldsymbol{M}$) $=n$,由 Cramer 法则,$\boldsymbol{MX}=d\boldsymbol{E}$ 的解是唯一的,由此可推得$\overrightarrow{P_0O}$与$\boldsymbol{C}_0$线性相关. $\overrightarrow{P_0O_0}$与 $\boldsymbol{C}_0$ 线性相关,这里两个向量线性相关即为共线. 由于$\boldsymbol{C}_0$是 f_0 所在平面的法向量,故 $\overrightarrow{P_0O}\perp f_0$,即知 P_0,O,O_0 三点共线.

反之,若 P_0,O,O_0 三点共线,由 $\overrightarrow{OO_0}\perp f_0$,知 $\overrightarrow{P_0O_0}\perp f_0$. 又 $|\overrightarrow{P_iO_0}|=R_0$,$\triangle P_0O_0P_i$ 为平面直角三角形,有$|\overrightarrow{P_0P_i}|^2=|\overrightarrow{P_0O_0}|^2+|\overrightarrow{P_iO_0}|^2=|P_0O_0|^2+R_0^2$ 为定值,故诸侧棱$|\overrightarrow{P_0P_i}|(i=1,2,\cdots,n)$为等长.

对于 n 维正单形锥体,我们有如下结论:[188]

定理 7.14.1　在 E^n 中,若$\sum_{P_0(n+1)}$为侧棱等长单形锥体,则单形垂心存在的充要条件是$\sum_{P_0(n+1)}$为正单形锥体.

证明　设 P_0 为 E^n 中直角坐标系原点,$\sum_{P_0(n+1)}$的

面f_0上的高线（H_0为垂足）P_0H_0的参数方程为$\boldsymbol{X}=\boldsymbol{C}_0t$，界（侧）面$f_i$的方程为$\boldsymbol{C}_i\cdot\boldsymbol{X}=d(d\neq 0)$，$f_i$上高线$P_iH_i$的参数方程为$\boldsymbol{X}=\boldsymbol{C}_it+\boldsymbol{p}_i$，其中$\boldsymbol{p}_i=\overrightarrow{P_0P_i}$，$\boldsymbol{C}_i=(c_{i1},c_{i2},\cdots,c_{in})^{\mathrm{T}}$，$\boldsymbol{X}=(x_1,x_2,\cdots,x_n)^{\mathrm{T}}$. 记$\boldsymbol{E}=(1,1,\cdots,1)^{\mathrm{T}}$，$\boldsymbol{M}_i=(\boldsymbol{p}_1,\cdots,\boldsymbol{p}_{i-1},\boldsymbol{p}_{i+1},\cdots,\boldsymbol{p}_n)^{\mathrm{T}}$为$(n-1)\times n$阵.

注意到，$\boldsymbol{X}=\boldsymbol{C}_it+\boldsymbol{p}_i$与$\boldsymbol{X}=\boldsymbol{C}_0t$相交的充要条件是存在实数$t_i,t_0$使

$$t_i\boldsymbol{C}_i+\boldsymbol{p}_i=t_0\boldsymbol{C}_0 \qquad ①$$

由于$P_1,\cdots,P_{i-1},P_{i+1},\cdots,P_n$在界（侧）面$f_i$上，$\boldsymbol{p}_i\cdot\boldsymbol{C}_i=0$，即

$$\boldsymbol{M}_i\boldsymbol{C}_i=0 \qquad ②$$

由①得

$$\boldsymbol{M}_i\boldsymbol{C}_0=d\boldsymbol{E} \qquad ③$$

由②，③表明

$$\operatorname{rank}(\boldsymbol{C}_0,\boldsymbol{C}_i)=2 \qquad ④$$

由①，$\boldsymbol{X}=\boldsymbol{C}_it+\boldsymbol{p}_i$与$\boldsymbol{X}=\boldsymbol{C}_0t$相交的充要条件是$\operatorname{rank}(\boldsymbol{C}_0,\boldsymbol{C}_i,\boldsymbol{p}_i)=2$.

充分性：当$\sum_{P_0(n+1)}$是正单形锥体时，侧棱夹角$\langle i,j\rangle=\theta(0<\theta<\pi)$，侧棱长$|\overrightarrow{P_0P_i}|=l$. 由②，③及$\boldsymbol{M}_i\boldsymbol{p}_i=(l^2\cos\theta)E$，得 ⑤

$$\operatorname{rank}[\boldsymbol{M}_i(\boldsymbol{C}_0,\boldsymbol{C}_i,\boldsymbol{p}_i)]=1$$

但

$$\operatorname{rank}[\boldsymbol{M}_i(\boldsymbol{C}_0,\boldsymbol{C}_i,\boldsymbol{p}_i)]\geqslant\operatorname{rank}\boldsymbol{M}_i+\operatorname{rank}(\boldsymbol{C}_0,\boldsymbol{C}_i,\boldsymbol{p}_i)-n$$

而 $\operatorname{rank}\boldsymbol{M}_i=n-1$，故$\operatorname{rank}(\boldsymbol{C}_0,\boldsymbol{C}_i,\boldsymbol{p}_i)\leqslant 2$

结合式④，有$\operatorname{rank}(\boldsymbol{C}_0,\boldsymbol{C}_i,\boldsymbol{p}_i)=2$，即$P_iH_i$与$P_0H_0$相交.

根据正交单形锥体的对称性，单形$\sum_{P(n+1)}$的垂心

存在.

必要性：设单形$\sum_{P(n+1)}$的垂心 H 存在，即 P_0H_0 与 P_iH_i 相交于 $H_i(i=1,2,\cdots,n)$. 令 $\angle P_iP_0P_j=\theta_{ij}$，则 $\boldsymbol{p}_i\cdot\boldsymbol{p}_j=l^2\cdot\cos\theta_{ij}$.

由式（ * ），式②，得

$$\boldsymbol{M}(\boldsymbol{C}_0,\boldsymbol{C}_i,\boldsymbol{p}_i)$$
$$=\begin{pmatrix} d & d & \cdots & d & \cdots & d \\ l^2\cos\theta_{1i} & l^2\cos\theta_{2i} & \cdots & l^2 & \cdots & l^2\cos\theta_{ni} \\ 0 & 0 & \cdots & l^2 & \cdots & 0 \end{pmatrix}^{\mathrm{T}}$$

$\boldsymbol{M}$ 为满秩的，由④知 $\operatorname{rank}[\boldsymbol{M}_i(\boldsymbol{C}_0,\boldsymbol{C}_i,\boldsymbol{p}_i)]=2$，必有 $\cos\theta_{1i}=\cos\theta_{ji}(1<i<j\leqslant n)$，即$\sum_{P(n+1)}$为正单形锥体.

由定理 7.14.1，可得如下推论：

推论 1　设 H 为单形锥体$\sum_{P(n+1)}=\{P_0,P_1,\cdots,P_n\}$的垂心，顶点 P_0 所对界（侧）面的垂心为 H_0，则 P_0,H,H_0 三点共线.

事实上，P_0H 在 f_0 的垂足为 f_0 的外心，而 f_0 的外心即为 f_0 的垂心.

定理 7.14.2　正单形锥体$\sum_{P_0(n+1)}$的界（侧）面 f_0 上任一点 M 到单形$\sum_{P_0(n+1)}$各界（侧）面距离之和等于界（侧）面 f_1 上的高 h_1.

事实上，设 M 为 f_0 上任一点，以 d_i 表点 M 到 f_i 的距离（或高）.

注意到 n 维单形$\sum_{M_i(n+1)}=\{M,P_0,\cdots,P_{i-1},P_{i+1},\cdots,P_n\}$的体积之和为 $V(\sum_{P(n+1)})$，及式(5.2.2)，有$\frac{1}{n}\sum\limits_{i=1}^{n}d_i|f_i|=\frac{1}{n}|f_1|h_1$.

而 $|f_i|=|f_1|(i=2,3,\cdots,n)$，故

$$\sum_{i=1}^{n}d_i=h_1 \qquad (7.14.1)$$

定理 7.14.3　在正单形锥体 $\sum_{P_0(n+1)}$ 中,设 l,θ,a 分别为侧棱的长,侧棱间夹角,锥体底面即面 f_0 的棱长,则:

(1) $$a=2l\sin\frac{\theta}{2}=\sqrt{2}l(1-\cos\theta)^{\frac{1}{2}}\quad(7.14.2)$$

(2) $$V(\sum_{P_0(n+1)})=\frac{1}{n!}l^n(1-\cos\theta+n\cos\theta)^{\frac{1}{2}}(1-\cos\theta)^{\frac{n-1}{2}}\quad(7.14.3)$$

(3) $$|f_0|=\frac{1}{(n-1)!}a^{n-1}(\frac{n}{2^{n-1}})^{\frac{1}{2}}=\frac{\sqrt{n}l^{n-1}}{(n-1)!}(1-\cos\theta)^{\frac{n-1}{2}}\quad(7.14.4)$$

(4) $$|f_i|=\frac{1}{(n-1)!}l^{n-1}[1+(n-2)\cos\theta]^{\frac{1}{2}}\cdot(1-\cos\theta)^{\frac{n-2}{2}}\quad(7.14.5)$$

其中 $i=1,2,\cdots,n$.

(5) f_0 的高 $$h_0=(\frac{1-\cos\theta+n\cos\theta}{n})^{\frac{1}{2}}l\quad(7.14.6)$$

事实上,由式(5.2.3)即得式(7.14.3),式(7.14.4),以 $n-1$ 代(7.14.3)中的 n 得(7.14.5).由式(5.2.2)即得式(7.14.6).

定理 7.14.4　在正单形锥体 $\sum_{P_0(n+1)}$ 中,θ 为棱与棱所成角,$\langle i,j\rangle$ 为内二面角,则:

(1) $$\cos\langle i,j\rangle=\frac{\cos\theta}{1+(n-2)\cos\theta}\quad(1\leqslant i<j\leqslant n)\quad(7.14.7)$$

(2) $$\cos\langle 0,j\rangle=[\frac{1-\cos\theta}{n+n(n-2)\cos\theta}]^{\frac{1}{2}}\quad(j=1,2,\cdots,n)\quad(7.14.8)$$

事实上，注意到式(7.3.8)及式(7.3.4)即得上述两式.

定理 7.14.5　设 G,I,H,O 分别为正单形锥体 $\sum_{P_0(n+1)}$ 的重心、内心、垂心、外心，l,θ 分别为侧棱长、侧棱间夹角，R_n,r_n 分别为外接超球、内切超球半径，则：

(1)
$$P_0G=\frac{\sqrt{n}l}{n+1}[1+(n-1)\cos\theta]^{\frac{1}{2}} \tag{7.14.9}$$

(2)
$$P_0I=\frac{l[1+(n-1)\cos\theta]^{\frac{1}{2}}[1+(n-2)\cos\theta]^{\frac{1}{2}}}{\sqrt{n}[1+(n-2)\cos\theta]^{\frac{1}{2}}+(1-\cos\theta)^{\frac{1}{2}}} \tag{7.14.10}$$

(3)
$$P_0H=\frac{\sqrt{n}l\cos\theta}{(1-\cos\theta+n\cos\theta)^{\frac{1}{2}}} \tag{7.14.11}$$

(4)
$$P_0O=R_n=\frac{\sqrt{n}l}{2[1+(n-1)\cos\theta]^{\frac{1}{2}}} \tag{7.14.12}$$

(5)
$$r_n=\frac{l[1+(n-1)\cos\theta]^{\frac{1}{2}}(1-\cos\theta)^{\frac{1}{2}}}{n[1+(n-2)\cos\theta]^{\frac{1}{2}}+\sqrt{n}(1-\cos\theta)^{\frac{1}{2}}} \tag{7.14.13}$$

事实上，注意到 $\overrightarrow{P_0G}=\frac{1}{n+1}(\boldsymbol{p}_1+\boldsymbol{p}_2+\cdots+\boldsymbol{p}_n)$ 及式(5.2.2)及定理 7.14.4 中各式，即得式(7.14.9)，(7.14.10)及(7.14.13).

设 H 到 f_i 的距离为 h_i^*，垂足为 $H_i^*(i=1,2,\cdots,n)$，由 H_i^*,H_0^*,P_0,P_i 四点共圆及诸 h_i^* 相等，有 $h_i^*(h_i-h_i^*)=P_0H(h_0-P_iH)$ 及 $\frac{1}{n}|f_0|h_0^*+|f_i|h_i^*=V(\sum_{P(n+1)})=\frac{1}{n}|f_0|h_0$，再利用式(5.2.2)可推得式(7.14.11). 注意到式(1.2.15)得式(7.14.12).

定理 7.14.6 E^n 中的 n 维单形 $\sum_{P(n+1)}$ 的顶点 P_0 到 $n-2$ 维单形 $\sum_{P_i(n-1)}=\{P_1,\cdots,P_{i-1},P_{i+1},\cdots,P_n\}$ 的垂线长称为侧高,亦即顶点 P_i 所对界(侧)面 f_i 上的斜高,记为 h_{0i},顶点 P_0 所对界(侧)面 f_0 的内心记为 I_0. 设单形 $\sum_{P_0(n+1)}$ 的内心为 I,则 P_0,I,I_0 三点共线的充分必要条件是诸侧高 h_{0i} 皆相等.[188]

证明 取 $\sum_{P_0(n+1)}$ 为坐标单形,则 I,I_0 的规范重心坐标分别为

$$\left(\frac{|f_1|}{\sum_{i=1}^{n}|f_i|},\frac{|f_2|}{\sum_{i=1}^{n}|f_i|},\cdots,\frac{|f_n|}{\sum_{i=1}^{n}|f_i|}\right)$$

$$\left(\frac{|f_{01}|}{\sum_{j=1}^{n}|f_{0j}|},\frac{|f_{02}|}{\sum_{j=1}^{n}|f_{0j}|},\cdots,\frac{|f_{0n}|}{\sum_{j=1}^{n}|f_{0j}|}\right)$$

其中 $|f_i|$ 为顶点 P_i 所对界(侧)面的 $n-1$ 维体积,$|f_{0j}|$ 为 $n-2$ 维单形 $\sum_{P_i(n-1)}=\{P_1,\cdots,P_{j-1},P_{j+1},\cdots,P_n\}$ 的体积.

注意到 n 维欧氏空间中的向量基本定理的有序实数组的几何意义(见§3.1),则知

$$\overrightarrow{P_0I}=\frac{|f_1|}{\sum_{i=1}^{n}|f_i|}\overrightarrow{P_0P_1}+\frac{|f_2|}{\sum_{i=1}^{n}|f_i|}\overrightarrow{P_0P_2}+\cdots+\frac{|f_n|}{\sum_{i=1}^{n}|f_i|}\overrightarrow{P_0P_n}$$

$$\overrightarrow{P_0I_0}=\frac{|f_{01}|}{\sum_{j=1}^{n}|f_{0j}|}\overrightarrow{P_0P_1}+\frac{|f_{02}|}{\sum_{j=1}^{n}|f_{0j}|}\overrightarrow{P_0P_2}+\cdots+\frac{|f_{0n}|}{\sum_{j=1}^{n}|f_{0j}|}\overrightarrow{P_0P_n}$$

于是 $\overrightarrow{P_0I}$ 与 $\overrightarrow{P_0I_0}$ 共线的充要条件是

$$\frac{|f_1|}{|f_{01}|}=\frac{|f_2|}{|f_{02}|}=\cdots=\frac{|f_n|}{|f_{0n}|}$$

注意到式(5.2.2),知 $\frac{|f_i|}{|f_{0i}|}=\frac{1}{n-1}h_{0i}$.

故$\overrightarrow{P_0I}$与$\overrightarrow{P_0I_0}$共线$\Leftrightarrow h_{01}=h_{02}=\cdots=h_{0n}$.

由定理 7.14.6 结合定理 7.14.2 可得如下推论.

推论 2　在正单形锥体中,P_0,I 及 f_0 的内心 I_0 共线,且 I_0 是切点.

推论 3　在正单形锥体中,P_0 与 I,G,O,H 诸心共线.

注　以上推论中的 I,G,O,H 分别为单形 $\sum_{P_0(n+1)}$ 的内心、重心、外心、垂心.

§7.15　正则单形中的几个公式

将正三角形推广到高维欧氏空间,便得到正则单形.

定义 7.15.1　所有棱均相等的单形称为正则单形.

显然,E^n 中 n 维正则单形的外心、内心、重心、垂心四心重合.

定理 7.15.1　E^n 中 n 维正则单形的每两个侧面 f_i,f_j 所夹的内二面角均相等,且其值均为

$$\langle i,j\rangle=\arccos\frac{1}{n}\text{或}\sin^2\langle i,j\rangle=\frac{n^2-1}{n^2}\tag{7.15.1}$$

事实上,由式(7.3.1),注意所有 $|f_i|$ 相等即证.

推论

$$\sum_{0\leqslant i<j\leqslant n}\cos\langle i,j\rangle=\frac{n+1}{2}\tag{7.15.2}$$

事实上,由于每个单形均有 C_{n+1}^2 个内二面角,再

注意到式(7.15.1),即得式(7.15.2).或由式(7.3.6)推得.

定理 7.15.2 E^n 中 n 维正则单形的 $n+1$ 个 n 维顶点角均相等,且每个顶点角的正弦值为

$$\sin\theta_{i_n}=(n+1)^{-\frac{1}{2}}\left(1+\frac{1}{n}\right)^{\frac{n}{2}}\quad(i=0,1,\cdots,n)\tag{7.15.3}$$

事实上,由式(5.1.1)及式(7.15.1)即得.

定理 7.15.3 E^n 中 n 维正则单形的侧面的 $n-1$ 维体积为 $|f|$(因 $|f_i|$ 均相等),若正则单形的体积为 $V(\sum_{正(n+1)})$,则

$$V\left(\sum\nolimits_{正(n+1)}\right)=\frac{1}{n}\left[(n-1)!\ |f|^n\cdot(n+1)^{-\frac{1}{2}}\cdot\left(1+\frac{1}{n}\right)^{\frac{n}{2}}\right]^{\frac{1}{n-1}}\tag{7.15.4}$$

事实上,由式(5.2.7)及式(7.15.3),即得.

定理 7.15.4 E^n 中 n 维正则单形的棱长为 ρ(因每条棱均相等),若正则单形的体积为 $\sum_{正(n+1)}$,则

$$V\left(\sum\nolimits_{正(n+1)}\right)=\left[\frac{n+1}{2^n(n!)^2}\right]^{\frac{1}{2}}\cdot\rho^n\tag{7.15.5}$$

事实上,对维数 n 运用数学归纳法.显然当 $n=2$ 时,命题成立.假设对于$n-1$维单形,结论成立.即对于 n 维单形中的侧面 f(为 $n-1$ 维单形),有

$$|f|=\left[\frac{n}{2^{n-1}\cdot(n-1)!^2}\right]^{\frac{1}{2}}\cdot\rho^{n-1}$$

将上式代入式(7.15.4),即得式(7.15.5).由归纳原理便证明了对于 n 维单形式(7.15.5)成立.

定理 7.15.5 E^n 中 n 维正则单形的棱长为 ρ,且每两条棱的夹角为 γ,若 n 维正则单形的体积为

$\sum_{正(n+1)}$,则

$$V(\sum_{正(n+1)})=\frac{1}{n!}\rho^{n}\cdot|\boldsymbol{A}|^{\frac{1}{2}}\qquad(7.15.6)$$

其中 $\boldsymbol{A}=\begin{pmatrix}1 & \cos\gamma & \cdots & \cos\gamma\\ \vdots & \vdots & & \vdots\\ \cos\gamma & \cos\gamma & \cdots & 1\end{pmatrix}_{n\times n}$.

事实上,由式(5.2.3)即得.

定理 7.15.6　E^n 中 n 维正则单形每两条棱的夹角为 γ,则

$$\begin{vmatrix}1 & \cos\gamma & \cdots & \cos\gamma\\ \vdots & \vdots & & \vdots\\ \cos\gamma & \cos\gamma & \cdots & 1\end{vmatrix}_{n\times n}=\frac{n+1}{2^{n}}\qquad(7.15.7)$$

事实上,由式(7.15.6)及式(7.15.5)或直接计算即得.

定理 7.15.7　E^n 中 n 维正则单形的体积为 $V(\sum_{正(n+1)})$、侧面积 $|f|$ 与内切超球半径 r 之间有关系式

$$V(\sum_{正(n+1)})=\frac{n+1}{n}\cdot r\cdot|f|\qquad(7.15.8)$$

事实上,由式(5.2.2)即得:

定理 7.15.8　E^n 中 n 维正则单形的棱长 ρ 与外接超球半径 R_n 之间有关系式

$$\rho^{2}=\frac{2(n+1)}{n}\cdot R_{n}^{2}\qquad(7.15.9)$$

事实上,由式(7.5.3),当重心 G 和外心 O 重合时,即有 $|\overrightarrow{GP_i}|=R_n$,由此即得式(7.15.9).

定理 7.15.9　E^n 中 n 维正则单形的体积 $V(\sum_{正(n+1)})$ 与其外接球半径之间有关系式

$$V(\sum_{\text{正}(n+1)})=\frac{1}{n!}\sqrt{\frac{(n+1)^{n+1}}{n^n}}R_n^n \tag{7.15.10}$$

事实上,由式(7.15.9),代入式(7.15.5),即得式(7.15.10).

定理 7.15.10　若 E^n 中 n 维正则单形 $\sum_{\text{正}(n+1)}$ 的棱长为 ρ,M 为正则单形内任意一点,则 M 到各侧面的距离 d_i 之和 $\sum_{i=0}^{n}d_i$ 为

$$\sum_{i=0}^{n}d_i=\left(\frac{n+1}{2n}\right)^{\frac{1}{2}}\rho \tag{7.15.11}$$

事实上,由式(5.2.2),式(7.15.4)及式(7.15.5)即可推得.

定理 7.15.11　若点 M 为 E^n 中 n 维正则单形 $\sum_{\text{正}(n+1)}$ 的外接超球面上任一点,R_n 为外接超球的半径,则

$$\sum_{i=0}^{n}MP_i^2=2(n+1)R_n^2 \tag{7.15.12}$$

事实上,由式(7.5.8),并注意 $GP_i^2=R_n^2,MG^2=R_n^2$ 即推得.

定理 7.15.12　E^n 中 n 维正则单形的内二面的平分面 t_{ij},中面 S_{ij} 界(侧)面 f_i 的 $n-1$ 维体积分别为 $|t_{ij}|,|S_{ij}|,|f_i|(i,j=0,1,\cdots,n,i\neq j)$,则

$$|t_{ij}|^2=|S_{ij}|^2=\frac{n+1}{2n}|f_i|^2\quad(i,j=0,1,\cdots,n,i\neq j) \tag{7.15.13}$$

事实上,可由式(7.6.2)及式(7.7.2)即得.

第八章 单形的构造

§8.1 单形的构造定理

我们知道,给定了长度为 a,b,c 的三条线段,当且仅当

$$a+b>c,b+c>a,c+a>b$$

同时成立时,可以用这三条线段为边,作一个三角形.

作为三角形在 n 维欧氏空间 E^n 中的推广是 n 维单形 $\sum_{P(n+1)}=\{P_0,P_1,\cdots,P_n\}$,对于 n 维单形 $\sum_{P(n+1)}$,它的 C_{n+1}^2 条棱 $P_iP_j(i\neq j,i,j=0,1,\cdots,n)$ 的长度 $\rho_{ij}=|P_iP_j|$ 之间应当有什么约束呢?"单形构造定理"回答了这个问题.

单形构造定理 预给棱长 $|P_iP_j|=\rho_{ij}(i,j=0,1,\cdots,n;\ \rho_{ij}=\rho_{ji},\ \rho_{ii}=0)$ 的单形 $\sum_{P(n+1)}=\{P_0,P_1,\cdots,P_n\}$ 存在的充分必要条件是一组不等式

$$(-1)^k D_k<0 \quad (k=0,1,\cdots,n) \qquad (8.1.1)$$

成立,这里 D_k 是 $k+2$ 行列式

$$D_k=\begin{vmatrix} 0 & 1 & 1 & 1 & \cdots & 1 \\ 1 & \rho_{00}^2 & \rho_{01}^2 & \rho_{02}^2 & \cdots & \rho_{0k}^2 \\ \vdots & \vdots & \vdots & \vdots & & \vdots \\ 1 & \rho_{k0}^2 & \rho_{k1}^2 & \rho_{k2}^2 & \cdots & \rho_{kk}^2 \end{vmatrix} \quad (k=0,1,\cdots,n)$$

下面的证明,是杨路、张景中先在 1980 年给出的[18].

定理的证明,需用到如下几条引理:

引理 1 令 $\omega_{ij}=\rho_{ij}^2-\rho_{i0}^2-\rho_{0j}^2(i,j=1,2,\cdots,n)$,则条件式(8.1.1)等价于 n 阶矩阵(ω_{ij})的严格负定性.

事实上,易知

$$\begin{vmatrix} \omega_{11} & \cdots & \omega_{1k} \\ \vdots & & \vdots \\ \omega_{k1} & \cdots & \omega_{kk} \end{vmatrix}=-D_k \quad (k=1,2,\cdots,n) \qquad (8.1.2)$$

这只要把行列式 D_k 的第 3 至 $k+2$ 行都减去第 2 行,再把第 3 至 $k+2$ 列都减去第 2 列,然后把所得行列式按第一行展开,得一个 $k+1$ 阶行列式,再把此 $k+1$阶行列式按第 1 列展开,即得式(8.1.2). 显见,条件式(8.1.1)等价于 n 阶矩阵(ω_{ij})严格负定.

引理 2 若式(8.1.1)成立,则在重心坐标之下,方程

$$\sum_{i=1}^{n}\sum_{j=0}^{n}\rho_{ij}^2\mu_i\mu_j=0 \qquad (8.1.3)$$

所代表的二阶超曲面为一超椭球面,反之亦然.

事实上,只要证明"条件式(8.1.1)等价于下列事

实:方程式(8.1.3)所表示的二阶超曲面上没有无穷远点”就够了.

在重心坐标下,无穷远超平面方程(可参见式(6.2.1))为

$$\mu_0+\mu_1+\cdots+\mu_n=0$$

将上式与式(8.1.3)联立,消去μ_0,得方程

$$\sum_{i=1}^{n}\sum_{j=1}^{n}(\rho_{ij}^2-\rho_{i0}^2-\rho_{0j}^2)\mu_i\mu_j=\sum_{i=1}^{n}\sum_{j=1}^{n}\omega_{ij}\mu_i\mu_j=0$$

于是,超曲面式(8.1.3)上没有无穷远点,等价于上述方程除$\mu_1=\mu_2=\cdots=\mu_n=0$外无实解,即二次$\sum_{i=1}^{n}\sum_{j=1}^{n}\omega_{ij}\mu_i\mu_j$是严格有定的,亦即矩阵$(\omega_{ij})_{k\times k}$是严格有定的.经具体讨论可知其为严格负定的,由引理1,此与条件式(8.1.1)等价.

引理3　在重心坐标下,若坐标单形$\sum_{P(n+1)}=\{P_0,P_1,\cdots,P_n\}$各棱长$|P_iP_j|=\rho_{ij}$, $\rho_{ii}=0$,则此单形之外接超球面方程为

$$\sum_{i=1}^{n}\sum_{j=1}^{n}\rho_{ij}^2\mu_i\mu_j=0 \tag{8.1.4}$$

此式(8.1.4)即是式(6.1.21)或式(6.1.24)的等价变形式.前面分别给出了其证明,为了讨论问题的方便,这里给出另证.

事实上,首先,易知在2维情形时命题为真,即可作$\triangle P_0P_1P_2$的高$P_2O\perp P_0P_1$,以O为笛卡尔坐标系原点,P_2O_1,P_0P_1为x,y轴.再把重心坐标方程化为笛卡尔坐标方程,马上可以看出所得方程的x^2,y^2项系数相同,而xy项系数为0,此说明坐标三角形$P_0P_1P_2$外接圆之重心坐标方程为

$$t\rho_{01}^2\mu_0\mu_1+t\rho_{12}^2\mu_1\mu_2+t\rho_{02}^2\mu_0\mu_2=0\quad(t\neq 0)$$

现在设坐标单形$\sum_{P(n+1)}=\{P_0,P_1,\cdots,P_n\}$之外接超球面重心坐标方程为$\sum\limits_{i=0}^{n}\sum\limits_{j=0}^{n}a_{ij}\mu_i\mu_j=0$，下证必有$a_{ij}=q\rho_{ij}^2$.

在$P_0,P_1,\cdots,P_n$中任取三点P_{i_1},P_{i_2},P_{i_3}，考虑此三点决定的平面截此超球面所得之截口方程

$$\sum_{i=1}^{n}\sum_{j=0}^{n}a_{ij}\mu_i\mu_j=0,\text{且 }\mu_k=0\quad(k\neq i_1,i_2,i_3)$$

即

$$\begin{cases}a_{i_1i_2}\mu_{i_1i_2}+a_{i_1i_3}\mu_{i_1i_3}+a_{i_2i_3}\mu_{i_2i_3}=0\\ \mu_k=0\quad(k\neq i_1,i_2,i_3)\end{cases}$$

另一方面，此截口为$\triangle P_{i_1}P_{i_2}P_{i_3}$之外接圆，而$\triangle P_{i_1}P_{i_2}P_{i_3}$为坐标三角形，故此截口方程（由2维情形下的定理）为

$$\begin{cases}\rho_{i_1i_2}^2\mu_{i_1}\mu_{i_2}+\rho_{i_1i_3}^2\mu_{i_1}\mu_{i_3}+\rho_{i_2i_3}^2\mu_{i_2}\mu_{i_3}=0\\ \mu_k=0\quad(k\neq i_1,i_2,i_3)\end{cases}$$

比较系数，知有$q_{i_1i_2i_3}\neq 0$，使

$$a_{i_1i_2}=q_{i_1i_2i_3}\rho_{i_1i_2}^2,a_{i_1i_3}=q_{i_1i_2i_3}\rho_{i_1i_3}^2,a_{i_2i_3}=q_{i_1i_2i_3}\rho_{i_2i_3}^2$$

由i_1,i_2,i_3的任意性，可知$q_{i_1i_2i_3}=q$，与i_1,i_2,i_3无关. 于是得$a_{ij}=q\rho_{i_3}^2$，证毕

现在来完成定理的证明：

证明 条件之充分性：任取一单形$\sum_{B(n+1)}=\{B_0,B_1,\cdots,B_n\}$为坐标单形建立重心坐标系. 在此坐标系之下，由条件式(8.1.1)及引理2，方程式(8.1.3)为一超椭球面方程，设此超椭球面为S，取一仿射变换L，$L(S)=S'$为超球面. 令$L(B_i)=C_i$，于是S'在坐标单形$\sum_{C(n+1)}=\{C_0,C_1,\cdots,C_n\}$下的重心坐标方程仍为式

(8.1.3). 又由于 S' 是坐标单形 $\sum_{C(n+1)}$ 的外接超球面，故由引理 3，知 $\rho_{ij}^2 = q|C_iC_j|^2$，将单形 $\sum_{C(n+1)}$ 按比例放大或缩小若干倍，即得各棱长为 ρ_{ij} 的所要的单形.

条件之必要性：设有单形其棱长为 ρ_{ij}，作此单形之外接超球. 由引理 3，方程式(8.1.4)在此单形为标架时代表此超球，再应用引理 2，即知式(8.1.1)成立. 定理证毕.

对于单形构造定理，杨世国先生给出了如下证法：[187]

令 $b_{ij} = \frac{1}{2}(\rho_{0i}^2 + \rho_{0j}^2 - \rho_{ij}^2)(i,j=1,2,\cdots,n)$，则预给棱长 $|P_iP_j| = \rho_{ij}(0 \leqslant i < j \leqslant n)$，在 E^n 中存在单形 $\sum_{P(n+1)} = \{P_0, P_1, \cdots, P_n\}$ 的充分必要条件是一组不等式

$$D_k > 0 \quad (i=1,2,\cdots,n) \tag{8.1.5}$$

成立，这里 D_k 是 n 阶实对称矩阵

$$\begin{pmatrix} b_{11} & b_{12} & \cdots & b_{1n} \\ b_{21} & b_{22} & \cdots & b_{2n} \\ \vdots & \vdots & & \vdots \\ b_{n1} & b_{n2} & \cdots & b_{nn} \end{pmatrix} = (b_{ij})_{n\times n}$$

的 k 级顺序主子式.

为讨论问题的方便，先给出如下引理：

引理 4　m 阶实对称矩阵 $\boldsymbol{C} = (c_{ij})_{m\times m}$ 为正定矩阵的充分必要条件是：n 维欧氏空间中存在线性无关向量 $\boldsymbol{\alpha}_1, \boldsymbol{\alpha}_2, \cdots, \boldsymbol{\alpha}_n(m \leqslant n)$，使得矩阵 $\boldsymbol{C}$ 为向量 $\boldsymbol{\alpha}_1, \boldsymbol{\alpha}_2, \cdots, \boldsymbol{\alpha}_m$ 的 Gram 矩阵，即 $\boldsymbol{\alpha}_i \cdot \boldsymbol{\alpha}_j = c_{ij}(i,j=1,2,\cdots,)$.

事实上，这由性质 1.2.2 即可推得.

下面来证明式(8.1.5).

必要性:若 E^n 中存在 n 维单形 $\sum_{P(n+1)}=\{P_0, P_1,\cdots,P_n\}$,使其棱长 $|P_iP_j|=\rho_{ij}(0\leqslant i<j\leqslant n)$. 令 $\boldsymbol{P}_i=\overrightarrow{P_0P_i}(i=1,2,\cdots,n)$,则

$$|\boldsymbol{p}_i|=|\overrightarrow{P_0P_i}|=|P_0P_i|=\rho_{0i}$$

$$|\boldsymbol{p}_i-\boldsymbol{p}_j|=\overrightarrow{P_jP_i}=|P_jP_i|=\rho_{ji}=\rho_{ij}$$

记 $b_{ij}=\frac{1}{2}(\rho_{0i}^2+\rho_{0j}^2-\rho_{ij}^2)(i,j=1,2,\cdots,n)$,从而

$$\boldsymbol{p}_i\cdot\boldsymbol{p}_i=\boldsymbol{p}_i^2|\boldsymbol{p}_i|^2=\rho_{0i}^2=\frac{1}{2}(\rho_{0i}^2+\rho_{0j}^2-\rho_{ij}^2)=b_{ii}$$

$$(i=1,2,\cdots,n)$$

$$\begin{aligned}\boldsymbol{p}_i\cdot\boldsymbol{p}_j&=\frac{1}{2}[\boldsymbol{p}_i{}^2+\boldsymbol{p}_j^2-(\boldsymbol{p}_i-\boldsymbol{p}_j)^2]\\&=\frac{1}{2}(|\boldsymbol{p}_i|^2+|\boldsymbol{p}_j|^2-|\boldsymbol{p}_i-\boldsymbol{p}_j|^2)\\&=\frac{1}{2}(\rho_{0i}^2+\rho_{0j}^2-\rho_{ij}^2)=b_{ij}\quad(i,j=1,2,\cdots,n)\end{aligned}$$

由于此单形是 n 维的,所以向量 $\boldsymbol{P}_1,\boldsymbol{P}_2,\cdots,\boldsymbol{P}_n$ 线性无关. 由引理 4 可知 Gram 矩阵

$$(\boldsymbol{p}_i\cdot\boldsymbol{p}_j)_{n\times n}=(b_{ij})_{n\times n}=\boldsymbol{D}$$

为实对称正定矩阵. 由正定矩阵的性质可知矩阵 $\boldsymbol{D}$ 的各阶顺序主子式子

$$D_k>0\quad(k=1,2,\cdots,n)$$

充分性:若矩阵 $\boldsymbol{D}$ 的各阶顺序主子式 $D_k>0(k=1,2,\cdots,n)$. 由正定矩阵判别定理可知矩阵 $\boldsymbol{D}$ 为正定的实对称矩阵. 由引理 4 知,矩阵 $\boldsymbol{D}$ 为 E^n 中线性无关的向量 $\boldsymbol{p}_1,\boldsymbol{p}_2,\cdots,\boldsymbol{p}_n$ 的 Gram 矩阵,即

$$\boldsymbol{D}=(\boldsymbol{p}_i\cdot\boldsymbol{p}_j)_{n\times n}=(b_{ij})_{n\times n}$$

在 E^n 中,设$\overrightarrow{P_0P_i}=\boldsymbol{p}_i(i=1,2,\cdots,n)$,记$|\overrightarrow{P_iP_j}|=\rho_{ij}(i,j=0,1,\cdots,n)$. 显然 $\rho_{ii}=0(i=0,1,\cdots,n)$,$\rho_{ij}=\rho_{ji}(i,j=0,1,\cdots,n)$,故对于 $\boldsymbol{D}$ 元素,有

$$b_{ii}=\boldsymbol{p}_i^2=|\overrightarrow{P_0P_i}|^2=\rho_{0i}^2\quad(i=1,2,\cdots,n)$$

$$\begin{aligned}\rho_{0i}^2+\rho_{0j}^2-2b_{ij}&=\boldsymbol{p}_i^{\ 2}+\boldsymbol{p}_j^{\ 2}-2\,\boldsymbol{p}_i\cdot\boldsymbol{p}_j=(\boldsymbol{p}_i-\boldsymbol{p}_j)^2\\&=|\overrightarrow{P_iP_j}|^2=\rho_{ji}^2=\rho_{ij}^2\quad(i,j=1,2,\cdots,n)\end{aligned}$$

即有 $n+\mathrm{C}_n^2=\mathrm{C}_{n+1}^2$ 个正数.

$$\rho_{0i}=\rho_{i0}=(b_{ii})^{\frac{1}{2}}\quad(i=1,2,\cdots,n)$$

$$\rho_{ij}=\rho_{ji}=(\rho_{0i}^2+\rho_{0j}^2-2b_{ij})^{\frac{1}{2}}\quad(i,j=1,2,\cdots,n)$$

使得在 E^n 中存在以$\{P_0,P_1,\cdots,P_n\}$为顶点集的单形,它以$|\overrightarrow{P_iP_j}|=\rho_{ij}$为诸棱 $P_iP_j(0\leqslant i<j\leqslant n)$长. 这里,恰有 $b_{ij}=\dfrac{1}{2}(\rho_{0i}^2+\rho_{0j}^2-\rho_{ij}^2)(i,j=1,2,\cdots,n)$,且由$\overrightarrow{P_0P_1}$,$\overrightarrow{P_0P_2},\cdots,\overrightarrow{P_0P_n}$线性无关,点 $P_0,P_1,\cdots,P_n$ 不在同一个 $n-1$ 维超平面上,故此单形是 n 维非退化单形. 证毕.

最后指出,进一步考虑会遇到这样一个问题:如果预给的诸棱长不满足条件式(8.1.1),当然它不能实现为欧氏空间的单形,但能否"等长"地嵌入欧氏空间呢? 这个问题,就是我们将在下一节讨论的问题.

§8.2　预给棱长的单形的等长嵌入

设 M,N 是两个几何图形,如果 $N\subset M$ 或 N 经过变换(运动)变成 N',$N' \subset M$,则称 N 可嵌入 M.

关于预给棱长的单形的等长嵌入问题,实际上就是有限点集等长嵌入于欧氏空间 E^n 的问题. 我们还可以把问题扩展到有限点集等长嵌入伪欧空间来研究.

下面,我们来介绍张景中、杨路先生的提法及结论[7].

8.2.1 伪欧点集的概念

定义 8.2.1 指标为 k 的伪欧空间 $E_{n,k}$ 是 n 维的实向量空间,每个向量的(固定的)某 $n-k$ 个分量为实数,其余 k 个为纯虚数或 0.

定义 8.2.2 一个集 $P=\{P_1,P_2,\cdots,P_n\}$,如果有一个定义于 P 上的"距离"$\rho_{ij}=\rho(P_i,P_j)$,满足:

(i)ρ_{ij}^2是实数; (ii)$\rho_{i}=0$; (iii)$\rho_{ij}=\rho_{ji}$.

则称$\{P,\rho\}$为一个伪欧点集.

定义 8.2.3 设$\{P,\rho\}$是一个伪欧点集,若有映射 $f:P\to E_{n,k}$,$P_x\in P$ 对应于$\boldsymbol{x}\in E_{n,k}$,这里$\boldsymbol{x}=(x_1,\cdots,x_n)$,满足

$$\rho^2(P_x,P_y)=\sum_{i=1}^{n}(x_i-y_i)^2 \qquad (8.2.1)$$

则称f为 P 到 $E_{n,k}$的一个等长嵌入.

8.2.2 矩阵的次特征值和次特征向量

定义 8.2.4 设 $\boldsymbol{A}$ 是 $n+1$ 阶复元矩阵,若有复数 λ 及非 0 向量$\boldsymbol{u}$,$\boldsymbol{u}^{\mathrm{T}}=(u_0,u_1,\cdots,u_n)$(T 表转置)满足

$$\boldsymbol{Au}=\lambda(0\quad u_1\quad \cdots\quad u_n)^{\mathrm{T}}$$

则称 λ 为 $\boldsymbol{A}$ 的次特征值,$\boldsymbol{u}^*=(u_1,\cdots,u_n)^{\mathrm{T}}$ 为 $\boldsymbol{A}$ 的对应于 λ 的次特征向量.

次特征向量有一些与特征向量类似的性质(证

略).

性质1　当且仅当 λ 是多项式

$$|\boldsymbol{A}(\lambda)| = |\boldsymbol{A} - \lambda\tilde{\boldsymbol{E}}| \quad \left(其中\tilde{\boldsymbol{E}} = \begin{pmatrix} 0 & 0 \\ 0 & \boldsymbol{E}_n \end{pmatrix}\right)$$

的根时,λ 是 $\boldsymbol{A}$ 的次特征值,$\boldsymbol{E}_n$ 是 n 阶单位矩阵.

由此性质,今后对 $\boldsymbol{A}$ 的次特征值即理解为 $|\boldsymbol{A}(\lambda)|$ 的根;当 λ 为其 r 重根时,认为是 $\boldsymbol{A}$ 的 r 个相重的次特征值.

性质2　若 $\boldsymbol{A}=\boldsymbol{A}^{\mathrm{T}}$,$\lambda$,$\mu$ 为 $\boldsymbol{A}$ 的次特征值,$\boldsymbol{u}^*$,$\boldsymbol{v}^*$ 分别是对应于 λ,μ 的次特征向量,若 $\lambda \neq \mu$,则 $\boldsymbol{u}^* \cdot \boldsymbol{v}^* = 0$.

性质3　若 $\boldsymbol{A}=(a_{ij})$ 为 $n+1$ 阶对称阵,而且 $a_{11}=0$,但 $\boldsymbol{A}$ 的第一行不全为0;$\tilde{\lambda}$ 为 $|\boldsymbol{A}(\lambda)|$ 的 k 重根,则对应于 $\tilde{\lambda}$ 的次特征向量的全体构成 k 维线性空间.

8.2.3　用次特征向量解伪欧嵌入问题

设 $\{P,\rho\}$ 是 m 元素伪欧点集,令 $\rho_{ij}=\rho(P_i,P_j)$,$(P_i,P_j \in P, i,j=1,2,\cdots,n)$,记 $g_{ij}=-\frac{1}{2}\rho_{ij}^2$,作方阵

$$\boldsymbol{D}_p = \begin{pmatrix} 0 & 1 \\ 0 & g_{ij} \end{pmatrix}_{(m+1)\times(m+1)}$$

称 $\boldsymbol{D}_p$ 为 $\boldsymbol{P}$ 的 C-M 阵(即 Cayley-Menger 阵),由于 $\boldsymbol{P}$ 为实对称阵,故 $|\boldsymbol{D}_p(\lambda)|$ 只有实根.

由次特征向量的性质2,3,从 $\boldsymbol{D}_p$ 的次特征向量中,可选出 $m-1$ 个组成正交规范组 $\{\boldsymbol{u}_i, i=1,2,\cdots,m-1\}$. 设对应于 $\boldsymbol{u}_i$ 的次特征值为 λ_i,令

$$\boldsymbol{u}_i = (u_{i1}, u_{i2}, \cdots, u_{i,m}) \quad (i=1,2,\cdots,m-1)$$

取

$$x_i=(\sqrt{\lambda_1}u_{1i},\sqrt{\lambda_2}u_{2i},\cdots,\sqrt{\lambda_{m-1}}u_{m-1,i})$$
$$(i=1,\cdots,m-1)$$

下面将看到：映射 $f:\boldsymbol{P}_i\to\boldsymbol{x}_i$ 恰是 $\boldsymbol{P}$ 到 $E_{n,k}$ 的一个等长嵌入，这里 $n=m-1$，k 是 $|\boldsymbol{D}_p(\lambda)|$ 的负根的个数.

事实上，由定义 8.2.4，对每个 $\boldsymbol{u}_i$ 有复数 u_{i0} 使

$$\boldsymbol{D}_p(\boldsymbol{u}_{i_0}\quad \boldsymbol{u}_i)^{\mathrm{T}}=\lambda_i(\boldsymbol{0}\quad \boldsymbol{u}_i)^{\mathrm{T}}$$

作 $m+1$ 阶方阵

$$\boldsymbol{U}=\begin{pmatrix}0 & 1 & \cdots & 0\\ 0 & \frac{1}{\sqrt{m}} & \cdots & \frac{1}{\sqrt{m}}\\ u_{10} & u_{11} & \cdots & u_{1m}\\ \vdots & \vdots & & \vdots\\ u_{m-1,0} & u_{m-1,1} & \cdots & u_{m-1,m}\end{pmatrix}=\begin{pmatrix}0 & 0\ \cdots\ 0\\ 0 & \\ u_{10} & \boxed{\boldsymbol{U}^*}\\ \vdots & \\ u_{m-1,0} & \end{pmatrix}$$

其中 $\boldsymbol{U}^*$ 显然是单位正交矩阵，再令 $\boldsymbol{A}=\boldsymbol{U}^{\mathrm{T}}\boldsymbol{U}\boldsymbol{D}_p\boldsymbol{U}^{\mathrm{T}}\boldsymbol{U}$.

若先求 $\boldsymbol{B}=\boldsymbol{U}\boldsymbol{D}_p\boldsymbol{U}^{\mathrm{T}}$，可得

$$\boldsymbol{A}=\boldsymbol{U}^{\mathrm{T}}\boldsymbol{B}\boldsymbol{U}=\begin{pmatrix}* & *\ \cdots\ *\\ * & \\ \vdots & \boxed{a_{ij}}\\ * & \end{pmatrix}$$

其中 $a_{ij}=\boldsymbol{x}_i\cdot\boldsymbol{x}_j+\frac{g}{m}$，而 $g=\frac{1}{m}\sum_{i,j}g_{ij}$.

另一方面

$$\boldsymbol{A}=(\boldsymbol{U}^{\mathrm{T}}\boldsymbol{U})\boldsymbol{D}_p(\boldsymbol{U}^{\mathrm{T}}\boldsymbol{U})=\begin{pmatrix} * & * & \cdots & * \\ * & & & \\ \vdots & & \boxed{g_{ij}+u_i+u_j} & \\ * & & & \end{pmatrix}$$

其中 $u_j=\sum_{i=1}^{m-1}u_{i0}u_{ij}$.

比较上面两式，得 $g_{ij}+u_i+u_j=\boldsymbol{x}_i\cdot\boldsymbol{x}_j+\frac{g}{m}$.

从而可得，$(\boldsymbol{x}_i-\boldsymbol{x}_j)^2=\boldsymbol{x}_i\boldsymbol{x}_i+\boldsymbol{x}_j\boldsymbol{x}_j=\rho_{ij}^2$.

这就证明了 $f:\boldsymbol{P}_i\to\boldsymbol{x}_i$ 确是 $\{P,\rho\}$ 到 $E_{n,k}$ 的等长嵌入.

注意到，对应于 $|\boldsymbol{D}_p(\lambda)|=0$ 根的 $\boldsymbol{x}_i$ 中的分量为 0，可以抹去而降低 $E_{n,k}$ 的维数，于是得

定理 8.2.3－1　若 m 元素的伪欧点集 $\{P,\rho\}$ 的 C-M 阵 $\boldsymbol{D}_p$ 的次特征中有 n 个非零，k 个负数，则对任意自然数 n',k'，当 $k'\geqslant k$ 且 $n'-k'\geqslant n-k$ 时，$\{P,\rho\}$ 可等长嵌入于 $E_{n',k'}$ 中.

此定理给出了嵌入的充分性结论，且前面已经给出了其证明.

下面，我们讨论嵌入的必要条件.

设 $f:\boldsymbol{P}_i\to\boldsymbol{x}_i$ 是 P 到 $E_{h,l}$ 的一个等长嵌入，不妨设 $\boldsymbol{x}_i$ 的前 $h-l$ 个分量为实数，后 l 个为虚数. 令 $\boldsymbol{x}_i^{\mathrm{T}}=(x_{i1},\cdots,x_{in})$，再设原点在集 $\{\boldsymbol{x}_1,\boldsymbol{x}_2,\cdots,\boldsymbol{x}_n\}$ 的重心，因此总可通过平移达到这一目的.

作 $m\times h$ 矩阵 $\boldsymbol{X}=(\boldsymbol{x}_1\boldsymbol{x}_2\cdots\boldsymbol{x}_m)$.

再作 $h\times h$ 方阵

$$\boldsymbol{Q}=\boldsymbol{X}\boldsymbol{X}^{\mathrm{T}}=\begin{pmatrix}E_{h-1} & 0\\ 0 & \mathrm{i}E_l\end{pmatrix}\boldsymbol{Q}^*\begin{pmatrix}E_{h-1} & 0\\ 0 & \mathrm{i}E_l\end{pmatrix}$$

其中 i 为虚数单位,则 $\boldsymbol{Q}^*$ 是半正定的,即 $\boldsymbol{Q}^*$ 之特征值全非负,于是 $\boldsymbol{Q}$ 的特征值中,正的不超过 $h-l$ 个,负的不超过 l 个(r 重根作为 r 个).

下面将得出:$\boldsymbol{Q}$ 的非 0 特征值恰与 $\boldsymbol{D}_p$ 之非 0 的次特征值一致,即 $h-l\geqslant n-k,l\geqslant k$.

考虑矩阵

$$\tilde{\boldsymbol{X}}=\begin{pmatrix}\mathrm{i}m^{\frac{1}{2}} & 1 & \cdots & 1\\ 0 & & & \\ \vdots & & \boldsymbol{X} & \\ 0 & & & \end{pmatrix}$$

由于原点是重心,故

$$\tilde{\boldsymbol{X}}\tilde{\boldsymbol{X}}^{\mathrm{T}}=\begin{pmatrix}0 & \cdots & 0\\ \vdots & & \\ 0 & & \boldsymbol{Q}\end{pmatrix}$$

这表明 $\tilde{\boldsymbol{X}}\tilde{\boldsymbol{X}}^{\mathrm{T}}$ 的非 0 特征值与 $\boldsymbol{Q}$ 的一致,但是 $\tilde{\boldsymbol{X}}\tilde{\boldsymbol{X}}^{\mathrm{T}}$ 的非 0 特征值又与 $\tilde{\boldsymbol{X}}^{\mathrm{T}}\tilde{\boldsymbol{X}}$ 的相一致,故只要证明 $\tilde{\boldsymbol{X}}^{\mathrm{T}}\tilde{\boldsymbol{X}}$ 的非 0 特征值与 $\boldsymbol{D}_p$ 的相一致即可. 写出

$$\tilde{\boldsymbol{X}}^{\mathrm{T}}\tilde{\boldsymbol{X}}=\begin{pmatrix}-m & \mathrm{i}m^{\frac{1}{2}} & \cdots & \mathrm{i}m^{\frac{1}{2}}\\ \mathrm{i}m^{\frac{1}{2}} & & & \\ \vdots & & \overline{X_l}\,\overline{X_j}+1 & \\ \mathrm{i}m^{\frac{1}{2}} & & & \end{pmatrix}=\tilde{\boldsymbol{Q}}$$

约定$\tilde{Q}$之行列标号为 0 至 m.

考虑$\tilde{Q}$的特征多项式$|\tilde{Q}(\lambda)| = |\tilde{Q} - \lambda E|$,把这个行列式

$$|\tilde{Q}(\lambda)| = \begin{vmatrix} -(m+\lambda) & \mathrm{i}m^{\frac{1}{2}} & \cdots & \mathrm{i}m^{\frac{1}{2}} \\ \mathrm{i}m^{\frac{1}{2}} & & & \\ \vdots & & \boldsymbol{x}_i\boldsymbol{x}_j + 1 - \delta_{lj}\lambda & \\ \mathrm{i}m^{\frac{1}{2}} & & & \end{vmatrix}$$

$$\left(\delta_{lj} = \begin{cases} 0, 当\ l \neq j \\ 1, 当\ l = j \end{cases}\right)$$

的 1 ~ m 行之和的$\dfrac{1}{\mathrm{i}\sqrt{m}}$倍加到第 0 行;再把所得行列式的第 0 行的 -1 倍加到其余各行;再把第 1 ~ m 列之和的 $-\dfrac{1}{m}$倍加到第 0 列;变换的结果为

$$|\tilde{Q}(\lambda)| = -\frac{\lambda^2}{m}\begin{vmatrix} 0 & 1 & \cdots & 1 \\ 1 & & & \\ \vdots & & \boldsymbol{x}_i\boldsymbol{x}_j - \delta_{lj}\lambda & \\ 1 & & & \end{vmatrix}$$

再把这个行列式第 0 行乘以 $-\dfrac{1}{2}\boldsymbol{x}_j^2$ 加到第 l 行,第 0 列乘以 $-\dfrac{1}{2}\boldsymbol{x}_j^2$ 加到第 j 列($l,j = 1,2,\cdots,m$)即得

$$|\tilde{Q}(\lambda)| = -\frac{\lambda^2}{m}|\boldsymbol{D}_p - \lambda\tilde{\boldsymbol{E}}|$$

由此可见,$\tilde{Q}$的非 0 特征值与 $\boldsymbol{D}_p$ 的非零的次特征值相一致.

因而,我们有:

定理 8.2.3-2　若 m 元素伪欧点集 $\{P,\rho\}$ 的C-M阵 $\boldsymbol{D}_P$ 的次特征值中有 n 个非0,k 个为负(r 重根按 r 个计算),则 $\{P,\rho\}$ 可等长嵌入于 $E_{h,l}$ 的充要条件是 $h-l\geqslant n-k$,且 $l\geqslant k$.

如果,我们定义:

定义 8.2.5　若 $\{P,\rho\}$ 可等长嵌入于 $E_{h,k}$,而不能等长嵌入于 $E_{h,k}$ 的真子空间,则称 $\{P,\rho\}$ 能不可约等长嵌入于 $E_{h,k}$.

由定理 8.2.3-2,则有:

定理 8.2.3-3　若 m 元素的伪欧点集 $\{P,\rho\}$ 的 C-M 阵 $\boldsymbol{D}_P$ 的次特征值中有 n 个非0,k 个为负,则 $\{P,\rho\}$ 能够不可约等长嵌入于 $E_{h,l}$ 的充要条件是 $h=n,l=k$.

8.2.4　预给棱长的单形的等长嵌入

把定理 8.2.3-2 的结论用于空间 E^n,则有:

定理 8.2.4　m 元素伪欧点集 $\{P,\rho\}$ 可嵌入欧氏空间 E^n 的充要条件是它的 C-M 阵的次特征值中无负的,且正的不多于 n 个.

当 $\{P,\rho\}$ 对应的 C-M 阵的次特征值中 n 个非0者全为正,则由定理 8.2.2 知,$\{P,\rho\}$ 可嵌入欧氏空间 E^n 而不能嵌入 E^{n-1},此时 $\{P,\rho\}$ 为 n 维欧氏点集,并记为 $\{P\}$.

如果,我们定义:

定义 8.2.6　m 元素欧氏点集 $\{P\}$ 的一个"伴随坐标系"是指这样一个笛卡尔直角坐标系:其原点在该点集的重心,其坐标向量为该点集的 C-M 阵的次特

征向量的一个正交规范组.

这样,欧氏点集的等长嵌入问题,不过是找出点集中各点关于其伴随坐标系的诸坐标.因而,预给棱长的单形的等长嵌入问题,只是欧氏点集等长嵌入的一种特殊情形而已.

§8.3　预给内二面角的单形的等量嵌入

预给二面角的单形等量嵌入问题,就是预给了 C_{n+1}^2 个二面角,这些角度须且仅须满足什么样的条件,它们才能实现为欧氏空间中某个 n 维单形的诸内二面角的问题.我们将看到:这种"预给内角"的嵌入条件在形式上和实质上都不同于前面介绍的那些"预给棱长"的嵌入条件.

讨论这种"预给内角"的问题,常与讨论单形的内切超球有关,因此,我们将涉及球面型空间,并约定用 $S_{n,r}$ 表示曲率半径为 r 的 n 维球面型空间.我们还引入如下定义:

定义 8.3.1　设 E^n 中单位球面上有 $n+1$ 个点 $T_1,T_2,\cdots,T_{n+1}$,令 T_i 与 T_j 之间的球面距离为 t_{ij},置

$$\boldsymbol{A}=(\cos t_{ij})_{(n+1)\times(n+1)}=\begin{pmatrix}1 & & \cos t_{ij}\\ & \ddots & \\ \cos t_{ij} & & 1\end{pmatrix}$$

若 $\boldsymbol{A}$ 的相应的代数余子式 $A_{ij}>0$ 时,则称 T_i,T_j 两点被其他各点生成的径面分隔于两个半球上.

定义 8.3.2　给出了 C_{n+1}^2 个实数 $0<t_{ij}<\pi(1\leqslant$

$i<j\leqslant n+1$),若对一切 $i\neq j$,且满足:

(i)$n+1$ 阶对称阵 $\boldsymbol{A}=\begin{pmatrix}1 & & \cos t_{ij}\\ & \ddots & \\ \cos t_{ij} & & 1\end{pmatrix}$是半正定的;

(ii)$\det \boldsymbol{A}=0$,则称在球面型空间 $S_{n-1,1}$ 中 $n+1$ 个点 $T_1,T_2,\cdots,T_{n+1}$,使得$\widehat{T_iT_j}=t_{ij}$.

下面,我们就来介绍预给内角的单形之嵌入定理.

定理 8.3.1 给出了 C_{n+1}^2 个实数 $0<\theta_{ij}<\pi$($1\leqslant i<j\leqslant n+1$),并令($i\neq j$ 时) $\theta_{ij}=\theta_{ji}$则当且仅当三个条件[8]:

(i)$n+1$ 阶对称矩阵 $\boldsymbol{A}=\begin{pmatrix}1 & & -\cos\theta_{ij}\\ & \ddots & \\ -\cos\theta_{ij} & & 1\end{pmatrix}$半正定;

(ii)$\det \boldsymbol{A}=0$;

(iii)对一切 $i\neq j$,$\boldsymbol{A}$ 的代数余子式 $A_{ij}>0$,同时满足时,在 E^n 中存在单形,它的任意两个侧面 f_i,f_j 所成之内二面角.

$$\langle i,j\rangle=\theta_{ij} \tag{8.3.1}$$

证明 必要性:如果已有 n 维单形 $\sum_{P(n+1)}$ 使$\langle i,j\rangle=\theta_{ij}$,取 $\sum_{P(n+1)}$ 的内切超球,不失一般性,设它为单位超球. 诸切点 T_i 在该球上的球面距离应为 $t_{ij}=\pi-\theta_{ij}$.

设以 $T_1,T_2,\cdots,T_{n+1}$ 为顶点之单形记为 $\sum_{T(n+1)}$,则 $\sum_{T(n+1)}$ 之外心——即 $\sum_{P(n+1)}$ 之内心在 $\sum_{T(n+1)}$ 内部(§6.1 中性质 2 之推论). 从而球面上任两切点 T_i,T_j

都被其余各点所生成之径面分隔,由定义 8.3.1 知 $A_{ij}>0$,对一切 $i\neq j$ 成立,且

$$\boldsymbol{A}=\begin{pmatrix} 1 & & -\cos t_{ij} \\ & \ddots & \\ -\cos t_{ij} & & 1 \end{pmatrix}=\begin{pmatrix} 1 & & -\cos \theta_{ij} \\ & \ddots & \\ -\cos \theta_{ij} & & 1 \end{pmatrix} \tag{8.3.2}$$

而 A_{ij} 为其代数余子式,亦即(iii)成立. 再由定义 8.3.2,(i)和(ii)也成立. 条件的必要性证毕.

充分性:既然(i),(ii)成立,令 $t_{ij}=\theta_{ij}$,由定义 8.3.2,可以将预给的球面距离 $t_{ij}(1\leqslant i<j\leqslant n+1)$ 的诸点 $T_1,\cdots,T_{n+1}$ 嵌入 E^n 中的某个单位超球面 $S_{n-1,1}$ 上. 我们首先证明,点集 $T=\{T_1,T_2,\cdots,T_{n+1}\}$ 支撑成 E^n 中的非退化单形,此单形记为 $\sum_{T(n+1)}$.

设 T_i,T_j 的欧氏距离为 ρ_{ij},则

$$\rho_{ij}=2\sin\frac{t_{ij}}{2}\quad(i,j=1,2,\cdots,n+1)$$

下面的镶边行列式

$$D(T)=\begin{vmatrix} 0 & 1 & \cdots & 1 \\ 1 & & & \\ \vdots & & \rho_{ij}^2 & \\ 1 & & & \end{vmatrix}$$

即为 T 的 C-M 行列式,它与 T 的 n 维体积 $V(\sum_{T(n+1)})$ 有关系式

$$[V(\sum_{T(n+1)})]^2=\frac{(-1)^{n+1}}{2^n(n!)^2}D(T)$$

利用$\rho_{ij}^2=2(1-\cos t_{ij})$及行列式性质可算出

$$D(T)=(-2)^n\begin{vmatrix}0 & 1 & \cdots & 1\\ 1 & & & \\ \vdots & & \cos t_{ij} & \\ 1 & & & \end{vmatrix}=(-2)^n\begin{vmatrix}0 & 1 & \cdots & 1\\ 1 & & & \\ \vdots & & A & \\ 1 & & & \end{vmatrix}=(-2)^n\left(-\sum_{i,j=1}^{n+1}A_{ij}\right)$$

由条件(iii)知$D(T)\neq 0$，于是$V(\Sigma_{T(n+1)})\neq 0$，即$\Sigma_{T(n+1)}$非退化，以$\Sigma_{T(n+1)}$为坐标单形建立重心坐标系. 过点T_i作球面$S_{n-1,1}$之切超平面F_i，F_i在此坐标系中之方程组为

$$c_{i1}x_1+c_{i2}x_2+\cdots+c_{i,n+1}x_{n+1}=0\quad(1\leqslant i\leqslant n+1)\tag{8.3.3}$$

其中

$$c_{ij}=\begin{cases}0 & \text{当 } i=j \text{ 时}\\ \cos^2\dfrac{\theta_{ij}}{2} & \text{当 } i\neq j \text{ 时}\end{cases}\tag{8.3.4}$$

事实上，只要应用直角坐标系与重心坐标系的变换公式式(6.1.6)即可算出上面的(8.3.4)诸等式. 令

$$\boldsymbol{C}=(c_{ij})_{(n+1)\times(n+1)}=\begin{pmatrix}0 & & -\cos\dfrac{\theta_{ij}}{2}\\ & \ddots & \\ -\cos\dfrac{\theta_{ij}}{2} & & 0\end{pmatrix}$$

交以c_{ij}表相应的代数余子式，考虑除F_i之外的其余n

个切超平面的公共点 P_i,P_i 的重心坐标可以由方程组(8.3.3)(去掉第 i 个)解出

$$(P_i)=(c_{i1},c_{i2},\cdots,c_{i,n+1})$$

而(P_i)的各分量之和为

$$\sum_{j=1}^{n+1}c_{ij}=\begin{vmatrix} c_{11} & c_{12} & \cdots & c_{1,n+1} \\ \vdots & \vdots & & \vdots \\ 1 & 1 & \cdots & 1 \\ \vdots & \vdots & & \vdots \\ c_{n+1,1} & c_{n+1,2} & \cdots & c_{n+1,n+1} \end{vmatrix} \text{(第 } i \text{ 行)}$$

再应用式(8.3.4)及半角公式,即得

$$\sum_{j=1}^{n+1}c_{ij}=\left(-\frac{1}{2}\right)^2\begin{vmatrix} a_{11} & \cdots & a_{1,n+1} \\ \vdots & & \vdots \\ 1 & \cdots & 1 \\ \vdots & & \vdots \\ a_{n+1,1} & \cdots & a_{n+1,n+1} \end{vmatrix} \text{(第 } i \text{ 行)}$$

其中 $a_{ij}=\begin{cases}1,\text{当 } i=j \text{ 时} \\ -\cos\theta_{ij},\text{当 } i\neq j \text{ 时}\end{cases}$.

再参照式(8.3.2),便有$\sum\limits_{j=1}^{n+1}c_{ij}=\left(-\frac{1}{2}\right)^n\sum\limits_{j=1}^{n+1}A_{ij}$.

于是由条件(iii),可知 $\operatorname{sgn}\left(\sum\limits_{j=1}^{n+1}c_{ij}\right)=(-1)^n$,亦即对 $i=1,2,\cdots,n+1$,(P_i)的分量之和具有相同的符号.

又由于 $c_{ij}\geqslant 0(i,j=1,2,\cdots,n+1)$,故由(令 $|\boldsymbol{C}|=\det\boldsymbol{C}$)$\sum\limits_{j=1}^{n+1}c_{ij}(P_i)=(0,0,\cdots,0,\boldsymbol{C},0,\cdots,0)$知顶点 T_i 的重心坐标可表为诸 P_i 的重心坐标的非负系数的线性组合,从而诸点 T_i 在$\{P_1,P_2,\cdots,P_{n+1}\}$所支撑成的单

形的内部或边界上,于是单形$\sum_{T(n+1)}$的内点也都是单形$\sum_{P(n+1)}$的内点. 由§6.1 中性质 2 即式(6.1.3)的推论知,$\sum_{T(n+1)}$的外心 O 应当在$\sum_{T(n+1)}$的内部,于是 O 也在$\sum_{P(n+1)}$的内部. 即$\sum_{T(n+1)}$的外接超球 $S_{n-1,1}$ 正是$\sum_{P(n+1)}$的内切超球,此时$\sum_{P(n+1)}$之诸内二面角

$$\widehat{F_i,F_j}=\langle i,j\rangle=\pi-t_{ij}=\theta_{ij}\quad(1\leqslant i<j\leqslant n+1)$$

故$\sum_{P(n+1)}$正是我们所要的单形. 定理证毕.

§8.4 应用举例

定理 8.4.1 对 E^n 中 $n(n\geqslant 2)$ 维单形 $\sum_{P(n+1)}=\{P_0,P_1,\cdots,P_n\}$,令 $b_{i-1,j-1}=\dfrac{\rho_{ij}}{\rho_{0i}\cdot\rho_{0j}}(i\neq j,i,j=0,1,\cdots,n,|P_iP_j|=\rho_{ij})$,则存在 $n-1$ 维单形$\sum_{B(n)}$,它的所有棱长正好是 $b_{ij}(i\neq j,i,j=0,1,\cdots,n-1)$,且$\sum_{B(n)}$与$\sum_{P(n+1)}$的体积分别是 $V(\sum_{B(n)})$和 V_n,$\sum_{P(n+1)}$的外接超球半径 R_n 之间有如下关系[26]

$$V_nR_n=\frac{1}{2n}(\rho_{01}\rho_{02}\cdots\rho_{0n})^2\cdot V(\textstyle\sum_{B(n)})\quad(8.4.1)$$

对于式(8.4.1),当 $n=2$,为 $S_{\triangle}R_2=\dfrac{1}{4}\rho_{01}\rho_{02}\rho_{12}$. 此即为△$ABC$ 中的关系式.

证明 对 $k=0,1,2,\cdots,n-1$,令

$$\Delta_k=\begin{vmatrix}0&1&\cdots&1\\1&&&\\\vdots&&b_{ij}^4&\\1&&&\end{vmatrix}\quad(i,j=0,1,\cdots,k,b_{ij}=b_{ji},b_{ii}=0)$$

则有$(\rho_{01}\rho_{02}\cdots\rho_{0,k+1})^4\Delta_k = D_0(P_0,P_1,\cdots,P_{k+1})$.

由式(7.4.3)及式(1.5.3)得

$$\frac{(-1)^{k+1}}{2^{k+2}[(k+1)!]^2}D_0(P_0,\cdots,P_{k+1}) = V_{k+1}^2 R_{k+1}^2 > 0$$

由上述两式得$(-1)^k\Delta_k < 0(k=0,1,\cdots,n-1)$. 故由单形构造定理,知存在$n-1$维单形$\sum_{B(n)}$,它的棱长正好是$b_{ij}(i\neq j,i,j=0,1,\cdots,n-1)$,并且由$\Delta_{n-1}$的定义及式(5.2.6),知$\sum_{B(n)}$的体积$V(\sum_{B(n)})$满足

$$[V(\sum_{B(n)})]^2 = \frac{(-1)^n}{2^{n-1}[(n-1)!]^2}\Delta_{n-1}$$

再由式(5.2.7)即证得结论.

第九章 同一单形中的几何关系

§9.1 关于单形顶点角的不等式

在$\triangle ABC$中,有

$$\sin^2A+\sin^2B+\sin^2C\leqslant\frac{9}{4}\leqslant4(\cos^2A+\cos^2B+\cos^2C)^2$$

我们可以将此三角不等式推广到高维欧氏空间E^n中去.

由单形顶点角的概念(注意到定义5.1.3)出发,我们有:

定理 9.1.1 设E^n中的n维单形$\sum_{P(n+1)}$的诸n级顶点角为θ_{i_n},有不等式[117]

$$\sum_{i=0}^{n}\sin^2\theta_{i_n}\leqslant\left(1+\frac{1}{n}\right)^n \quad (9.1.1)$$

其中等号当且仅当单形$\sum_{P(n+1)}$正则时成立.

证明 注意到式(5.1.2),由$\sum_{P(n+1)}$的$n+1$个界面上的单位法向量$\boldsymbol{e}_0,\boldsymbol{e}_1,\cdots,\boldsymbol{e}_n$的度量矩阵

$$A_n=\begin{pmatrix} e_0\cdot e_0 & e_0\cdot e_1 & \cdots & e_0\cdot e_n \\ \vdots & \vdots & & \vdots \\ e_n\cdot e_0 & e_n\cdot e_1 & \cdots & e_n\cdot e_n \end{pmatrix}$$

考虑 $\boldsymbol{A}_n$ 的特征方程 $\det(\boldsymbol{A}_n-\lambda\boldsymbol{E}_n)=0$,($\boldsymbol{E}_n$ 为 n 阶单位矩阵)并把它展开为

$$\lambda^{n+1}-c_1\lambda^n+\cdots+(-1)^n c_n\lambda+(-1)^{n+1}c_{n+1}=0$$

由于 $\boldsymbol{A}_n$ 是非退化的半正定矩阵,其秩为 n,特征方程有 n 个正实根和一个零根,故 $c_{n+1}=0$. 约去一个零根后得到

$$\lambda^n-c_1\lambda^{n-1}+\cdots+(-1)^n c_n=0\quad(c_i>0,i=1,2,\cdots,n)$$

由 Maclaurin 不等式,有$\frac{c_1}{n}>c_n^{\frac{1}{n}}$.　　　　(*)

注意到 c_n 是 $\boldsymbol{A}_n$ 的所有 n 阶主子式之和,即

$$c_n=A_{00}+A_{11}+\cdots+A_{nn}=\sum_{i=0}^{n}A_{ij}$$

而 $A_{ii}=\det\boldsymbol{A}_i(i=0,1,\cdots,n)$,从而得到

$$c_n=\sum_{i=0}^{n}\det\boldsymbol{A}_i=\sum_{i=0}^{n}\sin^2\theta_{i_n}$$

又显然有 $c_1=n+1$,由(*)即得式(9.1.1).

由定理 7.15.2,$\sum_{P(n+1)}$ 正则时,$\sin\ \theta_{i_n}=(n+1)^{-\frac{1}{2}}\cdot(1+\frac{1}{n})^{\frac{n}{2}}(i=0,1,\cdots,n)$,此时式(9.1.1)等号成立. 证毕.

由式(9.1.1),即有:

推论 1
$$\sum_{i=0}^{n}\sin^2\theta_{i_n}<e \tag{9.1.2}$$

而且 e 是使不等式成立的最佳常数.

推论 2　$\sum_{i=0}^{n}\theta_{i_n}\leqslant(n+1)\arcsin(n+1)^{-\frac{1}{2}}(1+\frac{1}{n})^{\frac{n}{2}}$.　　(9.1.3)

上式表明 $\boldsymbol{E}^n(n>3)$ 中，n 维单形诸顶点角之和当该单形为正则时，可取到极大值.

事实上，注意到 $(n+1)^{-\frac{1}{2}}(1+\frac{1}{n})^{\frac{n}{2}}$ 是 n 的减函数（比值法可证），当 $n>3$ 时，$\theta_{i_n}\leqslant\arcsin\frac{5\sqrt{5}}{16}<\frac{\pi}{4}$，而 $\sin^2x$ 在 $[0,\frac{\pi}{4}]$ 内上凸，有 $\sin^2\frac{\theta_{0_n}+\theta_{1_n}+\cdots+\theta_{n_n}}{n+1}\leqslant\frac{1}{n+1}\sum_{i=0}^{n}\sin^2\theta_{i_n}$. 又由式（9.1.1），有 $\sin\frac{\theta_{0_n}+\theta_{1_n}+\cdots+\theta_{n_n}}{n+1}\leqslant(n+1)^{-\frac{1}{2}}\cdot(1+\frac{1}{n})^{\frac{n}{2}}$，即证.

定理 9.1.1 又可推广为：

定理 9.1.2 设 E^n 中的 n 维单形 $\sum_{P(n+1)}$ 的诸 n 级顶点角为 θ_{i_n}，$\sum_{P(n+1)}$ 的任意两个界面 f_i,f_j 所成的内二面角为 $\langle i,j\rangle$，又 μ_1 为正实数（$n\geqslant2,i,j=0,1,\cdots,n,i\neq j$），则有

$$\sum_{i=0}^{n}(\sum_{\substack{j=0\\j\neq i}}^{n}\mu_j)\sin^2\theta_{i_n}\leqslant[\frac{2}{n(n-1)}]^{\frac{n}{2}}\cdot[(\sum_{0\leqslant i<j\leqslant n}\sqrt{\mu_i\cdot\mu_j})\sin^2\langle i,j\rangle]^{\frac{n}{2}}\leqslant\frac{1}{n^n}(\sum_{i=0}^{n}\mu_i)^n \tag{9.1.4}$$

其中等号成立的充要条件是下列各式的成立

$$\frac{\mu_i}{\sum_{i=0}^{n}\mu_i}=\frac{\cos\langle j,k\rangle}{n(\cos\langle i,j\rangle\cdot\cos\langle i,k\rangle+\cos\langle j,k\rangle)} \tag{9.1.5}$$

（$i,j,k=0,1,\cdots,n$，且 i,j,k 两两不等）.

定理 9.1.2 完全可类似于定理 9.1.1 而证，只需

注意到

$$M_n=\begin{pmatrix} \mu_0 & & -\sqrt{\mu_i\mu_j}\cos\langle i,j\rangle \\ & \ddots & \\ -\sqrt{\mu_i\mu_j}\cos\langle j,i\rangle & & \mu_n \end{pmatrix}$$

的特征方程中 $c_1=\sum\limits_{i=0}^{n}\mu_i, c_2=\sum\limits_{0\leqslant i\leqslant j\leqslant n}\mu_i\cdot\mu_j\cdot\sin^2\langle i,j\rangle$，$c_n=\sum\limits_{i=0}^{n}(\prod\limits_{\substack{j=0\\ j\neq i}}^{n}\mu_i)\cdot\sin^2\theta_{i_n}$ 及由 Maclaurin 不等式得到的 $\frac{c_1}{C_n^1}\geqslant[\frac{c_2}{C_n^2}]^{\frac{1}{2}}\geqslant\cdots\geqslant[\frac{c_n}{C_n^n}]^{\frac{1}{n}}$ 即证. 由 Maclaurin 不等式等号成立条件知定理中等号成立的充要条件为：$n+1$ 阶实对称矩阵 $\boldsymbol{M}$ 有 n 重特征根，即有 $\mathrm{rank}[\boldsymbol{M}-(\frac{1}{n}\sum\limits_{i=0}^{n}\mu_i)\boldsymbol{E}_{n+1}]=1$ 或矩阵 $\boldsymbol{M}-(\frac{1}{n}\sum\limits_{i=0}^{n}\mu_i)\boldsymbol{E}_{n+1}$ 的任意两行元素对应成比例即得

$$\frac{\mu_i-\frac{1}{n}\sum\limits_{i=0}^{n}\mu_l}{-\sqrt{\mu_j\mu_i\cos\langle j,i\rangle}}=\frac{-\sqrt{\mu_j\mu_i}\cos\langle i,j\rangle}{\mu_i-\frac{1}{n}\sum\limits_{l=0}^{n}\mu_l}$$

$$=\frac{-\sqrt{\mu_i\mu_k}\cos\langle i,k\rangle}{-\sqrt{\mu_j\mu_k}\cos\langle j,k\rangle}$$

显然，在定理 9.1.2 的条件下，令 $\mu_0=\mu_1=\cdots=\mu_n=1$，即可得到定理 9.1.1. 而且还有如下结论：

推论 1　在定理 9.1.2 的条件下：

(1) $\sum\limits_{i=0}^{n}\sin^2\theta_{i_n}\leqslant[\frac{2}{n(n-1)}]^{\frac{n}{2}}\cdot(\sum\limits_{0\leqslant i<j\leqslant n}\sin^2\langle i,j\rangle)^{\frac{n}{2}}$　(9.1.6)

$$\leqslant(1+\frac{1}{n})^n \qquad (9.1.6')$$

$$\leqslant (2\sum_{0\leqslant i<j\leqslant n}\cos^2\langle i,j\rangle)^n \qquad (9.1.6'')$$

(2) $$\prod_{i=0}^{n}\sin\theta_{i_n}\leqslant\left[\frac{(n+1)^{n-1}}{n^n}\right]^{\frac{n+1}{2}} \qquad (9.1.7)$$

(3) $$\prod_{0\leqslant i<j\leqslant n}\sin\langle i,j\rangle\leqslant\left(\frac{n^2-1}{n^2}\right)^{\frac{n(n+1)}{4}} \qquad (9.1.8)$$

证明 对于式(9.1.6)及(9.1.6′),下面讨论等号成立的充要条件,此时,条件式变为

$$\frac{\frac{1}{n}}{\cos\langle j,i\rangle}=\frac{\cos\langle i,j\rangle}{\frac{1}{n}}=\frac{\cos\langle i,k\rangle}{\cos\langle j,k\rangle}$$

条件之充分性显然.下证必要性:由 i,j,k 的任意性,知 $\cos\langle i,j\rangle=\pm\frac{1}{n}$,故$\langle i,j\rangle=\arccos\frac{1}{n}$或$\pi-\arccos\frac{1}{n}$($i,j=0,1,\cdots,n$).于是单形$\Sigma_{P(n+1)}$必与一正则单形相似(这可由定理 10.1.1 判定),从而单形$\Sigma_{P(n+1)}$为正则单形,必要性获证.

下面再证式(9.1.7),式(9.1.8).

由式(9.1.6)及(9.1.6′),整理得

$$\sum_{0\leqslant i<j\leqslant n}\sin^2\langle i,j\rangle\leqslant\frac{n-1}{2n}(n+1)^2 \qquad (9.1.9)$$

由式(9.1.9)及 $\sin^2\langle i,j\rangle=1-\cos^2\langle i,j\rangle$ 有 $\sum_{0\leqslant i<j\leqslant n}\cos^2\langle i,j\rangle\geqslant\frac{n+1}{2n}$,从而$(2\sum_{0\leqslant i<j\leqslant n}\cos^2\langle i,j\rangle)^n\geqslant\left(\frac{n+1}{n}\right)^n$.即得式(9.1.6″).

运用算术 - 几何平均值不等式及式(9.1.6′),式(9.1.9)即可得到式(9.1.7),式(9.1.8).

例如,由$\sum_{i=0}^{n}\sin^2\theta_{i_n}\geqslant(n+1)\left(\prod_{i=0}^{n}\sin^2\theta_{i_n}\right)^{\frac{1}{n+1}}$有

$$\prod_{i=0}^{n}\sin^2\theta_{i_n}\leqslant\left[\frac{\sum_{i=0}^{n}\sin^2\theta_{i_n}}{n+1}\right]^{n+1}\leqslant\left[\frac{(1+\frac{1}{n})^n}{n+1}\right]^{n+1}$$
$$=\left[\frac{(n+1)^{n-1}}{n^n}\right]^{n+1}$$

上式两边开平方,即得式(9.1.7).

推论2　在定理9.1.2的条件下,又设 x_i 为正数 $(i=0,1,\cdots,n)$,则

$$\sum_{i=0}^{n}x_i\sin^2\theta_{i_n}\leqslant n^{-\frac{n}{2}}\cdot(\sum_{i=0}^{n}x_i)^{\frac{1}{2}}(\sum_{i=0}^{n}\frac{1}{x_i})^{\frac{1}{2}}(\prod_{i=0}^{n}x_i)^{\frac{1}{2}} \tag{9.1.10}$$

其中等号成立的充分必要条件为单形 $\sum_{P(n+1)}$ 的各侧面面积相等且下面各式成立

$$\frac{x_i^{-1}}{\sum_{i=0}^{n}x_i^{-2}}=\frac{\cos\langle i,j\rangle}{n(\cos\langle i,j\rangle\cdot\cos\langle i,k\rangle+\cos\langle j,k\rangle)} \tag{9.1.11}$$

其中 $i,j,k=0,1,\cdots,n$,且 i,j,k 两两不等.

证明　由式(9.1.4)及(9.1.5),得

$$\sum_{i=0}^{n}(\prod_{\substack{j=0\\j\neq i}}^{n}\mu_j)\cdot\sin^2\theta_{i_n}\leqslant\frac{1}{n^n}(\sum_{i=0}^{n}\mu_i)^n$$

令 $\mu_i=\frac{1}{x_i}(\prod_{j=0}^{n}x_j)^{\frac{1}{n}}$,则 $x_i=\prod_{\substack{j=0\\j\neq i}}^{n}\mu_j(i=0,1,\cdots,n)$,从而

$$\sum_{i=0}^{n}x_i\cdot\sin^2\theta_{i_n}\leqslant\frac{1}{n^n}(\sum_{i=0}^{n}\frac{1}{x_i})^n\cdot(\prod_{i=0}^{n}x_i) \tag{9.1.12}$$

利用Cauchy不等式,有

$$\sum_{i=0}^{n}x_i\cdot\sin\theta_{i_n}\leqslant(\sum_{i=0}^{n}x_i)^{\frac{1}{2}}\cdot(\sum_{i=0}^{n}x_i\cdot\sin^2\theta_{i_n})^{\frac{1}{2}}\quad(**)$$
$$\leqslant n^{-\frac{n}{2}}\cdot(\sum_{i=0}^{n}x_i)^{\frac{1}{2}}(\sum_{i=0}^{n}\frac{1}{x_i})^{\frac{1}{2}}(\prod_{i=0}^{n}x_i)^{\frac{1}{2}}$$

由于式(9.1.10)等号成立当且仅当上述两个不等式中等号同时成立时成立,又由 Cauchy 不等式等号成立的条件,知式(9.1.4)等号当且仅当

$$\frac{\sqrt{x_0}}{\sqrt{x_0}\sin\theta_{0_n}}=\frac{\sqrt{x_1}}{\sqrt{x_1}\sin\theta_{1_n}}=\cdots=\frac{\sqrt{x_n}}{\sqrt{x_n}\sin\theta_{n_n}}$$

即 $\sin\theta_{0_n}=\sin\theta_{1_n}=\cdots=\sin\theta_{n_n}$ 时成立.

利用高维正弦定理即式(7.3.13),知上述等式等价于单形 $\Sigma_{P(n+1)}$ 的各侧面面积相等.

由不等式式(9.1.4)等号成立条件,知式(* *)等号成立的充分条件为(9.1.11)式成立. 因此,式(9.1.10)等号成立的充要条件为单形 $\Sigma_{P(n+1)}$ 的各侧面面积相等,且式(9.1.11)成立.

特别地,在式(9.1.10)中,令 $n=2$,则得到 E^2 中 $\triangle ABC$ 中的一个著名不等式(由 Klamkin 在 1984 年提出)[161]:

设 A,B,C 表示 $\triangle ABC$ 的三内角,对于正实数 x_1, x_2,x_3,成立不等式

$$x_1\cdot\sin A+x_2\cdot\sin B+x_3\cdot\sin C$$
$$\leqslant\frac{1}{2}(x_1x_2+x_2x_3+x_3x_1)\cdot\sqrt{\frac{x_1+x_2+x_3}{x_1x_2x_3}}\qquad(9.1.13)$$

对于定理 9.1.2. 还可推广,即有:

定理 9.1.3　设 E^n 中的 n 维单形 $\Sigma_{P(n+1)}$ 的诸 n 级顶点角为 θ_{i_n}, $\Sigma_{P(n+1)}$ 的任意两个界面 f_i,f_j 所成的内二面角为 $\langle i,j\rangle$,又 μ_i 为正实数($n\geqslant 2,i,j=0,1,\cdots,n,i\neq j$),则有

$$\sum_{i=0}^{n}\Big(\prod_{\substack{j=0\\ j\neq i}}^{n}\mu_j\Big)\sin^2\theta_{i_n}\leqslant\Big[\frac{2}{n(n-1)}\Big]^{\frac{n}{2}}\Big(\sum_{0\leqslant i<j\leqslant n}\mu_i\mu_j\sin^2\langle i,j\rangle\Big)^{\frac{n}{2}}$$
$$\leqslant\frac{2\Big(\sum\limits_{i=1}^{n}\mu_i\Big)^{n-2}}{(n-1)n^{n-1}}\sum_{0\leqslant i<j\leqslant n}\mu_i\mu_j\sin^2\langle i,j\rangle$$

$$\leqslant \frac{1}{n^n}\left(\sum_{i=1}^{n}\mu_i\right)^n \tag{9.1.14}$$

事实上，若令

$$M=\left[\frac{2}{n(n-1)}\right]^{\frac{n}{2}}\sum_{0\leqslant i<j\leqslant n}\mu_i\mu_j\sin^2\langle i,j\rangle$$

$$N=\frac{2\left(\sum_{i=1}^{n}\mu_i\right)^{n-2}}{(n-1)n^{n-1}}\sum_{0\leqslant i<j\leqslant n}\mu_i\mu_j\sin^2\langle i,j\rangle$$

注意到式(9.1.4)，有

$$\frac{M}{N}=\left[\frac{2n\sum\limits_{0\leqslant i<j\leqslant n}\mu_i\mu_j\sin^2\langle i,j\rangle}{(n-1)\left(\sum\limits_{i=0}^{n}\mu_i\right)^2}\right]^{\frac{n}{2}-1}\leqslant 1$$

又由式(9.1.4)即得式(9.1.14).

定理 9.1.4　设 E^n 中的 n 维单形 $\sum_{P(n+1)}$ 的诸 k 级顶点角为 $\theta_{i_1,i_2,\cdots,i_k}(0\leqslant i_1<i_2<\cdots<i_k\leqslant n)$ 与诸 l 级顶点角为 $\theta_{j_1j_2\cdots j_l}(0\leqslant j_1<j_2<\cdots<j_l\leqslant n$，且 $l<k)$，则对任一组实数 $x_i\neq 0(i=0,1,\cdots,n)$，有[76]

$$\left[\frac{1}{C_n^k}\sum_{0\leqslant i_1<i_2<\cdots<i_k\leqslant n}x_{i_1}^2\cdot x_{i_2}^2\cdot\cdots\cdot x_{i_k}^2\sin^2\theta_{i_1i_2\cdots i_k}\right]^{\frac{1}{k}}$$

$$\leqslant\left(\frac{1}{C_n^l}\sum_{0\leqslant j_1<\cdots<j_l\leqslant n}x_{j_1}^2\cdot x_{j_2}^2\cdot\cdots\cdot x_{j_l}^2\sin^2\theta_{j_1j_2\cdots j_l}\right)^{\frac{1}{l}} \tag{9.1.15}$$

$$\leqslant\frac{1}{n}\sum_{i=0}^{n}x_i^2\quad(2\leqslant l<k\leqslant n) \tag{9.1.16}$$

等号成立的充分必要条件是下列各式均成立

$$\frac{x_i^2}{\sum\limits_{i=0}^{n}x_j^2}=\frac{\cos\langle s,i\rangle}{n(\cos\langle s,t\rangle+\cos\langle s,i\rangle\cdot\cos\langle i,t\rangle)}$$

其中 $i,s,t=0,1,\cdots,n$，且 i,s,t 各不相同，$\langle k,l\rangle$ 表内二面角.

此定理的证明，也可类似于定理 9.1.1. 而证，只需注意到，由

$$
\begin{aligned}
c_1 &= \sum_{i=0}^{n} x_i^2, c_k \\
&= \sum_{\substack{0 \leqslant i_1 < \cdots < i_k \leqslant n \\ 1 \leqslant u, v \leqslant k}} \det(x_{i_u} x_{i_v} \boldsymbol{e}_{i_u} \cdot \boldsymbol{e}_{i_v}) \\
&= \sum_{\substack{0 \leqslant i_1 < \cdots < i_k \leqslant n \\ 1 \leqslant u, v \leqslant k}} x_{i_1}^2 \cdots x_{i_k}^2 \cdot \det(\boldsymbol{e}_{i_u} \cdot \boldsymbol{e}_{i_v}) \\
&= \sum_{0 \leqslant i_1 < \cdots < i_k \leqslant n} x_{i_1}^2 \cdots x_{i_k}^2 \cdot \sin^2 \theta_{i_1 i_2 \cdots i_k}, c_l \\
&= \sum_{0 \leqslant j_1 < \cdots < j_l \leqslant n} x_{j_1}^2 \cdots x_{j_l}^2 \cdot \sin^2 \theta_{j_1 j_2 \cdots j_l}
\end{aligned}
$$

代替之即可获证.

对于定理 9.1.4,当 $k=n,l=2$,令 $k=n,l=2$,令 $\mu_i = x_i^2$ 即得定理 9.1.2. 还可推得式(9.1.9),式(9.3.10)以及式(9.1.6′). 又若 $x_0 = \cdots = x_n$ 得式(9.1.6′)的推广式

$$
\sum_{0 \leqslant i_1 < \cdots < i_k \leqslant n} \sin^2 \theta_{i_1 i_2 \cdots i_k} \leqslant \mathrm{C}_n^k \left(1 + \frac{1}{n}\right)^k \quad (9.1.17)
$$

其中单形正则时取等号.

由定理 9.1.4 还有如下的推论:

推论 设 E^n 中的 n 维单形 $\sum_{P(n+1)} = \{P_0, P_1, \cdots, P_n\}$ 的诸 n 级顶点角为 $\theta_{i_n}(i=0,1,\cdots,n)$,任意 k 个顶点 $P_{i_1}, P_{i_2}, \cdots, P_{i_k}$ 所确定的 $k(k \leqslant n-1)$ 级顶点角为 $\theta_{i_1 i_2 \cdots i_k}$,则

$$
\frac{\left(\sum\limits_{0 \leqslant i_1 < i_2 < i_k \leqslant n} \sin^2 \theta_{i_1 i_2 \cdots i_k}\right)^n}{\left(\sum\limits_{i=0}^{n} \sin \theta_{i_n}\right)^k} \geqslant (\mathrm{C}_n^k)^n \quad (9.1.18)
$$

等号当且仅当单形 $\sum_{P(n+1)}$ 正则时成立.

显然,当式(9.1.18)中的 k 取 1 时,即为式(9.1.6′). 而式(9.1.18)是文[44]中的定理.

事实上,由式(9.1.15),取 $k=n,l=k,x_0=x_1=\cdots=x_n=1$(或 -1),即可得到式(9.1.18).

§9.2　关于单形内顶角的不等式

定义 9.2.1　设 P 为 E^n 中的 n 维单形 $\sum_{P(n+1)}=\{P_0,P_1,\cdots,P_n\}$ 内部的任意一点，与 $\overrightarrow{PP_i}$ 方向一致的单位向量为 $\boldsymbol{\varepsilon}_i$，令

$$B_{i_n}=G(\boldsymbol{\varepsilon}_0,\boldsymbol{\varepsilon}_i,\cdots,\boldsymbol{\varepsilon}_{i-1},\boldsymbol{\varepsilon}_{i+1},\cdots,\boldsymbol{\varepsilon}_n).$$

这里 $G(\boldsymbol{\varepsilon}_0,\cdots,\boldsymbol{\varepsilon}_{i-1},\boldsymbol{\varepsilon}_{i+1},\cdots,\boldsymbol{\varepsilon}_n)$ 表示向量 $\boldsymbol{\varepsilon}_0,\cdots,\boldsymbol{\varepsilon}_{i-1},\boldsymbol{\varepsilon}_{i+1},\cdots,\boldsymbol{\varepsilon}_n$ 的 Gram 行列式，则称 $\theta'_{i_n}=\arcsin\sqrt{B_{i_n}}$ 为单形 $\sum_{P(n+1)}$ 以 P 为顶点且对应于 $P_i(i=0,\cdots,i-1,i+1,\cdots,n)$ 的内顶角.

定理 9.2.1　设 θ'_{i_n} 为 E^n 中的 n 维单形 $\sum_{P(n+1)}=\{P_0,P_1,\cdots,P_n\}$ 以 P 为顶点且对应于 $P_i(i=0,\cdots,i-1,i+1,\cdots,n)$ 的内顶角，又 μ_i 为正数 $(i=0,1,\cdots,n)$，则有[61]

$$\sum_{i=0}^{n}\Big(\prod_{\substack{j=0\\ j\neq i}}^{n}\mu_j\Big)\sin^2\theta'_{i_n}\leqslant\frac{1}{n^n}\Big(\sum_{i=0}^{n}\mu_i\Big)^n \tag{9.2.1}$$

其中等号成立的充分必要条件是下式成立

$$\frac{\mu_i}{\sum_{i=0}^{n}\mu_i}=\frac{\cos\varphi_{ik}}{n(\cos\varphi_{jk}-\cos\varphi_{ij}\cdot\cos\varphi_{ik})} \tag{9.2.2}$$

其中 $i,j,k=0,1,\cdots,n$，且 i,j,k 两两不等. 这里 φ_{ij} 为向量 $\boldsymbol{\varepsilon}_i,\boldsymbol{\varepsilon}_j$ 之间的夹角 $(i,j=0,1,\cdots,n,i\neq j)$.

此定理可类似于定理 9.1.1 而证(略).

推论 1　E^n 中单形 $\sum_{P(n+1)}$ 内顶角 θ'_{i_n} 满足

$$\sum_{i=0}^{n}\sin^2\theta'_{i_n}\leqslant\Big(1+\frac{1}{n}\Big)^n \tag{9.2.3}$$

其中等号成立的充要条件为 $\varphi_{ij}=\pi-\arccos\frac{1}{n}(i,j=0,1,\cdots,n,i\neq j)$.

证明 在不等式(9.2.1)中,令 $\mu_0=\mu=\cdots=\mu_n=1$,即得式(9.2.3). 下证式(9.2.3)等号成立的充要条件.

条件之充分性显然. 条件之必要性:当式(9.2.3)等号成立时,由式(9.2.1)等号成立的条件式,有

$$\frac{-\frac{1}{n}}{\cos\varphi_{ij}}=\frac{\cos\varphi_{ij}}{-\frac{1}{n}}=\frac{\cos\varphi_{ik}}{\cos\varphi_{jk}}$$

由于 i,j,k 的任意性,所以 $\cos\varphi_{ij}=-\frac{1}{n}$,从而

$$\varphi_{ij}=\pi-\arccos\frac{1}{n}\quad(i,j=0,1,\cdots,n,i\neq j)$$

推论 2 E^n 中单形 $\sum_{P(n+1)}$ 的内顶角 θ'_{i_n} 满足

$$\prod_{i=0}^{n}\sin\theta'_{i_n}\leqslant\left[\frac{(n+1)^{n-1}}{n^n}\right]^{\frac{n+1}{2}}\qquad(9.2.4)$$

其中等号成立的充要条件为 $\varphi_{ij}=\pi-\arccos\frac{1}{n}(i,j=0,1,\cdots,n,i\neq j)$.

证明 利用式(9.2.3)及算术-几何平均值不等式即得式(9.2.4),其中等号成立的充要条件为式(9.2.3)成立的充要条件且 $\sin\theta'_{0_n}=\cdots=\sin\theta'_{n_n}$,即 $\theta'_{i_n}=\pi-\arccos\frac{1}{n}$.

§9.3　关于单形内二面角的不等式

在$\triangle ABC$中，对于任意实数x,y,z，有下面著名的不等式

$$x^2+y^2+z^2\geqslant 2yz\cdot\cos A+2xz\cdot\cos B+2xy\cdot\cos C$$

其中等号当且仅当$x:\sin A=y:\sin B=z:\sin C$时取得.

上述不等式也可以推广到高维欧氏空间E^n中去.

定理9.3.1　设$\Sigma_{P(n+1)}$为E^n的一个n维单形，它的任意两个侧面f_i,f_j所成的内二面角为$\langle i,j\rangle(0\leqslant i<j\leqslant n)$，则对于任意实数$x_i(i=0,1,2,\cdots,n)$，成立不等式[119]

$$\sum_{i=0}^{n}x_i^2\geqslant 2\sum_{0\leqslant i<j\leqslant n}x_ix_j\cos\langle i,j\rangle \qquad (9.3.1)$$

其中等号当且仅当x_i与$|f_i|$（f_i的体积）成比例时成立.

证明　考虑二次型

$$F(x_0,x_1,\cdots,x_n)=\sum_{i=0}^{n}x_i^2-2\sum_{0\leqslant i<j\leqslant n}x_ix_j\cdot\cos\langle i,j\rangle$$

由定理8.3.1（即预给二面角的单形嵌入E^n的充分必要条件），二次型$F(x_0,x_1,\cdots,x_n)$的矩阵

$$\boldsymbol{A}=\begin{pmatrix}1 & & -\cos\langle i,j\rangle\\ & \ddots & \\ -\cos\langle i,j\rangle & & 1\end{pmatrix}$$

为半正定，故$F(x_0,x_1,\cdots,x_n)\geqslant 0$，从而式(9.3.1)成立.

下面证其等号成立的充要条件.

充分性：设x_i比例于单形$\Sigma_{P(n+1)}$的侧面体积$|f_i|$，即$x_i=\lambda\cdot|f_i|$（λ为比例因子，$i=0,1,\cdots,n$），则

由(7. 3. 7′) 知 $\sum\limits_{i=0}^{n} x_i^2 = 2\sum\limits_{0\leqslant i<j\leqslant n} x_i x_j \cdot \cos\langle i,j\rangle$, 即式(9. 3. 1)等号成立.

必要性:若式(9. 3. 1)等号成立,即二次型

$$F(x_0,x_1,\cdots,x_n)=\sum_{i=0}^{n}x_i^2-2\sum_{0\leqslant i<j\leqslant n}x_ix_j\cdot\cos\langle i,j\rangle=0$$

或

$$\boldsymbol{XAX}^{\mathrm{T}}=\boldsymbol{0}$$

其中

$$\boldsymbol{A}=\begin{pmatrix}1 & & -\cos\langle i,j\rangle\\ & \ddots & \\ -\cos\langle i,j\rangle & & 1\end{pmatrix}$$

$$\boldsymbol{X}=[x_0,x_1,\cdots,x_n]$$

由定理 8. 3. 1,$\boldsymbol{A}$ 是秩为 n 的正半定对称矩阵,所以存在秩为 n 的矩阵 $\boldsymbol{Q}$,使 $\boldsymbol{A}=\boldsymbol{Q}\cdot\boldsymbol{Q}^{\mathrm{T}}$.

于是 $\boldsymbol{XQQ}^{\mathrm{T}}\boldsymbol{X}^{\mathrm{T}}=\boldsymbol{XQ}(\boldsymbol{XQ})'=\boldsymbol{0}$,从而 $\boldsymbol{Q}^{\mathrm{T}}\boldsymbol{X}^{\mathrm{T}}=\boldsymbol{0}$.

易知满足上式的 $\boldsymbol{X}^{\mathrm{T}}$ 组成 1 维线性空间.

记 $|f|=(|f_0|,|f_1|,\cdots,|f_n|)$. 由式(7. 3. 7′),故当式(9. 3. 1)等号成立时,存在非零常数 c,使 $X=c|f|$. 从而必要性得证.

在式(9. 3. 1),令 $x_i=1(i=0,1,\cdots,n)$得:

推论 1 E^n 中 n 维单形 $\sum_{P(n+1)}$ 的诸内二面角为 $\langle i,j\rangle$,则

$$\sum_{0\leqslant i<j\leqslant n}\cos\langle i,j\rangle\leqslant\frac{1}{2}(n+1)\qquad(9.3.2)$$

其中等号当且仅当单形 $\sum_{P(n+1)}$ 的诸侧面体积相等时成立.

若诸 $\langle i,j\rangle$ 均为锐角,利用算术 - 几何平均值不等式,可得

推论 2 E^n 中 n 维单形 $\sum_{P(n+1)}$ 的诸内二面角 $\langle i,j\rangle$ 均为锐角,则

$$\prod_{0\leqslant i<j\leqslant n}\cos\langle i,j\rangle\leqslant n^{-\frac{1}{2}n(n+1)} \tag{9.3.3}$$

其中等号当且仅当单形$\Sigma_{P(n+1)}$正则时成立.

再由倍角公式及推论1,可得:

推论3 E^n 中的 n 维单形$\Sigma_{P(n+1)}$的诸内二面角为$\langle i,j\rangle$,则

$$\sum_{0\leqslant i<j\leqslant n}\cos^2\frac{1}{2}\langle i,j\rangle\leqslant\frac{1}{4}(n+1)^2 \tag{9.3.4}$$

其中等号当且仅当单形$\Sigma_{P(n+1)}$的诸侧面体积相等时成立.

由推论3,并利用算术-几何平均不等式,得:

推论4 E^n 中 n 维单形$\Sigma_{P(n+1)}$的诸内二面角为$\langle i,j\rangle$,则

(i) $$\prod_{0\leqslant i<j\leqslant n}\cos\frac{1}{2}\langle i,j\rangle\leqslant\left(\frac{n+1}{2n}\right)^{\frac{1}{4}n(n+1)} \tag{9.3.5}$$

(ii) $$\sum_{0\leqslant i<j\leqslant n}\sin^2\frac{1}{2}\langle i,j\rangle\geqslant\frac{1}{4}(n^2-1) \tag{9.3.6}$$

其中等号均当且仅当单形$\Sigma_{P(n+1)}$正则时成立.

定理9.3.2 设 E^n 中的一个 n 维单形$\Sigma_{P(n+1)}$的任意两个侧面f_i,f_j所成的内二面角为$\langle i,j\rangle(0\leqslant i<j\leqslant n)$,则对于任意 $n+1$ 个正数 $x_i(0\leqslant i\leqslant n)$,成立不等式[138]

$$\sum_{0\leqslant i<j\leqslant n}x_ix_j\sin\langle i,j\rangle\leqslant\left[\frac{1}{4}(n-1)(n+1)\right]^{\frac{1}{2}}\sum_{i=0}^{n}x_i^2 \tag{9.3.7}$$

其中等号当且仅当 $x_0=\cdots=x_n$,且$\Sigma_{P(n+1)}$正则时成立.

对于式(9.3.7),当 $n=2$ 时,即为1964年Vasic获得的三角形中的一个重要不等式:

设α,β,γ是三角形的三内角,x,y,z是任意三正

数,则

$$x\sin\alpha+y\sin\beta+z\sin\gamma\leqslant\frac{\sqrt{3}}{2}\left(\frac{yz}{x}+\frac{zx}{y}+\frac{xy}{z}\right)\tag{9.3.8}$$

如果用$\langle i,j\rangle(0\leqslant i<j\leqslant 2)$表示三角形的三内角,$x_i(i=0,1,2)$为任意三个正数,则上述不等式可写成

$$x_0x_1\sin\langle 0,1\rangle+x_0x_2\sin\langle 0,2\rangle+x_1x_2\sin\langle 1,2\rangle\leqslant\frac{\sqrt{3}}{2}(x_0^2+x_1^2+x_2^2)\tag{9.3.9}$$

因此,我们称式(9.3.7)为E^n中的 Vasic 不等式.

实际上,我们还可得如下更强的结果:

定理 9.3.3 设E^n中的一个n维单形$\sum_{P(n+1)}$的任意两个侧面f_i,f_j所成的内二面角为$\langle i,j\rangle(0\leqslant i<j\leqslant n)$,则对任一组非零实数$x_i(0\leqslant i\leqslant n)$成立不等式

$$\sum_{0\leqslant i<j\leqslant n}x_i^2x_j^2\sin^2\langle i,j\rangle\leqslant\frac{n-1}{2n}\left(\sum_{i=0}^{n}x_i^2\right)^2\tag{9.3.10}$$

其中等号当且仅当诸$\frac{|f_i||f_j|}{x_i^2x_j^2\cos\langle i,j\rangle}(0\leqslant i<j\leqslant n)$均相等时成立.

下面,我们证明定理 9.3.3.

证明 由射影定理即式(7.3.1)和柯西不等式,得到

$$|f_i|^2=\left(\sum_{\substack{j=0\\j\neq i}}^{n}|f_i|\cos\langle i,j\rangle\right)^2\leqslant\left(\sum_{\substack{j=0\\j\neq i}}^{n}x_i^2x_j^2\cos^2\langle i,j\rangle\right)\left(\sum_{\substack{j=0\\j\neq i}}^{n}\frac{|f_j|^2}{x_i^2x_j^2}\right)$$

即
$$\sum_{\substack{j=0\\j\neq i}}^{n}x_i^2x_j^2\cos^2\langle i,j\rangle\geqslant\frac{|f_i|^2}{\sum\limits_{\substack{j=0\\j\neq i}}^{n}\frac{|f_j|^2}{x_i^2x_j^2}}=\frac{\frac{|f_i|^2}{x_i^2}}{\sum\limits_{\substack{j=0\\j\neq i}}^{n}\frac{|f_j|^2}{x_j^2}}\cdot\lambda_i^4$$

其中 $0\leqslant i\leqslant n$. 等号当且仅当所有 $\dfrac{|f_i|}{x_i^2\cos\langle i,j\rangle}$ 均相等时成立. 记 $p=\sum\limits_{i=0}^{n}\dfrac{|f_i|^2}{x_i^2}$,将上式中 $n+1$ 个不等式左右两端分别相加后,并再次应用柯西不等式,便得

$$\begin{aligned}&2\sum_{0\leqslant i<j\leqslant n}x_i^2x_j^2\cos^2\langle i,j\rangle\\&\overset{(*)}{\geqslant}\sum_{i=0}^{n}\frac{\dfrac{|f_i|^2}{x_i^2}}{\sum\limits_{\substack{j=0\\j\neq i}}^{n}\dfrac{|f_j|^2}{x_j^2}}\cdot\lambda_i^4\\&=\frac{1}{n}\Big[\sum_{i=0}^{n}\Big(p-\frac{|f_i|^2}{x_i^2}\Big)\Big]\cdot\Big[\sum_{i=0}^{n}\frac{x_i^4}{p-\dfrac{|f_j|^2}{x_i^2}}\Big]-\sum_{i=0}^{n}x_i^4\\&\overset{(**)}{\geqslant}\frac{1}{n}\Big(\sum_{i=0}^{n}x_i^2\Big)-\sum_{i=0}^{n}x_i^4\end{aligned}$$

应用 $\cos^2\langle i,j\rangle=1-\sin^2\langle i,j\rangle(0\leqslant i,j\leqslant n$ 且 $i\neq j)$ 分别代入上式,整理后得

$$2\sum_{0\leqslant i<j\leqslant n}x_i^2x_j^2\sin^2\langle i,j\rangle\leqslant\frac{n-1}{n}\cdot\Big(\sum_{i=0}^{n}x_i^2\Big)^2$$

即得式(9.3.10),由于(＊)中等号成立条件已于前面所述,(＊＊)中当且仅当 $\dfrac{1}{x_i^2}\Big(p-\dfrac{|f_i|^2}{x_i^2}\Big)(0\leqslant i\leqslant n)$ 均相等时等号成立. 因此式(9.3.10)等号成立的充要条件是所有 $\dfrac{|f_i||f_j|}{x_i^2x_j^2\cos\langle i,j\rangle}(0\leqslant i<j\leqslant n)$ 均相等.

下面,我们再证定理 9.3.2.

证明　由熟知的幂平均不等式,有

$$\Big(\sum_{0\leqslant i<j\leqslant n}x_ix_j\sin\langle i,j\rangle\Big)^2\leqslant\frac{1}{2}n(n+1)\sum_{0\leqslant i<j\leqslant n}x_i^2x_j^2\sin^2\langle i,j\rangle$$

由上式及式(9.3.10),便得式(9.3.7).显然当 $x_0=x_1=\cdots=x_n$,且 $\sum_{P(n+1)}$ 正则时等号成立.

类似于式(9.3.1),令 $x_i=1(i=0,1,\cdots,n)$ 及一些著名不等式,也可得到一系列推论,在这里我们仅写出四个,其余请读者自行写出.

对于式(9.3.10),令 $x_i=1(i=0,1,\cdots,n)$,则可得式(9.1.9)

$$\sum_{0\leqslant i<j\leqslant n}\sin^2\langle i,j\rangle\leqslant\frac{1}{2n}(n+1)^2(n-1)$$

对于式(9.1.9),当 $n=2$ 时为 $\triangle ABC$ 中的不等式

$$\sin^2A+\sin^2B+\sin^2C\leqslant\frac{9}{4}\qquad(9.3.11)$$

这是一个很强的不等式,用它可以推出许多三角形不等式.

对于式(9.1.9),利用 $\sin^2\langle i,j\rangle=1-\cos^2\langle i,j\rangle$,则有

$$\sum_{0\leqslant i<j\leqslant n}\cos^2\langle i,j\rangle\geqslant\frac{n+1}{2n}\qquad(9.3.12)$$

其中等号当且仅当单形 $\sum_{P(n+1)}$ 的所有内二面角相等时成立.

注 对于式(9.3.12)也可这样直接证明:

由单形射影定理式(7.3.1),有

$$|f_i|=\sum_{\substack{j=0\\j\neq i}}^{n}|f_j|\cos\langle i,j\rangle\quad(i=0,1,\cdots,n)$$

则
$$|f_i|^2\leqslant\Big(\sum_{\substack{j=0\\j\neq i}}^{n}|f_j|^2\Big)\cdot\Big(\sum_{\substack{j=0\\j\neq i}}^{n}\cos\langle i,j\rangle\Big)$$

即
$$\sum_{\substack{j=0\\j\neq i}}^{n}\cos^2\langle i,j\rangle\geqslant\frac{|f_i|^2}{\sum\limits_{j=0}^{n}|f_j|^2-|f_i|^2}\quad(i=0,1,\cdots,n)$$

则
$$\sum_{0\leqslant i<j\leqslant n}\cos^2\langle i,j\rangle\geqslant\frac{1}{2}\sum_{i=0}^{n}\frac{|f_i|^2}{\sum\limits_{j=0}^{n}|f_j|^2-|f_i|^2}$$

不妨设$|f_0|^2\geqslant|f_1|^2\geqslant\cdots\geqslant|f_n|^2$,则

$$\sum_{j=0}^{n}|f_j|^2-|f_0|^2\leqslant\sum_{j=0}^{n}|f_j|^2-|f_1|^2\leqslant\cdots\leqslant\sum_{j=0}^{n}|f_j|^2-|f_n|^2$$

$$\frac{|f_0|^2}{\sum\limits_{j=0}^{n}|f_j|^2-|f_0|^2}\geqslant\frac{|f_1|^2}{\sum\limits_{j=0}^{n}|f_j|^2-|f_1|^2}\geqslant\cdots\geqslant\frac{|f_{|}^{2}}{\sum\limits_{j=0}^{n}|f_j|^2-|f_n|^2}$$

由 Chebyshev 不等式,有

$$\left[\frac{1}{n+1}\sum_{i=0}^{n}\left(\sum_{j=0}^{n}|f_j|^2-|f_i|^2\right)\right]\cdot\left[\frac{1}{n+1}\sum_{i=0}^{n}\frac{|f_i|^2}{\sum\limits_{j=0}^{n}|f_j|^2-|f_i|^2}\right]$$

$$\geqslant\frac{1}{n+1}\sum_{i=0}^{n}|f_i|^2 \qquad (*)$$

$$\sum_{i=0}^{n}\frac{|f_i|^2}{\sum\limits_{j=0}^{n}|f_j|^2-|f_i|^2}\geqslant\frac{n+1}{n}$$

故
$$\sum_{0\leqslant i<j\leqslant n}\cos^2\langle i,j\rangle\geqslant\frac{n+1}{2n}$$

由于式(*)当且仅当$|f_0|=\cdots=|f_n|$等号成立时,由证明推导过程知式(9.3.12)等号成立的充要条件为所有内二面角相等.

关于n维单形$\sum_{P(n+1)}$的任意两个侧面f_i与f_j所成的内二面角$\langle i,j\rangle$($i,j=0,1,\cdots,n$,且$i\neq j$)与单形$\sum_{P(n+1)}$诸n级顶点角θ_{i_n}($i=0,1,\cdots,n$)之间不等式关系,我们已在定理9.1.2中介绍,并在其推论的式(9.1.8)中也给出了一个不等式.其实这个不等式也可由式(9.3.7)推得:取$x_i=1$($i=0,1,\cdots,n$),再对$\sin\langle i,j\rangle$运用算术-几何平均值不等式即可得到.

§9.4 关于 n 维单形 $\sum_{P(n+1)}$ 的 n 维体积与其侧面 f_i 的 $n-1$ 维体积间的不等式

定理 9.4.1 E^n 中的 n 维单形 $\sum_{P(n+1)}$ 的 n 维体积 $V(\sum_{P(n+1)})$ 与它各侧面的 $n-1$ 维体积 $|f_0|,\cdots,|f_n|$ 之间有不等式[13]

$$V(\sum_{P(n+1)})\leqslant(n+1)^{\frac{1}{2}}\cdot\left(\frac{n!^2}{n^{3n}}\right)^{\frac{1}{2(n-1)}}\cdot\prod_{i=0}^{n}|f_i|^{\frac{2}{n^2-1}} \tag{9.4.1}$$

其中等号当且仅当单形 $\sum_{P(n+1)}$ 正则时成立.

证法 1 由 Bartos 公式即式(5.2.7),得

$$\begin{aligned}V(\sum_{P(n+1)})&=\frac{1}{n}\left[(n-1)!\prod_{0\leqslant i<j\leqslant n}|f_i|^{\frac{n}{n+1}}\cdot\right.\\&\left.\left(\prod_{0\leqslant i<j\leqslant n}\sin\theta_{i_n}\right)^{\frac{1}{n+1}}\right]^{\frac{1}{n-1}}\\&=\frac{1}{n}\left[(n-1)!\left(\prod_{0\leqslant i\leqslant n}\sin\theta_{i_n}\right)^{\frac{1}{n+1}}\right]^{\frac{1}{n-1}}\cdot\\&\prod_{i=1}^{n}|f_i|^{\frac{2}{n^2-1}}\end{aligned}$$

再注意到式(9.1.7),从而式(9.4.1)获证.

证法 2 由正弦定理1(即式(7.3.13))并注意等比定理,得

$$\sum_{i=0}^{n}\sin^2\theta_{i_n}=\frac{[nV(\sum_{P(n+1)})]^{2n-1}\sum_{i=0}^{n}|f_i|^2}{(n-1)!^2\prod_{i=0}^{n}|f_j|^2}$$

再注意到式(9.1.1),即

$$\sum_{i=0}^{n}\sin^2\theta_{i_n}\leqslant\left(\frac{n+1}{n}\right)^n,\text{及}(n+1)\left(\prod_{i=0}^{n}|f_i|^2\right)^{\frac{1}{n+1}}\leqslant\sum_{i=0}^{n}|f_i|^2$$

得

$$\frac{[nV(\sum_{P(n+1)})]^{2(n-1)}}{(n-1)!^2}(n+1)\frac{(\prod_{i=0}^{n}|f_i|)^{\frac{2}{n+1}}}{\prod_{i=0}^{n}|f_i|^2}$$

$$\leqslant\frac{[nV(\sum_{P(n+1)})]^{2(n-1)}\sum_{i=0}^{n}|f_i|^2}{(n-1)!^2\cdot\prod_{i=0}^{n}|f_i|^2}\leqslant(\frac{n+1}{n})^n\quad(*)$$

故式(9.4.1)获证.

对于式(9.4.1)还可用数学归纳法证明(略).

对于式(9.4.1),当 $n=2$ 时,为

$$S_{\triangle}\leqslant\frac{\sqrt{3}}{4}(\rho_{01}\rho_{02}\rho_{12})^{\frac{2}{3}}\tag{9.4.2}$$

此即是三角形中的著名的 Polya-Szego 不等式.

因此,式(9.4.1)可以说是 Polya-Szego 不等式的高维推广.

式(9.4.1)是一个极为重要的不等式,我们在后面还会多次应用到它.

由式(9.4.1)并运用数学归纳法,有

推论 1　在 E^n 中 n 维单形 $\sum_{P(n+1)}$ 的 n 维体积和它的 $k(1\leqslant k\leqslant n-1)$ 维子单形的体积分别记为 $V(\sum_{P(n+1)})$ 和 $V_i(k)$(特别地 $V_i(n-1)=|f_i|$),$\mu_{n,k}=\frac{\sqrt{k+1}}{k!}(\frac{n!}{\sqrt{n+1}})^{\frac{k}{n}}$,则

$$[\prod_{i=1}^{C_{n+1}^{k+1}}V_i(k)]^{\frac{1}{C_{n+1}^{k+1}}}\geqslant\mu_{n,k}[V(\sum_{P(n+1)})]^{\frac{k}{n}}\tag{9.4.3}$$

其中等号当且仅当单形 $\sum_{P(n+1)}$ 正则时成立.

由式(9.4.1)及式(5.2.2)(即 $V(\sum_{P(n+1)})=$

$\frac{1}{n}|f_i|\cdot h_i)$,则有如下:

推论 2　在 E^n 中的 n 维单形 $\sum_{P(n+1)}$ 的 n 维体积 $V(\sum_{P(n+1)})$ 与它的各侧面上的诸高线之长 $h_i(i=0,1,\cdots,n)$ 之间有不等式

$$V(\sum_{P(n+1)})\geqslant\frac{1}{n!}\left[\frac{n^n}{(n+1)^{n-1}}\right]^{\frac{1}{2}}\cdot\prod_{i=0}^{n}h_i^{\frac{n}{n+1}} \tag{9.4.4}$$

其中等号当且仅当单形 $\sum_{P(n+1)}$ 正则时成立.

由定理 9.4.1 的证法 2 中的(∗)式,我们可得:

推论 3　E^n 中 n 维单形 $\sum_{P(n+1)}$ 的 n 维体积 $V(\sum_{P(n+1)})=V_P$ 与其侧面 f_i 的 $n-1$ 维体积 $|f_i|$ 之间有不等式

$$[V_P]^{2n-2}\cdot\sum_{i=0}^{n}|f_i|^2\leqslant\frac{(n+1)^n\cdot n!^2}{n^{3n}}\cdot\prod_{i=0}^{n}|f_i|^2 \tag{9.4.5}$$

其中等号成立的充要条件是单形 $\sum_{P(n+1)}$ 正则.

按证法 2 中的思路,并注意到式(9.1.2),可得式(9.4.5)的加权式:

推论 4　条件同推论 3,则对于任意正实数 $\lambda_i(i=1,2,\cdots,n)$,有不等式

$$\begin{aligned}&\left(\sum_{i=0}^{n}\lambda_i\right)^n\cdot\prod_{j=0}^{n}|f_j|^2\\ \geqslant&\frac{n^{3n}}{n!^2}\left(\sum_{i=0}^{n}\prod_{\substack{j=0\\ j\neq i}}^{n}\lambda_j|f_i|^2\right)\cdot[V(\sum_{P(n+1)})]^{2n-2}\end{aligned} \tag{9.4.6}$$

当 $\sum_{P(n+1)}$ 为正则单形且 $\lambda_0=\lambda_1=\cdots=\lambda_n$ 时等号成立.

对于推论 2,即(9.4.4)式还有如下的加权式:[189]

定理 9.4.2　条件同推论 2,则对于任意正实数 $\lambda_i(i=0,1,\cdots,n)$ 有

$$\sum_{i=0}^{n}\left(\prod_{\substack{j=0\\j\neq i}}^{n}\lambda_i h_j^2\right)\leqslant\frac{(n!)^2}{n^n}\left(\sum_{i=0}^{n}\lambda_i\right)^n V^2\left(\sum{}_{P(n+1)}\right)$$

(9.4.7)

其中等号当$\sum_{P(n+1)}$为正则单形且$\lambda_0=\lambda_1=\cdots=\lambda_n$时成立.

事实上,此定理可类似于定理9.1.1的证法而证(略).

如果在不等式(9.4.7)中令$\lambda_0=\lambda_1=\cdots=\lambda_n$,得到如下不等式.

推论1　对n维单形$\sum_{P(n+1)}$有不等式成立,即

$$\sum_{i=0}^{n}\left(\prod_{\substack{j=0\\j\neq i}}^{n}h_j^2\right)\leqslant\frac{(n!)^2(n+1)^n}{n^n}V^2\left(\sum{}_{P(n+1)}\right)$$

(9.4.8)

当$\sum_{P(n+1)}$为正则单形时,等号成立.

利用算术－几何平均不等式有

$$\sum_{i=0}^{n}\left(\prod_{\substack{j=0\\j\neq i}}^{n}h_j^2\right)\geqslant(n+1)\left(\prod_{l=0}^{n}h_l\right)^{\frac{2n}{n+1}}$$

由不等式(9.4.8)及上述不等式,可得如下重要不等式,即式(9.4.4)

$$\left(\prod_{l=0}^{n}h_l\right)^{\frac{1}{n+1}}\leqslant\frac{(n!)^{\frac{1}{n}}(n+1)^{\frac{n-1}{2n}}}{n^{\frac{1}{2}}}V^{\frac{1}{n}}\left(\sum{}_{P(n+1)}\right)$$

当单形为正则单形时,等号成立.

推论2　对n维单形$\sum_{P(n+1)}$内部任一点M到侧面f_i的距离$d_i(i=0,1,\cdots,n)$有

$$\sum_{i=0}^{n}\left(\prod_{\substack{j=0\\j\neq i}}^{n}d_i h_j\right)\leqslant\frac{(n!)^2}{n^n}V^2\left(\sum{}_{P(n+1)}\right)\quad(9.4.9)$$

当$\sum_{P(n+1)}$为正则单形,且M为其内心时,等号成立.

证明　在不等式(9.4.7)令$\lambda_k=d_k h_k^{-1}$其中$k=$

$0,1,\cdots,n$(下同)可得

$$\sum_{i=0}^{n}(\prod_{\substack{j=0\\ j\neq i}}^{n}d_ih_j)\leqslant\frac{(n!)^2}{n^n}(\sum_{i=0}^{n}\frac{d_i}{h_i})^nV^2(\sum_{P(n+1)}) \qquad ①$$

设单形 $MP_0\cdots P_{i-1}P_{i+1}\cdots P_n$ 的体积为 V_i,由单形的体积公式,有 $nV_i=d_i|f_i|$,$nV(\sum_{P(n+1)})=h_i|f_i|$.

由于点 P 在单形 $\sum_{P(n+1)}$ 内部,令 $V(\sum_{P(n+1)})=V$,则有

$$\sum_{i=0}^{n}\frac{d_i}{h_i}=\sum_{i=0}^{n}\frac{d_i|f_i|}{h_i|f_i|}=\sum_{i=0}^{n}\frac{V_i}{V}=\frac{1}{V}\sum_{i=0}^{n}V_i=1 \qquad ②$$

由式①和式②便可得不等式(9.4.10).由证明过程易知当$\sum_{P(n+1)}$为正则单形,且 M 为其内心时,等号成立.

下面给出式(9.4.1)的一个改进.

定理 9.4.3 E^n 中 n 维单形 $\sum_{P(n+1)}=\{P_0,P_1,\cdots,P_n\}$ 的体积为$V(\sum_{P(n+1)})$,顶点 P_i 所对界(侧)面的 $n-1$ 维体积为 $|f_i|$ $(i=0,1,\cdots,n)$,记 $F=\max\limits_{0\leqslant i\leqslant n}\{|f_i|\}$,$f=\min\limits_{0\leqslant i\leqslant n}\{|f_i|\}$,则

$$\prod_{i=0}^{n}|f_i|\geqslant\left[1+\frac{(F-f)^2}{(n+1)F^2}\right]^{\frac{n+1}{2n}}\cdot\frac{n^{\frac{3(n+1)}{2}}}{n!^{\frac{n+1}{n}}(n+1)^{\frac{n^2-2}{2n}}}\left[V(\sum_{P(n+1)})\right]^{\frac{n^2-1}{n}} \qquad (9.4.10)$$

其中等号当且仅当单形$\sum_{P(n+1)}$正则时取到.

事实上,由式(9.4.5)有

$$\prod_{i=0}^{n}|f_i|^2\geqslant\frac{n^{3n}}{(n+1)^{n-1}\cdot n!^2}V^{2(n-1)}(\sum_{P(n+1)})\frac{\frac{1}{n+1}\sum\limits_{i=0}^{n}|f_i|^2}{(\prod\limits_{i=0}^{n}|f_i|^2)^{\frac{1}{n+1}}}$$

再运用式(9.5.11)即可得式(9.4.10).

注意到 $1+\frac{(F-f)^2}{(n+1)F^2}\geqslant 1$，即知式(9.4.10)为式(9.4.1)的一个改进.

定理 9.4.4　设 E^n 中 n 维单形 $\sum_{P(n+1)}$ 的体积与侧面体积分别为 $V(\sum_{P(n+1)})=V_P$，$|f_i|(i=0,1,\cdots,n)$，又设 $\lambda_i\in\mathbf{R}_+(i=0,1,\cdots,n)$，则对于 $0<\alpha\leqslant 1$ 有[49]

$$(\sum_{i=0}^{n}\lambda_i|f_i|^{2\alpha})^n\geqslant(n+1)^{(n-1)(1-\alpha)}(\frac{n^{3n}}{n!^2})^{\alpha}\cdot\sum_{i=0}^{n}(\prod_{\substack{j=0\\j\neq i}}^{n}\lambda_j)\cdot V_P^{2(n-1)\alpha}\qquad(9.4.11)$$

其中等号当 $\sum_{P(n+1)}$ 为正则单形且 $\lambda_0=\lambda_1=\cdots=\lambda_n$ 时成立.

证明　由 Maclaurin 不等式，可得

$$(\sum_{i=0}^{n}\lambda_i)^n\geqslant(n+1)^{(n-1)}\sum_{i=0}^{n}(\prod_{\substack{j=0\\j\neq i}}^{n}\lambda_j)$$

当且仅当 $\lambda_0=\lambda_1=\cdots=\lambda_n$ 时等号成立.

由式(9.4.6)及上述不等式，并利用 Hölder 不等式，即得

$$\begin{aligned}(\sum_{i=0}^{n}\lambda_i)^n\cdot\prod_{j=0}^{n}|f_j|^{2\alpha}&=(\sum_{i=0}^{n}\lambda_i)^{n(1-\alpha)}\cdot[(\sum_{i=0}^{n}\lambda_i)^n\prod_{j=0}^{n}|f_j|^2]\\&\geqslant(n+1)^{(n-1)(1-\alpha)}(\sum_{i=0}^{n}\prod_{\substack{j=0\\j\neq i}}^{n}\lambda_j)^{1-\alpha}\cdot\\&\quad[\frac{n^{3n}}{n!^2}\sum_{i=0}^{n}(\prod_{\substack{j=0\\j\neq i}}^{n}\lambda_j)|f_i|^2]^{\alpha}\cdot V_P^{(2n-2)\alpha}\\&\geqslant(n+1)^{(n-1)(1-\alpha)}[\frac{n^{3n}}{n!^2}]^{\alpha}\cdot\\&\quad\sum_{i=0}^{n}(\prod_{\substack{j=0\\j\neq i}}^{n}\lambda_j)|f_i|^2]^{\alpha}\cdot V_P^{(2n-2)\alpha}\end{aligned}$$

再对上式作代换：$\lambda_j\to\lambda_j|f_0|^{2\alpha}(j=0,1,\cdots,n)$，立

得式(9.4.11). 其中等号成立条件也由此推得.

定理 9.4.5 设 $|f_i|(i=0,1,\cdots,n)$ 是 E^n 中 n 维单形 $\sum_{P(n+1)}$ 的侧面体积，对 $0<\alpha\leqslant 1$，记 $\lambda_i=|f_i|^{-\alpha}(|f_0|^\alpha+|f_1|^\alpha+\cdots+|f_n|^\alpha-2|f_i|^\alpha)(i=0,1,\cdots,n)$，则[49]

$$\sum_{i=0}^{n}\prod_{\substack{j=0\\j\neq i}}^{n}\lambda_i\geqslant(n+1)(n-1)^n \tag{9.4.12}$$

等号当且仅当 $|f_0|=|f_1|=\cdots=|f_n|$ 时成立.

证明 设侧面 f_i 与 f_j 所夹的内二面角为 $\langle i,j\rangle$，则由式(7.3.1)，有

$$|f_i|=\sum_{\substack{j=0\\j\neq i}}^{n}|f_j|\cdot\cos\langle i,j\rangle\quad(i=0,1,\cdots,n)$$

从而，$|f_i|<\sum\limits_{\substack{j=0\\j\neq i}}^{n}|f_j|$，即 $|f_0|+|f_1|+\cdots+|f_n|>2|f_i|$.

又由于 $0<\alpha<1$，易证

$$|f_0|^\alpha+|f_1|^\alpha+\cdots+|f_n|^\alpha>2|f_i|^\alpha$$

故 $\lambda_i>0(i=0,\cdots,n)$.

现引入正数 $x_i=\dfrac{|f_i|^\alpha}{\sum\limits_{j=0}^{n}|f_j|^\alpha}(i=0,1,\cdots,n)$，显然有 $0<x_i<\dfrac{1}{2}$，且 $\sum\limits_{i=0}^{n}x_i=1$. 于是式(9.4.12)等价于

$$\sum_{i=0}^{n}\prod_{\substack{j=0\\j\neq i}}^{n}\left(\frac{1}{x_j}-2\right)\geqslant(n+1)(n-1)^n$$

记 $f(x_0,x_1,\cdots,x_n)=\sum\limits_{i=0}^{n}\prod\limits_{\substack{j=0\\j\neq i}}^{n}\left(\dfrac{1}{x_j}-2\right)$. 现考察函数 $f(x_0,x_1,\cdots,x_n)$ 在区域 $D=\{(x_0,x_1,\cdots,x_n)\mid 0<x_i<\dfrac{1}{2}\}$ 及条件 $\sum\limits_{i=0}^{n}x_i=1$ 下的最值.

利用 Lagrange 乘子法，引入辅助函数

$$H\equiv f(x_0,x_1,\cdots,x_n)+\lambda(\sum_{i=0}^{n}x_i-1)$$

令 $E(y_1,y_2,\cdots,y_n)=\sum_{i=0}^{n}\prod_{\substack{j=1\\ j\neq i}}^{n}(\frac{1}{y_j}-2)$，并对函数 H 求 x_i 的偏导数，得方程

$$\begin{cases}\frac{\partial H}{\partial x_0}=-\frac{1}{x_0^2}E(x_1,x_2,\cdots,x_n)+\lambda=0\\ \frac{\partial H}{\partial x_1}=-\frac{1}{x_1^2}E(x_0,x_2,\cdots,x_n)+\lambda=0\\ \vdots\\ \frac{\partial H}{\partial x_n}=-\frac{1}{x_n^2}E(x_0,x_1,\cdots,x_{n-1})+\lambda=0\end{cases}$$

解上述方程组，得 $x_0=x_1=\cdots=x_n$. 将其代入约束条件 $\sum_{i=0}^{n}x_i=1$ 解得唯一驻点，$x_i=\frac{1}{n+1}(i=0,1,\cdots,n)$，而函数 f 在这个驻点的取值为 $(n+1)(n-1)^n$.

下面先证，函数 f 在驻点处的值为极小值. 为此，考察函数 H 在驻点的二阶微分，求得

$$\mathrm{d}^2H=2(n+1)^3n(n-1)^{n-1}\sum_{i=0}^{n}\mathrm{d}^2x_i+2(n+1)^4\cdot(n-1)^{n-1}\sum_{0\leqslant i<j\leqslant n}\mathrm{d}x_i\mathrm{d}x_j \tag{$*$}$$

注意到微分联立方程（在同一点）：$\sum_{i=0}^{n}\mathrm{d}x_i=0$. 从而 $\mathrm{d}x_0=-\sum_{i=1}^{n}\mathrm{d}x_i$，代入式（$*$），即得

$$\frac{\mathrm{d}^2H}{(n+1)^3(n-1)^{n-1}}=2n(\sum_{i=1}^{n}\mathrm{d}^2x_i+\mathrm{d}^2x_0)+2(n+1)\sum_{0\leqslant i<j\leqslant n}\mathrm{d}x_i\mathrm{d}x_j+2(n+1)\mathrm{d}x_0\sum_{i=1}^{n}\mathrm{d}x_i$$

$$=2n\sum_{i=1}^{n}\mathrm{d}^2x_i+2(n+1)\sum_{0\leqslant i<j\leqslant n}\mathrm{d}x_i\mathrm{d}x_j-2(\sum_{i=1}^{n}\mathrm{d}x_i)^2$$

$$=2(n-1)(\sum_{i=1}^{n}\mathrm{d}^2x_i+\sum_{0\leqslant i<j\leqslant n}\mathrm{d}x_i\mathrm{d}x_j)$$

$$=(n-1)[\sum_{i=1}^{n}\mathrm{d}^2x_i+(\sum_{i=1}^{n}\mathrm{d}x_i)^2]$$

因为,这二次型显然是正定的,所以函数 f 在所求的驻点处有极小值.

其次证明上述极小值 $f_{\min}$ 即为函数 f 在区域 D 上的最小值.

在接近界平面 $x_i=0$ 时,有 $f\to+\infty$. 而当某个 $x_i=\frac{1}{2}$ 时,不妨设 $x_0=\frac{1}{2}$,此时 $x_0^{-1}-2=0$,$2x_0=\sum_{i=0}^{n}x_i$,即 $x_0=x_1+x_2+\cdots+x_n$,亦即

$$x_0-x_j=\sum_{\substack{i=1\\i\neq j}}^{n}x_i\quad(j=1,2,\cdots,n)$$

由上式及算术-几何平均不等式,得

$$f=(\frac{1}{x_1}-2)(\frac{1}{x_2}-2)\cdots(\frac{1}{x_n}-2)=\prod_{k=1}^{n}\frac{1-2x_k}{x_k}$$

$$=\prod_{k=1}^{n}(2\sum_{\substack{j=0\\j\neq k}}^{n}\frac{x_i}{x_k})\geqslant 2^n(n-1)^n$$

而当 $n\geqslant 2$ 时,由数学归纳法易证 $2^n>n+1(n\in\mathbf{N})$. 故此时亦有 $f>f_{\min}=(n+1)(n-1)^n$. 因此,$\forall\varepsilon>0$,将驻点用超平行体 $D_\varepsilon=\{(x_0,x_1,\cdots,x_n)\mid\varepsilon\leqslant x_i\leqslant\frac{1}{2}-\varepsilon\}$ 围住. 由多元函数的连续性可知,当 $\varepsilon\to 0$ 时,在区域 D_ε 之外以及它的边界上都有 $f>f_{\min}=(n+1)(n-1)^n$. 而在有界闭区域 D_ε 内,函数 f 存在最小值. 故由上述讨论及上述式 $f>f_{\min}$,即得:函数 f 在其唯一驻点处取得这数值,而且它也是函数 f 在区域 D 中的最小值. 从而式(9.4.11)得证.

由定理9.4.4和定理9.4.5,设 $\lambda_i=\dfrac{\sum\limits_{j=0}^{n}|f_j|^{\alpha}-2|f_i|^{\alpha}}{|f_i|^{\alpha}}$,有

定理9.4.6　E^n 中 n 维单形 $\sum_{P(n+1)}$ 的体积和侧面体积分别为 $V(\sum_{P(n+1)})=V_P$ 和 $|f_i|(i=0,\cdots,n)$,$0<\alpha\leqslant 1,0\leqslant\alpha+\gamma\leqslant 2$,则

$$(1)(\sum_{i=0}^{n}|f_i|^{\alpha})^2-2\sum_{i=0}^{n}|f_i|^{2\alpha}\geqslant(n^2-1)\mu_n^{\alpha}\cdot[V(\sum_{P(n+1)})]^{\frac{2(n-1)\alpha}{n}}\tag{9.4.13}$$

$$(2)\sum_{i=0}^{n}|f_i|^{\gamma}\sum_{i=0}^{n}|f_i|^{\alpha}-2\sum_{i=0}^{n}|f_i|^{\alpha+\gamma}=\sum_{0\leqslant i<j\leqslant n}(|f_i|^{\gamma}\cdot|f_j|^{\gamma}+|f_i|^{\alpha}\cdot|f_j|^{\gamma})-\sum_{i=0}^{n}|f_i|^{\alpha+\gamma}\geqslant(n^2-1)\mu_n^{\frac{\alpha+\gamma}{2}}\cdot[V(\sum_{P(n+1)})]^{\frac{(n-1)(\alpha+\gamma)}{n}}\tag{9.4.14}$$

其中 $\mu_n=\dfrac{n^3}{n+1}(\dfrac{n+1}{n!^2})^{\frac{1}{n}}$,等号均当且仅当 $\sum_{P(n+1)}$ 正则时成立.

略证　$(1)(\sum|f_i|^{\alpha})^2-2\sum\limits_{i=0}^{n}|f_i|^{2\alpha}$

$$=\sum_{i=0}^{n}\lambda_i|f_i|^{2\alpha}$$

$$\geqslant(n+1)^{\frac{(n-1)(1-\alpha)}{n}}\cdot(\frac{n^{3n}}{n!^2})^{\frac{\alpha}{n}}\cdot V_P^{\frac{(2n-2)\alpha}{n}}(\sum_{i=0}^{n}\prod_{\substack{j=0\\j\neq i}}^{n}\lambda_j)^{\frac{1}{n}}$$

$$\geqslant(n^2-1)\mu_n^{\alpha}\cdot V_P^{\frac{(2n-2)}{n}};$$

$$(2)\sum_{i=0}^{n}|f_i|^{\gamma}\sum_{i=0}^{n}|f_i|^{\alpha}-2\sum_{i=0}^{n}|f_i|^{\alpha+\gamma}=\sum_{i=0}^{n}\lambda_i|f_i|^{a+\gamma}$$

$$\geqslant M\cdot(\sum_{i=0}^{n}\prod_{\substack{j=0\\j\neq i}}^{n}\lambda_j)^{\frac{1}{n}}\cdot V$$

$$\geqslant M\cdot(n+1)^{\frac{1}{n}}\cdot(n-1)\cdot V=(n^2-1)\cdot\mu_n^{\frac{\alpha+\gamma}{2}}\cdot V.$$

其中

$$M=(n+1)^{\frac{n-1}{n}(1-\frac{\alpha+\gamma}{2})}\cdot\left(\frac{n^{3n}}{n!^2}\right)^{\frac{\alpha+\gamma}{2n}},$$

$$V=\left[V\left(\sum{}_{P(n+1)}\right)\right]^{\frac{(n-1)(\alpha+\gamma)}{n}},\mu_n=\frac{n^3}{n+1}\left[\frac{n+1}{n!^2}\right]^{\frac{1}{n}}$$

由式(9.4.11)及式(9.4.12),知当单形$\sum_{P(n+1)}$正则时式(9.4.13)与式(9.4.14)等号成立.

式(9.4.13)又可等价地写为

$$\sum_{i=0}^{n}|f_i|^{2\alpha}\geqslant(n+1)\mu_n^{\alpha}\cdot\left[V\left(\sum{}_{P(n+1)}\right)\right]^{\frac{2n-2}{n}\alpha}+\frac{1}{n-1}\cdot\sum_{0\leqslant i<j\leqslant n}(|f_i|^{\alpha}-|f_j|^2)\tag{9.4.15}$$

此即为E^n中的高维 Finsler-Hadwiger 不等式的一种形式(还有其他形式可参见定理 10.2.2 及定理 10.3.11).取$n=2,\alpha=1$时,即为三角形中著名的 Finsler-Hadwiger 不等式

$$a^2+b^2+c^2\geqslant4\sqrt{3}S_{\triangle}+(a-b)^2+(b-c)^2+(c-a)^2\tag{9.4.16}$$

推论 在定理 9.4.6 的条件下,对于$t\in(-\infty,2]$,有

$$\left(\sum_{i=0}^{n}|f_i|^{\alpha}\right)^2-t\sum_{i=0}^{n}|f_i|^{2\alpha}\geqslant(n+1)(n+1-t)\mu_n^{\alpha}\cdot\left[V\left(\sum{}_{P(n+1)}\right)\right]^{\frac{2n-2}{n}\alpha}\tag{9.4.17}$$

其中等号当且仅当单形$\sum_{P(n+1)}$正则时成立.

证明 注意到$-t\sum_{i=0}^{n}|f_0|^{2\alpha}=-2\sum_{i=0}^{n}|f_0|^{2\alpha}+(2-t)\sum_{i=0}^{n}|f_0|^{2\alpha}$,在式(9.4.11)中取$\lambda_i=1(i=0,1,\cdots,n)$后代入式(9.4.13)即得式(9.4.17).

定理 9.4.7 设E^n中n维单形$\sum_{P(n+1)}$的体积和

侧面积分别为$V(\sum_{P(n+1)})=V_P$与$|f_i|(i=0,1,\cdots,n)$，对于任意正实数$\lambda_i(i=0,1,\cdots,n)$，则[110]

$$(\sum_{i=0}^{n}\lambda_i)^n\cdot\prod_{i=0}^{n}|f_i|\geqslant n^{\frac{3n}{2}}\cdot(n+1)^{\frac{n-1}{2}}\cdot(n!)^{-1}\cdot(\sum_{i=0}^{n}\prod_{\substack{j=0\\j\neq i}}^{n}\lambda_j\cdot|f_i|)\cdot V_P^{n-1}\tag{9.4.18}$$

其中$\lambda_0=\lambda_1=\cdots=\lambda_n$，且$\sum_{P(n+1)}$正则时等号成立.

此定理可由式(9.4.6)取$|f_i|=\prod\limits_{\substack{j=0\\j\neq i}}^{n}\lambda_j$后运用柯西不等式即证.

现在我们另证如下：

证明　令$\boldsymbol{b}_0=\overrightarrow{P_1P_2}\wedge\overrightarrow{P_1P_3}\wedge\cdots\wedge\overrightarrow{P_{n-1}P_n}$(缺$\overrightarrow{P_0P_i},i=1,2,\cdots,n$)，$\boldsymbol{b}_1=\overrightarrow{P_0P_2}\wedge\overrightarrow{P_0P_3}\wedge\cdots\wedge\overrightarrow{P_{n-1}P_n}$(缺$\overrightarrow{P_1P_i},i=0,2,\cdots,n$)，$\cdots$，$\boldsymbol{b}_n=\overrightarrow{P_0P_1}\wedge\overrightarrow{P_0P_2}\wedge\cdots\wedge\overrightarrow{P_{n-2}P_{n-1}}$(缺$\overrightarrow{P_nP_i}$，$i=0,1,\cdots,n-1$)，注意到式(5.2.1)，有$|f_i|=\frac{1}{(n-1)!}|\boldsymbol{b}_i|(i=0,1,2,\cdots,n)$. 而$|\boldsymbol{b}_0\wedge\boldsymbol{b}_1\wedge\cdots\wedge\boldsymbol{b}_{n-1}|=[n!\cdot V(\sum_{P(n+1)})]^{n-1}$，从而有

$$\sum_{i=0}^{n}\lambda_i'|f_i|^2\geqslant n^3\cdot(n!)^{-\frac{2}{n}}\cdot(\sum_{i=0}^{n}\prod_{\substack{j=0\\j\neq i}}^{n}\lambda_j')^{\frac{1}{n}}\cdot[V(\sum_{P(n+1)})]^{\frac{2(n-1)}{n}}\tag{9.4.19}$$

在(9.4.19)中，取$\lambda_0'=\lambda_0|f_1|^2\cdot|f_2|^2\cdot\cdots\cdot|f_n|^2$，$\lambda_1'=\lambda_1|f_0|^2\cdot|f_2|^2\cdot\cdots\cdot|f_n|^2$，$\cdots$，$\lambda_n'=\lambda_n|f_0|^2\cdot|f_1|^2\cdot\cdots\cdot|f_{n-1}|^2$，两边$n$次方后，得式(9.4.6).

又由对称平均不等式，有

$$(\sum_{i=0}^{n}\lambda_i)^n\geqslant(n+1)^{(n-1)}\cdot\sum_{i=0}^{n}\prod_{\substack{j=0\\j\neq i}}^{n}\lambda_j\tag{9.4.20}$$

由式(9.4.6)与式(9.4.20)两式相乘,再运用柯西不等式,整理即得式(9.4.18).

式(9.4.18)等号成立的条件可由推导中知当 $\lambda_0=\lambda_1=\cdots=\lambda_n$ 且 $\sum_{P(n+1)}$ 正则时成立.

对于式(9.4.18),当 $\lambda_0=\lambda_1=\cdots=\lambda_n$ 时,即得到式(9.4.1);若取 $\lambda_i=|f_i|\cdot d_i(i=0,1,\cdots,n,d_i$ 为单形 $\sum_{P(n+1)}$ 内一点 M 到各侧面 f_i 的距离),再注意到 $\sum_{i=0}^{n}|f_i|d_i=n\cdot V(\sum_{P(n+1)})$,即有:

推论 设 M 为 n 维单形 $\sum_{P(n+1)}$ 内一点,M 到单形 $\sum_{P(n+1)}$ 各侧面 f_i 的距离为 $d_i(i=0,1,\cdots,n)$,则

$$V(\sum_{P(n+1)})\geqslant\frac{\sqrt{n^n\cdot(n+1)^{n+1}}}{(n+1)!}\sum_{i=0}^{n}\prod_{\substack{j=0\\j\neq i}}^{n}d_j \tag{9.4.21}$$

等号当 $\sum_{P(n+1)}$ 正则,且 M 为其中心时成立.

式(9.4.21)是 Gerber 不等式 $S_\triangle\geqslant\sqrt{3}(d_1d_2+d_2d_3+d_3d_1)$ 的高维推广.

定理 9.4.8 设 E^n 中两个 n 维单形 $\sum_{P(n+1)}$,$\sum_{P'(n+1)}$ 的体积与侧面体积分别为 $V(\sum_{P(n+1)})=V_P$,$V(\sum_{P'(n+1)})=V_{P'}$ 与 $|f_i|$,$|f_j'|(i=0,1,\cdots,n)$.又设 $\lambda_i\in\mathbf{R}_+(i=0,1,\cdots,n)$,则对于 $0<\alpha\leqslant1$,有[207]

$$(\sum_{i=0}^{n}\lambda_i|f_i|^\alpha|f_i'|^\alpha)^n\geqslant(n+1)^{(n-1)(1-\alpha)}\cdot\left(\frac{n^{3n}}{n!^2}\right)^\alpha\sum_{i=0}^{n}(\prod_{\substack{j=0\\j\neq i}}^{n}\lambda_j)\cdot(V_P\cdot VP')^{(n-1)\alpha} \tag{9.4.22}$$

其中等号当且仅当 $\sum_{P(n+1)}$,$\sum_{P'(n+1)}$ 均正则,且 $\lambda_0=\lambda_1=\cdots=\lambda_n$ 时取得.

证明 由 Maclaurin 不等式,可得

$$(\sum_{i=0}^{n}\lambda_i)^n \geqslant (n+1)^{n-1}\sum_{i=0}^{n}\prod_{\substack{j=0\\j\neq i}}^{n}\lambda_i$$

其中等号成立当且仅当 $\lambda_0=\lambda_1=\cdots=\lambda_n$.

于是,由式(9.4.6)及上式,并利用 Hölder 不等式得

$$\begin{aligned}(\sum_{i=0}^{n}\lambda_i)^n\prod_{j=0}^{n}|f_j|^{2\alpha} &= (\sum_{i=0}^{n}\lambda_i)^{n(1-\alpha)}\cdot[(\sum_{i=0}^{n}\lambda_i)^n\prod_{j=0}^{n}|f_j|^2]^\alpha\\ &\geqslant (n+1)^{(n-1)(1-\alpha)}\cdot(\sum_{i=0}^{n}\prod_{\substack{j=0\\j\neq i}}^{n}\lambda_j)^{1-\alpha}\cdot\\ &\quad [\frac{n^{3n}}{n!^2}\sum_{i=0}^{n}(\prod_{\substack{j=0\\j\neq i}}^{n}\lambda_j)|f_i|^2]^\alpha\cdot V_P^{2(n-1)\alpha}\\ &\geqslant (n+1)^{(n-1)(1-\alpha)}\cdot\\ &\quad (\frac{n^{3n}}{n!^2})^\alpha\sum_{i=0}^{n}(\prod_{\substack{j=0\\j\neq i}}^{n}\lambda_j)|f_i|^{2\alpha}\cdot V_P^{2(n-1)\alpha}\end{aligned}$$

即

$$\begin{aligned}&(\sum_{i=0}^{n}\lambda_i)^n\cdot\prod_{j=0}^{n}|f_j|^{2\alpha}\\ &\geqslant (n+1)^{(n-1)(1-\alpha)}\cdot(\frac{n^{3n}}{n!^2})^\alpha\sum_{i=0}^{n}(\prod_{\substack{j=0\\j\neq i}}^{n}\lambda_j)|f_i|^{2\alpha}\cdot V_P^{2(n-1)\alpha}\end{aligned}$$

对上式利用 Cauchy 不等式,得

$$\begin{aligned}&(n+1)^{(n-1)(1-\alpha)}\cdot(\frac{n^{3n}}{n!^2})^\alpha\sum_{i=0}^{n}(\prod_{\substack{j=0\\j\neq i}}^{n}\lambda_j)(|f_i||f_i'|)^\alpha\cdot(V_PV_{P'})^{(n-1)\alpha}\\ &\leqslant[(n+1)^{(n-1)(1-\alpha)}\cdot(\frac{n^{3n}}{n!^2})^\alpha\sum_{i=0}^{n}(\prod_{\substack{j=0\\j\neq i}}^{n}\lambda_j)|f_i|^{2\alpha}\cdot V_P^{2(n-1)\alpha}]^{\frac{1}{2}}\cdot\\ &\quad[(n+1)^{(n-1)(1-\alpha)}\cdot(\frac{n^{3n}}{n!^2})^\alpha\sum_{i=0}^{n}(\prod_{\substack{j=0\\j\neq i}}^{n}\lambda_j)|f_i'|^{2\alpha}\cdot V_{P'}^{2(n-1)\alpha}]^{\frac{1}{2}}\\ &\leqslant(\sum_{i=0}^{n}\lambda_i)^n\prod_{j=0}^{n}(|f_i||f_i'|)^\alpha\end{aligned}$$

再对上式作置换 $\lambda_i\to\lambda_i|f_i||f_i'|(i=0,1,\cdots,n)$,即得

$$\left(\sum_{i=0}^{n}\lambda_i|f_i|^{\alpha}|f_i'|^{\alpha}\right)^n$$

$$\geqslant(n+1)^{(n-1)(1-\alpha)}\cdot\left(\frac{n^{3n}}{n!^2}\right)^{\alpha}\sum_{i=0}^{n}\left(\prod_{\substack{j=0\\j\neq i}}^{n}\lambda_j\right)(V_PV_{P'})^{(n-1)\alpha}$$

故式(9.4.22)获证.

其中等号成立的条件可由上述推导得到.

推论 设 E^n 中的 n 维 $\Sigma_{P(n+1)}$ 的体积与界(侧)面的体积分别为 V_P, $|f_i|$ $(i=0,1,\cdots,n)$, 又设 $\lambda_i\in\mathbf{R}_+$ $(i=0,1,\cdots,n)$, 则对于 $0<\alpha\leqslant1$, 有

$$\left(\sum_{i=0}^{n}\lambda_i|f_i|^{\alpha}\right)^n\geqslant(n+1)^{\frac{(n-1)(1-\alpha)}{2}}\left(\frac{n^{3n}}{n!^2}\right)^{\frac{\alpha}{2}}\sum_{i=0}^{n}\left(\prod_{\substack{j=0\\j\neq i}}^{n}\lambda_j\right)\cdot V_P^{(n-1)\alpha}\qquad(9.4.23)$$

其中等号当且仅当 $\Sigma_{P(n+1)}$ 正则且 $\lambda_0=\lambda_1=\cdots=\lambda_n$ 时取得.

事实上, 由式(9.4.22), 取 $\Sigma_{P'(n+1)}$ 为正则单形即得.

§9.5 关于 n 维单形的 n 维体积 $V(\Sigma_{P(n+1)})$ 与其诸棱长之间的不等式

定理 9.5.1 E^n 中的 n 维单形 $\Sigma_{P(n+1)}$ 的 n 维体积 $V(\Sigma_{P(n+1)})=V_P$ 与它的诸棱长 ρ_{ij} $(i,j=0,1,\cdots,n,\ i\neq j)$ 之间有不等式

$$V_P\leqslant\frac{1}{n!}\left(\frac{n+1}{2^n}\right)^{\frac{1}{2}}\prod_{0\leqslant i<j\leqslant n}\rho_{ij}^{\frac{2}{n+1}}\qquad(9.5.1)$$

其中等号当且仅当单形 $\Sigma_{P(n+1)}$ 正则时成立.

式(9.5.1)是 1970 年 D. Veljan 提出的猜测, 在 1974 年被 G. Korchmaros 所证实.

证明　对单形$\sum_{P(n+1)}$的维数 n 用数学归纳法.

显然,$n=1$ 时,命题成立.

假设对 $n-1$ 命题成立,下面证对 n 亦成立.

事实上,若将 n 维单形的各个 $n-1$ 维界面的体积记为$|f_k|(k=0,1,2,\cdots,n)$,则由归纳假设有

$$|f_k|\leqslant\frac{1}{(n-1)!}\left(\frac{n}{2^{n-1}}\right)^{\frac{1}{2}}\cdot\prod_{\substack{0\leqslant i<j\leqslant n\\ i\neq k,j\neq k}}\rho_{ij}^{\frac{2}{n}}\quad(k=0,1,\cdots,n)\tag{*}$$

将这样 $n+1$ 个不等式乘起来,得

$$\prod_{k=0}^{n}|f_k|\leqslant\left[\frac{1}{(n-1)!}\right]^{n+1}\cdot\left(\frac{n}{2^{n-1}}\right)^{\frac{n+1}{2}}\cdot\prod_{0\leqslant i<j\leqslant n}\rho_{ij}^{\frac{2(n-1)}{n}}\tag{9.5.2}$$

将上式代入式(9.4.1),即得式(9.5.1),且等号当单形$\sum_{P(n+1)}$正则时取到.

对于式(9.5.1),当 $n=2$ 时,亦为式(9.4.2)

$$S_{\triangle}\leqslant\frac{\sqrt{3}}{4}(\rho_{01}\rho_{02}\rho_{12})^{\frac{2}{3}}$$

因此,式(9.5.1)也是 Polya-Szego 不等式的另一种形式的高维推广.

由式(9.5.1),将式(7.6.6),式(7.6.7)代入,即可得式(9.4.1).

由式(9.5.1)还有如下推论.

推论 1　在定理 9.5.1 的条件下,有

$$\sum_{0\leqslant i<j\leqslant n}\rho_{ij}^{2}\geqslant n(1+n)^{\frac{n-1}{n}}\cdot(n!\ V_P)^{\frac{2}{n}}\tag{9.5.3}$$

其中等号当且仅当$\sum_{P(n+1)}$正则时成立.

证明　由式(9.5.1),对 ρ_{ij}^2用算术－几何平均值不等式,得

$$V_P\leqslant\frac{1}{n!}\left(\frac{n+1}{2^n}\right)^{\frac{1}{2}}\left[\left(\frac{\sum\limits_{0\leqslant i<j\leqslant n}\rho_{ij}^{2}}{2^{-1}n(n+1)}\right)^{\frac{n(n+1)}{2}}\right]^{\frac{1}{n+1}}$$

由此整理，即得式(9.5.3). 等号成立的条件由式(9.5.1)及算术-几何平均值不等式等号成立条件推得.

显然，当 $n=2$ 时，式(9.5.3)便成为

$$\rho_{01}^2+\rho_{02}^2+\rho_{12}^2\geqslant 4\sqrt{3}S_{\triangle} \tag{9.5.3'}$$

此即为三角形中著名的 Weitzenbocck 不等式. 因此(9.5.3)是(9.5.3′)的高维推广.

当然式(9.5.1)是强于式(9.5.3)的不等式.

由式(9.5.1)及定理 7.6.2，可得到：

推论 2 设 V_P，$|S_{ij}|$ 分别为 n 维单形 $\sum_{P(n+1)}$ 的 n 维体积和中面的 $n-1$ 维体积，则

$$V_P\leqslant\frac{1}{n}\left(\frac{2^n}{n+1}\right)^{\frac{1}{2(n-1)}}\prod_{0\leqslant i<j\leqslant n}|S_{ij}|^{\frac{2}{n^2-1}} \tag{9.5.4}$$

其中等号当且仅当单形 $\sum_{P(n+1)}$ 正则时成立.

由式(9.5.1)及式(9.4.4)，又可得到：

推论 3 设 h_i，ρ_{ij} 分别为 n 维单形 $\sum_{P(n+1)}$ 的侧面 $f_i(i=0,1,\cdots,n)$ 上的高线长和棱长，则

$$\prod_{i=0}^{n}h_i\leqslant\left(\frac{n+1}{2n}\right)^{\frac{n+1}{2}}\prod_{0\leqslant i<j\leqslant n}\rho_{ij}^{\frac{2}{n}} \tag{9.5.5}$$

其中等号当且仅当单形 $\sum_{P(n+1)}$ 正则时成立.

定理 9.5.2 设 n 维单形 $\sum_{P(n+1)}=\{P_0,P_1,\cdots,P_n\}$ 的一顶点 P_0 出发的 n 条棱 $P_0P_i(i=1,2,\cdots,n)$ 的向量分别记为 $\boldsymbol{p}_i$，$\boldsymbol{p}_i$ 的模(长度)为 ρ_i，$\boldsymbol{p}_i$ 与 $\boldsymbol{p}_j$ 之间的夹角记为 $\widehat{i,j}$，又设单形 $\sum_{P(n+1)}$ 的体积 $V(\sum_{P(n+1)})$，并记 $\alpha=\sum_{0\leqslant i<j\leqslant n}\widehat{i,j}$，则[42]

$$V\left(\sum{}_{P(n+1)}\right)\leqslant\frac{1}{n!}\prod_{i=1}^{n}\rho_i\cdot\left(\sin\frac{\alpha}{2^{-1}n(n-1)}\right)^{n-1} \tag{9.5.6}$$

其中等号 $n=2$ 时成立，$n\geqslant 3$ 时，当且仅当 $\boldsymbol{p}_i$ 两两正交

时成立.

证明　由式(5.2.3),式(5.2.1)及式(4.3.4),式(4.3.5),式(4.3.9)即证. 等号成立的条件由亦此推得.

定理 9.5.3　设 $|f_i|(i=0,1,\cdots,n)$,$\rho_{ij}(i,j=0,1,\cdots,n)$分别为 $E^n(n>2)$ 中 n 维单形 $\Sigma_{P(n+1)}$ 的侧面体积、棱长,其体积为 V_P,则[67]

$$\prod_{i=0}^{n}|f_i|^{n-1}\geqslant\left[\frac{n^{3(n-1)}}{2(n+1)^{n-2}\cdot n!^2}\right]V_P^{(n+1)(n-2)}\cdot\left(\prod_{0\leqslant i<j\leqslant n}\rho_{ij}\right)^{\frac{2}{n}} \tag{9.5.7}$$

其中等号当且仅当 $\Sigma_{P(n+1)}$ 为正则单形时成立. 当 $n=2$ 时式(9.5.7)为恒等式.

此定理运用数学归纳法,并注意到式(5.1.7)及式(9.1.6),式(9.1.1)即证.

显然,式(9.5.7)是比式(9.4.1)更强的不等式. 由式(9.5.7)及其证明过程,我们亦可推出式(9.5.1).

由定理 9.5.1 证明中的式(*),或在式(11.1.12)中,取点集为 $\Sigma_{P(n+1)}$ 的顶点集 $\{P_0,P_1,\cdots,P_n\}$,并令 $k=1,l=n-1$,我们还可以得到如下结论:

定理 9.5.4　在 E^n 中,n 维单形 $\Sigma_{P(n+1)}=\{P_0,P_1,\cdots,P_n\}$ 的顶点 P_i 所对的界面的 $n-1$ 维体积为 $|f_i|$,棱长 $P_iP_j=\rho_{ij}$,则

$$\sum_{i=0}^{n}|f_i|^2\leqslant\frac{1}{n!^2\cdot n^{n-4}\cdot(n+1)^{n-2}}\left(\sum_{0\leqslant i<j\leqslant n}\rho_{ij}^2\right)^{n-1} \tag{9.5.8}$$

其中不等式中等号当且仅当 $\Sigma_{P(n+1)}$ 为正则单形时取到.

定理 9.5.5　在 E^n 中,n 维单形 $\Sigma_{P(n+1)}=\{P_0,$

$P_1,\cdots,P_n\}$ 的所有对棱(无公共点的两棱)夹角的均值为 φ,棱长 $P_iP_j=\rho_{ij}$,则[50]

$$\prod_{0\leqslant i<j\leqslant n}\rho_{ij}\geqslant(\csc\varphi)^{\frac{n(n+1)}{4}}\left(\frac{2^n}{n+1}\right)^{\frac{n+1}{4}}\cdot[n!\ V(\sum\nolimits_{P(n+1)})]^{\frac{n+1}{2}} \tag{9.5.9}$$

其中等号当且仅当 $\sum_{P(n+1)}$ 为正则单形时取到.

定理 9.5.6 在 E^n 中,n 维单形 $\sum_{P(n+1)}=\{P_0,P_1,\cdots,P_n\}$ 的棱 $P_iP_j=\rho_{ij}(i,j=0,1,\cdots,n,i\neq j)$,记 $A=\max\limits_{0\leqslant i<j\leqslant n}\{\rho_{ij}\}$,$a=\min\limits_{0\leqslant i<j\leqslant n}\{\rho_{ij}\}$,则[190]

$$\prod_{0\leqslant i<j\leqslant n}\rho_{ij}\geqslant\left(\frac{2^n\cdot n!^2}{n+1}\right)^{\frac{n+1}{4}}\cdot\left[1+\frac{(A-a)^2}{(n+1)A^2}\right]^{\frac{n+1}{4}}\cdot(V(\sum\nolimits_{P(n+1)}))^{\frac{n+1}{2}} \tag{9.5.10}$$

其中等号当且仅当 $\sum_{P(n+1)}$ 为正则单形时取到.

证明 由式(7.5.11),有 $\sum\limits_{0\leqslant i<j\leqslant n}\rho_{ij}^2\leqslant(n+1)R_n^2$,其中 R_n 为单形 $\sum_{P(n+1)}$ 的外接超球半径.

并注意到式(9.8.4),有

$$\begin{aligned}V^2(\sum\nolimits_{p(n+1)})&\leqslant\frac{n}{2^{n+1}\cdot n!^2}\cdot\frac{(\prod\limits_{0\leqslant i<j\leqslant n}\rho_{ij}^2)^{\frac{2}{n}}}{R_n^2}\\&\leqslant\frac{n(n+1)^2}{2^{n+1}\cdot n!^2}\cdot\frac{(\prod\limits_{0\leqslant i<j\leqslant n}\rho_{ij}^2)^{\frac{2}{n}}}{\sum\limits_{0\leqslant i<j\leqslant n}\rho_{ij}^2}\end{aligned}$$

即

$$V^2(\sum\nolimits_{p(n+1)})\frac{\frac{2}{n(n+1)}\sum\limits_{0\leqslant i<j\leqslant n}\rho_{ij}^2}{(\prod\limits_{0\leqslant i<j\leqslant n}\rho_{ij})^{\frac{2}{n(n+1)}}}\leqslant\frac{n+1}{2^n\cdot n!^2}(\prod_{0\leqslant i<j\leqslant n}\rho_{ij})^{\frac{4}{n+1}} \tag{*}$$

再注意到,对 m 个正实数 $x_i(i=1,2,\cdots,m)$,记 $X=\max\limits_{1\leqslant i\leqslant m}\{x_i\}$,$x=\min\limits_{1\leqslant i\leqslant m}\{x_i\}$,这 m 个正实数的算术平

均值 $A_m(x_i)$，几何平均值 $G_m(x_i)$ 有

$$\frac{A_m(x_i)}{G_m(x_i)} \geqslant 1 + \frac{(\sqrt{X} - \sqrt{x})^2}{mX} \tag{9.5.11}$$

其中等号当且仅当 $x_1 = x_2 = \cdots = x_n$ 时取得.

事实上，由不等式 $A_m(x_i) \geqslant G_m(x_i) + \frac{1}{m}(\sqrt{X} - \sqrt{x})^2$ 及 $G_m(x_i) \leqslant X$ 即得上述不等式. 于是，由式（$*$），有

$$[1 + \frac{(A-a)^2}{(n+1)A^2}] V^2 \sum_{P(n+1)} \leqslant \frac{(n+1)}{2^n \cdot n!^2} (\prod_{0 \leqslant i < j \leqslant n} \rho_{ij})^{\frac{4}{n+1}}$$

由此即可得式(9.5.10).

注意到 $1 + \frac{(A-a)^2}{(n+1)A^2} \geqslant 1$，即知式(9.5.10)改进了式(9.5.1).

在此也顺便指出：由式(9.5.7)与式(9.5.9)，可得

$$\prod_{i=0}^{n} |f_i| \geqslant (\csc\varphi)^{\frac{n+1}{2(n-1)}} \cdot \frac{n^{\frac{3(n+1)}{2}}}{n!^{\frac{n+1}{n}} (n+1)^{\frac{n^2-1}{2n}}} \cdot [V(\sum_{P(n+1)})]^{\frac{n^2-1}{n}} \tag{9.5.12}$$

其中等号当且仅当 $\sum_{P(n+1)}$ 为正则时取得.

§9.6　关于 n 维单形的 n 维体积 $V(\sum_{P(n+1)})$ 与某些线段长的不等式

在这里，我们讨论单形内一点，它到各侧面的距离、它与各顶点的距离、以及单形各顶点与所对应的侧面上的特殊点的线段等，以及与其单形的体积之间的有关不等式问题.

在前面各节中,我们已介绍了一系列这类不等式:如式(9.4.4),式(9.4.7),式(9.4.8),式(9.4.9),式(9.4.21),式(9.5.5)等.这些式可以看作是对式(9.4.4)的一些探讨.

下面先对单形内一点到各侧面距离作讨论,然后再讨论有关其他线段的问题.

定理 9.6.1　设 M 为 E^n 中单形 $\sum_{P(n+1)}=\{P_0,P_1,\cdots,P_n\}$ 内任一点,M 点到单形 $\sum_{P(n+1)}$ 各侧面 f_i 的距离为 $d_i(i=0,1,\cdots,n)$,单形 $\sum_{P(n+1)}$ 的 n 维体积为 $V(\sum_{P(n+1)})=V_P$,则[161]

$$V_P\geqslant\frac{1}{n!}\cdot n^{\frac{n}{2}}(n+1)^{\frac{n+1}{2}}\cdot\prod_{i=0}^{n}d_i^{\frac{n}{n+1}}\qquad(9.6.1)$$

其中等号当且仅当单形 $\sum_{P(n+1)}$ 正则时成立.

证明　设 n 维单形 $\sum_{P_i(n+1)}$ 的顶点集为 $\{M,P_0,\cdots,P_{i-1},P_{i+1},\cdots,P_n\}$,其体积为 $V_i(i=0,1,\cdots,n)$,则 $V_P=\sum\limits_{i=0}^{n}V_i$.

对 V_i 运用式(5.2.2),则 $V(\sum_{P(n+1)})=\frac{1}{n}\sum\limits_{i=0}^{n}|f_i|d_i$,其中 $|f_i|$ 为单形 $\sum_{P(n+1)}$ 的侧面体积.

由算术-几何平均值不等式,有

$$V_P\geqslant\frac{1}{n}\cdot(n+1)(\sum_{i=0}^{n}d_i)^{\frac{1}{n+1}}\cdot(\prod_{i=0}^{n}|f_i|)^{\frac{1}{n+1}}\quad(*)$$

又由式(9.4.1),有

$$V_P\leqslant(n+1)^{\frac{1}{2}}(n!)^{\frac{1}{n-1}}\cdot n^{\frac{-3n}{2(n-1)}}\cdot(\prod_{i=0}^{n}|f_i|)^{\frac{n}{n^2-1}}$$

即有

$$(\prod_{i=1}^{n}|f_i|)^{\frac{1}{n+1}}\geqslant\frac{V_P^{\frac{n-1}{n}}}{(n+1)^{\frac{n-1}{2n}}\cdot(n!)^{\frac{1}{n}}\cdot n^{-\frac{3}{2}}}$$

将上式代入式(*),得

$$V_P\geqslant n^{\frac{1}{2}}\cdot(n+1)^{\frac{n+1}{2n}}\cdot n!^{-\frac{1}{n}}(\prod_{i=0}^{n}d_i)^{\frac{1}{n+1}\cdot V_P^{\frac{n-1}{n}}}$$

整理,得

$$V_P \geqslant \frac{1}{n!} \cdot n^{\frac{n}{2}}(n+1)^{\frac{n+1}{2}}\left(\prod_{i=0}^{n} d_i\right)^{\frac{n}{n+1}}$$

其中等号成立的充要条件可由证明过程推得.

为了介绍定理9.6.1的一个加强式,我们引入对称平均数的概念[48]:$n+1$个正数$x_0,x_1,\cdots,x_n$的k阶对称平均数记为$\delta_{n+1}^{(k)}$,且满足

$$\delta_{n+1}^{(k)}=\left[\frac{x_0x_1\cdots x_{k-1}+x_1x_2\cdots x_k+\cdots+x_{n-k+1}\cdots x_n}{C_{n+1}^{k}}\right]^{\frac{1}{k}}$$

于是,我们有$\delta_{n+1}^{(n+1)}=\left(\prod\limits_{i=0}^{n}x_i\right)^{\frac{1}{n+1}}$,$\delta_{n+1}^{(1)}=\dfrac{1}{n+1}\sum\limits_{i=0}^{m}x_i$,

且有

$$\delta_{n+1}^{(n+1)} \leqslant \delta_{n+1}^{(n)} \leqslant \delta_{n+1}^{(1)}$$

从而式(9.6.1)可以改写成

$$\delta_{n+1}^{(n+1)}(d_i) \leqslant \frac{(n!)^{\frac{1}{n}}}{n^{\frac{1}{2}}(n+1)^{\frac{n-1}{2n}}} \cdot V_P^{\frac{1}{n}} \qquad (9.6.2)$$

此时式(9.6.2)可以加强为

$$\delta_{n+1}^{(n)}(d_i) \leqslant \frac{(n!)^{\frac{1}{n}}}{n^{\frac{1}{2}}(n+1)^{\frac{n-1}{2n}}} \cdot V_P^{\frac{1}{n}} \qquad (9.6.3)$$

等号当且仅当$\Sigma_{P(n+1)}$是正则的且M为其中心时成立.

式(9.6.3)实际上是式(9.4.21),那是由推论给出的,这里证明如下:

证明　在式(9.1.12)中,用$\prod\limits_{\substack{j=0\\j\neq i}}^{n}\lambda_j=\prod\limits_{j\neq i}\lambda_j$换$x_i$,得

$$\sum_{i=0}^{n}\left(\prod_{j\neq i}\lambda_j\right)\sin^2\theta_{i_n} \leqslant \frac{1}{n}\left(\sum_{i=0}^{n}\lambda_i\right)^n$$

应用Cauchy不等式,由上式可得

$$\sum_{i=0}^{n}\left(\prod_{j\neq i}\lambda_j\right)\sin^2\theta_{i_n}\leqslant\frac{\left(\sum_{i=0}^{n}\lambda_i\right)^{\frac{n}{2}}\cdot\left[\sum_{i=0}^{n}\left(\prod_{j\neq i}\lambda_j\right)\right]^{\frac{1}{2}}}{n^{\frac{n}{2}}}\tag{9.6.4}$$

再用高维正弦定理 1 或式(7.3.13),代入上式,得

$$V_P^{n-1}\sum_{i=0}^{n}\left(\prod_{j\neq i}\lambda_j\right)\cdot|f_i|$$
$$\leqslant\frac{(n-1)!\cdot\left(\sum_{i=0}^{n}\lambda_i\right)^{\frac{n}{2}}\cdot\left[\sum_{i=0}^{n}\left(\prod_{j\neq i}\lambda_j\right)\right]^{\frac{1}{2}}}{n^{\frac{3n-2}{2}}}\cdot\sum_{i=0}^{n}|f_i|$$

对上式右边应用不等式 $\delta_{n+1}^{(n)}(\lambda_i)\leqslant\delta_{n+1}^{(1)}(\lambda_i)$,即有式(9.4.17).由式(9.4.17)即可得到式(9.6.3).

定理 9.6.2 设 M 为 E^n 中单形 $\sum_{P(n+1)}=\{P_0,P_1,\cdots,P_n\}$ 内任一点,M 点到单形 $\sum_{P(n+1)}$ 各侧面 f_i 的距离为 $d_i(i=0,1,\cdots,n)$,单形 $\sum_{P(n+1)}$ 中各对对棱(不过同一顶点的两条棱)所成角的算术平均值为 φ,则[191]

$$V\left(\sum_{P(n+1)}\right)\geqslant(\csc\varphi)^{\frac{n}{2(n-1)}}\cdot\frac{n^{\frac{n}{2}}(n+1)^{\frac{n+1}{2}}}{n!}\left(\prod_{i=0}^{n}d_i\right)^{\frac{n}{n+1}}\tag{9.6.5}$$

其中等号当 $\sum_{P(n+1)}$ 为正则单形,且 M 为其内心时取得.

证明 由式(9.5.7),有

$$\prod_{i=0}^{n}|f_i|\geqslant\left[\frac{n^{3(n-1)}}{2(n+1)^{n-2}\cdot n!^2}\right]^{\frac{n+1}{2(n-1)}}\cdot$$
$$\left[V\left(\sum_{P(n+1)}\right)\right]^{\frac{(n+1)(n-2)}{n-1}}\cdot\prod_{0\leqslant i<j\leqslant n}\rho_{ij}^{\frac{2}{n(n-1)}}$$

和式(9.5.9)

$$\prod_{0\leqslant i<j\leqslant n}\rho_{ij}\geqslant(\csc\varphi)^{\frac{n(n+1)}{4}}\cdot\left(\frac{2^n}{n+1}\right)^{\frac{n+1}{4}}\cdot$$

$$[n!\ V(\sum_{P(n+1)})]^{\frac{n+1}{2}}$$

可得

$$\prod_{0\leqslant i<j\leqslant n}|f_i|\geqslant(\csc\varphi)^{\frac{n+1}{2(n-1)}}\cdot\left[\frac{n^{\frac{3}{2}}}{n!^{\frac{1}{n}}(n+1)^{\frac{n-1}{2n}}}\right]^{n+1}\cdot$$

$$[V(\sum_{P(n+1)})]^{\frac{n^2-1}{n}}\qquad(9.6.6)$$

其中等号当且仅当单形$\sum_{P(n+1)}$正则时取得.

注意到,点 M 在单形$\sum_{P(n+1)}$内部,所以

$$\sum_{i=0}^{n}d_i|f_i|=nV(\sum_{P(n+1)})$$

即

$$\sum_{i=0}^{n}\frac{d_i|f_i|}{nV(\sum_{P(n+1)})}=1$$

再利用算术－几何平均不等式与上式,得

$$\prod_{i=0}^{n}\frac{d_i|f_i|}{nV(\sum_{P(n+1)})}\leqslant\left[\frac{1}{n+1}\sum_{i=0}^{n}\frac{d_i|f_i|}{nV(\sum_{P(n+1)})}\right]^{n+1}=\frac{1}{(n+1)^{n+1}}$$

即

$$\prod_{i=0}^{n}d_i\leqslant\frac{[nV(\sum_{P(n+1)})]^{n+1}}{(n+1)^{n+1}\cdot\prod_{i=0}^{n}|f_i|}\qquad(9.6.7)$$

由式(9.6.7)和式(9.6.6),即得式(9.6.5).证毕.

在此,也顺便指出:式(9.6.6)改进了式(9.4.1)

$$\prod_{i=0}^{n}|f_i|\geqslant\frac{n^{\frac{3(n+1)}{2}}}{n!^{\frac{n+1}{n}}(n+1)^{\frac{n^2-1}{2n}}}[V(\sum_{P(n+1)})]^{\frac{n^2-1}{n}}$$

又由式(9.6.7)和式(9.4.10),可得

$$V(\sum_{P(n+1)})\geqslant\left[1+\frac{(F-f)^2}{(n+1)F^2}\right]^{\frac{1}{2}}\cdot$$

$$\frac{n^{\frac{n}{2}}(n+1)^{\frac{n+1}{2}}}{n!}(\prod_{i=0}^{n}d_i)^{\frac{n}{n+1}}\qquad(9.6.8)$$

其中等号当且仅当$\sum_{P(n+1)}$正则时取得.

定理 9.6.3 设 M 为 E^n 中 n 维单形 $\sum_{P(n+1)}=\{P_0,P_1,\cdots,P_n\}$ 内任意一点,单形 $\sum_{P_i(n+1)}=\{M,P_0,P_{i-1},P_{i+1},\cdots,P_n\}$ 的体积为 $V(\sum_{P_i(n+1)})=V_{P_i}(i=0,1,\cdots,n)$,则

$$V_{P_i}=V(\sum_{P_i(n+1)})\leqslant\frac{[\sum_{i=0}^{n}|\overrightarrow{MP_i}|]^n}{n!\ [n^n(n+1)^{n-1}]^{\frac{1}{2}}}\tag{9.6.9}$$

其中等号当且仅当单形$\sum_{P(n+1)}$正则且 M 为其中心时成立.

证明 由 Cauchy 不等式,对于单形$\sum_{P(n+1)}$的内顶角 θ'_{i_n} 及正数 μ,有

$$\begin{aligned}\sum_{i=0}^{n}(\prod_{\substack{j=0\\j\neq i}}^{n}\mu_j)\sin\theta'_{i_n}&=\sum_{i=0}^{n}[(\prod_{\substack{j=0\\j\neq i}}^{n}\mu_j)^{\frac{1}{2}}\cdot(\prod_{\substack{j=0\\j\neq i}}^{n}\mu_j)^{\frac{1}{2}}]\sin\theta'_{i_n}\\&\leqslant[\sum_{i=0}^{n}(\prod_{\substack{j=0\\j\neq i}}^{n}\mu_j)]^{\frac{1}{2}}\cdot[\sum_{i=0}^{n}(\prod_{\substack{j=0\\j\neq i}}^{n}\mu_j)\cdot\sin\theta'_{i_n}]^{\frac{1}{2}}\end{aligned}$$

其中等号当且仅当 $\sin\theta'_{0_n}=\sin\theta'_{1_n}=\cdots=\sin\theta'_{n_n}$ 时成立.

利用式(9.2.1),则有

$$\sum_{i=0}^{n}(\prod_{\substack{j=0\\j\neq i}}^{n}\mu_j)\cdot\sin\theta'_{i_n}\leqslant[\sum_{i=0}^{n}(\prod_{\substack{j=0\\j\neq i}}^{n}\mu_j)]^{\frac{1}{2}}[\frac{1}{n^n}(\sum_{i=0}^{n}\mu_i)^n]^{\frac{1}{2}}\quad①$$

其中等号当且仅当有式(9.2.2),且 $\sin\theta'_{0_n}=\cdots=\sin\theta'_{n_n}$ 时成立.

再由 Maclaurin 不等式

$$\left[\frac{\sum_{i=0}^{n}(\prod_{\substack{j=0\\j\neq i}}^{n}\mu_j)}{C_{n+1}^{n}}\right]^{\frac{1}{n}}\leqslant\frac{\sum_{i=0}^{n}\mu_i}{C_{n+1}^{n}}$$

于是

$$\sum_{i=0}^{n}\Big(\prod_{\substack{j=0\\j\neq i}}^{n}\mu_j\Big)\leqslant\frac{1}{(n+1)^{n-1}}\Big(\sum_{i=0}^{n}\mu_i\Big)^n \qquad ②$$

其中等号当且仅当 $\mu_0=\mu_1=\cdots=\mu_n$ 时成立.

由①,②得

$$n^{\frac{n}{2}}(n+1)^{\frac{n-1}{2}}\sum_{i=0}^{n}\Big(\prod_{\substack{j=0\\j\neq i}}^{n}\mu_j\Big)\sin\theta'_{i_n}\leqslant\Big(\sum_{i=0}^{n}\mu_i\Big)^n \qquad ③$$

在式③中,令 $\mu_i=|\overrightarrow{MP_i}|$,由单形内顶角定义 9.2.1 及式(5.2.3),知 $\frac{1}{n!}\Big(\prod_{\substack{j=0\\j\neq i}}^{n}|\overrightarrow{MP_i}|\Big)\sin\theta'_{i_n}$ 为单形 $\sum_{P_i(n+1)}=\{M,P_0,\cdots,P_{i-1},P_{i+1},\cdots,P_n\}$ $(i=0,1,\cdots,n)$ 的体积,故由式③得到式(9.6.9).

下面讨论式(9.6.9)等号成立的充要条件.

条件之充分性显然. 反之,若式(9.6.9)等号成立,由于式③等号成立的条件为式①,②等号同时成立,亦即式(9.2.2)等号成立,且 $\sin\theta'_{0_n}=\sin\theta'_{1_n}=\cdots=\sin\theta'_{n_n}$ 及 $\mu_0=\mu_1=\cdots=\mu_n$,由 $\mu_0=\mu_1=\cdots=\mu_n$ 及式(6.2.2)知 $\cos\varphi_{ij}=-\frac{1}{n}(i,j=0,1,\cdots,n,i\neq j)$,故当式(9.6.9)等号成立时,$|\overrightarrow{MP_0}|=|\overrightarrow{MP_1}|=\cdots=|\overrightarrow{MP_n}|$,且它们两两之间的夹角相等. 由三角形全等知单形 $\sum_{P(n+1)}$ 的所有棱长均相等,从而 $\sum_{P(n+1)}$ 正则,且 M 为 $\sum_{P(n+1)}$ 的中心.

定理 9.6.4　E^n 中的 n 维单形 $\sum_{P(n+1)}$ 体积 $V(\sum_{P(n+1)})$ 与它的诸中线长 m_i 之间有不等式[32,61]

$$V\big(\textstyle\sum_{P(n+1)}\big)\leqslant\frac{1}{n!}\Big[\frac{n^n}{(n+1)^{n-1}}\Big]^{\frac{1}{2}}\prod_{i=0}^{n}m_i^{\frac{n}{n+1}} \qquad (9.6.10)$$

其中等号当且仅当单形 $\sum_{P(n+1)}$ 正则时成立.

证明　设 G 为单形 $\sum_{P(n+1)}=\{P_0,P_1,\cdots,P_n\}$ 的

重心,单形$\sum_{P(n+1)}$以 G 为顶点且对应于 A_i 的内顶角为 $\theta'_{i_n}(i=0,1,\cdots,n)$,由单形内顶角定义 9.2.1,单形重心的性质及式(5.2.2),知单形$\sum_{P_i(n+1)}=\{G,P_0,\cdots,P_{i-1},P_{i+1},\cdots,P_n\}(i=0,1,\cdots,n)$的体积 $V(\sum_{P_i(n+1)})$(注意式(7.5.7)及(7.5.1))为

$$\frac{1}{n+1}V(\sum_{P_i(n+1)})=\frac{1}{n!}(\prod_{\substack{j=0\\j\neq i}}^{n}\frac{1}{n+1}m_j)\sin\theta'_{i_n}\quad(*)$$

其中 $i=0,1,\cdots,n$.

将此 $n+1$ 个等式相乘,并利用式(9.2.3),可得

$$(\frac{1}{n+1})^{n+1}[V(\sum_{P(n+1)})]^{n+1}$$
$$\leqslant\frac{1}{(n!)^{n+1}}(\frac{n}{n+1})^{n(n+1)}(\prod_{i=0}^{n}m_i)^n[\frac{(n+1)^{n-1}}{n^n}]^{\frac{n+1}{2}}$$

经整理,即得式(9.6.10).

下面讨论式(9.6.10)等号成立的充要条件.

若单形$\sum_{P(n+1)}$正则,知式(9.6.10)等号成立.反之,若式(9.6.10)等号成立,则式(9.2.3)等号成立,故由式($*$)各式知$|\overrightarrow{GP_0}|=|\overrightarrow{GP_1}|=|\overrightarrow{GP_n}|$,再由式(9.2.3)等号成立条件 $\cos\varphi_{ij}=-1/n$,利用三角形全等(或平面余弦定理)可知单形$\sum_{P(n+1)}$的诸棱长$|\overrightarrow{P_iP_j}|(i,j=0,1,\cdots,n,i\neq j)$均相等,从而单形$\sum_{P(n+1)}$正则.

推论 1 E^n 中的 n 维单形$\sum_{P(n+1)}$的中线长 m_i 和体积 $V(\sum_{P(n+1)})$之间有不等式

$$V(\sum_{P(n+1)})\leqslant\frac{1}{n!}n^{\frac{n}{2}}(n+1)^{\frac{n+1}{2}}(\sum_{i=0}^{n}m_i)^n\quad(9.6.11)$$

其中等号当且仅当$\sum_{P(n+1)}$正则时成立.

事实上,由式(9.6.10),并注意到算术-几何平均值不等式,即得式(9.6.11).

推论 2　E^n 中的 n 维单形 $\sum_{P(n+1)}$ 的中线长 m_i 和体积 $V(\sum_{P(n+1)})$ 之间有不等式

$$V^2(\sum_{P(n+1)}) \leqslant \frac{n^n}{n!^2(n+1)^{n-2}} \cdot \frac{\prod_{i=0}^{n} m_i^2}{\sum_{i=0}^{n} m_i^2} \tag{9.6.12}$$

其中等号当且仅当 $\sum_{P(n+1)}$ 正则时成立.

事实上,由定理 9.6.4 证明中的式($*$),有

$$\sin^2\theta'_{i_n} = \frac{n!^2 \cdot (n+1)^{2(n-1)} \cdot V^2(\sum_{P(n+1)})}{n^{2n}} \cdot \frac{m_i^2}{\prod_{j=1}^{n} m_j^2} \quad (i=0,1,\cdots,n)$$

将上述 $n+1$ 个等式相乘,并利用式(9.2.3),可得式(9.6.12).

定理 9.6.5　设 E^n 中的 n 维单形 $\sum_{P(n+1)}$ 的中线为 m_i,体积为 $V(\sum_{P(n+1)})$,令 $\lambda_n = \frac{n(n+1)}{n^2-n+1}$,$\mu_n = \frac{(n+1)^4(n-1)^2}{n^2(n^2-n+1)}$,则[229]

$$(\sum_{i=0}^{n} m_i^2)^2 - \lambda_n \sum_{i=0}^{n} m_i^4 \geqslant \mu_n (\frac{n!^2}{n+1})^{\frac{2}{n}} \cdot [V(\sum_{P(n+1)})]^{\frac{4}{n}} \tag{9.6.13}$$

或

$$\sum_{i=0}^{n} m_i^4 \geqslant \frac{(n+1)^3}{n^2} (\frac{n!^2}{n+1})^{\frac{n}{2}} \cdot [V(\sum_{P(n+1)})]^{\frac{4}{n}} + \frac{n^2-n+1}{(n+1)(n-1)^2} \sum_{0 \leqslant i<j \leqslant n} (m_i^2 - m_j^2)^2 \tag{9.6.14}$$

其中等号成立均当且仅当 $\sum_{P(n+1)}$ 正则.

证明 由式(7.5.6)

$$\sum_{i=0}^{n} m_i^2 = \frac{n+1}{n^2} \sum_{0 \leq i < j \leq n} \rho_{ij}^2 \quad ①$$

及式(7.5.5)有

$$\begin{aligned} m_i^4 &= \frac{1}{n^4}\left[(n+1)(\rho_{01}^2+\rho_{02}^2+\cdots+\rho_{0n}^2) - \sum_{0 \leq i < j \leq n} \rho_{ij}^2\right]^2 \\ &= \frac{1}{n^4}\left[(n+1)^2\left(\sum_{j=1}^{n}\rho_{1j}^2\right)^2 + \left(\sum_{0 \leq i < j \leq n}\rho_{ij}^2\right)^2\right] - \\ &\quad 2(n+1)\sum_{j=1}^{n}\rho_{1j}^2 \cdot \sum_{0 \leq i < j \leq n}\rho_{ij}^2 \end{aligned}$$

从而

$$\begin{aligned} \sum_{i=0}^{n} m_i^4 &= \frac{1}{n^4}\left[(n+1)^2\sum_{i=0}^{n}\left(\sum_{\substack{j=0 \\ j \neq i}}^{n}\rho_{ij}^2\right)^2 + (n+1)\left(\sum_{0 \leq i < j \leq n}\rho_{ij}^2\right)^2\right] - \\ &\quad 2(n+1)\sum_{0 \leq i < j \leq n}\rho_{ij}^2 \cdot \sum_{i=0}^{n}\sum_{\substack{j=0 \\ j \neq i}}^{n}\rho_{ij}^2 \\ &= \frac{1}{n^4}\left[(n+1)^2\sum_{i=0}^{n}\left(\sum_{\substack{j=0 \\ j \neq i}}^{n}\rho_{ij}^2\right)^2 - 3(n+1)\left(\sum_{0 \leq i < j \leq n}\rho_{ij}^2\right)^2\right] \quad ② \end{aligned}$$

由①,②有

$$\begin{aligned} M &\equiv (n^2-n+1)\left(\sum_{i=0}^{n} m_i^2\right)^2 - n(n+1)\sum_{i=0}^{n} m_i^4 \\ &= \frac{(n+1)^3}{n^4}\left[(n+1)\left(\sum_{0 \leq i < j \leq n}\rho_{ij}^2\right)^2 - n\sum_{i=0}^{n}\left(\sum_{\substack{j=0 \\ j \neq i}}^{n}\rho_{ij}^2\right)^2\right] \quad ③ \end{aligned}$$

设 n 维单形 $\Sigma_{P(n+1)}$ 中以棱 $\rho_{k1},\rho_{k2},\rho_{k3}$ 为边长可以作一个三角形(2 维单形),其面积为 $\triangle_k$,这样的三角形共有 C_{n+1}^3 个. 设有公共顶点的 2 棱(或称对棱,共有 $3C_{n+1}^4$ 组对棱)记为 ρ_i 与 ρ'_i,对棱组总数的 2 倍为 $6C_{n+1}^4$ 个,而单形 $\Sigma_{P(n+1)}$ 中总棱数为 C_{n+1}^2 个,因此,$6C_{n+1}^4$ 组对棱中单形 $\Sigma_{P(n+1)}$ 的每条棱重复 $\frac{6C_{n+1}^4}{C_{n+1}^2} = C_{n-1}^2$ 次. 还可将棱 a_i 的对棱记为 $b_i(i=1,2,\cdots,C_{n+1}^2)$. 于是

经过演算和适当的组合可得

$$\left(\sum_{0\leqslant i<j\leqslant n}\rho_{ij}^2\right)^2=\sum_{k=1}^{C_{n+1}^3}(2\rho_{k1}^2\rho_{k2}^2+2\rho_{k2}^2\rho_{k3}^2+2\rho_{k3}^2\rho_{k1}^2-\rho_{k1}^4-\rho_{k2}^4-\rho_{k3}^4)+$$

$$2\sum_{i=1}^{3C_{n+1}^3}\rho_i^2\cdot\rho_i'^2+n\sum_{i=1}^{C_{n+1}^3}a_i^4$$

$$=16\sum_{k=1}^{C_{n+1}^3}\triangle_k^2+C_{n-1}^2\sum_{i=1}^{C_{n+1}^2}a_i^2b_i^2+n\sum_{i=1}^{C_{n+1}^3}a_i^4 \qquad ④$$

$$\sum_{i=0}^{n}\left(\sum_{\substack{j=0\\ j\neq i}}^{n}\rho_{ij}^2\right)^2=\sum_{k=1}^{C_{n+1}^3}(2\rho_{k1}^2\rho_{k2}^2+2\rho_{k2}^2\rho_{k3}^2+2\rho_{k3}^2\rho_{k1}^2-\rho_{k1}^4-\rho_{k2}^4-\rho_{k3}^4)+$$

$$(n+1)\sum_{i=1}^{C_{n+1}^3}a_i^4$$

$$=16\sum_{k=1}^{C_{n+1}^3}\triangle_k^2+(n+1)\sum_{i=1}^{C_{n+1}^3}a_i^4 \qquad ⑤$$

其中,式④,⑤中最后一个等式利用 Heron 面积公式.

将④,⑤代入式③,得

$$M\equiv\frac{(n+1)^3}{n^4}\left[16\sum_{k=1}^{C_{n+1}^3}\triangle_k^2+(n+1)C_{n-1}^2\sum_{i=1}^{C_{n+1}^2}a_i^2b_i^2\right]$$

对上式应用算术 - 几何平均不等式和式(10.3.3),式(9.5.1),得

$$M\geqslant\frac{(n+1)^3}{n^4}\left[16C_{n+1}^3\prod_{k=1}^{C_{n+1}^3}\triangle_k^{\frac{2}{C_{n+1}^3}}+(n+1)C_{n-1}^2\cdot\right.$$

$$\left.C_{n+1}^2\left(\prod_{i=1}^{C_{n+1}^2}a_i\right)^{\frac{4}{C_{n+1}^2}}\right]$$

$$\geqslant\frac{(n+1)^3}{n^4}\left\{12C_{n+1}^3\cdot\left(\frac{n!^2}{n+1}\right)^{\frac{2}{n}}\cdot\left[V\left(\sum\nolimits_{P(n+1)}\right)\right]^{\frac{4}{n}}+\right.$$

$$\left.4(n+1)C_{n-1}^2\cdot C_{n+1}^2\left(\frac{n!^2}{n+1}\right)^{\frac{2}{n}}\cdot\left[V\left(\sum\nolimits_{P(n+1)}\right)\right]^{\frac{4}{n}}\right\}$$

$$=\frac{(n+1)^4(n-1)^2}{n^2}\left(\frac{n!^2}{n+1}\right)^{\frac{2}{n}}\cdot\left[V\left(\sum\nolimits_{P(n+1)}\right)\right]^{\frac{4}{n}}$$

由上式,整理即得式(9.6.13),其中等号成立条件可由推导知$\sum_{P(n+1)}$正则.

定理 9.6.6. E^n 中的 n 维单形 $\sum_{P(n+1)}$ 的中线长 m_i 和体积 $V(\sum_{P(n+1)})$ 之间有不等式

$$\left(\sum_{i=0}^{n} m_i^2\right)^2 - 2\sum_{i=0}^{n} m_i^4 \geqslant \frac{n-1}{n^2}\left[(n+1)^{3n-2} \cdot n!^4 \cdot V^4\left(\sum_{P(n+1)}\right)\right]^{\frac{1}{n}} \tag{9.6.15}$$

其中等号当且仅当 $\sum_{P(n+1)}$ 正则.

证明 注意到代数不等式:设 $x_i > 0$,且 $\sum_{i=0}^{n} x_i = 1$,则有

$$1 - 2\sum_{i=0}^{n} x_i^2 \geqslant (n+1)^{\frac{n+2}{n}} \cdot (n-1)\prod_{i=0}^{n} x_i^{\frac{2}{n}} \tag{9.6.16}$$

在式(9.6.16)中,令 $x_i = \dfrac{m_i^2}{\sum_{j=0}^{n} m_j^2}$,则

$$\left(\sum_{i=0}^{n} m_i^2\right)^2 - 2\sum_{i=0}^{n} m_i^4 \geqslant (n+1)^{\frac{n+2}{n}} \cdot (n-1) \cdot \left[\frac{\prod_{i=0}^{n} m_i^2}{\sum_{i=0}^{n} m_i^2}\right]^{\frac{2}{n}}$$

由上式及式(9.6.12)即得式(9.6.15),其中等号成立条件也可由推导过程知 $\sum_{P(n+1)}$ 为正则.

定理 9.6.7 设 x_i 为 E^n 中 n 维单形 $\sum_{P(n+1)} = \{P_0, P_1, \cdots, P_n\}$ 的顶点 P_i 到它所对的 $n-1$ 维(侧面)超平面 f_i 上的一条线段长,记 $\sum_{P(n+1)}$ 和 $f_i\ (0 \leqslant i \leqslant n)$ 的 n 维及 $n-1$ 维体积分别为 $V(\sum_{P(n+1)})$,$|f_i|$,则对于正实数 $u, v\ (v \geqslant u)$,$\alpha\ (0 < \alpha \leqslant 1)$,$\beta$,有不等式[101]

$$\det(\boldsymbol{XUF}) \geqslant (n+1)(nv-u)n^{\beta}\left[\frac{n^{3n}}{n!^2(n+1)^{n-1}}\right]^{\frac{\alpha-\beta}{2n}} \cdot \left[V\left(\sum_{P(n+1)}\right)\right]^{\frac{(n-1)\alpha+\beta}{n}} \tag{9.6.17}$$

其中

$$\boldsymbol{X}=(x_0^\beta \quad x_1^\beta \quad \cdots \quad x_n^\beta),\boldsymbol{F}=(|f_0|^\alpha \quad |f_1|^\alpha \quad \cdots \quad |f_n|^\alpha)^{\mathrm{T}}$$

$$\boldsymbol{U}=\begin{pmatrix} -u & v & v & \cdots & v \\ v & -u & v & \cdots & v \\ \vdots & \vdots & \vdots & & \vdots \\ v & v & v & \cdots & -u \end{pmatrix}_{(n+1)\times(n+1)}$$

等号当且仅当单形$\sum_{P(n+1)}$正则,且x_i为$\sum_{P(n+1)}$中$n-1$维平面$f_i(0\leqslant i\leqslant n)$上的高$h_i$时成立.

证明　因为在单形$\sum_{P(n+1)}$中,有式(7.3.5)

$$|f_0|+\cdots+|f_{i-1}|+|f_{i+1}|+\cdots+|f_n|>|f_i|$$

又$0<\alpha\leqslant 1$,容易证得

$$|f_i|^\alpha<|f_0|^\alpha+\cdots+|f_{i-1}|^\alpha+|f_{i+1}|^\alpha+\cdots+|f_n|^\alpha$$

从而有

$$v\sum_{j=0}^n|f_j|^\alpha>(u+v)|f_i|^\alpha \quad (0\leqslant i\leqslant n)$$

设$d_i=v\sum_{j=0}^n|f_j|^\alpha-(u+v)|f_i|^\alpha$,则显然$d_i>0(0\leqslant i\leqslant n)$.

又由(5.2.2)式知,$\{h_i\}$和$\{d_i\}$总可以认为是单调且同向的二序列,从而由切比雪夫不等式、柯西不等式及算术-几何平均之间的关系,得

$$\begin{aligned}
&\det(\boldsymbol{XUF})\\
=&\det(\boldsymbol{F}^{\mathrm{T}}\boldsymbol{U}\boldsymbol{X}^{\mathrm{T}})\\
=&\sum_{i=0}^n x_i^\beta\Big[v\sum_{j=0}^n|f_j|^\alpha-(u+v)|f_i|^\alpha\Big]\\
=&\sum_{i=0}^n\lambda_i^\beta h_i^\beta\Big[v\sum_{j=0}^n|f_j|^\alpha-(u+v)|f_i|^\alpha\Big]\\
\geqslant&\sum_{i=0}^n h_i^\beta\Big[v\sum_{j=0}^n|f_j|^\alpha-(u+v)|f_i|^\alpha\Big]\\
\geqslant&\frac{1}{n+1}\Big(\sum_{i=0}^n h_i^\beta\Big)\Big[\sum_{i=0}^n\Big(v\sum_{j=0}^n|f_i|^\alpha-(u+v)|f_i|^\alpha\Big)\Big]\\
=&\frac{nv-u}{n+1}\Big(\sum_{i=0}^n h_i^\beta\Big)\Big(\sum_{i=0}^n|f_i|^\alpha\Big)
\end{aligned}$$

$$=\frac{nv-u}{n+1}\cdot n^{\beta}(\sum_{i=0}^{n}\frac{1}{|f_i|^{\beta}})(\sum_{i=0}^{n}|f_i|^{\alpha})\cdot[V(\sum_{P(n+1)})]^{\beta}$$

$$\geqslant\frac{nv-u}{n+1}\cdot n^{\beta}(\sum_{i=0}^{n}|f_i|^{\frac{\alpha-\beta}{2}})^{2}\cdot[V(\sum_{P(n+1)})]^{\beta}$$

$$\geqslant\frac{nv-u}{n+1}\cdot n^{\beta}[(n+1)^{2}(\prod_{i=0}^{n}|f_i|^{\frac{\alpha-\beta}{n+1}})]\cdot[V(\sum_{P(n+1)})]^{\beta}$$

$$=(n+1)(nv-n)n^{\beta}(\prod_{i=0}^{n}|f_i|)^{\frac{\alpha-\beta}{n+1}}\cdot[V(\sum_{P(n+1)})]^{\beta}$$

利用定理 9.4.1 即式(9.4.1),得

$$\begin{aligned}\det(\boldsymbol{XUF})\geqslant&(n+1)(nv-u)n^{\beta}[(\frac{n^{3n}}{n!^{2}(n+1)^{n-1}})^{\frac{n+1}{2n}}\cdot\\&(V(\sum_{P(n+1)}))^{n-\frac{1}{n}}]^{\frac{\alpha-\beta}{n+1}}[V(\sum_{P(n+1)})]^{\beta}\\=&(n+1)(nv-u)n^{\beta}[\frac{n^{3n}}{n!^{2}(n+1)^{n-1}}]^{\frac{\alpha-\beta}{2n}}\cdot\\&[V(\sum_{P(n+1)})]^{\frac{(n-1)\alpha+\beta}{n}}\end{aligned}$$

对于式(9.6.17),当 $\beta=a$ 且 $n=2$ 时,则为三角形$\triangle ABC$ 中的一些不等式:

在$\triangle ABC$ 中,令 $BC=a,CA=b,AB=c$,又 x_a,x_b,x_c,分别为三边 a,b,c 上的任一点至该边所对顶点之间的线段长,若$\triangle ABC$ 的面积为 $S_{\triangle}$,则对于正实数 α,$u,v(u\leqslant v)$有

$$\sum a^{\alpha}(-ux_a^{\alpha}+ux_b^{\alpha}+ux_c^{\alpha})\geqslant 3(2v-u)2^{\alpha}\cdot S_{\triangle}^{\alpha}\tag{9.6.18}$$

当 x_a,x_b,x_c 分别为正$\triangle ABC$ 的边 a,b,c 上的高时等号成立.

在上式中,特别地取 x 为$\triangle ABC$ 的高线、内角平分线及中线时,则有

$$\sum a^{\alpha}(-uh_a^{\alpha}+uh_b^{\alpha}+uh_c^{\alpha})\geqslant 3(2v-u)2^{\alpha}\cdot S_{\triangle}^{\alpha}\tag{9.6.19}$$

$$\sum a^{\alpha}(-ut_a^{\alpha}+ut_b^{\alpha}+ut_c^{\alpha})\geqslant 3(2v-u)2^{\alpha}\cdot S_{\triangle}^{\alpha} \tag{9.6.20}$$

$$\sum a^{\alpha}(-um_a^{\alpha}+um_b^{\alpha}+um_c^{\alpha})\geqslant 3(2v-u)2^{\alpha}\cdot S_{\triangle}^{\alpha} \tag{9.6.21}$$

推论　设 $f(V(\sum_{P(n+1)}))=(n+1)(nv-u)\cdot n^{\beta}\cdot[V(\sum_{P(n+1)})]^{\frac{(n-1)\alpha-\beta}{n}}$,则有

$$\lim_{n\to\infty}\inf\frac{\det(\boldsymbol{XAF})}{f(V(\sum_{P(n+1)}))}=\mathrm{e}^{\alpha-\beta} \tag{9.6.22}$$

证明　由式(9.6.17),知

$$\inf\frac{\det(\boldsymbol{XAF})}{f(V(\sum_{P(n+1)}))}=\left[\frac{n^{3n}}{n!^2(n+1)^{n-1}}\right]^{\frac{\alpha-\beta}{2n}}$$

运用 Stiling 公式,得

$$\begin{aligned}\lim_{n\to\infty}\inf\frac{\det(\boldsymbol{XAF})}{f(V(\sum_{P(n+1)}))}&=\lim_{n\to\infty}\left[\frac{n^{3n}}{n!^2(n+1)^{n-1}}\right]^{\frac{\alpha-\beta}{2n}}\\&=\lim_{n\to\infty}\left[\mathrm{e}^{2n}\cdot\frac{n^n(n+1)}{2\pi n(n+1)^n}\right]^{\frac{\alpha-\beta}{2n}}\\&=\mathrm{e}^{\alpha-\beta}\end{aligned}$$

§9.7　关于单形的角平分面、中面等截面的不等式

定理 9.7.1　在 E^n 中,n 维单形 $\sum_{P(n+1)}=\{P_0,P_1,\cdots,P_n\}$ 的顶点 P_i,P_j 所对的界(侧)面 f_i,f_j 的 $n-1$ 维体积分别为 $|f_i|,|f_j|$,f_i 与 f_j 所成的内二面角的内平分面 t_{ij},其 $n-1$ 维体积为 $|t_{ij}|(i,j=0,1,\cdots,n,i\neq j)$,则

$$\sum_{0\leqslant i<j\leqslant n}|t_{ij}|^2\leqslant\frac{n+1}{4}\sum_{i=0}^{n}|f_i|^2 \tag{9.7.1}$$

事实上,由式(7.7.2),再注意到调和平均与平方平均的关系即得.

对于式(9.7.1),还有一个加权式,即为式(9.9.28).

定理 9.7.2 设 E^n 中 n 维单形 $\sum_{P(n+1)}=\{P_0,P_1,\cdots,P_n\}$ 的任意两个侧面 f_i,f_j 所成的内二面角 $\langle i,j\rangle$ 平分面面积为 $|t_{ij}|(0\leqslant i<j\leqslant n)$,$f_i$ 的面(体)积为 $|f_i|(0\leqslant i\leqslant n)$,则有[66]

(1) $$\sum_{0\leqslant i<j\leqslant n}|t_{ij}|\leqslant\left[\frac{n(n+1)}{8}\right]^{\frac{1}{2}}\sum_{i=0}^{n}|f_i| \tag{9.7.2}$$

(2) $$\sum_{\substack{0\leqslant i<j\leqslant n\\0\leqslant k<l\leqslant n\\(i,j)\neq(k,l)}}|t_{ij}|\cdot|t_{kl}|\leqslant\frac{(n^2-1)(n+2)}{8n}\sum_{0\leqslant i<j\leqslant n}|f_i||f_j| \tag{9.7.3}$$

(3) $$\prod_{0\leqslant i<j\leqslant n}|t_{ij}|\leqslant\left(\frac{n+1}{2n}\right)^{\frac{1}{4}n(n+1)}\left(\prod_{i=1}^{n}|f_i|\right)^{\frac{n}{2}} \tag{9.7.4}$$

以上三个不等式中的等号均当且仅当 $\sum_{P(n+1)}$ 正则时取到.

证明 (1),(2)由式(7.7.2),知

$$|t_{ij}|=\frac{2|f_i|\cdot|f_j|}{|f_i|+|f_j|}\cdot\cos\frac{1}{2}\langle i,j\rangle$$

利用算术 - 几何平无均不等式,可得

$$|t_{ij}|\leqslant\sqrt{|f_i|\cdot|f_j|}\cdot\cos\frac{1}{2}\langle i,j\rangle \tag{9.7.5}$$

从而有

$$\begin{aligned}|t_{ij}|^2&\leqslant|f_i|\cdot|f_j|\cos^2\frac{1}{2}\langle i,j\rangle\\&=\frac{1}{2}|f_i|\cdot|f_j|+\frac{1}{2}|f_i|\cdot|f_j|\cdot\cos\langle i,j\rangle\end{aligned}$$

对上式两边求和,得

$$\sum_{0\leqslant i<j\leqslant n+1}|t_{ij}|^2\leqslant\frac{1}{2}\sum_{0\leqslant i<j\leqslant n}|f_i||f_j|+\frac{1}{2}\sum_{1\leqslant k<j\leqslant n+1}|f_i|\cdot|f_j|\cdot\cos\langle i,j\rangle$$

由式(7.3.8),$2\sum\limits_{0\leqslant i<j\leqslant n}|f_i|\cdot|f_j|\cdot\cos\langle i,j\rangle=\sum\limits_{i=0}^{n}|f_i|^2$,则

$$\sum_{0\leqslant i<j\leqslant n}|t_{ij}|^2\leqslant\frac{1}{4}(\sum_{i=0}^{n}|f_i|^2+2\sum_{0\leqslant i<j\leqslant n}|f_i|\cdot|f_j|)$$

即有

$$\sum_{0\leqslant i<j\leqslant n}|t_{ij}|^2\leqslant\frac{1}{4}(\sum_{i=0}^{n}|f_i|)^2\qquad(9.7.6)$$

而且易知其中的等号当且仅当诸$|f_i|$相等时成立.

对式(9.7.5)两边求和后再平方,得

$$(\sum_{0\leqslant i<j\leqslant n}|t_{ij}|)^2\leqslant(\sum_{0\leqslant i<j\leqslant n}\sqrt{|f_i||f_j|}\cdot\cos\frac{1}{2}\langle i,j\rangle)^2$$

利用 Cauchy 不等式及式(9.3.4),有

$$(\sum_{0\leqslant i<j\leqslant n}|t_{ij}|)^2\leqslant(\sum_{0\leqslant i<j\leqslant n}|f_i||f_j|)(\sum_{0\leqslant i<j\leqslant n}\cos^2\frac{1}{2}\langle i,j\rangle)$$

$$\leqslant\frac{1}{4}(n+1)^2\sum_{0\leqslant i<j\leqslant n}|f_i|\cdot|f_j|\qquad(9.7.7)$$

由 Cauchy 不等式及式(9.3.4)中等号成立条件知式(9.7.7)中等号当且仅当诸$|f_i|$相等且诸$\langle i,j\rangle$相等亦即$\sum_{P(n+1)}$为正则单形时成立.

由 Maclaurin 定理,有

$$\left[\frac{\sum\limits_{i=0}^{n}|f_i|}{C_{n+1}^1}\right]^2\geqslant\frac{\sum\limits_{0\leqslant i<j\leqslant n}|f_i||f_j|}{C_{n+1}^2}$$

以及 $$\left[\frac{\sum\limits_{0\leqslant i<j\leqslant n}|t_{ij}|}{C_{n+1}^2}\right]^2\geqslant\frac{1}{C^2_{\frac{n(n+1)}{2}}}\sum_{\substack{0\leqslant i<j\leqslant n\\0\leqslant k<l\leqslant n\\(i,j)\neq(k,l)}}|t_{ij}|\cdot|t_{kl}|$$

即有 $$\left(\sum_{i=0}^{n}|f_i|\right)^2 \geqslant \frac{2(n+1)}{n}\sum_{0\leqslant i<j\leqslant n}|f_i|\cdot|f_j|$$

以及 $$\left(\sum_{i=0}^{n}|t_{ij}|\right)^2 \geqslant \frac{2n(n+1)}{(n-1)(n+2)}\sum_{\substack{0\leqslant i<j\leqslant n\\0\leqslant k<l\leqslant n\\(i,j)\neq(k,l)}}|t_{ij}|\cdot|t_{kl}|$$

由上面两式并结合式(9.7.7),稍加整理即得式(9.7.2),式(9.7.3),其中等号当且仅当 $\Sigma_{P(n+1)}$ 为正则单形时成立.

(3)对式(9.7.5)两边求积,得

$$\prod_{0\leqslant i<j\leqslant n}|t_{ij}| \leqslant \left(\prod_{i=0}^{n}|f_i|\right)^{\frac{n}{2}}\prod_{0\leqslant i<j\leqslant n}\cos\frac{1}{2}\langle i,j\rangle$$

利用式(9.3.5),有

$$\prod_{0\leqslant i<j\leqslant n}|t_{ij}| \leqslant \left(\frac{n+1}{2n}\right)^{\frac{1}{4}n(n+1)}\left(\prod_{i=0}^{n}|f_i|\right)^{\frac{n}{2}}$$

此即为式(9.7.4),其中等号当且仅当 $\Sigma_{P(n+1)}$ 为正则单形时成立.

在此,我们也顺便指出:对于式(9.7.1)也可以这样来证:

由幂平均不等式,有 $\left(\sum_{i=0}^{n}|f_i|\right)^2 \leqslant (n+1)\sum_{i=0}^{n}|f_i|^2$,结合式(9.7.6),即得式(9.7.1),其中等号当且仅当诸 $|f_i|$ 相等时成立.

对于定理 9.7.2,考虑 $n=2$ 时的情形,则有

$$t_a+t_b+t_c \leqslant \frac{\sqrt{3}}{2}(a+b+c) \tag{9.7.8}$$

$$t_at_b+t_bt_c+t_ct_a \leqslant \frac{3}{4}(ab+bc+ca) \tag{9.7.9}$$

$$t_a^2+t_b^2+t_c^2 \leqslant \frac{3}{4}(a^2+b^2+c^2) \tag{9.7.10}$$

$$t_at_bt_c \leqslant \frac{3\sqrt{3}}{8}(abc) \tag{9.7.11}$$

其中 a,b,c 表 $\triangle ABC$ 的三边，t_a,t_b,t_c 是与之对应的三条内角平分线长，且等号均当且仅当 $\triangle ABC$ 为正三角形时成立.

在定理 9.7.2 的证明中，我们可以看到：式(9.7.6)与式(9.7.7)发挥了重要作用. 其实，这两式还可以加权推广为：

定理 9.7.3　设 E^n 中 n 维单形 $\sum_{P(n+1)}=\{P_0,P_1,\cdots,P_n\}$ 的任意两个侧面 f_i,f_j 所成的内二面角 $\langle i,j\rangle$ 平分面面积为 $|t_{ij}|(0\leqslant i<j\leqslant n)$，$f_i$ 的面(体)积为 $|f_i|$，对于任一组正数 $\mu_i(i=0,1,\cdots,n)$，有：

$$(1)\quad \sum_{0\leqslant i<j\leqslant n}\mu_i\cdot\mu_j|t_{ij}|^2\leqslant\frac{1}{4}\left(\sum_{i=0}^{n}\mu_i|f_i|\right)^2 \tag{9.7.12}$$

$$(2)\left(\sum_{0\leqslant i<j\leqslant n}\mu_i\mu_j|t_{ij}|\right)^2\leqslant\frac{1}{4}\left(\sum_{i=0}^{n}\mu_i^2\right)^2\left(\sum_{0\leqslant i<j\leqslant n}|f_i|\cdot|f_j|\right) \tag{9.7.13}$$

其中两式中等号当且仅当 $\mu_0=\mu_1=\cdots=\mu_n$ 且 $|f_0|=|f_1|=\cdots=|f_n|$ 时成立.

证明　由式(7.7.2)及算术-几何平均不等式，类似于式(9.7.5)证明，有

$$|t_{ij}|\leqslant\sqrt{|f_i|\cdot|f_j|}\cdot\cos\frac{1}{2}\langle i,j\rangle$$

于是

$$\begin{aligned}\mu_i\mu_j|t_{ij}|^2&\leqslant\mu_i\mu_j|f_i|\cdot|f_j|\cdot\cos^2\frac{1}{2}\langle i,j\rangle\\&=\frac{1}{2}\mu_i\mu_j|f_i|\cdot|f_j|+\frac{1}{2}\mu_i\mu_j|f_i|\cdot|f_j|\cdot\cos\langle i,j\rangle\end{aligned}$$

上式两边求和，并运用式(9.3.1)，有

$$\begin{aligned}\sum_{0\leqslant i<j\leqslant n}\mu_i\mu_j|t_{ij}|^2&\leqslant\frac{1}{2}\sum_{0\leqslant i<j\leqslant n}\mu_i\mu_j|f_i||f_j|+\frac{1}{4}\sum_{i=0}^{n}\mu_i^2|f_i|^2\\&=\frac{1}{4}\left(\sum_{i=0}^{n}\mu_i|f_i|\right)^2\end{aligned}$$

再由式(9.7.5),有 $\mu_i\mu_j|t_{ij}|\leqslant\mu_i\mu_j\sqrt{|f_i|\cdot|f_j|}\cdot\cos\frac{1}{2}\langle i,j\rangle$,此式两边求和后再平方,并运用 Cauchy 不等式,有

$$\left(\sum_{0\leqslant i<j\leqslant n}\mu_i\mu_j|t_{ij}|\right)^2\leqslant\left[\sum_{0\leqslant i<j\leqslant n}\mu_i\mu_j\sqrt{|f_i||f_j|}\cdot\cos\frac{1}{2}\langle i,j\rangle\right]^2$$

$$\leqslant\left(\sum_{0\leqslant i<j\leqslant n}|f_i||f_j|\right)\left(\sum_{0\leqslant i<j\leqslant n}\mu_i^2\mu_j^2\cos^2\frac{1}{2}\langle i,j\rangle\right)$$

注意到式(9.3.1),有

$$\sum_{0\leqslant i<j\leqslant n}x_ix_j\cdot\cos^2\frac{1}{2}\langle i,j\rangle\leqslant\frac{1}{4}\left(\sum_{i=0}^{n}x_i\right)^2$$

由此即证得定理成立. 其中等号成立条件可从推证过程中获得.

定理 9.7.2 中的前二式和定理 9.7.1 还可加权推广和加强推广为:

定理 9.7.4　设 E^n 中 n 维单形 $\sum_{P(n+1)}$ 的任意两侧面 f_i,f_j 所成内二面角平分面面积为 $|t_{ij}|(0\leqslant i<j\leqslant n)$,侧面 f_i 的面(体)积为 $|f_i|(i=0,1,\cdots,n)$,则对任一组正数 $\mu_i(i=1,2,\cdots,n)$,有:

(1) $$\sum_{0\leqslant i<j\leqslant n}\mu_i\mu_j|t_{ij}|\leqslant\sqrt{\frac{n}{8(n+1)}}\left(\sum_{i=0}^{n}\mu_i^2\right)\cdot\sum_{i=0}^{n}|f_i| \tag{9.7.14}$$

(2) $$\sum_{\substack{0\leqslant i<j\leqslant n\\0\leqslant k<l\leqslant n\\(i,j)\neq(k,l)}}\mu_i\mu_j\mu_k\mu_l|t_{ij}|\cdot|t_{kl}|$$

$$\leqslant\frac{(n-1)(n+2)}{8n(n+1)}\left(\sum_{i=0}^{n}\mu_i^2\right)^2\sum_{0\leqslant i<j\leqslant n}|f_i||f_j| \tag{9.7.15}$$

(3) $$\sum_{0\leqslant i<j\leqslant n}\mu_i\mu_j|t_{ij}|^2\leqslant\frac{1}{4}\left(\sum_{i=0}^{n}\mu_i^2\right)\left(\sum_{i=0}^{n}|f_i|^2\right) \tag{9.7.16}$$

当 $\mu_0=\cdots=\mu_n$ 且 $\sum_{P(n+1)}$ 正则时上述三式中等号成

立.

对于式(9.7.14)与式(9.7.15)可完全类似于式(9.7.2)与式(9.7.3)并注意运用定理9.7.3证明;对于式(9.7.16),注意到运用Cauchy不等式,有

$$\left(\sum_{i=0}^{n}\mu_i|f_i|\right)^2\leqslant\left(\sum_{i=0}^{n}\mu_i^2\right)\left(\sum_{i=0}^{n}|f_i|^2\right)$$

再由式(9.7.12)即可获证.

显然,定理9.7.4中的(1),(2),(3),若取$\mu_1=\mu_2=\cdots=\mu_{n+1}$,便成为定理9.7.2中的(1),(2),和定理9.7.1.

定理9.7.5　在E^n中,n维单形$\sum_{P(n+1)}=\{P_0,P_1,\cdots,P_n\}$的顶点$P_i,P_j$所对的界(侧)面分别为$f_i,f_j$,$f_i$与$f_j$所成外二面角的平分面为$\omega_{ij}$,其$n-1$维体积为$|\omega_{ij}|$,对于$f_i$的$n-1$维体积$|f_i|(i,j=0,1,\cdots,n,i\neq j)$,有[183]

$$\sum_{0\leqslant i<j\leqslant n}|\omega_{ij}|^2\geqslant\frac{1}{(F-f)^2}\left[\left(\sum_{i=0}^{n}|f_i|^2\right)^2-2\sum_{i=0}^{n}|f_i|^4\right]\tag{9.7.17}$$

其中,$F=\max\limits_{0\leqslant i\leqslant n}\{|f_i|\}$,$f=\min\limits_{0\leqslant i\leqslant n}\{|f_i|\}$.

证明　注意到三角恒等式$\cos\langle i,j\rangle=1-2\sin^2\frac{1}{2}\langle i,j\rangle$,并将其代入式(9.3.1),得

$$4\sum_{0\leqslant i<j\leqslant n}x_ix_j\sin^2\frac{1}{2}\langle i,j\rangle\geqslant\left(\sum_{i=0}^{n}x_i\right)^2-2\sum_{i=0}^{n}x_i^2$$

应用式(7.7.6),以及$(|f_i|-|f_j|)^2\leqslant(F-f)^2$,可知

$$\begin{aligned}\sum_{0\leqslant i<j\leqslant n}|\omega_{ij}|^2&=\sum_{0\leqslant i<j\leqslant n}\frac{|f_i|^2|f_j|^2}{(|f_i|-|f_j|)^2}\cdot\sin^2\frac{1}{2}\langle i,j\rangle\\&\geqslant\frac{14}{(F-f)^2}\sum_{0\leqslant i<j\leqslant n}|f_i|^2|f_j|^2\cdot\sin^2\frac{1}{2}\langle i,j\rangle\end{aligned}$$

从而 $\sum\limits_{0\leqslant i<j\leqslant n}|\omega_{ij}|^2\geqslant\frac{1}{(F-f)^2}\left[\left(\sum\limits_{i=0}^{n}|f_i|^2\right)^2-2\sum\limits_{i=0}^{n}|f_i|^4\right]$

定理 9.7.6 在 E^n 中，n 维单形 $\sum_{P(n+1)}=\{P_0,P_1,\cdots,P_n\}$ 的顶点 P_i,P_j 所对的界(侧)面分别为 f_i,f_j，与 f_i,f_j 对应的中面、内二面角的平分面的 $n-1$ 维体积分别为 $|S_{ij}|$，$|t_{ij}|$ $(0\leqslant i<j\leqslant n)$，则

$$|S_{ij}|\geqslant|t_{ij}|\quad(0\leqslant i<j\leqslant n)\qquad(9.7.18)$$

证明 由式(9.7.1)和式(7.6.7)即得式(9.7.18).

下面给出另证如下：对式(7.7.2)应用平均值不等式，有

$$\begin{aligned}|t_{ij}|&=\frac{2|f_i||f_j|}{|f_i|+|f_j|}\cdot\cos\frac{1}{2}\langle i,j\rangle\\&\leqslant\frac{2|f_i||f_j|}{2\sqrt{|f_i||f_j|}}\cdot\cos\frac{1}{2}\langle i,j\rangle\\&=\sqrt{|f_i||f_j|}\cdot\cos\frac{1}{2}\langle i,j\rangle\end{aligned}$$

即有

$$|t_{ij}|^2\leqslant|f_i||f_j|\cos^2\frac{1}{2}\langle i,j\rangle\qquad①$$

又对式(7.6.2)，应用平均值不等式，有

$$\begin{aligned}|S_{ij}|^2&=\frac{1}{4}(|f_i|^2+|f_j|^2+2|f_i||f_j|\cos\langle i,j\rangle)\\&\geqslant\frac{1}{4}(2|f_i||f_j|+2|f_i||f_j|\cos\langle i,j\rangle)\\&=\frac{1}{2}|f_i||f_j|(1+\cos\langle i,j\rangle)=|f_i||f_j|\cos^2\frac{1}{2}\langle i,j\rangle\end{aligned}\qquad②$$

由①，②即推得式(9.7.18).

定理 9.7.7 在 E^n 中，n 维单形 $\sum_{P(n+1)}=\{P_0,P_1,\cdots,P_n\}$ 的顶点 P_i,P_j 所对的界(侧)面分别为 f_i,f_j，

其体积为 $|f_i|$，$|f_j|$. 与 f_i,f_j 对应的中面 S_{ij} 的体积为 $|S_{ij}|$，则[231]：

$$(1)\ |S_{ij}| \geqslant \frac{1}{2}(|f_i|+|f_j|)\cos\frac{1}{2}\langle i,j\rangle \quad (i,j=0,1,\cdots,n,i\neq j) \tag{9.7.19}$$

其中等号当且仅当 $|f_i|=|f_j|$ 时取得；

$$(2)\ |S_{ij}| \leqslant \sqrt{\frac{|f_i|^2+|f_j|^2}{2}}\cos\frac{1}{2}\langle i,j\rangle \tag{9.7.20}$$

其中 $i,j=0,1,\cdots,n,i\neq j,\langle i,j\rangle \leqslant \frac{\pi}{2}$；不等式中等号当且仅当 $|f_i|=|f_j|$ 或 $\langle i,j\rangle=\frac{\pi}{2}$ 时取得.

证明　(1)由式(7.6.2)，知

$$|S_{ij}|^2-\left(\frac{|f_i|+|f_j|}{2}\cos\frac{1}{2}\langle i,j\rangle\right)^2$$
$$=(1-\cos\langle i,j\rangle)\left(\frac{|f_i|^2+|f_j|^2}{8}-\frac{|f_i||f_j|}{4}\right)\geqslant 0$$

即知式(9.7.19)成立，且当 $|f_i|=|f_j|$ 时不等式中的等号取得.

(2)由式(7.6.2)，知

$$|S_{ij}|^2-\left(\sqrt{\frac{|f_i|^2+|f_j|^2}{2}}\cos\frac{1}{2}\langle i,j\rangle\right)^2$$
$$=\left(\frac{|f_i||f_j|}{4}-\frac{|f_i|^2+|f_j|^2}{8}\right)\cdot\cos\langle i,j\rangle\leqslant 0$$

即知式(9.7.20)成立，且当 $|f_i|=|f_j|$ 或 $\langle i,j\rangle=\frac{\pi}{2}$ 时不等式中等号取得.

推论 1　题设同定理 9.7.7，又 $|t_{ij}|$ 为 f_i,f_j 对应的内二面角的平分面的体积，则：

(1) $\frac{|S_{ij}|}{|t_{ij}|} \geqslant \frac{(|f_i|+|f_j|)^2}{4|f_i||f_j|} \quad (i,j=0,1,\cdots,n,i\neq j)$

(9.7.21)

(2) 当 $\langle i,j\rangle \leqslant \frac{\pi}{2}$ 时，$\frac{|S_{ij}|}{|t_{ij}|} \leqslant \frac{|f_i|^2+|f_j|^2}{2|f_i||f_j|}$

$(i,j=0,1,\cdots,n,i\neq j)$ (9.7.22)

其中两不等式中等号当且仅当 $|f_i|=|f_j|$ 时取得.

事实上，(1) 由式 (9.7.19) 及式 (7.7.2) 即得式 (9.7.21).

(2) 由式 (9.7.20) 及式 (7.7.2)，有

$$\frac{|S_{ij}|}{|t_{ij}|} \leqslant \frac{|f_i|^2+|f_j|^2}{2} \cdot \left(\frac{|f_i|+|f_j|}{2|f_i||f_j|}\right)^2 \leqslant \left(\frac{|f_i|^2+|f_j|^2}{2|f_i||f_j|}\right)^2$$

即得式 (9.7.22). 其中两不等式中等号取得的条件可由推导过程知为 $|f_i|=|f_j|$.

推论 2 题设条件同定理 9.7.7，且 $\langle i,j\rangle \leqslant \frac{\pi}{2}$，则

$$|S_{ij}|+|t_{ij}| \leqslant (|f_i|+|f_j|)\cos\frac{1}{2}\langle i,j\rangle \quad (9.7.23)$$

其中 $i,j=0,1,\cdots,n,i\neq j$，等号当且仅当 $|f_i|=|f_j|$ 时取得.

事实上，对式 (7.7.2) 应用算术 - 几何平均不等式，有

$$|t_{ij}| \leqslant \sqrt{|f_i||f_j|}\cos\frac{1}{2}\langle i,j\rangle$$

再注意到式 (9.7.20)，得

$$\begin{aligned}&\frac{1}{2}(|S_{ij}|+|t_{ij}|)^2\\ \leqslant\ & |S_{ij}|^2+|t_{ij}|^2\\ \leqslant\ & \frac{|f_i|^2+|f_j|^2}{2}\cos^2\frac{1}{2}\langle i,j\rangle+|f_i||f_j|\cdot\cos^2\frac{1}{2}\langle i,j\rangle\end{aligned}$$

$$=\frac{(|f_i|+|f_j|)^2}{2}\cdot\cos^2\frac{1}{2}\langle i,j\rangle$$

即知式(9.7.23)成立,等号成立的条件也可推导过程知$|f_i|=|f_j|$.

由上述推导过程和式(9.3.4),有

$$\sum_{0\leqslant i<j\leqslant n}\frac{|S_{ij}|^2+|t_{ij}|^2}{(|f_i|+|f_j|)^2}\leqslant\frac{1}{8}(n+1)^2 \quad (9.7.24)$$

又对式(9.7.24)应用 Cauchy 不等式,有

$$\sum_{0\leqslant i<j\leqslant n}\frac{(|f_i|+|f_j|)^2}{|S_{ij}|^2+|t_{ij}|^2}\geqslant 2n^2 \quad (9.7.25)$$

上述两不等式等号成立的条件为$|f_0|=|f_1|=\cdots=|f_n|$.

推论3　题设同定理9.7.7,则:

(1) $$\sum_{0\leqslant i<j\leqslant n}\frac{|S_{ij}|^2}{|f_i|^2+|f_j|^2}\leqslant\frac{1}{8}(n+1)^2 \quad (9.7.26)$$

(2) $$\sum_{0\leqslant i<j\leqslant n}\frac{|f_i|^2+|f_j|^2}{|S_{ij}|^2}\geqslant 2n^2 \quad (9.7.27)$$

其中两不等式等号成立当且仅当$|f_0|=|f_1|=\cdots=|f_n|$.

事实上,由式(9.7.20)及式(9.3.4)得式(9.7.26),再由 Cauchy 不等式即得式(9.7.27).

推论4　题设同定理9.7.7,又界面f_i上的高为h_i,$r_n^{(i)}$为其傍切超球半径,则

$$4\sum_{0\leqslant i<j\leqslant n}\frac{|S_{ij}|}{|t_{ij}|}\geqslant\sum_{i=0}^{n}\frac{h_i}{r_n^{(i)}}+(n+1)^2 \quad (9.7.28)$$

其中等号当且仅当$|f_0|=|f_1|=\cdots=|f_n|$时取得.

事实上,设$\Sigma_{P(n+1)}$的体积为V_P时,由$h_i=\frac{nV_P}{|f_i|}$,

$$r_n^{(i)}=\frac{nV_P}{\sum\limits_{j=0}^{n}|f_i|-2|f_j|}\text{有}\frac{h_i}{r_n^{(i)}}=\frac{\sum\limits_{j=0}^{n}|f_j|}{|f_i|}.$$

再由式(9.7.21),有

$$\begin{aligned}\sum_{0\leqslant i<j\leqslant n}\frac{|S_{ij}|}{|t_{ij}|}&\geqslant\sum_{0\leqslant i<j\leqslant n}\frac{(|f_i|+|f_j|)^2}{4|f_i||f_j|}\\&=\frac{1}{4}\sum_{0\leqslant i<j\leqslant n}\left(\frac{|f_i|}{|f_j|}+\frac{|f_j|}{|f_i|}+2\right)\\&=\frac{1}{4}\left[\sum_{i=0}^{n}\frac{1}{|f_i|}\left(\sum_{j=0}^{n}|f_j|\right)+2C_{n+1}^2-(n+1)\right]\\&=\frac{1}{4}\left[\sum_{i=0}^{n}\frac{h_i}{r_n^{(i)}}+(n+1)^2\right]\end{aligned}$$

即证.

定理 9.7.8　在 E^n 中,n 维单形 $\sum_{P(n+1)}=\{P_0,P_1,\cdots,P_n\}$ 的顶点 P_i,P_j 所对的界(侧)面 f_i,f_j 的体积分别为 $|f_i|,|f_j|$,与 f_i,f_j 对应的中面的 $n-1$ 维体积为 $|S_{ij}|$. 记 $F=\max\limits_{0\leqslant i\leqslant n}\{|f_i|\}$,$f=\min\limits_{0\leqslant i\leqslant n}\{|f_i|\}$,则[180]

$$\sum_{0\leqslant i<j\leqslant n}\frac{|S_{ij}|^2}{|f_i||f_j|}\leqslant\frac{(n+1)^2}{16}\cdot\frac{(F+f)^2}{Ff}\qquad(9.7.29)$$

当 $\sum_{P(n+1)}$ 是正则单形时上述不等式中等号取得.

证明　对任意 $n+1$ 个实常数 $x_0,x_1,\cdots,x_n$,应用式(9.3.1)及式(7.6.2),有

$$\begin{aligned}&\sum_{0\leqslant i<j\leqslant n}x_ix_j|S_{ij}|^2\\=&\frac{1}{4}\sum_{0\leqslant i<j\leqslant n}x_ix_j(|f_i|^2+|f_j|^2)+\\&\frac{1}{4}\sum_{0\leqslant i<j\leqslant n}(x_i|f_i|)(x_j|f_j|)\cos\langle i,j\rangle\\\leqslant&\frac{1}{4}\left(\sum_{i=0}^{n}x_i\sum_{i=0}^{n}x_i|f_i|^2-\sum_{i=0}^{n}x_i^2|f_i|^2\right)+\frac{1}{4}(x_i|f_i|)^2\end{aligned}$$

$$=\frac{1}{4}\sum_{i=0}^{n}x_i\sum_{i=0}^{n}x_i|f_i|^2 \tag{9.7.30}$$

在上式中取 $x_i=|f_i|^{-1}(i=0,1,\cdots,n)$. 再根据 Kantorovich 不等式：设 $a_k>0(k=1,2,\cdots,n)$, $\sum\limits_{k=1}^{n}a_k=1$, $0<b_1\leqslant b_2\leqslant\cdots\leqslant b_n$, 则

$$\left(\sum_{k=1}^{n}a_kb_k\right)\left(\sum_{k=1}^{n}\frac{a_k}{b_k}\right)\leqslant\frac{(b_1+b_n)^2}{4b_1b_2}$$

可得

$$\begin{aligned}\sum_{0\leqslant i<j\leqslant n}\frac{|S_{ij}|}{|f_i||f_j|}&\leqslant\frac{1}{4}\left(\sum_{i=0}^{n}\frac{1}{|f_i|}\right)\left(\sum_{j=0}^{n}|f_j|\right)\\&=\frac{(n+1)^2}{4}\sum_{i=0}^{n}\frac{|f_i|}{n+1}\sum_{i=0}^{n}\frac{1}{(n+1)|f_i|}\\&\leqslant\frac{(n+1)^2}{16}\cdot\frac{(F+f)^2}{Ff}\end{aligned}$$

定理 9.7.9　在 E^n 中，n 维单形 $\sum_{P(n+1)}=\{P_0,P_1,\cdots,P_n\}$ 的顶点 P_i,P_j 所对的界面 f_i,f_j 相关的中面的 $n-1$ 维体积为 $|S_{ij}|$，棱 $P_iP_j=\rho_{ij}(0\leqslant i<j\leqslant n)$，$m_i$ 是过顶点 P_i 的中线长，R_n 为 $\sum_{P(n+1)}$ 的外接超球的半径，则：

(1) $$\sum_{0\leqslant i<j\leqslant n}|S_{ij}|^2\leqslant\frac{[(n+1)(n-1)!]^{n-4}}{[4(n+1)!]^{n-2}}\left(\sum_{0\leqslant i<j\leqslant n}\rho_{ij}^2\right)^{n-1} \tag{9.7.31}$$

(2) $$\sum_{0\leqslant i<j\leqslant n}|S_{ij}|^2\leqslant\frac{(n+1)^{n+1}}{[4n^{n-2}(n-1)!]^2}R_n^{2(n-1)} \tag{9.7.32}$$

(3) $$\sum_{0\leqslant i<j\leqslant n}|S_{ij}|^2\leqslant\frac{n^{n+2}}{(4n!)^2(n+1)^{2(n-2)}}\left(\sum_{i=0}^{n}m_i^2\right)^{n-1} \tag{9.7.33}$$

证明　(1) 在式(9.7.30)中，令 $x_i=1(i=0,

$1,\cdots,n$)得到

$$\sum_{0\leqslant i<j\leqslant n}|S_{ij}|^2\leqslant\frac{n+1}{4}\sum_{i=0}^{n}|f_i|^2$$

由上式和式(9.5.8)即得式(9.7.31).

(2)由式(7.5.11),有 $\sum_{0\leqslant i<j\leqslant n}\rho_{ij}^2\leqslant(n+1)^2R_n^2$,将其代入式(9.7.31)即得式(9.7.32).

(3)由式(7.5.6)有 $\sum_{i=0}^{n}m_i^2=\frac{n+1}{n^2}\sum_{0\leqslant i<j\leqslant n}\rho_{ij}^2$,将其代入式(9.7.31),即得式(9.7.33).

定理 9.7.10　在 E^n 中,n 维单形 $\sum_{P(n+1)}=\{P_0,P_1,\cdots,P_n\}$ 的顶点 P_i,P_j 所对的界(侧)面 f_i,f_j 的 $n-1$ 维体积分别为 $|f_i|,|f_j|$,与 f_i,f_j 相关的截面的 $n-1$ 维体积为 $|S'_{ij}|$(即 P 为棱 P_iP_j 上一点,$n-1$ 维单形 $\sum_{P_i(n+1)}=\{P_0,P_{i-1},P_{i+1},\cdots,P_{j-1},P_{j+1},P_n,P\}$ 的 $n-1$ 维体积)满足[181]

$$|S'_{ij}|^2\geqslant\frac{|f_i|^2|f_j|^2}{(|f_i|^2+|f_j|^2-2|f_i||f_j|\cos\langle i,j\rangle)^2}\cdot\left[F_i^2+F_j^2-2F_iF_j\cos\langle i,j\rangle\right]\tag{9.7.34}$$

其中 $F_i=|f_i|-|f_j|\cos\langle i,j\rangle,F_j=|f_j|-|f_i|\cos\langle i,j\rangle$.

证明　应用式(7.6.4),有非负实数 λ,μ,且 $\lambda+\mu=1$,可得

$$\begin{aligned}|S'_{ij}|^2&=\lambda^2|f_i|^2+(1-\lambda)^2|f_j|^2+2\lambda(1-\lambda)|f_i||f_j|\cos\langle i,j\rangle\\&=(|f_i|^2+|f_j|^2-2|f_i||f_j|\cos\langle i,j\rangle)\lambda^2-\\&\quad 2(|f_j|^2-|f_i||f_j|\cdot\cos\langle i,j\rangle)\lambda+|f_j|^2\end{aligned}$$

对 λ 求导

$$\begin{aligned}\frac{\mathrm{d}|S'_{ij}|^2}{\mathrm{d}\lambda}&=2\lambda(|f_i|^2+|f_j|^2-2|f_i||f_j|\cos\langle i,j\rangle)-\\&\quad 2(|f_j|^2-|f_i||f_j|\cos\langle i,j\rangle)\end{aligned}$$

由$\frac{\mathrm{d}|S'_{ij}|^2}{\mathrm{d}\lambda}=0$,有

$$\lambda=\frac{|f_j|^2-|f_i||f_j|\cos\langle i,j\rangle}{|f_i|^2+|f_j|^2-2|f_i||f_j|\cos\langle i,j\rangle}$$

又　$\frac{\mathrm{d}^2|S'_{ij}|^2}{\mathrm{d}\lambda^2}=2(|f_i|^2+|f_j|^2-2|f_i||f_j|\cos\langle i,j\rangle)$

注意到$-1<\cos\langle i,j\rangle<1$,知$\frac{\mathrm{d}^2|S'_{ij}|^2}{\mathrm{d}\lambda^2}>0.$

因此,当$\lambda=\frac{|f_j|^2-|f_i||f_j|\cos\langle i,j\rangle}{|f_i|^2+|f_j|^2-2|f_i||f_j|\cos\langle i,j\rangle}$时,$|S'_{ij}|^2$取得极小值.

此时,$\mu=1-\lambda=\frac{|f_i|^2-|f_i||f_j|\cos\langle i,j\rangle}{|f_i|^2+|f_j|^2-2|f_i||f_j|\cos\langle i,j\rangle}$.

因而

$$\begin{aligned}&|S'_{ij}|^2_{\min}\\&=\frac{(|f_j|^2-|f_i||f_j|\cos\langle i,j\rangle)^2}{(|f_i|^2+|f_j|^2-2|f_i||f_j|\cos\langle i,j\rangle)^2}|f_i|^2+\\&\quad\frac{(|f_i|^2-|f_i||f_j|\cos\langle i,j\rangle)^2}{(|f_i|^2+|f_j|^2-2|f_i||f_j|\cos\langle i,j\rangle)^2}|f_j|^2-\\&\quad2\frac{(|f_i|^2-|f_i||f_j|\cos\langle i,j\rangle)^2(|f_j|^2-|f_i||f_j|\cos\langle i,j\rangle)^2}{(|f_i|^2+|f_j|^2-2|f_i||f_j|\cos\langle i,j\rangle)^2}\cdot\\&\quad|f_i||f_j|\cos\langle i,j\rangle\\&=\frac{|f_i|^2|f_j|^2}{(|f_i|^2+|f_j|^2-2|f_i||f_j|\cos\langle i,j\rangle)^2}(F_i^2+F_j^2-2F_iF_j\cos\langle i,j\rangle)\end{aligned}$$

故原不等式获证.

§9.8 关于单形的体积与其超球半径之间的不等式

定理 9.8.1 E^n 中的 n 维单形 $\sum_{P(n+1)}$ 的 n 维体积 $V(\sum_{P(n+1)})$ 与其内切超球半径 r_n 之间有不等式

$$r_n \leqslant \left[\frac{n!^2}{n^n(n+1)^{n+1}}\right]^{\frac{1}{2n}} \cdot \left[V\left(\sum_{P(n+1)}\right)\right]^{\frac{1}{n}} \quad (9.8.1)$$

且
$$\lim_{n\to\infty} \sup \frac{r_n}{\left[V\left(\sum_{P(n+1)}\right)\right]^{\frac{1}{n}}} = \frac{1}{\mathrm{e}} \quad (9.8.2)$$

证明 由式(9.4.1),对 $|f_i|$ 用算术－几何平均值不等式,再利用 $nV(\sum_{P(n+1)}) = r_n \sum_{i=0}^{n} |f_i|$ 即证得式(9.8.1).而式(9.8.2)显然成立.证毕.

注意到由式(9.5.7)及式(9.5.9)可得式(9.5.12),再应用体积公式 $nV(\sum_{P(n+1)}) = r_n \cdot \sum_{i=0}^{n} |f_i|$ 及算术－几何平均不等式可得式(9.8.1)的一个改进式

$$V\left(\sum_{P(n+1)}\right) \geqslant (\csc\varphi)^{\frac{n}{2(n-1)}} \cdot \frac{n^{\frac{n}{2}} \cdot (n+1)^{\frac{n+1}{2}}}{n!} r_n{}^n \quad (9.8.1')$$

又若注意到定理 9.4.3,按其中的记号与证法,可得式(9.8.1)的又一个改进式

$$V\left(\sum_{P(n+1)}\right) \geqslant \left[1 + \frac{(F-f)^2}{(m+1)F^2}\right]^{\frac{1}{2}} \cdot \frac{n^{\frac{n}{2}} \cdot (n+1)^{\frac{n+1}{2}}}{n!} r_n{}^n \quad (9.8.1'')$$

其中等号当且仅当单形 $\sum_{P(n+1)}$ 正则时取得.

定理 9.8.2 设 $r_n^{(i)}$ 为 E^n 中 n 维单形 $\sum_{P(n+1)}$ 的

$n-1$维超平面$f_i(0\leqslant i\leqslant n)$上的傍切超球半径，$x_i$为单形$\sum_{P(n+1)}$的顶点$P_i$到它所对的侧面上的一条线段长，$\beta_i$为正实数，则[101]

$$\sum_{i=0}^{n}\frac{x_i^{\beta}}{r_n^{(i)}}\geqslant(n^2-1)\cdot n^{\beta-1}\cdot\left[\frac{n^{3n}}{n!^2(n+1)^{n-1}}\right]^{\frac{1-\beta}{2n}}\cdot\left[V\left(\sum_{P(n+1)}\right)\right]^{\frac{\beta-1}{n}}\tag{9.8.3}$$

其中等号当且仅当$\sum_{P(n+1)}$正则，且x_i为$\sum_{P(n+1)}$中$n-1$维超平面$f_i(0\leqslant i\leqslant n)$上的高时成立.

证明　设对每个i，f_i上的傍切超球球心为O_i，单形$\sum_{P(n+1)}=\{P_0,P_1,\cdots,P_n\}$的顶点$P_i$所对应的侧面为$f_i$，由顶点$O_i,P_0,\cdots,P_{i-1},P_{i+1},\cdots,P_n$所支撑的单形的高为$h_i=r_n^{(i)}$，底为以顶点$P_0,\cdots,P_{i-1},P_{i+1},\cdots,P_n$所支撑的$n-1$维超平面$f_i$，其体积为$|f_i|$. 又设单形$\sum_{P_i(n+1)}=\{O_i,P_0,\cdots,P_{i-1},P_{i+1},\cdots,P_n\}$的体积为$V_i$，则由式(5.2.2)，得$V_i=\frac{1}{n}|f_k|\cdot r_n^{(i)}$.

又由式(7.4.8)，知$r_n^{(i)}=\dfrac{nV\left(\sum_{P(n+1)}\right)}{\sum\limits_{j=0}^{n}|f_j|-2|f_i|}$.

在式(9.6.7)中，取$u=v=\alpha=1$，则

$$\sum_{i=0}^{n}x_i^{\beta}\left(\sum_{i=0}^{n}|f_j|-2|f_i|\right)\geqslant(n^2-1)\cdot n^{\beta}\left[\frac{n^{3n}}{n!^2(n+1)^{n-1}}\right]^{\frac{1-\beta}{2n}}\cdot\left[V\left(\sum_{P(n+1)}\right)\right]^{\frac{n+\beta-1}{n}}$$

再将式(7.4.8)代入整理即得式(9.8.3)，其中等号成立的条件由式(9.6.7)得出.

定理 9.8.3　设E^n中的n维单形，其顶点集为$\{P_0,P_1,\cdots,P_n\}$，体积为$V\left(\sum_{P(n+1)}\right)$，棱长$|\overrightarrow{P_iP_j}|=\rho_{ij}$

$(i,j=0,1,\cdots,n)$，外接超球半径为 R_n，则[26]

$$V(\Sigma_{P(n+1)})\leqslant\frac{\sqrt{n}}{R_n\cdot 2^{\frac{1}{2}(n+1)}\cdot n!}\left(\prod_{0\leqslant i<j\leqslant n}\rho_{ij}\right)^{\frac{2}{n}} \tag{9.8.4}$$

其中等号当且仅当所有$\frac{\rho_{ij}}{\rho_{0i}\rho_{0j}}(i\neq j,i,j=1,2,\cdots,n)$都相等时成立（$n=2$ 时，这样的数$\frac{\rho_{12}}{\rho_{01}\rho_{02}}$只有一个，故 $n=2$ 等号恒成立）.

证明 对维数 n 用数学归纳法. 当 $n=2$ 时，显然成立.

假设对 $n-1$ 结论成立，考察 n 维单形，由式(8.4.1)，有

$$V(\Sigma_{P(n+1)})\cdot R_n=\frac{1}{2n}(\rho_{01}\rho_{02}\cdots\rho_{0n})^2V(\Sigma_{B(n)})$$

对 $V(\Sigma_{B(n)})$ 用归纳假设得

$$\begin{aligned}&V(\Sigma_{P(n+1)})\cdot R_n\\ \leqslant&\frac{1}{2n}(\rho_{01}\cdots\rho_{0n})^2\cdot\frac{2^{-\frac{1}{2}(n-1)}\cdot\sqrt{n}}{(n-1)!}\left(\prod_{0\leqslant i<j\leqslant n-1}b_{ij}\right)^{\frac{2}{n}}\\ =&\frac{1}{2n}(\rho_{01}\rho_{02}\cdots\rho_{0n})^2\left(\frac{\sqrt{n}}{2^{\frac{1}{2}(n+1)}\cdot(n-1)!}\right)\left(\prod_{0\leqslant i<j\leqslant n-1}\frac{\rho_{ij}}{\rho_{0i}\rho_{0j}}\right)^{\frac{2}{n}}\\ =&\frac{\sqrt{n}}{2^{\frac{1}{2}(n+1)}\cdot n!}\left(\prod_{0\leqslant i<j\leqslant n-1}\rho_{ij}\right)^{\frac{2}{n}}\end{aligned}$$

其中等号当且仅当 $\Sigma_{B(n)}$ 正则，即所有 $b_{i-1,j-1}=\frac{\rho_{ij}}{\rho_{0i}\rho_{0j}}$ $(i\neq j,i,j=1,2,\cdots,n)$都相等时成立. 证毕.

有了式(9.8.4)，我们可以给出式(9.5.1)的另证：

事实上，由式(7.5.11)，有

$$R_n^2-\frac{1}{(n+1)^2}\prod_{0\leqslant i<j\leqslant n-1}\rho_{ij}^2\geqslant 0$$

对上式中的ρ_{ij}^2运用算术－几何平均值不等式,有

$$R_n\geqslant\sqrt{\frac{n}{2(n+1)}}\left(\prod_{0\leqslant i<j\leqslant n-1}\rho_{ij}\right)^{\frac{2}{n(n+1)}}\quad(9.8.5)$$

将此式代入式(9.8.4),即得式(9.5.1).

由式(9.8.5)及式(9.5.1),有

$$R_n\geqslant\left[\frac{n^n\cdot n!^2}{(n+1)^{n+1}}\right]^{\frac{1}{2n}}\cdot\left[V(\sum\nolimits_{P(n+1)})\right]^{\frac{1}{n}}\quad(9.8.6)$$

其中等号当且仅当单形$\sum_{P(n+1)}$正则时成立.

定理 9.8.4　设$\sum_{P(n+1)}$为$E^n(n>2)$中的一个n维单形,其体积为$V(\sum_{P(n+1)})$,侧面积为$|f_i|(i=0,1,\cdots,n)$,外接超球半径为R_n,则

$$\left(\prod_{i=0}^{n}|f_i|\right)^{n-1}\geqslant\left[\frac{n^{3n^2-4}}{(n+1)^{(n+1)(n-2)}}\right]^{\frac{1}{2}}\cdot\frac{1}{(n!)^n}\cdot\left[V(\sum\nolimits_{P(n+1)})\right]^{n^2-n-1}\cdot R_n\quad(9.8.7)$$

其中等号当且仅当$\sum_{P(n+1)}$为正则单形时成立.

对于此定理,注意到式(9.5.5),将式(9.8.4)代入即可获证.

定理 9.8.5　E^n中的n维单形$\sum_{P(n+1)}$的体积$V(\sum_{P(n+1)})$与其外接超球半径R_n,内切超球半径r_n有下述不等式

$$V(\sum\nolimits_{P(n+1)})\leqslant\frac{(n+1)^{\frac{n+1}{2}}}{n!\cdot n^{\frac{n-2}{2}}}R_n^{n-1}\cdot r_n\quad(9.8.8)$$

其中等号当且仅当$\sum_{P(n+1)}$为正则单形时成立.

证明　由式(7.4.7)及幂平均不等式,有

$$V^2(\sum\nolimits_{P(n+1)})=\frac{1}{n^2}r_n^2\left(\sum_{i=0}^{n}|f_i|\right)^2\leqslant\frac{n+1}{n^2}r_n^2\cdot\sum_{i=0}^{n}|f_i|^2$$

注意到式(9.5.8),有

$$V^2(\sum_{P(n+1)}) \leqslant \frac{1}{n!^2 n^{n-2}(n+1)^{n-3}} r_n^2 (\sum_{0 \leqslant i < j \leqslant n} \rho_{ij}^2)^{n-1}$$

又由式(7.5.11)有 $\sum_{0 \leqslant i < j \leqslant n} \rho_{ij}^2 \leqslant (n+1) R_n^2$，将其代入上式即可得式(9.8.8).

在式(7.5.11)中，单形 $\sum_{P(n+1)}$ 的重心 G 与外心 O 重合时为正则单形，因而式(9.8.8)中等号成立的充要条件是 $\sum_{P(n+1)}$ 正则.

定理 9.8.6　E^n 中的 n 维单形 $\sum_{P(n+1)}$ 的体积 $V(\sum_{P(n+1)})$ 与其外接超球半径 R_n，内切超球半径 r_n 有下述不等式

$$V(\sum_{P(n+1)}) \geqslant \frac{(n+1)^{\frac{n+1}{2}} \cdot n^{\frac{n^2-2}{2n}}}{n!} R_n^{\frac{1}{n}} \cdot r_n^{\frac{n^2-1}{n}} \tag{9.8.9}$$

其中等号当且仅当 $\sum_{P(n+1)}$ 为正则时取得.

证明　设 M 为单形 $\sum_{P(n+1)}$ 内部任一点，点 M 到侧面 f_i 的距离为 $d_i(i=0,1,\cdots,n)$，则 $\sum_{i=0}^{n} d_i |f_i| = nV(\sum_{P(n+1)})$，即 $\sum_{i=0}^{n} \frac{d_i |f_i|}{nV(\sum_{P(n+1)})} = 1$. 注意到算术－几何平均不等式，有

$$\prod_{i=0}^{n} \frac{d_i |f_i|}{nV(\sum_{P(n+1)})} \leqslant \left[\frac{1}{n+1} \sum_{i=0}^{n} \frac{d_i |f_i|}{nV(\sum_{P(n+1)})}\right]^{n+1} = \frac{1}{(n+1)^{n+1}} \tag{9.8.10}$$

再由式(9.8.7)及上式(9.8.10)，有

$$(\prod_{i=0}^{n} |f_i|)^{n-1} \leqslant \frac{(n!)^n}{(n+1)^{\frac{n^2+n}{2}} \cdot n^{\frac{n^2-2}{2}}} \cdot \frac{[V(\sum_{P(n+1)})]^n}{R_n}$$

现又取 M 为单形内心 I，则 $d_i = r_n(i=0,1,2,\cdots,n)$，由此即得式(9.8.9).

在此也指出，由式(9.8.9)及高维欧拉不等式 $R_n \geqslant nr_n$，可得式(9.8.1).

推论 1　E^n 中的 n 维单形 $\sum_{P(n+1)}$ 的体积 $V(\sum_{P(n+1)})$ 与其外接、内切超球半径 R_n, r_n，以及单形 $\sum_{P(n+1)}$ 内一点 M 到各侧面 f_i 的距离 $d_i(i=0,1,\cdots,n)$ 有下述不等式[192]

$$V(\sum_{P(n+1)}) \geqslant \left(\frac{R_n}{nr_n}\right)^{\frac{1}{n^2-1}} \cdot \frac{n^{\frac{n}{2}} \cdot (n+1)^{\frac{n+1}{2}}}{n!} \left(\prod_{i=0}^{n} d_i\right)^{\frac{n}{n+1}} \tag{9.8.11}$$

其中等号当且仅当单形 $\sum_{P(n+1)}$ 为正则时取得.

证明　由式(9.8.10)，有

$$\left(\prod_{i=0}^{n} d_i\right)^{n+1} \leqslant \frac{[nV(\sum_{P(n+1)})]^{n^2-1}}{(n+1)^{n^2-1}\left(\prod_{i=0}^{n} |f_i|\right)^{n-1}}$$

由上式与式(9.8.7)，得

$$\left(\prod_{i=0}^{n} d_i\right)^{n+1} \leqslant \frac{(n!)^n}{(n+1)^{\frac{n(n+1)}{2}} \cdot n^{\frac{n^2-2}{2}}} \cdot \frac{[V(\sum_{P(n+1)})]^n}{R_n} \quad ①$$

又式(9.8.8)可改写成

$$\frac{1}{R_n} \leqslant \left[\frac{R_n}{nr_n} \cdot \frac{n! \cdot n^{\frac{n}{2}}}{(n+1)^{\frac{n+1}{2}}} \cdot V(\sum_{P(n+1)})\right]^{-\frac{1}{n}} \quad ②$$

由①，②得

$$[V(\sum_{P(n+1)})]^{\frac{n^2-1}{n}} \geqslant \left[\left(\frac{R_n}{nr_n}\right)^{\frac{1}{n}} \left(\frac{n^{\frac{n}{2}}(n+1)^{\frac{n+1}{2}}}{n!}\right)^{\frac{n^2-1}{n}}\right] \cdot \left(\prod_{i=0}^{n} d_i\right)^{n-1}$$

由此即得式(9.8.11).

在推论 1 中，若取点 M 为单形 $\sum_{P(n+1)}$ 的内心 I，则有

推论 2　E^n 中的 n 维单形 $\sum_{P(n+1)}$ 的体积

$V(\sum_{P(n+1)})$与其外接、内切超球半径 R_n, r_n 有下述不等式

$$V(\sum_{P(n+1)}) \geqslant (\frac{R_n}{nr_n})^{\frac{1}{n^2-1}} \cdot \frac{n^{\frac{n}{2}} \cdot (n+1)^{\frac{n+1}{2}}}{n!} \cdot r_n^n \tag{9.8.12}$$

其中等号当且仅当单形$\sum_{P(n+1)}$为正则时取得.

由于$(\frac{R_n}{nr_n})^{\frac{1}{n^2-1}} \geqslant 1$,所以式(9.8.12)推广了式(9.8.1)

$$V(\sum_{P(n+1)}) \geqslant \frac{n^{\frac{n}{2}} \cdot (n+1)^{\frac{n+1}{2}}}{n!} \cdot r_n^n$$

定理 9.8.7 设 E^n 中的 n 维单形$\sum_{P(n+1)}$的体积为 V_P,其外接超球、内切超球半径分别为 R_n, r_n,外切于界(侧)面 f_i 的$\sum_{P(n+1)}$的傍切超球半径为 $r_n^{(i)}$,则[225]:

$$(1) R_n^{n-1} \cdot (\prod_{i=0}^{n} r_n^{(i)})^{\frac{1}{n+1}} \geqslant \frac{n^{\frac{n-2}{2}} \cdot n!}{(n-1)(n+1)^{\frac{n-1}{2}}} V_P \tag{9.8.13}$$

$$(2) r_n^{n+1} \cdot (\prod_{i=0}^{n} r_n^{(i)})^{\frac{n-1}{n+1}} \leqslant \frac{n!^2}{n^n (n-1)^{n-1} \cdot (n+1)^2} V_P^2 \tag{9.8.14}$$

其中不等式中等号成立的条件是$\sum_{P(n+1)}$正则.

证明 (1)由式(7.4.8),可得

$$\prod_{i=0}^{n} r_n^{(i)} = \frac{(nV_P)^{n+1}}{\prod_{i=0}^{n}(S-2|f_i|)} \quad (S = \sum_{i=0}^{n}|f_i|) \qquad (*)$$

注意到式(9.17.17)及上式,有

$$\prod_{i=0}^{n} r_n^{(i)} \leqslant \left(\frac{n}{n-1}\right)^{n+1} \cdot \left(\frac{n!^2}{n^{3n}}\right)^{\frac{n+1}{n-1}} \cdot S^{n+1} \cdot \frac{\left(\prod_{i=0}^{n} |f_i|\right)^{\frac{2}{n+1}}}{V_P^{\ n+1}} \tag{9.8.15}$$

应用算术 - 几何平均不等式，有

$$\left(\prod_{i=0}^{n} |f_i|\right)^{\frac{2}{n-1}} \leqslant \left(\frac{1}{n+1}\sum_{i=0}^{n} |f_i|\right)^{\frac{2(n+1)}{n-1}} = \left(\frac{1}{n+1}S\right)^{\frac{2(n+1)}{n-1}}$$

由上述两个不等式及 $|f_i| = \frac{nV_P}{r_n}$，得

$$\left(\prod_{i=0}^{n} r_n^{(i)}\right)^{\frac{n-1}{n+1}} \leqslant \frac{n!^2}{n^n(n-1)^{n+1} \cdot (n+1)^2} \cdot \frac{V_P^{\ 2}}{r_n^{n+1}}$$

由上即得式(9.8.14).

(2)应用算术 - 几何平均不等式，有

$$\prod_{i=0}^{n}(S-2|f_i|) \leqslant \left[\frac{1}{n+1}\prod_{i=0}^{n}(S-2|f_i|)\right]^{n+1}$$

$$= \left(\frac{n-1}{n+1}\right)^{n+1} \cdot S^{n+1}$$

由上式与式(*)，有

$$\prod_{i=0}^{n} r_n^{(i)} \geqslant \left[\frac{n(n+1)}{n-1}\right]^{n+1} \cdot \frac{V_P^{\ n+1}}{S^{n+1}} \tag{* *}$$

应用幂平均不等式，有

$$\frac{1}{n+1}S = \frac{1}{n+1}\sum_{i=0}^{n} |f_i| \leqslant \left[\frac{1}{n+1}\sum_{i=0}^{n} |f_i|^2\right]^{\frac{1}{2}}$$

即 $S \leqslant \left[(n+1)\sum_{i=0}^{n} |f_i|^2\right]^{\frac{1}{2}}$，其中等号成立条件是 $|f_0| = \cdots = |f_n|$.

又由上述两个不等式，得

$$\sum_{i=0}^{n} r_n^{(i)} \geqslant \left[\frac{n(n+1)^{\frac{1}{2}}}{n-1}\right]^{n+1} \cdot V_P^{n+1} / \left(\sum_{i=0}^{n} |f_i|^2\right)^{\frac{n+1}{2}} \tag{* * *}$$

再注意到式(9.5.8)及式(9.9.2),得

$$\sum_{i=0}^{n}|f_i|^2\leqslant\frac{(n+1)^n}{n^{n-4}\cdot n!^2}R_n^{2(n-1)} \tag{9.8.16}$$

由上式及式(* * *),得

$$\prod_{i=0}^{n}r_n^{(i)}\geqslant\left[\frac{n^{\frac{n-2}{2}}\cdot n!}{(n-1)(n+1)^{\frac{n-1}{2}}}\right]^{n+1}\cdot\frac{V_P^{n+1}}{R_n^{n^2-1}}$$

由上式即得式(9.8.13).

由推导过程知所证不等式中等号成立条件是 $\sum_{P(n+1)}$ 正则.

定理 9.8.8　题设条件同定理 9.8.7,则

$$\frac{n+1}{n^2(n-1)}\cdot\frac{R_n^2}{r_n}\geqslant\left(\prod_{i=0}^{n}r_n^{(i)}\right)^{\frac{1}{n+1}}\geqslant\frac{n+1}{n-1} \tag{9.8.17}$$

其中等号成立当且仅当 $\sum_{P(n+1)}$ 正则.

证明　由式(7.4.8),$r_n^{(i)}=\frac{nV_P}{S-2|f_i|}$(其中 $S=\sum_{i=0}^{n}|f_i|$)代入式(9.8.15),得

$$\prod_{i=0}^{n}r_n^{(i)}\leqslant\left(\frac{n^2}{n-1}\right)^{n+1}\cdot\left(\frac{n!^2}{n^{3n}}\right)^{\frac{n+1}{n-1}}\cdot\frac{\left(\prod_{i=0}^{n}|f_i|\right)^{\frac{2}{n-1}}}{r_n^{n+1}} \tag{9.8.18}$$

应用算术 - 几何平均不等式与式(9.8.16),有

$$\begin{aligned}\left(\prod_{i=0}^{n}|f_i|\right)^{\frac{2}{n-1}}&\leqslant\left(\frac{1}{n+1}\sum|f_i|^2\right)^{\frac{n+1}{n-1}}\\&\leqslant\left[\frac{(n+1)^{n-1}}{n^{n-4}\cdot n!^2}\right]^{\frac{n+1}{n-1}}\cdot R_n^{2(n+1)}\end{aligned}$$

由上述两式,得

$$\frac{n+1}{n^2(n+1)}\cdot\frac{R_n^2}{r_n}\geqslant\left[\prod_{i=0}^{n}r_n^{(i)}\right]^{\frac{1}{n+1}}$$

又将 $S=\frac{nV_P}{r_n}$ 代入式（＊＊），得 $\left[\prod_{i=0}^{n} r_n^{(i)}\right]^{\frac{1}{n+1}} \geqslant \frac{n+1}{n-1} r_n$.

由上述两式即得式(9.8.17)，其中等号成立条件由推导过程得 $\sum_{P(n+1)}$ 正则.

§9.9　关于单形超球半径与其他几何量之间的不等式

关于内切超球半径，我们有：

定理 9.9.1　设 E^n 中 n 维单形 $\sum_{P(n+1)}=\{P_0, P_1, \cdots, P_n\}$ 的 $n+1$ 条高线 $h_i=P_iH_i(i=0,1,\cdots,n)$，内切超球半径为 r_n，则

$$r_n \leqslant \frac{1}{n+1}\left(\prod_{i=0}^{n} h_i\right)^{\frac{1}{n+1}} \tag{9.9.1}$$

其中等号当且仅当单形 $\sum_{P(n+1)}$ 各侧面（即 $n-1$ 维单形）$f_i(i=0,1,\cdots,n)$ 的体积 $|f_i|$ 相等时成立.

证明　由式(5.2.2)，对于单形 $\sum_{P(n+1)}$ 的体积有

$$V\left(\sum_{P(n+1)}\right)=\frac{1}{n}|f_i| \cdot h_i=\frac{1}{n}\sum_{i=0}^{n}|f_i| \cdot r_n$$

从而有

$$\begin{aligned}\prod_{i=0}^{n} h_i &= \frac{\left[n \cdot V\left(\sum_{P(n+1)}\right)\right]^{n+1}}{\prod_{i=0}^{n}|f_i|} \\ &\geqslant \frac{\left[n(n+1) \cdot V\left(\sum_{P(n+1)}\right)\right]^{n+1}}{\left(\sum_{i=0}^{n}|f_i|\right)^{n+1}} \\ &= \left[(n+1) r_n\right]^{n+1}\end{aligned}$$

由此即得式(9.9.1). 显然，式(9.9.1)中等号当且仅当 $|f_0|=|f_1|=\cdots=|f_n|$ 时成立.

关于外接超球半径,我们已有一些关系式,如式(9.8.4),式(9.8.5)

$$R_n \leqslant \left(\frac{n}{2^{n+1}}\right)^{\frac{1}{2}} \cdot \frac{1}{n! \cdot V(\sum_{P(n+1)})} \cdot \prod_{0\leqslant i<j\leqslant n} \rho_{ij}^{\frac{2}{n}}$$

其中等号当且仅当所有$\frac{\rho_{ij}}{\rho_{0i}\rho_{0j}}(i\neq j,i,j=1,2,\cdots,n)$相等时成立.

$$R_n \geqslant \sqrt{\frac{n}{2(n+1)}} \cdot \left(\prod_{0\leqslant i<j\leqslant n} \rho_{ij}\right)^{\frac{2}{n(n+1)}}$$

其中等号相仅当单形$\sum_{P(n+1)}$正则时成立.

由式(7.5.11),还有

$$R_n \geqslant \frac{1}{n+1}\left(\sum_{0\leqslant i<j\leqslant n} \rho_{ij}^2\right)^{\frac{1}{2}} \tag{9.9.2}$$

其中等号当且仅当单形$\sum_{P(n+1)}$外接超球球心与重心重合时取到.

对于式(9.9.2),当 $n=2$ 时,即为边长为 a,b,c,外接圆半径为 R_2 的三角形中的不等式

$$a^2+b^2+c^2 \leqslant 9R_2^2 \tag{9.9.3}$$

对于式(9.9.3),再运用三角形正弦定理

$$2R_2 = \frac{abc}{2S_{\triangle}} = \frac{a}{\sin A} = \frac{b}{\sin B} = \frac{c}{\sin C}$$

及

$$\sqrt[3]{abc} \leqslant \frac{1}{3}(a+b+c) \leqslant \sqrt{\frac{1}{3}(a^2+b^2+c^2)}$$

立刻可以导出许多熟知的三角形不等式. 例如

$$a+b+c \leqslant 3\sqrt{3}R_2 \tag{9.9.4}$$

$$abc \leqslant 3\sqrt{3}R_2^3 \text{ 或 } \sin A \cdot \sin B \cdot \sin C \leqslant \left(\frac{\sqrt{3}}{2}\right)^3 \tag{9.9.5}$$

$$S_{\triangle}\leqslant\frac{\sqrt{3}}{4}(abc)^{\frac{2}{3}}\tag{9.9.6}$$

$$a^2+b^2+c^2\geqslant 4\sqrt{3}S_{\triangle}\tag{9.9.7}$$

$$\vdots$$

由此,启发我们,对式(9.9.2),结合高维正弦定理,再运用算术-几何平均值不等式、平方平均值不等式,也立即可导出许多 n 维单形的不等式(请读者自行写出).

对于式(9.9.2),有 $\sum\limits_{0\leqslant i<j\leqslant n}\rho_{ij}^2\leqslant(n+1)^2R_n^2$,由此我们还有如下的加权式子:

定理 9.9.2　对于任一组非零实数 $\lambda_0,\lambda_1,\cdots,\lambda_n$,$E^n$ 中 n 维单形 $\sum_{P(n+1)}$ 的诸棱长 $\rho_{ij}(i\neq j,i,j=0,1,\cdots,n)$ 与其外接超球半径 R_n 之间有不等式[102,110]

$$\sum_{0\leqslant i<j\leqslant n}\lambda_i\lambda_j\rho_{ij}^2\leqslant\left(\sum_{i=0}^{n}\lambda_i\right)^2\cdot R_n^2\tag{9.9.8}$$

其中等号当且仅当向量 $\boldsymbol{P}=\lambda_0\boldsymbol{P}_0+\lambda_1\boldsymbol{P}_1+\cdots+\lambda_n\boldsymbol{P}_n$ 对应的点 P 与 $\sum_{P(n+1)}$ 的外心 O 重合时成立.

显然,$\lambda_i(i=0,1,\cdots,n)$ 相等时,式(9.9.8)即为式(9.9.2).

如果,对 λ_i 取其他的值,则由式(9.9.8)可导出一系列 n 维单形的不等式(请读者自行写出).

证明　取点 P 为 $n+1$ 个点 $P_0,P_1,\cdots,P_n$ 赋予质量 $\lambda_0,\lambda_1,\cdots,\lambda_n$ 后的重心(这里的质量可认为有正有负),则

$$\begin{aligned}|\overrightarrow{OP}|^2&=|\lambda_0\overrightarrow{OP}_0+\lambda_1\overrightarrow{OP}_1+\cdots+\lambda_n\overrightarrow{OP}_n|^2\\&=\sum_{i=0}^{n}\lambda_i^2|\overrightarrow{OP}_i|^2+2\sum_{0\leqslant i<j\leqslant n}\lambda_i\lambda_j(\overrightarrow{OP}_i\cdot\overrightarrow{OP}_j)\\&=\left(\sum_{i=0}^{n}\lambda_i^2\right)\cdot R_n^2+\end{aligned}$$

$$\sum_{0\leqslant i<j\leqslant n}\lambda_i\lambda_j(|\overrightarrow{OP}_i|^2+|\overrightarrow{OP}_j|^2-|\overrightarrow{OP}_j-\overrightarrow{OP}_i|^2)$$
$$=(\sum_{i=0}^{n}\lambda_i^2)\cdot R_n^2+\sum_{0\leqslant i<j\leqslant n}\lambda_i\lambda_j(2R_n^2-\rho_{ij}^2)$$
$$=(\sum_{i=0}^{n}\lambda_i)^2\cdot R_n^2-\sum_{0\leqslant i<j\leqslant n}\lambda_i\lambda_j\rho_{ij}^2$$

而$|\overrightarrow{OP}|^2\geqslant 0$,故式(9.9.8)获证. 当 O 与 P 重合时,等号成立.

由于对ρ_{ij}^2运用算术-几何平均值不等式,可将式(9.9.2)变为式(9.8.5),因而,可类似地建立式(9.8.5)的加权式(这也留作练习,请读者自行写出).

对于式(9.9.8),我们应给予足够的重视,它的内涵非常丰富. 例如,我们有:

定理 9.9.3　设 E^n 中 n 维单形 $\sum_{P(n+1)}=\{P_0,\cdots,P_n\}$ 的外接超球、内切超球、傍切超球的半径分别为 $R_n,r_n,r_n^{(i)}$,则[110]

$$\sum_{0\leqslant i<j\leqslant n}\frac{\rho_{ij}^2}{r_n^{(i)}\cdot r_n^{(j)}}\leqslant(n-1)^2\cdot\left(\frac{R_n}{r_n}\right)^2\quad(9.9.9)$$

证明　在式(9.9.8)中,取 $\lambda_i=\frac{1}{r_n^{(i)}}(i=0,1,\cdots,n)$,由式(7.4.8),有 $\sum_{i=0}^{n}\frac{1}{r_n^{(i)}}=\frac{n-1}{r_n}$,将其代入式(9.9.8)即得式(9.9.9).

又例如,运用式(9.9.8),再注意到式(9.8.5),我们可改进式(9.5.1)与式(9.8.4)[27]得如下两条定理:

定理 9.9.4　$E^n(n\geqslant 2)$中的 n 维单形 $\sum_{P(n+1)}$ 的 n 维体积 $V(\sum_{P(n+1)})$ 与其诸棱长 $\rho_{ij}(i,j=0,1,\cdots,n,i\neq j)$之间有不等式:

$$(1)\ V(\Sigma_{P(n+1)})\leqslant\frac{1}{n!}\left(\frac{n+1}{2^n}\right)^{\frac{1}{2}},\prod_{0\leqslant i<j\leqslant n}\rho_{ij}^{\frac{2}{n+2}}H_n \tag{9.9.10}$$

其中

$$H_2=\left[1-\frac{(\rho_{01}-\rho_{02})^2(\rho_{02}-\rho_{12})^2(\rho_{12}-\rho_{01})^2}{(\rho_{01}\rho_{02}\rho_{12})^2}\right]^{\frac{1}{6}} \tag{9.9.11}$$

$n\geqslant 3$ 时

$$H_n=\left[1-\max_{0\leqslant i<j<r<s\leqslant n}\frac{(\rho_{ij}\rho_{rs}-\rho_{ir}\rho_{js})^2(\rho_{ir}\rho_{js}-\rho_{is}\rho_{jr})^2(\rho_{is}\rho_{jr}-\rho_{ij}\rho_{rs})^2}{(\rho_{ij}\rho_{ir}\rho_{is}\rho_{jr}\rho_{rs})^2}\right]^{\frac{1}{4}} \tag{9.9.12}$$

等号成立的充要条件是单形$\Sigma_{P(n+1)}$正则；

$$(2)\ V(\Sigma_{P(n+1)})\leqslant\left(\frac{n}{2^{n+1}}\right)^{\frac{1}{2}}\cdot\frac{1}{n!\ R_n}\cdot\prod_{0\leqslant i<j\leqslant n}\rho_{ij}^{\frac{2}{n}}K_n \tag{9.9.13}$$

其中$K_2=1,K_3=H_3^{\frac{2}{3}}$；当$n\geqslant 4$时，$K_n=H_n,R_n$为单形$\Sigma_{P(n+1)}$的外接超球半径，且等号成立的充要条件是存在$n+1$个正数$c_0,c_1,\cdots,c_n$使$\rho_{ij}=c_ic_j(i\neq j,i,j=0,1,\cdots,n)$. 例如$n=2$时，取$c_0=\sqrt{\frac{\rho_{01}\rho_{02}}{\rho_{12}}},c_1=\sqrt{\frac{\rho_{01}\rho_{12}}{\rho_{02}}}$，$c_2=\sqrt{\frac{\rho_{02}\rho_{12}}{\rho_{01}}}$时总有$a_{ij}=c_ic_j$.

为了证明上述定理9.9.4，先看一条引理.

引理　对于2维单形$\Sigma_{P(3)}$（即$\triangle P_0P_1P_2$），有：

$$(\mathrm{i})\ V(\Sigma_{P(3)})\leqslant\frac{1}{4}(\rho_{01}+\rho_{02}+\rho_{12})^{\frac{1}{2}}\prod_{0\leqslant i<j\leqslant n}\rho_{ij}^{\frac{1}{2}}H_2 \tag{9.9.14}$$

(ii) $V(\sum_{P(3)}) \leqslant \frac{\sqrt{3}}{4}(\rho_{01}\rho_{02}\rho_{12})^{\frac{2}{3}} \cdot H_2$ (9.9.15)

以上两式中的 H_2 按式(9.9.11)定义,等号成立的充要条件均为$\sum_{P(3)}$正则(即$\triangle P_0P_1P_2$为正三角形).

事实上,对于(i),由海伦公式,有

$$V^2(\sum_{P(3)}) = \frac{1}{2}(\rho_{01}+\rho_{02}+\rho_{12})xyz \quad (9.9.16)$$

其中

$$x = \frac{1}{2}(\rho_{02}+\rho_{12}-\rho_{01}) > 0$$

$$y = \frac{1}{2}(\rho_{12}+\rho_{01}-\rho_{02}) > 0$$

$$z = \frac{1}{2}(\rho_{01}+\rho_{02}-\rho_{12}) > 0$$

再注意到

$$\begin{aligned}&(y+z)^2(z+x)^2(x+y)^2\\ =&[(y-z)^2+4yz][(z-x)^2+4zx][(x-y)^2+4xy]\\ \geqslant&(y-z)^2(z-x)^2(x-y)^2+64(xyz)^2 \quad (9.9.17)\end{aligned}$$

等号成立的充要条件是 $x=y=z$ 即 $\rho_{01}=\rho_{02}=\rho_{12}$,也就是$\sum_{P(3)}$正则. 由式(9.9.16)及式(9.9.17)便知式(9.9.14)成立.

对于(ii),由平均值不等式、式(9.9.8)(其中 λ_i 取 1)及式(1.5.11)(即$V(\sum_{P(3)}) \cdot R_2 = \frac{1}{4}\rho_{01}\rho_{02}\rho_{12}$),得

$$\begin{aligned}\rho_{01}+\rho_{02}+\rho_{12} &\leqslant 3\sqrt{\frac{1}{3}(\rho_{01}^2+\rho_{02}^2+\rho_{12}^2)}\\ &\leqslant 3\sqrt{\frac{1}{3}\cdot 9R_2^2} = \frac{3\sqrt{3}\rho_{01}\rho_{02}\rho_{12}}{4V(\sum_{P(3)})}\end{aligned}$$

代入式(9.9.14),经整理便得式(9.9.15).

式(9.9.15)也可看作是对式(9.4.2)的改进.

下面就来用数学归纳法证明定理9.9.4.

证明　$n=2$ 时,由式(1.5.11)及式(9.9.15),可知结论成立.

$n=3$ 时,由式(9.4.1)及式(9.9.14),得

$$V(\sum_{P(4)})\cdot R_3=\frac{1}{6}(\rho_{01}\rho_{02}\rho_{12})^2\cdot V(\sum_{B(2)})$$

$$\leqslant\frac{1}{24}(\rho_{01}\rho_{02}\rho_{03})^2\cdot(b_{01}+b_{02}+b_{12})^{\frac{1}{2}}\cdot(b_{01}\cdot b_{02}\cdot$$

$$b_{12})^{\frac{1}{2}}\cdot\left[1-\frac{(b_{01}-b_{02})^2(b_{02}-b_{12})^2(b_{12}-b_{01})^2}{(b_{01}b_{02}b_{12})^2}\right]^{\frac{1}{4}}$$

以 $b_{i-1,j-1}=\frac{\rho_{ij}}{\rho_{0i}\rho_{0j}}(i\neq j,i,j=1,2,3)$ 代入整理后,得

$$V(\sum_{P(4)})\cdot R_3\leqslant\frac{1}{24}(\rho_{12}\rho_{03}+\rho_{13}\rho_{02}+\rho_{23}\rho_{01})^{\frac{1}{2}}\cdot\prod_{0\leqslant i<j\leqslant 3}\rho_{ij}^{\frac{1}{2}}\cdot H_3\qquad(9.9.18)$$

其中 H_3 的定义见式(9.9.12).

再由平均值不等式及式(9.9.8)(令 $\lambda_i=1$),得

$$\rho_{12}\rho_{03}+\rho_{13}\rho_{02}+\rho_{23}\rho_{01}\leqslant\frac{1}{2}\sum_{0\leqslant i<j\leqslant 3}\rho_{ij}^2\leqslant 8R_3^2\qquad(9.9.19)$$

故

$$V(\sum_{P(4)})\leqslant\frac{\sqrt{2}}{12}\prod_{0\leqslant i<j\leqslant 3}\rho_{ij}^{\frac{1}{2}}\cdot H_3\qquad(9.9.20)$$

注意到式(9.9.19)中左端不等式及式(9.9.18)中等号都成立的充要条件是

$$\rho_{12}=\rho_{03},\rho_{13}=\rho_{02},\rho_{23}=\rho_{01}$$

$$\frac{\rho_{12}}{\rho_{01}\rho_{02}}=\frac{\rho_{13}}{\rho_{01}\rho_{03}}=\frac{\rho_{23}}{\rho_{02}\rho_{03}}\quad(\text{即 }b_{01}=b_{02}=b_{12})$$

即所有 $\rho_{ij}(i\neq j,i,j=0,1,2,3)$ 都相等，这时 $\sum_{P(4)}$ 为正则单形，式(9.9.19)右端不等式的等号也成立，故(9.9.20)中等号成立的充要条件是 $\sum_{P(4)}$ 为正则单形.

另一方面，由式(9.4.1)，式(9.9.15)，得

$$\begin{aligned}&V(\textstyle\sum_{P(4)})\cdot R_3\\&=\frac{1}{6}(\rho_{01}\rho_{02}\rho_{03})^2\cdot V(\textstyle\sum_{B(2)})\\&\leqslant\frac{1}{6}(\rho_{01}\rho_{02}\rho_{03})^2\cdot\frac{\sqrt{3}}{4}(b_{01}b_{02}b_{12})^{\frac{2}{3}}\cdot\\&\quad[1-\frac{(b_{01}-b_{02})^2\cdot(b_{02}-b_{12})^2\cdot(b_{12}-b_{01})^2}{(b_{01}b_{02}b_{03})^2}]^{\frac{1}{6}}\end{aligned}$$

以 $b_{i-1,j-1}=\frac{\rho_{ij}}{\rho_{0i}\rho_{0j}}(i\neq j,i,j=1,2,3)$ 代入整理后，得

$$V(\textstyle\sum_{P(4)})\cdot R_3\leqslant\frac{\sqrt{3}}{24}\prod\limits_{0\leqslant i<j\leqslant 3}\rho_{ij}^{\frac{2}{3}}\cdot H_3^{\frac{2}{3}}=\frac{\sqrt{3}}{24}\prod\limits_{0\leqslant i<j\leqslant 3}\rho_{ij}\cdot K_3$$

等号成立的充要条件是 $b_{01}=b_{02}=b_{12}$，而由后面的证明知此条件等价于存在正数 c_0,c_1,c_2,c_3 使 $\rho_{ij}=c_ic_j$ $(i\neq j,i,j=0,1,2,3)$. 这就证明了 $n=3$ 时，命题 9.9.4 成立.

假设对 $n-1(n\geqslant 4)$ 维单形，命题 9.9.4 成立. 现考察 n 维单形的情形，因单形的体积、外接超球半径与单形顶点的编号顺序无关，故不失一般性，可设式(9.9.12)中的 $H_n(n\geqslant 3)$ 为

$$H_n=[1-\frac{A_1^2\cdot A_2^2\cdot A_3^2}{\prod\limits_{n-3\leqslant i<j\leqslant n}\rho_{ij}^2}]^{\frac{1}{4}}$$

其中

$$A_1=a_{n-3,n-2}\cdot a_{n-1,n}-a_{n-3,n-1}\cdot a_{n-2,n}$$
$$A_2=a_{n-3,n-1}\cdot a_{n-2,n}-a_{n-3,n}\cdot a_{n-2,n-1}$$

$$A_3 = a_{n-3,n} \cdot a_{n-2,n-1} - a_{n-3,n-2} \cdot a_{n-1,n}$$

由式(9.4.1),有

$$V(\sum_{P(n+1)}) \cdot R_n = \frac{1}{2n}(\rho_{01}\rho_{02}\cdots\rho_{0n})^2 \cdot V(\sum_{B(n)})$$

对 $V(\sum_{B(n)})$ 应用归纳假设,得

$$V(\sum_{P(n+1)}) \cdot R_n = \frac{1}{2n}(\rho_{01}\rho_{02}\cdots\rho_{0n})^2 \cdot (\frac{n}{2^{n-1}})^{\frac{1}{2}} \cdot \frac{1}{(n-1)!} \cdot \prod_{0 \leqslant i < j \leqslant n-1} b_{ij}^{\frac{2}{n}} \cdot [1 - \frac{B_1^2 \cdot B_2^2 \cdot B_3^2}{\prod\limits_{0 \leqslant i < j \leqslant n-1} b_{ij}^2}]^{\frac{1}{4}}$$

其中

$$B_1 = b_{n-4,n-3} \cdot b_{n-2,n-1} - b_{n-4,n-2} \cdot b_{n-3,n-1}$$
$$B_2 = b_{n-4,n-2} \cdot b_{n-3,n-1} - b_{n-4,n-1} \cdot b_{n-2,n-3}$$
$$B_3 = b_{n-4,n-1} \cdot b_{n-2,n-3} - b_{n-4,n-3} \cdot b_{n-2,n-1}$$

以 $b_{i-1,j-1} = \dfrac{\rho_{ij}}{\rho_{0i}\rho_{0j}}(i \neq j, i, j = 1, 2, 3)$ 代入整理后,得

$$V(\sum_{P(n+1)}) \cdot R_n \leqslant \frac{1}{n!}(\frac{n}{2^{n+1}})^{\frac{1}{2}} \cdot \prod_{0 \leqslant i < j \leqslant n} \rho_{ij}^{\frac{2}{3}} \cdot H_n$$

$$= \frac{\sqrt{n}}{2^{\frac{n+1}{2}} \cdot n!} \cdot \prod_{0 \leqslant i < j \leqslant n} \rho_{ij}^{\frac{2}{n}} \cdot K_n$$

(此即为式(9.9.13))

等号成立的充要条件是 $\sum_{B(n)}$ 为正则单形,即所有 b_{ij} $(i \neq j, i, j = 0, 1, \cdots, n-1)$ 都相等,而这一条件等价于存在 $n+1$ 个正数 $c_0, c_1, \cdots, c_n$ 使 $\rho_{ij} = c_i c_j (i \neq j, i, j = 0, 1, \cdots, n)$.

事实上,若 $\rho_{ij} = c_i c_j (i \neq j, i, j = 0, 1, \cdots, n)$,则

$$b_{ij} = \frac{\rho_{i+1,j+1}}{\rho_{0,i+1}\rho_{0,j+1}} = \frac{1}{c_0^2} \quad (i \neq j, i, j = 0, 1, \cdots, n-1)$$

反之,若 $b_{ij}=k>0(i\neq j,i,j=0,1,\cdots,n-1)$. 取 $c_0=\frac{1}{\sqrt{k}},c_i=\sqrt{k}\rho_{0i}(i=1,2,\cdots,n)$,则 $\rho_{0i}=c_0c_i(i=1,2,\cdots,n)$ 且 $\rho_{ij}=b_{i-1,j-1}\cdot\rho_{0i}\cdot\rho_{0j}=c_ic_j(i\neq j,i,j=0,1,\cdots,n-1)$.

再由式(9.8.5)及式(9.9.13)得

$$V(\sum\nolimits_{P(n+1)})\leqslant\frac{1}{n!}(\frac{n}{2^{n+1}})^{\frac{1}{2}}\cdot[\frac{2(n+1)}{n}]^{\frac{1}{2}}\cdot\prod_{0\leqslant i<j\leqslant n}\rho_{ij}^{\frac{2}{n}-\frac{2}{n(n+1)}}\cdot H_n=\frac{1}{n!}(\frac{n+1}{2^n})^{\frac{1}{2}}\cdot\prod_{0\leqslant i<j\leqslant n}\rho_{ij}^{\frac{2}{n+1}}\cdot H_n$$

等号成立的充要条件是 $\sum_{P(n+1)}$ 为正则单形. 证毕.

因为 $H_n\leqslant1$,故式(9.9.10)改进了式(9.5.1),式(9.9.12)改进了式(9.8.4).

定理 9.9.5　对 E^n 中 n 维单形 $\sum_{P(n+1)}$ 及任意 $n+1$ 个不全为零的实数 $\lambda_0,\cdots,\lambda_n$,$\sum_{P(n+1)}$ 的 n 维体积 $V(\sum_{P(n+1)})$ 与其诸棱长 $\rho_{ij}(i,j=0,1,\cdots,n,i\neq j)$ 之间有不等式[27]

$$(\sum_{0\leqslant i<j\leqslant n}\lambda_i\lambda_j\rho_{ij}^2)\cdot V^2(\sum\nolimits_{P(n+1)})\leqslant\frac{n}{2^{n+1}\cdot(n!)^2}(\sum_{i=0}^{n}\lambda_i)^2\prod_{0\leqslant i<j\leqslant n}\rho_{ij}^{\frac{4}{n}}\cdot K_n^2\quad(9.9.21)$$

其中 K_n 同定理 9.9.4 中所给. 等号成立的充要条件是 $\sum_{i=0}^{n}\lambda_i\neq0$ 及 $\sum_{P(n+1)}$ 的外心 O 关于 $\sum_{P(n+1)}$ 的重心坐标为$(\lambda_0:\lambda_1:\cdots:\lambda_n)$,且存在 $n+1$ 个正数 $c_0,c_1,\cdots,c_n$ 使 $\rho_{ij}=c_ic_j(i\neq j,i,j=0,1,\cdots,n)$.

此命题证明较易,由式(9.9.8)及式(9.9.10)即得.

因为 $K_n\leqslant1$,在式(9.9.21)中取 $\lambda_0=\lambda_1=\cdots=$

$\lambda_n=\dfrac{1}{n+1}$并利用平均值不等式，即可推出式(9.5.1)，故式(9.9.21)也改进了式(9.5.1). 此外，$n\geqslant 4$ 时，式(9.9.21)包含了式(9.9.10).

不难看出，式(9.9.21)也包含了许多有趣的结果：例如 $n=2$ 时，设$\triangle ABC$ 的三边长和面积分别是 a，b，c 和 $S_{\triangle}(=V(\sum_{P(3)}))$，则对于任意的三个不全为零的实数 α,β,γ，有

$$16(\beta\gamma a^2+\gamma\alpha b^2+\alpha\beta c^2)S_{\triangle}^2\leqslant(\alpha+\beta+\gamma)^2(abc)^2 \tag{9.9.22}$$

等号成立的充要条件是$\triangle ABC$ 的外心 O 关于$\triangle ABC$ 的重心坐标为$(\alpha:\beta:\gamma)$，即有 $\alpha:\beta:\gamma=\sin 2A:\sin 2B:\sin 2C=a^2(b^2+c^2-a^2):b^2(c^2+a^2-b^2):c^2(a^2+b^2-c^2)$.

在式(9.9.22)中，令 $\alpha=\beta=\gamma=1$，并利用不等式 $(abc)^2\leqslant(\dfrac{a^2+b^2+c^2}{3})^3$，可得

$$S_{\triangle}\leqslant\frac{3abc}{4\sqrt{a^2+b^2+c^2}}\leqslant\frac{\sqrt{3}}{4}(abc)^{\frac{2}{3}}\leqslant\frac{1}{4\sqrt{3}}(a^2+b^2+c^2) \tag{9.9.23}$$

等号成立的充要条件是$\triangle ABC$ 为正三角形.

若设另一三角形 $A_1B_1C_1$ 的三边长和面积分别是 a_1,b_1,c_1 和 $S'_{\triangle}$，在(9.9.22)中，令 $\alpha=a^2(b_1^2+c_1^2-a_1^2)$，$\beta=b^2(c_1^2+a_1^2-b_1^2)$，$\gamma=c^2(a_1^2+b_1^2-c_1^2)$，则得

$$a^2(b_1^2+c_1^2-a_1^2)+b^2(c_1^2+a_1^2-b_1^2)+c^2(a_1^2+b_1^2-c_1^2)\geqslant 16S_{\triangle}S'_{\triangle} \tag{9.9.24}$$

等号成立的充要条件是 $a^2(b^2+c^2-a^2):b^2(c^2+a^2-b^2):(a^2+b^2-c^2)=a^2(b_1^2+c_1^2-a_1^2):b^2(c_1^2+a_1^2-b_1^2):c^2(a_1^2+b_1^2-c_1^2)$，即 $a:b:c=a_1:b_1:c_1$，也就是$\triangle ABC\backsim\triangle A_1B_1C_1$.

式(9.9.24)称为著名的纽堡－匹多(Neuberg-Pedoe)不等式(见§10.3).

定理9.9.6 E^n 中 n 维单形 $\sum_{P(n+1)}$ 的棱长 $P_iP_j=\rho_{ij}(0\leqslant i<j\leqslant n)$ 与内切超球半径 r_n,对于任意实数 $\alpha\in(0,1]$,有下述不等式[193]

$$\sum_{0\leqslant i<j\leqslant n}\frac{1}{\rho_{ij}^{2\alpha}}\leqslant\frac{1}{2^{1+\alpha}}[n(n+1)]^{1-\alpha}\cdot\frac{1}{r_n^{2\alpha}}\tag{9.9.25}$$

其中等号当且仅当单形 $\sum_{P(n+1)}$ 正则时取到.

显然,当 $\alpha=1,n=2$ 时,即为 A. W. Walker 在 1970 年建立的 $\triangle ABC$ 中的不等式

$$\frac{1}{a^2}+\frac{1}{b^2}+\frac{1}{c^2}\leqslant\frac{1}{4r^2}$$

证明 设单形 $\sum_{P(n+1)}$ 的两个界(侧)面 f_i,f_j 所成的内二面角的平分面 $t_{ij}(0\leqslant i<j\leqslant n)$ 的 $n-1$ 维体积为 $|t_{ij}|$,顶点 P_i 和 P_j 到平分面 t_{ij} 的距离分别为 d_i 和 d_j,则 $d_i+d_j\leqslant P_iP_j=\rho_{ij}$,于是

$$\begin{aligned}V(\sum_{P(n+1)})&=\frac{1}{n}d_i|t_{ij}|+\frac{1}{n}d_j|t_{ij}|=\frac{1}{n}(d_i+d_j)|t_{ij}|\\&\leqslant\frac{1}{n}\rho_{ij}|t_{ij}|\end{aligned}$$

即有

$$\frac{1}{\rho_{ij}}\leqslant\frac{1}{nV(\sum_{P(n+1)})}|t_{ij}|\quad(0\leqslant i<j\leqslant n)\tag{9.9.26}$$

又由式(7.7.2),有

$$|t_{ij}|=\frac{2|f_i||f_j|}{|f_i|+|f_j|}\cos\frac{1}{2}\langle i,j\rangle\leqslant(|f_i||f_j|)^{\frac{1}{2}}\cos\frac{1}{2}\langle i,j\rangle$$

即有 $$|t_{ij}|^2\leqslant|f_i||f_j|\cdot\cos^2\frac{1}{2}\langle i,j\rangle$$

注意到式(9.3.1)：$\sum\limits_{0\leqslant i<j\leqslant n} x_i x_j \cos\langle i,j\rangle \leqslant \frac{1}{2}\sum\limits_{i=0}^{n} x_i^2$，有

$$\sum_{0\leqslant i<j\leqslant n} |t_{ij}|^2 \leqslant \sum_{0\leqslant i<j\leqslant n} |f_i||f_j|\cos^2\frac{1}{2}\langle i,j\rangle$$

$$=\frac{1}{2}\sum_{0\leqslant i<j\leqslant n}|f_i||f_j| + \frac{1}{2}\sum_{0\leqslant i<j\leqslant n}|f_i||f_j|\cos\langle i,j\rangle$$

$$\leqslant \frac{1}{2}\sum_{0\leqslant i<j\leqslant n}|f_i||f_j| + \frac{1}{4}\sum_{i=0}^{n}|f_i|^2$$

$$=\frac{1}{4}\left(\sum_{i=0}^{n}|f_i|\right)^2$$

对于 $\alpha\in(0,1]$，由上式和幂平均不等式，有

$$\sum_{0\leqslant i<j\leqslant n}|t_{ij}|^{2\alpha} \leqslant \left[\frac{n(n+1)}{2}\right]^{1-\alpha}\left(\sum_{0\leqslant i<j\leqslant n}|t_{ij}|^2\right)^{\alpha}$$

$$\leqslant \frac{1}{4^{\alpha}}\left[\frac{n(n+1)}{2}\right]^{1-\alpha}\left(\sum_{i=0}^{n}|f_i|\right)^{2\alpha}$$

$$=\frac{1}{2^{1+\alpha}}[n(n+1)]^{1-\alpha}\cdot\left(\sum_{i=0}^{n}|f_i|\right)^{2\alpha} \tag{9.9.27}$$

由式(9.9.26)及(9.9.27)，有

$$\sum_{0\leqslant i<j\leqslant n}\frac{1}{\rho_{ij}^{2\alpha}} \leqslant \frac{1}{[nV(\sum_{P(n+1)})]^{2\alpha}}\sum_{0\leqslant i<j\leqslant n}|t_{ij}|^{2\alpha}$$

$$\leqslant \frac{1}{[nV(\sum_{P(n+1)})]^{2\alpha}}\cdot\frac{[n(n+1)]^{1-\alpha}}{2^{1+\alpha}}\left(\sum_{i=0}^{n}|f_i|\right)^{2\alpha} \tag{9.9.28}$$

将熟知公式 $\sum\limits_{i=0}^{n}|f_i| = \frac{nV(\sum_{P(n+1)})}{r_n}$ 代入式(9.9.28)，即得式(9.9.27).

定理 9.9.7　E^n 中 n 维单形 $\sum_{P(n+1)}$ 的顶点 P_i 所对的界(侧)面 f_i 的 $n-1$ 维体积为 $|f_i|$ 与内切超球半径 r_n，对于任意实数 $\alpha\in(0,1]$，有下述不等式

$$\sum_{i=0}^{n}\frac{1}{|f_i|^{\alpha}}\leqslant n^{(n-1)\alpha}(n+1)^{1-\frac{1}{2}(n-1)\alpha}\left(\frac{n!^2}{n^{3n}}\right)^{\frac{\alpha}{2}}\cdot\frac{1}{r_n^{(n-1)\alpha}}\tag{9.9.29}$$

其中等号当且仅当单形$\sum_{P(n+1)}$为正则时取得.

证明 由式(9.4.5),有

$$\prod_{i=0}^{n}|f_i|\geqslant[V(\sum_{P(n+1)})]^{n-1}\cdot\frac{1}{(n+1)^{\frac{n+1}{2}}}\left(\frac{n^{3n}}{n!^2}\right)^{\frac{1}{2}}\sum_{i=0}^{n}|f_i|$$

其中等号当且仅当单形$\sum_{P(n+1)}$正则时取得.

对任意实数$\alpha\in(0,1]$利用上述不等式和幂平均不等式,有

$$\begin{aligned}\prod_{i=0}^{n}|f_i|^{\alpha}&\geqslant[V(\sum_{P(n+1)})]^{(n-1)\alpha}\cdot\\&\quad\frac{1}{(n+1)^{\frac{(n+1)\alpha}{2}}}\left(\frac{n^{3n}}{n!^2}\right)^{\frac{\alpha}{2}}\left(\sum_{i=0}^{n}|f_i|\right)^{\alpha}\\&\geqslant[V(\sum_{P(n+1)})]^{(n-1)\alpha}\cdot\\&\quad\frac{1}{(n+1)^{\frac{(n-1)\alpha}{2}+1}}\left(\frac{n^{3n}}{n!^2}\right)^{\frac{\alpha}{2}}\left(\sum_{i=0}^{n}|f_i|^{\alpha}\right)\end{aligned}$$

从而有

$$\begin{aligned}&\left(\prod_{i=0}^{n}|f_i|\right)^{\alpha}\left(\sum_{i=0}^{n}|f_i|\right)^{(n-1)\alpha}\\\geqslant&[V(\sum_{P(n+1)})]^{(n-1)\alpha}\frac{1}{(n+1)^{\frac{(n-1)\alpha}{2}+1}}\left(\frac{n^{3\alpha}}{n!^2}\right)^{\frac{\alpha}{2}}\left(\sum_{i=0}^{n}|f_i|^{\alpha}\right)^{n}\end{aligned}$$

利用上式和对称平均不等式,有

$$\begin{aligned}&\left(\prod_{i=0}^{n}|f_i|\right)^{\alpha}\left(\sum_{i=0}^{n}|f_i|\right)^{(n-1)\alpha}\\\geqslant&\frac{[V(\sum_{P(n+1)})]^{(n-1)\alpha}}{(n+1)^{-\frac{1}{2}(n-1)\alpha+1}}\left(\frac{n^{3n}}{n!^2}\right)^{\frac{\alpha}{2}}\sum_{i=0}^{n}\left(\prod_{\substack{j=1\\j\neq i}}^{n}|f_i|^{\alpha}\right)^{n}\end{aligned}$$

即

$$\left(\prod_{i=0}^{n}|f_i|\right)^{\alpha}\left(\sum_{i=0}^{n}|f_i|\right)^{(n-1)\alpha}$$

$$\geqslant[V(\sum_{P(n+1)})]^{(n-1)\alpha}\cdot(n+1)^{\frac{1}{2}(n-1)\alpha-1}(\frac{n^{3n}}{n!^2})^{\frac{\alpha}{2}}\sum_{i=0}^{n}(\prod_{\substack{j=1\\j\neq i}}^{n}|f_i|^{\alpha})$$

将公式$\sum\limits_{i=0}^{n}|f_i|=\dfrac{nV(\sum_{P(n+1)})}{r_n}$代入上式后,化简便得到式(9.9.29).

定理9.9.8　设E^n中n维单形$\sum_{P(n+1)}$的顶点P_i,P_j所对的界(侧)面f_i,f_j所对应的中面的$n-1$维体积为$|S_{ij}|$,R_n,r_n分别为单形$\sum_{P(n+1)}$的外接、内切超球半径,则[195]

$$\frac{(nr_n)^{n+1}}{R_n}\leqslant[\frac{n!\ (2n^{n-3})^{\frac{1}{2}}}{(n+1)^{\frac{n}{2}}}]^{\frac{n}{n-1}}\cdot(\prod_{0\leqslant i<j\leqslant n}|S_{ij}|)^{\frac{2}{n2-1}}\leqslant R_n^n \tag{9.9.30}$$

其中等号当且仅当单形$\sum_{P(n+1)}$正则时取得.

证明　设点P_i,P_j到中面S_{ij}的距离分别为d_i,d_j,则

$$nV(\sum_{P(n+1)})=(d_i+d_j)|S_{ij}|\leqslant\rho_{ij}|S_{ij}|\quad(0\leqslant i<j\leqslant n)$$

从而
$$(\prod_{0\leqslant i<j\leqslant n}|S_{ij}|)^{\frac{2}{n(n+1)}}\geqslant\frac{nV(\sum_{P(n+1)})}{(\prod\limits_{0\leqslant i<j\leqslant n}\rho_{ij})^{\frac{2}{n(n+1)}}}$$

利用算术-几何平均不等式,有

$$(\prod_{0\leqslant i<j\leqslant n}|S_{ij}|)^{\frac{2}{n(n+1)}}\geqslant\frac{nV(\sum_{P(n+1)})}{[\frac{2}{n(n+1)}\prod\limits_{0\leqslant i<j\leqslant n}\rho_{ij}^2]^{\frac{1}{2}}}$$

注意到式(9.8.9)及不等式$\prod\limits_{0\leqslant i<j\leqslant n}\rho_{ij}^2\leqslant(n+1)^2R_n^2$,得

$$\frac{(nr_n)^{n+1}}{R_n}\leqslant[\frac{n!\ (2n^{n-3})^{\frac{1}{2}}}{(n+1)^{\frac{n}{2}}}]^{\frac{n}{n-1}}\cdot(\prod_{0\leqslant i<j\leqslant n}|S_{ij}|)^{\frac{2}{n(n2-1)}} \tag{*}$$

再由式(7.6.7)并应用算术-几何平均不等式,

有

$$(\prod_{0\leqslant i<j\leqslant n}|S_{ij}|)^{\frac{2}{n^2-1}}\leqslant[\frac{2}{n(n+1)}\sum_{0\leqslant i<j\leqslant n}|S_{ij}|^2]^{\frac{n}{2(n-1)}}$$

$$=(\frac{1}{2n}\sum_{i=0}^{n}|f_i|^2)^{\frac{n}{2(n-1)}}$$

由上式和式(9.5.8)及$\sum\limits_{0\leqslant i<j\leqslant n}\rho_{ij}^2\leqslant(n+1)^2R_n^2$,得

$$(\prod_{0\leqslant i<j\leqslant n}|S_{ij}|)^{\frac{2}{n^2-1}}$$

$$\leqslant[\frac{1}{2n\cdot n!^2\cdot n^{n-4}(n+1)^{n-2}}]^{\frac{n}{2(n-1)}}\cdot(n+1)^nR_n$$

由上式及式(＊)即得式(9.9.30).其中等号成立的条件由上述各不等式等号成立的条件推得.

定理9.9.9　设E^n中n维单形$\sum_{P(n+1)}$的顶点P_i,P_j所对界(侧)面f_i,f_j所成内二面角的平分面的$n-1$维体积为$|t_{ij}|$,R_n,r_n分别为单形$\sum_{P(n+1)}$的外接、内切超球半径,则

$$\frac{(nr_n)^{n+1}}{R_n}\leqslant[\frac{n!\cdot(2n^{n-3})^{\frac{1}{2}}}{(n+1)^{\frac{n}{2}}}]^{\frac{n}{n-1}}\cdot(\prod_{0\leqslant i<j\leqslant n}|t_{ij}|)^{\frac{2}{n^2-1}}\leqslant R_n^n \tag{9.9.31}$$

其中等号当且仅当单形$\sum_{P(n+1)}$正则时取得.

证明　设点P_i,P_j到平分面t_{ij}的距离分别为d_i,d_j,则

$$nV(\sum\nolimits_{P(n+1)})=(d_i+d_j)|t_{ij}|\leqslant\rho_{ij}|t_{ij}|\quad(0\leqslant i<j\leqslant n)$$

从而

$$(\prod_{0\leqslant i<j\leqslant n}|t_{ij}|)^{\frac{2}{n(n+1)}}\geqslant\frac{nV(\sum_{P(n+1)})}{(\prod\limits_{0\leqslant i<j\leqslant n}\rho_{ij})^{\frac{2}{n(n+1)}}}$$

$$\geqslant\frac{nV(\sum_{P(n+1)})}{[\frac{2}{n(n+1)}\prod\limits_{0\leqslant i<j\leqslant n}\rho_{ij}^2]^{\frac{1}{2}}}$$

由上式、式(9. 8. 9)及不等式 $\prod_{0\leqslant i<j\leqslant n}\rho_{ij}^2\leqslant(n+1)^2R_n^2$,有

$$\frac{(nr_n)^{n+1}}{R_n}\leqslant\left[\frac{n!\ (2n^{n-3})^{\frac{1}{2}}}{(n+1)^{\frac{n}{2}}}\right]^{\frac{n}{n-1}}\cdot\left(\prod_{0\leqslant i<j\leqslant n}|t_{ij}|\right)^{\frac{2}{n^2-1}}\qquad(**)$$

又由式(9.7.10)及算术-几何平均不等式,有

$$\prod_{0\leqslant i<j\leqslant n}|t_{ij}|\leqslant\left(\frac{n+1}{2n}\right)^{\frac{n(n+1)}{4}}\cdot\left(\frac{1}{n+1}\sum_{i=0}^{n}|f_i|^2\right)^{\frac{n(n+1)}{2}}$$

由上式及式(9.5.8)及 $\sum_{0\leqslant i<j\leqslant n}\rho_{ij}^2\leqslant(n+1)^2R_n^2$,得

$$\left(\prod_{0\leqslant i<j\leqslant n}|t_{ij}|\right)^{\frac{2}{n^2-1}}\leqslant\left[\frac{1}{2n\cdot n!^2\cdot n^{n-4}\cdot(n+1)^{n-2}}\right]^{\frac{n}{2(n+1)}}\cdot(n+1)^nR_n^n$$

由上式及式(**)即得式(9.9.31).其中等号成立条件由上述各不等式等号成立的条件推得.

定理 9.9.10　E^n 中的 n 维单形 $\sum_{P(n+1)}$ 的顶点 P_i 所对的界(侧)面 f_i 的 $n-1$ 维体积为 $|f_i|$,f_i 面的高为 $h_i(i=0,1,\cdots,n)$,R_n,r_n 分别为单形 $\sum_{P(n+1)}$ 的外接、内切超球半径,则[196]

$$\sum_{i=0}^{n}\frac{|f_i|}{h_0+\cdots+h_{i-1}+h_{i+1}+\cdots+h_n}\geqslant\frac{1}{n!}n^{\frac{n+2}{2}}\cdot(n+1)^{\frac{n-1}{2}}\cdot\frac{r_n^{n-1}}{R_n}\qquad(9.9.32)$$

其中等号当且仅当单形 $\sum_{P(n+1)}$ 正则时取得.

对于式(9.9.32),当 $n=2$ 时,即为 Milosevic 不等式:

在 $\triangle A_1A_2A_3$ 中,h_1,h_2,h_3 分别为顶点 A_1,A_2,A_3 所对边上的高,R_2,r_2 分别为三角形的外接、内切圆半径,则

$$\frac{A_2A_3}{h_2+h_3}+\frac{A_3A_1}{h_3+h_1}+\frac{A_1A_2}{h_1+h_2}\geqslant 2\sqrt{3}\frac{r_2}{R_2} \tag{9.9.32'}$$

其中等号当$\triangle A_1A_2A_3$为正三角形时取得.

证明 以$\sigma_k(x_1,x_2,\cdots,x_m)$表示$m$个正数$x_1$, $x_2,\cdots,x_m$的k次初等对称多项式,即

$$\sigma_k(x_1,x_2,\cdots,x_m)=\sum_{1<i_1<i_2<\cdots<i_k\leqslant m}x_{i_1}x_{i_2}\cdots x_{i_k}$$

由单形体积公式$h_i|f_i|=nV(\sum_{P(n+1)})(i=0,1,\cdots,n)$,有

$$\begin{aligned}&\sum_{i=0}^{n}\frac{|f_i|}{h_0+\cdots+h_{i-1}+h_{i+1}+\cdots+h_n}\\&=\sum_{i=0}^{n}\frac{|f_i|}{nV(\sum_{P(n+1)})\sum\limits_{\substack{j=0\\j\neq i}}^{n}\frac{1}{|f_j|}}\\&=\frac{1}{nV(\sum_{P(n+1)})}\prod_{i=0}^{n}|f_i|\left[\frac{1}{\sigma_{n-1}(|f_1|,|f_2|,\cdots,|f_n|)}+\right.\\&\quad\left.\frac{1}{\sigma_{n-1}(|f_0|,|f_2|,\cdots,|f_n|)}+\cdots+\frac{1}{\sigma_{n-1}(|f_0|,|f_1|,\cdots,|f_{n-1}|)}\right]\end{aligned} \tag{①}$$

不失一般性,不妨设$|f_0|\leqslant|f_1|\leqslant\cdots\leqslant|f_n|$,则

$$\begin{aligned}&\sigma_{n-1}(|f_1|,|f_2|,\cdots,|f_n|)\\&\geqslant\sigma_{n-1}(|f_0|,|f_2|,\cdots,|f_n|)\geqslant\cdots\\&\geqslant\sigma_{n-1}(|f_0|,|f_1|,\cdots,|f_{n-1}|)\end{aligned}$$

由 Chebyshev 不等式,有

$$\left[\sum_{i=0}^{n}\frac{1}{\sigma_{n-1}(|f_0|,\cdots,|f_{i-1}|,|f_{i+1}|,\cdots,|f_n|)}\right]\cdot$$
$$\left[\sum_{i=0}^{n}\sigma_{n-1}(|f_0|,\cdots,|f_{i-1}|,|f_{i+1}|,\cdots,|f_n|)\right]\geqslant(n+1)^2$$

即

$$\sum_{i=0}^{n}\frac{1}{\sigma_{n-1}(|f_0|,\cdots,|f_{i-1}|,|f_{i+1}|,\cdots,|f_n|)}$$

$$\geqslant\frac{(n+1)^2}{\sum_{i=0}^{n}\sigma_{n-1}(|f_0|,\cdots,|f_{i-1}|,|f_{i+1}|,\cdots,|f_n|)}$$

$$=\frac{(n+1)^2}{2\sigma_{n-1}(|f_0|,|f_1|,\cdots,|f_n|)} \qquad ②$$

由①,②两式,得

$$\sum_{i=0}^{n}\frac{|f_i|}{h_0+\cdots+h_{i-1}+h_{i+1}+\cdots+h_n}$$

$$\geqslant\frac{\prod_{i=0}^{n}|f_i|}{nV(\sum_{P(n+1)})}\cdot\frac{n+1}{2\sigma_{n-1}(|f_0|,|f_1|,\cdots,|f_n|)}$$

再由对称平均不等式,有

$$\left[\frac{1}{C_{n+1}^{n-1}}\sigma_{n-1}(|f_0|,|f_1|,\cdots,|f_n|)^{\frac{1}{n-1}}\right]\leqslant\frac{1}{n-1}\sum_{i=0}^{n}|f_i|$$

将公式(7.4.7):$\sum_{i=0}^{n}|f_i|=\frac{nV(\sum_{P(n+1)})}{r_n}$代入上式,得

$$\sigma_{n-1}(|f_0|,|f_1|,\cdots,|f_n|)$$

$$\leqslant\frac{n}{2(n+1)^{n-2}}\left[\frac{nV(\sum_{P(n+1)})}{r_n}\right]^{n-1}$$

由上述两个不等式,有

$$\sum_{i=0}^{n}\frac{|f_i|}{h_0+\cdots+h_{i-1}+h_{i+1}+\cdots+h_n}$$

$$\geqslant\frac{(n+1)^n}{n^{n+1}}\cdot\frac{\prod_{i=0}^{n}|f_i|}{V^n(\sum_{P(n+1)})}\cdot r_n^{n-1} \qquad ③$$

由上式,并注意式(9.4.1),式(9.8.6),得

$$\sum_{i=0}^{n}\frac{|f_i|}{h_0+\cdots+h_{i-1}+h_{i+1}+\cdots+h_n}$$

$$\geqslant \frac{(n+1)^{\frac{(n-1)2}{2n}} \cdot n^{\frac{n+1}{2}}}{n! \cdot V^{\frac{1}{n}}(\sum_{P(n+1)})} \cdot r_n^{n-1}$$

$$\geqslant \frac{1}{n!} \cdot n^{\frac{n+2}{2}} \cdot (n+1)^{\frac{n-1}{2}} \cdot \frac{r_n^{n-1}}{R_n}$$

由证明过程可知不等式等号成立当且仅当单形 $\sum_{P(n+1)}$ 正则.

定理 9.9.11　E^n 中的 n 维单形 $\sum_{P(n+1)}$ 的顶点 P_i 所对界(侧)面 f_i 的 $n-1$ 维体积为 $|f_i|$,f_i 面上的高为 $h_i(i=0,1,\cdots,n)$,R_n,r_n 分别为外接、内切超球的半径,记 $F=\max\limits_{0\leqslant i\leqslant n}\{|f_i|\}$,$f=\min\limits_{0\leqslant i\leqslant n}\{|f_i|\}$,则[197]

$$\sum_{i=0}^{n} \frac{|f_i|}{h_0+\cdots+h_{i-1}+h_{i+1}+\cdots+h_n}$$

$$\geqslant \left[1+\frac{(F-f)^2}{(n+1)F^2}\right]^{\frac{n+1}{2n}} \cdot \frac{n^{\frac{n+2}{2}}(n+1)^{\frac{n-1}{2}}}{n!} \cdot \frac{r_n^{n-1}}{R_n} \tag{9.9.33}$$

事实上,由定理 9.9.10 的证明中的式③,再将式(9.4.10)代入可得到式(9.9.33).

注意到 $1+\frac{(F-f)^2}{(n+1)F^2}\geqslant 1$,可知式(9.9.33)改进了式(9.9.32).

定理 9.9.12　E^n 中的 n 维单形 $\sum_{P(n+1)}$ 的顶点 P_i 所对界(侧)面 f_i 的高 h_i 与 f_i 外侧相切的旁切超球半径 $r_n^{(i)}$ 以及内切超球半径 r_n,对于实数 $\lambda(-2<\lambda\leqslant 1)$ 有下述不等式[198]

$$\sum_{i=0}^{n} \frac{r_n^{(i)}}{h_i-\lambda r_n} \geqslant \frac{(n+1)^2}{(n+1-\lambda)(n-1)} \tag{9.9.34}$$

其中等号当且仅当单形 $\sum_{P(n+1)}$ 正则时取得.

对于式(9.9.34),当 $n=2$,$\lambda=1$ 时,即为Milosevic

1990 年得到的不等式：

设$\triangle ABC$三边上的高为h_a,h_b,h_c，内切圆半径为r_2，旁切圆半径分别为r_2^a,r_2^b,r_2^c，则

$$\frac{r_2^a}{h_a-r_2}+\frac{r_2^b}{h_b-r_2}+\frac{r_2^c}{h_c-r_2}\geqslant\frac{9}{2}$$

为了证明式(9.9.34)，需介绍如下概念：

定义 9.9.1　设$x,y\in\mathbf{R}^+$，满足(i)$\sum\limits_{i=1}^{k}x[i]\leqslant\sum\limits_{i=1}^{k}y[i]$($k=1,2,\cdots,n-1$)，(ii)$\sum\limits_{i=1}^{k}x[i]=\sum\limits_{i=1}^{k}y[i]$，则称$x$被$y$所控制，记作$x\propto y$.

定义 9.9.2　设$\Omega\subset R^n$，$\varphi:\Omega\to R$. 若在Ω上$x\propto y$，有$\varphi(x)\leqslant\varphi(y)$，则称$\varphi$为$\Omega$上的 Schur 凸函数；若$-\varphi$为$\Omega$上 Schur 凸函数，则$\varphi$为$\Omega$上的 Schur 凹函数.

结论　设$\Omega\subset R^n$是有内点的对称凸集$\varphi:\Omega\to R$在Ω上连续，在Ω的内部Ω^0可微，则φ在Ω上 Schur 凸(凹)的充要条件是φ在Ω上对称，且$\forall x\in\Omega^0$，有

$$(x_1-x_2)\left(\frac{\partial\varphi}{\partial x_1}-\frac{\partial\varphi}{\partial x_2}\right)\geqslant(\leqslant)0\qquad(*)$$

下面给出式(9.9.34)的证明.

证明　记$S=\sum\limits_{i=0}^{n}|f_i|$，其中$|f_i|$为$f_i$的$n-1$维体积，记$V(\sum_{P(n+1)})=V_P$.

由单形体积公式，有$r_n=\dfrac{nV(\sum_{P(n+1)})}{S}$，$h_i=\dfrac{nV(\sum_{P(n+1)})}{|f_i|}$，$r_n^{(i)}=\dfrac{nV(\sum_{P(n+1)})}{S-2|f_i|}$($i=0,1,\cdots,n$). 从而

$$\sum_{i=0}^{n}\frac{r_n^{(i)}}{h_i-\lambda r_n}=\sum_{i=0}^{n}\frac{\dfrac{nV_P}{S-2|f_i|}}{\dfrac{nV_P}{|f_i|}-\dfrac{\lambda nV_P}{S}}$$

$$=S\sum_{i=0}^{n}\frac{|f_i|}{(S^2|f_i|-(\lambda+2)S|f_i|^2+2\lambda|f_i|^3)}$$

$$\geqslant\frac{S\sum\limits_{i=1}^{n}|f_i|}{S^2\sum\limits_{i=0}^{n}|f_i|-(\lambda+2)S\sum\limits_{i=0}^{n}|f_i|^2+2\lambda\sum|f_i|^3}$$

记

$$F(|f_0|,|f_1|,\cdots,|f_n|)$$

$$=\frac{S^2}{S^3-(\lambda+2)S\sum\limits_{i=0}^{n}|f_i|^2+2\lambda\sum\limits_{i=0}^{n}|f_i|^3}$$

显然，$F(|f_0|,|f_1|,\cdots,|f_n|)$ 为对称函数，对 F 求偏导数，并整理得

$$(|f_0|-|f_1|)\left[\frac{\partial F}{\partial|f_0|}-\frac{\partial F}{\partial|f_1|}\right]$$

$$=\frac{S^2(|f_0|-|f_1|)^2[2(\lambda+2)S-4\lambda(|f_0|+|f_1|)]}{\left[S^3-(\lambda+2)S\sum\limits_{i=0}^{n}|f_i|^2+2\lambda\sum\limits_{i=0}^{n}|f_i|^3\right]^2}$$

由式(7.3.5)可知 $S=\sum\limits_{i=0}^{n}|f_i|>2|f_i|$，从而当 $-2<\lambda\leqslant 1$ 时 $2(\lambda+2)S-4\lambda(|f_0|+|f_1|)>0$. 由前述结论即式(*)，可知 $F(|f_0|,|f_1|,\cdots,|f_n|)$ 为 Schur 凸函数，则

$$\left(\frac{S}{n+1},\frac{S}{n+1},\cdots,\frac{S}{n+1}\right)\propto(|f_0|,|f_1|,\cdots,|f_n|)$$

从而 $F(|f_0|,|f_1|,\cdots,|f_n|)\geqslant F\left(\frac{S}{n+1},\frac{S}{n+1},\cdots,\frac{S}{n+1}\right)=\frac{(n+1)^2}{(n+1-\lambda)(n-1)}$.

于是式(9.9.34)获证.

定理 9.9.13　条件同定理 9.9.12，对于实数 $\lambda(\lambda\geqslant 0)$，有[198]

$$\sum_{i=0}^{n}\frac{h_i+\lambda r_n^{(i)}}{r_n^{(i)}+r_n}\geqslant\frac{(n+1)^2(n+\lambda-1)}{2n}\qquad(9.9.35)$$

其中等号当且仅当单形$\sum_{P(n+1)}$正则时取得.

证明　记$S=\sum_{i=0}^{n}|f_i|$,其中$|f_i|$为界(侧)面的$n-1$维体积,$V(\sum_{P(n+1)})=V_P$.

由单形体积公式,有

$$r_n=\frac{nV_P}{S},h_i=\frac{nV_P}{|f_i|},r_n^{(i)}=\frac{nV_P}{S-2|f_i|}\quad(i=0,1,\cdots,n)$$

则

$$\sum_{i=0}^{n}\frac{h_i+\lambda r_n^{(i)}}{r_n^{i}+r_n}=\sum_{i=0}^{n}\frac{\frac{nV_P}{|f_i|}+\frac{\lambda nV_P}{S-2|f_i|}}{\frac{nV_P}{S-2|f_i|}+\frac{nV_P}{S}}$$

$$=\frac{1}{2}\sum_{i=0}^{n}\frac{S}{|f_i|}-\frac{1}{2}(1-\lambda)\sum_{i=0}^{n}\frac{S}{S-|f_i|}$$

记$F(|f_0|,|f_1|,\cdots,|f_n|)=\sum_{i=0}^{n}\frac{S}{|f_i|}-(1-\lambda)\sum_{i=0}^{n}\frac{S}{S-|f_i|}$,显然$F(|f_0|,|f_1|,\cdots,|f_n|)$为对称的数,对$F$求偏导数,并整理得

$$(|f_0|-|f_1|)(\frac{\partial F}{\partial|f_0|}-\frac{\partial F}{\partial|f_1|})$$

$$=S(|f_0|-|f_1|)^2[\frac{|f_0|+|f_1|}{|f_0|^2|f_1|^2}-(1-\lambda)\frac{2S-|f_0|-|f_1|}{(S-|f_0|)(S-|f_1|)}]$$

当$\lambda\geqslant1$时,上式右端式中中括号内的式>0,则上式左端$\geqslant0$.

当$0\leqslant\lambda<1$时,即$0<1-\lambda\leqslant1$,注意到

上式右端中括号内的式

$$=\frac{(|f_0|+|f_1|)(S-|f_0|)^2(S-|f_1|)^2-|f_0|^2|f_1|^2(2S-|f_0|-|f_1|)}{|f_0|^2|f_1|^2(S-|f_0|)^2(S-|f_1|)^2}$$

而

$$\begin{aligned}&(|f_0|+|f_1|)(S-|f_0|)^2(S-|f_1|)^2-\\&|f_0|^2|f_1|^2(2S-|f_0|-|f_1|)\\=&|f_0|(S-|f_1|)[S(S-|f_0|)(S-2|f_1|)+|f_1|^2(S-2|f_1|)]+\\&|f_1|(S-|f_1|)[S(S-|f_1|)(S-2|f_0|)+\\&|f_0|^2(S-2|f_2|)]\end{aligned}$$

于是

$$\begin{aligned}&(|f_0|+|f_1|)(S-|f_0|)^2(S-|f_1|)^2-\\&|f_0|^2|f_1|^2(2S-|f_0|-|f_1|)>0\end{aligned}$$

可得
$$\begin{aligned}\frac{|f_0|^2+|f_1|^2}{|f_0|^2|f_1|^2}&>\frac{2S-|f_0|-|f_1|}{(S-|f_0|)^2(S-|f_1|)^2}\\&>(1-\lambda)\frac{2S-|f_0|-|f_1|}{(S-|f_0|)^2(S-|f_1|)^2}\end{aligned}$$

所以
$$(|f_0|-|f_1|)\left(\frac{\partial F}{\partial|f_0|}-\frac{\partial F}{\partial|f_1|}\right)\geqslant 0$$

综上,可知 $\lambda\geqslant 0$ 时,$(|f_0|-|f_1|)\left(\frac{\partial F}{\partial|f_0|}-\frac{\partial F}{\partial|f_1|}\right)\geqslant 0$.

由前述结论即式(*),可知

$$F(|f_0|,|f_1|,\cdots,|f_n|)=\sum_{i=0}^{n}\frac{S}{|f_i|}-(1-\lambda)\sum_{i=0}^{n}\frac{S}{S-|f_i|}$$

为 Schur 凸函数,从而有

$$\left(\frac{S}{n+1},\frac{S}{n+1},\cdots,\frac{S}{n+1}\right)\propto(|f_0|,|f_1|,\cdots,|f_n|)$$

于是

$$\begin{aligned}F(|f_0|,|f_1|,\cdots,|f_n|)&\geqslant F\left(\frac{S}{n+1},\frac{S}{n+1},\cdots,\frac{S}{n+1}\right)\\&=\frac{(n+1)^2(n+1-\lambda)}{n}\end{aligned}$$

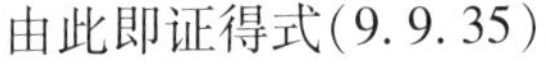
由此即证得式(9.9.35).

对于式(9.9.35),当 $n=2,\lambda=2$ 时,即为 Milosevic 建立的另一个不等式[198]:

在 $\triangle ABC$ 中,h_a,h_b,h_c 分别为三边上的高,r_2^a,r_2^b,r_2^c 分别为 $BC=a,CA=b,AB=c$ 外侧的旁切圆半径,r_2 为内切圆半径,则

$$\frac{h_a+2r_2^a}{r_2^a+r_2}+\frac{h_b+2r_2^b}{r_2^b+r_2}+\frac{h_c+2r_2^c}{r_2^c+r_2}\geqslant\frac{27}{4}\quad(9.9.36)$$

由式(9.9.35),还可得一系列初等几何不等式.

如 $n=2,\lambda=1$,有

$$\frac{h_a+r_2^a}{r_2^a+r_2}+\frac{h_b+r_2^b}{r_2^b+r_2}+\frac{h_c+r_2^c}{r_2^c+r_2}\geqslant\frac{9}{2}\quad(9.9.37)$$

……

定理 9.9.14 E^n 中的 n 维单形 $\sum_{P(n+1)}$ 的顶点 P_i 所对界(侧)面 f_i 上的高为 h_i,与 f_i 外侧相切的旁切超球半径为 $r_n^{(i)}(i=0,1,\cdots,n)$. 对于 $n+1$ 个正数 $x_i(i=0,1,\cdots,n)$ 的 k 次对称多项式

$$\sigma_k(x_i)=\sum_{0\leqslant i_1<i_2<\cdots<i_k\leqslant n}\sum\cdots\sum x_{i_1}x_{i_2}\cdots x_{i_k}\quad(n\geqslant2)$$

有下述不等式[208]

$$\sigma_k\left(\frac{h_i}{r_n^{(i)}}\right)\geqslant C_{n+1}^k(n-1)^k\quad(9.9.38)$$

其中等号当且仅当 $\sum_{P(n+1)}$ 正则时取得.

证明 设 $\sum_{P(n+1)}$ 的体积和界侧面 f_i 的体积分别为 $V_P,|f_i|$,记 $\lambda_i=\dfrac{\sum\limits_{i=0}^n|f_j|-2|f_i|}{|f_i|}(i=0,1,\cdots,n)$. 则由式(7.4.8)及式(5.2.2)易知式(9.9.38)等价于

$$\sigma_k(\lambda_i)\geqslant C_{n+1}^k\cdot(n-1)^k\quad ①$$

注意到式(7.3.5):$\sum\limits_{j=0}^n|f_i|\geqslant2|f_i|$,则知 $\lambda_i>0(i=$

$0,1,\cdots,n)$.

现引入正数 $x_i=\dfrac{|f_i|}{\sum\limits_{j=0}^{n}|f_i|}(i=0,1,\cdots,n)$，显然有$0<x_i<\dfrac{1}{2}$，且$\sum\limits_{i=0}^{n}x_i=1$. 又知式(9.9.38)进一步等价于

$$\sigma_k(\frac{1}{x_i}-2)\geqslant C_{n+1}^{k}\cdot(n-1)^k$$

记$f(x)=f(x_0,x_1,\cdots,x_n)=\sigma_k(\dfrac{1}{x_i}-2)$，考察函数$f(x)$在区域$D=\{x|x\in R^{n+1},0<x_i<\dfrac{1}{2},i=0,1,\cdots,n\}$及条件$\sum\limits_{i=0}^{n}x_i=1$下的最值.

利用 Lagrange 乘数法，引入辅助函数

$$F(x)=f(x_0,x_1,\cdots,x_n)+\mu(\sum_{i=0}^{n}x_i-1) \qquad ②$$

令 $E(y_1,\cdots,y_n)=\sum\limits_{0\leqslant i_1<i_2<\cdots<i_{k-1}\leqslant n}\sum\cdots\sum\prod\limits_{j=1}^{k-1}(\dfrac{1}{y_{i_j}}-2)$(规定：当 $k=1$ 时，$E(y_1,\cdots,y_n)=1$).

对式②求 x_i 的偏导数，得方程组

$$\begin{cases}\dfrac{\partial F}{\partial x_0}=-\dfrac{1}{x_0^2}E(x_1,x_2,\cdots,x_n)+\mu=0\\ \dfrac{\partial F}{\partial x_1}=-\dfrac{1}{x_1^2}E(x_0,x_2,\cdots,x_n)+\mu=0\\ \vdots\\ \dfrac{\partial F}{\partial x_n}=-\dfrac{1}{x_n^2}E(x_0,x_1,\cdots,x_{n-1})+\mu=0\end{cases}$$

由上述方程组，得 $x_0=x_1=\cdots=x_n$，将其代入约束条件$\sum\limits_{i=0}^{n}x_i=1$，解得唯一驻点

$$\bar{x}=\left(\frac{1}{n+1},\frac{1}{n+1},\cdots,\frac{1}{n+1}\right)$$

而函数 $f(x)$ 在这个驻点的取值为 $C_{n+1}^{k}\cdot(n-1)^{k}$.

下面先证明函数 $f(x)$ 在驻点 $\bar{x}$ 处的值为极小值.

为此,需考察函数 $F(x)$ 在驻点的二阶微分,不难求得

$$\begin{aligned}\mathrm{d}^2F(\bar{x})=&2C_{n+1}^{k}(n+1)^3(n-1)^{k-3}\sum_{i=0}^{n}\mathrm{d}^2x_i+\\&2C_{n-1}^{k-2}(n+1)^4(n-1)^{k-2}\sum_{0\leqslant i<j\leqslant n}\mathrm{d}x_i\mathrm{d}x_j\end{aligned}$$

注意到微分联系方程(在同一点):$\sum_{i=0}^{n}\mathrm{d}x_i=0$,从而有 $\mathrm{d}x_0=-\sum_{i=1}^{n}\mathrm{d}x_i$,代入上式,即得

$$\begin{aligned}&\frac{n\mathrm{d}^2F(\bar{x})}{C_n^{k-1}(n+1)^3(n-1)^{k-2}}\\=&2n(n-1)\left(\sum_{i=1}^{n}\mathrm{d}^2x_i+\mathrm{d}^2x_0\right)+2(n+1)(k-1)\cdot\\&\sum_{0\leqslant i<j\leqslant n}\mathrm{d}x_i\mathrm{d}x_j+2(n+1)(k-1)\mathrm{d}x_0\sum_{i=1}^{n}\mathrm{d}x_i\\=&2n(n-1)\sum_{i=1}^{n}\mathrm{d}^2x_i+2(n+1)(k-1)\sum_{0\leqslant i<j\leqslant n}\mathrm{d}x_i\mathrm{d}x_j+\\&2(n^2-nk-k+1)\left(\sum_{i=1}^{n}\mathrm{d}x_i\right)^2\\=&2[2n^2-n+(n+1)k+1]\cdot\left(\sum_{i=1}^{n}\mathrm{d}^2x_i+\sum_{0\leqslant i<j\leqslant n}\mathrm{d}x_i\mathrm{d}x_j\right)\\=&2[2n^2-n-(n+1)k+1]\cdot\left[\sum_{i=1}^{n}\mathrm{d}^2x_i+\left(\sum_{i=1}^{n}\mathrm{d}x_i\right)^2\right]\end{aligned}$$

因 $k\leqslant n$,故 $2n^2-n-(n+1)k+1\geqslant(n-1)^2>0$,所以,这个二次型是正定的,从而函数 $f(x)$ 在所求的驻点处有极小值

$$f_{\min}=f(\bar{x})=C_{n+1}^{k}(n-1)^{k}$$

再证明上述极小值 $f(\bar{x})$ 即为函数 $f(x)$ 在区域 D

上的最小值. 显然, 在接近界平面 $x_i=0$, 有 $f(x)\to+\infty$, 而当某个 $x_i=\frac{1}{2}$ 时, 不妨说 $x_0=\frac{1}{2}$ 时, 有 $2x_0=\sum_{i=0}^{n}x_i$, 即 $x_0=x_1+x_2+\cdots+x_n$, 亦即 $x_0-x_j=\sum_{\substack{i=0\\ i\neq j}}^{n}x_i\,(j=0,1,\cdots,n)$.

于是, 由上式及算术-几何平均不等式, 得

$$
\begin{aligned}
f(x)&=\sum_{0\leqslant i_1<i_2<\cdots<i_k\leqslant n}\sum\cdots\sum\prod_{j=1}^{k}\left(\frac{1}{x_{i_j}}-2\right)\\
&=\sum_{0\leqslant i_1<i_2<\cdots<i_k\leqslant n}\sum\cdots\sum\prod_{j=1}^{k}\left(2\sum_{\substack{s=1\\ s\neq i_j}}^{n}\frac{x_s}{x_{i_j}}\right)\\
&\geqslant 2^k(n-1)^k\cdot C_n^k=\frac{2^k(n-k+1)}{n+1}C_{n+1}^k\cdot(n-1)^k.
\end{aligned}
$$

当 $k=1$ 时, $\frac{2^k(n-k+1)}{n+1}=\frac{2n}{n+1}>1$;

当 $k\geqslant2$ 时, 由归纳法易证 $2^k>k+1$, 从而

$$
\begin{aligned}
\frac{2^k(n-k+1)}{n+1}&>\frac{(k+1)(n-k+1)}{n+1}\\
&=\frac{(k+1)(n+1)-k(k+1)}{n+1}\\
&\geqslant\frac{(k+1)(n+1)-k(n+1)}{n+1}\\
&=1\quad(\text{因 }2\leqslant k\leqslant n)
\end{aligned}
$$

故此时亦有 $f(x)>f(\bar{x})=C_{n+1}^k(n-1)^k$.

因此, 对 $\forall\varepsilon>0$, 将驻点用平行线 $D_\varepsilon=\{x\mid x\in R^{n+1},\varepsilon<x_i<\frac{1}{2}-\varepsilon,i=0,1,\cdots,n\}$ 围住, 由多元函数的连续性可知, 当 $\varepsilon\to0$ 时, 在区域 D_ε 之外以及边界上都有 $f(x)\geqslant f_{\min}=f(\bar{x})=C_{n+1}^k(n-1)^k$. 而在有界区域 D_ε 上, 函数 $f(x)$ 存在最小值. 故由上述讨论即得函数

$f(x)$在唯一驻点$\bar{x}$处取得最小值$C_{n+1}^{k}(n-1)^{k}$,而且是$f(x)$是区域D_{ε}中的最小值.故式(9.9.38)即证.

对于式(9.9.38),当$n=2$时,在$\triangle ABC$中,有

$$\frac{h_A}{r_A}+\frac{h_B}{r_B}+\frac{h_C}{r_C}\geqslant 3 \tag{9.9.39}$$

当$n=3$时,在四面体$P_0P_1P_2P_3$中,由$k=1,2$分别有

$$\frac{h_0}{r_3^{(0)}}+\frac{h_1}{r_3^{(1)}}+\frac{h_2}{r_3^{(2)}}+\frac{h_3}{r_3^{(3)}}\geqslant 8 \tag{9.9.40}$$

$$\frac{h_0h_1}{r_3^{(0)}r_3^{(1)}}+\frac{h_0h_2}{r_3^{(0)}r_3^{(2)}}+\frac{h_0h_3}{r_3^{(0)}r_3^{(3)}}+\frac{h_1h_2}{r_3^{(1)}r_3^{(2)}}+\frac{h_1h_3}{r_3^{(1)}r_3^{(3)}}+\frac{h_2h_3}{r_3^{(2)}r_3^{(3)}}\geqslant 24 \tag{9.9.41}$$

对于式(9.9.38)也可推得如下结论:

推论1　同定理9.9.14的条件,取$k=1$,有

$$\sum_{i=0}^{n}\frac{h_i}{r_n^{(i)}}\geqslant n^2-1 \tag{9.9.42}$$

不等式中等号当且仅当$\Sigma_{P(n+1)}$正则时取得.

推论2　同定理9.9.14的条件,$|f_i|$为界(侧)面体积,则

$$\sum_{i=0}^{n}\frac{|f_i|^n}{r_n^{(0)}\cdots r_n^{(i-1)}r_n^{(i+1)}\cdots r_n^{(n)}}\geqslant n^{\frac{1}{2}}\left[\frac{(n-1)^{n-2}}{(n-2)!}\right]^n\cdot\left[\frac{n^{n-1}}{(n+1)^{n-2}}\right]^{\frac{n+1}{2}} \tag{9.9.43}$$

不等式等号当且仅当$\Sigma_{P(n+1)}$正则时取得.

证明　由式(7.4.8),知$(|f_0|,|f_1|,\cdots,|f_n|)$与$(|f_1||f_2|\cdots|f_n|r_n^{(1)}r_n^{(2)}\cdots r_n^{(n)},|f_0||f_2|\cdots|f_n|r_n^{(0)}r_n^{(2)}\cdots r_n^{(n)},\cdots,|f_0||f_1|\cdots|f_{n-1}|r_n^{(0)}r_n^{(1)}\cdots r_n^{(n-1)})$反序,由Chebyshev(切比雪夫)不等式和式(5.2.2),得

$$\sum_{i=0}^{n}\prod_{\substack{j=0\\ j\neq i}}^{n}\frac{|f_i|^n}{(r_n^{(j)})^{n-1}}$$

$$=(\prod_{i=0}^{n}|f_i|)^{n-1}\cdot\sum_{i=0}^{n}\frac{|f_i|}{\prod\limits_{\substack{j=0\\ j\neq i}}^{n}(|f_j|r_n^{(j)})^{n-1}}$$

$$\geqslant\frac{1}{n+1}(\prod_{i=0}^{n}|f_i|)^{n-1}\cdot(\sum_{i=0}^{n}|f_i|)\cdot\sum_{i=0}^{n}\frac{1}{\prod\limits_{\substack{j=0\\ j\neq i}}^{n}(|f_j|r_n^{(j)})^{n-1}}$$

$$=\frac{1}{(n+1)(nV_P)^{n(n-1)}}(\prod_{i=0}^{n}|f_i|)^{n-1}(\sum_{i=0}^{n}|f_i|)\cdot$$

$$\sigma_n[(\frac{h_i}{r_n^{(i)}})^{n-1}]$$

$$\geqslant\frac{1}{(n+1)^{n-1}(nV_P)^{n(n-1)}}(\prod_{i=0}^{n}|f_i|)^{n-1}(\sum_{i=0}^{n}|f_i|)\cdot$$

$$[\sigma_n(\frac{h_i}{r_n^{(i)}})]^{n-1} \tag{$*$}$$

注意到式(9.4.1),则有

$$\sum_{i=0}^{n}|f_i|\cdot(\prod_{i=0}^{n}|f_i|)^{n-1}$$

$$\geqslant(n+1)(\prod_{i=0}^{n}|f_i|)^{\frac{n^2}{n+1}}$$

$$\geqslant(n+1)^{\frac{(n+1)(2-n)}{2}}\cdot(\frac{n^{3n}}{n!^2})^{\frac{n}{2}}\cdot V_P^{n(n+1)}$$

在式(9.9.38)中,取 $k=n$,有

$$\sigma_n(\frac{h_i}{r_n^{(i)}})\geqslant(n+1)(n-1)^n$$

将上述上式代入式($*$),即得式(9.9.43).

显然,当且仅当 $\Sigma_{P(n+1)}$ 正则时,式(9.9.43)中等号取到.

对于式(9.9.43),当 $n=2$ 时,即在 $\triangle ABC$ 中,有

$$\frac{a^2}{r_b r_c}+\frac{b^2}{r_c r_a}+\frac{c^2}{r_a r_b}\geqslant 4\quad (\text{R. R. Janic 不等式})$$

(9.9.44)

当 $n=3$ 时,即在四面体 $P_0P_1P_2P_3$ 中,有

$$\frac{S^3_{\triangle P_1P_2P_3}}{r_3^{(1)}r_3^{(2)}r_3^{(3)}}+\frac{S^3_{\triangle P_0P_2P_3}}{r_3^{(2)}r_3^{(3)}r_3^{(0)}}+\frac{S^3_{\triangle P_3P_0P_1}}{r_3^{(3)}r_3^{(0)}r_3^{(1)}}+\frac{S^3_{\triangle P_0P_1P_2}}{r_3^{(0)}r_3^{(1)}r_3^{(2)}}\geqslant\frac{81\sqrt{3}}{2}$$

(9.9.45)

下面给出式(9.9.42)的对偶式.

定理 9.9.15　E^n 中的 n 维单形 $\sum_{P(n+1)}$ 的顶点 P_i 所对界(侧)面 f_i 上的高为 h_i,与 f_i 外侧相切的旁切超球半径为 $r_n^{(i)}$ $(i=0,1,\cdots,n)$. 则对于任意实数 $\alpha\geqslant\frac{1}{2}$,有不等式[209]

$$\sum_{i=0}^{n}\left(\frac{r_n^{(i)}}{h_i}\right)^{\alpha}\geqslant\frac{2^{3\alpha}}{(n+1)^{2\alpha-1}}\qquad(9.9.46)$$

证明　注意到:若 $x_i>0$ $(i=0,1,\cdots,n)$,且其中任意 n 个数之和都大于另一个数,$\alpha\geqslant\frac{1}{2}$ 时,有

$$\sum_{i=0}^{n}\left(\frac{x_i}{\sum_{j=0}^{n}x_j-2x_i}\right)^{\alpha}\geqslant\left[\frac{2^3}{(n+1)^2}\right]^{\alpha}(n+1)$$

(9.9.47)

事实上,对任意两个正数 x,y,有 $(x+y)^2\geqslant 4xy$,其中等号成立当且仅当 $x=y$ 时. 由此不等式,有

$$4(2x_i)\left(\sum_{j=0}^{n}x_j-2x_i\right)\leqslant\left(\sum_{i=0}^{n}x_i\right)^2$$

即
$$\frac{x_i}{\sum_{j=0}^{n}x_j-2x_i}\geqslant 8\left(\frac{x_i}{\sum_{j=0}^{n}x_j}\right)^2\quad(i=0,1,\cdots,n)$$

对 $\alpha\geqslant\frac{1}{2}$,利用上式及幂平均不等式,有

$$\sum_{i=0}^{n}\left(\frac{x_i}{\sum_{j=0}^{n}x_j-2x_i}\right)^{\alpha}\geqslant 8^{\alpha}\sum_{i=0}^{n}\left(\frac{x_i}{\sum_{j=0}^{n}x_j}\right)^{2\alpha}$$
$$\geqslant 8^{\alpha}(n+1)\left(\frac{1}{n+1}\cdot\sum_{i=0}^{n}\frac{x_i}{\sum_{j=0}^{n}x_j}\right)^{2\alpha}$$
$$=\left[\frac{2^3}{(n+1)^2}\right]^{\alpha}(n+1)$$

即知式(9.9.47)成立.

由式(7.4.8)及式(9.9.47),注意$|f_i|>0$,则

$$\left(\sum_{i=0}^{n}\frac{r_n^{(i)}}{h_i}\right)^{\alpha}=\sum_{i=0}^{n}\left[\frac{\frac{nV_P}{h_i}}{\sum_{j=0}^{n}|f_j|-2|f_i|}\right]^{\alpha}$$
$$\geqslant\left[\frac{8}{(n+1)^2}\right]^{\alpha}(n+1)=\frac{2^{3\alpha}}{(n+1)^{2\alpha-1}}$$

故知式(9.9.46)成立.

推论 题设同定理 9.9.15,则

$$\sum_{i=0}^{n}\frac{r_n^{(i)}}{h_i}\geqslant\frac{8}{n+1}\tag{9.9.48}$$

事实上,由式(9.9.46),取 $\alpha=1$,即得式(9.9.48).

显然式(9.9.48)是式(9.9.42)的一个对偶式.

下面,我们侧重讨论单形内一点到各侧(界)面的距离与超球半径之间的一些几何关系式.

对于式(9.8.4),如果注意到式(9.6.1)及式(9.8.5),则有

定理 9.9.16 设 E^n 中 n 维单形 $\sum_{P(n+1)}$ 内任一点到单形 $\sum_{P(n+1)}$ 各侧面的距离为 $d_i(i=0,1,\cdots,n)$,单形 $\sum_{P(n+1)}$ 的诸棱长为 $\rho_{ij}(i\neq j,i,j=0,1,\cdots,n)$,外接超球半径为 R_n,则

$$R_n \leqslant \frac{\prod\limits_{0 \leqslant i<j \leqslant n} \rho_{ij}^{\frac{2}{n}}}{n^{\frac{n-1}{2}} \cdot [2(n+1)]^{\frac{n+1}{2}} \prod\limits_{i=0}^{n} d_i^{\frac{n}{n+1}}} \quad (9.9.49)$$

$$R_n \geqslant n \cdot \prod_{i=0}^{n} d_i^{\frac{n}{n+1}} \quad (9.9.50)$$

其中两不等式的等号当且仅当单形$\sum_{P(n+1)}$正则时取到.

对于式(9.9.50),当$d_i = r_n$时,即为高维欧拉不等式,$R_n \geqslant nr_n$.

定理 9.9.17　设M为E^n中n维单形$\sum_{P(n+1)}$内部任意一点,点M到界(侧)面的距离为$d_i(i=0,1,\cdots,n)$,O,G分别为$\sum_{P(n+1)}$的外心和重心,R_n,r_n分别为$\sum_{P(n+1)}$的外接、内切超球半径,则[194]

$$\prod_{i=0}^{n} d_i \leqslant \frac{1}{n^n} \cdot r_n (R_n^2 - OG^2)^{\frac{n}{2}} \quad (9.9.51)$$

其中等号当且仅当$\sum_{P(n+1)}$正则,且M为其内心时取得.

证明　由式(9.8.10):$\prod\limits_{i=0}^{n} \frac{d_i |f_i|}{nV(\sum_{P(n+1)})} \leqslant \left[\frac{1}{n+1}\sum\limits_{i=0}^{n}\frac{d_i |f_i|}{nV(\sum_{P(n+1)})}\right]^{n+1} = \frac{1}{(n+1)^{n+1}}$,有

$$\prod_{i=0}^{n} d_i \leqslant \left(\frac{n}{n+1}\right)^{n+1} \cdot \frac{[V(\sum_{P(n+1)})]^{n+1}}{\sum\limits_{i=0}^{n} |f_i|} \quad (9.9.52)$$

又由式(7.4.7)及 Cauchy 不等式,得

$$V^2(\sum_{P(n+1)}) = \frac{1}{n^2}\left(\sum_{i=0}^{n} r_n |f_i|^2\right) \leqslant \frac{1}{n^2}(n+1) \cdot r_n^2 \cdot \sum_{i=0}^{n} |f_i|^2$$

由上式、式(9.5.8)及式(7.5.11),得

$$V^2(\sum_{P(n+1)})\leqslant\frac{(n+1)^{n+1}}{n^{n-2}\cdot(n!)^2}r_n^2\cdot(R_n^2-OG^2)^{n-1}$$

再注意到式(9.4.1)及式(9.9.52)即得式(9.9.51). 其中等号成立的条件可由上述各个不等式等号成立的条件推得.

由式(9.9.51),若 $d_i=r_n$,则有

$$R_n^2\geqslant(nr_n)^2+OG^2 \tag{9.9.53}$$

由式(9.9.51),注意 $r_n\leqslant\frac{1}{n}R_n$,则有

$$\prod_{i=0}^{n}d_i\leqslant\frac{1}{n^{n+1}}R_n(R_n^2-OG^2)^{\frac{n}{2}} \tag{9.9.54}$$

定理 9.9.18　设 M 为 E^n 中 n 维单形 $\sum_{P(n+1)}$ 内部任一点,点 M 到各界(侧)面的距离为 $d_i(i=0,1,\cdots,n)$,R_n,r_n 分别为外接、内切超球的半径,则[203]

$$R_n^{n^2-n-1}\cdot r_n^n\geqslant n^{n^2-n-1}(\prod_{i=0}^{n}d_i)^{n-1} \tag{9.9.55}$$

其中等号当且仅当单形 $\sum_{P(n+1)}$ 正则时取得.

对于式(9.9.55),当 $d_i=r_n$ 时,即为高维欧拉不等式 $R_n\geqslant nr_n$.

事实上,由式(9.9.52)及式(9.8.7),有

$$(\prod_{i=0}^{n}d_i)^{n-1}\leqslant\frac{(n!)^n}{(n+1)^{\frac{n(n+1)}{2}}\cdot n^{\frac{n2-2}{2}}}\cdot\frac{[V(\sum_{P(n+1)})]^n}{R_n}$$

由上式及式(9.8.8),得

$$(\prod_{i=0}^{n}d_i)^{n-1}\leqslant\frac{1}{n^{n2-n-1}}R_n^{n2-n-1}\cdot r_n^n$$

由此即得式(9.9.55),等号成立条件也由上可推得.

定理 9.9.19　设 M 为 E^n 中 n 维单形 $\sum_{P(n+1)}$ 内部任意一点,点 M 到各界(侧)面的距离为 $d_i(i=0,1,\cdots,n)$,单形 $\sum_{P(n+1)}$ 所有对棱所成角的算术平均值

为 φ，R_n 为单形 $\sum_{P(n+1)}$ 的外接超球半径，则

$$\prod_{i=0}^{n} d_i \leqslant (\sin\varphi)^{\frac{n+1}{2(n-1)}} \cdot \frac{1}{n^{n+1}} R_n^{n+1} \quad (9.9.56)$$

其中等号当且仅当单形 $\sum_{P(n+1)}$ 为正则时取得.

证明　由式(9.5.7)，式(9.5.9)，有

$$\prod_{i=0}^{n} |f_i| \geqslant (\csc\varphi)^{\frac{n+1}{2(n-1)}} \cdot \frac{n^{\frac{3(n+1)}{2}}}{(n!)^{\frac{n+1}{n}} \cdot (n+1)^{\frac{n^2-1}{2n}}} [V(\sum_{P(n+1)})]^{\frac{n^2-1}{n}}$$

注意到定理 9.9.17 证明中式(9.9.52)，及式(9.8.6)、上述不等式，即得式(9.9.56). 其中等号成立的条件由上述各不等式等号成立的条件推得.

定理 9.9.20　设 M 为 E^n 中 n 维单形 $\sum_{P(n+1)}$ 内部任一点，点 M 到各界(侧)面的距离为 d_i $(i=0,1,\cdots,n)$，单形 $\sum_{P(n+1)}$ 所有对棱所成角的算术平均值为 φ，r_n，R_n 分别其内切、外接超球半径，记 $V(\sum_{P(n+1)})=V_P$，以 $V_{正}$ 表示与已知单形 $\sum_{P(n+1)}$ 有相同外接超球半径的正则单形体积，O 为单形 $\sum_{P(n+1)}$ 外心，则[204]：

$$(1)\ R_n^2 \geqslant \left[\frac{V_{正}}{V_P}\right]^{\frac{2}{n^2-1}} \cdot n^2 \prod_{i=0}^{n} d_i^{\frac{2}{n+1}} + |OM| \quad (9.9.57)$$

$$(2)\ R_n^2 \geqslant \left[\frac{R_n}{nr_n}\right]^{\frac{2}{n^2-1}} \cdot n^2 \prod_{i=0}^{n} d_i^{\frac{2}{n+1}} + |OM| \quad (9.9.58)$$

$$(3)\ R_n^2 \geqslant \cos\varphi \cdot \left[\frac{V_{正}}{V_P}\right]^{\frac{2}{n^2-1}} \cdot n^2 \prod_{i=0}^{n} d_i^{\frac{2}{n+1}} + |OM| \quad (9.9.59)$$

其中三式中的等号当且仅当 $\sum_{P(n+1)}$ 正则，且 M 为其中心时取得.

证明　注意到式(7.12.29)及设 M 的重心规范坐标$(\lambda_0,\lambda_1,\cdots,\lambda_n)$，其中 $\lambda_i=\frac{d_i|f_i|}{nV_P}$，有

$$R_n^2-|OM|^2=\sum_{0\leqslant i<j\leqslant n}\lambda_i\lambda_j\rho_{ij}^2=\frac{1}{n^2V_P^2}\sum_{0\leqslant i<j\leqslant n}d_id_j|f_i||f_j|$$

$$\geqslant\frac{n+1}{2nV_p^2}\left(\prod_{0\leqslant i<j\leqslant n}\rho_{ij}\right)^{\frac{4}{n(n+1)}}\cdot$$

$$\left(\prod_{i=0}^{n}|f_i|\right)^{\frac{2}{n+1}}\cdot\left(\prod_{i=0}^{n}d_i\right)^{\frac{2}{n+1}}\quad(9.9.60)$$

注意到式(9.8.4),式(9.8.7)有

$$R_n^2-|OM|^2\geqslant R_n^{\frac{2n}{n^2-1}}\cdot(V_P)^{\frac{-2}{n^2-1\cdot}}\cdot\frac{(n+1)^{\frac{1}{n-1}}}{n^{\frac{n}{n^2-1}}\cdot(n!)^{\frac{2}{n^2-1}}}\cdot$$

$$n^2\left(\prod_{i=0}^{n}d_i\right)^{\frac{2}{n+1}}\quad(9.9.61)$$

(1)将式(7.15.10)代入式(9.9.61),即得式(9.9.57).

(2)由式(9.8.8)及式(9.9.61)并整理即得式(9.9.58).

(3)结合式(9.8.7),式(9.5.9),式(9.9.60),得

$$R_n^2-|OM|^2\geqslant\csc\varphi\cdot R_n^{\frac{2}{n^2-1}}\cdot(V_P)^{\frac{-2}{n(n^2-1)}}\cdot$$

$$\frac{(n+1)^{\frac{1}{n(n-1)}}}{n^{\frac{n}{n^2-1}}\cdot(n!)^{\frac{2}{n(n^2-1)}}}\left(\prod_{i=0}^{n}d_i\right)^{\frac{2}{n+1}}$$

再将式(7.15.10)代入上式,即得式(9.9.59).

以上三个不等式中等号成立的条件,可由推导过程推得当且仅当$\sum_{P(n+1)}$正则,且 M 为其中心.

应用定理9.9.18,立即可推导出式(9.10.15),式(9.10.16)及式(9.10.17).

定理9.9.21　题设同定理9.9.20,并设 G 为单形$\sum_{P(n+1)}$的重心,则:

(1)$R_n^2\geqslant\left(\frac{V_{正}}{V_P}\right)^{\frac{2}{n^2-1}}\cdot n^2\prod_{i=0}^{n}d_i^{\frac{2}{n+1}}+|OG|^2$　(9.9.62)

(2)$R_n^2\geqslant\left(\frac{R_n}{nr_n}\right)^{\frac{2}{n^2-1}}\cdot n^2\prod_{i=0}^{n}d_i^{\frac{2}{n+1}}+|OG|^2$　(9.9.63)

(3) $R_n^2 \geqslant \csc \varphi \cdot (\frac{V_{正}}{V_P})^{\frac{2}{n(n^2-1)}} \cdot n^2 \prod_{i=0}^{n} d_i^{\frac{2}{n+1}} + |OG|^2$

(9.9.64)

其中等号当且仅当 $\sum_{P(n+1)}$ 正则，且 M 为其中心时取得.

证明　注意到式(7.12.31)及算术－几何平均值不等式，有

$$R_n^2 - |OG|^2 = \frac{1}{n+1}\sum_{0\leqslant i<j\leqslant n} \rho_{ij}^2 \geqslant \frac{2}{n(n+1)}(\prod_{0\leqslant i<j\leqslant n} \rho_{ij})^{\frac{4}{n(n+1)}} \qquad (*)$$

注意到式(9.8.4)，有

$$R_n^2 - |OG|^2 \geqslant \frac{n^{\frac{n}{n+1}} \cdot n!^{\frac{2}{n+1}}}{n+1}(V_P R_n)^{\frac{2}{n+1}} \qquad ①$$

由 $V_P = \frac{1}{n}\sum_{i=0}^{n} d_i |f_i| \geqslant \frac{n+1}{n}(\prod_{i=0}^{n} d_i)^{\frac{1}{n+1}} \cdot (\prod_{i=0}^{n} |f_i|)^{\frac{1}{n+1}}$

及式(9.8.7)，有

$$V_P \geqslant \frac{n^{\frac{n^2-2}{2n}} \cdot (n+1)^{\frac{n+1}{2}}}{n!}(\prod_{i=0}^{n} d_i)^{\frac{n-1}{n}} \cdot R_n^{\frac{1}{n}} \qquad ②$$

由①，②有

$$\begin{aligned} R_n^2 - |OG|^2 &\geqslant \frac{n^{\frac{n}{n+1}} \cdot n!^{\frac{2}{n+1}}}{n+1} \cdot \frac{V_P^{\frac{2n}{n^2-1}}}{V_P^{\frac{2}{(n^2-1)n}}} \cdot R_n^{\frac{2}{n+1}} \\ &\geqslant \frac{(n+1)^{\frac{1}{n-1}}}{n!^{\frac{2}{n^2-1}} \cdot n^{\frac{n}{n^2-1}}} \cdot \frac{1}{V_P^{\frac{2}{n^2-1}}} \cdot R_n^{\frac{2n}{n^2-1}} \cdot \\ &\quad n^2(\prod_{i=0}^{n} d_i)^{\frac{2}{n+1}} \end{aligned} \qquad ③$$

(1)将式(7.5.10)代入③即得式(9.6.62).

(2)结合式(9.8.8)、式③即得式(9.9.63).

(3)由式(＊)及式(9.5.9)，有

$$R_n^2-|OG|^2\geqslant\csc\varphi\frac{n\cdot n!^{\frac{2}{n}}}{(n+1)^{\frac{n+1}{n}}}\cdot\frac{V_P^{\frac{2n}{n^2-1}}}{V_P^{\frac{2}{n(n^2-1)}}}$$

$$\geqslant\csc\varphi\frac{(n+1)^{\frac{1}{n(n-1)}}}{n^{\frac{1}{n^2-1}}\cdot n!^{\frac{2}{n(n^2-1)}}}\cdot\frac{1}{V_P^{\frac{2}{n(n^2-1)}}}\cdot$$

$$R_n^{\frac{2}{n^2-1}}\cdot n^2\left(\prod_{i=0}^{n}d_i\right)^{\frac{2}{n+1}}$$

再将式(7.15.10)代入上式,即得式(9.9.64).

定理 9.9.22 设 M 为 E^n 中 n 维单形 $\sum_{P(n+1)}=\{P_0,P_1,\cdots,P_n\}$ 内任意一点,M 到 $P_i(i=0,1,\cdots,n)$ 所对侧面 f_i 的距离为 $d_i(i=0,1,\cdots,n)$,R_n,r_n 分别为单形 $\sum_{P(n+1)}$ 的外接超球与内切超球的半径,则对 $\alpha\geqslant1$,有[49]

$$\sum_{i=0}^{n}\frac{1}{d_i^\alpha}\geqslant\frac{2}{r_n^\alpha}+\frac{(n-1)n^\alpha}{R_n^\alpha}\tag{9.9.65}$$

等号当且仅当 $\sum_{P(n+1)}$ 为正则单形且 P 为该单形的中心时成立.

证明 记 n 维单形 $\sum_{P(n+1)}$ 与其 $n-1$ 维侧面 f_i 的体积分别为 $V(\sum_{P(n+1)}),|f_i|(i=0,1,\cdots,n)$,单形 $\sum_{P_i(n+1)}=\{P_0,P_{i-1},P_{i+1},\cdots,P_n\}$ 的体积为 $V(\sum_{P_i(n+1)})$,记 $\lambda_i=\frac{V(\sum_{P_i(n+1)})}{V(\sum_{P(n+1)})}$,则 $n\lambda_i\cdot V(\sum_{P(n+1)})=n\cdot V(\sum_{P_i(n+1)})=|f_i|\cdot d_i(i=0,1,\cdots,n)$,且 $\sum_{i=0}^{n}\lambda_i=1$. 于是 $d_i=\frac{n\lambda_iV(\sum_{P(n+1)})}{|f_i|}(i=0,1,\cdots,n)$,从而式(9.9.65)等价于:对 $\lambda_i>0,\sum_{i=0}^{n}\lambda_i=1$,有

$$\sum_{i=0}^{n}\left(\frac{|f_i|}{\lambda_i}\right)^\alpha\geqslant\left[nV(\textstyle\sum_{P(n+1)})\right]^\alpha\cdot\left[\frac{2}{r_n^\alpha}+\frac{(n-1)n^\alpha}{R_n^\alpha}\right]\tag{9.9.66}$$

在区域 $D=\{(\lambda_0,\lambda_1,\cdots,\lambda_n)\mid\lambda_i>0,\sum_{i=0}^{n}\lambda_i=1\}$ 上考察函数 $f(\lambda_0,\lambda_1,\cdots,\lambda_n)=\sum_{i=0}^{n}(\frac{|f_i|}{\lambda_i})^{\alpha}(\alpha\geqslant1)$ 的最小值.

由 Lagrange 乘子法易得,当

$$\lambda_i=\frac{|f_i|^{\frac{\alpha}{1+\alpha}}}{\sum_{i=0}^{n}|f_i|^{\frac{\alpha}{1+\alpha}}}\triangleq\frac{|f_i|^{\beta}}{\sum_{i=0}^{n}|f_i|^{\beta}}\quad(\beta=\frac{\alpha}{1+\alpha})$$

时,有 $f_{\min}=(\sum_{i=0}^{n}|f_i|^{\beta})^{1+\alpha}$.

注意到 $nV(\sum_{P(n+1)})=r_n\cdot\sum_{i=0}^{n}|f_i|$,因此,要证明式(9.9.66),只需证明

$$\begin{aligned}f_{\min}&\geqslant[nV(\sum_{P(n+1)})]^{\alpha}[\frac{2}{r_n^{\alpha}}+\frac{(n-1)n^{\alpha}}{R_n^{\alpha}}]\\&=2(\sum_{i=0}^{n}|f_i|)^{\alpha}+(n-1)\cdot n^{2\alpha}\cdot[\frac{V(\sum_{P(n+1)})}{R_n}]^{\alpha}\end{aligned}\tag{9.9.67}$$

因为 $\frac{\alpha-1}{\alpha}\cdot\beta+\frac{1}{\alpha}\cdot2\beta=1$,所以由 Hölder 不等式,有

$$\begin{aligned}(\sum_{i=0}^{n}|f_i|)^{\alpha}&=[\sum_{i=0}^{n}|f_i|^{\beta\cdot\frac{\alpha-1}{\alpha}}|f_i|^{2\beta\cdot\frac{1}{\alpha}}]^{\alpha}\\&\leqslant(\sum_{i=1}^{n}|f_i|^{\beta})^{\alpha-1}\cdot(\sum_{i=0}^{n}|f_i|^{2\beta})\end{aligned}$$

于是

$$\begin{aligned}&f_{\min}-2(\sum_{i=0}^{n}|f_i|)^{\alpha}\\&=(\sum_{i=0}^{n}|f_i|^{\beta})^{1+\alpha}-2(\sum_{i=0}^{n}|f_i|)^{\alpha}\\&\geqslant(\sum_{i=0}^{n}|f_i|^{\beta})^{\alpha-1}\cdot[(\sum_{i=0}^{n}|f_i|^{\beta})^{2}-2\sum_{i=0}^{n}|f_i|^{2\beta}]\end{aligned}\tag{9.9.68}$$

再注意式(9.4.1),即

$$(\prod_{i=0}^{n}|f_i|)^{\frac{1}{n+1}}\geqslant\sqrt{\mu_n}[V(\sum_{P(n+1)})]^{\frac{n-1}{n}}$$

其中 $\mu_n=\frac{n^3}{n+1}(\frac{n+1}{n!^2})^{\frac{1}{n}}$,等号成立当且仅当 $\sum_{P(n+1)}$ 为正则单形.

由算术-几何平均值不等式,得

$$\begin{aligned}\sum_{i=0}^{n}|f_i|^{\beta}&\geqslant(n+1)(\prod_{i=0}^{n}|f_i|)^{\frac{\beta}{n+1}}\\&\geqslant(n+1)\sqrt{\mu_n^{\beta}}\cdot[V(\sum_{P(n+1)})]^{\frac{n-1}{n}\beta}\end{aligned}$$

利用式(9.9.68)和上式,以及式(9.4.12),得

$$\begin{aligned}&f_{\min}-2(\sum_{i=0}^{n}|f_i|)^{\alpha}\\&\geqslant[(n+1)\mu_n^{\frac{\beta}{2}}(V(\sum_{P(n+1)}))^{\frac{n-1}{n}\beta}]^{\alpha-1}\cdot\\&\quad(n^2-1)\mu_n^{\beta}\cdot(V(\sum_{P(n+1)}))^{\frac{2n-2}{n}\beta}\\&=(n-1)(n+1)^{\alpha}\mu_n^{\frac{\alpha}{2}}[V(\sum_{P(n+1)})]^{\frac{n-1}{n}\alpha}\end{aligned}\tag{9.9.69}$$

再注意到,式(9.5.1)代入到式(9.8.5)则有

$$[V(\sum_{P(n+1)})]^{\frac{1}{n}}\leqslant\frac{n+1}{n^2}\cdot\mu_n^{\frac{1}{2}}\cdot R_n\tag{9.9.70}$$

将上式代入式(9.9.69),立得

$$f_{\min}-2(\sum_{i=0}^{n}|f_i|)^2\geqslant(n+1)\cdot n^{2\alpha}\cdot[\frac{V(\sum_{P(n+1)})}{R_n}]^{\alpha}$$

由此即证得式(9.9.66).并由证明过程易知,上式等号当且仅当 $\sum_{P(n+1)}$ 为正则单形且 M 为其中心时成立.

由式(9.9.69),(9.9.70),实际上证明了较式(9.9.65)更强的不等式

$$\sum_{i=0}^{n}\frac{1}{d_i^{\alpha}}\geqslant\frac{2}{r_n^{\alpha}}+\frac{\varphi_n}{[V(\sum_{P(n+1)})]^{\frac{\alpha}{n}}}\quad(\alpha\geqslant 1)\tag{9.9.71}$$

其中

$$\varphi_n=(n-1)(\frac{n+1}{n})^{\alpha}\cdot\mu_n^{\frac{\alpha}{2}},\mu_n=\frac{n^3}{n+1}(\frac{n+1}{n!^2})^{\frac{1}{n}}$$

定理 9.9.23　设 M 为 E^n 中 n 维单形 $\sum_{P(n+1)}$ 内部任一点 M 到界(侧)面的距离为 $d_i(i=0,1,\cdots,n)$，R_n,r_n 分别为单形 $\sum_{P(n+1)}$ 的外接、内切超球半径，O,G 分别为 $\sum_{P(n+1)}$ 的外心、重心，则[205]：

$$(1)\ (\sum_{i=0}^{n}\frac{1}{d_i^2})^n\geqslant(n+1)^{2(n+1)}\cdot\frac{r_n^2}{(R_n^2-OG^2)^{n+1}}\tag{9.9.72}$$

$$(2)\ \sum_{i=0}^{n}\frac{1}{(d_0\cdots d_{i-1}d_{i+1}\cdots d_n)^{2(n-1)}}$$

$$\geqslant(n+1)n^{\frac{2}{n^2-1}}\cdot\frac{r_n^{2(n-1)}}{(R_n^2-OG^2)^{n^2-1}}\tag{9.9.73}$$

其中等号均当且仅当 $\sum_{P(n+1)}$ 正则，且 M 为内心时取得.

证明　(1)注意到式(11.3.1)，取 $k=n-1,l=n$，则

$$(\sum_{i=0}^{n}m_0\cdots m_{i-1}m_{i+1}\cdots m_n|f_i|^2)^n$$

$$\geqslant\frac{n^{3n}}{n!^2}(\sum_{i=0}^{n}m_i)(\prod_{i=0}^{n}m_i)^{n-1}\cdot V_P^{2(n-1)}\qquad ①$$

在上式中令 $m_0\cdots m_{i-1}m_{i+1}\cdots m_n=\lambda_i|f_i|^{-2}(i=0,1,\cdots,n)$，得

$$(\sum_{i=0}^{n}\lambda_i)^n(\prod_{i=0}^{n}|f_i|^2)$$

$$\geqslant\frac{n^{3n}}{n!^2}V_P^{2(n-1)}\sum_{i=0}^{n}\lambda_0\cdots\lambda_{i-1}\lambda_{i+1}\cdots\lambda_n|f_i|^2 \qquad ②$$

在上述不等式中取 $\lambda_0=\lambda_1=\cdots=\lambda_n=1$，得

$$\frac{1}{V_P^2}\geqslant\left(\frac{n^{3n}}{n!^2\cdot(n+1)^n}\cdot\frac{\sum_{i=0}^{n}|f_i|^2}{\prod_{i=0}^{n}|f_i|^2}\right)^{\frac{1}{n-1}} \qquad ③$$

由算术-几何平均不等式，由上式和式(9.6.1)，有

$$\left(\frac{1}{n+1}\sum_{i=0}^{n}\frac{1}{d_i^2}\right)^n\geqslant\left(\prod_{i=0}^{n}\frac{1}{d_i^2}\right)^{\frac{n}{n+1}}\geqslant\frac{(n+1)^{n+1}\cdot n^n}{n!^2}\cdot\frac{1}{V_P^2}$$

$$\geqslant\frac{(n+1)^{\frac{n^2-n-1}{n-1}}\cdot n^{\frac{n^2+2n}{n-1}}}{n!^{\frac{2n}{n-1}}}\left(\frac{\sum_{i=0}^{n}|f_i|^2}{\prod_{i=0}^{n}|f_i|^2}\right)^{\frac{1}{n-1}} \qquad ④$$

注意到式(9.4.1)，式(9.8.1)，有

$$\sum_{i=0}^{n}|f_i|^2\geqslant\frac{n^{n+2}(n+1)^n}{n!}r_n^{2(n-1)} \qquad ⑤$$

又由式(9.5.2)及算术-几何平均不等式有

$$\prod_{i=0}^{n}|f_i|^2$$

$$\leqslant\frac{n^{n+1}}{2^{n^2-1}(n-1)!^{2(n+1)}}\left(\prod_{0\leqslant i<j\leqslant n}\rho_{ij}^2\right)^{\frac{2(n-1)}{n}}$$

$$\leqslant\frac{n^{n+1}}{2^{n^2-1}\cdot(n-1)!^{2(n+1)}}\left(\frac{2}{n(n+1)}\sum_{0\leqslant i<j\leqslant n}\rho_{ij}^2\right)^{n^2-1}$$

$$=\frac{(n+1)^{n^2-1}}{n!^{2(n+1)}\cdot n^{n^2-3n-4}}(R_n^2-OG^2)^{n^2-1} \qquad ⑥$$

由式④，⑤，⑥便得式(9.9.72)。

(2)设 $\sum_{P'(n+1)}=\{P'_0,P'_1,\cdots,P'_n\}$ 为正则单形，且 $|f'_i|=1$，则

$$V_{P'}=(n+1)^{\frac{1}{2}}\left(\frac{n!}{n^{3n}}\right)^{\frac{1}{2(n-1)}}$$

由 Cauchy 不等式及式②,有

$$\frac{n^{3n}}{n!^2}V_{P'}{}^{n-1}\cdot V_P{}^{n-1}\cdot\sum_{i=0}^{n}\lambda_0\cdots\lambda_{i-1}\lambda_{i+1}\cdots\lambda_n|f_i||f_i'|$$

$$\leqslant\left(\frac{n^{3n}}{n!^2}V_P{}^{2(n-1)}\cdot\sum_{i=0}^{n}\lambda_0\cdots\lambda_{i-1}\lambda_{i+1}\cdots\lambda_n|f_i|^2\right)^{\frac{1}{2}}\cdot$$

$$\left(\frac{n^{3n}}{n!^2}V_{P'}{}^{2(n-1)}\cdot\sum_{i=0}^{n}\lambda_0\cdots\lambda_{i-1}\lambda_{i+1}\cdots\lambda_n|f_i'|^2\right)^{\frac{1}{2}}$$

$$\leqslant\left(\sum_{i=0}^{n}\lambda_i\right)^n\left(\prod_{i=0}^{n}|f_i|\right)\left(\prod_{i=0}^{n}|f_i'|\right)$$

即

$$\frac{(n+1)^{\frac{n-1}{2}}n^{\frac{3n}{2}}}{n}V_P{}^{n-1}\sum_{i=0}^{n}\lambda_0\cdots\lambda_{i-1}\lambda_{i+1}\cdots\lambda_n|f_i|$$

$$\leqslant\sum_{i=0}^{n}\lambda_i\prod_{i=0}^{n}|f_i|$$

在上式中令 $\lambda_0=\lambda_1=\cdots=\lambda_n=1$,得

$$\frac{1}{V_P}\geqslant\frac{n^{\frac{3n}{2(n-1)}}}{n!^{\frac{1}{n-1}}\cdot(n+1)^{\frac{n+1}{2(n-1)}}}\cdot$$

$$\left(\sum_{i=0}^{n}\frac{1}{|f_0|\cdots|f_{i-1}||f_{i+1}|\cdots|f_n|}\right)^{\frac{1}{n-1}}\qquad ⑦$$

注意到 $\sum_{i=0}^{n}\frac{1}{d_0\cdots d_{i-1}d_{i+1}\cdots d_n}\geqslant\frac{(n+1)^2}{\sum_{i=0}^{n}d_0\cdots d_{i-1}d_{i+1}\cdots d_n}$

及式(9.4.21)

$$\sum_{i=0}^{n}d_0\cdots d_{i-1}d_{i+1}\cdots d_n\leqslant\frac{(n+1)!}{n^{\frac{n}{2}}(n+1)^{\frac{n+1}{2}}}V_P$$

有

$$\sum_{i=0}^{n}\frac{1}{d_0\cdots d_{i-1}d_{i+1}\cdots d_n}\geqslant\frac{(n+1)^{\frac{n+3}{2}}\cdot n^{\frac{n}{2}}}{n!}\cdot\frac{1}{V_P}\qquad ⑧$$

由式⑦,⑧得

$$\left(\sum_{i=0}^{n}\frac{1}{d_0\cdots d_{i-1}d_{i+1}\cdots d_n}\right)^{2n-2}$$

$$\geqslant\frac{(n+1)^{n^2+n-4}\cdot n^{n^2}}{(n-1)!}\left(\sum_{i=0}^{n}|f_i|\right)^2\cdot\frac{1}{\prod_{i=0}^{n}|f_i|^2}\qquad ⑨$$

注意到幂平均不等式,有

$$\left(\sum_{i=0}^{n}\frac{1}{d_0\cdots d_{i-1}d_{i+1}\cdots d_n}\right)^{2(n-1)}$$

$$\leqslant(n+1)^{2n-3}\sum_{i=0}^{n}\frac{1}{(d_0\cdots d_{i-1}d_{i+1}\cdots d_n)^{2(n-1)}}\qquad ⑩$$

再注意式(9.8.1)及式⑥,有

$$\sum_{i=0}^{n}|f_i|=\frac{nV_P}{r_n}\geqslant\frac{n^{\frac{n+1}{2}}(n+1)^{\frac{n+1}{2}}}{n!}r_n^{n-1}\cdot\frac{1}{\prod_{i=0}^{n}|f_i|^2}$$

$$\geqslant\frac{n!^{2(n+1)}\cdot n^{n^2-3n-4}}{(n+1)^{n^2-1}(R_n^2-OG^2)^{n^2-1}}\qquad ⑪$$

由式⑧,⑨,⑩,⑪即得式(9.9.73).

由上述推导过程得等号成立当且仅当$\sum_{P(n+1)}$正则,且 M 为中心.

定理 9.9.24　题设同定理 9.9.23,另设单形$\sum_{P(n+1)}$中所有对棱所成角的算术平均值为 φ,则[206]:

$$(1)\left(\prod_{i=0}^{n}\frac{1}{d_i^2}\right)^{\frac{n}{n+1}}\geqslant(\csc\varphi)^{\frac{n+1}{n-1}}\cdot n^{2(n+1)}\cdot\frac{r_n^2}{(R_n^2-OG^2)^{n+1}}\qquad(9.9.74)$$

$$(2)\sum_{i=0}^{n}\frac{1}{d_0\cdots d_{i-1}d_{i+1}\cdots d_n}\geqslant(\csc\varphi)\frac{n}{2(n-1)^2}\cdot(n+1)\cdot n^{n+1}\cdot\frac{r_n}{(R_n^2-OG^2)^{\frac{n+1}{2}}}\qquad(9.9.75)$$

其中等号均当且仅当$\sum_{P(n+1)}$正则,且 M 为其内心时取得.

证明　(1)同定理9.9.21(1)中证明得到式③.

又在式①中取 $m_0=m_1=\cdots=m_n=1$,得

$$\left(\sum_{i=0}^{n}|f_i|^2\right)^n\geqslant\frac{n^{3n}}{n!^2}(n+1)V_P^{2(n-1)} \tag{12}$$

由式(9.6.5)及式③,得

$$\left(\prod_{i=0}^{n}\frac{1}{d_i^2}\right)^{\frac{n}{n+1}}\geqslant(\csc\varphi)^{\frac{n}{n-1}}\frac{n^{\frac{n^2+2n}{n-1}}(n+1)^{\frac{n^2-n-1}{n-1}}}{(n-1)!}\cdot\left(\frac{\sum\limits_{i=0}^{n}|f_i|^2}{\prod\limits_{i=0}^{n}|f_i|^2}\right)^{\frac{1}{n-1}} \tag{13}$$

在式(9.6.5)中,取 M 为 $\sum_{P(n+1)}$ 的内心,则 $d_i=r_n$ $(i=0,1,\cdots,n)$,得

$$V_P\geqslant(\csc\varphi)^{\frac{n}{2(n-1)}}\cdot\frac{n^{\frac{n}{2}}(n+1)^{\frac{n+1}{2}}}{n!}r_n^n \tag{14}$$

由式⑫,⑭得

$$\sum_{i=0}^{n}|f_i|^2\geqslant\csc\varphi\,\frac{n^{n+2}(n+1)^n}{n!^2}r_n^{2(n-1)} \tag{15}$$

再注意到文[58]的结论:

设 N_k 为 $\sum_{P(n+1)}$ 中所有 $k(1\leqslant k\leqslant n)$ 维单形的 k 维体积的乘积,则

$$\left(\frac{k!}{\sqrt{k+1}}N_k^{\frac{1}{C_{n+1}^{k+1}}}\right)^{\frac{1}{k}}\geqslant\left(\frac{l!}{\sqrt{l+1}}N_l^{\frac{1}{C_{n+1}^{l+1}}}\right)^{\frac{1}{l}}\quad(0\leqslant k<l\leqslant n) \tag{16}$$

在上述结论中,取 $k=1,l=n-1$,则

$$\begin{aligned}\prod_{i=0}^{n}|f_i|^2&\leqslant\frac{n^{n+1}}{2^{n^2-1}(n-1)!^{2(n+1)}}\left(\prod_{0\leqslant i<j\leqslant n}\rho_{ij}^2\right)^{\frac{2(n-1)}{n}}\\&\leqslant\frac{n^{n+1}}{2^{n^2-1}(n-1)!^{2(n+1)}}\left(\frac{2}{n(n+1)}\sum_{0\leqslant i<j\leqslant n}\rho_{ij}^2\right)^{n^2-1}\end{aligned}$$

由上式及式(7.5.11),得

$$\prod_{i=0}^{n}|f_i|^2\leqslant\frac{(n+1)^{n^2-1}}{n!^{2(n+1)}\cdot n^{n^2-3n-4}}(R_n^2-OG^2)^{n^2-1}\qquad ⑰$$

将式⑮,⑰代入式⑬即得式(9.9.64).

(2)同定理9.9.23(2)中证明得到与式⑨类似的式

$$\sum_{i=0}^{n}\frac{1}{d_0\cdots d_{i-1}d_{i+1}\cdots d_n}$$

$$\geqslant\left[\frac{(n+1)^{n^2+11-4}\cdot n^{n^2}}{(n-1)!^{2n}}\cdot\frac{(\sum_{i=0}^{n}|f_i|)^2}{\prod_{i=0}^{n}|f_i|^2}\right]^{\frac{1}{2(n-1)}}\qquad ⑱$$

结合式⑭及 $nV_P=r_n\sum_{i=0}^{n}|f_i|$,得

$$\sum_{i=0}^{n}|f_i|\geqslant(\csc\varphi)^{\frac{n}{2(n-1)}}\cdot\frac{n^{\frac{n+1}{2}}(n+1)^{\frac{n+1}{2}}}{n!}\cdot r_n^{n-1}\qquad ⑲$$

由式⑰,⑱,⑲即得式(9.9.75).

由上述推导过程知不等式中等号成立的充要条件是$\sum_{P(n+1)}$正则且 M 为其内心.

由定理9.9.24还可得如下结论:

推论 题设同定理9.9.24,则:

(1) $$\left(\sum_{i=0}^{n}\frac{1}{d_i^2}\right)^n\geqslant(\csc\varphi)^{\frac{n+1}{n-1}}(n+1)^n\cdot n^{2(n+1)}\cdot\frac{r_n^2}{(R_n^2-OG^2)^{n+1}}\qquad(9.9.76)$$

(2) $$\sum_{i=0}^{n}\frac{1}{(d_0\cdots d_{i-1}d_{i+1}\cdots d_n)^{2(n-1)}}\geqslant(\csc\varphi)^{\frac{n}{n-1}}\cdot(n+1)\cdot n^{2(n^2-1)}\cdot\frac{r^{2n-2}}{(R_n^2-OG^2)^{n^2-1}}\qquad(9.9.77)$$

(3) $$\left(\sum_{i=0}^{n}\frac{1}{d_i}\right)^n\geqslant(\csc\varphi)\frac{n}{2(n-1)^2}(n+1)^n\cdot$$

$$n^{n+1}\cdot\frac{r_n}{(R_n^2-OG^2)^{\frac{n+1}{2}}}\qquad(9.9.78)$$

(4) $$R_n^2\geqslant(\csc\varphi)^{\frac{1}{n-1}}n^2r^2+OG^2\qquad(9.9.79)$$

以上4式其中等号当且仅当$\sum_{P(n+1)}$正则,M为其内心时取得.

证明　(1)注意到$\left(\sum\limits_{i=0}^{n}\frac{1}{d_i^2}\right)^n\geqslant(n+1)^n\left(\prod\limits_{i=0}^{n}\frac{1}{d_i}\right)^{\frac{1}{n+1}}$及式(9.9.64)即得式(9.9.76).

(2)注意到$\left(\sum\limits_{i=0}^{n}\frac{1}{d_0\cdots d_{i-1}d_{i+1}\cdots d_n}\right)^{2(n-1)}\leqslant(n+1)^{2n-3}\cdot\sum\limits_{i=0}^{n}\frac{1}{(d_0\cdots d_{i-1}d_{i+1}\cdots d_n)^{2(n-1)}}$及式(9.9.75)得式(9.9.77).

(3)由Maclaurin不等式,有

$$(n+1)^{n-1}\sum_{i=0}^{n}\frac{1}{d_0\cdots d_{i-1}d_{i+1}\cdots d_n}\leqslant\left(\sum_{i=0}^{n}\frac{1}{d_i}\right)^n$$

及式(9.9.65)得式(9.9.78).

(4)在式(9.9.75)中,令$d_i=r_n(i=0,1,\cdots,n)$即得式(9.9.79).

定理9.9.25　设M为E^n中n维单形$\sum_{P(n+1)}$内部任一点,点M到顶点P_i的距离为l_i,点M到界面f_i的距离为$d_i(i=0,1,\cdots,n)$,R_n,r_n分别为单形$\sum_{P(n+1)}$的外接、内切超球半径,则

$$\prod_{i=0}^{n}l_i\geqslant\left(\frac{R_n}{nr_n}\right)^{\frac{1}{n^2}}\cdot n^{n+1}\cdot\prod_{i=0}^{n}d_i\qquad(9.9.80)$$

其中等号当且仅当$\sum_{P(n+1)}$正则,且M为其内心时取得.

证明　设单形$\sum_{P_i(n+1)}=\{M,P_0,P_{i-1},P_{i+1},\cdots,P_n\}$的$n$维体积为$V_{P_i}$,由式(5.2.3),有$V_{P_i}=\frac{1}{n!}\prod\limits_{i=0}^{n}l_i\cdot$

$\sin \theta_{i_n}$.

由上式对 i 求积得 $\prod_{i=0}^{n} V_{P_i} \leqslant \frac{1}{n!^{n+1}} \prod_{i=0}^{n} l_i \cdot \prod_{i=0}^{n} \sin \theta_{i_n}$.

注意到式(9.2.4),有

$$\prod_{i=0}^{n} V_{P_i} \leqslant \prod_{i=0}^{n} l_i^n \frac{(n+1)^{\frac{n^2-1}{2}}}{n!^{n+1} \cdot n^{\frac{n(n+1)}{2}}}$$

又由 $V_{P_i} = \frac{1}{n} |f_i| d_i$,对其求积有

$$\prod_{i=0}^{n} V_{P_i} = \frac{1}{n^{n+1}} \prod_{i=0}^{n} |f_i| \cdot \prod_{i=0}^{n} d_i$$

由上述两式,有

$$\prod_{i=0}^{n} |f_i| \cdot \prod_{i=0}^{n} d_i \leqslant \prod_{i=0}^{n} l_i \cdot \frac{(n+1)^{\frac{n^2-1}{2}}}{n!^{n+1} \cdot n^{\frac{(n-2)(n-1)}{2}}}$$

由上式及式(9.4.1),有

$$\prod_{i=0}^{n} l_i^n \geqslant \frac{n^{\frac{(n^2-1)(n+2)}{2}} \cdot n!^{n+1}}{(n+1)^{\frac{(n+1)2(n-1)}{2n}} \cdot (n-1)!^{\frac{n+1}{n}}} \cdot V_P^{\frac{n^2-1}{n}} \cdot \prod_{i=0}^{n} d_i \tag{9.9.81}$$

其中 $V_P = V(\sum_{P(n+1)})$.

由式(9.9.81)及式(9.8.11)即得式(9.9.80).其中等号成立条件可由上述推导过程得到.

定理 9.9.26 设 M 为 E^n 中 n 维单形 $\sum_{P(n+1)}$ 内部任一点,点 M 到界面 f_i 的距离为 d_i,顶点 P_i 到界面 f_i 的高为 $h_i(i=0,1,\cdots,n)$. R_n, r_n 分别为单形 $\sum_{P(n+1)}$ 的外接、内切超球半径,$V(\sum_{P(n+1)}) = V_{P_\alpha}$,对于实数 $\alpha \geqslant 1$,则[207]:

$$(1) \sum_{i=0}^{n} \frac{1}{(h_i - d_i)^{\alpha}} \geqslant \frac{1}{n^{\alpha}} \left(\frac{2}{r_n^{\alpha}} + \frac{C_n}{V_P^{\frac{\alpha}{n}}} \right) \tag{9.9.82}$$

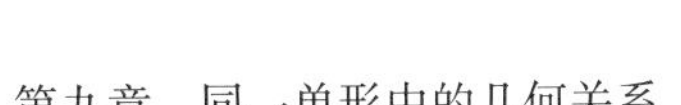

$$\geqslant\frac{1}{n^{\alpha}}\left(\frac{2}{r_n^{\alpha}}+\frac{(n-1)n^{\alpha}}{R_n^{\alpha}}\right)\quad(9.9.83)$$

$$(2)\ \sum_{i=0}^{n}\frac{1}{(h_i+d_i)^{\alpha}}\geqslant\frac{1}{(n+2)^{\alpha}}\left(\frac{2}{r_n^{\alpha}}+\frac{C_n}{V_P^{\frac{\alpha}{n}}}\right)\quad(9.9.84)$$

$$\geqslant\frac{1}{(n+2)^{\alpha}}\left(\frac{2}{r_n^{\alpha}}+\frac{(n-1)n^{\alpha}}{R_n^{\alpha}}\right)\quad(9.9.85)$$

其中 $C_n=(n-1)\left(\frac{n+1}{n^2}\right)^{\alpha}\mu_n^{\frac{\alpha}{2}},\mu_n=\frac{n^3}{n+1}\left(\frac{n+1}{n!^2}\right)^{\frac{1}{n}}$. 上述各不等式中等号当且仅当 $\sum_{P(n+1)}$ 正则，且 M 为其中心时取得.

证明　仅证(1)，而(2)可类似证之.

记单形 $\sum_{P_i(n+1)}=\{M,P_0,P_{i-1},P_{i+1},\cdots,P_n\}$ 的体积为 V_{P_i}，令 $\lambda_i=\frac{V_{P_i}}{V_P}$. 则 $n\lambda_iV_P=nV_{P_i}=|f_i|d_i$. 于是，由 $d_i=\frac{n\lambda_iV_P}{|f_i|}(i=0,1,\cdots,n)$，且 $\sum_{i=0}^{n}\lambda_i=1$ 及 Cauchy 不等式（或权方和不等式）：$\sum_{i=1}^{n}\frac{a_i^{\alpha+1}}{b_i^{\alpha}}\geqslant\frac{\left(\sum_{i=1}^{n}a_i\right)^{\alpha+1}}{\left(\sum_{i=1}^{n}b_i\right)^{\alpha}}$，有

$$\sum_{i=0}^{n}\frac{1}{(h_i-d_i)^{\alpha}}=\frac{1}{(nV_P)^{\alpha}}\sum_{i=0}^{n}\left(\frac{|f_i|}{1-\lambda_i}\right)^{\alpha}$$

$$=\frac{1}{(nV_P)^{\alpha}}\sum_{i=0}^{n}\frac{\left(|f_i|^{\frac{\alpha}{\alpha+1}}\right)^{\alpha+1}}{(1-\lambda_i)^{\alpha}}$$

$$\geqslant\frac{1}{(nV_P)^{\alpha}}\cdot\frac{\left(\sum_{i=0}^{n}|f_i|^{\frac{\alpha}{\alpha+1}}\right)^{\alpha+1}}{\left[\sum_{i=0}^{n}(1-\lambda_i)\right]^{\alpha}}$$

$$=\frac{1}{n^{2\alpha}V_P^{\alpha}}\left(\sum_{i=0}^{n}|f_i|^{\frac{\alpha}{\alpha+1}}\right)^{\alpha+1}\quad①$$

上式中等号当且仅当$\frac{|f_0|^{\frac{\alpha}{\alpha+1}}}{1-\lambda_0}=\frac{|f_1|^{\frac{\alpha}{\alpha+1}}}{1-\lambda_1}=\cdots=\frac{|f_n|^{\frac{\alpha}{\alpha+1}}}{1-\lambda_n}$.时成立.

令$\frac{\alpha}{\alpha+1}=\theta$,则$(\alpha-1)\theta+2\theta=\alpha$,当$\alpha\geqslant 1$时,由 Hölder 不等式有

$$\begin{aligned}(\sum_{i=0}^{n}|f_i|)^{\alpha}&=(\sum_{i=0}^{n}|f_i|^{\frac{\theta(\alpha-1)}{\alpha}}\cdot|f_i|^{\frac{2\theta}{\alpha}})^{\alpha}\\&\leqslant(\sum_{i=0}^{n}|f_i|^{\theta})^{\alpha-1}\cdot(\sum_{i=0}^{n}|f_i|^{2\alpha})\end{aligned}$$

所以

$$\begin{aligned}f&\equiv(\sum_{i=0}^{n}|f_i|^{\theta})^{\alpha+1}-2(\sum_{i=0}^{n}|f_i|)^{\alpha}\\&\geqslant(\sum_{i=0}^{n}|f_i|^{\theta})^{\alpha-1}[(\sum_{i=0}^{n}|f_i|^{\theta})^{2}-2\sum_{i=0}^{n}|f_i|^{2\theta}]\end{aligned}\quad ②$$

注意到不等式(9.4.1),有

$$(\prod_{i=0}^{n}|f_i|)^{\frac{1}{n+1}}\geqslant\sqrt{\mu_n}V_P^{\frac{n-1}{n}}$$

由算术-几何平均不等式,有

$$\sum_{i=0}^{n}|f_i|^{\theta}\geqslant(n+1)(\prod_{i=0}^{n}|f_i|)^{\frac{\theta}{\alpha+1}}\geqslant(n+1)\sqrt{\mu_n^{\theta}}V_P^{\frac{n-1}{n}\theta}\quad ③$$

由式②,③及式(9.4.13),得

$$\begin{aligned}f&\geqslant[(n+1)\mu_n^{\frac{\theta}{2}}\cdot V_P^{\frac{n-1}{n}\theta}]^{\alpha-1}\cdot(n^2-1)\mu_n^{\theta}\cdot V_P^{\frac{2(n-1)\theta}{n}}\\&=(n-1)(n+1)^{\alpha}\mu_n^{\frac{\alpha}{2}}\cdot V_P^{\frac{(n-1)}{n}\alpha}\end{aligned}\quad ④$$

由式①,④并注意$nV_P=r_n\sum_{i=1}^{n}|f_i|$得

$$\begin{aligned}&\sum_{i=0}^{n}\frac{1}{(h_i-d_i)^{\alpha}}\\&\geqslant\frac{f+2(\sum_{i=0}^{n}|f_i|)^{\alpha}}{n^{2\alpha}\cdot V_P{}^{\alpha}}\end{aligned}$$

$$\geqslant \frac{2(\sum_{i=0}^{n}|f_i|)^{\alpha}+(n-1)(n+1)^{\alpha}\mu_n^{\frac{\alpha}{2}}\cdot V_P^{\frac{(n-1)}{n}\alpha}}{n^{2\alpha}\cdot V_P^{\alpha}}$$

$$=\frac{1}{n^{\alpha}}(\frac{2}{r_n^{\alpha}}+\frac{C_n}{V_P^{\frac{\alpha}{n}}}) \quad ⑤$$

由此知式(9.9.82)成立.

由式(9.8.6),即 $V_P^{\frac{1}{n}}\leqslant\frac{n+1}{n^2}\mu_n^{\frac{1}{2}}R_n$ 代入式⑤,即得式(9.9.93)成立.

其中不等式等号成立可由推导过程中得到 $\sum_{P(n+1)}$ 正则且 M 为其内心. 在文[207]中给出了如下结论,题设同定理 9.9.26,则

$$\sum_{0\leqslant i<j\leqslant n}\frac{1}{(h_i-d_i)(h_j-d_j)}$$

$$\geqslant\frac{1}{n^2}(\frac{1}{r_n^2}+(\frac{n+1}{n})^2\mu_n\frac{C_{n+1}^2-1}{V_P^{\frac{2}{n}}}) \quad (9.9.86)$$

$$\geqslant\frac{1}{n^2}(\frac{1}{r_n^2}-\frac{(C_{n+1}^2-1)n^2}{R_n^2}) \quad (9.9.87)$$

$$\sum_{0\leqslant i<j\leqslant n}\frac{1}{(h_i+d_i)(h_j+d_j)}$$

$$\geqslant\frac{1}{(n+2)^2}(\frac{1}{r_n^2}+(\frac{n+1}{n})^2\mu_n\frac{C_{n+1}^2-1}{V_P^{\frac{2}{n}}}) \quad (9.9.88)$$

$$\geqslant\frac{1}{(n+2)^2}(\frac{1}{r_n^2}+\frac{(C_{n+1}^2-1)n^2}{R_n^2}) \quad (9.9.89)$$

事实上,由 $\lambda_i=\frac{V_{P_i}}{V_P},d_i=\frac{n\lambda_iV_P}{|f_i|}$有

$$\sum_{0\leqslant i<j\leqslant n}\frac{1}{(h_i-d_i)(h_j-d_j)}$$

$$=\frac{1}{(nV_P)^2}\sum_{0\leqslant i<j\leqslant n}\frac{|f_i||f_j|}{(1-\lambda_i)(1-\lambda_j)}$$

$$=\frac{1}{n^4 V_P{}^2}\Big[\sum_{0\leqslant i<j\leqslant n}\frac{|f_i||f_j|}{(1-\lambda_i)(1-\lambda_j)}\Big]\cdot\Big[\sum_{i=0}^{n}(1-\lambda_i)\Big]^2$$

于是

$$n^4 V_P{}^2\sum_{0\leqslant i<j\leqslant n}\frac{1}{(h_i-d_i)(h_j-d_j)}$$

$$=\Big[\sum_{0\leqslant i<j\leqslant n}\frac{|f_i||f_j|}{(1-\lambda_i)(1-\lambda_j)}\Big]\Big[\sum_{i<j}(1-\lambda_i)(1-\lambda_j)\Big]$$

$$=\Big[\sum_{i<j}\frac{|f_i||f_j|}{(1-\lambda_i)(1-\lambda_j)}\Big]\cdot$$

$$\Big[\sum_{i=0}^{n}(1-\lambda_i)^2+2\sum_{i<j}(1-\lambda_i)(1-\lambda_j)\Big]$$

$$=2\sum_{i<j}|f_i||f_j|+\sum|f_i||f_j|\Big(\frac{1-\lambda_i}{1-\lambda_j}+\frac{1-\lambda_j}{1-\lambda_i}\Big)+$$

$$2\sum_{i<j}\frac{|f_i||f_j|}{(1-\lambda_i)(1-\lambda_j)}\cdot\sum_{\substack{p<q\\(p,1)\neq(i,j)}}(1-\lambda_p)(1-\lambda_q)+$$

$$\sum_{i<j}\frac{|f_i||f_j|}{(1-\lambda_i)(1-\lambda_j)}\cdot\sum_{\substack{k=0\\k\neq i,j}}(1-\lambda_k)^2$$

$$\geqslant 4\sum_{i<j}|f_i||f_j|+2C_{n+1}^2(C_{n+1}^2-1)\cdot$$

$$\Big(\prod|f_i|\Big)^{\frac{2}{n+1}}+(n-1)C_{n+1}^2\Big(\prod|f_i|\Big)^{\frac{2}{n+1}}$$

$$=4\sum_{i<j}|f_i||f_j|+C_{n+1}^2(2C_{n+1}^2+n-3)\Big(\prod|f_i|\Big)^{\frac{2}{n+1}}$$

$$=2\Big(\sum_{i=0}^{n}|f_i|\Big)^2-2\sum_{i=0}^{n}|f_i|^2+C_{n+1}^2(2C_{n+1}^2+n-3)\Big(\prod|f_i|\Big)^{\frac{2}{n+1}}$$

$$\geqslant\Big(\sum_{i=0}^{n}|f_i|\Big)^2+\big[C_{n+1}^2(2C_{n+1}^2+n-3)+n^2-1\big]\mu_n V_P{}^{\frac{2(n-1)}{n}}$$

$$=\Big(\sum_{i=0}^{n}|f_i|\Big)^2+(n+1)^2(C_{n+1}^2-1)\mu_n V_P{}^{\frac{2(n-1)}{n}}$$

其中 $\mu_n=\frac{n^3}{n+1}\cdot\left(\frac{n+1}{n!^2}\right)^{\frac{1}{n}}$,倒数第一个不等式中应用了式(9.4.1)及式(9.4.13)中 $\alpha=1$ 的情形.

注意到 $nV_P=r_n\sum\limits_{i=0}^{n}|f_i|$,由上式,即得式(9.9.86).

由式(9.9.86)及式(9.9.83)即得式(9.9.87).

对于式(9.9.88),式(9.9.89)可类似来证(略).

文[207]还给出了如下结果:

在两个单形$\sum_{P(n+1)}$和$\sum_{Q(n+1)}$中,题设条件同定理9.9.26有:

$$(1)\sum_{i=0}^{n}\frac{1}{d_ih_i'}\geqslant\left[\frac{(n+1)^{n+1}\cdot n^n}{n!^2}\right]^{\frac{1}{n}}\cdot\left(\frac{1}{V_P\cdot V_Q}\right)^{\frac{1}{n}}\tag{9.9.90}$$

$$(2)\sum_{i=0}^{n}\frac{1}{(d_ih_i')^{\alpha}}\geqslant(n+1)\left[\frac{(n+1)\cdot n^n}{n!^2}\right]^{\frac{\alpha}{n}}\cdot\left(\frac{1}{V_P\cdot V_Q}\right)^{\frac{\alpha}{n}}\tag{9.9.91}$$

其中$\alpha>1$.

$$(3)\sum_{i=0}^{n}\prod_{\substack{j=0\\j\neq i}}^{n}(d_jh_j')^{\alpha}\leqslant(n+1)\left[\frac{n!^2}{(n+1)\cdot n^2}\right]^{\alpha}\cdot(V_PV_Q)^{\alpha}\tag{9.9.92}$$

其中$0<\alpha\leqslant1$.

上述三个不等式中等号成立的条件均为$\sum_{P(n+1)}$,$\sum_{Q(n+1)}$正则,且M为$\sum_{P(n+1)}$的中心.

事实上,(1)由式(9.4.23)中$\alpha=1$及$d_i=\frac{nV_P\lambda_i}{|f_i|}$,$\lambda_i=\frac{V_{P_i}}{V_P}$,注意算术-几何平均不等式可推得.

(2)由式(9.4.1)及Cauchy不等式(或权方和不等式)可推得.

(3)由式(9.4.23),令$\lambda_i=(d_ih_i')^{\alpha}$也可推得.

§9.10　高维 Euler 不等式的加强、推广与隔离

在这一节,我们主要介绍 E^n 中的 Euler 不等式及其加强、推广等问题.

定理 9.10.1　在 E^n 中 n 维单形 $\sum_{P(n+1)}$ 的外接超球半径 R_n 与内切超球半径 r_n 之间的关系式

$$R_n \geqslant nr_n \tag{9.10.1}$$

其中等号当且仅当单形 $\sum_{P(n+1)}$ 正则时成立.

式(9.10.1)即为 E_n 中的 Euler 不等式,它于 1979 年由 M. S. Klamkin 提出. 式(9.10.1)有多种证法.

证法 1　由式(9.9.50),当 $d_i = r_n$ 时,显然有式(9.10.1)成立. 其中等号成立的条件也由此得出.

证法 2　由式(9.8.1)与式(9.8.6)即得,其中等号成立的条件也由此得到.

证法 3　将式(9.5.1)代入式(9.8.1),并对 ρ_{ij}^2 运用算术-几何平均值或柯西不等式后,再注意到式(9.9.2),即得式(9.10.1). 其中等号成立的条件可由(9.5.1),(9.8.1),(9.9.2)及算术-几何平均值不等式等号成立的条件推得:单形 $\sum_{P(n+1)}$ 正则时,式(9.10.1)等号成立.

1985 年,M. S. Klamkin 又指出式(9.10.1)可以改进,即有

定理 9.10.2　E^n 中 n 维单形 $\sum_{P(n+1)}$ 的外接超球、内切超球的半径分别为 R_n, r_n,外心与内心分别为 O, I,则有不等式

$$R_n^2 \geqslant n^2 r_n^2 + |\overrightarrow{OI}|^2 \tag{9.10.2}$$

其中等号当且仅当 $\sum_{P(n+1)}$ 正则时成立.

证明　设 M 为单形 $\sum_{P(n+1)}$ 内任一点，取 O 为笛卡儿直角坐标系原点，则

$$\overrightarrow{OI}=\frac{\sum_{i=0}^{n}|f_i|\cdot\overrightarrow{OP_i}}{\sum_{i=0}^{n}|f_i|},且\overrightarrow{OP_i}=R_n$$

其中 $|f_i|$ 为单形 $\sum_{P(n+1)}$ 侧面 f_i 的体积.

由算术－几何平均值或柯西不等式不难证得

$$\sum_{i=1}^{n}|f_i|\cdot\sum_{i=1}^{n}|f_i|\cdot|\overrightarrow{MP_i}|^2\geqslant(\sum_{i=1}^{n}|f_i|\cdot|\overrightarrow{MP_i}|)^2$$

其中等号当且仅当 $|\overrightarrow{MP_0}|=|\overrightarrow{MP_1}|=\cdots=|\overrightarrow{MP_n}|$ 时成立.

由

$$\sum_{i=0}^{n}|f_i|\cdot|\overrightarrow{MP_i}|^2=\sum_{i=0}^{n}|f_i|(\overrightarrow{OM}-\overrightarrow{OP_i})\cdot(\overrightarrow{OM}-\overrightarrow{OP_i})$$

$$=\sum_{i=0}^{n}|f_i|\cdot(|\overrightarrow{OM}|^2+R_n^2-2\cdot\overrightarrow{OM}\cdot\overrightarrow{OP_i})$$

$$=\sum_{i=0}^{n}|f_i|\cdot(R_n^2+|\overrightarrow{OM}|^2-2\overrightarrow{OM}\cdot\sum_{i=0}^{n}|f_i|\cdot\overrightarrow{OP_i}(\sum_{i=0}^{n}|f_i|)^{-1}$$

$$=\sum_{i=0}^{n}|f_i|\cdot(R_n^2+|\overrightarrow{OM}|^2-2\overrightarrow{OM}\cdot\overrightarrow{OI})$$

又 $2\cdot\overrightarrow{OM}\cdot\overrightarrow{OI}=|\overrightarrow{OM}|^2+|\overrightarrow{OI}|^2-(\overrightarrow{OM}-\overrightarrow{OI})^2$，从而

$$\sum_{i=0}^{n}|f_i|\cdot|\overrightarrow{MP_i}|\leqslant\sum_{i=0}^{n}|f_i|(R_n^2+|\overrightarrow{MI}|^2-|\overrightarrow{OI}|^2)^{\frac{1}{2}}$$

其中等号当且仅当 M 点与 O 点重合时成立.

令 h_i,d_i 表示 P_i 和 M 到侧面 f_i 的距离，则 $|\overrightarrow{MP_i}|\geqslant h_i-d_i$，且

$$\begin{aligned}\sum_{i=0}^{n}|f_i|\cdot|\overrightarrow{MP_i}|&\geqslant\sum_{i=0}^{n}|f_i|(h_i-d_i)\\&=\sum_{i=0}^{n}|f_i|\cdot h_i-\sum_{i=0}^{n}|f_i|\cdot d_i\\&=(n+1)nV(\sum_{P(n+1)})-nV(\sum_{P(n+1)})\\&=n^2\cdot V(\sum_{P(n+1)})\end{aligned}$$

又注意到 $nV(\sum_{P(n+1)})=\sum_{i=0}^{n}|f_i|\cdot r_n$，则有 $R_n^2\geqslant n^2r_n^2+|\overrightarrow{OI}|^2-|\overrightarrow{MI}|^2$. 当 M 与 I 重合即得式(9.10.2).

定理 9.10.3 对于 E^n 中 n 维单形 $\sum_{P(n+1)}$ 的外接超球与内切超球半径 R_n,r_n 之间有不等式[75]：

(1)
$$R_n^2\geqslant\delta_n n^2r_n^2+|OG|^2 \tag{9.10.3}$$
$$\geqslant n^2r_n^2+|OG|^2 \tag{9.10.3$'$}$$

(2)
$$R_n^2\geqslant\frac{1}{2}(1+\delta_n)n^2r_n^2+\frac{1}{2}(|OI|^2+|OG|^2) \tag{9.10.4}$$

(3)
$$R_n^2\geqslant n^2r^2+\frac{1}{4}|IG|^2 \tag{9.10.5}$$

其中 I,O,G 分别为单形 $\sum_{P(n+1)}$ 的内心、外心、重心，设 $\rho_{ij}=|\overrightarrow{P_iP_j}|(0\leqslant i<j\leqslant n)$ 为单形的棱长，则

$$\delta_n=\max_{0<i<j<k<n}\left[1-\frac{(\rho_{ij}-\rho_{jk})^2(\rho_{jk}-\rho_{ki})^2(\rho_{kj}-\rho_{ji})^2}{\rho_{ij}\rho_{jk}\rho_{ki}}\right]^{\frac{-1}{n(n^2-1)}}\geqslant 1$$

等号当且仅当 $\sum_{P(n+1)}$ 正则时成立.

为了证明此定理，先看一个引理：

引理 在 n 维单形 $\sum_{P(n+1)}$ 的体积 $V(\sum_{P(n+1)})$ 与它的诸棱长 ρ_{ij} 之间有不等式

$$V(\sum_{P(n+1)})\leqslant\frac{\delta_n^{-\frac{n}{2}}}{n!}\left(\frac{n+1}{2^n}\right)^{\frac{1}{2}}\prod_{0\leqslant i<j\leqslant n}\rho_{ij}^{\frac{2}{n+1}} \tag{9.10.6}$$

其中等号当且仅当 $\sum_{P(n+1)}$ 正则时成立.

事实上，若设 $\triangle ABC$ 的三边为 a,b,c，面积 $S_{\triangle}$，易证

$$S_{\triangle}\leqslant\frac{\sqrt{3}}{4}(abc)^{\frac{2}{3}}\left[1-\frac{(a-b)^2(b-c)^2(c-a)^2}{(abc)^2}\right]^{\frac{1}{6}}\tag{9.10.7}$$

等号成立当且仅当$\triangle ABC$为正三角形.

对单形$\sum_{P(n+1)}$的每三个顶点P_i,P_j,P_k所组成$\triangle P_iP_jP_k$之面积$S_{\triangle ijk}(0<i<j<k\leqslant n)$，则由式(9.8.2)，有

$$V(\sum_{P(n+1)})\leqslant\left[\frac{(n+1)2^n}{3^{\frac{n}{2}}\cdot n!^2}\right]^{\frac{1}{2}}\left(\prod_{0\leqslant i<j<k\leqslant n}S_{\triangle ijk}\right)^{\frac{3}{n^2-1}}$$

等号当且仅当$\sum_{P(n+1)}$正则时成立.

将前一不等式代入上述不等式的右端，便得式(9.10.6)，且易知等号成立的条件是$\sum_{P(n+1)}$正则.

显然，式(9.10.6)是式(9.5.1)的推广.

下面，我们给出定理9.10.3的证明：

证明　(1)由式(9.10.6)及算术－几何平均值不等式，有

$$V(\sum_{P(n+1)})\leqslant\frac{\delta_n^{-\frac{n}{2}}}{n!}\left(\frac{n+1}{2^n}\right)^{\frac{1}{2}}\left[\frac{2}{n(n+1)}\sum_{0\leqslant i<j\leqslant n}\rho_{ij}^2\right]^{\frac{n}{2}}$$

将式(7.5.11) $\sum\limits_{0\leqslant i<j\leqslant n}\rho_{ij}^2=(n+1)^2(R_n^2-|\overrightarrow{OG}|^2)$代入，得

$$V(\sum_{P(n+1)})\leqslant\frac{\delta_n^{-\frac{n}{2}}}{n!}\left(\frac{n+1}{2^n}\right)^{\frac{1}{2}}\left[\frac{2(n+1)}{n}(R_n^2-|\overrightarrow{OG}|^2)\right]^{\frac{n}{2}}$$

即　$$\left[V(\sum_{P(n+1)})\right]^{\frac{2}{n}}\leqslant\frac{\delta_n^{-1}(n+1)^{\frac{n+1}{n}}}{n\cdot n!^{\frac{2}{n}}}(R_n^2-|\overrightarrow{OG}|^2)\tag{*}$$

易推知，上式中等号当且仅当$\sum_{P(n+1)}$正则时成立.

再由不等式(9.8.1)与上式，得

$$\delta_n^{-1}(R_n^2-|\overrightarrow{OG}|^2)\geqslant\frac{n\cdot n!^{\frac{2}{n}}}{(n+1)^{\frac{n+1}{n}}}[V(\sum_{P(n+1)})]^{\frac{2}{n}}\geqslant n^2r^2$$

由此即得式(9.10.3),且等号当且仅当单形$\sum_{P(n+1)}$正则时成立.

在此,顺便指出,因$\delta_n^{-1}\leqslant 1$,由上述式(*)中的不等式的特殊情形,即为式(9.8.6)

$$R_n\geqslant\frac{n^{\frac{1}{2}}\cdot n!^{\frac{1}{n}}}{(n+1)^{\frac{n+1}{2n}}}[V(\sum_{P(n+1)})]^{\frac{1}{n}}$$

此不等式与式(9.8.1),说明单形的另一几何量

$$n^{\frac{1}{2}}\cdot n!^{\frac{1}{n}}\cdot(n+1)^{-\frac{n+1}{2n}}\cdot[V(\sum_{P(n+1)})]^{\frac{1}{n}}$$

对不等式(9.10.1)构成了一个分隔,故式(9.8.6)较不等式(9.10.1)更强.

(2)由不等式(9.10.2),(9.10.3)立刻可得式(9.10.4).

(3)由不等式(9.10.2),(9.10.3),可得

$$\sqrt{R_n^2-n^2r_n^2}\geqslant\frac{1}{2}(\sqrt{R_n^2-\delta_nn^2r_n^2}+\sqrt{R_n^2-n^2r_n^2})$$

$$\geqslant\frac{1}{2}(\overrightarrow{IO}+\overrightarrow{OG})$$

又由三角形不等式,有$|\overrightarrow{IO}|+|\overrightarrow{OG}|\geqslant|\overrightarrow{IG}|$,于是式(9.10.5)获证. 其中等号成立的条件,可推知为单形$\sum_{P(n+1)}$的内心I与重心G重合.

定理 9.10.4　E^n中n维单形$\sum_{P(n+1)}$的外接超球半径R_n,内切超球半径r_n,与其棱长$\rho_{ij}(0\leqslant i<j\leqslant n)$之间有不等式[116]

$$R_n^2\geqslant n^2r_n^2+W \tag{9.10.8}$$

其中

$$W=\left[\frac{1}{2}n(n+1)-2\right]^{-2}(n+1)^{-2}\sum_{\substack{0\leqslant i<j\leqslant n\\0\leqslant k<l\leqslant n)\\ij\neq kl}}(\rho_{ij}-\rho_{kl})^2 \tag{9.10.9}$$

等号当且仅当单形$\sum_{P(n+1)}$正则时成立.

证明　将式(10.2.7)代入式(9.9.2),得

$$R_n^2\geqslant\frac{n\cdot n!^{\frac{2}{n}}}{(n+1)^{\frac{n+1}{n}}}\left[V\left(\sum\nolimits_{P(n+1)}\right)\right]^{\frac{2}{n}}+W$$

再利用式(9.8.1)代入上式,得到式(9.10.9),且等号成立的充要条件是单形$\sum_{P(n+1)}$正则.

定理9.10.4可进一步加强为:

定理9.10.5　设E^n中n维单形$\sum_{P(n+1)}$的外接超球,内切超球半径分别为R_n,r_n,O,G分别为单形$\sum_{P(n+1)}$的外接超球球心和重心,则

$$R_n^2\geqslant n^2r_n^2+OG^2+W \tag{9.10.10}$$

其中W由式(9.10.9)给出,等号当且仅当单形$\sum_{P(n+1)}$正则时成立.

证明　由式(7.5.11)与式(10.2.7),有

$$\begin{aligned}R_n^2-OG^2&=\frac{1}{(n+1)^2}\sum_{0\leqslant i<j\leqslant n}\rho_{ij}^2\\&\geqslant\frac{n\cdot n!^{\frac{2}{n}}}{(n+1)^{\frac{n+1}{n}}}\left[V\left(\sum\nolimits_{P(n+1)}\right)\right]^{\frac{2}{n}}+W\end{aligned}$$

再注意到式(9.8.1),即得式(9.10.10),其中等号成立的条件由式(10.2.7)及式(9.8.1)即知单形$\sum_{P(n+1)}$正则时即为:

定理9.10.6　E^n中的n维单形$\sum_{P(n+1)}$的外接、内切超球的半径分别为R_n,r_n,顶点P_i所对界(侧)面的$n-1$维体积为$|f_i|$,棱$P_iP_j=\rho_{ij}(i,j=0,1,\cdots,n,i\neq j)$,则[199]

$$R_n^2 \geqslant X \cdot Y^{\frac{4}{n(n+1)}} \cdot n^2 r_n^2 + W \qquad (9.10.11)$$

其中

$$X = \left[1 + \frac{F - f}{(n+1)F^2}\right]^{\frac{1}{n}}, F = \max_{0 \leqslant i \leqslant n}\{|f_i|\}, f = \min_{0 \leqslant i \leqslant n}\{|f_i|\} \qquad (9.10.12)$$

$$Y = \left[1 + \frac{2(A - a)}{n(n+1)A^2}\right]^{\frac{n+1}{4}}, A = \max_{0 \leqslant i < j \leqslant n}\{\rho_{ij}\}, a = \min_{0 \leqslant i < j \leqslant n}\{\rho_{ij}\} \qquad (9.10.13)$$

$$W = \left[\frac{n(n+1)}{2} - 2\right]^{-2}(n+1)^{-2}\sum_{\substack{0 \leqslant i < j \leqslant n \\ 0 \leqslant k < l \leqslant n \\ ij \neq kl}}(\rho_{ij} - \rho_{kl})^2$$

（此式为式(9.10.9)）

不等式(9.10.11)中等号成立当且仅当$\Sigma_{P(n+1)}$正则.

证明 注意到

$$\sum_{\substack{0 \leqslant i < j \leqslant n \\ 0 \leqslant k < l \leqslant n \\ ij \neq kl}}(\rho_{ij} - \rho_{kl})^2 = \frac{n(n+1)}{2}\left(\sum_{0 \leqslant i < j \leqslant n}\rho_{ij}^2\right)^2 - \left(\sum_{0 \leqslant i < j \leqslant n}\rho_{ij}\right)^2 \qquad ①$$

由幂平均不等式，有

$$\sum_{0 \leqslant i < j \leqslant n}\rho_{ij}^2 \geqslant \frac{1}{2}n(n+1)\left[\frac{2}{n(n+1)} \cdot \sum_{0 \leqslant i < j \leqslant n}\rho_{ij}\right]^2$$

又

$$\begin{aligned}
&\left(\sum_{0 \leqslant i < j \leqslant n}\rho_{ij}\right)^2 + \left[\frac{n(n+1)}{2} - 1\right]\left[\frac{n(n+1)}{2} - 4\right] \cdot \sum_{0 \leqslant i < j \leqslant n}\rho_{ij}^2 \\
&\geqslant \left\{\left[\frac{n(n+1)}{2}\right]^2 + \left[\frac{n(n+1)}{2} - 1\right]\left[\frac{n(n+1)}{2} - 4\right] \cdot \left[\frac{n(n+1)}{2}\right]\right\} \cdot \left[\frac{2}{n(n+1)}\sum_{0 \leqslant i < j \leqslant n}\rho_{ij}^2\right] \\
&= \left[\frac{n(n+1)}{2}\right]\left[\frac{n(n+1)}{2} - 2\right]^2\left[\frac{2}{n(n+1)}\sum_{0 \leqslant i < j \leqslant n}\rho_{ij}\right]^2 \qquad ②
\end{aligned}$$

由算术－几何平均值不等式,有

$$\frac{2}{n(n+1)}\sum_{0\leqslant i<j\leqslant n}\rho_{ij}\geqslant\left(\prod_{0\leqslant i<j\leqslant n}\rho_{ij}\right)^{\frac{2}{n(n+1)}} \qquad ③$$

由式(9.8.4)和式(7.5.11),有

$$V^2(\sum\nolimits_{P(n+1)})\leqslant\frac{n(n+1)^2}{2^{n+1}\cdot n!^2}\left(\prod_{0\leqslant i<j\leqslant n}\rho_{ij}^2\right)^{\frac{2}{n}}\Big/\sum_{0\leqslant i<j\leqslant n}\rho_{ij}^2$$

即有

$$\frac{n+1}{2^n\cdot n!}\left(\prod_{0\leqslant i<j\leqslant n}\rho_{ij}\right)^{\frac{4}{n+1}}$$

$$\geqslant\frac{2}{n(n+1)}\frac{\sum\limits_{0\leqslant i<j\leqslant n}\rho_{ij}^2\cdot V(\sum_{P(n+1)})}{\left(\prod\limits_{0\leqslant i<j\leqslant n}\rho_{ij}^2\right)^{\frac{2}{n+1}}}$$

由上式并应用式(9.5.11),有

$$\frac{n+1}{2^n\cdot n!}\left(\prod_{0\leqslant i<j\leqslant n}\rho_{ij}\right)^{\frac{4}{n+1}}$$

$$\geqslant\left[1+\frac{2(A-a)^2}{n(n+1)A^2}\right]\cdot V^2(\sum\nolimits_{P(n+1)})$$

由上式即得

$$\prod_{0\leqslant i<j\leqslant n}\rho_{ij}\geqslant Y\left(\frac{2^n}{n+1}\right)^{\frac{n+1}{4}}\cdot(n!)^{\frac{n+1}{2}}\left[V(\sum\nolimits_{P(n+1)})\right]^{\frac{n+1}{2}} \qquad (9.10.14)$$

由式③及上式,有

$$\frac{2}{n(n+1)}\sum_{0\leqslant i<j\leqslant n}\rho_{ij}$$

$$\geqslant Y^{\frac{2}{n(n+1)}}\left(\frac{2^n}{n+1}\right)^{\frac{1}{2n}}\left[n!\cdot V(\sum\nolimits_{P(n+1)})\right]^{\frac{1}{n}}$$

由式②和上式,有

$$\left(\sum_{0\leqslant i<j\leqslant n}\rho_{ij}\right)^2+\left[\frac{n(n+1)}{2}-1\right]\left[\frac{n(n+1)}{2}-4\right]\sum_{0\leqslant i<j\leqslant n}\rho_{ij}^2$$

$$\geqslant\left[\frac{n(n+1)}{2}\right]\left[\frac{n(n+1)}{2}-2\right]^2\cdot Y^{\frac{4}{n(n+1)}}\cdot\left(\frac{2^n}{n+1}\right)^{\frac{1}{n}}\cdot$$

$[n!\cdot V(\sum_{P(n+1)})]^{\frac{2}{n}}$

由式①和上式，可得

$$\sum_{0\leqslant i<j\leqslant n}\rho_{ij}^2\geqslant Y^{\frac{4}{n(n+1)}}\cdot n(n+1)^{\frac{n-1}{n}}\cdot$$
$$[n!\cdot V(\sum_{P(n+1)})]^{\frac{2}{n}}+(n+1)^2W$$

注意到式(9.2.2)，则

$$R_n^2\geqslant\frac{n(n!)^{\frac{2}{n}}}{(n+1)^{\frac{n+1}{n}}}\cdot[V(\sum_{P(n+1)})]^{\frac{2}{n}}+W$$

再注意到(9.8.1′)，即得式(9.10.11).

由证明过程知$\sum_{P(n+1)}$正则时上述不等式中的等号取到.

注意到 $Y\geqslant 1,X\geqslant 1$，即知式(9.10.11)改进了式(9.10.8).

定理 9.10.7　E^n 中的 n 维单形$\sum_{P(n+1)}$的外接超球的半径分别为 R_n，内切超球半径为 r_n，G,O,I 分别为单形$\sum_{P(n+1)}$的重心、外接超球球心、内切超球球心，$V(\sum_{P(n+1)})=V_P$，$V(\sum_{正(n+1)})$分别为单形$\sum_{P(n+1)}$的 n 维体积、与$\sum_{P(n+1)}$共超球的正则单形的 n 维体积，则：

$$(1)R_n^2\geqslant\left[\frac{V(\sum_{正(n+1)})}{V(\sum_{P(n+1)})}\right]^{\frac{2}{n(n+1)}}\cdot n^2r_n^2+|OI|^2 \tag{9.10.15}$$

$$(2)R_n^2\geqslant\left[\frac{V(\sum_{正(n+1)})}{V(\sum_{P(n+1)})}\right]^{\frac{2}{n(n+1)}}\cdot n^2r_n^2+|OG|^2 \tag{9.10.16}$$

$$(3)R_n^2\geqslant\left[\frac{V(\sum_{正(n+1)})}{V(\sum_{P(n+1)})}\right]^{\frac{2}{n(n+1)}}\cdot n^2r_n^2+\frac{|IG|^2}{4} \tag{9.10.17}$$

当$\sum_{P(n+1)}$为正则单形时，上述三个不等式取等号.

证明　(1)由算术－几何平均不等式，有

$$\Big(\sum_{0\leqslant i<j\leqslant n}|f_i|\cdot|f_j|\cdot\rho_{ij}^2\Big)^{n(n+1)}$$
$$\geqslant\Big[\frac{n(n+1)}{2}\Big]^{2\cdot\frac{n(n+1)}{2}}\prod_{i=0}^{n}|f_i|^{2n}\cdot\prod_{0\leqslant i<j\leqslant n}\rho_{ij}^4 \tag{9.10.18}$$

由式(9.8.4)：$V(\sum_{P(n+1)})\cdot R_n\leqslant\dfrac{\sqrt{n}}{\frac{n+1}{2}}\prod_{0\leqslant i<j\leqslant n}\rho_{ij}^{\frac{2}{n}}$

及式(9.4.1)，得

$$V(\sum\nolimits_{P(n+1)})\leqslant(n+1)^{\frac{1}{2}}\Big[\frac{(n-1)!^2}{n^{3n-2}}\Big]^{\frac{1}{2(n-1)}}\Big[\sum_{i=0}^{n}|f_i|\Big]^{\frac{n}{n^2-1}}$$

和式(9.10.18)，得

$$\Big(\sum_{0\leqslant i<j\leqslant n}|f_i|\cdot|f_j|\cdot\rho_{ij}^2\Big)^{n(n+1)}$$
$$\geqslant\Big[\frac{n(n+1)}{2}\Big]^{\frac{2n(n+1)}{2}}\cdot\frac{1}{(n+1)^{n^2-1}}\Big[\frac{n^{3n-2}}{(n-1)!}\Big]^{\frac{2(n^2-1)}{2(n-1)}}\cdot$$
$$\frac{2^{n(n+1)}n!^{2n}}{n^2}\cdot R_n^{2n}\cdot\big[V(\sum\nolimits_{P(n+1)})\big]^{2(n^2+n-1)}$$
$$=\frac{n^{4n(n+1)}\cdot(n+1)^{n+1}}{n^n\cdot n!^2}R_n^{2n}\cdot\big[V(\sum\nolimits_{P(n+1)})\big]^{2(n^2+n-1)} \tag{9.10.19}$$

由式(9.8.5)代入式(9.5.1)，得

$$V(\sum\nolimits_{P(n+1)})\leqslant\frac{1}{n}\cdot\frac{(n+1)^{\frac{n+1}{2}}}{n^{\frac{n}{2}}}\cdot R_n^n$$

又由式(7.15.7)，(7.15.9)代入(7.15.6)，得

$$V(\sum\nolimits_{\text{正}(n+1)})=\frac{1}{n!}\cdot\frac{(n+1)^{\frac{n+1}{2}}}{2^{\frac{n}{2}}}\cdot R_n^n$$

从而

$$\Big[\sum_{0\leqslant i<j\leqslant n}|f_i|\cdot|f_j|\cdot\rho_{ij}^2\Big]^{n(n+1)}$$
$$\geqslant n^{4n(n+1)}\big[V(\sum\nolimits_{P(n+1)})\big]^{2(n^2+n-1)}\cdot\big[V(\sum\nolimits_{\text{正}(n+1)})\big]^2$$

即

$$\frac{\sum\limits_{0\leqslant i<j\leqslant n}|f_i|\cdot|f_j|\cdot\rho_{ij}^2}{[n\cdot V(\sum_{P(n+1)})]^2}\geqslant n^2\left[\frac{V(\sum_{\text{正}(n+1)})}{V(\sum_{P(n+1)})}\right]^{\frac{2}{n(n+1)}}$$

再由式(7.12.29),即知结论(1)获证. 其中等号由式(9.4.1)取得条件当且仅当$\sum_{P(n+1)}$为正则单形,知当$\sum_{P(n+1)}$为正则单形时,式(9.10.19)取得等号,从而式(9.10.15)取等号.

(2)仿照(1)的方法,立即可得

$$\left(\sum_{k=0}^{n}|f_k|\right)^{2n(n+1)}\cdot\left(\sum_{0\leqslant i<j\leqslant n}\rho_{ij}^2\right)^{n(n+1)}$$
$$\geqslant[(n+1)n^2]^{2n(n+1)}\cdot V^2(\sum_{\text{正}(n+1)})\cdot V_P^{2(n^2+n-1)}$$

再由式(7.4.7):$r_n\cdot\sum\limits_{k=1}^{n}|f_k|=n\cdot V(\sum_{P(n+1)})$,有

$$\sum_{0\leqslant i<j\leqslant n}\rho_{ij}^2\geqslant(n+1)^2\left[\frac{V(\sum_{\text{正}(n+1)})}{V(\sum_{P(n+1)})}\right]^{\frac{2}{n(n+1)}}\cdot n^2r^2$$

再由式(7.12.31),即知结论(2)获证,其中等号成立的条件也仿照(1)推知.

(3)由结论(1)和(2)相加,得

$$R_n^2>\left[\frac{V(\sum_{\text{正}(n+1)})}{V(\sum_{P(n+1)})}\right]^{\frac{2}{n(n+1)}}\cdot n^2r^2+\frac{1}{2}(|OG|^2+|OI|^2)$$

而$|OG|+|OI|\geqslant|IG|$,则

$$|OG|^2+|OI|^2\geqslant\frac{(|OG|+|OI|)^2}{2}\geqslant\frac{|IG|^2}{2}$$

故结论(3)获证,其中等号成立的条件不难由上述过程中推知.

定理 9.10.8 设 E^n 中的 n 维单形$\sum_{P(n+1)}=\{P_0,P_1,\cdots,P_n\}$的外接超球的半径为 R_n,内切超球半径为 r_n,$\sum_{P(n+1)}$的所有对棱(没有公共顶的两棱)夹角的均值为 φ(若对棱 P_iP_j,P_kP_l 所夹的角为 $\varphi_{ij,kl}$,对于单形$\sum_{P(n+1)}$共有 $3\mathrm{C}_{n+1}^4$ 个,则 φ 表这所有夹角的算术平均

值),则[50]

$$R_n^2 \cdot \sin\varphi \geqslant n^2 \cdot r_n^2 \tag{9.10.20}$$

其中等号当且仅当单形$\sum_{P(n+1)}$正则时取到.

证明　在单形$\sum_{P(n+1)}$的顶点集中任取 4 个顶点$P_i, P_j, P_k, P_l(i<j<k<l)$,考虑以它们为顶点的 3 维单形$P_iP_jP_kP_l$,设棱$\rho_{ij}(=P_iP_j)$与$\rho_{kl}$,$\rho_{ik}$与$\rho_{jl}$,$\rho_{il}$与$\rho_{kj}$三组对棱的距离分别为$d_1, d_2, d_3$,过 3 维单形的每组对棱引一对相互平行的平面得一个平行六面体,它的各面的对角线刚好是 3 维单形的棱,各相对面的距离分别等于 3 维单形三组对棱的距离,因此

$$V_{\text{平行六面体}} \geqslant d_1 d_2 d_3$$

又易知这个平行六面体的体积正好是 3 维单形$P_iP_jP_kP_l$体积的 3 倍,所以

$$V_{P_iP_jP_kP_l} \geqslant 3^{-1} d_1 d_2 d_3$$

再注意到熟知的结论

$$\begin{aligned} V_{P_iP_jP_kP_l} &= 6^{-1}\rho_{ij}\rho_{kl} \cdot \sin\varphi_{ij,kl} = 6^{-1}\rho_{ik}\rho_{jkl} \cdot \sin\varphi_{ik,jl} \\ &= 6^{-1}\rho_{il}\rho_{jk} \cdot \sin\varphi_{il,jk} \end{aligned}$$

故

$$\begin{aligned} &\rho_{ij}\rho_{kl}\rho_{ik}\rho_{jl}\rho_{il}\rho_{jk} \cdot \sin\varphi_{ij,kl} \cdot \sin\varphi_{ik,il} \cdot \sin\varphi_{il,jk} \\ &\geqslant 72 \cdot V_{P_iP_jP_kP_l}^2 \end{aligned} \tag{9.10.21}$$

对单形$\sum_{P(n+1)}$的顶点集,任取 4 个顶点共可构成C_{n+1}^4个 3 维单形,对每一个 3 维单形写形如(9.10.21)的不等式,并将这C_{n+1}^4个不等式相乘得

$$\left(\prod_{0\leqslant i<j\leqslant n}\rho_{ij}\right)^{\mathrm{C}_{n-1}^2}\prod_{\sum_P}\sin\varphi_{ij,kl} \geqslant 72^{\mathrm{C}_{n+1}^4} \cdot M_3^2 \tag{9.10.22}$$

其中M_3为一切 3 维单体积的乘积. $\prod_{\sum_P}\sin\varphi_{ij,kl}$是单形$\sum_{P(n+1)}$的任何两对棱夹角的正弦之积,共有$3\mathrm{C}_{n+1}^4$项. 于是由平均值不等式和凸函数的 Jensen 不等式,可得

$$\prod_{\Sigma_P}\sin\varphi_{ij,kl}\leqslant\left[\frac{\prod_{\Sigma_P}\sin\varphi_{ij,kl}}{3\mathrm{C}_{n+1}^4}\right]^{3\mathrm{C}_{n+1}^4}\leqslant\left[\sin\frac{\prod_{\Sigma_P}\varphi_{ij,kl}}{3\mathrm{C}_{n+1}^4}\right]^{3\mathrm{C}_{n+1}^4}$$
$$=(\sin\varphi)^{3\mathrm{C}_{n+1}^4}\qquad(9.10.22')$$

由(9.10.22),(9.10.22′)两式,并注意到式(10.2.1),令 $l=n$,即

$$M_k\geqslant\left(\frac{\sqrt{k+1}}{k!}\right)^{\mathrm{C}_{n+1}^{k+1}}\cdot\left[\frac{n!}{\sqrt{n+1}}V(\Sigma_{P(n+1)})\right]^{\frac{k}{n}\mathrm{C}_{n+1}^{k+1}}$$

可得 $\prod_{0\leqslant i<j\leqslant n}\rho_{ij}^{\frac{2}{n+2}}\sin^{\frac{n}{2}}\varphi\geqslant\left(\frac{2^n}{n+1}\right)^{\frac{1}{2}}\cdot n!\cdot V(\Sigma_{P(n+1)})$

再对上式的左边用式(9.8.5),右边用式(9.8.1),可得

$$R_n^n\left[\frac{2(n+1)}{n}\right]^{\frac{n}{2}}\cdot\sin^{\frac{n}{2}}\varphi$$
$$\geqslant\left(\frac{2^n}{n+1}\right)^{\frac{1}{2}}\cdot n!\cdot\left(\frac{n^n(n+1)^{n+1}}{n!}\right)^{\frac{1}{2}}\cdot r_n^n$$

整理便得所证不等式(9.10.20),其中等号成立的条件可由所运用的不等式等号成立的条件推得.

对于式(9.10.20),我们有如下的加强式:

定理 9.10.9 E^n 中的 n 维单形 $\Sigma_{P(n+1)}$ 的外接、内切超球半径分别为 R_n, r_n, O, I, G 分别为 $\Sigma_{P(n+1)}$ 的外心、内心和重心,φ 表示单形 $\Sigma_{P(n+1)}$ 所有相对棱夹角的平均值,则[111]:

(1) $$R_n^2\geqslant\frac{(nr_n)^2}{\sin\varphi}+|OI|^2\qquad(9.10.23)$$

(2) $$R_n^2\geqslant\frac{(nr_n)^2}{\sin\varphi}+|OG|^2\qquad(9.10.24)$$

(3) $$R_n^2\geqslant\frac{(nr_n)^2}{\sin\varphi}+\frac{1}{4}|IG|^2\qquad(9.10.25)$$

其中等号均当且仅当 $\Sigma_{P(n+1)}$ 正则时取到.

事实上,可类似于定理 9.10.8 而证,证略.

定理 9.10.10　E^n 中的 n 维单形 $\sum_{P(n+1)}$ 的外接、内切超球半径分别为 R_n, r_n, O, I, G 分别为 $\sum_{P(n+1)}$ 的外心、内心和重心,则[200]:

(1)　$$R_n^2 \geqslant (\frac{R_n}{nr_n})^{\frac{2}{n^2-1}} \cdot n^2 r_n^2 + |OI|^2 \quad (9.10.26)$$

(2)　$$R_n^2 \geqslant (\frac{R_n}{nr_n})^{\frac{2}{n^2-1}} \cdot n^2 r_n^2 + |OG|^2 \quad (9.10.27)$$

(3)　$$R_n^2 \geqslant (\frac{R_n}{nr_n})^{\frac{2}{n^2-1}} \cdot n^2 r_n^2 + \frac{1}{4}|IG|^2 \quad (9.10.28)$$

其中三个不等式中的等号均当且仅当 $\sum_{P(n+1)}$ 正则时取得.

证明　(1)由式(9.4.1)与式(9.5.1)有,或由式(9.5.7)有

$$\prod_{i=0}^{n}|f_i| \geqslant [\frac{n^{3(n-1)}}{2(n+1)^{n-2} \cdot n!^2}]^{\frac{n+1}{2(n-1)}} \cdot [V(\sum_{P(n+1)})]^{\frac{n^2-n-2}{n-1}} \cdot (\prod_{0\leqslant i<j\leqslant n}\rho_{ij})^{\frac{2}{n(n-1)}}$$

注意到式(9.8.4),及对式(7.12.29)应用算术-几何平均不等式,有

$$\begin{aligned} & R_n^2 - |OI|^2 \\ = & \frac{r_n^2}{n^2[V(\sum_{P(n+1)})]^2}\sum_{0\leqslant i<j\leqslant n}\rho_{ij}^2|f_i||f_j| \\ \geqslant & \frac{r_n^2}{n^2[V(\sum_{P(n+1)})]^2} \cdot \frac{n(n+1)}{2} \cdot (\prod_{0\leqslant i<j\leqslant n}\rho_{ij})^{\frac{4}{n+1}} \cdot \\ & (\prod_{i=0}^{n}|f_i|)^{\frac{2}{n+1}} \qquad (9.10.29) \\ \geqslant & \frac{r_n^2}{V^2(\sum_{P(n+1)})} \cdot \frac{n^2(n+1)}{2} \cdot \\ & \frac{1}{[2(n+1)^{n-2}n!^2]^{\frac{1}{n-1}}} \cdot [V(\sum_{P(n+1)})]^{\frac{2(n-1)}{n-1}} \cdot \end{aligned}$$

$$(\prod_{0\leqslant i<j\leqslant n}\rho_{ij})^{\frac{4}{n^2-1}}$$

$$\geqslant\frac{n^{\frac{2n^2-n-2}{n^2-1}}\cdot(n+1)^{\frac{1}{n-1}}}{(n!)^{\frac{2}{n^2-1}}}\cdot\frac{r_n^2\cdot R_n^{\frac{2n}{n^2-1}}}{[V(\sum_{P(n+1)})]^{\frac{2}{n^2-1}}}$$

再注意到式(9.8.8),代入上式,即得式(9.10.26).

(2)由式(9.8.9),有

$$(\frac{R_n}{nr_n})^{\frac{2}{n^2-1}}\cdot n^2r_n^2\leqslant\frac{(n!)^{\frac{2}{n}}\cdot n}{(n+1)^{\frac{n+1}{n}}}\cdot[V(\sum_{P(n+1)})]^{\frac{2}{n}}$$

注意到式(9.5.1),得

$$(\frac{R_n}{nr_n})^{\frac{2}{n^2-1}}\cdot n^2r_n^2\leqslant\frac{n}{2(n+1)}(\prod_{0\leqslant i<j\leqslant n}\rho_{ij}^2)^{\frac{2}{n(n+1)}}$$

再注意到式(7.5.11),代入上式,即得式(9.10.27).

(3)由于$\frac{R_n}{nr_n}\geqslant1$,所以由不等式(9.10.26),得

$$R_n^2\geqslant(\frac{R_n}{nr_n})^{\frac{2}{n^2-1}}\cdot n^2r_n^2+|OI|^2$$

或

$$[R_n^2-(\frac{R_n}{nr_n})^{\frac{2}{n^2-1}}\cdot n^2r_n^2]^{\frac{1}{2}}\geqslant|OI| \quad ①$$

由不等式(9.10.27),有

$$[R_n^2-(\frac{R_n}{nr_n})^{\frac{2}{n^2-1}}\cdot n^2r_n^2]^{\frac{1}{2}}\geqslant|OG| \quad ②$$

由式①,②及三角形边和关系,有

$$[R_n^2-(\frac{R_n}{nr_n})^{\frac{2}{n^2-1}}\cdot n^2r_n^2]^{\frac{1}{2}}\geqslant\frac{1}{2}(|OI|+|OG|)\geqslant\frac{1}{2}|IG|$$

上式两边平方后整理,即得式(9.10.28).

由上述各不等式等号成立当且仅当$\sum_{P(n+1)}$正则.

定理 9.10.11　E^n 中的 n 维单形 $\sum_{P(n+1)}$ 的外接、内切超球半径分别为 R_n, r_n, O, I, G 分别为 $\sum_{P(n+1)}$ 的外心、内心和重心，则：

(1) 记 $P_iP_j=\rho_{ij}, A=\max\limits_{0\leqslant i<j\leqslant n}\{\rho_{ij}\}, a=\min\limits_{0\leqslant i<j\leqslant n}\{\rho_{ij}\}$，有

$$R_n^2\geqslant\left[1+\frac{(A-a)^2}{(n+1)A^2}\right]^{\frac{1}{n}}\cdot n^2r_n^2+|OI|^2 \tag{9.10.30}$$

(2) 顶点 P_i 所对界面体积为 $|f_i|$，记 $F=\max\limits_{0\leqslant i\leqslant n}\{|f_i|\}$，$f=\min\limits_{0\leqslant i\leqslant n}\{|f_i|\}$，有

$$R_n^2\geqslant\left[1+\frac{(F-f)^2}{(n+1)F^2}\right]^{\frac{1}{n}}\cdot n^2r_n^2+|OI|^2 \tag{9.10.31}$$

(3) 记 $\sum_{P(n+1)}$ 所有对棱的夹角的算术平均值为 φ，有

$$R_n^2\geqslant\left[1+\frac{(F-f)^2}{(n+1)F^2}\right]\csc\varphi\cdot n^2r_n^2+|OG|^2 \tag{9.10.32}$$

(4) 记 $\sum_{P(n+1)}$ 所有对棱的夹角的算术平均值为 φ，有

$$R_n^2\geqslant\left[\frac{R_n}{nr_n}\right]^{\frac{2}{n^2}}\cdot\csc\varphi\cdot n^2r_n^2+|OG|^2 \tag{9.10.33}$$

其中各不等式中等号当且仅当 $\sum_{P(n+1)}$ 正则时取得.

证明　(1) 由式(9.10.29)，再注意到式(9.4.1)及式(9.5.10)即得式(9.10.30).

(2) 由式(9.10.29)，再注意到式(9.5.1)及式(9.4.10)即得式(9.10.31).

(3) 由式(7.12.31)及算术－几何平均值不等式，有

$$R_n^2-|OG|^2\geqslant\frac{n}{2(n+1)}\Big(\prod_{0\leqslant i<j\leqslant n}\rho_{ij}\Big)^{\frac{4}{n(n+1)}}\tag{9.10.34}$$

再注意到式(9.5.9)及式(9.8.1′)即得式(9.10.32).

(4)由式(9.10.34),再注意到式(9.5.9)及式(9.8.9),即得式(9.10.33).

定理 9.10.12 设 E^n 中的 n 维单形 $\sum_{P(n+1)}$ 的外接超球与内切超球半径分别为 R_n 和 r_n,令 F 与 f 分别表单形 $\sum_{P(n+1)}$ 的诸侧面面积 $|f_i|$ $(i=0,1,\cdots,n)$ 中最大、最小者,则[84]

$$R_n\geqslant\Big[1+\frac{f^{\frac{1}{2}}-F^{\frac{1}{2}}}{(n+1)F}\Big]^{\frac{n}{n-1}}\cdot\Big[\frac{V(\sum_{正(n+1)})}{V(\sum_{P(n+1)})}\Big]^{\frac{1}{n}}\cdot nr_n\tag{9.10.35}$$

其中等号当且仅当单形 $\sum_{P(n+1)}$ 正则,且 $V(\sum_{正(n+1)})$ 为与 $\sum_{P(n+1)}$ 有相同外接超球半径的正则单形体积时成立.

证明 注意到均值不等式的加强式

$$\frac{A_k(a)}{G_k(a)}\geqslant1+\frac{(m^{\frac{1}{2}}-M^{\frac{1}{2}})^2}{kM}\tag{9.10.36}$$

其中等号当且仅当 $a_1=a_2=\cdots=a_k$ 时成立,$A_k(a)$ 与 $G_k(a)$ 分别表示 k 个数 a_i $(i=1,2,\cdots,k)$ 的算术平均与几何平均,$m=\min\{a_i,i=1,2,\cdots,k\}$,$M=\max\{a_i,i=1,2,\cdots,k\}$.

由式(9.4.1),有

$$V(\sum_{P(n+1)})\leqslant\sqrt{n+1}\cdot\Big(\frac{n!^2}{n^{3n}}\Big)^{\frac{1}{2(n-1)}}\cdot$$

$$\Bigg[\frac{\prod_{i=0}^{n}|f_i|^{\frac{1}{n+1}}}{\frac{1}{n+1}\sum_{i=0}^{n}|f_i|}\Bigg]^{\frac{n}{n-1}}\cdot\Big(\frac{1}{n+1}\sum_{i=0}^{n}|f_i|\Big)^{\frac{n}{n-1}}$$

将上式两边$\frac{n}{n-1}$次方后，把右边的式子除到左边，再将关系式$\sum_{i=0}^{n}|f_i|=\frac{nV(\sum_{P(n+1)})}{r_n}$代入上式中最后一个括号中，得

$$\frac{\frac{1}{n-1}\sum_{i=0}^{n}|f_i|}{\prod_{i=0}^{n}|f_i|^{\frac{1}{n+1}}}\cdot\frac{(n+1)^{\frac{n+1}{2n}}}{(n!)^{\frac{1}{n}}\cdot n!^{\frac{1}{2}}}\cdot R_n\cdot\frac{nr_n}{[V(\sum_{P(n+1)})]^{\frac{1}{n}}}\leqslant R_n$$

又由式(9.8.6)，有

$$\frac{(n+1)^{\frac{n+1}{2n}}}{(n!)^{\frac{1}{n}}\cdot n!^{\frac{1}{2}}}\cdot R_n=[V(\sum_{\text{正}(n+1)})]^{\frac{1}{n}}$$

再由式(9.10.36)，有

$$\left[\frac{\frac{1}{n+1}\sum_{i=0}^{n}|f_i|}{\prod_{i=0}^{n}|f_i|^{\frac{1}{n+1}}}\right]^{\frac{n}{n-1}}\geqslant\left[1+\frac{m^{\frac{1}{2}}-M^{\frac{1}{2}}}{(n+1)M}\right]^{\frac{n}{n-1}}$$

由上述三式，即可得式(9.10.35)．其中等号成立的条件可由式(9.4.1)，式(9.8.6)及式(9.10.36)推得$\sum_{P(n+1)}$正则时即为.

定理 9.10.13　设 E^n 中的 n 维单形$\sum_{P(n+1)}$的外接、内切超球半径分别为 R_n 和 r_n，界(侧)面上的高线为 h_i，重心 G 与顶点 P_i 的连线长为 $l_i(i=0,1,\cdots,n)$，则[201]：

$$(1)R_n\geqslant\frac{n}{n+1}\prod_{i=0}^{n}h_i\geqslant nr_n\tag{9.10.37}$$

$$(2)R_n\geqslant\frac{1}{n+1}\sum_{i=0}^{n}l_i\geqslant\prod_{i=0}^{n}l_i^{\frac{1}{n+1}}\geqslant(n+1)\frac{1}{\sum_{i=0}^{n}\frac{1}{l_i}}\geqslant nr_n\tag{9.10.38}$$

其中等式均当且仅当$\sum_{P(n+1)}$正则时取得.

证明 (1)由式(7.3.13),对 i 求积得

$$V(\sum_{P(n+1)})=\frac{1}{n}(n-1)!^{\frac{1}{n-1}}\cdot\prod_{i=0}^{n}|f_i|^{\frac{n}{n^2-1}}\cdot\prod_{i=0}^{n}\sin\theta_{i_n}^{\frac{1}{n^2-1}}\tag{①}$$

注意到 $V(\sum_{P(n+1)})=\frac{1}{n}\sum_{i=0}^{n}|f_i|\cdot r_n$ 及 $\sum_{i=0}^{n}|f_i|\geqslant(n+1)\prod_{i=0}^{n}|f_i|^{\frac{1}{n+1}}$,则

$$(n+1)r_n\leqslant(n+1)!^{\frac{1}{n+1}}\cdot\prod_{i=0}^{n}|f_i|^{\frac{1}{n^2-1}}\cdot\prod_{i=0}^{n}\sin\theta_{i_n}^{\frac{1}{n^2-1}}\tag{②}$$

又由

$$h_i=\frac{nV\sum_{P(n+1)}}{|f_i|}$$

有

$$\prod_{i=0}^{n}h_i=[nV\sum_{P(n+1)}]^{n+1}\cdot\frac{1}{\prod_{i=0}^{n}|f_i|}\tag{③}$$

由式①,③,有

$$\prod_{i=0}^{n}h_i=(n-1)!^{\frac{n+1}{n-1}}\cdot\prod_{i=0}^{n}|f_i|^{\frac{1}{n-1}}\cdot\prod_{i=0}^{n}\sin\theta_{i_n}^{\frac{1}{n-1}}\tag{④}$$

再注意到

$$(\prod_{0\leqslant i<j\leqslant n}\rho_{ij}^2)^{\frac{2}{n(n+1)}}\leqslant\frac{2}{n(n+1)}\sum_{0\leqslant i<j\leqslant n}\rho_{ij}^2\tag{⑤}$$

由式(9.9.2)和式⑤,得

$$\prod_{0\leqslant i<j\leqslant n}\rho_{ij}^{\frac{2}{n}}\leqslant[\frac{2(n+1)}{n}R_n^2]^{\frac{n+1}{2}}$$

将上式代入式(9.5.5),得

$$\prod_{i=0}^{n}h_i\leqslant(\frac{n+1}{2n})^{\frac{n+1}{2}}[\frac{2(n+1)}{n}R_n^2]^{\frac{n+1}{2}}\tag{⑥}$$

由式④,⑥即得式(9.10.37).

(2)由式(7.5.3),对中线 m_i,有

$$\sum_{i=0}^{n}\frac{1}{l_i}=\frac{n+1}{n}\sum_{i=0}^{n}\frac{1}{m_i}\leqslant\frac{n+1}{n}\sum_{i=0}^{n}\frac{1}{h_i}$$

注意到$\frac{1}{n}\sum_{i=0}^{n}|f_i|\cdot r_n=V(\sum_{P(n+1)})$，$\frac{1}{n}|f_i|\cdot h_i=V(\sum_{P(n+1)})$，有

$$\sum_{i=0}^{n}\frac{1}{h_i}=\frac{1}{nV(\sum_{P(n+1)})}\sum_{i=0}^{n}|f_i|=\frac{1}{r_n}$$

对式(7.5.3)，有

$$\frac{\sum_{i=0}^{n}l_i}{n+1}=\frac{n}{n+1}\sum_{i=0}^{n}m_i$$

由幂平均不等式，有$(\sum_{i=0}^{n}m_i)^2\leqslant(n+1)\sum_{i=0}^{n}m_i^2$.

由式(7.5.6)及上述两式，有

$$\frac{\sum_{i=0}^{n}l_i}{n+1}=\frac{1}{n+1}(\sum_{0\leqslant i<j\leqslant n}\rho_{ij}^2)^{\frac{1}{2}}$$

再注意到式(9.9.2)、上式及式(9.5.5)即得式(9.10.38).

由上述各不等式中的等号成立的条件为$\sum_{P(n+1)}$正则推得式(9.10.37)，(9.10.38)中等号成立的条件是$\sum_{P(n+1)}$正则.

最后，我们指出：在§9.9中的式(9.9.30)及式(9.9.31)也是高维Euler不等式的一种隔离式. 在§9.15中的式(9.15.30)～(9.15.33)以及式(9.17.57)～(9.17.60)均为高维Euler不等式的加强式.

§9.11　与单形重心有关的不等式

在7.5.1节及定理9.6.4中我们介绍了单形重心及其侧面重心的概念与有关性质，这里进一步讨论其性质.

由式(7.5.1)~(7.5.11),我们可得到一系列的不等式. 例如,由式(7.5.8),我们便有

定理 9.11.1 设 M 为 E^n 中任意一点,G 为 E^n 中 n 维单形 $\sum_{P(n+1)}=\{P_0,P_1,\cdots,P_n\}$ 的重心,则

$$\sum_{i=0}^{n}|MP_i|^2\geqslant\sum_{i=0}^{n}GP_i^2 \qquad (9.11.1)$$

其中等号当且仅当 M 与重心 G 重合时成立.

由式(9.11,1)及式(7.5.3),又有:

推论 从 E^n 中 n 维单形 $\sum_{P(n+1)}=\{P_0,P_1,\cdots,P_n\}$ 的任一顶点到其余各顶点的距离平方之和的 n 倍大于除此顶点外其余各顶点联结线段长平方之和,即

$$n\sum_{j=0}^{n}\rho_{kj}^2>\sum_{0\leqslant i<j\leqslant n}\rho_{ij}^2 \quad (k=0,1,\cdots,n,i\neq k) \qquad (9.11.2)$$

三角形中有许多与重心有关的不等式均可推广到 E^n 中.

若设 G 为 $\triangle P_1P_2P_3$ 的重心,G_i 为边 P_iP_j 上的中点(即边的重心),G 到边 P_iP_j 的距离为 $d_{ij}(1\leqslant i<j\leqslant 3)$,$S_\triangle$ 为 $\triangle P_1P_2P_3$ 的面积,M 为 $\triangle P_1P_2P_3$ 所在平面上任一点,则

$$GP_1+GP_2+GP_3\geqslant 2(d_{12}+d_{23}+d_{31}) \qquad (9.11.3)$$

$$GP_1^2+GP_2^2+GP_3^2=W\geqslant\frac{4}{3}\sqrt{3}S_\triangle \qquad (9.11.4)$$

$$MP_1^2+MP_2^2+MP_3^2\geqslant W \qquad (9.11.5)$$

其中 $W=\frac{1}{3}(P_1P_2^2+P_2P_3^2+P_3P_1^2)$,式(9.11.3)与(9.11.4)的等号当且仅当 $\triangle P_1P_2P_3$ 为正三角形时取得;式(9.11.5)的等号当且仅当 M 与 G 重合时,且

$\triangle P_1P_2P_3$ 为正三角形时取得，显然式(9.11.5)是式(9.11.4)的推广.

事实上，式(9.11.3)由著名 Erodös-Merdell 不等式取特殊情形即得，式(9.11.4)注意到 $GP_i=\frac{2}{3}P_iG_i$，$\sum\limits_{i=1}^{n}P_iG_i^2=\frac{3}{4}(P_1P_2^2+P_2P_3^2+P_3P_1^2)$ 及 Weitzenbocck 不等式即得.

下面，我们给出上述不等式的高维推广：

定理 9.11.2　设 G 为 E^n 中的 n 维单形 $\sum_{P(n+1)}$ 的重心，G 到棱 P_iP_j 的距离为 $d_{ij}(1\leqslant i<j\leqslant n+1)$，则[113]

$$\sum_{i=1}^{n+1}GP_i\geqslant\frac{2\sqrt{2n(n-1)}}{n(n-1)}\sum_{0\leqslant i<j\leqslant n+1}d_{ij}\quad(9.11.6)$$

其中等号当且仅当单形 $\sum_{P(n+1)}$ 正则时取得.

证明　首先注意到 $\sum\limits_{i=1}^{n+1}\overrightarrow{GP_i}=0$，于是

$$0=|\sum_{i=1}^{n+1}\overrightarrow{GP_i}|^2=\sum_{i=1}^{n+1}\overrightarrow{GP_i}+2\sum_{0\leqslant i<j\leqslant n}GP_i\cdot GP_j\cos\angle P_iGP_j$$

$$(9.11.7)$$

注意到 $\cos\angle P_iGP_j=2\cos^2\frac{1}{2}\angle P_iGP_j-1$，故

$$\begin{aligned}&4\sum_{0\leqslant i<j\leqslant n+1}GP_i\cdot GP_j\cdot\cos^2\frac{1}{2}\angle P_iGP_j\\&=-\sum_{i=1}^{n+1}GP_i^2+2\sum_{0\leqslant i<j\leqslant n+1}GP_i\cdot GP_j\qquad(9.11.8)\end{aligned}$$

设 t_{ij} 为 $\triangle P_iGP_j$ 内角 $\angle P_iGP_j$ 的平分线，由平分线公式，有

$$\begin{aligned}t_{ij}&=\frac{2GP_i\cdot GP_j}{GP_i+GP_j}\cdot\cos\frac{1}{2}\angle P_iGP_j\\&\leqslant\sqrt{GP_iGP_j}\cdot\cos\frac{1}{2}\angle P_iGP_j\qquad(9.11.9)\end{aligned}$$

将式(9.11.9)代入式(9.11.8),得

$$4\sum_{0\leqslant i<j\leqslant n+1}t_{ij}^2\leqslant -\sum_{i=1}^{n+1}GP_i^2+2\sum_{0\leqslant i<j\leqslant n+1}GP_i\cdot GP_j$$

由对称平均不等式,得

$$\frac{1}{C_{n+1}^2}\sum_{0\leqslant i<j\leqslant n+1}GP_i\cdot GP_j\leqslant\left(\frac{\sum\limits_{i=1}^{n+1}GP_i}{n+1}\right)^2$$

即 $$\sum_{0\leqslant i<j\leqslant n+1}GP_i\cdot GP_j\leqslant\frac{n}{2(n+1)}\cdot\left(\sum_{i=1}^{n+1}GP_i\right)^2$$

故

$$\begin{aligned}\left(\sum_{0\leqslant i<j\leqslant n+1}t_{ij}\right)^2&\leqslant\frac{n(n+1)}{2}\cdot\sum_{0\leqslant i<j\leqslant n+1}t_{ij}^2\\&\leqslant\frac{n(n+1)}{8}\left(-\sum_{i=1}^{n+1}GP_i^2+2\sum_{0\leqslant i<j\leqslant n+1}GP_i\cdot GP_j\right)\\&\leqslant\frac{n(n+1)}{8}\left[-\frac{1}{n+1}\left(\sum_{i=1}^{n+1}GP_i\right)^2+\frac{n}{n+1}\left(\sum_{i=1}^{n+1}GP_i\right)^2\right]\\&=\frac{n(n-1)}{8}\left(\sum_{i=1}^{n+1}GP_i\right)^2\end{aligned}$$

故 $$\sum_{0\leqslant i<j\leqslant n+1}t_{ij}\leqslant\frac{\sqrt{2n(n-1)}}{4}\sum_{i=1}^{n+1}GP_i$$

但 $d_{ij}\leqslant t_{ij}$,故 $\sum\limits_{i=1}^{n+1}GP_i\geqslant\frac{2\sqrt{2n(n-1)}}{n(n-1)}\sum\limits_{0\leqslant i<j\leqslant n}d_{ij}$.

由上式可看出等号成立的条件是单形 $A_1A_2\cdots A_{n+1}$ 正则.

显然,当 $n=2$ 时,式(9.11.6)即为式(9.11.3).

定理 9.11.3 设 G 为 E^n 中其体积为 V_P 的 n 维单形 $\Sigma_{P(n+1)}$ 的重心,顶点 P_i 所对的侧面面积(即 $n-1$ 维单形 $\Sigma_{P_i(n+1)}=\{P_1,\cdots,P_{i-1},P_{i+1},\cdots,P_{n+1}\}$ 的体积)为 $|f_i|(i=1,2,\cdots,n+1)$,则[113]

$$\sum_{i=1}^{n+1}GP_i^2\geqslant n(1+n)^{-\frac{1}{n}}\cdot(n!\cdot V_P)^{\frac{2}{n}}\tag{9.11.10}$$

$$\sum_{i=1}^{n+1} GP_i^2 \geqslant n^{\frac{n-2}{n-1}}(n+1)^{-1}[(n-1)!]^{\frac{2}{n-1}}\sum_{i=1}^{n+1}|f_i|^{\frac{2}{n-1}}$$

(9.11.11)

其中等号均当且仅当单形$\sum_{P(n+1)}$正则时取得.

为了证明定理9.11.3,先看如下一条引理:

引理　若延长 P_iG 交单形$\sum_{P(n+1)}=\{P_1,\cdots,P_{n+1}\}$的侧面于 G_i,则 G_i 为$n-1$维单形$\sum_{P_i(n+1)}$的重心,且 n 维单形$\sum_{P(n+1)}$与 n 维单形$\sum_{G(n+1)}=\{G_1,\cdots,G_{n+1}\}$相似,有相同的重心 G.

事实上,这可由重心的几何意义及各点的 n 维欧氏空间笛卡尔直角坐标表示式即可推出(略).下面证明定理9.11.3.

由式(9.5.2),有$\sum\limits_{0\leqslant i<j\leqslant n}\rho_{ij}^2\geqslant n\cdot(n+1)^{\frac{n-1}{n}}\cdot(n!\cdot V_P)^{\frac{2}{n}}$.

又由式(7.5.3)即得式(9.11.10).

由式(9.11.10),考虑 $n-1$ 维单形$\sum_{P_i(n+1)}=\{P_1,\cdots,P_{i-1},P_{i+1},\cdots,P_{n+1}\}$的重心 $G_i(i=1,2,\cdots,n+1)$,则有

$$\sum_{\substack{k=1\\k\neq i}}^{n+1} G_iP_k^2 \geqslant (n-1)n^{-\frac{1}{n-1}}\cdot[(n-1)!]^{\frac{2}{n-1}}|f_i|^{\frac{2}{n-1}}$$

(9.11.12)

注意到式(7.5.8),令 $G=M$,则由式(9.11.12),有

$$\begin{aligned}\sum_{\substack{k=1\\k\neq i}}^{n+1} GP_k^2 &= \sum_{\substack{k=1\\k\neq i}}^{n+1} G_iP_k^2+n\cdot GG_i^2\\ &\geqslant (n-1)n^{-\frac{1}{n-1}}\cdot[(n-1)!]^{\frac{2}{n-1}}|f_i|^{\frac{2}{n-1}}+n\cdot GG_i^2\end{aligned}$$

取 $i=1,2,\cdots,n+1$ 得 $n+1$ 个不等式相加得

$$n\sum_{k=1}^{n+1} GP_k^2 \geqslant (n-1)\cdot n^{-\frac{1}{n-1}}\cdot[(n-1)!]^{\frac{2}{n-1}}\cdot$$

$$\sum_{i=1}^{n+1}|f_i|^{\frac{2}{n-1}}+n\sum_{i=1}^{n+1}GG_i^2$$

即

$$\sum_{k=1}^{n+1}GP_k^2\geqslant(n-1)\cdot n^{-\frac{n}{n-1}}\cdot[(n-1)!]^{\frac{2}{n-1}}\cdot\sum_{i=1}^{n+1}|f_i|^{\frac{2}{n-1}}+\sum_{i=1}^{n+1}GG_i^2 \qquad (9.11.13)$$

同理,对$\sum_{i=1}^{n+1}GG_i^2$ 应用式(9.11.13),有

$$\sum_{k=1}^{n+1}GG_k^2\geqslant(n-1)\cdot n^{-\frac{n}{n-1}}\cdot[(n-1)!]^{\frac{2}{n-1}}\cdot\sum_{i=1}^{n+1}|f'_i|^{\frac{2}{n-1}}+\sum_{i=1}^{n+1}GG'^2_i$$

依此进行下去,可得

$$\sum_{i=1}^{n+1}GP_i^2\geqslant(n-1)\cdot n^{-\frac{n}{n-1}}\cdot[(n-1)!]^{\frac{2}{n-1}}\cdot\sum_{i=1}^{n+1}|f_i|^{\frac{2}{n-1}}+(n-1)\cdot n^{-\frac{n}{n-1}}\cdot[(n-1)!]^{\frac{2}{n-1}}\cdot\sum_{i=1}^{n+1}|f'_i|^{\frac{2}{n-1}}+(n-1)\cdot n^{-\frac{1}{n-1}}\cdot[(n-1)!]^{\frac{2}{n-1}}\cdot\sum_{i=1}^{n+1}|f''_i|^{\frac{2}{n-1}}+\cdots$$

由引理,知$|f_i|^{\frac{2}{n-1}}$,$|f'_i|^{\frac{2}{n-1}}$,$|f''_i|^{\frac{2}{n-1}}$,…构成无穷递缩等比数列($i=1,2,\cdots,n+1$),其公比为$\frac{1}{n^2}$,从而

$$\sum_{i=1}^{n+1}GP_i^2\geqslant(n-1)\cdot n^{-\frac{n}{n-1}}\cdot[(n-1)!]^{\frac{2}{n-1}}(|f_1|^{\frac{2}{n-1}}+|f'_1|^{\frac{2}{n-1}}+|f''_1|^{\frac{2}{n-1}}+\cdots)+\cdots+(n-1)\cdot n^{-\frac{n}{n-1}}\cdot[(n-1)!]^{\frac{2}{n-1}}(|f_{n+1}|^{\frac{2}{n-1}}+|f'_{n+1}|^{\frac{2}{n-1}}+|f''_{n+1}|^{\frac{2}{n-1}}+\cdots)$$

$$=(n-1)\cdot n^{-\frac{1}{n-1}}\cdot[(n-1)!]^{\frac{2}{n-1}}[\frac{|f_1|^{\frac{2}{n-1}}}{1-\frac{1}{n^2}}+\cdots+$$

$$\frac{|f_{n+1}|^{\frac{2}{n-1}}}{1-\frac{1}{n^2}}]$$

$$=n^{\frac{n-2}{n-1}}\cdot(n-1)^{-1}\cdot[(n-1)!]^{\frac{2}{n-1}}\cdot\sum_{i=1}^{n+1}|f_i|^{\frac{2}{n-1}}$$

从上述推导过程可推知式(9.11.10)与式(9.11.11)中等号当且仅当单形$\sum_{P(n+1)}$正则时取得.

显然,取$n=2$,则式(9.11.10)即为式(9.11.4);而式(9.11.11)为

$$\sum_{i=1}^{3}GP_i^2\geqslant\frac{1}{3}(P_1P_2^2+P_2P_3^2+P_3P_1^2)\geqslant\frac{4}{3}\sqrt{3}S_{\triangle}$$

如果注意到式(9.4.1),对$|f_i|^{\frac{2}{n-2}}$运用算术-几何平均值不等式,有

$$\sum_{i=1}^{n+1}|f_i|^{\frac{2}{n-1}}\geqslant n^{\frac{3n-2}{n(n-1)}}\cdot(n+1)^{\frac{n-1}{n}}\cdot[(n-1)!]^{-\frac{2}{n(n-1)}}\cdot V^{\frac{2}{n}}\tag{9.11.14}$$

将式(9.11.14)代入式(9.11.11),也可得到式(9.11.10).

定理9.11.4　设M为n维欧氏空间E^n中任一点,E^n中的n维单形$\sum_{P(n+1)}=\{P_1,\cdots,P_{n+1}\}$的顶点$P_i$所对的侧面面积(即$n-1$维单形$\sum_{P_i(n)}=\{P_1,\cdots,P_{i-1},P_{i+1},\cdots,P_{n+1}\}$的体积)为$|f_i|(i=1,2,\cdots,n+1)$,则[113]

$$\sum_{i=1}^{n+1}MP_i^2\geqslant n^{\frac{n-2}{n-1}}\cdot(n+1)^{-1}\cdot[(n-1)!]^{\frac{2}{n-1}}\sum_{i=1}^{n+1}|f_i|^{\frac{2}{n-1}}\tag{9.11.15}$$

其中等号当且仅当单形$\sum_{P(n+1)}$正则且M为它的重心时取得.

证明　由式(7.5.8)有

$$\sum_{k=1}^{n+1} MP_k^2 = \sum_{k=1}^{n+1} GP_k^2 + (n+1)MG^2 \geqslant \sum_{k=1}^{n+1} GP_k^2$$

$$\geqslant n^{\frac{n-2}{n-1}} \cdot (n+1)^{-1} \cdot [(n-1)!]^{\frac{2}{n-1}} \sum_{i=1}^{n+1} |f_i|^{\frac{2}{n-1}}$$

即证.

定理 9.11.5 设 E^n 中的 n 维单形 $\sum_{P(n+1)} = \{P_0, P_1, \cdots, P_n\}$ 的重心为 G, G_i 为单形 $\sum_{P(n+1)}$ 的侧面 $f_i(i=0,1,\cdots,n)$ 的重心(即顶点 P_i 所对应的侧面 $f_i = \{P_0, \cdots, P_{i-1}, P_{i+1}, \cdots, P_n\}$ 的重心, 由定义 7.5.2 知 P_iG 的延长线交各侧面于 G_i), P_iG_i 连线段的延长线交单形 $\sum_{P(n+1)}$ 的外接超球面 S^{n-1} 于 $P_i'(i=0,1,\cdots,n)$, 记 $|P_iP_j| = \rho_{ij}$, 中线长 $|P_iG_i| = m_i(i=0,1,\cdots,n)$, 则[62]:

$$(1)\ \sum_{i=0}^{n} |P_iP_i'| \geqslant \frac{2n}{n+1} \sum_{i=0}^{n} m_i \tag{9.11.16}$$

$$(2)\ \sum_{i=0}^{n} |P_iP_i'| \geqslant \frac{2\sqrt{2}}{\sqrt{n(n+1)}} \sum_{0 \leqslant i < j \leqslant n+1} \rho_{ij} \tag{9.11.17}$$

$$(3)\ \sum_{i=0}^{n} |P_iP_i'|^2 \geqslant \frac{4}{n+1} \sum_{0 \leqslant i < j \leqslant n} \rho_{ij}^2 = \frac{4n^2}{(n+1)^2} \sum_{i=0}^{n} m_i^2 \tag{9.11.18}$$

其中式(9.11.16),(9.11.17)中等号当且仅当 $\sum_{P(n+1)}$ 的重心 G 和其外心 O 重合时成立; 式(9.11.18)等号当且仅当 n 维单形 $\sum_{P(n+1)}$ 正则时成立.

证明 为书写方便, 引入记号

$$b = \sum_{0 \leqslant i < j \leqslant n} \rho_{ij}^2, b_r = \sum_{\substack{j=0 \\ j \neq r}}^{n} \rho_{rj}^2, \overline{b}_r = \sum_{\substack{0 \leqslant i < j \leqslant n \\ i,j \neq r}}^{n} \rho_{ij}^2 \quad (r=0,1,\cdots,n)$$

此时, 显然有 $b = b_i + \overline{b}_i(i=0,1,\cdots,n)$.

(1) 由于单形 $\sum_{P(n+1)}$ 的顶点及其重心 G 的重心坐标分别为 $(0:0:\cdots:0:1:0:\cdots:0)$, $(1:1:\cdots:1)$. 故 P_iG 的方程为

$$\mu_0=\mu_1=\cdots=\mu_{i-1}=\mu_{i+1}=\cdots=\mu_n$$

再注意到单形 $\sum_{P(n+1)}$ 的外接超球面方程式(6.1.23)

$$\sum_{0\leqslant i<j\leqslant n}\rho_{ij}^2\mu_i\mu_j=0$$

便得 $P_i'(i=0,1,\cdots,n)$ 的重心坐标为

$$(b_i:\cdots:b_i:-\bar{b}_i:\cdots:b_i)$$

又由式(7.5.5),有 $m_i^2=\frac{1}{n}(nb_i-\bar{b}_i)(i=0,1,\cdots,n)$,所以 P_i' 的重心规范坐标为

$$\frac{1}{n^2\cdot m_i^2}(b_i,b_i,\cdots,-\bar{b}_i,b_i,\cdots,b_i)$$

而 G 的重心规范坐标为 $\frac{1}{n+1}(1,1,\cdots,1)$. 由

$$\frac{1}{n+1}-\frac{b_i}{n^2m_i^2}=\frac{n^2m_i^2-(n+1)b_i}{n^2(n+1)m_i^2}=-\frac{b_i+\bar{b}_i}{n^2(n+1)m_i^2}$$

$$=-\frac{b}{n^2(n+1)m_i^2}$$

$$\frac{1}{n+1}-\frac{\bar{b}_i}{n^2m_i^2}=\frac{n^2m_i^2-(n+1)\bar{b}_i}{n^2(n+1)m_i^2}=-\frac{n(b_i+\bar{b}_i)}{n^2(n+1)m_i^2}$$

$$=\frac{nb}{n^2(n+1)m_i^2}$$

故由式(6.1.18),知

$$|GP_i'|^2=-\left[\frac{b}{n^2(n+1)m_i^2}\right]^2\sum_{\substack{0\leqslant k<l\leqslant n\\k,l\neq i}}\rho_{kl}^2+n\left[\frac{b}{n^2(n+1)m_i^2}\right]^2\sum_{\substack{j=0\\j\neq i}}^{n}\rho_{ij}^2$$

$$=\left[\frac{b}{n^2(n+1)m_i^2}\right]^2(nb_i-\bar{b}_i)$$

$$=\left[\frac{b}{n^2(n+1)m_i^2}\right]^2\cdot n^2\cdot m_i^2=\frac{b^2}{n^2(n+1)^2m_i^2}$$

所以 $|GP_i'|=\frac{b}{n(n+1)m_i}(i=0,1,\cdots,n)$.

又令 $b=\sum_{0\leqslant i<j\leqslant n}\rho_{ij}^2=n^2Q^2$，则

$$|P_iP_i'|=|P_iG|+|GP_i'|=\frac{n}{n+1}m_i+\frac{n^2Q^2}{n(n+1)m_i}$$

$$=\frac{nQ}{n+1}\left(\frac{m_i}{Q}+\frac{Q}{m_i}\right)$$

但
$$\frac{m_i}{Q}+\frac{Q}{m_i}\geqslant 2\quad (i=0,1,\cdots,n)$$

故
$$|P_iP_i'|\geqslant\frac{2n}{n+1}Q\quad (i=0,1,\cdots,n)$$

于是

$$\sum_{i=0}^{n}|P_iP_i'|\geqslant 2nQ=2\left(\sum_{0\leqslant i<j\leqslant n+1}\rho_{ij}^2\right)^{\frac{1}{2}} \tag{①}$$

由式(7.5.6)，知

$$\left(\sum_{0\leqslant i<j\leqslant n}\rho_{ij}\right)^{\frac{1}{2}}=\frac{n}{\sqrt{n+1}}\left(\sum_{i=0}^{n}m_i^2\right)^{\frac{1}{2}} \tag{②}$$

再利用幂平均不等式，有

$$\left[\frac{\sum_{i=0}^{n}m_i^2}{n+1}\right]^{\frac{1}{2}}\geqslant\frac{\sum_{i=0}^{n}m_i}{n+1}\text{或}\left(\sum_{i=0}^{n}m_i^2\right)^{\frac{1}{2}}\geqslant\frac{1}{\sqrt{n+1}}\left(\sum_{i=0}^{n}m_i\right) \tag{③}$$

综合上述三式①，②，③，所以有

$$\sum_{i=0}^{n}|P_iP_i'|\geqslant\frac{2n}{n+1}\sum_{i=0}^{n}m_i$$

此即为式(9.11.16).

(2)再次利用幂平均不等式，有

$$\left[\frac{\sum_{0\leqslant i<j\leqslant n}\rho_{ij}^2}{C_{n+1}^2}\right]^{\frac{1}{2}}\geqslant\frac{\sum_{0\leqslant i<j\leqslant n}\rho_{ij}}{C_{n+1}^2}$$

或
$$\left(\sum_{0\leqslant i<j\leqslant n}\rho_{ij}^2\right)^{\frac{1}{2}}\geqslant\sqrt{\frac{2}{n(n+1)}}\sum_{0\leqslant i<j\leqslant n}\rho_{ij}$$

结合式①，于是有

$$\sum_{i=0}^{n}|\overrightarrow{P_iP_i'}|\geqslant\frac{2\sqrt{2}}{\sqrt{n(n+1)}}\sum_{0\leqslant i<j\leqslant n+1}\rho_{ij}$$

即为式(9.11.17).

(3)对前述式$|\overrightarrow{P_iP_i'}|\geqslant\frac{2n}{n+1}Q(i=0,1,\cdots,n)$两边平方,并对$i$求和,即得

$$\sum_{i=0}^{n}|\overrightarrow{P_iP_i'}|^2\geqslant\frac{4n^2}{n+1}Q^2=\frac{4}{n+1}\sum_{0\leqslant i<j\leqslant n}\rho_{ij}^2$$

再利用式(7.5.6),即得到式(9.11.18).

在推证过程中,知当且仅当$m_0=m_1=\cdots=m_n=Q$或$n^2m_0^2=n^2m_1^2=\cdots=n^2m_n^2=n^2Q^2$,亦即$nb_0-\overline{b}_0=nb_1-\overline{b}_1=\cdots=nb_n-\overline{b}_n=b$,即式(9.11.16),式(9.11.18)等号成立当且仅当单形$\sum_{P(n+1)}$的重心G和其外心O重合;由于在运用幂平均不等式时当且仅当所有$\rho_{ij}(i,j=0,1,\cdots,n,i\neq j)$相等时成立,故式(9.11.17)中等号当且仅当单形$\sum_{P(n+1)}$正则时成立.

对于式(9.11.16),式(9.11.17),取$n=2$,有

$$|P_0P_0'|+|P_1P_1'|+|P_2P_2'|\geqslant\frac{4}{3}(m_0+m_1+m_2)$$

$$|P_0P_0'|+|P_1P_1'|+|P_2P_2'|\geqslant\frac{2}{3}\sqrt{3}(\rho_{01}+\rho_{02}+\rho_{12})$$

这是文[164]中的两个结果.

在此也顺便指出,由

$$|GP_i'|=\frac{b}{n(n+1)m_i}及|P_iG|=\frac{n}{n+1}m_i\quad(i=0,1,\cdots,n)$$

有$|P_iG|\cdot|GP_i'|=\frac{b}{(n+1)^2},i=0,1,\cdots,n$. 从而

$$\sum_{i=0}^{n}|P_iG|\cdot|GP_i'|=\frac{b}{n+1}=\frac{1}{n+1}\sum_{0\leqslant i<j\leqslant n+1}\rho_{ij}^2$$

其中 $b=\sum\limits_{0\leqslant i<j\leqslant n+1}\rho_{ij}^2$.

推论 1 条件同定理 9.11.5,则[62]:

(1) $$\sum_{i=0}^{n}|GP_i'|^2\geqslant\frac{1}{n+1}\sum_{0\leqslant i<j\leqslant n}\rho_{ij}^2 \tag{9.11.19}$$

(2) $$\sum_{i=0}^{n}\frac{|GP_i'|}{|P_iG|}\geqslant n+1 \tag{9.11.20}$$

(3) $$\sum_{i=0}^{n}\frac{|P_iG_i|}{|G_iP_i'|}\geqslant\frac{(n+1)^2}{n-1} \tag{9.11.21}$$

以上三式中等号成立的充要条件均为单形 $\sum_{P(n+1)}$ 的重心 G 与外心 O 重合.

证明 (1)由 $|GP_i'|=\dfrac{b}{n(n+1)m_i}(i=0,1,\cdots,n)$,有

$$|GP_i'|^{-2}=\left[\frac{n(n+1)}{b}\right]^2\cdot m_i^2$$

即 $$\sum_{i=0}^{n}|GP_i'|^{-2}=\left[\frac{n(n+1)}{b}\right]^2\cdot\sum_{i=0}^{n}m_i^2$$

利用式(7.5.6),有

$$\sum_{i=0}^{n}|GP_i'|^{-2}=\frac{(n+1)^3}{b}$$

又由算术 - 调和平均值不等式,知

$$\sum_{i=0}^{n}|GP_i'|^2\cdot\sum_{i=0}^{n}|GP_i'|^{-2}\geqslant(n+1)^2$$

由上述两式,即得式(9.11.19).

(2)由 $$\frac{|P_iG|}{|GP_i'|}=\frac{\dfrac{n}{n+1}m_i}{\dfrac{b}{n(n+1)m_i}}=\frac{n^2m_i^2}{b}$$

上式对 i 求和,然后利用式(7.5.6),便有

$$\sum_{i=0}^{n}\frac{|P_iG|}{|GP_i'|}=n+1$$

又由算术 - 调和平均不等式,知

$$\left(\sum_{i=0}^{n}\frac{|P_iG|}{|GP_i'|}\right)\cdot\left(\sum_{i=0}^{n}\frac{|GP_i'|}{|P_iG|}\right)\geqslant(n+1)^2$$

由上述两式,即得式(9.11.20).

(3)由于 $G_i(i=0,1,\cdots,n)$ 的重心规范坐标为

$$\frac{1}{n}(1,1,\cdots,1,0,1,\cdots,1)$$

又 $\frac{1}{n}-\frac{b_i}{n^2m_i^2}=\frac{nm_i^2-b_i}{n^2m_i^2}=-\frac{\bar{b}_i}{n^3m_i^2}$,故由式(6.1.18),有

$$\begin{aligned}|G_iP_i'|^2&=-\left(\frac{\bar{b}_i}{n^3m_i^2}\right)^2\sum_{\substack{0\leqslant k<l\leqslant n\\k,l\neq i}}\rho_{kl}^2+n\left(\frac{\bar{b}_i}{n^3m_i^2}\right)^2\cdot\sum_{\substack{j=0\\j\neq i}}^{n}\rho_{ij}^2\\&=\left(\frac{\bar{b}_i}{n^3m_i^2}\right)^2(nb_i-\bar{b}_i)=\frac{\bar{b}_i}{n^4m_i^2}\end{aligned}$$

所以

$$|G_iP_i'|=\frac{\bar{b}_i}{n^2m_i}\quad(i=0,1,\cdots,n)\tag{9.11.22}$$

于是

$$\sum_{i=0}^{n}|P_iG_i|\cdot|G_iP_i'|=\sum_{i=0}^{n}\left(m_i\cdot\frac{\bar{b}_i}{n^2m_i}\right)=\frac{1}{n^2}\sum_{i=0}^{n}\bar{b}_i=\frac{n-1}{n^2}b$$

故

$$\sum_{i=0}^{n}|P_iG_i|\cdot|G_iP_i'|=\frac{n-1}{n^2}\sum_{0\leqslant i<j\leqslant n}\rho_{ij}^2$$

再运用 $|G_iP_i'|=\frac{\bar{b}_i}{n^2m_i}$,通过不太复杂的运算,我们便证明了式(9.11.21).

上述三式等号成立的条件可由证明过程中推得.

推论 2　条件同定理 9.11.5,则[132]:

(1)
$$\sum_{i=0}^{n}\frac{|G_iP_i'|}{|P_iG_i|}\geqslant n-1\tag{9.11.23}$$

(2) $$\sum_{i=0}^{n}\frac{|P_iG_i|}{|P_iP_i'|}\leqslant\frac{(n+1)^2}{2n} \qquad (9.11.24)$$

上两式中等号成立的充要条件为单形$\sum_{P(n+1)}$所有中线长相等.

证明 (1)由式(9.11.22),知

$$\frac{|G_iP_i'|}{|P_iG_i|}=\frac{\bar{b}_i}{n^2m_i^2}=\frac{\bar{b}_i}{nb-(n+1)\bar{b}_i}$$

不妨设 $\bar{b}_0\geqslant\bar{b}_1\geqslant\cdots\geqslant\bar{b}_n$,则

$$nb-(n+1)\bar{b}_0\leqslant nb-(n+1)\bar{b}_1\leqslant\cdots\leqslant nb-(n+1)\bar{b}_n$$

$$\frac{\bar{b}_0}{nb-(n+1)\bar{b}_0}\geqslant\frac{\bar{b}_1}{nb-(n+1)\bar{b}_1}\geqslant\cdots\geqslant\frac{\bar{b}_n}{nb-(n+1)\bar{b}_n}$$

由 Chebyshev(切比雪夫)不等式,有

$$\left[\frac{1}{n+1}\sum_{i=0}^{n}(nb-(n+1)\bar{b}_i)\right]\cdot$$

$$\left[\frac{1}{n+1}\sum_{i=0}^{n}\frac{\bar{b}_i}{nb-(n+1)\bar{b}_i}\right]\geqslant\frac{1}{n+1}\sum_{i=0}^{n}\bar{b}_i \qquad (9.11.25)$$

又

$$\sum_{i=0}^{n}\bar{b}_i=(n-1)b$$

$$\begin{aligned}\sum_{i=0}^{n}[nb-(n+1)\bar{b}_i]&=n(n+1)b-(n+1)\sum_{i=0}^{n}\bar{b}_i\\&=(n+1)b\end{aligned}$$

从而$\sum_{i=0}^{n}\frac{\bar{b}_i}{nb-(n+1)\bar{b}_i}\geqslant n-1$,即$\sum_{i=0}^{n}\frac{|G_iP_i'|}{|P_iG_i|}\geqslant n-1$

(2)由

$$\begin{aligned}|P_iP_i'|^2&=-\left(\frac{\bar{b}_i}{n^2m_i^2}\right)^2\sum_{\substack{0\leqslant k<l\leqslant n\\k,l\neq i}}\rho_{kl}^2+n\left(\frac{\bar{b}_i}{n^2m_i^2}\right)^2\cdot\sum_{\substack{j=0\\j\neq i}}^{n}\rho_{ij}^2\\&=\left(\frac{\bar{b}_i}{n^2m_i^2}\right)^2(-\bar{b}_i+nb_i)=\frac{\bar{b}_i}{n^2m_i^2}\end{aligned}$$

注意到式(7.5.5),有

$$|P_iP_i'|=\frac{b_i}{nm_i}=\frac{(n+1)b_i}{n(n+1)m_i}=\frac{n^2m_i^2+b}{n(n+1)m_i}$$

$$\frac{|P_iG_i|}{|P_iP_i'|}=\frac{n(n+1)m_i^2}{n^2m_i^2+b}=\frac{n+1}{n}(1-\frac{b}{n^2m_i^2+b})$$

不妨设 $m_0^2\geqslant m_1^2\geqslant\cdots\geqslant m_n^2$,则

$$n^2m_0^2+b\geqslant n^2m_1^2+b\geqslant\cdots\geqslant n^2m_n^2+b$$

$$\frac{n(n+1)m_0^2}{n^2m_0^2+b}\geqslant\frac{n(n+1)m^2}{n^2m_1^2+b}\geqslant\cdots\geqslant\frac{n(n+1)m_n^2}{n^2m_n^2+b}$$

由 Chebyshev 不等式,有

$$[\frac{1}{n+1}\sum_{i=0}^{n}(n^2m_i^2+b)]\cdot[\frac{1}{n+1}\sum_{i=0}^{n}\frac{n(n+1)m_i^2}{n^2m_i^2+b}]$$

$$\leqslant\frac{1}{n+1}\sum_{i=0}^{n}n(n+1)m_i^2\tag{9.11.26}$$

又由单形 $\Sigma_{P(n+1)}$ 的棱长与中线长之间的关系式(7.5.6)

$$\sum_{i=0}^{n}m_i^2=\frac{n+1}{n^2}\sum_{0\leqslant i<j\leqslant n}\rho_{ij}^2=\frac{n+1}{n^2}b$$

从而

$$\sum_{i=0}^{n}(n^2m_i^2+b)=n^2\sum_{i=0}^{n}m_i^2+(n+1)b=2(n+1)b$$

$$\sum_{i=0}^{n}\frac{n(n+1)m_i^2}{n^2m_i^2+b}\leqslant\frac{(n+1)^2}{2n}$$

即

$$\sum_{i=0}^{n}\frac{|P_iG_i|}{|P_iP_i'|}\leqslant\frac{(n+1)^2}{2n}$$

从上述证明过程中,易见式(9.11.23),式(9.11.24)中等号成立的条件是当且仅当式(9.11.25),式(9.11.26)中等号成立,利用 Chebyshev 不等式等号成立的充要条件易得式(9.11.25),式(9.11.26)中等号成立的条件是当且仅当单形 $\Sigma_{P(n+1)}$ 的所有中线长相等,进而知

式(9.11.23)与式(9.11.24)等号成立条件.

对于式(9.11.23),还有如下的加强形式:

定理 9.11.6 设 E^n 中 n 维单形 $\sum_{P(n+1)}=\{P_0,P_1,\cdots,P_n\}$ 的重心为 G,射线 P_iG 交侧面 f_i 于 G_i,交 $\sum_{P(n+1)}$ 的外接超球面 S^{n-1} 于 $P'_i(i=0,1,\cdots,n)$. 记 $b=\sum\limits_{0\leqslant i<j\leqslant n}\rho_{ij}^2$, $|P_iG_i|=m_i(i=0,1,\cdots,n)$,则对于 $\alpha\geqslant1$, $0\leqslant\beta\leqslant2$,有[32]

$$\sum_{i=0}^{n}\frac{G_iP'_i}{m_i}\geqslant\frac{(n-1)^{\alpha}}{n^{2\alpha-\beta}\cdot(n+1)^{\alpha-1}}\cdot b^{\frac{2\alpha-\beta}{2}}\tag{9.11.27}$$

其中等号当且仅当单形 $\sum_{P(n+1)}$ 的重心与外心重合时成立.

证明 因 $b_i=\sum\limits_{\substack{j=0\\j\neq i}}^{n}\rho_{ij}^2$,考虑 G,G_i,P_i 关于 $\sum_{P(n+1)}$ 的重心规范坐标,设 $\frac{G_iP'_i}{P_iG_i}=\lambda_i(i=0,1,\cdots,n)$,则由定比分点坐标公式式(7.8.4)易求出 P'_i 关于 $\sum_{P(n+1)}$ 的重心规范坐标为 $\left(\frac{1+\lambda_0}{n},\cdots,\frac{1+\lambda_{i-1}}{n},-\lambda_i,\frac{1+\lambda_{i+1}}{n},\cdots,\frac{1+\lambda_n}{n}\right)$,而 P'_i 在 $\sum_{P(n+1)}$ 的外接超球面 S^{n-1} 上,则满足方程

$$\sum_{0\leqslant i<j\leqslant n}\mu_i\mu_j\rho_{ij}^2=0,\text{则 } b-\left(1+\frac{n\lambda_i}{1+\lambda_i}\right)\cdot b_i=0$$

由上求得 $\lambda_i=\frac{b-b_i}{(n+1)b_i-b}=\frac{b-b_i}{n^2m_i^2}$,即

$$G_iP'_i=\frac{b-b_i}{n^2m_i^2}$$

于是

$$\sum_{i=0}^{n}\frac{G_iP'^{\alpha}_i}{m^{\beta-\alpha}}=\frac{1}{n^{2\alpha}}\sum_{i=0}^{n}\frac{(b-b_i)^{\alpha}}{m_i^{\beta}} \qquad (*)$$

不妨设 $b_0\geqslant b_1\geqslant\cdots\geqslant b_n$，则 $(b-b_0)\leqslant(b-b_1)\leqslant\cdots\leqslant(b-b_n)$，$m_0\geqslant\cdots\geqslant m_n$，又 $\alpha\geqslant1$，$\beta\geqslant0$，由 Chebyshev 不等式，有

$$\sum_{i=0}^{n}m_i^{\beta}\cdot\sum_{i=0}^{n}\frac{(b-b_i)^{\alpha}}{m_i^{\beta}}\geqslant(n+1)\sum_{i=0}^{n}(b-b_i)^{\alpha}$$

当 $\alpha\geqslant1$，$0\leqslant\beta\leqslant2$，可由幂平均不等式，得

$$\sum_{i=0}^{n}(b-b_i)^{\alpha}\geqslant\frac{\left[\sum\limits_{i=0}^{n}(b-b_i)\right]^{\alpha}}{(n+1)^{\alpha-1}}=\frac{(n-1)^{\alpha}\cdot b^{\alpha}}{(n+1)^{\alpha-1}}$$

$$\sum_{i=0}^{n}m_i^{\beta}\leqslant\frac{\left(\sum\limits_{i=0}^{n}m_i^2\right)^{\frac{\beta}{2}}}{(n+1)^{\frac{\beta}{2}-1}}=\frac{n+1}{n^{\beta}}b^{\frac{\beta}{2}}$$

将上述三式代入式$(*)$即得到式(9.11.27).

由于式(9.11.27)中等号当仅当 $b_0=b_1=\cdots=b_n$ 时成立等价于 $m_0=m_1=\cdots=m_n$，故知当且仅当单形的重心 G 与外心重合时等号成立.

特别地，式(9.11.27)中，取 $\alpha=1$，$\beta=2$ 即得式(9.11.23).

定理 9.11.7　设 E^n 中的 n 维单形 $\Sigma_{P(n+1)}=\{P_0,P_1,\cdots,P_n\}$ 的重心为 G，P_iG 的延长线交 $\Sigma_{P(n+1)}$ 的外接超球面 S^{n-1} 于 $P_i'(i=0,1,\cdots,n)$，则

$$\sum_{i=0}^{n}|P_iG|\leqslant\sum_{i=0}^{n}|GP_i'| \qquad (9.11.28)$$

其中等号当且仅当 $\Sigma_{P(n+1)}$ 的重心与外接超球球心重合时成立.

证明　设单形 $\Sigma_{P(n+1)}$ 的各中线长为 $m_i(i=0,1,\cdots,n)$，记 $M=\sum\limits_{i=0}^{n}m_i^2$，$\bar{b}_k=\sum\limits_{\substack{0\leqslant i<j\leqslant n\\ i,j\neq i}}\rho_{ij}^2(k=0,1,\cdots,n,$

$\rho_{ij}=|P_iP_j|$),则由式(7.5.5)与式(7.5.6),有

$$\bar{b}_i=\frac{n^3M-n^2(n+1)m_i^2}{(n+1)^2}\quad(i=0,1,\cdots,n)$$

(9.11.29)

设 P_iG 的延长线交 $\Sigma_{P(n+1)}$ 的各侧面 f_i 于 $G_i(i=0,1,\cdots,n)$,则由式(9.11.22),式(9.11.29)及式(7.5.2),知式(9.11.28)等价于下式

$$\sum_{i=0}^{n}\frac{n}{n+1}m_i\leqslant\sum_{i=0}^{n}\frac{1}{n+1}m_i+\sum_{i=0}^{n}|G_iP_i'|$$

$$\Leftrightarrow\frac{n-1}{n+1}\sum_{i=0}^{n}m_i\leqslant\sum_{i=0}^{n}\frac{n^2M-n(n+1)m_i^2}{n(n+1)^2m_i}$$

$$\Leftrightarrow n\sum_{i=0}^{n}m_i\leqslant\frac{n}{n+1}\sum_{i=0}^{n}\frac{M}{m_i}$$

$$\Leftrightarrow(n+1)\sum_{i=0}^{n}m_i\leqslant\left(\sum_{i=0}^{n}m_i^2\right)\cdot\left(\sum_{i=0}^{n}\frac{1}{m_i}\right)$$

由 Chebyshev 不等式知上述最后一个不等式成立,且推知等号当且仅当单形 $\Sigma_{P(n+1)}$ 的重心与外接超球球心重合时成立.

定理 9.11.8 设 E^n 中的 n 维单形 $\Sigma_{P(n+1)}=\{P_0,P_1,\cdots,P_n\}$ 的重心为 G,P_iG 的延长线交 $\Sigma_{P(n+1)}$ 的外接超球面 S^{n-1} 于 P_i',交界(侧)面 f_i 于点 G_i,记 $P_iG_i=m_i$,$P_iP_i'=M_i(i=0,1,\cdots,n)$,对于一组实数 $x_0,x_1,\cdots,x_n$,有[177]:

(1) $(n+1)\sum_{i=0}^{n}x_i^2M_im_i\geqslant n(n+1)\sum_{i=0}^{n}x_im_i^2+2n\sum_{0\leqslant i<j\leqslant n}x_ix_jm_im_j$ (9.11.30)

(2) $\sum_{i=0}^{n}x_i^2M_i\geqslant\frac{n}{n+1}\sum_{i=0}^{n}x_i^2m_i+\frac{n}{(n+1)^3}\left(\sum_{i=0}^{n}x_i\right)^2\cdot\left(\sum_{i=0}^{n}m_i\right)$ (9.11.31)

(3) $\sum_{i=0}^{n}x_i^2M_i \geqslant \frac{2\sqrt{2}}{(n+1)[n(n+1)]^{\frac{1}{2}}}\sum_{i=0}^{n}x_i^2\sum_{0\leqslant i<j\leqslant n}\rho_{ij}$

(9.11.32)

(4) $\sum_{i=0}^{n}x_i^2M_i \geqslant \frac{n^2}{(n+1)^2}\sum_{i=0}^{n}x_i^2m_i^2 + [\frac{2n^2}{(n+1)^3}\sum_{i=0}^{n}x_i^2 + \frac{n^2}{(n+1)^4}(\sum_{i=0}^{n}x_i)^2]\sum_{i=0}^{n}m_i^2$ (9.11.33)

(5) $(n+1)\sum_{i=0}^{n}x_i^2 \geqslant 4\sum_{0\leqslant i<j\leqslant n}x_ix_j(\frac{m_im_j}{M_iM_j})^{\frac{1}{2}}$ (9.11.34)

其中等号成立的条件是:(1)当且仅当$\frac{x_0}{m_0}=\frac{x_1}{m_1}=\cdots=\frac{x_n}{m_n}$;(2),(4)当且仅当$x_0=x_1=\cdots=x_n$且$\sum_{P(n+1)}$的重心 G 与外心 O 重合;(3)当且仅当$\sum_{P(n+1)}$正则且 $x_0=x_1=\cdots=x_n$;(5)当且仅当$\frac{x_0}{m_0^2}=\frac{x_1}{m_1^2}=\cdots=\frac{x_n}{m_n^2}$且$\frac{M_0}{m_0}=\frac{M_1}{m_1}=\cdots=\frac{M_n}{m_n}$.

证明　(1)对式(7.5.12)右边第二项应用 Cauchy 不等式及二次方公式$(\sum_{i=0}^{n}a_i)^2=\sum_{i=0}^{n}a_i^2+2\sum_{0\leqslant i<j\leqslant n}a_ia_j$即得式(9.11.30).

(2)对式(7.5.12)作变换 $x_i\to\frac{x_i}{\sqrt{m_i}}(i=0,1,\cdots,n)$有

$$\sum_{i=0}^{n}x_i^2M_i=\frac{n}{n+1}\sum_{i=0}^{n}x_i^2m_i+\frac{n}{(n+1)^2}\sum_{i=0}^{n}\frac{x_i^2}{m_i}\sum_{i=0}^{n}m_i^2 \quad ①$$

利用基本不等式$(n+1)\sum_{i=0}^{n}a_i^2\geqslant(\sum_{i=0}^{n}a_i)^2$及 Cauchy 不等式,有

$$(n+1)\sum_{i=0}^{n}\frac{x_i^2}{m_i}\sum_{i=0}^{n}m_i^2 \geqslant \left(\sum_{i=0}^{n}\frac{x_i^2}{m_i}\right)\left(\sum_{i=0}^{n}m_i\right)^2 \geqslant \left(\sum_{i=0}^{n}x_i\right)^2 \cdot \sum_{i=0}^{n}m_i \quad ②$$

由上述两个不等式即得式(9.11.31).

(3)由式(7.5.6),并注意到平方平均不等式,有

$$n^2\sum_{i=0}^{n}m_i^2 = (n+1)\sum_{0\leqslant i<j\leqslant n}\rho_{ij}^2 \geqslant \frac{2}{n}\left(\sum_{0\leqslant i<j\leqslant n}\rho_{ij}\right)^2 \quad ③$$

又由算术 - 几何不平均不等式、Cauchy 不等式及式①,有

$$\begin{aligned}\sum_{i=0}^{n}x_i^2M_i &\geqslant \frac{n}{n+1}\sum_{i=0}^{n}x_i^2m_i + \frac{2}{n^2(n+1)^2}\sum_{i=0}^{n}\frac{x_i^2}{m_i}\left(\sum_{0\leqslant i<j\leqslant n}\rho_{ij}\right)^2\\ &\geqslant 2\left[\frac{n}{n+1}\sum_{i=0}^{n}x_i^2m_i \cdot \frac{2}{n^2(n+1)^2}\sum_{i=0}^{n}\frac{x_i^2}{m_i}\right]^{\frac{1}{2}} \cdot \left(\sum_{0\leqslant i<j\leqslant n}\rho_{ij}\right)\\ &\geqslant \frac{2\sqrt{2}}{(n+1)[n(n+1)]^{\frac{1}{2}}}\sum_{i=0}^{n}x_i^2 \cdot \sum_{0\leqslant i<j\leqslant n}\rho_{ij}\end{aligned}$$

(4)对式(7.5.12)作变换 $x_i \to x_i\sqrt{\frac{M_i}{m_i}}$ $(i=0,1,\cdots,n)$得

$$\sum_{i=0}^{n}x_i^2M_i^2 = \frac{n}{n+1}\sum_{i=0}^{n}x_i^2M_im_i + \frac{n}{(n+1)^2}\sum_{i=0}^{n}x_i^2\frac{M_i}{m_i} \cdot \sum_{i=0}^{n}m_i^2 \quad ④$$

再注意到式(9.11.30),并对此式作变换 $x_i \to \frac{x_i}{m_i}$ 得

$$(n+1)^2\sum_{i=0}^{n}x_i^2\frac{M_i}{m_i} \geqslant n(n+1)\sum_{i=0}^{n}x_i^2 + 2n\sum_{0\leqslant i<j\leqslant n}x_ix_j \quad (9.11.35)$$

将上式代入式④即得式(9.11.33).

(5)对式(7.5.12)作变换 $x_i \to \frac{x_i}{\sqrt{M_im_i}}$ $(i=0,$

$1,\cdots,n)$得

$$\sum_{i=0}^{n}x_i^2=\frac{n}{n+1}\sum_{i=0}^{n}x_i\frac{m_i}{M_i}+\frac{n}{(n+1)^2}\sum_{i=0}^{n}\frac{x_i^2}{M_im_i}\cdot\sum_{i=0}^{n}m_i^2$$

$$\geqslant\frac{n}{n+1}\sum_{i=0}^{n}x_i^2\frac{m_i}{M_i}+\frac{n}{(n+1)^2}\left(\sum_{i=0}^{n}x_i\sqrt{\frac{m_i}{M_i}}\right)^2$$

$$=\frac{n(n+2)}{n+1}\sum_{i=0}^{n}x_i^2\frac{m_i}{M_i}+\frac{2n}{(n+1)^2}\sum_{0\leqslant i<j\leqslant n}x_ix_j\sqrt{\frac{m_im_j}{M_iM_j}}$$

再对后一式第一项应用基本不等式 $n\sum_{i=0}^{n}a_i^2\geqslant 2\sum_{0\leqslant i<j\leqslant n}a_ib_j$即得式(9.11.34).

以上各式中等号成立条件由推导即得.

在此,顺便指出:由式(9.11.35),当 $x_0=x_1=\cdots=x_n=1$,$n=2$ 时即为三角形中的 Garfunkel 不等式:$\frac{M_0}{m_0}+\frac{M_1}{m_1}+\frac{M_2}{m_2}\geqslant 4$.

推论　同定理9.11.8 的题设条件,则:

(1) $$(n+1)^2\sum_{i=0}^{n}x_i^2\frac{G_iP_i'}{P_iG_i}\geqslant 2n\sum_{0\leqslant i<j\leqslant n}x_ix_j-\sum_{i=0}^{n}x_i^2\tag{9.11.36}$$

(2) $$\sum_{i=0}^{n}M_i\geqslant\frac{2n}{n+1}\sum_{i=0}^{n}m_i\tag{9.11.37}$$

(3) $$\sum_{i=0}^{n}M_i\geqslant\frac{2\sqrt{2}}{[n(n+1)]^{\frac{1}{2}}}\sum_{0\leqslant i<j\leqslant n}\rho_{ij}\tag{9.11.38}$$

(4) $$\sum_{i=0}^{n}M_i^2\geqslant\frac{4n^2}{(n+1)^2}\sum_{i=0}^{n}m_i^2=\frac{4}{n+1}\sum_{0\leqslant i<j\leqslant n}\rho_{ij}^2\tag{9.11.39}$$

(5) $$(n+1)^2\geqslant 4\sum_{0\leqslant i<j\leqslant n}\sqrt{\frac{m_im_j}{M_iM_j}}\tag{9.11.40}$$

(6) $\prod_{i=0}^{n} M_i \geqslant (\frac{2n}{n+1})^{n+1} \prod_{i=0}^{n} m_i$ (9.11.41)

其中各不等式中等号成立的条件:(1)当且仅当$\frac{x_0}{m_0^2}=\frac{x_1}{m_1^2}=\cdots=\frac{x_n}{m_n^2}$;(2),(4)当且仅当$\sum_{P(n+1)}$的重心与外心重合;(3),(5),(6)均当且仅当$\sum_{P(n+1)}$正则.

证明 (1)由式(9.11.35),并注意 $m_i=P_iG_i$,$M_i-m_i=G_iP_i'(i=0,1,\cdots,n)$.在式(9.11.35)两边减去$(n+1)^2\sum_{i=0}^{n}x_i^2$ 便得式(9.11.36).

特别地,在式(9.11.36)中令 $x_0=x_1=\cdots=x_n$ 即得式(9.11.23).

(2),(3),(4) 分别在式(9.11.31),式(9.11.32),式(9.11.33)中令$x_0=x_1=\cdots=x_n=1$ 即得式(9.11.37),式(9.11.38),式(9.11.39).

(5)在式(9.11.34)中令 $x_0=x_1=\cdots=x_n=1$ 即得式(9.11.40).

(6)在式(9.11.40)中,右边共有$\frac{1}{2}n(n+1)$项,由算术-几何平均不等式,有

$$\sum_{0\leqslant i<j\leqslant n}\sqrt{\frac{m_im_j}{M_iM_j}}\geqslant\frac{1}{2}n(n+1)\Big[\prod_{0\leqslant i<j\leqslant n}\sqrt{\frac{m_im_j}{M_iM_j}}\Big]^{\frac{2}{n(n+1)}}$$
$$=\frac{1}{2}n(n+1)\Big(\prod_{i=0}^{n}\frac{m_i}{M_i}\Big)^{\frac{1}{n+1}}$$

再由式(9.11.40),即得式(9.11.41).

§9.12　与单形外心有关的不等式

单形的外心即为外接超球的球心，在前面各章节已介绍了一些与外接超球半径 R_n 有关的几何关系式，在这里再讨论外心与单形各顶点所构成的单形的几何关系式.

在锐角三角形中，外接圆半径 R_2 与外心到三边的距离 $d_i(i=0,1,2)$ 有关系式

$$R_2^3 \geqslant 8d_0d_1d_2 \tag{9.12.1}$$

其中等号当且仅当三角形为正三角形时成立.

在 E^n 中，对于 n 维单形 $\sum_{P(n+1)}$，若外心 O 在单形内部，O 到单形各界（侧）面的距离为 $d_i(i=0,1,\cdots,n)$，则单形的外接超球半径 R_n 与 d_i 也有如下关系式.

$$R_n^{n+1} \geqslant n^{n+1} \cdot \prod_{i=0}^{n} d_i \tag{9.12.2}$$

其中等号当且仅当单形 $\sum_{P(n+1)}$ 正则时成立.

事实上，式(9.12.2)可由式(9.9.50)整理即得.

在锐角 $\triangle P_0P_1P_2$ 中，设外接圆圆心为 O，半径为 R_2，若 $\triangle OP_1P_2$，$\triangle OP_0P_2$，$\triangle OP_0P_1$ 的外接圆半径分别为 $R_2^{(0)}$，$R_2^{(1)}$，$R_2^{(2)}$，则成立不等式：

(1) $R_2^3 \leqslant R_2^{(0)} \cdot R_2^{(1)} \cdot R_2^{(2)}$　　(9.12.3)

(2) $P_0P_1 \cdot P_1P_2 \cdot P_2P_0 \leqslant 3^{\frac{3}{2}} \cdot (R_2^2 \cdot R_2^{(0)} \cdot R_2^{(1)} \cdot R_2^{(2)})^{\frac{1}{3}}$　　(9.12.4)

(3) $P_0P_1 \cdot P_1P_2 \cdot P_2P_0 \leqslant 3^{\frac{3}{2}} \cdot R_2^{(0)} \cdot R_2^{(1)} \cdot R_2^{(2)}$　　(9.12.5)

其中等号均为当且仅当 $\triangle P_0P_1P_2$ 为正三角形时成立.

对于 E^n 中的 n 维单形,也有上述式的高维推广.

定理 9.12.1 设 E^n 中的 n 维单形 $\sum_{P(n+1)}=\{P_0, P_1,\cdots,P_n\}$ 的外心 O 位于其内部,外接超球半径为 R_n,n 维单形 $\sum_{P_i(n+1)}=\{P_0,\cdots,P_{i-1},O,P_{i+1}\cdots,P_n\}$ 的外接超球半径为 $R_n^{(i)}(i=0,1,\cdots,n)$,$n-1$ 维单形 $f_i=\{P_0,P_{i-1},P_{i+1}\cdots,P_n\}$ 的外接超球半径为 $\rho_i(i=0,1,\cdots,n)$则有不等式[69][156]:

$$(1)R_n^{n+1}\leqslant\left(\frac{2}{n}\right)^{n+1}\cdot\prod_{i=0}^{n}R_n^{(i)}\tag{9.12.6}$$

$$(2)\prod_{i=0}^{n}\rho_i\leqslant 2^{\frac{1}{n-1}}\cdot n^{\frac{1}{1-n}}\cdot\left(\frac{n^2-1}{n^2}\right)^{\frac{n+1}{2}}\cdot R_n^{\frac{n2-2}{n-1}}\cdot\prod_{i=0}^{n}R_n^{(i)}\ \frac{1}{n^2-1}\tag{9.12.7}$$

$$(3)\prod_{i=0}^{n}\rho_i\leqslant\left(\frac{4n^2-4}{n^4}\right)^{\frac{n+1}{2}}\cdot\prod_{i=0}^{n}R_n^{(i)}\tag{9.12.8}$$

其中等号当且仅当单形 $\sum_{P(n+1)}$ 正则时成立.

证明 (1)设 n 维单形 $\sum_{P_i(n+1)}$ 的体积为 $V_i(i=0, 1,\cdots,n)$,单形 $\sum_{P(n+1)}$ 的侧面 f_i 的 $n-1$ 维体积为 $|f_i|$ $(i=0,1,\cdots,n)$,则由式(7.4.3)对 $\sum_{P_O(n+1)}=\{O, P_1,\cdots,P_n\}$,有

$$V_0^2\cdot R_n^{(0)2}=\frac{(-1)^n}{2^{n+1}\cdot(n!)^2}\cdot D_0(O,P_1,\cdots,P_n)$$

又注意到式(1.5.3),有

$$D_0(O,P_1,\cdots,P_n)=R_n^4\cdot D(P_1,P_2,\cdots,P_n)$$

由式(5.2.6),有 $V_0^2\cdot R_n^{(0)2}=\frac{1}{4n^2}R_n^4\cdot|f_0|^2$,即

$$V_0\cdot R_n^{(0)}=\frac{1}{2n}\cdot R_n^2\cdot|f_0|$$

若 O 到 $\sum_{P(n+1)}$ 各侧面 f_i 的距离为 $d_i(i=0,1,\cdots, n)$,则有

$$R_n^{(0)}=\frac{1}{2}R_n^2\cdot\frac{|f_0|}{nV_0}=\frac{R_n^2}{2d_0},R_n^{(i)}=\frac{R_n^2}{2d_i}\quad(i=1,2,\cdots,n)$$

故
$$\prod_{i=1}^{n}R_n^{(i)}=(\frac{R_n^2}{2})^{n+1}\cdot(\prod_{i=0}^{n+1}d_i)^{-1}$$

再注意到式(9.12.2),即得式(9.12.6).

(2)同(1),由式(7.4.3)及式(5.2.6),有

$$R_n^2=2R_n^{(i)}d_i,\text{即 }d_i=\frac{R_n^2}{2R_n^{(i)}}\quad(i=0,1,\cdots,n)$$

$$V_i^2=\frac{(-1)^{n+1}}{2^n\cdot(n!)^2}\cdot D(P_0,\cdots,P_{i-1},O,P_{i+1},\cdots,P_n)$$

$$|f_i|^2\cdot R_n^{(i)2}=\frac{(-1)^{n-1}}{2^n[(n-1)!]^2}\cdot D_0(P_0,\cdots,P_{i-1},O,P_{i+1},\cdots,P_n)\qquad(*)$$

$$|f_i|^2=\frac{(-1)^n}{2^{n-1}[(n-1)!]^2}\cdot D(P_0,\cdots,P_{i-1},P_{i+1},\cdots,P_n)$$

而

$$D(O,P_1,P_2,\cdots,P_n)=\begin{vmatrix}0&1&1&\cdots&1\\1&0&R_n^2&\cdots&R_n^2\\1&R_n^2&&&\\\vdots&\vdots&&\rho_{ij}^2&\\1&R_n^2&&&\end{vmatrix}=\begin{vmatrix}0&1&R^2&\cdots&R^2\\1&0&R^2&\cdots&R^2\\1&1&&&\\\vdots&\vdots&&\rho_{ij}^2&\\1&1&&&\end{vmatrix}$$

$$= \begin{vmatrix} -2 & 0 & 0 & \cdots 0 \\ 0 & \frac{1}{2} & R^2 & \cdots \quad R^2 \\ 0 & 1 & & \\ \vdots & \vdots & & \rho_{ij}^2 \\ 0 & 1 & & \end{vmatrix}$$

$$= -D_0(P_1,P_2,\cdots,P_n) - 2R_n^2 \cdot D(P_1,P_2,\cdots,P_n)$$

同理

$$D(P_0,\cdots,P_{i-1},O,P_{i+1},\cdots,P_n)$$
$$= -D_0(P_0,\cdots,P_{i-1},P_{i+1},\cdots,P_n) -$$
$$2R_n^2 \cdot D(P_0,\cdots,P_{i-1},P_{i+1},\cdots,P_n)$$

并将其代入式(*),再由上述各式得

$$R_n^2 \cdot D_0(P_0,\cdots,P_{i-1},P_{i+1},\cdots,P_n)$$
$$=(R_n^{(i)2}+d_i^2)\cdot D_0(P_0,\cdots,P_{i-1},P_{i+1},\cdots,P_n)$$

而 $D_0(P_0,\cdots,P_{i-1},P_{i+1},\cdots,P_n)$ 的矩阵非退化,故有 $R_n^2=(R_n^{(i)})^2+d_i^2$. 仿此有

$$R_n^2=\rho_i^2+d_i^2 \quad (i=0,1,\cdots,n)$$

从而

$$R_n^2=\rho_i^2+\frac{R_n^4}{4(R_n^{(i)})^2}\geqslant n^2\cdot\left[\left(\frac{\rho_i^2}{n^2-1}\right)^{n-1}\cdot\frac{R_n^2}{4(R_n^{(i)})^2}\right]^{\frac{1}{n^2}}$$

其中 $i=0,1,\cdots,n$.

故

$$R_n^{2n+2}\geqslant n^{2n+2}\cdot\left[\left(\frac{\prod_{i=0}^{n}\rho_i^{\frac{2}{n+1}}}{n^2-1}\right)^{(n+1)(n^2+1)}\cdot\right.$$
$$\left.\frac{R_n^{4n+4}}{2^{2n+2}\prod_{i=0}^{n}(R_n^{(i)})^2}\right]^{\frac{1}{n^2}}$$

由上即得式(9.12.7).

(3)由式(9.12.6),代入式(9.12.7),即得到式

(9.12.8).

从以上各式的推导知，当且仅当单形$\Sigma_{P(n+1)}$正则时，(9.12.6)～(9.12.8)各式等号成立.

由式(9.12.6)，还有如下推论：

推论　$\sum_{i=0}^{n} R_n^{(i)\alpha} \geqslant (n+1)\left(\frac{nR_n}{2}\right)^{\alpha} \quad (\alpha>0)$

$$(9.12.9)$$

其中等号当且仅当单形$\Sigma_{P(n+1)}$正则时成立.

证明　由算术－几何平均值不等式，有

$$\frac{1}{n+1}\sum_{i=0}^{n} R_n^{(i)\alpha} \geqslant \left(\prod_{i=0}^{n} R_n^{(i)\alpha}\right)^{\frac{1}{n+1}}$$

再由式(9.12.6)，即得式(9.12.9).

定理 9.12.2　题设同定理 9.12.1.

(1)设单形$\Sigma_{P(n+1)}$所有对棱所成角的算术平均值为φ，则[202]

$$R_n^{n+1} \leqslant (\sin\varphi)^{\frac{n+1}{2(n-1)}} \cdot \left(\frac{2}{n}\right)^{n+1} \prod_{i=0}^{n} R_n^{(i)} \tag{9.12.10}$$

(2)设单形$\Sigma_{P(n+1)}$的内切超球半径为r_n，则

$$R_n^{n+1} \leqslant \left(\frac{nr_n}{R_n}\right)^{\frac{1}{n(n-1)}} \cdot \left(\frac{2}{n}\right)^{n+1} \prod_{i=0}^{n} R_n^{(i)} \tag{9.12.11}$$

其中等号均当且仅当$\Sigma_{P(n+1)}$正则时取得.

证明　(1)设n维单形$\Sigma_{P_O(n+1)}=\{O,P_1,P_2,\cdots,P_n\}$的体积为$V_{P_O}=V(\Sigma_{P_O(n+1)})$，由式(7.4.3)，有

$$V_{P_O}R_n^{(0)2}=\frac{(-1)^n}{2^{n+1}n!^2}D(O,P_1,\cdots,P_n) \qquad ①$$

其中 $D(O,P_1,\cdots,P_n)=\begin{vmatrix} 0 & R_n^2 & R_n^2 & \cdots & R_n^2 \\ R_n^2 & 0 & \rho_{12}^2 & \cdots & \rho_{1n}^2 \\ R_n^2 & \rho_{21}^2 & 0 & \cdots & \rho_{2n}^2 \\ \vdots & \vdots & \vdots & & \vdots \\ R_n^2 & \rho_{n1}^2 & \rho_{n2}^2 & \cdots & 0 \end{vmatrix}$

$$=R_n^4\begin{vmatrix} 0 & 1 & 1 & \cdots & 1 \\ 1 & 0 & \rho_{12}^2 & \cdots & \rho_{1n}^2 \\ 1 & \rho_{21}^2 & 0 & \cdots & \rho_{2n}^2 \\ \vdots & \vdots & \vdots & & \vdots \\ 1 & \rho_{n1}^2 & \rho_{n2}^2 & \cdots & 0 \end{vmatrix}.$$

由单形体积公式(5.2.6),有

$$\begin{vmatrix} 0 & 1 & 1 & \cdots & 1 \\ 1 & 0 & \rho_{12}^2 & \cdots & \rho_{1n}^2 \\ 1 & \rho_{21}^2 & 0 & \cdots & \rho_{2n}^2 \\ \vdots & \vdots & \vdots & & \vdots \\ 1 & \rho_{n1}^2 & \rho_{n2}^2 & \cdots & 0 \end{vmatrix}$$

$$=(-1)^n\cdot 2^{n-1}\cdot(n-1)!\cdot|f_0|^2 \qquad ②$$

由式①,②得

$$V_{P_0}^2R_n^{(0)2}=\frac{1}{4n^2}R_n^4\cdot|f_0|^2,\text{即 } V_{P_0}R_n^{(0)}=\frac{1}{2n}R_n^2\cdot|f_0|$$

设单形 $\Sigma_{P(n+1)}$ 的外心 O 到界(侧)面 f_i 的距离为 $d_i(i=0,1,\cdots,n)$,则有

$$R_n^{(0)}=\frac{1}{2}R_n^2\cdot\frac{|f_0|}{nV_{P_0}}=\frac{R_n^2}{2}\cdot\frac{1}{d_0}$$

同理 $R_n^{(i)}=\dfrac{R_n^2}{2}\cdot\dfrac{1}{d_i}\quad(i=1,2,\cdots,n)$

从而 $$\prod_{i=0}^{n}R_n^{(i)}=\left(\frac{R_n^2}{2}\right)^{n+1}\prod_{i=0}^{n}d_i^{-1} \qquad ③$$

由式③及式(9.9.32)即得式(9.12.10).

(2)由$\sum\limits_{i=0}^{n}\frac{d_i|f_i|}{nV(\sum_{P(n+1)})}=1$及算术－几何平均不等式,有

$$\prod_{i=0}^{n}\frac{d_i|f_i|}{nV(\sum_{P(n+1)})}\leqslant\left[\frac{1}{n+1}\sum_{i=0}^{n}\frac{d_i|f_i|}{nV(\sum_{P(n+1)})}\right]^{\frac{1}{n+1}}$$
$$=\frac{1}{(n+1)^{n+1}}$$

即

$$\prod_{i=0}^{n}d_i\leqslant\frac{[nV(\sum_{P(n+1)})]^{n+1}}{(n+1)^{n+1}\prod\limits_{i=0}^{n}|f_i|} \qquad ④$$

由式④及式(9.8.7),有

$$\left(\prod_{i=0}^{n}d_i\right)^{n-1}\leqslant\frac{(n!)^n}{(n+1)^{\frac{n(n+1)}{2}}\cdot n^{\frac{n^2-2}{2}}}\cdot\frac{[V(\sum_{P(n+1)})]^n}{R_n} \qquad ⑤$$

注意到式(9.8.8),有

$$\frac{1}{R_n}\leqslant\left[\frac{R_n}{nr_n}\cdot\frac{n!\ \cdot n^{\frac{n}{2}}\cdot V(\sum_{P(n+1)})}{(n+1)^{\frac{n+1}{2}}}\right]^{-\frac{1}{n}}$$

由上式和式⑤,得

$$\left(\prod_{i=0}^{n}d_i\right)^{n-1}\left(\frac{R_n}{nr_n}\right)^{\frac{1}{n}}\left[\frac{n^{\frac{n}{2}}\cdot(n+1)^{\frac{n+1}{2}}}{n!}\right]^{\frac{n^2-1}{n}}$$
$$\leqslant[V(\sum_{P(n+1)})]^{\frac{n^2-1}{n}} \qquad ⑥$$

由式⑥和式(9.8.6),有

$$\prod_{i=0}^{n}d_i\leqslant\left(\frac{nr_n}{R_n}\right)^{\frac{1}{n(n-1)}}\cdot\left(\frac{R_n}{n}\right)^{n+1} \qquad (9.12.12)$$

由式③及上式即得式(9.12.11).

上述不等式中的等号成立的条件均为$\sum_{P(n+1)}$正则,从而得欲证不等式中等号成立的条件为$\sum_{P(n+1)}$正则.

定理 9.12.3 设 E^n 中的 n 维单形 $\sum_{P(n+1)}=\{P_0,P_1,\cdots,P_n\}$ 的外心 O 位于其内部，外接超球的半径为 R_n，$n-1$ 维单形 $f_i=\sum_{P_i(n)}=\{P_0,P_{i-1},P_{i+1},\cdots,P_n\}$ 的外接超球半径 $\rho_i(i=0,1,\cdots,n)$.

(1)设单形 $\sum_{P(n+1)}$ 所有对棱所成角的算术平均值为 φ，则

$$\prod_{i=0}^{n}(R_n^2-\rho_i^2)\leqslant(\sin\varphi)^{\frac{n+1}{n-1}}\cdot\left(\frac{R_n}{n}\right)^{2(n+1)} \tag{9.12.13}$$

(2)设单形 $\sum_{P(n+1)}$ 的内切超球半径为 r_n，则

$$\prod_{i=0}^{n}(R_n^2-\rho_i^2)\leqslant\left(\frac{nr_n}{R_n}\right)^{\frac{2}{n(n-1)}}\cdot\left(\frac{R_n}{n}\right)^{2(n+1)} \tag{9.12.14}$$

上述两个不等式中等号成立的条件是 $\sum_{P(n+1)}$ 正则.

证明 (1)由于单形 $\sum_{P(n+1)}$ 的外心 O 在其内部，所以点 O 在 $\sum_{P(n+1)}$ 的第 i 个界(侧)面 f_i 上的正投影 O_i 在 $n-1$ 维单形 f_i 的内部. 因为

$$|OP_0|=|OP_1|=\cdots=|OP_n|=R_n$$

所以，有

$$|O_iP_j|=(R_n^2-|OO_i|^2)^{\frac{1}{2}}\quad(j=0,\cdots,i-1,i+1,\cdots,n)$$

因此 O_i 是 $n-1$ 维单形 f_i 的外心，且

$$\begin{aligned}\rho_i^2&=|O_iP_0|^2=\cdots=|O_iP_{i-1}|^2\\&=|O_iP_{i+1}|^2=\cdots=|O_iP_n|^2\\&=R_n^2-|OO_i|^2\quad(i=0,1,\cdots,n)\end{aligned}$$

于是

$$\prod_{i=0}^{n}(R_n^2-\rho_i^2)=\prod_{i=0}^{n}|OO_i|^2 \tag{9.12.15}$$

注意到 $|OO_i|$ 即为点 O 到面 f_i 的距离 d_i，故由式(9.9.56)即得式(9.12.13).

(2)由式(9.12.15)与式(9.12.12)，即得式

(9.12.14).

其中两不等式中等号成立的条件由推导过程知 $\sum_{P(n+1)}$ 正则.

定理 9.12.4　题设同定理 9.12.3. 记单形 $V_{P(n+1)}$ 的 n 维体积为 V_P.

(1)令 $A=\max\limits_{0\leqslant i\leqslant j\leqslant n}\{\rho_{ij}\}$, $a=\min\limits_{0\leqslant i<j\leqslant n}\{\rho_{ij}\}$,则[226]

$$\left(\frac{R_n}{n}\right)^{2(n+1)}\geqslant\left[1+\frac{2(A-a)^2}{n(n+1)A^2}\right]^{\frac{n+1}{n(n-1)}}\cdot\prod_{i=0}^{n}(R_n^2-\rho_i^2)\tag{9.12.16}$$

(2)令 $F=\max\limits_{0\leqslant i\leqslant n}\{|f_i|\}$, $f=\min\limits_{0\leqslant i\leqslant n}\{|f_i|\}$,则

$$\left(\frac{R_n}{n}\right)^{2(n+1)}\geqslant\left[1+\frac{(F-f)^2}{(n+1)F^2}\right]^{\frac{n+1}{n}}\cdot\prod_{i=0}^{n}(R_n^2-\rho_i^2)\tag{9.12.17}$$

上述两不等式中等号成立的条件是 $\sum_{P(n+1)}$ 正则.

证明　(1)由式(9.8.4)与式(9.9.2),有

$$V_P^2\leqslant\frac{n\left(\sum\limits_{0\leqslant i<j\leqslant n}\rho_{ij}^2\right)^{\frac{2}{n}}}{2^{n+1}\cdot n!^2\cdot R_n^2}\leqslant\frac{n(n+1)^2\left(\prod\limits_{0\leqslant i<j\leqslant n}\rho_{ij}^2\right)^{\frac{2}{n}}}{2^{n+1}\cdot n!^2\cdot\sum\limits_{0\leqslant i<j\leqslant n}\rho_{ij}^2}$$

即

$$V_P^2\cdot\frac{\frac{2}{n(n+1)}\sum\limits_{0\leqslant i<j\leqslant n}\rho_{ij}^2}{\left(\prod\limits_{0\leqslant i<j\leqslant n}\rho_{ij}^2\right)^{\frac{2}{n(n+1)}}}\leqslant\frac{n+1}{2^n\cdot n!^2}\left(\prod_{0\leqslant i<j\leqslant n}\rho_{ij}\right)^{\frac{4}{n+1}}$$

由上式和式(9.5.11),得

$$\prod_{0\leqslant i<j\leqslant n}\rho_{ij}\geqslant\left[1+\frac{2(A-a)^2}{n(n+1)A^2}\right]^{\frac{n+1}{4}}\cdot\left(\frac{2^n}{n+1}\right)^{\frac{n+1}{4}}\cdot(n!\ V_P)^{\frac{n+1}{2}}\tag{9.12.18}$$

其中等号成立条件是 $\sum_{P(n+1)}$ 正则.

又由式(9.5.7),即

$$\prod_{i=0}^{n}|f_i|\geqslant\left[\frac{n^{3(n-1)}}{2(n+1)^{n-2}\cdot n!^2}\right]^{\frac{n+1}{2(n-1)}}\cdot V_P^{\frac{(n+1)(n-2)}{n-1}}\cdot$$

$$\prod_{0\leqslant i<j\leqslant n}\rho_{ij}^{\frac{2}{n(n+1)}}$$

以及式(9.12.18),有

$$\prod_{i=0}^{n}|f_i|\geqslant\left[1+\frac{2(A-a)^2}{n(n+1)A^2}\right]^{\frac{n+1}{2n(n-1)}}\cdot\frac{n^{\frac{3(n+1)}{2}}}{n!^{\frac{n+1}{n}}\cdot(n+1)^{\frac{n^2-1}{2n}}}\cdot V_P^{\frac{n^2-1}{n}}\qquad(9.12.19)$$

其中等号成立条件是$\sum_{P(n+1)}$正则.

再注意到点 O 在$\sum_{P(n+1)}$内部,O 到面f_i 的距离为 d_i,则有定理 9.12.2 中的(2)的证明中的式④,即

$$\prod_{i=0}^{n}d_i\leqslant\frac{(nV_P)^{n+1}}{(n+1)^{n+1}\cdot\prod_{i=0}^{n}|f_i|}\qquad(9.12.20)$$

由上式和式(9.12.19),得

$$V_P^{\frac{n+1}{n}}\geqslant\left[1+\frac{2(A-a)^2}{n(n+1)A^2}\right]^{\frac{n+1}{2n(n-1)}}\cdot\frac{n^{\frac{n+1}{2}}\cdot(n+1)^{\frac{(n+1)^2}{2n}}}{n!^{\frac{n+1}{n}}}\cdot\prod_{i=0}^{n}d_i$$

对上式应用式(9.8.6),便得

$$\left(\frac{R_n}{n}\right)^{n+1}\geqslant\left[1+\frac{2(A-a)^2}{n(n+1)A^2}\right]^{\frac{n+1}{2n(n-1)}}\prod_{i=0}^{n}d_i\qquad(9.12.21)$$

由式(9.12.15)及式(9.12.21)即得式(9.12.16).

(2)由式(9.12.20)与式(9.4.10),得

$$V_P^{\frac{n+1}{n}}\geqslant\left[1+\frac{(F-f)^2}{(m+1)F^2}\right]^{\frac{n+1}{2n}}\cdot\frac{n^{\frac{n+1}{2}}\cdot(n+1)^{\frac{(n+1)^2}{2n}}}{n!^{\frac{n+1}{n}}}\cdot\prod_{i=0}^{n}d_i$$

由上式和式(9.8.6),得

$$\left(\frac{R_n}{n}\right)^{n+1} \geqslant \left[1+\frac{(F-f)^2}{(m+1)F^2}\right]^{\frac{n+1}{2n}} \cdot \prod_{i=0}^{n} d_i \tag{9.12.22}$$

由式(9.12.15)及式(9.12.22)，即得式(9.12.17).

由上述推导过程知，式(9.12.16)，式(9.12.17)中等号成立的条件是$\sum_{P(n+1)}$正则.

§9.13　与单形内、傍心有关的不等式

n维单形的内、傍心即是单形内、傍切超球的球心，也是C_{n+1}^2个内(或过一顶点的C_n^2个内与过其他n个顶点的n个外)二面角平分面的公共点. 涉及内、傍心，不仅要讨论内、傍切超球的半径，还要讨论与内二面角平分面有关的问题以及内、傍切球与单形各侧面相切的切点问题. 这些问题，我们已在前面有关章节涉及了一些. 在本节，我们继续介绍与内心或傍心有关的几何关系式.

在$\triangle P_1P_2P_3$中，I为其内心，则有

$$P_1I+P_2I+P_3I \leqslant \frac{\sqrt{3}}{3}(P_1P_2+P_2P_3+P_3P_1) \tag{9.13.1}$$

其中等号当且仅当$\triangle P_1P_2P_3$为正三角形时成立.

不等式(9.13.1)可以推广到n维欧氏空间，即

定理 9.13.1　设I为$E^n(n\geqslant 2)$中n维单形$\sum_{P(n+1)}=\{P_1,P_2,\cdots,P_{n+1}\}$的内心，顶点$P_i(i=1,2,\cdots,n+1)$所对的界面体积(或缺顶点$P_i$的$n-1$维单形$\sum_{P_i(n)}=\{P_1,\cdots,P_{i-1},P_{i+1},\cdots,P_{n+1}\}$的体积)记

为$|f_i|(i=1,2,\cdots,n+1)$. 又记内心 I 与缺两顶点 P_k, P_j 的这 n 个顶点构成的 $n-1$ 维单形 $\sum_{P_{kj(n)}}=\{I, P_1,\cdots,P_{k-1},P_{k+1},\cdots,P_{j-1},P_{j+1},\cdots,P_{n+1}\}(1\leqslant k<j\leqslant n+1)$的体积为 g_{ij},则有[112]

$$\sum_{0\leqslant k<j\leqslant n+1} g_{kj}\leqslant\frac{\sqrt{2}}{2}\cdot n^{\frac{1}{2}}\cdot(n+1)^{-\frac{1}{2}}\cdot\sum_{i=1}^{n+1}|f_i| \tag{9.13.2}$$

其中等号当且仅当单形$\sum_{P(n+1)}$为正则单形时成立.

证明 记体积分别为$|f_k|,|f_j|(1\leqslant k<j\leqslant n+1)$的两界面(或两个 $n-1$ 维单形)的夹角(或内二面角)为$\langle k,j\rangle$,则由 n 维欧氏空间中的射影定理即式(7.3.1),有

$$\begin{aligned}|f_1|&=|f_2|\cos\langle 1,2\rangle+|f_3|\cos\langle 1,3\rangle+\cdots+\\&\quad |f_{n-1}|\cos\langle 1,n+1\rangle\\&=|f_2|(2\cos^2\frac{\langle 1,2\rangle}{2}-1)+\\&\quad |f_3|(2\cos^2\frac{\langle 1,3\rangle}{2}-1)+\cdots+\\&\quad |f_{n+1}|\cdot(2\cos^2\frac{\langle 1,n+1\rangle}{2}-1)\end{aligned}$$

则
$$\frac{1}{2}\sum_{i=1}^{n+1}|f_i|=\sum_{j=2}^{n+1}|f_i|\cdot\cos^2\frac{\langle 1,j\rangle}{2}$$

从而
$$\frac{1}{2}|f_1|\cdot\sum_{i=1}^{n+1}|f_i|=\sum_{j=2}^{n+1}|f_1||f_j|\cdot\cos^2\frac{\langle 1,j\rangle}{2}$$

同理
$$\frac{1}{2}|f_k|\cdot\sum_{i=1}^{n+1}|f_i|=\sum_{\substack{j=2\\ j\neq k}}^{n+1}|f_k||f_j|\cdot\cos^2\frac{\langle k,j\rangle}{2}$$

其中 $k=2,3,\cdots,n+1$.

以上 $n+1$ 个式子相加,有

$$\frac{1}{4}(\sum_{i=1}^{n+1}|f_i|^2)=\sum_{1\leqslant k<j\leqslant n+1}|f_k|\cdot|f_j|\cdot\cos^2\frac{\langle k,j\rangle}{2} \tag{9.13.3}$$

又由对称平均不等式,有

$$\frac{1}{n+1}\sum_{i=1}^{n+1}|f_i|\geqslant\left(\frac{1}{C_{n+1}^2}\sum_{1\leqslant k<j\leqslant n+1}|f_k|\cdot|f_j|\right)^{\frac{1}{2}}$$

即
$$\sum_{1\leqslant k<j\leqslant n+1}|f_k|\cdot|f_j|\leqslant\frac{n(n+1)}{2}\cdot\left(\frac{1}{n+1}\sum_{i=1}^{n+1}|f_i|\right)^2 \tag{9.13.4}$$

设 n 维单形 $\Sigma_{P(n+1)}=\{P_1,P_2,\cdots,P_{n+1}\}$ 的体积为 V_P,其内切超球半径记为 r_n,则由式(7.4.7),有

$$V_P=\frac{1}{n}\sum_{i=1}^{n+1}|f_i|\cdot r_n \tag{9.13.5}$$

记缺两项点 $P_k,P_j(1\leqslant k<j\leqslant n+1)$ 的 $n-1$ 个顶点构成的 $n-2$ 维单形(或 $n-2$ 维超平面)$\pi_{n-(k,j)}$ 的体积为 $|f_{n-(k,j)}|$,则内心 I 到超平面 $\pi_{n-(k,j)}$ 的距离为 $d_{(k,j)}=\dfrac{r_n}{\sin\dfrac{\langle k,j\rangle}{2}}$,且

$$g_{kj}=\frac{1}{n-1}|f_{n-(k,j)}|\cdot\frac{r_n}{\sin\dfrac{\langle k,j\rangle}{2}} \tag{9.13.6}$$

又由式(5.2.9),即

$$V_P=\frac{n-1}{n}\cdot\frac{|f_k|\cdot|f_j|\sin\langle k,j\rangle}{|f_{n-(k,j)}|} \tag{9.13.7}$$

由(9.13.5),(9.13.7)中求得 r_n,再代入式(9.13.6),得

$$g_{kj}=\frac{2}{\sum\limits_{i=1}^{n+1}|f_i|}\cdot|f_k|\cdot|f_j|\cdot\cos\frac{\langle k,j\rangle}{2}$$

对上述式求和,并注意到柯西不等式,再运用式(9.13.3),式(9.13.4),得

$$\sum_{1\leqslant k<j\leqslant n+1}g_{kj}=\frac{2}{\sum\limits_{i=1}^{n+1}|f_i|}\sum_{1\leqslant k<j\leqslant n+1}\cdot|f_k|\cdot|f_j|\cdot\cos\frac{\langle k,j\rangle}{2}$$

$$\leqslant \frac{2}{\sum_{i=1}^{n+1}|f_i|}\Big[\Big(\sum_{1\leqslant k<j\leqslant n+1}|f_k|\cdot|f_j|\Big)\cdot\Big(\sum_{1\leqslant k<j\leqslant n+1}|f_k|\cdot|f_j|\cdot\cos^2\frac{\langle k,j\rangle}{2}\Big)\Big]^{\frac{1}{2}} \qquad (*)$$

$$\leqslant \frac{2}{\sum_{i=1}^{n+1}|f_i|}\cdot\sqrt{\frac{n(n+1)}{2}}\cdot\frac{\sum_{i=1}^{n+1}|f_i|}{n+1}\cdot\frac{1}{2}\sum_{i=1}^{n+1}|f_i|$$

$$=\frac{\sqrt{2}}{2}\cdot n^{\frac{1}{2}}\cdot(n+1)^{-\frac{1}{2}}\cdot\sum_{i=1}^{n+1}|f_i|$$

从式(9.13.4),式($*$)可知当且仅当单形 $\sum_{P(n+1)}$ 为正则单形时上述不等式中的等号成立. 证毕.

显然,当 $n=2$ 时,式(9.13.2)即为式(9.13.1).

当 $n=3$ 时,即为《数学通报》1999 年第 7 期中的数学问题 1199 题

$$\sum_{1\leqslant k<j\leqslant 4} g_{kj}\leqslant\frac{\sqrt{6}}{4}\sum_{i=1}^{4}|f_i| \qquad (9.13.8)$$

涉及傍切超球半径的不等式,已介绍了式(9.9.11),式(9.9.37),式(9.9.38)等,下面再介绍几式.

定理 9.13.2 设 E^n 中 n 维单形 $\sum_{P(n+1)}=\{P_0,P_1,\cdots,P_n\}$ 的顶点 P_i 所对的侧(界)面 f_i 上的高为 h_i,该侧(界)面外的傍切超球半径为 $r_n^{(i)}$,则有[135]:

(1) $$\sum_{i=0}^{n}\frac{h_i}{r_n^{(i)}}\geqslant(n+1)(n-1) \qquad (9.13.9)$$

(2) $$\sum_{0\leqslant i<j\leqslant n}\frac{h_i\cdot h_j}{r_n^{(i)}\cdot r_n^{(j)}}\geqslant C_{n+1}^2(n-1)^2 \qquad (9.13.10)$$

(3) $\sum_{0\leqslant i<j<k\leqslant n}\frac{h_i\cdot h_j\cdot h_k}{r_n^{(i)}\cdot r_n^{(j)}\cdot r_n^{(k)}}\geqslant C_{n+1}^3(n-1)^3$

(9.13.11)

$\vdots$

以上各式等号当且仅当 n 维单形 $\sum_{P(n+1)}$ 的各侧(界)面在体积相等时成立.

证明　式(9.13.9)即为式(9.9.42),那是作为推论给出的,这是给出另证.

先引入如下记号:设 $|f_i|$ 为 n 维单形 $\sum_{P(n+1)}$ 的侧(界)面 f_i 的 $n-1$ 维体积,令

$$A_1=\sum_{i=0}^{n}|f_i|,A_2=\sum_{0\leqslant i<j\leqslant n}|f_i|\cdot|f_j|,\cdots,A_{n+1}=\prod_{i=0}^{n}|f_i|$$

只证定理 9.13.2 中前二个不等式,其他不等式可类似地证明.

(1)由 $h_i=\frac{nV(\sum_{P(n+1)})}{|f_i|}$(即式(5.2.2))及式(7.4.8)

$$r_n^{(i)}=\frac{nV(\sum_{P(n+1)})}{\sum_{j=1}^{n}|f_j|-2|f_i|},有\frac{h_i}{r_n^{(i)}}=\frac{A_1}{|f_i|}-2$$

于是式(9.13.9)等价于$\sum_{i=0}^{n}\frac{A_1}{|f_i|}\geqslant(n+1)^2$.

又知$\left(\sum_{i=0}^{n}\frac{A_1}{|f_i|}\right)\left(\sum_{i=0}^{n}\frac{|f_i|}{A_1}\right)\geqslant(n+1)^2$,且$\sum_{i=0}^{n}\frac{|f_i|}{A_1}=1$.从而式(9.13.9)获证,且从证明过程中知等号成立的条件是诸 $|f_i|$ 相等.

(2)由证(1)的方法可证式(9.13.10)等价于

$$\sum_{0\leqslant i<j\leqslant n}\frac{(A_1-2|f_i|)(A_1-2|f_j|)}{|f_i|\cdot|f_j|}\geqslant C_{n+1}^2(n-1)^2$$

$$\Leftrightarrow \sum_{0\leqslant i<j\leqslant n}\left[(A_1-2|f_i|)(A_1-2|f_j|)\prod_{\substack{i=0\\k\neq i,j}}^{n}|f_k|\right]$$

$$\geqslant \frac{(n+1)n(n-1)^2}{2}\prod_{i=0}^{n}|f_i|$$

$$\Leftrightarrow A_1^2A_{n-1}-2nA_1A_n+2n(n+1)A_{n+1}$$

$$\geqslant \frac{n(n+1)(n-1)^2}{2}A_{n+1}$$

$$\Leftrightarrow A_1^2A_{n-1}-2nA_1A_n\geqslant \frac{n(n+1)^2}{2}(n-3)A_{n+1} \quad (9.13.12)$$

而

$$\begin{aligned}
&A_1A_{n-1}-2nA_n\\
&=\sum_{i=0}^{n}|f_i|\cdot\sum_{0\leqslant i_1<\cdots<i_{n-1}\leqslant n}|f_{i_1}||f_{i_2}|\cdots|f_{i_{n-1}}|-\\
&\quad 2n\sum_{0\leqslant i_1<\cdots<i_{n-1}\leqslant n}|f_{i_1}|\cdot|f_{i_2}|\cdot\cdots\cdot|f_{i_n}|\\
&=|f_0|^2\sum_{0\leqslant i_1<\cdots<i_{n-1}\leqslant n}|f_{i_1}||f_{i_2}|\cdots|f_{i_{n-1}}|+\\
&\quad |f_1|^2\sum_{\substack{0\leqslant i_1<\cdots<i_{n-1}\leqslant n\\ i_1,i_2,\cdots,i_{n-1}\neq 1}}|f_{i_1}|\cdot|f_{i_2}|\cdot\cdots\cdot|f_{i_{n-1}}|+\cdots+\\
&\quad |f_n|^2+|f_n|^2\sum_{0\leqslant i_1<\cdots<i_{n-1}\leqslant n}|f_{i_1}|\cdot|f_{i_2}|\cdot\cdots\cdot\\
&\quad |f_{i_{n-1}}|-n\cdot\sum_{0\leqslant i_1<\cdots<i_n\leqslant n}|f_{i_1}||f_{i_2}|\cdots|f_{i_n}|
\end{aligned}$$

依平均不等式可知

$$(|f_i|^2+|f_j|^2+|f_k|^2)|f_{i_1}||f_{i_2}|\cdots|f_{i_{n-1}}|$$

$$\geqslant(|f_i||f_j|+|f_i||f_k|+|f_j||f_k|)(|f_{i_1}||f_{i_2}|\cdots|f_{i_{n-1}}|)$$

其中 i,j,k 互不相同,$i_1,i_2,\cdots,i_{n-1}\neq i,j,k$.

则

$$\begin{aligned}
A_1A_{n-1}-2nA_n&\geqslant\frac{n(n-1)}{2}\sum_{0\leqslant i_1<i_2<\cdots<i_{n-1}\leqslant n}|f_{i_1}||f_{i_2}|\cdot\cdots\cdot\\
&\quad |f_{i_{n-1}}|-n\sum_{0\leqslant i_1<i_2<\cdots<i_n\leqslant n}|f_{i_1}||f_{i_2}|\cdots|f_{i_n}|\\
&=\frac{n(n-3)}{2}\sum_{0\leqslant i_1<\cdots<i_n\leqslant n}|f_{i_1}||f_{i_2}|\cdots|f_{i_n}|
\end{aligned}$$

又知

$$\sum_{0\leqslant i_1<\cdots<i_n\leqslant n}|f_{i_1}||f_{i_2}|\cdots|f_{i_n}|\geqslant(n+1)[(|f_0|\cdots|f_n|)^n]^{\frac{1}{n+1}}$$

$$A_1=\sum_{i=0}^{n}|f_i|\geqslant(n+1)(|f_0||f_1|\cdots|f_n|^{\frac{1}{n+1}})$$

由上述三式，即知式(9.13.12)成立，从而式(9.13.10)成立，且等号成立的条件可推知为诸$|f_i|$相等.

§9.14　与单形费马点有关的不等式

定理 9.14.1　若 F 是 n 维单形 $\sum_{P(n+1)}=\{P_0,P_1,\cdots,P_n\}$ 的费马点，以 F 为球心，作 $n-1$ 维单位超球面交射线 FP_i 于点 $E_i(i=0,1,\cdots,n)$，设单形 $\sum_{P(n+1)}=\{P_0,P_1,\cdots,P_n\}$，$\sum_{P_i(n+1)}=\{P_0,\cdots,P_{i-1},F,P_{i+1},\cdots,P_n\}$ 和 $\sum_{E(n+1)}=\{E_0,E_1,\cdots,E_n\}$ 的体积分别为 $V(\sum_{P(n+1)})$，$V(\sum_{P_i(n+1)})$ 和 $V(\sum_{E(n+1)})$，记 $|FP_i|=t_i(i=0,1,\cdots,n)$，则[100]：

$$\begin{aligned}(1)V(\sum_{P_0(n+1)})\cdot t_1&=V(\sum_{P_1(n+1)})\cdot t_2\\&=\cdots=V(\sum_{P_n(n+1)})\cdot t_n\\&=V(\sum_{P(n+1)})\cdot(\sum_{j=0}^{n}t_j^{-1})^{-1}\end{aligned}\tag{9.14.1}$$

$$(2)\ t_0t_1\cdots t_n\cdot\sum_{i=0}^{n}\frac{1}{t_i}=(n+1)\frac{V(\sum_{P(n+1)})}{V(\sum_{E(n+1)})}\tag{9.14.2}$$

$$(3)\sum_{i=0}^{n}|FP_i|\geqslant(n+1)\left[\frac{V(\sum_{P(n+1)})}{V(\sum_{E(n+1)})}\right]^{\frac{1}{n}}\tag{9.14.3}$$

其中等号当且仅当单形 $\sum_{P(n+1)}$ 的费马点与外心重合时成立.

证明 (1)设 P_iF 交单形 $\sum_{P(n+1)}$ 的侧面 f_i 于 Q_i，记 $|FQ_i| = s_i(i=0,1,\cdots,n)$，则

$$\frac{V(\sum_{P(n+1)})}{V(\sum_{P_i(n+1)})} = \frac{|P_iQ_i|}{|FQ_i|} = \frac{t_i+s_i}{s_i} = t_i(\sum_{j=0}^{n}\frac{1}{t_j} - \frac{1}{t_i}) + 1$$
$$= t_i\sum_{j=0}^{n}\frac{1}{t_j}$$

故 $$V(\sum_{P_i(n+1)}) \cdot t_i = V(\sum_{P(n+1)}) \cdot (\sum_{j=0}^{n} t_j^{-1})^{-1}$$

即式(9.14.1)获证.

(2)因为 $V(\sum_{P_i(n+1)}) \cdot t_i = V(\sum_{P_0(n+1)}) \cdot t_0 = \frac{t_0}{n!}|\overrightarrow{FP_1} \wedge \cdots \wedge \overrightarrow{FP_n}| = \frac{1}{n!}t_0t_1\cdots t_n|\boldsymbol{e}_1 \wedge \boldsymbol{e}_2 \wedge \cdots \wedge \boldsymbol{e}_n|$，其中 $\boldsymbol{e}_i = \overrightarrow{FE_i} = \frac{\overrightarrow{FP_1}}{t_i}, \sum_{i=0}^{n}\boldsymbol{e}_i = 0$.

又

$$n!\ V(\sum_{E(n+1)}) = \sum_{i=0}^{n}|\boldsymbol{e}_0 \wedge \cdots \wedge \boldsymbol{e}_{i-1} \wedge \boldsymbol{e}_{i+1} \wedge \cdots \wedge \boldsymbol{e}_n|$$
$$= (n+1)|\boldsymbol{e}_1 \wedge \boldsymbol{e}_2 \wedge \boldsymbol{e}_i \cdots \wedge \boldsymbol{e}_n|$$

故

$$V(\sum_{P_i(n+1)}) \cdot t_i = t_0t_1\cdots t_n \cdot \frac{V(\sum_{E(n+1)})}{n+1}$$

$$t_0t_1\cdots t_n\sum_{i=0}^{n}\frac{1}{t_i} = \frac{(n+1)}{V(\sum_{E(n+1)})}\sum_{i=0}^{n}V(\sum_{P_i(n+1)})$$
$$= (n+1) \cdot \frac{V(\sum_{P(n+1)})}{V(\sum_{E(n+1)})}$$

因此式(9.14.2)成立.

(3)再引用 Maclaurin 定理，有

$$(\frac{1}{n+1}\sum_{i=0}^{n}t_i)^n \geqslant \frac{1}{n+1}\sum_{i=0}^{n}\frac{1}{t_i} \cdot \prod_{j=0}^{n}t_i$$

其中等号当且仅当 $t_0 = t_1 = \cdots = t_n$ 时成立，即单形

$\sum_{P(n+1)}$的费马点与外心重合时成立.

因而得$(\sum_{i=0}^{n} t_i)^n \geqslant (n+1)^n \dfrac{V(\sum_{P(n+1)})}{V(\sum_{E(n+1)})}$. 故式(9.14.3)获证.

定理 9.14.2 设 F 是 n 维单形 $\sum_{P(n+1)} = \{P_0, P_1, \cdots, P_n\}$ 的费马点,以 F 为球心,作 $n-1$ 维单位球面交射线 FP_i 于点 E_i $(i=0,1,\cdots,n)$. 记单形 $\sum_{E(n+1)} = \{E_0, E_1, \cdots, E_n\}$ 的体积为 $V(\sum_{E(n+1)})$,则

$$V(\sum_{E(n+1)}) \leqslant \frac{1}{n!}\sqrt{\frac{(n+1)^{n+1}}{n^n}} \quad (9.14.4)$$

其中等号成立的充要条件是 n 维单形 $\sum_{P(n+1)}$ 正则.

证明 注意到内接于单位球的单形以正则单形的体积最大,故有

$$V(\sum_{E(n+1)}) \leqslant \frac{n+1}{n!}\begin{pmatrix} 1 & & -\frac{1}{n} \\ & \ddots & \\ -\frac{1}{n} & & 1 \end{pmatrix}$$

$$= \frac{1}{n!}\sqrt{\frac{(n+1)^{n+1}}{n^n}}$$

为了介绍后面的定理,需先介绍一个概念.

定义 9.14.1 在 n 维正则单形 $\sum_{P(n+1)}$ 的中心 O 到各顶点 $P_i(i=0,1,\cdots,n)$ 所引的射线 OP_i 上任取一点 E_i,所构成的 n 维单形 $\sum_{E(n+1)} = \{E_0, E_1, \cdots, E_n\}$ 称为正规单形.

显然与正规单形所对应的正则单形的中心,就是这个正规单形的费马点. 反之,具有费马点的单形不一定都是正规的. 按式(7.10.4)可举例如下:外接球半径为 1 的等面四面体,若棱长 $\rho_{01} = \rho_{23} = \sqrt{2}$, $\rho_{02} = \rho_{13} =$

$\rho_{03}=\rho_{12}=\sqrt{3}$，则$\alpha_{01}=\alpha_{23}=90^\circ$，$\alpha_{02}=\alpha_{13}=\alpha_{03}=\alpha_{12}=120^\circ$，这四面体并不是正规的，但它的外心是费马点.

定理 9.14.3 设 F 是体积为 V_P 的正规单形 $\sum_{P(n+1)}=\{P_0,P_1,\cdots,P_n\}$ 的费马点，记 $\rho_{ij}=P_iP_j$，则对于欧氏空间 E^n 中任一点 M，恒有[100]

$$(\sum_{i=0}^{n}|MP_i|)^2\geqslant(\sum_{i=0}^{n}|FP_i|)^2\geqslant\frac{1}{n}\sum_{0\leqslant i<j\leqslant n}\rho_{ij}^2+\frac{n^2-1}{\sqrt[n]{n+1}}(n!\ V_P)^{\frac{2}{n}}\tag{9.14.5}$$

其中后一个等号当且仅当 $n=2$ 或 $n\geqslant3$ 且费马点与外心重合时成立.

证明 记 $|FP_i|=t_i(i=0,1,\cdots,n)$. 对于$\triangle P_iP_jF$，有

$$\rho_{ij}^2=t_i^2+t_j^2-2t_it_j\cdot\cos\angle P_iFP_j$$

因为单形 $\sum_{P(n+1)}$ 是正规单形，所以 $\cos\angle P_iFP_j=-\frac{1}{n}$.

故

$$\sum_{0\leqslant i<j\leqslant n}\rho_{ij}^2=n\sum_{i=0}^{n}t_i^2+2\cdot\frac{1}{n}\sum_{0\leqslant i<j\leqslant n}t_it_j=n(\sum_{i=0}^{n}t_i)^2-2\cdot\frac{n^2-1}{n}\sum_{0\leqslant i<j\leqslant n}t_it_j$$

运用 Maclaurin 定理，有

$$\left(\frac{\sum_{0\leqslant i<j\leqslant n}t_it_j}{C_{n+1}^2}\right)^{\frac{1}{2}}\geqslant\left(\frac{1}{n+1}\prod_{i=0}^{n}t_i\cdot\sum_{j=0}^{n}\frac{1}{t_j}\right)^{\frac{1}{n}}$$

其中等号当且仅当 $n=2$ 或 $n\geqslant3$，$t_0=\cdots=t_n$ 时成立.
因此有

$$(\sum_{i=0}^{n}t_i)^2$$

$$=\frac{1}{n}\sum_{0\leqslant i<j\leqslant n}\rho_{ij}^2+2\frac{n^2-1}{n}\sum_{0\leqslant i<j\leqslant n}t_it_j$$

$$\geqslant\frac{1}{n}\sum_{0\leqslant i<j\leqslant n}\rho_{ij}^2+\frac{(n^2-1)(n+1)}{n}\left(\frac{1}{n+1}\prod_{i=0}^{n}t_i\cdot\sum_{j=0}^{n}\frac{1}{t_j}\right)^{\frac{2}{n}}$$

$$=\frac{1}{n}\sum_{0\leqslant i<j\leqslant n}\rho_{ij}^2+\frac{(n^2-1)(n+1)}{n}\left[n!\cdot V_P\cdot\sqrt{\frac{(n+1)^{n+1}}{n^n}}\right]^{\frac{2}{n}}$$

§9.15　与单形内一般点有关的不等式

前面已介绍了与单形内的一些特殊点(重心、外心、内心、费马点等)有关的几何关系式,本节介绍与单形内一般点有关的几何关系式.单形内的任一点可与顶点相联结,也可向各侧面作射影,还可作和顶点相连的线与外接超球面的交点,……,研究这些线段的长、这些线段之间的关系及该单形其他几何量之间的几何关系式就是本节的主要内容.

定理9.15.1　设 D 是 E^n 中任一点,M 是 n 维单形 $\sum_{P(n+1)}=\{P_0,P_1,\cdots,P_n\}$ 内任一点,D 到 $\sum_{P(n+1)}$ 的各顶点 P_i 的距离为 $l_i(i=0,1,\cdots,n)$,M 到 $\sum_{P(n+1)}$ 的各侧面 f_i 的距离为 $d_i(i=0,1,\cdots,n)$,则有[114]

$$\frac{1}{n+1}\sum_{i=0}^{n}l_i^2\geqslant n^2\left(\prod_{i=0}^{n}d_i^2\right)^{\frac{1}{n+1}}\qquad(9.15.1)$$

其中等号当且仅当 $\sum_{P(n+1)}$ 正则,且 D,M 分别为 $\sum_{P(n+1)}$ 的外心与内心时成立.

证明　由式(7.5.9),可知

$$(n+1)\sum_{i=0}^{n}l_i^2\geqslant\sum_{0\leqslant i<j\leqslant n}|P_iP_j|^2=\sum_{0\leqslant i<j\leqslant n}\rho_{ij}^2$$

其中等号当且仅当 $\sum_{P(n+1)}$ 的重心 G 与点 D 重合时取得.

利用算术-几何平均值不等式及 Velja-Korchmaros 不等式即式(9.5.1)有

$$\sum_{0\leqslant i<j\leqslant n}\rho_{ij}^{\frac{2}{n+1}}\geqslant\left(\frac{2^n}{n+1}\right)^{\frac{1}{2}}\cdot n!\ V(\sum\nolimits_{P(n+1)})$$

其中等号当且仅当$\sum_{P(n+1)}$正则时成立.

$$\begin{aligned}&(n+1)\sum_{i=0}^{n}l_i^2\\ \geqslant&\frac{1}{2}n(n+1)\left(\prod_{0\leqslant i<j\leqslant n}\rho_{ij}^2\right)^{\frac{2}{n(n+1)}}\\ \geqslant&\frac{1}{2}n(n+1)\left(\frac{2^n}{n+1}\right)^{\frac{1}{n}}\left[n!\ V(\sum\nolimits_{P(n+1)})\right]^{\frac{2}{n}}\end{aligned}$$

或

$$V(\sum\nolimits_{P(n+1)})\leqslant\frac{(n+1)^{\frac{1}{2}}}{n!\ \cdot n^{\frac{n}{2}}}\left(\sum_{i=0}^{n}l_i^2\right)^{\frac{n}{2}}$$

再注意到式(9.6.1),由这两个不等式,便证得式(9.15.1).其中等号成立的条件由证明过程即推得.

在此,顺便指出,取 D 为$\sum_{P(n+1)}$的外心 O,取 M 为$\sum_{P(n+1)}$的内心 I,则 $l_i=R_n,d_i=r_n(i=0,\cdots,n)$分别为单形$\sum_{P(n+1)}$的外接球半径与内切球半径,于是立即得到式(9.10.1):$R_n\geqslant nr_n$.

定理 9.15.2 设 M 是 E^n 中任意一点,E^n 中的 n 维单形$\sum_{P(n+1)}=\{P_0,P_1,\cdots,P_n\}$的侧面($n-1$ 维单形)为f_i($i=0,1,\cdots,n$,为顶点 P_i 所对的面).若 M 到顶点 P_i 的距离 MP_i 记为 l_i,M 到侧面f_i 所在超平面的距离 MH_i 记为$d_i(i=0,1,\cdots,n)$,f_i 的体积记为$|f_i|$,则[163]

$$\sum_{i=0}^{n}|f_i|\cdot l_i\geqslant n\sum_{i=0}^{n}|f_i|d_i\qquad(9.15.2)$$

其中等号当且仅当 M 是单形$\sum_{P(n+1)}$的重心(存在)时成立.

证明 设单形$\sum_{P(n+1)}$的高线为 $P_iD_i=h_i(i=0,$

$1,\cdots,n,D_i$ 为 P_i 在它所对侧面上的射影)，则 $\sum_{P(n+1)}$ 的体积 $V(\sum_{P(n+1)})$ 由式(5.2.2)，为

$$V(\textstyle\sum_{P(n+1)})=\dfrac{1}{n}|f_i|\cdot h_i\quad(i=0,1,\cdots,n)$$

从而
$$(n+1)V(\textstyle\sum_{P(n+1)})=\dfrac{1}{n}\sum\limits_{i=0}^{n}|f_i|\cdot h_i$$

我们注意到，$P_iD_i\leqslant P_iH_i\leqslant MP_i+MH_i(i=0,1,\cdots,n)$，其中等号当且仅当 $\sum_{P(n+1)}$ 正则，M 为其重心时成立，或 $\sum_{P(n+1)}$ 有垂心时，M 为其垂心时成立. 即

$$h_i\leqslant l_i+d_i\quad(i=0,1,\cdots,n)$$

则
$$n(n+1)V(\textstyle\sum_{P(n+1)})\leqslant\sum\limits_{i=0}^{n}|f_i|\cdot(l_i+d_i)$$

但
$$nV(\textstyle\sum_{P(n+1)})=\sum\limits_{i=0}^{n}|f_i|\cdot d_i$$

故
$$\sum_{i=0}^{n}|f_i|\cdot l_i\geqslant n\sum_{i=0}^{n}|f_i|d_i$$

其中等号成立的条件由推证过程即得.

由定理 9.15.2，我们有如下推论：

推论 1　在定理 9.15.2 的条件下，若 M 是 n 维单形 $\sum_{P(n+1)}$ 的外接超球球心，则 $l_0=l_1=\cdots l_n=R_n$(外接超球半径)，且

$$R_n\geqslant n\cdot\sum_{i=0}^{n}\frac{|f_i|}{\sum\limits_{i=0}^{n}|f_i|}d_i\tag{9.15.3}$$

其中等号当且仅当单形 $\sum_{P(n+1)}$ 正则时成立.

推论 2　在定理 9.15.2 的条件下，若 M 是 n 维单形 $\sum_{P(n+1)}$ 的内切超球球心，则 $d_0=d_1=\cdots=d_n=r_n$ (内切超球半径)，且

$$r_n\leqslant\frac{1}{n}\cdot\sum_{i=0}^{n}\frac{|f_i|}{\sum\limits_{i=0}^{n}|f_i|}l_i\tag{9.15.4}$$

其中等号当且仅当单形 $\sum_{P(n+1)}$ 正则时成立.

推论 3 在定理 9.15.2 的条件下，若 n 维单形 $\sum_{P(n+1)}$ 的所有侧面 $n-1$ 维体积相等，即 $|f_i|=|f_j|(i,j=0,1,\cdots,n)$，则

$$\sum_{i=0}^{n} l_i \geqslant n\sum_{i=0}^{n} d_i \tag{9.15.5}$$

其中等号对于正则单形 $\sum_{P(n+1)}$ 总是成立的，对于有全等边界的单形（此时为 $|f_i|=|f_j|$）也是成立的.

在三角形中，涉及其内一点的有关线段，还有著名的 Child 不等式：

设 $\triangle P_0P_1P_2$ 内任一点 M 到三顶点的距离为 $l_i(i=0,1,2)$，点 M 到三边的距离为 $d_i(i=0,1,2)$，则

$$l_0l_1l_2 \geqslant 2^3 d_0d_1d_2 \tag{9.15.6}$$

当 $\triangle P_0P_1P_2$ 为正三角形且 M 为其内心时等号成立.

式(9.15.6)也可以看作是式(9.12.1)的推广.

式(9.15.6)与式(9.15.34)可以看成是一对对偶式.

下面介绍式(9.15.6)的高维推广.

定理 9.15.3 设 M 为 E^n 中 n 维单形 $\sum_{P(n+1)}=\{P_0,P_1,\cdots,P_n\}$ 内部任一点，M 到各侧面 f_i 的距离为 d_i，记 $MP_i=l_i(i=0,1,\cdots,n)$，则[155]

$$\prod_{i=0}^{n} l_i \geqslant n^{n+1}\prod_{i=0}^{n} d_i \tag{9.15.7}$$

其中等号当且仅当单形 $\sum_{P(n+1)}$ 正则且 M 为内心时成立.

证明 我们可先证式(9.15.7)的加强式：记射线 P_iM 交侧面 f_i 于点 A_i，记 $MA_i=d_i'(i=0,1,\cdots,n)$，则

$$\prod_{i=0}^{n} l_i \geqslant n^{n+1}\prod_{i=0}^{n} d_i' \tag{9.15.8}$$

事实上，设单形 $\sum_{P_i(n+1)}=\{P_0,\cdots,P_{i-1},M,$

$P_{i+1},\cdots,P_n\}$ 的体积为 V_i，单形 $\sum_{P(n+1)}$ 的体积为 V_P，则 $V_P=\sum\limits_{i=0}^{n}V_i$.

又由于 $\frac{P_iA_i}{MA_i}=\frac{V_P}{V_i}(i=0,1,\cdots,n)$，由分比定理，有

$$\frac{P_iA_i-MA_i}{MA_i}=\frac{V_P-V_i}{V_i},\text{即}\frac{MP_i}{MA_i}=\frac{V_P-V_i}{V_i}=\frac{\sum\limits_{\substack{j=0\\j\neq i}}^{n}V_j}{V_i}$$

从而

$$\frac{l_i}{d_i'}=\frac{\sum\limits_{\substack{j=0\\j\neq i}}^{n}V_j}{V_i}\quad(i=0,1,\cdots,n)\qquad(9.15.9)$$

将上述 $n+1$ 个等式相乘，并利用均值不等式，得

$$\prod_{i=0}^{n}\frac{l_i}{d_i'}=\prod_{i=0}^{n}\left(\frac{\sum\limits_{\substack{j=0\\j\neq i}}^{n}V_j}{V_i}\right)\geqslant\prod_{i=0}^{n}\left(\frac{n\sum\limits_{\substack{j=0\\j\neq i}}^{n}V_j}{V_i}\right)=n^{n+1}$$

即得式(9.15.8)，等号成立条件也由此推得. 式(9.15.7)获证. 证毕.

如果注意到对任意非零实数 $x_i(i=0,1,\cdots,n)$，由 Cauchy 不等式，有

$$\sum_{i=0}^{n}x_i^2+\sum_{i=0}^{n}x_i^2\left(\frac{\sum\limits_{\substack{j=0\\j\neq i}}^{n}V_j}{V_i}\right)=\left(\sum_{i=0}^{n}\frac{x_i^2}{V_i}\right)\left(\sum_{i=0}^{n}V_i\right)\geqslant\left(\sum_{i=0}^{n}x_i\right)^2$$

再注意到式(9.15.9)，则有：

定理 9.15.4　在定理式(9.15.3)及式(9.15.8)的条件下，对于任意非零实数 $x_i(i=0,1,\cdots,n)$，有

$$\sum_{i=0}^{n}x_i^2\frac{d_i}{d_i'}\geqslant 2\sum_{0\leqslant i<j\leqslant n}x_ix_j\qquad(9.15.10)$$

其中等号当且仅当 $x_0:x_1:\cdots:x_n=V_0:V_1:\cdots:V_n$ 时成立.

在式(9.15.10)中,作置换 $x_i \to x_i \sqrt{\frac{d'_i}{l_i}}$ $(i=0,1,\cdots,n)$,则有:

推论1 $$\sum_{0\leqslant i<j\leqslant n} x_i x_j \sqrt{\frac{d'_i d'_j}{l_i l_j}} \leqslant \frac{1}{2}\sum_{i=0}^{n} x_i^2 \qquad (9.5.11)$$

其中等号当且仅当 $x_0 : \cdots : x_n = \sqrt{\frac{l_0}{d'_0}} V_0 : \cdots : \sqrt{\frac{l_n}{d'_n}} V_n$ 时成立.

在式(9.15.11)中,令 $x_0 = x_1 = \cdots = x_n$,则有:

推论2 $$\sum_{0\leqslant i<j\leqslant n} \sqrt{\frac{d'_i d'_j}{l_i l_j}} \leqslant \frac{1}{2}(n+1) \qquad (9.15.12)$$

其中等号当且仅当 $\sqrt{\frac{d'_0}{l_0}} : \cdots : \sqrt{\frac{d'_n}{l_n}} = V_0 : \cdots : V_n$ 时成立.

对式(9.15.12)左边运用均值不等式,即得式(9.15.8),因此式(9.15.11)与式(9.15.12)又是式(9.15.8)的进一步加强和推广.

在式(9.5.10)中,作置换 $x_i \to x_i \sqrt{d'_i}$ $(i=0,1,\cdots,n)$,则有:

推论3 $$\sum_{i=0}^{n} x_i^2 l_i \geqslant 2\sum_{0\leqslant i<j\leqslant n} x_i x_j \sqrt{d'_i d'_j} \qquad (9.15.13)$$

其中等号当且仅当 $x_0 : \cdots : x_n = \sqrt{\frac{V_0}{d'_0}} : \cdots : \sqrt{\frac{V_n}{d'_n}}$ 时成立.

又由式(9.15.9),对任意非零实数 x_i $(i=0,1,\cdots,n)$,运用 Cauchy 不等式,得

$$\begin{aligned}\sum_{i=0}^{n} x_i^2 \frac{d'_i}{l_i} &= \sum_{i=0}^{n} \frac{V_i}{V_P - V_i} x_i^2 \\ &= \frac{1}{n}\left[\sum_{i=0}^{n}(V_P - V_i)\right]\left[\sum_{i=0}^{n}\frac{x_i^2}{V_P - V_i}\right] - \sum_{i=0}^{n} x_i^2\end{aligned}$$

$$\geqslant\frac{1}{n}(\sum_{i=0}^{n}x_i)^2-\sum_{i=0}^{n}x_i^2$$

从而,便得:

定理 9.15.5　条件同定理 9.15.4,则

$$\sum_{i=0}^{n}x_i^2\frac{d_i'}{l_i}\geqslant\frac{1}{n}(\sum_{i=0}^{n}x_i)^2-\sum_{i=0}^{n}x_i^2\qquad(9.15.14)$$

等号当且仅当 $x_0:\cdots:x_n=(V_P-V_0):\cdots:(V_P-V_n)$ 时成立.

由式(9.15.14),并注意到 $\sum_{i=0}^{n}x_i^2+\sum_{i=0}^{n}x_i^2\frac{d_i'}{l_i}=\sum_{i=0}^{n}x_i^2\frac{l_i+d_i'}{l_i}$,有

推论 4

$$\sum_{i=0}^{n}x_i\frac{P_iA_i}{l_i}\geqslant\frac{1}{n}(\sum_{i=0}^{n}x_i)^2\qquad(9.15.15)$$

等号当且仅当 $x_0:\cdots:x_n=(V_P-V_1):\cdots:(V_P-V_n)$ 时成立.

下面继续讨论式(9.15.7)的推广.

定理 9.15.6　设 M 为 E^n 中的 n 维单形 $\sum_{P(n+1)}$ 内部任一点,M 到各界(侧)面的距离为 d_i,到各顶点的距离 $MP_i=l_i(i=0,1,\cdots,n)$,R_n,r_n 分别为单形 $\sum_{P(n+1)}$ 的外接、内切超球的半径,设 $\sum_{P(n+1)}$ 中所有对棱所成角的算术平均值为 φ,则[210]:

(1) $$\prod_{i=0}^{n}l_i\geqslant(\frac{R_n}{nr_n})^{\frac{1}{n^2}}\cdot n^{n+1}\cdot\prod_{i=0}^{n}d_i\qquad(9.15.16)$$

(2) $$\prod_{i=0}^{n}l_i\geqslant n^{n+1}\prod_{i=0}^{n}d_i^{\frac{1}{n}}(\frac{1}{n+1})^{\frac{n^2-1}{n^2}}\cdot(\sum_{i=0}^{n}\prod_{\substack{j=0\\j\neq i}}^{n}d_j)^{\frac{n^2-1}{n^2}}\qquad(9.15.17)$$

(3) $$\prod_{i=0}^{n}l_i\geqslant(\csc\varphi)^{\frac{n+1}{2}}\cdot n^{n+1}\prod_{i=0}^{n}d_i\qquad(9.15.18)$$

(4) 记 $F=\max\limits_{0\leqslant i\leqslant n}\{|f_i|\}$,$f=\min\limits_{0\leqslant i\leqslant n}\{|f_i|\}$,$|f_i|$ 为侧面

体积

$$\prod_{i=0}^{n} l_i \geqslant \left[1+\frac{(F-f)^2}{(n+1)F^2}\right]^{\frac{1}{2}} \cdot n^{n+1} \prod_{i=0}^{n} d_i \qquad (9.15.19)$$

以上不等式中等号当且仅当 $\sum_{P(n+1)}$ 正则，且 M 为 $\sum_{P(n+1)}$ 内心时取得.

证明 (1)由式(9.9.81)及式(9.8.11)得式(9.15.16).

(2)由式(9.9.81)及式(9.4.21)得式(9.15.17).

(3)由式(9.9.81)及式(9.6.5)得式(9.15.18).

(4)由式(9.9.81)及式(9.6.8)得式(9.15.19).

在式(9.15.17)，式(9.15.18)，式(9.15.19)中，分别注意到 Maclaurin 不等式有

$$\left(\frac{1}{n+1}\right)^{\frac{n^2-1}{n^2}} \left(\sum_{i=0}^{n} \prod_{\substack{j=0 \\ j\neq i}}^{n} d_j\right)^{\frac{n^2-1}{n^2}} \geqslant \left(\prod_{i=0}^{n} d_i\right)^{\frac{n-1}{n}}$$

$$(\csc \varphi)^{\frac{n+1}{2}} \geqslant 1, \left[1+\frac{(F-f)^2}{(n+1)F^2}\right]^{\frac{1}{2}} \geqslant 1$$

即知它们分别推广了式(9.15.7).

定理 9.15.6 有如下推论：

当 $d_i = r_n (i=0,1,\cdots,n)$ 时，则有：

推论 1 题设条件同定理 9.15.6，则：

(1) $$\prod_{i=0}^{n} l_i \geqslant \left(\frac{R_n}{nr_n}\right)^{\frac{1}{n^2}} \cdot n^{n+1} \cdot r_n^{n+1} \qquad (9.15.20)$$

(2) $$\prod_{i=0}^{n} l_i \geqslant n^{n+1} \cdot r_n^{n+1} \qquad (9.15.21)$$

(3) $$\prod_{i=0}^{n} l_i \geqslant (\csc \varphi)^{\frac{n+1}{2}} \cdot n^{n+1} \cdot r_n^{n+1} \qquad (9.15.22)$$

(4) $$\prod_{i=0}^{n} l_i \geqslant \left[1+\frac{(F-f)^2}{(n+1)F^2}\right]^{\frac{1}{2}} \cdot n^{n+1} \cdot r^{n+1} \qquad (9.15.23)$$

上述不等式中等号当且仅当$\sum_{P(n+1)}$正则时取得.

当$l_i = R_n(i=0,1,\cdots,n)$时,则有:

推论2　题设同定理9.15.6,则:

$$(1)R_n^{n+1} \geqslant \left(\frac{R_n}{nr_n}\right)^{\frac{1}{n^2}} \cdot n^{n+1} \cdot \prod_{i=0}^{n} d_i \tag{9.15.24}$$

$$(2)R_n^{n+1} \geqslant n^{n+1} \prod_{i=0}^{n} d_i^{\frac{1}{n}} \left(\frac{1}{n+1}\right)^{\frac{n^2-1}{n^2}} \cdot \left(\sum_{i=0}^{n} \prod_{\substack{j=0 \\ j\neq i}}^{n} d_j\right)^{\frac{n^2-1}{n^2}} \tag{9.15.25}$$

$$(3)R_n^{n+1} \geqslant (\csc \varphi)^{\frac{n+1}{2}} \cdot n^{n+1} \prod_{i=0}^{n} d_i \tag{9.15.26}$$

$$(4)R_n^{n+1} \geqslant \left[1 + \frac{(F-f)^2}{(n+1)F^2}\right]^{\frac{1}{2}} \cdot n^{n+1} \prod_{i=0}^{n} d_i \tag{9.15.27}$$

上述不等式中等号当且仅当$\sum_{P(n+1)}$正则时取得.

定理9.15.7　设M为E^n中n维单形$\sum_{P(n+1)}$内部任一点,M到各界(侧)面的距离为$d_i(i=0,1,\cdots,n)$,D是E^n中任一点,D与各顶点P_i的距离为$l_i(i=0,1,\cdots,n)$,G为$\sum_{P(n+1)}$的重心[211].

(1)记$\sum_{P(n+1)}$所有对棱所成角的算术平均值为φ,则

$$\frac{1}{n+1}\sum_{i=0}^{n} l_i^2 \geqslant \csc \varphi \cdot n^2 \left(\prod_{i=0}^{n} d_i\right)^{\frac{1}{n+1}} + DG^2 \tag{9.15.28}$$

(2)记$P_iP_j = \rho_{ij}$,$A = \max\limits_{0\leqslant i<j\leqslant n}\{\rho_{ij}\}$,$a = \min\limits_{0\leqslant i<j\leqslant n}\{\rho_{ij}\}$,$\delta_n = 1 + \dfrac{2(A-a)^2}{n(n+1)A^2}$,则

$$\frac{1}{n+1}\sum_{i=0}^{n} l_i^2 \geqslant \delta_n^{\frac{1}{n}} \cdot n^2 \left(\prod_{i=0}^{n} d_i\right)^{\frac{1}{n+1}} + DG^2 \tag{9.15.29}$$

其中两个不等式中等号当且仅当$\Sigma_{P(n+1)}$正则，且 M 为内心，D 为外心时取得.

证明 (1)由式(7.5.9)和算术－几何平均不等式，有

$$(n+1)\sum_{i=0}^{n} l_i^2-(n+1)^2 DG^2 \geqslant \frac{n(n+1)}{2}\left(\prod_{0\leqslant i<j\leqslant n}\rho_{ij}\right)^{\frac{2}{n(n+1)}} \qquad ①$$

由上式及式(9.5.9)，得

$$\begin{aligned}&(n+1)\sum_{i=0}^{n} l_i^2-(n+1)^2 DG^2\\ \geqslant&\frac{n(n+1)}{2}\cdot\csc\varphi\cdot\left(\frac{2^n n!^2}{n+1}\right)^{\frac{1}{n}}\cdot V_P^{\frac{2}{n}}\end{aligned} \qquad ②$$

由式②和式(9.8.1)，得式(9.15.28).

(2)由式①及式(9.5.10)，得

$$\sum_{i=0}^{n} l_i^2-(n+1)^2 DG^2 \geqslant \frac{n(n+1)}{2}\cdot\delta_n^{\frac{1}{n}}\cdot\left(\frac{2^n n!^2}{n+1}\right)^{\frac{1}{n}}\cdot V_P^{\frac{2}{n}}$$

由上式及式(9.8.1)，得式(9.15.29).

由证明过程可推知不等式中等号成立的条件.

推论 题设同定理 9.15.7，且 $l_i=R_n, d_i=r_n(i=0,1,\cdots,n)$，则：

(1) $$R_n^2\geqslant\csc\varphi\cdot n^2 r_n^2+OG^2 \qquad (9.15.30)$$

(2) $$R_n^2\geqslant\delta_n^{\frac{1}{n}}\cdot n^2 r_n^2+OG^2 \qquad (9.15.31)$$

(3) $$R_n^2\geqslant(\csc\varphi)^{\frac{1}{n-1}}\cdot n^2 r_n^2+OI^2 \qquad (9.15.32)$$

(4) $$R_n^2\geqslant\delta_n^{\frac{1}{n(n-1)}}\cdot n^2 r_n^2+OI^2 \qquad (9.15.33)$$

其中 O,I,G 分别为$\Sigma_{P(n+1)}$的外心、内心、重心，等号当且仅当$\Sigma_{P(n+1)}$正则时取得.

下面，讨论著名的 Erdös-Mordell 不等式的高维推广.

1935 年，Erdös(埃道什)提出了：

设 P 为 $\triangle ABC$ 内部或边上一点，P 到三边的距离为 PD,PE,PF，则有

$$PA+PB+PC\geqslant 2(PD+PE+PF) \tag{9.15.34}$$

Mordel(莫迪尔)于 1937 年给了这个不等式的证明. 因此，这个不等式常被称作 Erdös-Mordell 不等式.

因为 $\triangle ABC$ 的形状是任意的，点 P 的选取也是任意的，因此(9.15.34)是很强的，由它可以推导出许多新的不等式(略).

从前面的定理 7.10.4 中式(7.10.8)可知，式(9.15.34)的高维推广对于单形内的费马点已经成立. 但是对于单形 $\sum_{P(n+1)}=\{P_0,P_1,\cdots,P_n\}$ 的内部或侧面上任一点 M，不等式

$$\sum_{i=0}^{n}|MP_i|\geqslant\sum_{i=0}^{n}|MH_i|$$

并不成立，其中 H_i 是点 M 在顶点 P_i 所对应的侧面 f_i 上的射影. 例如，对于高为 $2\sqrt{3}$，侧棱长皆为 $2\sqrt{7}$ 的正三棱锥，其底面中心 M 到各侧面的距离为 $\sqrt{3}$，$\sum\limits_{i=0}^{3}|MP_i|=2\sqrt{3}+12\ngeqslant 3\sum\limits_{i=0}^{3}|MH_i|=9\sqrt{3}$.

前面的定理 9.15.2，可以说是式(9.15.34)的高维类似推广.

对于式(9.15.34)，在限定某些条件下，有如下高维推广：

定理 9.15.8　设点 M 为 E^n 中单形 $\sum_{P(n+1)}=\{P_0,P_1,\cdots,P_n\}$ 内部或侧面上任一点，射线 P_iM 交侧面 f_i(顶点 P_i 所对应的侧面)于 Q_i，则当且仅当

$$\sum_{0\leqslant i<j\leqslant n}(|P_iQ_i|-|P_jQ_j|)\left(\frac{|MQ_j|}{|P_jQ_j|}-\frac{|MQ_i|}{|P_iQ_i|}\right)\geqslant 0$$

时，有[100]

$$\sum_{i=0}^{n}|MP_i| \geqslant n\sum_{i=0}^{n}|MQ_i| \qquad (9.15.35)$$

证明 设 n 维单形 $\sum_{P_i(n+1)}=\{P_0,\cdots,P_{i-1},M,P_{i+1},\cdots,P_n\}$ 的 n 维体积为 $V(\sum_{P_i(n+1)})$，单形 $\sum_{P(n+1)}=\{P_0,P_1,\cdots,P_n\}$ 的体积为 $V(\sum_{P(n+1)})$，记 $|P_iQ_i|=l_i,|MQ_i|=q_i(i=0,1,\cdots,n)$，则有

$$\sum_{i=0}^{n}V(\sum_{P_i(n+1)})=V(\sum_{P(n+1)})$$

$$\frac{V(\sum_{P_i(n+1)})}{V(\sum_{P(n+1)})}=\frac{|MQ_i|}{|P_iQ_i|}=\frac{q_i}{l_i}$$

从而 $\sum_{i=0}^{n}\frac{q_i}{l_i}=1$.

运用恒等式

$$\sum_{i=0}^{n}p_ix_iy_i\cdot\sum_{j=0}^{n}p_j-\sum p_ix_i\cdot\sum_{j=0}^{n}p_jy_j\equiv\sum_{i<j}p_ip_j(x_i-x_j)(y_i-y_j)$$

有

$$\begin{aligned}\sum_{j=0}^{n}l_i&=\sum_{i=0}^{n}l_i\cdot\sum_{i=0}^{n}\frac{q_i}{l_i}\\&=(n+1)\sum_{i=0}^{n}l_i\frac{q_i}{l_i}-\sum_{0\leqslant i<j\leqslant n}(l_i-l_j)(\frac{q_i}{l_i}-\frac{q_j}{l_j})\\&\geqslant(n+1)\sum_{i=0}^{n}q_i\end{aligned}$$

即 $\sum_{j=0}^{n}|P_jQ_j|\geqslant(n+1)\sum_{i=0}^{n}|MQ_i|$.

将 $|P_jQ_j|=|P_jM|+|MQ_j|$ 代入，便知命题成立. 证毕.

运用(9.6.3)式，可建立两个非线性的 Erdös-Mordell 型不等式[162]：

定理 9.15.9 设点 M 为 E^n 中单形 $\sum_{P(n+1)}=\{P_0,\cdots,P_n\}$ 内任一点，M 到 $\sum_{P(n+1)}$ 的 $n-1$ 维界面（侧面）的距离为 d_i，记 $|P_iM|=l_i(i=0,\cdots,n)$，引入 k

阶对称平均数的记号 $\delta_{n+1}^{(k)}$，则：

(1) $$\delta_{n+1}^{(1)}(l_i) \geqslant n\delta_{n+1}^{(n)}(d_i) \tag{9.15.36}$$

(2) $$\delta_{n+1}^{(1)}(l_i) \cdot \delta_{n+1}^{(n)}(l_i) \geqslant n^2 \cdot [\delta_{n+1}^{(n)}(d_i)]^2 \tag{9.15.37}$$

其中等号均当且仅当 $\sum_{P(n+1)}$ 正则且 M 是其中心时成立.

证明　过顶点 P_i 作以向量 $\boldsymbol{e}_i = \dfrac{\overrightarrow{P_iM}}{|\overrightarrow{P_iM}|}$ 为法向量的 $n-1$ 维超平面 $\pi_i(i=0,1,\cdots,n)$. 由于 $\boldsymbol{e}_i(i=0,1,\cdots,n)$ 中任 n 个线性无关，对 $\pi_0,\pi_1,\cdots,\pi_n$ 的线性方程用 Gramer 法，则易知 $\pi_0,\pi_1,\cdots,\pi_n$ 中的任意 n 个超面有唯一的公共点. 设 $\pi_0,\cdots,\pi_{i-1},\pi_{i+1},\cdots,\pi_n$ 的公共点为 P_i'，则 $P_0',P_1',\cdots,P_n'$ 生成的一个新的单形 $\sum_{P'(n+1)}$.

设 $\theta_{i_n}^*$ 是单形 $\sum_{P'(n+1)}$ 在顶点 P_i' 处的 n 级顶点角，$\langle i,j\rangle'$ 是 π_i,π_j 所成的内二面角，$\widehat{i,j}$ 是向量 $\boldsymbol{e}_i',\boldsymbol{e}_j'$ 的夹角，则 $\langle i,j\rangle' = \pi - \widehat{i,j}$. 由式(5.1.5)有

$$\sin^2\theta_{i_n}^* = \det\begin{vmatrix} 1 & & -\cos\langle r,s\rangle' \\ & \ddots & \\ -\cos\langle r,s\rangle' & & 1 \end{vmatrix}_{r,s\neq i}$$

$$= \det\begin{pmatrix} 1 & & -\cos\widehat{r,s} \\ & \ddots & \\ -\cos\widehat{r,s} & & 1 \end{pmatrix}_{r,s\neq i}$$

设由顶点集 $\{P_0,\cdots,P_{i-1},M,P_{i+1},\cdots,P_n\}$ 生成的单形 $\sum_{P_i(n+1)}$ 的体积为 $V(\sum_{P_i(n+1)})$，则由上式及式(5.2.3)，有

$$V(\textstyle\sum_{P_i(n+1)})$$

$$=\frac{1}{n!}\prod_{j\neq i}|\overrightarrow{MP_j}|\cdot\det^{\frac{1}{2}}\begin{vmatrix}1 & & -\cos\widehat{r,s}\\ & \ddots & \\ -\cos\widehat{r,s} & & 1\end{vmatrix}$$

$$=\frac{1}{n!}(\prod_{j\neq i}l_j)\cdot\sin\theta_{i_n}^{*}\tag{9.15.38}$$

注意到 $\sum_{P(n+1)}=\sum_{P_0(n+1)}\cup\sum_{P_1(n+1)}\cup\cdots\cup\sum_{P_n(n+1)}$，有

$$V(\sum_{P(n+1)})=\sum_{i=0}^{n}V(\sum_{P_i(n+1)})=\frac{1}{n!}\sum_{i=0}^{n}(\prod_{j=0}l_j)\cdot\sin\theta_{i_n}^{*}$$

对上式右端用不等式(9.6.3′)，可得

$$V(\sum_{P(n+1)})\leqslant\frac{(\sum_{i=0}^{n}l_i)^{\frac{n}{2}}\cdot(\sum_{i=0}^{n}(\prod_{j\neq i}l_j)^{\frac{1}{2}}}{n^{\frac{1}{2}}n!}$$

这样，综合不等式(9.6.3)和(9.15.38)，整理变形即得定理9.15.9中式(9.15.36)，再由对称平均数的基本性质，易推得定理9.15.9中式(9.15.37).

定理 9.15.10　设 M 为 E^n 中 n 维单形 $\sum_{P(n+1)}$ 内部任一点，M 到界(侧)面 f_i 的距离为 d_i，界面 f_i 上的高为 $h_i(i=0,1,\cdots,n)$，记 $V(\sum_{P(n+1)})=V_P$，则对于 $0<\alpha\leqslant1$，有[207]：

$$(1)\sum_{i=0}^{n}\prod_{\substack{j=0\\ j\neq i}}^{n}(h_j-d_j)^{\alpha}\leqslant(n+1)\left[\frac{n^n\cdot n!^2}{(n+1)^{n+1}}\right]^{\frac{\alpha}{2}}\cdot V_P{}^{\alpha}\tag{9.15.39}$$

$$(2)\sum_{i=0}^{n}\prod_{\substack{j=0\\ j\neq i}}^{n}(h_j+d_j)^{\alpha}\leqslant(n+1)\left[\frac{(n+2)^{2\alpha}\cdot n!^2}{(n+1)^{n+1}\cdot n^n}\right]^{\frac{\alpha}{2}}\cdot V_P{}^{\alpha}\tag{9.15.40}$$

证明　仅证(2). 由式(9.4.23)，令 $\lambda_i=(h_i+d_i)^{\alpha}(i=0,1,\cdots,n)$，则

$$
\begin{aligned}
&(nV_P)^{n\alpha}\left[\sum_{i=0}^{n}(1+\lambda_i)^{\alpha}\right]^n\\
\geqslant&(n+1)^{\frac{(n-1)(2-\alpha)}{2}}\cdot\left(\frac{n^{3n}}{n!^2}\right)^{\frac{\alpha}{2}}\cdot V_P^{(n-1)\alpha}\cdot\\
&\left[\sum_{i=0}^{n}\prod_{\substack{j=0\\ j\neq i}}^{n}(h_j+d_j)^{\alpha}\right]
\end{aligned}
$$

从而

$$
\begin{aligned}
&\sum_{i=0}^{n}\prod_{\substack{j=0\\ j\neq i}}^{n}(h_j+d_j)^{\alpha}\\
\leqslant&(n+1)^{\frac{(n-1)(2-\alpha)}{2}}\cdot\left(\frac{n!^2}{n^n}\right)^{\frac{\alpha}{2}}\cdot V_P^{\alpha}\left[\sum(1+\lambda_i)^{\alpha}\right]^n\\
\leqslant&(n+1)^{\frac{(n-1)(2-\alpha)}{2}}\cdot\left(\frac{n!^2}{n^n}\right)^{\frac{\alpha}{2}}\cdot V_P^{\alpha}\cdot(n+1)^{(1-\alpha)n}\cdot\\
&\left[\sum(1+\lambda_i)\right]^{n\alpha}\\
=&(n+1)\left[\frac{(n+2)^{2n}\cdot n!^2}{(n+1)^{n+1}\cdot n^n}\right]^{\frac{\alpha}{2}}\cdot V_P^{\alpha}
\end{aligned}
$$

其中等号成立条件可推之为 $\sum_{P(n+1)}$ 正则,且 M 为其中心.

定理 9.15.11　设 M 为 E^n 中 n 维单形 $\sum_{P(n+1)}$ 内部任意一点,直线 P_iM 交 $\sum_{P(n+1)}$ 的界(侧)面 f_i 于点 Q_i,记 $MP_i=l_i$, $MQ_i=d'_i(i=0,1,\cdots,n)$,则[209]:

(1)
$$\sum_{i=0}^{n}\frac{l_i}{d'_i}\geqslant n(n+1)\tag{9.15.41}$$

(2)
$$\sum_{i=0}^{n}\frac{d'_i}{l_i}\geqslant\frac{n+1}{n}\tag{9.15.42}$$

其中不等式中等号成立的条件是点 M 为 $\sum_{P(n+1)}$ 的重心.

证明　(1)设点 M 到单形 $\sum_{P(n+1)}$ 的侧(界)面 f_i 的距离为 $d_i(i=0,1,\cdots,n)$,单形 $\sum_{P_i(n+1)}=\{M,P_0,\cdots,P_{i-1},P_{i+1},\cdots,P_n\}$ 的体积为 $V_i(i=0,1,\cdots,n)$.

由于点 M 在 $\sum_{P(n+1)}$ 的内部，则 $\sum_{i=0}^{n} V_i = V_P$.

如图 9.15－1 所示，同一直线上两线段的比 $\frac{P_iM}{MQ_i}$ 等于 P_iM 与 MQ_i 在单形 $\sum_{P(n+1)}$ 的界(侧)面 f_i 上的高 h_i 上射影比，即

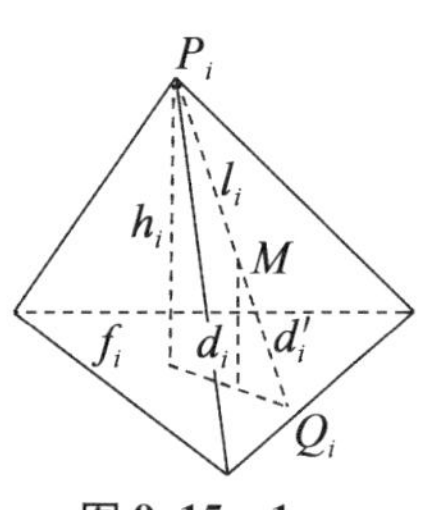

图 9.15－1

$$\frac{l_i}{d_i'}=\frac{P_iM}{MQ_i}=\frac{h_i-d_i}{d_i}$$

$$=\frac{\frac{1}{n}h_i|f_i|-\frac{1}{n}d_i|f_i|}{\frac{1}{n}d_i|f_i|}=\frac{V_P-V_i}{V_i}=\frac{V_P}{V_i}-1$$

从而，有

$$\sum_{i=0}^{n}\frac{l_i}{d_i'}=V_P\cdot\sum_{i=0}^{n}\frac{1}{V_i}-(n+1)=\sum_{i=0}^{n}V_i\cdot\sum\frac{1}{V_i}-(n+1)$$

不失一般性，不妨设 $V_0\leqslant V_1\leqslant\cdots\leqslant V_n$，从而 $\frac{1}{V_0}\geqslant\frac{1}{V_1}\geqslant\cdots\geqslant\frac{1}{V_n}$，对上式应用 Chebyshev 不等式，或直接由 Cauchy 不等式，有

$$\sum_{i=0}^{n}\frac{l_i}{d_i'}\geqslant\left(\sum_{i=0}^{n}V_i\cdot\frac{1}{V_i}\right)^n-(n+1)=n(n+1)$$

(2)同(1)有同一直线上两线段 MQ_i 与 P_iQ_i 之比等于它们在界(侧)面上 f_i 的高线 h_i 上的射影比，即

$$\frac{d_i'}{P_iQ_i}=\frac{d_i}{h_i}=\frac{\frac{1}{n}d_i|f_i|}{\frac{1}{n}h_i|f_i|}=\frac{V_i}{V_p}$$

而
$$\frac{d_i'}{l_i}=\frac{d_i'}{P_iQ_i-d_i'}=\frac{1}{\frac{P_iQ_i}{d_i'}-1}=\frac{1}{\frac{V_P}{V_i}-1}=\frac{V_i}{V_P-V_i}$$

运用 Cauchy 不等式或假设大小顺序后应用 Chebyshev 不等式，有

$$\begin{aligned}\sum_{i=0}^{n}\frac{d_i'}{l_i}&=\sum_{i=0}^{n}\frac{V_i}{V_P-V_i}=\sum_{i=0}^{n}\left(\frac{V_i}{V_P-V_i}+1\right)-(n-1)\\&=V_P\sum_{i=0}^{n}\frac{1}{V_P-V_i}-(n+1)\\&=\frac{1}{n}\left[\sum_{i=0}^{n}(V_P-V_i)\right]\cdot\sum_{i=0}^{n}\frac{1}{V_P-V_i}-(n+1)\\&\geqslant\frac{1}{n}(n+1)^2-(n+1)\\&=\frac{n+1}{n}\end{aligned}$$

由上述推导过程知，所证不等式中等号成立的条件是 M 为 $\sum_{P(n+1)}$ 的重心.

§9.16　单形棱长之间的不等式

在 $\triangle A_1A_2A_3$ 中，记顶点 A_i 所对的边为 $a_i(i=1,2,3)$，边长之间有如下几个著名的不等式：

（Ⅰ）Wood 不等式（1938 年）

$$\begin{aligned}&3(a_2a_3+a_3a_1+a_1a_2)\\&\leqslant(a_1+a_2+a_3)^2\\&\leqslant4(a_2a_3+a_3a_1+a_1a_2)\end{aligned}\qquad(9.16.1)$$

（Ⅱ）Nasbitt-Petrovic 不等式（1903 年）：设 x 为任一非负实数，记 $p=\frac{1}{2}(a_1+a_2+a_3)$，则

$$\frac{3(3x+2)}{4}\leqslant\frac{px+a_1}{a_2+a_3}+\frac{px+a_2}{a_3+a_1}+\frac{px+a_3}{a_1+a_2}\leqslant\frac{5x+4}{2}\qquad(9.16.2)$$

(Ⅲ) A. M. Nasbitt 不等式(1903 年)

$$\frac{3}{2}\leqslant\frac{a_1}{a_2+a_3}+\frac{a_2}{a_3+a_1}+\frac{a_3}{a_1+a_2}<2 \quad (9.16.3)$$

这些不等式均可以推广到高维欧氏空间中去.

定理 9.16.1 设 E^n 中的 n 维单形 $\sum_{P(n+1)}$ 的棱长分别为 $a_i(i=1,2,\cdots,N,N=\frac{n(n+1)}{2})$，则当 $n>2$ 时，有[212]

$$\frac{2N}{N-1}\leqslant\frac{(\sum_{i=1}^{N}a_i)^2}{\sum_{i=1}^{N}(a_i\sum_{i<k}^{N}a_k)}\leqslant\frac{2n}{n-1} \qquad (9.16.4)$$

证明 记 $Z=(z_1,z_2,\cdots,z_N)$ 且令 $F(z)=\frac{(\sum_{i=1}^{N}z_i)^2}{\sum_{i=1}^{N}(z_i\sum_{i<k}^{N}z_k)}$.

显然，$F(z)$ 是 $\mathbf{R}_+^n$ 上连续可微的对称函数，又因

$$\frac{\partial F(z)}{\partial z_i}=\frac{2(\sum_{k=1}^{N}z_k)\cdot\sum_{i=1}^{N}(z_i\sum_{i<k}^{N}z_k)-(\sum_{k=1}^{N}z_k)^2\cdot(\sum_{k\neq i}^{N}z_k)}{[\sum_{i=1}^{N}(z_i\sum_{i<k}^{N}z_k)]^2}$$

$$\frac{\partial F(z)}{\partial z_j}=\frac{2(\sum_{k=1}^{N}z_k)\cdot\sum_{j=1}^{N}(z_j\sum_{i<k}^{N}z_k)-(\sum_{k=1}^{N}z_k)^2\cdot(\sum_{k\neq j}^{N}z_k)}{[\sum_{j=1}^{N}(z_i\sum_{j<k}^{N}z_k)]^2}$$

此时

$$\frac{\partial F(z)}{\partial z_i}-\frac{\partial F(z)}{\partial z_j}$$
$$=\frac{(\sum_{k=1}^{N}z_k)^2(\sum_{k\neq j}^{N}z_k)-(\sum_{k=1}^{N}z_k)^2(\sum_{k\neq i}^{N}z_k)}{[\sum_{i=1}^{N}(z_i\sum_{i<k}^{N}z_k)]^2}=\frac{(\sum_{k=1}^{N}z_k)^2(z_i-z_j)}{[\sum_{i=1}^{N}(z_i\sum_{i<k}^{N}z_k)]^2}$$

故对所有 $i\neq j$，有 $(z_i-z_j)\left(\dfrac{\partial F(z)}{\partial z_i}-\dfrac{\partial F(z)}{\partial z_j}\right)\geqslant 0.$

由定义 9.9.1、定义 9.9.2 及其结论，知 $F(z)$ 在 $\mathbf{R}^n_+$ 上舒尔凸的，且有

$$F\left(\frac{np}{N},\cdots,\frac{np}{N}\right)<F(a_1,\cdots,a_N)<F(\underbrace{p,\cdots,p}_{n},0,\cdots,0) \tag{$*$}$$

而

$$F\left(\frac{np}{N},\cdots,\frac{np}{N}\right)=\frac{\left(N\cdot\dfrac{np}{N}\right)^2}{\dfrac{N(N-1)}{2}\left(\dfrac{np}{N}\right)^2}=\frac{2N}{N-1},p=\frac{1}{n}\sum_{i=1}^{N}a_i$$

$$F(a_1,\cdots,a_N)=\frac{(\sum\limits_{i=1}^{N}a_i)^2}{\sum\limits_{i=1}^{N}(a_i\sum\limits_{i<k}a_k)}=\frac{(\sum\limits_{i=1}^{N}a_i)^2}{\sum\limits_{1\leqslant i<j\leqslant N}a_ia_j}$$

$$F(\underbrace{p,\cdots,p}_{n},0,\cdots,0)=\frac{2n}{n-1}$$

故由式$(*)$，即知式(9.16.4)成立.

对于式(9.16.4)，当 $n=2$ 时，$N=3$，即为式(9.16.1).

当 $n=3$ 时，$N=6$ 时，可得关于四面体的不等式

$$\frac{12}{5}\leqslant\frac{(\sum\limits_{i=1}^{6}a_i)^2}{\sum\limits_{1\leqslant i<j\leqslant 6}a_ia_j}\leqslant 3 \tag{9.16.5}$$

定理 9.16.2　设 E^n 中的 n 维单形 $\sum_{P(n+1)}$ 的棱长分别为 $a_i(i=1,2,\cdots,N,N=\frac{1}{2}n(n+1))$，$p=\frac{1}{n}\sum\limits_{i=1}^{N}a_i$ $(n>2)$，则对任意非负实数 x，有[213]

$$\frac{N^2}{n(N-1)}\left(x+\frac{n}{N}\right)\leqslant\sum_{k=1}^{N}\frac{px+a_k}{\sum\limits_{\substack{i=1\\i\neq k}}^{N}a_i}\leqslant\frac{N-n}{n}+\frac{n}{n-1}(x+1)\tag{9.16.6}$$

证明 记 $Z=(z_1,z_2,\cdots,z_N)$，且令

$$F(z)=\frac{1}{n}x\left(\sum_{i=1}^{N}z_i\right)\cdot\sum_{j=1}^{N}\frac{1}{\sum\limits_{\substack{k=1\\k\neq j}}^{N}z_k}+\sum_{j=1}^{N}\frac{z_j}{\sum\limits_{\substack{k=1\\k\neq j}}^{N}z_k}$$

显然，$F(z)$ 是 $\mathbf{R}_+^n$ 上连续可数的对称函数. 又因

$$\frac{\partial F(z)}{\partial z_i}=\frac{x}{n}\left[\sum_{k=1}^{N}\frac{1}{\sum\limits_{\substack{i=1\\i\neq k}}^{N}z_i}-\sum_{k=1}^{N}z_k\cdot\sum_{\substack{k=1\\k\neq i}}^{N}\frac{1}{\left(\sum\limits_{\substack{l=1\\l\neq k}}^{N}z_l\right)^2}\right]+\frac{1}{\sum\limits_{\substack{k=1\\k\neq i}}^{N}z_k}-\sum_{\substack{k=1\\k\neq i}}^{n}\frac{z_k}{\sum\limits_{\substack{l=1\\l\neq k}}^{N}z_l}$$

此时

$$\frac{\partial F(z)}{\partial x_i}-\frac{\partial F(z)}{\partial x_j}$$

$$=\frac{x}{n}\cdot\sum_{k=1}^{N}z_k\cdot\frac{\sum\limits_{k=1}^{N}\sum\limits_{\substack{l=1\\l\neq k}}^{N}z_l}{\prod\limits_{k=1}^{N}\left(\sum\limits_{\substack{l=1\\l\neq k}}^{N}z_l\right)^2}(z_i-z_j)+\frac{z_i-z_j}{\prod\limits_{k=1}^{N}\sum\limits_{\substack{l=1\\l\neq k}}^{N}z_l}+$$

$$\frac{\left(\sum\limits_{\substack{k=1\\k\neq i}}^{N}z_k\right)^2z_i-\left(\sum\limits_{\substack{k=1\\k\neq j}}^{N}z_k\right)^2z_j}{\prod\limits_{k=1}^{N}\left(\sum\limits_{\substack{l=1\\l\neq k}}^{N}z_l\right)^2}$$

$$=\frac{x}{n}\cdot\sum_{k=1}^{N}z_k\cdot\frac{\sum\limits_{k=1}^{N}\sum\limits_{\substack{l=1\\l\neq k}}^{N}z_l}{\prod\limits_{k=1}^{N}\left(\sum\limits_{\substack{l=1\\l\neq k}}^{N}z_l\right)^2}(z_i-z_j)+$$

$$\frac{(z_i-z_j)[2\sum_{k=1,k\neq i,j}^{N}z_k+z_i\sum_{\substack{k=1\\k\neq i}}^{N}z_k+z_j\sum_{\substack{k=1\\k\neq j}}^{N}z_k}{\prod_{k=1}^{N}(\sum_{\substack{l=1\\l\neq k}}^{N}z_l)^2}$$

故对所有 $i\neq j,(z_i-z_j)\left(\frac{\partial F(z)}{\partial z_i}-\frac{\partial F(z)}{\partial z_j}\right)\geqslant 0$.

由定义 9.9.1、定义 9.9.2 及其结论，知 $F(z)$ 在 $\mathbf{R}_+^n$ 上是舒尔凸的，有

$$F\left(\frac{np}{N},\cdots,\frac{np}{N}\right)<F(a_1,\cdots,a_N)<F(\underbrace{p,\cdots,p}_{n},0,\cdots,0) \tag{$*$}$$

而

$$F\left(\frac{np}{N},\cdots,\frac{np}{N}\right)=\frac{N^2}{n(N-1)}\left(x+\frac{n}{N}\right)$$

$$F(a_1,\cdots,a_n)=\sum_{k=1}^{N}\frac{px+a_k}{\sum_{\substack{i=1\\i\neq k}}^{N}a_i}$$

$$F(\underbrace{p,\cdots,p}_{n},0,\cdots,0)=x\left(\frac{N-n}{n}+\frac{n}{n-1}\right)+\frac{n}{n-1}$$

将上述各式代入式($*$)，即得式(9.16.6).

对于式(9.16.6)，当 $n=2$ 时，$N=3$，即得式(9.16.2).

当 $n=3$ 时，$N=6$，可得关于四面体的不等式

$$\frac{12}{5}(x+\frac{1}{2})\leqslant\frac{px+a_1}{a_2+\cdots+a_6}+\cdots+\frac{px+a_6}{a_1+\cdots+a_5}\leqslant\frac{3}{2}x+\frac{5}{2} \tag{9.16.7}$$

定理 9.16.3　设 E^n 中的 n 维单形 $\sum_{P(n+1)}$ 的棱长 $P_iP_j=\rho_{ij}$，令 $\rho=\sum_{0\leqslant i<j\leqslant n}\rho_{ij}$，则对实数 $\frac{\mathrm{C}_{n+1}^2-1}{\mathrm{C}_{n+1}^2}<\lambda\leqslant 1$，

有[214]

$$\frac{C_{n+1}^2}{(C_{n+1}^2-1)^\lambda}\leqslant\sum_{0\leqslant i<j\leqslant n}\left(\frac{\rho_{ij}}{\rho-\rho_{ij}}\right)^\lambda<\frac{n}{(n-1)^\lambda}\tag{9.16.8}$$

其中等号当且仅当$\Sigma_{P(n+1)}$正则时取得.

证明 应用算术 - 几何平均不等式,有

$$\begin{aligned}&\left(\frac{\rho_{ij}}{\rho-\rho_{ij}}\right)^\lambda\\&=\left[\frac{\rho_{ij}^{C_{n+1}^2-1}}{(\rho-\rho_{ij})^{C_{n+1}^2-1}}\right]^{\frac{\lambda}{C_{n+1}^2-1}}=\left[\frac{(C_{n+1}^2-1)\rho_{ij}^{C_{n+1}^2-1}}{(C_{n+1}^2-1)\rho_{ij}^{C_{n+1}^2-1}}\right]^{\frac{\lambda}{C_{n+1}^2-1}}\\&\geqslant\left[\frac{(C_{n+1}^2-1)\rho_{ij}^{C_{n+1}^2-1}}{\left(\frac{C_{n+1}^2-1}{C_{n+1}^2}\sum_{0\leqslant i<j\leqslant n}\rho_{ij}\right)^{C_{n+1}^2}}\right]^{\frac{\lambda}{C_{n+1}^2-1}}\\&=\frac{{C_{n+1}^2}^{\frac{\lambda C_{n+1}^2}{C_{n+1}^2-1}}}{(C_{n+1}^2-1)^\lambda}\cdot\left(\frac{\rho_{ij}}{\rho}\right)^{\frac{\lambda C_{n+1}^2}{C_{n+1}^2-1}}\end{aligned}$$

于是

$$\begin{aligned}&\sum_{0\leqslant i<j\leqslant n}\left(\frac{\rho_{ij}}{\rho-\rho_{ij}}\right)^\lambda\\&\geqslant\frac{{C_{n+1}^2}^{\frac{\lambda C_{n+1}^2}{C_{n+1}^2-1}}}{(C_{n+1}^2-1)^\lambda}\cdot\sum_{0\leqslant i<j\leqslant n}\left(\frac{\rho_{ij}}{\rho}\right)^{\frac{\lambda C_{n+1}^2}{C_{n+1}^2-1}}\\&\geqslant\frac{{C_{n+1}^2}^{\frac{\lambda C_{n+1}^2}{C_{n+1}^2-1}}}{(C_{n+1}^2-1)^\lambda}\cdot{C_{n+1}^2}^{1-\frac{\lambda C_{n+1}^2}{C_{n+1}^2-1}}\cdot\left(\sum_{0\leqslant i<j\leqslant n}\frac{\rho_{ij}}{\rho}\right)^{\frac{\lambda C_{n+1}^2}{C_{n+1}^2-1}}\\&=\frac{C_{n+1}^2}{(C_{n+1}^2-1)^\lambda}\end{aligned}\qquad ①$$

从证明过程知上式取等号当且仅当$\Sigma_{P(n+1)}$正则.

在单形$\Sigma_{P(n+1)}$中,以棱ρ_{ij}为边构成的三角形中,有

$$\rho_{ki}+\rho_{kj}>\rho_{ij}\quad(k=0,1,\cdots,n,k\neq i,k\neq j)$$

从而 $\rho=\sum_{0\leqslant i<j\leqslant n}\rho_{ij}>n\rho_{ij}$，即$\frac{\rho_{ij}}{\rho-\rho_{ij}}<\frac{n\rho_{ij}}{(n-1)\rho}$

于是

$$\begin{aligned}\sum_{0\leqslant i<j\leqslant n}\left(\frac{\rho_{ij}}{\rho-\rho_{ij}}\right)^{\lambda}&<\sum_{0\leqslant i<j\leqslant n}\left(\frac{n\rho_{ij}}{(n-1)\rho}\right)^{\lambda}\\&=\sum_{0\leqslant i<j\leqslant n}\frac{n\rho_{ij}(n\rho_{ij})^{\lambda-1}}{[(n-1)\rho]^{\lambda}}\\&<\sum_{0\leqslant i<j\leqslant n}\frac{n\rho_{ij}\rho^{\lambda-1}}{[(n-1)p]^{\lambda}}\\&=\frac{n}{(n-1)^{\lambda}\rho}\sum_{0\leqslant i<j\leqslant n}\rho_{ij}\\&=\frac{n}{(n-1)^{\lambda}}\end{aligned}\qquad ②$$

由①，②即得式(9.16.8). 证毕.

对于定理9.16.3，也可以推广为：

定理 9.16.4　设 E^n 中的 n 维单形 $\sum_{P(n+1)}$ 的顶点 P_i 所对的界(侧)面 f_i 的体积 $|f_i|(i=0,1,\cdots,n)$，记 $S=\sum_{i=0}^{n}|f_i|$，则对实数$\frac{n}{n+1}\leqslant\lambda\leqslant 1$，有[214]

$$\frac{n+1}{n^{\lambda}}\leqslant\sum_{i=0}^{n}\left(\frac{|f_i|}{S-|f_i|}\right)^{\lambda}<(n+1)\left(\frac{2}{n+1}\right)^{\lambda}\tag{9.16.9}$$

其中等号当且仅当 $\sum_{P(n+1)}$ 正则时取得.

证明　应用算术-几何平均不等式，有

$$\begin{aligned}\left(\frac{|f_i|}{S-|f_i|}\right)^{\lambda}&=\left[\frac{|f_i|^{n}}{(S-|f_i|)^{n}}\right]^{\frac{\lambda}{n}}\\&=\left[\frac{n|f_i|^{n+1}}{n|f_i|(S-|f_i|)^{n}}\right]^{\frac{\lambda}{n}}\end{aligned}$$

$$\geqslant\left[\frac{n|f_i|^{n+1}}{\left(\frac{n}{n+1}\sum_{i=0}^{n}|f_i|\right)^{n+1}}\right]^{\frac{\lambda}{n}}$$

$$=\frac{(n+1)^{\frac{\lambda(n+1)}{n}}}{n^{\lambda}}\left(\frac{|f_i|}{S}\right)^{\frac{\lambda(n+1)}{n}}$$

因 $\lambda\geqslant\frac{n}{n+1}$，则$\frac{\lambda(n+1)}{n}\geqslant1$. 对上式求和并应用幂平均不等式，有

$$\sum_{i=0}^{n}\left(\frac{|f_i|}{S-|f_i|}\right)^{\lambda}$$

$$\geqslant\frac{(n+1)^{\frac{\lambda(n+1)}{n}}}{n^{\lambda}}\sum_{i=0}^{n}\left(\frac{|f_i|}{S}\right)^{\frac{\lambda(n+1)}{n}}$$

$$\geqslant\frac{(n+1)^{\frac{\lambda(n+1)}{n}}}{n^{\lambda}}\cdot(n+1)^{\frac{\lambda(n+1)}{n}}\cdot\left[\sum_{i=0}^{n}\frac{|f_i|}{S}\right]^{\frac{\lambda(n+1)}{n}}$$

$$=\frac{n+1}{n^{\lambda}} \qquad ③$$

由证明过程知等号成立当且仅当$\sum_{P(n+1)}$正则.

当 $\lambda\leqslant1$ 时，应用幂平均不等式，有

$$\sum_{i=0}^{n}\left(\frac{|f_i|}{S-|f_i|}\right)^{\lambda}\leqslant(n+1)\cdot\left(\frac{1}{n+1}\sum_{i=0}^{n}\frac{|f_i|}{S-|f_i|}\right)^{\lambda} \qquad ④$$

不妨设$|f_0|\geqslant|f_1|\geqslant\cdots\geqslant|f_n|$，则由式(7.3.1)，式(7.3.5)，有

$$|f_i|=\sum_{\substack{j=0\\j\neq i}}^{n}|f_j|\cdot\cos\langle i,j\rangle<S-|f_i|$$

知$|f_0|<|f_1|+|f_2|+\cdots+|f_n|$，于是

$$\sum_{i=0}^{n}\frac{|f_i|}{S-|f_i|}<\sum_{i=0}^{n}\frac{|f_i|}{S-|f_1|}=\frac{|f_1|}{S-|f_1|}+1<2 \qquad ⑤$$

将⑤代入④，结合③即证得式(9.16.9). 证毕.

对于式(9.16.8)，当 $n=2,\lambda=1$ 时，即得式

(9.16.3).

当 $n=3,\lambda=1$ 时,也可得到四面体的一个不等式

$$\frac{6}{5}\leqslant\frac{a_1}{a_2+\cdots+a_6}+\cdots+\frac{a_6}{a_1+\cdots+a_5}<\frac{3}{2}\tag{9.16.10}$$

对于式(9.16.9),当 $n=2,\lambda=1$ 时,亦得式(9.16.3).

当 $n=3,\lambda=1$ 时,也可得四面体的另一个不等式

$$\frac{4}{3}\leqslant\frac{S_0}{S_1+S_2+S_3}+\cdots+\frac{S_3}{S_0+S_1+S_2}<2\tag{9.16.11}$$

其中 S_i 为四面体 $P_0P_1P_2P_3$ 的顶点 P_i 所对界(侧)面的面积.

对于式(9.16.9),还可有如下推论:

推论　设 E^n 中的 n 维单形 $\sum_{P(n+1)}$ 的内切,傍切超球的半径分别为 $r_n,r_n^{(i)}$,则对实数 $\frac{n}{n+1}\leqslant\lambda\leqslant1$,有

$$\frac{n+1}{n^\lambda}\leqslant\sum_{i=0}^{n}\left(\frac{r_n^{(i)}-r_n}{r_n^{(i)}+r_n}\right)^\lambda<(n+1)\left(\frac{2}{n+1}\right)^\lambda\tag{9.16.12}$$

其中等号且仅当 $\sum_{P(n+1)}$ 正则时取得.

证明　设单形 $\sum_{P(n+1)}$ 的 n 维体积为 V_P,则由式(7.4.7),式(7.4.8),即当 $S=\sum\limits_{i=0}^{n}|f_i|$ 时,有

$$r_n=\frac{nV_P}{S},r_n^{(i)}=\frac{nV_P}{S-2|f_i|}\quad(i=0,1,\cdots,n)$$

$$\frac{r_n^{(i)}-r_n}{r_n^{(i)}+r_n}=\frac{\dfrac{nV_P}{S-2|f_i|}-\dfrac{nV_P}{S}}{\dfrac{nV_P}{S-2|f_i|}+\dfrac{nV_P}{S}}=\frac{|f_i|}{S-|f_i|}$$

其中 $i=0,1,\cdots,n$.

将上式代入式(9.16.9),即得式(9.16.12),由证明过程知等号成立的条件为 $\sum_{P(n+1)}$ 正则. 证毕.

对于式(9.16.12),当 $n=2,\lambda=1$ 时,可得三角形中的一个不等式

$$\frac{3}{2}\leqslant\frac{r_2^a-r_2}{r_2^a+r_2}+\frac{r_2^b-r_2}{r_2^b+r_2}+\frac{r_2^c-r_2}{r_2^c+r_2}<2 \quad (9.16.13)$$

§9.17　单形的特殊内接单形,特殊点球接单形

一般地,对于 E^n 中的 n 维单形 $\sum_{P(n+1)}=\{P_0,P_1,\cdots,P_n\}$. 若一个 n 维单形 $\sum_{Q(n+1)}=\{Q_0,Q_1,\cdots,Q_n\}$ 的顶点 Q_i 在单形 $\sum_{P(n+1)}$ 的界(侧)面 f_i 上,则称单形 $\sum_{Q(n+1)}$ 为单形 $\sum_{P(n+1)}$ 的内接单形. 若一个 n 维单形 $\sum_{P'(n+1)}=\{P'_0,P'_1,\cdots,P'_n\}$ 的顶点 P'_i 是单形 $\sum_{P(n+1)}$ 内某特殊点 M 与顶点 P_i 的连线与其外接超球的交点,则称单形 $\sum_{P'(n+1)}$ 为单形 $\sum_{P(n+1)}$ 的某特殊点 M 的球接单形.

本节讨论几类特殊的内接单形和球接单形.

9.17.1　重心单形,重心点球接单形

定义 9.17.1　称以单形各个界(侧)面的重心为顶点的内接单形为重心单形,单形的重心与其顶点连线交其外接超球的点为顶点的单形称为重心点球接单形.

定理 9.17.1－1　设 E^n 中的 n 维单形 $\sum_{P(n+1)}=\{P_0,P_1,\cdots,P_n\}$ 的体积为 $V(\sum_{P(n+1)})$,此单形的各侧面的重心为 G_i(即顶点 P_i 所对之界面的重心,$i=0,1,\cdots,n$). 若 n 维单形 $\sum_{G(n+1)}=\{G_0,G_1,\cdots,G_n\}$ 的体

积为 $V(\sum_{G(n+1)})$，则[114]

$$V(\sum_P(n+1)) = n^n \cdot V(\sum_{G(n+1)}) \tag{9.17.1}$$

证明　由式(6.1.12)，当那里的 X_i 为这里的 G_i $(i=0,1,\cdots,n)$ 时，则由式(6.1.12)，$\lambda_{ij}=\frac{1}{n}(0\leqslant i,j\leqslant n,i\neq j)$，由此即证得式(9.17.1).

定理 9.17.1－1 说明了单形与其重心单形的 n 维体积之间的关系.

下面讨论重心点球接单形的问题.

定理 9.17.1－2　设 G 是 n 维单形 $\sum_{P(n+1)}=\{P_0,P_1,\cdots,P_n\}$ 的重心，P_iG 的延长线交单形 $\sum_{P(n+1)}$ 的外接超球面 S^{n-1} 于 $B_i(i=0,1,\cdots,n)$，设单形 $\sum_{P(n+1)}$ 的体积为 $V(\sum_{P(n+1)})$，重心点球接单形 $\sum_{B(n+1)}=\{B_0,B_1,\cdots,B_n\}$ 的体积为 $V(\sum_{B(n+1)})$，则[97]

$$V(\sum_{(B+1)}) \geqslant V(\sum_{P(n+1)}) \tag{9.17.2}$$

其中等号成立的充要条件是 S^{n-1} 的球心和 G 重合.

证明　用 V_i 和 V'_i 分别表示 n 维单形 $\{G,P_0,\cdots,P_{i-1},P_{i+1},\cdots,P_n\}$ 与 $\{G,B_0,\cdots,B_{i-1},B_{j+1},\cdots,B_n\}$ 的体积 $(i=0,1,\cdots,n)$. 重复应用高维正弦定理 1 即式(7.3.13)，则可得

$$\frac{V'_i}{V_i}=\frac{|GP_i|}{|GB_i|}\prod_{j=0}^{n}\frac{|GB_j|}{|GP_j|}$$

利用圆幂定理 $|GP_i|\cdot|GB_i|=R_n^2-|OG|^2=\lambda$（这里 O,R_n 为 S^{n-1} 的球心和半径），上式可以写成

$$\frac{V'_i}{V_i}=\lambda^n\frac{|\overrightarrow{GP_i}|^2}{\sum\limits_{j=0}^{n}|\overrightarrow{GP_i}|^2}$$

因为 G 是 $\sum_{P(n+1)}$ 的重心，所以有

$$V_i=\frac{1}{n+1}V(\sum_{P(n+1)}) \quad (i=0,1,\cdots,n)$$

故 $$V(\sum_{B(n+1)})=\sum_{i=0}^{n}V_i'=\frac{\lambda^n\sum\limits_{j=0}^{n}|\overrightarrow{GP_j}|^2}{(1+n)\prod\limits_{j=0}^{n}|\overrightarrow{GP_j}|^2}\cdot\sum_{i=0}^{n}V_i$$

或

$$\frac{V(\sum_{B(n+1)})}{V_{(\sum_{P(n+1)})}}=\frac{\lambda^n\sum\limits_{i=0}^{n}|\overrightarrow{GP_i}|^2}{(n+1)\prod\limits_{j=0}^{n}|\overrightarrow{GP_j}|^2} \qquad (*)$$

欲证式(9.17.2),只需证上式右端之值不小于1,即可.

事实上,由式(7.5.10),得

$$\sum_{j=0}^{n}|\overrightarrow{GP_j}|^2=(n+1)(R^2-|\overrightarrow{OG}|^2)=(n+1)\lambda$$

用上式中的 $\lambda=\frac{\sum\limits_{j=0}^{n}|\overrightarrow{GP_j}|^2}{n+1}$ 代入式(*),得

$$\frac{\lambda^n\sum\limits_{j=0}^{n}|\overrightarrow{GP_j}|^2}{(n+1)\prod\limits_{j=0}^{n}|\overrightarrow{GP_j}|^2}=\left[\frac{\sum\limits_{j=0}^{n}|\overrightarrow{GP_j}|^2}{n+1}\right]^{n+1}\cdot\frac{1}{\prod\limits_{j=0}^{n}|\overrightarrow{GP_j}|^2}\geqslant 1$$

由此即证得式(9.17.2).从推导过程中可知 $|\overrightarrow{GP_0}|=|\overrightarrow{GP_1}|=\cdots=|\overrightarrow{GP_n}|$ 为等号成立的充要条件,即式(9.17.2)中等号成立的充要条件是 S^{n-1} 的球心 O 与单形 $\sum_{P(n+1)}$ 的重心 G 相重合.

作为上述命题的特殊情形,取 $n=2$ 时,有 $S_{\triangle B_0B_1B_2}\geqslant S_{\triangle P_0P_1P_2}$ 其等号成立的充要条件是

$$P_0P_1^2=P_0P_2^2=P_1P_2^2$$

即 $|P_0P_1|=|P_0P_2|=|P_1P_2|$

此时三角形 $P_0P_1P_2$ 为等边三角形,如图 9.17-1

所示.

当 $n=3$ 时,有 $V_{B_0B_1B_2B_3} \geqslant V_{P_0P_1P_2P_3}$,其等号成立的充要条件是

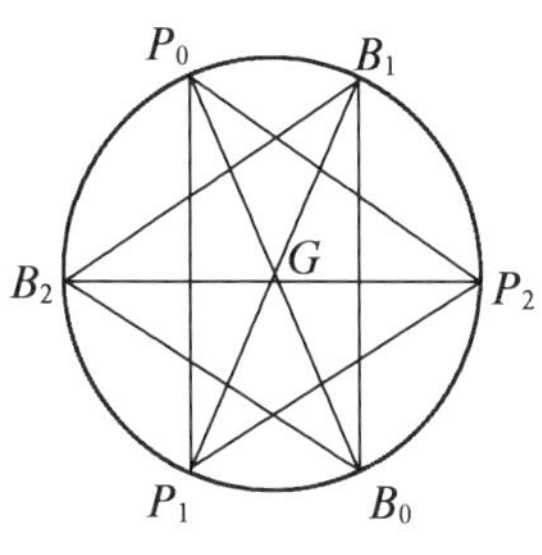

图 9.17－1

$$
\begin{aligned}
&|\overrightarrow{P_0P_1}|^2+|\overrightarrow{P_0P_2}|^2+|\overrightarrow{P_0P_3}|^2\\
=&|\overrightarrow{P_1P_0}|^2+|\overrightarrow{P_1P_2}|^2+|\overrightarrow{P_1P_3}|^2\\
=&|\overrightarrow{P_2P_0}|^2+|\overrightarrow{P_2P_1}|^2+|\overrightarrow{P_2P_3}|^2\\
=&|\overrightarrow{P_3P_0}|^2+|\overrightarrow{P_3P_1}|^2+|\overrightarrow{P_3P_2}|^2
\end{aligned}
$$

即

$$
\begin{aligned}
|\overrightarrow{P_2P_0}|^2+|\overrightarrow{P_0P_3}|^2=|\overrightarrow{P_1P_2}|^2+|\overrightarrow{P_1P_3}|^2\\
|\overrightarrow{P_1P_0}|^2+|\overrightarrow{P_1P_3}|^2=|\overrightarrow{P_2P_0}|^2+|\overrightarrow{P_2P_3}|^2\\
|\overrightarrow{P_3P_0}|^2+|\overrightarrow{P_3P_1}|^2=|\overrightarrow{P_2P_0}|^2+|\overrightarrow{P_2P_1}|^2
\end{aligned}
$$

亦即

$$
|\overrightarrow{P_0P_1}|=|\overrightarrow{P_2P_3}|,|\overrightarrow{P_1P_2}|=|\overrightarrow{P_0P_3}|,|\overrightarrow{P_0P_2}|=|\overrightarrow{P_1P_3}|
$$

此时四面体的三双对棱相等.

定理 9.17.1－3　设 R_n 为 E^n 中 n 维单形 $\sum_{P(n+1)}=\{P_0,P_1,\cdots,P_n\}$ 的外接超球半径,O 为其外心,$G_i(i=0,1,\cdots,n)$ 为其侧面 $f_i=\{P_0,\cdots,P_{i-1},P_{i+1},\cdots,P_n\}(i=0,1,\cdots,n)$ 的重心,单形 $\sum_{G(n+1)}=\{G_0,G_1,\cdots,G_n\}$ 的外接超球半径为 R_n',其外心为 O',则

$$R_n = nR'_n \tag{9.17.3}$$

证明 建立笛卡儿直角坐标系,点 X 所对应的向量,用 $\boldsymbol{X}$ 表示,显然有

$$R_n = |\boldsymbol{O}-\boldsymbol{P}_i| \quad (i=0,1,\cdots,n)$$

$$R'_n = |\boldsymbol{O}'-\boldsymbol{G}_i| \quad (i=0,1,\cdots,n)$$

$$\boldsymbol{G}_i = \frac{1}{n}\sum_{\substack{j=0\\ j\neq i}}^{n}\boldsymbol{P}_j \quad (i=0,1,\cdots,n)$$

$$\boldsymbol{O}' = \frac{1}{n}\sum_{j=0}^{n}\boldsymbol{P}_j + \boldsymbol{O}$$

故 $R'_n = |\boldsymbol{O}'-\boldsymbol{G}_i| = \frac{1}{n}|\boldsymbol{O}-\boldsymbol{P}_i| = \frac{1}{n}\cdot R_n$,即证.

9.17.2 切点单形,内心点球接单形,傍切点单形,傍心单形

定义 9.17.2 在 E^n 中,把 n 维单形 $\sum_{P(n+1)} = \{P_0,\cdots,P_n\}$ 的内切超球与各侧面 f_i 的切点 $T_i(i=0,1,\cdots,n)$ 所构成的单形 $\sum_{T(n+1)} = \{T_0,T_1,\cdots,T_n\}$ 叫作 n 维单形 $\sum_{P(n+1)}$ 的切点单形;单形 $\sum_{P(n+1)}$ 的内心 I 与顶点 P_i 的连线交其外接球于点 T'_i,则单形 $\sum_{T'(n+1)} = \{T'_0,T'_1,\cdots,T'_n\}$ 为单形 $\sum_{P(n+1)}$ 的内心点球接单形;单形 $\sum_{P(n+1)}$ 的界(侧)面 f_i 外侧的傍切超球与面 f_i 切于点 $B^{(i)}$ 的单形 $\sum_{B^{(i)}(n+1)} = \{B_0^{(i)},B_1^{(i)},\cdots,B_n^{(i)}\}$ 为单形 $\sum_{P(n+1)}$ 的傍切点单形;单形 $\sum_{P(n+1)}$ 的 $n+1$ 个傍心 $I^{(i)}$ 为顶点的单形 $\sum_{I^{(i)}(n+1)} = \{I^{(0)},I^{(1)},\cdots,I^{(n)}\}$ 称为单形 $\sum_{P(n+1)}$ 的傍心单形,其中傍切点单形有 $n+1$ 个.

下面先讨论与切点单形有关的几何关系式.

定理 9.17.2-1 设 E^n 中的 n 维单形 $\sum_{P(n+1)} = \{P_0,P_1,\cdots,P_n\}$ 的体积为 V_P,其单形的内切超球与各侧面 f_i 的切点为 $T_i(i=0,1,\cdots,n)$,若 $|f_i|$ 表侧面 f_i 的 $n-1$ 维体积,$\langle i,j\rangle$ 表侧面 f_i,f_j 所夹之内二面角,n 维单形 $\sum_{T(n+1)} = \{T_0,T_1,\cdots,T_n\}$ 的体积为 V_T,则[89]

$$V_T = \frac{n^{2n}}{(n-1)!^2 \cdot \prod_{i=0}^{n} |f_i| (\sum_{j=0}^{n} |f_j|)^{n-1}} V_P^{2n-1}$$

(9.17.4)

证明 注意到式(6.1.12)及式(6.1.3),由于坐标单形 $\sum_{P(n+1)}$ 的内切超球与其各侧面 f_i 的切点 $T_i(i=0,1,\cdots,n)$ 的重心规范坐标为 $\lambda_i^{-1}(t_{i1},t_{i2},\cdots,t_{in})$,其中 $t_{ij}=\begin{cases}0, 当 i=j 时 \\ |f_i| \cdot |f_j| \cos^2 \frac{1}{2}\langle i,j\rangle, 当 i\neq j 时\end{cases}$.

$\lambda_i = \sum_{j=0}^{n} t_{ij} = \frac{1}{2}|f_i| \sum_{j=0}^{n} |f_j|$. 于是

$$\begin{aligned}
&\det(\lambda_{ij}) \\
&= \frac{1}{\lambda_0 \cdots \lambda_n} \begin{vmatrix} t_{00} & \cdots & t_{0n} \\ \vdots & & \vdots \\ t_{n1} & \cdots & t_{nn} \end{vmatrix} \\
&= \frac{1}{\prod_{i=0}^{n} |f_i| (\sum_{j=0}^{n} |f_j|)^{n+1}} \cdot \\
&\quad \begin{vmatrix} 0 & \cdots & |f_0||f_n| + |f_0||f_n|\cos\langle 0,n\rangle \\ |f_1||f_0| + |f_1||f_0|\cos\langle 0,1\rangle & \cdots & |f_1||f_n| + |f_1||f_n|\cos\langle 1,n\rangle \\ \vdots & & \vdots \\ |f_n||f_0| + |f_n||f_0|\cos\langle n,0\rangle & \cdots & 0 \end{vmatrix} \\
&= \frac{-1}{\prod_{i=0}^{n} |f_i| (\sum_{i=0}^{n} |f_j|)^{n+1}} \cdot \\
&\quad \begin{vmatrix} 0 & |f_0| & \cdots & |f_n| \\ |f_0| & -|f_0|^2 & \cdots & |f_0||f_n|\cos\langle 0,n\rangle \\ |f_1| & |f_1||f_0|\cos\langle 1,0\rangle & \cdots & |f_1||f_n|\cos\langle 1,n\rangle \\ \vdots & \vdots & & \vdots \\ |f_n| & |f_n||f_0|\cos\langle n,0\rangle & \cdots & |f_n||f_n|\cos\langle n,n\rangle \end{vmatrix}
\end{aligned}$$

上面第三个等号是将前一行列式位于(i,i)处$(i=0,1,\cdots,n)$的 0 改写成$|f_i|^2-|f_j|^2$，利用行列式的性质，拆成2^{n+1}个行列式之和，注意到射影定理$|f_i|=\sum_{\substack{j=0\\ j\neq i}}^{n}|f_j|\cos\langle i,j\rangle$而得到. 注意符号右端是一个$n+2$阶行列式，仍约定它的行和列的编号从 0 到$n+1$.

由单形体积公式(5.2.6)，有$D_{ii}=-[(n-1)!]^2|f_i|^2$其中$D_{ii}$为 C-M 行列式$D$中$-\frac{1}{2}\rho_{ii}$的代数余子式.

又由高维余弦定理 2，即式(7.3.10)

$$\cos\langle i,j\rangle=-\frac{D_{ij}}{\sqrt{D_{ii}\cdot D_{jj}}}$$

推知$D_{ij}=[(n-1)!]^2|f_i||f_j|\cos\langle i,j\rangle$，其中$D_{ij}$为 C-M 行列式$D$中$-\frac{1}{2}\rho_{ij}$的代数余子式，且

$$D=\begin{vmatrix} 0 & 1 & 1 & 1 & \cdots & 1 \\ 1 & 0 & -\frac{1}{2}\rho_{01}^2 & -\frac{1}{2}\rho_{02}^2 & \cdots & -\frac{1}{2}\rho_{0n}^2 \\ \vdots & \vdots & \vdots & \vdots & & \vdots \\ 1 & -\frac{1}{2}\rho_{n0}^2 & -\frac{1}{2}\rho_{n1}^2 & -\frac{1}{2}\rho_{n2}^1 & \cdots & 0 \end{vmatrix}$$

于是

$$\det(\lambda_{ij})=\frac{-1}{[(n-1)!]^{2n}\prod_{i=0}^{n}|f_i|\left(\sum_{j=0}^{n}|f_j|\right)^{n+1}}\cdot\begin{vmatrix} 0 & |f_0| & |f_1| & \cdots & |f_n| \\ |f_0| & D_{00} & D_{01} & \cdots & D_{0n} \\ \vdots & \vdots & \vdots & & \vdots \\ |f_n| & D_{n0} & D_{n1} & \cdots & D_{nn} \end{vmatrix}$$

为了计算上式中的行列式,将它左乘 C-M 行列式,并注意到行列式的性质:

$a_{i0}A_{j0}+a_{i1}A_{j1}+a_{i2}A_{j2}+\cdots+a_{i,n+1}A_{j,n+1}=\begin{cases}D,i=j\\0,i\neq j\end{cases}(i,j=0,1,\cdots,n+1)$,特别当 $i=j=0$ 时,有 $D_{00}+\cdots+D_{0n}=D$. 从而

$$D\cdot\begin{vmatrix}0 & |f_0| & |f_1| & \cdots & |f_n|\\ |f_0| & D_{00} & D_{01} & \cdots & D_{0n}\\ \vdots & \vdots & \vdots & & \vdots\\ |f_n| & D_{n0} & D_{n1} & \cdots & D_{nn}\end{vmatrix}$$

$$=\begin{vmatrix}\sum_{i=1}^{n}|f_i| & 0 & \cdots & 0\\ * & D+|f_0|-D_{00} & \cdots & |f_n|-D_{0n}\\ * & |f_0|-D_{00} & \cdots & |f_n|-D_{0n}\\ \vdots & \vdots & & \vdots\\ * & |f_0|-D_{00} & \cdots & D+|f_n|-D_{0n}\end{vmatrix}$$

$$=\sum_{i=0}^{n}|f_i|\begin{vmatrix}1 & D_{00}-|f_0| & D_{01}-|f_1| & \cdots & D_{0n}-|f_n|\\ 1 & D & 0 & \cdots & 0\\ \vdots & \vdots & \vdots & & \vdots\\ 1 & 0 & 0 & \cdots & 0\end{vmatrix}$$

$$=(\sum_{i=0}^{n}|f_i|)^2\cdot D^n$$

再应用公式(5.2.6),即 $D=-(n!)^2\cdot V_P^2$,代入得到

$$\det(\lambda_{ij})=\frac{(-1)^n\cdot n^{2(n-1)}\cdot V_P^{2(n-1)}}{[(n-1)!]^2\prod_{i=0}^{n}|f_i|[\sum_{j=0}^{n}|f_j|]^{n-1}}$$

由此即得式(9.17.4).

定理 9.17.2-2　设 E^n 中 n 维单形 $\sum_{P(n+1)}$ 与其

切点单形$\sum_{T(n+1)}$的体积分别为V_P, V_T,则

$$V_T \leqslant \frac{1}{n^n} V_P \tag{9.17.5}$$

其中等号当且仅当$\sum_{P(n+1)}$正则时成立.

对于式(9.17.5),我们可以给出多种证法.

证法1 由式(9.17.4)与式(9.4.1),即有

$$V_T = \frac{n^{2(n-1)}}{(n-1)!^2 \prod_{i=0}^{n} |f_i| \cdot [\sum_{j=0}^{n} |f_j|]^{n-1}} V_P^{2n-1}$$

$$V_P^{2n-2} \leqslant \frac{(n+1)^{n-1}(n-1)!^2}{n^{3n-2}} \cdot (\prod_{i=0}^{n} |f_i|)^{\frac{4}{n+1}}$$

从而

$$\begin{aligned} \frac{V_T}{V_P} &= \frac{n^{2(n-1)} \cdot V_P^{2n-2}}{[(n-1)!]^2 \prod_{i=0}^{n} |f_i| \cdot [\sum_{j=0}^{n} |f_j|]^{n-1}} \\ &\leqslant \frac{n^{2n-2} \cdot V_P^{2n-2}}{[(n-1)!]^2 (n+1)^{n-1} \cdot (\prod_{i=0}^{n} |f_i|)} \frac{2n}{n+1} \leqslant \frac{1}{n^n} \end{aligned}$$

即证.

其中第一个等号由算术-几何平均值不等式而得,第二个等号由式(9.4.1)中等号而得,故当且仅当$\sum_{P(n+1)}$正则时,式(9.17.5)取等号.

证法2 由于单形$\sum_{P(n+1)}$的内切球半径r_n为单形$\sum_{T(n+1)}$的外接球半径,由式(9.8.6),有

$$V_T \leqslant \frac{(n+1)^{\frac{n+1}{2}}}{n^{\frac{n}{2}} \cdot n!} r_n^n$$

又由式(9.8.1),有

$$r_n^n \leqslant \frac{n!}{n^{\frac{n}{2}} \cdot (n+1)^{\frac{n+1}{2}}} V_P$$

由此即证得式(9.17.5).

证法3　由算术－几何平均值不等式，对单形棱长 ρ_{ij}，有

$$\sum_{0\leqslant i<j\leqslant n}\rho_{ij}^2\geqslant\frac{(n+1)n}{2}\Big(\prod_{0\leqslant i<j\leqslant n}\rho_{ij}\Big)^{\frac{1}{n(n+1)}}$$

由上式，并注意到式(9.9.2)和式(9.5.1)，n 维单形 $\sum_{P(n+1)}$ 的外接球半径 R_n 和它的体积 $V(\sum_{P(n+1)})$ 之间有不等式

$$R_n\geqslant\sqrt{\frac{n}{n+1}}\Big(\frac{1}{n+1}\Big)^{\frac{1}{2n}}(n!\ V_P)^{\frac{1}{n}}\qquad(*)$$

且由式(9.9.2)和式(9.5.1)知上式等号当且仅当 $\sum_{P(n+1)}$ 正则时成立.

由上式及式(9.8.1)即证得式(9.17.5).

由定理9.17.2－1与定理9.17.2－2，有：

推论　设 E^n 中 n 维形 $\sum_{P(n+1)}=\{P_0,P_1,\cdots,P_n\}$ 的内切超球球心为 I，P_iI 的连线与 $\sum_{P(n+1)}$ 的侧面 f_i 交于 $D_i(i=0,1,\cdots,n)$，设切点单形 $\sum_{T(n+1)}$，单形 $\sum_{D(n+1)}$ 及 $\sum_{P(n+1)}$ 的体积分别为 $V(\sum_{T(n+1)})$，$V(\sum_{D(n+1)})$，$V(\sum_{P(n+1)})$，则[70]

$$V(\textstyle\sum_{T(n+1)})\leqslant V(\sum_{D(n+1)})\leqslant\dfrac{1}{n^n}V(\sum_{P(n+1)})\tag{9.17.6}$$

其中左边不等式中等号当且仅当单形 $\sum_{P(n+1)}$ 正则时成立，右边不等式中等号当且仅当所有 f_i 的面积 $|f_i|(i=0,1,\cdots,n)$ 相等时成立.

证明　由式(9.4.5)，注意到 $\sum\limits_{i=0}^n|f_i|^2\geqslant\dfrac{1}{n+1}\Big(\sum\limits_{i=0}^n|f_i|\Big)^2$，

有

$$(n+1)^{n+1}\cdot[(n-1)!]^2\prod_{i=0}^n|f_i|^2\Big(\sum_{i=0}^n|f_i|\Big)^{n-1}$$
$$\geqslant n^{2n-2}\cdot[V(\textstyle\sum_{P(n+1)})]^{2n-2}\cdot\Big(\sum\limits_{i=0}^n|f_i|\Big)^{n+1}$$

再次利用算术 - 几何平均不等式,有

$$\left(\frac{n}{n+1}\right)^{n+1}\left(\sum_{i=0}^{n}|f_i|\right)^{n+1}=\left[\frac{1}{n+1}\sum_{i=0}^{n}\left(\sum_{\substack{j=1\\ j\neq i}}^{n}|f_j|\right)\right]^{n+1}$$

$$\geqslant\prod_{i=0}^{n}\left(\sum_{\substack{j=1\\ j\neq i}}^{n}|f_j|\right)$$

利用式(9.17.4)及式(6.1.12)或(9.17.1),注意到式(9.17.5)即得式(9.17.6),等号成立条件也由此可推得.

定理 9.17.2-3 设 E^n 中 n 维单形 $\sum_{P(n+1)}$ 与其切点单形 $\sum_{T(n+1)}$ 的体积分别为 V_P, V_T.

(1)若 R_n, r_n 分别为单形 $\sum_{P(n+1)}$ 的外接、内切超球半径,则

$$V_P\geqslant\left(\frac{R_n}{nr_n}\right)^{\frac{1}{n}}\cdot n^nV_T \qquad (9.17.7)$$

(2)若 $\sum_{P(n+1)}$ 的所有对棱所成角的算术平均值为 φ,则

$$V_P\geqslant(\csc\varphi)^{\frac{n}{2(n-1)}}\cdot n^nV_T \qquad (9.17.8)$$

上述两不等式中等号当且仅当 $\sum_{P(n+1)}$ 正则时取得.

证明 (1)由于 r_n 为切点单形 $\sum_{T(n+1)}$ 的外接超球半径,从而由式(9.8.6),有

$$r_n^n\geqslant\frac{n^{\frac{n}{2}}\cdot n!}{(n+1)^{\frac{n+1}{2}}}V_T \qquad (*)$$

又式(9.8.9)可以写成为

$$V_P\geqslant\frac{(n+1)^{\frac{n+1}{2}}\cdot n^{\frac{n}{2}}}{n!}\left(\frac{R_n}{nr_n}\right)^{\frac{1}{n}}\cdot r_n^n$$

由上式两式,即得式(9.17.7).

(2)在式(9.6.5)中,取 M 为内心 I,则 $d_i=r_n$,有

$$V_P\geqslant(\csc\varphi)^{\frac{n}{2(n-1)}}\cdot\frac{n^{\frac{n}{2}}\cdot(n+1)^{\frac{n+1}{2}}}{n!}\cdot r_n^n$$

再注意(1)证明中的式(∗),即可得式(9.17.8).

其中两不等式等号成立的条件可由上述不等式等号成立条件推得.

定理 9.17.2－4　设 E^n 中,n 维单形 $\sum_{P(n+1)}$ 与其切点单形 $\sum_{T(n+1)}$ 的棱长分别为 ρ_{ij} 和 $\rho_{ij}'(0\leqslant i<j\leqslant n)$,则[44]

$$\sum_{0\leqslant i<j\leqslant n}\rho_{ij}'\leqslant\frac{1}{n}\sum_{0\leqslant i<j\leqslant n}\rho_{ij}\qquad(9.17.9)$$

其中等号当且仅当单形 $\sum_{P(n+1)}$ 正则时成立.

证明　由式(9.5.1)及式(9.8.1),即

$$n!\ V(\sum_{P(n+1)})\leqslant\left(\frac{n+1}{2^n}\right)^{\frac{1}{2}}\prod_{0\leqslant i<j\leqslant n}\rho_{ij}^{\frac{2}{n+1}}$$

$$V(\sum_{P(n+1)})\geqslant\frac{n^{\frac{n}{2}}\cdot(n+1)^{\frac{n+1}{2}}}{n!}\cdot r_n^n$$

其中等号当且仅当单形 $\sum_{P(n+1)}$ 正则时成立,r_n 及 $V(\sum_{P(n+1)})$ 分别为单形 $\sum_{P(n+1)}$ 的内切超球半径和体积.

由上得到

$$\prod_{0\leqslant i<j\leqslant n}\rho_{ij}^{\frac{2}{n+1}}\cdot\left(\frac{n+1}{2^n}\right)^{\frac{1}{2}}\geqslant n^{\frac{n}{2}}(n+1)^{\frac{n+1}{2}}\cdot r_n^n$$

即

$$\prod_{0\leqslant i<j\leqslant n}\rho_{ij}\geqslant[(2n)^{\frac{n}{2}}(n+1)^{\frac{n}{2}}]^{\frac{n+1}{2}}\cdot r_n^{\frac{n(n+1)}{2}}$$

注意到单形 $\sum_{P(n+1)}$ 的内切超球半径 r_n 为单形 $\sum_{T(n+1)}$ 的外接超球半径,于是

$$\begin{aligned}\prod_{0\leqslant i<j\leqslant n}\rho_{ij}&\geqslant C_{n+1}^2(\prod_{0\leqslant i<j\leqslant n}\rho_{ij})^{\frac{2}{n(n+1)}}\\&\geqslant C_{n+1}^2\cdot[(2n)^{\frac{n(n+1)}{4}}\cdot(n+1)^{\frac{n(n+1)}{4}}\cdot r^{\frac{n(n+1)}{2}}]^{\frac{2}{n(n+1)}}\\&=\frac{n(n+1)}{2}\cdot(2n)^{\frac{1}{2}}\cdot(n+1)^{\frac{1}{2}}\cdot(r^2)^{\frac{1}{2}}\end{aligned}$$

$$\geqslant \frac{n(n+1)}{2} \cdot (2n)^{\frac{1}{2}} \cdot (n+1)^{\frac{1}{2}} \cdot \left[\frac{1}{(n+1)^2} \prod_{0 \leqslant i < j \leqslant n} \rho_{ij}'^2 \right]^{\frac{1}{2}}$$

(其中用到了式(9.9.2))

$$= n[2n(n+1)]^{\frac{1}{2}} (\sum_{0 \leqslant i < j \leqslant n} \rho_{ij}'^2)^{\frac{1}{2}} / 2$$

$$\geqslant \frac{n}{2} [2n(n+1)]^{\frac{1}{2}} [\frac{2}{n(n+1)}]^{\frac{1}{2}} (\sum_{0 \leqslant i < j \leqslant n} \rho_{ij}')$$

$$= n \sum_{0 \leqslant i < j \leqslant n} \rho_{ij}' \quad \text{(其中用到了幂平均不等式)}$$

由此即证得了式(9.17.9),其中等号成立的条件可由证明过程中推知,当且仅当单形 $\Sigma_{P(n+1)}$ 正则时取得.

利用证明式(9.17.9)的思想方法,我们又可给出式(9.17.5)的一个证明如下:由式(9.8.1),可知

$$V(\Sigma_{P(n+1)}) \geqslant \frac{n^{\frac{n}{2}} \cdot (n+1)^{\frac{n+1}{2}}}{n!} \cdot r_n^n$$

$$\geqslant \frac{n^{\frac{n}{2}} (n+1)^{\frac{n+1}{2}}}{n!} [\frac{1}{(n+1)^2} \sum_{0 \leqslant i < j \leqslant n} \rho_{ij}'^2]^{\frac{n}{2}}$$

$$\geqslant \frac{n^{\frac{n}{2}} (n+1)^{\frac{n+1}{2}}}{n! \ (n+1)^n} [\frac{n(n+1)}{2}]^{\frac{n}{2}} \cdot \frac{n! \ V(\Sigma_{T(n+1)})}{(\frac{n+1}{2^n})^{\frac{1}{2}}}$$

$$= n^n V(\Sigma_{T(n+1)})$$

由此即证得式(9.17.5).

定理 9.17.2-5　若单形 $\Sigma_{P(n+1)}$ 与其切点单形 $\Sigma_{T(n+1)}$ 的外接超球半径和内切超球半径分别为 R_n, r_n 和 R_n', r_n',则

$$R_n' \leqslant \frac{1}{n} R_n \tag{9.7.10}$$

$$r_n' \leqslant \frac{1}{n} r_n \tag{9.17.11}$$

其中两式等号当且仅当单形 $\Sigma_{P(n+1)}$ 正则时成立.

此定理由式(9.10.1)及 $r=R'$ 即证.

定理 9.17.2－6　单形的内接单形的外接球半径以切点单形的外接球半径即单形的内切球半径为最小,即设在 n 维单形 $\sum_{P(n+1)}$ 的侧面 f_i 内取点 C_i $(i=0,1,\cdots,n)$,则单形 $\sum_{C(n+1)}=\{C_0,C_1,\cdots,C_n\}$ 的外接球半径 r''_n 与单形 $\sum_{P(n+1)}$ 的切点单形 $\sum_{T(n+1)}$ 的外接球半径(即 $\sum_{P(n+1)}$ 的内切超球半径) r_n 之间有不等式

$$r''_n \geqslant r_n \tag{9.17.12}$$

证明　设 O' 为单形 $\sum_{C(n+1)}$ 的外接球球心,则 $|\overrightarrow{O'C_i}|=r''_n$. 又设 O' 到 $\sum_{P(n+1)}$ 的侧面 f_i 的距离为 $d_i(i=0,1,\cdots,n)$,则由式(3.2.2)有

$$V(\sum_{P(n+1)})=\frac{1}{n}\sum_{i=0}^{n}|f_i|\cdot d_i=\frac{1}{n}\sum_{i=0}^{n}|f_i|\cdot r_n$$

其中 $V(\sum_{P(n+1)})$,$|f_i|$ 分别为 $\sum_{P(n+1)}$,f_i 的体积.

我们注意到 $r''_n \geqslant d_i(i=0,1,\cdots,n)$(平面的斜线段不小于垂线段),于是

$$V(\sum_{P(n+1)})=\frac{1}{n}\sum_{i=0}^{n}|f_i|\cdot d_i \leqslant \frac{1}{n}\sum_{i=0}^{n}|f_i|\cdot r''_n$$

从而有
$$r''_n \geqslant r_n$$

注　由式(9.17.12)也可证式(9.10.1),即由式(7.15.1),取定理 9.17.2－6 中的点 C_i 为点 G_i,则 $R'_n=r''_n$,故 $R_n=nR'_n=nr''_n \geqslant nr_n$.

定理 9.17.2－7　设 E^n 中 n 维单形 $\sum_{P(n+1)}$ 的诸内二面角为 $\langle i,j\rangle$ $(0\leqslant i<j\leqslant n)$,其内切超球球心为 I,半径为 r_n,其切点单形 $\sum_{T(n+1)}$ 的重心为 G',则

$$\sum_{0\leqslant i<j\leqslant n}\cos^2\frac{1}{2}\langle i,j\rangle=(1-\frac{|IG'|^2}{r_n^2})\cdot\frac{1}{4}(n+1)^2 \tag{9.17.13}$$

证明　设切点单形 $\sum_{T(n+1)}$ 的诸棱长为 $\rho'_{ij}(0\leqslant i<$

$j \leqslant n$)，又知 r_n, I 分别为切点单形 $\sum_{T(n+1)}$ 的外接超球半径、外心，由式(7.5.11)，有

$$\prod_{0 \leqslant i < j \leqslant n} \rho_{ij}^2 = (n+1)^2 (r_n^2 - |IG'|^2) \qquad (*)$$

在 $\triangle IT_iT_j$ 中，有 $\angle T_iIT_j = \pi - \langle i, j \rangle$ $(0 \leqslant i < j \leqslant n)$，$|IT_j| = |IT_i| = r_n$($T_i$ 为切点单形顶点)，由三角形余弦定理，有

$$\rho'^2_{ij} = 2r_n^2(1 + \cos\langle i, j \rangle) = 4r_n^2 \cdot \cos^2 \frac{\langle i, j \rangle}{2}$$

$$(0 \leqslant i < j \leqslant n)$$

由式($*$)与上式，便得式(9.17.13).

定理 9.17.2.－8　设 E^n 中 n 维单形 $\sum_{P(n+1)}$ 的内切超球球心为 I，半径为 r_n，其任意两侧面 f_i, f_j 的内二面角的平分面面(体)积为 $|t_{ij}|$，f_i 的面(体)积为 $|f_i|$，$\sum_{P(n+1)}$ 的切点单形 $\sum_{T(n+1)}$ 的重心为 G'，则：

$$(1) \sum_{0 \leqslant i < j \leqslant n} |t_{ij}| \leqslant \left(1 - \frac{|IG'|^2}{r_n^2}\right) \sqrt{\frac{n(n+1)}{8}} \sum_{i=0}^{n} |f_i| \qquad (9.17.14)$$

$$(2) \sum_{\substack{0 \leqslant i < j \leqslant n \\ 0 \leqslant k < l \leqslant n \\ (i,j) \neq (k,l)}} |t_{ij}| \cdot |t_{kl}| \leqslant \left(1 - \frac{|IG'|^2}{r_n^2}\right) \cdot \frac{(n^2-1)(n+2)}{8n} \cdot \sum_{0 \leqslant i < j \leqslant n} |f_i| \cdot |f_j| \qquad (9.17.15)$$

上述两式中等号当且仅当 $\sum_{P(n+1)}$ 正则时成立.

证明　(1)在定理 9.7.3 的证明中，有

$$\left(\sum_{0 \leqslant i < j \leqslant n} \mu_i \mu_j |t_{ij}|\right)^2 \leqslant \sum_{0 \leqslant i < j \leqslant n} |f_i||f_j| \cdot \sum_{0 \leqslant i < j \leqslant n} \mu_i^2 \mu_j^2 \cos^2 \frac{\langle i, j \rangle}{2}$$

在上式中令 $\mu_0 = \mu_1 = \cdots = \mu_n = 1$，再注意到式(9.17.13)，有

$$(\sum_{0\leqslant i<j\leqslant n}|t_{ij}|)^2$$
$$\leqslant(1-\frac{|IG'|^2}{r_n^2})\cdot\frac{1}{4}(n+1)^2\cdot\sum_{n\leqslant i<j\leqslant n}|f_i||f_j|\ (*)$$

再利用对称平均不等式

$$[\frac{\sum_{i=0}^{n}|f_i|}{C_{n+1}^1}]^2\geqslant\frac{\sum_{0\leqslant i<j\leqslant n}|f_i||f_j|}{C_{n+1}^2}$$

即

$$\sum_{0\leqslant i<j\leqslant n}|f_i||f_j|\leqslant\frac{n}{2(n+1)}\cdot(\sum_{i=0}^{n}|f_i|)^2$$

则可证得式(9.17.14).

(2)利用对称平均不等式

$$[\frac{\sum_{0\leqslant i<j\leqslant n}\mu_i\mu_j|t_{ij}|}{C_{n+1}^2}]^2\geqslant\frac{1}{C_{n(n+1)/2}^2}\sum_{\substack{0\leqslant i<j\leqslant n\\0\leqslant k<l\leqslant n\\(i,j)\neq(k,l)}}\mu_i\mu_j\mu_k\mu_l|t_{ij}||t_{kl}|$$

令其 $\mu_0=\mu_1=\cdots=\mu_n=1$,有

$$(\sum_{0\leqslant i<j\leqslant n}|t_{ij}|^2)\geqslant\frac{2n(n+1)}{(n-1)(n+2)}\sum_{\substack{0\leqslant i<j\leqslant n\\0\leqslant k<l\leqslant n\\(i,j)\neq(k,l)}}|t_{ij}|\cdot|t_{kl}|$$

再注意到(1)的推证式(*)则可证得式(9.17.15).

下面再讨论傍切点单形、傍心单形的有关体积问题.

定理 9.17.2－9　设 E^n 中 n 维单形 $\sum_{P(n+1)}$ 的切点单形 $\sum_{T(n+1)}$,傍切点单形 $\sum_{B^{(i)}(n+1)}$ 的 n 维体积分别为 $V_P,V_T,V_B^{(i)}$,则[215]

$$V_T(\prod_{i=0}^{n}V_B^{(i)})^{\frac{n-1}{n+1}}\leqslant\frac{1}{n^{2n^2}}(\frac{n+1}{n-1})^{n(n-1)}\cdot V_P^{2n}\tag{9.17.16}$$

其中等号当且仅当 $\sum_{P(n+1)}$ 正则时取得.

证明 设$\sum_{P(n+1)}$的界(侧)面的 $n-1$ 维体积为 $|f_i|$,记 $S=\sum_{i=0}^{n}|f_i|$.

由式(5.2.9):$|S_{P-(i,j)}|=\frac{n-1}{nV_P}|f_i||f_j|\sin\langle i,j\rangle$,两边对 j 求和得

$$\frac{\sum\limits_{i=0,j\neq i}^{n}|S_{P-(i,j)}|}{|f_i|\sum\limits_{\substack{j=0\\j\neq i}}^{n}|f_j|\sin\langle i,j\rangle}=\frac{n-1}{nV_P} \qquad ①$$

注意到射影定理,即式(7.3.1):$|f_i|=\sum\limits_{\substack{j=0\\j\neq i}}^{n}|f_j|\cos\langle i,j\rangle$,并应用 Cauchy 不等式,有

$$\begin{aligned}&\sum_{\substack{j=0\\j\neq i}}^{n}|f_i|\sin\langle i,j\rangle\sum_{\substack{j=0\\j\neq i}}^{n}[(|f_j|+|f_j|\cos\langle i,j\rangle)(|f_j|-|f_j|\cos\langle i,j\rangle)]^{\frac{1}{2}}\\&\leqslant[\sum_{\substack{j=0\\j\neq i}}^{n}(|f_j|+|f_j|\cos\langle i,j\rangle)]^{\frac{1}{2}}\cdot\\&\quad[\sum_{\substack{j=0\\j\neq i}}^{n}(|f_j|-|f_j|\cos\langle i,j\rangle)]^{\frac{1}{2}}\\&=S^{\frac{1}{2}}(S-2|f_i|)^{\frac{1}{2}}\end{aligned} \qquad ②$$

注意到公式式(7.4.7),有

$$\frac{nV_P}{\sum\limits_{j=0}^{n}|f_j|}=\frac{nV_P}{S}=r_n \qquad ③$$

由此可知单形$\sum_{P(n+1)}$的界(侧)面 f_i 的内切超球半径 ρ_i' 为

$$\rho_i'=\frac{(n-1)|f_i|}{\sum\limits_{\substack{j=0\\j\neq i}}^{n}|S_{ij}|}\quad(i=0,1,\cdots,n) \qquad ④$$

将式③,④代入式①,得

$$\frac{r_n S}{\rho_i'}=\sum_{\substack{j=0\\j\neq i}}^{n}|f_j|\sin\langle i,j\rangle$$

又将上式代入式②,得

$$S-2|f_i|\geqslant\frac{r_n^2 S}{\rho_i'^2}\quad(i=0,1,2,\cdots,n)$$

由上式与式③有

$$\prod_{i=0}^{n}(S-2|f_i|)\geqslant\frac{(r_n^2 S)^{n+1}}{(\prod\limits_{i=0}^{n}\rho_i')^2}=\frac{(nV_p)^{2(n+1)}}{S^{n+1}(\prod\limits_{i=0}^{n}\rho_i')^2}\qquad ⑤$$

注意到式(9.8.6)与式(9.8.1),可知

$$\rho_i'\leqslant\left[\frac{(n-1)!^2}{(n-1)^{n-1}\cdot n^n}\right]^{\frac{1}{2(n-1)}}\cdot|f_i|^{\frac{1}{n-1}}\quad(i=0,1,\cdots,n)$$

由上式与式⑤即得

$$\prod_{i=0}^{n}|S-2|f_i||\geqslant(n+1)^{n+1}\left(\frac{n^{3n}}{n!^2}\right)^{\frac{n+1}{n-1}}\cdot\frac{V_P^{2(n+1)}}{S^{n+1}(\prod\limits_{i=0}^{n}|f_i|)^{\frac{2}{n-1}}}\tag{9.17.17}$$

由式(7.4.8),有

$$r_n^{(i)}=\frac{nV_p}{S-2|f_i|}\quad(i=0,1,\cdots,n)$$

亦有

$$\prod_{i=0}^{n}r_n^{(i)}=\frac{(nV_P)^{n+1}}{\prod\limits_{i=0}^{n}(S-2|f_i|)}$$

由上式和式(9.17.17),得

$$\prod_{i=0}^{n}r_n^{(i)}\leqslant\left(\frac{n}{n-1}\right)^{n+1}\cdot\left(\frac{n!^2}{n^{3n}}\right)^{\frac{n+1}{n-1}}\cdot\frac{S^{n+1}(\prod\limits_{i=0}^{n}|f_i|)^{\frac{2}{n-1}}}{V_P^{n+1}}\qquad ⑥$$

应用算术-几何平均不等式,有

$$\left(\prod_{i=0}^{n}|f_i|\right)^{\frac{2}{n-1}}\leqslant\left(\frac{1}{n+1}S\right)^{\frac{2(n+1)}{n-1}}$$

由上式和式⑥,并注意 $S=\frac{nV_P}{r_n}$,得

$$r_n^{n+1}\left(\prod_{i=0}^{n}r_n^{(i)}\right)^{\frac{n-1}{n+1}}\leqslant\frac{n!^2}{n^n(n-1)^{n-1}(n+1)^2}\cdot\frac{V_P^2}{r_n^{n+1}} \quad ⑦$$

由 r_n 是切点单形 $\sum_{T(n+1)}$ 的外接超球半径,$r_n^{(i)}$ 是单形 $\sum_{P(n+1)}$ 的第 i 个傍切点单形 $\sum_{B^{(i)}(n+1)}$ 的外接超球半径,由式(9.8.6)以及式(9.8.1),有

$$r_n\geqslant\left[\frac{n^n n!^2}{(n+1)^{n+1}}\right]^{\frac{1}{2n}}\cdot V_T^{\frac{1}{n}} \quad ⑧$$

$$r_n\geqslant\left[\frac{n^n n!^2}{(n+1)^{n+1}}\right]^{\frac{1}{2n}}\cdot (V_{B(i)})^{\frac{1}{n}} \quad ⑨$$

由式⑦,⑧,⑨便得式(9.17.16).

其中等号成立的条件由推导过程知 $\sum_{P(n+1)}$ 正则.

定理 9.17.2－10　设 E^n 中 n 维单形 $\sum_{P(n+1)}$ 的切点单形 $\sum_{T(n+1)}$ 和傍心单形 $\sum_{I^{(i)}(n+1)}$ 的 n 维体积分别为 $V_T,V_{I(i)}$,则[216]

$$V_{I(i)}\geqslant\left(\frac{2n}{n-1}\right)^n V_T \quad (9.17.18)$$

其中等号当且仅当 $\sum_{P(n+1)}$ 正则时取得.

证明　注意到式(6.1.27),式(6.1.12),有

$$V_{I(i)}=\frac{V_P}{\prod_{i=0}^{n}(S-2|f_i|)}\begin{vmatrix}-|f_0| & |f_1| & |f_2| & \cdots & |f_n|\\ |f_0| & -|f_1| & |f_2| & \cdots & |f_n|\\ \vdots & \vdots & \vdots & & \vdots\\ |f_0| & |f_1| & |f_2| & \cdots & -|f_n|\end{vmatrix}$$

$$=\frac{V_P\cdot\prod_{i=0}^{n}|f_i|}{\prod_{i=0}^{n}(S-2|f_i|)}\begin{vmatrix}-1 & 1 & 1 & \cdots & 1\\ 1 & -1 & 1 & \cdots & 1\\ \vdots & \vdots & \vdots & & \vdots\\ 1 & 1 & 1 & \cdots & -1\end{vmatrix}$$

$$=\frac{V_P\cdot\prod_{i=0}^{n}|f_i|}{\prod_{i=0}^{n}(S-2|f_i|)}\begin{vmatrix}-1 & 1 & 1 & \cdots & 1\\ 2 & -2 & 0 & \cdots & 0\\ \vdots & \vdots & \vdots & & 0\\ 2 & 0 & 0 & \cdots & -2\end{vmatrix}$$

$$=\frac{V_P\cdot\prod_{i=0}^{n}|f_i|}{\prod_{i=0}^{n}(S-2|f_i|)}\begin{vmatrix}n-1 & 1 & 1 & \cdots & 1\\ 0 & -2 & 0 & \cdots & 0\\ \vdots & \vdots & \vdots & & \vdots\\ 0 & 0 & 0 & \cdots & -2\end{vmatrix}$$

$$=\frac{2^n(n-1)\prod_{i=0}^{n}|f_i|}{\prod_{i=0}^{n}(S-2|f_i|)}\cdot V_P \qquad ①$$

应用算术－几何平均不等式,有

$$\prod_{i=0}^{n}(S-2|f_i|)\leqslant\left[\frac{1}{n+1}\sum_{i=0}^{n}(S-2|f_i|)\right]^{n+1}$$

$$=\left(\frac{n-1}{n+1}\sum_{i=0}^{n}|f_i|\right)^{n+1} \qquad ②$$

由①,②得

$$V_{I(i)}\geqslant\frac{2^n(n+1)^{n+1}\prod_{i=0}^{n}|f_i|}{(n-1)^n(\sum_{i=0}^{n}|f_i|)^{n-1}(\sum_{i=0}^{n}|f_i|)^2}$$

$$\geqslant\frac{2^n(n+1)^n\prod_{i=0}^{n}|f_i|^2}{(n-1)^n\sum_{i=0}^{n}|f_i|^2\cdot\prod_{i=0}^{n}|f_i|\cdot(\sum_{i=0}^{n}|f_i|)^{n-1}} \qquad ③$$

其中用到$(\sum_{i=0}^{n}|f_i|)^2\leqslant(n+1)\sum_{i=0}^{n}|f_i|^2$.

注意到式(9.17.4),有

$$\frac{1}{\prod_{i=0}^{n}|f_i|\cdot(\sum_{i=0}^{n}|f_i|)^{n-1}}=\frac{n!^2\cdot V_T}{n^{2n}\cdot V_P^{2n-1}} \qquad ④$$

由式③,④及式(9.4.5)便得式(9.17.18).其中

等号成立的条件由推导过程知$\sum_{P(n+1)}$正则.

由式(9.17.18)可得如下推论.

推论 设 E^n 中 n 维单形$\sum_{P(n+1)}$的切点单形$\sum_{T(n+1)}$和傍心单形$\sum_{I^{(i)}(n+1)}$的内切超球、外接超球的半径分别为 r_n^*,R_n^*,则

$$R_n^* \geqslant \frac{2n^2}{n-1} r_n^* \tag{9.17.19}$$

其中等号当且仅当$\sum_{P(n+1)}$正则时取得.

证明 注意到式(9.8.6)及式(9.8.1),有

$$V_{I^{(i)}} \leqslant \frac{(n+1)^{\frac{n+1}{2}}}{n! \cdot n^{\frac{n}{2}}} \cdot (R_n^*)^n$$

$$V_T \geqslant \frac{(n+1)^{\frac{n+1}{2}} \cdot n^{\frac{n}{2}}}{n!} \cdot r_n^*$$

由上述两式和式(9.17.18),即得式(9.17.19)及等号成立的条件.

定理 9.17.2-11 设 E^n 中 n 维单形$\sum_{P(n+1)}$的 $n+1$个傍心构成的傍心单形$\sum_{I^{(i)}(n+1)}$的体积分别为 V_P,$V_{I^{(i)}}$,R_n,r_n 分别为单形$\sum_{P(n+1)}$的外接和内切超球半径,则[217]

$$\left(\frac{2}{n-1}\right)^n \left(\frac{nr_n}{R_n}\right)^{n^2-1} \cdot V_P \leqslant V_{I^{(i)}} \leqslant \left(\frac{2}{n-1}\right)^n \cdot \left(\frac{R_n}{nr_n}\right)^2 \cdot V_P \tag{9.17.20}$$

其中等号当且仅当$\sum_{P(n+1)}$正则时取得.

对于式(9.17.20),当 $n=2$ 时,即为 M. S. Klamkin 不等式

$$4\left(\frac{2r_2}{R_2}\right)^3 S_{\triangle A_0A_1A_2} \leqslant S_{\triangle I_0I_1I_2} \leqslant 4\left(\frac{R_2}{2r_2}\right)^2 S_{\triangle A_0A_1A_2} \tag{9.17.21}$$

其中等号当且仅当$\triangle A_0A_1A_2$为正三角形时取得.

下面我们证明式(9.17.20).

证明　注意到式(6.1.27)及式(6.1.12),同定理9.17.2-10的证明有

$$V_{I(i)}=\frac{2^n(n-1)\prod_{i=0}^{n}|f_i|}{\prod_{i=0}^{n}(S-2|f_i|)}\cdot V_P \qquad ①$$

当$n=2$时,有不等式(9.17.21).

当$n\geqslant3$时,注意到代数不等式:设$x_i\in(0,\frac{1}{2})$,且$\sum_{i=0}^{n}x_i=1$,则

$$\prod_{i=0}^{n}(1-2x_i)\geqslant(n+1)^{n+1}\cdot(n+1)^{\frac{n+1}{n}}\cdot(\prod_{i=0}^{n}x_i)^{\frac{n+1}{n}}$$

其中等号当且仅当$x_0=x_1=\cdots=x_n=\frac{1}{n+1}$时取得.

令$x_i=\frac{|f_i|}{S}(i=0,1,\cdots,n)$,则满足$x_i\in(0,\frac{1}{2})$,且$\sum_{i=0}^{n}x_i=1$,则

$$\prod_{i=0}^{n}(S-2|f_i|)\geqslant(n-1)^{n+1}(n+1)^{\frac{n+1}{n}}\cdot\left(\frac{\prod_{i=0}^{n}|f_i|}{S}\right)^{\frac{n+1}{n}} \qquad ②$$

由式①,②得

$$V_{I(i)}\leqslant\frac{2^n}{(n-1)^n(n+1)^{\frac{n+1}{n}}}\cdot\frac{|f_i|^{\frac{n+1}{n}}}{(\prod_{i=0}^{n}|f_i|)^{\frac{1}{n}}}\cdot V_P \qquad ③$$

由式(9.4.5)及应用算术-几何平均不等式,即由$\frac{\prod_{i=0}^{n}|f_i|^2}{\sum_{i=0}^{n}|f_i|^2}\geqslant\frac{n^{3n}}{n!^2(n+1)^n}\cdot V_P^{2(n-1)}$有

$$\prod_{i=0}^{n}|f_i| \geqslant \left(\frac{n^{3n}}{n!^2}\right)^{\frac{n+1}{2n}} \cdot \frac{1}{(n+1)^{\frac{n^2-1}{2n}}} \cdot V_P^{\frac{n^2-1}{n}} \qquad ④$$

由式③,④,并注意 $S=\dfrac{nV_P}{r_n}$(即式(7.4.7)),有

$$V_{I(i)} \leqslant \frac{2^n n!^{\frac{n+1}{n^2}}}{n^{\frac{n+1}{2n}}(n-1)^n(n+1)^{\frac{(n+1)^2}{2n^2}}} \cdot \frac{V_P^{\frac{n+1}{n^2}}}{r_n^{\frac{n+1}{n}}} \cdot V_P$$

又由式(9.8.6)有 $V_P \leqslant \dfrac{(n+1)^{\frac{n+1}{2}}}{n!\ \cdot n^{\frac{n}{2}}} \cdot R_n^n$,得

$$V_{I(i)} \leqslant \left(\frac{2}{n-1}\right)^n \cdot \left(\frac{R_n}{nr_b}\right)^{\frac{n+1}{n}} \cdot V_P \qquad ⑤$$

再由式(9.10.1)即 $R_n \geqslant nr_n$ 可知

$$\left(\frac{R_n}{nr_n}\right)^{\frac{n+1}{n}} \leqslant \left(\frac{R_n}{nr_n}\right)^2$$

由上式及式⑤得

$$V_{I(i)} \leqslant \left(\frac{2}{n-1}\right)^n \left(\frac{R_n}{nr_n}\right)^2 V_P$$

从而式(9.17.20)右端式成立.

下面再证左端式.

由式(7.4.8):$S-2|f_i|=\dfrac{nV_P}{r_n^{(i)}}$代入式①.

$$V_{I(i)} = \frac{2^n(n-1)\prod\limits_{i=0}^{n}|f_i|}{n^{n+1}V_P^{\ n}} \cdot \prod_{i=0}^{n} r_n^{(i)}$$

$$\geqslant \frac{2^n(n-1)\prod\limits_{i=0}^{n}|f_i|}{n^{n+1}V_P^{\ n}}\left(\frac{n+1}{n-1}\right)^{n+1} r_n^{n+1} \qquad ⑥$$

又由式(7.4.7)及幂平均不等式,或者直接由式(9.8.8),得

$$n^2V_P^2=r_n^2\left(\sum_{i=0}^{n}|f_i|\right)^2\leqslant r_n^2(n+1)\sum_{i=0}^{n}|f_i|^2$$
$$\leqslant r_n^2(n+1)\frac{(n+1)^n}{n!^2\cdot n^{n-4}}\cdot R_n^{2(n-1)}$$

从而
$$r_n\geqslant\frac{n!\cdot n^{\frac{n-2}{2}}}{(n+1)^{\frac{n+1}{2}}}\cdot\frac{V_P}{R_n^{n-1}}\qquad ⑦$$

由上式和式⑥,得
$$V_{I(i)}\geqslant\frac{2^n\cdot n!^{n+1}\cdot n^{\frac{n^2-3n-4}{2}}}{(n-1)^n(n+1)^{\frac{n^2-1}{2}}}\cdot\frac{V_P}{R_n^{n^2-1}}\cdot\prod_{i=0}^{n}|f_i|\qquad ⑧$$

由式④及式(9.8.1),有
$$\prod_{i=0}^{n}|f_i|\geqslant\frac{(n+1)^{\frac{n^2-1}{2}}\cdot n^{\frac{n^2+3n+2}{2}}}{n!^{n+1}}\cdot r_n^{n^2-1}$$

由上式和式⑧得
$$\left(\frac{2}{n-1}\right)^n\left(\frac{nr_n}{R_n}\right)^{n^2-1}\cdot V_P\leqslant V_{I(i)}$$

综上,便证得了式(9.17.20).其中等号成立的条件可由推导过程得$\Sigma_{P(n+1)}$正则.

注　(ⅰ)在上述推得过程中,得到式⑥,用到如下一个结果
$$\prod_{i=1}^{n}r_n^{(i)}\geqslant\left(\frac{n+1}{n-1}\right)^{n+1}r_n^{n+1}\qquad(9.17.21)$$
其中等号成立当且仅当$\Sigma_{P(n+1)}$正则.

(ⅱ)在得到式⑦时,也给出了如下一个结果
$$\sum_{i=0}^{n}|f_i|^2\leqslant\frac{(n+1)^n}{n!^2\cdot n^{n-4}}\cdot R_n^{2(n-1)}\qquad(9.17.22)$$
其中等号当且仅当$\Sigma_{P(n+1)}$正则时取得.

9.17.3　**垂足单形**

定义9.17.3　设E^n中n维单形$\Sigma_{P(n+1)}=\{P_0,P_1,\cdots,P_n\}$的侧面为$f_i$(为$n-1$维单形),自$E^n$中任一

点 M 向各侧面 f_i(亦为 $n-1$ 维超平面)作垂线,垂足分别为 $H_i(i=0,1,\cdots,n)$,则称单形 $\sum_{H(n+1)}=\{H_0,H_1,\cdots,H_n\}$ 为 M 关于 $\sum_{P(n+1)}$ 的垂足单形,也称单形 $\sum_{P(n+1)}$ 是 M 关于 $\sum_{H(n+1)}$ 的垂面单形. 若 M 在 $\sum_{P(n+1)}$ 内,则并称 $\sum_{H(n+1)}$ 为其内点垂足单形;若 M 为单形 $\sum_{P(n+1)}$ 的外心,且 H_i 为侧面 f_i 的外心 $O^{(i)}$,则垂足单形 $\sum_{O^{(i)}(n+1)}$ 称为关于 $\sum_{P(n+1)}$ 的外心垂足单形;同样可定义内心垂足单形.

定理 9.17.3-1 设 E^n 中的 n 维单形 $\sum_{P(n+1)}=\{P_0,P_1,\cdots,P_n\}$ 为坐标单形,M 为 E^n 中任意一点,其重心规范坐标为$(\lambda_0,\lambda_1,\cdots,\lambda_n)$,$M$ 关于 $\sum_{P(n+1)}$ 的垂足单形为 $\sum_{H(n+1)}$,它们的 n 维体积分别为 V_P,V_H,又记单形 $\sum_{P(n+1)}$ 的侧面 f_i 的 $n-1$ 维体积为 $|f_i|$,n 级顶点角为 $\theta_{i_n}(i=0,1,\cdots,n)$,则[30,131]:

(1) $$V_H=(-1)^n V_P\sum_{i=0}^{n}\Big(\prod_{\substack{j=0\\j\neq i}}^{n}\lambda_j\Big)\sin^2\theta_{i_n}\quad(9.17.23)$$

(2) $$V_H=\frac{(-1)^n\cdot n^{2n}V_P^{2n-1}}{(n!)^2\prod_{j=0}^{n}|f_i|^2}\sum_{i=0}^{n}\Big(\prod_{\substack{j=0\\j\neq i}}^{n}\lambda_j\Big)|f_i|^2$$

(9.17.24)

证明 (1)设 $\boldsymbol{e}_i(i=0,1,\cdots,n)$ 为侧面 f_i 上的单位法向量,$h_i=|H_iM|$,V_i 为单形 $\sum_{H_i(n+1)}=\{H_0,\cdots,H_{i-1},M,H_{i+1},\cdots,H_n\}$ 的体积,则

$$V_H=\sum_{i=0}^{n}V_i$$

由式(5.2.1),式(1.1.7)及式(5.2.3),有

$$\begin{aligned}V_i&=\frac{1}{n!}|\overrightarrow{MH_0}\wedge\cdots\wedge\overrightarrow{MH_{i-1}}\wedge\overrightarrow{MH_{i+1}}\wedge\cdots\wedge\overrightarrow{MH_n}|\\&=\frac{(-1)^j}{n!}|MH_0|\cdots|MH_{i-1}||MH_{i+1}|\cdots|MH_n|\cdot\end{aligned}$$

$$|\boldsymbol{e}_0 \wedge \cdots \wedge \boldsymbol{e}_{i-1} \wedge \boldsymbol{e}_{i+1} \wedge \cdots \wedge \boldsymbol{e}_n|$$
$$= \frac{(-1)^j}{n!}\Big(\prod_{\substack{j=0\\j\neq i}}^{n} h_j\Big) \cdot \sin \theta_{i_n}$$

又由重心规范坐标定义及 n 维单形体积公式(5.2.2),有

$$\lambda_i = \frac{V_i}{V_P} = \frac{h_i|f_i|}{nV_P}, \text{故 } h_i = \frac{n\lambda_i \cdot V_P}{|f_i|}$$

故
$$V_H = \prod_{i=0}^{n} V_i = \frac{(-1)^n}{n!}\sum_{i=0}^{n}\left(\prod_{\substack{j=0\\j\neq i}}^{n} \frac{n\lambda_j \cdot V_P}{|f_j|}\sin \theta_{i_n}\right) \quad (*)$$

由式(*)及式(5.2.7),得式(9.17.23),即

$$V_H = (-1)^n V_P \sum_{i=0}^{n}\Big(\prod_{\substack{j=0\\j\neq i}}^{n}\lambda_j\Big)\sin^2\theta_{i_n}$$

(2)由式(*)及式(5.2.7),得

$$V_H = \frac{(-1)^n}{n!}\sum_{i=0}^{n}\left(\prod_{\substack{j=0\\j\neq i}}^{n}\frac{n\lambda_i V_P}{|f_j|} \cdot \frac{n^n V_P^{n-1}}{n! \prod_{\substack{i=0\\j\neq i}}^{n}|f_j|}\right)$$
$$= \frac{(-1)^n \cdot n^{2n} V_P^{2n-1}}{(n!)^2 \prod_{j=0}^{n}|f_j|^2}\sum_{i=0}^{n}\Big(\prod_{\substack{j=0\\j\neq i}}^{n}\lambda_j\Big)|f_2|^2$$

此即为式(9.17.24).

定理 9.17.3-2　设 E^n 中的点 M 关于 n 维等面(所有侧面的面(体)积相等)单形 $\sum_{P(n+1)} = \{P_0, P_1, \cdots, P_n\}$ 的垂足单形 $\sum_{H(n+1)} = \{H_0, H_1, \cdots, H_n\}$ 的有向体积为 $V(\sum_{H(n+1)})$,单形 $\sum_{P(n+1)}$ 的有向体积记为 $V(\sum_{P(n+1)})$,则

$$V(\textstyle\sum_{H(n+1)}) \leqslant \frac{1}{n^n}V(\textstyle\sum_{P(n+1)}) \quad (9.17.25)$$

其中等号成立的条件是点 M 为单形 $\sum_{P(n+1)}$ 的重心.

证明　因为单形 $\sum_{P(n+1)}$ 是等面单形,即侧面面(体)积相等,即 $|f_0| = |f_1| = \cdots = |f_n|$,于是由式

(9.17.24)有

$$V(\sum_{H(n+1)})=\frac{n^{2n}[V(\sum_{P(n+1)})]^{2n-1}}{(n!)^2\cdot|f_0|^{2n}}\sum_{i=0}^{n}(\prod_{\substack{j=0\\j\neq i}}^{n}\lambda_j) \qquad (*)$$

又由式(9.4.1),有

$$\frac{1}{|f_0|^{2n}}\leqslant(n+1)^{n-1}\cdot\frac{(n!)^2}{n^{3n}}\cdot[V(\sum_{P(n+1)})]^{-2(n-1)}$$

将上式代入式(*),得

$$V(\sum_{H(n+1)})\leqslant\frac{(n+1)^{n-1}}{n^n}V(\sum_{P(n+1)})\cdot\sum_{i=0}^{n}(\prod_{\substack{j=0\\j\neq i}}^{n}\lambda_i)$$

当 M 点为单形 $\sum_{P(n+1)}$ 的重心时,$\lambda_0=\lambda_1=\cdots=\lambda_n=\frac{1}{n+1}$,故有定理9.17.3-2是成立的.

定理9.17.3-2中的条件还可放宽,对于任意的 n 维单形,也有式(9.17.25)成立,这就是我们将在后面介绍的式(9.17.41).

与单形内一般点有关的几何关系式,湖南师大的张垚教授在文[34]中获得了如下有趣结果:

定理9.17.3-3 设 E^n 中任一点 M 关于 n 维单形 $\sum_{P(n+1)}$ 的垂足单形是 $\sum_{H(n+1)}=\{H_0,H_1,\cdots,H_n\}$,若 M 是 $\sum_{H(n+1)}$ 的重心或外心,则 $\sum_{H(n+1)}$ 是正则单形的充要条件是 $\sum_{P(n+1)}$ 为正则单形.

证明 必要性显然,下证充分性. 因 $\sum_{P(n+1)}$ 是正则单形,则对于 $\sum_{P(n+1)}$ 有 $|f_0|=|f_1|=\cdots=|f_n|$,且 $\sum_{P(n+1)}$ 的各内二面角 $\langle i,j\rangle=\arccos\frac{1}{n}(i\neq j,i,j=0,1,\cdots,n)$.

设 M 关于 $\sum_{P(n+1)}$ 的重心规范坐标为 $(\lambda_0,\lambda_1,\cdots,\lambda_n)$,$H_i$ 关于 $\sum_{P(n+1)}$ 的重心规范坐标为 $(t_{i0},t_{i1},\cdots,$

t_{in})，则由(6.1.32)式，有 $t_{ij}\begin{cases}0, \text{当 } i=j \text{ 时}\\ \lambda_j+\dfrac{1}{n}\lambda_i, \text{当 } i\neq j \text{ 时}\end{cases}$.

若 M 是 $\sum_{H(n+1)}$ 的重心，则

$$\lambda_j=\frac{1}{n+1}\sum_{i=0}^{n}t_{ij}=\frac{1}{n+1}\left[n\lambda_j+\frac{1}{n}(1-\lambda_j)\right]$$

即
$$\lambda_j=\frac{1}{n+1}\quad (j=0,1,\cdots,n)$$

故 M 也为 $\sum_{P(n+1)}$ 的重心，且知 H_i 关于 $\sum_{P(n+1)}$ 的重心规范坐标为$(\frac{1}{n},\frac{1}{n},\cdots,\frac{1}{n},0^{(i)},\frac{1}{n},\cdots,\frac{1}{n})$，于是由分点坐标公式：式(6.1.17)知 $P_i,M,H_i(i=0,1,\cdots,n)$共线且 $|P_iM|:|MH_i|=n$. 故 $\sum_{P(n+1)}$ 与 $\sum_{H(n+1)}$ 成位似(位似的概念见定义10.1.2). 位似中心为 M，所以 $\sum_{H(n+1)}$ 也是正侧单形.

如果 M 是单形 $\sum_{H(n+1)}$ 的外心，则 $|MH_0|=\cdots=|MH_n|$，又 $|f_0|=\cdots=|f_n|$，从而 $\lambda_0:\lambda_1:\cdots:\lambda_n=\frac{1}{n}|MH_0|\cdot|f_0|:\cdots:\frac{1}{n}|MH_n|\cdot|f_n|=1:1:\cdots:1$，从而 M 也是 $\sum_{P(n+1)}$ 的重心，故 $\sum_{H(n+1)}$ 也为正则单形.

定理 9.17.3-4　设 M 是 E^n 中 n 维单形 $\sum_{Q(n+1)}=\{Q_0,Q_1,\cdots,Q_n\}$ 内任意一点，$\overrightarrow{MQ_{0j}},\cdots,\overrightarrow{MQ_{i-1}},\overrightarrow{MQ_{i+1}},\cdots,\overrightarrow{MQ_n}$构成空间角为 $\theta'_{i_n}(i=0,1,\cdots,n)$，则对任意 $n+1$ 个非负实数 $x_0,x_1,\cdots,x_n(\sum_{i=0}^{n}x_i\neq 0)$，有[34]

$$\sum_{i=0}^{n}\left(\prod_{\substack{i=0\\ j\neq i}}^{n}x_j\right)\sin\theta'_{i_n}\leqslant\frac{1}{n^{\frac{n}{2}}}\left(\sum_{i=0}^{n}x_i\right)^{\frac{n}{2}}\left(\sum_{i=0}^{n}\prod_{\substack{j=0\\ j\neq i}}^{n}x_j\right)^{\frac{1}{2}}$$
$$\leqslant\frac{1}{n^{\frac{n}{2}}\cdot(n+1)^{\frac{n-1}{2}}}\left(\sum_{i=0}^{n}x_i\right)^{n}\tag{9.17.26}$$

其中等号当且仅当 $x_0=x_1=\cdots=x_n$ 且 M 关于 $\sum_{Q(n+1)}$ 的垂面单形 $\sum_{P(n+1)}=\{P_0,P_1,\cdots,P_n\}$ 是正则单形.

证明 因 $\sum_{P(n+1)}$ 是 M 关于 $\sum_{Q(n+1)}$ 的垂面单形,即 $\sum_{Q(n+1)}$ 是 M 关于 $\sum_{P(n+1)}$ 的垂足单形,从而 θ'_{i_n} 就是单形 $\sum_{P(n+1)}$ 中对应于顶点 P_i 的顶点角,由式(9.1.5),有

$$\sum_{i=0}^{n}\left(\prod_{\substack{j=0\\j\neq i}}^{n}x_j\right)\sin^2\theta'_{i_n}\leqslant\frac{1}{n^n}\left(\sum_{i=0}^{n}x_i\right)^n$$

应用柯西不等式,得

$$\begin{aligned}\sum_{i=0}^{n}\left(\prod_{\substack{j=0\\j\neq i}}^{n}x_j\right)\sin\theta'_{i_n}&\leqslant\left(\sum_{i=0}^{n}\prod_{\substack{j=0\\j\neq i}}^{n}x_j\right)^{\frac{1}{2}}\cdot\left[\sum_{i=0}^{n}\left(\prod_{\substack{j=0\\j\neq i}}^{n}x_j\right)\cdot\sin^2\theta'_{i_n}\right]^{\frac{1}{2}}\\&\leqslant\frac{1}{n^{\frac{n}{2}}}\left(\sum_{i=0}^{n}x_i\right)^{\frac{n}{2}}\cdot\left(\sum_{i=0}^{n}\prod_{\substack{j=0\\j\neq i}}^{n}x_j\right)^{\frac{1}{2}}\end{aligned}$$

又由 Maclaurin 不等式,有

$$\frac{\sum_{i=0}^{n}x_i}{C_{n+1}^1}\geqslant\left[\frac{\sum_{i=0}^{n}\left(\prod_{\substack{j=0\\j\neq i}}^{n}x_j\right)}{C_{n+1}^n}\right]^{\frac{1}{n}}$$

等号当且仅当 $x_0=\cdots=x_n$ 时成立. 即

$$\sum_{i=0}^{n}\left(\prod_{\substack{j=0\\j\neq i}}^{n}x_j\right)\leqslant\frac{1}{(n+1)^{n-1}}\left(\sum_{i=0}^{n}x_i\right)^n$$

上述各式等号成立的条件为 $x_0=\cdots=x_n$ 且 $\sin\theta'_{0_n}=\cdots=\sin\theta'_{n_n}$. 而由式(9.1.5)等号成立条件是

$$\frac{1}{n+1}=\frac{\cos\langle i,j\rangle}{n(\cos\langle i,j\rangle+\cos\langle i,k\rangle\cdot\cos\langle k,j\rangle)}$$

即 $\cos\langle i,j\rangle=n\cos\langle i,k\rangle\cdot\cos\langle k,j\rangle$($i,j,k$ 互不相等且 $i,j,k=0,1,\cdots,n$),由此即知 $\sum_{P(n+1)}$ 为正则单形.

反之,若 $x_0=\cdots=x_n$ 且 $\sum_{P(n+1)}$ 为正则单形,则由式(7.15.1)知 $\cos\langle i,j\rangle=\frac{1}{n}$,直接计算有

$$\sin^2\theta'_{i_n}=|\det(\boldsymbol{e}_0,\cdots,\boldsymbol{e}_{i-1},\boldsymbol{e}_{i-1},\cdots,\boldsymbol{e}_n)^{\mathrm{T}}\cdot(\boldsymbol{e}_0,\cdots,\boldsymbol{e}_{i-1},\boldsymbol{e}_{i+1},\cdots,\boldsymbol{e}_n)|$$

$$=\det\begin{vmatrix}1 & & -\frac{1}{n}\\ & \ddots & \\ -\frac{1}{n} & & 1\end{vmatrix}=\frac{1}{n+1}(1+\frac{1}{n})^n$$

$$(i=0,1,\cdots,n)$$

从而定理获证.

定理 9.17.3－5　E^n 中任一点 M 关于坐标单形 $\sum_{P(n+1)}=\{P_0,P_1,\cdots,P_n\}$ 的重心规范坐标为 $(\lambda_0,\lambda_1,\cdots,\lambda_n)$，$M$ 关于 $\sum_{P(n+1)}$ 的垂足单形为 $\sum_{H(n+1)}=\{H_0,H_1,\cdots,H_n\}$，单形 $\sum_{P(n+1)}$（其体积记为 V_P）各侧面 f_i（其体积记为 $|f_i|$）上的高为 h_i，则对于 $n+1$ 个非负实数 $x_0,x_1,\cdots,x_n$（$\sum\limits_{i=0}^{n}x_i\neq 0$），有[34]：

$$(1)\ V(\sum{}_{P(n+1)})\leqslant\sum_{i=0}^{n}|\lambda_i|(\prod_{\substack{j=0\\j\neq i}}^{n}\frac{x_j}{|MP_j|})\leqslant(n!)^{-1}\cdot n^{-\frac{n}{2}}\cdot(n+1)^{\frac{1-n}{2}}(\sum_{i=0}^{n}x_i)^n \tag{9.17.27}$$

$$(2)\ [V(\sum{}_{P(n+1)})]^{n-1}\cdot\sum_{i=0}^{n}(\prod_{\substack{j=0\\j\neq i}}^{n}\frac{x_j}{|f_j|})\leqslant n!\ \cdot n^{\frac{-3n}{2}}\cdot(n+1)^{\frac{1-n}{2}}\cdot(\sum_{i=0}^{n}x_i)^n \tag{9.17.28}$$

$$(3)\ V(\sum{}_{P(n+1)})\geqslant\frac{n^{\frac{n}{2}}\cdot(n+1)^{\frac{n-1}{2}}}{n!}\cdot\frac{\sum\limits_{i=0}^{n}(\prod\limits_{\substack{j=0\\j\neq i}}^{n}x_jh_j)}{(\sum\limits_{i=0}^{n}x_i)^n} \tag{9.17.29}$$

其中等号成立的充要条件：式（9.17.27）中 $x_0=$

$x_1=\cdots=x_n$ 且 M 关于 $\sum_{P(n+1)}$ 的垂足单形 $\sum_{H(n+1)}$ 为正则单形;式(9.17.28)与式(9.17.29)均是 $x_0=\cdots=x_n$ 且 $\sum_{P(n+1)}$ 为正则单形.

证明 设 $\overrightarrow{MP_0},\cdots,\overrightarrow{MP}_{i-1},\overrightarrow{MP}_{i+1},\cdots,\overrightarrow{MP_n}$ 构成空间角 $\theta'_{i_n}(i=0,1,\cdots,n)$,$\overrightarrow{MP_i}$ 上的单位向量为 $\boldsymbol{e}_i(i=0,1,\cdots,n)$,则由重心规范坐标的定义及单形体积公式 $(V(\sum_{P(n+1)})=V_P)$,有

$$\begin{aligned}|\lambda_i|\cdot V_P&=\frac{1}{n!}|\det(\overrightarrow{MP_0},\cdots,\overrightarrow{MP}_{i-1},\overrightarrow{MP}_{i+1},\cdots,\overrightarrow{MP}_n)|\\&=\frac{1}{n!}(\prod_{\substack{i=0\\j\neq i}}^{n}|\overrightarrow{MP_i}|)\cdot|\det(\boldsymbol{e}_0,\cdots,\boldsymbol{e}_{i-1},\boldsymbol{e}_{i+1},\cdots,\boldsymbol{e}_n)|\\&=\frac{1}{n!}(\prod_{\substack{i=0\\j\neq i}}^{n}|\overrightarrow{MP_i}|)\cdot\sin\theta'_{i_n}\end{aligned}$$

再注意到定理 9.17.3-2,将上式代入式(9.17.25)即证得式(9.17.27),等号成立条件也由此推得.

设 $\sum_{P(n+1)}$ 中对应于顶点 P_i 的顶点角为 $\theta_{i_n}(i=0,1,\cdots,n)$,注意到式(5.2.7),将其代入式(9.17.25),即得式(9.17.28),再利用式(5.2.2),即得式(9.17.29),等号条件也从中推得.

特别地,在式(9.17.28)中令 $x_i=1$,并利用平均值不等式,则得到式(9.4.1)的一个隔离式

$$\begin{aligned}V(\sum_{P(n+1)})&\leqslant\frac{n!^{\frac{1}{n-1}}\cdot(n+1)^{\frac{n+1}{2(n-1)}}}{n^{\frac{3n}{2(n-1)}}}\cdot\left[\frac{\prod_{i=0}^{n}|f_i|}{\sum_{i=0}^{n}|f_i|}\right]^{\frac{n}{n-1}}\\&\leqslant\sqrt{n+1}\,(n!\cdot n^{-3n})^{\frac{1}{2(n-1)}}\cdot(\prod_{i=0}^{n}|f_i|)^{\frac{n}{n^2-1}}\end{aligned}\tag{9.17.30}$$

其中等号当且仅当 $\sum_{P(n+1)}$ 正则时成立.

定理 9.17.3-6 设 M 为 E^n 中 n 维单形 $\sum_{P(n+1)}=$

$\{P_0,P_1,\cdots,P_n\}$内任意一点,M关于$\sum_{P(n+1)}$的垂足单形为$\sum_{H(n+1)}=\{H_0,H_1,\cdots,H_n\}$,则[34]

$$\begin{aligned}&\frac{n^{\frac{n}{2}}\cdot(n+1)^{\frac{n-1}{2}}}{n!}\sum_{i=0}^{n}\Big(\prod_{\substack{i=0\\ j\neq i}}^{n}|MH_j|\Big)\\&\leqslant V\Big(\sum{}_{P(n+1)}\Big)\\&\leqslant\frac{1}{n!\ n^{\frac{n}{2}}\cdot(n+1)^{\frac{n-1}{2}}}\Big(\sum_{i=0}^{n}|MP_i|\Big)^n\\&\leqslant\frac{1}{n^{n(n+1)}}\Big(\prod_{i=0}^{n}\frac{|MP_i|}{|MH_i|}\Big)^n\cdot V\Big(\sum{}_{P(n+1)}\Big)\qquad(9.17.31)\end{aligned}$$

其中诸等号当且仅当$\sum_{P(n+1)}$正则,且M为其中心时成立.

证明　在式(9.17.27)中令$x_i=|MP_i|(i=0,1,\cdots,n)$,并利用$\sum_{i=0}^{n}|\lambda_i|\geqslant|\sum_{i=0}^{n}\lambda_i|=1$,便得

$$V\Big(\sum{}_{P(n+1)}\Big)\leqslant\frac{1}{n!\ n^{\frac{n}{2}}\cdot(n+1)^{\frac{n-1}{2}}}\Big(\sum_{i=0}^{n}|MP_i|\Big)^n\qquad(*)$$

其中等号成立的条件是$\lambda_i\geqslant0(i=0,1,\cdots,n)$,$|\overrightarrow{MP_0}|=\cdots=|\overrightarrow{MP_n}|$,及$M$关于$\sum_{H(n+1)}$的垂面单形$\sum_{P(n+1)}$为正则单形,由定理9.17.3-3知这等价于$\sum_{P(n+1)}$正则且$M$为$\sum_{P(n+1)}$的中心.

其次,设以$\{P_0,\cdots,P_{i-1},M,P_{i+1},\cdots,P_n\}$为顶点集的单形体积为$V_{P(i)}$,记$V(\sum_{P(n+1)})=V_P$,则

$$\begin{aligned}&|\lambda_i|\cdot V\Big(\sum{}_{P(n+1)}\Big)\\&=V_{P(i)}=\frac{1}{n}|MH_i|\cdot|f_i|\quad(i=0,1,\cdots,n)\end{aligned}$$

在式(9.17.27)中令$x_i=nV_{P(i)}=|\overrightarrow{MH_i}|\cdot|f_i|$,并注意到

$$\sum_{i=0}^{n} x_i = n\sum_{i=0}^{n} V_{P(i)} = n \cdot V(\sum_{P(n+1)}) = nV_P$$

便得

$$\frac{1}{n}(\prod_{i=0}^{n}|f_i|)\prod_{i=0}^{n}\frac{|\overrightarrow{MH_i}|}{\overrightarrow{MP_i}}\sum_{i=0}^{n}|MP_i| \leqslant \frac{n^{\frac{n}{2}}}{n!\ (n+1)^{\frac{n-1}{2}}} \cdot V_P$$

再利用式(9.17.30),便得

$$\sum_{i=0}^{n}|\overrightarrow{MP_i}| \leqslant \frac{n!^{\frac{1}{n}} \cdot (n+1)^{\frac{n-1}{2n}}}{n^{\frac{n+1}{2}}}(\prod_{i=0}^{n}\frac{|\overrightarrow{MP_i}|}{|\overrightarrow{MH_i}|}) \cdot V_P^{\frac{1}{n}} \tag{* *}$$

注意到 $x_0 = \cdots = x_n$ 等价于 $\lambda_0 = \cdots = \lambda_n$,即 M 为 $\sum_{P(n+1)}$ 的重心,故由式(9.17.27)中等号成立的充要条件是 M 关于 $\sum_{P(n+1)}$ 的垂面单形 $\sum_{H(n+1)}$ 为正则,且 M 为 $\sum_{P(n+1)}$ 重心,而由定理 9.17.3-3 知这等价于 $\sum_{P(n+1)}$ 正则且 M 为其中心.

最后,在式(9.17.28)中令 $x_i = V_{P(i)} = \frac{1}{n}|\overrightarrow{MH_i}| \cdot |f_i|(i=0,1,\cdots,n)$,并注意到 $\sum_{i=0}^{n} x_i = \sum_{i=0}^{n} V_{P(i)} = V_P$,有

$$\sum_{i=0}^{n}(\prod_{\substack{j=0\\ j\neq i}}^{n}|\overrightarrow{MH_j}|) \leqslant \frac{n!}{n^{\frac{n}{2}} \cdot (n+1)^{\frac{n-1}{2}}} \cdot V_P \tag{* * *}$$

注意到 $x_0 = \cdots = x_n$ 等价于 $\lambda_0 = \cdots = \lambda_n$,即 M 为 $\sum_{P(n+1)}$ 的重心,故由定理 9.17.3-4 知式(* * *)中等号成立的充要条件是 $\sum_{P(n+1)}$ 为正则单形且 M 为 $\sum_{P(n+1)}$ 的中心.

联合(*),(* *),(* * *)三式便得要证结论. 证毕.

在式(9.17.31)中,取 M 为 $\sum_{P(n+1)}$ 的重心,记 $\sum_{P(n+1)}$ 的中线为 m_i,高为 h_i,则有

$$|MP_i|=\frac{n}{n+1}|m_i|,|MH_i|=\frac{1}{n+1}h_i \quad (i=0,1,\cdots,n)$$

代入式(9.17.31),有:

推论1

$$\frac{n^{\frac{n}{2}}}{n!\ (n+1)^{\frac{n+1}{2}}}\sum_{i=0}^{n}(\prod_{\substack{j=0\\j\neq i}}^{n}h_j)\leqslant V_P$$

$$\leqslant\frac{n^{\frac{n}{2}}}{n!\ (n+1)^{\frac{3n-1}{2}}}(\sum_{i=0}^{n}m_i)^n$$

$$\leqslant(\prod_{i=0}^{n}\frac{m_i}{h_i})^n\cdot V_P$$

(9.17.32)

其中诸等号当且仅当$\sum_{P(n+1)}$正则时成立.

推论2　设$V_P,\rho_{ij},m_i,h_i,R_n,r_n,r_n^{(i)}$分别为$E^n$中$n$维单形$\sum_{P(n+1)}$的$n$维体积、棱长、中线长、高线长、外接超球半径、内切超球半径、傍切超球半径,则:

(1)
$$V_P\geqslant\frac{n^{\frac{n}{2}}}{n!\ (n+1)^{\frac{n+1}{2}}}\sum_{i=0}^{n}(\prod_{\substack{j=0\\j\neq i}}^{n}h_j)$$

$$\geqslant\frac{n^{\frac{n}{2}}}{n!\ (n+1)^{\frac{n-1}{2}}}(\prod_{i=0}^{n}h_i)^{\frac{n}{n+1}}$$

$$\geqslant\frac{n^{\frac{n}{2}}(n+1)^{\frac{n+1}{2}}}{n!}(\sum_{i=0}^{n}\frac{1}{h_i})^{-n}$$

$$=\frac{n^{\frac{n}{2}}(n+1)^{\frac{n+1}{2}}(n-1)^n}{n!}(\sum_{i=0}^{n}\frac{1}{r_n^{(i)}})^{-n}$$

$$=\frac{n^{\frac{n}{2}}(n+1)^{\frac{n+1}{2}}}{n!}r_n^n \qquad (9.17.33)$$

(2)
$$V_P\leqslant\frac{n^{\frac{n}{2}}}{n!\ (n+1)^{\frac{n-3}{2}}}\frac{\prod_{i=0}^{n}m_i}{\sum_{i=0}^{n}m_i}$$

$$\leqslant \frac{n^{\frac{n}{2}}}{n!\ (n+1)^{\frac{n-1}{2}}}\left(\prod_{i=0}^{n} m_i\right)^{\frac{1}{n+1}}$$

$$\leqslant \frac{n^{\frac{n}{2}}}{n!\ (n+1)^{\frac{2n-1}{2}}}\left(\sum_{i=0}^{n} m_i^2\right)^{\frac{n}{2}}$$

$$= \frac{1}{n!\ (n+1)^{\frac{n-1}{2}} \cdot n^{\frac{n}{2}}}\left(\sum_{0\leqslant i<j\leqslant n} \rho_{ij}^2\right)^{\frac{n}{2}}$$

$$\leqslant \frac{(n+1)^{\frac{n+1}{2}}}{n!\ n^{\frac{n}{2}}} R_n^n \qquad (9.17.34)$$

$$(3)\ V_P \leqslant \frac{n^{\frac{n}{2}}}{n!\ (n+1)^{\frac{3(n-1)}{2}}} \cdot \frac{\left(\sum_{i=0}^{n} m_i h_i\right)^n}{\sum_{i=0}^{n}\left(\prod_{\substack{j=0\\ j\neq i}}^{n} h_j\right)} \qquad (9.17.35)$$

$$(4)\ V_P \leqslant \frac{n^{\frac{n}{2}}(n-1)^n}{n!\ (n+1)^{\frac{3(n-1)}{2}}} \cdot \frac{\prod_{i=0}^{n} m_i r_n^{(i)}}{r_n^n \cdot \sum_{i=0}^{n} m_i r_n^{(i)}}$$

$$\leqslant \frac{n^{\frac{n}{2}}(n-1)^n}{n!\ (n+1)^{\frac{3n-1}{2}}}\left(\prod_{i=0}^{n} \frac{m_i r_n^{(i)}}{r_n}\right)^{\frac{n}{n+1}} \qquad (9.17.36)$$

$$(5)\ V_P \geqslant \frac{n^{\frac{n}{2}} \cdot (n+1)^{\frac{n-1}{2}}}{n!\ (n-1)^n} \cdot r_n^n \cdot \sum_{i=0}^{n}\left(\prod_{\substack{j=0\\ j\neq i}}^{n} \frac{h_j}{r_n^{(j)}}\right)$$

$$\geqslant \frac{n^{\frac{n}{2}}(n+1)^{\frac{n+1}{2}}}{n!\ (n-1)^n}\left(\prod_{i=0}^{n} \frac{h_i r_n}{r_n^{(i)}}\right)^{\frac{n}{n+1}} \qquad (9.17.37)$$

以上各不等式中等号当且仅当 $\sum_{P(n+1)}$ 正则时成立.

证明 (1)在式(9.17.29)中令 $x_0 = x_1 = \cdots = x_n = 1$ 并注意利用平均值不等式,式(7.4.8)及式(7.4.7′)即证.

(2)在式(9.17.27)中令 $x_0 = x_1 = \cdots = x_n = 1$,取 M 为 $\sum_{P(n+1)}$ 的重心,注意到 $\lambda_i = \frac{1}{n+1}$,$|MP_i| =$

$\frac{1}{n+1}m_i$及式(7.5.6)与式(9.9.2)即证.

(3)在式(9.17.27)中令 $x_i=|MP_i|\cdot|MH_i|=\frac{n}{(n+1)^2}m_ih_i$,注意到$\frac{x_j}{|MP_j|}=|MH_j|=\frac{1}{n+1}h_j$ 即证.

(4)在式(9.17.27)中令 $x_i=\frac{1}{r_n^{(i)}}$,取 M 为 $\sum_{P(n+1)}$ 的重心,由(7.4.8′)知 $\sum_{i=0}^{n}x_i=\frac{n-1}{r_n}$,又 $\lambda_i=\frac{1}{n+1}$,$|MP_i|=\frac{n}{n+1}m_i$ 即证.

(5)在式(9.17.29)中令 $x_i=\frac{1}{x_n^{(i)}}$,利用$\sum_{i=0}^{n}x_i=\frac{h-1}{r_n}$ 及平均值不等式即证.

在此值得说明的是,推论 2 中的任意两个反向不等式联合起来,可得到一系列特殊线段长度间的不等式,作为练习留给读者.

定理 9.17.3-7　设 E^n 中 n 维单形 $\sum_{P(n+1)}=\{P_0,P_1,\cdots,P_n\}$ 其内部一点 M 关于坐标单形 $\sum_{P(n+1)}$ 的重心规范坐标为$(\lambda_0,\lambda_1,\cdots,\lambda_n)$,$M$ 关于 $\sum_{P(n+1)}$ 的垂足单形为 $\sum_{H(n+1)}=\{H_0,H_1,\cdots,H_n\}$、单形 $\sum_{H^{(i)}n+1}=\{M,H_0,\cdots,H_{i-1},H_{i+1},\cdots,H_n\}$,$\sum_{H(l+1)}=\{M,H_{i_1},H_{i_2},\cdots,H_{i_l}\}(0\leqslant i_1<i_2<\cdots<i_l\leqslant n)$,$\sum_{P(n-l)}=\{P_0,P_1,\cdots,P_n\}\setminus\{P_{i_1},P_{i_2},\cdots,P_{i_l}\}$,$\sum_{P(n+1)}$ 的体积分别为 $V_H,V_{H^{(i)}},V_{H_l},V_{P_{n-l}},V_P$,$\sum_{P(n+1)}$ 的界(侧)面f_i 的体积为 $|f_i|$,则对任意的正实数 $x_i(i=0,1,\cdots,n)$ 与正整数 k 和 $l(1<k,l<n)$

令 $M_k=\sum_{0\leqslant i_1<\cdots<i_k\leqslant n}x_{i_1}\cdots x_{i_k}V_{H_l}\cdot V_{P_{n-l}}$,其中

$$M_1=\sum_{i=0}^{n}x_i|MH_i|\cdot|f_i|$$

$$M_n=\sum_{i=0}^{n}\prod_{\substack{j=0\\ j\neq i}}^{n}x_jV_{H(i)}$$

有[218]：

(1) $\dfrac{M_l^k}{M_k^l}\geqslant\dfrac{[(n-k)!\ k!]^{2l}}{[(n-l)!\ l!]^{2k}}(n!^2V_P)^{k-l}$ $(1\leqslant l<k\leqslant n)$ (9.17.38)

(2) $M_k^2\geqslant\left[\dfrac{(n-k+1)(k+1)}{(n-k)k}\right]^2M_{k-1}\cdot M_{k+1}$ $(2\leqslant k\leqslant n)$ (9.17.39)

两不等式中等号成立的充要条件是下列各式均成立

$$\frac{x_i\boldsymbol{\lambda}_i}{\sum_{j=0}^{n}x_j\boldsymbol{\lambda}_j}=\frac{\cos\langle s,r\rangle}{n(\cos\langle s,r\rangle+\cos\langle s,i\rangle\cdot\cos\langle i,r\rangle)}$$

$(i,s,r=0,\cdots,n$ 且 i,s,r 互不相同$)$

证明 设 $\theta_{i_1i_2\cdots i_k}(0\leqslant i_1<\cdots<i_k\leqslant n)$ 为 n 维单形 $\sum_{P(n+1)}$ 的 k 级顶点角$(2\leqslant k\leqslant n)$对任一组非零实数 $m_i(i=0,1,\cdots,n)$，令 $Q_k=\sum_{0\leqslant i_1<\cdots<i_k\leqslant n}m_{i_1}^2m_{i_2}^2\cdots m_{i_k}^2\cdot\sin^2\theta_{i_1i_2\cdots i_k}(k=1,2,\cdots,n)$，其中 $Q_1=\sum_{i=0}^{n}m_i^2$，$Q_n=\sum_{i=0}^{n}\prod_{\substack{j=0\\ j\neq i}}^{n}m_j^2\sin^2\theta_{j_n}$（$\theta_{j_n}$ 为顶点 P_j 处的 n 维顶点角），应用定理 11.3.1 有

$$\begin{cases}\dfrac{Q_k^l}{Q_l^k}\geqslant\dfrac{[(n-l)!\ l!]^k\cdot n^{l-k}}{[(n-k)!\ k!]^l} & (1\leqslant k<l\leqslant n)\\ Q_k^2\geqslant\dfrac{(n-k+1)(k+1)}{(n-k)k}Q_{k-1}\cdot Q_{k+1} & (2\leqslant k\leqslant n)\end{cases}\tag{9.17.40}$$

其中等号成立的充要条件是

$$\frac{m_i^2}{\sum_{j=0}^{n}m_j^2}=\frac{\cos\langle s,r\rangle}{n(\cos\langle s,r\rangle+\cos\langle s,i\rangle\cdot\cos\langle i,r\rangle)}$$

$(i,s,r=1,\cdots,n$，且 i,s,r 互不相同）.

现在，我们取 $m_i^2=x_i|MH_i|\cdot|f_i|(i=0,1,\cdots,n)$，应用式(5.2.3)，有

$$V_{H_k}=\frac{1}{k!}|MH_{i_1}||MH_{i_2}|\cdots|MH_{i_k}|\cdot\sin\theta_{i_1i_2\cdots i_k} \quad ①$$

又由式(7.3.19)，有

$$|f_{i_1}||f_{i_2}|\cdots|f_{i_k}|\cdot\sin\theta_{i_1i_2\cdots i_k}=\frac{(n-k)!\ V_{P_{n-k}}\cdot(nV_P)^{k-1}}{(n-1)!} \quad ②$$

由式①，②可得

$$\begin{aligned}Q_k&=\sum_{0\leqslant i_1<\cdots<i_k\leqslant n}m_{i_1}^2\cdot m_{i_2}^2\cdot\cdots\cdot m_{i_k}^2\cdot\sin^2\theta_{i_1i_2\cdots i_k}\\&=\frac{k!\ (n-k)!\ (nV_P)^{k-1}}{(n-1)!}M_k\quad(2\leqslant k\leqslant n)\end{aligned} \quad ③$$

将式③代入式(9.17.40)，经整理，即可得式(9.17.38)及式(9.17.39).

由式(5.2.2)：$V_P=\frac{1}{n}|f_i|h_i$，其中 h_i 为界（侧）面 f_i 上的高$(i=0,1,\cdots,n)$.

又注意到重心坐标的定义，有 $\lambda_i=\dfrac{\frac{1}{n}|MH_i|\cdot|f_i|}{\frac{1}{n}|f_i|\cdot h_i}=\dfrac{|MH_i|}{h_i}$，从而有 $m_i^2=x_i|MH_i||f_i|=x_i\lambda_ih_i|f_i|=nx_i\lambda_iV_P$，所以

$$\sum_{i=0}^n m_i^2=\sum_{i=0}^n x_i|MH_i||f_i|=n\left(\sum_{i=0}^n x_i\lambda_i\right)V_P \quad ④$$

由上述两式，再结合式(9.17.40)即可得到式(9.17.38)及式(9.17.39)中等号成立的条件.

由定理9.17.3－7可得如下推论：

推论 1 设 E^n 中 n 维单形 $\sum_{P(n+1)}$ 内一点 M 关于坐标单形 $\sum_{P(n+1)}$ 的重心规范坐标为 $(\lambda_0,\cdots,\lambda_n)$，$\sum_{P(n+1)}$ 的体积 V_P 与点 M 关于 $\sum_{P(n+1)}$ 的垂足单形 $\sum_{H(n+1)}$ 的体积 V_H 之间有不等式

$$V_H\leqslant\frac{1}{n}V_P \tag{9.17.41}$$

其中等号成立当且仅当

$$\lambda_i=\frac{\cos\langle s,r\rangle}{n(\cos\langle s,r\rangle+\cos\langle s,i\rangle\cos\langle i,r\rangle)}$$

$(i,s,r=0,\cdots,n$，且互不相同$)$

事实上，在式(9.17.38)中，取 $l=1,k=n,x_0=x_1=\cdots=x_n=1$，并注意到 $\sum\limits_{i=0}^{n}|MH_i||f_i|=nV_P$ 即得.

推论 2 同推论 1 题设，令

$$\overline{M_1}=\sum_{i=0}^{n}|MH_i||f_i|,\overline{M_n}=V_H$$

$$\overline{M_k}=\sum_{0\leqslant i_1<\cdots<i_k\leqslant n}V_{H(M,H_{i_1}\cdots H_{i_k})}\cdot V_{P(n-k)}\quad(1<k<n)$$

则

$$(1)\ \frac{\overline{M}_l^k}{\overline{M}_k^l}\geqslant\frac{[(n-k)!\ k!]^{2l}}{[(n-l)!\ l!]^{2k}}(n!^2V_P)^{k-1}\quad(1\leqslant l<k\leqslant n) \tag{9.17.42}$$

$$(2)\ \overline{M}_k^2\geqslant\left[\frac{(n-k+1)(k+1)}{(n-k)k}\right]^2\overline{M_{k-1}}\cdot\overline{M_{k+1}}\quad(2\leqslant k\leqslant n) \tag{9.17.43}$$

其中等号成立条件同定理 9.17.3-7.

事实上，在式(9.17.38)及式(9.17.39)中取 $x_0=x_1=\cdots=x_n=1$ 即得结果.

定理 9.17.3-8 题设同定理 9.17.3-6，对正整数 k 与 t，若 $t>k\geqslant2$，有

$$M_k \leqslant \left[\frac{n!^2 V_P(\sum_{i=0}^{n} x_i\lambda_i)^k}{n^k \cdot (n-k)!^2 k!^2}\right]^{\frac{t-k}{t}} \cdot M_l^{\frac{k}{t}}$$

$$\leqslant \frac{n!^2}{(n-k)!^2 k!^2 n^k}(\sum_{i=0}^{n} x_i\lambda_i)^k \cdot V_P \quad (9.17.44)$$

其中等号成立条件同定理 9.17.3-7.

证明 注意到式(9.17.40),易知

$$Q_k \leqslant \frac{n!}{(n-k)!\ k!\ n^k}(\sum_{i=0}^{n} m_i^2)^k \quad (2\leqslant k\leqslant n) \qquad ⑤$$

当 $t>k$ 时,则 $\frac{1}{k}-\frac{1}{t}>0$,根据幂函数的性质,对上式取指数 $\frac{1}{k}-\frac{1}{t}$,从而可得

$$Q_k^{\frac{1}{k}-\frac{1}{t}} \leqslant (C_n^k)^{\frac{1}{k}-\frac{1}{t}} \cdot \left(\frac{1}{n}\sum_{i=0}^{n} m_i^2\right)^{\frac{t-k}{t}}$$

对上式进行适当整理,得

$$Q_k \leqslant \left[\frac{n!}{(n-k)!\ k!\ n^k}(\sum_{i=0}^{n} m_i^2)^k\right]^{\frac{t-k}{t}} \cdot Q_k^{\frac{k}{t}}$$

将式⑤代入上式得

$$Q_k \leqslant \left[\frac{n!}{(n-k)!\ k!\ n^k}(\sum_{i=0}^{n} m_i^2)^k\right]^{\frac{t-k}{t}} Q_k^{\frac{k}{t}}$$

$$\leqslant \frac{n!}{(n-k)!\ k!\ n^k}(\sum_{i=0}^{n} m_i^2)^k \quad (9.17.45)$$

将式③,④代入式(9.17.45),得

$$\frac{n^k V_P^{\ k-1}}{C_n^k} M_k \leqslant (C_n^k)^{\frac{t-k}{t}} \cdot (V_P\sum_{i=0}^{n} x_i\lambda_i)^{\frac{k(t-k)}{t}} \cdot$$

$$\left(\frac{n^k V_P^{\ k-1}}{C_n^k}\right)^{\frac{k}{t}} \cdot M_k^{\frac{1}{t}}$$

$$\leqslant C_n^k (V_P\sum_{i=0}^{n} x_i\lambda_i)^k$$

对上式进行整理即得式(9.17.44),其中等号成立条件可由推导过程得到.

在上述证明中得到的式(9.17.45)是比式(9.17.40)更强的结果:对于 $2\leqslant k<l\leqslant n,t>k$ 时,有

$$\frac{[(n-l)!\ l!]^{\frac{k}{l}}\cdot n!^{\frac{l-k}{l}}}{(n-k)!\ k!}Q_l^{\frac{k}{l}}$$

$$\leqslant Q_k\leqslant\left[\frac{n!}{(n-k)!\ k!\ n^k}\left(\sum_{i=0}^{n}m_i^2\right)^k\right]^{\frac{t-k}{t}}Q_k^{\frac{k}{t}}$$

$$\leqslant\frac{n!}{(n-k)!\ k!\ n^k}\left(\sum_{i=0}^{n}m_i^2\right)^k \qquad (9.17.46)$$

其中等号成立的条件同式(9.17.40)的条件.

由定理9.17.3-8也可得如下推论:

推论1 设 E^n 中 n 维单形 $\sum_{P(n+1)}$ 内一点 M 关于坐标单形 $\sum_{P(n+1)}$ 的重心规范坐标为 $(\lambda_0,\lambda_1,\cdots,\lambda_n)$, $\sum_{P(n+1)}$ 的体积为 V_P,点 M 关于 $\sum_{P(n+1)}$ 的垂足单形的分割单形 $\sum_{H^{(i)}(n+1)}$ 的体积 $V_{H^{(i)}}$,对于任意一组正实数 $x_i(i=0,1,\cdots,n)$ 有

$$\sum_{i=0}^{n}\prod_{\substack{j=0\\j\neq i}}^{n}x_jV_{H^{(i)}}\leqslant\frac{1}{n^n}\left(\sum_{i=0}^{n}x_i\lambda_i\right)^nV_P \qquad (9.17.47)$$

其中等号成立的条件同定理9.17.3-8.

事实上,由式(9.17.44),取 $k=n$ 并只取左右端即得式(9.17.47).

由式(9.17.46),也可以得如下推论:

推论2 对 E^n 中 n 维单形 $\sum_{P(n+1)}$ 的 n 维(或 n 级)顶点角 $\theta_{i_n}(i=0,1,\cdots,n)$ 与 $n+1$ 个正实数 $x_j^2(j=0,1,\cdots,n)$,当 $t>n$ 时,有:

(1) $$\sum_{i=0}^{n}\prod_{\substack{j=0\\j\neq i}}^{n}x_j^2\sin^2\theta_{i_n}\leqslant\left(\frac{1}{n}\sum_{i=0}^{n}x_i^2\right)^{\frac{n(t-n)}{t}} \qquad (9.17.48)$$

(2) $$\Big(\sum_{i=0}^{n}\prod_{\substack{j=0\\j\neq i}}^{n}x_j^2\sin^2\theta_{i_n}\Big)^{\frac{n}{t}}\leqslant\frac{1}{n^n}\Big(\sum_{i=0}^{n}x_i^2\Big)^n \quad (9.17.49)$$

其中等号成立条件同式(9.17.40)的条件.

显然,上述结果加强了式(9.1.4)与式(9.1.14)等式.

进一步地还有:

推论3　E^n 中 n 维单形 $\sum_{P(n+1)}$ 的 n 维(或 n 级)顶点角 $\theta_{i_n}(i=0,1,\cdots,n)$ 与各内二面角 $\langle i,j\rangle(0\leqslant i<j\leqslant n)$,对任意 $n+1$ 个非零实数 $x_i(i=0,1,\cdots,n)$,当 $t>2$ 时,有

$$\begin{aligned}\sum_{i=0}^{n}\prod_{\substack{j=0\\j\neq i}}^{n}x_j^2\sin^2\theta_{i_n}&\leqslant\Big[\frac{2}{n(n-1)}\Big]^{\frac{n}{2}}\Big(\sum_{0\leqslant i<j\leqslant n}x_ix_j\sin\langle i,j\rangle\Big)^{\frac{n}{2}}\\&\leqslant\frac{2^{\frac{n}{t}}\Big(\sum\limits_{i=0}^{n}x_i^2\Big)^{n-\frac{2n}{t}}}{n^{n-\frac{n}{t}}(n-1)^{\frac{n}{t}}}\Big(\sum_{0\leqslant i<j\leqslant n}x_i^2x_j^2\sin^2\langle i,j\rangle\Big)^{\frac{n}{t}}\\&\leqslant\frac{1}{n^n}\Big(\sum_{i=0}^{n}x_i^2\Big)^n \qquad (9.17.50)\end{aligned}$$

其中各不等式等号成立条件同式(9.17.40)的条件.

定理9.17.3-9　设 E^n 中的 n 维单形 $\sum_{P(n+1)}$ 内一点 M 关于 $\sum_{P(n+1)}$ 的垂足单形为 $\sum_{H(n+1)}$,$\sum_{H(n+1)}$ 的棱长为 ρ'^2_{ij},单形 $\sum_{P(n+1)}$ 的体积和界(侧)面的体积分别为 V_P,$|f_i|$,则有[219]

$$\sum_{0\leqslant i<j\leqslant n}\rho'^2_{ij}\cdot\sum_{i=0}^{n}|f_i|^2\geqslant n^2(n+1)V_P^2 \qquad (9.17.51)$$

其中等号当 $\sum_{P(n+1)}$ 正则且 $\sum_{H(n+1)}$ 为 $\sum_{P(n+1)}$ 的切点单形时成立.

证明　应用式(6.3.16).设 E^n 中任一点 B 关于坐标单形 $\sum_{P(n+1)}$ 的重心规范坐标为 $(\lambda_0,\lambda_1,\cdots,\lambda_n)$,

其中 $\lambda_i=\dfrac{V_{P(i)}}{V_P}$（$V_{P(i)}$ 为单形 $\sum_{P(i)n+1}=\{B,P_0,\cdots,P_{i-1},P_{i+1},\cdots,P_n\}$ 的体积，$i=0,1,\cdots,n$），则 $\sum\limits_{i=1}^{n}\lambda_i=1$.

对于 E^n 中任一点 Q，有 $\overrightarrow{QB}=\sum\limits_{i=0}^{n}\lambda_i\overrightarrow{QP_i}$.

从而 $\sum\limits_{i=0}^{n}\lambda_i\overrightarrow{BP_i}=\sum\limits_{i=0}^{n}\lambda_i(\overrightarrow{QP_i}-\overrightarrow{QB})=\mathbf{0}$.

由上式有

$$\begin{aligned}\sum_{i=0}^{n}\lambda_i\overrightarrow{QP_i}^2&=\sum_{i=0}^{n}\lambda_i(\overrightarrow{QB}+\overrightarrow{BP_i})^2\\&=\sum_{i=0}^{n}\lambda_iQB^2+2\overrightarrow{QB}\sum_{i=0}^{n}\lambda_i\overrightarrow{BP_i}+\sum_{i=0}^{n}\lambda_iBP_i^2\\&=QB^2+\sum_{i=0}^{2}\lambda_iBP_i^2\end{aligned}$$

在上式中，取 $Q\equiv P_j$，并两边乘以 λ_j，得

$$\begin{aligned}&\sum_{i=0}^{n}\lambda_i\lambda_j\cdot P_iP_j^2\\=&\lambda_j\cdot BP_j^2+\lambda_j\sum_{i=0}^{n}\lambda_i\cdot BP_i^2\quad(j=0,1,\cdots,n)\end{aligned}$$

对上式两边对 j 求和，并注意 $\sum\limits_{j=0}^{n}\lambda_j=1$，得

$$\sum_{0\leqslant i<j\leqslant n}\lambda_i\lambda_jP_iP_j^2=\sum_{i=0}^{n}\lambda_i\cdot BP_i^2\qquad①$$

对于任意给定一组正数 $x_i(i=0,1,\cdots,n)$，现在 E^n 取一点 B'，使 B' 关于垂足单形 $\sum_{H(n+1)}$ 的规范坐标为 $(\lambda_0',\lambda_1',\cdots,\lambda_n')$，其中 $\lambda'=\dfrac{x_i}{\sum\limits_{i=0}^{n}x_i}$. 利用式①，有

$$\sum_{0\leqslant i<j\leqslant n}\lambda_i'\lambda_j'\cdot\rho'^2_{ij}=\sum_{i=0}^{n}\lambda_i'\cdot B'H_i^2$$

即

$$\sum_{0\leqslant i<j\leqslant n}x_ix_j\cdot\rho'^2_{ij}=\sum_{i=0}^{n}x_i(\sum_{i=0}^{n}x_iB'H_i^2)\qquad②$$

由于 $0<\lambda_i'<1(i=0,1,\cdots,n)$，所以点 B' 在垂足

单形$\sum_{H(P+1)}$内部,从而点B'在单形$\sum_{P(n+1)}$内部,过点B'作单形$\sum_{P(n+1)}$各界(侧)面f_i的垂线,垂足为$H_i'(i=0,1,\cdots,n)$,则显然有

$$\sum_{i=0}^{n}x_iB'H_i^2\geqslant\sum_{i=0}^{n}x_iB'H'^2_i \qquad ③$$

等号当且仅当$H_i'=H_i(i=0,1,\cdots,n)$,即$B'=M$.

利用 Cauchy 不等式与$\sum_{i=0}^{n}|B'H_i'|\cdot|f_i|=nV_P$,得

$$\left(\sum_{i=0}^{n}x_iB'H'^2_i\right)\left(\sum_{i=0}^{n}\frac{|f_i|}{x_i}\right)^2\geqslant\left(\sum_{i=0}^{n}|B'H_i'|\cdot|f_i|\right)^2=(nV_P)^2 \qquad ④$$

由式②～④得

$$\sum_{0\leqslant i<j\leqslant n}x_ix_j\rho'^2_{ij}\cdot\sum_{i=0}^{n}\frac{|f_i|^2}{x_i}\geqslant n^2\left(\sum_{i=0}^{n}x_i\right)V_P^2$$

在上式中令$x_0=x_1=\cdots=x_n=1$,便得到式(9.17.51),其中等号成立的条件由推导过程即可得出.

定理 9.17.3－10　设E^n中的n维单形$\sum_{P(n+1)}$内一点M关于$\sum_{P(n+1)}$的垂足单形为$\sum_{H(n+1)}$,O,G,R_n,r_n分别为单形$\sum_{P(n+1)}$的外心、重心、外接超球半径、内切超球半径,R_n'为单形$\sum_{H(n+1)}$的外接超球半径,φ为$\sum_{P(n+1)}$所有对棱所成角的算术平均值,则:

(1)$R_n'^2(R_n^2-OG^2)^{n-1}\geqslant n^{2(n-1)}\cdot r_n^{2n}$　　(9.17.52)

(2)$R_n'^2(R_n^2-OG^2)^{n-1}\geqslant\left(\frac{R_n}{nr_n}\right)^{\frac{2}{n}}\cdot n^{2(n-1)}\cdot r_n^{2n}$

(9.17.53)

(3)$R_n'^2(R_n^2-OG^2)^{n-1}\geqslant(\csc\varphi)^{\frac{n}{n-1}}\cdot n^{2(n-1)}\cdot r_n^{2n}$

(9.17.54)

上述不等式中等号成立均为$\sum_{P(n+1)}$正则,且M为其内心.

证明 (1)在式(11.1.2)中,取点集为$\sum_{P(n+1)}$的顶点集$\{P_0,P_1,\cdots,P_n\}$,并令$k=1,l=n-1$,或直接由式(9.5.8),有

$$\sum_{i=0}^{n}|f_i|^2\leqslant\frac{1}{n^{n-4}\cdot n!^2(n+1)^{n-2}}\Big(\sum_{0\leqslant i<j\leqslant n}\rho_{ij}^2\Big)^{n-1}$$

由式(9.17.51)和上式,得

$$\sum_{0\leqslant i<j\leqslant n}\rho_{ij}'^2\Big(\sum_{0\leqslant i<j\leqslant n}\rho_{ij}^2\Big)^{n-1}\geqslant n^{n-2}\cdot n!^2\cdot(n+1)^{n-1}\cdot V_P^2 \tag{9.17.55}$$

注意到式(9.9.2),有$\sum_{0\leqslant i<j\leqslant n}\rho_{ij}'^2\leqslant(n+1)^2R_n'^2$.

再应用式(9.9.2),式(9.8.1)即得式(9.17.52).

(2)应用式(9.5.8),式(9.17.51)得式(9.17.55).

注意到式(7.5.11)及式(9.9.2),得

$$R_n'^2(R_n^2-OG^2)^{n-1}\geqslant\frac{n^{n-2}\cdot n!^2}{(n+1)^{n+1}}\cdot V_P^2$$

再应用式(9.8.12),即得式(9.17.53).

(3)由式(9.17.51),式(9.5.8)得式(9.17.52).

注意到式(7.5.11)或式(9.9.2)有$\sum_{0\leqslant i<j\leqslant n}\rho_{ij}'^2\leqslant(n+1)^2\cdot R_n'^2$.

在式(9.6.5)中取$d_i=r_n$得

$$V_P\geqslant(\csc\varphi)^{\frac{n}{2(n-1)}}\cdot\frac{n^{\frac{n}{2}}\cdot(n+1)^{\frac{n+1}{2}}}{n!}\cdot r_n^n$$

由上述各式即得式(9.17.54).

由上述推导可知上述各式中等号成立的条件为$\sum_{P(n+1)}$正则,且M为$\sum_{P(n+1)}$的内心I.

推论 1 设R_n,R_n'分别为E^n中n维单形$\sum_{P(n+1)}$及其内一点M的垂足单形$\sum_{H(n+1)}$的外接超球半径,r_n'为$\sum_{H(n+1)}$的内切超球半径,则

$$R_n' \cdot R_n^{n+1} \geqslant n^{2n-1} \cdot r_n'^{\,n} \qquad (9.17.56)$$

其中等号当$\sum_{P(n+1)}$正则，且$\sum_{H(n+1)}$为$\sum_{P(n+1)}$的切点单形时取得.

证明　由式(7.5.11)，或式(9.9.2)有

$$\sum_{0\leqslant i<j\leqslant n}\rho_{ij}^2 \leqslant (n+1)^2R_n^2, \sum_{0\leqslant i<j\leqslant n}\rho_{ij}'^2 \leqslant (n+1)^2R_n'^2$$

注意到式(9.17.55)，得

$$R_n'^2 \cdot R_n^{2(n-1)} \geqslant \frac{n^{n-2}\cdot n!^2}{(n+1)^{n+1}}V_P^2$$

注意到式(9.10.1)与式(9.8.1)，有

$$V_P^2 \geqslant n^{2n}V_H^2 \geqslant \frac{n^{3n}(n+1)^{n+1}}{n!^2}r_n'^{\,2n}$$

由上述两式，即得式(9.17.56)，其中等号成立的条件也由推导过程得出.

对于定理9.17.3－10，若M为单形$\sum_{P(n+1)}$的内心时，关于M的垂足单形$\sum_{H(n+1)}$即为$\sum_{P(n+1)}$的切点单形，此时$R_n'=r_n$，从而有如下推论：

推论2　设E^n中n维单形$\sum_{P(n+1)}$的外心、内心、重心分别为O,I,G,R_n,r_n分别为$\sum_{P(n+1)}$的外接、内切超球的半径，φ为$\sum_{P(n+1)}$的所有对棱所成角的平均值，则：

(1)
$$R_n^2 \geqslant n^2r_n^2+OG^2 \qquad (9.17.57)$$

$$R_n^2 \geqslant n^2r_n^2+\frac{1}{4}OG^2 \qquad (9.17.58)$$

(2)
$$R_n^2 \geqslant \left(\frac{R_n}{nr_n}\right)^{\frac{2}{n(n-1)}}n^2r_n^2+OG^2 \qquad (9.17.59)$$

(3)
$$R_n^2 \geqslant (\csc\varphi)^{\frac{2}{(n-1)^2}}n^2r_n^2+OG^2 \qquad (9.17.60)$$

以上不等式中等号当且仅当$\sum_{P(n+1)}$为正则时取得.

事实上，(1)由式(9.17.52)，当$R_n'=r_n$即得式(9.17.57).

注意到式(9.10.2)：$R_n^2 \geqslant n^2r^2 + IO^2$，结合式(9.15.57)，并由 $\sqrt{R_n^2 - n^2r_n^2} \geqslant \frac{1}{2}(|\overrightarrow{IO}| + |\overrightarrow{OG}|) \geqslant \frac{1}{2}|\overrightarrow{IG}|$ 两边平方得式(9.17.58).

(2)，(3)分别由式(9.17.53)，式(9.17.54)，当 $R_n' = r_n$ 即得式(9.17.59)，式(9.17.60).

9.17.4 塞瓦单形

定义 9.17.4 称以单形的任一顶点与单形内某一点连线的延长线交单形侧面的点为顶点的单形为其塞瓦单形.

定理 9.17.4-1 设 M 为 E^n 中的单形 $\sum_{P(n+1)} = \{P_0, P_1, \cdots, P_n\}$ 内任意一点，若 $\sum_{P(n+1)}$ 为坐标单形，M 点的重心坐标为$(\mu_0 : \mu_1 : \cdots : \mu_n)$，连线 P_iM 的延长线分别交所对的侧面于 $Q_i(i = 0, 1, \cdots, n)$，则塞瓦单形 $\sum_{Q(n+1)} = \{Q_0, \cdots, Q_n\}$ 的体积 V_Q 为

$$V_Q = (-1)^n \cdot n \cdot \prod_{i=0}^{n}\left[\frac{\mu_i}{\sum\limits_{\substack{j=0\\ j\neq i}}^{n}\mu_j}\right] \cdot V(\sum_{P(n+1)}) \tag{9.17.61}$$

证明 由式(6.1.4)知 Q_i 的重心坐标为$(\mu_0 : \mu_1 : \cdots : \mu_{i-1} : 0 : \mu_{i+1} : \cdots : \mu_n)$，其重心规范坐标为

$$\left[\frac{\mu_0}{\sum\limits_{\substack{j=0\\ j\neq i}}^{n}\mu_j}, \cdots, \frac{\mu_{i-1}}{\sum\limits_{\substack{j=0\\ j\neq i}}^{n}\mu_j}, 0, \frac{\mu_{i+1}}{\sum\limits_{\substack{j=0\\ j\neq i}}^{n}\mu_i}, \cdots, \frac{\mu_n}{\sum\limits_{\substack{j=0\\ j\neq i}}^{n}\mu_i}\right]$$

再由式(6.1.12)，并注意到

$$\begin{vmatrix} 0 & 1 & 1 & \cdots & 1 \\ \vdots & \vdots & \vdots & & \vdots \\ 1 & 1 & 1 & \cdots & 0 \end{vmatrix}_{(n+1)\times(n+1)} = (-1)^n \cdot n$$

即可得到式(6.10.17).

显然,式(9.17.1)为式(9.17.6)的特殊情形.

定理 9.17.4-2　设 P 为 E^n 中的 n 维单形 $\sum_{P(n+1)}=\{P_0,P_1,\cdots,P_n\}$ 内任意一点,连 P_iP 并延长分别交所对的界(侧)面于 $Q_i(i=1,2,\cdots,n)$,设单形 $\sum_{P(n+1)}$ 的 n 维体积为 $V(\sum_{P(n+1)})$,单形 $\sum_{Q(n+1)}=\{Q_0,Q_1,\cdots,Q_n\}$ 的 n 维体积为 $V(\sum_{Q(n+1)})$,则[82]

$$|V(\sum_{Q(n+1)})|\leqslant\frac{1}{n^n}|V(\sum_{P(n+1)})| \qquad (9.17.62)$$

其中等号当且仅当 P 为单形 $\sum_{P(n+1)}$ 的重心时成立,这里均表体积的绝对值.

证明　由式(9.17.61),并注意到

$$\sum_{\substack{j=0\\j\neq i}}^{n}\mu_j\geqslant n\Big(\prod_{\substack{j=0\\j\neq i}}^{n}\mu_j\Big)^{\frac{1}{n}}\quad(i=0,1,\cdots,n)$$

将此 $n+1$ 个不等式相乘,得

$$\prod_{i=0}^{n}\Big(\sum_{\substack{j=0\\j\neq i}}^{n}\mu_j\Big)\geqslant n^{n+1}\prod_{i=0}^{n}\mu_i$$

由此即得式(9.17.62),其中等号成立的充要条件由推导过程中知 $\mu_0=\mu_1=\cdots=\mu_n$,即 P 为单形 $\sum_{P(n+1)}$ 的重心.

由式(9.17.24)可以给出式(9.17.62)的另证:

由于切点单形 $\sum_{T(n+1)}$ 就是单形 $\sum_{P(n+1)}$ 的内心关于此单形的垂足单形,而内心 I 的规范重心坐标为式(6.1.26).

于是在式(9.17.24)中,取 $\lambda_i=\dfrac{|f_i|}{\sum\limits_{i=0}^{n}|f_i|}(i=0,1,\cdots,n)$,得式(9.17.4)

$$V(\sum_{T(n+1)})=\frac{n^{2n}\cdot[V(\sum_{P(n+1)})]^{2n-1}}{(n!)^2\prod\limits_{j=0}^{n}|f_j|\cdot(\sum\limits_{i=0}^{n}|f_i|)^{n-1}}$$

又

$$\prod_{j=0}^{n}|f_j|\left(\sum_{i=0}^{n}|f_i|\right)^{n-1}\geqslant\prod_{j=0}^{n}|f_j|\left[(n+1)\cdot\left(\prod_{i=0}^{n}|f_i|\right)^{\frac{1}{n+1}}\right]^{n-1}$$
$$=(n+1)^{n-1}\left(\prod_{i=0}^{n}|f_i|\right)^{\frac{2n}{n+1}}$$

再由式(9.4.1),有

$$\left(\prod_{i=0}^{n}|f_i|\right)^{\frac{2n}{n+1}}$$
$$\geqslant(n+1)^{1-n}\cdot\frac{n^{3n}}{(n!)^2}\cdot\left[V\left(\sum\nolimits_{P(n+1)}\right)\right]^{2n-2}$$

这样由上述三式即得式(9.17.62),等号成立的条件由后两式等号成立即可推得.

定理 9.17.4-3 设 E^n 中 n 维单形 $\sum_{P(n+1)}$ 关于点 M 的塞瓦单形为 $\sum_{Q(n+1)}=\{Q_0,Q_1,\cdots,Q_n\}$,$g_{ij}$ 为 $\sum_{Q(n+1)}$ 的棱长,$|f_i|$,V_P 分别为单形 $\sum_{P(n+1)}$ 的界(侧)面体积和 n 维体积,则[220]

$$\sum_{0\leqslant i<j\leqslant n}g_{ij}^2\cdot\sum_{i=0}^{2}|f_i|^2\geqslant n^2(n+1)V_P^2\quad(9.17.63)$$

其中等号当且仅当 $\sum_{P(n+1)}$ 正则,且 M 为 $\sum_{P(n+1)}$ 的重心时取得.

此定理的证明可类同于定理 9.17.3-9 来证(略).

定理 9.17.4-4 设 E^n 中 n 维单形 $\sum_{P(n+1)}$ 关于点 M 的塞瓦单形为 $\sum_{Q(n+1)}$,O,G 分别为 $\sum_{P(n+1)}$ 的外心和重心,r_n,R_n,R'_n,r'_n 分别为 $\sum_{P(n+1)}$ 的外接、内切超球、$\sum_{Q(n+1)}$ 的外接超球、内切超球的半径,则[220]:

(1) $$R'_n(R_n^2-OG^2)^{\frac{n-1}{2}}\geqslant n^{n-1}\cdot r_n^n\quad(9.17.64)$$

(2) $$R'_n(R_n^2-OG^2)^{\frac{n-1}{2}}\geqslant n^{2n-1}\cdot r'^n_n\quad(9.17.65)$$

其中等号当单形 $\sum_{P(n+1)}$ 正则,且 M 分别为 $\sum_{Q(n+1)}$,$\sum_{P(n+1)}$ 的重心时取得.

证明　(1)由式(9.17.63),式(9.5.8),得

$$\sum_{0\leqslant i<j\leqslant n}g_{ij}^2\cdot\left(\sum_{0\leqslant i<j\leqslant n}\rho_{ij}^2\right)^{n-1}\geqslant n^{n-2}\cdot n!^2\cdot(n+1)^{n-1}\cdot V_P^2$$

注意到式(9.9.2):$\sum\limits_{0\leqslant i<j\leqslant n}g_{ij}^2\leqslant(n+1)^2\cdot R_n'^2$

应用式(7.5.11)和上述两式,得

$$R_n'^2(R_n^2-OG^2)^{n-1}\geqslant\frac{n^{n-2}\cdot n!^2}{(n+1)^{n+1}}V_P^2\qquad(*)$$

再应用式(9.8.12),即得式(9.17.64).

(2)由式($*$)和式(9.17.62),得

$$R_n'^2(R_n^2-OG^2)^{n-1}\geqslant\frac{n^{3n-2}\cdot n!^2}{(n+1)^{n+1}}V_Q^2$$

其中 V_Q 为单形 $\sum_{Q(n+1)}$ 的体积.

注意到式(9.8.12),有

$$V_Q^2\geqslant\frac{n^n(n+1)^{n+1}}{n!^2}r_n'^2$$

于是,由上述两个不等式,即得式(9.17.65).

由上述推导过程知上述不等式中等号成立的条件.

下面,我们应用式(9.17.62)结合其他不等式给出式(9.6.1),式(9.4.21),式(9.8.11),式(9.6.5)等式的推广不等式:

定理 9.17.4-5　设 E^n 中 n 维单形 $\sum_{P(n+1)}$ 的体积为 V_P,其内部任一点 M 到界(侧)面 f_i 的距离为 d_i $(i=0,1,\cdots,n)$,f_i 的 $n-1$ 维体积为 $|f_i|$. 记 $F=\max\limits_{0\leqslant 0\leqslant n}\{|f_i|\}$,$f=\min\limits_{0\leqslant i\leqslant n}\{|f_i|\}$,则[232]

$$V_P\geqslant\left[1+\frac{(F-f)^2}{(n+1)F^2}\right]^{\frac{1}{2}}\cdot\frac{n^{\frac{1}{2}}\cdot(n+1)^{\frac{n+1}{2}}}{n!}\left(\prod_{i=0}^{n}d_i\right)^{\frac{n}{n+1}}\tag{9.17.66}$$

其中等号成立当且仅当 $\sum_{P(n+1)}$ 正则.

证明 设$\sum_{P(n+1)}$为坐标单形，则点 M 的规范重心坐标可以表示为$\left(\frac{d_0}{h_0},\frac{d_1}{h_1},\cdots,\frac{d_n}{h_n}\right)$，其中 h_i 表示顶点 P_i 到其对面 f_i 的距离，由式(6.1.5)，P_iM 交第 i 个 $n-1$维界面f_i 于点 Q_i 的规范重心坐标(令 $\mu_i=\frac{d_i}{h_i},i=0,1,\cdots,n$)为

$$\left(\frac{\mu_0}{\sum\limits_{\substack{j=0\\j\neq i}}^{n}\mu_j},\cdots,\frac{\mu_{i-1}}{\sum\limits_{\substack{j=0\\j\neq i}}^{n}\mu_j},0,\frac{\mu_{i+1}}{\sum\limits_{\substack{j=0\\j\neq i}}^{n}\mu_j},\cdots,\frac{\mu_n}{\sum\limits_{\substack{j=0\\j\neq i}}^{n}\mu_j}\right)$$

结合式(6.1.12)，并令 $N_k=\sum\limits_{\substack{j=0\\j\neq k}}^{n}\mu_j$；$N_0=\sum\limits_{j=1}^{n}\mu_j$，则

$$V_Q=\begin{vmatrix}0 & \frac{\mu_1}{N_0} & \cdots & \frac{\mu_n}{N_0}\\ \frac{\mu_0}{N_1} & 0 & \cdots & \frac{\mu_n}{N_1}\\ \vdots & \vdots & & \vdots\\ \frac{\mu_0}{N_n} & \frac{\mu_1}{N_n} & \cdots & 0\end{vmatrix}\cdot V_P=n\prod_{i=0}^{n}\mu_i\cdot\frac{1}{\prod\limits_{i=0}^{n}\sum\limits_{\substack{j=0\\j\neq i}}^{n}\mu_j}\cdot V_P$$

注意到$|f_i|h_i=nV_P$及式(9.17.62)，由上述两式有

$$\prod_{i=0}^{n}d_i|f_i|\leqslant\frac{n^{n+1}}{(n+1)^{n+1}}\cdot V_P^{n+1}$$

由上式及式(9.4.10)，得

$$\begin{aligned}\prod_{i=0}^{n}d_i&\leqslant\frac{n^{n+1}\cdot V_P^{n+1}}{(n+1)^{n+1}\cdot\prod\limits_{i=0}^{n}|f_i|}\\&\leqslant\frac{n!^{\frac{n+1}{n}}\cdot V_P^{\frac{n+1}{n}}}{n^{\frac{n+1}{2}}\cdot(n+1)^{\frac{(n+1)^2}{2n}}\cdot\left[1-\frac{(F-f)}{(n+1)F^2}\right]^{\frac{n+1}{2n}}}\end{aligned}$$

由上式整理,即得式(9.17.66),由推导过程可知等号成立当且仅当$\sum_{P(n+1)}$正则.

由定理9.17.4－5,可得如下结论:

在定理9.17.4－5中,取M为$\sum_{P(n+1)}$的内心,此时$d_i=r_n(i=0,1,\cdots,n)$,则得:

推论1

$$V_P\geqslant\left[1+\frac{(F-f)^2}{(n+1)F^2}\right]^{\frac{1}{2}}\cdot\frac{n^{\frac{n}{2}}\cdot(n+1)^{\frac{n+1}{2}}}{n!}\cdot r_n^n \tag{9.17.67}$$

此即为式(9.8.1″).

若注意到单形的切点单形的外接超球半径即为单形的内切超球半径,则有式(9.8.6),有

$$r_n^n\geqslant\frac{n!\ n^{\frac{n}{2}}}{(n+1)^{\frac{n+1}{2}}}\cdot V_T$$

由推论1,则对于单形和其切点单形的体积V_P,V_T,有:

推论2　$V_P\geqslant\left[1+\dfrac{(F-f)^2}{(n+1)F^2}\right]^{\frac{1}{2}}\cdot n^nV_T$ (9.17.68)

其中等号成立的条件是$\sum_{P(n+1)}$正则.

显然,式(9.17.68)加强了式(9.17.5).

由式(9.17.67),可得

$$V_P^{\frac{2}{n}}\geqslant\left[1+\frac{(F-f)^2}{(n+1)F^2}\right]^{\frac{1}{n}}\cdot\left[\frac{n^{\frac{n}{2}}\cdot(n+1)^{\frac{n+1}{2}}}{n!}\right]^{\frac{2}{n}}\cdot r_n^2$$

注意到式(9.5.3)及式(7.5.11)

$$V_P^{\frac{2}{n}}\leqslant\frac{1}{n!^{\frac{2}{n}}\cdot n(n+1)^{\frac{n-1}{n}}}\cdot\sum_{0\leqslant i<j\leqslant n}\rho_{ij}^2$$

及
$$\sum_{0\leqslant i<j\leqslant n}\rho_{ij}^2=(n+1)^2(R_n^2-OG^2)$$

又可得如下推论：

推论 3　题设同定理 9.17.4－5，O，G 分别为单形 $\sum_{P(n+1)}$ 的外心和重心，则

$$R_n^2 \geqslant \left[1+\frac{(F-f)^2}{(n+1)F^2}\right]^{\frac{1}{n}} \cdot n^2 r^2 + OG^2 \tag{9.17.69}$$

其中等号当且仅当 $\sum_{P(n+1)}$ 正则时取得.

显然，式(9.17.69)是式(9.10.3′)的一个加强式.

§9.18　一般内接单形

定义 9.18.1　对于 E^n 中的 n 维单形 $\sum_{P(n+1)}$，如果另一个 n 维单形 $\sum_{Q(n+1)}=\{Q_0,Q_1,\cdots,Q_n\}$ 的顶点在 $\sum_{P(n+1)}$ 的界(侧)面 f_i 上，则称 $\sum_{Q(n+1)}$ 为 $\sum_{P(n+1)}$ 的面内接单形；若 $\sum_{Q(n+1)}$ 的顶点在 $\sum_{P(n+1)}$ 的棱 P_iP_j 上，则称 $\sum_{Q(n+1)}$ 为 $\sum_{P(n+1)}$ 的棱内接单形.

显然，我们在§9.17 中讨论的内接单形均为面内接单形.

定理 9.18.1　设在 E^n 中的 n 维单形 $\sum_{P(n+1)}$ 的面内接单形为 $\sum_{Q(n+1)}$，g_{ij} 为单形 $\sum_{Q(n+1)}$ 的棱长，$|f_i|$，V_P 分别为单形 $\sum_{P(n+1)}$ 的界(侧)面的 $n-1$ 维体积和 $\sum_{P(n+1)}$ 的 n 维体积，则

$$\left(\sum_{0\leqslant i<j\leqslant n} g_{ij}^2\right) \cdot \sum_{i=0}^{n} |f_i|^2 \geqslant n^2(n+1) \cdot V_P^2 \tag{9.18.1}$$

其中等号当且仅当 $\sum_{Q(n+1)}$ 关于 E^n 中点 M 为 $\sum_{P(n+1)}$

的垂足单形，且$\frac{|f_i|}{V_{P(i)}}$成比例，$\sum_{P(i)_{n+1}}=\{M,P_0,\cdots,P_{i-1},P_{i+1},\cdots,P_n\}$.

此定理的证明可类似于定理9.17.3－9来证(证略).

定理9.18.2　设ρ_{ij}与g_{ij}分别为E^n中n维单形$\sum_{P(n+1)}$及其面内接单形$\sum_{Q(n+1)}$的棱长，V_P为$\sum_{P(n+1)}$的n维体积，则[221]

$$\sum_{0\leqslant i<j\leqslant n}g_{ij}^2\cdot\left(\sum_{0\leqslant i<j\leqslant n}\rho_{ij}^2\right)^{n-1}\geqslant n^{n-2}\cdot n!^2\cdot(n+1)^{n-1}\cdot V_P^2 \tag{9.18.2}$$

其中等号成立的条件是$\sum_{P(n+1)}$正则，$\sum_{Q(n+1)}$为其垂足单形.

证明　注意到(11.3.1)式，取点集为单形$\sum_{P(n+1)}$的顶点集，取$k=1,l=n-1$，或直接由式(9.5.8)

$$\sum_{i=0}^{n}|f_i|^2\leqslant\frac{1}{n!^2\cdot n^{n-4}\cdot(n+1)^{n-2}}\left(\sum_{0\leqslant i<j\leqslant n}\rho_{ij}\right)^{n-1}$$

及式(9.18.1)，即得式(9.18.2).

定理9.18.3　设R_n,R_n'分别为E^n中的n维单形$\sum_{P(n+1)}$及其面内接单形$\sum_{Q(n+1)}$的外接超球半径，V_P为$\sum_{P(n+1)}$的n维体积，则

$$R_n'^2\cdot R_n^{2(n-1)}\geqslant n^{n-2}\cdot n!^2\cdot(n+1)^{-(n+1)}\cdot V_P^2 \tag{9.18.3}$$

证明　由式(7.5.11)或式(9.9.2)，有

$$\sum_{0\leqslant i<j\leqslant k}g_{ij}^2\leqslant(n+1)^2R_n'^2,\sum_{0\leqslant i<j\leqslant n}\rho_{ij}^2\leqslant(n+1)^2\cdot R_n^2$$

将上述两不等式代入式(9.18.2)中，便得式(9.18.3)，其中等号成立的条件是$\sum_{P(n+1)}$正则，且$\sum_{Q(n+1)}$为切点单形.

定理9.18.4　设R_n,r_n,R_n'三者分别为E^n中的n

维单形 $\sum_{P(n+1)}$ 及其面内接单形 $\sum_{Q(n+1)}$ 的外接、内切超球的半径，则

$$R_n^{n^2-n-1} \cdot R_n'^{\,n} \geqslant n^{n^2-n-1} r_n^{n^2-1} \quad (9.18.4)$$

其中等号成立条件是 $\sum_{P(n+1)}$ 正则，$\sum_{Q(n+1)}$ 为其切点单形.

证明 应用式(9.8.9)及式(9.18.3)即可得式(9.18.4).

对于式(9.18.4)，显然当 $\sum_{Q(n+1)}$ 为 $\sum_{P(n+1)}$ 的切点单形时，有 $R_n'=r_n$，此时有 $R_n \geqslant nr_n$，此即为高维 Euler 不等式.

定理 9.18.5 设 R_n，R_n' 分别为 E^n 中的 n 维单形 $\sum_{P(n+1)}$ 及其面内接单形 $\sum_{Q(n+1)}$ 的外接超球半径，M 为 $\sum_{P(n+1)}$ 内部一点，M 到界(侧)面 f_i 的距离为 $d_i(i=0,1,\cdots,n)$，则

$$R_n^{n^2-n-1} \cdot R_n'^{\,n} \geqslant n^{n^2-n-1} \cdot \prod_{i=0}^{n} d_i^{n-1} \quad (9.18.5)$$

其中等号成立的条件是 $\sum_{P(n+1)}$ 正则，且 M 为其内心，$\sum_{Q(n+1)}$ 为其切点单形.

证明 由式(9.8.7)，并应用算术－几何平均不等式，有

$$\frac{n^{\frac{3n^2-4}{2}}}{(n+1)^{\frac{n^2-n-2}{2}} \cdot n!^n} V_P^{n^2-n-1} \cdot R_n \cdot \prod_{i=0}^{n} d_i^{n-1}$$

$$\leqslant \left(\prod_{i=0}^{n} d_i |f_i|\right)^{n-1} \leqslant \left(\frac{1}{n+1}\sum_{i=0}^{n} d_i |f_i|\right)^{n^2-1}$$

$$= \left(\frac{nV_P}{n+1}\right)^{n^2-1}$$

即
$$V_P^n \geqslant \frac{n^{\frac{n^2-2}{2}} \cdot (n+1)^{\frac{n(n+1)}{2}}}{n!^n} \cdot R_n \cdot \prod_{i=0}^{n} d_i^{n-1}$$

再由式(9.5.8)，式(9.18.1)，式(9.9.2)及上式

即可得式(9.18.5),其中等号成立条件也由此推导得.

对于式(9.18.5),若注意到式(9.9.50),即得

$$R_n^n \cdot R_n' \geqslant n^n \prod_{i=0}^{n} d_i \tag{9.18.6}$$

其中等号成立条件是 $\sum_{P(n+1)}$ 正则,M 为其内心且 $\sum_{Q(n+1)}$ 为其切点单形.

在式(9.18.6)中,取 $R_n' = r_n$,则有

$$R^n \cdot r \geqslant n^n \prod_{i=0}^{n} d_i \tag{9.18.7}$$

其中等号成立条件是 $\sum_{P(n+1)}$ 正则,M 为其中心.

定理 9.18.6　设 R_n, R_n' 分别为 E^n 中的 n 维单形 $\sum_{P(n+1)}$ 及其面内接单形 $\sum_{Q(n+1)}$ 的外接超球半径,h_i $(i=0,1,\cdots,n)$ 为 $\sum_{P(n+1)}$ 的 $n+1$ 条高线(即顶点 P_i 到所对界(侧)面 f_i 的距离).则[221]

$$R_n^{n^2-n-1} \cdot R_n'^{\,n} \geqslant \frac{n^{n^2-n-1}}{(n+1)^{n^2-1}} \left(\prod_{i=0}^{n} h_i\right)^{n-1} \tag{9.18.8}$$

其中等号成立条件是 $\sum_{P(n+1)}$ 正则,$\sum_{Q(n+1)}$ 为其切点单形.

证明　由式(9.8.7)及 $nV_P = |f_i| h_i$,有

$$\begin{aligned}(nV_P)^{n^2-1} &= \left(\prod_{i=0}^{n} h_i |f_i|\right)^{n-1} \\ &\geqslant \frac{n^{\frac{3n^2-4}{2}}}{(n+1)^{\frac{(n+1)(n-2)}{2}} \cdot n!^n} \cdot V_P^{\,n^2-n-1} \cdot \\ &\quad R_n \left(\prod_{i=0}^{n} h_i\right)^{n-1}\end{aligned}$$

即有 $V_P^n \geqslant \dfrac{n^{\frac{n^2-2}{2}}}{n!^n \cdot (n+1)^{\frac{(n+1)(n-2)}{2}}} \cdot R_n \cdot \left(\prod_{i=0}^{n} h_i\right)^{n-1}$

由式(9.5.8)及式(9.18.1)等得到式(9.18.3).

由上式及式(9.18.3)即得式(9.18.8).

对于式(9.18.8),若注意到式(9.18.4),可得

$$r_n \leqslant \frac{1}{n+1}\left(\prod_{i=0}^{n} h_i\right)^{\frac{1}{n+1}} \quad (9.18.9)$$

其中等号当$\sum_{P(n+1)}$正则时取得.

定理 9.18.7 设 R_n,R'_n分别为 E^n 中的 n 维单形$\sum_{P(n+1)}$及其面内接单形$\sum_{Q(n+1)}$的外接超球半径,r_n,O,G 分别为$\sum_{P(n+1)}$的内切超球半径、外心、重心,则[221]:

$$(1)\ R_n'^2(R_n^2 - OG^2)^{n-1} \geqslant (\csc\varphi)^{\frac{n}{n-1}} \cdot n^{2(n-1)} \cdot r_n^{2n} \quad (9.18.10)$$

其中 φ 为$\sum_{P(n+1)}$所有对棱所成角的算术平均值.

$$(2)\ R_n'^2(R_n^2 - OG^2)^{n-1} \geqslant \left(\frac{R_n}{nr_n}\right)^{\frac{n}{n-1}} \cdot n^{2(n-1)} \cdot r_n^{2n} \quad (9.18.11)$$

上述不等式中等号成立条件是$\sum_{P(n+1)}$正则,$\sum_{Q(n+1)}$为其切点单形.

证明 (1)由式(9.18.2)及式(7.5.11),得

$$R'_n(R_n^2 - OG^2)^{n-1} \geqslant \frac{n!^2 \cdot n^{n-2}}{(n+1)^{n+1}}V_P^2 \quad (9.18.12)$$

将式(9.8.1′)代入上式,即得式(9.18.10).

将式(9.8.9)代入上式即得式(9.18.11).

其中等号成立条件可由推导过程得到.

对于定理 9.18.7,若注意到 $\csc\varphi \geqslant 1$,$R_n \geqslant nr_n$,且取 $R'_n = r_n$,则可得到如式(9.17.59)和式(9.17.60)的式子

$$R_n^2 \geqslant \left(\frac{R_n}{nr_n}\right)^{\frac{n}{(n-1)^2}} \cdot n^2 r_n^2 + OG^2 \quad (9.18.13)$$

$$R_n^2 \geqslant (\csc \varphi)^{\frac{n}{(n-1)^2}} \cdot n^2 r_n^2 + OG^2 \quad (9.18.14)$$

定理 9.18.8　设 R_n, R'_n 分别为 E^n 中的 n 维单形 $\sum_{P(n+1)}$ 及其面内接单形 $\sum_{Q(n+1)}$ 的外接超球半径，r_n，O, I, G 分别为 $\sum_{P(n+1)}$ 的内切超球半径、外心、内心、重心，φ 为 $\sum_{P(n+1)}$ 中所有对棱所成角的算术平均值，则[222]：

(1) $R'^{2n}_n (R_n^2 - OG^2)^{n(n-1)} \cdot (R_n^2 - OI^2)^n \geqslant$

$$(\csc \varphi)^{\frac{n^2}{n-1}} \cdot n^{2n^2-2} R_n^2 \cdot r_n^{2(n^2+n-1)} \quad (9.18.15)$$

(2) $R'^{2n}_n (R^2 - OG^2)^{n(n-1)} \cdot (R_n^2 - OI^2)^n \geqslant$

$$\left(\frac{R_n}{nr_n}\right)^{\frac{2n}{n^2-1}} \cdot n^{2n^2-2} \cdot R_n^2 \cdot r_n^{2(n^2+n-1)} \quad (9.18.16)$$

其中不等式中等号成立条件是 $\sum_{P(n+1)}$ 正则，且 $\sum_{Q(n+1)}$ 为其切点单形.

证明　(1)由式(9.9.2)，式(9.8.4)，得

$$R'^2_n \cdot \sum_{i=0}^{n} |f_i|^2 \geqslant \frac{n^2}{n+1} V_P^2$$

对上式应用算术 - 几何平均不等式，并注意式(7.12.29)，有

$$\left(\sum_{i=0}^{n} |f_i|^2\right) R'^2_n \cdot (R_n^2 - OI^2) \geqslant \frac{r_n^2}{n+1} \sum_{0 \leqslant i < j \leqslant n} \rho_{ij}^2 |f_i| |f_j|$$

$$\geqslant \frac{nr_n^2}{2} \left(\prod_{0 \leqslant i < j \leqslant n} \rho_{ij}\right)^{\frac{4}{n(n+1)}} \cdot \left(\prod_{i=0}^{n} |f_i|\right)^{\frac{2}{n+1}}$$

再利用式(9.5.8)及式(7.5.11)，有

$$R'^2_n (R_n^2 - OG^2)^{n-1} \cdot (R_n^2 - OI^2)$$

$$\geqslant \frac{n!^2 n^{n-3} \cdot r_n}{2(n+1)^n} \left(\prod_{0 \leqslant i < j \leqslant n} \rho_{ij}\right)^{\frac{4}{n(n+1)}} \cdot \left(\prod_{i=0}^{n} |f_i|\right)^{\frac{2}{n+1}} \quad (*)$$

注意式(9.5.1)，式(9.6.6)及上式，得

$$R'^2_n (R_n^2 - OG^2)^{n-1} \cdot (R_n^2 - OI^2)$$

$$\geqslant(\csc\varphi)^{\frac{n}{n-1}}\cdot\frac{n^n\cdot n!^2\cdot r_n^2}{(n+1)^{n+1}}V_P^2$$

由上式及式(9.8.9),进行整理即得式(9.18.15).

(2) 其证明同(1),由式(9.8.4)及式(9.8.8),有

$$\prod_{0\leqslant i<j\leqslant n}\rho_{ij}\geqslant\left(\frac{R_n}{nr_n}\right)^{\frac{1}{2}}\left(\frac{2^n n!^2}{n+1}\right)^{\frac{n+1}{4}}\cdot V_P^{\frac{n+1}{2}}$$

由式(9.8.7)及式(9.8.8),有

$$\prod_{i=0}^{n}|f_i|\geqslant\left(\frac{R_n}{nr_n}\right)^{\frac{1}{n(n-1)}}\frac{n^{\frac{3(n+1)}{2}}}{n!^{\frac{n+1}{n}}\cdot(n+1)^{\frac{n^2-1}{2n}}}\cdot V_P^{\frac{n^2-1}{n}}$$

由上述两式,并注意式(*)及式(9.8.9),即可得式(9.18.16).

上述推导过程可得出式(9.18.15)及式(9.18.16)中等号成立的条件.

由定理9.18.8可得如下推论:

推论 题设条件同定理9.18.8,则:

(1) $R_n'^n\cdot R_n^{n^2-1}\geqslant(\csc\varphi)^{\frac{n^2}{2(n-1)}}\cdot n^{n^2-1}\cdot r_n^{n^2+n-1}$ (9.18.17)

(2) $R_n'^n\cdot R_n^{n^2-1}\geqslant\left(\frac{R_n}{nr_n}\right)^{\frac{2n}{n^2-1}}\cdot n^{n^2-1}\cdot R_n^2\cdot r_n^{n^2+n-1}$ (9.18.18)

(3) $R_n'^{2n}\cdot R_n^{2(n-1)}(R_n^2-OG^2)^{n(n-1)}\geqslant(\csc\varphi)^{\frac{n^2}{n-1}}\cdot n^{2n^2-2}$ (9.18.19)

(4) $R_n'^{2n}\cdot R_n^{2(n-1)}(R_n^2-OG^2)^{n(n-1)}\geqslant\left(\frac{R_n}{nr_n}\right)^{\frac{2n}{n^2-1}}\cdot n^{2n^2-2}\cdot r_n^{2(n^2+n-1)}$ (9.18.20)

(5) $R_n'^{2n}\cdot R_n^{2(n^2-n-1)}(R_n^2-OI^2)^n\geqslant(\csc\varphi)^{\frac{n^2}{n-1}}\cdot n^{2n^2-2}\cdot r_n^{2(n^2+n-1)}$ (9.18.21)

(6) $R_n'^{2n}\cdot R_n^{2(n^2-n-1)}(R_n^2-OI^2)\geqslant\left(\frac{R_n}{nr_n}\right)^{\frac{2n}{n^2-1}}\cdot n^{2n^2-2}\cdot r_n^{2(n^2+n-1)}$ (9.18.22)

以上不等式中等号成立的条件是$\sum_{P(n+1)}$正则，且$\sum_{Q(n+1)}$为其切点单形.

对于上述不等式，若取$R_n'=r_n$，又可得一系列不等式，例如有

$$R_n\geqslant(\csc\varphi)^{\frac{n^2}{2(n+1)(n-1)^2}}\cdot nr_n \quad (9.18.23)$$

$$R_n\geqslant\left(\frac{R_n}{nr_n}\right)^{\frac{n}{(n^2-1)^2}}\cdot nr_n \quad (9.18.24)$$

$$\vdots$$

其中等号当$\sum_{P(n+1)}$正则时取得.

下面，我们讨论一个特殊的棱接单形的问题

定理 9.18.9 设点A_i是E^n中n维单形$\sum_{P(n+1)}=\{P_0,P_1,\cdots,P_n\}$的棱$P_iP_{i+1}$上任一点，且$A_i$分线段$P_iP_{i+1}$的比为$k_i(i=0,1,\cdots,n)$，则棱接单形$\sum_{A(n+1)}=\{A_0,A_1,\cdots,A_n\}$与$\sum_{P(n+1)}$的体积$V_A$与$V_P$之间有关系式

$$\frac{V_A}{V_P}=\frac{\left|1+(-1)^n\prod_{i=0}^{n}k_i\right|}{\sum_{i=0}^{n}(1+k_i)} \quad (9.18.25)$$

证明 单形$\sum_{P(n+1)}$的诸顶点关于坐标单形$\sum_{P(n+1)}$的规范重心坐标依次为$P_0(1,0,\cdots,0)$，$P_1(0,1,0,\cdots,0)$，…，$P_n(0,\cdots,0,1)$. 由于A_i分线段P_iP_{i+1}所成的比为$k_i(i=0,1,\cdots,n)$，由式(6.1.17)，可知A_i

关于坐标单形 $\sum_{P(n+1)}$ 的规范重心坐标依次为 $A_0\left(\frac{1}{1+k_0},\frac{k_0}{1+k_0},0,\cdots,0\right)$，$A_1\left(0,\frac{1}{1+k_1},\frac{k_1}{1+k_1},0,\cdots,0\right)$，…，$A_n\left(\frac{k_n}{1+k_n},0,\cdots,0,\frac{1}{1+k_n}\right)$.

由式(6.1.12)，可知 $\sum_{A(n+1)}$ 的体积为

$$V_A=V_P\cdot\begin{vmatrix}\frac{1}{1+k_0} & \frac{k_0}{1+k_0} & 0 & 0 & \cdots & 0 & 0\\ 0 & \frac{1}{1+k_1} & \frac{k_1}{1+k_1} & 0 & \cdots & 0 & 0\\ \vdots & \vdots & \vdots & \vdots & & \vdots & \vdots\\ 0 & 0 & 0 & 0 & \cdots & \frac{1}{1+k_{n-1}} & \frac{k_{n-1}}{1+k_{n-1}}\\ \frac{k_n}{1+k_n} & 0 & 0 & 0 & \cdots & 0 & \frac{1}{1+k_n}\end{vmatrix}$$

$$=\frac{V_P}{\prod\limits_{i=0}^{n}(1+k_i)}\begin{vmatrix}1 & k_0 & 0 & 0 & \cdots & 0 & 0\\ 0 & 1 & k_1 & 0 & \cdots & 0 & 0\\ \vdots & \vdots & \vdots & \vdots & & \vdots & \vdots\\ 0 & 0 & 0 & 0 & \cdots & 1 & k_{n-1}\\ k_n & 0 & 0 & 0 & \cdots & 0 & 1\end{vmatrix}$$

$$=\frac{V_P}{\prod\limits_{i=0}^{n}(1+k_i)}\left|(-1)^{n+2}\prod_{i=0}^{n}k_i+(-1)^{2n+2}\right|$$

由此即证得.

由定理 9.18.9 可得如下推论.

推论 1 在 E^n 中，$n+1$ 个点 $A_0,A_1,\cdots,A_n$ 依次在 n 维单形 $\sum_{P(n+1)}$ 的棱 $P_0P_1,P_1P_2,\cdots,P_nP_0$ 上，且点 A_i 分线段 P_iP_{i+1} 所成的比为 $k_i(i=0,1,\cdots,n)$，则 A_0，$A_1,\cdots,A_n$ 在一个 $n-1$ 维超平面上充分必要条件是

$$(-1)^n\prod_{i=0}^{n}k_i=-1 \qquad (9.18.26)$$

事实上，由式(9.18.25)，当 $V_A=0$ 时，即有式(9.18.26).

显然，式(9.18.26)，可写为 $\prod_{i=0}^{n}k_i=(-1)^{n+1}$，此即为式(7.2.4)，亦即为高维 Menelaus 定理.

当 A_i 为棱 P_iP_{i+1} 的中点时，$k_i=1$，则由式(9.18.26)知

$$\prod_{i=0}^{n}k_i=(-1)^{n+1}=\begin{cases}1 & \text{当 } n \text{ 为奇数时}\\ -1 & \text{当 } n \text{ 为偶数时}\end{cases} \qquad (*)$$

于是，我们又有推论：

推论 2　设 E^n 中的 n 维单形 $\sum_{P(n+1)}$ 的体积为 V_P，其棱接单形为 $\sum_{A(n+1)}=\{A_0,A_1,\cdots,A_n\}$，点 A_i 是棱 P_iP_{i+1} 的中点，则 $\sum_{A(n+1)}$ 的 n 维体积 V_A 有下述关系式

$$V_A=\begin{cases}\dfrac{1}{2^n}V_P & \text{当 } n \text{ 为偶数时}\\ 0 & \text{当 } n \text{ 为奇数时}\end{cases} \qquad (9.18.27)$$

事实上，由式(9.18.25)和式(*)即得上述结果.

作为本节的结果，我们给出 Finsler-Hadwige 不等式的一类高维广式.

定理 9.18.10　设 E^n 中 n 维单形 $\sum_{P(n+1)}$ 的棱长、体积、外接超球半径、内切超球分别为 ρ_{ij},V_P,R_n,r_n，则[224]：

(1) $$\sum_{0\leqslant i<j\leqslant n}\rho_{ij}^2\geqslant\left(\frac{R_n}{nr_n}\right)^{\frac{1}{n(n+1)}}\cdot n(n+1)^{\frac{n-1}{n}}\cdot n!^{\frac{2}{n}}\cdot V_P^{\frac{2}{n}}+\frac{\sum\limits_{\substack{0\leqslant i<j\leqslant 0\\ 0\leqslant k<s\leqslant n\text{且}ij\neq ks}}(\rho_{ij}-\rho_{ks})^2}{\left[\dfrac{n(n+1)}{2}-2\right]^2} \qquad (9.18.28)$$

$$(2)R_n^2 \geqslant \left(\frac{R_n}{nr_n}\right)^{\frac{1}{n(n+1)}} \cdot n^2 r_n^2 + \frac{\sum\limits_{\substack{0\leqslant i<j\leqslant n \\ 0\leqslant k<s\leqslant n, 且 ij\neq ks}} (\rho_{ij}-\rho_{ks})^2}{\left[\frac{n(n+1)}{2}-2\right]^2 \cdot (n+1)^2} \tag{9.18.29}$$

其中等号成立均为 $\sum_{P(n+1)}$ 正则.

证明 (1)首先注意到:当 $n\geqslant 3$ 时,$\sum_{P(n+1)}$ 的棱的条数 $\frac{n(n+1)}{2}\geqslant 6$,则成立下面的结论

$$\begin{aligned}
&\sum_{\substack{0\leqslant i<j\leqslant n \\ 0\leqslant k<s\leqslant n \\ ij\neq ks}} (\rho_{ij}-\rho_{ks})^2 \\
&= \left[\frac{n(n+1)}{2}-1\right]\sum_{0\leqslant i<j\leqslant n}\rho_{ij}^2 - 2\sum_{\substack{0\leqslant i<j\leqslant n \\ 0\leqslant k<s\leqslant n \\ ij\neq ks}}\rho_{ij}\cdot\rho_{ks} \\
&= \frac{n(n+1)}{2}\sum_{0\leqslant i<j\leqslant n}\rho_{ij}^2 - \left(\sum_{0\leqslant i<j\leqslant n}\rho_{ij}\right)^2 \qquad (*)
\end{aligned}$$

再注意幂平均不等式和算术-几何平均不等式,有

$$\sum_{0\leqslant i<j\leqslant n}\rho_{ij}^2 \geqslant \frac{n(n+1)}{2}\cdot\left[\frac{2}{n(n+1)}\cdot\sum_{0\leqslant i<j\leqslant n}\rho_{ij}\right]^2$$

及
$$\frac{2}{n(n+1)}\sum_{0\leqslant i<j\leqslant n}\rho_{ij} \geqslant \left(\prod_{0\leqslant i<j\leqslant n}\rho_{ij}\right)^{\frac{2}{n(n+1)}}$$

又由式(9.8.4)及式(9.8.8),有

$$\prod_{0\leqslant i<j\leqslant n}\rho_{ij} \geqslant \left(\frac{R_n}{nr_n}\right)^{\frac{1}{2}}\cdot\left(\frac{2^n\cdot n!^2}{n+1}\right)^{\frac{n+1}{4}}\cdot V_P^{\frac{n+1}{2}}$$

于是

$$\begin{aligned}
&\sum_{0\leqslant i<j\leqslant n}\rho_{ij}^2 + \left[\frac{n(n+1)}{2}-1\right]\left[\frac{n(n+1)}{2}-4\right]\sum_{0\leqslant i<j\leqslant n}\rho_{ij}^2 \\
&\geqslant \left\{\left[\frac{n(n+1)}{2}\right]^2 + \left[\frac{n(n+1)}{2}-1\right]\left[\frac{n(n+1)}{2}-4\right]\cdot\frac{n(n+1)}{2}\right\}\cdot
\end{aligned}$$

$$\left[\frac{2}{n(n+1)}\sum_{0\leqslant i<j\leqslant n}\rho_{ij}\right]^2$$

$$=\frac{n(n+1)}{2}\cdot\left[\frac{n(n+1)}{2}-2\right]^2\cdot\left[\frac{2}{n(n+2)}\sum_{0\leqslant i<j\leqslant n}\rho_{ij}\right]^2$$

$$\geqslant\frac{n(n+1)}{2}\left[\frac{n(n+1)}{2}-2\right]^2\cdot\left(\frac{R_n}{nr_n}\right)^{\frac{2}{n(n+1)}}\cdot\left(\frac{2^n}{n+1}\right)^{\frac{1}{n}}\cdot(n!\ V_P)^{\frac{2}{n}}$$

由上式和式(＊)即得式(9.18.28).

(2)由式(9.9.2),有 $R_n^2\geqslant\frac{1}{(n+1)^2}\sum_{0\leqslant i<j\leqslant n}\rho_{ij}^2$.

由上式和式(9.18.28),得

$$R_n^2\geqslant\frac{n\cdot n!^{\frac{2}{n}}}{(n+1)^{\frac{n+1}{n}}}\cdot V_P^{\frac{2}{n}}+\left[\frac{n(n+1)}{2}-2\right]^{-2}\cdot(n-1)^{-2}\cdot\sum_{\substack{0\leqslant i<j\leqslant n\\0\leqslant k<s\leqslant n\\ij\neq kj}}(\rho_{ij}-\rho_{ks})^2$$

由上式和式(9.8.1),即得式(9.18.29).
其中不等式成立条件可由推导过程推出 $\Sigma_{P(n+1)}$ 为正则.

对于式(9.18.28),当 $n=2$ 时,即为三角形中著名的 Finsler-Hadwiger 不等式:

设$\triangle ABC$的三边长为 $a,b,c,S_\triangle$ 为其面积,则

$$a^2+b^2+c^2\geqslant4\sqrt{3}S_\triangle+(a-b)^2+(b-c)^2+(c-a)^2\tag{9.18.30}$$

其中等号当且仅当$\triangle ABC$为正三角形时取得.

注　在文[224]中,利用式(9.18.1),并且取 $\Sigma_{Q(n+1)}$ 为 $\Sigma_{P(n+1)}$ 的切点单形,则由式(9.9.2)有

$$\sum_{0\leqslant i<j\leqslant n}g_{ij}^2\leqslant(n+1)^2\cdot r_n^2$$

于是,得

$$V_P^2 \leqslant \frac{n+1}{n^2} r_n^2 \cdot \sum_{i=0}^{n} |f_i|^2$$

再应用式(9.5.8),而得式(9.8.8)来证得式(9.18.29)的,因此,式(9.18.29)也可由式(9.18.1)来推导.

第十章 多个单形间的一些关系

§10.1 单形的相似

定义 10.1.1 设 E^n 中的两个 n 维单形为 $\sum_{P(n+1)}=\{P_0,P_1,\cdots,P_n\}$，$\sum_{P'(n+1)}=\{P'_0,P'_1,\cdots,P'_n\}$，若它们满足下列条件之一：

(1) 设 ρ_{ij} 与 ρ'_{ij} 分别为 $\sum_{P(n+1)}$，$\sum_{P'(n+1)}$ 的棱长($i,j=0,1,\cdots,n$). 若

$$\frac{\rho_{ij}}{\rho'_{ij}}=\text{const}\quad(i,j=0,1,\cdots,n)\tag{10.1.1}$$

(2) 设 $\langle i,j\rangle$ 与 $\langle i,j\rangle'$ 分别为 $\sum_{P(n+1)}$，$\sum_{P'(n+1)}$ 的诸内二面角($i\neq j,i,j=0,1,\cdots,n$)，若

$$\langle i,j\rangle=\langle i,j\rangle'\quad(i\neq j,i,j=0,1,\cdots,n)\tag{10.1.2}$$

则称 $\sum_{P(n+1)}$ 与 $\sum_{P'(n+1)}$ 相似. 记为 $\sum_{P(n+1)}\backsim\sum_{P'(n+1)}$.

关于两个单形相似的判定，我们有如下定理：

定理 10.1.1 设 E^n 中的两个 n 维单形分别为 $\sum_{P(n+1)}=\{P_0,P_1,\cdots,P_n\}$，$\sum_{P'(n+1)}=\{P'_0,P'_1,\cdots,P'_n\}$，以 $\langle i,j\rangle$，$\langle i,j\rangle'$ 分别记它们的诸内二面角，如果对一切 $i\neq j(i,j=0,1,\cdots,n)$，都有 $\langle i,j\rangle\leqslant\langle i,j\rangle'$，则[8]必有 $\langle i,j\rangle=\langle i,j\rangle'(i\neq j,i,j=0,1,\cdots,n)$，即 $\sum_{P(n+1)}\backsim\sum_{P'(n+1)}$.

证明 考虑两个 $n+1$ 阶对称矩阵

$$\boldsymbol{A}=\begin{pmatrix}1 & & -\cos\langle i,j\rangle\\ & \ddots & \\ -\cos\langle i,j\rangle & & 1\end{pmatrix}=(a_{ij})\quad(i,j=0,\cdots,n)$$

$$\boldsymbol{B}=\begin{pmatrix}1 & & -\cos\langle i,j\rangle'\\ & \ddots & \\ -\cos\langle i,j\rangle' & & 1\end{pmatrix}=(b_{ij})\quad(i,j=0,\cdots,n)$$

再作一个含未知数 λ 的方程.

$$\det(\boldsymbol{A}+\lambda\boldsymbol{B})=0$$

令 A_{ij} 和 B_{ij} 表 $\boldsymbol{A}$ 和 $\boldsymbol{B}$ 的对应的代数余子式，又令 $|\boldsymbol{A}|=\det\boldsymbol{A}$，$|\boldsymbol{B}|=\det\boldsymbol{B}$，展开上述方程

$$|\boldsymbol{B}|\lambda^{n+1}+(\sum_{i,j=0}^{n}a_{ij}B_{ij})\lambda^n+\cdots+(\sum_{i,j=0}^{n}b_{ij}A_{ij})\lambda+|\boldsymbol{A}|=0$$

由于 $\boldsymbol{A}$，$\boldsymbol{B}$ 都是半正定的（定理 8.3.1 的必要条件（ⅰ）），上述方程的根都是非正的，故上述方程的任意两个系数不可能反号，特别地应当有

$$(\sum_{i,j=0}^{n}a_{ij}B_{ij})(\sum_{i,j=0}^{n}b_{ij}A_{ij})\geqslant 0\qquad(10.1.3)$$

又由定理 8.3.1 的必要条件（ⅱ），有

$$\begin{cases}\sum\limits_{i,j=0}^{n} a_{ij}A_{ij}=(n+1)\det \boldsymbol{A}=0\\ \sum\limits_{i,j=0}^{n} b_{ij}B_{ij}=(n+1)\det \boldsymbol{B}=0\end{cases}$$

另一方面,从条件$\langle i,j\rangle \leqslant \langle i,j\rangle'$可以推出$-\cos\langle i,j\rangle \leqslant -\cos\langle i,j\rangle'$(因$\cos\theta$在$[0,\pi]$上是单调递减的),即$a_{ij}\leqslant b_{ij}$,再由定理8.3.1的必要条件(ⅲ)$A_{ij}>0$,$B_{ij}>0$可知,除非对一切$i,j$有$a_{ij}=b_{ij}$,从而导出

$$\sum_{i,j=0}^{n} a_{ij}B_{ij}<\sum_{i,j=0}^{n} b_{ij}B_{ij}=0,\ \sum_{i,j=0}^{n} b_{ij}A_{ij}>\sum_{i,j=0}^{n} a_{ij}A_{ij}=0$$

即$\sum\limits_{i,j=0}^{n} a_{ij}B_{ij}$与$\sum\limits_{i,j=0}^{n} b_{ij}A_{ij}$符号相反,此与式(10.1.3)矛盾,于是$a_{ij}=b_{ij}$对一切$i,j=0,1,\cdots,n$成立.从而定理10.1.1证毕.

定理 10.1.2　设E^n中的两个n维单形$\sum_{P(n+1)}=\{P_0,P_1,\cdots,P_n\}$,$\sum_{P'(n+1)}=\{P'_0,P'_1,\cdots,P'_n\}$的$n$维体积分别为$V(\sum_{P(n+1)})$,$V(\sum_{P'(n+1)})$,它们的侧面$f_i=\{P_0,\cdots,P_{i-1},P_{i+1},\cdots,P_n\}$,$f'_i=\{P'_0,\cdots,P'_{i-1},P'_{i+1},\cdots,P'_n\}$的$n-1$维体积分别记为$|f_i|$,$|f'_i|$,顶点集$\{P_0,\cdots,P_{i-1},P_{i+1},P_{j-1},P_{j+1},\cdots,P_n\}$与$\{P'_0,\cdots,P'_{i-1},P'_{i+1},P'_{j-1},P'_{j+1},\cdots,P'_n\}$所支撑的$n-2$维单形的体积为$|\pi_{ij}|$与$|\pi'_{ij}|$,若单形$\sum_{P(n+1)}$与$\sum_{P'(n+1)}$的顶点绕向相同,则$\sum_{P(n+1)}\backsim\sum_{P'(n+1)}$的充要条件是,对任意的$i,j(i\neq j,i,j=0,1,\cdots,n)$有

$$\frac{\sum_{P(n+1)}\cdot|\pi_{ij}|}{\sum_{P'(n+1)}\cdot|\pi'_{ij}|}=\frac{|f_i|\cdot|f_j|}{|f'_i|\cdot|f'_j|}\qquad(10.1.4)$$

证明　设单形$\sum_{P(n+1)}$,$\sum_{P'(n+1)}$的内二角分别为$\langle i,j\rangle$,$\langle i,j\rangle'(i\neq j,i,j=0,1,\cdots,n)$,则由高维正弦定理5(即式3.3.16),对任意$i,j$有

$$\sin\langle i,j\rangle=\frac{nV(\sum_{P(n+1)})\cdot|\pi_{ij}|}{(n-1)|f_i|\cdot|f_j|}$$

$$\sin\langle i,j\rangle'=\frac{nV(\sum_{P'(n+1)})\cdot|\pi'_{ij}|}{(n-1)|f'_i|\cdot|f'_j|}$$

这样在$\sum_{P(n+1)}$，$\sum_{P'(n+1)}$顶点绕向相同的条件下，便知$\sum_{P(n+1)}\backsim\sum_{P'(n+1)}\Leftrightarrow\sin\langle i,j\rangle=\sin\langle i,j\rangle'\Leftrightarrow$等式(10.1.4)成立.

最后，我们介绍两个 n 维单形位似的概念.

定义 10.1.2 若 E^n 中的两个 n 维单形$\sum_{P(n+1)}$，$\sum_{P'(n+1)}$相似且对应顶点所在直线共点，则称这两个单形是位似的，这个点称为位似中心.

§10.2 单形的不变量

在这一节，我们介绍几类单形不变量.

定义 10.2.1 设 E^n 中所有 $k(1\leqslant k\leqslant n)$维单形的 k 维体积的乘积记作 M_k，则称之为单形$\sum_{P(n+1)}$的 M_k 不变量；所有 $k(1\leqslant k\leqslant n)$维单形的 k 维体积的平方和记为 N_k，则称之为单形$\sum_{P(n+1)}$的 N_k 不变量.

定义 10.2.2 设 E^n 中所有 $k(1\leqslant k\leqslant n)$维单形的 k 维体积平方的 λ 次初等对称多项式记为 P_λ，则称之为单形$\sum_{P(n+1)}$的 P_λ 不变量；所有 k 维体积的 λ 次初等对称多项式记为 Q_λ，则称之为单形$\sum_{P(n+1)}$的 Q_λ 不变量.

对于单形的不变量，我们有如下几个定理：

定理 10.2.1 $\sum_{P(n+1)}=\{P_0,P_1,\cdots,P_n\}$是 E^n 中的 n 维单形，从$\sum_{P(n+1)}$的顶点中任取 $k+1$ 个点，以它

们的顶点作一个 k 维单形 $\sum_{P(k+1)}$，对于 M_k，则有[58]

$$\left[\frac{k!}{\sqrt{k+1}}(M_k)^{\frac{1}{C_{n+1}^{k+1}}}\right]^{\frac{1}{k}}$$

$$\geqslant\left[\frac{l!}{\sqrt{l+1}}(M_l)^{\frac{1}{C_{n+1}^{l+1}}}\right]^{\frac{1}{l}}\quad(1\leqslant k<l\leqslant n)\quad(10.2.1)$$

其中等号当且仅当所有 l 维单形 $\sum_{P(n+1)}$ 均为正则时成立.

对于式(10.2.1)，取 $k=1,l=n$，便得到式(9.5.1).

同样，若取 $k=n-1,l=n$，便得到式(9.4.1).

由此，即知式(10.2.1)是式(9.4.1)，式(9.5.1)的推广.

下面，我们给出式(10.2.1)的证明.

证明 由式(9.4.1)及等号成立的充要条件，对 E^n 中任一 k 维单形 $\sum_{P(k+1)}(1\leqslant k<l\leqslant n)$，运用式(9.4.1)，有

$$\left(\prod_{i=0}^{k}|f_i|\right)^{\frac{k}{k^2-1}}\geqslant\frac{1}{\sqrt{k+1}}\left[\frac{k^{3k-2}}{(k-1)!^2}\right]^{\frac{1}{2(k-1)}}V\left(\sum_{P_j(k+1)}\right)$$

其中 $|f_i|$ 表示单形 $\sum_{P_j(k+1)}=\{P_{j_1},\cdots,P_{j_{k+1}}\}$ 的侧面体积，$V\left(\sum_{P_j(k+1)}\right)$ 为单形 $\sum_{P_j(k+1)}$ 的体积.

由于 $\sum_{P(n+1)}=\{P_0,P_1,\cdots,P_n\}$ 中共可组成 C_{n+1}^{k+1} 个 k 维单形，故对 $\sum_{P(n+1)}$ 而言，上述不等式共有 C_{n+1}^{k+1} 个，将这些不等式相乘，得

$$\left[\prod_{i=0}^{C_{n+1}^{k}-1}|f_i|\right]\frac{k(k+1)C_{n+1}^{k+1}}{(k^2-1)C_{n+1}^{k}}$$

$$\geqslant(k+1)^{-\frac{1}{2}C_{n+1}^{k+1}}\left[\frac{k^{3k-2}}{(k-1)^2}\right]^{\frac{1}{2(k-1)}C_{n+1}^{k+1}}\cdot\prod_{j=0}^{C_{n+1}^{k+1}-1}V\left(\sum_{P_j(n+1)}\right)$$

从而有

$$(M_{k-1})^{\frac{1}{C_{n+1}^{k+1}}} \geqslant (k+1)^{-\frac{1}{2k}}\left[\frac{k^{3k-2}}{(k-1)!^2}\right]^{\frac{1}{2k(k-1)}} \cdot (M_k)^{\frac{1}{C_{n+1}^{k+1}}}$$

将 k 换成 $k+1$,则有

$$(M_k)^{\frac{1}{C_{n+1}^{k+1}}} \geqslant (k+2)^{-\frac{1}{2(k+1)}}\left[\frac{(k+1)^{3k+1}}{k!^2}\right]^{\frac{1}{2k(k+1)}} \cdot$$

$$(M_{k+1})^{\frac{1}{C_{n+1}^{k+1}}}$$

从上式,我们不难得到

$$(M_k)^{\frac{1}{C_{n+1}^{k+1}}} \geqslant \prod_{i=1}^{l-k} W \cdot (M_l)^{\frac{1}{C_{n+1}^{l+1}}}$$

其中 $W=(k+i+1)^{\frac{-1}{2(k+i)}}\left[\frac{(k+i)^{3(k+i)-2}}{(k+i-1)!^2}\right]^{\frac{1}{2(k+i-1)(k+i)}}$

对上式进行整理,便得

$$\left[\frac{k!}{\sqrt{k+1}}(M_k)^{\frac{1}{C_{n+1}^{k+1}}}\right]^{\frac{1}{k}} \geqslant \left[\frac{l!}{\sqrt{l+1}}(M_l)^{\frac{1}{C_{n+1}^{l+1}}}\right]^{\frac{1}{l}}$$

上式中等号成立的充要条件可由式(9.4.1)中等号成立的充要条件得到,即当所有 l 维单形均为正则单形时成立.

推论 1 对于空间 E^n 中的 n 维单形 $\sum_{P(n+1)}$ 的体积 $V(\sum_{P(n+1)})$ 和它的 C_{n+1}^{k+1} 个 k 维单形之 k 维体积 $V_l^{(k)}$ $(l=1,2,\cdots,C_{n+1}^{k+1})$ 之间成立不等式

$$V(\sum_{P(n+1)}) \leqslant \frac{\sqrt{n+1}}{n!}\left(\frac{k!}{\sqrt{k+1}}\right)^{\frac{n}{k}}\left[\prod_{l=1}^{C_{n+1}^{k+1}} V_l^{(k)}\right]^{\frac{n}{kC_{n+1}^{k+1}}} \tag{10.2.2}$$

其中等号当且仅当单形 $\sum_{P(n+1)}$ 正则时成立.

证明 设 M_k 是单形 $\sum_{P(n+1)}$ 的所有 k 维单形之 k 维体积的乘积,利用式(10.2.1),令 $l=n$,便得式(10.2.2).

推论 2　设 E^n 中 n 维单形 $\sum_{P(n+1)}$ 的 $k(1\leqslant k\leqslant n)$ 级顶点角为 θ_{i_k},则[144]

$$\prod_{i=0}^{n}\sin\theta_{i_k}\leqslant\left[\frac{(n+1)^k}{(k+1)^n}\right]^{\frac{n+1}{2n}\cdot C_n^k}\qquad(10.2.3)$$

其中等号当且仅当单形 $\sum_{P(n+1)}$ 正则时成立.

证明　由式(5.2.10),有

$$\begin{aligned}&[n!\ V(\textstyle\sum_{P(n+1)})]^{C_{n+1}^{k+1}}\\&=k!\ C_n^k\prod_{\substack{j=0\\j\neq i}}^{C_n^k}V_j^{(k)}\sin\theta_{i_k}\quad(i=0,\cdots,n)\end{aligned}$$

其中 $\prod_{j=0}^{C_n^k}V_j^{(k)}$ 表示对应 k 级顶点角(在顶点 P_i 处)过顶点 P_i 的所有 k 维面的 k 维体积的乘积.

取 $i=0,1,\cdots,n$ 得 $n+1$ 个等式相乘,得

$$\prod_{i=0}^{n}\sin\theta_{i_k}=\frac{n!^{(n+1)C_{n-1}^{k-1}}}{k!^{(n+1)C_n^k}}\cdot\frac{[V(\sum_{P(n+1)})]^{(n+1)C_{n-1}^{k-1}}}{[\prod_{j=0}^{C_n^k}V_j^{(k)}]^{k+1}}$$

在(10.2.1)式中取 $l=n$,得

$$\left[\frac{k!}{\sqrt{k+1}}\left(\prod_{j=0}^{C_n^k}V_j^{(k)}\right)^{\frac{1}{C_{n+1}^{k+1}}}\right]^{\frac{1}{k}}\geqslant\left[\frac{n!}{\sqrt{n+1}}V(\textstyle\sum_{P(n+1)})\right]^{\frac{1}{n}}$$

由上式两式乘方 $C_{n+1}^{k+1}\cdot k(k+1)$ 得

$$\frac{[V(\sum_{P(n+1)})]^{(n+1)C_{n-1}^{k-1}}}{[\prod_{j=0}^{C_n^k}V_j^{(k)}]^{k+1}}\leqslant\left[\frac{(n+1)^{\frac{n+1}{2}}\cdot k!^{\frac{n(n+1)}{k}}}{(k+1)^{\frac{n(n+1)}{2k}}\cdot n!^{n+1}}\right]^{C_{n-1}^{k-1}}$$

故得式(10.2.3).

定理 10.2.2　设 E^n 中 n 维单形 $\sum_{P(n+1)}$ 的 n 维体积为 V_P,它的 C_{n+1}^{k+1} 个 k 维单形之 k 维体积为 $V_l^{(k)}$ $(l=1,2,\cdots,C_{n+1}^{k+1})$,则有[116]

$$N_k=\sum_{l=0}^{C_{n+1}^{k+1}}(V_l^{(k)})\geqslant C_{n+1}^{k+1}\left(\frac{n!}{\sqrt{n+1}}\right)^{\frac{2k}{n}}\frac{k+1}{k!^2}V_P^{\frac{2k}{n}}+$$

$$(C_{n+1}^{k+1}-2)^{-2}\sum_{1\leqslant i<j\leqslant C_{n+1}^{k+1}}[V_i^{(k)}-V_j^{(k)}]^2$$

(10.2.4)

其中 $k=1,2,\cdots,n-1$,等号当且仅当 $\Sigma_{P(n+1)}$ 正则时成立.

对于式(10.2.4)中的 $n-1$ 个不等式,每一个皆可视为 E^n 中的 Finsler-Hadwiger 不等式. 特别地,当 $n=2,k=1$ 时,即为式(9.4.14),即三角形中的 Finsler-Hadwiger 不等式的一个加强,因此,式(10.2.4)也是式(9.5.3)的加强推广式.

下面,我们给出(10.2.4)式的证明.

证明 当 $n=2$ 时,这是已知的结果.

当 $n\geqslant 3$ 时,显然有 $C_{n+1}^{k+1}\geqslant 4,1\leqslant k\leqslant n-1$.

由式(10.2.1)及算术 - 几何平均不等式,有

$$\frac{1}{C_{n+1}^{k+1}}\cdot\sum_{l=1}^{C_{n+1}^{k+1}}V_l^{(k)}\geqslant\left(\frac{n!}{\sqrt{n+1}}\right)^{\frac{k}{n}}\left(\frac{\sqrt{k+1}}{k!}\right)V_P^{\frac{k}{n}}\tag{10.2.5}$$

另外,易知

$$\begin{aligned}&\sum_{1\leqslant i<j\leqslant C_{n+1}^{k+1}}[V_i^{(k)}-V_j^{(k)}]^2\\
=&[C_{n+1}^{k+1}-1]\sum_{l=0}^{C_{n+1}^{k+1}}(V_l^{(k)})^2-\\
&2[V_1^{(k)}\cdot V_2^{(k)}+V_1^{(k)}\cdot V_3^{(k)}+\cdots+V_1^{(k)}\cdot V_{C_{n+1}^{k+1}}^{(k)}]-\\
&2[V_2^{(k)}\cdot V_3^{(k)}+V_2^{(k)}\cdot V_4^{(k)}+\cdots+V_2^{(k)}\cdot V_{C_{n+1}^{k+1}}^{(k)}]-\cdots-\\
&2V_{C_{n+1}^{k+1}-1}^{(k)}\cdot V_{C_{n+1}^{k+1}}^{(k)}[\sum_{l=0}^{C_{n+1}^{k+1}}V_l^{(k)}]^2\\
=&\sum_{l=1}^{C_{n+1}^{k+1}}(V_l^{(k)})^2+2[V_1^{(k)}\cdot V_2^{(k)}+V_1^{(k)}\cdot V_3^{(k)}+\cdots+\\
&V_1^{(k)}\cdot V_{C_{n+1}^{k+1}}^{(k)}]+2[V_2^{(k)}\cdot V_3^{(k)}+\cdots+V_2^{(k)}\cdot V_{C_{n+1}^{k+1}}^{(k)}]+\cdots+\\
&2V_{C_{n+1}^{k+1}-1}^{(k)}\cdot V_{C_{n+1}^{k+1}}^{(k)}\end{aligned}$$

要证的式(10.2.4)两边乘以$(C_{n+1}^{k+1}-2)^2$,并利用上述两个不等式,则式(10.2.4)变为

$$\left(\sum_{l=1}^{C_{n+1}^{k+1}} V_l^{(k)}\right)^2+(C_{n+1}^{k+1}-1)(C_{n+1}^{k+1}-4)\sum_{l=1}^{C_{n+1}^{k+1}}(V_l^{(k)})^2$$
$$\geqslant(C_{n+1}^{k+1}-2)^2\cdot C_{n+1}^{k+1}\left(\frac{n}{\sqrt{n+1}}\right)^{\frac{2k}{n}}\cdot\frac{k+1}{k!^2}V_P^{\frac{2k}{n}} \tag{10.2.4'}$$

我们只要证不等式(10.2.4′)成立即可.

由熟知的幂平均不等式,有

$$\sum_{l=1}^{C_{n+1}^{k+1}}(V_l^{(k)})^2\geqslant C_{n+1}^{k+1}\left(\frac{1}{C_{n+1}^{k+1}}\sum_{l=1}^{C_{n+1}^{k+1}}V_l^{(k)}\right)^2 \tag{10.2.6}$$

其中等号成立的充要条件是所有的$V_l^{(k)}(l=1,\cdots,C_{n+1}^{k+1})$相等.

由上述不等式(10.2.6)及$(C_{n+1}^{k+1}-1)(C_{n+1}^{k+1}-4)\geqslant0$,可知

$$\left[\sum_{l=1}^{C_{n+1}^{k+1}}V_l^{(k)}\right]^2+(C_{n+1}^{k+1}-1)(C_{n+1}^{k+1}-4)\sum_{l=1}^{C_{n+1}^{k+1}}(V_l^{(k)})^2$$
$$\geqslant C_{n+1}^{k+1}[C_{n+1}^{k+1}+(C_{n+1}^{k+1}-1)\cdot(C_{n+1}^{k+1}-4)]\cdot$$
$$\left(\frac{1}{C_{n+1}^{k+1}}\sum_{l=1}^{C_{n+1}^{k+1}}V_l^{(k)}\right)^2$$
$$=C_{n+1}^{k+1}(C_{n+1}^{k+1}-2)^2\left(\frac{1}{C_{n+1}^{k+1}}\sum_{l=1}^{C_{n+1}^{k+1}}V_l^{(k)}\right)^2$$

将不等式(10.2.5)代入上式右端,得

$$\left(\sum_{l=1}^{C_{n+1}^{k+1}}V_l^{(k)}\right)^2+(C_{n+1}^{k+1}-1)(C_{n+1}^{k+1}-4)\sum_{l=1}^{C_{n+1}^{k+1}}(V_l^{(k)})^2$$
$$\geqslant C_{n+1}^{k+1}(C_{n+1}^{k+1}-2)^2\left(\frac{n!}{\sqrt{n+1}}\right)^{\frac{2k}{n}}\cdot\frac{k+1}{k!^2}V_P^{\frac{2k}{n}}$$

故不等式(10.2.4)成立,且由证明过程可知式

(10.2.4)中等号成立当且仅当$\sum_{P(n+1)}$为正则单形.

特别地,如果我们在式(10.2.4)中,令 $k=1$,得

推论 在 E^n 中的 n 维单形$\sum_{P(n+1)}$的体积与诸棱长$\rho_{ij}(0\leqslant i<j\leqslant n)$之间成立不等式

$$\sum_{0\leqslant i<j\leqslant n}\rho_{ij}^2\geqslant n(n+1)^{\frac{n-1}{n}}\cdot n!^{\frac{2}{n}}\cdot\left[V\left(\sum_{P(n+1)}\right)\right]^{\frac{2}{n}}+\left[\frac{1}{2}n(n+1)-2\right]^{-2}\sum_{\substack{0\leqslant i<j\leqslant n\\0\leqslant k<l\leqslant n\\ij\neq kl}}(\rho_{ij}-\rho_{kl})^2\tag{10.2.7}$$

其中等号当且仅当$\sum_{P(n+1)}$正则时成立.

显然,式(10.2.7)是式(9.5.3)的一个加强式.

定理 10.2.3(杨路-张景中不等式) 设 E^n 中所有 k 维单形$\sum_{P(k+l)}$的 k 维体积的平方和记为 $N_k(k=1,2,\cdots,n)$,当 $1\leqslant k<l\leqslant n$ 时,有不等式[5]

$$\frac{N_k^l}{N_l^k}\geqslant\frac{[(n-l)!\ (l!)^3]^k}{[(n-k)!\ (k!)^3]^l}[(n+1)!]^{l-k}\tag{10.2.8}$$

其中等号当且仅当$\sum_{P(n+1)}$正则时成立.

证明 设 k 维单形$\sum_{P(n+1)}=\{P_0,P_1,\cdots,P_k\}$的顶点 P_i 的笛卡儿直角坐标为$(x_{i1},x_{i2},\cdots,x_{in})$,用向量表示为$\boldsymbol{x}_i=(x_{i1},x_{i2},\cdots,x_{in}),i=0,1,\cdots,k$.

记 $\boldsymbol{Q}=\boldsymbol{C}\boldsymbol{C}^{\mathrm{T}}$,其中

$$\boldsymbol{C}=\begin{pmatrix}x_{01}&x_{02}&\cdots&x_{0n}\\\vdots&\vdots&&\vdots\\x_{k1}&x_{k2}&\cdots&x_{kn}\end{pmatrix}_{(k+1)\times n}$$

则

$$Q(\lambda)=|\boldsymbol{C}\boldsymbol{C}^{\mathrm{T}}-\lambda\boldsymbol{E}|=|\boldsymbol{x}_i\cdot\boldsymbol{x}_j-\delta_{ij}\boldsymbol{\lambda}|$$

$$
=\frac{1}{n+1}\begin{vmatrix} n+1 & 0 & 0 & \cdots & 0 \\ 1 & & & & \\ \vdots & & \boldsymbol{x}_i\cdot\boldsymbol{x}_j-\delta_{ij}\lambda & & \\ 1 & & & & \end{vmatrix}
$$

其中 $\delta_{ij}=\begin{cases}1, 当 i=j \\ 0, 当 i\neq j\end{cases}$.

上述行列式约定行号由零算起，将第 i 行乘以 -1 加到第 1 行，注意到 $\sum\limits_{i=0}^{n}\boldsymbol{x}_i=0$，得到

$$
Q(\lambda)=\frac{\lambda}{n+1}\begin{vmatrix} 0 & 1 & 1 & \cdots & 1 \\ 1 & & & & \\ \vdots & & \boldsymbol{x}_i\cdot\boldsymbol{x}_j-\delta_{ij}\lambda & & \\ 1 & & & & \end{vmatrix}
$$

再将第零行（列）乘以 $-\frac{1}{2}\boldsymbol{x}_i^2$（或 $-\frac{1}{2}\boldsymbol{x}_j^2$）加到第 i 行（第 j 列），得到

$$
Q(\lambda)=\frac{\lambda}{k+1}\begin{vmatrix} 0 & 1 & 1 & \cdots & 1 \\ 1 & & & & \\ \vdots & & -\frac{1}{2}(\boldsymbol{x}_i-\boldsymbol{x}_j)^2-\delta_{ij}\lambda & & \\ 1 & & & & \end{vmatrix}
$$

若令 ρ_{ij} 表 $\overrightarrow{P_iP_j}=|\boldsymbol{x}_i-\boldsymbol{x}_j|$，则有

$$
Q(\lambda)=\frac{\lambda}{n+1}\begin{vmatrix} 0 & 1 & 1 & \cdots & 1 \\ 1 & & & & \\ \vdots & & -\frac{1}{2}\rho_{ij}^2-\delta_{ij}\lambda & & \\ 1 & & & & \end{vmatrix}
$$

再注意到 k 维单形体积公式(5.2.6)，亦即

$$\frac{(-1)^{m+1}}{2^m(m!)^2}\begin{vmatrix} 0 & 1 & \cdots & 1 \\ 1 & & & \\ \vdots & & \rho_{ij}^2 & \\ 1 & & & \end{vmatrix}=V^2(\sum_{P(n+1)})=N_m$$

将方程 $Q(\lambda)=0$ 展开,由于它只有 k 个非零根,故展开整理后变形为

$$\sum_{m=0}^{n}(-1)^m(m!)^2N_m\lambda^{k-m}=0 \quad (N_0=n+1)$$

从而得到 $\lambda_1,\lambda_2,\cdots,\lambda_k$ 的各阶初等对称多项式 σ_m 的表达式

$$\sigma_m(\lambda_1,\lambda_2,\cdots,\lambda_k)=(m!)^2\frac{N_m}{N_0}=\frac{(m!)^2}{n+1}N_m$$

再由 Maclaurin 不等式,有

$$\left[\frac{k!\ (n-k)!}{n!}\sigma_k\right]^l\geqslant\left[\frac{l!\ (n-l)!}{n!}\sigma_l\right]^k \quad (l>k)$$

由此,便证得式(10.2.8),其中等号成立的条件由 Maclaurin 不等式等号成立的条件 $\lambda_1=\lambda_2=\lambda_3=\cdots=\lambda_k$,推知所有 ρ_{ij} 相等时式(10.2.8)中等号成立.

对于式(10.2.8),当 $n=3,k=1,l=2$ 时,则为

$$\frac{N_1^2}{N_2}\geqslant 48=12\times 4 \quad (10.2.9)$$

此时,N_1 表四面体所有棱长的平方和,N_2 表四面体所有侧面面积的平方和,当四面体为正四面体时,不等式中等号成立.

同样,当 $n=2,k=1,l=2$ 时,为

$$\frac{N_1^2}{N_2}\geqslant 48=16\times 3 \quad (10.2.10)$$

此时,N_1 表示三角形所有棱长的平方和,N_2 表示三角形面积. 当三角形为正三角形时,不等式中等号成

立.

定理 10.2.3 有如下推论:

推论 1　E^n 中的 n 维单形在高维正弦定理 2 的条件下(参见式(7.3.16)),有[145]

$$\sum_{l=0}^{n} Z_l A_l Z_l^{\mathrm{T}} \leqslant \frac{(n+1)^n}{n^{n-2}} \tag{10.2.11}$$

$$\sum_{l=0}^{n} (Z_l A_l Z_l^{\mathrm{T}})^{\frac{1}{2}} \leqslant \left[\frac{(n+1)^{n+1}}{n^{n-2}}\right]^{\frac{1}{2}} \tag{10.2.12}$$

$$\prod_{l=0}^{n} (Z_l A_l Z_l^{\mathrm{T}})^{\frac{1}{2}} \leqslant \left[\frac{(n+1)^{n-1}}{n^{n-2}}\right]^{\frac{n+1}{2}} \tag{10.2.13}$$

其中各等号均当且仅当单形 $\Sigma_{P(n+1)}$ 正则时成立.

证明　在式(10.2.8)中,令 $l=n-1, k=1$,则

$$\frac{N_1^{n-1}}{N_{n-1}} \geqslant \frac{1!\ \cdot (n-1)!^3}{[(n-1)!]^{n-1}} \cdot [(n+1)!]^{n-2}$$

即

$$\frac{\sum_{l=0}^{n} |f_l|^2}{\left(\sum_{0\leqslant i<j\leqslant n} \rho_{ij}^2\right)^{n-1}} \leqslant \frac{[(n-1)!]^{n-1}}{(n-1)!^3 [(n+1)!]^{n-2}} \tag{10.2.14}$$

将式(7.3.16)与式(9.9.2),一并代入式(10.2.14),即得式(10.2.11).

由式(10.2.11)分别运用 Cauchy 不等式和算术 - 几何平均不等式可推出式(10.2.12)及式(10.2.13).

上述三式等号成立的条件由推导过程即得.

由式(7.3.16)及推论 1,有:

推论 2　E^n 中 n 维单形 $\sum_{P(n+1)}$ 的各侧面 $n-1$ 维体积 $|f_l|$ 与外接超球半径 R_n 之间成立不等式

$$\sum_{l=0}^{n}|f_l|^2\leqslant\frac{(n+1)^n}{(n-1)!^2\cdot n^{n-2}}\cdot R_n^{2(n-1)} \tag{10.2.15}$$

$$\sum_{l=0}^{n}|f_l|\leqslant\frac{1}{(n-1)!}\left[\frac{(n+1)^{n+1}}{n^{n-2}}\right]^{\frac{1}{2}}\cdot R_n^{n-1} \tag{10.2.16}$$

$$\prod_{l=0}^{n}|f_l|=\left[\frac{(n+1)^{n-1}}{(n-1)!^2\cdot n^{n-2}}\right]^{\frac{n+1}{2}}\cdot R_n^{n^2-1} \tag{10.2.17}$$

由式(10.2.8)还可以推出许多结论,作为练习留给读者.

定义 10.2.3　若从 n 维单形 $\sum_{P(n+1)}$ 及其切点单形 $\sum_{T(n+1)}$ 的各 $n+1$ 顶点中各任取 $k+1$ 个顶点,则可各组成 $\mu=C_{n+1}^{k+1}$ 个子单形,这些 k 维单形的体积分别记为 $V_l^{(k)},V_l'^{(k)}(k=1,2,\cdots,n;l=1,2,\cdots,C_{n+1}^{k+1})$. 若 $(V_l^{(k)})^2,(V_l'^{(k)})^2$ 的 λ 次初等对称多项式记为 P_λ,P'_{λ_j}; $V_l^{(k)},V_l'^{(k)}$ 的 λ 次初等对称多项式记为 $Q_\lambda,Q'_\lambda(\lambda=1,2,\cdots,C_{n+1}^{k+1})$,则分别称为单形 $\sum_{P(n+1)}$ 和其切点单形 $\sum_{T(n+1)}$ 的 $Q_\lambda,Q'_\lambda,P_\lambda,P'_\lambda$ 不变量.

定理 10.2.4　n 维单形 $\sum_{P(n+1)}$ 和它的切点单形 $\sum_{T(n+1)}$ 的不变量 P_λ 与 P'_λ, Q_λ 与 Q'_λ 之间有不等式[58]:

(1)　$$P'_\lambda\leqslant n^{-2m\lambda}\cdot P_\lambda \tag{10.2.18}$$

(2)　$$Q'_\lambda\leqslant n^{-m\lambda}\cdot Q_\lambda \tag{10.2.19}$$

其中两式等号当且仅当 $\sum_{P(n+1)}$ 正则时成立.

证明　(1) $\sum_{P(n+1)}$ 的 $\mu=C_{n+1}^{k+1}$ 个子单形的 m 维体

积的乘积为 M_m，于是由 Maclaurin 不等式，知

$$\left[\frac{P_\lambda}{C_\mu^\lambda}\right]^{\frac{1}{\lambda}} \geqslant \left[\frac{P_\mu}{C_\mu^\lambda}\right]^{\frac{1}{\mu}} \text{或} P_\lambda \geqslant C_\mu^\lambda M_m{}^{\frac{2\lambda}{\mu}}$$

再由式(10.2.1)，令 $k=m, l=n$，则为

$$M_m \geqslant \left(\frac{\sqrt{m+1}}{m!}\right)^{C_{n+1}^{k+1}} \left[\frac{n!}{\sqrt{n+1}} V(\sum{}_{P(n+1)})\right]^{C_{n+1}^{k+1} \cdot \frac{m}{n}}$$

$$= \left(\frac{\sqrt{m+1}}{m!}\right)^{\mu} \left[\frac{n!}{\sqrt{n+1}} V(\sum{}_{P(n+1)})\right]^{\mu \cdot \frac{m}{n}}$$

于是，有

$$P_\lambda \geqslant C_\mu^\lambda \left(\frac{\sqrt{m+1}}{m!}\right)^{2\lambda} \left(\frac{n!}{\sqrt{n+1}} V(\sum{}_{P(n+1)})^{\frac{2m\lambda}{n}}\right)$$

再由式(9.8.3)，有

$$P_\lambda \geqslant C_\mu^\lambda \left(\frac{m+1}{m!^2}\right)^{\lambda} \cdot [n(n+1)]^{m\lambda} \cdot r_n^{2m\lambda} \tag{10.2.21}$$

由于 $\sum_{P(n+1)}$ 的内切球半径 r_n 即为它的切点单形 $\sum_{P(n+1)}$ 的外接球半径 R'_n，故由式(9.9.2)知

$$N'_m \leqslant (n+1)^2 r_n^2 \tag{10.2.22}$$

其中 N'_m 表示由 $\sum_{T(n+1)}$ 的顶点所作成的 C_{n+1}^{m+1} 个 m 维子单形的体积的平方和，$m=1,2,\cdots,n$.

再次利用 Maclaurin 不等式，知

$$\left(\frac{P'_\lambda}{C_\mu^\lambda}\right)^{\frac{1}{\lambda}} \leqslant \frac{P'_1}{\mu}$$

或
$$P'_\lambda \leqslant \mu^{-\lambda} C_\mu^\lambda (P'_1)^\lambda = \mu^{-\lambda} C_\mu^\lambda (N'_m)^\lambda \tag{10.2.13}$$

又由式(10.2.8)，令 $k=1, l=m$，即

$$N_1^m \geqslant \frac{(n-m)!\ (m!)^3}{[(n-1)!]^m}[(n+1)!]^{m-1} \cdot N_m \quad (1<m<n)$$

(10.2.24)

将上式中的 N_1, N_m 换成 N'_1, N'_m，然后结合式(10.2.23)，可得

$$P'_\lambda \leqslant C_\mu^\lambda \left[\frac{(m+1)!}{m!^3}\right]^\lambda \cdot \left[\frac{(n-1)!}{(n+1)!}\right]^{m\lambda} \cdot r_n^{2m\lambda}$$

(10.2.25)

由上式及式(10.2.24)，即得式(10.2.18).

(2)类似于不等式(10.2.21)的证法可以证明

$$Q_\lambda \geqslant C_\mu^\lambda \left(\frac{m+1}{m!^2}\right)^{\frac{\lambda}{2}} [n(n+1)]^{\frac{m\lambda}{2}} \cdot r_n^{2m\lambda}$$

注意到 $\frac{Q'_\lambda}{C_\mu^\lambda} \leqslant \left[\frac{P'_\lambda}{C_\mu^\lambda}\right]^{\frac{1}{2}}$，或 $Q'_\lambda \leqslant C_\mu^{\lambda\frac{1}{2}} P'_\lambda{}^{\frac{1}{2}}$，故由式(10.2.25)，得

$$Q'_\lambda \leqslant C_\mu^\lambda \cdot (n+1)^{m\lambda} \left[\frac{(m+1)!}{m!^3}\right]^{\frac{\lambda}{2}} \cdot \left[\frac{(n-1)!}{(n+1)!}\right]^{\frac{m\lambda}{2}} \cdot r^{m\lambda}$$

由上述两式，即证得式(10.2.19).

由证题过程不难知道，式(10.2.18)与式(10.2.19)两式中的等号当且仅当 $\sum_{P(n+1)}$ 正则时成立.

不等式(10.2.18)与式(10.2.19)实质上属于一类几何不等式，下可举一例说明其应用.

在式(10.2.18)或式(10.2.19)中，取 $m=n, \lambda=1$，则有

$$V\left(\sum_{T(n+1)}\right) \leqslant \frac{1}{n^n} V\left(\sum_{P(n+1)}\right)$$

此即为式(9.17.5)，这样我们又给出式(9.17.5)一种证明.

下面,我们介绍定理 10.2.4 的加强推广命题:

定理 10.2.5　n 维单形 $\sum_{P(n+1)}$ 和它的切点单形 $\sum_{T(n+1)}$ 的不变量 P_λ 与 P'_λ,Q_λ 与 Q'_λ 之间成立不等式[74]:

$$(1)\quad P'_\lambda \leqslant \left(1-\frac{|\overrightarrow{IG'}|^2}{r_n^2}\right)^{m\lambda} \cdot n^{-2m\lambda} \cdot P_\lambda \tag{10.2.26}$$

$$(2)\quad Q'_\lambda \leqslant \left(1-\frac{|\overrightarrow{IG'}|^2}{r_n^2}\right)^{\frac{1}{2}m\lambda} \cdot n^{-m\lambda} \cdot P_\lambda \tag{10.2.27}$$

其中两式等号当且仅当 $\sum_{P(n+1)}$ 正则时成立,I,G' 分别为单形 $\sum_{P(n+1)}$ 的内心、$\sum_{T(n+1)}$ 的重心,r_n 为 $\sum_{P(n+1)}$ 的内切球半径.

证明　在 n 维单形 $\sum_{P(n+1)}$ 的棱长 $\rho_{ij}(0\leqslant i<j\leqslant n)$ 与外接球半径 R_n 之间有式(7.5.11),即

$$\sum_{0\leqslant i<j\leqslant n}\rho_{ij}^2=(n+1)^2(R_n^2-|\overrightarrow{OG}|^2)$$

其中 O,G 分别为单形 $\sum_{P(n+1)}$ 的外心与重心.

由上式与式(10.2.24),对切点单形 $\sum_{T(n+1)}$ 运用 Maclaurin 不等式,可得

$$P'_\lambda \leqslant \mathrm{C}_\mu^\lambda\left[\frac{(m+1)!}{m!^3}\right]^\lambda\left[\frac{(n-1)!}{(n+1)!}\right]^{m\lambda} \cdot (n+1)^{2m\lambda} \cdot \left[1-\frac{|\overrightarrow{IG'}|^2}{r_n^2}\right]^{m\lambda} \cdot r_n^{2m\lambda} \tag{10.2.28}$$

再由式(10.2.21)和式(10.2.28),即得到式(10.2.26).

(2)类似(1),可证式(10.2.27).

式(10.2.26)及式(10.2.27)中等号成立的条件可由推导过程得知,$\sum_{P(n+1)}$ 正则时成立.

在上述证明过程中,还可得到式(9.10.3′)与式(9.10.5),即:

推论 1 在 n 维单形 $\sum_{P(n+1)}$ 的外接球半径 R_n 与内切球半径 r_n 之间有不等式即为式(9.10.3′)与式(9.10.5)

$$R_n^2 \geqslant n^2 r_n^2 + |\overrightarrow{OG}|^2$$

$$R_n^2 \geqslant n^2 r_n^2 + \frac{1}{4}|\overrightarrow{IG}|^2$$

其中 I,O,G 分别为单形 $\sum_{P(n+1)}$ 的内心、外心和重心,且等号当且仅当 $\sum_{P(n+1)}$ 正则时成立.

由式(10.2.26)或式(10.2.27),取 $m=n,\lambda=1$,可得:

推论 2 在 n 维单形 $\sum_{P(n+1)}$ 和它的切点单形 $\sum_{P(n+1)}$ 的体积 $V(\sum_{P(n+1)})$,$V(\sum_{T(n+1)})$ 之间有不等式

$$V(\sum_{T(n+1)}) \leqslant \left(1 - \frac{|\overrightarrow{IG'}|}{r_n^2}\right)^{\frac{n}{2}} \frac{1}{n^n} V(\sum_{P(n+1)}) \tag{10.2.29}$$

其中 I,r_n 分别为 $\sum_{P(n+1)}$ 的内心与内切超球半径,G' 为 $\sum_{T(n+1)}$ 的重心,且等号当且仅当 $\sum_{P(n+1)}$ 正则时成立.

显然,式(10.2.29)推广了式(8.17.5).

最后我们顺便指出,当 I 与 G' 重合时,定理10.2.5便为定理 10.2.4,故定理 10.2.5 是定理10.2.4的加强推广命题.

设 E^n 中的 n 维单形 $\sum_{P(n+1)}$ 关于点 M 的内点垂足单形为 $\sum_{H(n+1)}$,$\sum_{P(n+1)}$ 的切点单形为 $\sum_{T(n+1)}$,若 M 点与 $\sum_{P(n+1)}$ 的内心 I 重合时,即 $\sum_{H(n+1)} = \sum_{T(n+1)}$.

定义 10.2.4 若分别从单形 $\sum_{P(n+1)}$,切点单形 $\sum_{T(n+1)}$,内点垂足形 $\sum_{H(n+1)}$ 的顶点 $P_i,T_i,H_i(i=0,$

$1,\cdots,n)$中任取 $m+1$ 个顶点，则分别可组成它们的 $\mu=\mathrm{C}_{n+1}^{m+1}$个 m 维子单形，它们的 m 维子单形的 m 维体积分别记为 $V_l^{(m)},V_l'^{(m)},V_l''^{(m)}(m=1,2,\cdots,n;l=1,2,\cdots,\mathrm{C}_{n+1}^{m+1})$，现用 $P_\lambda,P'_\lambda,P''_\lambda$分别表示$(V_l^{(m)})^2,(V_l'^{(m)})^2,(V_l''^{(m)})^2$ 的 λ 次初等对称多项式；$Q_\lambda,Q'_\lambda,Q''_\lambda$分别表示$V_l^{(m)},V_l'^{(m)},V_l''^{(m)}$的 λ 次初等对称多项式$(\lambda=1,2,\cdots,\mathrm{C}_{n+1}^{m+1})$，则分别称为单形 $\sum_{P(n+1)}$，$\sum_{T(n+1)}$，$\sum_{H(n+1)}$ 的 $P_\lambda,P'_\lambda,P''_\lambda,Q_\lambda,Q'_\lambda,Q''_\lambda$不变量.

定理 10.2.6　在 n 维单形$\sum_{P(n+1)}$和其内点垂足单形$\sum_{P(n+1)}$的不变量 P_λ 和 P''_λ,Q_λ 和 Q''_λ之间成立不等式[114]：

$$(1)\ P''_\lambda\leqslant\left[1-\frac{(n+1)\,|\overrightarrow{MG''}|^2}{\sum\limits_{i=0}^{n}d_i^2}\right]^{m\lambda}\cdot n^{-2m\lambda}\cdot\left[\frac{\frac{1}{n}\sum\limits_{i=0}^{n}d_i^2}{(\prod\limits_{i=0}^{n}d_i^2)^{\frac{1}{n+1}}}\right]^{\frac{(n+1)}{n}m\lambda}\cdot P_\lambda \tag{10.2.30}$$

$$(2)\ Q''_\lambda\leqslant\left[1-\frac{(n+1)\,|\overrightarrow{MG''}|^2}{\sum\limits_{i=0}^{n}d_i^2}\right]^{\frac{1}{2}m\lambda}\cdot n^{-2m\lambda}\cdot\left[\frac{\frac{1}{n+1}\sum\limits_{i=0}^{n}d_i^2}{(\prod\limits_{i=0}^{n}d_i^2)^{\frac{1}{n+1}}}\right]^{\frac{(n+1)m\lambda}{2n}}\cdot Q_\lambda \tag{10.2.31}$$

其中两式等号当且仅当单形$\sum_{P(n+1)}$正则且 M 为其内心时成立，G''为$\sum_{H(n+1)}$的重心，d_i 是 M 到$\sum_{P(n+1)}$的各侧面 f_i 的距离，即 $d_i=|\overrightarrow{MH_i}|(i=0,1,\cdots,n)$.

证明　(1)首先注意到式(10.2.20)

$$P_\lambda \geqslant C_\mu^\lambda \left(\frac{\sqrt{m+1}}{m!} \right)^{2\lambda} \cdot \left[\frac{n!}{\sqrt{n+1}} V(\sum\nolimits_{P(n+1)}) \right]^{\frac{2m\lambda}{n}}$$

再注意到 M 在 $\sum_{P(n+1)}$ 的内部，若用 $\sum_{P_i(n+1)}$ 表示以 $M, P_0, \cdots, P_{i-1}, P_{i+1}, \cdots, P_n$ 为顶点的单形，其体积记为 $V(\sum_{P_i(n+1)})$，则有

$$V(\sum\nolimits_{P(n+1)}) = \sum_{i=0}^n V(\sum\nolimits_{P_i(n+1)}) = \frac{1}{n} \sum_{i=0}^n |f_i| \cdot d_i$$

其中 $|f_i|$ 为顶点 P_i 所对侧面 f_i 的 $n-1$ 维体积.

利用式(7.3.13)，式(9.1.1)及 Cauchy 不等式，有

$$\begin{aligned} V(\sum\nolimits_{P(n+1)}) &= \frac{1}{n} \frac{(n-1)! \prod_{i=0}^n |f_i|}{[nV(\sum_{P(n+1)})]^{n-1}} \sum_{i=0}^n d_i \sin \theta_{i_n} \\ &\leqslant \frac{1}{n} \frac{(n-1)! \prod_{i=0}^n |f_i|}{[nV(\sum_{P(n+1)})]^{n-1}} (\sum_{i=0}^n d_i^2)^{\frac{1}{2}} (\sum_{i=0}^n \sin^2 \theta_{i_n})^{\frac{1}{2}} \\ &\leqslant \frac{(n-1)! \prod_{i=0}^n |f_i|}{n^n \cdot [V(\sum_{P(n+1)})]^{n-1}} \left(\frac{n+1}{n} \right)^{\frac{n}{2}} (\sum_{i=0}^n d_i^2)^{\frac{1}{2}} \end{aligned}$$

由于

$$|f_i| = \frac{n \cdot V(\sum_{P_i(n+1)})}{d_i} \quad (i = 0, 1, \cdots, n)$$

所以

$$\begin{aligned} \prod_{i=0}^n |f_i| &= \frac{n^{n+1} \cdot \prod_{i=0}^n V(\sum_{P_i(n+1)})}{\prod_{i=0}^n d_i} \\ &\leqslant \frac{n^{n+1} \cdot \left[\frac{1}{n+1} \sum_{i=0}^n (\sum_{P_i(n+1)}) \right]^{n+1}}{\prod_{i=0}^n d_i} \end{aligned}$$

$$=\frac{n^{n+1}\cdot[V(\sum_{P(n+1)})]^{n+1}}{(n+1)^{n+1}\prod_{i=0}^{n}d_i}$$

从而

$$V(\sum_{P(n+1)})\geqslant\frac{n^{\frac{n}{2}}(n+1)^{\frac{1}{2}}}{n!}\left[\frac{(\prod_{i=0}^{n}d_i^2)^{\frac{1}{n+1}}}{\frac{1}{n+1}\sum_{i=0}^{n}d_i^2}\right]^{\frac{n+1}{2}}\cdot(\sum_{i=0}^{n}d_i^2)^{\frac{n}{2}}$$

于是

$$P_\lambda\geqslant C_\mu^\lambda\left(\frac{m+1}{m!^2}\right)^\lambda\left[\frac{(\prod_{i=0}^{n}d_i^2)^{\frac{1}{n+1}}}{\frac{1}{n+1}\sum_{i=0}^{n}d_i^2}\right]^{\frac{m(n+1)}{n}\lambda}\cdot n^{m\lambda}\cdot(\sum_{i=0}^{n}d_i^2)^{n\lambda}$$

(10.2.32)

又由 Maclaurin 不等式

$$\left[\frac{P''_\lambda}{C_\mu^\lambda}\right]^{\frac{1}{\lambda}}\leqslant\frac{P''_1}{\mu},\text{即 }P''_\lambda\leqslant\mu^{-\lambda}C_\mu^\lambda\cdot(N''_m)^\lambda$$

N''_m是垂足单形$\sum_{H(n+1)}$所有 m 维子单形的 m 维体积平方之和.

由式(10.2.24),有

$$P''_\lambda\leqslant C_\mu^\lambda\left[\frac{(m+1)!}{m!^3}\right]^\lambda\cdot\left[\frac{(n-1)!}{(n+1)!}\right]^{m\lambda}\cdot(N''_1)^{m\lambda}$$

再由式(7.5.9),可知

$$\begin{aligned}N''_1&=\sum_{0\leqslant i<j\leqslant n}|\overrightarrow{H_iH_j}|^2\\&=(n+1)\sum_{i=0}^{n}|\overrightarrow{MH_i}|^2-(n+1)^2|\overrightarrow{MG}|^2\\&=(n+1)\sum_{i=0}^{n}d_i^2-(n+1)^2|\overrightarrow{MG''}|^2\end{aligned}$$

由上述两式,有

$$P''_{\lambda} \leqslant \left[1-\frac{(n+1)|\overrightarrow{MG''}|^2}{\sum\limits_{i=0}^{n} d_i^2}\right]^{m\lambda} \cdot C_{\mu}^{\lambda}(n+1)^{m\lambda} \cdot \left[\frac{(m+1)!}{m!^3}\right]^{m\lambda} \cdot \left(\sum_{i=0}^{n} d_i^2\right)^{m\lambda} \tag{10.2.33}$$

由(10.2.32),(10.2.33)两式,便得式(10.2.30)

(2)类似于式(10.2.32)的证明,可得

$$Q_{\lambda} \geqslant C_{\mu}^{\lambda}\left(\frac{m+1}{m!^2}\right)^{\frac{\lambda}{2}} \cdot n^{\frac{1}{2}m\lambda} \cdot \left[\frac{\left(\prod\limits_{i=0}^{n} d_i^2\right)^{\frac{1}{n+1}}}{\frac{1}{n+1}\sum\limits_{i=0}^{n} d_i^2}\right]^{\frac{m(n+1)}{2n}\lambda} \cdot \left(\sum_{i=0}^{n} d_i^2\right)^{\frac{1}{2}m\lambda} \tag{10.2.34}$$

注意到$\frac{Q''_{\lambda}}{C_{\mu}^{\lambda}} \leqslant \left[\frac{P''_{\lambda}}{C_{\mu}^{\lambda}}\right]^{\frac{1}{2}}$,即 $Q''_{\lambda} \leqslant C_{\mu}^{\lambda\frac{1}{2}} \cdot (P''_{\lambda})^{\frac{1}{2}}$.

利用式(10.2.23),有

$$Q''_{\lambda} \leqslant C_{\mu}^{\lambda}\left[\frac{(m+1)!}{m!^3}\right]^{\frac{\lambda}{2}}\left[\frac{(n-1)!}{(n+1)!}\right]^{\frac{m\lambda}{2}} \cdot \left[1-\frac{(n+1)|\overrightarrow{MG''}|^2}{\sum\limits_{i=0}^{n} d_i^2}\right]^{\frac{m\lambda}{2}} \cdot (n+1)^{\frac{m\lambda}{2}} \cdot \left(\sum_{i=0}^{n} d_i^2\right)^{\frac{m\lambda}{2}}$$

由上式及式(10.2.34),便得式(10.2.31).

由证明过程可知,当 $\sum_{P(n+1)}$ 正则且 M 为其内心时,式(10.2.30),式(10.2.31)中等号均成立.

在定理 10.2.6 中,取 M 为 $\sum_{P(n+1)}$ 的内心 I,则 $\sum_{H(n+1)}=\sum_{T(n+1)}$,且 $d_i=r_n(i=0,1,\cdots,n)$,于是我们得到定理 10.2.5,因而定理 10.2.5 是定理 10.2.6 的特殊情形,定理 10.2.6 推广了定理 10.2.5.

§10.3　纽堡-匹多(Neuberg-Pedoe)不等式的高维推广

对于式(9.9.24),1891 年由纽堡提出,1942 年由美国著名几何学家匹多重新发现并证明,匹多称它为纽堡-匹多不等式.

对于式(9.9.24),若令 $a_1=b_1=c_1=1$,则退化为式(9.5.3′).因此,式(9.9.24)是联系两个 2 维单形的一个很强的不等式,对于式(9.9.24)的研究,我国数学界以杨路、张景中先生等为代表,获得了相当丰富的结果[95].

对于式(9.9.24)的高维推广,我们有:

定理 10.3.1　设 ρ_{ij}, V_P 与 ρ'_{ij}, V'_P 分别为 $E^n(n\geqslant 3)$ 中两个 n 维单形 $\sum_{P(n+1)}$, $\sum_{P'(n+1)}$ 的棱长、体积,则有[73]:

(1)
$$\sum_{0\leqslant i<j\leqslant n}\rho_{ij}^{2\prime}\Big(\sum_{0\leqslant l<s\leqslant n}\rho_{ls}^2-2\rho_{ij}^2\Big)\geqslant n(n+1)(n^2+n-4)\left(\frac{n!}{n+1}\right)^{\frac{2}{n}}\cdot(V_P\cdot V'_P)^{\frac{2}{n}} \tag{10.3.1}$$

(2)
$$\sum_{0\leqslant i<j\leqslant n}\rho'_{ij}\Big(\sum_{0\leqslant l<s\leqslant n}\rho_{ls}-2\rho_{ij}\Big)\geqslant\frac{1}{2}n(n+1)(n^2+n-4)\left(\frac{n!}{n+1}\right)^{\frac{1}{n}}\cdot(V_P\cdot V'_P)^{\frac{1}{n}} \tag{10.3.2}$$

其中两式的等号当且仅当 $\sum_{P(n+1)}$, $\sum_{P'(n+1)}$ 均为正则时成立.

证明　(1)由 n 维单形 $\sum_{P(n+1)}$ 的 $n+1$ 个顶点可

作成$\frac{1}{6}n(n^2-1)$个三角形,并且 n 维单形$\sum_{P'(n+1)}$中,也有$\frac{1}{6}n(n^2-1)$个三角形与之对应,对这些三角形分别运用著名的纽堡－匹多不等式,即式(9.9.24),可得$\frac{1}{6}n(n^2-1)$个不等式,将这些不等式相加并凑项,可得

$$\sum_{0\leqslant i<j\leqslant n}\rho_{ij}^{2}{}'\left(\sum_{0\leqslant l<s\leqslant n}\rho_{ls}^{2}-2\rho_{ij}^{2}\right)\geqslant(\text{Ⅰ})+(\text{Ⅱ})$$

其中(Ⅰ)为含有$\rho_{ij}^{2}{}'\rho_{lk}^{2}(i,j,k,l=0,1,\cdots,n)$的那些项之和,其项数为$\frac{1}{4}(n-2)(n+1)^2$($i\neq j,k\neq l$,相同的项按重复计算).由对称性,每一$\rho_{ij}^2,\rho_{ij}^{2}{}'(i,j=0,1,\cdots,n)$各出现$\frac{1}{2}(n-2)(n+1)$次;而(Ⅱ)即为$16\prod_{i=1}^{\frac{1}{6}n(n^2-1)}S_{\triangle_i}S_{\triangle_i'}$.

利用算术－几何平均不等式推导:

$$\begin{aligned}(\text{Ⅰ})&\geqslant\frac{1}{4}(n-2)n(n+1)^2\left[\prod_{0\leqslant i<j\leqslant n}\rho_{ij}^{2}\rho_{ij}^{2}{}'\right]^{\frac{\frac{1}{2}(n-2)(n+1)}{\frac{1}{4}(n-2)n(n+1)^2}}\\&=\frac{1}{4}(n-2)n(n+1)^2\left[\prod_{0\leqslant i<j\leqslant n}\rho_{ij}\rho_{ij}'\right]^{\frac{4}{n(n+1)}};\end{aligned}$$

再由(9.5.1),知

$$\prod_{0\leqslant i<j\leqslant n}\rho_{ij}\cdot\rho_{ij}'\geqslant\left[n!\left(\frac{2^n}{n+1}\right)^{\frac{1}{2}}\right]^{n+1}\cdot[V_P\cdot V_P']^{\frac{n+1}{2}}$$

从而(Ⅰ)$\geqslant\frac{1}{4}(n-2)n(n+1)^2\left[n!\left(\frac{2^n}{n+1}\right)^{\frac{1}{2}}\right]^{\frac{4}{n}}\cdot[V_P\cdot V_P']^{\frac{2}{n}}$.

仍由算术－几何平均值不等式推导:

$$(\mathrm{II})\geqslant\frac{8}{3}n(n^2-1)\left[\sum_{i=1}^{\frac{1}{6}n(n^2-1)}S_{\triangle_i}S_{\triangle'_i}\right]^{\frac{6}{n(n^2-1)}}.$$

由式(10.2.1),令 $k=2,l=n$,即得

$$\prod_{i=1}^{\frac{1}{6}n(n^2-1)}S_{\triangle_i}\geqslant\left[\frac{3^{\frac{n}{2}}\cdot n!^2}{(n+1)\cdot 2^n}\right]^{\frac{1}{6}(n^2-1)}V_P^{\frac{1}{3}(n^2-1)}\tag{10.3.3}$$

其中等号当$\sum_{P(n+1)}$正则时成立.

于是,知

$$\prod_{i=1}^{\frac{1}{6}n(n^2-1)}S_{\triangle_i}S_{\triangle'_i}\geqslant\left[\frac{3^{\frac{n}{2}}n!^2}{(n+1)2^n}\right]^{\frac{1}{3}(n^2-1)}(V_P\cdot V'_P)^{\frac{1}{3}(n^2-1)}$$

$$\text{从而}(\mathrm{II})\geqslant\frac{8}{3}n(n^2-1)\left[\frac{3^{\frac{n}{2}}n!^2}{(n+1)2^n}\right]^{\frac{2}{n}}(V_P\cdot V'_P)^{\frac{2}{n}}.$$

由此,即证得式(10.3.1),由证题过程不难看出,其等式当且仅当$\sum_{P(n+1)}$,$\sum_{P'(n+1)}$均为正则时成立.

(2)利用如下两个三角形中的不等式(1982年,高灵)

$$\rho'_{12}(\rho_{01}+\rho_{02}-\rho_{12})+\rho'_{02}(\rho_{01}+\rho_{12}-\rho_{02})+\rho'_{01}(\rho_{12}+\rho_{02}-\rho_{01})\geqslant\sqrt{48S_{\triangle}S_{\triangle'}}\tag{10.3.4}$$

等号当且仅当两三角形为正三角形时成立.

采用类似于(1)的方法即可证得式(10.3.2)(略).

我们还可推广定理10.2.1,得到:

定理10.3.2　设ρ_{ij},V_P与ρ'_{ij},V'_P分别为$E^n(n\geqslant3)$中两个n维单形$\sum_{P(n+1)}$,$\sum_{P'(n+1)}$的棱长、体积,则对于满足$2\leqslant\beta\leqslant n$的实数$\beta$,有[90]:

(1)　$\sum_{0\leqslant i<j\leqslant n}\rho'^2_{ij}\left(\sum_{0\leqslant l<s\leqslant n}\rho^2_{ls}-\beta\rho^2_{ij}\right)$

$$\geqslant n(n+1)(n^2+n-2\beta)\cdot\left(\frac{n!^2}{n+1}\right)^{\frac{2}{n}}\cdot(V_P\cdot V_P')^{\frac{2}{n}}$$

(10.3.5)

(2) $$\sum_{0\leqslant i<j\leqslant n}\rho_{ij}'\left(\sum_{0\leqslant l<s\leqslant n}\rho_{ls}-\beta\rho_{ij}\right)$$

$$\geqslant\frac{1}{2}n(n+1)(n^2+n-2\beta)\left(\frac{n!^2}{n+1}\right)^{\frac{1}{n}}(V_P\cdot V_P')^{\frac{1}{n}}$$

(10.3.6)

其中两式等号当且仅当$\Sigma_{P(n+1)}$，$\Sigma_{P'(n+1)}$正则时成立.

证明 首先对适合 $2\leqslant\beta\leqslant n$ 的正整数 $\beta=h$ 的情形，证明式(10.3.5).

记

$$\begin{aligned}\alpha^h&=\sum_{0\leqslant i<j\leqslant n}\rho_{ij}'^2\left(\sum_{0\leqslant l<s\leqslant n}\rho_{ls}^2-h\rho_{ij}^2\right),(n-1)\alpha^h\\&=\sum_{0\leqslant i<j\leqslant n}\rho_{ij}'^2\Big[\sum_{r\in T_1}\rho_r^2+\sum_{t\in T_1}\rho_t^2+\\&\quad(h-1)\sum_{(u,v)\in T}(\rho_u^2+\rho_v^2+\rho_{ij}^2)\Big]\end{aligned}$$

其中集合 T 是 $n-1$ 元有限集，使得长为 ρ_u,ρ_v,ρ_{ij}的三条棱恰恰是单形$\Sigma_{P(n+1)}$中的一个 2 维单形(三角形)，而以某已知长为 a_{ij}的棱为2 维单形的棱的2 维单形总数为 $n-1$ 个. 集合 T_1 中的求和对象 ρ_r 是与 ρ_{ij}没有公共顶点的，其总项数为$(n-1)\mathrm{C}_{n-1}^2$个，集合 T_2 中的求和对象是不包含在第一与第三项中的剩余项，亦即 ρ_t $(t\in T_2)$，它是与ρ_{ij}有公共顶点而未包括在第三求和项 $\sum\limits_{(u,v)\in T}$中的那些项，其总项数为$2(n-1)(n-h)$.

对$\sum\limits_{0\leqslant i<j\leqslant n}\rho_{ij}'^2\sum\limits_{(u,v)\in T}(\rho_u^2+\rho_v^2-\rho_{ij}^2)$应用式(9.9.24)，得

$$\sum_{0\leqslant i<j\leqslant n}\rho_{ij}'^2\sum_{(u,v)\in T}(\rho_u^2+\rho_v^2-\rho_{ij}^2)\geqslant16\sum_{i=1}^{\frac{1}{6}n(n^2-1)}S_{\triangle_i}S_{\triangle_i'}$$

其中 $S_{\triangle_i}(i=1,2,\cdots,\frac{1}{6}n(n^2-1))$是由 n 维单形

$(n\geqslant3)$的 $n+1$ 个顶点所作成的共 C_{n+1}^3 个三角形的面积，它与单形的体积 $V(\sum_{P(n+1)})$之间有不等式(10.3.3).

对 $\sum\limits_{i=1}^{\frac{1}{6}n(n^2-1)} S_{\triangle_i}S_{\triangle_i'}$应用算术－几何平均值不等式和式(10.3.3)，可得

$$\sum_{0\leqslant i<j\leqslant n}\rho_{ij}'^2\sum_{(u,v)\in T}(\rho_u^2+\rho_v^2-\rho_{ij}^2)$$
$$\geqslant\frac{8}{3}n(n^2-1)\left[\frac{3^{\frac{n}{2}}n!^2}{(n+1)2^n}\right]^{\frac{2}{n}}(V_P\cdot V_P')^{\frac{2}{n}}\quad(*)$$

另一方面，由算术－几何平均值不等式，有

$$\sum_{0\leqslant i<j\leqslant n}\rho_{ij}'^2\left[\sum_{r\in T_1}\rho_r^2+\sum_{t\in T_1}\rho_t^2\right]$$
$$\geqslant\frac{1}{2}ln(n+1)\cdot(\prod_{0\leqslant i<j\leqslant n}\rho_{ij}^2\rho_{ij}'^2)^{\frac{2}{n(n+1)}}$$

其中 $l=(n-1)C_{n-1}^2+2(n-1)(n-h)$是每一 $\rho_{ij}^2,\rho_{ij}'^2$ $(i,j=0,1,\cdots,n)$在左端和式中出现的次数.

由于 n 维单形的体积 $V(\sum_{P(n+1)})=V_P$ 和它的棱长 ρ_{ij}之间有不等式(9.5.1). 由式(9.5.1)，有

$$\sum_{0\leqslant i<j\leqslant n}\rho_{ij}'^2\left(\sum_{r\in T_1}\rho_r^2+\sum_{t\in T_2}\rho_t^2\right)$$
$$\geqslant\frac{1}{2}ln(n+1)\left[n!\left(\frac{2^n}{n+1}\right)^{\frac{1}{2}}\right]^{\frac{4}{n}}(V_P\cdot V_P')^{\frac{2}{n}}$$
$$(**)$$

将 $l=(n-1)C_{n-1}^2+2(n-1)(n-h)$代入上式后，由$(*)$，$(**)$两式经整理后，得到

$$\alpha^h\geqslant n(n+1)(n^2+n-2h)\left(\frac{n!^2}{n+1}\right)^{\frac{2}{n}}\cdot(V_P\cdot V_P')^{\frac{2}{n}}$$

由证明过程不难看出，上式等号当且仅当单形 $\sum_{P(n+1)}$，$\sum_{P'(n+1)}$均为正则时成立.

为了证明对适合 $2\leqslant\beta\leqslant n$ 的任意实数 β，不等式

(10.3.5)成立,只需注意到将 β 写为 $\beta=pa+qb$,其中 a,b 是正整数,满足 $2\leqslant a\leqslant\beta\leqslant b\leqslant n,0<p,q<1$,且 $p+q=1$,于是

$$\alpha^{\beta}=p\alpha^{a}+q\alpha^{b}$$

应用于关于 $p\alpha^{a}$ 与 $q\alpha^{b}$ 的已知结果,即得式(10.3.5).

(2)可类似(1)的方式进行,只是在应用式(9.9.24)的地方改为应用式(10.3.4)即可(证略).

由定理10.3.2,我们立即可得:

推论1 当 $\beta=2$ 时,即为定理10.3.1.

推论2 当 $\beta=n$ 时(此时具有单形维数的几何意义)时,有:

(1)
$$\sum_{0\leqslant i<j\leqslant n}\rho_{ij}'^{2}\left(\sum_{0\leqslant l<s\leqslant n}\rho_{ls}^{2}-n\rho_{ij}^{2}\right)\geqslant n^{2}(n^{2}-1)\left(\frac{n!^{2}}{n+1}\right)^{\frac{2}{n}}\cdot(V_{P}\cdot V_{P}')^{\frac{2}{n}}\tag{10.3.7}$$

(2)
$$\sum_{0\leqslant i<j\leqslant n}\rho_{ij}'\left(\sum_{0\leqslant l<s\leqslant n}\rho_{ls}-n\rho_{ij}\right)\geqslant\frac{1}{2}n^{2}(n^{2}-1)\left(\frac{n!^{2}}{n+1}\right)^{\frac{1}{n}}\cdot(V_{P}\cdot V_{P}')^{\frac{1}{n}}\tag{10.3.8}$$

其中两式等号当且仅当 $\Sigma_{P(n+1)},\Sigma_{P'(n+1)}$ 正则时成立.

下面的定理7.3.3,它是定理7.3.1的一种推广,也是定理10.3.2推论2的一种推广.

定理10.3.3 设 ρ_{ij},V_{P} 与 ρ_{ij}',V_{P}' 分别是 $E^{n}(n\geqslant3)$ 中两个单形 $\Sigma_{P(n+1)},\Sigma_{P'(n+1)}$ 的棱长和体积,则当 $r\in(0,1]$ 时,有[121]

$$\sum_{0\leqslant i<j\leqslant n}\rho_{ij}^{2r}\left(\sum_{0\leqslant l<s\leqslant n}\rho_{ls}'^{2r}-n\rho_{ij}^{2r}\right)$$

$$\geqslant 2^{2\lambda-2}\cdot n^2(n^2-1)\left[\frac{(n!)^2}{n+1}\right]^{\frac{2r}{n}}\cdot(V_P\cdot V_P{}')^{\frac{2r}{n}}$$

(10.3.9)

其中等号当且仅当$\sum_{P(n+1)}$和$\sum_{P'(n+1)}$均正则时成立.

为了证明这个定理,须用到如下引理:

引理1　设a,b,c和$S_\triangle$分别表示$\triangle ABC$的三边长和面积,则当$0<r<1$时,有

$$3\left(\frac{16S_\triangle^2}{3}\right)^r\leqslant 2b^{2r}c^{2r}+2c^{2r}a^{2r}+2a^{2r}b^{2r}-a^{4r}-b^{4r}-c^{4r}$$

(10.3.10)

等号当且仅当$a=b=c$时成立.

事实上,对于$r\in(0,1)$,以a^r,b^r,c^r为三边可组成一个三角形,若以$S_{\triangle_r}$表其面积,则有不等式[141]

$$S_{\triangle_r}\geqslant\left(\frac{\sqrt{3}}{4}\right)^{1-\lambda}\cdot S_{\triangle^r}\qquad(10.3.10')$$

等号当且仅当$\triangle ABC$为正三角形时成立.

再注意到海伦公式

$$S_{\triangle_r^2}=\frac{1}{16}(2b^{2r}c^{2r}+2c^{2r}a^{2r}+2a^{2r}b^{2r}-a^{4r}-b^{4r}-c^{4r})$$

即推得式(10.3.10).

引理2　在$n(n\geqslant 3)$维单形的n维体积$V(\sum_{P(n+1)})=V_P$和棱长$\rho_{ij}(i,j=0,1,\cdots,n)$之间,当$0<r<1$时,有

$$2\sum_{\substack{0\leqslant i<j\leqslant n\\0\leqslant l<s\leqslant n\\ij\neq ls}}\rho_{ij}^{2r}\rho_{ls}^{2r}-(n-1)\sum_{0\leqslant i<j\leqslant n}\rho_{ij}^{4r}$$

$$\geqslant 2^{2r-2}\cdot n^2\cdot(n^2-1)\left[\frac{(n!)^2}{n+1}\right]^{\frac{2r}{n}}\cdot(V_P)^{\frac{4r}{n}}$$

(10.3.11)

等号当且仅当单形$\Sigma_{P(n+1)}$正则时成立.

事实上,若记 n 维单形的三角形侧面的$\triangle_k$三条边长$\rho_{k1},\rho_{k2},\rho_{k3}(k=1,2,\cdots,C_{n+1}^3)$,则

$$式(10.3.11)左边=\sum_{k=1}^{C_{n+1}^3}\sum_{j=1}^{3}(2\rho_{k,j+1}^{2r}\cdot\rho_{k,j+2}^{2r}-\rho_{k,j}^{4r})+M$$

其中$\sum_{j=1}^{3}(2\rho_{k,j+1}^{2r}\cdot\rho_{k,j+2}^{2r}-\rho_{k,j}^{4r})=2\rho_{k2}^{2r}\cdot\rho_{k3}^{2r}+2\rho_{k3}^{2r}\cdot\rho_{k1}^{2r}+2\rho_{k1}^{2r}\cdot\rho_{k2}^{2r}-\rho_{k1}^{4r}-\rho_{k1}^{4r}-\rho_{k3}^{4r}$, M 是 $2C_{C_{n+1}^2}^2-6C_{n+1}^3$ ($=6C_{n+1}^4$)项$\rho_{ij}^{2r}\rho_{ls}^{2r}$之和,且$\rho_{ij}$与$\rho_{ls}$不在$\Sigma_{P(n+1)}$的任何一个三角形上. 用引理1,得

$$式(10.3.11)左边\geqslant\sum_{k=1}^{C_{n+1}^3}3(\frac{16}{3}S_{\triangle_k^2})^r+M$$

用算术-几何平均不等式,得

$$式(10.3.11)左边\geqslant 3C_{n+1}^3\left(\prod_{k=1}^{C_{n+1}^3}\frac{16}{3}S_{\triangle_k^2}\right)^{\frac{r}{C_{n+1}^3}}+6C_{n+1}^4(\prod_{0\leqslant i<j\leqslant n}\rho_{ij})^{\frac{4r}{C_{n+1}^2}}$$

注意到式(10.3.3)及式(9.5.1),得

$$\begin{aligned}式(10.3.11)左边&\geqslant 3C_{n+1}^3\left(\frac{16}{3}\right)^r\left[\frac{3^{\frac{n}{2}}(n!)^2}{(n+1)\cdot 2^n}\right]^{\frac{2r}{n}}\cdot(V_P)^{\frac{4r}{n}}+6C_{n+1}^4\left[\frac{2^n(n!)^2}{n+1}\right]^{\frac{2r}{n}}\cdot V_P^{\frac{4r}{P}}\\&=\frac{1}{2}n(n^2-1)\left[\frac{2^n(n!)^2}{n+1}\right]^{\frac{2r}{n}}(V_P)^{\frac{4r}{n}}+\frac{n(n^2-1)(n-2)}{4}\cdot\left[\frac{2^n(n!)^2}{n+1}\right]^{\frac{2r}{n}}\cdot(V_P)^{\frac{4r}{n}}\\&=式(10.3.11)右边\end{aligned}$$

由上述过程不难看出,式(10.3.11)中等号当且仅当

单形$\sum_{P(n+1)}$正则时成立.

下面,我们给出定理 10.3.3 的证明:

证明　由引理 2 及 Cauchy 不等式,可得

$$n\sum_{0\leqslant i<j\leqslant n}\rho_{ij}^{2r}\rho_{ij}'^{2r}+2^{2r-2}\cdot n^2\cdot(n^2-1)\left[\frac{(n!)^2}{n+1}\right]^{\frac{2r}{n}}\cdot$$

$$(V_P\cdot V_P')^{\frac{2r}{n}}$$

$$\leqslant\left\{n\sum_{0\leqslant i<j\leqslant n}\rho_{ij}^{4r}+2^{2r-2}n^2(n^2-1)\left[\frac{(n!)^2}{n+1}\right]^{\frac{2r}{n}}(V_P)^{\frac{4r}{n}}\right\}^{\frac{1}{2}}\cdot$$

$$\left\{n\sum_{0\leqslant i<j\leqslant n}\rho_{ij}'^{4r}+2^{2r-2}\cdot n^2(n^2-1)\left[\frac{(n!)^2}{n+1}\right]^{\frac{2r}{n}}(V_P')^{\frac{4r}{n}}\right\}^{\frac{1}{2}}$$

$$\leqslant\Big(\sum_{0\leqslant i<j\leqslant n}\rho_{ij}^{2r}\Big)\Big(\sum_{0\leqslant i<j\leqslant n}\rho_{ij}'^{2r}\Big)$$

由此,便证得式(10.3.9),等号成立的条件显然是$\sum_{P(n+1)}$和$\sum_{P'(n+1)}$均为正则.

由定理 10.3.3,便有:

推论 1　当 $n=2,r=1$ 时,式(10.3.9)变为组堡－匹多不等式,即式(9.9.24).

推论 2　将式(10.3.9)两边开 r 次方,令 $r\to 0$,得式(9.5.1).

推论 3　由引理 2 推得

$$2\sum_{\substack{0\leqslant i<j\leqslant n\\0\leqslant l<s\leqslant n}}\rho_{ij}^{2r}\cdot\rho_{ls}^{2r}-\sum_{0\leqslant i<j\leqslant n}\rho_{ij}^{4r}$$

$$\geqslant 2^{2r-2}\cdot n(n+1)(n^2+n-4)\left[\frac{(n!)^2}{n+1}\right]^{\frac{2r}{n}}\cdot(V_P)^{\frac{4r}{n}} \tag{10.3.11′}$$

再由定理 10.3.3 的证明过程,可得

$$\sum_{0\leqslant i<j\leqslant n}\rho_{ij}^{2r}\Big(\sum_{0\leqslant l<s\leqslant n}\rho_{ls}'^{2r}-2\rho_{ij}'^{2r}\Big)$$

$$\geqslant 2^{2r-2}\cdot n(n+1)(n^2+n-4)\left[\frac{(n!)^2}{n+1}\right]^{\frac{2r}{n}}(V_P\cdot V_P')^{\frac{2r}{n}} \tag{10.3.12}$$

当 $r=1$ 和$\frac{1}{2}$时,上式即为定理 10.3.1 中两式.

前述三个定理还可以统一加强为如下的定理:

定理 10.3.4　设 ρ_{ij}, V_P 与 ρ_{ij}', $V_P{}'$分别为 $E^n(n\geqslant 3)$中两个 n 维单形 $\sum_{P(n+1)}$, $\sum_{P'(n+1)}$ 的棱长、体积,记 $S_\alpha=\sum\limits_{0\leqslant i<j\leqslant n}\rho_{ij}^\alpha$, $S_\gamma=\sum\limits_{0\leqslant i<j\leqslant n}\rho_{ij}^\gamma$,则当 $\alpha,\gamma\in(0,2]$时,对任意 $\beta\in[2,n]$,有不等式[160]

$$\sum_{0\leqslant i<j\leqslant n}\rho_{ij}^\alpha\left(\sum_{0\leqslant l<k\leqslant n}\rho_{kl}'^{\gamma}-\beta\rho_{ij}'^{\gamma}\right)$$

$$\geqslant\frac{1}{8}n(n+1)(n^2+n-2\beta)\cdot(\text{Ⅲ}) \tag{10.3.13}$$

其中$(\text{Ⅲ})=2^\alpha\left[\frac{n!^2}{n+1}\right]^{\frac{\alpha}{n}}\cdot\frac{S_\gamma}{S_\alpha}(V_P)^{\frac{2\alpha}{n}}+2^\gamma\left[\frac{n!^2}{n+1}\right]^{\frac{\gamma}{n}}\cdot\frac{S_\alpha}{S_\gamma}(V_P{}')^{\frac{2\gamma}{n}}$.

为了证明上述定理,先证一个引理:

引理　对任意实数 $k,\alpha_i,\gamma_i(i=1,2,\cdots,n)$,令

$$S_\alpha=\sum_{i=1}^n\alpha_i,S_\gamma=\sum_{i=1}^n\gamma_i,f(\alpha,\gamma,k)=S_\alpha\cdot S_\gamma-k\sum_{i=1}^n\alpha_i\gamma_i$$

如果 k,S_α,S_γ 均大于零,则有

$$f(\alpha,\gamma,k)\geqslant\frac{1}{2}\left[\frac{S_\alpha}{S_\gamma}\cdot f(\alpha,\alpha,k)+\frac{S_\alpha}{S_\gamma}\cdot f(\gamma,\gamma,k)\right] \tag{*}$$

其中等号当且仅当$\frac{\gamma_1}{\alpha_1}=\frac{\gamma_2}{\alpha_2}=\cdots=\frac{\gamma_n}{\alpha_n}$时成立.

事实上,注意 $k>0$,且

$$\frac{S_\alpha}{S_\gamma}\cdot f(\alpha,\alpha,k)+\frac{S_\alpha}{S_\gamma}\cdot f(\gamma,\gamma,k)$$

$$=2S_\alpha\cdot S_\gamma-k\left(\frac{S_\gamma}{S_\alpha}\sum_{i=1}^{n}\alpha_i^2+\frac{S_\alpha}{S_\gamma}\sum_{i=1}^{n}\gamma_i^2\right)$$

因此,式(*)成立当且仅当不等式

$$\frac{S_\gamma}{S_\alpha}\sum_{i=1}^{n}\alpha_i^2+\frac{S_\alpha}{S_\gamma}\sum_{i=1}^{n}\gamma_i^2\geqslant 2\sum_{i=1}^{n}\alpha_i\gamma_i \qquad (**)$$

成立. 而由基本不等式 $x^2+y^2\geqslant 2xy$,有

$$\frac{S_\gamma}{S_\alpha}\cdot\alpha_i^2+\frac{S_\alpha}{S_\gamma}\cdot\gamma_i^2\geqslant 2\alpha_i\gamma_i \quad (i=1,2,\cdots,n)$$

对 i 从 1 至 n 求和即得式(* *),因而不等式(*)成立. 等号当且仅当对所有的 $i(1\leqslant i\leqslant n)$,有 $\alpha_i\cdot\sqrt{\frac{S_\gamma}{S_\alpha}}=\gamma_i\cdot\sqrt{\frac{S_\alpha}{S_\gamma}}$,且$\frac{\gamma_1}{\alpha_1}=\cdots=\frac{\gamma_n}{\alpha_n}=\left(\frac{S_\gamma}{S_\alpha}\right)$时成立.

下面给出式(10.3.13)的证明:

证明　循定理 10.3.2 的证明思想方法,先证明如下不等式

$$\left(\sum_{0\leqslant i<j\leqslant n}\rho_{ij}^{\alpha}\right)^2-\beta\sum_{i=1}^{n}\rho_{ij}^{2\alpha}$$

$$\geqslant 2^{\alpha-2}\cdot n(n+1)(n^2+n-4\beta)\cdot\left[\frac{n!^2}{n+1}\right]^{\frac{\alpha}{n}}\cdot(V_P)^{\frac{2\alpha}{n}} \qquad (10.3.14)$$

等号成立当且仅当 $\Sigma_{P(n+1)}$ 正则.

然后在式(*)中,置 n 为 C_{n+1}^2 并令 $k=\beta,\alpha_i=\rho_{ij}^{\alpha}$, $\gamma_i=\rho_{ij}^{\gamma'}(0\leqslant i<j\leqslant n)$,再利用式(10.3.14)即可得到式(10.3.13).

对于式(9.9.24),文[169]将其加强为

$$a^2(b_1^2+c_1^2-a_1^2)+b^2(c_1^2+a_1^2-b_1^2)+c^2(a_1^2+b_1^2-c_1^2)$$

$$\geqslant 8\left(\frac{a^2+b^2+c^2}{a_1^2+b_1^2+c_1^2}S_{\triangle}'^{2}+\frac{a_1^2+b_1^2+c_1^2}{a^2+b^2+c^2}S_{\triangle}^2\right) \quad (10.3.15)$$

式中等号成立当且仅当$\triangle ABC \backsim \triangle A_1B_1C_1$.

下面,我们讨论式(10.3.15)的高维推广,实际上也是高维匹多不等式的一种加强.

定理 10.3.5 $\sum_{P(n+1)}$和$\sum_{P'(n+1)}$是$E^n(n\geqslant 3)$中的两个n维单形,其棱长分别为$\rho_{ij},\rho'_{ij}(i,j=0,1,\cdots,n,i\neq j)$,其体积分别为$V_P,V_P'$,各棱长的乘积分别为$\prod^n\rho,\prod^n\rho'$,对$\lambda\in(0,2]$,则[128]

$$\sum_{0\leqslant i<j\leqslant n}\rho_{ij}'^{\lambda}\left(\sum_{0\leqslant l<s\leqslant n}\rho_{ls}^{\lambda}-2\rho_{ij}^{\lambda}\right)$$

$$\geqslant\frac{n(n+1)(n^2+n-4)}{8}\cdot\left[\frac{2^n(n!)^2}{n+1}\right]^{\frac{\lambda}{n}}\cdot(\mathrm{IV}) \quad (10.3.16)$$

其中$(\mathrm{IV})=\left[\frac{\prod^n\rho'}{\prod^n\rho}\right]^{\frac{2\lambda}{n(n+1)}}\cdot V_P^{\frac{2\lambda}{n}}+\left[\frac{\prod^n\rho}{\prod^n\rho'}\right]^{\frac{2\lambda}{n(n+1)}}\cdot V_P'^{\frac{2\lambda}{n}}$,且等号当且仅当$n$维单形$\sum_{P(n+1)},\sum_{P'(n+1)}$均正则时成立.

对于式(10.3.16)的右端应用算术-几何平均值不等式,并取λ的一些特殊值,便可得到式(10.3.1),(10.3.2),(10.3.9)等.因此式(10.3.16)是高维匹多不等式的一种加强.

为证明式(10.3.16),先介绍两条引理:

引理 1 在$\triangle ABC$中,设$a,b,c,S_{\triangle}$分别为其三边长与面积,$S_{\triangle\alpha}$表边长为$a^\alpha,b^\alpha,c^\alpha(0<\alpha<1)$组成的三角形的面积,则有

$$3(abc)^\lambda\geqslant\left(\frac{16}{3}\right)^{\frac{\lambda}{2}}S_{\triangle\lambda}(a^\lambda+b^\lambda+c^\lambda),\lambda\in(0,2]$$

其中等号均当 $a=b=c$ 时取得.

略证　由式(9.9.23)的左边不等式

$S_{\triangle}\leqslant\frac{3abc}{4\sqrt{a^2+b^2+c^2}}$,有 $9(abc)^2\geqslant 16S_{\triangle}^2(a^2+b^2+c^2)$

再由式(10.3.10′)立得结论,且其中等号成立的充要条件是 $a=b=c$.

引理2　设3维单形 $\Sigma_{P(4)},\Sigma_{P'(4)}$ 各个三角形侧面为 $S_{\triangle_k},S_{\triangle'_k}$,各侧面 $S_{\triangle k},S_{\triangle'_k}$ 相应的三边长分别为 $\rho_{k1},\rho_{k2},\rho_{k3}$ 与 $\rho'_{k1},\rho'_{k2},\rho'_{k3}(k=1,2,3,4)$,$\rho_{ki}$ 在 $\Sigma_{P(4)}$ 中的对棱长记作 $b_{ki}(i=1,2,3)$,则对 $\lambda\in(0,2]$

$$(\mathrm{V})\equiv\sum_{k=1}^{4}\left[\sum_{i=1}^{3}\frac{\rho'^{\lambda}_{ki}\cdot\rho^{\lambda}_{ki}}{2}+\frac{3}{2}\left(\frac{16}{3}\right)^{\frac{\lambda}{2}}\cdot S_{\triangle^{\lambda}_k}\cdot\frac{\sum_{i=1}^{3}\rho'^{\lambda}_{ki}}{\sum_{i=1}^{3}\rho^{\lambda}_{ki}}\right]$$

$$\geqslant 12\cdot 72^{\frac{\lambda}{3}}\left[\frac{\prod^{3}\rho'}{\prod^{3}\rho}\right]^{\frac{\lambda}{6}}\cdot(V_{P(4)})^{\frac{2\lambda}{3}}$$

$$(\mathrm{VI})\equiv\sum_{k=1}^{4}\left[\sum_{i=1}^{3}\frac{b^{\lambda}_{ki}\rho'^{\lambda}_{ki}}{2}+\frac{3}{2}\left(\frac{16}{3}\right)^{\frac{\lambda}{2}}\cdot S_{\triangle'^{\lambda}_k}\cdot\frac{\sum_{i=1}^{3}\rho^{\lambda}_{ki}}{\sum_{i=1}^{3}\rho'^{\lambda}_{ki}}\right]$$

$$\geqslant 12\cdot 72^{\frac{\lambda}{3}}\left[\frac{\prod^{3}\rho}{\prod^{3}\rho'}\right]^{\frac{\lambda}{6}}\cdot(V_{P'(4)})^{\frac{2\lambda}{3}}$$

以上两式等号当且仅当单形 $\Sigma_{P(4)},\Sigma_{P'(4)}$ 均为正则时成立.

证明　由引理1得

$$\frac{1}{2}\sum_{i=1}^{3}\rho'^{\lambda}_{ki}\cdot\rho^{\lambda}_{kt}=\frac{1}{2}(\rho_{k_1}\rho_{k_2}\rho_{k_3})^{\lambda}\sum_{i=1}^{3}(\rho'_{ki}\rho_{ki})^{\lambda}$$

$$\geqslant\frac{1}{6}\left(\frac{16}{3}\right)^{\frac{\lambda}{2}}S_{\triangle^{\lambda}_k}\left(\sum_{i=1}^{3}\rho^{\lambda}_{ki}\right)\cdot\left[\sum_{i=1}^{3}\left(\frac{\rho'_{ki}\rho_{ki}}{\rho_{k1}\rho_{k2}\rho_{k3}}\right)^{\lambda}\right]$$

由上式及平均值不等式、Canchy 不等式，得

$$(\mathrm{V})\geqslant\sum_{k=1}^{4}\Big[2\cdot\frac{1}{2}\Big(\frac{16}{3}\Big)^{\frac{\lambda}{2}}\cdot S_{\triangle_k^\lambda}\cdot\Big(\sum_{i=1}^{3}\frac{\rho_{ki}'^{\lambda}\rho_{ki}^{\lambda}}{\rho_{k1}^{\lambda}\rho_{k2}^{\lambda}\rho_{k3}^{\lambda}}\Big)^{\frac{1}{2}}\cdot\Big(\sum_{i=1}^{3}\rho_{ki}'^{\lambda}\Big)^{\frac{1}{2}}\Big]$$

$$\geqslant\Big(\frac{16}{3}\Big)^{\frac{\lambda}{2}}\sum_{k=1}^{4}S_{\triangle_k^\lambda}\Big[\sum_{i=1}^{3}\Big(\frac{\rho_{ki}'^{2}\rho_{ki}}{\rho_{k1}\rho_{k2}\rho_{k3}}\Big)^{\frac{\lambda}{2}}\Big]$$

$$\geqslant 3\Big(\frac{16}{3}\Big)^{\frac{\lambda}{3}}\sum_{k=1}^{4}S_{\triangle_k^\lambda}\Big(\prod_{i=1}^{n}\rho_{ki}'\rho_{ki}^{-1}\Big)^{\frac{\lambda}{3}}$$

$$\geqslant 12\cdot\Big(\frac{16}{3}\Big)^{\frac{\lambda}{2}}\Big(\prod^{3}\rho'\cdot\prod^{3}\rho^{-1}\Big)^{\frac{\lambda}{6}}\Big(\prod_{k=1}^{4}S_{\triangle_k}\Big)^{\frac{\lambda}{4}} \tag{10.3.17}$$

由式(9.4.1)变形，得

$$\prod_{k=0}^{n}|f_k|^{\frac{2}{n^2-1}}\geqslant\Big[\frac{n}{(n-1)!^2}\Big]^{\frac{1}{n-1}}\Big[\frac{(n!)^2}{n+1}\Big]^{\frac{1}{n}}\cdot V_n^2\big(\Sigma_{P(n+1)}\big)$$

并取 $n=3$ 得

$$\prod_{k=1}^{4}S_{\triangle_k}^{\frac{1}{4}}\geqslant\frac{1}{2}\cdot 3^{\frac{7}{6}}\cdot(V_{P(4)})^{\frac{2}{3}}$$

将上式代入式(7.3.17)，化简得

$$(\mathrm{V})\geqslant 12\cdot 72^{\frac{\lambda}{3}}\Big[\frac{\prod^{3}\rho'}{\prod^{3}\rho}\Big]^{\frac{\lambda}{6}}\cdot(V_{P(4)})^{\frac{2\lambda}{3}} \tag{10.3.18}$$

类似式(10.3.17)的证明，注意到 b_{ki} 是 $\rho_{ki}(i=1,2,3)$ 的对棱，同理可得

$$(\mathrm{VI})\geqslant 3\Big(\frac{16}{3}\Big)^{\frac{\lambda}{2}}\sum_{k=1}^{4}S_{\triangle_k'^\lambda}\Big[\frac{1}{\rho_{k1}'\rho_{k2}'\rho_{k3}'}\Big(\prod^{3}\rho\Big)^{\frac{1}{2}}\Big]^{\frac{\lambda}{3}}$$

$$\geqslant 12\left(\frac{16}{3}\right)^{\frac{\lambda}{2}}\left[\frac{\prod^{3}\rho}{\prod^{3}\rho'}\right]^{\frac{\lambda}{6}}\left(\prod_{k=1}^{4}S_{\triangle_k'}\right)^{\frac{\lambda}{4}}$$

$$\geqslant 12\cdot 72^{\frac{\lambda}{3}}\left[\frac{\prod^{3}\rho}{\prod^{3}\rho'}\right]^{\frac{\lambda}{6}}\cdot\left[V\left(\sum_{P'(4)}\right)\right]^{\frac{2\lambda}{3}} \tag{10.3.19}$$

至此引理 2 证毕. 由证明过程知,式(10.3.18),式(10.3.19)等号成立当且仅当单形 $\sum_{P(4)}$,$\sum_{P'(4)}$ 均正则.

下面,我们运用数学归纳法证明式(10.3.16).

证明　当 $n=3$ 时,同引理2 所设,并设 ρ_i 在 $\sum_{P(4)}$ 中的对棱为 $b_i(i=1,2,\cdots,6)$,容易验证

$$\sum_{i=1}^{6}(\rho_i^{\lambda}+b_i^{\lambda})\rho_i'^{\lambda}=\sum_{k=1}^{3}\sum_{i=1}^{4}(\rho_{ki}^{\lambda}+b_{ki}^{\lambda})\frac{1}{2}\rho_{ki}'^{\lambda}$$

由式(10.3.15)及(10.3.10′)可得:在 $\triangle ABC$ 与 $\triangle A'B'C'$ 中,对 $\lambda\in(0,2]$,有

$$a'^{\lambda}(b^{\lambda}+c^{\lambda}-a^{\lambda})+b'^{\lambda}(c^{\lambda}+a^{\lambda}-b^{\lambda})+c'^{\lambda}(a^{\lambda}+b^{\lambda}-c^{\lambda})$$

$$\geqslant\frac{3}{2}\left[\frac{a'^{\lambda}+b'^{\lambda}-c'^{\lambda}}{a^{\lambda}+b^{\lambda}-c^{\lambda}}\left(\frac{16}{3}\right)^{\frac{\lambda}{2}}S_{\triangle\lambda}+\frac{a^{\lambda}+b^{\lambda}-c^{\lambda}}{a'^{\lambda}+b'^{\lambda}-c'^{\lambda}}\left(\frac{16}{3}\right)^{\frac{\lambda}{2}}S_{\triangle'\lambda}\right] \tag{10.3.20}$$

式中等号成立当且仅当 $\triangle ABC$,$\triangle A'B'C'$ 均为正三角形.

现对 3 维单形 $\sum_{P(3+1)}$,$\sum_{P'(3+1)}$(即四面体)的侧面 $S_{\triangle_k}$,$S_{\triangle_k'}(k=1,2,3,4)$,应用不等式(10.3.20),共得四个不等式,将其相加并凑项,得

$$\sum_{i=1}^{6}\rho_i'^{\lambda}\left(\sum_{j=1}^{6}\rho_j^{\lambda}-2\rho_i'^{\lambda}\right)$$

$$\geqslant \sum_{i=1}^{n}(\rho_i^{\lambda}+b_i^{\lambda})\rho_i'^{\lambda}+\frac{3}{2}\left(\frac{16}{3}\right)^{\frac{\lambda}{2}}\sum_{k=1}^{4}\left[S_{\triangle_k}^{\lambda}\frac{\sum_{i=1}^{3}\rho_{ki}'^{\lambda}}{\sum_{i=1}^{3}\rho_{ki}^{\lambda}}+S_{\triangle_k'}^{\lambda}\frac{\sum_{i=1}^{3}\rho_{ki}^{\lambda}}{\sum_{i=1}^{3}\rho_{ki}'^{\lambda}}\right]$$

$$=(\mathrm{V})+(\mathrm{VI})\geqslant 12\cdot 72^{\frac{\lambda}{3}}\cdot$$

$$\left[\left(\frac{\prod^{3}\rho'}{\prod^{3}\rho}\right)^{\frac{\lambda}{6}}(V_P)^{\frac{2\lambda}{3}}+\left(\frac{\prod^{3}\rho}{\prod^{3}\rho'}\right)^{\frac{\lambda}{6}}(V_P')^{\frac{2\lambda}{3}}\right] \tag{10.3.21}$$

上式即为 $n=3$ 时的式(10.3.16).由式(10.3.20)及引理2等号成立的条件知,式(10.3.21)等号成立的充要条件为单形 $\sum_{P(4)}$ 与 $\sum_{P'(4)}$ 均正则.

这就证明了 $n=3$ 时,命题成立.

假设对 $n-1$ 维单形命题成立,考虑 n 维单形的情形.

设 n 维单形 $\sum_{P(n+1)}$,$\sum_{P'(n+1)}$ 的 $n-1$ 维侧面分别为 f_k,f_k',又设 f_k,f_k' 的各棱长的乘积分别为 $\prod^{n-1}\rho_k$,$\prod^{n-1}\rho_k'$,对 $n-1$ 维侧面 f_k,$f_k'(k=0,1,\cdots,n)$ 应用归纳假设,可得 $n+1$ 个不等式,将其相加并凑项得

$$(n-1)\sum_{0\leqslant i<j\leqslant n}\rho_{ij}'^{\lambda}\left(\sum_{0\leqslant l<s\leqslant n}\rho_{ls}^{\lambda}-2\rho_{ij}^{\lambda}\right)$$

$$\geqslant \sum_{0\leqslant i<j\leqslant n}\rho_{ij}'^{\lambda}\cdot J_{ij}+\frac{n(n-1)(n^2-n-4)}{8}\cdot$$

$$\left[\frac{2^{n-1}\cdot(n-1)!^2}{n}\right]^{\frac{\lambda}{n-1}}\cdot\sum_{k=0}^{n}\left(\mu_k|f_k|^{\frac{2\lambda}{n-1}}+\mu_k'|f_k'|^{\frac{2\lambda}{n-1}}\right) \tag{10.3.22}$$

其中 $\mu_k=\left[\prod^{n-1}\rho_k'\cdot\left(\prod^{n-1}\rho_k\right)^{-1}\right]^{\frac{2\lambda}{n(n-1)}}$,$\mu_k'=\mu_k^{-1}(k=0,1,\cdots,n)$,$J_{ij}$ 是上述不等式的左边与 $\rho_{ij}'^{\lambda}$ 相乘的那个括号中所添加的项 ρ_{kl}^{λ} 之和,$|f_k|$,$|f_k'|$ 分别为侧面的 $n-1$ 维体积.

现计算 J_{01} 的项数,因 $\sum_{P(n+1)}$ 中含有棱 ρ_{01} 的 $n-1$

维侧面为$f_k=\{P_0,P_1,\cdots,P_n\}\setminus\{P_k\}(k=2,3,\cdots,n)$，共有$n-1$个，在这$n-1$个侧面$f_k$中，含有棱$\rho_{0j},\rho_{1j}$，$(j=2,3,\cdots,n)$的侧面各有$C_{n-2}^{n-3}=n-2$个；含有棱$\rho_{ij}$ $(i<j,i,j=2,3,\cdots,n)$的侧面各有$C_{n-3}^{n-4}=n-3$个，因此，相加得到$(n-1)\rho_{01}'^{\lambda}(\sum\limits_{0\leqslant k<l\leqslant n}\rho_{kl}^{\lambda}-2\rho_{01}^{\lambda})$时，添加的项$J_{01}=\sum\limits_{j=2}^{n}(\rho_{0j}^{\lambda}+\rho_{1j}^{\lambda})+2\sum\limits_{2\leqslant i<j\leqslant n}\rho_{ij}^{\lambda}$共有$2(n-1)+2C_{n-1}^{2}=2C_n^2$项.

由对称性，J_{ij}均有$2C_n^2$项，从而$2Q=\sum\limits_{0\leqslant i<j\leqslant n}\rho_{ij}'^{\lambda}J_{ij}$共有$2C_n^2C_{n+1}^2$项，由平均值不等式及式(9.5.1)的变形

$$\prod^{n}\rho^{\frac{4}{n(n+1)}}=\prod_{0\leqslant i<j\leqslant n}\rho_{ij}^{\frac{4}{n(n+1)}}\geqslant 2\left[\frac{n!^2}{n+1}\right]^{\frac{1}{n}}\left[V\left(\sum\nolimits_{P(n+1)}\right)\right]^{\frac{1}{n}}$$

得

$$\begin{aligned}Q&\geqslant C_n^2C_{n+1}^2\left(\prod^{n}\rho'\cdot\prod^{n}\rho\right)^{\frac{\lambda}{C_{n+1}^2}}\\&=C_n^2C_{n+1}^2\left[\frac{\prod^{n}\rho'}{\prod^{n}\rho}\right]^{\frac{2\lambda}{n(n+1)}}\cdot\prod^{n}\rho^{\frac{4\lambda}{n(n+1)}}\\&\geqslant C_n^2C_{n+1}^2\left[\frac{2^n n!^2}{n+1}\right]^{\frac{\lambda}{n}}\cdot\left[\frac{\prod^{n}\rho'}{\prod^{n}\rho}\right]^{\frac{2\lambda}{n(n+1)}}\cdot(V_P)^{\frac{2\lambda}{n}}\end{aligned}\tag{10.3.23}$$

同理

$$Q\geqslant C_n^2C_{n+1}^2\left[\frac{2^n n!^2}{n+1}\right]^{\frac{\lambda}{n}}\cdot\left[\frac{\prod^{n}\rho}{\prod^{n}\rho'}\right]^{\frac{2\lambda}{n(n+1)}}\cdot(V_P')^{\frac{2\lambda}{n}}\tag{10.3.23′}$$

注意到

$$\left(\prod_{k=0}^{n}\mu_k\right)^{\frac{1}{n+1}}=\left(\prod^{n}\rho'\cdot\prod^{n}\rho^{-1}\right)^{\frac{n-1}{n+1}\cdot\frac{2\lambda}{n-1}}$$

$$=\left(\prod^{n}\rho'\cdot\prod^{n}\rho^{-1}\right)^{\frac{2\lambda}{n(n+1)}}$$

由平均值不等式及式(9.4.1)的变形

$$\prod_{k=0}^{n}|f_k|^{\frac{2}{n^2-1}}\geqslant\left[\frac{n}{(n-1)!}\right]^{\frac{1}{n-1}}\cdot\left[\frac{(n!)^2}{n+1}\right]^{\frac{1}{n}}\cdot(V_P)^{\frac{2}{n}}$$

得

$$\begin{aligned}\sum_{k=0}^{n}\mu_k|f_k|^{\frac{2\lambda}{n-1}}&\geqslant(n+1)\left[\prod_{k=0}^{n}\mu_k|f_k|^{\frac{2\lambda}{n-1}}\right]^{\frac{1}{n+1}}\\&=(n+1)\left(\prod^{n}\rho'\cdot\prod^{n}\rho\right)^{\frac{2\lambda}{n(n+1)}}\cdot\\&\quad\left(\prod_{k=0}^{n}|f_k|\right)^{\frac{2\lambda}{n^2-1}}\\&\geqslant(n+1)\left[\frac{n}{2^{n-1}\cdot(n-1)!}\right]^{\frac{\lambda}{n-1}}\cdot\\&\quad\left[\frac{2^n\cdot n!^2}{n+1}\right]^{\frac{\lambda}{n}}\left(\prod^{n}\rho'\cdot\prod^{n}\rho\right)^{\frac{2\lambda}{n(n+1)}}\cdot(V_P)^{\frac{2\lambda}{n}}\end{aligned}\tag{10.3.24}$$

同理

$$\begin{aligned}\sum_{k=0}^{n}\mu_k'|f_k'|^{\frac{2\lambda}{n-1}}&\geqslant(n+1)\left[\frac{n}{2^{n-1}\cdot(n-1)!^2}\right]^{\frac{\lambda}{n-1}}\cdot\\&\quad\left(\frac{2^n\cdot n!^2}{n+1}\right)^{\frac{\lambda}{n}}\cdot\left(\prod^{n}\rho\cdot\prod^{n}\rho'\right)^{\frac{2\lambda}{n(n+1)}}\cdot(V_P')^{\frac{2\lambda}{n}}\end{aligned}\tag{10.3.25}$$

将(10.3.23)~(10.3.25)四式代入(10.3.22)式，化简、整理得

$$\begin{aligned}&\sum_{0\leqslant i<j\leqslant n}\rho_{ij}'^{\lambda}\left(\sum_{0\leqslant k<l\leqslant n}\rho_{kl}^{\lambda}-2\rho_{ij}^{\lambda}\right)\\&\geqslant\frac{C_n^2\cdot C_{n+1}^2+\frac{1}{8}n(n^2-1)(n^2-n-4)}{n-1}\cdot\left(\frac{2^n\cdot n!^2}{n+1}\right)^{\frac{\lambda}{n}}\cdot(\mathrm{IV})\end{aligned}$$

$$=\frac{1}{8}n(n+1)(n^2+n-4)\cdot\left(\frac{2^n\cdot n!^2}{n+1}\right)^{\frac{\lambda}{n}}\cdot(\text{Ⅳ})$$

(10.3.26)

由上述推证过程中各不等式等号成立的条件知，式(10.3.26)等号当且仅当$\sum_{P(n+1)}$，$\sum_{P'(n+1)}$均为正则单形时成立.

对式(10.3.26)右端应用算术－几何平均值不等式，得：

推论　在定理10.3.5的条件下，有

$$\sum_{0\leqslant i<j\leqslant n}\rho_{ij}'^{\lambda}\left(\sum_{0\leqslant k<l\leqslant n}\rho_{lk}^{\lambda}-2\rho_{ij}^{\lambda}\right)\geqslant\frac{1}{4}n(n+1)(n^2+n-4)\cdot\left(\frac{2^n\cdot n!^2}{n+1}\right)^{\frac{\lambda}{n}}\cdot(V_P\cdot V_P')^{\frac{\lambda}{n}}$$

(10.3.27)

等号当且仅当$\sum_{P(n+1)}$，$\sum_{P'(n+1)}$均为正则单形时成立.

对于式(10.3.26)，式(10.3.27)，当$n=3$时，均为四面体中的匹多不等式.

对于式(10.3.27)，取$\lambda=2$和1，则为式(10.3.1)和式(10.3.2)；若以$2\lambda(0<\lambda\leqslant1)$代替$\lambda$，则得式(10.3.9). 由此即知式(10.3.26)是高维匹多不等式的一种加强.

定理10.3.6　设$\sum_{P(n+1)}$和$\sum_{P'(n+1)}$是$E^n(n\geqslant3)$中的两个n维单形，其棱长分别为ρ_{ij}，$\rho_{ij}'(i,j=0,1,\cdots,n,i\neq j)$，其体积分别为$V_P$，$V_P'$，对于任意3个实数$\alpha$，$\beta\in(0,1]$，$\lambda\in[2,n]$，有[227]：

(1) 记$A=\max\limits_{0\leqslant i<j\leqslant n}\{\rho_{ij}\}$，$a=\min\limits_{0\leqslant i<j\leqslant n}\{\rho_{ij}\}$，$A'=\max\limits_{0\leqslant i<j\leqslant n}\{\rho_{ij}'\}$，$a'=\min\limits_{0\leqslant i<j\leqslant n}\{\rho_{ij}'\}$，则

$$\sum_{0\leqslant i<j\leqslant n}\rho_{ij}'^{2\alpha}\left(\sum_{0\leqslant l<s\leqslant n}\rho_{ls}^{2\beta}-\lambda\rho_{ij}^{2\beta}\right)$$

$$\geqslant\frac{n(n+1)(n^2+n-2\lambda)}{8}\left\{\frac{\sum\limits_{0\leqslant i<j\leqslant n}\rho_{ij}'^{2\alpha}}{\sum\limits_{0\leqslant i<j\leqslant n}\rho_{ij}^{2\beta}}\left[4\left(1+\frac{2(A-a)}{n(n+1)A^2}\right)^{\frac{2}{n(n-1)^2}}\cdot\right.\right.$$

$$\left.\left(\frac{n!^2}{n+1}\right)^{\frac{2}{n}}\cdot V_P^{\frac{4}{n}}\right]^{\beta}+\frac{\sum\limits_{0\leqslant i<j\leqslant n}\rho_{ij}^{2\beta}}{\sum\limits_{0\leqslant i<j\leqslant n}\rho_{ij}'^{2\alpha}}\left[4\left(1+\frac{2(A'-a')}{n(n+1)A'^2}\right)^{\frac{2}{n(n-1)^2}}\cdot\right.$$

$$\left.\left.\left(\frac{n!^2}{n+1}\right)^{\frac{2}{n}}\cdot V_P'^{\frac{4}{n}}\right]^{\alpha}\right\}\qquad(10.3.28)$$

（2）记 $F=\max\limits_{0\leqslant i\leqslant n}\{|f_i|\}$，$f=\min\limits_{0\leqslant i\leqslant n}\{|f_i|\}$，$F'=\max\limits_{0\leqslant i\leqslant n}\{|f_i'|\}$，$f'=\min\limits_{0\leqslant i\leqslant n}\{|f_i'|\}$，则

$$\sum_{0\leqslant i<j\leqslant n}\rho_{ij}'^{2\alpha}\left(\sum_{0\leqslant l<s\leqslant n}\rho_{ls}^{2\alpha}-\lambda\rho_{ij}^{2\beta}\right)$$

$$\geqslant\frac{n(n+1)(n^2+n-2\lambda)}{8}\left\{\frac{\sum\limits_{0\leqslant i<j\leqslant n}\rho_{ij}'^{2\alpha}}{\sum\limits_{0\leqslant i<j\leqslant n}\rho_{ij}^{2\beta}}\left[4\left(1+\frac{(F-f)^2}{(n+1)F^2}\right)^{\frac{2}{n(n-1)}}\cdot\right.\right.$$

$$\left.\left(\frac{n!^2}{n+1}\right)^{\frac{2}{n}}\cdot V_P^{\frac{4}{n}}\right]^{\beta}+\frac{\sum\limits_{0\leqslant i<j\leqslant n}\rho_{ij}^{2\beta}}{\sum\limits_{0\leqslant i<j\leqslant n}\rho_{ij}'^{2\alpha}}\left[4\left(1-\frac{(F'-f')^2}{(n+1)f'^2}\right)^{\frac{2}{n(n-1)}}\cdot\right.$$

$$\left.\left.\left(\frac{n!^2}{n+1}\right)^{\frac{2}{n}}\cdot V_{P'}^{\frac{4}{n}}\right]^{\alpha}\right\}\qquad(10.3.29)$$

上述两不等式中等号成立的条件是 $\Sigma_{P(n+1)}$，$\Sigma_{P'(n+1)}$ 皆为正则.

为证明上述定理，先看一条引理：

引理 题设条件同定理 10.3.6，则：

(1) $$\left(\sum_{0\leqslant i<j\leqslant n}\rho_{ij}^{2\alpha}\right)^2-\lambda\sum_{0\leqslant i<j\leqslant n}\rho_{ij}^{4\alpha}\geqslant\left[1+\frac{2(A-a)^2}{n(n+1)A^2}\right]^{\frac{2\alpha}{n(n-1)^2}}\cdot$$

$$2^{2\alpha-2}\cdot n(n+1)\cdot(n^2+n-2\lambda)\left(\frac{n!^2}{n+1}\right)^{\frac{2\alpha}{n}}\cdot V_P^{\frac{4\alpha}{n}}\qquad(10.3.30)$$

(2) $\left(\sum_{0\leqslant i<j\leqslant n}\rho_{ij}^{2\alpha}\right)^2-\lambda\sum_{0\leqslant i<j\leqslant n}\rho_{ij}^{4\alpha}\geqslant\left[1+\frac{(F-f)^2}{(n+1)F^2}\right]^{\frac{2\alpha}{n(n-1)}}\cdot$

$$2^{2\alpha-2}\cdot n(n+1)\cdot(n^2+n-2\lambda)\left(\frac{n!^2}{n+1}\right)^{\frac{2\alpha}{n}}\cdot V_P^{\frac{4\alpha}{n}} \tag{10.3.31}$$

上述两个不等式中等号成立的条件是$\sum_{P(n+1)}$正则.

事实上,先看式(10.3.30)中当$\lambda=n$时的情形,此时式(10.3.30)为

$$2\sum_{\substack{0\leqslant i<j\leqslant n\\0\leqslant l<s\leqslant n\\ij\neq ls}}\rho_{ij}^{2\alpha}\cdot\rho_{ls}^{2\alpha}-(n-1)\sum_{0\leqslant i<j\leqslant n}\rho_{ij}^{4\alpha}$$

$$\geqslant\left[1+\frac{2(A-a)^2}{n(n+1)A^2}\right]^{\frac{2\alpha}{n(n-1)2}}\cdot 2^{2\alpha-2}\cdot n^2\cdot$$

$$(n^2-1)\left(\frac{n!^2}{n+1}\right)^{\frac{2\alpha}{n}}\cdot V_P^{\frac{4\alpha}{n}} \tag{10.3.32}$$

注意到n维单形$\sum_{P(n+1)}$共有$\mathrm{C}_{n+1}^3=\frac{1}{6}n(n^2-1)$个2维子单形(三角形)$\triangle_k(k=1,2,\cdots,\mathrm{C}_{n+1}^3)$. 设三角形$\triangle_k$的三边$\rho_{k1},\rho_{k2},\rho_{k3}$,面积为$S_{\triangle_k}$,则

$$\text{式(10.3.32)左边}=\sum_{k=1}^{\mathrm{C}_{n+1}^3}(2\rho_{k2}^{2\alpha}\rho_{k3}^{2\alpha}+2\rho_{k3}^{2\alpha}\rho_{k1}^{2\alpha}+2\rho_{k1}^{2\alpha}\rho_{k2}^{2\alpha}-\rho_{k1}^{4\alpha}-\rho_{k2}^{4\alpha}-\rho_{k3}^{4\alpha})+M$$

其中M是$2\mathrm{C}_{\mathrm{C}_{n+1}^2}^2-\mathrm{C}_{n+1}^3=6\mathrm{C}_{n+1}^4$项$\rho_{ij}^{2\alpha}\rho_{ls}^{2\alpha}$之和,且$\rho_{ij}$与$\rho_{ls}$不是$\sum_{P(n+1)}$的任何一个2维单形(三角形)的两边,应用式(10.3.10),得

$$\text{式(10.3.32)左边}\geqslant\sum_{k=1}^{\mathrm{C}_{n+1}^3}3\left(\frac{16S_{\triangle_k}^2}{3}\right)+M \tag{*}$$

利用算术-几何平均不等式及式(10.3.3),式

(9.12.19),得

$$\sum_{k=1}^{C_{n+1}^3} 3\left(\frac{16S_{\triangle_k}^2}{3}\right)^{\alpha} \geqslant \left[1+\frac{2(A-a)^2}{n(n+1)A^2}\right]^{\frac{2\alpha}{n(n-1)^2}} \cdot 3^{1-\alpha} \cdot 2^{4\alpha} \cdot C_{n+1}^3 \cdot \left[\frac{3^{\frac{n}{2}} \cdot n!^2}{2^n(n+1)}\right]^{\frac{2\alpha}{n}} \cdot V_P^{\frac{4\alpha}{n}}$$

再利用算术-几何平均不等式及式(9.12.18),并注意

$$1+\frac{2(A-a)^2}{n(n+1)A^2} \geqslant 1, \frac{8\alpha}{n(n+1)} > \frac{8\alpha}{n(n+1)(n-1)^2}$$

得

$$\begin{aligned} M &\geqslant 6C_{n+1}^4 \Big(\prod_{0\leqslant i<j\leqslant n} \rho_{ij}\Big)^{\frac{8\alpha}{n(n+1)}} \\ &\geqslant \left[1+\frac{2(A-a)^2}{n(n+1)A^2}\right]^{\frac{2\alpha}{n}} \cdot 6C_{n+1}^4 \cdot \left(\frac{2^n \cdot n!^2}{n+1}\right)^{\frac{2\alpha}{n}} \cdot V^{\frac{4\alpha}{n}} \\ &\geqslant \left[1+\frac{2(A-a)^2}{n(n+1)A^2}\right]^{\frac{2\alpha}{n(n-1)^2}} \cdot 6 \cdot C_{n+1}^4 \cdot \left(\frac{2^n \cdot n!^2}{n+1}\right)^{\frac{2\alpha}{n}} \cdot V_P^{\frac{4\alpha}{n}} \end{aligned}$$

由上式和式(*)即知式(10.3.32)成立

下面再看式(10.3.30)中的 $2 \leqslant \lambda < n$ 时的情形,此时

$$\begin{aligned} &\Big(\sum_{0\leqslant i<j\leqslant n} \rho_{ij}^{2\alpha}\Big)^2 - \lambda \sum_{0\leqslant i<j\leqslant n} \rho_{ij}^{4\alpha} \\ =& 2\sum_{\substack{0\leqslant i<j\leqslant n \\ 0\leqslant l<s\leqslant n \\ ij\neq ls}} \rho_{ij}^{2\alpha} \cdot \rho_{ls}^{2\beta} - (n-1)\sum_{0\leqslant i<j\leqslant n} \rho_{ij}^{4\alpha} + \\ & (n-\lambda)\sum_{0\leqslant i<j\leqslant n} \rho_{ij}^{4\alpha} \end{aligned}$$

由式(10.3.32)及算术-几何平均不等式,得

$$\text{上式左边} \geqslant \left[1+\frac{2(A-a)^2}{n(n+1)A^2}\right]^{\frac{2\alpha}{n(n-1)^2}} \cdot 2^{2\alpha-2} \cdot n^2(n^2-1) \cdot \left(\frac{2^n \cdot n!^2}{n+1}\right)^{\frac{2\alpha}{n}} \cdot V_P^{\frac{4\alpha}{n}} + (n-\lambda)\frac{1}{2}n(n+1) \cdot$$

$$\left(\prod_{0\leqslant i<j\leqslant n}\rho_{ij}\right)^{\frac{8\alpha}{n(n+1)}} \qquad (**)$$

由式(9.12.18)及 $1+\dfrac{2(A-a)^2}{n(n+1)A^2}\geqslant 1$，可得

$$(n-\lambda)\frac{1}{2}n(n+1)\left(\prod_{0\leqslant i<j\leqslant n}\rho_{ij}\right)^{\frac{8\alpha}{n(n+1)}}$$

$$\geqslant\left[1+\frac{2(A-a)^2}{n(n+1)A^2}\right]^{\frac{2\alpha}{n}}\cdot\frac{1}{2}n(n+1)(n-\lambda)\left(\frac{2^n\cdot n!^2}{n+1}\right)^{\frac{2\alpha}{n}}\cdot V_P^{\frac{4\alpha}{n}}$$

$$\geqslant\left[1+\frac{2(A-a)^2}{n(n+1)A^2}\right]^{\frac{2\alpha}{n(n-1)^2}}\cdot\frac{1}{2}n(n+1)(n-\lambda)2^{2\alpha}\cdot$$

$$\left(\frac{n!^2}{n+1}\right)^{\frac{2\alpha}{n}}\cdot V_P^{\frac{4\alpha}{n}}$$

由上述和式(＊＊)，即得式(10.3.30).

其中等号成立的条件可由推导过程知 $\sum_{P(n+1)}$ 正则.

同理，可证得式(10.3.31)成立，只需在应用式(9.12.18)和式(9.12.19)之处分别换为式(9.4.10)和式(9.5.10)即可.

下面再给出定理10.3.6的证明.

证明　注意到

$$\sum_{0\leqslant i<j\leqslant n}\rho_{ij}'^{2\alpha}\left(\sum_{0\leqslant l<s\leqslant n}\rho_{ls}^{2\beta}-\lambda\rho_{ij}^{2\beta}\right)$$

$$=\sum_{0\leqslant i<j\leqslant n}\rho_{ij}^{2\beta}\cdot\sum_{0\leqslant i<j\leqslant n}\rho_{ij}'^{2\alpha}-\lambda\sum_{\substack{0\leqslant i<j\leqslant n\\0\leqslant l<s\leqslant n\\ij\neq ls}}\rho_{ij}^{2\beta}\cdot\rho_{ls}'^{2\alpha}$$

$$=\frac{1}{2}\left[\frac{\sum\limits_{0\leqslant i<j\leqslant n}\rho_{ij}'^{2\alpha}}{\sum\limits_{0\leqslant i<j\leqslant n}\rho_{ij}^{2\beta}}\left(\sum_{0\leqslant i<j\leqslant n}\rho_{ij}^{2\beta}-\lambda\sum_{0\leqslant i<j\leqslant n}\rho_{ij}^{4\beta}\right)+\right.$$

$$\left.\frac{\sum\limits_{0\leqslant i<j\leqslant n}\rho_{ij}^{2\beta}}{\sum\limits_{0\leqslant i<j\leqslant n}\rho_{ij}'^{2\alpha}}\left(\sum_{0\leqslant i<j\leqslant n}\rho_{ij}'^{2\alpha}-\lambda\sum_{0\leqslant i<j\leqslant n}\rho_{ij}'^{4\alpha}\right)\right]+Z$$

其中

$$Z=\frac{\lambda}{2\sum\limits_{0\leqslant i<j\leqslant n}\rho_{ij}^{2\beta}\cdot\sum\limits_{0\leqslant i<j\leqslant n}\rho_{ij}'^{2\alpha}}\cdot$$

$$\sum_{0\leqslant i<j\leqslant n}\left[\sum_{0\leqslant l<s\leqslant n}\rho_{ls}'^{2\alpha}\cdot\rho_{ij}^{2\beta}-\sum_{0\leqslant l<s\leqslant n}\rho_{ls}^{2\beta}\cdot\rho_{ij}'^{2\alpha}\right]^2$$

$$\geqslant 0$$

由上式与式(10.3.30),即得式(10.3.28).

由上式与式(10.3.31),即得式(10.3.29).

其中等号成立的条件由推导过程知 $\Sigma_{P(n+1)}$ 与 $\Sigma_{P'(n+1)}$ 皆正则.

显然,式(10.3.28),式(10.3.29)均是式(10.3.1),式(10.3.5),式(10.3.12),式(10.3.16)等的加强推广式.

对于定理10.3.6,也有如下推论:

推论1 题设同定理10.3.6,则

$$\sum_{0\leqslant i<j\leqslant n}\rho_{ij}'^{2\alpha}\left(\sum_{0\leqslant l<s\leqslant n}\rho_{ls}^{2\beta}-\lambda\rho_{ij}^{2\beta}\right)$$

$$\geqslant\left[1+\frac{(F-f)^2}{(n+1)F^2}\right]^{\frac{\beta}{n(n-1)}}\cdot\left[1+\frac{(F'-f')^2}{(n+1)f'^2}\right]^{\frac{\alpha}{n(n-1)}}\cdot n\cdot$$

$$(n+1)(n^2+n-2\lambda)\cdot 2^{\alpha+\beta-2}\cdot\left(\frac{n!^2}{n+1}\right)^{\frac{\alpha+\beta}{n}}\cdot$$

$$(V_P^{\beta}\cdot V_{P'}^{\alpha})^{\frac{2}{n}} \tag{10.3.33}$$

其中等号成立的条件是 $\Sigma_{P(n+1)}$ 与 $\Sigma_{P'(n+1)}$ 皆为正则单形.

事实上,对式(10.3.29)中右边的和项应用2个数的算术-几何平均不等式即得式(10.3.33).

显然,式(10.3.33)也是对式(10.3.1),式(10.3.5)等的加强推广.

同样,对式(10.3.28)中右边中的和项应用2个数的算术-几何平均不等式即得如下的式

(10.3.34):

推论 2　题设同定理 10.3.6,则

$$\sum_{0\leqslant i<j\leqslant n}\rho_{ij}'^{2\alpha}\Big(\sum_{0\leqslant l<s\leqslant n}\rho_{ls}^{2\beta}-\lambda\rho_{ij}^{2\beta}\Big)$$
$$\geqslant\left[1+\frac{2(A-a)^2}{n(n+1)A^2}\right]^{\frac{\beta}{n(n-1)^2}}\cdot\left[1+\frac{2(A'-\alpha')^2}{n(n+1)A'^2}\right]^{\frac{\alpha}{n(n-1)^2}}\cdot$$
$$n\cdot(n+1)(n^2+n-2\lambda)\cdot 2^{\alpha+\beta-2}\cdot\left(\frac{n!^2}{n+1}\right)^{\frac{\alpha+\beta}{n}}\cdot$$
$$(V_P^{\beta}\cdot V_{P'}^{\alpha})^{\frac{2}{n}}\qquad(10.3.34)$$

其中等号成立的条件是$\sum_{P(n+1)}$与$\sum_{P'(n+1)}$皆为正则单形.

显然,式(10.3.34)也是对式(10.3.1),式(10.3.5)等的加强推广.

下面我们介绍 1981 年,杨路、张景中两教授对式(9.9.24)的开创性高维推广:

定理 10.3.7　设ρ_{ij},V_P与ρ_{ij}',V_P'分别为$E^n(n\geqslant3)$中两个n维单形$\sum_{P(n+1)}=\{P_0,P_1,\cdots,P_n\}$,$\sum_{P'(n+1)}=\{P_0',P_1',\cdots,P_n'\}$的棱长和$n$维体积,令这两个单形顶点集的 C-M 行列式(均为$n+2$阶)分别为

$$A=\begin{vmatrix}0 & 1 & \cdots & 1\\ 1 & & & \\ \vdots & & -\frac{1}{2}\rho_{ij}^2 & \\ 1 & & & \end{vmatrix}$$

$$B=\begin{vmatrix}0 & 1 & \cdots & 1\\ 1 & & & \\ \vdots & & -\frac{1}{2}\rho_{ij}'^2 & \\ 1 & & & \end{vmatrix}$$

用A_{ij},B_{ij}分别记对应于A,B的代数余子式($i,j=0$,

$1,\cdots,n+1)$，则[6]

$$\sum_{0\leqslant i<j\leqslant n}\rho_{ij}^2 B_{ij}\geqslant 2n(n!)\cdot(V_P)^{\frac{2}{n}}\cdot(V_P')^{2-\frac{2}{n}}$$

(10.3.35)

或

$$\sum_{0\leqslant i<j\leqslant n}\rho_{ij}^2|f_i'||f_j'|\cos\langle i,j\rangle'\geqslant 2n^3(V_P)^{\frac{2}{n}}\cdot(V_P')^{2-\frac{2}{n}}$$

(10.3.36)

其中$|f_i'|$，$\langle i,j\rangle'$分别表单形$\Sigma_{P'(n+1)}$顶点P_i'所对的侧面f_i'的体积、侧面f_i'与f_j'所夹内二面角，等号当且仅当$\Sigma_{P(n+1)}\backsim\Sigma_{P'(n+1)}$且诸顶点$P_i$相似对应于$P_i'$时成立.

证明 (1)先引入记号，对任意的$i,j=0,1,\cdots,n$，我们令

$$p_{ij}=\frac{1}{2}(\rho_{in}^2+\rho_{jn}^2-\rho_{ij}^2);q_{ij}=\frac{1}{2}(\rho_{in}'^2+\rho_{jn}'^2-\rho_{ij}'^2)$$

$$s_{ij(\lambda)}=p_{ij}+\lambda q_{ij};m_{ij}(\lambda)=-\frac{1}{2}(\rho_{ij}^2+\lambda\rho_{ij}'^2)$$

作$n\times n$方阵$(i,j=0,1,\cdots,n-1)$：

$\boldsymbol{P}=(p_{ij})_{n\times n}$，$\boldsymbol{Q}=(q_{ij})_{n\times n}$，$\boldsymbol{S}(\lambda)=(s_{ij}(\lambda))_{n\times n}$和$(n+2)\times(n+2)$方阵$(i,j=0,1,\cdots,n)$

$$\boldsymbol{M}(\lambda)=\begin{pmatrix}0 & 1 & \cdots & 1\\ 1 & & & \\ \vdots & & m_{ij}(\lambda) & \\ 1 & & & \end{pmatrix}$$

我们考虑$\det\boldsymbol{M}(\lambda)=0$的根，对$\det\boldsymbol{M}(\lambda)$作不改变值的行列变换：约定$\boldsymbol{M}(\lambda)$的行(列)号是由0至$n+1$，把第0行(列)乘以$-m_{in}(\lambda)(-m_{nj}(\lambda))$后加到第$i$行($j$列)，即得

$$\det \boldsymbol{M}(\lambda)=\begin{vmatrix} 0 & 1 & \cdots & 1 \\ 1 & & & \\ \vdots & & m_{ij}(\lambda) & \\ 1 & & & \end{vmatrix}$$

$$=\begin{vmatrix} 0 & 1 & \cdots & 1 & 1 \\ 1 & & & & 0 \\ \vdots & & s_{ij}(\lambda) & & \vdots \\ 1 & & & & 0 \\ 1 & 0 & \cdots & 0 & 0 \end{vmatrix}$$

$$=-|s_{ij}(\lambda)|_{n\times n}=-\det \boldsymbol{S}(\lambda)$$

$$=-\det(\boldsymbol{P}+\lambda\boldsymbol{Q})$$

于是,可令

$$-\det \boldsymbol{M}(\lambda)=\det(\boldsymbol{P}+\lambda\boldsymbol{Q})=c_0\lambda^n+\cdots+c_n \tag{10.3.37}$$

由于 $\boldsymbol{P},\boldsymbol{Q}$ 都是实的对称正定方阵,从而知诸系数 $c_0,c_1,\cdots,c_n$ 都是非负的,而且此方程的根都是非正的实根.

由 Maclaurin 不等式,有

$$\frac{1}{n}\cdot\frac{c_1}{c_0}\geqslant\left(\frac{2}{n(n-1)}\cdot\frac{c_2}{c_0}\right)^{\frac{1}{2}}\geqslant\left(\frac{6}{n(n-1)(n-2)}\cdot\frac{c_3}{c_0}\right)^{\frac{1}{3}}$$

$$\geqslant\cdots\geqslant\left(\frac{c_n}{c_0}\right)^{\frac{1}{n}} \tag{10.3.38}$$

由其两端,有 $c_1\geqslant nc_0^{1-\frac{1}{n}}c_n^{\frac{1}{n}}$.

另一方面,将多项式(10.3.37)按行列式展开得到

$$c_0=B,c_n=-A,c_1=\sum_{0\leqslant i<j\leqslant n}\frac{1}{n}\rho_{ij}^2\cdot B_{ij}$$

再根据熟知的单形体积公式(5.2.6),有

$$(V_P)^2=-\frac{1}{(n!)^2}A,(V_P{}')^2=-\frac{1}{(n!)^2}B$$

从而得到

$$\sum_{0\leqslant i<j\leqslant n}\frac{1}{2}\rho_{ij}^2B_{ij}\geqslant n(n!)^2(V_P)^{\frac{2}{n}}\cdot(V_P{}')^{2-\frac{2}{n}}$$

亦即得到式(10.3.35).

下面证明等式成立的充要条件.

充分性:假设$\sum_{P(n+1)}$与$\sum_{P'(n+1)}$按顶点顺序相似,可令$\rho_{ij}=\mu_0\rho'_{ij}(\mu_0>0,i,j=0,1,\cdots,n)$,于是从引入记号,就有

$$p_{ij}=\mu_0q_{ij},\boldsymbol{P}=\mu_0\boldsymbol{Q}$$

则

$$\begin{aligned}-\det\boldsymbol{M}(\lambda)&=\det(\boldsymbol{P}+\lambda\boldsymbol{Q})=\det(\mu_0\boldsymbol{Q}+\lambda\boldsymbol{Q})\\&=\det((\lambda+\mu_0)\boldsymbol{Q})=(\lambda+\mu_0)^n\det\boldsymbol{Q}\end{aligned}$$

可见,$-\mu_0$ 是 $\det\boldsymbol{M}(\lambda)=0$ 的 n 重根.而诸根两两相等是 Maclaurin 不等式的等号成立的充要条件,故

$$\frac{1}{n}\cdot\frac{c_1}{c_0}=\left(\frac{c_n}{c_0}\right)^{\frac{1}{n}}\qquad(*)$$

从而式(10.3.35)中的等式成立,充分性获证.

反之,若式(10.3.35)中等号成立,即式($*$)成立,那么 $\det(\boldsymbol{P}+\lambda\boldsymbol{Q})=0$ 有 n 重根,但由于 $\boldsymbol{P},\boldsymbol{Q}$ 是对称阵,$\boldsymbol{Q}$ 正定,故有合同变换 $\boldsymbol{T}$,使

$$\boldsymbol{TQT}^{\mathrm{T}}=\boldsymbol{E},\boldsymbol{TPT}^{\mathrm{T}}=\begin{pmatrix}\mu_1 & & 0\\ & \ddots & \\ 0 & & \mu_0\end{pmatrix}$$

于是 $\det(\boldsymbol{P}+\lambda\boldsymbol{Q})=\frac{1}{[\det\boldsymbol{T}]^2}(\lambda+\mu_1)\cdots(\lambda+\mu_n)$

由 $\det(\boldsymbol{P}+\lambda\boldsymbol{Q})=0$ 有 n 重根,推知,$\mu_1=\cdots=$

$\mu_n=\mu,\cdots$.

即 $\boldsymbol{P}=\mu\boldsymbol{Q}$，从而得 $\rho_{ij}=\mu\rho'_{ij}(i,j=0,1,\cdots,n)$，即 $\sum_{P(n+1)}$ 与 $\sum_{P'(n+1)}$ 按顶点编号顺序相似，必要性获证.

在此，我们顺便指出：把式(10.3.38)中的 c_2，$c_3,\cdots,c_{n-1}$ 等计算出来之后，还可以从中得出许多几何不等式，其中每一个都可以看成纽堡－匹多不等式的推广.

(2)由高维余弦定理2，即式(7.3.10)，有

$$\cos\langle i,j\rangle'=\frac{B_{ij}}{\sqrt{B_{ii}B_{jj}}}\quad(i,j=0,1,\cdots,n)$$

对 $|f'_i|$，$|f'_j|$ 运用公式(5.2.6)，有

$$|f'_j|=-\frac{1}{[(n-1)!]^2}B_{ii},|f'_i|=-\frac{1}{[(n-1)!]^2}B_{jj}$$

将其代入式(10.3.35)，便证得式(10.3.36).

作为定理10.3.7的一个有趣应用，有：

命题　设 ρ_{ij},V_P 与 $\rho'_{ij},V_P{}'$ 分别表示 $E^n(n\geqslant 3)$ 中两单形 $\sum_{P(n+1)}$，$\sum_{P'(n+1)}$ 的棱长、n 维体积，若满足：

$(1^\circ)\rho_{ij}\leqslant\rho'_{ij}(i,j=0,1,\cdots,n)$；

(2°)单形 $\sum_{P'(n+1)}$ 的每个内二面角皆非钝角，则必有[6]

$$V_P\leqslant V_P{}'\tag{10.3.39}$$

事实上，考虑等式

$$\lambda^nB=\frac{1}{\lambda}\begin{vmatrix}0&\lambda&\cdots&\lambda\\1&&&\\\vdots&&-\frac{1}{2}\lambda\rho'_{ij}&\\1&&&\end{vmatrix}$$

$$= \begin{vmatrix} 0 & 1 & \cdots & 1 \\ 1 & & & \\ \vdots & & -\frac{1}{2}\lambda\rho_{ij}' & \\ 1 & & & \end{vmatrix}$$

两端对 λ 求微商,再令 $\lambda=1$,同时把右端由于分行微商所产生的行列式按求微商的那一行展开,即得

$$\sum_{0\leqslant i<j\leqslant n}\frac{1}{2}\rho_{ij}'^{2}\cdot B_{ij}=-nB=n(n!)^{2}(V_P')^{2}\quad (*)$$

由条件(2°)知,$\cos\langle i,j\rangle'\geqslant 0$,又由式(7.3.10)知,$B_{ij}\geqslant 0(i,j=0,1,\cdots,n)$.

加上条件(1°),$\rho_{ij}\leqslant\rho_{ij}'$,由式($*$)可推出

$$\begin{aligned}(V_P')^{2}&=\frac{1}{n(n!)^{2}}\sum_{0\leqslant i<j\leqslant n}\frac{1}{2}\rho_{ij}'^{2}\cdot B_{ij}\\&\geqslant\frac{1}{n(n!)^{2}}\sum_{0\leqslant i<j\leqslant n}\frac{1}{2}\rho_{ij}^{2}\cdot B_{ij}\\&\geqslant(V_P)^{\frac{2}{n}}\cdot(V_P')^{2-\frac{2}{n}}\end{aligned}$$

化简即得式(10.3.39).

显然,上述命题也可写成:

设 ρ_{ij},V_P 与 ρ_{ij}',V_P' 分别表示 $E^n(n\geqslant 3)$ 中的两单形 $\sum_{P(n+1)},\sum_{P'(n+1)}$ 的棱长、n 维体积,若 $\sum_{P'(n+1)}$ 的内二面角皆非钝角,则

$$\frac{V_P}{V_P'}\leqslant\left(\max_{i,j}\frac{\rho_{ij}}{\rho_{ij}'}\right)^{n}\qquad(10.3.40)$$

下面,再介绍 E^n 中 m 个单形间的式(9.9.24)的一个推广:

定理 10.3.8 设 E^n 中 m 个 n 维单形 $\sum P_{(n+1)}^{(m)}=\{P_0^{(m)},P_1^{(m)},\cdots,P_n^{(m)}\}$ 的棱长为 $\rho_{ij}^{(m)}(i,j=0,1,\cdots,n)$,体积为 $V_P^{(m)}(m=1,2,\cdots,n)$,$\sum_{P_{(n+1)}^{(m)}}$ 诸顶点的 C-M 阵

为

$$A_m=\begin{pmatrix} 0 & 1 & \cdots & 1 \\ 1 & & & \\ \vdots & & -\frac{1}{2}\lambda\rho_{ij}^{(m)} & \\ 1 & & & \end{pmatrix}_{(n+2)\times(n+2)}$$

令 $\widetilde{A}_m=(p_{ij}^{(m)})_{n\times n}$，其中 $p_{ij}^{(m)}=\frac{1}{2}[\rho_{i,n}^{(m)2}+\rho_{j,n}^{(m)2}-\rho_{ij}^{(m)2}]$ $(i,j=0,1,\cdots,n)$. 又设一元实系数多项式 $f(x_1,x_2,\cdots,x_n)=\det(\sum_{m=1}^{n}x_m\widetilde{A}_m)$，则有不等式[118]

$$f_n(1,\cdots,1)\geqslant(n!)^3(\prod_{m=1}^{n}V_P^{(m)})^{\frac{2}{n}} \quad (10.3.41)$$

其中 $f_n(i_1,\cdots,i_n)$ 为 $f(x_1,\cdots,x_n)$ 中关于 $x_1^{i_1},\cdots,x_n^{i_n}$ 的系 $i_j(j=1,\cdots,n)$ 为非负整数，且等号成立的充要条件是 n 个单形 $\sum_{P_{(n+1)}^{(m)}}$ 两两相似 $(m=1,\cdots,n)$.

为了证明这个命题，先介绍一下 $f_n(1,1,\cdots,1)$ 的几何意义及几个引理.

$f(x_1,\cdots,x_n)$ 的几何意义是：由 $m(m=1,\cdots,n)$ 个单形 $\sum_{P_{(n+1)}^{(m)}}$ 的对应棱长的平方的加权 $x_1,\cdots,x_n,x_m\geqslant0$ $(m=1,\cdots,n)$，得到一个新的 n 维单形 $\sum_{Q(n+1)}$，其棱长 $q_{ij}=\sum_{m=1}^{n}x_m\rho_{ij}^{(m)2}$，则 $-f(x_1,\cdots,x_n)$ 就是 $\sum_{Q(n+1)}$ 诸顶点构成的 C-M 行列式，$f_n(1,\cdots,1)$ 是满足这样的条件的 n 阶行列式之和：由 $\widetilde{A}_1,\cdots,\widetilde{A}_n$ 分别取出一列构成的 n 阶行列式，其第 i 列刚好是某一 $\widetilde{A}_{j_i}$ 的第 i 列，$\{j_1,\cdots,j_n\}=\{1,\cdots,n\}$.

引理 1　设 $\boldsymbol{A}=(a_{ij})_{n\times n}$ 为正定的对称阵，A_{ii} 为 a_{ii} 的余子式，$i=1,2,\cdots,n$. 则：

(1)由 A_{ii} 的行、列构成的矩阵是 $n-1$ 阶正定的对称阵

$$\det \boldsymbol{A} \leqslant a_{ii} \cdot A_{ii} \quad (i=1,\cdots,n)$$

(2)设 $\boldsymbol{A}^*$ 是 $\boldsymbol{A}$ 的伴随矩阵,那么 $\boldsymbol{A}^*$ 是 n 阶正定的对称矩阵

$$\det \boldsymbol{A}^* \leqslant A_{11} \cdots A_{m}$$

引理 2 设 $\boldsymbol{B}_1,\boldsymbol{B}_2$ 是 2 阶正定的对称阵,$f(x_1,x_2)=\det(x_1 b_1 + x_2 b_2)$,则 $f_2(1,1) \geqslant 2[\det(\boldsymbol{B}_1 \cdot \boldsymbol{B}_2)]^{\frac{1}{2}}$,等式成立的充要条件是 $\boldsymbol{B}_1,\boldsymbol{B}_2$ 相关(即存在实数 $k \neq 0$,满足 $\boldsymbol{B}_1=k\boldsymbol{B}_2$).

事实上,因 $\boldsymbol{B}_1,\boldsymbol{B}_2$ 是正定的对称阵,故存在合同变换 $\boldsymbol{T}$,使得 $\boldsymbol{T}\boldsymbol{B}_1\boldsymbol{T}^{\mathrm{T}}=\boldsymbol{E}$,$\boldsymbol{T}\boldsymbol{B}_2\boldsymbol{T}^{\mathrm{T}}$ 是对角阵,由此即证得引理 2.

引理 3 设 $\boldsymbol{B}_1,\boldsymbol{B}_2,\cdots,\boldsymbol{B}_n$ 均为 n 阶正定的对称阵,$f(x_1,\cdots,x_n)=\det(x_1\boldsymbol{B}_1+\cdots+x_n\boldsymbol{B}_n)$,则

$$f_n(1,\cdots,1) \geqslant n! \ [\prod_{i=1}^{n} \det \boldsymbol{B}_i]^{\frac{1}{n}}$$

事实上,可对 n 作归纳,当 $n=2$,由引理 2 知结论成立.

假设当 $n=k-1$ 时,引理成立. 当 $n=2$ 时,由 $\boldsymbol{B}_1$,$\boldsymbol{B}_2$ 的正定、对称性知存在合同变换 $\boldsymbol{T}$,使得 $\boldsymbol{T}\boldsymbol{B}_1\boldsymbol{T}^{\mathrm{T}}=\boldsymbol{E}$,$\boldsymbol{T}\boldsymbol{B}_2\boldsymbol{T}^{\mathrm{T}}=\boldsymbol{C}_2$,$\boldsymbol{C}_2$ 为对角矩阵,令 $\boldsymbol{C}_i=\boldsymbol{T}\boldsymbol{B}_i\boldsymbol{T}^{\mathrm{T}}$,$i=3,4,\cdots,k$. 于是

$$\begin{aligned} f(x_1,\cdots,x_k) &= \det(\sum_{i=1}^{k} x_i \boldsymbol{B}_i) \\ &= \frac{1}{(\det \boldsymbol{T})^2} \cdot \det(x_1\boldsymbol{E}+x_2\boldsymbol{C}_2+\cdots+x_k\boldsymbol{C}_k) \end{aligned}$$

$$f_k(1,1,\cdots,1)=\frac{1}{(\det \boldsymbol{T})^2}(f_1+\cdots+f_k)$$

这里 f_i 是 $\det(\sum_{j=2}^{k}x_jC_{ii}^{(j)})$ 关于 $x_2,\cdots,x_k$ 的系数，$C_{ii}^{(j)}$ 是 $\boldsymbol{C}_j$ 中第 i 行，i 列元素的余子式，$i=1,\cdots,k$. 由引理 1 和归纳假设，有

$$f_i\geqslant(k-1)!\ [\prod_{j=2}^{k}\det C_{ii}^{(j)}]^{\frac{1}{k-1}}$$

所以 $\quad f_k(1,\cdots,1)\geqslant\dfrac{(k-1)!}{(\det \boldsymbol{T})^2}\sum_{i=1}^{k}(\prod_{j=2}^{k}\det C_{ii}^{(j)})^{\frac{1}{k-1}}$

显然，欲证 $n=k$ 时结论成立，只需证明

$$\left[\frac{\sum_{i=1}^{k}(\prod_{j=2}^{k}\det C_{ii}^{(j)})^{\frac{1}{k-1}}}{k}\right]^k\geqslant\prod_{j=2}^{k}\det \boldsymbol{C}_j$$

利用算术 - 几何平均不等式，只需证

$$[\prod_{j=2}^{k}(\prod_{i=1}^{k}\det C_{ii}^{(j)})]^{\frac{1}{k-1}}\geqslant\prod_{i=2}^{k}\det \boldsymbol{C}_j \qquad (*)$$

记 $\boldsymbol{C}_j$ 的伴随矩阵为 $\boldsymbol{C}_j^*$，$j=2,\cdots,k$. 由引理 1，$(\det \boldsymbol{C}_j)^{k-1}=\det \boldsymbol{C}_j^*\leqslant\prod_{i=2}^{k}\det C_{ii}^{(j)}$，即 $[\prod_{i=1}^{k}\det C_{ii}^{(j)}]^{\frac{1}{k-1}}\geqslant\det \boldsymbol{C}_j$. 这说明式 $(*)$ 成立，故引理 3 在 $n=k$ 时成立.

引理 4　在引理 3 的条件下，等式

$$f_n(1,\cdots,1)=n!\ (\prod_{i=1}^{n}\det \boldsymbol{B}_i)^{\frac{1}{n}}$$

成立的充分必要条件是 $B_1,\cdots,B_n$ 两两相关.

事实上，充分性显然成立.

必要性：引用引理 3 证明过程中的有关记号，对 n 作归纳. 当 $n=2$ 时，由引理 2 知结论成立. 下设对 $n=k-1$ 时结论成立. 当 $n=k$（不妨设 $k\geqslant3$）时，由 $f_k(1,\cdots,1)=k!\ (\prod_{i=1}^{k}\det \boldsymbol{B}_i)^{\frac{1}{k}}$ 及引理 3 证明中所涉及的不等式，知下列等式成立

$$f_i=(k-1)!\left[\prod_{j=2}^{k}\det C_{ii}^{(j)}\right]^{\frac{1}{k-1}}\quad(i=1,\cdots,k)\tag{10.3.42}$$

$$\left[\frac{\sum_{i=1}^{k}\left(\prod_{j=2}^{k}\det C_{ii}^{(j)}\right)^{\frac{1}{k-1}}}{k}\right]^{k}=\left(\prod_{i=1}^{k}\prod_{j=2}^{k}\det C_{ii}^{(j)}\right)^{\frac{1}{k-1}}\tag{10.3.43}$$

对式(7.3.42)利用归纳假设,可知 $C_{ii}^{(2)},\cdots,C_{ii}^{(k)}$ 两两相关,$i=1,2,\cdots,k$. 因 $k\geqslant 3$,故 $\boldsymbol{C}_2,\cdots,\boldsymbol{C}_k$ 两两相关. 由于 $\boldsymbol{C}_2$ 是对角阵,所以 $\boldsymbol{C}_3,\cdots,\boldsymbol{C}_k$ 均为对角阵,对式(7.3.43)利用算术-几何平均不等式中等号成立的充要条件有

$$\prod_{j=2}^{k}\det C_{ii}^{(j)}=\prod_{j=2}^{k}\det C_{tt}^{(j)}\quad(i,t=1,2,\cdots,k)$$

由上式知,$\boldsymbol{C}_2,\cdots,\boldsymbol{C}_k$ 均为数量阵,这说明 $\boldsymbol{B}_1,\cdots,\boldsymbol{B}_k$ 是两两相关的. 必要性成立.

下面给出定理 10.3.8 的证明:

证明 由单形体积公式(5.2.6),知

$$\left[V\left(\sum\nolimits_{P_{(n+1)}^{(m)}}\right)\right]^2=\left[V_P^{(m)}\right]^2=-\frac{1}{(n!)^2}\det \boldsymbol{A}_m$$

易验证
$$\det\widetilde{\boldsymbol{A}}_m=-\det\boldsymbol{A}_m$$

所以 $\det\widetilde{\boldsymbol{A}}_m=(n!)^2\cdot\left[V_P^{(m)}\right]^2\quad(m=1,\cdots,n)$

根据 $\widetilde{\boldsymbol{A}}_1,\cdots,\widetilde{\boldsymbol{A}}_n$ 的构造易推出 $\widetilde{\boldsymbol{A}}_1,\cdots,\widetilde{\boldsymbol{A}}_n$ 均为 n 阶正定的对称阵,利用引理 2 及上述体积公式,即有

$$f_n(1,\cdots,1)\geqslant(n!)^3\left[\prod_{m=1}^{n}V_P^{(m)}\right]^{\frac{2}{n}}$$

又由引理 4 知,上述等式成立的充要条件是 $\widetilde{\boldsymbol{A}}_1,\cdots,\widetilde{\boldsymbol{A}}_n$ 两两相关,但由 $\widetilde{\boldsymbol{A}}_1,\cdots,\widetilde{\boldsymbol{A}}_n$ 的定义又可推知 $\widetilde{\boldsymbol{A}}_1,\cdots,\widetilde{\boldsymbol{A}}_n$ 两两相关的充要条件是单形 $\sum_{P_{(n+1)}^{(1)}},\cdots,\sum_{P_{(n+1)}^{(2)}}$ 两两相似,故命题成立.

由定理 10.3.8 可推得：

推论 1　当 $n=2$ 时，式(10.3.15)即为纽堡－匹多不等式即式(9.9.24).

推论 2　在定理 10.3.8 中，取 $\sum_{P^{(2)}_{(n+1)}}=\cdots=\sum_{P^{(n)}_{(n+1)}}$，则得到定理 10.3.7.

由定理 10.3.8 还可推得一系列有关 m 个单形的棱长与体积的不等式，留给读者自行写出.

前述一系列命题均是从单形的棱长与体积的关系给出了纽堡－匹多不等式的高维推广. 下面，我们对 n 维单形的有关面积(或 $n-1$ 维体积)与体积的关系给出纽堡－匹多不等式的推广：

定理 10.3.9　设 V_P，$|S_{ij}|$ 与 V'_P，$|S'_{ij}|$ 分别是 E^n $(n\geqslant 3)$ 中两个 n 维单形 $\sum_{P(n+1)}$，$\sum_{P'(n+1)}$ 的体积和中面面积(即 $n-1$ 维体积)，则[146]：

(1)
$$\sum_{0\leqslant i<j\leqslant n}|S'_{ij}|^2\left(\sum_{0\leqslant l<s\leqslant n}|S_{ls}|^2-2|S_{ij}|^2\right)\geqslant\frac{n^5(n+1)^{\frac{n+2}{n}}(n^2+n-4)}{16n!^{\frac{4}{n}}}(V_P\cdot V'_P)^{\frac{2(n-1)}{n}}\tag{10.3.44}$$

(2)
$$\sum_{0\leqslant i<j\leqslant n}|S'_{ij}|\left(\sum_{0\leqslant l<s\leqslant n}|S_{ls}|-2|S_{ij}|\right)\geqslant\frac{n^3(n+1)(n^2+n-4)}{8n!^{\frac{2}{n}}}(V_P\cdot V'_P)^{\frac{n-1}{n}}\tag{10.3.45}$$

其中等号当且仅当单形 $\sum_{P(n+1)}$，$\sum_{P'(n+1)}$ 均正则时成立.

证明　由定理 7.6.4，E^n 中存在的单形 $\sum_{Q(n+1)}$ 和 $\sum_{Q'(n+1)}$ 使得其棱长 $\rho_{ij}=2(n-1)!\cdot|S_{ij}|$，$\rho'_{ij}=2(n-1)!\cdot|S'_{ij}|$，其体积分别为 $V=(n+1)n!^{n-2}\cdot$

$(V_P)^{n-1}$，$V'=(n+1)\cdot n!^{n-2}\cdot(V'_P)^{n-2}$，再由定理 10.3.1 即得定理 10.3.9.

定理 10.3.10 设 $\{f_i\}$，V_P 与 $\{f'\}$，V'_P 分别为 $E^n(n\geqslant 2)$ 中两个 n 维单形 $\sum_{P(n+1)}$，$\sum_{P'(n+1)}$ 的侧面体积 $(i=0,1,\cdots,n)$ 和 n 维体积. 并记 $F_\alpha=\sum\limits_{i=0}^{n}|f_i|^\alpha$，$F'_\alpha=\sum\limits_{i=0}^{n}|f'_i|^\alpha(0<\alpha\leqslant 1)$，$\mu_n=\dfrac{3^n}{n+1}\left[\dfrac{n+1}{n!^2}\right]^{\frac{1}{n}}$，则[49]

$$\begin{aligned}&\sum_{i=0}^{n}|f_i|^\alpha\left(\sum_{j=0}^{n}|f'_j|^\alpha-2|f'_i|^\alpha\right)\\ \geqslant&\frac{n^2-1}{2}\mu_n^\alpha\cdot\left[\frac{F'_\alpha}{F_\alpha}(V_P)^{\frac{2n-2}{n}\alpha}+\frac{F_\alpha}{F'_\alpha}\cdot(V'_P)^{\frac{2n-2}{n}\alpha}\right]\end{aligned}\tag{10.3.46}$$

其中等号当 $\sum_{P(n+1)}$，$\sum_{P'(n+1)}$ 均为正则单形时成立.

证明 记 $\lambda=\dfrac{f'_\alpha}{F_\alpha}$，$A_i=\sqrt{\lambda}\,|f_i|^\alpha-\sqrt{\dfrac{1}{\lambda}}|f'_i|^\alpha(i=0,1,\cdots,n)$. 容易验证 $\sum\limits_{i=0}^{n}A_i=0$. 于是由定理 9.4.6（或式(9.4.13)），得

$$\begin{aligned}&2\left[\sum_{i=0}^{n}|f_i|^\alpha\left(\sum_{j=0}^{n}|f'_j|^\alpha-2|f'_i|^\alpha\right)-\frac{n^2-1}{2}\mu_n^\alpha\cdot\right.\\ &\left.\left(\lambda V_P^{\frac{2n-2}{n}\alpha}+\frac{1}{\lambda}V_P'^{\frac{2n-2}{n}\alpha}\right)\right]\\ \geqslant&2\sum_{i=0}^{n}|f_i|^\alpha\sum_{j=0}^{n}|f'_j|^\alpha-4\sum_{i=0}^{n}|f_i|^\alpha\cdot|f'_i|^\alpha-\lambda\left[\left(\sum_{i=0}^{n}|f_i|^\alpha\right)^2-\right.\\ &\left.2\sum_{i=0}^{n}|f_i|^{2\alpha}\right]-\lambda^{-1}\left[\left(\sum_{i=0}^{n}|f'_i|^\alpha\right)^2-2\sum_{i=0}^{n}|f'_i|^{2\alpha}\right]\\ =&2\sum_{i=0}^{n}A_i^2-\left(\sum_{i=0}^{n}A_i\right)^2=2\sum_{i=0}^{n}A_i^2\geqslant 0\end{aligned}$$

从而式(10.3.46)获证，等号成立条件也由此推得.

显然,式(10.3.46)是式(10.3.15)的高维推广.

对式(10.3.46)的右边应用算术-几何平均值不等式,则有:

定理 10.3.11　题设同定理 10.3.10,则

$$\sum_{i=0}^{n}|f_i|^{\alpha}\left(\sum_{j=0}^{n}|f_j'|^{\alpha}-2|f_i'|^{\alpha}\right)\geqslant(n^2-1)\mu_n^{\alpha}\cdot(V_P\cdot V_P')^{\frac{n-1}{n}\alpha} \tag{10.3.47}$$

当$\sum_{P(n+1)}$,$\sum_{P'(n+1)}$均为正则单形时等号成立.

显然,式(10.3.47)是式(9.9.24)的又一高维推广.

对于式(10.3.15),张垚教授又给出了另一种形式的推广和加强:

定理 10.3.12　设E^n中$n(\geqslant 2)$维单形$\sum_{P(n+1)}$和它的$k(1\leqslant k\leqslant n-1)$维子单形的体积是$V_P$和$S_i(k)$(特别地$S_i(n-1)=|f_i|$,$S_i(1)=a_i$),记$\sum$表示下标从1到$C_{n+1}^{k+1}$求和,$\mu_{n,k}=\frac{\sqrt{k+1}}{k!}\left(\frac{n!}{\sqrt{n+1}}\right)^{\frac{k}{n}}$,则对$0\leqslant\alpha\leqslant 1$,$0\leqslant\alpha+\gamma\leqslant 2$,$\beta\leqslant n+1-k$,则[36]

$$\sum S_i^{\gamma}(k)\cdot\sum S_i^{\alpha}(k)-\beta\sum[S_i(k)]^{\alpha+\gamma}$$
$$\geqslant C_{n+1}^{k+1}(C_{n+1}^{k+1}-\beta)\mu_{n,k}^{\alpha+\gamma}\cdot(V_P)^{\frac{k(\alpha+\gamma)}{n}\alpha} \tag{10.3.48}$$

其中等号当且仅当单形$\sum_{P(n+1)}$正则时成立.

证明　设式(10.3.48)的右端为$F(\alpha,\gamma,\beta)$,则

$$F(\alpha,\gamma,\beta)$$
$$=\Big[\sum_{1\leqslant i<j\leqslant C_{n+1}^{k+1}}(S_i^{\gamma}(k)\cdot S_j^{\alpha}(k)+S_j^{\gamma}(k)\cdot S_i^{\alpha}(k))-$$
$$(n-k)\sum[S_i(k)]^{\alpha+\gamma}\Big]+(n+1-k-\beta)\sum[S_i(k)]^{\alpha+\gamma}$$
$$=\sum_{(i,\cdots,i_{k+2})\in T}\Big[\sum_{1\leqslant r<t\leqslant k+2}[S_{i_r}^{\gamma}(k)\cdot S_{i_t}^{\alpha}(k)+S_{i_r}^{\alpha}(k)\cdot S_{i_t}^{\gamma}(k)]-$$
$$\sum_{r=1}^{k+2}[S_{i_r}(k)]^{\alpha+\gamma}+\sum_{(i_r,i_t)\in Q}(S_{i_r}^{\gamma}(k)\cdot S_{i_t}^{\alpha}(k)+S_{i_t}^{\gamma}(k)\cdot$$

$S_{i_r}^{\alpha}(k))]+(n-1-k-\beta)\sum[S_i(k)]^{\alpha+\gamma}$ (10.3.49)

其中 $T=\{(i_1,i_2,\cdots,i_{k+2})\mid S_{i_1}(k),S_{i_2}(k),\cdots,S_{i_{k+2}}(k)(1\leqslant i_1<i_2<\cdots<i_{k+2}\leqslant n+1)$,恰是$\sum_{P(n+1)}$中某 $k+1$ 维子单形的各侧面(k 维子单形)的体积$\}$,$Q=\{(i_r,i_t)\mid S_{i_r}(k),S_{i_t}(k)(1\leqslant i_r<i_t\leqslant n+1)$不是$\sum_{P(n+1)}$的同一个 $k+1$ 维子单形的两个侧面体积$\}$,若$|M|$表示集合 M 的元素数,则知$|T|=\mathrm{C}_{n+1}^{k+1}$,$|Q|=\mathrm{C}_{\mathrm{C}_{n+1}^{k}}^{2}-\mathrm{C}_{n+1}^{k+1}\cdot\mathrm{C}_{k+2}^{2}=\frac{1}{2}\mathrm{C}_{n+1}^{k+1}[\mathrm{C}_{n+1}^{k+1}-(n-k)(k+1)-1]$. 当$(i_1,i_2,\cdots,i_{k+2})\in T$时,将以 $S_{i_1}(k),S_{i_2}(k),\cdots,S_{i_{k+2}}(k)$为侧面体积的 $k+1$ 维子单形记为$\sum_{i_1,i_2,\cdots,i_{k+2}}$,其 $k+1$ 维体积为 $V_{i_1,i_2,\cdots,i_{k+2}}$,对式(10.3.49)中第 1 项利用式(9.4.14),而对第 2,3 项利用算术 - 几何平均值不等式,得

$$\begin{aligned}&F(\alpha,\gamma,\beta)\\ \geqslant&\sum_{(i_1,\cdots,i_{k+2})\in T}k(k+2)\cdot\left[\frac{(k+1)^3}{k+2}\left(\frac{\sqrt{k+2}}{(k+1)!}\right)^{\frac{2}{k+2}}\right]^{\frac{\alpha+\gamma}{2}}\cdot\\&(S_{i_1,\cdots,i_{k+2}})^{\frac{k(\alpha+\gamma)}{k+1}}+\mathrm{C}_{n+1}^{k+1}[\mathrm{C}_{n+1}^{k+1}-(n-k)(k+1)-1]\cdot\\&\Big(\prod_{i=1}^{\mathrm{C}_{n+1}^{k}}S_i(k)\Big)^{\frac{\alpha+\gamma}{\mathrm{C}_{n+1}^{k}}}+(n+1-k-\beta)\mathrm{C}_{n+1}^{k+1}\Big(\prod_{i=1}^{\mathrm{C}_{n+1}^{k}}S_i(k)\Big)^{\frac{\alpha+\gamma}{\mathrm{C}_{n+1}^{k}}}\end{aligned}$$

再对上式中第 1 项继续用算术 - 几何平均值不等式,并注意到单形$\sum_{P(n+1)}$的$k+1$维子单形的体积记为$S_i(k+1)(i=1,2,\cdots,\mathrm{C}_{n+1}^{k+1})$,得

$$\begin{aligned}&F(\alpha,\gamma,\beta)\\ \geqslant&k(k+2)\left[\frac{(k+1)^3}{k+2}\cdot\left(\frac{\sqrt{k+2}}{(k+1)!}\right)^{\frac{2}{k+1}}\right]^{\frac{\alpha+\gamma}{2}}\cdot\mathrm{C}_{n+1}^{k+1}\cdot\\&\Big[\prod_{i=1}^{\mathrm{C}_{n+1}^{k}}S_i(k+1)\Big]^{k(\alpha+\gamma)/[(k+1)\mathrm{C}_{n+1}^{k}]}+\mathrm{C}_{n+1}^{k+1}[\mathrm{C}_{n+1}^{k+1}-\end{aligned}$$

$$(n-k)k-\beta](\prod_{i=1}^{C_{n+1}^{k+1}}S_i(k))^{\frac{\alpha+\gamma}{C_{n+1}^{k+1}}}$$

再注意到式(9.4.3),有

$$\begin{aligned}&F(\alpha,\gamma,\beta)\\ \geqslant&k(k+2)[\frac{(k+1)^2}{k+2}(\frac{\sqrt{k+2}}{(k+1)!})^{\frac{2}{k+1}}]^{\frac{\alpha+\gamma}{2}}\cdot\\ &C_{n+1}^{k+1}\cdot[\frac{\sqrt{k+2}}{(k+1)!}(\frac{n!}{\sqrt{n+1}}V_P)^{\frac{k+1}{n}}]^{\frac{k(\alpha+\gamma)}{k+1}}+C_{n+1}^{k+1}\cdot\\ &[C_{n+1}^{k+1}-(n-k)k-\beta][\frac{\sqrt{k+1}}{k!}(\frac{n!}{\sqrt{k+1}}V_P)^{\frac{k}{n}}]^{\alpha+\gamma}\\ =&C_{n+1}^{k+1}(C_{n+1}^{k+1}-\beta)\mu_{n,k}^{\alpha+\gamma}\cdot(V_P)^{\frac{k(\alpha+\gamma)}{n}}\end{aligned}$$

即式(10.3.48)成立,且由上述推导中各式等号成立知式(10.3.48)等号当且仅当$\sum_{P(n+1)}$正则时成立.

特别地式(10.3.48)又等价于下列不等式

$$\sum_{i=1}^{C_{n+1}^{k+1}}S_i^{\alpha+\gamma}(k)\geqslant C_{n+1}^{k+1}\mu_{n,k}^{\alpha+\gamma}\cdot[V_P]^{\frac{k(\alpha+\gamma)}{n}}+\frac{1}{C_{n+1}^{k+1}-\beta}\cdot M \tag{10.3.50}$$

其中 $M=\sum_{1\leqslant i\leqslant j\leqslant C_{n+1}^{k+1}}[S_i^\alpha(k)-S_j^\alpha(k)][S_i^\gamma(k)-S_j^\gamma(k)]$.

当 $k=n-1,\alpha=\gamma,\beta=2$ 时,式(10.3.50)即为式(9.4.15);而当 $n=2,k=1,\alpha=\gamma=1,\beta=2$ 时,式(10.3.50)即为式(9.4.16). 故式(10.3.50)不仅是纽堡－匹多不等式的高维推广,也是 Finsler-Hadwiger 不等式的高维推广.

在式(10.3.50)中,令 $\alpha=\gamma=1,\beta=n+1-k$,并注意到式(10.2.8),取 $l=k,k=1,N_k=\sum S_i^2(k),N_1=\sum_{1\leqslant i<j\leqslant n+1}\rho_{ij}^2$,有

$$\sum_{1\leqslant i<j\leqslant n+1}\rho_{ij}^2\geqslant n(n+1)[\frac{(n-k)!\ k!^3}{(n+1)!}]^{\frac{1}{k}}[\sum_{i=1}^{C_{n+1}^{k+1}}S_i^2(k)]^{\frac{1}{k}}$$

并将式(9.9.2)代入,得

$$R_n^2 \geqslant \frac{n}{n+1}\left[\frac{(n-k)!\ k^3}{(n+1)!}\right]^{\frac{1}{k}}\left[\sum S_i^2(k)\right]^{\frac{1}{k}} \tag{10.3.51}$$

其中等号当且仅当单形 $\sum_{P(n+1)}$ 正则时成立.

由式(10.3.51)和式(9.8.1),有:

推论 设 R_n, r_n 分别为 E^n 中的 n 维单形的外接超球、内切超球的半径,对任意 $k(1\leqslant k\leqslant n-1)$,有

$$\begin{aligned} &R_n^{2k}\\ &\geqslant n^{2k}\cdot r_n^{2k}+\frac{n^k(n-k)!\ \cdot(k!)^3}{(n+1)^k(n+1)!\ [\mathrm{C}_{n+1}^{k+1}-(n+1)+k]}\cdot\\ &\quad\sum_{1\leqslant i<j\leqslant \mathrm{C}_{n+1}^{k+1}}[S_i(k)-S_j(k)]^2 \end{aligned} \tag{10.3.52}$$

其中等号当且仅当单形 $\sum_{P(n+1)}$ 正则时成立.

显然式(10.3.52)可视为 Euler 定理的高维推广和加强.

定理 10.3.13 设 E^n 中的 $n(\geqslant 2)$ 维单形 $\sum_{P(n+1)}, \sum_{Q(n+1)}$ 和它的 $k(l\leqslant k\leqslant n-1)$ 维子单形的体积分别是 V_P, V_Q 和 $S_i(k), F_i(k)(i=1,\cdots,\mathrm{C}_{n+1}^{k+1})$,又

$$0\leqslant\alpha\leqslant 1, 0\leqslant\alpha+\gamma\leqslant 2, \beta\leqslant n+1-k$$

令 $\sum$ 表从 1 到 C_{n+1}^{k+1} 的求和[36]

$$\mu_{n,k}=\frac{\sqrt{k+1}}{k!}\left(\frac{n!}{\sqrt{n+1}}\right)^{\frac{k}{n}}$$

$$H=SF-\beta\sum[S_i(k)]^{\frac{\alpha+\gamma}{2}}\cdot[F_i(k)]^{\frac{\alpha+\gamma}{2}}$$

$$S=\left[\sum S_i^{\alpha}(k)\cdot\sum S_i^{\gamma}(k)\right]^{\frac{1}{2}}$$

$$F=\left[\sum F_i^{\alpha}(k)\cdot\sum F_i^{\gamma}(k)\right]^{\frac{1}{2}}$$

则

$$H\geqslant\frac{1}{2}\mathrm{C}_{n+1}^{k+1}(\mathrm{C}_{n+1}^{k+1}-\beta)\mu_{n,k}^{\alpha+\gamma}\cdot\left[\frac{F}{S}V_P^{\frac{k(\alpha+\gamma)}{n}}+\frac{S}{F}V_Q^{\frac{k(\alpha+\gamma)}{n}}+\right.$$

$$\frac{\beta}{2SF}\sum[F[S_i(k)]^{\frac{\alpha+\gamma}{n}}-S[F_i(k)]^{\frac{\alpha+\gamma}{n}}]^2]\quad(10.3.53)$$

其中等号当且仅当单形$\sum_{P(n+1)}$和$\sum_{Q(n+1)}$均正则时成立.

证明　设$H_P=S^2-\beta\sum[S_i(k)]^{\alpha+\gamma}$，$H_Q=F^2+\beta\sum[F_i(k)]^{\alpha+\gamma}$，经过直接计算易得如下恒等式

$$H=\frac{1}{2}(\frac{F}{S}H_P+\frac{S}{F}H_Q)+\frac{\beta}{2SF}\cdot\sum[F[S_i(k)]^{\frac{\alpha+\gamma}{n}}-S[F_i(k)]^{\frac{\alpha+\gamma}{n}}]^2\quad(10.3.54)$$

再利用式(10.3.48)将式(10.3.54)右端的H_P，H_Q放大即得式(10.3.53)，且由式(10.3.48)知式(10.3.53)中等号当且仅当$\sum_{P(n+1)}$和$\sum_{Q(n+1)}$均正则时成立.

对于式(10.3.53)，令$\alpha=\gamma$，$S=\sum S_i^\alpha(k)$，$F=\sum F_i^\alpha(k)$，得

$$\begin{aligned}H&=\sum F_i^\alpha(k)[\sum S_j^\alpha(k)-\beta S_i^\alpha(k)]\\&\geqslant\frac{1}{2}\mathrm{C}_{n+1}^{k+1}(\mathrm{C}_{n+1}^{k+1}-\beta)\mu_{n,k}^{2\alpha}(\frac{F}{S}V_P^{\frac{2k\alpha}{n}}+\frac{S}{F}V_Q^{\frac{2k\alpha}{n}})+\\&\quad\frac{\beta}{2SF}\sum[FS_i^\alpha(k)-SF_i^\alpha(k)]^2\end{aligned}\quad(10.3.55)$$

再由式(10.3.55)，利用算术－几何平均值不等式，有

$$\begin{aligned}H&\geqslant\mathrm{C}_{n+1}^{k+1}(\mathrm{C}_{n+1}^{k+1}-\beta)\mu_{n,k}^{2\alpha}\cdot(V_P\cdot V_Q)^{\frac{k\alpha}{n}}+\\&\quad\frac{\beta}{2SF}\sum[FS_i^\alpha(k)-SF_i^\alpha(k)]^2\end{aligned}\quad(10.3.56)$$

在式(10.3.55)和式(10.3.56)中，令$k=n-1$，$\beta=2$，便分别得到式(10.3.46)及(10.3.47)的一个加强. 因此，式(10.3.55)实质上是式(10.3.15)及式

(9.9.24)的高维推广的一个加强形式.

在式(10.3.56)中,令 $k=1$,$\alpha=1$ 或令 $k=1$ 就分别得到式(10.3.1),式(10.3.2),式(10.3.9)的加强形式.

定理 10.3.14 设 E^n中的 $n(\geqslant 2)$ 维单形 $\sum_{P(n+1)}$,$\sum_{Q(n+1)}$和它的 $k(1\leqslant n-1)$ 维子单形的体积分别是 V_P,V_Q 和 $S_i(k)$,$F_i(k)$($i=1,\cdots,m,m=\mathrm{C}_{n+1}^{k+1}$),对任意3 实数 $\alpha,\gamma\in(0,1]$,$\beta\in[0,n+1-k]$,令 $\mu_{n,k}=\frac{\sqrt{k+1}}{k!}\cdot\left(\frac{n!}{\sqrt{n+1}}\right)^{\frac{k}{n}}$,$S_\alpha=\sum\limits_{i=1}^{m}S_i^\alpha(k)$,$F_\gamma=\sum\limits_{i=1}^{m}F_i^\gamma(k)$等,则[228]:

$$(1)\ \frac{1}{2}\sum_{i=1}^{m}\sum_{j=1}^{m}[S_i^\alpha(k)\cdot F_j^\gamma(k)+S_i^\gamma(k)\cdot F_j^\alpha(k)]-\beta\sum_{i=1}^{m}[S_i(k)\cdot F_i(k)]^{\frac{\alpha+\gamma}{2}}\geqslant\frac{1}{2}m(m-\beta)\mu_{n,k}^{\alpha+\gamma}\left[\frac{F_\alpha}{S_\alpha}V_P^{\frac{k(\alpha+\gamma)}{n}}+\frac{S_\alpha}{F_\alpha}V_Q^{\frac{k(\alpha+\gamma)}{n}}\right]+\frac{\beta}{2S_\alpha F_\alpha}\sum_{i=1}^{m}\left[F_\alpha\cdot S_i^{\frac{\alpha+\gamma}{2}}(k)-S_\alpha\cdot F_i^{\frac{\alpha+\gamma}{2}}(k)\right]^2 \tag{10.3.57}$$

$$(2)\ \sum_{i=1}^{m}[S_i^\alpha(k)+S_i^\gamma(k)]\left[\sum_{j=1}^{m}(F_j^\alpha(k)+F_j^\gamma(k))-\beta(F_i^\alpha(k)+F_i^\gamma(k))\right]\geqslant\frac{1}{2}m(m-\beta)\left[\frac{F_\alpha+F_\gamma}{S_\alpha+S_\gamma}(\mu_{n,k}^\alpha\cdot V_P^{\frac{k\alpha}{n}}+\mu_{n,k}^\gamma\cdot V_P^{\frac{k\gamma}{n}})^2+\frac{S_\alpha+S_\gamma}{F_\alpha+F_\gamma}(\mu_{n,k}^\alpha\cdot V_Q^{\frac{k\alpha}{n}}+\mu_{n,k}^\gamma\cdot V_Q^{\frac{k\gamma}{n}})^2\right]+\frac{\beta}{2(S_\alpha+S_\gamma)(F_\alpha+F_\gamma)}\sum_{i=1}^{m}\{(F_\alpha+F_\gamma)[S_i^\alpha(k)+S_i^\gamma(k)]-(S_\alpha+S_\gamma)[F_i^\alpha(k)+F_i^\gamma(k)]\}^2 \tag{10.3.58}$$

上述两不等式中等号成立的条件是 $\sum_{P(n+1)}$,$\sum_{Q(n+1)}$ 皆正则.

证明 可类似于定理 10.3.13 来证.

(1)设 $h_{PQ}=\frac{1}{2}\sum_{i=1}^{m}\sum_{j=1}^{m}[S_i^{\alpha}(k)\cdot F_j^{\gamma}(k)+S_i^{\gamma}(k)\cdot F_j^{\alpha}(k)]-\beta\sum_{i=1}^{m}[S_i(k)\cdot F_i(k)]^{\frac{\alpha+\gamma}{2}}=\frac{1}{2}(S_{\alpha}\cdot F_{\gamma}+S_{\gamma}\cdot F_{\alpha})-\beta\sum_{i=1}^{m}[S_i(k)\cdot F_i(k)]^{\frac{\alpha+\gamma}{2}}$

$$h_P=\sum_{i=1}^{m}S_i^{\alpha}(k)[\sum_{j=1}^{m}S_j^{\gamma}(k)-\beta S_i^{\gamma}(k)]=S_{\alpha}\cdot S_{\gamma}-\beta S_{\alpha+\gamma}$$

$$h_Q=\sum_{i=1}^{m}F_i^{\alpha}(k)[\sum_{j=1}^{m}F_j^{\gamma}(k)-\beta F_i^{\gamma}(k)]=F_{\alpha}\cdot S_{\gamma}-\beta F_{\alpha+\gamma}$$

则经过直接计算可得下述恒等式

$$h_{PQ}=\frac{1}{2}(\frac{F^{\alpha}}{S^{\alpha}}h_P+\frac{S^{\alpha}}{F^{\alpha}}h_Q)+\frac{\beta}{2S_{\alpha}F_{\alpha}}\sum_{i=1}^{m}[F_{\alpha}\cdot S_i^{\frac{\alpha+\gamma}{2}}(k)-S_{\alpha}\cdot F_i^{\frac{\alpha+\gamma}{2}}(k)]^2 \tag{10.3.59}$$

再利用式(10.3.48),将式(10.3.59)中的 h_P,h_Q 放大而得式(10.3.57),且由式(10.3.48)知式(10.3.57)中等号成立的条件是 $\sum_{P(n+1)}$,$\sum_{Q(n+1)}$ 均正则.

(2)设

$$\begin{aligned}h'_{PQ}&=\sum_{i=1}^{m}[S_i^{\alpha}(k)+S_i^{\gamma}(k)][\sum_{j=1}^{m}(F_j^{\alpha}(k)+F_j^{\gamma}(k))-\beta(F_i^{\alpha}(k)+F_i^{\gamma}(k))]\\&=(S_{\alpha}+S_{\gamma})(F_{\alpha}+F_{\gamma})-\beta\sum_{i=1}^{m}[S_i^{\alpha}(k)+S_i^{\gamma}(k)][F_i^{\alpha}(k)+F_i^{\gamma}(k)]\end{aligned}$$

$$h'_P=(S_{\alpha}+S_{\gamma})^2-\beta\sum_{i=1}^{m}[S_i^{\alpha}(k)+S_i^{\gamma}(k)]^2$$

$$h'_Q=(F_{\alpha}+F_{\gamma})^2-\beta\sum_{i=1}^{m}[F_i^{\alpha}(k)+F_i^{\gamma}(k)]^2$$

则经过直接计算可得下述恒等式

$$h'_{PQ}=\frac{1}{2}[\frac{F_{\alpha}+F_{\gamma}}{S_{\alpha}+S_{\gamma}}\cdot h'_P+\frac{S_{\alpha}+S_{\gamma}}{F_{\alpha}+F_{\gamma}}\cdot h'_Q]+$$

$$\frac{\beta}{2(S_\alpha+S_\gamma)(F_\alpha+F_\gamma)}\cdot\sum_{i=1}^{m}\{(F_\alpha+F_\gamma)[S_i^\alpha(k)+S_i^\gamma(k)]-(S_\alpha+S_\gamma)[F_i^\alpha(k)+F_i^\gamma(k)]\}^2 \quad (10.3.60)$$

再利用式(10.3.48),将式(10.3.60)中的 h'_P,h'_Q 放大即得式(10.3.58),且由式(10.3.48)知式(10.3.58)中等号成立的条件是 $\sum_{P(n+1)},\sum_{Q(n+1)}$ 均正则.

由定理 10.3.14 可得如下推论(且分别记式(10.3.59),式(10.3.60)后面的加项为 R_1,R_2).

推论 在定理 10.3.14 的假设条件和记号下,有

(1)
$$\frac{1}{2}\sum_{i=1}^{m}\sum_{j=1}^{m}[S_i^\alpha(k)\cdot F_j^\gamma(k)+S_i^\gamma(k)F_j^\alpha(k)]-\beta\sum_{i=1}^{m}[S_i(k)\cdot F_i(k)]^{\frac{\alpha+\gamma}{2}}\geqslant\frac{1}{2}m(m-\beta)\mu_{n,k}^{\alpha+\gamma}\cdot(V_P^\alpha V_Q^\gamma)^{\frac{k}{n}}+R_1 \quad (10.3.61)$$

(2)
$$\sum_{i=1}^{m}[S_i^\alpha(k)+S_i^\gamma(k)]\{\sum_{j=1}^{m}[S_j^\alpha(k)+F_j^\gamma(k)]-\beta[F_i^\alpha(k)+F_j^\gamma(k)]\}\geqslant 2m(m-\beta)\mu_{n,k}^{\alpha+\gamma}[\frac{F_\alpha+F_\gamma}{S_\alpha+S_\gamma}V_P^{\frac{k(\alpha+\gamma)}{n}}+\frac{S_\alpha+S_\gamma}{F_\alpha+F_\gamma}V_Q^{\frac{k(\alpha+\gamma)}{n}}]+R_1\geqslant 4m(m-\beta)\mu_{n,k}^{\alpha+\gamma}(V_PV_Q)^{\frac{k(\alpha+\gamma)}{2n}}+R_2 \quad (10.3.62)$$

(3)
$$\sum_{i=1}^{m}S_i^\alpha(k)[\sum_{j=1}^{m}F_j^\alpha(k)-(n+1-k)F_i^\alpha(k)]\geqslant m(m-\beta)\mu_{n,k}^{2\alpha}\cdot(V_PV_Q)^{\frac{2k\alpha}{n}}+\frac{n+1-k}{2S_\alpha F_\gamma}\sum_{i=1}^{m}[F_\alpha S_i^\alpha(k)-S_\alpha F_i^\alpha(k)]^2 \quad (10.3.63)$$

上述不等式中等号成立的条件均为 $\sum_{P(n+1)},\sum_{Q(n+1)}$ 皆正则.

事实上,(1)在式(10.3.57)中的中间和项应用算术－平均不等式即得式(10.3.61).

(2)在式(10.3.58)中的中间和项及式(10.3.62)中间和式应用算术－几何平均不等式即证.

(3)由式(10.3.61),令 $\alpha=\gamma,\beta=n+1-k$ 即得式(10.3.63).

其中各不等式中等号成立的条件可由推导过程可得 $\sum_{P(n+1)},\sum_{Q(n+1)}$ 均正则.

定理 10.3.15　设 E^n 中的 $n(\geqslant 2)$ 维单形 $\sum_{P(n+1)},\sum_{Q(n+1)}$ 的体积分别为 V_P,V_Q,其中线分别为 m_i 和 $m_i'(i=1,2,\cdots,n+1)$,记 $\lambda_{n-k+2}=\dfrac{\sum\limits_{s=1}^{k}m_{i_s}'^{2}}{\sum\limits_{s=1}^{k}m_{i_s}^{2}}$,$\{i_1,i_2,\cdots,i_k\}\subseteq\{1,2,\cdots,n+1\}$,$k=n,n+1$,则[229]

$$H_n=\sum_{i=1}^{n+1}m_i'^2\left[\sum_{j=1}^{n+1}m_j^2-\frac{n(n+1)}{n^2-n+1}m_i^2\right]$$

$$\geqslant\frac{\mu_n}{2}\left(\frac{n!^2}{n+1}\right)^{\frac{2}{n}}\left(\lambda_{n-k+2}\cdot V_P^{\frac{4}{n}}+\lambda_{n-k+2}^{-1}\cdot V_Q^{\frac{4}{n}}\right)\tag{10.3.64}$$

其中 $\mu_n=\dfrac{(n+1)^4(n-1)^2}{n^2(n^2-n+1)}$,等号成立当且仅当 $\sum_{P(n+1)},\sum_{Q(n+1)}$ 均正则.

证明　对单形 $\sum_{P(n+1)},\sum_{Q(n+1)}$ 分别应用式(9.6.13),有

$$\mu\left(\frac{n!}{n+1}\right)^{\frac{2}{n}}\cdot V_P^{\frac{4}{n}}\leqslant\left(\sum_{i=1}^{n+1}m_i^2\right)^2-\frac{n(n+1)}{n^2-n+1}\sum_{i=1}^{n+1}m_i^4$$

$$\mu_n\left(\frac{n!}{n+1}\right)^{\frac{2}{n}}\cdot V_Q^{\frac{4}{n}}\leqslant\left(\sum_{i=1}^{n+1}m_i'\right)^2-\frac{n(n+1)}{n^2-n+1}\sum_{i=1}^{n+1}m_i'^4$$

现记 $D_j=\lambda_{n-k+2}\cdot m_j^2-\lambda_{n-k+2}^{-1}\cdot m_j'^2(j=1,2,\cdots,$

$n+1$).

容易验证 $\sum_{s=1}^{k} D_{i_s}=0(k=n,n+1)$.

设 $\{i_1,i_2,\cdots,i_k,i_{k+1},\cdots,i_{n+1}\}=(1,2,\cdots,n+1)$，从而由上述三式，得

$$2H_n-\mu_n\left(\frac{n!^2}{n+1}\right)^{\frac{2}{n}}(\lambda_{n-k+2}\cdot V_P^{\frac{4}{n}}+\lambda_{n-k+2}^{-1}V_Q^{\frac{4}{n}})$$

$$\geqslant 2H_n-\lambda_{n-k+2}\left[\left(\sum_{i=1}^{n+1}m_i^2\right)^2-\frac{n(n+1)}{n^2-n+1}\sum_{i=1}^{n+1}m_i^4\right]-$$

$$\lambda_{n-k+2}^{-1}\left[\left(\sum_{i=1}^{n+1}m_i'^2\right)^2-\frac{n(n+1)}{n^2-n+1}\sum_{i=1}^{n+1}m_i'^4\right]$$

$$=\frac{n(n+1)}{n^2-n+1}\sum_{s=1}^{n+1}D_{i_s}^2-\left(\sum_{s=1}^{n+1}D_{i_s}\right)^2$$

$$=\frac{n(n+1)}{n^2-n+1}\left(\sum_{s=1}^{k}D_{i_s}^2+\sum_{s=k+1}^{n+1}D_{i_s}^2\right)-\left(\sum_{s=k+1}^{n+1}D_{i_s}\right)^2$$

$$\equiv D=\begin{cases}\dfrac{n(n+1)}{n^2-n+1}\sum\limits_{s=1}^{n+1}D_{i_s}^2 & \text{当 } k=n+1 \text{ 时}\\ \dfrac{n(n+1)}{n^2-n+1}\sum\limits_{s=1}^{n+1}D_{i_s}^2+\left[\dfrac{n(n+1)}{n^2-n+1}-1\right]D_{i_{n+1}}^2 & \text{当 } k=n \text{ 时}\end{cases}$$

注意到 $\frac{n(n+1)}{n^2-n+1}-1>0$，故 $D>0$. 于是

$$H_n\geqslant\frac{M_n}{2}\left(\frac{n!^2}{n+1}\right)^{\frac{2}{n}}(\lambda_{n-k+2}V_P^{\frac{4}{n}}+\lambda_{n-k+2}^{-1}V_Q^{\frac{4}{n}})$$

从而式(10.3.64)获证，其中等号成立条件由推导知 $\sum_{P(n+1)}$，$\sum_{Q(n+1)}$ 均正则.

对于式(10.3.64)，当 $n=2,k=3$ 时，便为涉及 2 个三角形中线的不等式.

当 $n=3,k=4$，便为涉及 2 个四面体的中线的不等式

$$\sum_{i=1}^{4}m_i'^2\left(\sum_{j=1}^{4}m_j^2-\frac{12}{7}m_i^2\right)\geqslant\frac{2^9}{21}\left(\frac{\sum\limits_{k=1}^{4}m_k'^2}{\sum\limits_{k=1}^{4}m_k^2}V_P^{\frac{4}{3}}+\frac{\sum\limits_{k=1}^{4}m_k^2}{\sum\limits_{k=1}^{4}m_k'^2}\cdot V_Q^{\frac{4}{3}}\right) \tag{10.3.65}$$

对于定理 10.3.15 还有如下推论：

推论　设 E^n 中的 $n(\geqslant 2)$ 维单形 $\sum_{P(n+1)}$，$\sum_{Q(n+1)}$ 的体积分别为 V_P，V_Q，其中线分别为 m_i，$m_i'(i=1,2,\cdots,n+1)$，则

$$\sum_{i=1}^{n+1}m_i'^2\left[\sum_{j=1}^{n+1}m_j^2-\frac{n(n+1)}{n^2-n+1}m_i^2\right]$$
$$\geqslant\frac{(n+1)^4(n-1)^2}{n^2(n^2-n+1)}\left(\frac{n!^2}{n+1}\right)^{\frac{2}{n}}\cdot(V_PV_Q)^{\frac{2}{n}} \tag{10.3.66}$$

其中等号当且仅当 $\sum_{P(n+1)}$，$\sum_{Q(n+1)}$ 均正则时取得.

事实上，对(10.3.64)右边应用算术－几何平均不等式即得式(10.3.66).

显然，式(10.3.64)，式(10.3.66)均为 n 维单形中线的纽堡－匹多型的不等式.

§10.4　几类典型的几何关系式

任意两个(或 $m(>2)$ 个)n 维单形之间有一些特殊的不等式关系. 现介绍几个如下：

10.4.1　与超球半径有关的不等式

定理 10.4.1－1　设 ρ_{ij}，R_n，r_n 与 ρ_{ij}'，R_n'，r_n' 分别是 E^n 中两个 n 维单形 $\sum_{P(n+1)}$ 和 $\sum_{P'(n+1)}$ 的棱长、外接超球半径、内切超球半径，则

$$n^2(n+1)^2 r_n r_n' \leqslant \sum_{0 \leqslant i < j \leqslant n} \rho_{ij} \cdot \rho_{ij}' \leqslant (n+1)^2 R_n \cdot R_n' \tag{10.4.1-1}$$

其中等号当且仅当两个单形 $\sum_{P(n+1)}$, $\sum_{P'(n+1)}$ 为棱长相等的正则单形时成立.

证明 利用 Cauchy 不等式和式(9.9.2),知

$$\begin{aligned}\sum_{0 \leqslant i < j \leqslant n} \rho_{ij} \cdot \rho_{ij}' &\leqslant \Big(\sum_{0 \leqslant i < j \leqslant n} \rho_{ij}^2 \cdot \sum_{0 \leqslant i < j \leqslant n} \rho_{ij}'^2\Big)^{\frac{1}{2}} \\ &\leqslant (n+1)^2 R_n \cdot R_n'\end{aligned}$$

再利用算术－几何平均值不等式及式(9.5.1),式(9.8.3),有

$$\begin{aligned}&\sum_{0 \leqslant i < j \leqslant n} \rho_{ij} \cdot \rho_{ij}' \\ \geqslant &\frac{n(n+1)}{2}\Big(\prod_{0 \leqslant i < j \leqslant n} \rho_{ij} \cdot \prod_{0 \leqslant i < j \leqslant n} \rho_{ij}'\Big)^{\frac{2}{n(n+1)}} \\ \geqslant &\frac{n(n+1)}{2} n!^{\frac{2}{n}} (V_P)^{\frac{1}{n}} \cdot (V_{P'})^{\frac{1}{n}} \cdot \Big(\frac{2^n}{n+1}\Big)^{\frac{1}{n}} \\ \geqslant &\frac{n(n+1)}{2} n!^{\frac{2}{n}} \cdot \Big(\frac{2^n}{n+1}\Big)^{\frac{1}{n}} \cdot \Big[\frac{n^n(n+1)^{n+1}}{n!^2}\Big]^{\frac{1}{n}} \cdot r_n \cdot r_n' \\ = &n^2(n+1)^2 r_n \cdot r_n'\end{aligned}$$

因而,即得式(10.4.1-1),等号成立的条件由证明过程中运用各不等式等号成立的条件而推得.

对于式(10.4.1-1)的左端不等式,我们还可推广,加强为:

定理 10.4.1-2 设 $\rho_{ij}^{(l)}$, $r_n^{(l)}$, $V_P^{(l)}$ $(l=1,2,\cdots,k)$ 分别为 E^n 中 k 个 n 维单形 $\sum_{P(n+1)}^{(l)}$ 的棱长、内切超球半径、n 维体积. 对于任意实数 α,则有[143]

$$\begin{aligned}&\sum_{0 \leqslant i < j \leqslant n} \Big[\prod_{l=1}^{k} (\rho_{ij}^{(l)})^{\alpha}\Big] \\ \geqslant &2^{\frac{k\alpha}{2}} \cdot (n+1)^{1-\frac{k\alpha}{2n}} \cdot n(n!)^{\frac{k\alpha}{n}} \cdot \prod_{l=1}^{k} \big[V_P^{(l)}\big]^{\frac{\alpha}{n}}\end{aligned} \tag{10.4.1-2}$$

$$\geqslant\frac{1}{4}[2(n+1)n]^{1+\frac{k\alpha}{2}}\cdot\prod_{l=1}^{k}[r_n^{(l)}]^{\alpha}\qquad(10.4.1-3)$$

其中等号当且仅当每个 n 维单形 $\sum_{P(n+1)}^{(l)}$ 均正则时成立.

证明 由算术-几何平均值不等式得

$$\sum_{0\leqslant i<j\leqslant n}[\prod_{l=1}^{k}(\rho_{ij}^{(l)})^{\alpha}]$$
$$\geqslant\frac{1}{2}n(n+1)[\prod_{l=1}^{k}(\rho_{01}^{(l)})^{\alpha}\cdot\prod_{l=1}^{k}(\rho_{02}^{(l)})^{\alpha}\cdot\cdots\cdot\prod_{l=1}^{k}(\rho_{n-1,n}^{(l)})^{\alpha}]$$

对于上式右端运用不等式(9.5.1),有

$$\text{上式右端}\geqslant\frac{1}{2}n(n+1)[(\frac{2^{\frac{n}{2}}n!}{(n+1)^{\frac{1}{2}}})^{k}\cdot\prod_{l=1}^{k}V_P^{(l)}]^{\frac{\alpha}{n}}$$
$$=2^{\frac{k\alpha}{2}-1}\cdot(n+1)^{1-\frac{k\alpha}{2n}}\cdot n(n!)^{\frac{k\alpha}{n}}\prod_{l=1}^{k}[V_P^{(l)}]^{\frac{\alpha}{n}}\qquad(*)$$

此即为式(10.4.1-2).对此式运用式(9.8.1),有

$$\text{式}(*)\text{右端}\geqslant2^{\frac{k\alpha}{2}-1}\cdot(n+1)^{1-\frac{k\alpha}{2n}}\cdot n(n!)^{\frac{k\alpha}{n}}\cdot\prod_{l=1}^{k}[(\frac{n^{n}(n+1)^{n+1}}{n!^{2}})^{\frac{1}{2n}}\cdot r_n^{(l)}]^{\alpha}$$
$$=\frac{1}{4}[2(n+1)n]^{1+\frac{k\alpha}{2}}\cdot\prod_{l=1}^{k}(r_n^{(l)})^{\alpha}$$

此即为式(10.4.1-3).

由证明过程中用到的三个不等式等号成立的条件推知定理10.4.1-2中等号成立的条件当且仅当 $\sum_{P(n+1)}^{(l)}(l=1,2,\cdots,k)$ 正则时成立.

显然,当 $k=2,\alpha=1$ 时,式(10.4.1-3)即为式(10.4.1-1)左端不等式,式(10.4.1-2)成为其分隔

式. 此时我们还有如下推论:

推论 1 在定理 10.4.1-2 中,令 $k=2$,有

$$\sum_{0\leqslant i<j\leqslant n}(\rho_{ij}^{(l)})^{\alpha}(\rho_{ij}^{(l)})^{\alpha}$$
$$\geqslant 2^{\alpha-1}\cdot(n+1)^{1-\frac{\alpha}{n}}.n(n!)\frac{2\alpha}{n}\cdot[V_P^{(1)}\cdot V_P^{(2)}]^{\frac{\alpha}{n}}$$
$$\geqslant\frac{1}{4}[2(n+1)n]^{1+\alpha}\cdot(r_n^{(1)}\cdot r_n^{(2)})^{\alpha}$$

(10.4.1-4)

推论 2 在定理 10.4.1-2 中,取 $k=2,\alpha=\frac{\beta}{2}$,又设 $\sum_{P(n+1)}^{(1)}\cong\sum_{P(n+1)}^{(2)}=\sum_{P(n+1)}$,则得到关于一个单形的一类不等式

$$\sum_{0\leqslant i<j\leqslant n}\rho_{ij}^{\beta}\geqslant 2^{\frac{\beta}{2}-1}(n+1)^{1-\frac{\beta}{2n}}\cdot n(n!)^{\frac{\beta}{n}}\cdot(V_P)^{\frac{\beta}{n}}$$
$$\geqslant\frac{1}{4}[2(n+1)n]^{1+\frac{\beta}{2}}\cdot r^{\frac{\beta}{n}}\quad(10.4.1-5)$$

其中式(10.4.1-4)与(10.4.1-5)中等号成立当且仅当题设中单形正则时成立.

对于上述推论 2,若取 $n=2,\alpha=2$,及推论 1 若取 $n=2,\beta=1$ 或 2 或 k,等等,则可得到关于三角形的一系列不等式

$$a^2a'^2+b^2\cdot b'^2+c^2\cdot c'^2\geqslant 16S_{\triangle}\cdot S_{\triangle}'$$
$$a+b+c\geqslant 2\sqrt[4]{27}\sqrt{S_{\triangle}}$$
$$a^2+b^2+c^2\geqslant 4\sqrt{3}S_{\triangle}$$
$$a^k+b^k+c^k\geqslant 2^k\cdot 3^{1-\frac{k}{4}}\cdot S_{\triangle}^{\frac{k}{2}}$$

若取 $n=3$,则可得四面体中的一系列不等式. 这些作练习留给读者.

定理 10.4.1-3 设 $\{f_i\},R_n,r_n$ 与 $\{f_i'\},R_n',r_n'$ 分别

为 E^n 中两个 n 维单形 $\sum_{P(n+1)}$ 和 $\sum_{Q(n+1)}$ 的 $n-1$ 维体积、外接超球半径、内切超球半径,则[145]

$$\frac{[n(n+1)]^2}{(n-1)!^2}(r_n r_n')^{n-1}$$
$$\leqslant \sum_{i=0}^{n}|f_i|\cdot|f_i'|$$
$$\leqslant \frac{(n+1)^n}{(n-1)!^2\cdot n^{n-2}}(R_n R_n')^{n-1} \qquad (10.4.1-6)$$

其中等号当且仅当两单形 $\sum_{P(n+1)}$，$\sum_{Q(n+1)}$ 棱长相等且正则时成立.

证明　由式(10.2.11)及 Cauchy 不等式可证右边不等式. 左边不等式可由式(9.8.4)及式(9.4.1)并利用算术-几何平均不等式即推得. 等号成立的条件由推导过程即得.

10.4.2　关于顶点角、内顶角的不等式

定理 10.4.2　设 E^n 中的两个 n 维单形为 $\sum_{P(n+1)}$ 和 $\sum_{P'(n+1)}$，M 与 M' 分别为 $\sum_{P(n+1)}$ 与 $\sum_{P'(n+1)}$ 内部任意一点. 若 $\sum_{P(n+1)}$ 与 $\sum_{P'(n+1)}$ 的 n 级顶点角分别为 α_{i_n}，α_{i_n}'，以 M，M' 为顶点且分别对应于 P_i，P_i' 的内顶角为 β_{i_n}，β_{i_n}'，又 $\mu_i(i=0,1,\cdots,n)$ 为正数，则有[64]

$$\sum_{i=1}^{n}\left(\prod_{\substack{j=0\\j\neq i}}^{n}\mu_j\right)\sin\alpha_{i_n}\cdot\sin\beta_{i_n}\leqslant\frac{1}{n^n}\left(\sum_{i=0}^{n}\mu_j\right)^n \qquad (10.4.2-1)$$

$$\sum_{i=1}^{n}\left(\prod_{\substack{j=0\\j\neq i}}^{n}\mu_j\right)\sin\alpha_{i_n}'\cdot\sin\beta_{i_n}'\leqslant\frac{1}{n^n}\left(\sum_{i=0}^{n}\mu_j\right)^n \qquad (10.4.2-2)$$

$$\sum_{i=0}^{n}\left(\prod_{\substack{j=0\\j\neq i}}^{n}\mu_j\right)\sin\alpha_{i_n}\cdot\sin\beta_{i_n}'\leqslant\frac{1}{n^n}\left(\sum_{i=0}^{n}\mu_j\right)^n \qquad (10.4.2-3)$$

$$\sum_{i=0}^{n}\Big(\prod_{\substack{j=0\\ j\neq i}}^{n}\mu_j\Big)\sin\alpha'_{i_n}\cdot\sin\beta_{i_n}\leqslant\frac{1}{n^n}\Big(\sum_{i=0}^{n}\mu_j\Big)^n \tag{10.4.2-4}$$

以上各式等号成立的充分必要条件为下列各式成立(仅写出式(10.4.2-1)的)

$$\frac{\mu_i}{\sum\limits_{l=0}^{n}}=\frac{\cos<j,k>}{n(\cos<j,k>-\cos<i,j>\cdot\cos<j,k>)}=\frac{\cos\varphi_{ik}}{nQ} \tag{10.4.2-5}$$

其中 $i,j,k=0,1,\cdots,n,i\neq j,i\neq k,j\neq k$. 且

$$\frac{\sin\alpha_{0_n}}{\sin\beta_{0_n}}=\frac{\sin\alpha_{1_n}}{\sin\beta_{1_n}}=\cdots=\frac{\sin\alpha_{n_n}}{\sin\beta_{n_n}} \tag{10.4.2-6}$$

其中 $Q=\cos\varphi_{jk}-\cos\varphi_{ij}\cdot\cos\varphi_{ik}$, $<i,j>$ 为单形 $\sum_{P(n+1)}$ 的第 i 与第 j 个界面(顶点 P_i 与 P_j 所对的侧面)上的单位向量 $\boldsymbol{e}_i,\boldsymbol{e}_j$ 之间的夹角,φ_{ij} 为单形 $\sum_{P(n+1)}$ 中和 MP_i 与 MP_j 方向一致的单位向量 $\boldsymbol{\varepsilon}_i,\boldsymbol{\varepsilon}_j$ 之间的夹角.

证明 仅证式(10.4.2-1). 由 Cauchy 不等式,再注意到式(9.1.2)与式(9.2.1),有

$$\begin{aligned}&\sum_{i=0}^{n}\Big(\prod_{\substack{j=0\\ j\neq i}}^{n}\mu_j\Big)\sin\alpha_{i_n}\cdot\sin\beta_{i_n}\\ \leqslant&\Big[\sum_{i=0}^{n}\Big(\prod_{\substack{j=0\\ j\neq i}}^{n}\mu_j\Big)\sin^2\alpha_{i_n}\Big]^{\frac{1}{2}}\cdot\Big[\sum_{i=0}^{n}\Big(\prod_{\substack{j=0\\ j\neq i}}^{n}\mu_j\Big)\sin^2\beta_{i_n}\Big]^{\frac{1}{2}}\\ \leqslant&\Big[\frac{1}{n^n}\Big(\sum_{i=0}^{n}\mu_i\Big)^n\Big]^{\frac{1}{2}}\cdot\Big[\frac{1}{n^n}\Big(\sum_{i=0}^{n}\mu_i\Big)^n\Big]^{\frac{1}{2}}=\frac{1}{n^n}\Big(\sum_{i=0}^{n}\mu_i\Big)^n\end{aligned}$$

其中等号成立的条件可由推证过程中得出.

10.4.3 与体积有关的不等式

定理 10.4.3-1 设 $\sum_{P(n+1)}=\{P_0,P_1,\cdots,P_n\}$,

$\sum_{P'(n+1)}=\{P'_0,P'_1,\cdots,P'_n\}$为$E^n$两个$n$维单形，它们的$n$维体积分别为$V_P$和$V_P'$. 若$M,M'$分别是单形$\sum_{P(n+1)}$与$\sum_{P'(n+1)}$内任意一点，记$MP_i=x_i$，$M'P'_i=x'_i(i=0,1,\cdots,n)$，又单形$\sum_{P(n+1)}$，$\sum_{P'(n+1)}$的顶点$P_i$，$P'_i$所对侧面$f_i$与$f'_i$的$n-1$维体积记为$|f_i|$与$|f'_i|(i=0,1,\cdots,n)$，则有[64,165]

$$(\sum_{i=0}^{n}x_i|f'_i|)^n\geqslant n^{2n}V_P\cdot[V_P']^{n-1}\qquad(10.4.3-1)$$

$$(\sum_{i=0}^{n}x'_i|f_i|)^n\geqslant n^{2n}V'_P\cdot[V_P]^{n-1}\qquad(10.4.3-2)$$

以上两式中等号成立的充要条件为下列各式成立(仅写出式(10.4.3－1)的情形

$$\frac{x_i|f'_i|}{\sum_{l=0}^{n}x'_i|f_l|}=\frac{\cos<j,k>'}{n(\cos<j,k>'-\cos<i,j>'\cos<i,k>')}$$

$$=\frac{\cos\varphi_{jk}}{nQ}$$

其中$i,j,k=0,1,\cdots,n,i\neq j,i\neq k,j\neq k$. 且

$$\frac{\sin\alpha'_{0_n}}{\sin\beta_{0_n}}=\frac{\sin\alpha'_{1_n}}{\sin\beta_{1_n}}=\cdots=\frac{\sin\alpha'_{n_n}}{\sin\beta_{n_n}}$$

(10.4.3－4)

其中Q，$<i,j>'$，φ_{ij}，α'_{ij}，β_{ij}的意义同定理10.4.2中说明.

证明　仅证式(10.4.3－1). 由式(10.4.2－4)，有

$$\sum_{i=0}^{n}(\prod_{\substack{j=0\\j=i}}^{n}\mu_j)\sin\alpha'_{i_n}\cdot\sin\beta_{i_n}\leqslant\frac{1}{n}(\sum_{i=0}^{n}\mu_j)^n$$

在上式中，令$\mu_i=x_i|f'_i|$，由式(5.2.7)及式(5.2.3)知

$$\prod_{\substack{j=0\\j\neq i}}^{n}|f_j'|\sin\alpha_{i_n}'=\frac{n^{n-1}}{(n-1)!}[V_P']^{n-1}\quad(i=0,1,\cdots,n)$$

而$\frac{1}{n!}(\prod\limits_{\substack{j=0\\j\neq i}}^{n}|MP_j|\sin\beta_{i_n}$为单形$\sum_{P_i(n+1)})=\{P_0,\cdots,P_{i-1},M,P_{i+1},\cdots,P_n\}$的体积,故

$$\frac{1}{n^n}(\sum_{i=0}^{n}x_i|f_i'|^n)\geqslant\frac{n^{n-1}}{(n-1)!}[V_P]^{n-1}\cdot\sum_{i=0}^{n}(\prod_{\substack{j=0\\j\neq i}}^{n}x_j)\sin\beta_{i_n}$$
$$=n^nV_P\cdot[V_P']^{n-1}$$

以上整理,即得式(10.4.3-1).其中等号成立的充要条件,可由式(10.4.2-4)等号成立的充要条件推得.

由定理10.4.3-1,可推得如下两个结论:

推论1 E^n 中 n 维($n\geqslant2$)单形 $\sum_{P(n+1)}=\{P_0,P_1,\cdots,P_n\}$ 的 n 维体积 V_P 与其关于点 M 的垂足单形 $\sum_{H(n+1)}=\{H_0,H_1,\cdots,H_n\}$ 的 n 维体积 V_H 之间有关系式[64]

$$V_H\leqslant\frac{1}{n^n}V_P\qquad(10.4.3-5)$$

其中等号成立的充分必要条件为下列各式均成立

$$\lambda_i=\frac{\cos\langle j,k\rangle}{n(\cos\langle j,k\rangle-\cos\langle i,j\rangle\cdot\cos\langle i,k\rangle)}\qquad(10.4.3-6)$$

其中,$i,j,k=0,1,\cdots,n,i\neq j,i\neq k,j\neq k$,且 λ_i 为点 M 的重心规范坐标($i=0,1,\cdots,n$).

证明 令$|MH_i|=d_i(i=0,1,\cdots,n)$,对于垂足单形$\sum_{H(n+1)}$与单形$\sum_{P'(n+1)}$,利用式(10.4.3-1),有

$$(\sum_{i=0}^{n}d_i|f_i'|)^n\geqslant n^{2n}\cdot V_H\cdot(V_P')^{n-1}\qquad(10.4.3-7)$$

特别地,取$\sum_{P'(n+1)}=\sum_{P(n+1)}$,由$\sum\limits_{i=0}^{n}d_i|f_i|=nV_P$,

即得式(10.4.3－5).

由式(10.4.3－1)等号成立的条件,并注意到 MH_i 与 P_i 所对的侧面垂直(单形 $\sum_{P(n+1)}$ 的垂足单形 $\sum_{H(n+1)}$ 的内顶角即为单形 $\sum_{P(n+1)}$ 的顶点角),再由重心规范坐标的定义知式(10.4.3－5)中等号成立的充分必要条件为式(10.4.3－6)成立.

推论 2　设 M 为 E^n 中 $n(\geqslant 2)$ 维单形 $\sum_{P(n+1)}=\{P_0,P_1,\cdots,P_n\}$ 内部任一点,M 点到 P_i 所对侧面 f_i 的距离为 $|MH_i|=d_i(i=0,1,\cdots,n)$. 若单形 $\sum_{P(n+1)}$ 的 n 维体积为 V_P,P_i 所对侧面 f_i 的 $n-1$ 维体积为 $|f_i|(i=0,1,\cdots,n)$,则有:

(1) $$\sum_{i=0}^{n}\prod_{\substack{j=0\\j\neq i}}^{n}\frac{d_i}{|f_j|}\leqslant\left[\frac{(n-1)!}{n^{n-1}}\right]^2\cdot\left(\frac{1}{V_P}\right)^{n-2} \tag{10.4.3-8}$$

其中等号成立的充分必要条件为式(10.4.3－6)成立.

(2) $$\sum_{i=0}^{n}\prod_{\substack{j=0\\j\neq i}}^{n}\frac{|f_i|}{d_j}\geqslant\left[\frac{n^{n-1}(n+1)}{(n-1)!}\right]^2\cdot(V_P)^{n-2} \tag{10.4.3-9}$$

其中等号成立的充分必要条件为式(10.4.3－6)成立,且 M 为单形 $\sum_{P(n+1)}$ 关于点 M 的垂足单形的重心.

证明　设 α_{i_n} 为单形 $\sum_{P(n+1)}=\{P_0,P_1,\cdots,P_n\}$ 的第 i 个界面(即顶点 P_i 所对的侧面)所对应的顶点角,由单形顶点角的定义知 α_{i_n} 亦为单形 $\sum_{P(n+1)}$ 的关于点 M 的垂足单形 $\sum_{H(n+1)}=\{H_0,H_1,\cdots,H_n\}$ 以 M 为顶点且对应于 $H_i(i=0,1,\cdots,n)$ 的内顶角. 设单形 $\sum_{H_i(n+1)}=\{H_0,\cdots,H_{i-1},M,H_{i+1},\cdots,H_n\}$ 的体积为 V_{H_i}.

(1)由式(5.2.7)及式(5.2.3),知

$$\sum_{i=0}^{n}\prod_{\substack{j=0\\j\neq i}}^{n}\frac{d_i}{|f_j|}=\sum_{i=0}^{n}\prod_{\substack{j=0\\j\neq i}}^{n}\frac{d_j\cdot\sin\alpha_{i_n}}{|f_j|\cdot\sin\alpha_{i_n}}=\frac{(n-1)!\ \cdot n!}{n^{n-1}\cdot(V_P)^{n-1}}\sum_{i=0}^{n}(V_{H_i})$$
$$=\left[\frac{(n-1)!}{n^{n-2}}\right]^2\frac{V_H}{(V_P)^{n-1}}$$

利用不等式(10.4.3-5),所以有式(10.4.3-8)成立.

(2)同(1)有 $\sum_{i=0}^{n}\prod_{\substack{j=0\\j\neq i}}^{n}\frac{|f_i|}{d_j}=\sum_{i=0}^{n}\prod_{\substack{j=0\\j\neq i}}^{n}\frac{|f_i|\cdot\sin\alpha_{i_n}}{d_j\cdot\sin\alpha_{i_n}}=\frac{n^{n-1}\cdot(V_P)^{n-1}}{(n-1)!\ \cdot n!}\sum_{i=0}^{n}\frac{1}{V_{H_i}}$.

由算术-调和平均不等式及不等式(10.4.3-5),有

$$\sum_{i=0}^{n}\frac{1}{V_{H_i}}\geqslant\frac{(n+1)^2n^n}{\sum\limits_{i=0}^{n}V_{H_i}}\geqslant\frac{(n+1)^2}{V_H}\geqslant\frac{(n+1)^2n^n}{V_P}$$

故式(10.4.3-9)成立. 其中等号成立的充分必要条件为式(10.4.3-6)成立,且所有 V_{H_i} 均相等,亦即 M 为垂足单形 $\sum_{H(n+1)}$ 的重心.

定理 10.4.3-2 设 V_P,$|f_i|$,h_{ij} 和 $V_P{}'$,$|f'_i|$,h'_{ij} 分别是 E^n 中两个 n 维单形 $\sum_{P(n+1)}=\{P_0,P_1,\cdots,P_n\}$,$\sum_{P'(n+1)}=\{P'_0,P'_1,\cdots,P'_n\}$ 的 n 维体积、顶点 P_i,$P'_i(i=0,1,\cdots,n)$ 所对的侧面 f_i,f'_i 的 $n-1$ 维体积、顶点 P_i,P'_i 到侧面 f_i,f'_i 的有向距离,令 (h_{ij}),(h'_{ij}) 分别表示以 h_{ij},$h'_{ij}(i,j=0,1,\cdots,n)$ 为其元素的 $n+1$ 阶方阵,则[168]

$$\det(h_{ij})\cdot\det(h'_{ij})=\frac{n^{2(n+1)}(V_P\cdot V_P{}')^{n+1}}{\pm\prod\limits_{i=0}^{n}|f_i|\cdot|f'_i|}\tag{10.4.3-10}$$

证明　对于单形$\sum_{P(n+1)}$，由式(5.2.12)，取$i=0$，$1,\cdots,n$，将所得诸等式连乘，得

$$V_P^{n+1}=\frac{\prod_{i=0}^{n}|f_i|\cdot|\det \boldsymbol{A}|^{n+1}}{n^{n+1}\prod_{i=0}^{n}|A_{i,n}|\cdot\prod_{i=0}^{n}\sqrt{\sum_{j=0}^{n-1}a_{ij}^2}}$$

同理　$$V'^{n+1}_P=\frac{\prod_{i=0}^{n}|f'_i|\cdot|\det \boldsymbol{A}'|^{n+1}}{n^{n+1}\prod_{i=0}^{n}|A'_{i,n}|\cdot\sum_{j=0}^{n-1}a'^2_{ij}}$$

由上述两式，得

$$\frac{n^{2(n+1)}\cdot(V_P\cdot V_P')^{n+1}}{\prod_{i=0}^{n}|f_i|\cdot|f'_i|}$$

$$=\frac{(|\det \boldsymbol{A}|\cdot|\det \boldsymbol{A}'|)^{n+1}}{\prod_{i=0}^{n}|A_{i,n}|\cdot|A'_{i,n}|,\prod_{i=0}^{n}\sqrt{\sum_{j=0}^{n-1}a_{ij}^2}\cdot\sqrt{\sum_{j=0}^{n-1}a'^2_{ij}}}$$

(10.4.3-11)

$\sum_{P(n+1)}$中的顶点P_i到$\sum_{P'(n+1)}$中的f'_j的有向距离

$$h_{ij}=\frac{\sum_{k=0}^{n-1}a'_{jk}\frac{A_{ik}}{A_{in}}+a'_{jn}}{\pm\sqrt{\sum_{k=0}^{n-1}a_{jk}^2}}$$

便有

$$\det(h_{ij})=\det\left[\frac{\sum_{k=0}^{n-1}a'_{jk}A_{ik}+a'_{jn}\cdot A_{in}}{\pm A_{in}\cdot\sqrt{\sum_{k=0}^{n-1}a'^2_{jk}}}\right]$$

$$=\frac{1}{\pm\prod_{i=0}^{n}A_{in}\cdot\prod_{j=0}^{n}\sqrt{\sum_{k=0}^{n-1}a'^2_{jk}}}\cdot\begin{vmatrix}a'_{00}&\cdots&a'_{0n}\\ \vdots&&\vdots\\ a'_{n0}&\cdots&a'_{nn}\end{vmatrix}\cdot$$

$$\begin{vmatrix} A_{00} & \cdots & A_{0n} \\ \vdots & & \vdots \\ A_{n1} & \cdots & A_{nn} \end{vmatrix}$$

$$= \frac{|\det \boldsymbol{A}'| \cdot |\det \boldsymbol{A}|^n}{\pm \prod_{i=0}^{n} A_{in} \cdot \prod_{j=0}^{n} \sqrt{\sum_{k=0}^{n-1} a'^2_{jk}}}$$

同理 $\det(h'_{ij}) = \dfrac{|\det \boldsymbol{A}| \cdot |\det \boldsymbol{A}'|^n}{\pm \prod_{i=0}^{n} A'_{in} \cdot \prod_{j=0}^{n} \sqrt{\sum_{k=0}^{n-1} a^2_{jk}}}$

从而

$$\det(h_{ij}) \cdot \det(h'_{ij}) = \frac{|\det \boldsymbol{A}| \cdot |\det \boldsymbol{A}'|^{n+1}}{\pm \prod_{j=0}^{n} A_{in} A'_{in} \sqrt{\sum_{k=0}^{n-1} a^2_{jk}} \sqrt{\sum_{k=0}^{n-1} a'^2_{jk}}}$$

将式(10.4.3-11)代入上式，即得式(10.4.3-10).

由式(10.4.3-10)，注意到式(9.4.1)和算术-几何平均不等式，则有：

推论 1 对于两个 n 维单形 $\Sigma_{P(n+1)}$，$\Sigma_{P'(n+1)}$，有

$$|\det(h_{ij}) \cdot \det(h'_{ij})| \leqslant \left[\frac{(n+1)^{n-1} \cdot n!^2}{n^n}\right]^{\frac{n+1}{n}} (V_P V_P')^{\frac{n+1}{n}} \quad (10.4.3-12)$$

$$|\det(h_{ij}) \cdot \det(h'_{ij})| \leqslant \left[\frac{(n+1)^{n-3} \cdot n!^2}{n^n}\right]^{\frac{n+1}{n-1}} \cdot \left(\sum_{i=0}^{n} |f_i| \sum_{i=0}^{n} |f'_i|\right)^{\frac{n+1}{n-1}} \quad (10.4.3-13)$$

其中两等号当且仅当两单形 $\Sigma_{P(n+1)}$，$\Sigma_{P'(n+1)}$ 正则时成立.

特别地，当 $\Sigma_{P(n+1)}$ 与 $\Sigma_{P'(n+1)}$ 重合时，式(10.4.3-12)退化为式(9.4.4).

由式(9.5.1)及式(10.4.3－12),又有:

推论2　对于两个 n 维单形 $\sum_{P(n+1)}$, $\sum_{P'(n+1)}$,有

$$|\det(h_{ij})\cdot\det(h'_{ij})|\leqslant\left(\frac{n+1}{2n}\right)^{n+1}\cdot\left(\prod_{0\leqslant i<j\leqslant n}\rho_{ij}\rho'_{ij}\right)^{\frac{2}{n}}$$

(10.4.3－14)

其中等号当且仅当两单形 $\sum_{P(n+1)}$, $\sum_{P'(n+1)}$ 正则时成立.

特别地,当 $\sum_{P(n+1)}$ 与 $\sum_{P'(n+1)}$ 重合时,式(10.4.3－14)退化为式(9.5.5).

由式(9.8.6)及式(10.4.3－12),还有:

推论3　对于两个 n 维单形 $\sum_{P(n+1)}$, $\sum_{P'(n+1)}$ 有

$$|\det(h_{ij})\cdot\det(h'_{ij})|\leqslant\left(\frac{n+1}{n}\right)^{2(n+1)}\cdot(R_n\cdot R'_n)^{n+1}$$

(10.4.3－15)

特别地, $\sum_{P(n+1)}$ 与 $\sum_{P'(n+1)}$ 重合时,式(10.4.3－15)退化为

$$\prod_{i=0}^{n}h_i\leqslant\left(1+\frac{1}{n}\right)^{n+1}\cdot R_n^{n+1}\quad(10.4.3-16)$$

其中 h_i 为单形 $\sum_{P(n+1)}$ 侧面 f_i 上的高线长,等号当且仅当单形 $\sum_{P(n+1)}$ 正则时成立.

由式(10.4.3－16)及式(9.9.1)又可推得 $R_n\geqslant nr_n$.

若令 F_n 为 E^n 中所有 n 维单形组成的集合,一个 n 维单形 $\sum_{P(n+1)}$ 的各高线及外接超球半径分别为 $h_i(\sum_P)$ 和 $R_n(\sum_P)$,则由式(10.4.3－16),有:

推论4　$$\lim_{n\to\infty}\sup_{\sum_P\in F_n}\prod_{i=0}^{n}\frac{h_i(\sum_P)}{R_n(\sum_P)}=\mathrm{e}\quad(10.4.3-17)$$

式(10.4.3－17)说明,对于一切单形而言,当空间的维数趋于无穷时,其诸高线长与外接超球半径比

值之乘积的上限是 e.

定理 10.4.3－3 设 E^n 中 m 个 n 维单形 $\sum_{P_{(n+1)}^{(k)}}=\{P_0^{(k)},P_1^{(k)},\cdots,P_n^{(k)}\}$ 的顶点 $P_i^{(k)}$ 所对的 $n-1$ 维超平面(侧面)$f_i^{(k)}$ 上的高为 $h_i^{(k)}$，用 $V_P^{(k)}$，$|f_i^{(k)}|$ 分别表示 $\sum_{P_{(n+1)}^{(k)}}$ 和 $f_i^{(k)}$ 的 n 维体积及 $n-1$ 维体积($k=1,2,\cdots,m;i=0,1,\cdots,n$)，则对于一组正实数 $\omega_{ij}(=\omega_{ji},\omega_{ii}\leqslant\omega_{jj},i\neq j,0\leqslant i,j\leqslant n)$ 及任一组非零实数 $\alpha_1,\cdots,\alpha_m$，有不等式[101]

$$\det(\boldsymbol{HWF})\geqslant N(\omega)\cdot n^{\sum\limits_{k=1}^{m}\alpha_k}\cdot\prod_{k=1}^{m}[V_P^{(k)}]^{\alpha_k}\tag{10.4.3－18}$$

上式当且仅当 $\prod\limits_{k=1}^{m}|f_i^{(k)}|^{\alpha_k}=\prod\limits_{k=1}^{m}|f_j^{(k)}|^{\alpha_k}$，且 $\omega_{ij}=\text{const}$ $(i\neq j,0\leqslant i,j\leqslant n)$时等号成立，其中

$$N(\omega)=n(n+1)\Big(\prod_{0\leqslant i,j\leqslant n}\omega_{ij}\Big)^{\frac{2}{n(n+1)}}-\sum_{i=0}^{n}\omega_{ii}$$

$$\boldsymbol{H}=\Big[\prod_{k=1}^{m}(h_0^{(k)})^{\alpha_k},\prod_{k=1}^{m}(h_1^{(k)})^{\alpha_k},\cdots,\prod_{k=1}^{m}(h_n^{(k)})^{\alpha_k}\Big]$$

$$\boldsymbol{F}=\Big[\prod_{k=1}^{m}|f_0^{(k)}|^{\alpha_k},\cdots,\prod_{k=1}^{m}|f_n^{(k)}|^{\alpha_k}\Big]^{\mathrm{T}}$$

$$\boldsymbol{W}=\begin{pmatrix}-\omega_{00} & \cdots & \omega_{0n}\\ \vdots & & \vdots\\ \omega_{n0} & \cdots & -\omega_{nn}\end{pmatrix}$$

证明 由式(5.2.2)及算术－几何平均不等式，利用 W 的实对称性，可得

$$\begin{aligned}&\det(\boldsymbol{HWF})\\ &=\det(\boldsymbol{HWF})^{\mathrm{T}}=\det(\boldsymbol{F}^{\mathrm{T}}\boldsymbol{W}\boldsymbol{H}^{\mathrm{T}})\\ &=\sum_{i=0}^{n}\prod_{k=1}^{m}(h_i^{(k)})^{\alpha_k}\Big[\sum_{j=0}^{n}\omega_{ij}\prod_{k=1}^{m}|f_j^{(k)}|^{\alpha_k}-2\omega_{ii}\prod_{k=1}^{m}|f_i^{(k)}|^{\alpha_k}\Big]\\ &=n^{\sum\limits_{k=1}^{m}\alpha_k}\cdot\prod_{k=1}^{m}[V_P^{(k)}]^{\alpha_k}\cdot\end{aligned}$$

$$\sum_{i=0}^{n}\frac{1}{\prod\limits_{k=1}^{m}|f_i^{(k)}|^{\alpha_k}}[\sum_{j=0}^{n}\prod_{k=1}^{m}|f_j^{(k)}|^{\alpha_k}-2\omega_{ii}\prod_{k=1}^{m}|f_i^{(k)}|^{\alpha_k}]$$

$$=n^{\sum\limits_{k=1}^{m}\alpha_k}\cdot\prod_{k=1}^{m}[V_P^{(k)}]^{\alpha_k}\cdot[\sum_{0\leqslant i,j\leqslant n}\omega_{ij}\prod_{k=1}^{m}\frac{|f_j^{(k)}|^{\alpha_k}}{|f_i^{(k)}|^{\alpha_k}}-2\sum_{i=0}^{n}\omega_{ij}]$$

$$\geqslant[n(n+1)\prod_{i=0}^{n-1}\prod_{j=i+1}^{n}\omega_{ij}^{\frac{2}{n(n+1)}}-\sum_{i=0}^{n}\omega_{ii}]\cdot n^{\sum\limits_{k=1}^{m}\alpha_k}\prod_{k=1}^{m}[V_P^{(k)}]^{\alpha_k}$$

$$=N(\omega)\cdot n^{\sum\limits_{k=1}^{m}\alpha_k}\cdot\prod_{k=1}^{m}[V_P^{(k)}]^{\alpha_k}$$

由定理 10.4.3－3 可得如下推论：

推论 1　设 $h_i^{(k)}$ 及 $h'^{(k)}_i$ 分别为 E^n 中两组 n 维单形 $\sum_{P_{(n+1)}^{(k)}}$，$\sum_{P'^{(k)}_{(n+1)}}$ 的 $n-1$ 维超平面（侧面）$f_i^{(k)}$ 与 $f'^{(k)}_i$ 上的高，n 维体积分别为 V_P 及 $V_{P'}$（$0\leqslant i\leqslant n,k=1,2,\cdots,l$），则对于正实数 $u,v(u<v)$ 及任一组非零实数 $\alpha_1,\alpha_2,\cdots,\alpha_l$ 总有

$$\sum_{i=0}^{n}\prod_{k=1}^{l}\frac{|f_i^{(k)}|^{\alpha_k}}{|f'^{(k)}_i|^{\alpha_k}}[v\sum_{j=0}^{n}\prod_{k=1}^{l}(\frac{h_j^{(k)}}{h'^{(k)}_j})^{\alpha_k}-(u+v)\prod_{k=1}^{l}(\frac{h_i^{(k)}}{h'^{(k)}_i})^{\alpha_k}]$$

$$\geqslant(n+1)(nv-u)\prod_{k=1}^{l}(\frac{V_P}{V_{P'}})^{\alpha_k}\qquad(10.4.3-19)$$

其中等号当且仅当 $\prod\limits_{k=1}^{l}\sum_{P_{(n+1)}^{(k)}}\backsim\prod\limits_{k=1}^{l}\sum{}'_{P_{(n+1)}^{(k)}}$（称为积相似，即满足 $\prod\limits_{k=1}^{l}|f_i^{(k)}|^{\alpha_k}/\prod\limits_{k=1}^{l}|f'^{(k)}_i|^{\alpha_k}=\mathrm{const}$ 的两组 n 维单形）时成立.

证明　由式（10.4.3－18），取 $m=2l,\omega_{ii}=u$，$\omega_{ij}=v\ (0\leqslant i,j\leqslant n,i\neq j)$，$\sum_{P_{(n+1)}^{(l+1)}}=\sum_{P_{(n+1)}^{(1)}},\cdots$，$\sum_{P_{(n+1)}^{(2l)}}=\sum_{P_{(n+1)}^{(l)}},\alpha_{l+1}=-a_1,\cdots,a_{2l}=-a_l$，由此即得式（10.4.3－19）.

以下证等号成立的充要条件，充分性显然.

若式（10.4.3－19）中取等号，立即由式（5.2.2），

得

$$\sum_{i=0}^{n}\prod_{k=1}^{l}\left(\frac{|f_i^{(k)}|}{|f_i'^{(k)}|}\right)^{\alpha_k}\left\{v\sum_{j=0}^{n}\prod_{k=1}^{l}\left(\frac{|f_j'^{(k)}|}{|f_j^{(k)}|}\right)^{\alpha_k}-(u+v)\prod_{k=1}^{l}\left(\frac{|f_i^{(k)}|}{|f_i'^{(k)}|}\right)^{\alpha_k}\right\}$$

$$=(n+1)(nv-u)$$

经整理,可得

$$\left[\sum_{i=0}^{n}\prod_{k=1}^{l}\left(\frac{|f_i^{(k)}|}{|f_i'^{(k)}|}\right)^{\alpha_k}\right]\left[\sum_{i=0}^{n}\prod_{k=1}^{l}\left(\frac{|f_i'^{(k)}|}{|f_i^{(k)}|}\right)^{\alpha_k}\right]=(n+1)^2 \tag{10.4.3-20}$$

又由柯西(Cauchy)不等式$(\sum_{i=0}^{n}a_i)(\sum_{i=0}^{n}\frac{1}{a_i})\geqslant(n+1)^2$,其中等号成立的充要条件是 $a_i^2=\text{const}(i=0,\cdots,n)$,由此知在式(10.4.3-20)中应有 $\prod_{k=1}^{l}\left(\frac{|f_i^{(k)}|}{|f_i'^{(k)}|}\right)^{2\alpha_k}=\text{const}$,即 $\prod_{k=1}^{l}|f_i^{(k)}|^{\alpha_k}/\prod_{k=1}^{l}|f_i'^{(k)}|^{\alpha_k}=\text{const}$. 则$\prod_{k=1}^{l}\sum_{P_{(n+1)}^{(k)}}\backsim\prod_{k=1}^{l}\sum_{P'^{(k)}_{(n+1)}}$.

必要性得证.

对于式(10.4.3-19),若取 $n=2,k=1$,则有涉及两个三角形的一个几何不等式:

设两个$\triangle ABC$和$\triangle A'B'C'$的面积分别为 $S_\triangle$ 和 $S_{\triangle'}$,h_a,h_b,h_c,及 h_a',h_b',h_c',分别为边 a,b,c 和 a',b',c' 上的高,对于任意两正实数 $u,v(v\geqslant u)$,和非零实数 α,则

$$\sum\left(\frac{a}{a'}\right)^{\alpha}\left[-u\left(\frac{h_a}{h_a'}\right)^{\alpha}+v\left(\frac{h_b}{h_b'}\right)^{\alpha}+v\left(\frac{h_c}{h_c'}\right)^{\alpha}\right]$$

$$\geqslant 3(2v-u)\left(\frac{S_\triangle}{S_{\triangle'}}\right)^{\alpha} \tag{10.4.3-21}$$

当且仅当$\triangle ABC\backsim\triangle A'B'C'$时等号成立.

显然,当$\triangle A'B'C'$为正三角形时,式(10.4.3-21)

即为式(9.6.8).

由此可知定理10.4.3－2是定理9.6.4的推广.

推论2 设$r_n^{(k)}$为E^n中m个n维单形$\sum_{P_{(n+1)}^{(k)}}$($k=1,2,\cdots,m$)的内切球半径,则

$$\lim_{n\to\infty}\inf\frac{\det(\boldsymbol{HWF})}{N(\omega)N(\alpha)\prod_{k=1}^{m}(r_n^{(k)})^{n\alpha_k}}=\left(\frac{\mathrm{e}}{2\pi}\right)^{\frac{1}{2}\sum_{k=1}^{m}\alpha_k}$$

(10.4.3－22)

其中$N(\omega)$与定理10.4.3－3中$N(\omega)$同,而$N(\alpha)=(n\mathrm{e}^{n})^{\sum_{k=1}^{m}\alpha_k}$.

证明 将不等式(9.8.1),即

$$r_n\leqslant\left[\frac{(n!)^n}{n^n(n+1)^{n+1}}\right]^{\frac{1}{2n}}\cdot[V_P]^{\frac{1}{n}}$$

代入式(10.4.3－18),得

$$\det(\boldsymbol{HWF})$$

$$\geqslant N(\omega)\left[n^2\cdot\frac{n(n+1)^{n+1}}{n!^2}\right]^{\frac{1}{2}\sum_{k=1}^{m}\alpha_k}\cdot\prod_{k=1}^{m}[r_n^{(k)}]^{n\alpha_k}$$

则 $$\frac{\det(\boldsymbol{HWF})}{N(\omega)N(\alpha)\prod_{k=1}^{m}[r_n^{(k)}]^{n\alpha_k}}\geqslant\left[\frac{n^n(n+1)^{n+1}}{\mathrm{e}^{2n}\cdot n!^2}\right]^{\frac{1}{2}\sum_{k=1}^{m}\alpha_k}$$

故 $$\inf\frac{\det(\boldsymbol{HWF})}{N(\omega)N(\alpha)\prod_{k=1}^{m}[r_n^{(k)}]^{n\alpha_k}}=\left[\frac{n^n(n+1)^{n+1}}{\mathrm{e}^{2n}\cdot n!^2}\right]^{\frac{1}{2}\sum_{k=1}^{m}\alpha_k}$$

再由Stirling公式,得

$$\lim_{n\to\infty}\inf\frac{\det(\boldsymbol{HWF})}{N(\omega)N(\alpha)\prod_{k=1}^{m}[r_n^{(k)}]^{n\alpha_k}}$$

$$=\lim_{n\to\infty}\left[\frac{n+1}{2\pi^n}\cdot\left(1+\frac{1}{n}\right)^n\right]^{\frac{1}{2}\sum_{k=1}^{m}\alpha_k}=\left(\frac{\mathrm{e}}{2\pi}\right)^{\frac{1}{2}\sum_{k=1}^{m}\alpha_k}$$

推论3 设$x_i^{(k)}$为E^n中m个n维单形$\sum_{P_{(n+1)}^{(k)}}$中

顶点 $P_i^{(k)}$ 到它所对的 $n-1$ 维超平面(侧面)$f_i^{(k)}$ 上的一条线段,$V_P^{(k)}$ 与 $|f_i^{(k)}|$ 分别表其 n 维及 $n-1$ 维体积 $(i=0,1,\cdots,n,k=1,\cdots,m)$,对于任一组正实数 α_1, α_2, $\cdots$, α_m, 如果对某一 j, 当 $\prod\limits_{k=1}^{m}|f_j^{(k)}|^{\alpha_k}=\max\limits_{0\leqslant i\leqslant n}\{\prod\limits_{k=1}^{m}|f_i^{(k)}|^{\alpha_k}\}$ 时,有 $\prod\limits_{k=1}^{m}[x_j^{(k)}]^{\alpha_k}=\max\limits_{0\leqslant i\leqslant n}\{\prod\limits_{k=1}^{m}(x_j^{(k)})\}^{\alpha_k}$, $\omega_{ij}(=\omega_{ji},\omega_{ii}\leqslant\omega_{ij},i\neq j,0\leqslant i,j\leqslant n)$ 也为一组正实数,则[101]

$$\det(\boldsymbol{XWF})\geqslant N(\omega)n^{\sum\limits_{k=1}^{m}\alpha_k}\cdot\prod_{k=1}^{m}[V_P^{(k)}]^{\alpha_k}\tag{10.4.3-23}$$

其中 $1\leqslant k\leqslant m,0\leqslant i\leqslant n$, $\sum_{P_{(n+1)}^{(k)}}$ 为正则单形,且 $x_i^{(k)}$ 为 $\sum_{P_{(n+1)}^{(k)}}$ 中 $n-1$ 维超平面 $f_i^{(k)}$ 上的高,$\omega_{ij}=\text{const}(i\neq j)$ 时等号成立,$\boldsymbol{W},\boldsymbol{F},N(\omega)$ 同定理 10.4.3-3 中的 $\boldsymbol{W}$, $\boldsymbol{F},N(\omega)$,而

$$\boldsymbol{X}=[\prod_{k=1}^{m}(x_0^{(k)})^{\alpha_k},\cdots,\prod_{k=1}^{m}(x_n^{(k)})^{\alpha_k}]$$

证明 在 $\sum_{P_{(n+1)}^{(k)}}$ 中,$x_i^{(k)}\geqslant h_i^{(k)}$,故 $\lambda_i^{(k)}=x_i^{(k)}/h_i^{(k)}\geqslant 1$.

由于当 $\prod\limits_{k=1}^{m}|f_i^{(k)}|^{\alpha_k}=\max\limits_{0\leqslant i\leqslant n}\{\prod\limits_{k=1}^{m}|f_i^{(k)}|^{\alpha_k}\}$ 时,有

$$\prod_{k=1}^{m}[x_i^{(k)}]^{\alpha_k}=\max_{0\leqslant i\leqslant n}\{\prod_{k=1}^{m}[x_i^{(k)}]^{\alpha_k}\}$$

显然有

$$\sum_{j=0}^{n}\omega_{ij}\prod_{k=1}^{m}|f_j^{(k)}|^{\alpha_k}-2\omega_{tt}\prod_{k=1}^{m}|h_t^{(k)}|^{\alpha_k}\leqslant 0$$

而对一切 $i(\neq t)$ 有

$$\sum_{j=0}^{n}\omega_{ij}\prod_{k=1}^{m}|h_j^{(k)}|^{\alpha_k}-2\omega_{ii}\prod_{k=1}^{m}|f_i^{(k)}|^{\alpha_k}\geqslant 0$$

从而由定理 10.4.3-3,当 $\alpha_k>0(k=1,\cdots,m)$ 时,得

$$
\begin{aligned}
&\det(\boldsymbol{XWF})\\
&=\det(\boldsymbol{XWF})^{\mathrm{T}}=\det(\boldsymbol{F}^{\mathrm{T}}\boldsymbol{WX}^{\mathrm{T}})\\
&=\sum_{i=0}^{n}\prod_{k=1}^{m}[x_i^{(k)}]^{\alpha_k}[\sum_{j=0}^{n}\omega_{ij}\prod_{k=1}^{m}|f_i^{(k)}|^{\alpha_k}-2\omega_{ii}\prod_{k=1}^{m}|f_i^{(k)}|^{\alpha_k}]\\
&=\sum_{i=0}^{n}\prod_{k=1}^{m}[\lambda_i^{(k)}]^{\alpha_k}\cdot[h_i^{(k)}]^{\alpha_k}[\sum_{j=0}^{n}\omega_{ij}\prod_{k=1}^{m}|f_j^{(k)}|^{\alpha_k}-2\omega_{ii}\prod_{k=1}^{m}|f_j^{(k)}|^{\alpha_k}]\\
&\geqslant\sum_{k=1}^{m}[\lambda_i^{(k)}]^{\alpha_k}\sum_{i=0}^{n}\prod_{k=1}^{m}[h_i^{(k)}]^{\alpha_k}[\sum_{j=1}^{n}\omega_{ij}\prod_{k=1}^{m}|f_j^{(k)}|^{\alpha_k}-2\omega_{ii}\prod_{k=1}^{m}|f_j^{(k)}|^{\alpha_k}]\\
&=\prod_{k=1}^{m}[\lambda_i^{(k)}]^{\alpha_k}\cdot\det(\boldsymbol{HWF})\geqslant\det(\boldsymbol{HWF})\\
&\geqslant N(\omega)\cdot n_k^{\sum_{k=1}^{m}\alpha_k}\cdot\prod_{k=1}^{m}[V_P^{(k)}]^{\alpha_k}
\end{aligned}
$$

证毕.

10.4.4 最值问题

由前述各章节的有关不等式,我们可归结出如下最值命题:

定理 10.4.4－1　所有侧面面(体)积的和为定值的同维单形中,同维正则单形具有最大的体积.

事实上,这可由式(9.4.1)推出.

定理 10.4.4－2　所有棱长的和(或积)为定值的同维单形中,同维正则单形具有最大的体积.

事实上,这可由式(9.5.2)或式(9.5.1)推出.

定理 10.4.4－3　所有中线长的和(或积)为定值的同维单形中,同维正则单形具有最大体积.

事实上,这可由式(9.6.11)或式(9.6.10)推出.

定理 10.4.4－4　同维、同体积的单形中,正则单形的所有高线长的乘积值最大.

事实上,这可由式(9.4.3)推出.

定理 10.4.4－5　同维、同体积的单形中,正则单形的内切超球的半径最大.

事实上,这可由式(9.8.1)推出.

定理 10.4.4-6　同维、所有棱长的乘积为相同值的单形中,正则单形的外接超球半径最大.

事实上,这可由式(9.8.5)推出.

定理 10.4.4-7　内接于同一超球面 S^{n-1} 的所有 n 维单形的体积,以其内接正则 n 维单形的体积为最大[166].

事实上,这可由式(9.8.6)左端不等式推出.

定理 10.4.4-8　内接于同一超球面 S^{n-1} 的所有 n 维单形的内切超球半径,以其内接正则 n 维单形的内切超球半径为最大;外切于同一超球 S^{n-1} 的所有 n 维单形的外接超球半径,以外切正则单形的外接超球半径为最大.

事实上,这可由式(9.10.1)推出.

内接于同一超球、外切于同一超球的有关定理还有后面将介绍的定理10.6.1与定理 10.6.3.

§10.5　单形的度量加

定义 10.5.1　设 E^n 中三个 n 维单形 $\sum_{P(n+1)}$,$\sum_{P'(n+1)}$ 和 $\sum_{P''(n+1)}$ 的棱长分别为 ρ_{ij},ρ'_{ij} 和 ρ''_{ij},若使得

$$f(\rho''_{ij})=g(\rho_{ij})+h(\rho'_{ij})\quad (i,j=0,1,\cdots,n,i\neq j)$$

则称这种从两个 n 维单形构造第三个 n 维单形的运算叫单形的"度量加".

单形的度量加法可以有效地应用于某些几何不等式. 下面,我们介绍几个结论.

定理 10.5.1　设 E^n 中三个 n 维单形 $\sum_{P(n+1)}$,

$\sum_{P'(n+1)}$和$\sum_{P''(n+1)}$的棱长分别为$\rho_{ij},\rho'_{ij},\rho''_{ij}$，体积分别记为$V(\sum_P),V(\sum_{P'}),V(\sum_{P''})$. 如果$\rho''^2_{ij}=\rho^2_{ij}+\rho'^2_{ij}(i,j=0,1,\cdots,n,i\neq j)$，则[12]

$$V^{\frac{2}{n}}(\sum_{P''})\geqslant V^{\frac{2}{n}}(\sum_P)+V^{\frac{2}{n}}(\sum_{P'})\quad(10.5.1)$$

其中等号当且仅当这些单形两两相似时成立.

证法1　和定理10.3.6的证明一样，首先引入记号，再得到式(10.3.37)及式(10.3.38)，由此导出

$$c_k\geqslant C_n^k c_n^{k/n}c_0^{1-k/n}\quad(k=0,1,\cdots,n)\quad(10.5.2)$$

另一方面，由直接计算可得

$$c_0=\det \boldsymbol{Q},c_n=\det \boldsymbol{P}$$

这里的$\det \boldsymbol{Q}$和$\det \boldsymbol{P}$分别是$\sum_{P'(n+1)}$和$\sum_{P(n+1)}$的Gram行列式，故有

$$c_0=n!^2\cdot V^2(\sum_{P'}),c_n=n!^2\cdot V^2(\sum_P)$$

在式(10.3.37)中，令$\lambda=1$，得到

$$\begin{aligned}&c_0+c_1+\cdots+c_n\\&=-\det \boldsymbol{M}(1)\\&=-\begin{vmatrix}0&1&\cdots&1\\1&&&\\\vdots&&-\frac{1}{2}\rho''^2_{ij}&\\1&&&\end{vmatrix}\\&=n!^2\cdot V^2(\sum_{P''})\quad(\text{其中用到式}(5.2.6))\end{aligned}$$

又对式(10.5.2)中诸不等式对k求和，得

$$c_0+c_1+\cdots+c_n\geqslant\sum_{k=0}^n C_n^k c_0^{1-\frac{k}{n}}\cdot c_n^{\frac{k}{n}}=(c_0^{\frac{1}{n}}+c_0^{\frac{1}{n}})^n$$

由上便证得式(10.5.1).

下面来考虑式(10.5.1)中等号成立的充要条件：当$\sum_{P(n+1)}\backsim\sum_{P'(n+1)}$时，等号成立显然. 充分性获证. 反之，如果式(7.5.1)等号成立，则式(10.5.2)的等号

也取到. 按 Maclaurin 定理,这时 $\det(\boldsymbol{P}+\lambda\boldsymbol{Q})$ 应有 n 重根 $-\mu_0$, 于是 $\operatorname{rank}(\boldsymbol{P}-\mu_0\boldsymbol{Q})=0$, 即 $\boldsymbol{P}=\mu_0\boldsymbol{Q}$, $p_{ij}=\mu_0 q_{ij}$ $(i,j=0,1,\cdots,n-1)$, 再从所引入记号, 得 $\rho_{ij}=\mu_0\rho'_{ij}(i,j=0,1,\cdots,n)$, 即 $\sum_{P(n+1)}\backsim\sum_{P'(n+1)}$ (于是 $\sum_{P''(n+1)}$ 也与它们相似), 条件的必要性证毕, 从而定理 10.5.1 证毕.

在上述证明中, 我们利用了一些代数上的技巧, 如果我们注意到 Bergstrom 不等式, 设 $\boldsymbol{A},\boldsymbol{B}$ 为同阶正定矩阵, $\boldsymbol{A}_i,\boldsymbol{B}_i$ 分别为 $\boldsymbol{A},\boldsymbol{B}$ 删去第 i 行, 第 i 列后所得的子矩阵, 则

$$\frac{\det(\boldsymbol{A}+\boldsymbol{B})}{\det(\boldsymbol{A}_i+\boldsymbol{B}_i)}\geqslant\frac{\det\boldsymbol{A}}{\det\boldsymbol{A}_i}+\frac{\det\boldsymbol{B}}{\det\boldsymbol{B}_i}\quad(10.5.3)$$

式中等号成立的充要条件为 $\boldsymbol{A}=\lambda\boldsymbol{B}$ ($\lambda>0$ 为常数).

利用式 (10.5.3) 及式 (5.2.6), 我们可简捷证明定理 10.5.1.

证法 2 由单形构造定理知, C_{n+1}^2 个正数 $\mu_{ij}(i,j=0,1,\cdots,n,\mu_{ij}=\mu_{ji},\mu_{ii}=0)$ 为 $\boldsymbol{E}^n(n\geqslant2)$ 中的某 n 维单形所有可能的顶点对的距离的充要条件为实对称矩阵 $(\mu_{ij})_{n\times n}$ 正定, 其中 $\mu_{ij}=\rho_{i0}^2+\rho_{j0}^2-\rho_{ij}^2(i,j=1,2,\cdots,n,\rho_{ij}=\rho_{ji},\rho_{ii}=0)$.

由式 (5.2.6), 式 (10.5.3) 及牛顿二项式定理, 即可得式 (10.5.1), 由式 (10.5.3) 等号成立的条件可知式 (10.5.1) 的等号成立的条件.

由定理 10.5.1 的推导过程, 知它又可等价于下述定理:

定理 10.5.2 所设条件同定理 10.5.1, 如果

$$\rho_{ij}''^2=\frac{1}{2}(\rho_{ij}'^2+\rho_{ij}'^2)\quad(i,j=0,1,\cdots,n,i\neq j)$$

则

$$V^{\frac{2}{n}}(\sum_{P''})\geqslant\frac{1}{2}[V^{\frac{2}{n}}(\sum_{P})+V^{\frac{2}{n}}(\sum_{P'})]$$

(10.5.4)

其中等号当且仅当这些单形两两相似时取得.

由定理10.5.1的证法2,注意到式(5.2.2),还有如下推论:

推论　所设条件同定理10.5.1,又每个单形的$n+1$个侧面上的高(即顶点P_i到所对的侧面的距离)分别为$h_k,h'_k,h''_k(k=0,1,\cdots,n)$,则[140]

$$h''^2_k\geqslant h^2_k+h'^2_k\quad(k=0,1,\cdots,n)\quad(10.5.5)$$

其中等号成立的充要条件为单形$\sum_{P(n+1)}$与$\sum_{P'(n+1)}$相似.

定理10.5.3　设E^n中三个n维单形$\sum_{P(n+1)}$,$\sum_{P'(n+1)}$和$\sum_{P''(n+1)}=\sum_{P(n+1)}+\sum_{P'(n+1)}$的棱长分别为$\rho_{ij},\rho'_{ij},\rho''_{ij}$,体积分别记为$V_P,V'_P,V''_P$,分别在三个$n$维单形中的顶点集取$k+1$个顶点,由这$k+1$个顶点生成的$k$维单形的$k$维体积分别记为$S_{i_0\cdots i_k},S'_{i_0\cdots i_k},S''_{i_0\cdots i_k}$$(0\leqslant i_0<i_1<\cdots<i_k\leqslant n)$,则对任意非负整数$k\in[0,n-1]$,有[233]

$$\left(\frac{V''_P}{S''_{i_0\cdots i_k}}\right)^{\frac{2}{n-k}}\geqslant\left(\frac{V_P}{S_{i_0\cdots i_k}}\right)^{\frac{2}{n-k}}+\left(\frac{V'_P}{S'_{i_0\cdots i_k}}\right)^{\frac{2}{n-k}}$$

(10.5.6)

其中等号当$k=0$时,$\sum_{P(n+1)}$与$\sum_{P'(n+1)}$相似;当$k\in[1,n-1]$时,$\sum_{P(n+1)}$与$\sum_{P'(n+1)}$皆正则取得.

为了证明定理10.5.3,先给出有关代数书上的一个结论:

引理　设$\boldsymbol{A},\boldsymbol{B}$皆为$n$阶实正定矩阵,$\boldsymbol{A}_k,\boldsymbol{B}_k$分别表示$\boldsymbol{A},\boldsymbol{B}$的$k$阶顺序主子式,$\boldsymbol{C}=\boldsymbol{A}+\boldsymbol{B}$,则

$$\left(\frac{|\boldsymbol{C}|}{|\boldsymbol{C}_k|}\right)^{\frac{1}{n-k}} \geqslant \left(\frac{|\boldsymbol{A}|}{|\boldsymbol{A}_k|}\right)^{\frac{1}{n-k}} + \left(\frac{|\boldsymbol{B}|}{|\boldsymbol{B}_k|}\right)^{\frac{1}{n-k}}$$

$$(k=0,1,\cdots,n-1) \qquad (10.5.7)$$

这里约定 $|\boldsymbol{A}_0|=1$ 等. 当 $k=0$ 时,式(10.5.7)即为 Minkowski 不等式:$|\boldsymbol{A}+\boldsymbol{B}|^{\frac{1}{n}} \geqslant |\boldsymbol{A}|^{\frac{1}{n}}+|\boldsymbol{B}|^{\frac{1}{n}}$,其中等号成立当且仅当 $\boldsymbol{A}=\lambda\boldsymbol{B}$.

下面证明式(10.5.6).

证明 先看 $i_0=0$ 时的情形.

令 $\rho_{ij}=P_iP_j,\rho'_{ij}=P'_iP'_j,\rho''_{ij}=P''_iP''_j$,且

$$P_{ij}=\rho_{i0}^2+\rho_{j0}^2-\rho_{ij}^2,\rho_{ij}'^2=\rho_{i0}'^2+\rho_{j0}'^2-\rho_{ij}'^2$$

$$P_{ij}''^2=\rho_{i0}''^2+\rho_{j0}''^2-\rho_{ij}''^2$$

记 $\boldsymbol{A}=(P_{ij}^2)_{i,j=1}^n,\boldsymbol{B}=(P_{ij}'^2)_{i,j=1}^n,\boldsymbol{C}=(P_{ij}''^2)_{i,j=1}^n$,则 $\boldsymbol{A},\boldsymbol{B}$ 皆为 n 阶正定的实对称矩阵,且 $\boldsymbol{C}=\boldsymbol{A}+\boldsymbol{B}$.

现对矩阵 $\boldsymbol{A},\boldsymbol{B},\boldsymbol{C}$ 作初等变换:首先将它们的第 $i_1,i_2,\cdots,i_k$ 行调到第 $1,2,\cdots,k$ 行,然后再将它们的第 $i_1,i_2,\cdots,i_k$ 列调到第 $1,2,\cdots,k$ 列,所得到的矩阵分别记为 $\widetilde{\boldsymbol{A}},\widetilde{\boldsymbol{B}},\widetilde{\boldsymbol{C}}$,则 $\widetilde{\boldsymbol{A}},\widetilde{\boldsymbol{B}}$ 皆为正定矩阵,且 $\widetilde{\boldsymbol{C}}=\widetilde{\boldsymbol{A}}+\widetilde{\boldsymbol{B}}$. 利用单形的体积公式(5.2.1),有

$$|\widetilde{\boldsymbol{C}}|=(n!\ V''_P)^2,|\widetilde{\boldsymbol{B}}|=(n!\ V'_P)^2,|\widetilde{A}|(n!\ V_P)^2$$

$$|\widetilde{\boldsymbol{C}}_k|=(k!\ S''_{i_0\cdots i_k})^2,|\widetilde{B}_k|=(k!\ S'_{i_0\cdots i_k})^2$$

$$|\widetilde{A}_k|=(k!\ S_{i_0\cdots i_k})^2$$

再利用前面的引理,有

$$\left(\frac{|\widetilde{\boldsymbol{C}}|}{|\widetilde{\boldsymbol{C}}_k|}\right)^{\frac{1}{n-k}} \geqslant \left(\frac{|\widetilde{\boldsymbol{A}}|}{|\widetilde{\boldsymbol{A}}_k|}\right)^{\frac{1}{n-k}} + \left(\frac{|\widetilde{\boldsymbol{B}}|}{|\widetilde{\boldsymbol{B}}_k|}\right)^{\frac{1}{n-k}}$$

从而由上述各式,有

$$\left(\frac{V''_P}{S''_{i_0\cdots i_k}}\right)^{\frac{1}{n-k}} \geqslant \left(\frac{V_P}{S_{i_0\cdots i_k}}\right)^{\frac{1}{n-k}} + \left(\frac{V'_P}{S'_{i_0\cdots i_k}}\right)^{\frac{1}{n-k}}$$

当 $i_0\neq 0$ 时,只要对单形 $\sum_{P(n+1)}$,$\sum_{P'(n+1)}$,

$\sum_{P''(n+1)}=\sum_{P(n+1)}+\sum_{P'(n+1)}$的顶点重新编号，按上述方法可证明不等式(10.5.6)成立，可以验证，当$k=0$时，式(10.5.6)中等号成立当且仅当$\sum_{P(n+1)}$与$\sum_{P'(n+1)}$相似，当$k\in[1,n-1]$时，$\sum_{P(n+1)}$，$\sum_{P'(n+1)}$均正则时等号取得.

显然，对于式(10.5.6)，当$k=0$时，即为式(10.5.1).

对于式(10.5.6)，若取$k=n-1$，并记$S_{01\cdots i-1,i+1\cdots n}=|f_i|$，$S'_{01\cdots i-1,i+1\cdots n}=|f'_i|$，$S''_{01\cdots i-1,i+1\cdots n}=|f''_i|$，并利用单形体积公式(5.2.2)，有$V_P=\frac{1}{n}|f_i|h_i$，$V_{P'}=\frac{1}{n}|f'_i|h'_i$，$V''_P=\frac{1}{n}|f''_i|h''_i$，便得到式(10.5.5).

由上可知式(10.5.6)包含了式(10.5.1)和式(10.5.5).

定理 10.5.4　在E^n中，如果以$\sum_{P''(n+1)}$表示已知的两个n维单形$\sum_{P(n+1)}$，$\sum_{P'(n+1)}$的“度量加”(即ρ''_{ij}，ρ'_{ij}，ρ_{ij}分别表示单形$\sum_{P''(n+1)}$，$\sum_{P'(n+1)}$，$\sum_{P(n+1)}$的棱长，满足$\rho''^2_{ij}=\frac{1}{2}(\rho^2_{ij}+\rho'^2_{ij})$)构造而得到的第三个单形，且以$V(\sum_P)$，$V(\sum_{P'})$，$V(\sum_{P''})$分别表示单形$\sum_{P(n+1)}$，$\sum_{P'(n+1)}$，$\sum_{P''(n+1)}$的体积，则对任意满足$0<\alpha<1$，$0<\beta<1$，$\alpha+\beta=1$的实数$\alpha,\beta$，有不等式[92]

$$(2\alpha^\alpha\beta^\beta)^{\frac{n}{2}}V(\textstyle\sum_{P''})\geqslant V^\alpha(\sum_P)\cdot V^\beta(\sum_{P'}) \tag{10.5.8}$$

其中等号成立的条件是，单形$\sum_{P(n+1)}$与$\sum_{P'(n+1)}$是以$\alpha^{\frac{1}{2}}:\beta^{\frac{1}{2}}$为相似比而成相似的两个单形.

定理 10.5.4 又可叙述为下列与之等价的形式：

定理 10.5.5 设 E^n 中的 n 维单形 $\sum_{P(n+1)}$，$\sum_{P'(n+1)}$，$\sum_{P''(n+1)}$ 的各棱长的体积分别为 ρ_{ij}，ρ'_{ij}，ρ''_{ij} 和 $V(\sum_P)$，$(\sum_{P'})$，$(\sum_{P''})$. 如果 ${\rho''_{ij}}^2=\rho_{ij}^2+{\rho'_{ij}}^2(i,j=0,1,\cdots,n)$，则

$$\alpha^\alpha\beta^\beta V^{\frac{2}{n}}(\sum_{P''})\geqslant V^{\frac{2\alpha}{n}}(\sum_P)\cdot V^{\frac{2\beta}{n}}(\sum_{P'}) \tag{10.5.9}$$

其中 $0<\alpha,\beta<1$，且 $\alpha+\beta=1$. 等号成立的条件是，单形 $\sum_{P(n+1)}$ 与 $\sum_{P'(n+1)}$ 是以 $\alpha^{\frac{1}{2}}:\beta^{\frac{1}{2}}$ 为相似比而成相似的两个单形.

为了证明式(10.5.9)，将用到如下结果：

引理 设 $\boldsymbol{A}$ 是 n 阶实对称正定矩阵，$\boldsymbol{X}^{\mathrm{T}}=(x_1\quad\cdots\quad x_n)$，则

$$\int_{-\infty}^{+\infty}\cdots\int_{-\infty}^{+\infty}\exp(-\boldsymbol{X}^{\mathrm{T}}\boldsymbol{A}\boldsymbol{X})\,\mathrm{d}\boldsymbol{X}=\frac{\pi^{\frac{n}{2}}}{(\det\boldsymbol{A})^{\frac{1}{2}}} \tag{10.5.10}$$

事实上，因矩阵 $\boldsymbol{A}$ 是 n 阶实对称正定矩阵，故存在正交变换 $\boldsymbol{Z}=\boldsymbol{U}^{-1}\boldsymbol{X}$，其中 $\boldsymbol{U}$ 是正交矩阵，而 $\boldsymbol{Z}^{\mathrm{T}}=(z_1\quad z_2\quad\cdots\quad z_n)$，使 $\boldsymbol{U}^{\mathrm{T}}\boldsymbol{A}\boldsymbol{U}$ 为对角矩阵，其对角线的元素是矩阵 $\boldsymbol{A}$ 的特征值，设为 $\lambda_1,\lambda_2,\cdots,\lambda_n$，诸 $\lambda_i>0\ (i=1,2,\cdots,n)$，而且

$$\lambda_1\lambda_2\cdots\lambda_n=\det\boldsymbol{A}$$

利用已知的结果

$$\int_{-\infty}^{+\infty}\mathrm{e}^{-x^2}\mathrm{d}x=\sqrt{\pi}$$

即可得到

$$\int_{-\infty}^{+\infty}\cdots\int_{-\infty}^{+\infty}\exp(-\boldsymbol{X}^{\mathrm{T}}\boldsymbol{A}\boldsymbol{X})\mathrm{d}\boldsymbol{X}$$

$$=\int_{-\infty}^{+\infty}\cdots\int_{-\infty}^{+\infty}\exp(-\boldsymbol{Z}^{\mathrm{T}}\boldsymbol{U}^{\mathrm{T}}\boldsymbol{A}\boldsymbol{U}\boldsymbol{X}\boldsymbol{Z})\mathrm{d}\boldsymbol{Z}$$

$$=\frac{(\sqrt{\pi})^{n}}{\sqrt{\lambda_1\lambda_2\cdots\lambda_n}}=\frac{\pi^{\frac{n}{2}}}{(\det\boldsymbol{A})^{\frac{1}{2}}}$$

下面,我们证明定理 10.5.5:

证明　首先引入记号,对于 $i,j=0,1,\cdots,n$,记

$$q_{ij}=\frac{1}{2}(\rho_{i,n}^{2}+\rho_{j,n}^{2}-\rho_{ij}^{2}),r_{ij}=\frac{1}{2}(\rho_{i,n}'^{2}+\rho_{j,n}'^{2}-\rho_{ij}'^{2})$$

$$s_{ij}=\frac{1}{2}(\rho_{i,n}''^{2}+\rho_{j,n}''^{2}-\rho_{ij}''^{2}),\boldsymbol{Q}=(q_{ij})_{(n+1)\times(n-1)}$$

$$\boldsymbol{R}=(r_{ij})_{(n+1)\times(n+1)},\boldsymbol{S}=(s_{ij})_{(n+1)\times(n+1)}$$

则矩阵 $\boldsymbol{Q}$,$\boldsymbol{R}$ 和 $\boldsymbol{S}$ 都是实对称正定矩阵,且 $\boldsymbol{S}=\boldsymbol{Q}+\boldsymbol{R}$.

另一方面,$\det\boldsymbol{Q}$,$\det\boldsymbol{R}$ 和 $\det\boldsymbol{S}$ 分别是 $\sum_{P(n+1)}$,$\sum_{P'(n+1)}$,$\sum_{P''(n+1)}$ 的 Gram 行列式,故由式(5.2.5)有

$$\det\boldsymbol{Q}=n!^{2}\cdot V^{2}(\textstyle\sum_{P}),\det\boldsymbol{R}=n!^{2}\cdot V(\textstyle\sum_{P'})$$

$$\det\boldsymbol{S}=n!^{2}\cdot V^{2}(\textstyle\sum_{P''})\qquad(*)$$

运用积分恒等式(即式(10.5.10))及 Hölder 不等式,有

$$\frac{\pi^{\frac{n}{2}}}{(\det\boldsymbol{S})^{\frac{n}{2}}}$$

$$=\int_{-\infty}^{+\infty}\cdots\int_{-\infty}^{+\infty}\mathrm{e}^{-\boldsymbol{X}^{\mathrm{T}}\boldsymbol{S}\boldsymbol{X}}\mathrm{d}\boldsymbol{X}$$

$$=\int_{-\infty}^{+\infty}\cdots\int_{-\infty}^{+\infty}(\mathrm{e}^{-\boldsymbol{X}^{\mathrm{T}}\boldsymbol{Q}\boldsymbol{X}}\cdot\mathrm{e}^{-\boldsymbol{X}^{\mathrm{T}}\boldsymbol{R}\boldsymbol{X}})\mathrm{d}\boldsymbol{X}$$

$$\leqslant\left[\int_{-\infty}^{+\infty}\cdots\int_{-\infty}^{+\infty}\mathrm{e}^{-p\boldsymbol{X}^{\mathrm{T}}\boldsymbol{Q}\boldsymbol{X}}\mathrm{d}\boldsymbol{X}\right]^{\frac{1}{p}}\cdot\left[\int_{-\infty}^{+\infty}\cdots\int_{-\infty}^{+\infty}\mathrm{e}^{-q\boldsymbol{X}^{\mathrm{T}}\boldsymbol{R}\boldsymbol{X}}\mathrm{d}\boldsymbol{X}\right]^{\frac{1}{q}}$$

$$(**)$$

其中的 $p>1, q>1, \frac{1}{p}+\frac{1}{q}=1$.

通过变量代换 $\boldsymbol{X}=\frac{1}{\sqrt{p}}\boldsymbol{Y}$,且由式(10.5.10),得

$$\int_{-\infty}^{+\infty}\cdots\int_{-\infty}^{+\infty}\mathrm{e}^{-p\boldsymbol{X}^{\mathrm{T}}\boldsymbol{Q}\boldsymbol{X}}\mathrm{d}\boldsymbol{X}=\frac{\pi^{\frac{n}{2}}}{p^{\frac{n}{2}}(\det\boldsymbol{Q})^{\frac{1}{2}}}$$

同理 $$\int_{-\infty}^{+\infty}\cdots\int_{-\infty}^{+\infty}\mathrm{e}^{-p\boldsymbol{X}^{\mathrm{T}}\boldsymbol{Q}\boldsymbol{X}}\mathrm{d}\boldsymbol{X}=\frac{\pi^{\frac{n}{2}}}{q^{\frac{n}{2}}(\det\boldsymbol{R})^{\frac{1}{2}}}$$

将上述两式代入式(* *),可得

$$p^{\frac{n}{2p}}\cdot q^{\frac{n}{2q}}(\det\boldsymbol{Q})^{\frac{1}{2p}}\cdot(\det\boldsymbol{R})^{\frac{1}{2q}}\leqslant(\det\boldsymbol{S})^{\frac{1}{2}}$$

将式(*)代入,且令 $\frac{1}{p}=\alpha, \frac{1}{q}=\beta$ 整理后得到

$$\alpha^{\alpha}\beta^{\beta}\cdot V^{\frac{n}{2}}(\sum_{P''})\geqslant V^{\frac{2\alpha}{n}}(\sum_{P})\cdot V^{\frac{2\beta}{n}}(\sum_{P'})$$

其中 $0<\alpha,\beta<1$,且 $\alpha+\beta=1$,此即式(10.5.9).

下面考虑等号成立的条件.

由于 Hölder 不等式

$$\int f^{\alpha}\cdot g^{\beta}\mathrm{d}x\leqslant\left(\int f\mathrm{d}x\right)^{\alpha}\cdot\left(\int g\mathrm{d}x\right)^{\beta}$$

$(0<\alpha,\beta<1$,且 $\alpha+\beta=1)$ 其中等号成立的条件是

$$\frac{f}{\int f\mathrm{d}x}=\frac{g}{\int f\mathrm{d}x}$$

从而式(* *)中等号成立的条件为

$$\frac{\mathrm{e}^{-p\boldsymbol{X}^{\mathrm{T}}\boldsymbol{Q}\boldsymbol{X}}}{\int_{-\infty}^{+\infty}\cdots\int_{-\infty}^{+\infty}\mathrm{e}^{-p\boldsymbol{X}^{\mathrm{T}}\boldsymbol{Q}\boldsymbol{X}}\mathrm{d}\boldsymbol{X}}=\frac{\mathrm{e}^{-q\boldsymbol{X}^{\mathrm{T}}\boldsymbol{R}\boldsymbol{X}}}{\int_{-\infty}^{+\infty}\cdots\int_{-\infty}^{+\infty}\mathrm{e}^{-q\boldsymbol{X}^{\mathrm{T}}\boldsymbol{R}\boldsymbol{X}}\mathrm{d}\boldsymbol{X}}$$

亦即 $$\frac{\mathrm{e}^{-p\boldsymbol{X}^{\mathrm{T}}\boldsymbol{Q}\boldsymbol{X}}}{\mathrm{e}^{-q\boldsymbol{X}^{\mathrm{T}}\boldsymbol{R}\boldsymbol{X}}}=\frac{q^{\frac{n}{2}}(\det\boldsymbol{R})^{\frac{1}{2}}}{p^{\frac{n}{2}}(\det\boldsymbol{Q})^{\frac{1}{2}}}$$

上式取对数,得

$$-pX^{\mathrm{T}}QX+qX^{\mathrm{T}}RX=\ln\frac{q^{\frac{n}{2}}(\det R)^{\frac{1}{2}}}{p^{\frac{n}{2}}(\det Q)^{\frac{1}{2}}}$$

要使上式成立,只能是等式两端恒等于零(因若不然,则左端为一个非零二次齐式,不可能恒等于一个常数),由

$$-pX^{\mathrm{T}}QX+qX^{\mathrm{T}}RX\equiv 0 \text{ 得 } qR-pQ=0$$

由此推知单形$\sum_{P(n+1)}\backsim\sum_{P'(n+1)}$.

由 $\ln\frac{q^{\frac{n}{2}}(\det R)^{\frac{1}{2}}}{p^{\frac{n}{2}}(\det Q)^{\frac{1}{2}}}=0$,得

$$q^{\frac{n}{2}}(\det R)^{\frac{1}{2}}=p^{\frac{n}{2}}(\det Q)^{\frac{1}{2}}$$

将式(*)代入得 $q^{\frac{n}{2}}\cdot V(\sum_{P'})=P^{\frac{n}{2}}\cdot V(\sum_P)$.

如果记$\sum_{P(n+1)}\backsim\sum_{P'(n+1)}$的比为 $u:v$,且以$\frac{1}{p}=\alpha$, $\frac{1}{q}=\beta$ 代入上式,因 $V(\sum_P):V(\sum_{P'})=u^n:v^n$,故得 $u:v=\alpha^{\frac{1}{2}}:\beta^{\frac{1}{2}}$.

反过来,如果单形$\sum_{P(n+1)}$与$\sum_{P'(n+1)}$是相似比为$\alpha^{\frac{1}{2}}:\beta^{\frac{1}{2}}$的两个相似单形,那么对于参数 $\alpha,\beta(0<\alpha,\beta<1,\alpha+\beta=1)$所对应的不等式(10.5.9)中的等号由直接计算验证确实成立.

由此,我们便证得了式(10.5.8),即定理 10.5.4.

在定理 10.5.5 的基础上,运用数学归纳法可以证明下面的推论(证略):

推论 1　设$\sum_{P^{(l)}_{(n+1)}}(l=1,2,\cdots,k,k\geqslant 3)$及$\sum_{P(n+1)}$是 E^n 中的单形,其棱长和体积分别为 $\rho_{ij}^{(l)}$, ρ_{ij} 和 $V(\sum_{P(l)})$, $V(\sum_P)$ $(l=1,2,\cdots,k;,i,j=0,1,\cdots,n)$,如果

$$\rho_{ij}^2=[\rho_{ij}^{(l)}]^2+\cdots+[\rho_{ij}^{(k)}]^2=\sum_{l=1}^{k}[\rho_{ij}^{(l)}]^2\quad(i,j=0,\cdots,n)$$

则[92]

$$\alpha^{\alpha}\beta^{\beta}\cdots\gamma^{\gamma}\cdot V^{\frac{2}{n}}(\Sigma_P)\geqslant V^{\frac{2\alpha}{n}}(\Sigma_{P(1)})\cdots V^{\frac{2\gamma}{n}}(\Sigma_{P(k)})\tag{10.5.11}$$

其中 $0<\alpha,\beta,\cdots,\gamma<1$，且 $\alpha+\beta+\cdots+\gamma=1$. 而等号成立的条件是诸单形 $\Sigma_{P^{(l)}_{(n+1)}}(l=1,2,\cdots,k)$ 是以 $\alpha^{\frac{1}{2}}:\beta^{\frac{1}{2}}:\cdots:\gamma^{\frac{1}{2}}$ 为相似比而成的两两相似的 k 个单形.

对于式(10.5.9)，若令 $\alpha=\beta=\frac{1}{2}$，则有：

推论 2 所设条件同定理 10.5.4，则

$$V^2(\Sigma_{P''})\geqslant 2^nV(\Sigma_P)\cdot V(\Sigma_{P'})\tag{10.5.12}$$

其中等号成立的充要条件为单形 $\Sigma_{P(n+1)}$ 与 $\Sigma_{P'(n+1)}$ 全等.

上述推论 2，也可按照定理 10.5.1 的证法 2 而证明.

为了介绍定理 10.5.6，我们先介绍几个引理[72].

引理 1 设 $\triangle A_iB_iC_i$ 的三边为 a_i,b_i,c_i，面积为 $S_{\triangle_i}$，三边上的高分别记为 h_{a_i},h_{b_i},h_{c_i}，这里 $i=1,2$，令

$$a_3=(a_1^2+a_2^2)^{\frac{1}{2}},b_3=(b_1^2+b_2^2)^{\frac{1}{2}},c_3=(c_1^2+c_2^2)^{\frac{1}{2}}$$

则：(i) 以 a_3,b_3,c_3 为边可以组成另一个 $\triangle A_3B_3C_3$，这个三角形的面积为 $S_{\triangle_3}$，三边上的高记为 h_{a_3},h_{b_3},h_{c_3}.

(ii) $h_{a_3}^2\geqslant h_{a_1}^2+h_{a_2}^2,h_{b_3}^2\geqslant h_{b_1}^2+h_{b_2}^2,h_{c_3}^2\geqslant h_{c_1}^2+h_{c_2}^2$ (10.5.13)

三式中等号成立的充分必要条件是 $\triangle A_1B_1C_1\backsim\triangle A_2B_2C_2$.

(iii) $$S_{\triangle_3} > S_{\triangle_1} > S_{\triangle_2} \tag{10.5.14}$$

式中等号成立的充分必要条件是 $\triangle A_1B_1C_1 \backsim \triangle A_2B_2C_2$.

(iv) $$S_{\triangle_3}^2 > 4S_{\triangle_1}S_{\triangle_2} \tag{10.5.14$'$}$$

式中等号成立的充分必要条件是 $\triangle A_1B_1C_1 \cong \triangle A_2B_2C_2$.

以上结论是 A. Oppenheim 于 1963 年提出的. 除(iv)外也可看作是前述几个命题的简单情形,其证明可参见文[167].

引理 2　设四面体 T_i 的棱长为 $a_{i1},a_{i2},\cdots,a_{i6}$,体积为 V_i,$\lambda_i(i=1,2,\cdots,n)$为任意正数,令

$$a_j^2=\sum_{i=1}^{n}\lambda_i a_{ij}^2 \quad (j=1,2,\cdots,6)$$

则以 $a_j(j=1,2,\cdots,6)$为棱长的四面体 T 的体积 V 与 V_i 之间有

$$V^{\frac{2}{3}} \geqslant \sum_{i=1}^{n}\lambda_i V_i^{\frac{2}{3}} \tag{10.5.15}$$

等号成立的充分必要条件是所有的四面体 $T_i(i=1,\cdots,n)$相似.

此结论是 D. S. Mitrnovic, J. E. Pecaric 于 1988 年提出,其证明可由式(10.5.1)取特殊情形,并运用数学归纳法即得. 也可参见文[62].

引理 3　C_{n+1}^2 个正数 $\rho_{ij}^{(k)}(i,j=0,1,\cdots,n,\rho_{ij}=\rho_{ji},\rho_{ii}=0)$为欧氏空间 $E^n(n\geqslant 2)$的某(k 为某一正整数)n 维单形所有可能的顶点(即不位于一个 $n-1$ 维线性流型内的 $n+1$ 个点组)对的距离的充分必要条件为实对称矩阵$(\rho_{ij})_{n\times n}$正定,其中

$$\rho_{ij}=(\rho_{i0}^{(k)})^2+(\rho_{j0}^{(k)})^2-(\rho_{ij}^{(k)})^2,\rho_{ij}^{(k)}=\rho_{ji}^{(k)}>0$$
$$\rho_{ii}^{(k)}=0,i,j=1,2,\cdots,n$$

事实上，由于矩阵$\left(\frac{1}{2}\rho_{ij}\right)_{n\times n}$的各阶顺序主子式均大于零，这和矩阵$(\rho_{ij})_{n\times n}$的正定性等价.

引理4 设$\boldsymbol{A}_k$为实对称正定矩阵，$\boldsymbol{A}_k^{(i)}$为$\boldsymbol{A}_k$删去第i行第i列后所得的子矩阵，又λ_k为任意正数$(k=1,2,\cdots,m,m\geqslant 2)$，则

$$\frac{\det\left[\sum_{k=1}^{m}\lambda_k\boldsymbol{A}_k\right]}{\det\left[\sum_{k=1}^{m}\lambda_k\boldsymbol{A}_k^{(i)}\right]}\geqslant\sum_{k=1}^{m}\lambda_k\frac{\det(\boldsymbol{A}_k)}{\det(\boldsymbol{A}_k^{(i)})}\tag{10.5.16}$$

式中等号成立的充分必要条件为任意两个矩阵$\boldsymbol{A}_k,\boldsymbol{A}_l$相差一个正数倍$(k,l=1,2,\cdots,m,m\geqslant 2,k\neq 1)$.

证明 用数学归纳法.

将$\lambda_1\boldsymbol{A}_1,\lambda_2\boldsymbol{A}_2$代式(10.5.3)中的$A,B$，则

$$\frac{\det(\lambda_1\boldsymbol{A}_1+\lambda_2\boldsymbol{A}_2)}{\det(\lambda_1\boldsymbol{A}_1^{(i)}+\lambda_2\boldsymbol{A}_2^{(i)})}\geqslant\lambda_1\frac{\det\boldsymbol{A}_1}{\det\boldsymbol{A}_1^{(i)}}+\lambda_2\frac{\det\boldsymbol{A}_2}{\det\boldsymbol{A}_2^{(i)}}\tag{*}$$

故当$m=2$时，不等式(10.5.16)成立，且由式(10.5.3)等号成立条件知上式中等号成立的充分必要条件为$\boldsymbol{A}_1,\boldsymbol{A}_2$相差一个正数倍.

设m时不等式(10.5.16)成立. 且式中等号成立的充分必要条件为$\boldsymbol{A}_1,\boldsymbol{A}_2,\cdots,\boldsymbol{A}_m$中任意两个仅相差一个正整倍. 当$m+1$时，由假定及式(*)，有

$$\begin{aligned}&\frac{\det\left(\sum_{k=1}^{m+1}\lambda_k\boldsymbol{A}_k\right)}{\det\left(\sum_{k=1}^{m+1}\lambda_k\boldsymbol{A}_k^{(i)}\right)}\\&\geqslant\sum_{k=1}^{m-1}\lambda_k\frac{\det\boldsymbol{A}_k}{\det\boldsymbol{A}_k^{(i)}}+\frac{\det(\lambda_m\boldsymbol{A}_m+\lambda_{m+1}\boldsymbol{A}_{m+1})}{\det(\lambda_m\boldsymbol{A}_m^{(i)}+\lambda_{m+1}\boldsymbol{A}_{m+1}^{(i)})}\\&\geqslant\sum_{k=1}^{m+1}\lambda_k\frac{\det\boldsymbol{A}_k}{\det\boldsymbol{A}_k^{(i)}}\end{aligned}$$

因此,不等式(10.5.16)对任意的正整数 $m\geqslant 2$ 成立,且式中等号成立的充分必要条件为任意的 $\boldsymbol{A}_k,\boldsymbol{A}_l$ 相差一个正数倍($k,l=1,2,\cdots,m,k\neq l$).

引理5　设 $\boldsymbol{A}_1,\boldsymbol{A}_2,\cdots,\boldsymbol{A}_m$ 为 n 阶实对称正定矩阵,$\boldsymbol{A}_k$ 的特征根为 $\mu_1^{(k)},\mu_2^{(k)},\cdots,\mu_n^{(k)}$,若 $0<m_0\leqslant\mu_l^{(k)}\leqslant M_0(k=1,2,\cdots,m,m\geqslant 2,l=1,2,\cdots,n)$,则

$$(\det(\sum_{k=1}^{m}\boldsymbol{A}_k))^{\frac{1}{n}}\leqslant\left(\frac{M_0}{m_0}\right)^{\frac{n-1}{n}}\cdot(\sum_{k=1}^{m}\det\boldsymbol{A}_k)^{\frac{1}{n}} \tag{10.5.17}$$

证明　因 $\boldsymbol{A}_1,\boldsymbol{A}_2$ 为 n 阶实对称正定矩阵,故存在矩阵 $\boldsymbol{C},\det\boldsymbol{C}=1$,使得

$$\boldsymbol{C}^{\mathrm{T}}\boldsymbol{A}_1\boldsymbol{C}=\begin{pmatrix}\mu_2^{(1)} & & 0\\ & \ddots & \\ 0 & & \mu_2^{(1)}\end{pmatrix},\boldsymbol{C}^{\mathrm{T}}\boldsymbol{A}_2\boldsymbol{C}=\begin{pmatrix}\mu_2^{(2)} & & 0\\ & \ddots & \\ 0 & & \mu_n^{(2)}\end{pmatrix}$$

从而

$$\begin{aligned}\det(\boldsymbol{A}_1+\boldsymbol{A}_2)&=\det(\boldsymbol{C}^{\mathrm{T}}(\boldsymbol{A}_1+\boldsymbol{A}_2)\boldsymbol{C})\\&=\det(\boldsymbol{C}^{\mathrm{T}}\boldsymbol{A}_1\boldsymbol{C}+\boldsymbol{C}^{\mathrm{T}}\boldsymbol{A}_2\boldsymbol{C})\\&=\prod_{l=1}^{n}(\mu_l^{(1)}+\mu_l^{(2)})\end{aligned}$$

$$\det\boldsymbol{A}_1=\prod_{l=1}^{n}\mu_l^{(1)},\det\boldsymbol{A}_2=\prod_{l=1}^{n}\mu_l^{(2)}$$

由有限和的逆向 Hölder 不等式:

设 $0<m_i\leqslant a_{ik}\leqslant M_i,\alpha_i>0,k=1,2,\cdots,n,i=1,2,\cdots,N,\alpha_1+\alpha_2+\cdots+\alpha_N=1$,记 $\varepsilon_i=\dfrac{m_i}{M_i},i=1,2,\cdots,N$,则

$$\prod_{i=1}^{N}(\sum_{k=1}^{n}a_{ik})^{\alpha_i}\leqslant\prod_{i=1}^{N}\varepsilon^{-\alpha_i(1-\alpha_i)}\cdot\sum_{k=1}^{m}a_{1k}^{\alpha_1}\cdots a_{Nk}^{\alpha_N}$$

在上式中，取 $n=2, N=n, \alpha_i=\dfrac{1}{n}(i=1,2,\cdots,n)$，则

$$
\begin{aligned}
&[\det(A_1+A_2)]^{\frac{1}{n}}\\
=&\prod_{l=1}^{n}(\mu_l^{(1)}+\mu_l^{(2)})^{\frac{1}{n}}\\
\leqslant&\left(\frac{M_0}{m_0}\right)^{\frac{n-1}{n}}\cdot\left[\left(\prod_{l=1}^{n}\mu_l^{(1)}\right)^{\frac{1}{n}}+\left(\prod_{l=1}^{n}\mu_l^{(2)}\right)^{\frac{1}{n}}\right]\\
=&\left(\frac{M_0}{m_0}\right)^{\frac{n-1}{n}}\cdot\left[(\det \boldsymbol{A}_1)^{\frac{1}{n}}+(\det \boldsymbol{A}_2)^{\frac{1}{n}}\right]
\end{aligned}
$$

故当 $m=2$ 时，式(10.5.17)成立.

进一步利用数学归纳法可证明式(10.5.17)对任意的正整数 $m\geqslant 2$ 均成立(证明过程略).

定理 10.5.6 设 $\sum_{P_{(n+1)}^{(k)}}=\{P_0^{(k)},P_1^{(k)},\cdots,P_n^{(k)}\}$，$(k=1,2,\cdots,m)$ 为 $E^n(n\geqslant 2)$ 中的 m 个单形，它们的棱长和 n 维体积分别为 $|P_i^{(k)}P_j^{(k)}|=\rho_{ij}^{(k)}$ 和 $V_P^{(k)}$，令

$$\rho_{ij}^2=\sum_{k=1}^{m}\lambda_k(\rho_{ij}^{(k)})^2$$

其中 λ_k 为任意正数($i,j=0,1,\cdots,n,i\neq j,k=1,2,\cdots,m$)，且 $\sum_{P_{(n+1)}^{(k)}}$ 的 $n+1$ 个侧面 $f_i^{(k)}$($P_i^{(k)}$ 的对面)上的高分别记为 $h_i^{(k)}(k=1,2,\cdots,m,i=0,1,\cdots,n)$，则[72]：

(1) 以 ρ_{ij} 为棱长可以组成 E^n 中的 n 维单形 $\sum_{P(n+1)}=\{P_0,P_1,\cdots,P_n\}$，使 $|P_iP_j|=\rho_{ij}(i,j=0,1,\cdots,n,i\neq j)$.

单形 $\sum_{P(n+1)}$ 的体积记为 V_P，$\sum_{P(n+1)}$ 的 $n+1$ 个侧面 f_i(P_i 所对的面)上的高记为 $h_i(i=0,1,\cdots,n)$.

(2) $h_i^2\geqslant\sum_{k=1}^{m}\lambda_k[h_i^{(k)}]^2\quad(i=0,1,\cdots,n)$

(10.5.18)

各式中等号成立的充分必要条件为所有的单形$\sum_{P_{(n+1)}^{(k)}}$($k=1,2,\cdots,m$)相似.

(3) $$[V_P]^{\frac{2}{n}}\geqslant\sum_{k=1}^{m}\lambda_k[V_P^{(k)}]^{\frac{2}{n}} \tag{10.5.19}$$

式中等号成立的充分必要条件为所有的单形$\sum_{P_{(n+1)}^{(k)}}$($k=1,2,\cdots,m$)相似.

(4) $$V_P^{2\lambda}\geqslant\lambda^{n\lambda}[\prod_{k=1}^{m}(V_P^{(k)})]^2\quad(\text{其中 }\lambda=\sum_{k=1}^{m}\lambda_k) \tag{10.5.20}$$

式中等号成立的充分必要条件为所有的单形$\sum_{P_{(n+1)}^{(k)}}$($k=1,2,\cdots,m$)全等.

(5)若n阶实对称矩阵

$$\boldsymbol{B}_k=(b_{ij}^{(k)})_{n\times n}=((\rho_{i0}^{(k)})^2+(\rho_{j0}^{(k)})^2-(\rho_{ij}^{(k)})^2)_{n\times n}$$

($i,j=1,2,\cdots,n,i\neq j$)的最大特征根和最小特征根分别为M_k和m_k($k=1,2,\cdots,m$). 令$M_0=\max\{M_k\}$, $m_0=\min\{m_k\}$,则

$$V_P^{\frac{2}{n}}\leqslant\frac{M_0}{m_0}\sum_{k=1}^{m}[V_P^{(k)}]^{\frac{2}{n}} \tag{10.5.21}$$

显然此定理是引理1及引理2推广到n维欧氏间E^n($n\geqslant2$)中m个单形的情形结论. 其中的不等式(10.5.19)的特殊情形即为不等式(10.5.1),下面给出定理的证明.

证明 (1) 由引理3知

$$\boldsymbol{B}_k=((\rho_{i0}^{(k)})^2+(\rho_{j0}^{(k)})^2-(\rho_{ij}^{(k)})^2)_{n\times n}\quad(k=1,2,\cdots,m)$$

为实对称正定矩阵,从而

$$\boldsymbol{B}=\sum_{k=1}^{m}\lambda_kB_k=(\rho_{i0}^2+\rho_{j0}^2-\rho_{ij}^2)_{n\times n}$$

($i,j=1,2,\cdots,n,\rho_{ij}=\rho_{ii}=0$)为实对称正定矩阵,再由

引理 3，知以 ρ_{ij} 为棱可组成 n 维单形 $\sum_{P(n+1)}=\{P_0, P_1,\cdots,P_n\}$，使 $|P_iP_j|=\rho_{ij}(i,j=0,1,\cdots,n)$.

(2)在 n 维单形体积公式(5.2.6)中的行列式 D_{n+2} 的第 3 行至第 $n+2$ 行都减去第 2 行，再把第 3 列至第 $n+2$ 列都减去第 2 列，然后把所得的行列式按第 1 行展开，得到 $n+1$ 阶行列式，再把此 $n+1$ 阶行列式按第 1 列展开并从每一行提取 -1，得

$$D_{n+2}=(-1)^{n+1}\begin{pmatrix}\rho_{11} & \cdots & \rho_{1n}\\ \vdots & & \vdots\\ \rho_{1n} & \cdots & \rho_{nn}\end{pmatrix}$$

其中 $\rho_{ij}=(\rho_{i0}^{(k)})^2+(\rho_{j0}^{(k)})^2-(\rho_{ij}^{(k)})^2(i,j=1,2,\cdots,n, \rho_{ij}^{(k)}=\rho_{ji}^{(k)},\rho_{ii}^{(k)}=0)$. 从而

$$\det \boldsymbol{B}_k=2^n(n!)^2[V_P^{(k)}]^2\quad(k=1,2,\cdots,m)$$

$$\det \boldsymbol{B}=2^n(n!)^2V_P^2$$

同理知

$$\det \boldsymbol{B}_k^{(i)}=2^{n-1}[(n-1)!]^2\cdot|f_i^{(k)}|^2$$

$$\det \boldsymbol{B}^{(i)}=2^{n-1}[(n-1)!]^2\cdot|f_i|^2$$

这里 $|f_i^{(k)}|$，$|f_i|$ 分别为单形 $\sum_{P_{(n+1)}^{(k)}}$，$\sum_{P(n+1)}$ 的顶点 $P_i^{(k)}$，P_i 所对侧面的 $n-1$ 维体积($i=0,1,\cdots,n,k=1,\cdots,m$).

由引理 4 中式(10.5.16)及单形体积公式(5.2.2)：$V_P^{(k)}=\frac{1}{n}|f_i^{(k)}|\cdot h_i^{(k)}(i=0,1,\cdots,n,k=1,2,\cdots,m)$，知不等式(10.5.18)当 $i=1,2,\cdots,n$ 时成立.

若将引理 3 及前面证明过程中的 $(\rho_{i0}^{(k)})^2+(\rho_{j0}^{(k)})^2-(\rho_{ij}^{(k)})^2$ 改为 $(\rho_{in}^{(k)})^2+(\rho_{jn}^{(k)})^2-(\rho_{ij}^{(k)})^2(i,j=0,1,\cdots,n-1,k=1,2,\cdots,m)$，则同理可证不等式(10.5.18)当 $i=0,1,\cdots,n-1$ 时成立，故不等式

(10.5.18)对任意的 $i=0,1,\cdots,n$ 成立. 再由不等式(10.5.16)等号成立条件知式(10.5.18)中等号成立的充要条件为所有的单形 $\sum_{P_{(n+1)}^{(k)}}(k=1,2,\cdots,m)$ 相似.

(3)用数学归纳法证明式(10.5.19).

由引理1及引理2,可知式(10.5.19)当 $n=2,3$ 时成立.

设 $n-1$ 时不等式(10.5.19)成立,从而对于 n 维单形 $\sum_{P(n+1)}$ 和 $\sum_{P_{(n+1)}^{(k)}}$ 的侧面 f_i 和 $f_i^{(k)}$ 而言,有

$$|f_i|^{\frac{2}{n-1}}\geqslant\sum_{k=1}^{m}\lambda_k|f_i^{(k)}|^{\frac{2}{n-1}}\quad(i=0,1,\cdots,n)\tag{10.5.22}$$

式中等号成立的充要条件为单形 $\sum_{P_{(n+1)}^{(k)}}$ 的顶点 $P_i^{(k)}$ 所对的侧面 $n-1$ 维单形 $f_i^{(k)}(i=0,1,\cdots,n,k=1,\cdots,m)$ 相似,因为

$$\sum_{k=1}^{m}\lambda_k[V_P^{(k)}]^{\frac{2}{n}}=\left(\frac{1}{n}\right)^{\frac{2}{n}}\sum_{k=1}^{m}\lambda_k[|f_i^{(k)}|\cdot h_i^{(k)}]^{\frac{2}{n}}$$

由 Hölder 不等式,有

$$\begin{aligned}&\sum_{k=1}^{m}\lambda_k[|f_i^{(k)}|\cdot h_i^{(k)}]^{\frac{2}{n}}\\=&\sum_{k=1}^{m}[\lambda_k|f_i^{(k)}|^{\frac{2}{n-1}}]^{\frac{n-1}{n}}\cdot[\lambda_k(h_i^{(k)})^2]^{\frac{1}{n}}\\\leqslant&[\sum_{k=1}^{m}\lambda_k|f_i^{(k)}|^{\frac{2}{n-1}}]^{\frac{n-1}{n}}\cdot[\sum_{k=1}^{m}\lambda_k(h_i^{(k)})^2]^{\frac{1}{n}}\end{aligned}$$

利用不等式(10.5.18)及(10.5.22),所以

$$\sum_{k=1}^{m}\lambda_k[V_P^{(k)}]^{\frac{2}{n}}\leqslant\left(\frac{1}{n}\right)^{\frac{2}{n}}\cdot|f_i|^{\frac{2}{n}}\cdot h_i^{\frac{2}{n}}=[V_P^{(k)}]^{\frac{2}{n}}$$

由不等式(10.5.22)及 Hölder 不等式等号成立条件易知不等式(10.5.19)中等号成立的充要条件为所有的单形 $\sum_{P_{(n+1)}^{(k)}}(k=1,2,\cdots,m)$ 相似.

(4)由不等式(10.5.19)及带权的算术-几何平均不等式,即得不等式(10.5.20),而其中等号成立的充要条件为所有的单形 $\sum_{P_{(n+1)}^{(k)}}$ 相似且它们的体积相等,亦即所有的 $\sum_{P_{(n+1)}^{(k)}}$ $(k=1,2,\cdots,m)$ 全等.

(5)由前面的证明及引理5,则不难知道不等式(10.5.21)也成立.

§10.6 单形的宽度

定义 10.6.1 设 $\sum_{P(n+1)}$ 为 E^n 中的 n 维单形,对于每个单位向量 $\boldsymbol{u}$,将 $\sum_{P(n+1)}$ 的一对与 $\boldsymbol{u}$ 垂直的支撑超平面之间的距离记作 $\tau(\sum_{P_{(n+1)}^{(k)}},\boldsymbol{u})$,令

$$\omega(\sum_{P(n+1)})=\min\tau(\sum_{P(n+1)},\boldsymbol{u})\quad(10.6.1)$$

我们称 $\omega(\sum_{P(n+1)})$ 叫作 $\sum_{P(n+1)}$ 的宽度.

显然,将上述定义中的单形 $\sum_{P(n+1)}$ 改为 E^n 中的有界凸体 K,则也称 $\omega(K)$ 叫作凸体 K 的宽度.

关于单形的宽度,我们已有如下几个结论:

定理 10.6.1 (1974,Sallee 猜想,1977,R. Alexander 证)内接于同一超球的所有单形中,正则单形具有最大宽度.

定理 10.6.2 一切维数相同体积相等的单形中,正则单形具有最大宽度[10].

定理 10.6.3 外切于一已知球的所有单形中,正则单形具有最大的宽度[91].

为了介绍几个新定理,先介绍如下几个引理及结论.

引理1　设E^n中n维单形$\sum_{P(n+1)}=\{P_0,P_1,\cdots,P_n\}$的顶点集为$\triangle_{n+1}$，则$\triangle_{n+1}$的每个非空的，不同于$\triangle_{n+1}$的子集$\triangle_A$，必存在一个定向超平面$H$，使得$\triangle_{n+1}\setminus\triangle_A\subset H$，而且$\triangle_A$中的各点到$H$有相等的带号距离，若以$\boldsymbol{v}$记$H$的法向量，则这个带号距离的绝对值，就是$\sum_{P(n+1)}$在方向$\boldsymbol{v}$的宽度，记为$\tau(\sum_{P(n+1)},\boldsymbol{v})$.

证明　不妨设$\triangle_A=\{P_0,P_1,\cdots,P_{k-1}\}(0\leqslant k\leqslant n-1)$，考虑向量组$\boldsymbol{\alpha}_A=\{\overrightarrow{P_1-P_0},\overrightarrow{P_2-P_0},\cdots,\overrightarrow{P_{k-1}-P_0};\overrightarrow{P_{k-1}-P_k},\overrightarrow{P_{k+2}-P_k},\cdots,\overrightarrow{P_n-P_k}\}$，$\boldsymbol{\alpha}_A$由$n-1$个线性无关的向量组成，它生成$E^n$的一个$n-1$维子空间$E^{(A)}$，$E^{(A)}$的正交补子空间是1维的，亦即存在一个单位向量$\boldsymbol{v}$与$\boldsymbol{\alpha}_A$中所有向量正交，而且这样的$\boldsymbol{v}$不计正负时是唯一的，作超平面

$$\pi_1=\boldsymbol{v}\cdot(\overrightarrow{X-P_0})=0,\pi_2=\boldsymbol{v}\cdot(\overrightarrow{X-P_k})=0$$

则$P_0,P_1,\cdots,P_{k-1}$在π_1上，$P_k,\cdots,P_n$在π_2上，且$\pi_1/\!/\pi_2$，这就得到了所要的结论，引理证毕.

我们注意到$0,1,\cdots,n$这$n+1$个非负整数组成的集合I的一切m元子集所组成的集合为

$$K_m=\{\sigma|\sigma\subset I,|\sigma|=m\}\qquad(10.6.2)$$

其中σ为I的非空子集，$|\sigma|$表σ的元素的个数，则单形$\sum_{P(n+1)}$的顶点集$\triangle_{n+1}$的每个子集$\triangle_\sigma$可以和I的一个子集σ对应

$$\triangle_\sigma=\{P_i|i\in\sigma,\sigma\subset I\}\qquad(10.6.3)$$

此时由引理1，对$\triangle_\sigma$当$0\leqslant|\sigma|\leqslant n-1$时，存在一个定向超平面$H_\sigma$，$\triangle_{n+1}\setminus\triangle_\sigma\subset H_\sigma$，使得$\triangle_\sigma$中的一切点到$H_\sigma$的带号距离相等，这个带号距离仅与$H_\sigma$有关，故可记作$d(H_\sigma)$. 若以$\boldsymbol{v}_\sigma$记$H_\sigma$的单位法向量，则

当$\sum_{P(n+1)}$取定时，$\tau(\sum_{P(n+1)},\boldsymbol{v}_\sigma)$仅与$\sigma$有关，故可将$\sum_{P(n+1)}$在方向$\boldsymbol{v}_\sigma$的宽度记作

$$\tau_\sigma=\tau(\sum_{P(n+1)},\boldsymbol{v}_\sigma)=|d(H_\sigma)| \quad (10.6.4)$$

引理 2　在上述定义下，有等式

$$\tau_\sigma^{-2}=\frac{-1}{D(P_0,\cdots,P_n)}\cdot D(\beta) \quad (10.6.5)$$

其中

$$D(\beta)=\begin{vmatrix} 0 & 1 & \cdots & 1 & 0 \\ 1 & & & & \beta_0 \\ \vdots & & -\frac{1}{2}\rho_{ij}^2 & & \vdots \\ 1 & & & & \beta_n \\ 0 & \beta_0 & \cdots & \beta_n & 0 \end{vmatrix}$$

及$D(P_0,P_1,\cdots,P_n)$为 Cayley-Menger 行列式，而

$$\beta_i=\begin{cases}1,当\ i\in\sigma\ 时\\0,当\ i\in\sigma\ 时\end{cases} \quad (i=0,1,\cdots,n)$$

证明　考虑$n+2$元基本图形$\sigma_\sigma=\{P_0,P_1,\cdots,P_n,H_\sigma\}$，如果令$\gamma_i=d(P_i,H_\sigma)$，则有

$$\gamma_i=\begin{cases}d(H_\sigma),当\ i\in\sigma\ 时\\0,当\ i\notin\sigma\ 时\end{cases} \quad (i=0,1,\cdots,n)$$

由度量方程式(1.2.13)，对δ_σ有

$$D(\delta_\sigma)=\begin{vmatrix} 0 & 1 & \cdots & 1 & 0 \\ 1 & & & & \gamma_0 \\ \vdots & & -\frac{1}{2}\rho_{ij}^2 & & \vdots \\ 1 & & & & \gamma_n \\ 0 & \gamma_0 & \cdots & \gamma_n & 1 \end{vmatrix}=0$$

把行列式的末行末列除以$d(H_\sigma)$，并注意到有$\tau_\sigma=|d(H_r)|$，由此便证得式(10.6.5).

引理 3　在前述定义下，有

$$\omega(\sum\nolimits_{P(n+1)}) = \min_{\substack{\sigma\subset I\\ \phi\neq\sigma\neq I}}\{\tau_\sigma\} \qquad (10.6.6)$$

证明　设 $\boldsymbol{u}$ 是 E^n 中任一个单位向量，π 是以 $\boldsymbol{u}$ 为法向量的 $\sum_{P(n+1)}$ 的支撑平面. 不妨设 $\sum_{P(n+1)}$ 的顶点都在 π 的正侧或在 π 上，令 $d_i = d(P_i,\pi)(i=0,1,\cdots,n)$，$d(P_i,\pi)$ 表 P_i 到 π 的带号距离，则显然有

$$\pi(\sum\nolimits_{P(n+1)},\boldsymbol{u}) = \max_{0\leqslant i\leqslant n}\{d_i\} \qquad (*)$$

对 $n+2$ 元基本图形 $\sigma_\pi = \{P_0,P_1,\cdots,P_n,\pi\}$ 应用式(1.2.13)，得

$$D(P_0,\cdots,P_n,\pi) = \begin{vmatrix} 0 & 1 & \cdots & 1 & 0\\ 1 & & & & d_0\\ \vdots & & -\frac{1}{2}\rho_{ij}^2 & & \vdots\\ 1 & & & & d_n\\ 0 & d_0 & \cdots & d_n & 0\end{vmatrix} = 0$$

用 $\tau(\sum_{P(n+1)},\boldsymbol{u})$ 除上述行列的末行末列，得

$$\begin{vmatrix} 0 & 1 & \cdots & 1 & 0\\ 1 & & & & t_0\\ \vdots & & -\frac{1}{2}\rho_{ij}^2 & & \vdots\\ 1 & & & & t_n\\ 0 & t_0 & \cdots & t_n & \tau^{-2}(\sum_{P(n+1)},u)\end{vmatrix} = 0$$

且由式($*$)以及诸 d_i 非负，可知 $0\leqslant t_i\leqslant 1$，而且诸 t_i 中至少有一个为0，至少有一个为1.

从上述行列式中解出(D_{ij} 表 $D(P_0,P_1,\cdots,P_n)$ 对应元素的代数余子式)

$$\tau^{-2}(\sum\nolimits_{P(n+1)},\boldsymbol{u}) = -\frac{1}{D(P_0,\cdots,P_n)}\sum_{i=0}^{n}\sum_{j=0}^{n}(-D_{ij})t_it_j$$

对于上式中的某个 $t_j\neq 0$ 或1，总可以把它换成0或1而使上式的右端变得更大或不变.

事实上,考察上式的和号中与 t_j 有关的那些项之和

$$\left(-2\sum_{\substack{0\leqslant i,j\leqslant n\\ i\neq j}}D_{ij}t_it_j\right)-D_{jj}t_j^2=t_j(-D_{jj}t_j+C)$$

当 $(-D_{jj}t_j+C)\leqslant 0$ 时,我们把 t_j 换成 0;反之,当 $(-D_{jj}t_j+C)>0$ 时,则把 t_j 换成 1,则由式(2.2.16)或式(5.2.6)知 $D(P_0,\cdots,P_n)$ 和 D_{ij} 都是负的,故这样的代换下,前述等式右端不减,经过有限次代换后,诸 t_j 都变成 0 或 1,于是由引理 2,即

$$\tau^{-2}(\sum\nolimits_{P(n+1)},\boldsymbol{u})\leqslant\tau_\sigma^{-2}=\tau^{-2}(\sum\nolimits_{P(n+1)},\boldsymbol{v}_\sigma)$$

由于 σ 是 $\{0,1,\cdots,n\}$ 的非空真子集,引理证毕.

引理 4 设 E^n 中 n 维 $\sum_{P(n+1)}$ 的 n 维体积与各侧面 f_i 的 $n-1$ 维体积分别记为 V_P,$|f_i|$,令

$$B_m=\sum_{\sigma\in Q_m}\tau_\sigma^{-2}\tag{10.6.7}$$

则

$$B_m=\mathrm{C}_{n-1}^{m-1}\frac{\sum\limits_{i=0}^{n}|f_i|^2}{n^2\cdot V_P^2}\tag{10.6.8}$$

证明 由式(10.6.5),我们有 $\tau_\sigma^{-2}=D^{-1}(P_0,\cdots,P_n)\sum\limits_{i\in\sigma}\sum\limits_{j\in\sigma}D_{ij}$,于是

$$\begin{aligned}B_m&=\sum_{\sigma\in Q_m}\tau_\sigma^{-2}=D^{-1}(P_0,\cdots,P_n)\sum_{\sigma\in Q_m}\sum_{i\in\sigma}\sum_{j\in\sigma}D_{ij}\\&=D^{-1}(P_0,\cdots,P_n)\Big(\mathrm{C}_n^{m-1}\sum_{i=0}^{n}D_{ii}+\mathrm{C}_{n-1}^{m-2}\sum_{\substack{i=0\\(i\neq j)}}^{n}\sum_{j=0}^{n}D_{ij}\Big)\\&=D^{-1}(P_0,\cdots,P_n)\Big(\mathrm{C}_{n-1}^{m-1}\sum_{i=0}^{n}D_{ii}+\mathrm{C}_{n-1}^{m-2}\sum_{\substack{i=0\\(i\neq j)}}^{n}\sum_{j=0}^{n}D_{ij}\Big)\end{aligned}$$

但是

$$\sum_{\substack{i=0\\(i\neq j)}}^{n}\sum_{j=0}^{n} D_{ij} = -\begin{vmatrix} 0 & 1 & \cdots & 1 & 0 \\ 1 & & & & 1 \\ \vdots & & -\frac{1}{2}\rho_{ij}^2 & & \vdots \\ 1 & & & & 1 \\ 0 & 1 & \cdots & 1 & 0 \end{vmatrix} = 0$$

故
$$B_m = \mathrm{C}_{n-1}^{m-1} \cdot D^{-1}(P_0, P_1, \cdots, P_n) \sum_{i=0}^{n} D_{ii} \quad (**)$$

另一方面,由单形体积公式(5.2.6),有

$$D(P_0, P_1, \cdots, P_n) = -n!^2 V_P^2$$
$$D_{ii} = -[(n-1)!]^2 \cdot |f_i|^2$$

将其代入式(* *),即得式(10.6.8),引理证毕.

由上述几个引理,我们可得如下定理:

定理 10.6.4　若 $\omega(\sum_{P(n+1)})$ 和 V_P 分别表示 E^n 中 n 维单形 $\sum_{P(n+1)}$ 的宽度和 n 维体积,则有

$$\omega(\textstyle\sum_{P(n+1)}) \leqslant b_n \cdot V_P^{\frac{1}{n}} \qquad (10.6.9)$$

其中

$$b_n = \frac{n!^{\frac{1}{n}}(n+1)^{\frac{n-1}{2n}}}{Z^{\frac{1}{2}}(n+1-Z)^{\frac{1}{2}}} \qquad (10.6.10)$$

且 $Z = \left[\frac{n+1}{2}\right]$ 表示取整数,且等号当且仅当 $\sum_{P(n+1)}$ 正则时取到.

证明　对一切 $\sigma \in K_m$,计算 τ_σ^{-2} 的算术平均 $\underset{|\sigma|=m}{A.M}(\tau_\sigma^{-2})$,由式(10.6.8),得

$$\underset{|\sigma|=m}{A.M}(\tau_\sigma^{-2}) = (\mathrm{C}_{n+1}^{m})^{-1} \cdot B_m$$
$$= \frac{\mathrm{C}_{n-1}^{m-1}}{n^2 \mathrm{C}_{n+1}^{m}} \cdot \frac{\sum_{i=0}^{n} |f_i|^2}{V_P^2}$$

$$=\frac{m(n+1-m)}{n^3(n+1)}\cdot\frac{\sum_{i=0}^{n}|f_i|^2}{V_P^2}\qquad(10.6.11)$$

显然,当 $m=Z$ 时,式(10.6.11)的右端取到最大值,即

$$\max_{1\leqslant m\leqslant n}\{\underset{|\sigma|=m}{A.M}(\tau_\sigma^{-2})\}=\underset{|\sigma|=[\frac{n+1}{2}]}{A.M}(\tau_\sigma^{-2})\qquad(10.6.12)$$

另一方面,由式(10.6.6),知

$$\omega(\Sigma_{P(n+1)})=\min_{\substack{\sigma\subset I\\ \phi\neq\sigma\neq I}}\{\tau_\sigma\}=\min_{0<|\sigma|\leqslant n}\{\tau_\sigma\}\qquad(10.6.13)$$

故

$$\omega^{-2}(\Sigma_{P(n+1)})=\max_{0<|\sigma|\leqslant n}\{\tau_\sigma\}\geqslant\underset{|\sigma|=Z}{A.M}(\tau_\sigma^{-2})\qquad(10.6.14)$$

由式(10.6.14)与式(10.6.11),得

$$\omega^{-2}(\Sigma_{P(n+1)})\geqslant\frac{Z(n+1-Z)}{n^3(n+1)}\cdot\frac{\sum_{i=0}^{n}|f_i|^2}{V_P^2}\qquad(10.6.15)$$

由式(10.2.8),取 $l=n=k+1$,即得

$$\sum_{i=0}^{n}|f_i|^2\geqslant n^3\left(\frac{n+1}{n!^2}\right)^{\frac{1}{2}}V_P^{2-\frac{2}{n}}\qquad(10.6.16)$$

其中等号当且仅当 $\Sigma_{P(n+1)}$ 正则时成立.

将式(10.6.16)代入式(10.6.15),化简即得式(10.6.9),并可确定 b_n 之取值如式(10.6.10).

在推导过程中,$\Sigma_{P(n+1)}$ 为正则是第一步骤中的"≥"号取等号的充分条件,而且至少在使用式(10.6.16)时是必要条件,故当且仅当 $\Sigma_{P(n+1)}$ 正则时,式(10.6.9)中的等式成立. 定理证毕.

由上述定理 10.6.4,即也就证实了定理 10.6.2.

由式(10.7.6),知内接于一个超球面(半径 R_n 为定值或不妨设其为单位球)的一切单形中,以正则单形体积为最大,于是,由定理 10.6.2 便导出定理 10.6.1.

由式(9.5.3),有

$$V_P \leqslant \frac{1}{n!\ \cdot (n+1)^{\frac{n-1}{2}} \cdot n^{\frac{n}{2}}} \left(\sum_{0 \leqslant i < j \leqslant n} \rho_{ij}^2 \right)^{\frac{n}{2}}$$

其中等号当且仅当 $\sum_{P(n+1)}$ 正则时成立.

注意到式(9.9.2)将其代入式(9.5.2),得

$$V_P \leqslant \frac{(n+1)^{\frac{n+1}{2}}}{n!\ \cdot n^{\frac{n}{2}}} R_n^n$$

其中等号当且仅当 $\sum_{P(n+1)}$ 正则时成立.

将上式代入式(10.6.9),得

$$\omega\left(\sum_{P(n+1)}\right) \leqslant \left[\frac{(n+1)^2}{n \cdot Z \cdot (n+1-Z)}\right]^{\frac{1}{2}} \cdot R_n$$

于是,我们有:

定理 10.6.5　$\omega\left(\sum_{P(n+1)}\right) \leqslant g_n \cdot R_n$　(10.6.17)

其中等号当且仅当 $\sum_{P(n+1)}$ 正则时成立,R_n 为单形 $\sum_{P(n+1)}$ 的外接超球半径,且

$$g_n = \left[\frac{(n+1)^2}{n \cdot Z \cdot (n+1-Z)}\right]^{\frac{1}{2}} \quad (10.6.18)$$

类似地,我们有:

定理 10.6.6　$\omega \sum_{P(n+1)} \leqslant a_n r_n$　(10.6.19)

其中等号当 $\sum_{P(n+1)}$ 正则时成立,r_n 为单形 $\sum_{P(n+1)}$ 的内切超球半径,且

$$a_n = \left(\frac{(n+1)^2 \cdot n}{Z \cdot (n+1-Z)}\right)^{\frac{1}{2}} \quad (10.6.20)$$

证明 由式(10.6.15),并注意到式(7.4.7),则

$$\omega^{-2}(\Sigma_{P(n+1)}) \geqslant \frac{Z(n+1-Z)}{n^3(n+1)} \cdot \frac{\sum_{i=0}^{n}|f_i|^2}{\left(\frac{1}{n}r_n \cdot \sum_{i=0}^{n}|f_i|\right)^2}$$

$$= \frac{Z(n+1-Z)}{n(n+1)^2 \cdot r_n^2} \cdot \frac{(n+1)\sum_{i=0}^{n}|f_i|^2}{(\sum_{i=0}^{n}|f_i|)^2}$$

$$\geqslant \frac{Z(n+1-Z)}{n(n+1)^2 \cdot r_n^2}.$$

由上即证得定理 10.6.6.

由定理 10.6.6,便立即推得定理 10.6.3.

下面,我们进一步讨论式(10.6.9),式(10.6.17),式(10.6.19)之间的关系.

定理 10.6.7 设 $\omega(\Sigma_{P(n+1)})$,r_n,V_P,$|f_k|$,ρ_{ij},m_k,R_n 分别表示 E^n 中 n 维单形 $\Sigma_{P(n+1)}$ 的宽度、内切超球半径、n 维体积、侧面的 $n-1$ 维体积、棱长、中线长、外接超球半径,则存在仅与维数 n 有关的绝对常数 a_n,b_n,c_n,d_n,e_n,f_n,g_n,满足不等式链[108]

$$\omega(\Sigma_{P(n+1)}) \leqslant a_n \cdot r_n \leqslant b_n \cdot V_P^{\frac{1}{n}}$$
$$\leqslant c_n \cdot (\prod_{k=0}^{n}|f_k|)^{\frac{1}{n^2-1}} \leqslant d_n \prod_{0\leqslant i<j\leqslant n}\rho_{ij}^{\frac{2}{n(n+1)}}$$
$$\leqslant e_n(\sum_{0\leqslant i<j\leqslant n}\rho_{ij}^2)^{\frac{1}{2}} = f_n(\sum_{k=0}^{n}m_k^2)^{\frac{1}{2}}$$
$$\leqslant g_n \cdot R_n \tag{10.6.21}$$

其中 a_n,b_n,g_n 均由式(10.6.20),式(10.6.10),式(10.6.18)给出,而

$$c_n = \frac{n!^{\frac{1}{n-1}} \cdot (n+1)^{\frac{1}{2}}}{n^{\frac{3}{2(n-1)}} Z^{\frac{1}{2}} (n+1-Z)^{\frac{1}{2}}} \tag{10.6.22}$$

$$d_n=\frac{(n+1)^{\frac{1}{2}}}{2^{\frac{1}{2}}\cdot Z^{\frac{1}{2}}\cdot(n+1-Z)^{\frac{1}{2}}}\qquad(10.6.23)$$

$$e_n=\frac{1}{n^{\frac{1}{2}}\cdot Z^{\frac{1}{2}}\cdot(n+1-Z)^{\frac{1}{2}}}\qquad(10.6.24)$$

$$f_n=\frac{n^{\frac{1}{2}}\cdot(n+1)^{\frac{1}{2}}}{Z^{\frac{1}{2}}\cdot(n+1-Z)^{\frac{1}{2}}}\qquad(10.6.25)$$

而且式(10.6.21)中所有等号当单形$\sum_{P(n+1)}$正则时可以取到.

证明　由式(10.2.1),取$N=n,l=n-1,k=1$,整理得

$$\prod_{i=0}^{n}|f_k|\leqslant\frac{n^{\frac{n+1}{2}}}{2^{\frac{n^2-1}{2}}\cdot(n-1)!^{n+1}}\cdot\prod_{0\leqslant i<j\leqslant n}\rho_{ij}^{\frac{2(n-1)}{n}}$$

(10.6.26)

其中等号当且仅当所有的$n-1$维侧面单形f_k正则时成立.

将式(10.6.26)代入式(9.4.1),得

$$V_P\leqslant\frac{1}{n!}\left(\frac{n+1}{2^n}\right)^{\frac{1}{2}}\prod_{0\leqslant i<j\leqslant n}\rho_{ij}^{\frac{2}{n+1}}\qquad(10.6.27)$$

此即为式(9.5.1).由其推论即式(9.5.2)有

$$V_P\leqslant\frac{1}{n!\ (n+1)^{\frac{n-1}{2}}\cdot n^{\frac{n}{2}}}\cdot\left(\sum_{0\leqslant i<j\leqslant n}\rho_{ij}^2\right)^{\frac{n}{2}}$$

(10.6.28)

将式(7.5.6)代入上式(10.6.28),得

$$V_P\leqslant\frac{n^{\frac{n}{2}}\cdot(n+1)^{\frac{1}{2}-n}}{n!}\left(\sum_{k=0}^{n}m_k^2\right)^{\frac{n}{2}}\qquad(10.6.29)$$

又将式(9.9.2)代入式(10.6.28),得

$$V_P \leqslant \frac{(n+1)^{\frac{n+1}{2}}}{n! \cdot n^{\frac{n}{2}}} \cdot R_n \qquad (10.6.30)$$

以上式(10.6.27)~(10.6.30)中等号均当且仅当单形$\sum_{P(n+1)}$正则时成立.

再将式(9.8.1)代入式(10.6.19),有

$$\omega(\sum_{P(n+1)}) \leqslant a_n \cdot r_n \leqslant b_n \cdot V_P^{\frac{1}{n}} \quad (10.6.31)$$

其中 a_n,b_n 均由式(10.6.20),式(10.6.10)给出,且等号当且仅当单形$\sum_{P(n+1)}$正则时成立.

再注意到式(9.10.1),则

$$\omega(\sum_{P(n+1)}) \leqslant a_n \cdot r_n \leqslant g_n \cdot R_n \quad (10.6.32)$$

其中 a_n,g_n 均由式(10.6.20),式(10.6.18)给出,且等号当且仅当单形$\sum_{P(n+1)}$正则时成立.

由不等式(10.6.27)~(10.6.30),有

$$\begin{aligned}\omega(\sum_{P(n+1)}) &\leqslant b_n \cdot V_P^{\frac{1}{n}} \leqslant c_n \cdot (\prod_{k=0}^{n}|f_k|)^{\frac{1}{n^2-1}}\\ &\leqslant d_n \cdot \prod_{0\leqslant i<j\leqslant n}\rho_{ij}^{\frac{2}{n(n+1)}} \leqslant e_n(\sum_{0\leqslant i<j\leqslant n}\rho_{ij}^2)^{\frac{1}{2}}\\ &=f_n(\sum_{k=0}^{n}m_k^2)^{\frac{1}{2}} \leqslant g_n \cdot R_n\end{aligned}$$

由此再结合式(10.6.31)与式(10.6.32),定理10.6.4 获证. 其中 c_n,d_n,e_n,f_n 由式(10.6.22),(10.6.23),(10.6.24),(10.6.25)给出.

定理 10.6.8 设 $\omega(\sum_{P(n+1)}),h_i(i=0,1,\cdots,n)$ 分别表示 E^n 中 n 维单形$\sum_{P(n+1)}$的宽度、高(即顶点 P_i 到对的界(侧)面 f_i 的距离). 记 $H^{\frac{1}{2}}(h_0^2,h_1^2,\cdots,h_n^2)$表 $h_0^2,h_1^2,\cdots,h_n^2$ 的调和平均,则[234]

$$\omega(\sum_{P(n+1)}) \leqslant g_n \cdot \frac{n}{n+1}H^{\frac{1}{2}}(h_0^2,h_1^2,\cdots,h_n^2) \qquad (10.6.33)$$

其中等号当且仅当 $\sum_{P(n+1)}$ 正则时取得，g_n 由式(10.6.18)给出.

证明 对一切 $\sigma\in K_m$，计算 τ_σ^{-2} 的算术平均值为 $A.M(\tau_\sigma^{-2})$，由式(10.6.8)，得

$$\underset{|\sigma|=m}{A.M}(\tau_\sigma^{-2})=\frac{B_m}{C_{n+1}^m}=\frac{C_{n-1}^{m-1}}{n^2\cdot C_{n+1}^m}\cdot\frac{\sum\limits_{i=0}^n|f_i|^2}{V_p^2}$$

$$=\frac{m(n+1-m)}{n(n+1)}\sum_{i=0}^n\frac{1}{h_i^2} \quad ①$$

显然，当 $m=\left[\frac{n+1}{2}\right]=Z$ 时，上式右端取最大值，即

$$\max_{1\leqslant m\leqslant n}\{A.M(\tau_\sigma^{-2})\}=\underset{\sigma=Z}{A.M}(\tau_\sigma^{-2}) \quad ②$$

另一方面，由式(10.6.6)，可知

$$\omega(\sum\nolimits_{P(n+1)})=\min_{\substack{\sigma\subset I\\ \phi\neq\sigma\neq I}}\{\tau_\sigma^{-2}\}=\min_{0<|\sigma|\leqslant n}\{\tau_\sigma\} \quad ③$$

故

$$\omega^{-2}(\sum\nolimits_{P(n+1)})=\max_{0<|\sigma|\leqslant n}\{\tau_\sigma\}\geqslant\underset{|\sigma|=Z}{A.M}(\tau_\sigma^{-2}) \quad ④$$

由①，②，④三式，可得

$$\omega^{-2}(\sum\nolimits_{P(n+1)})\geqslant\frac{Z(n+1-Z)}{n(n+1)}\sum_{i=0}^n\frac{1}{h_i^2}$$

从而式(10.6.33)获证，其中等号由推导过程知 $\sum_{P(n+1)}$ 正则时取得.

对于式(10.6.33)，我们可以说明它比式(10.6.9)，式(10.6.17)，式(10.6.19)更强.

事实上，由单形体积公式 $nV_P=r_n\cdot\sum\limits_{i=0}^n|f_i|$ 及幂平均不等式，有

$$H^{-\frac{1}{2}}(h_0^2,h_1^2,\cdots,h_n^2)$$

$$=\frac{1}{(h+1)^{\frac{1}{2}}}\left(\sum_{i=0}^{n}\frac{1}{h_i^2}\right)^{\frac{1}{2}}=\frac{1}{(n+1)^{\frac{1}{2}}}\left(\sum_{i=0}^{n}\frac{|f_i|^2}{n^2V_P^2}\right)^{\frac{1}{2}}$$

$$=\frac{1}{(n+1)^{\frac{1}{2}}r_n}\cdot\frac{(\sum\limits_{i=0}^{n}|f_i|^2)^{\frac{1}{2}}}{\sum\limits_{i=0}^{n}|f_i|}\geqslant\frac{1}{(n+1)r_n}$$

即
$$H^{\frac{1}{2}}(h_0^2,h_1^2,\cdots,h_n^2)\leqslant(n+1)r_n$$

又由式(9.8.1)和式(9.8.6),有

$$r_n\leqslant\left[\frac{n!}{n\cdot(n+1)^{\frac{n+1}{n}}}\right]^{\frac{1}{2}}\cdot V_P^{\frac{1}{n}}\leqslant\frac{1}{n}R_n$$

于是,可得下面的不等式链

$$\begin{aligned}\omega(\sum\nolimits_{P(n+1)})&\leqslant g_n\cdot\frac{n}{n+1}\cdot H^{\frac{1}{2}}(h_0^2,h_1^2,\cdots,h_n^2)\\&\leqslant g_n\cdot nr_n\leqslant g_n\cdot\left(\frac{n\cdot n!^{\frac{2}{n}}}{(n+1)^{\frac{n+1}{n}}}\right)^{\frac{1}{2}}\cdot V_P^{\frac{1}{n}}\\&\leqslant g_n\cdot R_n\end{aligned}\tag{10.6.34}$$

其中各等号当$\sum_{P(n+1)}$正则时取得.

由式(10.6.34)可知式(10.6.33)比式(10.6.9),式(10.6.17),式(10.6.19)更强

对于式(10.6.34),还有如下推论:

推论 $\omega(\sum_{P(n+1)})\leqslant g_n\cdot\frac{n}{n+1}(\prod\limits_{i=0}^{n}h_i)^{\frac{1}{n+1}}$ (10.6.35)

其中等号成立的条件是$\sum_{P(n+1)}$正则.

事实上,由调和-几何平均不等式,有

$$H^{\frac{1}{2}}(h_0^2,h_1^2,\cdots,h_n^2)\leqslant(\prod_{i=0}^{n}h_i)^{\frac{1}{n+1}}$$

由上式即得式(10.6.35).

若注意到式(9.4.4),即有

$$(\prod_{i=0}^{n} h_i)^{\frac{1}{n+1}} \leqslant n!^{\frac{1}{n}} \cdot \left[\frac{(n+1)^{\frac{n-1}{n}}}{n}\right]^{\frac{1}{2}} \cdot V_P^{\frac{1}{n}} \tag{10.6.36}$$

由上式,即知式(10.6.35)比式(10.6.9)更强.

定理 10.6.9　设 M 为 E^n 中任意一点,点 M 到 n 维单形 $\sum_{P(n+1)}$ 第 i 个顶点 P_i 的距离为 $l_i = MP_i(i=0,1,\cdots,n)$. 设 $\omega(\sum_{P(n+1)})$,O,G 分别为单形 $\sum_{P(n+1)}$ 的宽度、外心和重心,则[234]:

(1) $$\omega(\sum_{P(n+1)}) \leqslant g_n \cdot \frac{1}{(n+1)^{\frac{1}{2}}}\left[\sum_{i=0}^{n} l_i^2 - (n+1) MG^2\right]^{\frac{1}{2}} \tag{10.6.37}$$

(2) $$\omega(\sum_{P(n+1)}) \leqslant g_n^2 \cdot (R_n^2 - DG^2) \tag{10.6.38}$$

上述两不等式中等号成立的条件均为 $\sum_{P(n+1)}$ 正则.

证明　(1)由式(9.5.1)或式(10.6.27),应用算术 - 几何平均不等式,有

$$V_P \leqslant \frac{1}{n!}\left(\frac{n+1}{2^n}\right)^{\frac{1}{2}} \cdot \left[\frac{2}{n(n+1)}\sum_{0\leqslant i<j\leqslant n} \rho_{ij}^2\right]^{\frac{n}{2}} \quad ①$$

取 M 为 E^n 中笛卡儿直角坐标系的原点 O,记 $\boldsymbol{p}_i = \overrightarrow{OP}_i(i=0,1,\cdots,n)$,$\boldsymbol{g} = \overrightarrow{OG} = \overrightarrow{MG}$,则 $\sum_{i=0}^{n} \boldsymbol{p}_i = (n+1)\boldsymbol{g}$(由式(7.5.3′)),$\boldsymbol{p}_i^2 = l_i^2(i=0,1,\cdots,n)$,且

$$\begin{aligned}
\sum_{0\leqslant i<j\leqslant n} \rho_{ij}^2 &= \sum_{0\leqslant i<j\leqslant n} (\boldsymbol{p}_i - \boldsymbol{p}_j)^2 \\
&= \sum_{0\leqslant i<j\leqslant n} (\boldsymbol{p}_i^2 - \boldsymbol{p}_j^2) - 2\sum_{0\leqslant i<j\leqslant n} \boldsymbol{p}_i \cdot \boldsymbol{p}_j \\
&= n\sum_{i=0}^{n} \boldsymbol{p}_i^2 - 2\sum_{0\leqslant i<j\leqslant n} \boldsymbol{p}_i \cdot \boldsymbol{p}_j \\
&= (n+1)\sum_{i=0}^{n} \boldsymbol{p}_i^2 - (\sum_{i=0}^{n} \boldsymbol{p}_i)^2 \\
&= (n+1)\sum_{i=0}^{n} l_i^2 - (n+1)^2 \boldsymbol{g}^2
\end{aligned}$$

$$=(n+1)\left[\sum_{i=0}^{n} l_i^2-(n+1)\overrightarrow{MG}^2\right] \quad ②$$

由式①,②得

$$V_P \leqslant \frac{(n+1)^{\frac{1}{2}}}{n!\ \cdot n^{\frac{n}{2}}} \cdot \left[\sum_{i=0}^{n} l_i^2-(n+1)MG^2\right]^{\frac{n}{2}} \tag{10.6.39}$$

由上式和式(10.6.9),即得式(10.6.37).

(2)若取 M 为 $\sum_{P(n+1)}$ 的外心 O,则 $l_i=R_n(i=0,1,\cdots,n)$.

由式(10.6.37)得到式(10.6.38).

上述不等式中等号成立的条件为 $\sum_{P(n+1)}$ 正则.

定理 10.6.10 设 $\omega(\sum_{P(n+1)})$,V_P 分别表示 E^n 中 n 维单形 $\sum_{P(n+1)}$ 的宽度和 n 维体积,则[235]:

(1)记 $\sum_{P(n+1)}$ 中所有对棱所成角的算术平均值为 φ,有

$$\omega\left(\sum_{P(n+1)}\right) \leqslant \left(\frac{1}{\csc\varphi}\right)^{\frac{1}{2(n-1)}} \cdot b_n \cdot V_P^{\frac{1}{n}} \tag{10.6.40}$$

(2)记 $\sum_{P(n+1)}$ 的外接、内切超球半径分别为 R_n,r_n,有

$$\omega\left(\sum_{P(n+1)}\right) \leqslant \left(\frac{nr_n}{R_n}\right)^{\frac{1}{n(n^2-1)}} \cdot b_n \cdot V_P^{\frac{1}{n}} \tag{10.6.41}$$

(3)记 $F=\max\limits_{0\leqslant i\leqslant n}\{|f_i|\}$,$f=\min\limits_{0\leqslant i\leqslant n}\{|f_i|\}$,$h_n=\left[1+\frac{(F-f)^2}{(n+1)F^2}\right]^{\frac{n+1}{2n}}$,有

$$\omega\left(\sum_{P(n+1)}\right) \leqslant \frac{1}{h_n} b_n \cdot V_P^{\frac{1}{n}} \tag{10.6.42}$$

上述三个不等式中等号成立的条件均为$\sum_{P(n+1)}$正则，b_n由式(10.6.10)给出.

证明　对一切$\sigma \in K_m$，计算τ_σ^{-2}的算术平均值$A.M(\tau_\sigma^{-2})$.

由式(10.6.8)，有

$$A.\underset{|\sigma|=m}{M}(\tau_\sigma^{-2}) = \frac{B_m}{C_{n+1}^m} = \frac{C_{n-1}^{m-1}}{n^2 C_{n-1}^m} \cdot \frac{\sum_{i=0}^{n} |f_i|^2}{V_P^2}$$

$$= \frac{m(n+1-m)}{n(n+1)} \cdot \frac{\sum_{i=0}^{n} |f_i|^2}{V_P^2} \qquad (*)$$

显然，当$m = \left[\frac{n+1}{2}\right] = Z$时，上式右端取最大值，即

$$\max_{1 \leqslant m \leqslant n} \{A.M(\tau_\sigma^{-2})\} = A.\underset{|\sigma|=Z}{M}(\tau_\sigma^{-2})$$

另一方面，由式(10.6.6)可知

$$\omega(\sum_{P(n+1)}) = \min_{\substack{\sigma \subset I \\ \phi \neq \sigma \neq I}} \{\tau_\sigma^{-2}\} = \min_{0<|\sigma| \leqslant n} \{\tau_\sigma\}$$

故$\omega^{-2}(\sum_{P(n+1)}) = \max\limits_{0<|\sigma| \leqslant n} \{\tau_\sigma^{-2}\} \geqslant A.\underset{|\sigma|=Z}{M}(\tau_\sigma^{-2})$

由上式和式($*$)，得

$$\omega^{-2}(\sum_{P(n+1)}) \geqslant \frac{Z(n+1-Z)}{n^3(n+1)} \cdot \frac{\sum_{i=0}^{n} |f_i|^2}{V_P^2} \tag{10.6.43}$$

又由式(9.8.7)及式(9.8.12)，有

$$\prod_{i=0}^{n} |f_i| \geqslant \left(\frac{R_n}{nr_n}\right)^{\frac{1}{n(n-1)}} \cdot \frac{n^{\frac{3(n+1)}{2}}}{n!^{\frac{n}{n+1}} \cdot (n+1)^{\frac{n^2-1}{2n}}} \cdot V_P^{\frac{n^2-1}{n}} \tag{10.6.44}$$

上式左端应用算术－几何平均不等式，得

$$\sum_{i=0}^{n}|f_i|^2 \geqslant \left(\frac{R_n}{nr_n}\right)^{\frac{2}{n(n^2-1)}} \cdot \frac{n^3 \cdot (n+1)^{\frac{1}{n}}}{n!^{\frac{2}{n}}} \cdot V_P^{2-\frac{2}{n}}$$

(10.6.45)

对式(9.5.12)左端应用算术－几何平均不等式，得

$$\sum_{i=1}^{n}|f_i|^2 \geqslant (\csc \varphi)^{\frac{1}{n-1}} \cdot \frac{n^3 \cdot (n+1)^{\frac{1}{n}}}{n!^{\frac{2}{n}}} \cdot V_P^{2-\frac{2}{n}}$$

(10.6.46)

对式(9.4.10)左端应用算术－几何平均不等式，得

$$\sum_{i=0}^{n}|f_i|^2 \geqslant h_n^{\frac{2}{n+1}} \cdot \frac{n^3 \cdot (n+1)^{\frac{1}{n}}}{n!^{\frac{2}{n}}} \cdot V_P^{2-\frac{2}{n}}$$

(10.6.47)

(1)将式(10.6.46)代入式(10.6.43)即得式(10.6.40).

(2)将式(10.6.45)代入式(10.6.43)即得式(10.6.41).

(3)将式(10.6.47)代入式(10.6.43)，即得式(10.6.42).

由上述推导过程知所证的三个不等式中的等号成立的条件均为$\sum_{P(n+1)}$正则.

推论 E^n 中 n 维单形$\sum_{P(n+1)}$的宽度$\omega(\sum_{P(n+1)})$与其外接超球半径 R_n 及内切超球半径 r_n 之间有下述不等式：

(1)$\omega(\sum_{P(n+1)}) \leqslant \left(\frac{1}{\csc \varphi}\right)^{\frac{1}{2(n-1)}} \cdot \left(\frac{nr_n}{R_n}\right)^{\frac{1}{n}} \cdot g_n \cdot R_n$

(10.6.48)

(2)　$\omega(\sum_{P(n+1)}) \leqslant \left(\frac{nr_n}{R_n}\right)^{\frac{n}{n^2-1}} \cdot g_n \cdot R_n$

(10.6.49)

(3) $\omega(\sum_{P(n+1)}) \leqslant \frac{1}{h_n} \cdot \left(\frac{nr_n}{R_n}\right)^{\frac{1}{n}} \cdot g_n \cdot R_n$

(10.6.50)

其中等号成立的条件均为 $\sum_{P(n+1)}$ 正则，g_n 由式(10.6.18)给出.

事实上，将式(9.8.8)

$$V_P \leqslant \frac{(n+1)^{\frac{n+1}{2}}}{n! \cdot n^{\frac{n-2}{2}}} R_n^{n-1} \cdot r_n$$

分别代入式(10.6.40)，式(10.6.41)，式(10.6.42)，即得式(10.6.48)，式(10.6.49)，式(10.6.50).

注意到 $\csc\varphi \geqslant 1, \frac{R_n}{nr_n} \geqslant 1, h_n \geqslant 1$，因此上述推论中的三式均加强了式(10.6.9).

欧氏空间中的几类点集

第十一章

本章介绍欧氏空间中的几类点集的一些几何关系式，以便更深入地探讨三角形性质的高维推广.

§11.1 有限点集

单形的顶点集是一类特殊的有限点集，我们在定理10.2.1～定理10.2.3中，介绍了这类有限点集的一些特性. 其实 E^n 中的所有 k 维单形的 k 维体积的乘积 M_k 及平方和 N_k（称其为不变量，$k=1,2,\cdots,n$）均有类似于式（10.2.1），式（10.2.4）及式（10.2.8）等关系式. 在这方面，杨路、张景中进行了开创性的工作. 本节将介绍 E^n 中一般有限点集的一些特性，如式（10.2.8）等的推广.

设 $P_1,P_2,\cdots,P_m$ 是 E^2 中正 m 边形的顶点，以 Ω_m 表示其顶点集. 记所有线段 P_iP_j（边长与对角线）之长的平方和 $\sum\rho_{ij}^2$ 为 N_1，记所有 $\triangle P_iP_jP_k$ 的面积平方和

$\sum \triangle_{ijk}^2$为 N_2. 对 $m=3,4,\cdots$,进行计算表明,总有关系式

$$\frac{N_1^2}{N_2}=16m \qquad (11.1.1)$$

若 Ω_m 是 E^3 中正多面体的顶点集,则有

$$\frac{N_1^2}{N_2}=12m \qquad (11.1.2)$$

我们将证明,对于 E^n 中的一般有限点集 $\Omega_m=\{P_1,P_2,\cdots,P_m\}(m>n)$的两个 N_1,N_2(不变量)有关系式

$$\frac{N_1^2}{N_2}\geqslant\frac{8n}{n-1}m \qquad (11.1.3)$$

其中等号当 Ω_m 具有某种对称时成立.

更一般地,我们可证明对于 E^n 中的一般有限点集 $\Omega_m=\{P_1,P_2,\cdots,P_m\}(m>n)$,任取 Ω_m 中的 $k+1$ 个点,以它们为顶点作一个 k 维单形,把所有这些 k 维单形的 k 维体积的平方和记作 $N_k(k=1,2,\cdots,n)$,这些 N_k 之间有的关系式

$$\frac{N_1^3}{N_3}\geqslant\frac{216n^2}{(n-1)(n-2)}m^2 \qquad (11.1.4)$$

$$\frac{N_1N_{n-1}}{mN_n}\geqslant n^4 \qquad (11.1.5)$$

$$N_{n-1}^2\geqslant 2\left(\frac{n}{n-1}\right)^3N_nN_{n-2} \qquad (11.1.6)$$

显然式(11.1.3),式(11.1.4),当 $m=n+1$ 便是前面式(10.2.8)的特殊情形.

我们还可以讨论这些关系式的最一般形式,为此,我们需介绍几个概念与结论[5].

定义 11.1.1 设 Ω 是 E^n 中的有限点集,e 是经过 Ω 的重心 G 的任一个 $n-1$ 维超平面,把 Ω 中各点到 e 的距离平方和 I_e 叫作 Ω 关于 e 的转动惯量;过 G 引 e 的法线,在 e 两侧法线上截取等长线段 $P_eG=P'_eG=\sqrt{I_e}^{-1}$,所有这些 P_e,P'_e 的轨迹是一个 $n-1$ 维椭球面,则称之为惯量椭球;与惯量椭球共主轴,而诸半轴为此椭球对应半轴之倒数的椭球,叫 Ω 的密集椭球.

显然,这两个椭球中一个为球时另一个也是球.

若选取 E^n 中的点集 $\Omega_m=\{P_1,P_2,\cdots,P_m;m>n\}$ 的重心为原点 O,设 e 是过原点 O 的任意一个 $n-1$ 维平面,$\boldsymbol{\alpha}$ 是超平面 e 的单位法向量,又令 $\boldsymbol{p}_i$ 表示点 P_i 的坐标向量,由 Ω_m 关于超面 e 的转动惯量为

$$I_e=\boldsymbol{I\alpha\alpha}=(\boldsymbol{p}_1\cdot\boldsymbol{\alpha})^2+(\boldsymbol{p}_2\cdot\boldsymbol{\alpha})^2+\cdots+(\boldsymbol{p}_m\cdot\boldsymbol{\alpha})^2$$

又设 $\{O,\boldsymbol{\varepsilon}_1,\boldsymbol{\varepsilon}_2,\cdots,\boldsymbol{\varepsilon}\}$ 是以 O 为原点的一个正交单位向量组坐标系(即正交标架). 于是有:

定理 11.1.1 设 $\Omega_m=\{P_1,P_2,\cdots,P_m,m>n\}$ 是 E^n 中的一个点集,其重心为原点 O,则关于 O 的惯量椭球是一个球的充要条件是:

(i) $\boldsymbol{I\varepsilon}_1\boldsymbol{\varepsilon}_1=\boldsymbol{I\varepsilon}_2\boldsymbol{\varepsilon}_2=\cdots=\boldsymbol{I\varepsilon}_n\boldsymbol{\varepsilon}_n$;

(ii) 对 $1\leqslant i<j\leqslant n$,有 $\boldsymbol{I\varepsilon}_i\boldsymbol{\varepsilon}_j=0$,其中 $\boldsymbol{I\varepsilon}_i\boldsymbol{\varepsilon}_j=(\boldsymbol{p}_1\cdot\boldsymbol{\varepsilon}_i)(\boldsymbol{p}_1\cdot\boldsymbol{\varepsilon}_j)+(\boldsymbol{p}_2\cdot\boldsymbol{\varepsilon}_i)(\boldsymbol{p}_2\cdot\boldsymbol{\varepsilon}_j)+\cdots+(\boldsymbol{p}_m\cdot\boldsymbol{\varepsilon}_i)\cdot(\boldsymbol{p}_m\cdot\boldsymbol{\varepsilon}_j)$.

证明 设以 θ_i 表示超平面 e 的单位法向量 $\boldsymbol{\alpha}$ 与 $\boldsymbol{\varepsilon}_i$ 的夹角,则有 $\cos\theta_i=(\boldsymbol{\alpha}\cdot\boldsymbol{\varepsilon}_i)$.

由于 $\boldsymbol{\alpha}=\boldsymbol{\varepsilon}_1\cdot\cos\theta_1+\boldsymbol{\varepsilon}_2\cdot\cos\theta_2+\cdots+\boldsymbol{\varepsilon}_n\cdot\cos\theta_n$,则

$$\boldsymbol{I\alpha\alpha}=(\boldsymbol{p}_1\cdot\boldsymbol{\alpha})^2+(\boldsymbol{p}_2\cdot\boldsymbol{\alpha})^2+\cdots+(\boldsymbol{p}_m\cdot\boldsymbol{\alpha})^2$$

$$= \sum_{i=1}^{n} l\boldsymbol{\varepsilon}_i\boldsymbol{\varepsilon}_j \cdot \cos^2\theta_i + 2\sum_{1\leqslant j<k\leqslant n} l\boldsymbol{\varepsilon}_j\boldsymbol{\varepsilon}_k \cos\theta_j \cdot \cos\theta_k$$

如果 Ω_m 关于 O 的惯量椭球是一个球,则 Ω_m 关于 $\boldsymbol{\varepsilon}_i$ 为单位法向量的超平面的各个转动惯量相等,这就得出结论(i)成立. 其次再考 Ω_m 关于以 $\frac{\sqrt{2}}{2}(\boldsymbol{\varepsilon}_i-\boldsymbol{\varepsilon}_j)$ $(1\leqslant i<j\leqslant n)$ 为单位法向量的超平面的各个转动惯量,就能知结论(ii)也成立. 必要性证得.

条件的充分性是显而易见的,证毕.

我们还可定义惯量等轴:

定义 11.1.2　若有限点集 Ω 的密集椭球是一个球时,称 Ω 是惯量等轴的.

下面的命题揭示了密集椭球与诸不变量 $\{N_k\}$ 的关系.

定理 11.1.2　E^n 中的有限点集 $\Omega_m=\{P_1,P_2,\cdots,P_m\}(m>n)$ 的诸不变量 $\{N_k\}$ 与 Ω_m 的密集椭球诸半轴的平方 $a_1^2,a_2^2,\cdots,a_n^2$ 之间有关系

$$N_k=\frac{m}{(k!)^2}\sigma_k(a_1^2,a_2^2,\cdots,a_n^2)\quad(k=1,2,\cdots,n)\tag{11.1.7}$$

这里 σ_k 是 k 次初等对称函数,或者说 $a_1^2,a_2^2,\cdots,a_n^2$ 是方程

$$\sum_{k=0}^{n}(-1)^k(k!)^2N_k\cdot x^{n-k}=0\quad(N_0=m)\tag{11.1.8}$$

的根.

证明　把 Ω_m 看成 E^{nm} 中的点,则式(11.1.7)两端都是定义于 E^{nm} 上的连续函数. 当 $m=n+1$ 时,对应于 E^n 中非退化单形顶点集 Ω_m 在 E^{nm} 中稠密,故只要证

明式(11.1.7)当 Ω_m 是非退化单形顶点之集时成立，即可断言它对 $m=n+1$ 普遍成立.

而当 $m>n+1$ 时，可以把 Ω_m 看成是 E^{m-1} 中的点集，由式(11.1.7)在 E^{m-1} 中成立推知它在 E^n 中成立. 这是因为，诸不变量当 Ω_m 由 E^{m-1} 中退化到 E^n 中时，除了 $m-1-n$ 个化为 0 外，其余均不变.

下面设 $m=n+1$，$\{P_1,P_2,\cdots,P_{n+1}\}$ 是 E^n 中非退化单形顶点之集，往证式(11.1.7).

任取 E^n 中的一个 $n-1$ 维定向平面 e，令 $h_i=d(P_i,e)$，由式(1.2.13)

$$D(P_1,\cdots,P_{n+1},e)=\begin{vmatrix} 0 & 1 & \cdots & 1 & 0 \\ 1 & & & & h_1 \\ \vdots & & -\dfrac{1}{2}\rho_{ij}^2 & & \vdots \\ 1 & & & & h_{n+1} \\ 0 & h_1 & \cdots & h_{n+1} & 0 \end{vmatrix}=0 \tag{11.1.9}$$

令 $D(\Omega_{n+1})=A$，A_{ij} 表 A 的对应于 $-\dfrac{1}{2}\rho_{ij}^2$ 的代数余子式，将式(11.1.9)对末行末列展开，得

$$\sum_{i=1}^{n+1}\sum_{j=1}^{n+1}A_{ij}h_ih_j=A$$

由于 Ω_{n+1} 是非退化单形顶点之集，由式(5.2.6)可知 $A\neq0$，故上式可写成

$$\sum_{i=1}^{n+1}\sum_{j=1}^{n+1}\frac{A_{ij}}{A}h_ih_j=1 \tag{11.1.10}$$

反之，我们指出，对任一组满足式(11.1.10)的实数 $\{h_k\}$，均有一超平面 e 使

$$d(P_k,e)=h_k$$

令 $h_k^* = h_k - h_{n+1}$，我们先找一个超平面 e^*，使 $d(P_k, e^*) = h_k^*$，然后将 e^* 沿自己的法线向负侧作距离为 h_{n+1} 的平移，即得 e.

显然，$\{h_k^*\}$ 也满足约束式(11.1.10)，这只要在式(11.1.9)中把第 0 行(列)乘以 $-h_{n+1}$ 加到末行即易得出.

以 e_k 记 $\Omega_{n+1} \backslash P_k$ 的诸点所决定的超平面；记 $\boldsymbol{\alpha}_k$ 为 e_k 的单位法向量，则有

$$\boldsymbol{\alpha}_i \cdot \boldsymbol{\alpha}_j = \cos \langle e_i, e_j \rangle = \cos \langle i, j \rangle$$

又记 P_{n+1} 引向 P_k 之向量为 $\boldsymbol{p}_k$，则

$$d_k = d(e_k, P_k) = \boldsymbol{\alpha}_k \cdot \boldsymbol{p}_k \quad (k = 1, 2, \cdots, n)$$

而对 $i \neq j$，则有 $\boldsymbol{\alpha}_i \cdot \boldsymbol{p}_j = 0$.

取 $\boldsymbol{\alpha} = \sum\limits_{k=1}^{n} \dfrac{h_k^*}{d_k} \cdot \boldsymbol{\alpha}_k$，注意到 $\cos \langle i, j \rangle = h_i h_j \dfrac{D_{ij}^*}{D(\sigma_{k+1})}$，其中 D_{ij}^* 为 $D(\sigma_{k+1})$ 中 ρ_{ij} 对应的代数余子式，则有

$$|\boldsymbol{\alpha}|^2 = \boldsymbol{\alpha}^2 = \sum_{i=1}^{n}\sum_{j=1}^{n} \frac{\boldsymbol{\alpha}_i \cdot \boldsymbol{\alpha}_j}{\boldsymbol{d}_i \cdot \boldsymbol{d}_j} \cdot h_i^* h_j^* = \sum_{i=1}^{n}\sum_{j=1}^{n} \frac{A_{ij}}{A} h_i^* h_j^* = 1$$

故 $\boldsymbol{\alpha}$ 为单位向量，取 $\boldsymbol{\alpha}$ 为单位法向量. 过 P_{n+1} 作超平面 e^*，则

$$d(e^*, P_{n+1}) = 0 = h_{n+1}^*$$

$$d(e^*, P_k) = \boldsymbol{\alpha} \cdot \boldsymbol{p}_k = \sum_{i=1}^{n} \frac{h_i^*}{d_i} \boldsymbol{\alpha}_i \cdot \boldsymbol{p}_k = h_k^*$$

把 e^* 沿方向 $\boldsymbol{\alpha}$ 平移 $-h_{n+1}$，即得所求的 e.

在式(11.1.9)左端，把第 0 行(列)乘 t 加到第 m 行(列)上，等式仍成立. 可见当 $(h_1, \cdots, h_{n+1})$ 满足式(11.1.10)时，$(h_1 + t, h_2 + t, \cdots, h_{n+1} + t)$ 也满足式

(11.1.10);因而,若把$(h_1,h_2,\cdots,h_{n+1})$看成 E^m 中的点,则式(11.1.10)表 E^m 中的以原点为中心的二阶柱面,柱面母线方向向量为

$$\boldsymbol{\beta}=(1,1,\cdots,1)$$

从而超平面(E^m 中的 $m-1$ 维子空间)

$$F:h_1+h_2+\cdots+h_{n+1}=0$$

与柱面(11.1.10)正交.

在 E^n 中考虑任一过 Ω_m 之重心的 $n-1$ 维超平面 e,它所对应的$(h_1,h_2,\cdots,h_{n+1})$显然满足 $h_1+h_2+\cdots+h_{n+1}=0$,反之亦然.因此,求 Ω_m 的密集椭球的诸半轴平方 $a_1^2,\cdots,a_n^2$ 的问题,也正是约束条件(11.1.10)及 $\sum\limits_{i=1}^{n+1}h_i=0$ 下,求目标函数 $\sum\limits_{i=1}^{n+1}h_i^2$ 的稳定值问题.但由于(11.1.10)是柱面,而 $\sum\limits_{i=1}^{n+1}h_i=0$ 恰为过原点而与柱面(11.1.10)正交的超平面,从而对目标函数 $\sum\limits_{i=1}^{n+1}h_i^2$ 而言,条件 $\sum\limits_{i=1}^{n+1}h_i=0$ 可以略去(因为不难算出:$\sum\limits_{i=1}^{n+1}h_i^2$ 沿方向 $\boldsymbol{\beta}$ 的偏导数当且仅当 $\sum\limits_{i=1}^{n+1}h_i=0$ 时才为0).

因此,在约束条件(10.1.10)下求 $\sum\limits_{i=1}^{n+1}h_i^2$ 的稳定值的问题,等价于求 Ω_m 的密集椭球诸半轴的平方.按照拉格朗日乘子法,这些稳定值应当是(10.1.10)左端二次型的矩阵$\left[\dfrac{A_{ij}}{\boldsymbol{A}}\right]$的非0特征值的倒数.

设 $\boldsymbol{B}=[A_{ij}]$ 的非0特征值为 $\mu_1,\mu_2,\cdots$,则 $a_k^2=\boldsymbol{A}/\mu_k$.

将 $\boldsymbol{B}$ 的特征方程 $|\boldsymbol{B}-\mu\boldsymbol{E}|=0$ 展开,得

$$\sum_{k=0}^{n+1}(-1)^{n+1-k}\cdot B_k\cdot\mu^{n+1-k}=0\quad(11.1.11)$$

其中 $B_0=1, B_k=\sum\limits_{i_1<i_2<\cdots<i_k}|B_{i_1,i_2,\cdots,i_k}^{i_1,i_2,\cdots,i_k}|(k=1,2,\cdots,n+1)$.

若以 $[A]$ 记 $D(\Omega_m)=\boldsymbol{A}$ 所对应的矩阵,并约定 $[A]$ 和 $[A^*]$ (A^* 为 $\boldsymbol{A}$ 的伴随矩阵)的行列足标由 0 开始,那么,$[A^*]$ 去掉第 0 行第 0 列后得 B,于是有

$$|B_{i_1,i_2,\cdots,i_k}^{i_1,i_2,\cdots,i_k}|=|[A^*]_{i_1,i_2,\cdots,i_k}^{i_1,i_2,\cdots,i_k}|=|[A]_{\substack{i_1,i_2\\ i_1,i_2\\ \cdots\\ i_k,i_k}}|\cdot A^{k-1}$$

对 $k=1,2,\cdots,n$,应用单形体积公式(5.2.6),得

$$\begin{aligned}\sum_{i_1<i_2<\cdots<i_k}|B_{i_1,i_2,\cdots,i_k}^{i_1,i_2,\cdots,i_k}|&=\sum_{j_1<j_2<\cdots<j_{m-k}}D(P_{j_1},P_{j_2},\cdots,P_{j_{m-k}})\cdot A^{k-1}\\&=-((n-k)!)^2\cdot N_{n-k}\cdot A^{k-1}\\&\quad(k=1,2,\cdots,n)\end{aligned}$$

上式中 $N_0=n+1$ 且 $B_{n+1}=0$. 把这些结果代入式(11.1.11)得

$$\begin{aligned}&\sum_{k=0}^{n}(-1)^k B_k\mu^{n+1-k}\\&=\mu^{n+1}+\sum_{k=1}^{n}(-1)^{k+1}(n-k)!^2 N_{n-k}\cdot A^{k-1}\cdot\mu^{n+1-k}=0\end{aligned}$$

两端除以 A^n,得

$$A\cdot\left(\frac{\mu}{A}\right)^{n+1}+\sum_{k=1}^{n}(-1)^{k+1}(n-k)!^2 N_{n-k}\left(\frac{\mu}{A}\right)^{n+1-k}=0$$

此方程有一个 0 根;约去 0 根,将它变为 $\frac{A}{\mu}$ 的方程,并注意到

$$A=-(n!)^2\cdot N_n$$

即有 $\sum\limits_{k=0}^{n}(-1)^k((n-k)!)^2\cdot N_{n-k}\cdot\left(\frac{A}{\mu}\right)^k=0$

即 $\frac{A}{\mu}$ 满足式(11.1.8),也就是说式(11.1.8)的诸根是密集椭球诸半轴的平方,定理 11.1.2 证毕.

由上述定理,即可推证本节开头所提出的问题,即可推证如下定理:

定理 11.1.3 (杨路-张景中不等式)对 E^n 中的有限点集 $\Omega_m=\{P_1,P_2,\cdots,P_m\}(m>n)$ 的诸不变量 $\{N_k\}$,有不等式

$$\frac{N_k^l}{N_l^k}\geqslant\frac{[(n-l)!\ (l!)^3]^k}{[(n-k)!\ (k!)^3]^l}(n!\ m)^{l-k}\quad(1\leqslant k<l\leqslant n)\tag{11.1.12}$$

$$N_k^2\geqslant(\frac{k+1}{k})^3\cdot\frac{n-k+1}{n-k}\cdot N_{k-1}\cdot N_{k+1}$$

$$(1\leqslant k\leqslant n,N_0=m)\tag{11.1.13}$$

其中两式的等号当且仅当 Ω_m 惯量等轴时成立.

证明 由 Maclaurin 定理,对 n 个正实变元的 k 次和 l 次初等对称函数 σ_k 与 σ_l 有不等式

$$\left[\frac{k!\ (n-k)!}{n!}\cdot\sigma_k\right]^l\geqslant\left[\frac{l!\ (n-l)!}{n!}\sigma_l\right]^k(1\leqslant k<l\leqslant n)\tag{11.1.14}$$

由式(11.1.7),将 $\sigma_j=\frac{(j!)^2N_j}{m}$ 代入式(11.1.14),整理即得式(11.1.12).

类似地,根据 Newton 定理,有

$$\left[\frac{k!\ (n-k)!}{n!}\sigma_k\right]^2$$
$$\geqslant\left[\frac{(k-1)!\ (n-k+1)!}{n!}\sigma_{k-1}\right]\cdot$$
$$\left[\frac{(k+1)!\ (n-k-1)!}{n!}\sigma_{k+1}\right]\quad(1\leqslant k\leqslant n)\tag{11.1.15}$$

将(11.1.7)中的 σ_j 代入(11.1.15)即得式

(11.1.13).

而式(11.1.14)与式(11.1.15)等号成立的充要条件都是 n 个变数取值相同,即在题设条件下为惯量等轴. 定理证毕.

显然,从式(11.1.12),式(11.1.13)取特例和作变换,易导出包括式(11.1.3)~(11.1.6)在内的许多不等式.

我们在§8.2 中介绍了矩阵的次特征值和次特征向量的概念与性质. 下面,我们介绍欧氏空间中的有限点集及其阵的次特征值的几何意义[7].

定理 11.1.4　在 n 维欧氏点集 $\Omega_m=\{P_1,P_2,\cdots,P_m;m>n\}$ 中,其 C-M 阵的各个非 0 次特征值恰为 Ω_m 关于过其重心的超平面的转动惯量(Ω_m 中各点到某超平面距离的平方和)的稳定值.

证明　设 Ω_m 的重心 O,以 O 为原点任取笛卡儿 n 维直角坐标系,设各点坐标为

$$P_i=(x_{i1},x_{i2},\cdots,x_{in})\quad(i=1,2,\cdots,n)$$

由于重心在原点,故

$$\sum_{i=1}^{m}x_{ij}=0\quad(j=1,2,\cdots,n)$$

设 e 为任一过原点之超平面,e 的单位法向量记作 $\boldsymbol{\alpha}=(x_{e1},x_{e2},\cdots,x_{en})$,则 P_i 到 e 的带号距离为

$$d_i=d(P_i,e)=x_{i1}x_{e1}+\cdots+x_{in}x_{en}$$

记 $\boldsymbol{d}=(d_1,d_2,\cdots,d_m)$,则 Ω_m 关于 e 的转动惯量为

$$I_e=d_1^2+d_2^2+\cdots+d_m^2=\boldsymbol{d}\cdot\boldsymbol{d}$$

在 e 的过原点的法线上取一点 $\boldsymbol{x}$,使 $|\boldsymbol{x}|=\dfrac{1}{\sqrt{I_e}}$,考虑 $\boldsymbol{x}$ 的轨迹,由于 $|\boldsymbol{x}||\boldsymbol{x}|I_e=1$,故 $|\boldsymbol{x}|\boldsymbol{\alpha}=\boldsymbol{x}$,若令 $\boldsymbol{X}=$

$[x_{ij}]$$(i=1,2,\cdots,n,j=1,2,\cdots,m)$,则它为 n 行 m 列矩阵,得

$$\boldsymbol{x}\boldsymbol{X}\boldsymbol{X}^{\mathrm{T}}\boldsymbol{x}^{\mathrm{T}}=|\boldsymbol{x}|\boldsymbol{\alpha}\boldsymbol{X}\boldsymbol{X}^{\mathrm{T}}\boldsymbol{\alpha}^{\mathrm{T}}|\boldsymbol{x}|=|\boldsymbol{x}|^2I_e=1$$

再令 $\boldsymbol{Q}=\boldsymbol{X}\boldsymbol{X}^{\mathrm{T}}$,得二次超曲面方程 $\boldsymbol{x}\boldsymbol{Q}\boldsymbol{x}^{\mathrm{T}}=1$.

记此二次超曲面为 Γ,按二次型理论,知 Γ 的各半轴的平方是 $\boldsymbol{Q}$ 的非 0 特征值的倒数. 换言之,由 Lagrange 乘子法,$|\boldsymbol{x}|^2=\dfrac{1}{I_e}$. 当 $\boldsymbol{\alpha}$ 变化时所取之诸稳定值,是 $\boldsymbol{Q}$ 的非 0 特征值的倒数,即 I_e 的诸稳定值是 $\boldsymbol{Q}$ 的诸非 0 特征值. 由定理 8. 2. 2 的证明中我们知道的 $\boldsymbol{Q}$ 的非 0 特征值恰与 Ω_m 的 C-M 阵的非 0 特征值一致. 证毕.

于是,有:

推论 1 有限元欧氏点集关于其重心的惯量椭球是一个球的充要条件是:其 C-M 阵的诸非 0 次特征值相等. 这里,球的维数即非 0 次特征值的个数.

推论 2 n 维欧氏点集 Ω_m 的 C-M 阵的非 0 的次特征值 $\lambda_1\geqslant\lambda_2\geqslant\cdots\geqslant\lambda_n$ 和 Ω_m 的中心惯量椭球半轴 $b_1\geqslant b_2\geqslant\cdots\geqslant b_n$ 之间有下列关系

$$b_i^2=\frac{1}{(\lambda_1+\cdots+\lambda_n)-\lambda_i}\quad(i=1,2,\cdots,n)$$

如果欧氏点集的中心惯量椭球是一个球,我们则把欧氏点集叫作是“惯量等轴”的. 此时,我们有:

定理 11. 1. 5 E^n 中点集 $\Omega_m=\{P_1,P_2,\cdots,P_m;m>n\}$ 为惯量等轴的充要条件是:Ω_m 是 E^n 的扩空间 E^{m-1} 中某个正则单形顶点之集 $\Omega_m^*=\{Q_1,Q_2,\cdots,Q_m\}$ 在 E^n 上的正投影.

证明 条件的充分性是显然的. 下面证条件的必

要性.

取 Ω_m 在 E^n 中的伴随坐标系，设 Ω_m 中各点在此坐标系中之坐标为

$$\boldsymbol{P}_i=(x_{i1},x_{i2},\cdots,x_{in})\quad(i=1,2,\cdots,m)$$

这时，$\boldsymbol{v}_j=(x_{1j},x_{2j},\cdots,x_{mj})(j=1,2,\cdots,n)$ 应为 Ω_m 的 C-M 阵的次特征向量的一个正交无关组：当 $i\neq j$ 时 $\boldsymbol{v}_i\boldsymbol{v}_j=0$，而 $\boldsymbol{v}^2=\lambda_j$，$\lambda_j$ 是非 0 的次特征值.

因为 Ω_m 是惯量等轴的，故 n 个非 0 的次特值应当相同.

令 $\boldsymbol{v}_0=(\sqrt{\dfrac{\lambda}{m}},\cdots,\sqrt{\dfrac{\lambda}{m}})$.

这里 $\boldsymbol{v}_0$ 为 m 维向量，且 $\lambda=\lambda_1=\cdots=\lambda_n$. 于是得到一个正交组 $\boldsymbol{v}_0,\boldsymbol{v}_1,\cdots,\boldsymbol{v}_n$，组中向量之长度均为 $\sqrt{\lambda}$. 把此组扩充为 m 个向量的正交组 $\boldsymbol{v}_0,\boldsymbol{v}_1,\cdots,\boldsymbol{v}_{m-1}$，并设这 m 个向量长度相同，考虑 E^{m-1} 中点集 $\Omega_m^*=\{\boldsymbol{Q}_i,i=1,2,\cdots,m\}$，这里

$$\boldsymbol{Q}_i=(x_{i1},x_{i2},\cdots,x_{im-1})$$

显然，Ω_m^* 在 E^n 上的正投影就是 Ω_m.

为说明 Ω_m^* 是正则单形顶点之集，我们来计算其中任意两点之距离. 令

$$\boldsymbol{u}_i=(\sqrt{\frac{\lambda}{m}},x_{i1},\cdots,x_{im-1})$$

则诸 $\boldsymbol{u}_i$ 也构成正交组，当 $i\neq j$ 时，有

$$|Q_i-Q_j|^2=|\boldsymbol{u}_i-\boldsymbol{u}_j|^2=\boldsymbol{u}_1^2-2\boldsymbol{u}_i\cdot\boldsymbol{u}_j+\boldsymbol{u}_j^2=2\lambda$$

即 Ω_m^* 中不同的任意两点的距离均为 $\sqrt{2\lambda}$. 证毕.

根据惯量椭球的定义容易验证，任何维数的欧氏空间中的正多面体的顶点集都是惯量等轴的，因而它们都是更高维空间中正则单形顶点集的正投影. 例如，

E^3 中的正六面体、正八面体、正十面体、正二十面体的顶点集,分别是 E^7,E^5,E^{19},E^{11} 中正则单形顶点集在 E^3 中的正投影;而 E^n 中正方体顶点之集,则是 E^{2^n-1} 中正单形顶点集在 E^n 中的正投影,等等.

此时,对于定理 11.1.3 中,两式的等号成立的充要条件可改述为:Ω_m 是 E^n 扩空间 E^{m-1} 中某个正则单形顶点之集 Ω_m^* 在 E^n 上的正投影.

为了介绍下面的定理 11.1.6,我们再引进一些记号:

设 $\Omega_m=\{P_1,P_2,\cdots,P_m\}$ 是 E^n 中的有限点集,令 $|P_i-P_j|$ 表示两点 P_i,P_j 之间的欧氏距离,并令 M_r 表这些距离的 r 次幂的平均值

$$M_r(\Omega_m)=\frac{2}{m(m-1)}\sum_{i\leqslant i<j\leqslant m}|P_i-P_j|^r$$

注意到 $|P_i-P_i|=0$,上式可写成

$$M_r(\Omega_m)=\frac{1}{m(m-1)}\sum_{i=1}^{m}\sum_{j=1}^{m}|P_i-P_j|^r$$

设 G 为点集 Ω_m 的重心,令

$$a_i=|P_i-G|\quad(i=1,2,\cdots,m)$$

表示 P_i 到重心 G 的距离,又令

$$L(\Omega_m)=\frac{2}{m(m-1)}\sum_{i\leqslant k<l\leqslant m}(a_k^2-a_l^2)^2$$

表示这些 $(a_k^2-a_l^2)^2$ 的平均值.

我们有下述定理:

定理 11.1.6　对于 E^n 中任何一个由 $m(m>n)$ 个点组成的有限点集 Ω_m,有不等式[11]

$$M_4(\Omega_m)\geqslant\frac{m-1}{m}\cdot\frac{n+1}{n}M_2^2(\Omega_m)+L(\Omega_m)\tag{11.1.6}$$

这里等号成立的充分必要条件是:Ω_m 关于其重心的惯量椭球是一个球.

证明　令 $\rho_{ij}=|P_i-P_j|$,并令 $I(P_i)$ 表示 Ω_m 关于点 P_i 的转动惯量,即

$$I(P_i)=\sum_{i=1}^{m}\rho_{ij}^2\quad(i=1,2,\cdots,m)$$

又令 $I(G)$ 表 Ω_m 关于重心 G 的转动惯量,根据熟知的事实有

$$I(P_i)=I(G)+m|P_i-G|^2$$

于是

$$\begin{aligned}\sum_{1\leq k<l\leq m}[I(P_k)-I(P_l)]^2&=\sum_{1\leq k<l\leq m}(a_k^2-a_l^2)^2\\&=\frac{m^3(m-1)}{2}L(\Omega_m)\end{aligned}\tag{11.1.17}$$

$$\begin{aligned}(\sum_{1\leq k<l\leq m}\rho_{ij}^2)&=\frac{1}{4}[\sum_{i=1}^{m}(\sum_{j=1}^{m}\rho_{ij}^2)]^2\\&=\frac{m}{4}[\sum_{i=1}^{m}(\sum_{j=1}^{m}\rho_{ij}^2)^2]-\frac{1}{4}\sum_{1\leq k<l\leq m}(\sum_{j=1}^{m}\rho_{kj}^2-\sum_{j=1}^{m}\rho_{ij}^2)^2\\&=\frac{m}{4}[\sum_{i=1}^{m}(\sum_{j=1}^{m}\rho_{ij}^2)^2]-\\&\quad\frac{1}{4}\sum_{1\leq k<l\leq m}[I(P_k)-I(P_l)]^2\end{aligned}\tag{11.1.18}$$

现在令 $\triangle_{ijk}$ 表示 P_i,P_j,P_k 为顶点的三角形的面积. 由熟知的面积公式我们有

$$\begin{aligned}16\sum_{1\leq k<l\leq m}\triangle_{ijk}^2&=\sum_{1\leq k<l\leq m}(2\rho_{ij}^2\rho_{ik}^2+2\rho_{jk}^2\rho_{ki}^2+2\rho_{ki}^2\rho_{ij}^2-\rho_{ij}^4-\\&\quad\rho_{jk}^4-\rho_{ki}^4)\\&=2\sum_{i=1}^{m}(\sum_{1\leq k<l\leq m}\rho_{ik}^2\rho_{il}^2)-(m-2)\sum_{1\leq i<j\leq m}\rho_{ij}^4\end{aligned}$$

即

$$2\sum_{i=1}^{m}(\sum_{1\leq k<l\leq m}\rho_{ik}^2\rho_{il}^2)=(m-2)\sum_{1\leq i<j\leq m}\rho_{ij}^4+16N_2\tag{11.1.19}$$

将式(11.1.17)和式(11.1.19)代入式(11.1.18),整理后得到

$$N_1^2=\frac{m^2}{4}\sum_{1\leqslant i<j\leqslant m}\rho_{ij}^4+4mN_2-\frac{m^3(m-1)}{8}L(\Omega_m)$$

将式(11.1.3)代入上式,整理后得到

$$M_4(\Omega_m)\geqslant\frac{m-1}{m}\cdot\frac{n+1}{n}m_2^2(\Omega_m)+L(\Omega_m)$$

由于推导过程中不等号只出现于式(11.1.3)或式(11.1.12)当 $l=2,k=1$ 时情形,因此式(11.1.16)等号成立的条件是:Ω_m 关于其重心的惯量椭球是一个球.

为了介绍共球有限点集的一类几何不等式,现介绍一个引理:

引理 11.1.1 设 E^n 中的有限点集 $\Omega_m=\{P_1,P_2,\cdots,P_m\}(m>n)$ 共超球面 S^{n-1},S^{n-1} 的半径为 R_n. 记 $\rho_{ij}=|P_iP_j|(i,j=1,2,\cdots,m)$,球心 O 为坐标原点,则 Ω_m 的平方距离矩阵 $\boldsymbol{A}=(\rho_{ij}^2)$ 的特征值中只有一个是正的,且等于 $\boldsymbol{A}$ 的其余负特征值之和的反号.

证明 因为 $\rho_{ij}^2=2R_n^2-2\boldsymbol{p}_i\cdot\boldsymbol{p}_j$(其中 $\boldsymbol{p}_i=\overrightarrow{OP_i}$),若令 $\boldsymbol{J}$ 为元素全为 1 的 n 阶矩阵,$\boldsymbol{F}=(2\boldsymbol{p}_i\boldsymbol{p}_j)_{n\times n}$,则

$$\boldsymbol{F}=2R_n^2\boldsymbol{J}-\boldsymbol{A}$$

下面的事实是显然的:

(i)矩阵 $2R_n^2\boldsymbol{J}$ 只有一个非零正特征值 $2mR_n^2$;

(ii)矩阵 $\boldsymbol{F}$ 是一个正半定矩阵;

(iii)矩阵 $\boldsymbol{A}=(\rho_{ij}^2)$ 的秩为 $n+1$.

若把矩阵 $\boldsymbol{A},\boldsymbol{F},2R_n^2\boldsymbol{J}$ 的特征值都按降序排序并应用 Weyl 定理,可得

$$\lambda_i(\boldsymbol{A})+\lambda_m(\boldsymbol{F})\leqslant\lambda_i(2R_n^2\boldsymbol{J})\quad(i=1,2,\cdots,m)$$

由于矩阵 $\boldsymbol{F}$ 正半定且 $m>n$,故 $\lambda_m(\boldsymbol{F})=0$. 从而有

$$\lambda_1(\boldsymbol{A})\leqslant\lambda_1(2R_n^2\boldsymbol{J})=2mR_n^2$$

$$\lambda_j(\boldsymbol{A})\leqslant\lambda_j(2R_n^2\boldsymbol{J})=0\quad(j=2,3,\cdots,m)$$

又 $\boldsymbol{A}$ 的特征多项式中 λ^n 的项的系数为 0,知 $\lambda_1(\boldsymbol{A})=-\sum\limits_{j=2}^{m}\lambda_i(\boldsymbol{A})$. 因此 $\boldsymbol{A}$ 的特征值中除了 $\lambda_1(\boldsymbol{A})$ 为正的外,其余的小于等于零,而 $\boldsymbol{A}$ 的非零特征值只有 $n+1$ 个,于是 $\boldsymbol{A}$ 有 n 个负的特征值.

下面介绍共球有限点集的一类几何不等式.

定理 11.1.7 设 E^n 中的有限点集 $\Omega_m=\{P_1,P_2,\cdots,P_m\}(m>n)$ 共半径为 R_n 的超球面 S^{n-1},S^{n-1} 的球心为坐标原点,记 $\rho_{ij}=|P_iP_j|(i,j=1,2,\cdots,m)$,则[142]

$$\left(\sum_{1\leqslant k<l\leqslant m}\rho_{ij}^4\right)^3\geqslant\frac{9n(n+1)}{2(n-1)^2}\left(\sum_{1\leqslant i<j<k\leqslant m}\rho_{ij}^2\rho_{jk}^2\rho_{ki}^2\right)^2 \tag{11.1.20}$$

且等号成立的充分必要条件是矩阵 $\boldsymbol{A}=(\rho_{ij})$ 的负特征值相等.

证明 因 $\Omega_m\subset S^{n-1}(R_n)\subset E^n$,$\operatorname{rank}(\boldsymbol{A})=n+1$,由引理 11.1.1 可知建立 $\boldsymbol{A}$ 的非零特征值中只有一个为正且等于其余负特征值之和反号,故不妨设 $\boldsymbol{A}$ 的非零特征值为 $\lambda_0,-\lambda_1,\cdots,-\lambda_n(\lambda_i>0,i=1,2,\cdots,n)$.

若以 σ_k 和 S_k 分别表示 $\boldsymbol{A}$ 的特征多项式的特征值的第 k 个初等对称多项式和 k 次幂之和,由韦达定理,知

$$\sum_{1\leqslant i<j\leqslant m}\rho_{ij}^4=-\sigma_2,\sum_{1\leqslant i<j<k\leqslant m}\rho_{ij}^2\rho_{jk}^2\rho_{ki}^2=\frac{1}{2}\sigma_3$$

因

$$\sigma_2 = \frac{1}{2}(S_1^2 - S_2)$$

$$\sigma_3 = -\frac{1}{6}(S_2 - S_1)^2 S_1 - 2(S_3 - S_2 S_1)$$

注意到 $\sigma_1 = S_1 = 0$，故

$$\sigma_2 = -\frac{1}{2}S_2, \sigma_3 = \frac{1}{3}S_3$$

下面直接估计 S_2 和 S_3

$$S_2 = \lambda_0^2 + (-\lambda_1)^2 + \cdots + (-\lambda_n)^2 = \lambda_0^2 + \lambda_1^2 + \cdots + \lambda_n^2$$

而 $\lambda_1^2 + \cdots + \lambda_n^2 \geqslant \frac{1}{n}(\lambda_1 + \cdots + \lambda_n)^2$，得

$$S_2 \geqslant \frac{n+1}{n}\lambda_0^2 \qquad (*)$$

又

$$\begin{aligned} S_3 &= \lambda_0^3 + (-\lambda_1)^3 + \cdots + (-\lambda_n)^3 \\ &= \lambda_0^3 - (\lambda_1^3 + \cdots + \lambda_n^3) \end{aligned}$$

而 $\lambda_0^3 + \lambda_1^3 + \cdots + \lambda_n^3 \geqslant \frac{1}{n^2}(\lambda_1 + \cdots + \lambda_n)^3$，得

$$S_3 \leqslant \frac{n^2-1}{n^2}\lambda_0^3 \qquad (**)$$

由式（ * ），（ * * ）可知，有

$$\frac{-\sigma_2^3}{\sigma_3^2} = \frac{\frac{1}{8}S_2^3}{\frac{1}{9}S_3^2} \geqslant \frac{9n(n+1)}{8(n-1)^2}$$

由此化简即得式(11.1.20)，由式（ * ），（ * * ）中等式成立的充分必要条件得式(11.1.20)的等号成立的充要条件为 $\lambda_1 = \lambda_2 = \cdots = \lambda_n$.

式(11.1.20)表明，对于 Ω_m 的每三个点 P_i, P_j, P_k $(1 \leqslant i < j < k \leqslant m)$ 可构成的所有的这样的三角形

$\triangle P_iP_jP_k$ 的边长的四次方程之和与三边乘积的平方之和的关系式.

由于式(11.1.20)与球面 $S^{n-1}(R_n)$ 的半径无关,因此,当球面的半径趋于无穷大时,式(11.1.20)仍成立.若视 E^n 为半径为无穷大之球面 $S^n(\infty)\subset E^{n+1}$,注意到维数变化,在给定条件 $\Omega_m\subset E^n(m>n+1)$,$\dim(\mathrm{con}V(\Omega_m))=n$,则式(11.1.20)变为

$$\left(\sum_{1\leqslant i<j\leqslant n}\rho_{ij}^4\right)^3>\frac{9(n+1)(n+2)}{2n^2}\left(\sum_{1\leqslant i<j<k\leqslant m}\rho_{ij}^2\rho_{ik}^2\rho_{ki}^2\right)^2 \tag{11.1.21}$$

其中因 $\mathrm{rank}(\boldsymbol{A})=n+1$,矩阵 $\boldsymbol{A}=(\rho_{ij}^2)$ 不可能有相等的 $n+1$ 个负特征值,不等式为严格不等式.

§11.2　伪对称集

在几何不等式的研究中,某些涉及有限点集的几何不等式中等号成立的条件往往是这有限点集具有某种几何对称性质.为了刻画这些几何对称性质,可以引入诸多不同程度的对称性概念,前面介绍的密集椭球概念就扮演了重要的角色,这里还要介绍一个也扮演重要角色的概念——伪对称有限点集或简称伪对称集.

一个有限点集的密集椭球反映了该有限点集的某种对称性,伪对称集是比这种对称性要求更强的一种对称性,其定义为[11]:

定义 11.2.1　设 Ω 是 n 维欧氏空间中的一个点集,我们说 Ω 是 E^n - 伪对称的,如果 Ω 的凸包是 n 维

的,而且:

(i)Ω 中所有的点都分布在 E^n 中的某一个球面 S^{n-1} 上;

(ii)球面 S^{n-1} 的中心 O 恰好是集 Ω 的重心;

(iii)Ω 关于 O 的惯量椭球是一个球.

11.2.1 伪对称集的几何与代数特征[11]

下面先给出伪对称集的一个几何特征.

定理 11.2.1-1　对于 E^n 中任一个由 m 个点 $(m>n)$ 组成的有限点集 Ω_m 有不等式

$$M_4(\Omega_m)\geqslant\frac{m-1}{m}\cdot\frac{n+1}{n}M_2^2(\Omega_m)\quad(11.2.1)$$

等号成立当且仅当 Ω_m 是 E^n-伪对称的,其中 M_i 表示集间任两点距离的 r 次幂的算术平均.

证明　式(11.2.1)成立的充分必要条件是式(11.1.16)的等号成立,而且 $L(\Omega_m)=0$. 显然 $L(\Omega_m)=0$ 等价于定义 11.2.1 中条件(i)和(ii),而式(11.1.16)等号成立等价于条件(iii).

这个定理建立了各点相互距离的四次幂平均同二次幂平均之间的一个不等式关系,而等号成立的条件恰好是前面所定义的伪对称性.

其次,我们给出伪对称集的代数特征.

对于 E^n 中的有限点集 $\Omega_m=\{P_1,P_2,\cdots,P_m\}$ $(m>n)$,令 $\rho_{ij}^2=|P_iP_j|^2$,将 m 阶方阵 $(\rho_{ij}^2)_{m\times m}$ 叫作 Ω_m 的"平方距离阵".

定义 11.2.2　E^n 中有限点集 Ω_m 的平方距离阵的特征多项式 $f(\lambda)=\det(\rho_{ij}^2-\lambda E_m)$ 叫作 Ω_m 的特征多项式. 又将镶边行列式

$$g(\lambda)=\begin{vmatrix}0 & 1 & 1 & \cdots & 1\\ 1 & -\lambda & \rho_{12}^2 & \cdots & \rho_{1m}^2\\ 1 & \rho_{21}^2 & -\lambda & \cdots & \rho_{2m}^2\\ \vdots & \vdots & \vdots & & \vdots\\ 1 & \rho_{m1}^2 & \rho_{m2}^2 & \cdots & -\lambda\end{vmatrix} \tag{11.2.2}$$

叫作 Ω_m 的次特征多项式.

伪对称集的代数特征由下述定理给出:

定理 11.2.1－2　设 Ω_m 是 E^n 中 $m(m>n)$ 个点的集,则 Ω_m 为 E^n－伪对称集的充分必要条件是:Ω_m 的特征多项式 $f(\lambda)$ 与次特征多项式 $g(\lambda)$ 之间的关系式为

$$mf(\lambda)=(\lambda-c)g(\lambda) \tag{11.2.3}$$

而且 $g(\lambda)$ 只有 n 个非零根,这 n 个非零根相重,其中 $c=2mR_n^2$,R_n 是 Ω_m 所在球面的半径.

证明　设 Ω_m 是满足定义 11.2.1 中条件(i)和(ii)的 m 个点的集,则可直接推算知式(11.2.3)成立,且知 $g(\lambda)$ 的根都是 $f(\lambda)$ 的根,此外 $f(\lambda)$ 还有一根为 $2mR_2^2$.

再注意到定理 11.14 的推论 1,定理 11.2.1－2 的必要性获证. 下面再证条件的充分性.

设 $g(\lambda)$ 的 n 个非零根为 n 重根 λ_0. 按 $g(\lambda)$ 的定义将多项式展开,注意到 $g(\lambda)$ 的其他根都是零,由根与系数的关系容易算出

$$n\lambda_0=-\frac{2}{m}\sum_{1\leqslant i<j\leqslant m}\rho_{ij}^2 \tag{11.2.4}$$

其次考虑 $f(\lambda)$ 的根,由假设 $f(\lambda)$ 除拥有 $g(\lambda)$ 的全部根外还另有一根 c. 注意到平方距离阵的迹必然

是零,可知$f(\lambda)$所有根之和为零. 于是有

$$c=-n\lambda_0$$

将多项式$f(\lambda)$按定义展开,注意到它的n个根是λ_0,一个根是$-n\lambda_0$,而其余的根是零. 由根与系数的关系容易算出

$$\frac{n(n+1)}{2}\lambda_0^2=\sum_{1\leqslant i<j\leqslant m}\rho_{ij}^4 \qquad (11.2.5)$$

将式(11.2.4)与式(11.2.5)比较就得

$$M_4(\Omega_m)=\frac{m-1}{m}\cdot\frac{n+1}{n}\cdot M_2^2(\Omega_m)$$

由定理 11.2.1-1 知,Ω_m 是 E^n-伪对称的. 证毕.

11.2.2 伪对称集的存在性判定

由定义 11.2.1,即知:

定理 11.2.2-1 一个n维正多面体的全部顶点之集是E^n-伪对称的,一个$n-1$维球面上所有点之集是E^n-伪对称的.

定理 11.2.2-2 如果Ω_m和Ω_m^*都是E^n-伪对称的,而且Ω_m和Ω_m^*分布在同一个球面上,则它们的并集$\Omega_m\cup\Omega_m^*$也是E^n-伪对称的.

由定义 11.2.1,也即知,在E^2中总存在着含有任意$m(m>2)$个点的伪对称集. 值得考虑的是空间E^n中一些点适当分布是否总能成为E^n-伪对称的? 下面的几个定理回答了这个问题.

定理 11.2.2-3 (1)在E^n中,当n为偶数时,$n+2$个点必能成E^n-伪对称的;当n为奇数时,$n+2$个点不可能成为E^n-伪对称的;

(2)E^{2k}中 $2k+2$ 个点之集 $\Omega_{2k+2}=\{P_1,P_2,\cdots,$

$P_{2k+2}\}$ 是 E^{2k} 中某个正则单形顶点之集 $\Omega_{2k+2}^{*}=\{Q_1, Q_2,\cdots,Q_{2k+2}\}$ 在 E^{2k} 上的正投影，投影方向就是点集 $(Q_1,\cdots,Q_{k+1})$ 的重心与 $\{Q_{k+2},\cdots,Q_{2k+2}\}$ 的重心连线的方向[86].

证明　根据定理 11.1.4，我们先在 E^{m-1} 中给出一个正则单形顶点之集 $\Omega_m^{*}=\{Q_1,\cdots,Q_m\}$，将它向 E^{m-2} 作正投影，再判断这 m 个射影点 P_i 能不能在以重心为中心的某个球面 S^{m-1} 上，从而知道它们能不能构成伪对称集.

容易验证，E^{m-1} 中这样的 m 个点

$$\boldsymbol{Q}_i=(0,\cdots,0,1,0,\cdots,0)$$
$$(\text{第 } i \text{ 个分量为 } 1, i=1,\cdots,m-1)$$
$$\boldsymbol{Q}_m=(a,a,\cdots,a), a=\frac{-1}{\sqrt{m}+1}$$

它们之间的距离都等于$\sqrt{2}$，因而是 E^{m-1} 中的一个正则单形的顶点. 点集 $\Omega_m^{*}=\{Q_1,\cdots,Q_m\}$ 的重心 G^{*} 的坐标为

$$\boldsymbol{G}^{*}=\frac{1}{m}\sum_{i=1}^{m}\boldsymbol{Q}_i=(g,g,\cdots,g), g=\frac{1+a}{m}$$

将 Ω_m^{*} 沿某方向 $\boldsymbol{u}=(u_1,u_2,\cdots,u_{m-1})$ 向过 G^{*} 的超平面 e 作正投影，$m-2$ 维超平面（即 E^{m-2} 空间）的方程为

$$\boldsymbol{u}\cdot(\boldsymbol{P}_i-\boldsymbol{G}^{*})=0$$

Q_i 在 e 上的正射影是

$$\boldsymbol{P}_i=\boldsymbol{Q}_i+\boldsymbol{u}t_i, \text{其中 } t_i=\frac{\boldsymbol{u}(\boldsymbol{G}^{*}-\boldsymbol{Q}_i)}{|\boldsymbol{u}^2|}\quad(i=1,2,\cdots,m)$$

点集 $\Omega_m=\{P_1,P_2,\cdots,P_m\}$ 的重心

$$\boldsymbol{G}=\frac{1}{m}\sum_{i=1}^{m}\boldsymbol{P}_i=\frac{1}{m}\sum_{i=1}^{m}(\boldsymbol{Q}_i+\boldsymbol{u}t_i)=\boldsymbol{G}^{*}$$

$$\begin{aligned}|\boldsymbol{P}_i-\boldsymbol{G}|^2&=|\boldsymbol{Q}_i-\boldsymbol{G}^*+\boldsymbol{u}t_i|^2\\&=|\boldsymbol{Q}_i-\boldsymbol{G}^*|^2+\boldsymbol{u}^2t_i^2+2t_i\boldsymbol{u}\cdot(\boldsymbol{Q}_i-\boldsymbol{G}^*)\\&=\frac{m-1}{m}-\left[\frac{\boldsymbol{u}(\boldsymbol{G}^*-\boldsymbol{Q}_i)}{|u|}\right]^2\end{aligned}$$

因此，m 个点 P_i 在以 G 为中心的球面 S^{m-3} 上的充要条件是

$$\begin{aligned}[\boldsymbol{u}(\boldsymbol{G}^*-\boldsymbol{Q}_1)]^2&=\cdots=[\boldsymbol{u}(\boldsymbol{G}-\boldsymbol{Q}_{m-1})]^2\\&=[\boldsymbol{u}(\boldsymbol{G}^*-\boldsymbol{Q}_m)]^2\end{aligned}$$

(i)若 $\boldsymbol{u}(\boldsymbol{G}^*-\boldsymbol{Q}_i)=\boldsymbol{u}(\boldsymbol{G}^*-\boldsymbol{Q}_i)$，$1\leqslant i<j\leqslant m-1$，则有 $u_i=u_j$；

(ii)若 $\boldsymbol{u}(\boldsymbol{G}^*-\boldsymbol{Q}_i)=-\boldsymbol{u}(\boldsymbol{G}^*-\boldsymbol{Q}_j)$，$1\leqslant i<j\leqslant m-1$，则有

$$u_i+u_j=2\boldsymbol{u}\boldsymbol{G}^*=2g\sum_{k=1}^{m-1}u_k \qquad (11.2.6)$$

故 $\boldsymbol{u}$ 的分量 u_i 至多能取两个值.

1°若 $\boldsymbol{u}$ 的分量全相同，不妨设 $\boldsymbol{u}=(1,\cdots,1)$，代入式子

$$[\boldsymbol{u}(\boldsymbol{G}^*-\boldsymbol{Q}_{m-1})]^2=[\boldsymbol{u}(\boldsymbol{G}^*-\boldsymbol{Q}_m)]^2 \qquad (11.2.7)$$

得
$$[(m-1)g-1]^2=(g-a)^2(m-1)^2$$

将 $a=\dfrac{-1}{\sqrt{m}+1}$，$g=\dfrac{1+a}{m}=\dfrac{1}{m\sqrt{m}}$代入上式，得

$$\left(\frac{m-1}{m+\sqrt{m}}-1\right)^2=\left(\frac{1+\sqrt{m}}{m+\sqrt{m}}\right)^2(m-1)^2$$

即 $1=(m-1)^2$，这与 $m>2$ 矛盾.

2°若 $\boldsymbol{u}$ 的 l 个分量取 1，其他 $m-1-l$ 个分量取 b $(l=1,2,\cdots,m-2)$，由式(11.2.6)，有

$$1+b=2g[l+b(m-1-l)] \qquad (11.2.8)$$

这时,式(11.2.7)成为

$$[l_g+(m-1-l)gb-b]^2=(g-a)^2[l+(m-1-l)b]^2$$

将式(11.2.8)代入上式得

$$(1-b)^2=(1-\frac{a}{g})^2(1+b)^2$$

则$\frac{1-b}{1+b}=\frac{1+\sqrt{m}}{\pm 1}$. 从而 $b=1-2\ \frac{1+\sqrt{m}}{1+\sqrt{m}\pm 1}$.

又由式(11.2.8)有 $b=\frac{2gl-1}{1-2g(m-1-l)}$,故应有

$$\frac{2l-m-\sqrt{m}}{2l+2-m+\sqrt{m}}=\frac{\pm 1-1-\sqrt{m}}{1+\sqrt{m}\pm 1}$$

解之得
$$l=\frac{1}{2}(m-1\pm 1)$$

当 m 为奇数时,与 l 为整数矛盾;而当 m 为偶数时,$l=\frac{m}{2}$(或$\frac{m}{2}-1$),$b=\frac{-\sqrt{m}}{2+\sqrt{m}}$或$\frac{2+\sqrt{m}}{-\sqrt{m}}$.

投影方向向量为

$$\boldsymbol{u}=(\underbrace{1,\cdots,1}_{\frac{m}{2}\text{个}},\underbrace{\frac{-\sqrt{m}}{2+\sqrt{m}},\cdots,\frac{2\sqrt{m}}{2+2\sqrt{m}}}_{\frac{m}{2}-1\text{个}})$$

$$(\text{或 }\boldsymbol{u}'=(\underbrace{1,\cdots,1}_{\frac{m}{2}-1\text{个}},\underbrace{\frac{2+\sqrt{m}}{-\sqrt{m}},\cdots,\frac{2+\sqrt{m}}{-\sqrt{m}}}_{\frac{m}{2}\text{个}}))$$

由于点 $Q_1,\cdots,Q_{\frac{2}{m}}$ 的重心 G_1 的坐标是

$$\frac{2}{m}(\underbrace{1,\cdots,1}_{\frac{m}{2}\text{个}},0,\cdots,0)$$

点 $Q_{\frac{m}{2}+1},\cdots,Q_m$ 的重心 G_2 的坐标是

$$\frac{2}{m}(\underbrace{a,\cdots,a}_{\frac{m}{2}个},1+a,\cdots,1+a)$$

从而,G_1G_2 的方向向量$(1-a,\cdots,1-a,-1-a,\cdots,-1-a)$平行于 $\boldsymbol{u}$. 又 $Q_m,Q_1,\cdots,Q_{\frac{m}{2}-1}$ 的重心与 $Q_{\frac{m}{2}},\cdots,Q_{m-1}$ 的重心连线的方向向量平行于 $\boldsymbol{u}'$. 因此,式(11.2.1)中,$m=n+2$ 时,n 为偶数等号能够成立,而 n 为奇数时,等号不可能成立,便证明了定理 11.2.2-3(1). 此时也给出了定理 11.2.2-3(2)所述的构造一类伪对称集的具体方法.

定理 11.2.2-4　在 E^m 中,对任意适合 $k\geqslant 3\cdot 2^{m-2}(m\geqslant 2)$ 的正整数 k,必定存在包含 k 个点的 E^m-伪对称集.[88]

证明　对空间 E^m 的维数 m 采用数学归纳法.

当 $m=2$ 时,对任意适合 $k\geqslant 3$ 的正整数 k,正 k 边形的各个顶点构成了含有 k 个点的伪对称集.

假定命题对于空间 E^{m-1} 成立,往证命题对空间 E^m 成立,我们分别证明下列两点事实:

情形Ⅰ　当 $m\geqslant 3$ 时,如果在 E^{m-1} 中分别存在包含 n 个点与包含 $n+1$ 个点的伪对称点集,则在 E^m 中,必存在包含 $2n+1$ 个点的伪对称点集.

事实上,考虑 E^m 中的单位球面 S^{m-1}

$$x_1^2+x_2^2+\cdots+x_m^2=1,(x_1,x_2,\cdots,x_m)\in E^m$$

取正实数 t,$0<t<1$,以超平面 $e_1:x_m=t$,超平面 $e_2:x_m=-\frac{n}{n+1}t$ 与单位球面 S^{m-1} 相截得到两个 $m-2$ 维球面

$$S_1^{m-2}:x_1^2+x_2^2+\cdots+x_{m-1}^2=1-t^2,x_m=t$$

$$S_2^{m-2}:x_1^2+\cdots+x_{m-1}^2=1-\frac{n^2}{(n+1)^2}t^2,x_m=-\frac{n}{n+1}t$$

在 S_1^{m-2} 上放置一个包含 n 个点的 E^{m-1} - 伪对称点集 Ω_{t_1}，在 S_2^{m-2} 放置一个包含 $n+1$ 个点的 E^{m-1} - 伪对称点集 Ω_{t_2}，令 $\Omega=\Omega_{t_1}\cup\Omega_{t_2}$，则 Ω 是一个 $2n+1$ 个点的点集，容易验证 $2n+1$ 个点的点集的重心即为 S^{m-1} 的中心 O.

因为 Ω_{t_1} 与 Ω_{t_2} 分别是 E^{m-1} - 伪对称的，由定理 11.1.1 可知，对于 Ω 有：

(i) $I\boldsymbol{\varepsilon}_1\boldsymbol{\varepsilon}_1=I\boldsymbol{\varepsilon}_2\boldsymbol{\varepsilon}_2=\cdots=I\boldsymbol{\varepsilon}_m\boldsymbol{\varepsilon}_m$；

(ii) 对于 $1\leqslant i<j\leqslant m-1$，均有 $I\boldsymbol{\varepsilon}_i\boldsymbol{\varepsilon}_j=0$；

(iii) 对 $1\leqslant l\leqslant m-1$，有 $I\boldsymbol{\varepsilon}_l\boldsymbol{\varepsilon}_m=0$.

对于(iii)，因为点集 Ω_{t_1} 的重心为 $(0,\cdots,0,t)$，而点集 Ω_{t_2} 的重心为 $(0,\cdots,0,-\frac{n}{n+1}t)$ 而不难推出.

如果定义 $\varphi:(0,1)\to\mathbf{R}$ 为

$$\varphi(t)=I\boldsymbol{\varepsilon}_1\boldsymbol{\varepsilon}_1(t)-I\boldsymbol{\varepsilon}_m\boldsymbol{\varepsilon}_m(t)$$

其中 $I\boldsymbol{\varepsilon}_m\boldsymbol{\varepsilon}_m(t)$ ($I\boldsymbol{\varepsilon}_1\boldsymbol{\varepsilon}_1(t)$) 表示点集 Ω 关于以 $\boldsymbol{\varepsilon}_m$ ($\boldsymbol{\varepsilon}_1$) 为法向量的超平面的转动惯量，则 φ 是连续的，且当 $t\to0_+$ 与 $t\to1_-$ 时 $\varphi(t)$ 具有相反的符号. 由于 $(0,1)$ 是连通的、由介值性质可知必定存在 t_0，$0<t_0<1$，使 $\varphi(t_0)=0$，即 $I\boldsymbol{\varepsilon}_1\boldsymbol{\varepsilon}_1(t_0)=I\boldsymbol{\varepsilon}_m\boldsymbol{\varepsilon}_m(t_0)$. 由定理 11.1.1 可知，相应于这个 t_0 值，对应放置位置给出了 E^m 中的包含 $2n+1$ 个点的伪对称集.

情形Ⅱ　当 $m\geqslant3$ 时，如果在 E^{m-1} 中，存在包含 n 个点的伪对称点集，则在 E^n 中，必存在包含 $2n$ 个点的伪对称点集.

可类似情形Ⅰ给出证明，只需以超平面 $x_m=t$，$x_m=-t$ 与 S^{m-1} 相截，并分别放上一个含 n 个点的 E^{m-1} - 伪对称点集. 其余的论证与情形Ⅰ相类似.

为了完成归纳步骤,对空间 E^m,只需对 k 为奇数的情形引用上述情形Ⅰ的论证,而对 k 为偶数的情形引用上述情形Ⅱ的论证即可完成定理的证明.

由定理 11.2.2-4 及其证明,我们有:

推论 在 3 维欧氏空间中,5 个点不可能成为 E^3-伪对称的,除 5 之外的任意 m 个点($m\geqslant 4, m\neq 5$)必能成为 E^3-伪对称的.

有了伪对称集的概念,有些不等式中等号成立的充分必要条件可以用伪对称集来表示. 例如对于式(11.1.20),其中等号成立的充分必要条件是 Ω_m 为-伪对称集.

§11.3 质点组

对于 E^n 中的点集$\{P_1, P_2, \cdots, P_N\}$,$m_i\geqslant 0$ 为点 P_i 所赋有的质量,则称$\Omega(m_i)=\{P_1(m_1), P_2(m_2), \cdots, P_N(m_N)\}$是 E^n 中的质点组.

取 $\Omega(m_i)$的质心 G 为坐标原点,设 e 是过 G 的任一个 $n-1$ 维定向超平面,$\boldsymbol{\alpha}_e$ 是 e 的单位法向量,又令 $\boldsymbol{P}_i=\overrightarrow{GP}_i$ 表示点 P_i 有坐标向量,则

$I_e=m_1(\boldsymbol{P}_1\cdot\boldsymbol{\alpha}_e)^2+m_2(\boldsymbol{P}_2\cdot\boldsymbol{\alpha}_e)+\cdots+m_N(\boldsymbol{P}_N\cdot\boldsymbol{\alpha}_e)$

叫作 $\Omega(m_i)$关于 e 的转动惯量.

令$\dfrac{\boldsymbol{\alpha}_e}{\sqrt{I_e}}=\boldsymbol{x}=(x_1, x_2, \cdots, x_n)$,则

$$\boldsymbol{\alpha}_e=\frac{\boldsymbol{x}}{|\boldsymbol{x}|}=\frac{1}{|\boldsymbol{x}|}=(x_1, x_2, \cdots, x_n)$$

设

$$\boldsymbol{P}_i=(p_{i1},p_{i2},\cdots,p_{in})\quad(i=1,2,\cdots,N)$$

$$\boldsymbol{C}=\begin{pmatrix}\sqrt{m_1}p_{11} & \sqrt{m_2}p_{21} & \cdots & \sqrt{m_N}p_{N1}\\ \vdots & \vdots & & \vdots\\ \sqrt{m_1}p_{1n} & \sqrt{m_2}p_{2n} & \cdots & \sqrt{m_N}p_{Nn}\end{pmatrix}_{n\times N}$$

则由 I_e 之定义，有 $\boldsymbol{\alpha}_e\boldsymbol{C}\boldsymbol{C}^{\mathrm{T}}\boldsymbol{\alpha}_e^{\mathrm{T}}=I_e=\dfrac{1}{|\boldsymbol{x}|^2}$，故 $\boldsymbol{x}\boldsymbol{C}\boldsymbol{C}^{\mathrm{T}}\boldsymbol{x}=1$.

从而 $|\boldsymbol{x}|\boldsymbol{\alpha}_e\boldsymbol{C}\boldsymbol{C}^{\mathrm{T}}(|\boldsymbol{x}|\boldsymbol{\alpha}_e)^{\mathrm{T}}=1$.

由此可见，当 e 取遍所有过 G 之 $n-1$ 维超平面时，点 $\boldsymbol{x}$ 之轨迹为一个二阶超曲面. 不妨假定 $\{P_i\}$ 不在同一个超平面上，此时 $\boldsymbol{C}\boldsymbol{C}^{\mathrm{T}}$ 是正定阵而该二阶超曲面为一椭球，这也可以说我们在前面称之为惯量椭球的原由.

11.3.1　杨路－张景中不等式

任取 $\Omega(m_i)$ 中的 $k+1$ 个点 $P_{i0},P_{i1},\cdots,P_{ik}$，将其所支撑的单形的 k 维体积记为 $V_{i_0i_1\cdots i_k}$. 令

$$M_k=\sum_{i_0<i_1<\cdots<i_k}\sum\cdots\sum m_{i_0}m_{i_1}\cdots m_{i_k}V_{i_0i_1\cdots i_k}\quad(1\leqslant k\leqslant n)$$

$$M_0=m_1+m_2+\cdots+m_N\quad(m_i>0,1\leqslant i\leqslant N)$$

此时，杨路、张景中先生又将定理 11.1.3 推广为：

定理 11.3.1　**（杨路－张景中不等式）**对 E^n 中质点组 $\Omega(m_i)=\{P_i(m_i);i=1,2,\cdots,N\}(N>n)$ 的诸不变量 $\{M_k\}$ 有不等式[13]

$$\frac{M_k^l}{M_l^k}\geqslant\frac{[(n-l)!\ (l!)^3]^k}{[(n-k)!\ (k!)^3]^l}(n!\ M_0)^{l-k}\quad(1\leqslant k<l\leqslant n)\tag{11.3.1}$$

$$M_k^2\geqslant\left(\frac{k+1}{k}\right)^3\frac{n-k+1}{n-k}M_{k-1}M_{k+1}\quad(1\leqslant k\leqslant n)\tag{11.3.2}$$

其等号当且仅当 $\Omega(m_i)$ 的密集椭球为球时成立(或 $\Omega(m_i)$ 关于其质心的惯量椭球是一个球时成立).

证明 令 $\boldsymbol{Q}=\boldsymbol{C}^{\mathrm{T}}\boldsymbol{C}$,则 $\boldsymbol{Q}$ 的非零特征值应与 $\boldsymbol{C}\boldsymbol{C}^{\mathrm{T}}$ 一致,共有 n 个,都是正实数. 现考虑 $\boldsymbol{Q}$ 的特征多项式

$$\boldsymbol{Q}(\lambda)=|\boldsymbol{C}^{\mathrm{T}}\boldsymbol{C}-\lambda\boldsymbol{E}_n|=|\sqrt{m_i}\sqrt{m_i}\boldsymbol{P}_i\boldsymbol{P}_j-\delta_{ij}\lambda|$$

$$=\frac{1}{M_0}\begin{vmatrix} M_0 & 0 & 0 & \cdots & 0 & 0 \\ \sqrt{m_i} & & & & & \\ \vdots & & \boxed{\sqrt{m_i}\sqrt{m_j}\boldsymbol{P}_i\boldsymbol{P}_j-\delta_{ij}\lambda} & & & \\ \sqrt{m_N} & & & & & \end{vmatrix}_{n\times n}$$

其中 $\delta_{ij}=\begin{cases}0,当\ i\neq j\\1,当\ i=j\end{cases}$.

上述行列式约定行列号由零算起,将第 i 行乘以 $-\sqrt{m_i}$ 加到第1行,注意到 $\sum m_i\boldsymbol{P}_i=0$(质心性质),得到

$$\boldsymbol{Q}(\lambda)=\frac{\lambda}{M_0}\begin{vmatrix} 0 & \sqrt{m_1} & \sqrt{m_2} & \cdots & \sqrt{m_N} \\ \sqrt{m_i} & & & & \\ \vdots & & \boxed{\sqrt{m_i}\sqrt{m_j}\boldsymbol{P}_i\boldsymbol{P}_j-\delta_{ij}\lambda} & & \\ \sqrt{m_N} & & & & \end{vmatrix}$$

再将第零行(列)乘以 $-\frac{1}{2}\sqrt{m_i}\boldsymbol{P}_i^2$(或 $-\frac{1}{2}\sqrt{m_j}\boldsymbol{P}_j^2$)加到第 i 行(第 j 列),得到

$$Q(\lambda)=\frac{\lambda}{M_0}\begin{vmatrix} 0 & \sqrt{m_1} & \sqrt{m_2} & \cdots & \sqrt{m_N} \\ \sqrt{m_i} & & & & \\ \vdots & & \boxed{-\frac{\sqrt{m_i}\sqrt{m_j}}{2}(\boldsymbol{P}_i\boldsymbol{P}_j)^2-\delta_{ij}\lambda} & & \\ \sqrt{m_N} & & & & \end{vmatrix}$$

若令 p_{ij} 表示线段 P_iP_j 的长度,并利用单形体积公

式(5.2.6),可知

$$\begin{vmatrix} 0 & \sqrt{m_{i0}} & \cdots & \sqrt{m_{ik}} \\ \sqrt{m_{i0}} & & & \\ \vdots & & -\frac{1}{2}\sqrt{m_{j\alpha}}\sqrt{m_{j\beta}}\cdot\rho^2_{i_\alpha j_\beta} & \\ \sqrt{m_{ik}} & & & \end{vmatrix}$$

$$= -m_{i0}\cdots m_{ik}V^2_{i0}\cdots{}_{i_k}(k!)^2$$

现将方程 $Q(\lambda)=0$ 展开,由于它只有 n 个非零根,则

$$\left(\sum_{k=0}^{n}(-1)^k(k!)^2M_k\lambda^{n-k}\right)\cdot\lambda^{N-1}=0$$

于是 $Q(\lambda)=0$ 的 n 个非零根 $\lambda_1,\lambda_2,\cdots,\lambda_n$ 满足方程

$$\sum_{k=0}^{n}(-1)^k(k!)^2M_k\lambda^{n-k}=0$$

从而得到 $\lambda_1,\lambda_2,\cdots,\lambda_n$ 的各阶初等对称多项式 σ_k 的表达式

$$\sigma_k(\lambda_1,\cdots,\lambda_n)=(k!)^2\frac{M_k}{M_0}$$

再由 Maclaurin 不等式,有

$$\left[\frac{k!\ (n-k)!}{n!}\sigma_k\right]^l\geqslant\left[\frac{l!\ (n-l)!}{n!}\sigma_l\right]^k\quad(l>k)$$

即得到欲证式(11.3.1).由 Newton 定理,有

$$\left[\frac{k!\ (n-k)!}{n!}\sigma_k\right]^2$$

$$\geqslant\left[\frac{(k-1)!\ (n-k+1)!}{n!}\sigma_{k-1}\right]\cdot$$

$$\left[\frac{(k+1)!\ (n-k-1)!}{n!}\sigma_{k+1}\right]$$

得到欲证式(11.3.2).两式等号成立的充要条件

是：$\lambda_1=\lambda_2=\cdots=\lambda_n$. 即 $\Omega(m_i)$ 的密集椭球是一个球. 定理证毕.

容易看出，定理 11.3.1 不仅对有限质点组成立，而且对某个具有有限质量的区域 $\mathscr{P}(m_i)$ 也是成立的.

此时，设质量分布函数为 $m(x)$ $(x\in\mathscr{P}_m)$，则可定义

$$M_k=\frac{1}{k!}\int\cdots\int m(x_0)\cdots m(x_k)V^2(x_0,\cdots,x_k)\mathrm{d}x_0\cdots\mathrm{d}x_k$$

$$M_0=\int m(x)\mathrm{d}x$$

通过极限过程可以证明，定理 11.3.1 中的 M_k, M_0 理解为这里的积分值时，两个不等式仍成立.

11.3.2 杨路 - 张景中不等式的广泛应用

定理 11.3.1 是一个应用非常广泛的定理. 在前面各章我们也应用到了，例如定理 9.9.23，定理 9.17.3 - 7 等. 它还可以给出我们在前面已介绍的一些不等式的另证，也可以推导出一些我们还未介绍的不等式.

(Ⅰ) 不等式(9.1.1)的另证：[97,103]

在不等式(11.3.1)中，取 $N=n+1, l=n, k=n-1$，并令 $m_1=|f_0|^2, m_2=|f_1|^2,\cdots,m_{n+1}=|f_n|^2$，$V_{i_0}\cdots i_k=|f_i|$，故有

$$\frac{\left(\sum_{k=0}^{n}|f_{i_0}|^2\cdots|f_{i_{n-1}}|^2|f_{i_n}|^2\right)^n}{\left(|f_0|^2|f_1|^2\cdots|f_n|^2V_P^2\right)^{n-1}}\geqslant\frac{n!^{3(n-1)}}{(n-1)!^{3n}}\cdot\left(n!\sum_{i=0}^{n}|f_i|^2\right)$$

不妨设 $|f_{i_j}|\neq|f_i|$ $(0\leqslant j\leqslant n-1)$，则上式也就是

$$\frac{\left[(n+1)\prod_{i=0}^{n}|f_i|^2\right]^n}{\left(\prod_{i=0}^{n}|f_i|^2\cdot V_P^2\right)^{n-1}}\geqslant\frac{n^{3n-2}}{(n-1)!^2}\cdot\sum_{i=0}^{n}|f_i|^2$$

即
$$\sum_{i=0}^{n}\left(\frac{|f_i|}{\prod\limits_{i=0}^{n}|f_i|}\right)^2\leqslant\left(1+\frac{1}{n}\right)^n\cdot\frac{(n-1)!^2}{(nV_P)^{2(n-1)}}$$

将式(7.3.13)代入上式,经整理便得式(9.1.1).

(Ⅱ)不等式(9.1.9)的另证:

在不等式(11.3.2)中,取 $N=n+1,k=n-1$,并令 $m_1=|f_0|^2,m_2=|f_1|^2,\cdots,m_{n+1}=|f_n|^2$,则

$$M_n=\prod_{i=0}^{n}|f_i|^2V_P^2,M_{n-1}=(n+1)\prod_{i=0}^{n}|f_i|^2$$

$$M_{n-2}=\sum_{0\leqslant i<j\leqslant n}\Big(\prod_{\substack{l=0\\ l\neq i,j}}^{n}|f_l|\Big)^2\cdot|f_{p(n+1)\setminus\{P_i,P_j\}}|^2$$

以上各式均代入式(11.3.2),整理得

$$\prod_{i=0}^{n}|f_i|^2\geqslant\frac{2}{(n+1)^2}\left(\frac{n}{n-1}\right)^3\cdot V_P^2\sum_{0\leqslant i<j\leqslant n}\prod_{\substack{t=0\\ t\neq i,j}}^{n}|f_t|^2\cdot|f_{p(n+1)\setminus\{P_i,P_j\}}|^2$$

又由式(5.2.9)有

$$\sin\langle i,j\rangle=\frac{n}{n-1}\cdot\frac{V_P\cdot|f_{p(n+1)\setminus\{P_i,P_j\}}|}{|f_i|\cdot|f_j|}$$

两端平方后求和,得

$$\sum_{0\leqslant i<j\leqslant n}\sin^2\langle i,j\rangle$$
$$=\frac{n^2}{(n-1)^2}V_P^2\cdot\sum_{0\leqslant i<j\leqslant n}\frac{|f_{p(n+1)\setminus\{P_i,P_j\}}|^2}{|f_i|^2\cdot|f_j|^2}$$
$$=\frac{n^2}{(n-1)^2}V_P^2\frac{\sum\limits_{0\leqslant i<j\leqslant n}\prod\limits_{\substack{t=0\\ t\neq i,j}}^{n}|f_t|^2|f_{p(n+1)\setminus\{P_i,P_j\}}|^2}{\Big(\sum\limits_{i=0}^{n}|f_i|\Big)^2}\tag{11.3.3}$$

由此即得式(9.1.9).

(Ⅲ)不等式(9.4.1)的另证:[13]

在不等式(11.3.1)中,令 $N=n+1,l=n,k=n-1$. 并令 $m_1=|f_i|^2,m_2=|f_2|^2,\cdots,m_{n+1}=|f_{n+1}|^2$. 则有

$$M_0=\sum_{i=1}^{n+1}|f_i|^2,M_{n-1}=(n+1)\prod_{i=1}^{n+1}|f_i|^2$$

$$M_n=(\prod_{i=1}^{n+1}|f_i|^2)\cdot V^2(\sum\nolimits_{P(n+1)})=(\prod_{i=1}^{n+1}|f_i|^2)\cdot V_P^2$$

以上各式均代入式(11.3.1),经过移项整理后有

$$\frac{(n+1)^n\cdot(n-1)!^2}{n^{3n-2}}\prod_{i=1}^{n+1}|f_i|^2\geqslant V_P^{2(n-1)}\cdot\sum_{i=1}^{n+1}|f_i|^2$$

由算术-几何平均不等式

$$\sum_{i=1}^{n+1}|f_i|^2\geqslant(n+1)\prod_{i=1}^{n+1}|f_i|^{\frac{2}{n+1}}$$

故有

$$\frac{(n+1)^{n-1}\cdot(n-1)!^2}{n^{3n-2}}\prod_{i=1}^{n+1}|f_i|^{\frac{2}{n+1}}\geqslant V_P^{2(n-1)}$$

由此即得式(9.4.1).

注 若取 $m_i=\lambda_i|f_i|^\alpha(\alpha\leqslant2)$,有式(9.4.1)的推广式

$$\prod_{i=0}^{n}\lambda_i|f_i|^\alpha(\sum_{j=0}^{n}\frac{1}{\lambda_j}|f_j|^{2-\alpha})^n\geqslant\frac{n^{3n}}{n!^2}V_P^{2(n-1)}\cdot\sum_{i=0}^{n}\lambda_i|f_i|^\alpha$$

(Ⅳ)不等式(10.4.3-5)的另证:[29]

在不等式(11.3.1)中,取 $N=n+1,l=n,k=n-1$,并令 $m_i=\dfrac{|f_i|^2}{\lambda}$,并注意到 $\lambda_1+\cdots+\lambda_{n+1}=1$,则有

$$M_{n-1}=[\sum_{i=1}^{n+1}(1/\prod_{\substack{j=1\\j\neq i}}^{n+1}\lambda_j)](\prod_{j=1}^{n+1}|f_i|^2)=\prod_{j=1}^{n+1}(|f_i|^2/\lambda_j)$$

$$M_n=\prod_{j=1}^{n+1}(|f_i|^2/\lambda_j)\cdot V_P^2$$

$$M_0=\sum_{k=0}^{n}(|f_i|^2/\lambda_i)$$

此上各式均代入式(11.3.1),并经整理,得

$$V_P^{2(n-1)}\cdot\sum_{i=1}^{n+1}(\prod_{\substack{j=1\\j\neq i}}^{n+1}\lambda_j)|f_i|^2\leqslant\frac{(n!)^2}{n^{3n}}\prod_{j=1}^{n+1}|f_i|^2$$

由上式及式(9.17.24),即知式(10.4.3-5)成立.

若$\sum_{P(n+1)}$为正则且M是$\sum_{P(n+1)}$的外心,则M又是$\sum_{P(n+1)}$的重心,其重心规范坐标为

$$(\lambda_1,\lambda_2,\cdots,\lambda_{n+1})=(\frac{1}{n+1},\frac{1}{n+1},\cdots,\frac{1}{n+1})$$

又由式(7.15.5),对n维正则单形$\sum_{P(n+1)}$的各侧面f_i是棱长为ρ的$n-1$维正则单形,知f_i的体积为

$$|f_i|=\frac{\sqrt{n}}{2^{\frac{1}{2}(n-1)}\cdot(n-1)!}\rho^{n-1}\quad(i=1,2,\cdots,n+1)$$

将上述两式及式(7.15.5)代入式(9.17.24),(10.4.3-5)得

$$\frac{V(\sum_{H(n+1)})}{V(\sum_{P(n+1)})}=\frac{n^{2n}V_P^{2(n-1)}}{(n!)^2\prod_{i=1}^{n+1}|f_i|^2}\sum_{i=1}^{n+1}(\prod_{\substack{j=1\\j\neq i}}^{n+1}\lambda_j)|f_i|^2\leqslant\frac{1}{n^n}$$

即当$\sum_{P(n+1)}$为正则单形且M为$\sum_{P(n+1)}$的外心时(10.4.3-5)中等号成立.

(Ⅴ)推导不等式(6.1.1),式(6.1.7)的隔离式.

定理 11.3.2　设E^n中的n维单形$\sum_{P(n+1)}$的第i个侧面所对应的顶点角为$\theta_{i_n}(i=0,1,\cdots,n)$,$\sum_{P(n+1)}$的任意两个侧面$f_i,f_j$所成的内二面角为$<i,j>(0\leqslant i<j\leqslant n)$,则有[63]:

(1)

$$\sum_{i=0}^{n}\sin^2\theta_{i_n}\leqslant\frac{2}{n(n-1)}(1+\frac{1}{n})^{n-2}\sum_{0\leqslant i<j\leqslant n}\sin^2<i,j>\leqslant(1+\frac{1}{n})^n\qquad(11.3.4)$$

（2）

$$\prod_{i=0}^{n}\sin\theta_{i_n}\leqslant\left[\frac{(n+1)^{n-2}}{(n-1)^n}\right]^{\frac{1}{4}(n+1)}\prod_{0\leqslant i<j\leqslant n}\sin^2\langle i,j\rangle$$

$$\leqslant\left[\frac{(n+1)^{n-1}}{n^n}\right]^{\frac{1}{2}(n+1)}\qquad(11.3.5)$$

上述两式中的等号当且仅当 $\sum_{P(n+1)}$ 为正则单形时成立.

证明 （1）由式(7.3.13)，有

$$\sum_{i=0}^{n}\sin^2\theta_{i_n}=\frac{\left[nV\left(\sum_{P(n+1)}\right)\right]^{2(n-1)}}{[(n-1)!]^2\left(\prod_{i=0}^{n}|f_i|\right)^2}\cdot\sum_{i=0}^{n}|f_i|^2$$

$$(11.3.6)$$

由式(11.3.3)，式(11.3.6)左、右两端相除，有

$$\frac{\sum\limits_{0\leqslant i<j\leqslant n}\sin^2\langle i,j\rangle}{\sum\limits_{i=0}^{n}\sin^2\theta_{i_n}}$$

$$=\frac{[(n-2)!]^2}{n^{2(n-2)}}\cdot\frac{\sum\limits_{0\leqslant i<j\leqslant n}\prod\limits_{\substack{l=0\\ l\neq i,j}}^{n}|f_l|^2|f_{p(n+1)\backslash P_i,P_j}|^2}{\left[V\left(\sum_{P(n+1)}\right)\right]^{2(n-2)}\sum\limits_{i=0}^{n}|f_i|^2}.$$

$$(11.3.7)$$

在式(11.3.1)中，取 $N=n+1$，$k=n-2$，$l=n-1$，并令 $m_1=|f_0|^2$，$m_2=|f_1|^2$，$\cdots$，$m_{n+1}=|f_n|^2$，则有

$$M_0=\sum_{i=0}^{n}|f_i|^2$$

$$M_{n-2}=\sum_{0\leqslant i<j\leqslant n}\prod_{\substack{t=0\\ t\neq i,j}}^{n}|f_t|^2\cdot|f_{p(n+1)\backslash|P_i,P_j|}|^2$$

$$M_{n-1}=(n+1)\prod_{i=0}^{n}|f_i|^2$$

以上各式代入式(11.3.1)，得

$$\sum_{0\leqslant i<j\leqslant n}(\prod_{\substack{t=0\\t\neq i,j}}^{n}|f_t|)^2|f_{p(n+1)\setminus|P_i,P_j|}|^2$$

$$\geqslant\frac{[(n-1)!]^{3(n-2)}n!}{[2(n-2)!^3]^{n-1}}(n+1)^{n-2}\cdot(\prod_{i=0}^{n}|f_i|^2)^{n-2}\cdot(\sum_{i=0}^{n}|f_i|^2)\tag{11.3.8}$$

又由式(9.4.1),有

$$(\prod_{k=0}^{n}|f_i|^2)^{n-2}$$

$$\geqslant\frac{n^{(3n-2)(n-2)}}{[(n+1)^n(n-1)!^2]^{n-2}}\cdot(V_P)^{2(n-1)(n-2)}\cdot(\sum_{i=0}^{n}|f_i|^2)^{n-2}\tag{11.3.9}$$

将式(11.3.9)代入式(11.3.8),经化简后两边再开 $n-1$ 次方,得

$$\sum_{0\leqslant i<j\leqslant n}(\prod_{\substack{t=0\\t\neq i,j}}^{n})|f_t|^2\cdot|f_{p(n+1)\setminus|P_i,P_j|}|^2$$

$$\geqslant\frac{n^{3(n-2)}n!}{2(n+1)^{n-2}\cdot[(n-2)!]^3}\cdot(V_P)^{2(n-2)}\cdot\sum_{i=0}^{n}|f_i|^2\tag{11.3.10}$$

由式(11.3.7),式(11.3.10),有

$$\frac{\sum\limits_{0\leqslant i<j\leqslant n}\sin^2<i,j>}{\sum\limits_{i=0}^{n}\sin^2\theta_{i_n}}\geqslant\frac{1}{2}n(n-1)(\frac{n}{n+1})^{n-2}$$

或

$$\sum_{i=0}^{n}\sin^2\theta_{i_n}\leqslant\frac{2}{n(n-1)}(1+\frac{1}{n})^{n-2}\sum_{0\leqslant i<j\leqslant n}\sin^2<i,j>\tag{11.3.11}$$

由式(9.1.9),式(11.3.11)即知式(11.3.4)成立. 且由不等式(11.3.1)等号成立的条件知式(11.3.4)中等号当且仅当 $\Sigma_{P(n+1)}$ 为正则单形时成立.

(2)由式(9.1.9)及算术 - 几何平均不等式容易证明下面的不等式成立

$$\prod_{0\leqslant i<j\leqslant n}\sin\langle i,j\rangle\leqslant\left(1-\frac{1}{n^2}\right)^{\frac{1}{4}n(n+1)}\tag{11.3.12}$$

而且其中等号当且仅当$\Sigma_{P(n+1)}$为正则单形时成立.

由式(7.3.20)及式(7.3.13),可得

$$\prod_{0\leqslant i<j\leqslant n}\sin\langle i,j\rangle$$

$$=\left(\frac{n}{n-1}\right)^{\frac{1}{2}n(n+1)}\cdot\frac{(V_P)^{\frac{1}{2}n(n+1)}\cdot\prod\limits_{0\leqslant i<j\leqslant n}|f_{p(n+1)\setminus\{P_i,P_j\}}|}{\left(\prod\limits_{i=0}^{n}|f_i|\right)^n}$$

$$\prod_{i=0}^{n}\sin\theta_{i_n}=\frac{n^{n^2-1}}{[(n-1)!]^{n+1}}\cdot\frac{(V_P)^{n^2-1}}{\left(\prod\limits_{i=0}^{n}|f_i|\right)^n}$$

故

$$\frac{\prod\limits_{0\leqslant i<j\leqslant n}\sin\langle i,j\rangle}{\prod\limits_{i=0}^{n}\sin\theta_{i_n}}$$

$$=\frac{[(n-1)!]^{n+1}}{(n-1)^{\frac{1}{2}n(n+1)}}\cdot\frac{\prod\limits_{0\leqslant i<j\leqslant n}|f_{p(n+1)\setminus\{P_i,P_j\}}|}{V_P(n\cdot V_P)^{\frac{1}{2}(n-2)(n+1)}}\tag{11.3.13}$$

又由式(9.4.1),有

$$|f_i|\leqslant\sqrt{n}\left[\frac{(n-2)!^2}{(n-1)^{3n-5}}\right]^{\frac{1}{2(n-2)}}\left(\prod_{\substack{j=0\\ j\neq i}}^{n}|f_{p(n+1)\setminus\{P_i,P_j\}}|\right)^{\frac{n-1}{(n-2)n}}$$

这里$|f_{p(n+1)\setminus\{P_i,P_j\}}|$$(i,j=0,1,\cdots,n,j\neq i)$是去掉顶点$P_i,P_j(i,j=0,1,\cdots,n,i\neq j)$的$n-2$维单形的体积.

上面的不等式对i求积,得

$$\prod_{i=0}^{n}|f_i|\leqslant n^{\frac{1}{2}(n+1)}\cdot\left[\frac{(n-2)!}{(n-1)^{3n-5}}\right]^{\frac{n+1}{2(n-2)}}\cdot$$

$$\left(\prod_{0\leqslant i<j\leqslant n}|f_{p(n+1)\setminus\{P_i,P_j\}}|\right)^{\frac{2(n-1)}{n(n-2)}} \tag{11.3.14}$$

将式(11.3.14)代入式(9.4.1),并化简,得

$$\prod_{0\leqslant i<j\leqslant n}|f_{p(n+1)\setminus\{P_i,P_j\}}|$$

$$\geqslant\left(\frac{n!}{\sqrt{n+1}}\right)^{\frac{1}{2}(n-2)(n+1)}\cdot\left[\frac{\sqrt{n-1}}{(n-2)!}\right]^{\frac{n(n+1)}{2}}\cdot V_P^{\frac{(n-2)(n+1)}{2}} \tag{11.3.15}$$

再由式(11.3.13),式(11.3.15),经计算便有

$$\prod_{i=0}^{n}\sin\theta_{i_n}\leqslant\left[\frac{(n+1)^{n-2}}{(n-1)^n}\right]^{\frac{n+1}{4}}\cdot\prod_{0\leqslant i<j\leqslant n}\sin<i,j> \tag{11.3.16}$$

结合式(11.3.12),式(11.3.16),即得不等式(11.3.5),且由不等式(9.4.1)等号成立条件知式(11.3.5)中等号当且仅当$\Sigma_{P(n+1)}$为正则单形时成立.

(Ⅵ)推导式(9.1.1)的一个推广式.

定理 11.3.3　设 E^n 中 n 维单形 $\Sigma_{P(n+1)}=\{P_0,P_1,\cdots,P_n\}$,任意的 k 个顶点 $P_{i_1},P_{i_2},\cdots,P_{i_k}$ 所确定的 k 级顶点角为 $\theta_{i_1i_2\cdots i_k}$ $(k<n)$,顶点集 $\{P_0,\cdots,P_{i-1},P_{i+1},\cdots,P_n\}$ 确定的 n 级顶点角记为 θ_{i_n},则对任意的 $k<n$,有[44]

$$\frac{\left(\sum_{0\leqslant i_1<i_2<\cdots<i_k\leqslant n}\sin^2\theta_{i_1i_2\cdots i_k}{}^2\right)}{\left(\sum_{i=0}^{n}\sin^2\theta_{i_n}\right)^k}\geqslant(\mathrm{C}_n^k)^n \tag{11.3.17}$$

等号当且仅当单形 $\Sigma_{P(n+1)}$ 正则时成立,这里 C_n^k 是组合数.

在定理 11.3.3 中,取 $k=1$,则得式(9.1.1),因而式(11.3.17)是式(9.1.1)的一个推广.

此外,由定理 11.3.3,还可得到式(9.1.6)

$$\frac{\left(\sum_{0\leqslant i<j\leqslant n}\sin^2<i,j>\right)^n}{\left(\sum_{i=0}^{n}\sin^2\theta_{i_n}\right)^2}\geqslant\left[\frac{n(n-1)}{2}\right]^n$$

证明 在不等式(11.3.1)中,取 $N=n+1$,用 $n-k$ 换 k,并令 $l=n,m_1=|f_0|^2,m_2=|f_1|^2,\cdots,m_{n+1}=|f_n|^2$,于是有

$$\frac{\left(\sum_{0\leqslant j_0<j_1<\cdots<j_{n-k}\leqslant n}|f_{j_0}|^2|f_{j_1}|^2\cdots|f_{j_{n-k}}|^2\cdot V^2_{j_0j_1\cdots j_{n-k}}\right)^n}{\left(|f_0|^2|f_1|^2\cdots|f_n|^2\cdot V(\sum_{P(n+1)})^2\right)^k}$$

$$\geqslant\frac{(n!)^{3(n-k)}}{[k!\ (n-k)!^3]^n}\cdot\left(n!\ \cdot\sum_{i=0}^{n}|f_i|^2\right)^k$$

即 $$\left(\sum_{0\leqslant j_0<j_1<\cdots<j_{n-k}\leqslant n}|f_{j_0}|^2|f_{j_1}|^2\cdots|f_{j_{n-k}}|^2\cdot V^2_{j_0j_1\cdots j_{n-k}}\right)^n$$

$$\geqslant\frac{(n!)^{3(n-k)}}{[k!\ (n-k)!^3]^n}\cdot(n!)^k\cdot\left[\sum_{i=0}^{n}\left(\frac{|f_i|}{\prod_{i=0}^{n}|f_i|}\right)^2\right]^k$$

由高维正弦定理3(即式(7.3.18))代入上式左边和 Bartoŝ 正弦定理(或$k=n$时的式(5.2.7))代入上式右边,整理便得到了式(11.3.17).

(Ⅶ)推导新的与顶点角有关的不等式.

定理 11.3.4 设 $V(\sum_{P(n+1)})=V_P,|f_i|,\theta_{i_n}$ 分别为 E^n 中 n 维单形 $\sum_{P(n+1)}$ 的 n 维体积,侧面 f_i 的 $n-1$ 维体积及 n 级顶点角,则对于任意正实数 β,有[85]

$$\sum_{i=0}^{n}\sin^{2\beta}\theta_{i_n}\leqslant\frac{(n-1)!^{2(1-\beta)}\cdot\left[\sum_{i=0}^{n}|f_i|^{2(1-\beta)}\right]}{n^{n(3-2\beta)-2(1-\beta)}\cdot(V_P)^{2(n-1)(1-\beta)}}\tag{11.3.18}$$

其中等号当且仅当单形 $\sum_{P(n+1)}$ 正则时成立.

证明 在式(11.3.1)中,取 $N=n+1,l=n,k=n-1,m_i=|f_i|^{2\beta}(i=0,1,\cdots,n)$,则有

$$\sum_{i=0}^{n}|f_i|^{2\beta}\leqslant\frac{(n-1)!^2\prod_{i=0}^{n}|f_i|^{2\beta}[\sum_{i=0}^{n}|f_i|^{2(1-\beta)}]^n}{n^{3n-2}\cdot[V(\sum_{P(n+1)})]^{2(n-1)}}$$

(11.3.19)

由高维正弦定理1,即式(7.3.13),有

$$|f_i|^{2\beta}=\frac{(n-1)!^{2\beta}\cdot\sum_{j=0}^{n}|f_j|^{2\beta}}{[nV(\sum_{P(n+1)})]^{2(n-1)\beta}}\cdot\sin^{2\beta}\theta_{i_n}$$

$$(i=0,1,\cdots,n)$$

将上式代入式(11.3.9),即证得式(11.3.18).

显然,由式(11.3.19),有式(11.3.18)的一个等价式

$$V_P\leqslant\frac{(n-1)!^{\frac{1}{n-1}}[\sum_{i=0}^{n}|f_i|^{2(1-\beta)}]^{\frac{n}{2(n-1)}}}{n^{\frac{3n-2}{2(n-1)}}}\left[\frac{\prod_{i=0}^{n}|f_i|^{2\beta}}{\sum_{i=0}^{n}|f_i|^{2\beta}}\right]^{\frac{1}{2(n-1)}}$$

(11.3.20)

其中等号当且仅当单形$\sum_{P(n+1)}$正则时取得.

定理 11.3.5　设$\lambda_0,\lambda_1,\cdots,\lambda_n$为任一组正实数,则对于$E^n$中的$n$维单形$\sum_{P(n+1)}=\{P_0,P_1,\cdots,P_n\}$的$n+1$个$n$级顶点角$\theta_{0_n},\theta_{1_n},\cdots,\theta_{n_n}$有如下的关系[102]

$$\sum_{i=0}^{n}\lambda_i\sin^2\theta_{i_n}\leqslant\frac{n}{(4n)^{n-1}}(\prod_{i=0}^{n}\lambda_i)(\sum_{i=0}^{n}\frac{1}{\lambda_i})^n\quad(11.3.21)$$

等号当且仅当$\sum_{P(n+1)}$的密集椭球为球时成立.

证明　在式(11.3.1)中,取$N=n+1,k=1,l=n-1$,则

$$M_1=\sum_{0\leqslant i<j\leqslant n}m_im_j,\rho_{ij};M_{n-1}=(\prod_{i=0}^{n}m_i)\cdot(\sum_{i=0}^{n}\frac{1}{m_i}|f_i|^2)$$

其中$\rho_{ij},|f_i|(i=0,1,\cdots,n,j=0,1,\cdots,n,i\neq j)$分别为单形$\sum_{P(n+1)}$的棱长和侧面面积(即$n-1$维体积).从

而有

$$\frac{\left(\sum_{0\leqslant i<j\leqslant n} m_i m_j \rho_{ij}^2\right)^{n-1}}{\left(\prod_{i=0}^{n} m_i\right)\cdot\left(\sum_{i=0}^{n}\frac{1}{m_i}|f_i|^2\right)}\geqslant\frac{(n-1)!^3\cdot n^{n-1}}{n!}\cdot\left(\sum_{i=0}^{n} m_i\right)^{n-2}$$

即 $\sum_{i=0}^{n}\frac{1}{m_i}|f_i|^2\leqslant\frac{n!}{(n-1)!^3\cdot n^{n-1}}\cdot\frac{\left(\sum_{0\leqslant i<j\leqslant n} m_i m_j \rho_{ij}^2\right)^{n-1}}{\left(\prod_{i=0}^{n} m_i\right)\cdot\left(\sum_{i=0}^{n} m_i\right)^{n-2}}$

由式(9.9.8)及式(7.3.18),知

$$\begin{aligned}&\frac{(2R_n)^{2(n-1)}}{(n-1)!}\cdot\sum_{i=0}^{n}\frac{1}{m_i}\sin^2\theta_{i_n}\\ \leqslant&\frac{n!}{(n-1)!^3\cdot n^{n-1}}\cdot\frac{\sum_{0\leqslant i<j\leqslant n}(m_i m_j \rho_{ij}^2)^{m-1}}{\left(\prod_{i=0}^{n} m_i\right)\cdot\left(\sum_{i=0}^{n} m_i\right)^{n-2}}\\ \leqslant&\frac{n!}{(n-1)!^3\cdot n^{n-1}}\cdot\frac{\left(\sum_{i=0}^{n} m_i\right)^{2(n-1)}\cdot R_n^{2(n-1)}}{\left(\prod_{i=0}^{n} m_i\right)\cdot\left(\sum_{i=0}^{n} m_i\right)^{n-2}}\\ =&\frac{n!}{(n-1)!^3\cdot n^{n-1}}\cdot\frac{\left(\sum_{i=0}^{n} m_i\right)^{n}\cdot R_n^{2(n-1)}}{\prod_{i=0}^{n} m_i}\end{aligned}$$

亦即 $$\sum_{k=0}^{n}\frac{1}{m_i}\sin^2\theta_{i_n}\leqslant\frac{n}{(4n)^{n-1}}\cdot\frac{\left(\sum_{i=0}^{n} m_i\right)^{n}}{\prod_{i=0}^{n} m_i}$$

在上式中以 λ_i 代 $\frac{1}{m_i}(0\leqslant i\leqslant n)$ 便得式(11.3.21).

证毕.

推论 一切条件同定理 11.3.5,则有

$$\sum_{i=0}^{n}\sin^2\theta_{i_n}\leqslant n(n+1)\left(\frac{n+1}{4n}\right)^{n-1}\quad(11.3.22)$$

$$\sum_{i=0}^{n}\sin\theta_{i_n}\leqslant n(n+1)\cdot\sqrt{n\cdot\left(\frac{n+1}{4n}\right)^{n-1}}\tag{11.3.22}$$

$$\prod_{i=0}^{n}\sin\theta_{i_n}\leqslant\sqrt{n^{(n+1)}\cdot\left(\frac{n+1}{4n}\right)^{n^2-1}}\tag{11.3.24}$$

以上三式中等号当且仅当 n 维单形 $\sum_{P(n+1)}$ 正则时成立.

式(11.3.22)~式(11.3.24)的证明较易，留给读者.

(Ⅷ)推导新的与内二面角的平分面有关的不等式.

定理 11.3.6　设 E^n 中 n 维单形 $\sum_{P(n+1)}$ 的诸内二面角的平分面的 $n-1$ 维体积为 $|t_{ij}|(0\leqslant i<j\leqslant n)$，单形 $\sum_{P(n+1)}$ 的诸不变量为 $\{N_k\}(1\leqslant k\leqslant n-1)$，则

$$\left[\sum_{0\leqslant i<j\leqslant n}|t_{ij}|^2\right]^k$$
$$\leqslant\left(\frac{n+1}{4}\right)^k\cdot\frac{[(n-k)!\ \cdot k!^3\cdot(n+1-k)^2]^{n-1}}{(n-1)!^3\cdot(n+1)!^{n-k-1}\cdot(n+1)^{n-1}}N_k^{n-1}\tag{11.3.25}$$

其中等号成立的条件为 $\sum_{P(n+1)}$ 正则.

证明　在定理 11.3.1 的特殊情形即 $m_i=1$ 时的情形式(11.1.12)中取 $N=n+1,l=n-1$，得

$$\left(\sum_{i=0}^{n}|f_i|^2\right)^k=(N_{n-1})^k\leqslant\frac{[(n-k)!\ \cdot k!^3]^{n-1}}{(n-1)!^{3k}\cdot(n+1)!^{n-k-1}}N_k^{n-1}$$

再注意到式(9.7.1)：$\sum\limits_{0\leqslant i<j\leqslant n}|t_{ij}|^2\leqslant\frac{n+1}{4}\sum\limits_{i=0}^{n}|f_i|^2$，即得式(11.3.25)，其中等号成立的条件也可推之为 $\sum_{P(n+1)}$ 正则.

显然，对于式（11. 3. 25），当 $n=2$ 时，即为 $\triangle P_1P_2P_3$ 中的不等式

$$t_1^2+t_2^2+t_3^2\leqslant m_1^2+m_2^2+m_3^2 \qquad (11.3.26)$$

其中 t_i,m_i 分别为其角平分线与中线长.

（Ⅸ）推导新的与单形内一点到界（侧）面距离有关的不等式.

定理 11. 3. 7　设 M 为 E^n 中的 n 维单形 $\sum_{P(n+1)}$ 内部任一点，它关于坐标单形 $\sum_{P(n+1)}$ 的规范重心坐标为 $(\lambda_0,\lambda_1,\cdots,\lambda_n)$. 点 M 到界（侧）面 f_i 的距离 $d_i(i=0,1,\cdots,n)$，$|f_i|$ 为 f_i 的 $n-1$ 维体积，则[236][237]：

(1)
$$\sum_{i=0}^{n}\frac{d_0\cdots d_{i-1}d_{i+1}\cdots d_n}{(|f_0|\cdots|f_{i-1}||f_{i+1}|\cdots|f_n|)^{2\alpha-1}}\leqslant\frac{n!^{2\alpha}\cdot V_P^{n-2(n-1)\alpha}}{(n+1)^{(n-1)(1-\alpha)}\cdot n^{n(3\alpha-1)}} \qquad (11.3.27)$$

其中 $\alpha\in(0,1]$ 等号成立的条件是 $\sum_{P(n+1)}$ 正则，且 M 为其内心.

(2)
$$\sum_{i=0}^{n}\frac{|f_i|^{\frac{n}{n-1}}}{r_n^{(0)}\cdots r_n^{(i-1)}r_n^{(i+1)}\cdots r_n^{(n)}}\geqslant\frac{(n-1)^n\cdot n^{\frac{3n^2}{2(n-1)}}}{n^n\cdot(n+1)^{\frac{n-2}{2}}\cdot n!^{n(n-1)}} \qquad (11.3.28)$$

其中 $r_n^{(i)}$ 为第 i 个傍切超球半径，等号成立的条件为 $\sum_{P(n+1)}$ 正则.

(3)
$$\sum_{i=0}^{n}\frac{1}{d_0\cdots d_{i-1}d_{i+1}\cdots d_n}\geqslant(n+1)\cdot n\cdot\frac{r_n}{R_n^{n+1}} \qquad (11.3.29)$$

其中 r_n,R_n 分别为其内切、外接超球半径，等号成立的条件是 $\sum_{P(n+1)}$ 正则，且 M 为 $\sum_{P(n+1)}$ 的内心.

$$(4)\left(\sum_{i=0}^{n}\frac{\lambda_i}{d_i}\right)^{n-1}\geqslant\frac{n^{\frac{n+1}{2}}\cdot(n+1)^{\frac{n-3}{2}}}{n!}\cdot\sum_{i=0}^{n}\frac{1}{|f_i|}\tag{11.3.30}$$

其中等号成立的条件为$\sum_{P(n+1)}$正则,且 M 为其内心.

$$(5)\left(\sum_{i=0}^{n}\frac{1}{d_i}\right)^{n-1}\geqslant\frac{n^{\frac{n+1}{2}}\cdot(n+1)^{\frac{3(n-1)}{2}}}{n!}\cdot\sum_{i=0}^{n}\frac{\lambda_i}{|f_i|}\tag{11.3.31}$$

其中等号成立的条件为$\sum_{P(n+1)}$正则,且 M 为其内心.

证明　在式(11.3.1)中,取 $k=n-1,l=n$,有 $V_{i_\alpha\cdots i_k}=|f_i|$,得

$$\sum_{i=0}^{n}m_0\cdots m_{i-1}m_{i+1}\cdots m_n|f_i|^2$$

$$\geqslant\frac{n^{3n}}{n!^2}\cdot\sum_{i=0}^{n}m_i\cdot\left(\prod_{i=0}^{n}m_i\right)^{n-1}\cdot V_P^{2(n-1)}$$

在上式中,令 $m_0\cdots m_{i-1}m_{i+1}\cdots m_n=\lambda_i'|f_i|^{-2}(i=0,1,\cdots,n)$得

$$\left[\frac{1}{n}\sum_{i=0}^{n}\lambda_i'\right]^n\prod_{i=0}^{n}|f_i|^2\geqslant\frac{(nV_P)^{2(n-1)}}{(n-1)!^2}\left(\prod_{i=0}^{n}\lambda_i'\right)\cdot\sum_{i=0}^{n}\frac{|f_i|^2}{\lambda_i}\tag{11.3.32}$$

即

$$\frac{n^{3n}}{n!^2}V_P^{2(n-1)}\cdot\sum_{i=0}^{n}\lambda_0'\cdots\lambda_{i-1}'\lambda_{i+1}'\cdots\lambda_n'|f_i|^2$$

$$\leqslant\left(\sum_{i=0}^{n}\lambda_i'\right)^n\cdot\prod_{i=0}^{n}|f_i|^2\tag{$*$}$$

现取 n 维正则单形$\sum_{P'(n+1)}=\{P_0',P_1',\cdots,P_n'\}$的界(侧)面的体积$|f_i'|=1(i=0,1,\cdots,n)$,则 $V_P'=(n+1)^{\frac{1}{2}}\left(\frac{n!^2}{n^{3n}}\right)^{\frac{1}{2(n-1)}}$.

由 Cauchy 不等式与式($*$),得

$$\frac{n^{3n}}{n!^2}V_P^{n-1}V_{P'}^{n-1}\sum_{i=0}^{n}\lambda_0'\cdots\lambda_{i-1}'\lambda_{i+1}'\cdots\lambda_n'|f_i||f_i'|$$

$$\leqslant\left(\frac{n^{3n}}{n!^2}V_P^{2(n-1)}\cdot\sum_{i=0}^{n}\lambda_0'\cdots\lambda_{i-1}'\lambda_{i+1}'\cdots\lambda_n'|f_i|^2\right)^{\frac{1}{2}}\cdot$$

$$\left(\frac{n^{3n}}{n!^2}V_P'^{2(n-1)}\cdot\sum_{i=0}^{n}\lambda_0'\cdots\lambda_{i-1}'\lambda_{i+1}'\cdots\lambda_n'|f_i'|^2\right)^{\frac{1}{2}}$$

$$\leqslant\left(\sum_{i=0}^{n}\lambda_i'\right)^n\cdot\prod_{i=0}^{n}|f_i|\cdot\prod_{i=0}^{n}|f_i'|=\left(\sum_{i=0}^{n}\lambda_i'\right)\prod_{i=0}^{n}|f_i|$$

即

$$\frac{(n+1)^{\frac{n-1}{2}}\cdot n^{\frac{3n}{2}}}{n!}V_P^{n-1}\sum_{i=0}^{n}\lambda_0'\cdots\lambda_{i-1}'\lambda_{i+1}'\cdots\lambda_n'|f_i|$$

$$\leqslant\left(\sum_{i=0}^{n}\lambda_i\right)^n\prod_{i=0}^{n}|f_i| \tag{11.3.33}$$

在上式中令 $\lambda_0'=\lambda_1'=\cdots=\lambda_n'=1$ 得

$$\frac{1}{V_P}\geqslant\frac{n^{\frac{3n}{2(n-1)}}}{n!^{\frac{1}{n-1}}\cdot(n+1)^{\frac{n+1}{2(n-1)}}}\left(\sum_{i=0}^{n}\frac{1}{|f_0|\cdots|f_{i-1}||f_{i+1}|\cdots|f_n|}\right)^{\frac{1}{n-1}}$$

又由 Cauchy 不等式有

$$\sum_{i=0}^{n}\frac{1}{d_0\cdots d_{i-1}d_{i+1}\cdots d_n}\geqslant\frac{(n+1)^2}{\sum_{i=0}^{n}d_0\cdots d_{i-1}d_{i+1}\cdots d_n}$$

在式(11.3.33)中,令 $\lambda_i'=d_i|f_i|$,并注意 $\sum_{i=0}^{n}\lambda_i'=\sum_{i=0}^{n}d_i|f_i|=nV_P$,得

$$\sum_{i=0}^{n}d_0\cdots d_{i-1}d_{i+1}\cdots d_n\leqslant\frac{(n+1)!}{n^{\frac{n}{2}}\cdot(n+1)^{\frac{n+1}{2}}}\cdot V_P$$

由上述 3 个不等式,得

$$\sum_{i=0}^{n}(d_0\cdots d_{i-1}d_{i+1}\cdots d_n)^{-1}$$

$$\geqslant\frac{(n+1)^{\frac{n^2+n-4}{2(n-1)}}\cdot n^{\frac{n^2}{2(n-1)}}}{(n-1)!^{\frac{n}{n-1}}}\cdot\left(\sum_{i=0}^{n}\frac{1}{|f_0|\cdots|f_{i-1}||f_{i+1}|\cdots|f_n|}\right)^{\frac{1}{n-1}}$$

(11.3.34)

其中等号成立的条件是$\sum_{P(n+1)}$正则，是 M 为其内心.

(1)先证对任一组正数 $\lambda'_i(i=0,1,\cdots,n)$ 与任意实数 $\alpha\in(0,1]$，有

$$(\frac{1}{n}\sum_{i=0}^{n}\lambda'_i)^n\prod_{i=0}^{n}|f_i|^{2\alpha}$$

$$\geqslant\prod_{i=0}^{n}\lambda'_i(\sum_{i=0}^{n}\frac{|f_i|^{2\alpha}}{\lambda'_i})\cdot\frac{(n+1)^{(n-1)(1-\alpha)}}{n^{n(1-\alpha)}\cdot(n-1)!^{2\alpha}}(nV_P)^{2(n-1)\alpha}\tag{11.3.35}$$

其中等号成立条件为 $\lambda'_0=\lambda'_1=\cdots=\lambda'_n=1$ 且$\sum_{P(n+1)}$正则.

事实上，当 $\alpha=1$ 时，式(11.3.35)即为式(11.3.32).

当 $\alpha\in(0,1)$时，由式(11.3.32)，有

$$(\frac{1}{n}\sum_{i=0}^{n}\lambda'_i)^n\prod_{i=0}^{n}|f_i|^{2\alpha}$$

$$=[(\frac{1}{n}\sum_{i=0}^{n}\lambda'_i)^n\prod_{i=0}^{n}|f_i|^2]^\alpha\cdot[(\frac{1}{n}\sum_{i=0}^{n}\lambda'_i)^n]^{1-\alpha}$$

$$\geqslant[\frac{(nV_P)^{2(n-1)}}{(n-1)!^2}\prod_{i=0}^{n}\lambda'_i\cdot(\sum_{i=0}^{n}\frac{|f_i|^2}{\lambda'_i})]^\alpha\cdot[(\frac{1}{n}\sum_{i=0}^{n}\lambda'_i)^n]^{1-\alpha}$$

利用 Maclaurin 不等式，有

$$(\frac{1}{n+1}\sum_{i=0}^{n}\lambda'_0\cdots\lambda'_{i-1}\lambda'_{i+1}\cdots\lambda'_n)^{\frac{1}{n}}\geqslant\frac{1}{n+1}\sum_{i=0}^{n}\lambda'_i$$

即
$$(\frac{1}{n}\sum_{i=0}^{n}\lambda'_i)^n\geqslant\frac{(n+1)^{n-1}}{n^n}\cdot\sum_{i=0}^{n}\lambda'_i\cdot\sum_{i=0}^{n}\frac{1}{\lambda_i}$$

由上述两个不等式，得

$$(\frac{1}{n}\sum_{i=0}^{n}\lambda'_i)^n\cdot\prod_{i=0}^{n}|f_i|^{2\alpha}$$

$$\geqslant\prod_{i=0}^{n}\lambda'_i\cdot(\sum_{i=0}^{n}\frac{|f_i|^2}{\lambda'_i})^\alpha\cdot(\sum_{i=0}^{n}\frac{1}{\lambda'_i})^{1-\alpha}\cdot$$

$$[\frac{(n+1)^{n-1}}{n^n}]^{1-\alpha}\cdot\frac{(nV_P)^{2(n-1)\alpha}}{(n-1)!^{2\alpha}}$$

$$=\prod_{i=0}^{n}\lambda_i'\cdot[\sum_{i=0}^{n}(\frac{|f_i|^{2\alpha}}{\lambda_i'^{\alpha}})^{\frac{1}{\alpha}}]^{\alpha}\cdot[\sum(\frac{1}{\lambda'^{1-\alpha}})^{\frac{1}{1-\alpha}}]^{1-\alpha}\cdot$$

$$[\frac{(n+1)^{n-1}}{n^n}]^{1-\alpha}\cdot\frac{(nV_P)^{2(n-1)\alpha}}{(n-1)!^{2\alpha}}$$

利用 Hödder 不等式,有

$$[\sum_{i=0}^{n}(\frac{|f_i|^{2\alpha}}{\lambda'^{\alpha}})^{\frac{1}{\alpha}}]^{\alpha}\cdot[\sum_{i=0}^{n}(\frac{1}{\lambda'^{1-\alpha}})^{\frac{1}{1-\alpha}}]^{1-\alpha}\geqslant\sum_{i=0}^{n}\frac{|f_i|^{2\alpha}}{\lambda_i'}$$

从而得

$$(\frac{1}{n}\sum_{i=0}^{n}\lambda_i')^n\prod_{i=0}^{n}|f_i|^{2\alpha}$$

$$\geqslant\prod_{i=0}^{n}\lambda_i'\cdot\sum_{i=0}^{n}\frac{|f_i|^{2\alpha}}{\lambda_i'}\cdot\frac{(n+1)^{(n-1)(1-\alpha)}}{n^{n(1-\alpha)}\cdot(n-1)!^{2\alpha}}(nV_P)^{2(n-1)\alpha}$$

这说明对 $\alpha\in(0,1)$,有式(11.3.35)成立.

在式(11.3.35)中,取 $\lambda_i'=d_i|f_i|(i=0,1,\cdots,n)$,并注意到 $\sum_{i=0}^{n}\lambda_i'=\sum_{i=0}^{n}d_i|f_i|=nV_P$,便得到式(11.3.27),其中等号成立的条件易知 $\Sigma_{P(n+1)}$ 正则且 M 为其内心.

(2)不妨设 $|f_0|\leqslant|f_1|\leqslant\cdots\leqslant|f_n|$,注意到式(7.4.8)

$$r_n^{(i)}=\frac{nV_P}{\sum_{j=0}^{n}|f_j|-2|f_i|}\text{知 }r_n^{(0)}\leqslant r_n^{(1)}\leqslant\cdots\leqslant r_n^{(n)}$$

从而

$$\frac{1}{\prod_{j=1}^{n}|f_j|r_n^{(j)}}\leqslant\frac{1}{\prod_{\substack{j=0\\j\neq1}}^{n}|f_j|r_n^{(j)}}\leqslant\cdots\leqslant\frac{1}{\prod_{\substack{j=0\\j\neq n}}^{n}|f_j|r_n^{(j)}}$$

由 Chebyshev 不等式,有

$$\sum_{i=0}^{n}\frac{|f_i|^{\frac{n}{n-1}}}{\prod\limits_{\substack{j=0\\j\neq i}}^{n}r_n^{(j)}}=\prod_{i=0}^{n}|f_i|\cdot\sum_{i=0}^{n}|f_i|^{\frac{1}{n-1}}\cdot\sum_{i=0}^{n}\frac{|f_i|^{\frac{1}{n-1}}}{\prod\limits_{\substack{j=0\\j\neq i}}^{n}|f_j|r_n^{(j)}}$$

$$\geqslant\frac{1}{n+1}\prod_{i=0}^{n}|f_i|\cdot\sum_{i=0}^{n}|f_i|^{\frac{1}{n-1}}\cdot\sum_{i=0}^{n}\frac{1}{\prod\limits_{\substack{j=0\\j\neq i}}^{n}|f_j|r_n^{(j)}}$$

将$|f_j|=\dfrac{nV_P}{h_j}$代入上式,并应用算术-几何平均不等式及式(9.9.38)当$k=n$时情形

$$\sum_{i=0}^{n}\frac{h_0\cdots h_{i-1}h_{i+1}\cdots h_n}{r_n^{(0)}\cdots r_n^{(i-1)}r_n^{(i+1)}\cdots r_n^{(n)}}\geqslant(n+1)(n-1)^n$$

得

$$\sum_{i=0}^{n}\frac{|f_i|^{\frac{n}{n-1}}}{\prod\limits_{\substack{j=0\\j\neq i}}^{n}r_n^{(j)}}$$

$$\geqslant\frac{1}{n+1}\prod_{i=0}^{n}|f_i|\cdot\sum_{i=0}^{n}|f_i|^{\frac{1}{n-1}}\cdot\frac{1}{(nV_P)^n}\cdot\sum_{i=0}^{n}\left(\prod_{\substack{j=0\\j\neq i}}^{n}\frac{h_j}{r_n^{(j)}}\right)$$

$$\geqslant\left(\prod_{i=0}^{n}|f_i|\right)^{\frac{n^2}{n^2-1}}\cdot\frac{1}{(nV_P)^n}\cdot(n+1)(n-1)^n$$

由上式和式(9.4.1)即得式(11.3.28),其中等号成立的条件为$\Sigma_{P(n+1)}$正则.

(3)由式(11.3.34),得

$$\sum_{i=0}^{n}\frac{1}{d_0\cdots d_{i-1}d_{i+1}\cdots d_n}\geqslant\frac{(n+1)^{\frac{n^2+n-4}{2(n-1)}}\cdot n^{\frac{n^2}{2(n-1)}}}{(n-1)!^{\frac{n}{n-1}}}\cdot$$

$$\prod_{i=0}^{n}|f_i|^{\frac{1}{n-1}}\cdot\left(\sum_{i=0}^{n}|f_i|\right)^{\frac{1}{n-1}}\quad(*)$$

又由式(9.5.2)及算术-几何平均不等式,有

$$\prod_{i=0}^{n}|f_i|\leqslant\frac{1}{2^{\frac{n^2-1}{2}}}\cdot\frac{n^{\frac{n+1}{2}}}{(n-1)!^{n+1}}\left[\frac{2}{n(n+1)}\sum_{0\leqslant i<j\leqslant n}\rho_{ij}^2\right]^{\frac{n^2-1}{2}}$$

对上式应用式(9.9.2): $\sum\limits_{0\leqslant i<j\leqslant n}\rho_{ij}^2\leqslant(n+1)^2R_n^2$,得

$$\prod_{i=0}^{n}|f_i|\leqslant\frac{(n+1)^{\frac{n^2-1}{2}}}{n!^{n+1}\cdot n^{\frac{n^2-3n-4}{2}}}R_n^{n^2-1}\quad(11.3.36)$$

注意到 $\sum\limits_{i=0}^{n}|f_i|=\frac{nV_P}{r_n}$,由式(*)及上式,得

$$\sum_{i=0}^{n}\frac{1}{d_0\cdots d_{i-1}d_{i+1}\cdots d_n}$$

$$\geqslant(n+1)^{\frac{n-3}{2(n-1)}}\cdot n^{\frac{2n^2-n-2}{2(n-1)}}\cdot n!^{\frac{1}{n-1}}\cdot\left(\frac{V_P}{r_n}\right)^{\frac{1}{n-1}}\cdot\frac{1}{R_n^{n+1}}$$

由上式及式(9.8.1),即得式(11.3.29),其中等号成立的条件可由推导过程知 $\sum_{P(n+1)}$ 正则,且 M 为其内心.

(4)在式(11.3.33)中取 $\lambda_0'=\lambda_1'=\cdots=\lambda_n'=1$,得

$$\left(\frac{1}{V_P}\right)^{n-1}\geqslant\frac{n^{\frac{3n}{2}}}{n!\ \cdot(n+1)^{\frac{n+1}{2}}}\cdot\frac{\sum\limits_{i=0}^{n}|f_i|}{\prod\limits_{i=0}^{n}|f_i|}$$

由重心坐标的定义知

$$\lambda_i=\frac{V_{P_i}}{V_P}=\frac{d_i}{h_i}\quad(i=0,1,\cdots,n)$$

从而

$$\sum_{i=0}^{n}\frac{\lambda_i}{d_i}=\frac{1}{nV_P}\sum_{i=0}^{n}|f_i|$$

$$\geqslant\frac{n^{\frac{n+2}{2(n-1)}}}{n!^{\frac{1}{n-1}}\cdot(n+1)^{\frac{n+1}{2(n-1)}}}\cdot\frac{\left(\sum\limits_{i=0}^{n}|f_i|\right)^{\frac{n}{n-1}}}{\prod\limits_{i=0}^{n}|f_i|^{\frac{1}{n-1}}}$$

应用 Maclaurin 不等式,有

$$\left(\sum_{i=0}^{n}|f_i|\right)^n\geqslant(n+1)^{n-1}\cdot\sum_{i=0}^{n}\left(\prod_{\substack{j=0\\j\neq i}}^{n}|f_j|\right)$$

由上述两式,即得式(11.3.30).

(5)由单形体积公式,有

$$\lambda_0\cdots\lambda_{i-1}\lambda_{i+1}\cdots\lambda_n\frac{1}{h_i}=\frac{1}{nV_P}\lambda_0\cdots\lambda_{i-1}\lambda_{i+1}\cdots\lambda_n|f_i|$$

两边对 i 求和有

$$\sum_{i=0}^{n}\frac{\prod\limits_{\substack{j=0\\j\neq i}}^{n}\lambda_j}{h_i}=\frac{1}{nV_P}\sum_{i=0}^{n}\Big(\prod_{\substack{j=0\\j\neq i}}^{n}\lambda_j|f_i|\Big)$$

在式(11.3.33)中,取 $\lambda_i'=\lambda_i(i=0,1,\cdots,n)$ 并代入上式得

$$\Big(\sum_{i=0}^{n}\frac{\prod\limits_{\substack{j=0\\j\neq i}}^{n}\lambda_j}{h_i}\Big)^{n-1}=\frac{1}{n^{n-1}}\cdot\frac{1}{V_P^{n-1}}\Big(\sum_{i=0}^{n}\prod_{\substack{j=0\\j\neq i}}^{n}\lambda_j|f_i|\Big)^{n-1}$$

$$\geqslant\frac{1}{n^{n-1}}\cdot\frac{(n+1)^{\frac{n-1}{2}}\cdot n^{\frac{3n}{2}}}{n!}\cdot\frac{\Big(\sum\limits_{i=0}^{n}\prod\limits_{\substack{j=0\\j\neq i}}^{n}\lambda_j|f_i|\Big)^n}{\sum\limits_{i=0}^{n}|f_i|}$$

利用 Maclaurin 不等式,有

$$\frac{\sum\limits_{i=0}^{n}\prod\limits_{\substack{j=0\\j\neq i}}^{n}\lambda_j|f_i|}{n+1}\geqslant\Big[\frac{\prod\limits_{i=0}^{n}\lambda_i^{n-1}\Big(\sum\limits_{i=0}^{n}\prod\limits_{\substack{j=0\\j\neq i}}^{n}|f_j|\lambda_i\Big)}{n+1}\Big]^{\frac{1}{n}}$$

即

$$\Big(\sum_{i=0}^{n}\prod_{\substack{j=0\\j\neq i}}^{n}\lambda_j|f_i|\Big)^n$$

$$\geqslant(n+1)^{n-1}\cdot\Big(\prod_{i=0}^{n}\lambda_i\Big)^{n-1}\cdot\sum_{i=0}^{n}\Big(\prod_{\substack{j=0\\j\neq i}}^{n}|f_j|\lambda_i\Big)$$

由上述两不等式,有

$$\Big(\sum_{i=0}^{n}\frac{\prod\limits_{\substack{j=0\\j\neq i}}^{n}\lambda_j}{h_i}\Big)^{n-1}$$

$$\geqslant \frac{n^{\frac{n+2}{2}} \cdot (n+1)^{\frac{3(n-1)}{2}}}{n!} (\prod_{i=0}^{n} \lambda_i)^n \cdot \frac{\sum_{i=0}^{n} \prod_{\substack{j=0 \\ j \neq i}}^{n} |f_j| \lambda_i}{\sum_{i=0}^{n} \lambda_i |f_i|}$$

$$= \frac{n^{\frac{n+2}{2}} \cdot (n+1)^{\frac{3(n-1)}{2}}}{n!} \cdot (\prod_{i=0}^{n} \lambda_i)^n \cdot \sum_{i=0}^{n} (\prod_{\substack{j=0 \\ j \neq i}}^{n} \lambda_j |f_i|)^{-1}$$

注意到 $\lambda_i = \frac{V_{P_i}}{V_P} = \frac{d_i}{h_i}(i=0,1,\cdots,n)$,得

$$(\sum_{i=0}^{n} \frac{1}{d_i})^{n-1} \geqslant \frac{n^{\frac{n+2}{2}} \cdot (n+1)^{\frac{3(n-1)}{2}}}{n!} \prod_{i=0}^{n} \lambda_i \cdot \sum_{i=0}^{n} (\prod_{\substack{j=0 \\ j \neq i}}^{n} \lambda_j |f_i|)^{-1}$$

化简上式即得式(11.3.31),其中等号成立的条件可由推导过程得到.

由定理 11.3.7 可得如下推论:

推论 题设同定理 11.3.7,则:

(1) $\sum_{i=0}^{n} d_0 \cdots d_{i-1} d_{i+1} \cdots d_n$

$$\leqslant \frac{n!}{(n+1)^{\frac{n-1}{2}} \cdot n^{\frac{n}{2}}} \cdot V_P \qquad (11.3.37)$$

(2) $\sum_{i=0}^{n} \frac{d_0 \cdots d_{i-1} d_{i+1} \cdots d_n}{(|f_0| \cdots |f_{i-1}| |f_{i+1}| \cdots |f_n|)^{\frac{1}{n-1}}}$

$$\leqslant \frac{n!^{\frac{n}{n-1}}}{(n+1)^{\frac{n-1}{2}} \cdot n^{\frac{n(n+2)}{2(n-1)}}} \qquad (11.3.38)$$

(3) $$\sum_{i=0}^{n} \frac{1}{d_i} \geqslant (n+1) \cdot n^{\frac{n+1}{n}} \cdot (\frac{r_n}{R_n^{n+1}})^{\frac{1}{n}} \qquad (11.3.39)$$

(4) $$(\sum_{i=0}^{n} \frac{1}{h_i})^{n-1} \geqslant \frac{n^{\frac{n+2}{2}} \cdot (n+1)^{\frac{n-3}{2}}}{n!} \sum_{i=0}^{n} |f_i|^{-1}$$

(11.3.40)

$$(5)\left(\sum_{i=0}^{n}\frac{1}{d_i}\right)^{n-1} \geqslant \frac{(2n)^{\frac{n-1}{2}} \cdot (n+1)^{\frac{3n-1}{2}} \cdot \prod_{i=0}^{n}\lambda_i^{\frac{1}{n+1}}}{\left(\prod_{0\leqslant i<j\leqslant n}\rho_{ij}\right)^{\frac{2(n-1)}{n(n+1)}}} \tag{11.3.41}$$

上述五个不等式中等号成立的条件均为 $\sum_{P(n+1)}$ 正则，且 M 为其内心.

证明　(1)对式(11.3.27)，取 $\alpha=\frac{1}{2}$ 即得式(11.3.37).

(2)对式(11.3.27)，取 $\alpha=\frac{n}{2(n-1)}$ 即得式(11.3.38).

(3)由 Maclaurin 不等式，有

$$\sum_{i=0}^{n}\frac{1}{d_0\cdots d_{i-1}d_{i+1}\cdots d_n} \leqslant \frac{1}{(n+1)^{n-1}} \cdot \left(\sum_{i=0}^{n}d_i^{-1}\right)^n$$

再注意到式(11.3.29)即得式(11.3.39).

(4)由式(11.3.30)证明中的

$$\left(\frac{1}{V_P}\right)^{n-1} \geqslant \frac{n^{\frac{3n}{2}}}{n!\ (n+1)^{\frac{n+1}{2}}} \cdot \frac{\sum_{i=0}^{n}|f_i|}{\prod_{i=0}^{n}|f_i|}$$

及 $\sum_{i=0}^{n}\frac{1}{h_i}=\frac{1}{nV_P}\sum_{i=0}^{n}|f_i|$ 得

$$\sum_{i=0}^{n}\frac{1}{h_i} \geqslant \frac{n^{\frac{n+2}{2(n-1)}}}{n!^{\frac{1}{n-1}} \cdot (n+1)^{\frac{n+1}{2(n-1)}}} \frac{\left(\sum_{i=0}^{n}|f_i|\right)^{\frac{n}{n-1}}}{\prod_{i=0}^{n}|f_i|^{\frac{1}{n-1}}}$$

再注意到 $\left(\sum_{i=0}^{n}|f_i|\right)^n \geqslant (n+1)^{n-1}\sum_{i=0}^{n}\left(\prod_{\substack{j=0\\ j\neq i}}|f_j|\right)$ 即得式(11.3.40).

(5)在不等式

$$\left[\frac{k!}{\sqrt{k+1}}N_k^{\frac{1}{C_{n+1}^{k+1}}}\right]^{\frac{1}{k}} \geqslant \left(\frac{l!}{\sqrt{l+1}}N_l^{\frac{1}{C_{n+1}^{k+1}}}\right)^{\frac{1}{\lambda}} \quad (1 \leqslant k < l \leqslant n+1)$$

中取 $l=n-1, k=1$,有

$$\prod_{i=0}^{n}|f_i|^2 \leqslant \frac{n^{n+1}}{2^{n^2-1}\cdot(n-1)!^{2(n+1)}}\left(\prod_{0\leqslant i<j\leqslant n}\rho_{ij}^2\right)^{\frac{2(n-1)}{n}}$$

再对式(11.3.31)应用算术 - 几何平均不等式,有

$$\left(\sum_{i=0}^{n}\frac{1}{d_i}\right)^{n-1} \geqslant \frac{n^{\frac{n+2}{2}}\cdot(n+1)^{\frac{3n-1}{2}}}{n!}\left(\prod_{i=0}^{n}\frac{\lambda_i}{|f_i|}\right)^{\frac{1}{n+1}}$$

由此即得式(11.3.41).

由上,我们也可以看到:

显然,式(11.3.37)改进了式(9.6.1),因为对式(11.3.37)应用算术 - 几何平均不等式便可得到式(9.6.1).

对于式(11.3.38),当 $n=2$ 时,即为著名的 Geraimov 不等式:

$\triangle ABC$ 内一点 M 到 BC,CA,AB 三边的距离分别为 d_1,d_2,d_3,则

$$\frac{d_2d_3}{bc}+\frac{d_3d_1}{ca}+\frac{d_1d_2}{ab} \leqslant \frac{1}{4} \qquad (11.3.42)$$

因此式(11.3.38)是高维 Geraimov 不等式.

对于式(11.3.28),当 $n=2$ 时,亦即为著名的 Janic 不等式:

对 $\triangle ABC$ 成立不等式:$\frac{a^2}{r_br_c}+\frac{b^2}{r_cr_a}+\frac{c^2}{r_ar_b} \geqslant 4$.

此即为式(9.9.44).

对于式(11.3.39),若取 $d_i=r_n(i=0,1,\cdots,n)$,则有 $R_n \geqslant nr_n$. 此即为式(9.10.1).

(X)推导与两个单形顶点向距离有关的不等式.

定理 11.3.8　设 E^n 中的 n 维单形 $\Sigma_{P(n+1)}$，$\Sigma_{Q(n+1)}$ 的内切、傍切超球的半径分别为 $r_n, r_n^{(i)}, r'_n, r_n'^{(i)}$，两个单形顶点向距离 $P_iQ_j = d_{ij}$，则[238]

$$\sum_{i=0}^{n}\sum_{j=0}^{n}\frac{d_{ij}^2}{r_n^{(i)}\cdot r_n'^{(i)}} \geqslant [n(n-1)]^2\left(\frac{r_n}{r'_n}+\frac{r'_n}{r_n}\right) \tag{11.3.43}$$

其中等号当且仅当 $\Sigma_{P(n+1)}\cdot\Sigma_{Q(n+1)}$ 均正则，且两重心重合时取得.

证明　首先注意到一个引理：

引理　在 $\Sigma_{P(n+1)}$ 和 $\Sigma_{Q(n+1)}$ 中，对 $m_i, m'_i > 0, M_0 = \sum_{i=0}^{n} m_i, M'_0 = \sum_{i=0}^{n} m'_i$，有

$$\sum_{i=0}^{n}\sum_{j=0}^{n} m_i m'_i d_{ij}^2 \geqslant \frac{M'_0}{M_0}\sum_{0\leqslant i<j\leqslant n} m_i m_j \rho_{ij}^2 + \frac{M_0}{M'_0}\sum_{0\leqslant i<j\leqslant n} m'_i m'_j \rho_{ij}'^2 \tag{11.3.44}$$

其中等号当且仅当 $m_i = m'_i (i = 0, 1, \cdots, n)$ 时取得.

事实上，在 E^n 中，任意一点 M 对坐标单形 $\Sigma_{P(n+1)}$ 的规范重心坐标为 $(\lambda_0, \lambda_1, \cdots, \lambda_n)$ 时，则对 E^n 中另一点 G，有[25]

$$|MG|^2 = \sum_{i=0}^{n}\lambda_i |MP_i|^2 - \sum_{0\leqslant i<j\leqslant n}\lambda_i\lambda_j\rho_{ij}^2$$

于是点 G 的重心坐标为 $(m_0, m_1, \cdots, m_n)$ 时，其规范重心坐标为

$$\left(\frac{m_0}{M_0}, \frac{m_1}{M_0}, \cdots, \frac{m_n}{M_0}\right)$$

将其代入上式，有

$$|MG|^2 = \frac{\sum_{i=0}^{n} m_i |MP_i|^2}{M_0} - \frac{\sum_{0\leqslant i<j\leqslant n} m_i m_j \rho_{ij}^2}{M_0^2} \tag{11.3.45}$$

对单形$\sum_{P(n+1)}$,运用式(11.3.45),并以 G'代 M,得

$$|G'G|^2=\frac{\sum_{i=0}^{n}m_i|G'P_i|^2}{M_0}-\frac{\sum_{0\leqslant i<j\leqslant n}m_im_j\rho_{ij}^2}{M_0^2} \tag{11.3.46}$$

对单形$\sum_{Q(n+1)}$,运用式(11.3.45),并以 P_k 代 M,得

$$|P_kG'|^2=\frac{\sum_{i=0}^{n}m_i'|P_kQ_i|^2}{M_0'}-\frac{\sum_{0\leqslant i<j\leqslant n}m_i'm_j'\rho_{ij}'^2}{M_0'^2}$$

上式两边同乘以 m_k 再对 i 求和,得

$$\sum_{i=0}^{n}m_i|P_iG'|^2=\frac{\sum_{i=0}^{n}\sum_{j=0}^{n}m_im_j'|P_iQ_j|^2}{M_0'}-\frac{M_0\sum_{0\leqslant i<j\leqslant n}m_i'm_j'P_{ij}'^2}{M_0'^2}$$

将上式代入式(11.3.46),并注意到 $M_0M_0'|G'G|^2\geqslant 0$,整理即得式(11.3.44).

下面来证明式(11.3.43):

对于$\sum_{P(n+1)}$的界(侧)面的 $n-1$ 维体积,不妨设 $|f_0|\geqslant|f_1|\geqslant\cdots\geqslant|f_n|$,当 $\lambda_i=\frac{\sum_{i=0}^{n}|f_i|-2|f_i|}{|f_i|}$($i=0,1,\cdots,n$)时,有 $\lambda_0\leqslant\lambda_1\leqslant\cdots\leqslant\lambda_n$,从而

$$\prod_{\substack{j=0\\j\neq 0}}^{n}\lambda_j\geqslant\cdots\geqslant\prod_{\substack{j=0\\j\neq 1}}^{n}\lambda_j\geqslant\cdots\geqslant\prod_{\substack{j=0\\j\neq n}}^{n}\lambda_j$$

由 Chebyshev 不等式,有

$$\begin{aligned}\sum_{i=0}^{n}\prod_{\substack{j=0\\j\neq i}}^{n}\lambda_j|f_i|&\geqslant\frac{1}{n+1}\sum_{i=0}^{n}|f_i|\cdot\Big(\sum_{i=0}^{n}\prod_{\substack{j=0\\j\neq i}}^{n}\lambda_j\Big)\\&\geqslant(n-1)^n\cdot\sum_{i=0}^{n}|f_i|\end{aligned}\tag{11.3.47}$$

应用定理 11.3.1,在式(11.3.1)中,取 $l=n-1$,

$k=1$，则有

$$\left(\sum_{0\leqslant i<j\leqslant n} m_i m_j \rho_{ij}^2\right)^{n-1}$$

$$\geqslant (n-1)!^2 \cdot n^{n-2} \cdot \left(\sum_{i=0}^{n} m_i\right)^{n-2} \cdot \sum_{i=0}^{n}\left(\prod_{\substack{j=0\\ j\neq 0}}^{n} m_j |f_i|^2\right) \tag{11.3.48}$$

其中等号当且仅当 $m_0=m_1=\cdots=m_n$，且 $\sum_{P(n+1)}$ 正则时成立.

在上式中，令 $m_i=\dfrac{1}{r_n^{(i)}}=\dfrac{\sum_{j=0}^{n}|f_j|-2|f_i|}{nV_P}$ $(i=0,1,\cdots,n)$，得

$$\left(\sum_{0\leqslant i<j\leqslant n}\frac{\rho_{ij}^2}{r_n^{(i)} r_n^{(j)}}\right)^{n-1}$$

$$\geqslant (n-1)!^2 \cdot n^{n-2} \cdot \left(\sum_{i=0}^{n}\frac{\sum_{j=0}^{n}|f_j|-2|f_i|}{nV_P}\right)^{n-2} \cdot$$

$$\sum_{i=0}^{n}\left(\prod_{\substack{j=0\\ j\neq i}}^{n}\frac{\sum_{i=0}^{n}|f_i|-2|f_j|}{nV_P}|f_i|^2\right)$$

$$=(n-1)!^2 \cdot (n-1)^{n-2} \cdot n^{-n} \cdot \left(\sum_{i=0}^{n}|f_i|\right)^{n-2} \cdot$$

$$\prod_{i=0}^{n}|f_i| \cdot \left(\sum_{i=0}^{n}\prod_{\substack{i=0\\ j\neq i}}^{n}\lambda_j |f_i|\right)/V_P^{2n-2}$$

将式(11.3.47)代入上式，并利用算术－几何平均不等式，有

$$\left(\sum_{0\leqslant i<j\leqslant n}\frac{\rho_{ij}^2}{r_n^{(i)} r_n^{(j)}}\right)^{n-1}$$

$$\geqslant (n-1)!^2 \cdot (n-1)^{2n-2} \cdot n^{-n} \cdot \left(\sum_{i=0}^{n}|f_i|\right)^{n-1}\prod_{i=0}^{n}|f_i|/V_P^{2n-2}$$

$$\geqslant (n-1)!^2 \cdot (n-1)^{2n-2} \cdot n^{-n} \cdot (n+1)^{n-1} \cdot \prod_{i=0}^{n}|f_i|^{\frac{2n}{n+1}}/V_P^{2n-2}$$

$\geqslant[n(n-1)]^{2(n-1)}$

上式两边开$(n-1)$次，则得

$$\sum_{0\leqslant i<j\leqslant n}\frac{\rho_{ij}^2}{r_n^{(i)}r_n^{(j)}}\geqslant[n(n-1)]^2 \quad (11.3.49)$$

又在式(11.3.44)中，取 $m_i=\frac{1}{r_n^{(i)}}, m_i'=\frac{1}{r_{nn}'^{(i)}}(i=0,1,\cdots,n)$ 并注意恒等式(7.4.8′)：$\sum_{i=0}^{n}\frac{1}{r_n^{(i)}}=\frac{n-1}{r_n}$，则有

$$\sum_{i=0}^{n}\sum_{j=0}^{n}\frac{d_{ij}^2}{r_n^{(i)}r_n^{(j)}}\geqslant\frac{r_n}{r_n'}\sum_{0\leqslant i<j\leqslant n}\frac{\rho_{ij}^2}{r_n^{(i)}r_n^{(j)}}+\frac{r_n'}{r_n}\sum_{0\leqslant i<j\leqslant n}\frac{\rho_{ij}'^2}{r_n'^{(i)}r_n'^{(j)}}$$

将式(11.3.49)代入上式，即得式(11.3.43)，其中等号成立的条件可由推导过程知$\sum_{P(n+1)}$，$\sum_{Q(n+1)}$均正则，且两单形重心重合.

定理 11.3.9 设 E^n 中的 n 维单形 $\sum_{P(n+1)}$，$\sum_{Q(n+1)}$的顶点间距离 $P_iQ_j=d_{ij}$与单形内的点 M,N 到对应界(侧)面 f_i,f_i'的距离 $d_i,d_i'(i,j=0,1,\cdots,n)$之间有如下不等式[238]

$$\sum_{i=0}^{n}\sum_{j=0}^{n}\frac{d_{ij}}{d_id_j'}\geqslant2[n(n+1)]^2 \quad (11.3.50)$$

其中等号当且仅当$\sum_{P(n+1)}$，$\sum_{Q(n+1)}$正则，且两重心及点 M,N 均重合时成立.

证明 对式(11.3.48)的右端应用算术－几何平均不等式，有

$$\left(\sum_{0\leqslant i<j\leqslant n}m_im_j\rho_{ij}^2\right)^{n-1}$$
$$\geqslant(n-1)!^2\cdot n^{n-2}\cdot(n+1)^{n-1}\cdot\left(\prod_{i=0}^{n}m_i\right)^{\frac{2(n-1)}{n+1}}\cdot\prod_{i=0}^{n}|f_i|^{\frac{2}{n+1}} \quad (11.3.51)$$

在上式中，令 $m_i=\frac{1}{d_i}(i=0,1,\cdots,n)$，再将不等式(9.4.1)，式(9.6.1)两式代入并整理得

$$\sum_{0\leqslant i<j\leqslant n}\frac{\rho_{ij}^2}{d_id_j}\geqslant[n(n+1)]^2$$

又在式(11.3.44)中，取 $m_i=\frac{1}{d_i},m_i'=\frac{1}{d_i'}(i=0,1,\cdots,n)$，再将上式代入并应用二元平均值不等式，即得式(11.3.50)，其中等号成立的条件由推导过程得到.

由定理11.3.9可得如下推论：

推论1 设 E^n 中的 n 维单形 $\sum_{P(n+1)},\sum_{Q(n+1)}$ 的顶点间距离 $P_iQ_j=d_{ij}$ 与两单形的对应高 h_i,h_i'，对应界(侧)面体积 $|f_i|,|f_i'|$，单形及界(侧)面的外接超球半径 $R_n,R_n',R_{n-1}^{(i)},R'^{(i)}_{n-1}$ 以及 n 维体积 V_P,V_Q 有下述关系式：

(1) $$\sum_{i=0}\sum_{j=0}\frac{d_{ij}^2}{h_ih_j'}\geqslant 2n^2 \tag{11.3.52}$$

(2) $$\sum_{i=0}\sum_{j=0}|f_i||f_j'|d_{ij}^2\geqslant 4n^4V_P\cdot V_Q \tag{11.3.53}$$

(3) $$\sum_{i=0}\sum_{j=0}\frac{d_{ij}^2}{\sqrt{(R_n^2-R_{n-1}^{(i)2})(R_n'^2-R'^{(i)2}_{n-1})}}\geqslant 2[n(n+1)]^2 \tag{11.3.54}$$

其中等号成立当且仅当 $\sum_{P(n+1)},\sum_Q(n+1)$ 正则，且两重心与点 M,N 均重合时成立.

证明 (1)在定理11.3.9中，分别取 M,N 为 $\sum_{P(n+1)},\sum_{Q(n+1)}$ 的重心，有 $d_i=\frac{h_i}{n+1},d_i'=\frac{h_i'}{n+1}(i=0,1,\cdots,n)$，则得式(11.3.52).

(2)在式(11.3.52)中,注意到 $h_i=\frac{nV_P}{|f_i|}(i=0,1,\cdots,n)$,则得式(11.3.53).

(3)在定理 11.3.9 中,分别取 M,N 为 $\sum_{P(n+1)}$, $\sum_{Q(n+1)}$ 的外心 O,O',则 O,O' 在界(侧)面 f_i,f'_i 上的射影分别为其外心 $O^{(i)},O'^{(i)}$,于是 f_i,f'_i 的外接超球半径 $R_{n-1}^{(i)},R'^{(i)}_{n-1}$ 等于 $|O^{(i)}P_i|,|O'^{(i)}Q_i|$,且 $d_i^2=|O^{(i)}O|=R_n^2-R_{n-1}^{(i)2},d_i'^2=R_n'^2-R'^{(i)2}_{n-1}$. 由此即得式(11.3.54).

上述不等式中等号成立的条件均为 $\sum_{P(n+1)}$, $\sum_{Q(n+1)}$ 正则,且 M,N 均与中心重合.

推论 2 题设条件同推论 1,则:

(1)
$$\sum_{i=0}^{n}\sum_{j=0}^{n}\frac{d_{ij}^2}{(h_i-d_i)(h_j'-d_j')}\geqslant 2(n+1)^2 \tag{11.3.55}$$

(2)
$$\sum_{i=0}^{n}\sum_{j=0}^{n}\frac{d_{ij}^2}{(h_i+d_i)(h_j'+d_j')}\geqslant 2\left[\frac{n(n+1)}{n+1}\right]^2 \tag{11.3.36}$$

(3)
$$\sum_{i=0}^{n}\sum_{j=0}^{n}\frac{d_{ij}^2}{(h_i+d_i)(h_j'-d_j')}\geqslant \frac{2n(n+1)^2}{n+2} \tag{11.3.57}$$

(4)
$$\sum_{i=0}^{n}\sum_{j=0}^{n}\frac{d_{ij}^2}{|f_i||f_j'|}\geqslant 2(n-1)!^2\cdot n^{n-2}\cdot(n+1)^{3-n}\cdot\left(\frac{1}{R_nR_n'}\right)^{n-2} \tag{11.3.58}$$

(5)
$$\sum_{i=0}^{n}\sum_{j=0}^{n}d_{ij}^2\geqslant\sum_{0\leqslant i<j\leqslant n}(\rho_{ij}^2+\rho_{ij}'^2)\geqslant n(n+1)^{\frac{n-1}{n}}\cdot n!^{\frac{2}{n}}\cdot(V_P^{\frac{2}{n}}+V_Q^{\frac{2}{n}}) \tag{11.3.60}$$

其中等号成立的条件是前述三个同定理11.3.9.后两个同定理11.3.8.

证明　(1)在式(9.15.39)中,取 $\alpha=1$,并对其左边应用算术-几何平均不等式,得

$$\prod_{i=0}^{n}(h_i-d_i)^{\frac{n}{n+1}}\leqslant\left[\frac{n^n\cdot n!^2}{(n+1)^{n+1}}\right]^{\frac{1}{2}}\cdot V_P$$

又在式(11.3.51)中,令 $m_i=\frac{1}{h_i-d_i}(i=0,1,\cdots,n)$,再将上述不等式及式(9.4.1)代入并整理,得

$$\sum_{0\leqslant i<j\leqslant n}\frac{\rho_{ij}^2}{(h_i-d_i)(h_j-d_j)}\geqslant(n+1)^2$$

式(11.3.44)中,令 $m_i=\frac{1}{h_i-d_i},m_i'=\frac{1}{h_i'-d_i'}(i=0,1,\cdots,n)$.

又将上式代入,并应用二元均值不等式,整理即得式(11.3.55).

(2),(3)可类似(1)而证(略).

(4)在式(11.3.51)中,取 $m_i=\frac{1}{|f_i|}(i=0,1,\cdots,n)$,并注意到式(11.3.36)和式(9.4.1),可得

$$\sum_{0\leqslant i<j\leqslant n}\frac{\rho_{ij}^2}{|f_i||f_j|}\geqslant(n-1)!^2\cdot n^{n-2}\cdot(n+1)^{3-n}\cdot\frac{1}{R_n^{2(n-2)}}$$

又在式(11.3.44)中,取 $m_i=|f_i|,m_i'=|f_i'|(i=0,1,\cdots,n)$,再将上式代入,并运用二元均值不等式代入整理即得式(11.3.58).

(5)在式(11.3.44)中,取 $m_i=m_i'=1(i=0,1,\cdots,n)$ 即可得式(11.3.59),再由式(9.5.3),即可得式(11.3.60).

上述各个不等式等号成立的条件可由推导过程得

到.

(Ⅺ)推导涉及四个单形的一类不等式.

定理 11.3.10 设 E^n 中 4 个 n 维单形 $\sum_{P_{(n+1)}^{(k)}}$ $(k=1,2,3,4)$ 的棱长、n 维体积、外接超球半径、内切超球半径、傍切超球半径、界(侧)面以及界(侧)面上的高线、中线、外接 $n-1$ 维超球半径、内切 $n-1$ 维超球半径、单形 $\sum_{P_{(n+1)}^{(k)}}$ 内一点 M_k 到界(侧)面的距离依次记为 $\rho_{ij}^{(k)}, V_P^{(k)}, R_n^{(k)}, r_n^{(k)}, r_n'^{(ki)}, f_i^{(k)}, h_i^{(k)}, l_i^{(k)}, R_{n-1}^{(ki)}, r_{n-1}^{(ki)}, d_i^{(k)}$ $(k=1,2,3,4, i=0,1,\cdots,n)$,则对于实数 $\alpha, \beta>0$ 有[239]:

(1) $$\sum_{0\leqslant i<j\leqslant n}\frac{\rho_{ij}^{(1)}\cdot\rho_{ij}^{(2)}}{(d_i^{(3)}d_j^{(3)})^{\alpha}\cdot(d_i^{(4)}d_j^{(4)})^{\beta}}\geqslant n!^{\frac{2(1-\alpha-\beta)}{n}}\cdot n^{\alpha+\beta+1}\cdot(n+1)^{\frac{(n+1)(\alpha+\beta)+n-1}{n}}\cdot\left[\frac{V_P^{(1)}\cdot V_P^{(2)}}{(V_P^{(3)})^{2\alpha}\cdot(V_P^{(4)})^{2\beta}}\right]^{\frac{1}{n}} \tag{11.3.61}$$

(2) $$\sum_{0\leqslant i<j\leqslant n}\frac{\rho_{ij}^{(1)}\cdot\rho_{ij}^{(2)}}{(|f_i^{(3)}||f_j^{(3)}|)^{\alpha}\cdot(|f_i^{(4)}||f_j^{(4)}|)^{\beta}}\geqslant n!^{\frac{1+\alpha+\beta}{n}}\cdot n^{(n-1)(\alpha+\beta)+1}\cdot(n+1)^{\frac{(n-1)[1-n(\alpha+\beta)]}{n}}\cdot(V_P^{(1)}V_P^{(2)})^{\frac{1}{n}}\cdot\left[\frac{1}{(R_n^{(3)})^{\alpha}(R_n^{(4)})^{\beta}}\right]^{2(n-1)} \tag{11.3.62}$$

(3) $$\sum_{0\leqslant i<j\leqslant n}\rho_{ij}^{(1)}\cdot\rho_{ij}^{(2)}\cdot(l_i^{(3)}l_j^{(3)})^{\alpha}\cdot(l_i^{(4)}l_j^{(4)})^{\beta}\geqslant n!^{\frac{1+\alpha+\beta}{n}}\cdot n^{1-\alpha-\beta}\cdot(n+1)^{\frac{(n-1)(1+\alpha+\beta)}{n}}\cdot(n-1)^{-(\alpha+\beta)}\cdot\left[V_P^{(1)}\cdot V_P^{(2)}\cdot(V_P^{(3)})^{2\alpha}\cdot(V_P^{(4)})^{2\beta}\right]^{\frac{1}{n}} \tag{11.3.63}$$

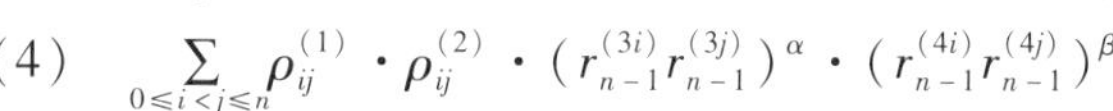

(4) $$\sum_{0\leqslant i<j\leqslant n}\rho_{ij}^{(1)}\cdot\rho_{ij}^{(2)}\cdot(r_{n-1}^{(3i)}r_{n-1}^{(3j)})^{\alpha}\cdot(r_{n-1}^{(4i)}r_{n-1}^{(4j)})^{\beta}$$

$$\geqslant n!^{\frac{2}{n}}\cdot n\cdot(n+1)^{\frac{n(1+\alpha+\beta)-1}{n}}\cdot(n-1)^{-\alpha+\beta}\cdot (V_P^{(1)}V_P^{(2)})^{\frac{1}{n}}\cdot[(r_n^{(3)})^{\alpha}(r_n^{(4)})^{\beta}]^2,\tag{11.3.64}$$

(5) $$\sum_{0\leqslant i<j\leqslant n}\rho_{ij}^{(1)}\cdot\rho_{ij}^{(2)}[r_n'^{(3i)}r_n'^{(3j)}]^{\alpha}\cdot[r_n'^{(4i)}r_n'^{(4j)}]^{\beta}\geqslant n!^{\frac{2}{n}}\cdot n\cdot(n+1)^{\frac{n+2n(\alpha+\beta)-1}{2}}\cdot(n-1)^{-2(\alpha+\beta)}\cdot (V_P^{(1)}V_P^{(2)})^{\frac{1}{n}}\cdot[(r_n^{(3)})^{\alpha}(r_n^{(4)})^{\beta}]^2\tag{11.3.65}$$

(6) $$\sum_{0\leqslant i<j\leqslant n}\frac{\rho_{ij}^{(1)}\cdot\rho_{ij}^{(2)}}{[(h_i^{(3)}-d_i^{(3)})(h_j^{(3)}-d_j^{(3)})]^{\alpha}\cdot[(h_i^{(4)}-d_i^{(4)})(h_j^{(4)}-d_j^{(4)})]^{\beta}}\geqslant n!^{\frac{2(1-\alpha-\beta)}{n}}\cdot n^{1-\alpha-\beta}\cdot(n+1)^{\frac{(n+1)(\alpha+\beta)+n-1}{n}}\cdot\left[\frac{V_P^{(1)}\cdot V_P^{(2)}}{(V_P^{(3)})^{2\alpha}(V_P^{(4)})^{2\beta}}\right]^{\frac{1}{n}}\tag{11.3.66}$$

(7) $$\sum_{0\leqslant i<j\leqslant n}\frac{\rho_{ij}^{(1)}\cdot\rho_{ij}^{(2)}}{[(h_i^{(3)}+d_i^{(3)})(h_j^{(4)}+d_j^{(4)})]^{\alpha}[(h_i^{(4)}+d_i^{(4)})(h_j^{(4)}+d_j^{(4)})]^{\beta}}\geqslant n!^{\frac{2(1-\alpha-\beta)}{n}}\cdot n^{1+\alpha+\beta}\cdot(n+1)^{\frac{(n+1)(\alpha+\beta)+n-1}{n}}\cdot (n+2)^{-2(\alpha+\beta)}\cdot\left[\frac{V_P^{(1)}V_P^{(2)}}{(V^{(3)})^{2\alpha}\cdot(V^{(4)})^{2\beta}}\right]^{\frac{1}{n}}\tag{11.3.67}$$

以上不等式中的等号成立的条件均为 $\sum_{P_{(n+1)}^{(k)}}$ 正则，且 M_3,M_4 分别为 $\sum_{P_{(n+1)}^{(3)}}$，$\sum_{P_{(n+1)}^{(4)}}$ 的中心.

证明　首先注意到对于 E^n 中两个具有相同质点数量的质点组 $\Omega(m_i)$，$\Omega'(m_i')$，任取其中的 $k+1$ 个点 $P_{i0},P_{i1},\cdots,P_{ik}$ 和 $P_{i0}',P_{i1}',\cdots,P_{ik}'$，将其所支撑的单形的 k 维有向体积记为 $V_{i_0i_1\cdots i_k}$ 和 $V_{i_0i_1\cdots i_k}'$，令 $W_0=\sum_{i=1}^{N}\sqrt{m_im_i'}$，$W_k=\sum_{i_0}\sum_{<i_1<}\cdots\sum_{<i_k}\sqrt{m_{i_0}m_{i_0}'m_{i_1}m_{i_1}'\cdots m_{i_k}m_{i_k}'}V_{i_0i_1\cdots i_k}V_{i_0i_1\cdots i_k}(1\leqslant k\leqslant n)$，则由定理 11.3.1，有

$$\frac{W_k^l}{W_l^k} \geqslant \frac{[(n-l)!\ l!^3]^k}{[(n-k)!\ k!^3]^l}(n!\ W_0)^{l-k} \quad (1 \leqslant k < l \leqslant n)$$

(11.3.68)

又在式(11.3.68)中,取 $N=n+1, l=n-1, k=1$,则有

$$\begin{aligned}&\left(\sum_{0\leqslant i<j\leqslant n}\sqrt{m_i m_j m_i' m_j'}\rho_{ij}^{(1)}\cdot\rho_{ij}^{(2)}\right)^{n-1}\\ \geqslant\ & n!^2\cdot n^{n-4}\cdot\left(\sum_{i=0}^{n}\sqrt{m_i m_i'}\right)^{n-2}\cdot\\ &\sum_{i=0}^{n}\left(\prod_{\substack{j=0\\ j\neq i}}^{n}\sqrt{m_j m_j'}\,|f_i^{(1)}|\,|f_i^{(2)}|\right)\end{aligned} \qquad (11.3.69)$$

其中等号当且仅当 $\sum_{P_{(n+1)}^{(1)}}$ 与 $\sum_{P_{(n+1)}^{(2)}}$ 均正则,且 $m_0=\cdots=m_n, m_0'=\cdots=m_n'$ 时取得.

(1)在式(11.3.69)中,令 $m_i=\left(\frac{1}{d_i^{(3)}}\right)^{2\alpha}, m_i'=\left(\frac{1}{d_i^{(4)}}\right)^{2\beta}(i=0,1,\cdots,n)$,并应用算术-几何平均不等式,且注意 $\sum_{i=0}^{n}|f_i|d_i=nV_P$,得

$$\begin{aligned}&\sum_{0\leqslant i<j\leqslant n}\frac{\rho_{ij}^{(1)}\cdot\rho_{ij}^{(2)}}{(d_i^{(3)}d_j^{(3)})^{\alpha}(d_i^{(4)}d_j^{(4)})^{2\beta}}\\ \geqslant\ & n!^2\cdot n^{n-4}\cdot(n+1)^{n-1}\cdot\\ &\left(\prod_{i=0}^{n}\frac{1}{(d_i^{(3)})^{\alpha}(d_i^{(4)})^{\beta}}\right)^{\frac{2(n-1)}{n+1}}\cdot\prod_{i=0}^{n}\left(|f_i^{(1)}|\,|f_i^{(2)}|\right)^{\frac{1}{n+1}}\\ =\ & n!^2\cdot n^{n-4}\cdot(n+1)^{n-1}\cdot\\ &\left[\prod_{i=0}^{n}\frac{|f_i^{(3)}|^{\alpha}\cdot|f_i^{(4)}|^{\beta}}{(d_i^{(3)}|f_i^{(3)}|)^{\alpha}\cdot(d_i^{(4)}|f_i^{(4)}|)^{\beta}}\right]^{\frac{2(n-1)}{n+1}}\cdot\\ &\left(\prod_{i=0}^{n}|f_i^{(1)}|\,|f_i^{(2)}|\right)^{\frac{1}{n+1}}\\ \geqslant\ & n!^2\cdot n^{n-4}\cdot(n+1)^{n-1}\cdot\end{aligned}$$

$$\left[\frac{\prod_{i=0}^{n}|f_i^{(3)}|^{\alpha}\cdot\prod_{i=0}^{n}|f_i^{(4)}|^{\beta}}{\left(\sum_{i=0}^{n}\frac{|f_i^{(3)}|d_i^{(3)}}{n+1}\right)^{(n+1)\alpha}\cdot\left(\sum_{i=0}^{n}\frac{|f_i^{(4)}|d_i^{(4)}}{n+1}\right)^{(n+1)\beta}}\right]^{\frac{2(n-1)}{n+1}}\cdot$$

$$\left(\prod_{i=0}^{n}|f_i^{(1)}||f_i^{(2)}|\right)^{\frac{1}{n+1}}$$

$$=n!^2\cdot n^{n-4-2(n+1)(\alpha+\beta)}\cdot(n+1)^{(n-1)[2(\alpha+\beta)+1]}\cdot$$

$$\left(\prod_{i=0}^{n}|f_i^{(1)}||f_i^{(2)}|\cdot|f_i^{(3)}|^{2(n-1)\alpha}|f_i^{(4)}|^{2(n-1)\beta}\right)^{\frac{1}{n+1}}\cdot$$

$$\left[\frac{1}{(V_P^{(3)})^{\alpha}(V_P^{(4)})^{\beta}}\right]^{2(n-1)}$$

将式(9.4.1)代入上式,整理得

$$\left[\sum_{0\leqslant i<j\leqslant n}\frac{\rho_{ij}^{(1)}\cdot\rho_{ij}^{(2)}}{(d_i^{(3)}d_j^{(3)})^{\alpha}(d_i^{(4)}d_j^{(4)})^{\beta}}\right]^{n-1}$$

$$\geqslant n!^{\frac{2(n-1)(1-\alpha-\beta)}{n}}\cdot n^{(n-1)(\alpha+\beta+1)}\cdot$$

$$(n+1)^{\frac{(n-1)[(n+1)(\alpha+\beta)+n-1]}{n}}\cdot$$

$$\left[\frac{V_P^{(1)}V_P^{(2)}}{(V_P^{(3)})^{2\alpha}(V_P^{(4)})^{2\beta}}\right]^{\frac{n-1}{n}}$$

上式两边同开$(n-1)$次方,即得式(11.3.61).

(2)在式(11.3.69)中,对右端应用算术-几何平均不等式,有

$$\left(\sum_{0\leqslant i<j\leqslant n}m_im_jP_{ij}\right)^{n-1}$$

$$\geqslant(n-1)!^2\cdot n^{n-2}\cdot(n+1)^{n-1}\cdot$$

$$\left(\prod_{i=0}^{n}m_i\right)^{\frac{2(n-1)}{n+1}}\cdot\prod_{i=0}^{n}|f_i|^{\frac{2}{n+1}}\qquad(11.3.70)$$

在上式中,令 $m_i=\left(\frac{1}{|f_i^{(3)}|}\right)^{2\alpha}$,$m_i'=\left(\frac{1}{|f_i^{(4)}|}\right)^{2\alpha}$$(i=0,1,\cdots,n)$.

并注意到式(9.4.1)及式(10.2.17),即得式(11.3.62).

(3)在式(11.3.70)中,令 $m_i=(l_i^{(3)})^{2\alpha}$, $m'_i=(l_i^{(4)})^{2\alpha}(i=0,1,\cdots,n)$.

并注意式(9.4.1)及式(9.6.10),即得式(11.3.63).

(4)由式(7.4.8′)和式(7.4.7)可得 $\sum_{i=0}^{n}\frac{1}{(r_n^{(i)})^2}\leqslant\frac{n-1}{r_n^2}$.

再对上式应用算术-几何平均不等式,有

$$\prod_{i=0}^{n}r_n^{(i)}\geqslant\left(\frac{n+1}{n-1}\right)^{\frac{n+1}{2}}\cdot r_n^{n+1}$$

又在式(11.3.70)中,令 $m_i=(r_i^{(3)})^{2\alpha}$, $m'_i=(r_i^{(4)})^{2\beta}(i=0,1,\cdots,n)$.

将上式和式(9.4.1)代入其中,即得式(11.3.64).

(5)对式(7.4.8′)应用算术-几何平均不等式,可得

$$\prod_{i=0}^{n}r'^{(i)}_n\geqslant\left(\frac{n+1}{n-1}\right)^{n+1}\cdot r_n^{n+1}$$

又在式(11.3.70)中,令 $m_i=(r'^{(3i)}_n)^{2\alpha}$, $m'_i=(r'^{(4i)}_n)^{2\beta}(i=0,1,\cdots,n)$.

将上式和式(9.4.1)代入其中,即得式(11.3.65).

(6)在式(9.15.39)中,取 $\alpha=1$,并对其左端应用算术-几何平均不等式,得

$$\prod_{i=0}^{n}(h_i-d_i)^{\frac{n}{n+1}}\leqslant\left[\frac{n^n\cdot n!^2}{(n+1)^{n+1}}\right]^{\frac{1}{2}}\cdot V_P$$

又在式(11.3.70)中,取

$$m_i=(\frac{1}{h_i^{(3)}-d_i^{(3)}})^{2\alpha},m_i'=(\frac{1}{h_i^{(4)}-d_i^{(4)}})^{2\beta}$$

$$(i=0,1,\cdots,n)$$

将上式和式(9.4.1)代入其中,即得式(11.3.66)

(7)在式(9.15.40)中取 $\alpha=1$,与(6)证明类似(略).

上述各不等式中等号成立的条件可由推导过程得到.

由定理 11.3.10 可得如下推论:

推论　题设条件同定理 11.3.10,则:

(1)
$$\sum_{0\leqslant i<j\leqslant n}\frac{\rho_{ij}^{(1)}\rho_{ij}^{(2)}}{(h_i^{(3)}h_j^{(3)})^{\alpha}(h_i^{(4)}h_j^{(4)})^{\beta}}$$
$$\geqslant n!^{\frac{2(1-\alpha-\beta)}{n}}\cdot n^{\alpha+\beta+1}\cdot(n+1)^{\frac{(1-n)(\alpha+\beta)+n-1}{n}}\cdot$$
$$(\frac{V_P^{(1)}V_P^{(2)}}{(V_P^{(3)})^{2\alpha}\cdot(V_P^{(4)})^{2\beta}})^{\frac{1}{n}}\qquad(11.3.71)$$

(2)
$$\sum_{0\leqslant i<j\leqslant n}\rho_{ij}^{(1)}\rho_{ij}^{(2)}(|f_i^{(3)}||f_j^{(3)}|)^{\alpha}\cdot(|f_i^{(4)}||f_j^{(4)}|)^{\beta}$$
$$\geqslant n!^{\frac{2(1-\alpha-\beta)}{n}}\cdot n^{3(\alpha+\beta)+1}\cdot(n+1)^{\frac{(1-n)(\alpha+\beta)+n-1}{n}}\cdot$$
$$(V_P^{(1)}V_P^{(2)})^{\frac{1}{n}}\cdot[(V_P^{(3)})^{\alpha}\cdot(V_P^{(4)})^{\beta}]^{\frac{2(n-1)}{n}}$$
$$(11.3.72)$$

(3)
$$\sum_{0\leqslant i<j\leqslant n}\frac{\rho_{ij}^{(1)}\cdot\rho_{ij}^{(2)}}{[(R_n^{(3)}-R_{n-1}^{(3i)})(R_n^{(3)}-R_{n-1}^{(3j)})]^{\alpha}\cdot[(R_n^{(4)}-R_{n-1}^{(4i)})(R_n^{(4)}-R_{n-1}^{(4j)})^{\beta}]}$$
$$\geqslant n!^{\frac{2[1-2(\alpha+\beta)]}{n}}\cdot n^{2(\alpha+\beta)+1}\cdot(n+1)^{\frac{2(n+1)(\alpha+\beta)+n-1}{n}}\cdot$$
$$[\frac{V_P^{(1)}\cdot V_P^{(2)}}{(V_P^{(3)})^{4\alpha}\cdot(V_P^{(4)})^{4\beta}}]^{\frac{1}{n}}\qquad(11.3.73)$$

证明　(1)由式(11.3.61)取 M_3,M_4 分别为 $\sum_{P_{(n+1)}^{(3)}},\sum_{P_{(n+1)}^{(4)}}$ 的重心,此时

$$d_i^{(3)}=\frac{h_i^{(3)}}{n+1},d_i^{(4)}=\frac{h_i^{(4)}}{n+1}\quad(i=0,1,\cdots,n)$$

即可得式(11.3.71).

(2)由式(11.3.71),注意:$h_i^{(3)}=\frac{nV_P^{(3)}}{|f_i^{(3)}|}$,$h_i^{(4)}\ \frac{nV_P^{(4)}}{|f_i^{(4)}|}(i=0,1,\cdots,n)$,即得式(11.3.72).

(3)在式(11.3.61)中,取 M 为 $\sum_{P(n+1)}$ 的外心 O,则 $OP_i=R_n$ 且 O 在各界(侧)面 f_i 的射影是各界(侧)面外心 $O^{(i)}(i=0,1,\cdots,n)$,则 $|O^{(i)}P_i|=R_{n-1}^{(i)}(i=0,1,\cdots,n)$,且 $d_i^2=|OO^{(i)}|^2=R_n^2-R_{n-1}^{(i)2}$.

由此即得式(11.3.73).

在文[239]中,由定理 11.3.10 及其推论,还给出了涉及三个单形的一系列新的不等式.

应用定理 11.3.1,还可以获得许多新的不等式,这就留给读者思考了.

11.3.3 几点说明

当定理 11.3.1 中的质点组 $\Omega(m_i)$ 的部分质点带有负质量时,我们能够说些什么?有关的不等式是否仍成立?事实上,我们可以建立下述的不等式:

定理 11.3.11 设 $\Omega(m_i)=\{P_i(m_i),i=1,2,\cdots,N\}$ 是 E^n 中的质点组($N>n$),各点 P_i 所赋有的质量 m_i 是可正可负的实数.令 $M_0=m_1+m_2+\cdots+m_N\neq 0$,$M_k(1\leqslant k\leqslant n)$的意义如定理 8.3.1 所述,则有[13]

$$M_k^2\geqslant\left(\frac{k+1}{k}\right)^3\cdot\frac{n-k+1}{n-k}\cdot M_{k-1}\cdot M_{k+1}\tag{11.3.74}$$

其中等号成立的充要条件是:$\Omega(m_i)$关于其质心的惯量椭球是一个球.

证明 我们基本上沿用定理 11.3.1 的证明,只需

注意哪些地方需要修改. 由于质量是可正可负的,矩阵 $\boldsymbol{C}$ 中出现一些纯虚数,但 $\boldsymbol{C}\boldsymbol{C}^{\mathrm{T}}$ 仍然是实对称矩阵,所以它的特征值必然是实的,虽然 $\boldsymbol{Q}=\boldsymbol{C}^{\mathrm{T}}\boldsymbol{C}$ 可能是一个含有纯虚数的矩阵,但它的非零特征值应与 $\boldsymbol{C}\boldsymbol{C}^{\mathrm{T}}$ 的一致,因而 $\boldsymbol{Q}$ 的特征值也都是实的. 于是前面这部分论证,完全可以照搬. 只是到了最后一步,由于方程 $\boldsymbol{Q}(\lambda)=0$的 n 个非零根仅仅是实的而不一定是正的,所以不能援用 Maclaurin 定理而只能用 Newton 定理,从而得到式(11.3.25). 证毕.

考虑式(11.3.74)的一个应用:若令 $n=2,N=3$,则有:

在$\triangle P_1P_2P_3$ 中,P_1,P_2,P_3 所对的边长为 a,b,c,其面积是 $S_\triangle$,则对于任意三个实数 λ,μ,ν 成立着不等式

$$(\lambda a^2+\mu b^2+\nu c^2)\leqslant 16(\mu\nu+\nu\lambda+\lambda\mu)S_\triangle{}^2 \tag{11.3.75}$$

事实上,为不失一般性,不妨设 $\lambda\mu\nu>0$(否则考虑 $-\lambda,-\mu,-\nu$),从方程组

$$m_2m_3=\lambda,m_3m_1=\mu,m_1m_2=\nu$$

中可以解出一组实数 m_1,m_2,m_3.

另一方面,在式(11.3.74)中,取 $k=1,n=2$,就有

$$M_1^2\geqslant 16M_0M_2$$

将解得的 m_1,m_2,m_3 代入上式即得式(11.3.75).

在式(11.3.75)中,令 $\lambda=-a_1^2+b_1^2+c_1^2,\mu=a_1^2-b_1^2+c_1^2,\nu=a_1^2+b_1^2-c_1^2$,而 a_1,b_1,c_1 为另一个三角形的三边长,其面积记为 $S_{\triangle_1}$,则得 Pedoe 不等式(见式(9.9.24)).

在定理 11.3.1 的证明过程中,对 $\lambda_1,\lambda_2,\cdots,\lambda_n$ 的各阶初等对称多项式 $\sigma_k=(k!)^2\dfrac{M_k}{M_0}(k=0,1,\cdots,n)$,其中 $\sigma_0=0$,分别运用 Mitrinovic 定理和 Dougall 定理,即

$$4(\sigma_{l-1}\sigma_{l+1}-\sigma_1^2)(\sigma_{l-2}\cdot\sigma_l-\sigma_{l-1})$$
$$\geqslant(\sigma_{l-1}\cdot\sigma_l-\sigma_{l-2}\cdot\sigma_{l-1})^2\quad(2\leqslant l<n)$$

其中等号当且仅当 $\lambda_1=\lambda_2=\cdots=\lambda_n$ 时成立

$$l(n-s+1)\sigma_l\cdot\sigma_{s-1}>s(n-l+1)\sigma_{l-1}\cdot\sigma_s\quad(l<s\leqslant n)$$

则可得如下定理:

定理 11.3.12　题设同定理 11.3.11,则有[77]:

$$(1)\left[\frac{(l+1)^2}{l^2}M_{l-1}M_{l+1}-M_l^2\right]\cdot\left[\frac{l^2}{(l-1)^2}M_{l-2}M_l-M_{l-1}^2\right]$$
$$\geqslant\frac{(l+1)^4}{4(l-1)^4}\left[\left(\frac{l-1}{l+1}\right)^2M_{l-1}M_l-M_{l-2}M_{l+1}\right]\quad(2\leqslant l<n)$$

(11.3.76)

$$(2)M_l\cdot M_{s-1}>\frac{s^3(n-l+1)}{l^3(n-s+1)}M_{l-1}\cdot M_s\quad(1\leqslant l<s\leqslant n)$$

(11.3.77)

若在定理 11.3.12 中,取 $m_1=m_2=\cdots=m_N=1$,也可得到类似于定理11.1.3的定理(略).

对于共球有限质点组,也可建立比式(11.1.20)更广泛的一类几何不等式,由此还可导出 E^n 中的单形外接超球半径与其子单形外接超球半径之间的若干关系式[68]:

设 $S^{n-1}(R_n)$ 为 $E^n(n\geqslant2)$ 中半径为 R_n 的 $n-1$ 维超球面,$\Omega_N=\{P_1,P_2,\cdots,P_N\}$ 为包含于 $S^{n-1}(R_n)$ 的有限点集,$m_i\geqslant0$ 为点 P_i 所赋有的质量$(i=1,2,\cdots,N)$.

任取 Ω_N 的 $k+1$ 个点 $P_{i_0},P_{i_1},\cdots,P_{i_k}$,将其所支撑的单形的 k 维体积记为 $V_{i_0i_1\cdots i_k}$,该单形的外接超球半径记为 $R_{i_0i_1\cdots i_k}$. 令

$$M_k=\sum_{i_0<i_1<\cdots<i_k}\sum\cdots\sum(m_{i_0}m_{i_1}\cdots m_{i_k}V_{i_0i_1\cdots i_k}R_{i_0i_1\cdots i_k})^2$$

其中 $1\leqslant k\leqslant n$,则有如下的定理:

定理 11.3.13　设 $\Omega_N=\{P_1,P_2,\cdots,P_N\}\subset S^{n-1}(R_n)\subset E^n(N>n\geqslant 2)$,则 Ω_N 的诸不变量 $\{M_k\}$ 有如下不等式

$$\frac{M_k^{l+1}}{M_l^{k+1}}\geqslant\frac{(k\mathrm{C}_{n+1}^{k+1})^{k+1}\cdot(l!)^{2(k+1)}}{(l\mathrm{C}_{n+1}^{k+1})^{k+1}\cdot(k!)^{2(l+1)}}\quad(1\leqslant k<l\leqslant n)\tag{11.3.78}$$

其中等号当且仅当矩阵 $\boldsymbol{B}=(m_im_j\rho_{ij}^2)$ 的负特征值相等时成立.

证明　不妨设 $S^{n-1}(R_n)$ 的球心 O 为笛卡儿坐标系原点,由引理 11.1.1 证明中知平方距离矩阵 (ρ_{ij}^2) 的秩为 $n+1$,故 $\operatorname{rank}\boldsymbol{B}=n+1$,从而矩阵 $\boldsymbol{B}$ 的非零特征值只有 $n+1$ 个. 也可类似引理 8.1.1 的证明,证得 $\boldsymbol{B}$ 的特征值只有一个是正的,且等于 $\boldsymbol{B}$ 的其余 n 个负特征值之和反号. 设 $\boldsymbol{B}$ 的非零特征值为

$$\lambda_0,-\lambda_1,-\lambda_2,\cdots,-\lambda_n\quad(\lambda_i>0,i=0,1,\cdots,n)$$

$\boldsymbol{B}$ 的特征方程为 $\det(\boldsymbol{B}-\lambda\boldsymbol{E}_{n+1})=0$.

利用矩阵特征方程的根与矩阵各阶主子式的关系可得

$$(-1)^k\sum_{1\leqslant i_1<i_2<\cdots<i_k\leqslant n}\sum\cdots\sum\lambda_{i_1}\cdots\lambda_{i_k}-\sum_{1\leqslant i_1<i_2<\cdots<i_{k+1}\leqslant n}\sum\cdots\sum\lambda_{i_1}\lambda_{i_2}\cdots\lambda_{i_{k+1}}$$

$$=\sum_{r=1}^{\mathrm{C}_N^{k+2}}D_r^{(k+1)}$$

其中 $D_r^{(k+1)}$ 为 $\boldsymbol{B}$ 的 $k+1$ 阶主子式$(r=1,2,\cdots,$

$C_N^{(k+1)}$).

由式(7.4.3),有

$$\sum_{1\leqslant i_1<i_2<\cdots<i_k\leqslant n}\sum\cdots\sum\lambda_0\lambda_{i_1}\cdots\lambda_{i_k}-\sum_{1\leqslant i_1<i_2<\cdots<i_{k+1}\leqslant n}\sum\cdots\sum\lambda_{i_1}\lambda_{i_2}\cdots\lambda_{i_{k+1}}$$
$$=2^{k+1}\cdot(k!)^2\cdot M_k \qquad (*)$$

同理,有

$$\sum_{1\leqslant i_1<i_2<\cdots<i_l\leqslant n}\sum\cdots\sum\sum\lambda_0\lambda_{i_1}\cdots\lambda_{i_l}-\sum_{1\leqslant i_1<i_2<\cdots<i_{l+1}\leqslant n}\sum\cdots\sum\sum\lambda_{i_1}\lambda_{i_2}\cdots\lambda_{i_{l+1}}$$
$$=2^{l+1}\cdot(l!)^2M_l \qquad (**)$$

若以 P,Q 分别表示($*$),($**$)两式的左端,将 $\lambda_0=\sum_{i=1}^{n}\lambda_i$ 分别代入($*$),($**$)两式的左端,消去带负号的项,并注意到 $1\leqslant k<l\leqslant n$,得不等式

$$\left(\frac{P}{nC_n^k-C_n^{r+1}}\right)^{l+1}\geqslant\left(\frac{Q}{nC_n^l-C_n^{l+1}}\right)^{k+1}\quad(1\leqslant k<l\leqslant n)$$

约定($C_n^{n+1}=0$).(此不等式可由单墫在《数学的实践与认识》1981 年第 3 期上发表的论文"一类不等式"中的定理 5 推得)由此即得式(11.3.78).

显然,当 $k=1,l=2,m_1=m_2=\cdots=m_N$,并熟知三角形面积与边长的关系 $\rho_{ij}\rho_{jk}\rho_{kj}=4S_{\triangle ijk}R_{ijk}$,即得式(11.1.20).

由式(11.3.78),可得以下推论:

推论 1 设 $\sum_{P(n+1)}=\{P_0,P_1,\cdots,P_n\}$ 为 $E^n(n\geqslant 2)$ 中的 n 维单形,其体积与外接超球半径分别为 V_P,R_n. 若 $\sum_{P(n+1)}$ 的顶点 P_i 所对侧面的面积与外接超球半径分别为 $|f_i|,R_{n-1}^{(i)}(i=0,1,\cdots,n)$,则

$$\prod_{i=0}^{n}[\,|f_i|\cdot R_{n-1}^{(i)}\,]\geqslant\frac{n^{\frac{n}{2}}(n-1)^{\frac{n+1}{2}}1}{(n-1)!}(V_PR_n)^n \qquad (11.3.79)$$

其中等号当且仅当所有$|f_i|\cdot|f_j|R_{n-1}^{(i)}R_{n-1}^{(j)}\rho_{ij}^2(i\neq j,i,j=0,\cdots,n)$相等时成立.

证明　在式(11.3.78)中,令$N=n+1,k=n-1,l=n,m_i=|f_i|R_{n-1}^{(i)}(i=0,1,\cdots,n)$,则有

$$M_{n-1}=(n+1)\left(\prod_{i=0}^{n}|f_i|R_{n-1}^{(i)}\right)^2$$

$$M_n=\left(\prod_{i=0}^{n}|f_i|R_{n-1}^{(i)}\right)^2(V_P\cdot R_n)^2$$

代入式(11.3.78)整理即得式(11.3.79).

式(11.3.79)等号成立的充分性:可设矩阵$\boldsymbol{B}=(m_im_j\rho_{ij}^2)(m_i=|f_i|R_{n-1}^{(i)},i,j=0,1,\cdots,n)$的$n+1$个特征值为

$$\lambda_0=n\alpha,\lambda_1=-\alpha,\cdots,\lambda_n=-\alpha\quad(\alpha>0)$$

由于$n+1$阶实对称矩阵$\boldsymbol{B}$有n重特征值$-\alpha$,所以$\mathrm{rank}(\boldsymbol{B}+\alpha\boldsymbol{E}_{n+1})=1$,从而矩阵

$$\boldsymbol{B}+\alpha\boldsymbol{E}_{n+1}=\begin{pmatrix}\alpha & & m_im_j\rho_{ij}^2\\ & \ddots & \\ m_im_j\rho_{ij}^2 & & \alpha\end{pmatrix}=\begin{pmatrix}\eta_0\\ \vdots\\ \eta_n\end{pmatrix}$$

的任意两行元素对应成比例. 设$\eta_i=\mu_i\eta_0(i=1,\cdots,n)$,则由

$$m_im_0\rho_{i0}^2=m_0m_1\rho_{0i}^2,m_im_0\rho_{0i}^2=\alpha\mu_i$$

知

$$\alpha=\mu_im_0m_i\rho_{0i}^2=\alpha\mu_i^2$$

因$m_im_0\rho_{i0}^2>0,\alpha>0$,则$\mu_i=1(i=1,2,\cdots,n)$.

又$m_im_j\rho_{ij}^2=\mu_im_0m_j\rho_{0j}^2$,从而

$$m_im_j\rho_{ij}^2=m_0m_j\rho_{0j}^2=m_jm_0\rho_{j0}^2=\alpha\quad(i,j=1,\cdots,n,i\neq j)$$

亦即所有的$|f_i||f_j|\rho_{0j}^2$均相等$(i\neq j)$.

必要性:由$|f_i||f_j|R_{n-1}^{(i)}R_{n-1}^{(j)}\rho_{ij}^2(i,j=0,1,\cdots,n,i\neq$

j)均相等,令 $m_i m_j \rho_{ij}^2 = |f_i| \cdot |f_j| R_{n-1}^{(i)} R_{n-1}^{(j)} \rho_{ij}^2 = \alpha \delta_{ij}(i, j=0,1,\cdots,n)$,易知方程 $|m_i m_j \rho_{ij}^2 - \lambda \delta_{ij}| = 0$ 的 $n+1$ 个根为 $n\alpha, -\alpha, \cdots, -\alpha(\alpha>0)$,由此即证.

对式(11.3.79),利用算术-几何平均值不等式,则有:

推论 2 所设同推论 1,则

$$\left[\sum_{i=0}^{n} R_{n-1}^{(i)}\right]^{n+1} \geqslant \frac{(n+1)^{n+1} n^{\frac{n}{2}} (n-1)^{\frac{n+1}{2}}}{(n-1)!} \frac{(V_P R_n)^n}{\sum_{i=0}^{n} |f_i|} \tag{11.3.80}$$

$$\left[\sum_{i=0}^{n} |f_i| \cdot R_{n-1}^{(i)}\right]^{n+1} \geqslant \frac{(n+1)^{n+1} n^{\frac{n}{2}} (n-1)^{\frac{n+1}{2}}}{(n-1)!} (V_P R_n)^n \tag{11.3.81}$$

其中式(11.3.80)中等号成立当且仅当所有的 $|f_i| \cdot |f_j| \rho_{ij}^2$ 相等,式(11.3.81)中等号成立当且仅当所有的 $\rho_{ij}^2 (i,j=0,1,\cdots,n,i\neq j)$ 相等,亦即单形 $\sum_{P(n+1)}$ 正则.

推论 3 设有限点集 $\Omega_N = \{P_1, P_2, \cdots, P_N\} \subset S^{n-1}(R_n) \subset E^n (N > n \geqslant 2)$,且 Ω_N 的重心(质心)与 $S^{n-1}(R_n)$ 的球心重合,若由 Ω_N 中的任意 n 个和 $n+1$ 个点所作成的 $n-1$ 维和 n 维单形的体积和外接超球半径分别为 $V_{n-1}^{(s)}, R_{n-1}^{(s)}$ 和 $V_n^{(t)}, R_n^{(t)} (s,t=1,2,\cdots,C_N^n$ 或 $C_N^{n+1})$,则

$$\left[\sum_{s=1}^{C_N^n} (V_{n-1}^{(s)} R_{n-1}^{(s)})^2\right]^{n+1} \geqslant \frac{n^n (n^2-1)^{n+1}}{[(n-1)!]^2} \left[\sum_{t=1}^{C_N^{n+1}} (V_n^{(t)} \cdot R_n^{(t)})^2\right]^n \tag{11.3.82}$$

其中等号当且仅当 Ω_N 为伪对称集时成立.

证明 在式(11.3.78)中,令 $k=n-1, l=n, m_i =$

$m_j=1(i,j=1,2,\cdots,N)$，即得式(11.3.82)．再由式(11.3.78)等号成立的条件及式(11.2.3)，知式(11.3.82)中等号当且仅当 Ω_N 为伪对称集时成立.

下面，我们再介绍涉及两个质点组中的恒等式及应用

设 $\Omega(m_i)=\{P_1(m_1),P_2(m_2),\cdots,P_N(m_N)\}$ 与 $\Omega'(m_i')=\{P_1'(m_1'),P_2'(m_2'),\cdots,P_N'(m_N')\}$ 是 E^n 中的两个质点组.

为了给出涉及两个质点组的有关恒等式，先看两条引理：

引理 1　设 G 是质点组 $\Omega(m_i)$ 的质心，令 $M_0=\sum\limits_{i=1}^{N}m_i$，则

$$M_0\sum_{i=1}^{N}m_i|GP_i|^2=\sum_{1\leqslant i<j\leqslant N}m_im_j|P_iP_j|^2 \tag{11.3.83}$$

证明　由于 G 是 $\Omega(m_i)$ 的质心，知

$$\sum_{i=1}^{N}m_i\overrightarrow{GP}_i=\mathbf{0}$$

注意到 $|GP_i|^2+|GP_j|^2=|P_iP_j|^2+2\overrightarrow{GP}_i\cdot\overrightarrow{GP}_j$，则

$$\begin{aligned}
&M_0\sum_{i=1}^{N}m_i|GP_i|^2\\
&=(\sum_{i=1}^{N}m_i)\sum_{i=1}^{N}m_i|GP_i|^2\\
&=\sum_{i=1}^{N}(m_i\overrightarrow{GP}_i)^2+\sum_{1\leqslant i<j\leqslant N}m_im_j(|GP_i|^2+|GP_j|^2)\\
&=\sum_{i=1}^{N}(m_i\overrightarrow{GP}_i)^2+\sum_{1\leqslant i<j\leqslant N}m_im_j(|P_iP_j|^2+2\overrightarrow{GP}_i\cdot\overrightarrow{GP}_j)\\
&=(\sum_{i=1}^{N}m\overrightarrow{GP}_i)^2+\sum_{1\leqslant i<j\leqslant N}|P_iP_j|^2
\end{aligned}$$

$$=\sum_{1\leqslant i<j\leqslant N} m_i m_j \rho_{ij}^2$$

证毕.

引理 2 设 G 是质点组 $\Omega(m_i)$ 的质, $M_0=\sum_{i=1}^{N} m_i$, 则对于 E^n 中任一点 M, 有

$$|MG|^2=\frac{\sum_{i=1}^{N} m_i |MP_i|^2}{M_0}-\frac{\sum_{1\leqslant i<j\leqslant N} m_i m_j \rho_{ij}^2}{M_0^2} \tag{11.3.84}$$

证明 因为 $|MP_i|^2=|GP_i|^2+|GM|^2-2\,\overrightarrow{GP_i}\cdot\overrightarrow{GM}$, 对上式两边乘以 m_i, 然后求和得

$$\begin{aligned}&\sum_{i=1}^{N} m_i |MP_i|^2\\ &=\sum_{i=1}^{N} m_i |GP_i|^2+\left(\sum_{i=1}^{N} m_i\right)|GM|^2-2\sum_{i=1}^{N} m_i\,\overrightarrow{GP_i}\cdot\overrightarrow{GM}\\ &=\sum_{i=1}^{N} m_i |GP_i|^2+\left(\sum_{i=1}^{N} m_i\right)|GM|^2\end{aligned}$$

将式(11.3.83)代入上式, 即得式(11.3.84).

定理 11.3.14 对两个质点组 $\Omega(m_i)$, $\Omega'(m_i')$, 令 $d_{ij}=P_iP_j'$, 则有[240]

$$\begin{aligned}\sum_{i=1}^{N}\sum_{j=1}^{N} m_i m_j' d_{ij}=&M_0'\sum_{i=1}^{N} m_i |MP_i|^2+M_0\sum_{i=1}^{N} m_i' |MP_i'|^2+\\ &M_0M_0'(|GG'|^2-|MG|^2-|MG'|^2)\end{aligned} \tag{11.3.85}$$

其中 G, G' 分别为 $\Omega(m_i)$, $\Omega'(m_i')$ 的质心, M 为 E^n 中任一点.

证明 由式(11.3.84), 并以 G' 代 M, 得

$$|GG'|^2=\frac{\sum_{i=1}^{N} m_i |G'P_i|^2}{M_0}-\frac{\sum_{1\leqslant i<j\leqslant N} m_i m_j \rho_{ij}^2}{M_0^2} \qquad (*)$$

对质点组 $\Omega'(m_i')$，应用式(11.3.84)，并以 P_k 代 M，得

$$|P_kG'|^2=\frac{\sum_{i=1}^{N}m_i'|P_kP_i'|^2}{M_0'}-\frac{\sum_{1\leqslant i<j\leqslant N}m_i'm_j'\rho_{ij}'}{m_0'^2}$$

上式两边乘以 m_k，然后求和，得

$$\sum_{i=1}^{N}m_i|P_iG'|^2=\frac{\sum_{i=1}^{N}\sum_{j=1}^{N}m_im_j'|P_iP_j'|^2}{M_0'}-\frac{M_0\sum_{1\leqslant i<j\leqslant N}m_i'm_j'\rho_{ij}'^2}{M_0'^2}$$

将上式代入式(＊)，整理得

$$\sum_{i=1}^{N}\sum_{j=1}^{N}m_im_jd_{ij}$$
$$=\frac{M_0'}{M_0}m_im_j\sum_{1\leqslant i<j\leqslant N}\rho_{ij}^2+\frac{M_0}{M_0'}\sum_{1\leqslant i<j\leqslant N}m_i'm_j'\rho_{ij}'^2+M_0M_0'|GG'|^2$$

再将式(11.3.84)代入上式，即得式(11.3.85).

若质点组 $\Omega(m_i)$ 与 $\Omega'(m_i')$ 共 $(n-1)$ 维外接超球面，其外心为 O，外接超球半径为 R_n，在式(11.3.85)中取 M 为 O，则 $|MP_i|=|MP_i'|=R_n(i=1,2,\cdots,N)$，于是，有：

推论 1

$$\sum_{i=1}^{N}\sum_{j=1}^{N}m_im_j'd_{ij}=M_0M_0'(2R_n^2+|GG'|^2-|OG|^2-|OG'|^2)\tag{11.3.86}$$

在式(11.3.86)中，取 $\Omega'(m_i')$ 为 $\Omega(m_i)$，则有：

推论 2

$$\sum_{1\leqslant i<j\leqslant N}m_im_j\rho_{ij}^2=M_0^2(R_n^2-|OG|^2)\leqslant M_0^2R_m^2\tag{11.3.87}$$

其中后面不等式中等号成立的条件为 $\Omega(m_i)$ 的重心与外心重合.

将式(11.3.87)代入前面的式(＊)，则有：

推论 3 设 M 为 E^n 中任一点,则

$$\sum_{i=1}^{N} m_i |MP_i|^2 = M_0(R_n^2 + |MG|^2 - |OG|^2) \quad (11.3.88)$$

$$\leqslant M_0(R_n^2 + |MG|^2) \quad (11.3.89)$$

其中不等式的等号成立条件为 $\Omega(m_i)$ 的重心与外心重合.

由式(11.3.85)的证明,可知:

推论 4

$$\sum_{i=1}^{N}\sum_{j=1}^{N} m_i m_j' d_{ij}^2 = \frac{M_0'}{M_0}\sum_{1\leqslant i<j\leqslant N} m_i m_j \rho_{ij}^2 + \frac{M_0}{M_0'}\sum_{1\leqslant i<j\leqslant N} m_i' m_j' \rho_{ij}'^2 + M_0 M_0' |GG'|^2 \quad (11.3.90)$$

若将式(11.3.83)代入式(11.3.90),则有:

推论 5

$$\sum_{i=1}^{N}\sum_{j=1}^{N} m_i m_j' d_{ij}^2 = M_0'\sum_{i=1}^{N} m_i |GP_i|^2 + M_0\sum_{i=1}^{N} m_i' |GP_i'|^2 + M_0 M_0' |GG'|^2 \quad (11.3.91)$$

下面,我们结合上述恒等式和定理 11.3.1 再给出一个不等式.

定理 11.3.15 对质点组 $\Omega(m_i)$,$\Omega'(m_i')$,令 $P_iP_j' = d_{ij}$,则

$$\sum_{i=1}^{N}\sum_{j=1}^{N} m_i m_j' d_{ij} \geqslant n\left[\frac{(n-l)!\ l!^3}{n!}\right]^{\frac{1}{l}} \cdot \left[M_0'\left(\frac{M_l}{M_0}\right)^{\frac{1}{l}} + M_0\left(\frac{M_l'}{M_0'}\right)^{\frac{1}{l}}\right] \quad (11.3.92)$$

其中 $1<l<n<N$,等号当且仅当 $\Omega(m_i)$ 与 $\Omega'(m_i')$ 的密集椭球为球且两质心重合时取得.

证明 在式(11.3.90)中,注意到 $M_0M_0'|GG'|^2>$

0,则

$$\sum_{i=1}^{N}\sum_{j=1}^{N}m_i m_j' d_{ij} \geqslant \frac{M_0'}{M_0}\sum_{1\leqslant i<j\leqslant N}m_i m_j \rho_{ij}^2 + \frac{M_0}{M_0'}\sum_{1\leqslant i<j\leqslant N}m_i' m_j' {\rho_{ij}'}^2 \tag{11.3.93}$$

其中等号当且仅当 $\Omega(m_i)$ 与 $\Omega'(m_i')$ 的两质心重合时取得.

又在式(11.3.1)中,取 $k=1$,则有

$$\Big(\sum_{1\leqslant i<j\leqslant N}m_i m_j \rho_{ij}^2\Big)^l \geqslant \frac{n^l(n-l)!\ l!^3}{n!}\cdot M_0^{l-1}\cdot M_l$$

同理 $\Big(\sum_{1\leqslant i<j\leqslant N}m_i' m_j' {\rho_{ij}'}^2\Big)^l \geqslant \frac{n^l(n-l)!\ l!^3}{n!}\cdot {M_0'}^{l-1}\cdot M_l'$

将以上两式代入式(11.3.93),整理即得式(11.3.92).

参考文献

[1] 张景中,杨路,杨孝春. 初等图形在欧氏空间的实现问题[J]. 中国科学,1992(9):933-941.

[2] 张景中,常庚哲,杨路. 高维单形上 Bernstein 多项式的凸性定理的逆定理[J]. 中国科学,1989(6):588-599.

[3] 杨路,张景中. 双曲型空间紧致集的覆盖半径[J]. 中国科学,1982(8):683-692.

[4] 杨路,张景中. 关于空间曲线的 Johnson 猜想[J]. 科学通报,1984(6):329-749.

[5] 杨路,张景中. 关于有限点集的一类几何不等式[J]. 数学学报,1980(5):740-749.

[6] 杨路,张景中. Neulerg - Pedoe 不等式的高维推广[J]. 数学学报,1981(3):401-408.

[7] 杨路,张景中. 有限点集在伪欧空间的等长嵌入[J]. 数学学报. 1981(4):481-487.

[8] 杨路,张景中. 预给二面角的单形嵌入 E^n 的充分必要条件[J]. 数学学报,1983(2):250-256.

[9] 杨路,张景中. 关于凸体的一个不等式的简单证明[J]. 数学学报,1983(1):12-14.

[10] 杨路,张景中. 度量方程应用于 Sallee 猜想[J]. 数学学报,1983(4):488-493.

[11] 杨路,张景中. 伪对称集与有关的几何不等式[J]. 数学学报,1986(6):802-806.

[12] 杨路,张景中. 关于 Alexander 的一个猜想[J].

科学通报,1982(1):1-3.

[13] 杨路,张景中.关于质点组的一类几何不等式[J].中国科学技术大学学报,1981(2):1-8.

[14] 杨路,张景中.度量嵌入的几何判准与歪曲映象[J].数学学报,1986(5):670-677.

[15] 杨路,张景中.抽象距离空间的秩的概念及应用[J].中国科学技术大学学报,1980(4):52-65.

[16] 杨路,张景中.非欧双曲几何的若干度量问题 I 等角嵌入和度量方程[J].中国科学技术大学学报,1983(13):123-134.

[17] 杨路,张景中.高维度量几何的两个不等式[J].成都科技大学学报,1981(4):63-70.

[18] 杨路,张景中.单纯形构造定理的一个证明[J].数学的实践与认识,1980(1):43-45.

[19] 杨路,张景中,曾振柄.最初的几个 Heilbronn 数的猜想和计算[J].数学年刊,1992(4):503-515.

[20] 杨路,张景中,曾振柄.关于三角形区域的 Heilbronn 数[J].数学学报,1994(5):678-689.

[21] 杨路,张景中.度量和与 Alexander 对称化[J].数学年刊,1987(2):242-253.

[22] Yang Lu, Zhang Jingzhong. A Geometrie Proof of an Algebraic Theorem[J]. J. China Univ. Sci. Technol,1981(4):127-130.

[23] Yang Lu, Zhang Jingzhong. A generalisation to several dimensions of the Neuberg – Pedoe inequality with applications [J]. Bull. Austral

Math. Soc. ,1983(27):203-214.

[24] Yang Lu, Zhang Jingzhong. Metric equations in geometry and their applications[J]. Internat centre for Theor Phys Miramare – Trieste, 1989 (281):18.

[25] 张垚. n 维单形中的距离公式和距离不等式[J]. 湖南教育学院学报,1988(1):22-30.

[26] 张垚. 关于 n 维单形体积的两个不等式[J]. 数学的实践与认识,1988(4):71-74.

[27] 张垚. Veljan – Korchmaros 不等式的改进[J]. 数学杂志,1990(4):413-420.

[28] 张垚. 两道数学竞赛题的推广[J]. 湖南数学通讯,1988(1).

[29] 张垚. 关于单形的一个猜想[J]. 湖南教育学院学报,1990(5):119-123.

[30] 张垚. 关于垂足单形的一个猜想[J]. 系统科学与数学,1992(4):371-375.

[31] 张垚,林祖成. 联系若干单形体积的两个不等式[J]. 湖南教育学学报,1993(5):13-18.

[32] 张垚. 涉及单形的中线长的两个几何不等式[J]. 湖南教育学院学报,1994(5):99-103.

[33] 张垚. E^n 中 S 面空间角的正弦定理及其应用[J]. 湖南教育学院学报,1993(5):101-107.

[34] 张垚. n 维单形中的三个含参数的几何不等式[J]//单墫. 几何不等式在中国. 南京:江苏教育出版社,1996.

[35] 张垚. E^n 中一类三角不等式及其应用[J]//单墫. 几何不等式在中国. 南京:江苏教育出版

社,1996.

[36] 张垚. 也谈 Finsler – Hadwiger 和 Neuberg – Pedoe 不等式的高维推广和加强[J]. 湖南教育学院学报,1998(2):1-7.

[37] 张垚. 涉及到单形内点到侧面距离的两个几何不等式[J]. 湖南教育学院学报,1996(2):1-4.

[38] 张垚. n 维单形中的体积公式和体积不等式:数学竞赛(1)[M]. 长沙:湖南教育出版社,1988.

[39] Zhang Yao. The Formulas and Inequalities for the Volumes of n – simplex[J]. Mathematical Olympiad in China, Education Pubishing House,1990(6):126-152.

[40] Zhang yao. Inequality for the Volumes Associated with Three n – simplexes[J]. Hunan Annals of Mathematics, 1990(1~2):57-61.

[41] 冷岗松. Hadamard 不等式一个推广的加强[J]. 数学的实践与认识,1986(4):78-80.

[42] 冷岗松. 关于超平行体的几个不等式[J]. 数学研究与评论,1987(3):428.

[43] 冷岗松. 关于 n 维单形的一个不等式[J]. 数学研究与评论,1990(2):243-247.

[44] 冷岗松. 关于 k 级顶点角的正弦定理及应用[J]. 数学杂志,1993(3):356-358.

[45] 冷岗松. 高维单形二面角的正弦定理及平分面的两个不等式[J]. 数学研究与评论,1994(1):157-158.

[46] 冷岗松,钟嘉明. 预给内角的超平行体嵌入 E^n 的充要条件[J]. 湖南教育学院学报,1992(2):

34-36.

[47] 冷岗松. 关于 n 维单形体积公式的一个证明[J]. 湖南数学通讯,1988(5):31-32.

[48] 冷岗松. 关于 Gerber 不等式的一个猜想[J]. 数学研究与评论,1996(4):561-564.

[49] 冷岗松,唐立华. 再论 Pedoe 不等式的高维推广及应用[J]. 数学学报,1997(1):14-21.

[50] 冷岗松. E^n 中的 Euler 不等式的一个加强[J]. 数学的实践与认识,1995(2):94-96.

[51] 冷岗松. 关于高维单形的 Eraos – Moldel 型不等式[J]//单墫. 几何不等式在中国. 南京:江苏教育出版社,1996.

[52] Leng Gangsong, Qian Xiangzheng. Inequalities for any point and two simplices[J]. Discrete Mathematics,1999(202):163-172.

[53] Leng Gangsong, Zhang Yao. The generalized sine theorem and inequalities for simplices[J]. Linar Algebra and its Applications, 1998 (278): 237-247.

[54] Leng Gangsong, Zhang Yao. Vertex Angles for Simplices [J]. Applied Mathematics Letters, 1999(12):1-5.

[55] Leng Gangsong. A Matrix Inequality with Weights and Its Applications[J]. Linear Algebra Appl. , 1993(185):273-278.

[56] 冷岗松. 关于凸体的度量不等式与极值问题的研究[D]. 长沙:湖南大学数学学院,1999.

[57] 苏化明. 切点单形的一个几何不等式的再证明

[J]. 数学的实践与认识,1990(1):88-89.

[58] 苏化明. 关于切点单形的两个不等式[J]. 数学研究与评论,1990(2):243-247.

[59] 苏化明. 关于单形的三角不等式[J]. 数学研究与评论,1993(4):599-604.

[60] 苏化明,预给二面角的单形嵌入 E^n 的充分必要条件的一个应用[J]. 数学杂志,1987(1):10-12.

[61] 苏化明. 单形内顶角的不等式及其应用[J]. 数学杂志,1994(3):357-362.

[62] 苏化明. 与重心有关的几个几何不等式[J]. 数学季刊,1989(1):32-37.

[63] 苏化明. 关于单形二面角与顶点角的两个不等式[J]. 数学的实践与认识,1995(3):38-43.

[64] 苏化明. 一类涉及两个单形的不等式及应用[J]. 数学研究与评论,1995(3):429-435.

[65] 苏化明. 关于单形的一个不等式[J]. 数学通报,1985(5):43-46.

[66] 苏化明. 关于单形二面角平分面面积的不等式[J]. 数学杂志,1992(3):315-318.

[67] 苏化明. 一个涉及单形体积棱长及侧面面积的不等式[J]. 数学杂志,1993(4):453-454.

[68] 苏化明. 共球有限点集的一类几何不等式[J]. 数学年刊,1994(1):46.

[69] 苏化明. 与单形外接球心有关的一个不等式[J]. 数学季刊,1992(2):49.

[70] 苏化明,狄成恩. 一个几何不等式的注记[J]. 湖南教育学院学报,1994(2):14-15.

[71] 苏化明. 关于度量加的一个定理及矩阵不等式[J]. 数学研究与评论,1994(2):315-317.

[72] 苏化明. Oppenhein 定理的高维推广[J]. 数学的实践与认识,1995(3):75.

[73] 苏化明. 关于单形的两个不等式[J]. 科学通报,1987(1):1-3.

[74] 杨世国. 关于切点单形两个不等式的推广[J]. 数学研究与评论,1993(4):629-630.

[75] 杨世国. E^n 中 Euler 不等式的推广[J]. 数学杂志,1991(1):470-473.

[76] 杨世国,王庚,刘建军. 关于单形 k 级顶点角的一类几何不等式[J]. 数学杂志,1997(1):131-133.

[77] 杨世国,王佳. 关于有限点集的两个定理[J]. 西南师范大学学报,1992(3):286-291.

[78] 杨世国. 预给二面角的单形在球面型空间 $S_{n,r}$ 的嵌入[J]. 数学研究与评论,1996(4):557-560.

[79] 杨世国. 球面型空间中伪对称集的两个几何特征与有关的一个几何不等式[J]. 数学杂志,1992(4):361-367.

[80] 杨世国. 关于常曲率空间中有限点集的几何不等式[J]. 数学研究与评论,1997(1):123-128.

[81] 杨世国,王佳. 关于单形二面角平分面面积的一类不等式[J]. 重庆师范学院学报,1996(1):47-51.

[82] 杨世国. 共超球质点系的一个结果及其应用[J]. 数学杂志,1994(1):97-100.

[83] 杨世国. 与伪对称集有关的一个几何不等式[J]//单墫. 几何不等式在中国. 南京:江苏教育出版社,1996.

[84] 杨世国,王庚. 单形的一个几何不等式的两个推广[J]. 海南大学学报,1994(2):99-102.

[85] 杨世国. 关于"两个不等式的推广"一文的注记[J]. 湖南教育学院学报,1997(2):20-22.

[86] 左铨如,毛其吉. 关于伪对称集的一个注记[J]. 科学通报,1987(19):1441-1443.

[87] 左铨如,毛其吉. M. S. Klankin 问题的推广[J]. 科学通报,1987(1):76.

[88] 毛其吉. 伪对称集的一个存在定理[J]. 数学进展,1995(2):175-177.

[89] 毛其吉,左铨如. 切点单形的一个几何不等式[J]. 数学的实践与认识,1987(4):72-75.

[90] 毛其吉. 联系两个单形的不等式[J]. 数学的实践与认识,1989(3):23-25.

[91] 毛其吉,左铨如. 切已知球的单形宽度[J]. 数学研究与评论,1989(1):14-15.

[92] 毛其吉. 有关"度量加"的一个不等式[J]. 数学杂志,1988(2):129-133.

[93] 左铨如. E^n 中 p 维与 q 维平面间的夹角公式[J]. 数学杂志,1990(2):171-177.

[94] 左铨如. 杨路-张景中不等式的若干推论[J]//单墫. 几何不等式在中国. 南京:江苏教育出版社,1996.

[95] 毛其吉. n 维空间有限点集几何不等式研究综述[J]//单墫. 几何不等式在中国. 南京:江苏

教育出版社,1996.

[96] 刘根洪. 关于 n 维单形体积不等式的一个定理[J]. 数学的实践认识. 1986(4):38-43.

[97] 刘根洪. E^n 中的正弦定理及应用[J]. 数学研究与评论,1989(1):45.

[98] 刘根洪. 高维余弦定理及正弦定理[J]. 苏州大学学报,1989(2):120.

[99] 刘根洪. E^n 中 n 维单形外接超球面的半径[J]. 苏州大学学报,1990(1):1-5.

[100] 左铨如. 具有费马点的单形的性质与 Erdös - Mordell 不等式的高维推广[J]. 扬州师范学院学报,1992(3):26-32.

[101] 张晗方. 单形中的一类不等式[J]. 数学的实践与认识,1984(3):39.

[102] 张晗方. 高维正弦定理的再改进及其应用[J]. 数学的实践与认识,1995(2):74-79.

[103] 张晗方. 关于一个不等式的证明的简化与加强[J]. 数学的实践与认识,1990(3):54-56.

[104] 张晗方. Menelaus 定理的高维推广[J]. 数学通报,1983(6):27-28.

[105] 张晗方. E^n 中空间张角定理及其应用[J]. 数学研究与评论,1999(1):108-112.

[106] 张晗方. E^n 中的一个几何恒等式及其应用[J]//单墫. 几何不等式在中国. 南京:江苏教育出版社,1996.

[107] 张晗方. 常曲率空间中共球有限点集的一类几何不等式[J]. 数学学报,1999(5):851-862.

[108] 沈文选. 关于“切已知球的单形宽度”一文的注记[J]. 数学研究与评论,1998(2):291-295.

[109] 沈文选. 关于单形宽度的不等式链[J]. 湖南数学年刊,1996(1):45.

[110] 沈文选. 关于单形的几个含参几何不等式(英)[J]. 数学理论与学习,2000(1):85-90.

[111] 沈文选,冷岗松. E^n 中的广义欧拉不等式(英)[J]. 湖南师范大学学报,2000(2):23-27,46.

[112] 沈文选. 涉及单形内心的一个几何不等式[J]. 数学理论与学习,2000(4).

[113] 沈文选. 涉及单形重心的几个几何不等式[J]. 湖南师范大学学报,2001(1):17-20.

[114] 沈文选,杨世国. 关于单形的几个不等式定理[J]. 湖南师范大学学报,1997(3):10-14.

[115] 沈文选,杨世国. 关于球面空间中有限点集与单形二面角的几个不等式[J]. 湖南师范大学学报,1995(1):14-20.

[116] 杨世国,沈文选. E^n 中 Finsler – Hadniger 不等式的探讨[J]. 湖南师范大学学报,1992(4):314-317.

[117] 蒋星耀. 关于高维单形顶点角的不等式[J]. 数学年刊,1987(6):658-670.

[118] 熊倩. 关于 Neuberg – Pedoe 不等式高维推广的一个注记[J]. 数学季刊,1991(9):77-80.

[119] 尹景尧. 关于单纯形的一类三角不等式及高维正弦定理的改进[J]. 数学的实践认识,

1987(1):46-51.

[120] 尹景尧,冯渭川. 关于空间角正弦的一个不等式及其应用[J]. 数学的实践与认识,1998(3):51-56.

[121] 陈计,马援. 涉及两个单形的一类不等式[J]. 数学研究与评论,1989(2):282-284.

[122] 林祖成. n 维单形的棱切超球[J]. 数学的实践与认识,1995(4):90-93.

[123] 尹景尧,冯渭川. 两个不等式的推广[J]. 数学的实践与认识,1993(4):75-76.

[124] 盛立人. 高维的 Carnot 定理[J]. 安徽大学学报,1981(2):34-38.

[125] 李全英. 关于 n 维欧氏空间中两个任意维数平面之间的距离[J]. 数学杂志,1990(1):55-56.

[126] 李全英. 关于 n 维欧氏空间中两个任意维数平面之间的夹角[J]. 数学杂志,1986(4):407-409.

[127] 林祖成,刘根洪. 关于一个猜想的注记[J]. 苏州大学学报,1992(4):411-414.

[128] 唐立华,冷岗松. 高维 Pedoe 不等式的一个加强[J]. 数学的实践与认识,1995(2):80-85.

[129] 鲁春初. Chapple 定理的高维推广及应用[J]. 湖南数学年刊,1994(2):70-76.

[130] 孙明保. 关于 n 维单形的一个新不等式[J]. 湖南数学年刊,1996(1):107-111.

[131] 古汉宏. 关于垂足单形的几个定理[J]. 扬州师范学报,1989(2):16.

[132] 郭曙光. 关于单形的一个猜想及两个不等式[J]. 扬州师范学院,1992(4):23-27.

[133] 刘根洪,朱秉林. R^n 空间中的正弦定理[J]. 辽宁师范学院学报,1980(4):2-6.

[134] 朱秉林,刘根洪. R^n 空间中 r – 维单形的定比分点公式[J]. 辽宁师院学报,1981(4):2-6.

[135] 林祖成. 关于 N 维单形的一类不等式[J]. 数学的实践与认识,1994(3):50-56.

[136] 唐立华. 涉及 n 维单形体积的两个不等式[J]. 湖南教育学院学报,1993(5):158-162.

[137] 尹景尧. 有关 n 阶行列式两个不等式及 E^n 中平行多面体的体积极值问题[J]. 数学通报,1983(2):25-28.

[138] 马统一. 关于 n 维欧氏空间中 Vasic 不等式[J]. 数学通报,1994(12):30-32.

[139] 朱玉扬. N 维空间中两平行平面之间距离的一种求法[J]. 数学通报,1996(1):42-43.

[140] 林祖成. 再论切点单形不等式[J]. 玉溪师专学报,1991(3):101-107.

[143] 王庚,王敏生. 关于 k 个单形的一类几何不等式[J]. 安徽师大学报,1993(3):27-29.

[144] 郭曙光. 高维单形 Bartos 体积公式的推广[J]. 数学研究与评论,1998(4):597-600.

[145] 尹景尧. 关于单形空间角的准正弦概念及应用[J]. 数学研究与评论,1997(4):619-625.

[146] 郭曙光. 单形中面的性质及应用[J]. 数学杂志,1997(3):413-416.

[147] 陈胜利. 欧氏空间的“点距关系”及其应用

[J]//杨世明. 中国初等数学研究文集. 郑州:河南教育出版社,1992.

[148] 贺功保. 关于 n 维单形的某些结果[J]. 湖南教育学院学报,1992(5):130-132.

[149] 刘立,周加农. 一个经典不等式的高维推广[J]. 数学季刊,1988(2):99-104.

[150] 陈计,王振. Oppenhein 不等式推广的简单证明[J]//单墫. 几何不等式在中国. 南京:江苏教育出版社,1996.

[151] 郭曙光. 关于 Zonotopes 的一组几何不等式[J]//单墫. 几何不等式在中国. 南京:江南教育出版社,1996.

[152] 左铨如. Pedoe 不等式在常曲率空间中的推广[J]//单墫. 几何不等式在中国. 南京:江南教育出版社,1996.

[153] 樊益武. n 维欧氏空间的 Child 不等式[J]. 数学通报,1997(11):37-39.

[155] 马统一. n 维欧空间的 Child 不等式[J]. 数学通报,1998(5):33-35.

[156] 杨定华. 关于单形外接超球半径的两个不等式[J]. 湖南教育学院学报,1998(5):120-123.

[157] 周永国. 高维 Pedoe 不等式的加强推广[J]. 湖南教育学院学报,1998(5):135-137.

[158] 郭曙光. 球面型空间中的度量平均[J]. 数学研究与评论,1997(3):441-446.

[159] 郭曙光. 双曲型空间中共球点集单参数族的度量平均[J]. 湖南教育学院学报,1997(2):

23-26.

[160] 肖振钢,马统一. 一个代数不等式与一组涉及两个几何体的不等式[J]//单墫. 几何不等式在中国. 南京:江苏教育出版社,1996.

[161] KLAMKIN M S. On a triangle inequality Crun Matkcmaticornm[J]. 1984(5):139-140.

[162] 哈代,等. 不等式[M]. 赵民义,译. 北京:科学出版社,1956.

[163] SCHOPP J. The inequality of steensholt for an n – dimensional simplex [J]. Amer. Math. Monthly,1959(66):896-897.

[164] Element Problems 2 505 [J]. Amer. Math. Monthly,1976(83):59-60.

[165] TSINTSIFAS G. A generalization of a two triangles inequality Elem[J]. Math., 1987(42):150-153.

[166] TANNER R M. Some content maximizing properties of the regular simplex [J]. Pac. J. Math.,1974(52):611-616.

[167] OPPENHEIM A. Advanced problems 5092[J]. Amer. Math. Monthly, 1963(70):444, 1964(71):444.

[168] 尹景尧,陈奉孝. 关于联系两个单形的几何恒等式及应用[J]. 数学进展,1992(3):325-328.

[169] Yang Shiguo. Three geometric inequalities for a simplex[J]. Geometriae Dedicata,1995(57):105-110.

[170] Yang Shiguo. An inequality for a simplex and its applications[J]. Geometriae Dedicata, 1995 (55): 195-198.

[171] Yang Shiguo, Wang Geng. A class of geometric inequalities in the spherical space[J]. Pure and Applied, 1995(11): 79-80.

[172] 张垚. 关于多胞形的一类不等式[J]. 湖南教育学院学报, 1999(5): 99-105.

[173] 张华民, 杨世国. 一个新的单形体积公式[J]. 浙江大学学报, 2008(1): 5-7.

[174] 杨世国, 余静. 关于 n 维情形的 Menelans 定理与 Ceva 定理[J]. 太原科技大学学报, 2007 (1): 57-59.

[175] 杨世国, 齐继兵. 高维情形的 Routh 定理[J]. 数学杂志, 2011(1): 152-156.

[176] 张华民, 殷红彩, 杨世国. E^n 中 n 维余弦定理和正弦定理的新证明[J]. 数学的实践与认识, 2009(10): 249-251.

[177] 韦晔. 与单形重心有关的一个恒等式及其应用[J]. 广西师范学院学报, 2002(1): 40-43.

[178] 王卫东. n 维单形中一个 $(n-1)$ 重向量恒等式及应用[J]. 西南师范大学学报, 2003(4): 513-517.

[179] 杨世国, 余静. 关于单形 k 维中面的性质及其应用[J]. 哈尔滨工业大学学报, 2006(10): 1697-1699.

[180] 李小燕, 何斌吾, 冷岗松. 关于单形的中面[J]. 应用数学和力学, 2004(6): 621-626.

[181] 王卫东. 关于 n 维单形的一类截面积[J]. 西南大学学报,2009(2):43-47.

[182] 殷红彩,张华民. E^n 中 n 维单形二面角的角平分面的性质[J]. 浙江大学学报,2012(1):18-20.

[183] 杨世国,潘娟娟,钱娣. 关于 n 维单形外角平分面面积计算公式与不等式[J]. 浙江大学学报,2011(6):625-627.

[184] 曾建国,熊曾润. 单形的 Nagel 点与 Spieker 超球面[J]. 德州学院学报,2010(2):13-17.

[185] 曾建国,曹新,熊曾润. 关于 n 维单形的两个轨迹定理[J]. 大学数学,2011(4):79-81.

[186] 马统一,邬天泉. 单形的心距向量公式及其几何特征[J]. 数学的实践与认识,2007(17):144-153.

[187] 杨世国. 单形构造定理的一种代数证法[J]. 数学的实践与认识,2007(11):208-209.

[188] 朱杏华,肖建中. 侧棱等长 n 维单形锥体的若干性质[J]. 铁道师范学报,2000(1):21-26.

[189] 杨世国. 关于单形的一类不等式及其应用[J]. 电子科技大学学报,2007(2):379-381.

[190] 杨世国. 关于单形的一个不等式的推广及其应用[J]. 许昌学院学报,2003(2):15-17.

[191] 杨世国. 关于 Gerber 不等式的改进及其应用[J]. 沈阳工业大学学报,2004(2):224-226.

[192] 杨世国. 关于 Gerber 不等式的推广及应用[J]. 烟台师范学院学报,2003(3):178-180.

[193] 杨世国. 关于 n 维 Walker 不等式[J]. 许昌师

专学报,2000(2):10-12.

[194] 杨世国. E^n 中一个几何不等式的推广[J]. 安徽教育学院学报,2004(6):1-2.

[195] 杨世国. 关于单形中面与二面角平分面面积的不等式[J]. 许昌师范学院学报,2004(3):168-170.

[196] 余静,杨世国. 关于 n 维 Milosevic 不等式[J]. 安徽教育学院学报,2007(3):1-2.

[197] 陈士龙,杨世国. 关于 n 维 Milosevic 不等式的加强[J]. 山东理工大学学报,2011(3)90-92.

[198] 姜卫东,张晗方. 关于 n 维单形的几个几何不等式[J]. 徐州师范大学学报,2008(1):23-25.

[199] 陈士龙. E^n 中 n 维单形外接球半径的一个几何不等式[J]. 河南教育学院学报,2011(6):12-14.

[200] 杨世国. n 维 Euler 不等式的改进[J]. 山东轻工业学院学报,2005(2):67-71.

[201] 陈士龙,杨世国. 关于 E^n 中 Euler 不等式的两类分割[J]. 高等数学研究,2008(4):40-42.

[202] 杨世国. 涉及单形外心的两个几何不等式[J]. 烟台师范学院学报,2004(1):16-19.

[203] 杨世国. 有关单形内点的一个不等式及应用[J]. 太原重型机械学院学报,2005(1):64-65.

[204] 齐继兵,杨世国. M. S. Klamkin 不等式的再推广[J]. 太原科技大学学报,2007(6):471-475.

[205] 杨世国. 关于单形内点的几个不等式[J]. 甘肃教育学院学报,2003(1):4-7.

[206] 陈士龙,杨世国. 关于单形内点两个不等式的推广与应用[J]. 鲁东大学学报,2007(1):10-13.

[207] 马统一. 关联单形和一点的一类几何不等式[J]. 数学研究与评论,2003(2):373-380.

[208] 魏耀华. 高维单形的一类几何不等式[J]. 甘肃高师学报,2000(2):10-13.

[209] 杨世国. 关于单形两个不等式的对偶式[J]. 许昌学院学报,2006(2):20-22.

[210] 陈士龙,杨世国. n 维欧氏空间 E^n 中 Child 不等式的推广[J]. 大学数学,2009(1):80-83.

[211] 钱娣,杨世国. 关于单形的一类不等式的推广[J]. 合肥师范学院学报,2011(6):1-3.

[212] 王敏生,王庚. n 维单形的伍德几何不等式[J]. 大学数学,2006(6):118-120.

[213] 王庚. n 维单形的纳斯必特－彼得洛维奇不等式[J]. 工科数学,2000(2):51-52.

[214] 周永国. 再谈 n 维单形中的 A. M. Nesbitt 不等式[J]. 怀化学院学报,2010(11):37-39.

[215] 杨世国. 关于单形体积的一个不等式[J]. 河南科技大学学报,2005(1):94-96.

[216] 杨世国. 关于旁心单形与切点单形体积的不等式[J]. 西安工程科技学院学报,2006(3):366-368.

[217] 杨世国. 关于 n 维单形体积的几何不等式[J]. 沈阳工业大学学报,2003(4):354-356.

[218] 齐继兵,杨世国. 关于垂足单形体积不等式的推广[J]. 合肥工业大学学报,2007(6):794-797.

[219] 杨世国. 关于垂足单形的两个不等式及应用[J]. 浙江大学学报,2005(6):621-623.

[220] 杨世国,余静. n 维单形的两个不等式[J]. 浙江理工大学学报,2007(1):99-102.

[221] 潘娟娟,杨世国. 关于内接单形的不等式及其应用[J]. 数学的实践与认识,2011(15):198-202.

[222] 余静. 关于内接单形的几个几何不等式及应用[J]. 合肥师范学院学报,2011(6):5-7.

[223] 杨世国,齐继兵. n 维单形体积的两个结果及应用[J]. 南京大学学报数学半年刊,2008(2):225-229.

[224] 陈士龙. E^n 中两个几何不等式的改进[J]. 安庆师范学院学报,2011(3):4-7.

[225] 杨世国. 关于单形旁切球半径的几何不等式[J]. 西安工程科技学院学报,2004(3):265-268.

[226] 杨世国. 关于单形与其子单形外接球半径之间的关系[J]. 安徽教育学院学报,2003(6):1-2.

[227] 杨世国,王文. 欧氏空间中 n 维 Pedoe 不等式的推广及应用[J]. 吉林大学学报,2011(3):405-408.

[228] 崔晓波,郭婷,李小燕. $k-n$ 型 Neuberg - Pedoe 不等式的推广[J]. 湖南师范大学学报,

2009(3):10-12.

[229] 马统一,李小玲,秦学祯. 涉及 n 维单形中线的 Neuberg - Pedoe 型不等式[J]. 甘肃科学学报,2002(4):4-7.

[230] 周永国,张松英. 九点圆定理的高维推广[J]. 怀化学院学报,2010(5):41-42.

[231] 胡国华,周永国. 关于单形中面的几个不等式[J]. 湖南理工学院学报,2010(3):6-7.

[232] 陈士龙,杨世国. E^n 中 Gerber 不等式的加强与应用[J]. 淮北煤炭师范学院学报,2007(1):6-9.

[233] 杨世国. 关于"度量和"的一个新结果[J]. 数学研究与评论,2002(2):314-316.

[234] 杨世国. 单形宽度的两个结果[J]. 山东理工大学学报,2005(5):7-10.

[235] 潘娟娟,杨世国,刘家保. 关于单形宽度的 Sallee 猜想的加强[J]. 合肥工业大学学报,2011(4):628-630.

[236] 陈士龙,杨世国. E^n 中 n 维单形的两类几何不等式[J]. 淮北煤炭师范学院学报,2010(4):5-9.

[237] 杨世国. 关于 n 维单形的几个几何不等式[J]. 数学研究,2004(1):71-77.

[238] 周永国. 涉及两个单形顶点间距离的几个不等式[J]. 数学的实践与认识,2011(3):217-222.

[239] 周永国. 涉及四个单形的一类不等式(《数学杂志》待发).

[240] 周永国. 涉及两个质点组的一个恒等式及应用(《数学季刊》待发).

编辑手记

这是一本谁都懂一点但又不完全懂的普及读物.

1945年著名物理学家狄拉克在剑桥大学开设量子力学课,他那时的声望如日中天,不止一些政府职员、战后退伍士兵、海外回归的学生、数学、物理、生物、化学系的学生,甚至哲学系的学生都跑来听课.

有一天,狄拉克走进教室,看到挤满的学生有些惊讶,就说:“这是谈量子力学的课.”他以为大部分的学生进错教室,听到他这么说就会离开.

可是没有一个学生走出教室,于是他又大声地说了一遍“这是量子力学的课!”

没有人走开,于是他便开始上课.

有人问一个上课的学生:“你明白狄拉克教授写在黑板上的东西吗?”

这学生回答:“不!”

那么你为什么从不间断地上他的课?”

“我只知道一部分,大多数的数学语言我是不明白,然而,我想我有一天可以对人说我是上过狄拉克的量子力学课的学生之一”.

本书的读者心理应该是与之相类似的. 对于毕达哥拉斯定理学过数学的人都知道,但对于高维的毕达哥拉斯定理知道的人就不多了. 正如三角形的毕达哥拉斯数组知道的人很多,但 n 边形毕达哥拉斯三元数组就少有人知. Egon Scheffold 给出:对于一个自然数 $n\geqslant 3$,a 阶的 n - 边形数 P_n^a 是

$$P_n^a \triangleq \sum_{k=0}^{a-1}((n-2)k+1)=(n-2)\frac{a^2}{2}-(n-4)\frac{a}{2}$$

三个自然数 a,b 和 c 形成 n - 边形数的一个毕达哥拉斯三元组,如果

$$P_n^a+P_n^b=P_n^c$$

下面的定理完全地描述了所有这样的三元组.

定理 1 令 a,b,c 和 n 是自然数,并令 $n\geqslant 3$. 三元组 (a,b,c) 是 n - 边形数的一个毕达哥拉斯三元组,当且仅当

$$a=(n-2)r+t$$

$$b=(n-2)r+s$$

$$c=(n-2)r+s+t$$

其中 r,s 和 t 是使得

$$r((n-2)^2r-(n-4))=2st$$

的自然数.

当取 $t=1$ 时,对任意 $r\in\mathbf{N}$,都是通常意义的毕达哥拉斯三元数组.

在泛函分析中我们知道,毕达哥拉斯定理可以被推广到准希尔伯特空间(prehilbert space),但它仍然表示向量的长度间的一种关系.

Jean-P. Quadrat, Jean B. Lasserre, Jean-B. Hiriart-Urruty 偶然发现与一个直角四面体的各面的面积有关的,显然类似于毕达哥拉斯定理的一个结果.

定理 2 令 $OABC$ 是一个四面体,它有三个相互垂直的面 OAB, OAC, OBC 和"斜面" ABC,如图 1. 令 S_1, S_2, S_3 分别表示诸相互垂直的面的面积,S 表示斜面的面积,那么

$$S^2 = S_1^2 + S_2^2 + S_3^2 \tag{1}$$

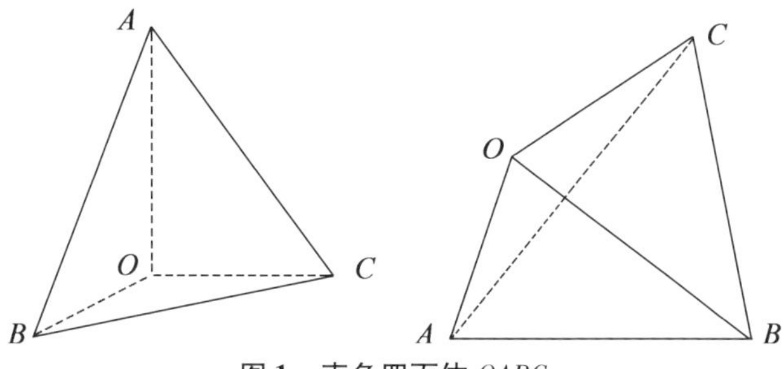

图 1 直角四面体 $OABC$

很容易证明定理 2. 有人给出了它在 n 维情形中的一种推广的形式.

令标准的欧几里得仿射空间 $\mathbb{R}^n$ 用 $(O;\boldsymbol{e}_1,\boldsymbol{e}_2,\cdots,\boldsymbol{e}_n)$ 标记,其中 $\{\boldsymbol{e}_1,\boldsymbol{e}_2,\cdots,\boldsymbol{e}_n\}$ 是向量空间 $\mathbb{R}^n$ 的一组正交基. 我们考虑由

$$\Omega_n \triangleq \{(x_1,x_2,\cdots,x_n)\in\mathbb{R}^n \mid \sum_{i=1}^{n}\frac{x_i}{a_i}\leqslant 1, x_i\geqslant 0, \\ i=1,2,\cdots,n\} \tag{2}$$

描述的紧凸多面体(或 n - 单形)Ω_n,其中 $a_i>0, i=1, 2, \cdots, n$.

“多 - 正交”的 Ω_n 即为定理 2 中的直角四面体的的一种推广的形式,从凸性的观点来看,它的结构是已知的. 事实上,Ω_n 有:

$n+1$ 个顶点:原点 O 和由 $\overrightarrow{OA_i}=a_i\boldsymbol{e}_i, i=1,2,\cdots,n$ 定义的 n 个点 $\{A_i\}$.

$n+1$ 个 $(n-1)$ - 维的面:n 个面包含原点(作为 O 和 $\{A_i\}$ 中的 $n-1$ 个点的凸包而得),我们称之为从原点发出的面. 一个面不通过原点(作为诸 $\{A_i\}$ 点的凸包而得),我们称之为斜面.

Ω_n 的面的 $(n-1)$ - 维容积称为面积,类似于 $n=3$ 时的正常情形. Ω_n 的 n - 维容积——称为 Ω_n 的体积 V——可以通过下面的公式,由其诸面的面积来计算

$$V=\frac{1}{n}(\text{一个面的面积})\times(\text{从该面之外的顶点所引的高}) \tag{3}$$

定理 3 (面积的毕达哥拉斯定理的 n - 维形式) 对于式(2)中的紧凸多面体 Ω_n,其斜面面积的平方等于其从原点发出的 n 个面的面积平方之和.

例如,当 $n=4$ 时,定理 3 给出了五个 3 - 维面的(通常意义下的)体积之间的一个关系:$V^2=V_1^2+V_2^2+V_3^2+V_4^2$.

证明 为了理解此证明,建议读者取 $n=3$,并把图 1 记于心中. 根据式(3),若以 S_i 表示与顶点 A_i 相对的,从原点发出的面的面积,则

$$V=\frac{1}{n}S_i\times\|\overrightarrow{OA_i}\|=\frac{1}{n}S_ia_i \tag{4}$$

从 O 到斜面的高是从 O 到方程为 $\sum_{i=1}^{n} x_i/a_i = 1$ 的仿射超平面(包含所有顶点 $\{A_i\}$ 的超平面)的距离,它等于 $(\sum_{i=1}^{n} a_i^{-2})^{-1/2}$. 因而,如果 S 表示 Ω_n 的斜面的面积,由式(3)我们推知

$$V = \frac{1}{n} S \times (\sum_{i=1}^{n} \frac{1}{a_i^2})^{-1/2} \tag{5}$$

由式(4)即得

$$S_i^2 = n^2 V^2 \frac{1}{a_i^2} \quad (i = 1, 2, \cdots, n)$$

并从式(5)得

$$S^2 = n^2 V^2 (\sum_{i=1}^{n} \frac{1}{a_i^2})$$

我们知道所谓单形亦即距离几何. 距离几何(Distance Geometry)是几何学的一个重要分支,它所形成的真正基础是由 Menger K. 于 1928 年到 1931 年间的四篇论文而奠定的. 1953 年英国牛津大学出版社出版了 Blumenthal L. M. 的一本学术专著《Theory and Applications of Distance Geometry》,该书问世至今对于研究距离几何方面的一些问题来说仍是一本难得的资料. 到 2013 年,由 Antonio Mucherino · Carlile Lavor 和 Leo Liberti · Nelson Maculan 又主编出版了《Distance Geometry(Theory, Methods, and Applications)》. 但是在国内至今没有一本真正距离几何方面的专著.

有一个必须回答的问题是学习单形对中学生有何用呢? 这是广大中学生读者最关心的问题. 为了说明问题,我们举一个中学生自己发现的应用为例. 上海复旦大学附中高三(8)班的梅灵捷同学在其指导教师汪杰良的指导下发现：

对于一个 n 维单形来说，如下的行列式

$$\begin{vmatrix} 0 & 1 & 1 & \cdots & 1 \\ 1 & 0 & d_{12}^2 & \cdots & d_{1,n+1}^2 \\ 1 & d_{12}^2 & 0 & \cdots & d_{2,n+1}^2 \\ \vdots & \vdots & \vdots & & \vdots \\ 1 & d_{1,n+1}^2 & d_{2,n+1}^2 & \cdots & 0 \end{vmatrix}$$

被称为它的 Cayley-Menger 行列式(其中 d_{ij} 为 A_i 与 A_j 的距离).

Cayley-Menger 行列式与 n 维单形的体积有如下的关系

$$(-1)^{n+1}2^n(n!)^2V^2=\begin{vmatrix} 0 & 1 & 1 & \cdots & 1 \\ 1 & 0 & d_{12}^2 & \cdots & d_{1,n+1}^2 \\ 1 & d_{12}^2 & 0 & \cdots & d_{2,n+1}^2 \\ \vdots & \vdots & \vdots & & \vdots \\ 1 & d_{1,n+1}^2 & d_{2,n+1}^2 & \cdots & 0 \end{vmatrix} \quad ①$$

当 $n=3$ 时，式①转化为

$$288V^2=\begin{vmatrix} 0 & 1 & 1 & 1 & 1 \\ 1 & 0 & d_{12}^2 & d_{13}^2 & d_{14}^2 \\ 1 & d_{12}^2 & 0 & d_{23}^2 & d_{24}^2 \\ 1 & d_{13}^2 & d_{23}^2 & 0 & d_{34}^2 \\ 1 & d_{14}^2 & d_{24}^2 & d_{34}^2 & 0 \end{vmatrix} \quad ②$$

也就是说，利用式②可以通过四面体顶点之间的距离计算四面体的体积.

为了说明这一定理的威力，他特意举了一个数学

竞赛试题为例. 如下:

在四面体 $ABCD$ 中, $AD=DB=AC=CB=1$, 求它的体积的最大值. (2000 年上海市高中数学竞赛)

解 令 $d_{12}=AB, d_{34}=CD$, 有

$$288V^2=\begin{vmatrix}0&1&1&1&1\\1&0&d_{12}^2&d_{13}^2&d_{14}^2\\1&d_{12}^2&0&d_{23}^2&d_{24}^2\\1&d_{13}^2&d_{23}^2&0&d_{34}^2\\1&d_{14}^2&d_{24}^2&d_{34}^2&0\end{vmatrix}$$

$$=\begin{vmatrix}0&1&1&1&1\\1&0&0&d_{13}^2&d_{14}^2\\1&d_{12}^2&0&d_{23}^2&d_{24}^2\\1&d_{13}^2&d_{23}^2&0&d_{34}^2\\1&d_{14}^2&d_{24}^2&d_{34}^2&0\end{vmatrix}-d_{12}^2\begin{vmatrix}0&1&1&1\\1&d_{12}^2&d_{23}^2&d_{24}^2\\1&d_{13}^2&0&d_{34}^2\\1&d_{14}^2&d_{34}^2&0\end{vmatrix}$$

$$=\begin{vmatrix}0&1&1&1&1\\1&0&0&d_{13}^2&d_{14}^2\\1&0&0&d_{23}^2&d_{24}^2\\1&d_{13}^2&d_{23}^2&0&d_{34}^2\\1&d_{14}^2&d_{24}^2&d_{34}^2&0\end{vmatrix}-$$

$$2d_{12}^2\begin{vmatrix}0&1&1&1\\1&0&d_{23}^2&d_{24}^2\\1&d_{13}^2&0&d_{34}^2\\1&d_{14}^2&d_{34}^2&0\end{vmatrix}-d_{12}^4\begin{vmatrix}0&1&1\\1&0&d_{34}^2\\1&d_{34}^2&0\end{vmatrix}$$

当 V 取最大值时, 有

$$\frac{\partial 288V^2}{\partial d_{12}^2} = -2\begin{vmatrix} 0 & 1 & 1 & 1 \\ 1 & 0 & d_{23}^2 & d_{24}^2 \\ 1 & d_{13}^2 & 0 & d_{34}^2 \\ 1 & d_{14}^2 & d_{34}^2 & 0 \end{vmatrix} - 2d_{12}^2 \cdot$$

$$\begin{vmatrix} 0 & 1 & 1 \\ 1 & 0 & d_{34}^2 \\ 1 & d_{34}^2 & 0 \end{vmatrix} = 0$$

从而

$$d_{12}^2 = -\frac{\begin{vmatrix} 0 & 1 & 1 & 1 \\ 1 & 0 & d_{23}^2 & d_{24}^2 \\ 1 & d_{13}^2 & 0 & d_{34}^2 \\ 1 & d_{14}^2 & d_{34}^2 & 0 \end{vmatrix}}{\begin{vmatrix} 0 & 1 & 1 \\ 1 & 0 & d_{34}^2 \\ 1 & d_{34}^2 & 0 \end{vmatrix}} = -\frac{1}{2}d_{34}^2 + 2 \qquad ③$$

同理，令$\frac{\partial 288V^2}{\partial d_{34}^2}=0$，即

$$d_{34}^2 = -\frac{1}{2}d_{12}^2 + 2 \qquad ④$$

结合③，④，可得 $d_{12} = d_{34} = \frac{2}{\sqrt{3}}$. 此时

$$288V^2 = \begin{vmatrix} 0 & 1 & 1 & 1 & 1 \\ 1 & 0 & \frac{4}{3} & 1 & 1 \\ 1 & \frac{4}{3} & 0 & 1 & 1 \\ 1 & 1 & 1 & 0 & \frac{4}{3} \\ 1 & 1 & 1 & \frac{4}{3} & 0 \end{vmatrix} = \frac{128}{27}$$

即 $V=\frac{2}{9\sqrt{3}}$.

他先是通过 Cayley-Menger 行列式将体积表示为两个变元的行列式,随后利用多元函数求偏微分的知识即得到极值点的条件. Cayley-Menger 行列式的使用起到了将与变元相关的量、与变元无关的量的分离,并给出了简洁的系数. 当需要多项式形式的简洁体积表达式时,可以利用 3 维单形的 Cayley-Menger 行列式.

n 维的基础是 2 维和 3 维. 有关平面及立体几何的应先熟练,才可以过渡到 n 维单形. 借哲学说点事面对当下学界的后现代趋势,邓晓芒说:"后现代对中国的影响是非常糟糕的,可以说后现代让中国那些不愿意思考的学者们大大地松了一口气,我不用看康德,也不用看黑格尔,我只要看后现代就够了,他们身上的担子就轻了. 这是很不应该的,人家是那样过来的,你那个教育都没受过,连小学都没读,就去发明永动机,那怎么可能呢? 现在这些人就是在发明永动机,以为后现代就是永动机".

沈文选先生是我国著名的平面几何专家,虽然地位不及梁绍鸿先生当年那样受人瞩目,但名列前三是公认的. 其《平面几何证明方法全书》多次印刷,很受读者喜爱. 他的另一本大作《几何瑰宝》(上、下)也好评如潮. 基于他深厚的平面几何功底由他来完成这本 n 维单纯形的科普著作应该是恰当的. 沈先生教了一辈子书,同时他也是一位勤奋的研究者.

印度诗人泰戈尔有一首英文诗:

A teacher can never truly teach,
unless he is still learning himself.

A lamp can never light another lamp,
unless it continues to burn its own flame.
The teacher who has come to the end of his subject,
who has no living traffic with his knowledge but merely,
repeats his lesson to his students,
can only load their minds,
he cannot quicken them.
不求进步的老师,
不是真正的老师.
自己不在燃烧的蜡烛,
又怎能点亮别的蜡烛?
不再主动求知的老师,
就开始重复陈词滥调,
他只能加重学生头脑的负担,
不能激起思想的活力.
(何崇武教授翻译)
沈先生正是一支燃烧自己照亮别人的蜡烛!

刘培杰
2015 年 8 月 16 日
于哈工大